U0716828

"十三五"国家重点出版物出版规划项目

采矿手册

第二卷　矿山岩体力学

古德生◎总主编

赵　文◎主编
陈从新◎副主编

Mining Handbook

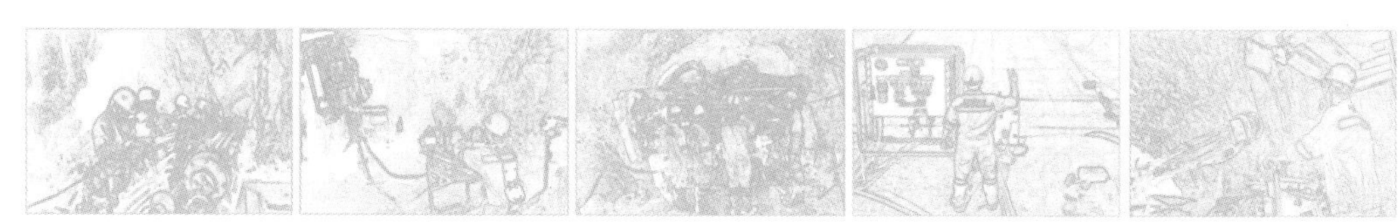

·长沙·

内容提要

本手册总结了近十年来矿山岩体力学的研究成果和工程实践经验，以科学性、实用性、先进性为原则，挑选了国内外部分矿山典型案例以及有代表性的数据和图表，理论结合实际，是一部实用的技术指导书。手册内容包括岩石与岩体特性、矿山岩体力学分析方法、矿山地压与变形监测、岩层支护与加固、井巷地压、采场地压、露天边坡工程等。

本手册可为矿山工程师、采矿工作者、岩石力学研究人员及大专院校师生提供参考。

《采矿手册》总编辑部

总　主　编　古德生

总 编 辑 部　（按姓氏笔画排序）

王李管　古德生　刘放来　汤自权　吴爱祥
周连碧　周爱民　赵　文　战　凯　唐绍辉
廖江南

编辑部工作室　古德生　刘放来　王青海　鲍爱华　谭丽龙
胡业民

《采矿手册　第二卷　矿山岩体力学》编写人员

主　　编　赵　文

副 主 编　陈从新

编撰人员　（按姓氏笔画排序）

李　震　李元辉　杨天鸿　杨成祥　邱士利
张希巍　周　辉　赵兴东　夏开宗　徐世达
蔡美峰　谭卓英

《采矿手册　第二卷　矿山岩体力学》审稿人员

主　　审　黄理兴

审 稿 人　（按姓氏笔画排序）

王金安　李爱兵　曹　平

Preface

总序

矿产资源是在地球长达46亿多年的演化过程中形成的、不可再生的可开发利用矿物质的聚合体。矿业是人类开发利用矿产资源而形成的产业，包括矿产地质勘探、矿床开采和矿物加工，是获取初级矿产品、为后续工业提供原材料的基础性产业。

人口、资源、环境是人类社会可持续发展的三大要素，而矿产资源是核心要素。人猿揖别后，人类文明“一切从矿业开始”：从旧石器时代到当前大数据、人工智能、物联网协同发展的“大人物”时代，人类从未须臾离开过矿业！矿产资源的开发利用与人类社会的发展，在历史长河中相辅相成，各类矿产资源为人类的衣、食、住、行，社会的发展与科技进步提供了重要的物质基础，衍生了人类社会，创造了人类的物质文明、科技文明和精神文明。现代社会的冶炼和压延加工业、建筑业、化学工业、交通运输业、机械电子业、航空航天业、核能业、轻工业、医药业和农业等国民经济的各行各业，没有矿业一切都将成无米之炊。

绵延五千年，在中华大地上，华夏儿女得以生存发展与繁衍生息，中华文明的传承和发扬光大，与矿产资源的开发密不可分。华夏祖先是世界上开发利用矿产资源最早、矿物种类最多的先民之一，在世界矿业史上开创了辉煌的时代，创造了灿烂的矿冶文明。1973年，在陕西临潼姜寨遗址中出土的黄铜片和黄铜管状物，年代测定为公元前4700年左右，是世界上最古老的冶炼黄铜，标志着我们的祖先早已为人类青铜时代的到来奠定了坚实的基础。出土了成批青铜礼器、兵器、工具、饰物等的二里头文化，表明在距今已有4000余年的夏朝时期，华夏文明就已进入了青铜时代。2009年，在甘肃临潭磨沟寺洼文化墓葬中出土的两块铁条，距今已有3510~3310年，表明3000多年前华夏的铁矿采冶技术就已经相当成熟，为春秋战国时期大量开采铁矿、使用铁器和人类跨入铁器时代奠定了基础。到了近代，特别是1840年鸦片战争以后，由于列强的掠夺、连年战乱和长期闭关锁国，中国矿业开始逐渐落后于西方国家。

1949年，中华人民共和国成立后，国民经济得到了迅猛的恢复和发展，中国矿业从年产钢15万吨、10种有色金属1.3万吨、煤炭3200万吨、原油12万吨起步，开启了快速发展与重新崛起的新纪元。

20世纪50年代初期，为规划“建设强大的社会主义国家”，振兴矿业成为头等大事。

1950 年 2 月 17 日，正在苏联访问的毛泽东主席在莫斯科为中国留学生亲笔题写了“开发矿业”四个大字，号召有志青年积极投身祖国的矿山事业，为中国矿业的发展和壮大贡献青春和智慧。七十多年弹指一挥间，经过几代人的努力，我国已探明了一大批矿产资源，建成了比较完整、齐全的矿产品供应体系，为国民经济的持续、快速、协调、健康发展提供了重要的物质保障，取得了举世瞩目的成就：2019 年生产钢材 12.05 亿吨，10 种有色金属 5866 万吨，原煤 38.5 亿吨，原油 1.91 亿吨。

1 矿业特点与产业定位

在人类社会漫长的发展过程中，被发现和利用的矿产种类越来越多。依据矿业经济和社会发展的不同历史阶段所需矿物种类的差异性，可以大致将矿产资源分为三类：

第一类是传统矿产，包括铜、铁、铅、锌、锡、煤和黏土等工业化初期需要的主导性矿产品。

第二类是现代矿产，包括铝、铬、锰、钨、镍、矾、铀、石油、天然气和硅等工业化成熟期到高技术发展初期广泛利用的矿产品。

第三类是新兴矿产，包括钴、锗、铂、稀土、钛、锂、金刚石、高纯石英、晶质石墨等知识经济高技术时代大量使用的矿产品。

一个国家的科技及经济处于哪个发展阶段，依据上述三类矿产品的生产量和需求量的比例就可做出判断。当今世界正面临着新的技术革命，不仅需要第一类、第二类矿产，还需要大力开发第三类矿产。比如，航空航天、医疗设备、电子通信、国防装备等，都需要大量的新兴矿产品。

在联合国的《国际标准行业分类》(ISIC-4.0)和欧盟标准产业分类(NACE2006)、北美产业分类(NAIC2012)等文件中，矿业(包括探矿、采矿和选矿)均归属于从自然界获取初级矿产品、为后续加工产业(第二产业)提供原材料的第一产业。世界矿业大国和矿产品消费大国，如俄罗斯、美国、巴西、澳大利亚、新西兰、加拿大、南非等，都把矿业作为一个独立产业门类且归属为第一产业。仅有日本、德国等少数国家，因其国内矿产资源较为贫乏，所需要的矿产品主要依靠国外进口，矿业在其国民经济中所占份额较少，而把矿业列为第二产业。

由于历史的原因，我国矿业被划分在第二产业，这是不合适的。中华人民共和国成立之初所确定的产业分类法，是从苏联移植的按生产单位性质划分产业类型的方法，完全没有考虑经济活动的性质。因此，把设在冶金联合企业(包含探矿、采矿、选矿、冶炼和材料加工等生产业务)内部的矿山采掘生产作业(探矿、采矿、选矿)连带划入了第二产业。几十年来，我国一直维持着这一分类法。到 2003 年，国家统计局颁布的《三次产业划分规定》及现行的《国民经济行业分类》(GB/T 4754—2017)中，依然将采矿业划归为第二产业，且把勘查业划归为第三产业。这种把矿业等同于加工业的产业分类方法，混淆了企业经济活动的性质，压制了矿山企业的经济活力，实在有待商榷。马克思在《资本论》中阐述剩余价值学说时，就曾论述到：农业、矿业、加工业和交通运输业是人类社会的四大生产部类，农业和矿业是直接从自然界获取原料的生产部类，是基础性产业；加工业是对农业和矿业所获得的原料进行加工，以满足社会的需求；交通运输业是连接农业、矿业、加工业等的纽带和桥梁；没有农业和矿业的发展，就没有加工业和交通运输业的繁荣。

随着经济和社会的发展，中国已成为世界第一矿业大国，理应同世界上绝大多数国家一样，把矿业归属于第一产业。从生产活动的性质上看，矿业不仅应该划归第一产业，而且它还应该是个独立的产业门类。因为它与一般工业有本质的不同，主要有如下特性：

(1)建矿选址的唯一性。一般工业可选择相对有利于人们生产、生活的地区建厂，而矿山只能建在矿床所在地。大多数蕴藏矿产资源的地区往往是水、电、交通条件很差的边远山区，建矿如同建社会，矛盾多、投资大、工期长。

(2)开采对象的差异性。开采对象资源禀赋天然注定，其工业储量、有用矿物种类与价值、赋存条件、矿床形态、矿岩的物理力学性质、矿石品位等的差异非常大，由其所决定的生产方式、开发规模、服务年限与可营利性等千差万别。这些差别表明矿山投资风险高、技术工艺多变、建设周期长。

(3)作业场所的不确定性。矿山开采作业人员和设备的工作面随着生产推进而日新月异，同时还面对地质构造、地下水、地压、矿体边界等许多不确定性，以及采、掘(剥)等主要生产工序间的协同性，导致矿山生产作业、安全管控难度大、风险高。

(4)矿产资源的不可再生性。矿产资源是地质作用下形成的有用矿物质的聚合体，是不可再生的，因此，矿山终将随着资源的枯竭而关闭，大量固化工程将报废，大量固定资产因失效而流失，同时还有大量的如闭坑等善后处理工程。

(5)产业发展的艰难性。目前，矿山生产与建设需要遵守国家五十多项法律法规，矿山建设准备工作纷繁复杂；矿山生产设施和废碴排放需要占用大量土地，矿山建设与矿区周边复杂的利益关系往往使得矿地关系协调异常困难；受矿床赋存条件制约，矿山建设工程量大、建设周期长、投资风险高；采矿生产过程需要经常移动作业地点、资源赋存条件也往往不断变化，这些都会导致生产安全、生态环境等诸多不确定性，根本不可能用管理工厂的固定工艺流程的办法来管理矿山。

(6)矿业的基础性。矿业处于工业产业链的最前端，它为后续加工业提供初级原料，向下游产业输送巨大的潜在效益，全面支撑国民经济的可持续发展。我国85%的一次能源、80%的工业原材料、70%以上的农业生产资料均来自矿业。没有矿业就没有工业、没有国防，也没有国家现代化。矿业与粮食一样是国家立业之根本。

世界上最早认识到矿业处于国民经济基础地位的是现代工业发源地英国，其后是非常重视矿产资源基础地位、掀起了第二次工业革命浪潮的美国。当今时代，矿业在国民经济的发展和国家安全中的重要性尤为突出。但是，长期以来我国矿业被定位为第二产业，与加工业混为一谈，这漠视了矿业的特殊性，严重扭曲了矿业的租税制度，导致我国的矿业管理几近碎片化，致使矿业负担过重、资源开发过度、环境破坏严重，形成了当代矿业发展与后代子孙的资源权益同时受损的局面。在面临百年未有之大变局的今天，国际政治、经济、军事环境复杂多变、世局纷扰，无不涉及矿产资源的激烈竞争。对于我国这样一个涉及油气、煤炭、冶金、有色金属、化工、核工业、建材等领域的矿业大国来说，缺乏全国性的统一管理部门，对我国经济和社会的健康发展与有效应对复杂多变的国际环境十分不利。现实在呼唤：中国矿业应该与同是基础产业的农业一样划入第一产业，并由独立部门负责管理，以加强我国矿业发展的战略规划和政策引导。这有利于将矿业作为一个整体纳入国民经济体系之中，有利于制定统一的矿业发展战略和发展规划，有利于制定统一的方针政策和行业规范，有利于协调不同行业之间的矛盾，有利于解决行业内部遇到的共同问题，有利于制定并实施全球资源战略和参与国际竞争。让中国矿业大步跨出国门，积极融入“一带一路”建设，这也是第一矿业大国应有的担当。

2 矿产资源开发的世界视野

矿产资源的不可再生性，决定了世界矿产资源保有量的枯竭性和供应量的有限性。加上矿产资源供需不均衡，致使世界范围内争夺矿产资源的矛盾加剧，造成了全球局势的纷扰动荡。

在近代，全球地缘政治复杂多变，无不与资源争夺有关。矿产资源丰富本是一个国家的优势，但在世界资源激烈争夺的过程中，相对弱小的国家，资源优势成为了外国入侵的导火索，如某些中东国家的石油，非洲国家的钻石、黄金等，都带着资源争夺的血腥味。

当前，全球四千三百多家国际矿业公司中，尤其是占比达 63.5% 的加拿大、美国、澳大利亚等国的矿业公司，在一百多个国家和地区既争夺资源，又争夺市场。这种争夺不仅表现在贸易摩擦和投资竞争的激烈性上，也表现在这些国际矿业公司与东道国之间矛盾的尖锐性上，有时甚至演化成为领土间的争端和冲突，造成世界经济、政治和军事的动荡不安。

邓小平同志在 1992 年曾经说过：“中东有石油，中国有稀土”，中国稀土年产量曾经独占全球的九成。随着高新科技产业的快速崛起，稀土资源成为极其重要的战略资源，特别是产于中国南方离子吸附型矿床中的钆、铽、镝、钬、铒、铥、镱、镥、钇、钪等 10 种重稀土。长时间超大规模、超强度的无序开采，给中国南方稀土矿区的生态环境带来了非常严重的破坏。为了保护生态环境，国家 2007 年决定对稀土出口实行配额管理，使得稀土的出口量缩减了 35%~40%。2012 年，美国、欧盟、日本等纠集起来，在世界贸易组织对中国的稀土配额管理制度横加指责、粗暴干涉。这些深刻地反映出世界矿产资源争夺与国际市场贸易战的激烈程度。

作为世界第一矿业大国，中国矿业对世界矿业的影响举足轻重，在矿业市场全球化的环境下，中国矿业已经深深地植根于全球化的矿业市场中，面对日益激烈的竞争，中国应加快从矿业大国向矿业强国转变。

到 2050 年，全球人口将会突破 90 亿，水、粮食和矿产资源的需求将大幅增加。资源过度开发利用所带来的环境破坏，以及资源过度消耗所造成的环境污染与气候变迁，将使人类面临更为严峻的生态危机。

放眼世界，资源是世局纷扰的主要因素。资源占有和资源供应决定着国家战略。发达国家之所以不惜投入巨资发展太空科技，研究打造月球基地和小行星采矿，努力向外太空发展，除了国家安全战略方面的考虑外，开发太空资源是其重要动因。未来一定是谁掌握了未来资源，谁就掌握了未来。

当前，我国经济已由高速发展阶段转向高质量发展阶段，对矿产资源的需求也由全面、持续、快速增长转变为差异化增长。矿产资源的供给安全正逐步突破以数量、规模、成本、利润为目标的市场供给范围，新一轮科技革命必将驱动矿产资源的供应安全渗透到国家经济发展和地缘政治领域。

面对错综复杂的国际环境，中国矿业要紧扣矿业领域新的发展阶段、新的发展理念、新的发展格局，以推进高质量低碳发展为目标，以短缺矿产资源找矿突破为重点，以树立绿色低碳矿业新形象为标志，加快构筑互利共赢的全球产业链、供应链命运共同体，形成以国内大循环为主体、国内国际双循环相互促进的发展新格局。

3 矿业的可持续发展

矿业要坚定不移地走可持续发展之路，“绿色开发”将成为矿业发展的永恒主题。人类在石器时代，对矿产品的认识、采集、加工利用等活动仅在地表进行，矿产品产量、开采方式和废弃物排放等，与生态环境的承载能力基本上相适应。自青铜时代起，铜、铁等矿产品先后出现规模化开采矿点，涉及地表、地下开发，但规模有限，对生态环境的影响也有限，故早期人类并没有十分重视矿业对周边生态环境的影响。进入工业化时代以后，经济和社会的发展使得矿产资源的需求量激增，矿业对生态环境的破坏也越来越严重。为了解决现代工业发展与生态环境保护间的矛盾，自20世纪70年代以来，人类在不懈地探求生存和发展的新道路，提出了“可持续发展”理念，倡导绿色矿业。经过几十年的实践，可持续发展和绿色矿业的理念，已被越来越多的人接受，并已成为全球共识。

我国是世界上少有的几个资源总量大、矿种配套程度较高的资源大国之一，矿产资源总量居世界第三位。但是，大宗矿产资源赋存条件不佳，可持续供给能力不强，人均资源量约为世界人均的58%。从这个意义上说，我国实际上还是一个资源相对贫乏的国家。目前，我国的镍、铜、铁、锰、钾、铅、铝、锌等大宗矿产品的后备资源储量较少，品质不高，且经过多年远高于全球平均水平的高强度开采，资源消耗过快，静态储采比大幅下降，总体上处于相对危机状态。

目前，我国正处于工业化中期阶段，对矿产资源的需求强度将进入高峰期，矿产资源的供需矛盾日益突出，因此，矿产资源的可持续开发利用更加引人瞩目。自20世纪末以来，我国矿业的可持续发展理念有了很大升华，归纳为以下四点：

(1)矿业经济的全球观。将一个国家和地区的资源供求平衡过程与国际平衡过程紧密地联系起来，采取两种资源和两个市场的战略方针和对策，稳定、及时、经济、安全地在国际范围内，实现国内总供给和总需求的平衡；同时积极、主动地适应矿业全球化的大趋势，以获得全球竞争与合作的“红利”，防止被边缘化。

(2)矿业的可持续发展观。将矿产资源的开发利用和生态环境的保护与整治紧密联系起来，强调资源利用的世界时空公平性和资源效益的综合性，在生产和消费模式上，实现由浪费资源到节约资源和保护资源，由粗放式经营到集约化经营，由只顾当代利用到兼顾后代持续利用的转变。

(3)资源开发利用增值观。通过科技进步，提高资源的综合回收率，开拓资源应用的新领域，延伸资源开发利用的产业链，从根本上改变“自然资源无价”和“劳动唯一价值论”的传统观念，使资源得到最大限度的利用。

(4)矿产资源供应安全观。矿产资源在很大程度上决定着一个国家的经济发展实力和综合国力，因此，资源需求大国应大大提高资源供求意义上的国家安全观，强化重要资源的安全供给。

矿业可持续发展是矿产资源开发利用与人口、经济、环境、社会发展相协调的可持续发展。2003年，我国提出了“坚持以人为本，实现全面、协调、可持续发展”的科学发展观，它成为我国实施可持续发展战略的原动力和重要指导方针。为了实现矿产资源可持续开发，在树立上述四个新观念的基础上，人们十分关注与矿产资源可持续开发相关的矿业政策与措施：

(1)健全矿产资源法律法规体系。在已有《矿产资源法》《固体废物污染环境防治法》等的基础上，制定《矿山环境保护法》《矿业市场法》等法律；科学编制和严格实施矿产资源规划，加强对矿产资源开发利用的宏观调控，促进矿产资源勘查和开发利用的合理布局；健全矿产资源有偿使用制度，加强矿山生态环境保护和治理，制定矿业监督监察工作条例，加强矿业执法、检查和社会监督。

(2)择优开发资源富集区。加强矿产资源调查评价和矿产勘查工作，积极开拓资源新区，开发国家短缺的和有利于西部经济发展的矿产资源；依据资源配置市场化的战略思路，对战略性资源实行保护性开采；按照价值规律调节资源供求关系，重视开发利用过程中资源价值的增值问题；科学地探索和总结矿床地质理论，不断创新勘探技术与方法，提高矿产资源保证程度。

(3)提高矿产资源开采和回收利用水平。依靠科技进步，推广采、选、冶高新技术，大力提高矿石回采率和伴生、共生组分的回收利用能力，最大限度地合理利用矿产资源，减少矿业对环境的影响；促进资源开发的节能降碳、绿色发展；大力培养全民节约资源和保护资源的意识，建立节约资源和循环利用资源的社会规范。

(4)用好国内外两种资源、两个市场。从国内矿产资源供应为主，转变为立足国内资源，通过扩大国际矿产品贸易、合作勘查开发和购置矿业股权等途径，最大限度地分享国外资源；组建海外经济联合体，形成利益共同体，掌控海外矿冶产业链的主导权，以稳定国外资源供应。对国内优势矿产，坚持保护性开发，以保障国家资源安全。

(5)矿产开发与环境保护协调发展。推进矿产资源开发集约化之路，提高矿业开发的集中度，发挥规模经济效益；发展现代装备技术，提高采掘装备水平，变革采矿工艺技术，“在保护中开发，在开发中保护”，推进安全生产、绿色发展，促进矿产资源开发利用与生态建设和环境保护的协调发展。

(6)建立重要战略矿产资源储备制度。采用国家储备与社会储备相结合的方式，实施战略性矿产资源储备；建立重要战略矿产资源安全供应体系和预警系统，最大限度地保障国家经济和国防建设对资源的需求；完善相关经济政策和管理体制，以应对国内紧缺支柱性矿产供应中断和国际市场的突发事件；积极开展大洋与极地矿产资源的调查研究，为开发海底与极地资源做好技术储备。

4 金属矿采矿工程

我国目前已经发现的矿产有173种，其中金属矿产59种、非金属矿产95种、能源矿产13种、水气矿产6种。本书所涵盖的内容主要涉及金属矿产资源的开采领域，包括已探明储量的54种金属矿产。

根据金属矿床赋存的空间环境和所采用的采矿工艺技术及装备的不同，金属矿床的开采方式目前一般分为露天开采、地下开采和海洋开采三种。

“露天开采”用于开采近地表的矿床。我国的铁矿石和冶金辅助原料，以及化工、建材及其他非金属矿产多采用露天开采。

“地下开采”用于开采上覆岩土层较厚或滨海、滨江、滨湖的矿床。我国的铅、锌、钨、锡、锑、金等有色金属矿产主要采用地下开采。

“海洋开采”用于开采海水、海底表层沉积物和海底浅表基岩中的有用矿物，至今仍然处于探索阶段。我国已于1991年成为海底资源“先驱投资者”国家，在国际公海上获得了15万km^2的“开辟区”和“保留区”的权利。我国在深海海底资源勘探、深海耐高压采掘设备和机器人等领域的研究，也已取得重要进展。

采矿工程学科是一个以矿山地质、矿床开采系统与方法、采矿工艺技术、矿山装备与信息技术、数字矿山与智能采矿、矿床开采设计、矿山建设与管理、矿山安全与环境工程等为主线，以岩体力学为专业基础理论，以机械化、自动化、信息化、智能化为重要技术支撑的工程科学技术学科。为了开发利用矿岩中的有用矿物资源，需要在长期地质作用下所形成的矿岩体中进行采掘作业而形成采矿工程，因而打破了亿万年来地层结构的原始应力平衡状态，必须通过支护、充填或崩落等地压控制手段在矿岩中形成一个新的应力平衡。但在长期的地质作用下所形成的板块、地块、断层、裂隙、层理、节理等多层次的结构体存在着复杂多变的地应力，直接影响着岩体本构关系的性质，使得采矿工程学科的基础理论与工艺技术比一般工程学科更加复杂。作为采矿工程基础理论的岩体力学，由于受到开采过程中多种随机因素的影响，要研究和处理非均质、非连续介质、内部充满各种软弱面的力学问题，也变得十分复杂。但在近代计算力学成果的基础上，通过计算机仿真技术，岩体力学已经能够从工程的角度诠释混沌问题的本质，为采矿工程技术的发展提供科学基础。

5　金属矿采矿的未来

我国钢铁和有色金属产量已于2000年前后分别跃居世界第一位，成为世界金属矿业大国。如今，我国正处于迈向矿业强国的重要转折期。站在世界矿业科技前沿的高度，去审视我国金属矿业的发展状况，前瞻未来，明确重点发展领域，全面落实可持续发展、绿色开发理念，努力构建非传统的“深地”开采模式，寻求“智能采矿”技术的新突破，是当代中国矿业人的重大使命。

(1)遵循矿业可持续发展模式——绿色开发。遵循矿业可持续发展的模式，将矿区资源、环境和社会看作一个有机整体，在充分开发、有效利用矿产资源的同时，保护矿区土地、水体、森林等生态环境，实现资源-环境-经济-社会的和谐发展是绿色开发的基本特征。“绿色开发”的技术内涵很广，主要包括矿区资源的高效开发设计和闭坑设计，矿区循环经济规划设计，固体废料产出最小化和资源化，节能减排，矿产资源的充分综合回收，矿区水资源的保护、利用与水害防治，矿区生态保护与土地复垦，矿山重金属污染土地生物修复，矿区生态环境的容量评价等。

2005年8月15日，习近平同志首次提出“绿水青山就是金山银山”的理念。按照“绿水青山”和“金山银山”和谐共存、互利互惠的基本原则，充分依靠不断创新的充填采矿工艺技术和装备，特别是金属矿山“采、选、充”一体化技术、特殊资源原位溶浸开采技术、闭坑后采掘空间绿色开发利用技术，推广节能降碳、绿色发展的矿业新模式，是矿山企业践行“绿水青山就是金山银山”的绿色发展理念、建设美丽中国的时代要求。

新建矿山必须牢牢把“绿色、智能、安全、高效”作为矿山建设发展方向，高起点、高标准建设，把绿色发展理念贯穿到矿产资源开发的全过程，一次性建成“生态型、环保型、安全型、数字化”的绿色矿山，正确处理和妥善解决好矿产资源开发与生态环境保护这个主要矛盾，实现“开发一矿、造福一方”的目标，不断增强企业员工和矿区人民群众的获得感、幸福感和安全感。

已建成矿山应该秉持“天地与我并生，而万物与我为一”的中国传统哲学思想，把矿区的资源与环境作为一个整体，在充分回收利用矿产资源的同时，协调开发利用和保护矿区的土地、森林、水体等各类资源，实现绿色发展。

(2)开拓矿业的科技前沿——深部(深地)开采。由于浅部资源正在消耗殆尽，未来金属矿山开采的前沿领域必将是深部开采。对于“深部”概念的确定，国内外采矿专家、学者历经近半个世纪的研究，到目前为止尚无统一的标准。我国有些专家、学者建议以岩爆发生频率明显增加作为标准来界定，普遍认为矿山转入深部开采的深度为超过800~1000 m。谢和平院士指出：确定深部的条件应是由地应力水平、采动应力状态和围岩属性共同决定的力学状态，而不是量化的深度概念，这种力学状态可以经过力学分析得到定量化的表述，并从力学角度出发，提出了“亚临界深度”“临界深度”“超临界深度”等概念。

“深地”的科学内涵包括揭露陆地岩石圈结构，揭示地壳结构构造、地壳活动规律与矿物质组成；探索地球深部矿床成矿规律，开展深部矿产资源、热能资源勘查与开发；进行城市地下空间安全利用、减灾、防灾与深地核废料处理等。为开发“深地”基础科学与工程技术研究，2016年、2017年，国家项目“深部岩体力学与采矿基础理论研究”“深部金属矿建井与提升关键技术”“深部金属矿安全高效开采技术”和“金属矿山无人开采技术”等已先后启动，我国矿业拉开了向“深地”进军的大幕。

随着开采深度的增加，开采难度将越来越大。开采深度达到2000 m后，开采环境将更加恶化，井下温度将高达60℃以上，地应力在100 MPa以上，开采活动变得更加困难，这被视为进入“超深开采”(或“深地开采”)阶段。“高地应力能”“高地热能”和“高水势能”的“三高能”特殊开采环境，现有传统技术已经难以应对。因此，“深地开采”必将成为矿业发展的前沿领域。

任何事物都有两面性，如可以引起岩爆、造成事故的“高地应力能”，目前已能利用其诱导岩石致裂来提高破碎效果。严重危害人的健康，甚至能引发炸药自爆的“高地热能”或许可用来供暖、发电，甚至实现深井降温；可造成管网爆裂和深井排水成本大幅增加的“高水势能”或许可作为新的动力源，用于矿浆提升或驱动井下机械设备。从能量角度思考，可以说，深地开采中的难题源自“三高能”的可致灾性，而这些难题的解决在一定程度上又寄望于“三高能”的开发利用。因此，在“深地”开采中，既要研究“三高能”的能量控制与转移，以防止诱发灾害，又要研究“三高能”的能量诱导与转化，为“深地”开采所利用。遵循这一技术思路，在基础理论、装备与工程技术的研究中，就会有更宽广的路线，实现安全、高效、绿色开采，从而有更宽阔的空间发展未来的“深地”矿业科技。

“深地”开采包含许多需要研究开发的高端领域，如：整体框架多点支撑推进、导向钻进的智能竖井掘进机械；深井集约开采智能化无轨采掘装备；大矿段多采区协同作业连续采矿技术；高应力储能矿岩的诱导致裂与深孔耦合崩矿技术；深井开采过程地压调控与区域地压监测技术；井下磨矿、泵送地面选厂的浆体输送技术；深部井底泵站与全尾砂膏体泵压充填技术；“深地”地热开发利用与热害控制技术；集约开采生产过程智能管控技术，等等。

“深地”矿物资源、能源资源的开发利用，已引起世人的极大关注，它是未来矿业的重要领域，是矿业发展高技术的战略高地。

(3)迈向矿业的未来目标——智能采矿。智能采矿是新一代信息智能技术与矿山开发技术深度融合，人文智慧与系统智能高效协同，通过人-机-环-管5G网络化数字互联智能响应矿产资源开发环境变化，实现采矿作业遥控化、采掘装备智能化、开采环境数字化、生产管理信息化的绿色智能、安全高效开采技术，是21世纪矿业发展的必然趋势。近期目标是全面实现矿山采矿机械化、信息化、自动化，个别矿山初步构建较完善的智能采矿应用场景，针对井下有轨/无轨作业装备实行局部智能调度；中期目标是构建完善成熟的智能感知、智能决策、自动执行的智能采矿技术规范与标准体系，以矿山无轨装备远程自主智能化作业为基础，实现矿山开拓设计、地质保障、采掘(剥)、出矿(充填)、运输通风、供风排水、地压监控等系统的智能化决策和自动化协同运行；远期目标是矿山开采全过程三维可视化及数据实时采集智能化处理、矿山生产决策及管控一体化平台高效协同，地下矿山生产作业全部实现机器人替代，矿产资源开发实现全流程智能化开采。

矿业作为传统而复杂的产业，面对着采矿条件复杂、生产体系庞大、采掘环境多变等诸多挑战，抓住新一代信息技术变革机遇，树立互联网新思维，利用无线遥控传感技术、云计算、人工智能、机器视觉、虚拟现实、无人驾驶、工业机器人等先进技术，解决了生产、设备、人员、安全等制约矿山发展的瓶颈问题，着力打造“智能化矿山”，是当前矿业高质量发展的努力方向。

“智能采矿”的发展，起步于数字矿山的基础平台建设，发展于信息化智能化采矿技术的创新过程。近几年来，一批具有远见卓识的矿山企业，已把矿山数字化、信息化列为矿山基础设施工程，初步建成了集多功能于一体的矿山综合信息平台，包括矿产资源评价、资源动态管理、开采优化设计、矿山安全生产指挥调度中心、灾害远程监测与预报、矿山固定设备远程集中控制、井下移动目标跟踪定位、智能采装运设备检测与遥控系统、生产经营管理，等等。一批如杏山铁矿、迪庆普朗铜矿、城门山铜矿、乌山铜矿、三山岛金矿和即将投产的思山岭铁矿等智能化矿山标杆企业，已经走在前头。总体而言，我国大型矿山企业的智能化发展水平与国际先进水平的差距正逐步缩小，其中在智能化装备技术应用方面已基本与国际实现同步发展；在智能软件设计和应用，以及井下有轨矿山智能化改造等方面已经处于国际先进水平。

“智能采矿”是一个综合的系统工程，在推进智能采矿的过程中，需要矿业软件、矿山装备与通信信息等学科及产业部门的大力合作和支撑，但把握矿山工程活动全局的采矿工作者要做实践智能采矿的主导者，以推动矿业全面升级：实现采矿作业室内化，最大限度地解决矿山生产安全问题，使大批矿工远离井下作业环境；实现生产过程遥控化，大幅提高井下作业生产效率，大幅降低井下通风、降温等费用；实现矿床开采规模化，大幅提升矿山产能，大幅降低采矿成本，使大规模低品位矿床得到更充分的利用；实现职工队伍知识化，大幅提升职工队伍的知识结构，使矿工弱势群体的社会地位发生根本性的改变。

人类文明始于矿业，未来仍将以矿业为基石，伴随着中华文明的伟大复兴，中国采矿必将走向星辰大海，前途一片光明！

Preface 序言

岩体力学是采矿工程的理论基础之一，采矿工程的安全和稳定性离不开矿山岩体力学。预测和控制岩体的力学状态，可有效保证矿山开采的安全和增加矿山的经济效益。

岩体力学经过近几十年的发展取得了长足的进步，如在岩石力学理论、岩体的变形与破坏、深部岩体力学理论和技术、测试技术、工程的预警预报等方面有很大的进展。

本手册注重理论联系实际，具有全面性、科学性和实用性。本卷内容不仅包含矿山开采中遇到的岩体力学问题及解决方法，还从岩体的物理力学性质、稳定性分析、测试监测、支护等角度提供了一些实用的技术和实际的数据，对采矿工作者有重要的参考价值。

编写手册类工具书是一个比较艰苦的工作，编者、审稿人员和出版社都付出了辛勤的劳动，期望本卷能为采矿工作者提供实际的参考，也为我国采矿工程技术的发展起到一定的推动作用。

冯夏庭

2023 年 1 月

Foreword 前言

近年来，矿山岩体力学理论和测试技术取得了较大进展，使矿山岩体力学在稳定性分析方法、地压监测及控制、新型动力灾害释能支护等方面取得了巨大成就。本手册系统总结了近十年来矿山岩体力学的进展和经验，本着科学性、实用性、先进性的原则，挑选了部分国内外矿山典型案例，增加了具有代表性的数据图表，力争为矿山工程师提供一部实用的技术指导书。

《采矿手册 第二卷 矿山岩体力学》分为七章，包含岩石与岩体特性、矿山岩体力学分析方法、矿山地压与变形监测、岩体支护与加固、井巷地压、采场地压、露天矿边坡工程。

矿山岩体力学在采矿中应用非常广泛，如井巷与采场围岩稳定性控制、开采方法及矿柱尺寸的确定、岩层与地表移动规律及控制、深部岩爆灾害与防治等，矿山岩体力学正发挥越来越重要的作用。在我国现代化建设进程中，对矿产资源的巨大需求促进了采矿行业的快速发展，尤其是5G、人工智能、大数据、云平台等技术的推广应用，使矿山岩体力学研究方法不断创新，研究水平不断提高。

本卷由东北大学赵文担任主编，中国科学院武汉岩土力学研究所陈从新担任副主编，其中第1章由中国科学院武汉岩土力学研究所邱士利、东北大学张希巍和杨成祥编写，第2章由中国科学院武汉岩土力学研究所周辉和河南理工大学李震编写，第3章由中国科学院武汉岩土力学研究所陈从新和夏开宗编写，第4章由东北大学赵兴东编写，第5章由北京科技大学谭卓英、蔡美峰编写，第6章由东北大学李元辉、徐世达编写，第7章由东北大学杨天鸿编写。

本卷主审由中国科学院武汉岩土力学研究所黄理兴担任，审稿专家有长沙矿山研究院有限责任公司李爱兵、中南大学曹平、北京科技大学王金安。

本手册在编写过程中引用了许多单位和同行的技术成果，在此表示诚挚谢意。

本手册由多人编写，尽管在编写过程中经多次讨论、审稿，但由于编写人员水平有限，手册中不当或不正确之处，敬请读者批评指正。

编 者

2023年1月于沈阳

Contents 目录

第 1 章　岩石与岩体特性　/ 1

1.1　岩石成因与组构　/ 1
1.1.1　岩石类型与组构　/ 1
1.1.2　组构特征　/ 4
1.2　岩石基本物理力学性质　/ 7
1.2.1　物理性质　/ 7
1.2.2　岩石的变形　/ 16
1.2.3　岩石的强度　/ 25
1.2.4　岩体的动力学性质　/ 42
1.3　岩体力学特性　/ 50
1.3.1　岩体组成与构造特征　/ 50
1.3.2　岩体的变形　/ 60
1.3.3　岩体的强度　/ 66
1.3.4　岩体的渗透特性　/ 74
1.3.5　岩体的可钻性与可爆性　/ 78
1.4　深部岩体力学特性　/ 86
1.4.1　深部岩体地应力特性　/ 86
1.4.2　深部岩体高温高压特点　/ 88
1.4.3　深部岩体变形与破裂特点　/ 88
1.4.4　深部岩体卸荷破坏行为　/ 88
1.4.5　深部岩体破裂过程能量演化　/ 91
1.4.6　深部岩体破坏后残余变形特点　/ 94
1.4.7　深部硬岩的非膨胀变形特征　/ 97
1.4.8　深部岩体时效破裂行为　/ 98

第 2 章 矿山岩体力学分析方法 / 104

2.1 岩体分级 / 104
2.1.1 BQ 分级 / 104
2.1.2 Q 分级系统 / 106
2.1.3 RMR 评价系统 / 110
2.1.4 GSI 岩体分级法 / 112
2.1.5 MRMR 岩体分级法 / 112
2.1.6 矿山岩体分级实例 / 118
2.2 岩体稳定性评价方法 / 122
2.2.1 工程类比法 / 122
2.2.2 理论解析法 / 127
2.2.3 物理模拟法 / 129
2.2.4 数值分析法 / 130
2.2.5 监测反馈法 / 132
2.3 岩体稳定性评价判据 / 137
2.3.1 变形 / 137
2.3.2 强度 / 138
2.3.3 开挖损伤区 / 138
2.3.4 破坏接近度 / 141
2.3.5 能量释放率 / 147
2.3.6 安全系数 / 156
2.4 岩体稳定性不确定分析方法 / 159
2.4.1 可靠度分析方法 / 159
2.4.2 模糊综合分析方法 / 161
2.4.3 灰色系统分析方法 / 163
2.4.4 统计学分析方法 / 166
2.5 智能岩石力学分析方法 / 168
2.5.1 岩体力学参数与模型智能识别 / 168
2.5.2 岩体稳定性智能估计 / 169
2.5.3 岩体失稳破坏模式智能辨识 / 170
2.5.4 岩体稳定性智能反馈分析 / 171
2.5.5 岩体稳定性综合集成智能分析 / 171

第 3 章 矿山地压与变形监测 / 174

3.1 矿山地压监测仪器 / 174
3.1.1 机械式矿压监测仪器 / 174
3.1.2 液压式仪器 / 177
3.1.3 振弦式观测仪器 / 178

3.1.4 微震监测仪器 / 180
3.1.5 激光探测仪器 / 182
3.1.6 合成孔径雷达干涉技术(InSAR) / 184
3.1.7 GPS 仪器 / 184
3.1.8 光纤传感、钻孔摄像、超声检测、遥测、无人机等其他仪器 / 186
3.2 岩移监测 / 198
3.2.1 地表变形监测 / 199
3.2.2 岩体内部变形监测 / 208
3.3 露天边坡监测 / 211
3.3.1 边坡变形监测 / 213
3.3.2 边坡应力监测 / 215
3.3.3 边坡地下水位和降雨量监测 / 216
3.3.4 微震监测 / 216
3.3.5 爆破振动监测 / 216
3.3.6 实例 / 217
3.4 采场地压监测 / 226
3.4.1 变形监测 / 227
3.4.2 应力监测 / 229
3.4.3 损伤裂隙监测 / 233
3.4.4 微震监测 / 237
3.4.5 爆破振动监测 / 240

第 4 章 岩体支护与加固 / 245

4.1 岩体支护原理与方法选择 / 245
4.1.1 岩体支护原理 / 245
4.1.2 支护设计 / 249
4.2 喷射混凝土 / 253
4.2.1 喷射混凝土技术性能 / 254
4.2.2 喷射混凝土支护适用条件 / 255
4.2.3 喷射混凝土支护设计 / 256
4.2.4 工程实例 / 257
4.3 锚杆支护 / 259
4.3.1 支护原理 / 259
4.3.2 锚杆种类 / 261
4.3.3 锚杆支护设计 / 265
4.3.4 锚喷支护 / 266
4.3.5 释能锚杆支护 / 270
4.3.6 支护案例 / 278
4.4 锚索支护 / 281

4.4.1　锚索类型　/ 281
4.4.2　锚索支护理论　/ 284
4.4.3　锚索支护设计　/ 285
4.4.4　锚索支护案例　/ 290
4.5　混凝土支护　/ 293
4.5.1　混凝土支护类型　/ 293
4.5.2　混凝土配合比设计　/ 294
4.5.3　混凝土支护厚度　/ 298
4.6　金属支架　/ 300
4.6.1　矿用工字钢刚性金属支架　/ 300
4.6.2　矿用工字钢梯形可缩性金属支架　/ 302
4.7　注浆加固　/ 303
4.7.1　注浆原理　/ 303
4.7.2　注浆材料　/ 303
4.7.3　注浆设计　/ 304
4.7.4　注浆设备　/ 309
4.7.5　注浆工艺　/ 312
4.7.6　工作面注浆　/ 317
4.7.7　注浆实例　/ 326

第 5 章　井巷地压　/ 331

5.1　原岩应力　/ 331
5.1.1　原岩应力的成因　/ 331
5.1.2　构造应力　/ 332
5.1.3　重力应力　/ 333
5.1.4　原岩应力场分布规律　/ 335
5.1.5　原岩应力测量　/ 340
5.1.6　地应力数据分析方法　/ 350
5.1.7　典型案例　/ 351
5.2　巷道地压　/ 355
5.2.1　巷道地压显现形式与分类　/ 355
5.2.2　巷道地压形成机理　/ 357
5.2.3　巷道地压分析与计算　/ 357
5.2.4　巷道地压控制　/ 361
5.2.5　典型案例　/ 361
5.3　竖井地压　/ 367
5.3.1　竖井地压显现形式与分类　/ 367
5.3.2　竖井地压的形成机理　/ 367
5.3.3　竖井地压分析计算　/ 368

5.3.4 竖井地压控制 / 372
5.3.5 典型案例 / 373
5.4 硐室地压 / 384
5.4.1 硐室地压显现形式与分类 / 384
5.4.2 硐室地压控制 / 385
5.4.3 典型案例——金川镍矿 / 387
5.5 深井地压 / 389
5.5.1 深井地压机理与特点 / 389
5.5.2 深井地压控制方法 / 390
5.6 岩爆 / 396
5.6.1 岩爆诱发因素及形成条件 / 396
5.6.2 岩爆显现形式、特征及分类 / 398
5.6.3 岩爆倾向性 / 399
5.6.4 岩爆分级 / 402
5.6.5 岩爆监测与预警方法 / 404
5.6.6 岩爆预警案例及工程应用 / 410
5.6.7 岩爆控制 / 417

第6章 采场地压 / 423

6.1 采场地压特征及分类 / 423
6.1.1 影响采场地压的因素 / 424
6.1.2 采场地压的分类 / 425
6.2 空场采矿法地压 / 425
6.2.1 房柱采矿法地压特征及控制 / 425
6.2.2 留矿法地压特征及控制 / 437
6.2.3 分段矿房法地压特征及控制 / 440
6.3 充填采矿法地压 / 442
6.3.1 充填体与围岩的相互作用 / 443
6.3.2 水平分层充填采矿法地压显现特征 / 450
6.3.3 阶段充填法地压显现特征及控制 / 453
6.4 崩落采矿法地压 / 459
6.4.1 单层崩落采矿法地压特征及控制 / 460
6.4.2 有底柱崩落采矿法地压显现特征及控制 / 462
6.4.3 无底柱分段崩落采矿法地压显现特征及控制 / 468
6.4.4 自然崩落采矿法地压显现特征及控制 / 484
6.5 采空区地压管理 / 489
6.5.1 采空区分类 / 489
6.5.2 采空区探测 / 490
6.5.3 采空区稳定性评价 / 491

6.5.4 采空区群稳定性评价 / 493
6.5.5 采空区处理 / 495

第7章 露天矿边坡工程 / 507

7.1 露天矿边坡特征 / 507
7.1.1 基本要素 / 507
7.1.2 边坡岩体结构特征 / 510
7.1.3 工程特征 / 512
7.1.4 边坡稳定性影响因素 / 514
7.1.5 边坡破坏模式 / 516
7.2 露天矿边坡岩体及结构面力学参数确定 / 520
7.2.1 结构面力学参数 / 520
7.2.2 边坡岩体力学参数 / 521
7.2.3 其他方法确定边坡岩体力学参数 / 526
7.3 露天矿边坡稳定性分析评价方法 / 527
7.3.1 边坡稳定性分析评价的基本原则 / 527
7.3.2 工程地质类比法(定性方法) / 530
7.3.3 刚体极限平衡分析法(定量方法) / 533
7.3.4 数值模拟分析计算方法 / 535
7.3.5 可靠性分析方法 / 535
7.4 边坡稳定性监测及预报预警 / 536
7.4.1 边坡稳定性监测方法及实例 / 536
7.4.2 边坡滑坡预报预警 / 540
7.5 露天矿边坡稳定性控制方法 / 546
7.5.1 边坡稳定性控制方法 / 546
7.5.2 边坡稳定性控制的工程案例 / 547
7.6 露天转地下或露天与地下联合开采边坡稳定性 / 551
7.6.1 露天开采与地下开采的空间关系 / 551
7.6.2 露天转地下开采边坡稳定性 / 554
7.6.3 露天与地下联合开采的边坡稳定性 / 556

第 1 章 岩石与岩体特性

1.1 岩石成因与组构

1.1.1 岩石类型与组构

地质分类是根据岩石的地质成因、矿物成分、结构构造和风化程度等划分，采用地质名称(即岩石学名称)加风化程度表达，如强风化花岗岩、微风化砂岩等。根据地质学的岩石成因可将岩石分为岩浆岩、沉积岩和变质岩三大类。我国区域地质测量成果显示，沉积岩占岩石总量的77%，岩浆岩与变质岩占23%。矿床开采中常遇到的岩石有石灰岩、砂岩、板岩、石英岩、矽卡岩、混合岩、闪长岩、花岗岩等，下面将简要介绍岩浆岩、沉积岩和变质岩。

1)岩浆岩

依据冷凝成岩浆岩的环境可将岩浆岩划分为三大类：深成岩、浅成岩和喷出岩。岩浆岩的特点是无层理、产状复杂，其岩相表现在结晶程度上。岩浆岩与围岩的接触关系可分为两类：冷接触和热接触。表 1-1 所示为岩浆岩分类。

表 1-1 岩浆岩分类

<table>
<tr><td>化学成分</td><td colspan="4">含 Si，以 Al 为主</td><td colspan="2">含 Fe，以 Mg 为主</td><td rowspan="5">产状</td><td rowspan="5">基本特征概述</td></tr>
<tr><td>酸基性</td><td colspan="2">酸性</td><td colspan="2">中性</td><td>基性</td><td>超基性</td></tr>
<tr><td>颜色</td><td colspan="4">浅色
(浅灰色、浅红色、黄色)</td><td colspan="2">深色
(深灰色、绿色、黑色)</td></tr>
<tr><td rowspan="2">矿物成分
成因及结构</td><td colspan="3">含正长石</td><td colspan="2">含斜长石</td><td>不含长石</td></tr>
<tr><td>石英、云母、角闪石</td><td colspan="2">黑云母、角闪石、辉石</td><td>角闪石、辉石、黑云母</td><td>辉石、角闪石、橄榄石</td><td>橄榄石、辉石</td></tr>
</table>

续表 1-1

<table>
<tr><td>深成岩</td><td>等粒状、有时为斑状，所有矿物皆能用肉眼鉴别</td><td>花岗岩</td><td>正长岩</td><td>闪长岩</td><td>辉长岩</td><td>橄榄岩、辉岩</td><td>岩基
岩株</td><td>颗粒均匀、多为粗-中粒状结构，致密坚硬，孔隙少，强度高，透水性较弱，抗水性较强，工程地质性质较好</td></tr>
<tr><td>浅成岩</td><td>斑状（斑晶较大且可分辨出矿物名称）</td><td>花岗斑岩</td><td>正长斑岩</td><td>玢岩</td><td>辉绿岩</td><td>未遇到</td><td>岩脉
岩床
岩盘</td><td>成分与深成岩相似，但产状和结构不同，多为岩床、岩墙、岩脉等小侵入体，岩体均匀性差，常呈镶嵌式结构，岩石多呈斑状和均粒-中细粒结构，细粒岩石强度比深成岩高，抗风化能力强等</td></tr>
<tr><td rowspan="2">喷出岩</td><td>玻璃状，有时为细粒斑状，矿物难于用肉眼鉴别</td><td>流纹岩</td><td>粗面岩</td><td>安山岩</td><td>玄武岩</td><td>未遇到</td><td>熔岩流</td><td>岩石结构及成分差异性较大，岩性岩相复杂，各向异性显著，岩体连续性较差，透水性较强，软弱夹层的弱结构面较发育；岩石中多含玻璃及气孔构造、杏仁构造，岩石颗粒很细，结构致密，原生节理较发育；有些岩层常含有大量蒙脱石、拜来石及伊利石等黏土矿物，具有不同的膨胀性</td></tr>
<tr><td>玻璃状或碎屑状</td><td colspan="5">黑曜岩、浮石、火山碎屑岩、火山玻璃</td><td>火山喷出的堆积物</td><td>—</td></tr>
</table>

2）沉积岩

按形成条件及结构特点，沉积岩可分为碎屑岩类（火山碎屑岩和沉积碎屑岩）、黏土岩类、化学岩和生物化学岩类等，具体见表 1-2。

表 1-2　沉积岩分类简表

<table>
<tr><th colspan="2">岩类</th><th colspan="2">结构</th><th>岩石分类名称</th><th>主要亚类及其组成物质</th></tr>
<tr><td rowspan="6">碎屑岩类</td><td rowspan="3">火山碎屑岩</td><td rowspan="6">碎屑结构</td><td>粒径大于 100 mm</td><td>火山集块岩</td><td>主要由大于 100 mm 的熔岩碎块、火山灰尘等经压密胶结而成</td></tr>
<tr><td>粒径为 2~100 mm</td><td>火山角砾岩</td><td>主要由 2~100 mm 的熔岩碎屑、晶屑、玻屑及其他碎屑混入物组成</td></tr>
<tr><td>粒径小于 2 mm</td><td>凝灰岩</td><td>由 50%以上的粒径小于 2 mm 的火山灰组成，其中有岩屑、晶屑、玻屑等细粒碎屑物质</td></tr>
<tr><td rowspan="3">沉积碎屑岩</td><td>砾状结构，粒径大于 2 mm</td><td>砾岩</td><td>①角砾岩：由带棱角的角砾经胶结而成
②砾岩：由浑圆的砾石经胶结而成</td></tr>
<tr><td>砂状结构，粒径为 0.05~2 mm</td><td>砂岩</td><td>①石英砂岩：石英含量>90%、长石和岩屑含量<10%
②长石砂岩：石英含量<75%、长石含量>25%、岩屑含量<10%
③岩屑砂岩：石英含量<75%、长石含量<10%、岩屑含量>25%</td></tr>
<tr><td>粉砂状结构，粒径为 0.005~0.05 mm</td><td>粉砂岩</td><td>由石英、长石的粉、黏粒及黏土矿物组成</td></tr>
<tr><td colspan="2" rowspan="2">黏土岩类</td><td colspan="2" rowspan="2">泥质结构，粒径小于 0.005 mm</td><td>泥岩</td><td>主要由高岭石、微晶高岭石及水云母等黏土矿物组成</td></tr>
<tr><td>页岩</td><td>①黏土质页岩：由黏土矿物组成
②碳质页岩：由黏土矿物及有机质组成</td></tr>
<tr><td colspan="2" rowspan="2">化学岩和生物化学岩类</td><td colspan="2" rowspan="2">结晶结构及生物结构</td><td>石灰岩</td><td>①石灰岩：方解石含量>90%、黏土矿物含量<10%
②泥灰岩：方解石含量 50%~75%、黏土矿物含量 25%~50%</td></tr>
<tr><td>白云岩</td><td>①白云岩：白云石含量 90%~100%、方解石含量<10%
②灰质白云岩：白云石含量 50%~75%、方解石含量 25%~50%</td></tr>
</table>

注：表中的矿物含量，指矿物的体积分数乘以相对密度。

3）变质岩

按照变质作用类型，变质岩可分为动变质岩、接触变质岩及区域变质岩等。其中区域变质岩一般分为三种类型，分别为浅变质岩、中变质岩及深变质岩。变质岩分类见表 1-3。

表 1-3　变质岩分类简表

岩类	构造	岩石名称	主要亚类及其矿物成分	原岩	变质程度
片理状岩类	片麻状构造	片麻岩	①花岗片麻岩：以长石、石英、云母为主，其次为角闪石，有时含石榴子石 ②角闪石片麻岩：以长石、石英、角闪石为主，其次为云母，有时含有石榴子石	中酸性岩浆岩、黏土岩、粉砂岩、砂岩	深变质岩

续表1-3

岩类	构造	岩石名称	主要亚类及其矿物成分	原岩	变质程度
片理状岩类	片状构造	片岩	①云母片岩：以云母、石英为主，其次有角闪石等 ②滑石片岩：以滑石、绢云母为主，其次有绿泥石、方解石等	黏土岩、砂岩、中酸性火山岩、超基性岩、白云质泥灰岩	中变质岩
			③绿泥石片岩：以绿泥石、石英为主，其次有滑石、方解石等	中基性火山岩、白云质泥灰岩	浅变质岩
	千枚状构造	千枚岩	以绢云母为主，其次有石英、绿泥石等	黏土岩、黏土质粉砂岩、凝灰岩	
	板状构造	板岩	黏土矿物、绢云母、石英、绿泥石、黑云母、白云母等		
块状岩类	块状构造	大理岩	以方解石为主，其次有白云石等	石灰岩、白云岩	中-深变质岩
		石英岩	以方解石为主，有时含有绢云母、白云母等	砂岩、硅质岩	浅变质岩
		蛇纹岩	以蛇纹石、滑石为主，其次为绿泥石、方解石等	超基性岩	

1.1.2 组构特征

1) 岩石的矿物组成

自然界中的造岩矿物有含氧盐、氧化物及氢氧化物、卤化物、硫化物和自然元素五大类，其中以含氧盐中的硅酸盐、碳酸盐及氧化物类矿物最常见。常见的硅酸盐类矿物有长石、辉石、角闪石、橄榄石及云母和黏土矿物等，其中黏土矿物属层状硅酸盐类矿物，主要有高岭石、水云母及蒙脱石三类。碳酸盐类矿物是石灰岩和白云岩类的主要造岩矿物。表 1-4 汇总了常见造岩矿物及其部分性质。

表 1-4 常见造岩矿物及其部分性质

矿物名称(化学成分)	形状	物理性质				主要鉴定特征	典型样品照片
		颜色	光泽	硬度*	解理、断口		
石英 (SiO_2)	六棱柱状或双锥状、粒状、块状	无色、乳白色或其他色	玻璃光泽，断口为油脂光泽	7	无解理，贝壳状断口	形状、硬度	

续表1-4

矿物名称(化学成分)	形状	物理性质				主要鉴定特征	典型样品照片
		颜色	光泽	硬度*	解理、断口		
正长石 ($K[AlSi_3O_8]$)	短柱状、板条状	肉色、浅玫瑰色或近于白色	玻璃光泽	6	二向完全解理,近于正交	解理、颜色	
斜长石 (钠长石：$Na[AlSi_3O_8]$; 钙长石：$Ca[Al_2Si_2O_8]$)	长柱状、板条状	白色或灰白色	玻璃光泽	6	二向完全解理,斜交	颜色、解理面有细条纹	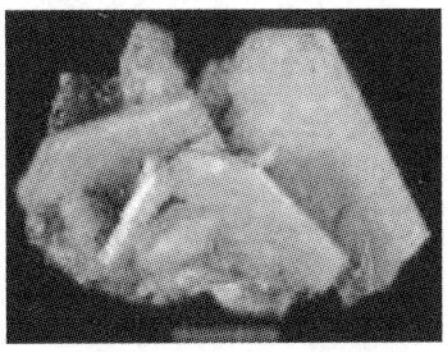
白云母 ($KAl_2[Si_3AlO_{10}][OH]_2$)	板状、片状	无色、灰白色至浅灰色	玻璃或珍珠光泽	2~3	一向极完全解理	解理、薄片有弹性	
黑云母 ($K(Mg、Fe)_3[AlSi_3O_{10}][OH]_2$)	板状、片状	深褐色、黑绿色至黑色	玻璃或珍珠光泽	2.5~3	一向极完全解理	解理、颜色、薄片有弹性	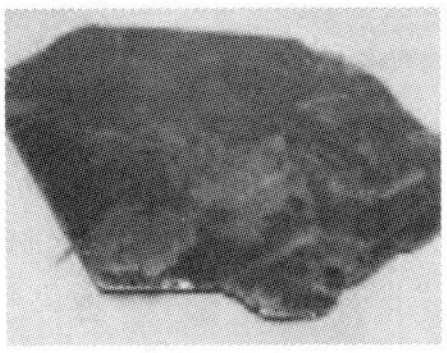
角闪石 ($(Ca、Na)(Mg、Fe)_4(Al、Fe)[(Si、Al)_4O_{11}]_2[OH]_2$)	长柱状、纤维状	深绿色至黑绿色	玻璃光泽	5.5~6	二向完全解理,交角近56°	形状、颜色	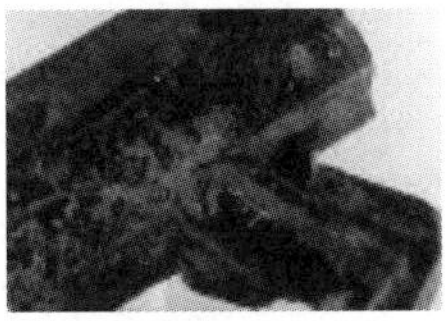
辉石 ($(Na、Ca)(Mg、Fe、Al)[(Si、Al)_2O_6]$)	短柱状、粒状	褐黑色、棕黑色至深黑色	玻璃光泽	5~6	二向完全解理,交角近90°	形状、颜色	

续表1-4

矿物名称(化学成分)	形状	物理性质				主要鉴定特征	典型样品照片
		颜色	光泽	硬度*	解理、断口		
橄榄石 ($(Fe、Mg)_2[SiO_4]$)	粒状	橄榄绿色、淡黄绿色	油脂或玻璃光泽	6.5~7	通常无解理，贝壳状断口	颜色、硬度	
方解石 ($CaCO_3$)	菱面状、块状、粒状	白色、灰白色或其他颜色	玻璃光泽	3	三向完全解理	解理、硬度、遇盐酸强烈起泡	
白云石 ($CaMg[CO_3]_2$)	菱面体、块状、粒状	灰白色、淡红色或淡黄色	玻璃光泽	3.5~4	三向完全解理，晶面常弯曲呈鞍状	解理、硬度、晶面弯曲、遇盐酸微弱起泡	
石膏 ($CaSO_4 \cdot 2H_2O$)	板状、条状、纤维状	无色、白色或灰白色	玻璃或丝绢光泽	2	一向完全解理	解理、硬度	
高岭石 ($Al_4[Si_4O_{10}][OH]_8$)	鳞片状、细粒状	白色、灰白色或其他颜色	土状光泽	1	一向完全解理	性软、粘舌、具有可塑性	
滑石 ($Mg_3[Si_4O_{10}][OH]_2$)	片状、块状	白色、淡黄色、淡绿色或淡灰色	蜡状或珍珠光泽	1	一向完全解理	颜色、硬度、触摸有滑腻感	

续表1-4

矿物名称(化学成分)	形状	物理性质				主要鉴定特征	典型样品照片
		颜色	光泽	硬度*	解理、断口		
绿泥石 $((Mg、Fe)_5 Al[AlSi_3O_{10}][OH]_8)$	片状、土状	深绿色	珍珠光泽	2~2.5	一向完全解理	颜色、薄片无弹性但有挠性	
蛇纹石 $(Mg_6[Si_4O_{10}][OH]_8)$	块状、片状、纤维状	淡黄绿色、淡绿色或淡黄色	蜡状或丝绢光泽	3~3.5	无解理，贝壳状断口	颜色、光泽	
石榴子石 $((Mg、Fe、Mn、Ca)_3 (Al、Fe、Cr)_2[SiO_4]_3)$	菱形十二面体、二十四面体、粒状	棕色、棕红色或黑红色	玻璃光泽	6.5~7.5	无解理，不规则断口	形状、颜色、硬度	

注：* 指依据表 1-5 所列的摩氏硬度计法所获得的相对硬度。

表 1-5　矿物硬度表

硬度	1	2	3	4	5	6	7	8	9	10
矿物	滑石	石膏	方解石	萤石	磷灰石	长石	石英	黄玉	刚玉	金刚石

2)岩石的结构与构造

岩石结构指组成岩石的物质的结晶程度、矿物颗粒的大小、矿物的形状以及它们之间的相互关系所表现出来的特征。岩石的构造指矿物集合体之间及其与其他组分之间的排列组合方式。

1.2　岩石基本物理力学性质

1.2.1　物理性质

矿岩物理性质主要包括孔隙性、密度、水理性等。每种物理性质均可通过物理指标量化，如容重和比重反映矿岩的密度特性，孔隙率衡量矿岩的孔隙性，含水率、吸水率、保水率以及保水系数等用来评估矿岩的水理性质，渗透系数表征矿岩的透水能力，软化系数衡量矿岩的软化性能等。表 1-6 汇总了常见矿岩的部分物理性质指标。

表 1-6 常见矿岩的部分物理性质指标

<table>
<tr><th colspan="3" rowspan="2">岩石名称</th><th rowspan="2">密度
$/(kg\cdot m^{-3})$</th><th rowspan="2">孔隙率
/%</th><th rowspan="2">吸水率
/%</th><th rowspan="2">渗透系数
$/(m\cdot s^{-1})$</th><th colspan="2">动力学特性</th></tr>
<tr><th>纵波波速
$/(m\cdot s^{-1})$</th><th>横波波速
$/(m\cdot s^{-1})$</th></tr>
<tr><td rowspan="14">岩浆岩</td><td rowspan="3">花岗岩</td><td>含较致密微裂隙</td><td rowspan="3">2300~2800</td><td rowspan="3">0.4~0.5</td><td rowspan="3">0.1~4.0</td><td>$1.1\times10^{-14}\sim9.5\times10^{-13}$</td><td rowspan="3">4500~6500</td><td rowspan="3">2270~3800</td></tr>
<tr><td>含微裂隙</td><td>$2.5\times10^{-13}\sim1.1\times10^{-13}$</td></tr>
<tr><td>微裂隙及一些粗裂隙</td><td>$2.7\times10^{-11}\sim7\times10^{-10}$</td></tr>
<tr><td colspan="2">正长岩</td><td>2400~2850</td><td></td><td></td><td></td><td></td><td></td></tr>
<tr><td colspan="2">闪长岩</td><td>2520~2960</td><td>0.18~5.0</td><td>0.3~5.0</td><td></td><td>5700~6450</td><td>2793~3800</td></tr>
<tr><td colspan="2">辉长岩</td><td>2550~3000</td><td>0.29~4.0</td><td>0.5~4.0</td><td></td><td>5300~6560</td><td>3200~4000</td></tr>
<tr><td colspan="2">辉绿岩</td><td>2530~2970</td><td></td><td></td><td>$<10^{-13}$</td><td>5200~5800</td><td>3100~3500</td></tr>
<tr><td colspan="2">玢岩</td><td>2400~2800</td><td>2.1~5.0</td><td>0.4~1.7</td><td>8×10^{-13}</td><td></td><td></td></tr>
<tr><td colspan="2">斑岩</td><td>2700~2740</td><td></td><td></td><td></td><td></td><td></td></tr>
<tr><td colspan="2">粗面岩</td><td>2300~2670</td><td></td><td></td><td></td><td>3000~5000</td><td>1800~3100</td></tr>
<tr><td colspan="2">安山岩</td><td>2300~2700</td><td>1.1~4.5</td><td>0.3~4.5</td><td></td><td>4200~5600</td><td>2500~3300</td></tr>
<tr><td colspan="2">玄武岩</td><td>2500~3100</td><td>0.5~7.2</td><td>0.3~2.8</td><td>$<10^{-13}$</td><td>4570~7500</td><td>3050~4500</td></tr>
<tr><td colspan="2">流纹岩</td><td>2370</td><td></td><td></td><td>$<10^{-13}$</td><td>4800~6900</td><td>2900~4100</td></tr>
<tr><td colspan="2">纯橄榄岩</td><td></td><td></td><td></td><td></td><td>6500~7950</td><td>4080~4800</td></tr>
<tr><td rowspan="3">火山岩</td><td colspan="2">凝灰岩</td><td>2290~2500</td><td>1.5~7.5</td><td>0.5~7.5</td><td></td><td>2600~4300</td><td>1550~2880</td></tr>
<tr><td colspan="2">火山集块岩</td><td></td><td>2.2~7.0</td><td>0.5~1.7</td><td></td><td></td><td></td></tr>
<tr><td colspan="2">火山角砾岩</td><td></td><td>4.4~11.2</td><td>0.2~5.0</td><td></td><td></td><td></td></tr>
<tr><td rowspan="10">沉积岩</td><td colspan="2">砾岩</td><td>2400~2660</td><td>0.8~10.0</td><td>0.3~2.4</td><td></td><td></td><td></td></tr>
<tr><td rowspan="2">砂岩</td><td>较致密</td><td rowspan="2">2200~2710</td><td rowspan="2">1.6~28.0</td><td rowspan="2">0.2~9.0</td><td>$10^{-15}\sim2.5\times10^{-10}$</td><td rowspan="2"></td><td rowspan="2"></td></tr>
<tr><td>孔隙较发育</td><td>5.5×10^{-8}</td></tr>
<tr><td colspan="2">页岩</td><td>2300~2620</td><td>0.4~10.0</td><td>0.5~3.2</td><td>$2\times10^{-12}\sim8\times10^{-11}$</td><td></td><td></td></tr>
<tr><td colspan="2">泥岩</td><td></td><td>3.0~7.0</td><td>0.7~3.0</td><td></td><td></td><td></td></tr>
<tr><td rowspan="3">石灰岩</td><td>致密</td><td rowspan="3">2300~2770</td><td rowspan="3">0.5~2.7</td><td rowspan="3">0.1~4.5</td><td>$3\times10^{-14}\sim6\times10^{-12}$</td><td rowspan="3">2500~6000</td><td rowspan="3">1450~3500</td></tr>
<tr><td>微裂隙及孔隙</td><td>$2\times10^{-11}\sim3\times10^{-8}$</td></tr>
<tr><td>孔隙较发育</td><td>$9\times10^{-7}\sim3\times10^{-6}$</td></tr>
<tr><td colspan="2">石膏</td><td>2000</td><td></td><td></td><td></td><td></td><td></td></tr>
<tr><td colspan="2">岩盐</td><td>2100</td><td></td><td></td><td></td><td></td><td></td></tr>
</table>

续表1-6

<table>
<tr><th colspan="3" rowspan="2">岩石名称</th><th rowspan="2">密度
/(kg·m^{-3})</th><th rowspan="2">孔隙率
/%</th><th rowspan="2">吸水率
/%</th><th rowspan="2">渗透系数
/(m·s^{-1})</th><th colspan="2">动力学特性</th></tr>
<tr><th>纵波波速
/(m·s^{-1})</th><th>横波波速
/(m·s^{-1})</th></tr>
<tr><td rowspan="7">沉积岩</td><td colspan="2">煤</td><td>700~2000</td><td></td><td></td><td></td><td></td><td></td></tr>
<tr><td colspan="2">油页岩</td><td>1600~2700</td><td></td><td></td><td></td><td></td><td></td></tr>
<tr><td colspan="2">泥灰岩</td><td>2590~2670</td><td>1.0~100</td><td>0.5~3.0</td><td></td><td></td><td></td></tr>
<tr><td colspan="2">白云岩</td><td>2530~2720</td><td></td><td></td><td></td><td>2500~6000</td><td>1500~3600</td></tr>
<tr><td colspan="2">硅质石灰岩</td><td></td><td></td><td></td><td></td><td>4400~4800</td><td>2600~3000</td></tr>
<tr><td colspan="2">泥质石灰岩</td><td></td><td></td><td></td><td></td><td>2000~3500</td><td>1200~2200</td></tr>
<tr><td colspan="2">白垩</td><td></td><td></td><td></td><td></td><td>1800~3500</td><td>1100~2200</td></tr>
<tr><td rowspan="10">变质岩</td><td rowspan="3">片麻岩</td><td>致密</td><td rowspan="3">2300~3000</td><td rowspan="3">0.7~2.2</td><td rowspan="3">0.1~0.7</td><td><10^{-13}</td><td rowspan="3">6000~6700</td><td rowspan="3">3500~4000</td></tr>
<tr><td>微裂隙</td><td>9×10^{-10}~3×10^{-9}</td></tr>
<tr><td>微裂隙发育</td><td>2×10^{-8}~3×10^{-7}</td></tr>
<tr><td colspan="2">花岗片麻岩</td><td></td><td>0.3~2.4</td><td>0.1~0.85</td><td></td><td></td><td></td></tr>
<tr><td colspan="2">片岩</td><td>2090~2920</td><td>0.7~3.0</td><td>0.1~0.6</td><td>10^{-11}~5×10^{-10}</td><td>5800~6420</td><td>3500~3800</td></tr>
<tr><td colspan="2">石英岩</td><td>2400~2800</td><td>0.1~8.7</td><td>0.1~1.5</td><td>1.2×10^{-12}~1.8×10^{-12}</td><td>3030~5610</td><td>1800~3200</td></tr>
<tr><td colspan="2">大理岩</td><td>2600~2750</td><td>0.1~6.0</td><td>0.1~1.0</td><td></td><td>5800~7300</td><td>3500~2700</td></tr>
<tr><td colspan="2">板岩</td><td>2700</td><td>0.1~0.45</td><td>0.1~0.3</td><td></td><td>3650~4450</td><td>2160~2860</td></tr>
<tr><td colspan="2">千枚岩</td><td></td><td>0.4~3.6</td><td>0.5~1.8</td><td></td><td>2800~5200</td><td>1800~3200</td></tr>
<tr><td colspan="2">蛇纹岩</td><td>2370</td><td>0.1~2.5</td><td>0.2~2.5</td><td></td><td></td><td></td></tr>
</table>

1)密度

(1)密度指标

岩石密度指标包括颗粒密度(ρ_s)、天然密度(ρ)、干密度(ρ_d)和饱和密度。岩石的颗粒密度(ρ_s)是指岩石固体相部分的质量与其体积的比值。根据含水率的不同，岩石密度可分为天然密度(ρ)、干密度(ρ_d)和饱和密度。这些密度指标一般根据岩石类型和试样形态测定，分别采用量积法和蜡封法。

采用量积法确定试样的干密度(ρ_d)时，可根据式(1-1)来计算：

$$\rho_d = \frac{M_s}{AH} \tag{1-1}$$

式中：ρ_d 为岩石干密度，kg/m^3；M_s 为试样干质量，kg；A 为平均横截面面积，m^2；H 为平均高度，m。

采用蜡封法确定试样的干密度(ρ_d)时，按式(1-2)计算：

$$\rho_d = \frac{M_s}{\frac{M_1 - M_2}{\rho_w} - \frac{M_1 - M_s}{\rho_n}} \tag{1-2}$$

式中：ρ_d 与 M_s 意义同式(1-1)，而 M_1 和 M_2 分别为蜡封试样在空气中的质量和在水中的质量，kg；ρ_n 和 ρ_w 分别为石蜡和水的密度，kg/m^3。

岩石的天然密度(ρ)可按式(1-3)计算：

$$\rho = \rho_d(1 + 0.01\omega) \tag{1-3}$$

式中：ω 为岩石天然含水率，%。

(2)容重

单位体积(包括岩石内孔隙体积)岩石的重量称为岩石容重，单位是 kN/m^3。岩石容重也可划分为天然容重(γ)、干容重(γ_d)和饱和容重。其测定方法与岩石密度测定方法相同，即量积法与蜡封法。岩石干容重、岩石天然容重的表达式分别为

岩石干容重：

$$\gamma_d = \frac{g_s}{AH} \tag{1-4}$$

$$\gamma_d = \frac{g_s}{\frac{g_1 - g_2}{\gamma_w} - \frac{g_1 - g_s}{\gamma_n}} \tag{1-5}$$

岩石天然容重：

$$\gamma = \gamma_d(1 + 0.01\omega) \tag{1-6}$$

式中：g_s、g_1 和 g_2 分别为量积法被测试样在 105~110℃下烘干 24 h 的重量、蜡封法中蜡封岩样的重量和浸没于纯水的重量，kN；γ_w 和 γ_n 分别为纯水和蜡的容重，kN/m^3；其他符号意义同式(1-1)、式(1-2)和式(1-3)。

(3)相对密度

岩石相对密度指岩石固体部分的重量和 4℃时同体积纯水重量的比值，即

$$G_s = \frac{W_s}{V_s\gamma_w} \tag{1-7}$$

式中：G_s 为岩石的相对密度；W_s 为体积为 V 的岩石固体部分的重量，kN；V_s 为岩石固体部分(不包括孔隙)的体积，m^3；γ_w 为 4℃单位体积水的重量，kN/m^3。岩石相对密度一般采用比重瓶法进行测定。

2)孔隙性

岩石的孔隙性指标可分为总孔隙率(n)、总开型孔隙率(n_0)、大开型孔隙率(n_b)、小开型孔隙率(n_s)和闭型孔隙率(n_c)，计算式分别表示为式(1-8a)~式(1-8e)。

$$n = \frac{V_\rho}{V} = \frac{G_s - \gamma_d}{G_s} \times 100\% \tag{1-8a}$$

$$n_0 = \frac{V_{\rho,0}}{V} \times 100\% \tag{1-8b}$$

$$n_b = \frac{V_{\rho,b}}{V} \times 100\% \tag{1-8c}$$

$$n_s = \frac{V_{\rho,s}}{V} \times 100\% \tag{1-8d}$$

$$n_c = \frac{V_{\rho, c}}{V} \times 100\% \tag{1-8e}$$

式中：V 为岩石体积，m^3；V_ρ 为岩石孔隙总体积，m^3；$V_{\rho, 0}$ 为岩石开型孔隙体积，m^3；$V_{\rho, b}$ 为岩石大开型孔隙体积，m^3；$V_{\rho, s}$ 为岩石小开型孔隙体积，m^3；$V_{\rho, c}$ 为岩石闭型孔隙体积，m^3；G_s 为岩石的相对密度，kN/m^3；γ_d 为岩石的干容重，kN/m^3。

孔隙比常用于表征孔隙状态，是指孔隙体积与固体体积之比，常用 e 表示。

$$e = \frac{n}{100 - n} \tag{1-9}$$

3）水理性

（1）含水率

含水率是指岩石所含水分的质量与岩石烘干后的质量之比。岩石的天然含水率（ω）是指天然状态下岩石中水的质量（m_w）与岩石的烘干质量（m_{rd}）的比值，以百分率表示，即：

$$\omega = \frac{m_w}{m_{rd}} \times 100\% \tag{1-10}$$

（2）吸水性

表征岩石吸水性能的指标有吸水率、饱和吸水率和饱水系数。

岩石的吸水率（ω_a）是岩石在常温常压下吸入水的质量与其烘干质量的比值，以百分率表示，即

$$\omega_a = \frac{m_0 - m_{rd}}{m_{rd}} \times 100\% \tag{1-11}$$

式中：m_0 为烘干岩样浸水 48 h 后的总质量；m_{rd} 为烘干岩石的质量。

岩石的饱和吸水率也称饱水率，是岩石在强制状态（高压或真空、煮沸）下，岩石吸入水的质量与岩样烘干质量的比值，以百分率表示，即

$$\omega_{sa} = \frac{m_{sa} - m_{rd}}{m_{rd}} \times 100\% \tag{1-12}$$

式中：ω_{sa} 为岩石的饱和吸水率；m_{sa} 为真空抽气饱和或煮沸后试样的质量，kg；m_{rd} 为岩样在 105~110℃温度下烘干 24 h 的质量，kg。

岩石饱水系数 k_w 是指岩石吸水率与饱水率的比值，用百分率表示，即

$$k_w = \frac{\omega_a}{\omega_{sa}} \times 100\% \tag{1-13}$$

常见岩石吸水性指标值见表 1-7。

表 1-7　常见岩石吸水性指标值

岩石名称	吸水率/%	饱水率/%	饱水系数
花岗岩	0.46	0.84	0.55
石英闪长岩	0.32	0.54	0.59
玄武岩	0.27	0.39	0.69

续表1-7

岩石名称	吸水率/%	饱水率/%	饱水系数
基性斑岩	0.35	0.42	0.83
云母片岩	0.13	1.31	0.10
砂岩	7.01	11.99	0.58
石灰岩	0.09	0.25	0.36
白云质灰岩	0.74	0.92	0.80

(3)透水性

岩石的渗透系数是表征岩石透水能力强弱的指标，按达西定律，渗透系数定义为：

$$k=\frac{Q}{FI} \tag{1-14}$$

式中：k 为渗透系数，m/s；Q 为渗透量，m^3/s；F 为过水断面面积，m^2；I 为水头梯度。当岩石渗透系数小于 1×10^{-7} cm/s 时，可认为岩石不透水。典型岩体的渗透系数见表 1-8。

表 1-8 典型岩体的渗透系数

岩石类型	$k/(m\cdot s^{-1})$
脉状混合岩	3.3×10^{-5}
绿泥石化脉状页岩	0.7×10^{-5}
片麻岩	$1.2\times10^{-5}\sim1.9\times10^{-5}$
伟晶花岗岩	0.6×10^{-5}
褐煤层	$1.7\times10^{-5}\sim2.39\times10^{-5}$
砂岩	1.0×10^{-5}
泥岩	1.0×10^{-6}
鳞状片岩	$1.0\times10^{-4}\sim1.0\times10^{-6}$
裂隙宽度为 0.1 mm，且裂隙间距为 1 m 和不透水岩块组成的岩体	0.8×10^{-4}

4)软化性

软化系数是岩样饱水状态的抗压强度与自然风干状态抗压强度的比值，用小数表示，即

$$\eta_c=\frac{\sigma_{cw}}{\sigma_c} \tag{1-15}$$

式中：η_c 为岩石的软化系数；σ_{cw} 为饱水岩样的抗压强度，MPa；σ_c 为自然风干岩样的抗压强度，MPa。

表 1-9 列出了三类常见岩石的软化系数 η_c 试验值。通常，岩石的软化系数总是小于 1。

表 1-9　常见岩石的软化系数 η_c 试验值

岩浆岩		沉积岩		变质岩	
岩石名称	软化系数	岩石名称	软化系数	岩石名称	软化系数
花岗岩	0.71~0.97	沉火山集块岩	0.6~0.8	片麻岩	0.75~0.97
闪长岩	0.60~0.80	沉火山角砾岩	0.57~0.95	石英片麻岩	0.44~0.84
闪长玢岩	0.78~0.81	安山凝灰集块岩	0.61~0.74	角闪片岩	0.44~0.84
辉绿岩	0.33~0.90	沉凝灰岩	0.52~0.86	云母片岩	0.53~0.69
流纹岩	0.75~0.95	砾岩	0.50~0.96	绿泥石片岩	0.53~0.69
安山岩	0.81~0.91	石英砂岩	0.65~0.97	千枚岩	0.67~0.96
玄武岩	0.3~0.95	泥质砂岩、粉砂岩	0.21~0.75	硅质板岩	0.75~0.79
		泥岩	0.40~0.60	泥质板岩	0.39~0.52
		页岩	0.24~0.74	石英岩	0.94~0.96
		石灰岩	0.7~0.94		
		泥灰岩	0.44~0.54		

5）抗冻性

抗冻系数（c_f）是指岩样在±25℃的温度区间内反复降温、冻结、升温、融解时，其抗压强度有所下降，岩样抗压强度的下降值与冻融前的抗压强度的比值，用百分率表示，即

$$c_f = \frac{\sigma_c - \sigma_{cf}}{\sigma_c} \times 100\% \tag{1-16}$$

式中：c_f 为岩石的抗冻系数；σ_c、σ_{cf} 分别为岩样冻融前、冻融后的抗压强度，kPa。

6）热学特性

常见的岩石热学性质指标有比热容、导热系数、热膨胀系数和热扩散率等。

（1）比热容

岩石的热容性，指在岩石内部及其与外界进行热交换时，岩石吸收热能的能力，通常用比热容指标表征。设岩石由温度 T_1 升高至 T_2 所需的热量为 ΔQ，则

$$\Delta Q = Cm(T_2 - T_1) \tag{1-17}$$

式中：C 为岩石的比热容，J/（kg·K）；m 为岩石的质量。岩石的比热容常采用差示扫描量热法（DSC）测定。0~50℃下常见岩石的热学性质指标列于表 1-10。

多孔且含水的岩石常有较大的比热容，因水的比热容比岩石大得多[水的比热容约为 4.2×10^3 J/（kg·℃）]，设干重为 x_1 g 的岩石中含有 x_2 g 的水，则其比热容 $C_{湿}$ 为：

$$C_{湿} = \frac{C_d x_1 + C_w x_2}{x_1 + x_2} \tag{1-18}$$

式中：C_d、C_w 分别为干燥岩石、水的比热容。

表 1-10 0~50℃下常见岩石的热学性质指标

岩石名称		温度/℃	比热容/[J·(kg·K)$^{-1}$]	温度/℃	导热系数/[W·(m·K)$^{-1}$]	温度/℃	热膨胀率/(10^{-3} cm^3·s^{-1})
岩浆岩	玄武岩	50	883.4~887.6	50	1.61~1.73	50	6.38~6.83
	辉绿岩	50	782.1	25	2.32	20	9.46
	闪长岩			25	2.04	20	9.47
	花岗岩	50	787.1~975.5	50	2.17~3.08	50	10.29~14.31
	花岗闪长岩	20	837.4~1256.0	20	1.64~2.33	20	5.03~9.06
	正长岩			50	2.2		
岩浆岩	蛇纹岩			20	1.42~2.18		
沉积岩	石灰岩	50	824.8~950.4	50	1.7~2.68	50	8.24~12.15
	黏土泥灰岩	50	778.7~979.7	50	1.73~2.57	50	8.01~11.66
	钙质泥灰岩	50	837.4~950.4	50	1.84~2.40	50	9.04~9.64
	致密灰岩	50	824.8~921.1	50	2.34~3.51	50	10.78~15.21
	泥灰岩	50	908.5~925.3	50	2.32~3.23	50	9.89~13.82
	白云岩	50	921.1~1000.6	50	2.52~3.79	50	10.75~14.97
	盐岩			50	4.48~5.74	50	25.20~33.80
	砂岩	50	762~1071.8	50	2.18~5.10	50	10.9~423.62
	硬石膏			50	4.10~6.07	50	17.00~25.70
变质岩	片麻岩	50	766.2~870.9	50	2.58~2.94	50	11.34~14.07
	片麻岩平行(垂直)片理			50	2.93(2.09)		
	大理岩			25	2.89		
	石英岩	50	787.1	50	6.18	50	29.52
	板岩			25	2.60		
	板岩(垂直层理)			25	1.89		
	黏土板岩	50	858.3	50	1.44~3.68	50	6.42~15.15

(2)导热系数

岩石的热传导性指岩石传导热量的能力，常用导热系数表示。设面积为 A 的平面上，温度仅沿 x 方向变化，这时通过 A 的热流量 Q 与温度梯度$\frac{\mathrm{d}T}{\mathrm{d}x}$和时间 $\mathrm{d}t$ 成正比，即

$$Q=-k_{c}A\frac{\mathrm{d}T}{\mathrm{d}x}\mathrm{d}t \tag{1-19}$$

式中：k_c 为导热系数，W/(m·K)，含义为 1 个单位时间($\frac{dT}{dx}=1$)时通过单位面积岩石的热量。常见岩石的导热系数见表 1-10。

岩石的比热容 C 与导热系数 k_c 间存在如下关系：

$$k_c = \lambda \rho C \tag{1-20}$$

式中：ρ 为岩石密度；λ 为岩石的热扩散率，cm^2/s。热扩散率指岩石对温度变化的敏感程度。

(3)热膨胀系数

岩石的热膨胀性是指岩石在温度升高时体积会膨胀、温度下降时体积会收缩的性质，用线膨胀(收缩)系数或体膨胀(收缩)系数表示。当岩石试件的温度从 T_1 升高至 T_2 时，由于膨胀使得试件伸长为 Δl，则伸长量 Δl 可表示为：

$$\Delta l = \alpha l(T_2 - T_1) \tag{1-21}$$

式中：α 为线膨胀系数，1/K；l 为岩石试件的初始长度。表 1-11 列举了几种岩石的热学特性参数。

表 1-11　几种岩石的热学特性参数

岩石名称	弹性模量/(10^4 MPa)	线膨胀系数/(10^{-3} K^{-1})
辉长岩	6~9	0.5~1
辉绿岩	3~4	1~2
花岗岩	1~8	0.6~6
片麻岩	3~6	0.8~3
石英岩	2~4	1~2
页岩	4	0.9~1.5
石灰岩	4	0.3~3
白云岩	2~4	1~2

7)风化程度

岩石的风化程度可通过定性指标和某些定量指标来描述。定性指标主要有颜色、矿物蚀变程度、破碎程度及开挖锤击技术特征等。定量指标主要有风化孔隙率、波速比与风化系数等。

(1)风化孔隙率

风化孔隙率(I_w)是指快速浸水后风化岩石试样吸入水的质量与干燥岩石试样的质量之比，近似地反映风化岩石孔隙率的大小。

(2)波速比与风化系数

《有色金属工业岩土工程勘察规范》(GB 51099—2015)规定采用风化岩石试样的波速比(k_v)和风化系数(k_f)指标评价岩石风化程度，见表 1-12。波速比(k_v)是风化岩石与新鲜岩石压缩波速度之比。风化系数(k_f)是岩石与新鲜岩石饱和单轴抗压强度之比。

表 1-12　《有色金属工业岩土工程勘察规范》(GB 51099—2015)

风化程度	未风化	微风化	中等风化	强风化	全风化	残积土
波速比(k_v)	0.9~1.0	0.8~0.9	0.6~0.8	0.4~0.6	0.2~0.4	<0.2
风化系数(k_f)	0.9~1.0	0.8~0.9	0.4~0.8	<0.4	—	—

8)硬度

用回弹仪测定的硬度称为施密特硬度，常用回弹仪中的冲击锤通过弹击杆冲击被测面的回弹高度刻度表示。

1.2.2　岩石的变形

1)变形分类及阶段特征

(1)弹性、塑性和黏性变形

岩石的变形可分为弹性变形、塑性变形和黏性变形三大类。

(2)岩石变形阶段特征

单轴压缩试验是工程和研究中测试岩石变形性质和强度的常用的测试技术，国内和国际上对其试验技术和要求有非常详细的规定，国际岩石力学学会(ISRM)在 *The Complete ISRM Suggested Methods for Rock Characterization, Testing and Monitoring: 1974—2006* 一书中以"*SM for Determining the Uniaxial Compressive Strength and Deformability of Rock Materials*"为题阐述了测试建议方法。根据在刚性伺服岩石试验机上获得的岩石试件单轴压缩条件下峰前-峰后全过程变形曲线关系，可将变形细分为五个主要阶段，各阶段变形特征可参照表 1-13。

表 1-13　岩石变形破坏过程中各阶段的主要特征

变形阶段	轴向应变	侧向应变	体积应变	变形特征和微细观成因
Ⅰ：裂纹压缩闭合	非线性	线性	压缩	试样中微裂纹和孔隙闭合或压密，有少量永久体积变形和声发射事件产生
Ⅱ：线弹性变形	线性	线性	压缩	弹性变形阶段，声发射进入平静期
Ⅲ：裂纹稳定扩展(起裂应力 σ_{ci}=0.35~0.45σ_p)*	线性	非线性	压缩	沿矿物解理面、晶粒间空洞或者晶粒边界等微缺陷处产生新生裂纹，裂纹扩展方向逐步趋向于轴向应力方向，侧向应变呈现出非线性特征，试样仍处于被压缩阶段并趋近最大体积压缩水平，过程中出现随机的声发射事件，新生裂纹的尺寸一般小于晶粒尺寸
Ⅳ：裂纹不稳定扩展阶段(损伤应力 σ_{cd}=0.8~0.85σ_p)	非线性	非线性	扩容	试样内部微裂纹继续扩展，部分裂纹间相互影响或贯通，破裂扩展进入不稳定扩展阶段，轴向和侧向应变均出现了非线性特征，产生永久损伤和体积扩容，声发射事件数快速增加，一般达到峰值强度时声发射率达到最大值

续表1-13

变形阶段	轴向应变	侧向应变	体积应变	变形特征和微细观成因
Ⅴ：峰后破坏	非线性	非线性	扩容	形成宏观破裂，试样破碎成若干岩块，试样承载能力急剧下降，应力-应变曲线呈现脆性跌落特征

注：σ_p 为岩石峰值应力。

孔隙裂隙压密阶段见图 1-1 中 *OA* 段，即表 1-13 中Ⅰ阶段。弹性变形至微弹性裂隙稳定发展阶段见图 1-1 中 *AC* 段，即表 1-13 中Ⅱ和Ⅲ阶段。该阶段轴向应力-应变曲线呈近似线性关系，而体积应力-应变曲线开始(*AB* 段)为直线关系，但随着轴向应力的增加逐渐变为曲线关系。根据变形机理可将变形曲线细分为弹性变形阶段(*AB* 段，表 1-13 中Ⅱ阶段)和微破裂稳定发展阶段(*BC* 段，表 1-13 中Ⅲ阶段)。在图 1-1 曲线上，*B* 点称为弹性极限。微破裂稳定发展阶段的变形主要表现为塑性变形，试样内开始出现新的微破裂，并随应力增加而逐渐发展，当轴向应力不变时，微破裂也停止发展。由于微破裂的出现，试样体积压缩速率减缓，体积应力-应变曲线偏离直线向纵轴方向偏转。图 1-1 曲线上，*C* 点为屈服极限。

非稳定裂隙发展阶段见图 1-1 中 *CD* 段，即表 1-13 中Ⅳ阶段。进入该阶段后，微破裂的发展出现了质的变化。试样由体积压缩转为扩容，轴向和体积应变速率迅速增大，扩容原因在于试样内部平行于加载方向的微破裂不断张开。试样承载能力达到最大，即图 1-1 中 *D* 点所示临界应力，称为峰值强度或单轴抗压强度。

峰后破坏阶段见图 1-1 中 *D* 点之后段，即表 1-13 中Ⅴ阶段。岩石承载力达到峰值后，其部分内部结构完全破坏，裂隙快速发展、交岔且相互贯通形成宏观断裂面，而后岩石试样承载能力迅速下降，当宏观断裂面的剪切强度得以发挥时，岩石承载能力会降至该强度，而达到峰后残余强度水平(往往大于零)。然而，峰后曲线的斜率会随着岩石的脆性程度而表现不同，越是脆的岩石(如新鲜花岗岩、玄武岩、辉绿岩、石英岩等)，其峰后曲线越陡峭；越是塑性高的岩石(如页岩、泥岩、泥灰岩、红砂岩等)，其峰后曲线越平缓。

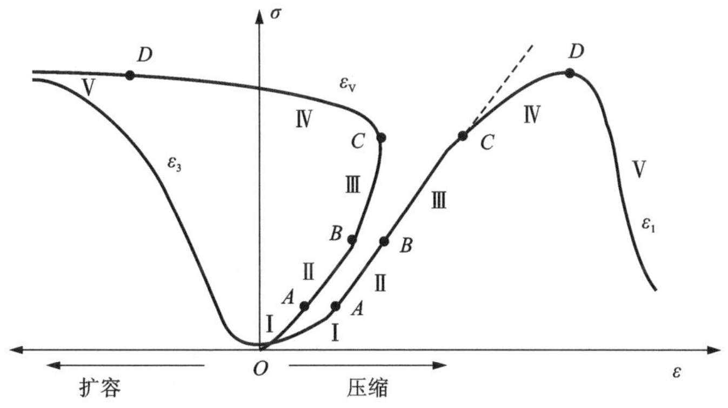

图 1-1　单轴压缩条件下岩石应力-应变全过程曲线

2)岩石加、卸荷变形规律

(1)三轴压缩条件下岩石应力-应变曲线规律

依据图 1-2 中大理岩和花岗岩的三轴压缩试验结果，围压对岩石变形特性的影响主要表现为：随着围压($\sigma_2=\sigma_3$)的增大，岩石的变形显著增大(由峰前或破坏前的应变可判断)，岩石的弹性极限显著增大，岩石应力-应变曲线形态发生明显改变，从低围压的弹脆性过渡到中等围压下的弹塑性，最后到极高围压下的应变硬化，如图 1-2(a)所示，即出现了由脆性向延性逐渐转变的过程，通常把岩石由脆性转化为延性的临界围压称为脆延转化压力。表 1-14 列举了几种岩石的脆延转化压力的量值，可见岩石越坚硬，脆延转化压力越大。

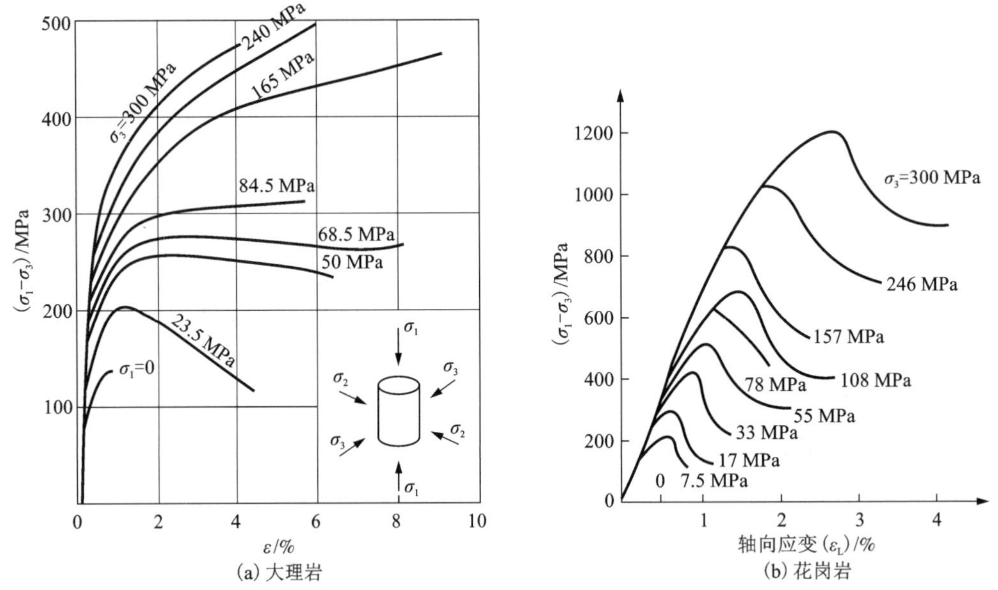

图 1-2 不同围压下大理岩与花岗岩三轴压缩应力-应变曲线

表 1-14 几种岩石的脆延转化压力(常温)

岩石类型	脆延转换围压/MPa	岩石类型	脆延转换围压/MPa
盐岩	0	石灰岩	20~100
白垩	<10	砂岩	>100
密实页岩	0~20	花岗岩	≫100

同时，脆延转化过程中岩石试样的破坏模式也发生了改变，如表 1-15 所示，脆性破坏多以轴向张拉劈裂为主，而中高围压下的延性破坏则表现为剪切变形机制。

表 1-15　不同围压下三轴压缩岩石试样的破坏

达到破坏时的应变	＜1%	1%～5%	2%～8%	5%～10%	＞10%
破坏形式	脆性破坏	脆性破坏	过渡型破坏	延性破坏	延性破坏
试件破坏的情况	σ_1 σ_3				
应力-应变曲线的基本类型	破裂				
破坏机制	张破裂	以张为主的破裂	剪破裂	剪切流动破裂	塑性流动

(2) 三轴循环加卸荷条件下岩石应力-应变曲线规律

图 1-3 中的(a)～(d)展示了锦屏 T_2b 大理岩 4 组围压(5 MPa、10 MPa、20 MPa 和 40 MPa)下三轴循环加卸荷试验结果，其中横坐标轴为应变。

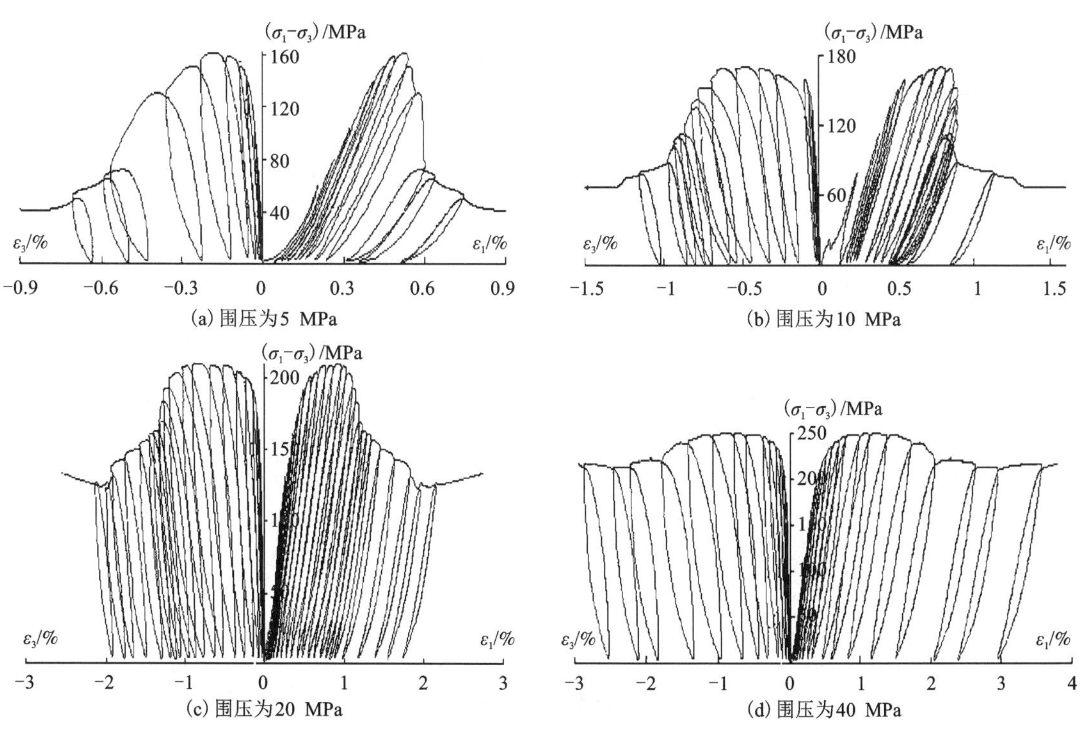

(a) 围压为5 MPa

(b) 围压为10 MPa

(c) 围压为20 MPa

(d) 围压为40 MPa

图 1-3　不同围压下锦屏 T_2b 大理岩的循环加卸荷应力-应变曲线

3)变形参数

岩石的变形特性通常用变形参数来衡量，常用的变形参数包括弹性模量、变形模量、泊松比、体积模量和剪切模量。

(1)弹性模量

自然界中岩石的应力-应变曲线通常存在两种形式：①近似直线形式；②曲线形式。

对于直线型应力-应变曲线，直线的斜率即为岩石的弹性模量(E)，指单位应变所需的应力，可表示为

$$E=\frac{\sigma}{\varepsilon_d} \tag{1-22}$$

式中：E 为弹性模量，MPa；σ 为单轴压缩试验的轴向应力，MPa；ε_d 为单轴压缩试验的轴向应变。

对于曲线型应力-应变曲线，则依据下列方法确定弹性模量，如图 1-4 所示。

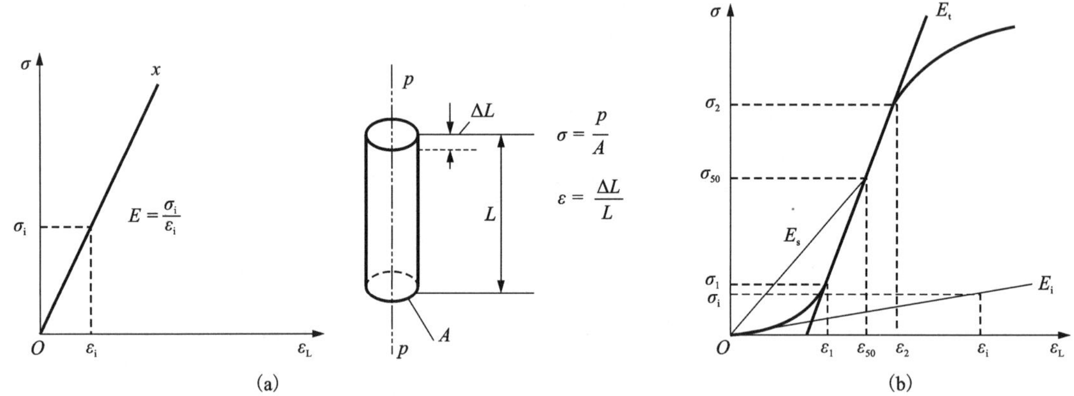

图 1-4 岩石的几种弹性模量 E 的确定方法示意图

①初始弹性模量 E_i

初始弹性模量 E_i 是指应力-应变曲线原点处的切线斜率，即

$$E_i=\frac{\sigma_i}{\varepsilon_i} \tag{1-23}$$

②切线弹性模量 E_t

切线弹性模量 E_t 是指应力-应变曲线上任一点(通常取单轴抗压强度的 50%应力水平)的切线斜率。

$$E_t=\frac{\sigma_t}{\varepsilon_t} \tag{1-24}$$

③平均弹性模量 E_{av}

平均弹性模量 E_{av} 指轴向应力-应变曲线中近似直线段的平均斜率，即

$$E_{av}=\frac{\sigma_2-\sigma_1}{\varepsilon_2-\varepsilon_1} \tag{1-25}$$

④割线弹性模量 E_s

割线弹性模量 E_s 指轴向应力–应变曲线上取 $\sigma=1/2\sigma_c$（σ_c 为单轴抗压强度）处的一点和坐标原点连线的斜率，即

$$E_s=\frac{\sigma_{50}}{\varepsilon_{50}} \tag{1-26}$$

（2）泊松比 μ

泊松比 μ 是指在单轴压缩条件下，横向应变 ε_c 与轴向应变 ε_d 之比。由于岩石泊松比随轴向应变变化而异，所以通常表示为

$$\mu=\frac{\varepsilon_{c2}-\varepsilon_{c1}}{\varepsilon_{d2}-\varepsilon_{d1}} \tag{1-27}$$

式中：ε_{c1}、ε_{c2} 分别为轴向应力–应变曲线上近似于直线段上两点的应变；ε_{d1}、ε_{d2} 分别为横向应力–应变曲线上和 ε_{c1}、ε_{c2} 有相同应力的相应两点的应变。T_2b 大理岩弹性模量和泊松比与内变量的关系如图 1–5 所示。

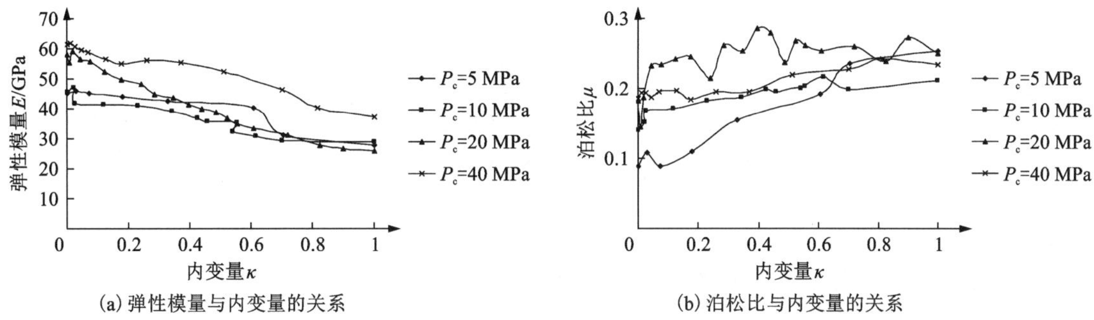

(a) 弹性模量与内变量的关系　　(b) 泊松比与内变量的关系

图 1–5　T_2b 大理岩弹性模量和泊松比与内变量的关系（P_c 为围压）

（3）体积模量 K

岩石体积模量 K 用于描述岩石体积压缩性质，它与弹性模量 E 和泊松比 μ 存在如下转换关系：

$$K=\frac{E}{3(1-2\mu)} \tag{1-28}$$

（4）剪切模量 G

剪切模量 G 是岩石基本物理特性参数之一，表示岩石剪切变形的难易程度。它与弹性模量 E 和泊松比 μ 存在如下转换关系：

$$G=\frac{E}{2(1+\mu)} \tag{1-29}$$

常见岩石的变形模量与泊松比值见表 1–16。T_2b 大理岩剪切模量和体积模量与内变量的关系如图 1–6 所示。

表 1-16 常见岩石的变形模量和泊松比值

岩石名称	变形模量/(10^4 MPa)		泊松比	岩石名称	变形模量/(10^4 MPa)		泊松比
	初始	弹性			初始	弹性	
花岗岩	2~6	5~10	0.2~0.3	千枚岩、片岩	0.2~5	1~8	0.2~0.4
流纹岩	2~8	5~10	0.1~0.25	板岩	2~5	2~8	0.2~0.3
闪长岩	7~10	7~15	0.1~0.3	页岩	1~3.5	2~8	0.2~0.4
安山岩	5~10	5~12	0.2~0.3	砂岩	0.5~8	1~10	0.2~0.3
辉长岩	7~11	7~15	0.12~0.2	砾岩	0.5~8	2~8	0.2~0.3
辉绿岩	8~11	8~15	0.1~0.3	石灰岩	1~8	5~10	0.2~0.35
玄武岩	6~10	6~12	0.1~0.35	白云岩	4~8	4~8	0.2~0.35
石英岩	6~20	6~20	0.1~0.35	大理岩	1~9	1~9	0.2~0.35
片麻岩	1~8	1~10	0.22~0.35				

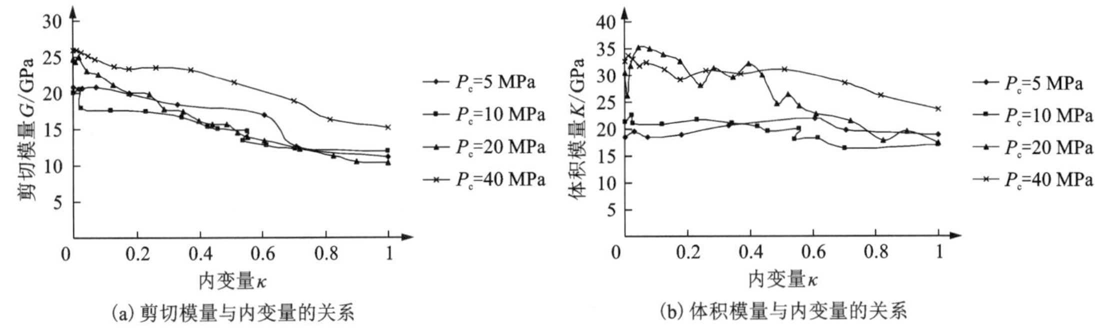

图 1-6 T_2b 大理岩剪切模量和体积模量与内变量的关系(P_c 为围压)

4)岩石特征应力水平

在加载条件下岩石变形的五阶段特征中，存在三个重要的特征应力水平，分别为起裂应力(σ_{ci})、损伤应力(σ_{cd})和峰值应力(σ_p)，如图 1-7 所示。这些特征应力水平对理解岩石破坏过程至关重要，表 1-17 总结了国内外研究中获得的常见岩石的特征应力水平及其与峰值强度的比例关系。

表 1-17 常见岩石变形破坏过程中各阶段的特征应力

岩石类型	σ_3/MPa	σ_{ci}/MPa	σ_{cd}/MPa	σ_p/MPa	σ_{ci}/σ_p	σ_{cd}/σ_p	σ_{ci}/σ_{cd}	文献
石英岩	0	114	241	283	0.4	0.85	0.47	Bieniawski，1967 年
辉绿岩	0	140	—	230	0.6	—	—	Fonseka 等，1985 年
花岗岩	0	81.5	156	206.9	0.39	0.75	0.52	Eberhardt 等，1999 年

续表1-17

岩石类型	σ_3/MPa	σ_{ci}/MPa	σ_{cd}/MPa	σ_p/MPa	σ_{ci}/σ_p	σ_{cd}/σ_p	σ_{ci}/σ_{cd}	文献
花岗岩	41	245	515	613	0.4	0.84	—	Katz 等，2004 年
花岗岩	0	80	180	224	0.36	0.8	0.5	Martin，1993 年
花岗岩	4.9	90	160	225	0.4	0.71	0.56	Heo 等，2001 年
花岗岩	60	390	—	720	0.54	—	—	Lei 等，2000 年
砂岩	2	34	59	70	0.49	0.84	0.58	Pettitt 等，1998 年
Berea 砂岩	7.5	23	—	44	0.5	—	—	Fakhimi 等，2002 年
砂岩	0	121	170	234	0.52	0.73	0.71	Brace，1966 年
白云岩	0	165	274	274	0.6	1	0.6	Hatzor 等，1997 年
白云岩	10	90	110	154	0.58	0.71	0.82	Hatzor 等，1997 年
锦屏辅助洞 T_2b 大理岩	0	55.6±13.9	90.9±18.4	113.4±14.4	0.49±0.13	0.80±0.12	0.58±0.13	—
锦屏辅助洞 T_2b 大理岩	0	45.60	97.3	107.1	0.42	0.91	0.47	
锦屏科研试验洞 T_2b 大理岩	0	33.2±14.7	50.7±21.1	72.2±24	0.45±0.11	0.76±0.09	0.57±0.12	
锦屏 $2^{\#}$洞 T_2^5y 大理岩	0	59.7±2.9	106.6±11.9	130±18.5	0.43±0.03	0.83±0.08	0.54±0.04	
锦屏 2-$1^{\#}$支洞 T_2^5y 大理岩	0	45.7±4.0	81.6±8.8	97.7±4.4	0.47±0.05	0.83±0.07	0.57±0.08	
锦屏 $4^{\#}$洞 T_2^6y 大理岩	0	11.1±0.9	28.5±5.1	34.8±5	0.32±0.04	0.84±0.06	0.4±0.07	
锦屏厂房 T_2^4y 大理岩	0	37.7±10.8	64.4±14.8	75.8±12.1	0.49±0.11	0.84±0.08	0.6±0.17	

5）变形各向异性特征

变形各向异性特征包括：横观各向同性、正交各向异性、极端各向异性。

（1）横观各向同性

横观各向同性，指岩石某一平面内的各方面弹性性质相同，而垂直此面方向的力学性质

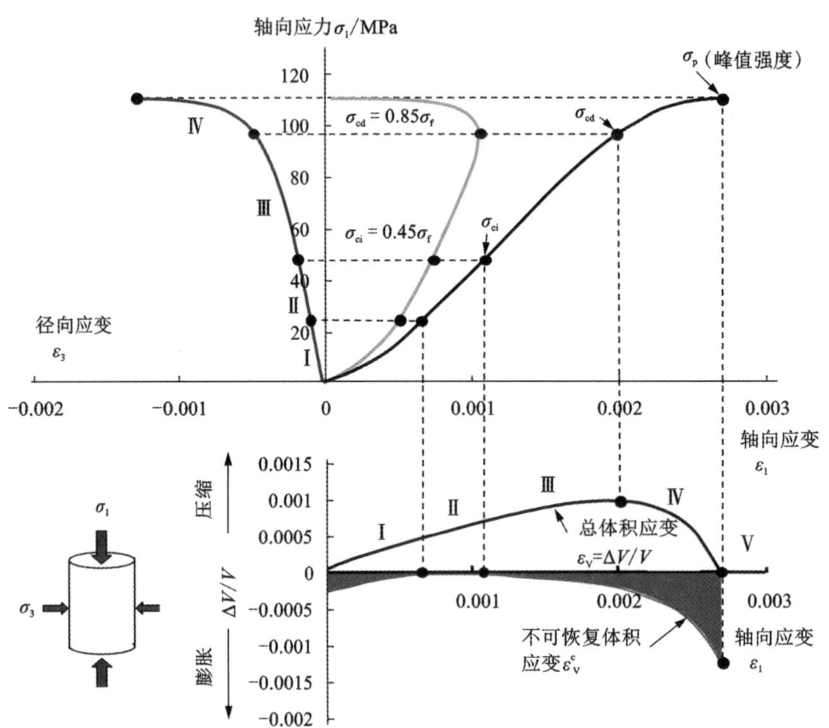

图 1-7 T_2b 大理岩单轴压缩时的起裂应力(σ_{ci})、损伤应力(σ_{cd})、峰值应力(σ_p)和不可恢复体积应变(ε_V^c)

是不同的。对于岩石，只需要 5 个独立的弹性常数，即可表征其弹性应力-应变关系，见式(1-30)。

$$
\begin{pmatrix} \varepsilon_x \\ \varepsilon_y \\ \varepsilon_z \\ \gamma_{xy} \\ \gamma_{yz} \\ \gamma_{zx} \end{pmatrix} =
\begin{pmatrix}
\frac{1}{E_1} & -\frac{\nu_1}{E_1} & -\frac{\nu_{21}}{E_2} & & & \\
-\frac{\nu_1}{E_1} & \frac{1}{E_1} & -\frac{\nu_{21}}{E_2} & & 0 & \\
-\frac{\nu_{12}}{E_1} & -\frac{\nu_{12}}{E_1} & \frac{1}{E_1} & & & \\
& & & \frac{1}{G_1} & & \\
& 0 & & & \frac{1}{G_2} & \\
& & & & & \frac{1}{G_2}
\end{pmatrix}
\begin{pmatrix} \sigma_x \\ \sigma_y \\ \sigma_z \\ \tau_{xy} \\ \tau_{yz} \\ \tau_{zx} \end{pmatrix}
\text{且} -\frac{\nu_{12}}{E_1} = -\frac{\nu_{21}}{E_2} \text{但} \nu_{12} \neq \nu_{21} \qquad (1-30)
$$

(2)正交各向异性

正交各向异性岩石的应力-应变关系可表示为式(1-31)，式中只有 9 个弹性参数是独立的。

$$
\begin{pmatrix} \varepsilon_x \\ \varepsilon_y \\ \varepsilon_z \\ \gamma_{xy} \\ \gamma_{yz} \\ \gamma_{zx} \end{pmatrix} = \begin{pmatrix} \frac{1}{E_1} & -\frac{\nu_{21}}{E_2} & -\frac{\nu_{31}}{E_3} & & & \\ -\frac{\nu_{21}}{E_2} & \frac{1}{E_2} & -\frac{\nu_{32}}{E_3} & & 0 & \\ -\frac{\nu_{31}}{E_3} & -\frac{\nu_{32}}{E_3} & \frac{1}{E_3} & & & \\ & & & \frac{1}{G_{12}} & & \\ & 0 & & & \frac{1}{G_{23}} & \\ & & & & & \frac{1}{G_{31}} \end{pmatrix} \begin{pmatrix} \sigma_x \\ \sigma_y \\ \sigma_z \\ \tau_{xy} \\ \tau_{yz} \\ \tau_{zx} \end{pmatrix} \tag{1-31}
$$

6)流变特性

岩石流变特性涉及三个方面，即蠕变、松弛和弹性后效。这里主要介绍岩石的蠕变曲线特性，如图 1-8 所示，可将岩石蠕变划分为三个阶段：初始蠕变阶段Ⅰ(图 1-8 中 *AB* 段)，或称为减速蠕变阶段；等速蠕变阶段Ⅱ(图 1-8 中 *BC* 段)，或称为稳定蠕变阶段、加速蠕变阶段Ⅲ(图 1-8 中 *CD* 段)。*PQR* 与 *TUV* 分别为不同蠕变阶段的卸载曲线。

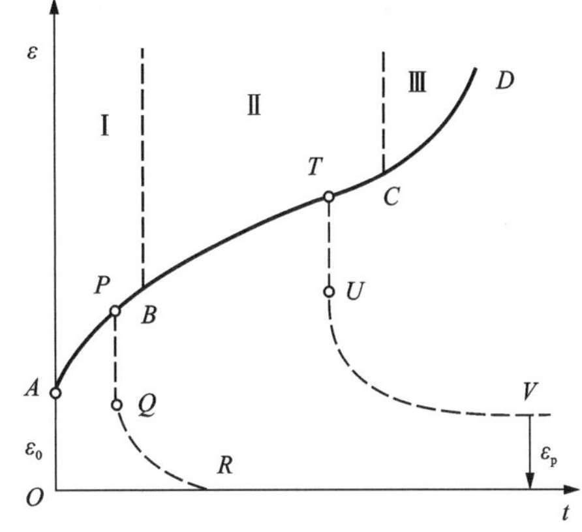

图 1-8　岩石典型蠕变曲线

1.2.3　岩石的强度

1)强度分类与强度指标

《工程岩体分级标准》(GB/T 50218—2014)中规定，单轴饱和抗压强度(σ_c)超过 30 MPa 的岩石划分为硬质岩，划分标准见表 1-18。

表 1-18　岩石强度分类标准

单轴饱和抗压强度	>60 MPa	30~60 MPa	15~30 MPa	5~15 MPa	<5 MPa
坚硬程度	坚硬岩	较坚硬岩	较软岩	软岩	极软岩
常见岩石	中细粒花岗岩、花岗片麻岩、闪长岩、辉绿岩、安山岩、流纹岩、石英岩、硅质灰岩、硅质胶结砾岩、玄武岩等	厚层与中厚层石灰岩、大理岩、白云岩、砂岩、钙质岩、板岩、粗粒或斑状结构的岩浆岩等	泥质岩、互层砂岩、泥质灰岩、部分凝灰岩、绿泥石片岩、千枚岩等		

矿岩强度指标通常包括抗压强度、抗拉强度和抗剪强度。表 1-19 所示为常见矿岩的强度指标值。

表 1-19 常见矿岩的强度指标值

岩石名称	抗压强度 σ_c/MPa	抗拉强度 σ_t/MPa	内摩擦角 φ/(°)	黏聚力 C/MPa	岩石名称	抗压强度 σ_c/MPa	抗拉强度 σ_t/MPa	内摩擦角 φ/(°)	黏聚力 C/MPa
花岗岩	100~250	7~25	45~60	14~50	砂岩	20~200	4~25	35~50	8~40
流纹岩	180~300	15~30	45~60	10~50	砾岩	10~150	2~15	35~50	8~50
闪长岩	100~250	10~25	53~55	10~50	石灰岩	50~200	5~20	35~50	10~50
安山岩	100~250	10~20	45~50	10~40	白云岩	80~250	15~25	35~50	20~50
辉长岩	180~300	15~36	50~55	10~50	含锰白云岩	100~190	—	25	80
辉绿岩	200~350	15~35	55~60	25~60	灰质白云岩	90~210	—	26.5	50
玄武岩	150~300	10~30	48~55	20~60	千枚岩、片岩	10~100	1~10	26~65	1~20
石英岩	150~350	10~30	50~60	20~60	板岩	60~200	7~15	45~60	2~20
片麻岩	50~200	5~20	30~50	3~5	蚀变板岩	50~80	2.4~4.5	11~21	27~33
黑色页岩	60~100	—	31.5	4	红色板岩	70~90	3.1~4.5	20~26	26~32
长龙界页岩	40~60	1.3	—	—	大理岩	100~250	7~20	35~50	15~30
玄武玢岩	40~80	5	33	7.5	变质花岗闪长岩	80~120	3~14	40	24
矽化灰岩	150~230	7~10	—	—	变质石英斑岩	110~150	6~17	—	—
页岩	10~100	2~10	15~30	3~20	绿泥石石英片岩	80~130	4~10	46	16
黑色页岩	60~100	—	31.5	4	绢云母石英片岩	100~160	—	—	—
石英辉锑矿	70~120	2.1~5.5	19~20	60~70	变质砂岩	140~180	7~15	56~63	18~25

工程现场可采用 Schmidt 回弹仪方法来间接获得岩石强度参数。Schmidt 回弹数、点荷载强度 I_s 与岩石单轴抗压强度的经验关系，如图 1-9 所示。

2)真三轴强度特征

矿岩在真三轴应力条件下，常表现出静水压力效应、最小主应力效应、中间主应力效应、应力 Lode 角效应和拉压异性效应。

(1)静水压力效应

矿岩静水压力效应体现在两个方面，一是静水压力影响子午面强度线变化规律；二是静水压力影响强度线在偏平面上的形状。

①子午面上强度特征上，随着静水压力的增大，岩石强度曲线呈近直线规律上升趋势。图 1-10 给出了几种硬岩三轴压缩试验结果在子午面($\tau_{oct}-\sigma_{oct}$)上的变化规律。Mizuho 粗面岩和 Dunham 白云岩在相对较低静水压力时，强度曲线与静水压力亦呈直线规律变化，但在高静水压力时表现出非线性特征。

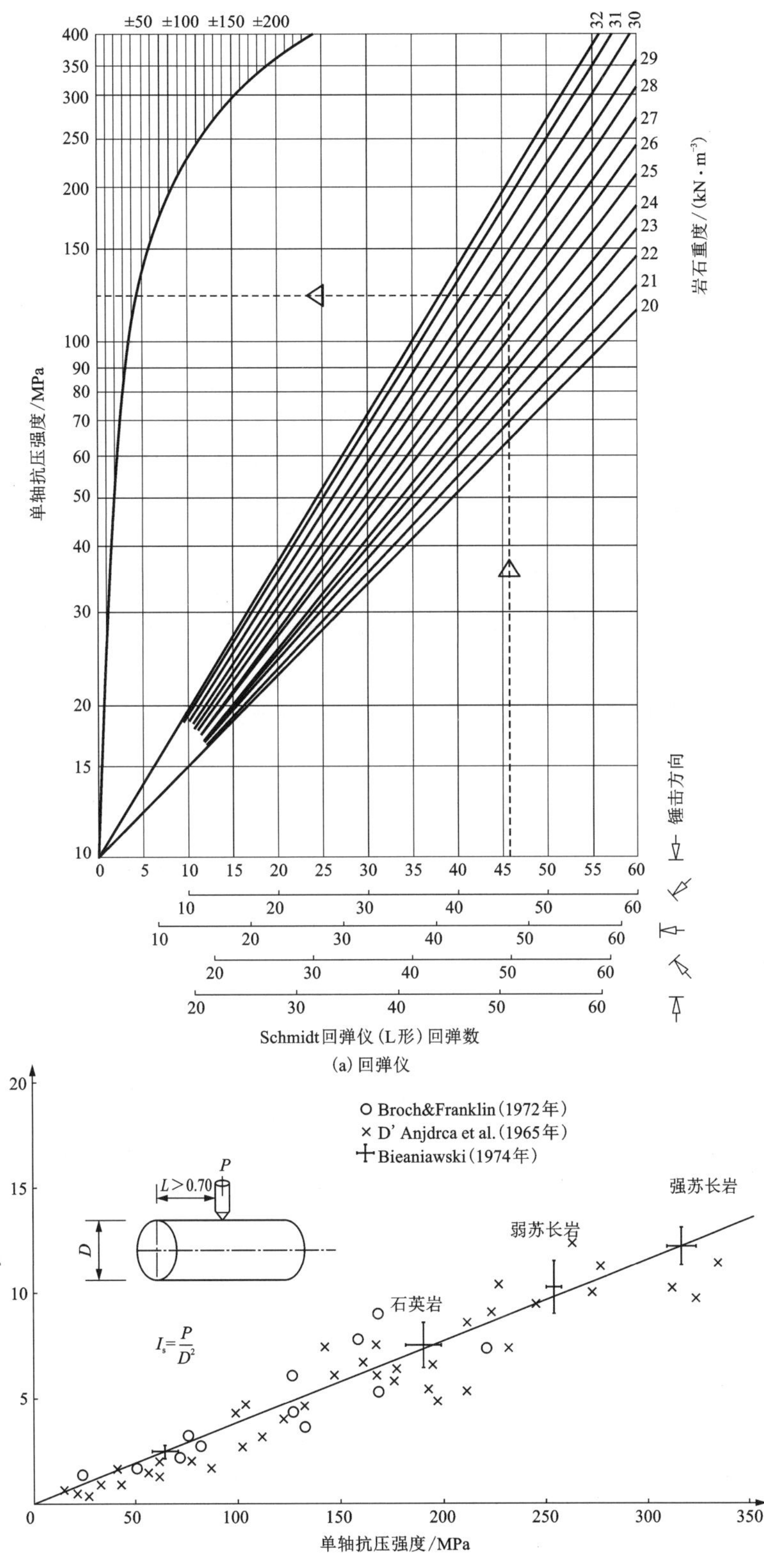

图 1-9　Schmidt 回弹数与点荷载计算曲线

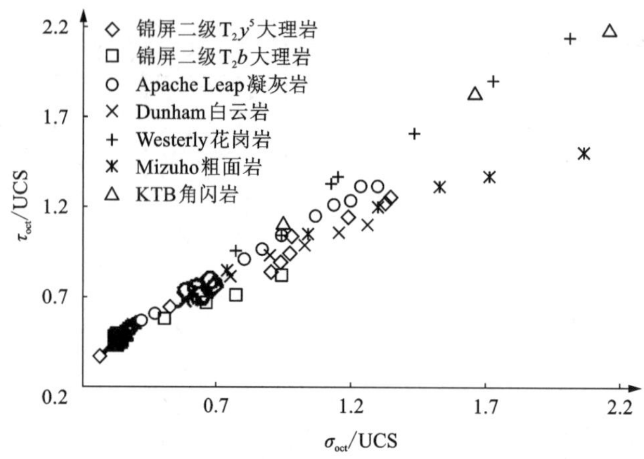

（σ_{oct} 为八面体正应力，τ_{oct} 为八面体剪应力，UCS 为岩石单轴抗压强度。）

图 1-10　几种硬岩子午面上加荷强度特征

②偏平面上强度曲线从低静水压力的三角形过渡到圆形。图 1-11 给出了 Vosges 砂岩偏平面上强度曲线随静水压力的变化规律。相对较低静水压力时[如 50 MPa，如图 1-11(a)所示]，其强度曲线近三角形；随着静水压力的增大[如 70 MPa，如图 1-11(b)所示]，强度曲线演化为六边形；到相对较高静水压力时[如 130 MPa，如图 1-11(c)所示]，强度曲线逼近圆形。

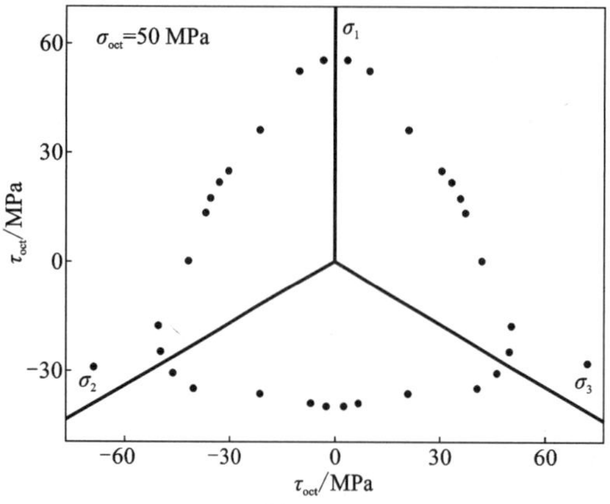

(a) σ_{oct}=50 MPa

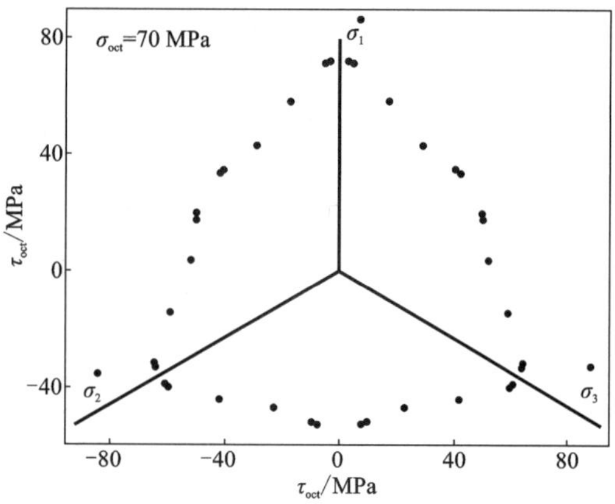

(b) σ_{oct}=70 MPa

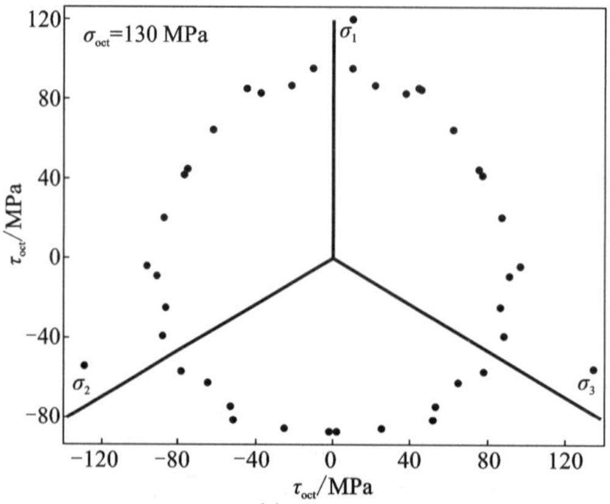

(c) σ_{oct}=130 MPa

图 1-11　Vosges 砂岩偏平面上强度曲线的静水压力效应

(2)中间主应力效应

图 1-12 给出了几种硬岩的强度随中间主应力的变化。由于硬岩岩性的差异，中间主应力的影响程度也存在差异，如图 1-12 中 Dunham 白云岩和 Shirahama 砂岩受中间主应力的影响比 Mizuho 粗面岩和 Solenhofen 石灰岩要强烈，前者强度曲线存在明显的上凸过程，后者曲线相对平缓。图 1-12(f)显示，锦屏 T_2b 大理岩的强度具有明显的中间主应力效应，在试验设计的中间主应力范围内，峰值强度相对于单轴抗压强度最大可以提高 50%。

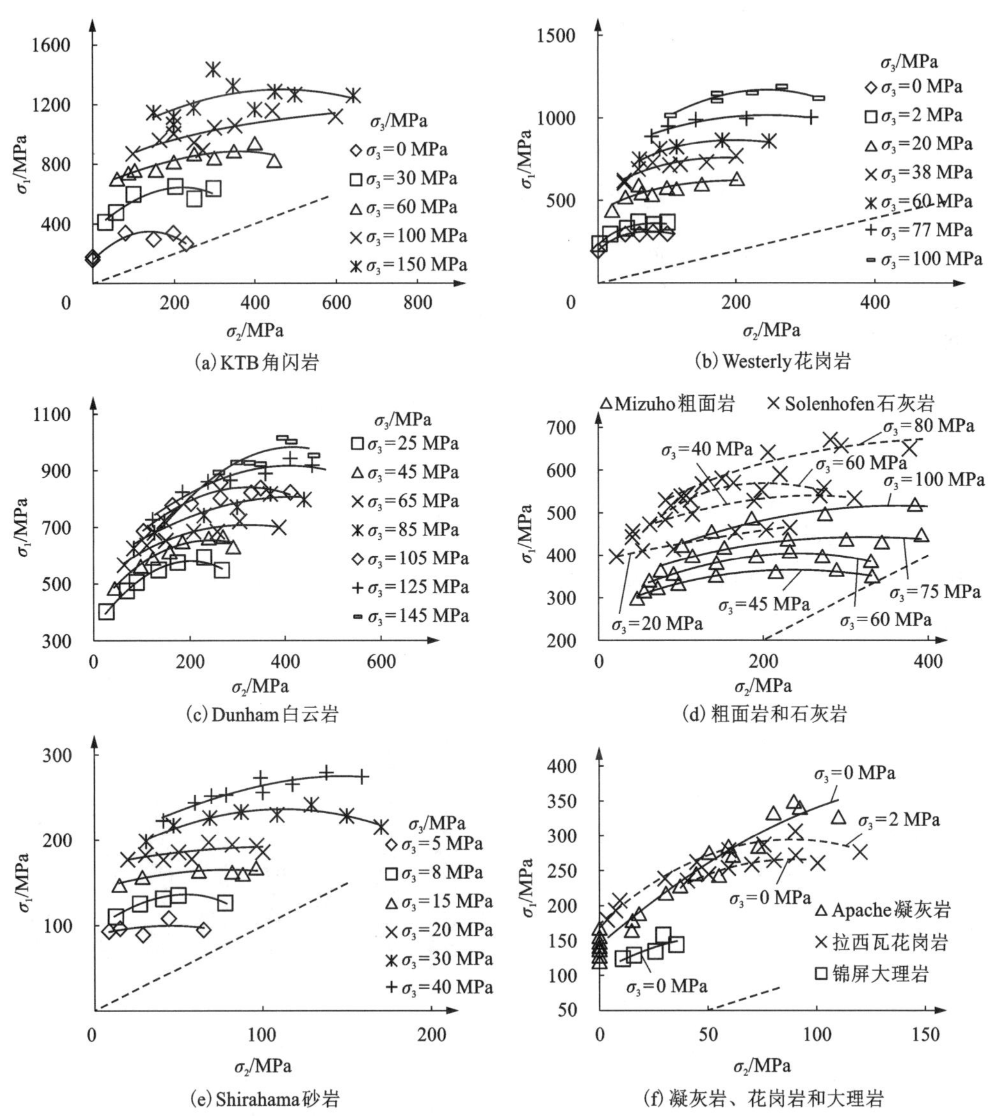

图 1-12　几种硬岩强度的中间主应力影响(倾斜点线为 $\sigma_2=\sigma_3$)

(3)最小主应力效应

最小主应力效应实质是硬岩破坏机制差异的反映，即低应力时是张性裂纹主导的脆性破坏，而高应力时为闭合裂纹摩擦滑移主导的延性破坏。图 1-12 给出了最小主应力对硬岩强度量值的影响，即固定 σ_2 值时几种硬岩的强度均随 σ_3 的增大而增大。

图 1-13 所示为不同层组锦屏大理岩的最小主应力效应(其中 $\sigma_2=\sigma_3$)。最小主应力的增大导致峰值强度应力水平不断提高。锦屏大理岩峰值强度与最小主应力表现出较好的线性关系。

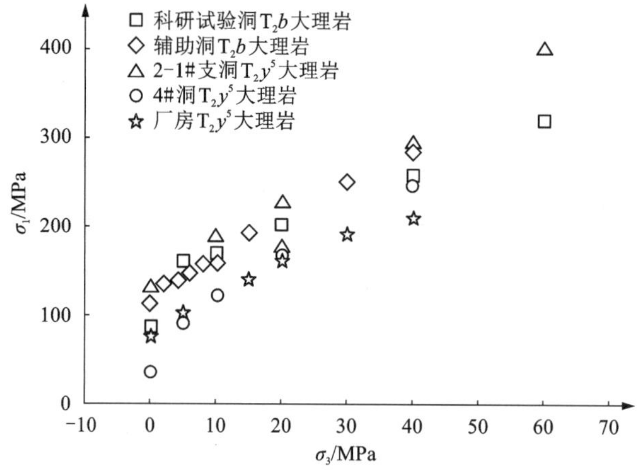

图 1-13 锦屏大理岩最小主应力效应

(4)应力 Lode 角效应

应力 Lode 角效应，即静水压力为定值的偏平面上的强度曲线随着 Lode 角变化，其反映了硬岩强度对应力状态或应力路径的依赖性。图 1-11 显示应力 Lode 角效应的强弱受静水压力的影响。

(5)拉压异性效应

岩石材料的单轴抗拉强度仅为单轴抗压强度的 1/20~1/5。图 1-14 给出了文献中几种硬岩的单轴拉压强度比的分布范围。几种硬岩单轴抗拉强度为单轴抗压强度的 3%~11%。

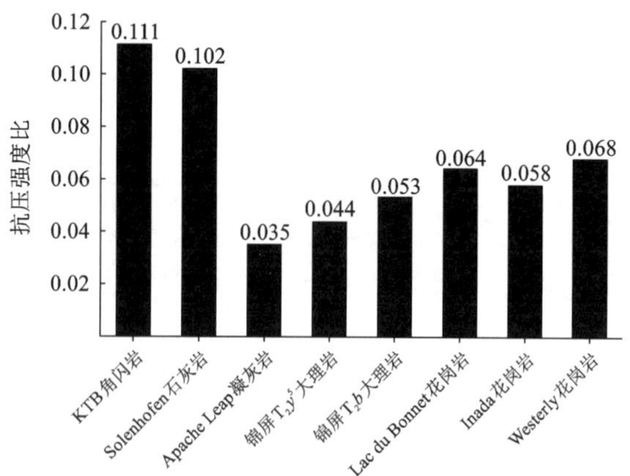

图 1-14 不同硬岩的抗压强度比

3)矿岩强度准则

(1)强度准则分类

根据建立强度准则所依据的物理理论基础不同，可将强度准则或破坏准则划分为四大类：基于最大储能假设的强度准则，基于最大剪应力假设的强度准则，以微观、细观机理为基础的强度准则和经验强度准则。表 1-20 汇总了常用的岩体(石)强度准则。

表 1-20　常用的岩体(石)强度准则

准则类别	提出者	准则公式	参数说明
基于最大储能假设	Drucker-Prager(1952 年)	$\alpha I_1 + \sqrt{J_2} = k$	I_1 为应力球张量第一不变量，下同； J_2 为应力偏量张量第二不变量，下同； α、k 为材料参数
	高红和郑颖人等(2007 年)(三剪能量的提出者)	$\frac{1}{2G\cos^2\varphi_{12}}\left[p\sin\varphi_{12}+\frac{q}{\sqrt{3}}\cos\left(\theta+\frac{\pi}{3}\right)+\frac{q}{3}\sin\left(\theta+\frac{\pi}{3}\right)\sin\varphi_{12}\right]^2+\frac{1}{2G\cos^2\varphi_{23}}\left[p\sin\varphi_{23}+\frac{q}{\sqrt{3}}\cos\left(\theta-\frac{\pi}{3}\right)+\frac{q}{3}\sin\left(\theta-\frac{\pi}{3}\right)\sin\varphi_{23}\right]^2+\frac{1}{2G\cos^2\varphi_{13}}\left[p\sin\varphi_{13}+\frac{q}{\sqrt{3}}\cos\theta+\frac{q}{3}\sin\theta\sin\varphi_{13}\right]^2=k^2$	p 为静水压力，下同； q 为广义剪应力
基于最大剪应力假设	Coulomb(1773 年)，Mohr(1900 年)	$\frac{1}{3}I_1\sin\varphi+\left(\cos\theta_\sigma-\frac{1}{\sqrt{3}}\sin\theta_\sigma\sin\varphi\right)\sqrt{J_2}-c\cos\varphi=0$； $-\frac{\pi}{6}\leqslant\theta_\sigma\leqslant\frac{\pi}{6}$	θ_σ 为 Lode 角； φ 为内摩擦角； c 为黏聚力
	俞茂宏(1961 年)(双剪强度的提出者)	$\sigma_1-(2-B)\sigma_2-(B-1)\sigma_3=\sigma_s$， 当 $\sigma_2\leqslant\frac{1}{2}(\sigma_1+\sigma_3)$； $(B-1)\sigma_1+(2-B)\sigma_2-\sigma_3=\sigma_s$， 当 $\sigma_2\geqslant\frac{1}{2}(\sigma_1+\sigma_3)$	$B=\frac{\sigma_s}{\tau_s}$，为材料拉伸和剪切强度之比； σ_1 为最大主应力； σ_2 为中间主应力； σ_3 为最小主应力
	陈景涛，冯夏庭(2006 年)	$\sigma_1-\sigma_2\sqrt{\sin\varphi}\,\frac{1+\sin\varphi}{1-\sin\varphi}-2c\sqrt{\frac{1+\sin\varphi}{1-\sin\varphi}}=0$	同前
以微观、细观机理为基础	Griffith(1920 年)	$\sigma_3=-\sigma_t$，当 $\sigma_1+3\sigma_3<0$； $\frac{(\sigma_1-\sigma_3)^2}{\sigma_1+\sigma_3}=8\sigma_t$，当 $\sigma_1+3\sigma_3>0$	σ_t 为岩石抗拉强度
	Zhou(1994 年)(修正 Wiebols-Cook 的提出者)	$\sqrt{J_2}=A+BI_1+CI_1^2$； $A=\frac{C_0}{\sqrt{3}}-\frac{C_0}{3}B-\frac{C_0^2}{9}C$； $B=\frac{\sqrt{3}(q-1)}{q+2}-\frac{C}{3}[2C_0+(q+2)\sigma_3]$； $C=\frac{3\sqrt{3}}{2C_1+(q-1)\sigma_3-C_0}\times\left[\frac{C_1+(q-1)\sigma_3-C_0}{2C_1+(2q+1)\sigma_3-C_0}-\frac{q-1}{q+2}\right]$	同前

续表1-20

准则类别	提出者	准则公式	参数说明
以微观、细观机理为基础	黄书岭，冯夏庭（2008年）（广义多轴应变能提出者）	$\frac{\tau_{oct}}{f_c}-F_{mp}\left(\frac{\sigma_{oct}}{f_c}\right)F_{octp}(\theta_\sigma)=0$； $F_{mp}(\sigma_{oct})=(a^2\sigma_{oct}^2+b\sigma_{oct}+c)^n$； $F_{octp}(\theta_\sigma)=$ $\frac{2(1-\gamma^2)+(\gamma-2)\sqrt{4(\gamma^2-1)+(5-4\gamma)f_{\theta_\sigma}^2}}{4(1-\gamma^2)-(\gamma-2)^2f_{\theta_\sigma}^2}\gamma f_{\theta_\sigma}$	σ_{oct} 为八面体正应力； τ_{oct} 为八面体剪应力； f_c 为岩石单轴抗压强度； F_{mp} 为子午面形函数； F_{oct} 为偏平面形函数； 其他同前
经验强度准则	Fairhurst（1964年）	$(\sigma_1-\sigma_3)^2=a+b(\sigma_1+\sigma_3)$	σ_1 为最大主应力； σ_3 为最小主应力； a、b 为材料参数，下同
	Mogi（1967年，1971年）	$\frac{(\sigma_1-\sigma_3)}{2}=f_1\left(\frac{\sigma_1+\beta\sigma_2+\sigma_3}{2}\right)$； $\tau_{oct}=f_1(\sigma_1+\sigma_3)$	β 为小于1的常数
	Hobbs（1964年）	$\sigma_1=\sigma_c+\sigma_3+F\sigma_3^f$	σ_c 为单轴抗压强度，F 和 f 为材料参数，下同
	Murel（1965年）	$\sigma_1=\sigma_c+a\sigma_3^b$	同前
	Bodonyi（1970年）	$\sigma_1=\sigma_c+a\sigma_3$	同前
	Franklin（1971年）	$\sigma_1=\sigma_3+\sigma_c^{1-B}(\sigma_1+\sigma_3)^B$	B 为材料参数，下同
	Hoek 和 Brown（1980年）	$\sigma_1=\sigma_3+(m\sigma_c\sigma_3+s\sigma_c^2)^{\frac{1}{2}}$	m 和 s 为材料参数，下同
	Bieniawski（1974年），Yudhbir 等（1983年）	$\frac{\sigma_1}{\sigma_c}=a+b\left(\frac{\sigma_3}{\sigma_c}\right)^\alpha$	α 为材料参数，下同
	Ramamurthy 等（1985年）	$\sigma_1=\sigma_3+a\sigma_3\left(\frac{\sigma_c}{\sigma_3}\right)^b$	同前
	Balmer（1952年），Sheorey 等（1989年）	$\sigma_1=\sigma_c\left(1+\frac{\sigma_3}{\sigma_t}\right)^b$	σ_t 为单轴抗拉强度
	Yoshida（1990年）	$\sigma_1=\sigma_3+A\sigma_c\left(\frac{\sigma_3}{\sigma_c}-S\right)^{\frac{1}{B}}$	A 和 S 为材料参数，下同
	Ewy（1999年）（修正 Lade 的提出者）	$\frac{(I_1')^3}{I_3'}=27+\eta$ $I_1'=(\sigma_1+S)+(\sigma_2+S)+(\sigma_3+S)$ $I_3'=(\sigma_1+S)(\sigma_2+S)(\sigma_3+S)$	S 和 η 为材料参数

续表1-20

准则类别	提出者	准则公式	参数说明
经验强度准则	Hoek 和 Brown（1992 年）	$\sigma'_1=\sigma'_3+\sigma_c\left(m_b\dfrac{\sigma'_3}{\sigma_c}\right)^a$	σ'_1为有效最大主应力，σ'_3为有效最大主应力，m_b 为材料参数，下同
	Hoek 和 Brown（2002 年）	$\sigma'_1=\sigma'_3+\sigma_c\left(m_b\dfrac{\sigma'_3}{\sigma_c}+s\right)^a$	$m_b=m_i\exp\left(\dfrac{GSI-100}{28-14D}\right)$，$s=\exp\left(\dfrac{GSI-100}{9-3D}\right)$，$a=0.5+\dfrac{1}{6}(e^{-\frac{GSI}{15}}-e^{-\frac{20}{3}})$，$m_i$ 为材料参数，D 为扰动因子，GSI 为地质强度指标。

表 1-21 给出了常见八面体剪应力统一理论，在八面体剪应力统一理论发展过程中，Zienkiewicz 较早提出了强度准则的一般公式，将绝大多数强度准则归于该一般公式的框架之下。至今，该公式仍是学者提出新的统一强度理论的基础，其构建强度准则的核心思想是确定子午面形函数和偏平面形函数，两个函数的形式可反映强度的基本特性。

表 1-21　岩石材料统一强度理论(不完全统计)

提出者	准则公式	参数说明
Zienkiewicz（1979 年）	$F=\beta\sigma_m^2+\alpha_1\sigma_m-k+\dfrac{\sqrt{J_2}}{g(\theta_\sigma)}=0$	σ_m 为八面体正应力； $g(\theta_\sigma)$为偏平面形函数，下同； θ_σ 为 Lode 角，下同
郑颖人（2002 年）	$F=\beta p^2+\alpha_1 p-k+\left[\dfrac{\sqrt{J_2}}{g(\theta_\sigma)}\right]^n=0$	p 为静水压力； n 为指数
Desai（1984 年）	$F=J_2+(\alpha I_1^n-\gamma I_1^2)\left(1-\beta\dfrac{J_3^{1/3}}{J_2^{1/2}}\right)^m=0$	I_1 为应力第一不变量，下同； J_2 为偏应力第二不变量，下同； J_3 为偏应力第三不变量，下同； m 为指数
de Boer（1988 年）	$F=\left(J_2+\dfrac{1}{2}\alpha^2 I_1^2\right)^{1/2}(1+\gamma\theta)^{1/3}+\beta I_1=C$	同前
Ehlers（1995 年）	$F=\sqrt{J_2(1+\gamma\theta)^m+\dfrac{1}{2}\alpha I_1^2+\delta^2 I_1^4}+\beta I_1+I_1^2\varepsilon=C$	同前
Krenk（1996 年）	$F=J_3+cJ_2-(1-\eta)c^3$	同前

续表1-21

提出者	准则公式	参数说明
沈珠江（1989 年）	$F=\dfrac{\sigma_m}{1-(\eta/\eta_0)^n}$ $\eta=\dfrac{1}{\sqrt{2}}\sqrt{\left(\dfrac{\sigma_1-\sigma_2}{\sigma_1+\sigma_2}\right)^2+\left(\dfrac{\sigma_2-\sigma_3}{\sigma_2+\sigma_3}\right)^2+\left(\dfrac{\sigma_3-\sigma_1}{\sigma_3+\sigma_1}\right)^2}$	σ_1 为最大主应力； σ_2 为中间主应力； σ_3 为最小主应力
邱士利等（2013 年）	$F\left(\dfrac{\sigma_{oct}}{C_0},\dfrac{\tau_{oct}}{C_0},\theta_\sigma\right)=\dfrac{\tau_{oct}}{C_0}-F_m\left(\dfrac{\sigma_{oct}}{C_0}\right)F_s(\theta_\sigma)$ $\sigma_{oct}=\dfrac{1}{3}(\sigma_1+\sigma_2+\sigma_3)$ $\tau_{oct}=\dfrac{1}{3}\sqrt{(\sigma_1-\sigma_2)^2+(\sigma_1-\sigma_3)^2+(\sigma_2-\sigma_3)^2}$ $F_m\left(\dfrac{\sigma_{oct}}{C_0}\right)=\left[\alpha^2\left(\dfrac{\sigma_{oct}}{C_0}\right)^2+\beta\left(\dfrac{\sigma_{oct}}{C_0}\right)+\gamma\right]^n$ $F_s(\theta_\sigma)=\dfrac{\cos\left(\dfrac{\eta\pi}{6}+\dfrac{1}{3}\arcsin\lambda\right)}{\cos\left[\dfrac{\eta\pi}{6}-\dfrac{1}{3}\arcsin(\lambda\sin 3\theta_\sigma)\right]}$	C_0 为硬岩的单轴抗压强度； θ_σ 为应力罗德角(或 Lode 角)； σ_{oct} 为八面体正应力； τ_{oct} 为八面体剪应力； $F_m(\sigma_{oct})$ 为子午面上强度准则形函数； $F_s(\theta_\sigma)$ 为偏平面上强度准则形函数； α、β 和 γ 为岩石材料参数； n 为静水压力效应指数

(2)常用强度准则简述

①Mohr-Coulomb 强度准则

库仑于 1773 年提出的剪切强度准则是剪切类强度理论的基础。Coulomb 强度准则认为岩石沿某一面发生剪切破裂时，不仅与该面上剪应力大小有关，还与该面上的正应力大小有关。

在剪应力空间，如图 1-15(a)所示，Coulomb 强度准则可表示为：

$$|\tau|=S_0+f\sigma_n=S_0+\sigma_n\tan\varphi \tag{1-32}$$

式中：σ_n 和 τ 为平面上的正应力和剪应力；S_0 为 τ 轴上 $\sigma_n=0$ 时的截距；f 为内摩擦系数；φ 为内摩擦角。

在主应力空间，如图 1-15(b)所示，Coulomb 强度准则可表示为：

$$\sigma_1=\frac{2S_0\cos\varphi}{1-\sin\varphi}+\sigma_3\frac{1+\sin\varphi}{1-\sin\varphi} \tag{1-33}$$

式中：σ_1、σ_3 分别为最大、最小主应力。

Coulomb 强度准则可用应力不变量 I_1、J_2 和应力罗德角 θ_σ 表示为：

$$F=\frac{1}{3}I_1\sin\varphi+\left(\cos\theta_\sigma-\frac{1}{\sqrt{3}}\sin\theta_\sigma\sin\varphi\right)\sqrt{J_2}-c\cos\varphi=0 \tag{1-34}$$

式中：I_1 为应力张量的第一不变量，$I_1=\sigma_x+\sigma_y+\sigma_z=\sigma_1+\sigma_2+\sigma_3$；$J_2$ 为偏应力张量的第二不变量，$J_2=\frac{1}{2}S_{ij}S_{ij}=\frac{1}{6}[(\sigma_x-\sigma_y)^2+(\sigma_y-\sigma_z)^2+(\sigma_z-\sigma_x)^2+6(\tau_{xy}^2+\tau_{yz}^2+\tau_{zx}^2)]$；$\theta_\sigma$ 为应力罗德角，表达为 $\tan\theta_\sigma=\frac{1}{\sqrt{3}}\cdot\frac{2\sigma_2-\sigma_1-\sigma_3}{\sigma_1-\sigma_3}$。

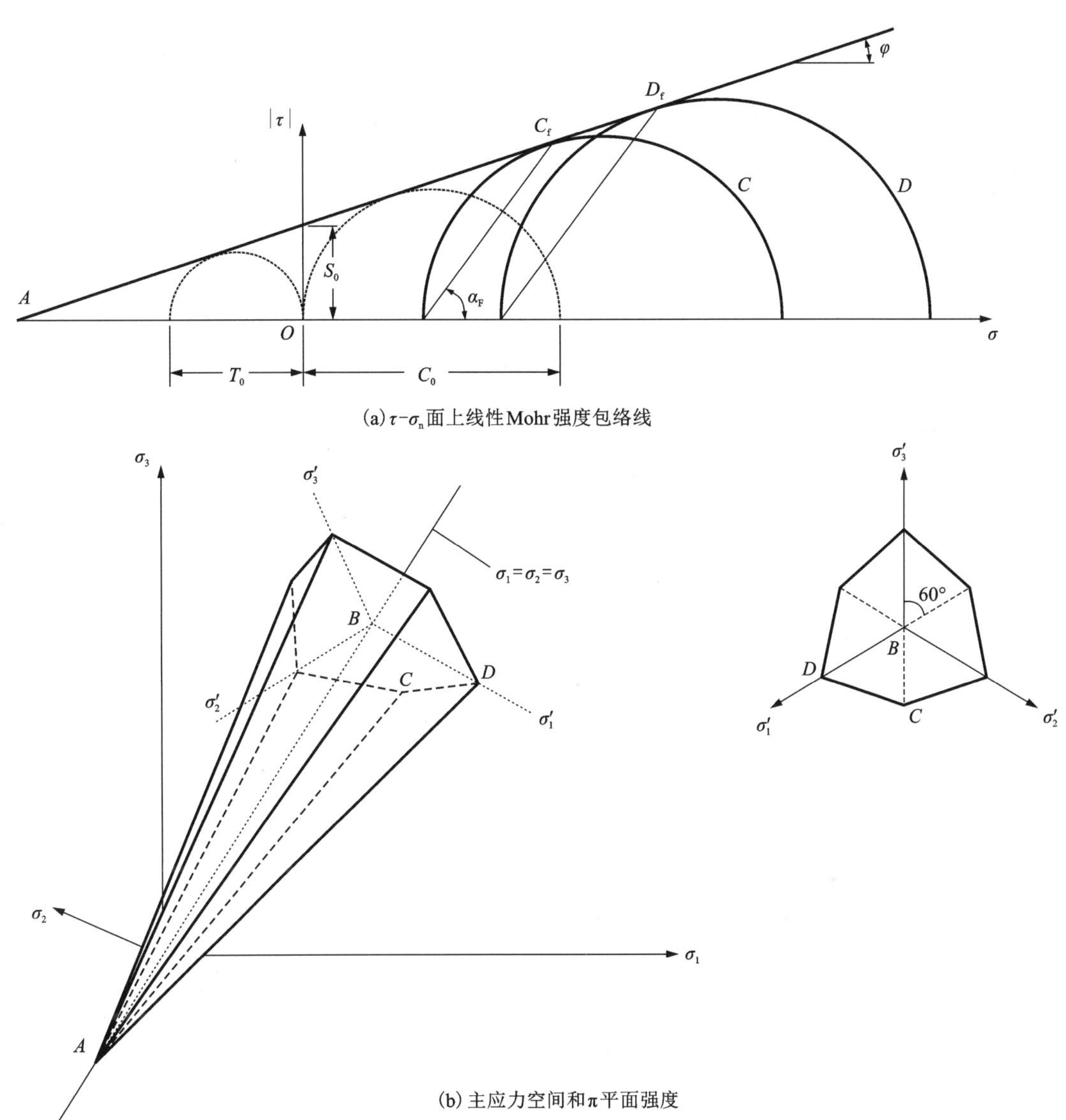

(a) $\tau-\sigma_n$面上线性Mohr强度包络线

(b) 主应力空间和π平面强度

图 1-15　Mohr-Coulomb 强度准则

由于 Coulomb 准则是压剪破坏准则，所以常使用于 σ_n>0 时的压剪破坏。而在简单应力状态下，如单轴拉伸、单轴压缩、纯剪切，岩石的破坏分别为拉伸破坏、劈裂破坏和压拉破坏，所以应该使用单轴抗拉强度、单轴抗压强度和剪切强度作为其强度判据。

②Hoek-Brown 强度准则

1980 年，Hoek 和 Brown 对几百组岩石的三轴试验资料和大量岩土现场试验成果进行统计分析，结合岩石性状方面的理论研究成果和实践检验，提出了迄今为止应用最为广泛、影响最大的岩石强度准则——Hoke-Brown(H-B)强度准则。

H-B 强度准则可反映岩石破坏时极限主应力间的非线性经验关系，其表达式为：

$$\sigma_1 = \sigma_3 + \sigma_c \left(m_i \frac{\sigma_3}{\sigma_c} + 1 \right)^{0.5} \tag{1-35}$$

式中：σ_1、σ_3 分别为最大、最小压应力，MPa；σ_c 为岩石单轴抗压强度，MPa；m_i 为岩石经验参数，反映岩石的软硬程度，取值范围为 0.001～25。图 1-16 对比了 Hoek-Brown 强度准则与 Mohr-Coulomb 强度准则之间的差异。

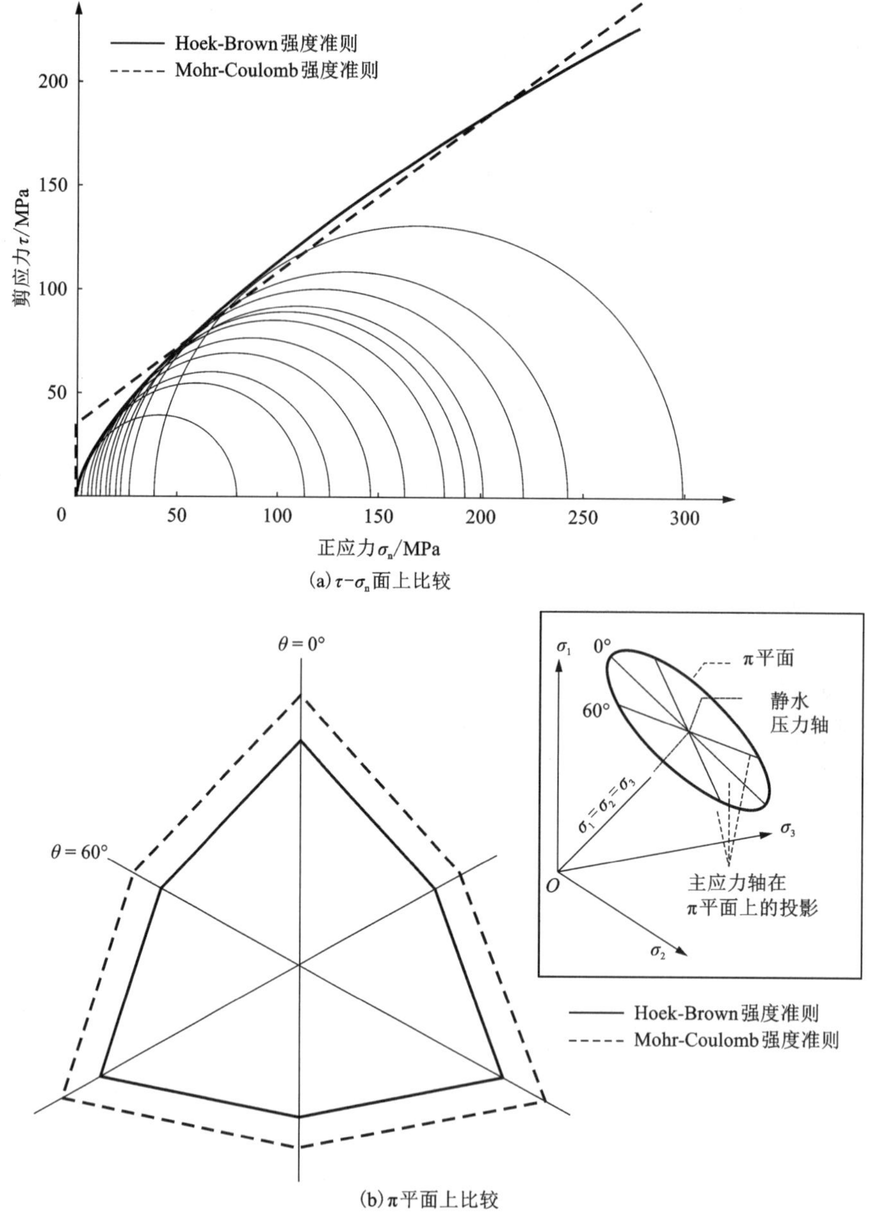

图 1-16 Hoek-Brown 强度准则与 Mohr-Coulomb 强度准则对比

1992 年，Hoek 等对 H-B 强度准则进行了改进，使其可同时应用于岩石和岩体。该准则被称为广义 H-B 岩体强度准则，其表达式为：

$$\sigma_1 = \sigma_3 + \sigma_c \left(m_b \frac{\sigma_3}{\sigma_c} + s \right)^a \tag{1-36}$$

式中：m_b、s、a 为反映岩体特征的经验参数，其中 m_b、a 为针对不同岩体的经验参数，s 反映岩体破碎程度，取值范围为 0~1，对于完整的岩体(即岩石)，$s=1$。广义 H-B 岩体强度准则在原准则的基础上引入参数 s 和 a，以适用于质量较差的岩体，特别是在低应力条件下。1992 年提出的广义 H-B 岩体强度准则使得该准则的研究对象从岩石转向具有实际意义的工程岩体。H-B 岩石强度准则是广义 H-B 岩体强度准则的一个特例。

Hoek 和 Brown 结合 Bieniawski 岩体评分系统(RMR)提出了岩体参数取值方法：

扰动岩体：

$$\left. \begin{aligned} m_b &= \exp\left(\frac{\mathrm{RMR} - 100}{14}\right) m_i \\ s &= \exp\left(\frac{\mathrm{RMR} - 100}{6}\right) \\ a &= 0.5 \end{aligned} \right\} \tag{1-37}$$

未扰动岩体：

$$\left. \begin{aligned} m_b &= \exp\left(\frac{\mathrm{RMR} - 100}{28}\right) m_i \\ s &= \exp\left(\frac{\mathrm{RMR} - 100}{9}\right) \\ a &= 0.5 \end{aligned} \right\} \tag{1-38}$$

该方法假定岩体完全干燥，且仅适用于某些特定的非连续面。该方法对 RMR>25 的岩体是适用的，但对非常破碎的岩体，如 RMR<18(1976 版 RMR)或 RMR<23(1989 版 RMR)是不适用的。为克服这一局限性，Hoek 等提出了基于地质强度指标(GSI)的岩体参数的取值方法：

当 GSI>25(如质量较好的岩体)时，有：

$$\left. \begin{aligned} m_b &= \exp\left(\frac{\mathrm{GSI} - 100}{28}\right) m_i \\ s &= \exp\left(\frac{\mathrm{GSI} - 100}{9}\right) \\ a &= 0.5 \end{aligned} \right\} \tag{1-39}$$

当 GSI<25(如非常破碎的岩体)时，有：

$$\left. \begin{aligned} m_b &= \exp\left(\frac{\mathrm{GSI} - 100}{28}\right) m_i \\ s &= 0 \\ a &= 0.65 - \frac{\mathrm{GSI}}{200} \end{aligned} \right\} \tag{1-40}$$

Hoek 等引入一个可考虑爆破影响和应力释放的扰动参数 D(D 取值范围为 0~1，对现场无扰动岩体为 0，非扰动岩体的取值为 1)，提出了基于地质强度指标(GSI)参数取值的新方法：

$$
\left.\begin{aligned}
m_{\mathrm{b}} &= \exp\left(\frac{\mathrm{GSI}-100}{28-14D}\right)m_{\mathrm{i}} \\
s &= \exp\left(\frac{\mathrm{GSI}-100}{9-3D}\right) \\
a &= 0.5+\frac{1}{6}\left[\exp\left(-\frac{\mathrm{GSI}}{15}\right)-\exp\left(-\frac{20}{3}\right)\right]
\end{aligned}\right\} \tag{1-41}
$$

H-B 强度准则没有考虑中间主应力对强度的影响，但大量的研究结论和工程实践验证其影响的存在。Pan 等先后提出了各种三维 H-B 强度准则。Pan 和 Hudson 基于 H-B 强度准则提出了一个三维 H-B 强度准则，表达式为：

$$
\frac{9}{2\sigma_{\mathrm{c}}}\tau_{\mathrm{oct}}^{2}+\frac{3}{2\sqrt{2}}m_{\mathrm{b}}\tau_{\mathrm{oct}}-m_{\mathrm{b}}\frac{I_{1}}{3}=s\sigma_{\mathrm{c}} \tag{1-42}
$$

式中：τ_{oct} 和 I_1 分别为八面体剪应力和第一应力不变量，表达式分别为：

$$
\tau_{\mathrm{oct}}=\frac{1}{3}\sqrt{(\sigma_1-\sigma_2)^2+(\sigma_2-\sigma_3)^2+(\sigma_3-\sigma_1)^2} \tag{1-43}
$$

$$
I_1=\sigma_1+\sigma_2+\sigma_3 \tag{1-44}
$$

Pan 等提出的三维 H-B 强度准则虽然可以考虑中间主应力的影响，但在三轴拉伸和三轴压缩的条件下，不能简化为二维初始的 H-B 强度准则，不能直接使用 H-B 强度准则的参数，因此不是真正意义上的三维 H-B 强度准则。

4）强度影响因素

岩石强度的影响因素包括围压效应、尺寸效应、各向异性、温度效应、水的作用、风化作用、动力特性，具体见表 1-22。

表 1-22 岩石强度影响因素

围压效应（δ 为延展度）			尺寸效应（平均强度 σ_{m} 与尺寸关系）	各向异性	温度效应	水的作用	风化作用	动力特性
$\delta<3\%$	$3\%<\delta<5\%$	$\delta>5\%$	$\sigma_{\mathrm{m}}=KV^{-1/m}$					
脆性	过渡型	延性	V 为岩样的体积，m 为与岩石类型密切相关的系数。图 1-17 所示的单轴强度与试样尺寸关系	图 1-18、图 1-19 表明不同岩石细观组构和结构面组表现出各向异性特征	图 1-20 表示随温度升高，岩石的延性增大，屈服点降低，强度也自然降低	起软化作用，降低有效应力	扩展裂隙，降低岩石强度等	裂纹扩展阶段后，强度随加载速率的增大而增大，如图 1-21 所示

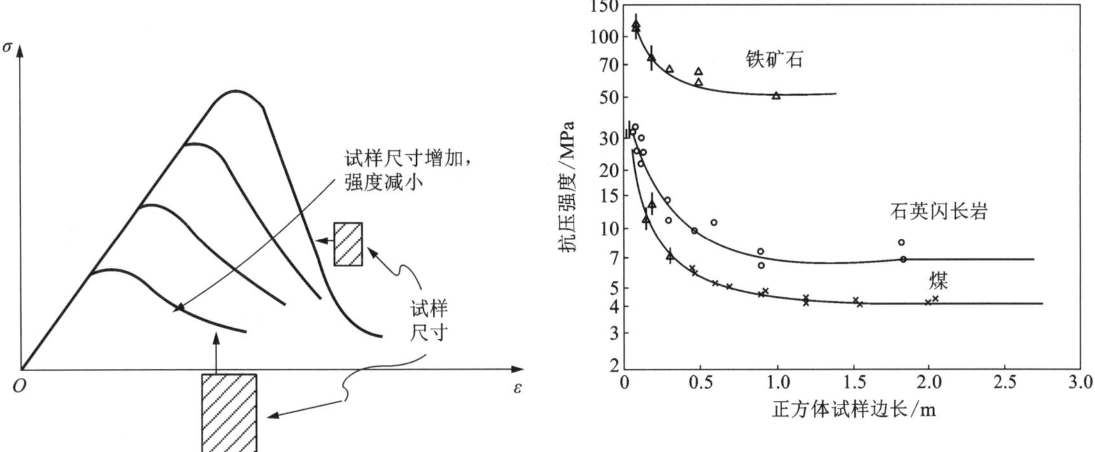

图 1-17　煤、铁矿石、闪长岩单轴抗压强度随试样高度的变化规律

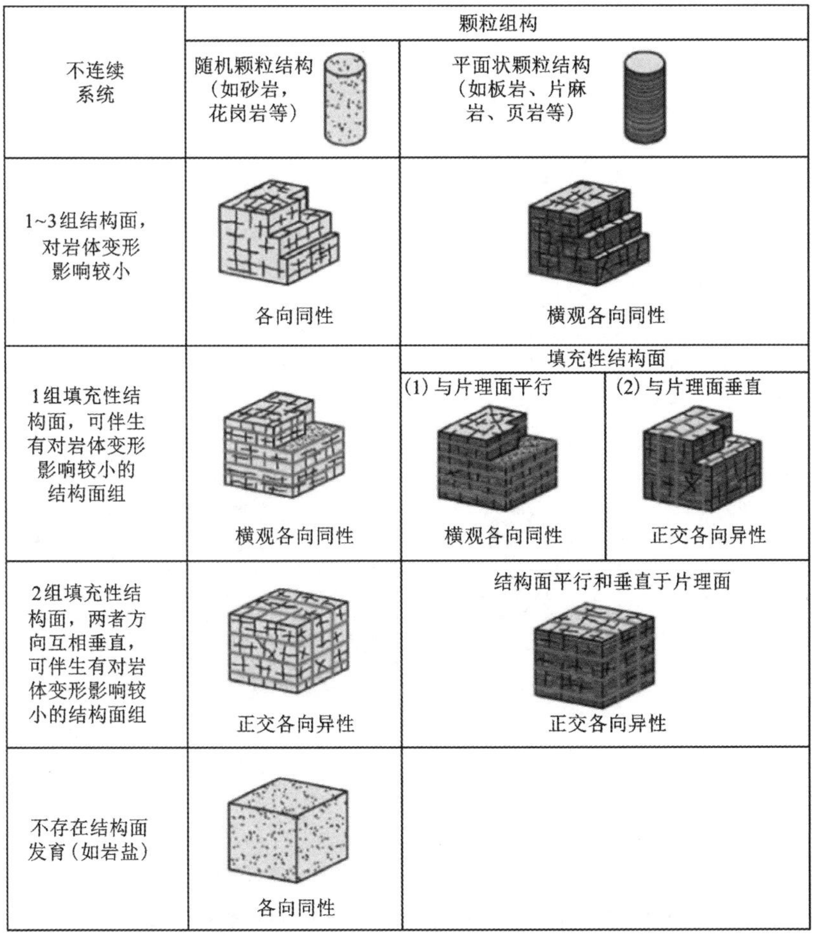

	颗粒组构		
不连续系统	随机颗粒结构（如砂岩，花岗岩等）	平面状颗粒结构（如板岩、片麻岩、页岩等）	
1~3组结构面，对岩体变形影响较小	各向同性	横观各向同性	
		填充性结构面	
1组填充性结构面，可伴生有对岩体变形影响较小的结构面组	横观各向同性	(1) 与片理面平行 横观各向同性	(2) 与片理面垂直 正交各向异性
2组填充性结构面，两者方向互相垂直，可伴生有对岩体变形影响较小的结构面组	正交各向异性	结构面平行和垂直于片理面 正交各向异性	
不存在结构面发育（如岩盐）	各向同性		

图 1-18　岩石/岩体各向异性组成的概念展示

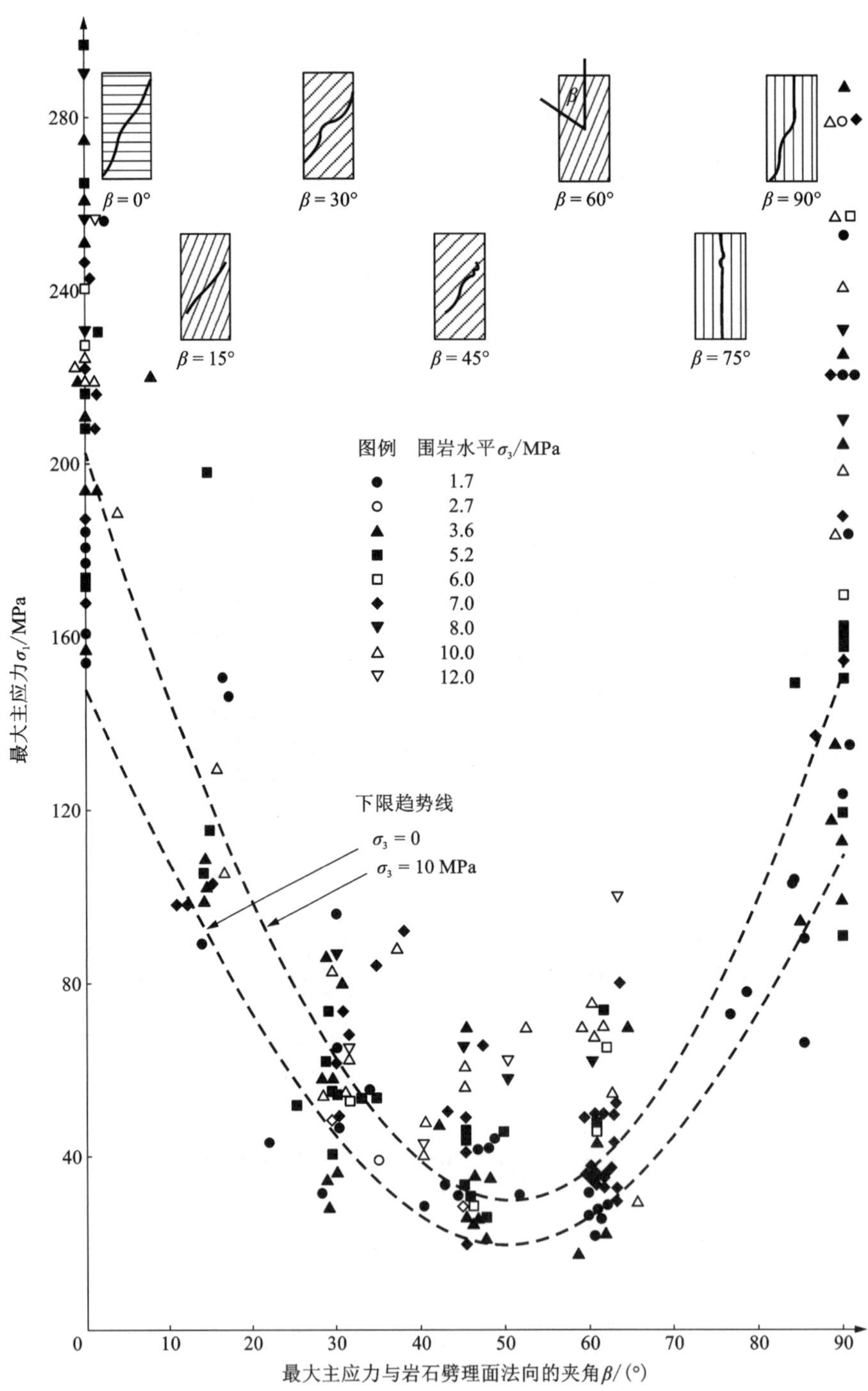

图 1-19　含劈理的黑灰板岩强度与劈理面角度间关系

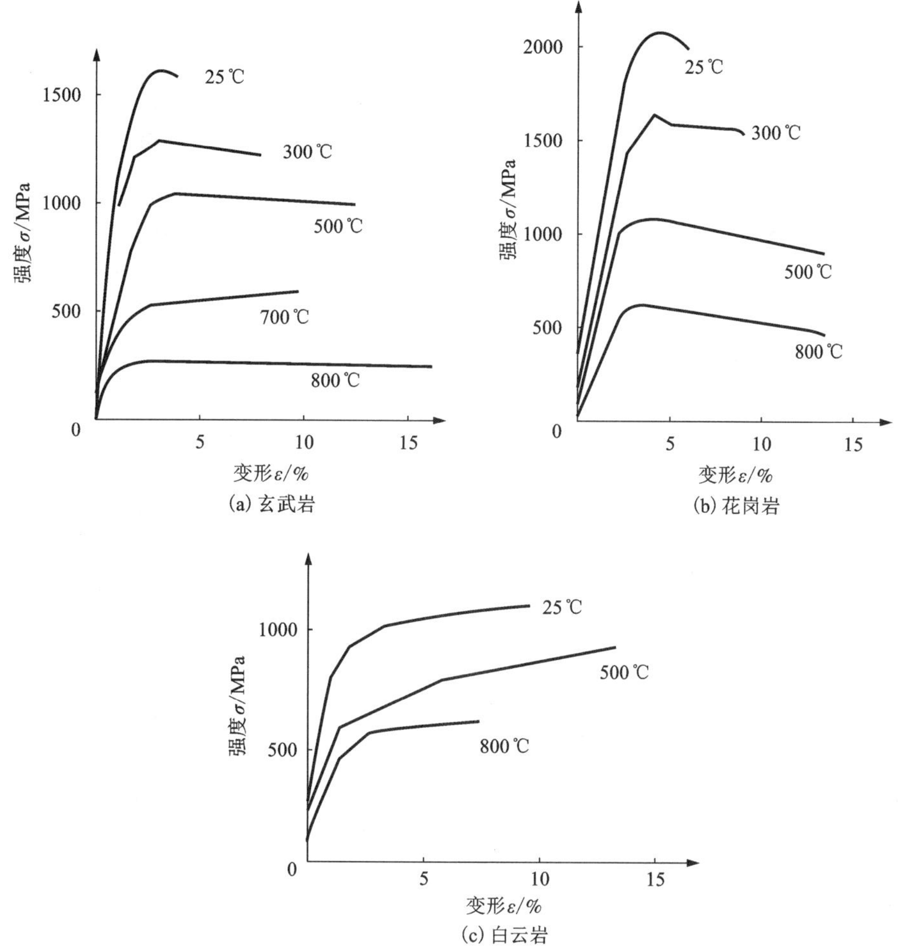

图 1-20　温度对高压下岩石变形的影响(围压 500 MPa)

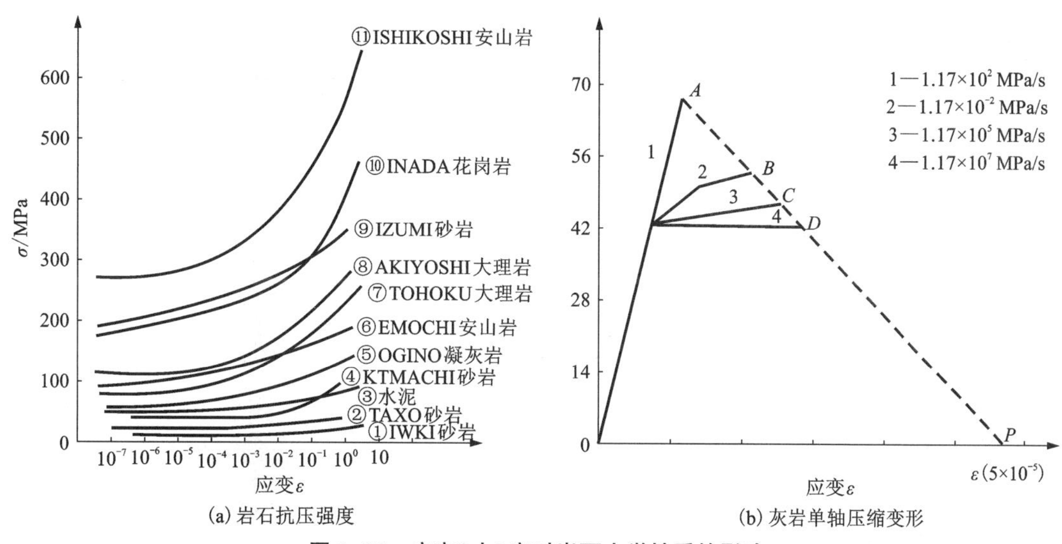

图 1-21　应变(力)率对岩石力学性质的影响

刘宝琛等提出了指数函数形式单轴抗压强度的尺寸效应经验公式：

$$\sigma_c^r = \sigma_m + \alpha_c \exp(-\beta_c D) \tag{1-45}$$

式中：σ_c^r 为受力断面边长(长方柱岩体)或受力断面直径(长圆柱岩样)为 D(单位为 cm)的岩样的单向抗压强度，MPa；σ_m 为岩体单向抗压强度，MPa；α_c 和 β_c 为取决于岩石性质及其中天然缺陷状态的经验参数，α_c 表示完整岩石强度与岩体强度之间的差，而 β_c 为岩样强度随着尺寸的增大而减小的程度，称为强度衰减系数。Hoek 和 Brown 总结了不同岩性岩石的尺寸效应，他们指出直径为 d 的岩样单轴抗压强度 σ_{cd} 与 5 cm 直径标准试样的单轴抗压强度 σ_{c50} 存在经验关系式

$$\sigma_{cd} = \sigma_{c50}\left(\frac{50}{d}\right)^{0.18} \tag{1-46}$$

图 1-17 右图所示不同岩性岩样的试验数据点较符合式(1-46)表征的尺寸效应经验关系。

1.2.4 岩体的动力学性质

岩石动力学性质主要包括两方面：①岩石材料自身的动态力学性质；②岩石(体)在各种动力荷载作用下的效应，比如地震波或应力波的传播效应等。

1)岩石(体)变形应变率分级

一般认为，当加、卸载引起的应变率范围为 $10^{-5}\sim10^{-1}\ s^{-1}$ 时，属于准静态过程，此时可忽略介质的惯性力；若应变率大于 $10^{-1}\ s^{-1}$，则不能忽略惯性力。惯性力不可忽略的状态属于岩石(体)动力学研究范畴，低应变率的状态为岩体静力学研究范畴，而极低应变率的蠕变状态则是岩体流变力学研究的内容。表 1-23 依据应变率量值对荷载状态进行划分，同时展示了不同应变率试验所采用的试验方式。

表 1-23 岩石变形应变率等级分类

荷载状态	应变率/(s^{-1})	试验方式	动静态区别
蠕变	$<10^{-5}$	蠕变试验机	惯性力可忽略
静态	$10^{-5}\sim10^{-1}$	普通试验机和刚性伺服试验机	
准动态	$10^{-1}\sim10$	气动快速加载机	惯性力不可忽略
动态	$10\sim10^{4}$	Hopkinson 压杆	
超动态	$>10^{4}$	轻气炮、平面波发生器等	

2)动荷载类型及特征

在岩石动力范畴内，动荷载一般指作用时间短的荷载，它包括冲击荷载、周期荷载、爆炸荷载和地震荷载等。图 1-22 给出了典型的动荷载时程图。动荷载具有如下典型特征：①加载速率高，如图 1-22(a)所示，爆破荷载作用时间大约为 0.07 s，上升时间大约为 0.01 s；②大量不同振幅、不同周期的荷载循环，如图 1-22(d)所示，岩爆震动荷载包含了复杂频率的波动成分，振幅在时程上的变化非常复杂；③加载率、振幅、周期在很大范围内变化，如

图 1-22(b)所示的 SHPB 压杆试验，在 10^{-4} s 内应变达到了 2×10^{-4}，且应变率时程变化显著。

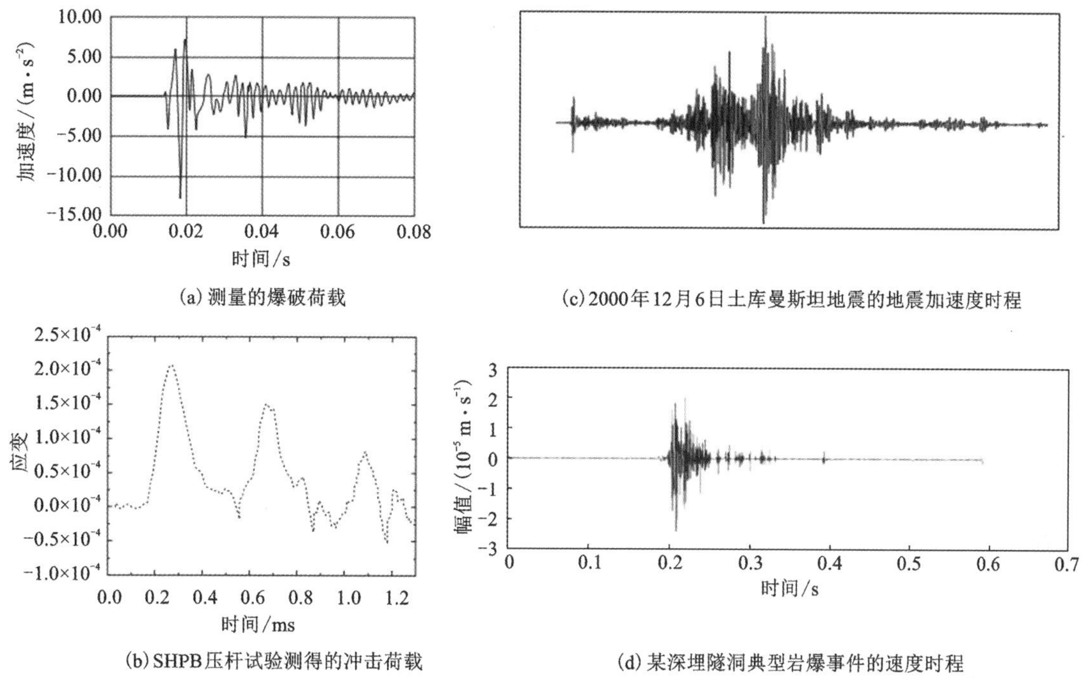

(a) 测量的爆破荷载

(c) 2000年12月6日土库曼斯坦地震的地震加速度时程

(b) SHPB压杆试验测得的冲击荷载

(d) 某深埋隧洞典型岩爆事件的速度时程

图 1-22　典型的动荷载时程图

3) 岩石动态力学特性

岩石的动态力学特性是指岩石在各种动力荷载作用下所具有的应力、应变、变形模量、波速以及强度等动力学性质。

(1) 岩石动态应力和应变的关系

大量岩石动力试验表明，岩石的动态应力-应变关系基本上具有与静态应力-应变关系相似的特征。从变形参数角度来看，动力加载条件下岩石的弹性模量和泊松比会有所变化，动弹性模量高于静弹性模量，且弹性模量随应变率的提高而增加的幅度对各种岩石是不同的。常见岩石与岩体的动、静变形参数见表 1-24。

表 1-24　常见岩石与岩体的动、静变形参数

岩石(体)名称	$E_d/(10^3$ MPa)	$E_s/(10^3$ MPa)	μ_d	μ_s
石英岩	88.76	67.20	0.063	0.17
砾岩	71.33~87.29	72.10~75.60	0.024~0.158	0.13~0.22
片岩	88.89	88.60	0.18	0.27
具有硫化物夹层的石英碳酸盐岩	113.12	85.40	0.146	0.16
石英-绢云母-碳酸盐岩	91.28	95.20	0.098	0.33

续表1-24

岩石(体)名称	$E_d/(10^3$ MPa)	$E_s/(10^3$ MPa)	μ_d	μ_s
凝灰岩	3.0~41.0	1.3~3.4	—	—
页岩	6.75~46.5	0.66~31.4		
砂岩	17.0~64.7	1.0~34.8		
千枚岩	28~47	9.8~14.5		
角闪岩	1.8~5.2	1.4~3.7		
白云岩	26.3~72.4	7.0~26		
石灰岩	18~87	3.9~39.6		
片麻岩	11.5~70	3.0~30		
安山岩	6.11~45.8	4.8~10		
花岗岩	33~65	25~40		
玄武岩	2.6~34	10		
辉绿岩	49~74	14.8		
闪长岩	8~76	1.5~60		
石英片岩	51~89	24~47		

注：E 为弹性模量，μ 为泊松比。下脚标 d 表示动力测定的，而 s 表示静力测定的。

(2)岩石强度的应变率效应

岩石强度随加载速率的变化规律主要是通过试验研究来认识，研究中建立了多种岩石强度与加载速率的关系，较常见的是将岩石强度表示为应变率的函数。

Lankford 指出特定岩石材料存在一个极限应变率，当应变率小于极限应变率时，单轴抗压强度随着应变率的增加而轻微增加；而当应变率大于极限应变率时，单轴抗压强度随着应变率的提高而快速地增加。

Olsson 开展了应变率为 $10^{-6}\sim10^{3}\ s^{-1}$ 时凝灰岩的单轴动态压缩试验，发现其极限应变率为 76 s^{-1}，同时表明强度是速率的弱因素，它与应变率的0.007次方成正比。大于 76 s^{-1} 后强度与应变率的立方根成正比。其数据关系与“较慢速率下的速率效应由裂纹扩展速度和应力强度因子的关系决定的”概念是一致的。在高速率下，会遇到应变率效应的上限，强度由统计裂纹模型控制。

Masuda 等基于应变率为 $10^{-4}\sim10^{0}\ s^{-1}$ 时花岗岩的动态试验研究，指出岩石动态抗压强度随着应变率的增大而增大，两者间的关系可表示为：

$$\sigma_{dc} = C\lg(\dot{\varepsilon}) + \sigma_c \tag{1-47}$$

式中：σ_c 为岩石静态单轴抗压强度；C 为岩石的材料参数。

Zhao 基于应变率为 $10^{-4}\sim10^{0}\ s^{-1}$ 时花岗岩的动态试验研究，建议将岩石动态抗压强度统一表示为

$$\sigma_{dc} = \mathrm{RSC_d}\lg(\dot{\sigma}_{dc}/\dot{\sigma}_{sc}) + \sigma_{sc} \tag{1-48}$$

式中：$\dot{\sigma}_{dc}$ 为动态加载速率；$\dot{\sigma}_{sc}$ 为准静态加载速率；σ_{sc} 为准静态加载速率为 0.5～1 MPa/s 时的单轴抗压强度；RSC_d 为岩石材料动态岩石强度常数。

三轴动态抗压强度的应变率效应会随着围压水平的不同而在影响程度上表示出差异。大量试验研究显示，低围压时三轴动态抗压强度的应变率效应要低于高围压条件下的应变率效应。花岗岩的动态三轴压缩试验表明，在应变率为 10^{-4}～10^{0} s^{-1} 时，三轴抗压强度随着加载速率的增大而增大，且不同围压条件下的增大程度明显不同。如围压为 20 MPa 以下时，三轴抗压强度相比较，其最大增加率为 86%。

(3)岩石动态强度准则

基于 Bukit Timah 花岗岩的动态试验研究，Zhao 研究了 Mohr-Coulomb 与 Hoek-Brown 强度准则在动态强度范围的适用性。Mohr-Coulomb 强度准则仅适用于低围压条件下的动态三轴抗压强度。此时，三轴抗压强度随加载速率的变化主要是由黏聚力的变化引起的，而内摩擦角不受加载速率的影响。此时，动态三轴抗压强度 σ_{d1} 可用式(1-49)来估计，即

$$\begin{cases} c_d = \sigma_{dc}(1 - \sin\varphi)/(2\cos\varphi) \\ \sigma_{d1} = \sigma_{dc} + \sigma_3(1 + \sin\varphi)/(1 - \sin\varphi) \end{cases} \tag{1-49}$$

式中：c_d 为动态黏聚力；φ 为摩擦角。

高低围压条件下，岩石的动态三轴强度可以用 Hoek-Brown 强度准则表征，一般假设参数 m 为常数，不受加载速率的影响。于是，岩石动态三轴强度可用式(1-50)来估计，即

$$\sigma_{d1} = \sigma_3 + \sigma_{dc}(m\sigma_3/\sigma_{dc} + 1.0)^{0.5} \tag{1-50}$$

4)岩石声波特性

弹性波总是以更快的速度传播，成为先驱波；随后，则是速度较慢的塑性波。

(1)岩石中与波动相关的一些概念与定义

①应力波的种类：应力波可分为弹性波、黏弹性波、塑性波、冲击波。

②弹性波的分类：弹性波可分为体波和面波两大类。

③简谐振动(谐振动)：简谐振动通常用周期 T、振幅 A、相位(t 时刻的相位表示为 $\omega t+\varphi$)三个特征量来描述。

④波动相关概念。

波长：波射线上，相位差为 2π 的两点间的距离称为波长。波长是波源完成一次全振动波前进的距离，用 λ 表示。

波速：某一定的振动状态(或振动相位)在单位时间内所传播的距离，称为波的相速，简称波速，用 C 表示。

周期 T：波传播一个波长所需要的时间，或一个完整的波通过波线上某一点所需要的时间叫作波的周期。由于波源做一次全振动，波前进一个波长的距离，所以波的周期等于波源振动的周期。

频率 ω：波在单位时间内前进的距离中所含完整波的数目，或单位时间内，通过波射线上一点整波的数目。波的频率等于波源振动频率。

(2)岩石的弹性波速与实验室测定方法

①岩石的弹性波速

岩石中的波速大小与岩石力学性质参数，如弹性模量 E、剪切模量 G、泊松比 μ、密度 ρ 等有关，可以通过测定岩体中弹性波的传播速度来确定岩石的力学指标。

岩石中的弹性纵波和横波的波速为

$$C_p = \left[\frac{E_d(1-\mu_d)}{\rho(1+\mu_d)(1-2\mu_d)}\right]^{\frac{1}{2}} \tag{1-51}$$

$$C_s = \left[\frac{E_d}{\rho(1+\mu_d)}\right]^{\frac{1}{2}} \tag{1-52}$$

式中：C_p 和 C_s 分别表示纵波和横波的波速；E_d 为岩石的动弹性模量；ρ 和 μ_d 分别为岩石的密度和动泊松比。反之，如果已知 ρ、C_p 和 C_s，则可根据式(1-51)和式(1-52)求出岩石的动弹性模量和动泊松比，分别为式(1-53)和式(1-54)。

$$E_d = \frac{\rho C_s^2(3C_p^2 - 4C_s^2)}{C_p^2 - C_s^2} \tag{1-53}$$

$$\mu_d = \frac{1}{2}\frac{(C_p^2 - 2C_s^2)}{C_p^2 - C_s^2} \tag{1-54}$$

②岩石弹性波速实验室测定方法

在实验室中测定弹性波速，可采用超声脉冲法(频率范围为 100 kHz~2000 kHz)、声脉冲法(频率范围为 12 kHz~20 kHz)和共振法(频率范围为 1 kHz~100 kHz)。表 1-6 列举了部分岩石的纵波速度和横波速度的测试值。

测定岩石弹性波所用的仪器包括脉冲发生器、换能器(发射换能器和接收换能器)、放大器(包括滤波和时钟电路)、示波器等基本部件。

超声脉冲法：

a. 试件最小横向尺寸(垂直于波传播方向)应不小于发射脉冲波长的 5 倍，脉冲穿过岩石的旅行距离应至少为平均粒径的 10 倍，且脉冲波长应大于平均粒径。

b. 发射换能器要以约 0.1 MPa 的压力压在垂直于传播方向的平面中心。

c. 接收换能器的设置有两种：脉冲发射法、地震剖面法。

声脉冲法：

试件的长度要大于直径的 3 倍，其他要求及试验方法与超声脉冲法相同。

共振法：

a. 试件的长度应大于直径的 3 倍。

b. 测试共振频率时，发射器和接收器都用软弹簧压在两端面的中心，最大负载为 10 N。

c. 改变发射频率以得到在示波器上的最大读数，至少要记录共振频率下的 3 个谐振图形。

d. 为了测定扭转共振频率，发射器的安装位置要能使扭转振动。

弹性波计算法：

对于超声脉冲法和声脉冲法，弹性波的传播速度可用式(1-55)和式(1-56)两式求得，即

$$C_p = \frac{d}{t_p} \tag{1-55}$$

$$C_s = \frac{d}{t_s} \tag{1-56}$$

式中：C_p 和 C_s 分别为纵波和横波波速，m/s；d 为发射器与接收器之间的距离，m；t_p 和 t_s 分

别为纵波和横波通过距离 d 所需的时间，s。

如果采用地震剖面法，则由时距曲线的倒数求得速度，即

$$\frac{1}{v}=\frac{\mathrm{d}t}{\mathrm{d}x} \tag{1-57}$$

对于共振法，纵波波速由式(1-58)计算，即

$$v_{\mathrm{p}}=2lf_0 \tag{1-58}$$

式中：l 为柱状试件的长度，m；f_0 为膨胀或者扭转振动的主频率，Hz。还可由式(1-59)来计算，即

$$C_{\mathrm{p}}=2l\Delta f \tag{1-59}$$

式中：Δf 为两谐振峰之间的频率差，Hz。

(3)岩石弹性波衰减特征

由于黏性阻尼影响，岩石试件在外部施加力作用下，振幅是以指数函数的形式随时间而衰减的，常用衰减常数来表征岩石的阻尼特征。

考虑岩石内部黏性因素消耗能量，其运动方程可以表示为

$$P=M_1\frac{\mathrm{d}^2u}{\mathrm{d}t^2}+\eta_1\frac{\mathrm{d}u}{\mathrm{d}t}+E_1u \tag{1-60}$$

式中：P 为从外部施加的力；u 为位移；方程右端的第一项是惯性项，M_1 由试样的质量和形态来确定；方程右端第二项是黏性项，它与振动速度成正比，η_1 为黏性系数；E_1 为由岩石弹性模量和形状确定的常数。自由振动时，$P=0$，它的解即式(1-61)为衰减振动的一般解，其中 A 和 φ 为常数。

$$u=A\exp\left(-\frac{\eta_1}{2M_1}t\right)\cos(\omega_1t+\varphi) \tag{1-61}$$

其中，圆频率为

$$\omega_1^2=\frac{E_1}{M_1}-\frac{\eta_1^2}{4M_1^2} \tag{1-62}$$

在黏弹性岩体中，对于应力波传播过程，其振幅的损耗要超过因几何扩散及界面的反射所引起的振幅的衰减，这种额外的振幅损耗通常被称为衰减。在地震学中，岩石的衰减常用地质品质因子 Q'描述

$$Q'^{-1}=\frac{1}{2\pi}\frac{\Delta W}{W} \tag{1-63}$$

式中：ΔW 为当一正弦波通过黏弹性体时一个周期内的能量损耗；W 为该周期内贮存的最大弹性势能。应力波在岩土体中传播时的衰减可用幅值谱函数表示，即

$$A(R,\omega)=\left(\frac{R_0}{R}\right)^nA_0(R_0,\omega)\exp[-\alpha(\omega)R]\exp\left(-\frac{\mathrm{i}\omega R}{c}\right) \tag{1-64}$$

式中：$n=0$、0.5 和 1 分别代表平面波、柱面波和球面波；A_0 和 A 分别代表爆心距为 R_0 和 R 处的频率为 ω 的地震波的幅值；$\alpha(\omega)$ 为衰减指数；c 为地震波的传播速度；i 为虚数单位。于是，品质因子 Q'可表示为

$$Q'^{-1}=\frac{2\alpha(\omega)c}{\omega} \tag{1-65}$$

式(1-65)同样说明衰减常数与频率有关，频率越高的声波，在岩石中的衰减越显著，因而向外传播也越困难。常见岩石的声波衰减常数见表1-25。衰减参数的确定方法主要有室内测定和野外现场测定两种：①室内测定包括岩样的脉冲法、谐振杆法、谐振球法以及应力周期(扭摆)法；②野外测定岩土介质衰减参数主要是在离震源不同距离处记录震动波形，通过比较和分析不同爆心距处的震动波形来确定衰减参数。

表1-25 一些(准)岩石的声波传播速度和衰减常数

岩石名称	颗粒直径/mm	相对密度	孔隙率/%	萧氏硬度	抗压强度/MPa	纵波速度/$(m\cdot s^{-1})$	10 kHz时的衰减常数/$(dB\cdot m^{-1})$	动弹性模量/$(10^3\ MPa)$
大理岩	<3	2.68	0.55	43.5	53.5	5000	0.13	68.3
花岗岩Ⅰ	<1	2.57	3.04	71.4	90.0	2000	1.40	10.5
花岗岩Ⅱ	2~4	2.61	0.42	90.2	190.0	3750	0.80	37.4
安山岩	斑晶大小 1~2	2.67	0.96	80.5	173.5	4450	0.67	54.0
石英闪长岩	1~2	2.70	0.62	95.1	245.0	4600	0.40	58.3
砂岩Ⅰ	0.5~1.0	2.45	0.05	59.2	94.0	3100	2.20	24.0
砂岩Ⅱ	0.3~1.5	2.47	5.53	59.0	128.0	3180	1.90	25.4
砂岩Ⅲ	0.3~1.0	1.82	33.77	13.8	8.0	950	9.50	16.8
混凝土Ⅰ	$d_{混凝土}:d_{砂}=1:2$	1.85	9.69	18.6	28.0	3150	1.00	18.7
混凝土Ⅱ	$d_{混凝土}:d_{砂}=1:3$	1.93	12.50	12.6	9.5	2650	1.30	13.8
混凝土Ⅲ	$d_{混凝土}:d_{砂}:d_{砾石}=1:2:3$	2.13	8.57	39.8	17.5	3150	1.32	21.6

5)应力波在岩石中的传播规律

应力波在岩石介质中的传播规律首先取决于岩石介质的内在特征(本构关系)，其次与应力波峰值密切相关。

(1)应力波在弹性介质中的传播

当应力波的能量比较小且以声速向岩石的前方传播时，会持久地扰动着行进中的岩石质点，这就是弹性波，或称声波。假设泊松比为0.25，岩石密度为2600 kg/m³，则可以近似得到纵波波速C_p、横波波速C_s与岩石的弹性模量的试验关系，见式(1-66)和式(1-67)。一般$C_p>C_s$且$C_p/C_s\approx1.73$，经过各方面试验验证，C_p/C_s一般取为1.6~1.7。

$$C_p = 6.8\sqrt{E}\quad (m/s) \tag{1-66}$$

$$C_s = 3.9\sqrt{E}\quad (m/s) \tag{1-67}$$

纵波和横波都是体波。通常，体波携带的能量总是小于爆炸释放能量的一半，剩余能量由面波携带。面波主要有瑞雷波(R波)和勒夫波(Q波)。面波波速均小于横波波速。设岩石的泊松比为 0.25，则 R 波波速 $C_R=0.92C_s$，Q 波波速 C_Q 近似等于 C_s。

（2）开尔文黏弹性介质中的平面应力波

假设半无限岩石介质的自由表面为 $x=0$，且该方向上的位移分量为 u，在 y 和 z 方向上的位移分量各为 v 和 w，并假定为 0，则只剩下 u 分量不为 0。由平面波概念可得

$$\begin{cases}\sigma_x = E_1\dfrac{\partial u}{\partial x} + \eta E_1\dfrac{\partial\left(\dfrac{\partial u}{\partial x}\right)}{\partial t} \quad \text{或者} \quad \sigma_x = E_1\dfrac{\partial u}{\partial x} + \eta E_1\dfrac{\partial}{\partial t}\left(\dfrac{\partial u}{\partial x}\right) \\ \tau_{xy} = \tau_{xz} = \tau_{yz} = 0\end{cases} \tag{1-68}$$

式中：$E_1=\dfrac{1}{3}(K_0+2K_d)$，$E_1\eta=\dfrac{1}{3}(K_0\eta_0+2K_d\eta_d)$，且 $K_0=2G+3\lambda$，$K_d=2G$，其中 λ 和 G 为 Lame 常数，η_0 和 η_d 为黏性系数。

运动方程变为

$$\frac{\partial\sigma_x}{\partial x} = \rho\frac{\partial^2 u}{\partial t^2} \tag{1-69}$$

于是有

$$E_1\frac{\partial^2 u}{\partial x^2} + E_1\eta\frac{\partial\left(\dfrac{\partial^2 u}{\partial x^2}\right)}{\partial t} = \rho\frac{\partial^2 u}{\partial t^2} \quad \text{或者} \quad E_1\frac{\partial^2 u}{\partial x^2} + \eta E_1\frac{\partial}{\partial t}\left(\frac{\partial^2 u}{\partial x^2}\right) = \rho\frac{\partial^2 u}{\partial t^2} \tag{1-70}$$

解上述方程可以得到位移分量 u 的表达式，进一步可以求出应力。根据解答，在特定时间时开尔文岩体介质的应力状态与弹性介质中的情况有显著区别。

（3）弹性波的反射与折射

弹性波的反射与折射理论比较简单，根据惠更斯原理可以推导出反射应力与折射应力公式。例如，为了使地下结构物受到的入射应力脉冲的影响减小，可以在其四周设置一层能达到使两者特征阻抗（介质的质量密度 ρ 与纵波波速 C_p 的乘积）严重失配的防护性衬垫结构。此外，节理对于应力波传播的主要影响因素是岩体与节理内充填物质的力学性质以及节理宽度与应力波波长的相对比值。

（4）地震波引起的应力和应变

地震弹性波形式十分复杂，为近似地求得地震应力，常假设弹性波为简谐运动的形式，由此可知质点运动的速度为

$$v_p = 2\pi f_p A_p \tag{1-71}$$

$$v_s = 2\pi f_s A_s \tag{1-72}$$

式中：f_i、A_i、v_i（其中 $i=\mathrm{p}$ 或 s，表示纵波和横波），分别为 p 波和 s 波的振动频率、振幅和质点运动速度。

根据平面弹性波理论，有

$$\sigma = \pm\rho C_p v_p \tag{1-73}$$

$$\tau = \pm\rho C_s v_s \tag{1-74}$$

可见，岩石中的地震应力 σ、τ 与岩石密度 ρ、地震纵、横波的传播速度 C_p 和 C_s 以及岩石质点的纵向和横向的运动速度 v_p 和 v_s 有关。

在近似估计岩石地震应力时，v_p 的计算式为

$$v_p = \frac{a}{\omega} \tag{1-75}$$

式中：ω 为振动角频率；a 为地震加速度。

一般地震加速度可根据地震烈度进行计算

$$a = \alpha g \tag{1-76}$$

式中：g 为重力加速度；α 为地震加速度放大(缩小)系数，与地震烈度有关。

(5)爆炸对岩石介质产生的效应

杜瓦尔发现动应变有如下基本关系：

$$\varepsilon = \frac{K}{r^{1.5}} \tag{1-77}$$

式中：r 为计算点到爆心的距离；K 为试验常数。试验还表明，根据岩石和炸药种类的不同，r 的幂次变化范围为 1.5~2.5，较高的幂次可能是因为岩体吸收能量较多。

需要指出的是，用理论分析方法来充分把握爆炸引起的岩体运动规律是非常困难的，目前常利用试验资料来进行统计分析，从而获得各种半经验、半理论公式。例如，美国陆军工程兵应用 TNT 炸药进行爆炸研究，获得的地下装药爆炸时的一些经验公式如下：

①径向加速度峰值

$$a = 0.029W^{0.83}r^{-3.5}C_p^2 \quad (\mathrm{m/s^2}) \tag{1-78}$$

②径向应变峰值

$$\varepsilon = 0.024W^{0.83}r^{-2.5} \tag{1-79}$$

③径向速度峰值

$$v = 0.024W^{0.83}r^{-2.5}C_p \quad (\mathrm{m/s}) \tag{1-80}$$

④径向位移峰值

$$\delta = 0.0008W^{0.83}r^{-1.5} \tag{1-81}$$

式中：W 为 TNT 当量，kg；r 为计算点与装药中心的距离，m；C_p 为纵波波速，m/s。

目前，国内外比较公认的预测爆破振动强度的经验公式是萨道夫斯基经验公式，我国应用较多的也是萨道夫斯基公式，即

$$V = K \times (Q^{\frac{1}{3}}/R)^{\alpha} \tag{1-82}$$

式中：V 为预测地点的振动速度，cm/s；R 为爆破中心与预测地点的距离，简称爆心距，m；Q 为炸药量，kg，对于齐发爆破，Q 为总药量；K、α 分别为与爆破中心至计算保护对象间的地形、地质条件有关的系数和衰减指数，可按《爆破安全规程》(GB 6722—2014)来选取 K、α 值，也可通过现场试验确定。

1.3 岩体力学特性

1.3.1 岩体组成与构造特征

1)岩体结构面

(1)结构面成因类型

结构面主要有三种成因类型，包括原生结构面、构造结构面和次生结构面，其特征见

表 1-26。

表 1-26　结构面类型及其主要特征

成因类型		地质类型	主要特征
原生结构面	沉积结构面	层面、层理、沉积间段面(不整合面、假整合面)、原生软弱夹层	①产状与岩层一致，且随岩层变化而变化，为层间结构面； ②一般呈层状分布，延展性强，海相沉积中分布稳定，陆相及滨海相沉积中易尖灭，形成透镜体、扁豆体，原生层面呈波浪起伏状； ③一般层面结合良好，层面新鲜时只能显示暗淡或黑白条纹，风化后才能剥开；经后期构造运动，常形成层间错动带； ④层面特征多样，一般平整，常见有典型的泥裂、波痕、交错层理、缝合线等，在沉积间断面中常有古风化残积物； ⑤层间软弱物质在构造及地下水作用下易软化、泥化，强度降低，对岩体稳定性不利
	火成结构面	流层、流线、火山岩流接触面、蚀变带、挤压破碎带、原生节理	①产状受岩体与围岩接触面控制，随侵入岩体或岩脉的形态而异； ②冷凝原生节理常是平行或垂直于接触面的，为平缓或高倾角张裂面，较不平整，且粗糙；在浅成岩体及火山岩内常发育有特殊的节理及柱状节理； ③火山岩间充填物松散，原生节理常被软弱物质充填，对稳定性不利； ④蚀变带和挤压破碎带的形态、产状、规模及特性均受侵入岩体及围岩性质控制
	变质结构面	片理、板理、剥理、软弱夹层	①产状与岩层一致； ②片理面延伸性较差，一般分布密集； ③片理结构面光滑，但形态是波浪起伏状，在新鲜岩体中片理多呈闭合状，但一般能剥开，常呈凹凸不平状且表面粗糙； ④软弱夹层中主要是片状矿物，如黑云母、绿泥石、滑石等富集带，抗剪强度低，是岩体中薄弱部位
构造结构面		劈理	为短小、密集的剪切破裂面，影响局部地段岩体的完整性及强度
		节理	①走向延展及纵深发展上范围有限； ②一般分为张节理和剪节理，前者延续性弱，后者则延伸长； ③张节理一般具有陡立或陡倾产状，常垂直于岩层走向；剪节理呈斜交岩层走向，其倾角随岩层倾角变陡而变缓； ④张节理面粗糙，参差不齐，宽窄不一；剪节理面平直光滑，有的面见擦痕镜面，常有各种泥质薄膜，如高岭石、绿泥石、滑石、石墨等，尽管接触面紧闭，但易于滑动
		断层	①规模悬殊，有的深切岩石圈几十千米，有的仅限于地表数米，断层是延展性较强的结构面，对岩体稳定性影响较大； ②大多数断层为剪切作用所形成，也有为张脆性破裂所形成； ③一般断层带内都存有构造岩，如断层泥、糜棱岩、角砾岩、压碎岩，构造岩后期被侵染、胶结，如方解石或石英脉网络的形成，对岩体稳定性有利
		层间破碎夹层	①在层状岩体中软弱夹层发育，产状与岩层一致； ②一般呈层状分布，延展性较强，有时也呈透镜状或尖灭； ③结构面物质破碎，呈鳞片状，含泥质，呈条带状分布

续表1-26

成因类型	地质类型	主要特征
次生结构面	卸荷裂隙	①产状与临空面有关，一般近水平，多为曲折不连续状态； ②延续性不强，常在地表 20~40 m 发育； ③结构面粗糙不平，常为张开状态。充填物有气、水、泥质碎屑，宽窄不一，变化多样
	爆破裂隙	①这种裂隙在边坡岩体中最为常见； ②产状与边坡走向近于平行，延展有一定范围，视爆破力大小而异； ③多为张开型，松散、破碎，其状态受上述各种结构面及其岩性控制，但一般多呈弧状分布
	风化裂隙、风化夹层	①一般沿原生夹层和原有结构面发育，短小密集；延续性弱，仅限于地表一定深度； ②风化夹层产状与岩层一致，在风化带内延展性强； ③充填物质松散、破碎，常含泥质
	泥化夹层	①产状与岩层一致，沿软弱岩层表部发育； ②延展性强，但各段泥化程度可能不一，视地下水作用条件而异； ③泥质物多呈塑性状态，甚至流态，强度低，是导致边坡岩体失稳破坏的常见因素

(2)结构面几何属性

结构面几何属性包括其产状、迹线长度(简称迹长)、间距、张开度及结构面粗糙度，表 1-27 列出了该等级结构面几何要素经验概率分布形式。

表 1-27 结构面几何要素经验概率分布形式

结构面几何要素	常见分布形式	几种常见分布的表达式
倾向	正态、均匀	均匀：$f(x)=\dfrac{1}{b-a}$
倾角	正态、对数正态	正态：$f(x)=\dfrac{1}{\sqrt{2\pi}s}e^{-\frac{1}{2}\left(\frac{x-\mu}{s}\right)^2}$
迹长	负指数、正态、对数正态	对数正态：$f(x)=\dfrac{1}{\sqrt{2\pi}sx}e^{-\frac{1}{2}\left(\frac{\ln x-\mu}{s}\right)^2}$
间距	负指数、对数正态	负指数：$f(x)=\lambda e^{-\lambda x}$
张开度	负指数、对数正态	注：μ 为均值，$\lambda=\dfrac{1}{\mu}$，s^2 为方差

(3)结构面分级与分类

按照结构面延伸长度、切割深度、破碎带宽度及其力学效应，可将结构面分为如表 1-28 所示的 5 个等级。

表 1-28 岩体结构面分级及其特征

结构面等级	主要特征	力学效应	力学属性	工程影响
Ⅰ级	大断层或区域性断层，一般延伸数千米至数十千米以上，破碎带宽数米至数十米乃至几百米以上。有些区域性大断层具有现代活动性	①形成岩体力学作用边界；②岩体变形和破坏的控制作用；③构成独立的力学介质单元	属于软弱结构面；构成独立的力学模型，即软弱夹层	控制工程建设地区的地壳稳定性，直接影响工程岩体的稳定性
Ⅱ级	延伸长且宽度不大的区域性地质界面，如较大的断层、层间错动带、不整合面及原生软弱夹层等。规模贯穿整个工程岩体，长度一般为数百米至数千米，破碎带宽度为数十厘米至数米	①形成块裂体边界；②控制岩体的变形和破坏方式；③构成次级应力场的边界	属于软弱结构面	控制着工程岩体力学作用的边界条件和破坏方式，结构面组合常构成可能滑移岩体的边界面，直接威胁工程安全稳定性
Ⅲ级	长度为数十米至数百米的断层、区域性节理、延伸性较好的层面及层间错动等，宽度一般为数厘米至 1 米	①参与块裂岩体的切割；②划分Ⅱ级岩体结构类型的依据；③构成次级应力场的边界	多属于硬性结构面，少数属于软弱结构面	
Ⅳ级	延展性较差的节理、层面、次生裂隙、小断层及较发育的片理、劈理面等。长度一般为数十厘米，小者仅数厘米至十几厘米，宽度为零至数厘米不等。该结构面数量多，分布具有随机性	①划分Ⅱ级岩体结构类型的基本依据；②是岩体力学性质和结构效应的基础；③有的为次级应力场的边界	硬性结构面	控制着岩体的结构、完整性和物理力学性质
Ⅴ级	是微结构面，一般包括隐节理、微层面、微裂隙及不发育的片理、劈理等，其规模小，连续性差，对岩块的物理力学性质影响较大	①岩体内形成应力集中；②是岩块力学性质和结构效应的基础	硬性结构面	控制岩块力学性质

①连续性分级。

结构面连续性反映结构面的贯通程度，国际上通常用迹长来描述和评价结构面的连续性，其划分标准如表 1-29 所示。

表 1-29 结构面连续性分级

描述	迹长/m
很低连续性	<1
低连续性	1~3
中等连续性	3~10
高连续性	10~20
很高连续性	>20

②间距分级。

结构面间距反映了结构面发育的密集程度，是指同一组结构面法线方向上两相邻结构面的平均距离。表 1-30 为结构面按间距分级表。

表 1-30 结构面间距分级

描述	间距/mm
极密集间距	<20
很密间距	20~60
密集间距	60~200
中等间距	200~600
宽间距	600~2000
很宽间距	2000~6000
极宽间距	>6000

③张开度分级。

结构面张开度是指结构面两壁面间的垂直距离。表 1-31 为结构面按张开度分级划分标准。

表 1-31 结构面连续性分级

<table>
<tr><th>描述</th><th>结构面张开度/mm</th><th>备注</th></tr>
<tr><td>很紧密</td><td><0. 1</td><td rowspan="3">闭合结构面</td></tr>
<tr><td>紧密</td><td>0. 1~0. 25</td></tr>
<tr><td>部分张开</td><td>0. 25~0. 5</td></tr>
<tr><td>张开</td><td>0. 5~2. 5</td><td rowspan="3">裂开结构面</td></tr>
<tr><td>中等宽的</td><td>2. 5~10</td></tr>
<tr><td>宽的</td><td>>10</td></tr>
</table>

续表1-31

描述	结构面张开度/mm	备注
很宽的	10~100	张开结构面
极宽的	100~1000	
似洞穴的	>1000	

④粗糙度分级

结构面粗糙度是结构面表面形态的表征。据巴顿（Barton，1977 年）的研究，将结构面粗糙度系数（JRC）划分为如图 1-23 所示的 10 个等级。

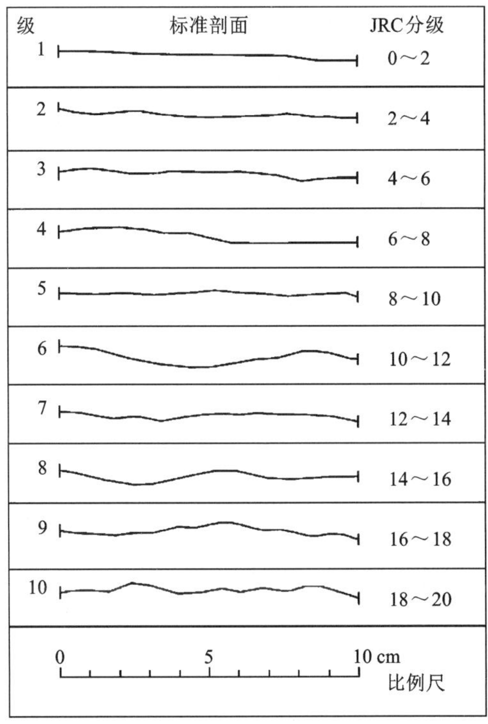

图 1-23　标准粗糙度剖面及其结构面粗糙度系数 JRC 值

Barton 通过大量的室内岩石结构面的直剪试验研究发现，节理粗糙度与其抗剪强度有很大关系。他考虑了裂隙岩体的尺寸效应，提出了节理粗糙度系数与结构面剪切强度的关系，可以表示为

$$\tau = \sigma_n \tan\left[\varphi_b + \mathrm{JRC}\lg\left(\frac{\mathrm{JRC}}{\sigma_n}\right)\right] \tag{1-83}$$

式中：σ_n 为有效应力；φ_b 为基本摩擦角，通过倾斜试验、上盘滑动得出。

除了上述从几何参数上对结构面分级的方式外，还可以对结构面从力学上进行分类，表 1-32 列出了按力学性质对结构面的分类方法。

表 1-32　结构面按力学性质分类

结构面分类	力学特征
张性结构面	多粗糙，结构面咬合力大，摩擦系数大
剪性结构面	多平坦光滑，结构面咬合力小，摩擦系数小
压性结构面	常有较宽的破碎带及破碎影响带，结构面不完整，宽度很大，具有散体结构特征
硬性结构面	未夹有充填物
软弱结构面	夹有软弱充填物

2）岩体结构体

结构体是指岩体中被结构面切割围限的岩石块体。

（1）结构体分级方法

结构体和结构面是有级序的，可将结构体划分为 2 级：① Ⅰ 级结构体，指被软弱结构面切割成的大型岩块；② Ⅱ 级结构体，指被坚硬结构面切割成的小型岩块。

（2）结构体形状特征

结构体的形态极为复杂，常见的形状有柱状、板状、楔状及菱形等，如图 1-24 所示。

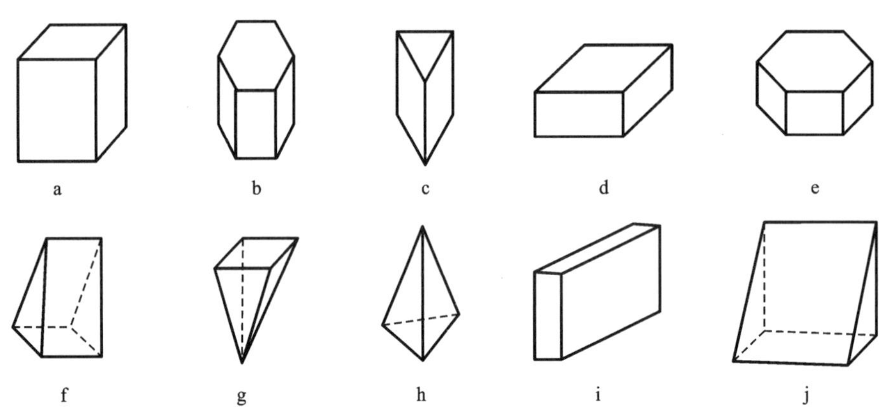

a，b—柱状结构体；d，e—菱形或板状结构体；c，f，g，h，j—楔状、锥形结构体；i—板状结构体。

图 1-24　典型结构体形状示意图

3）岩体结构类型及地质特征

（1）岩体结构类型划分

岩体结构划分为 5 大类，各类基本特征列于表 1-33。

（2）岩体结构地质特征

岩体结构地质特征有：整体状结构、块状结构、层状结构、碎裂状结构、散体结构。

不同岩体结构类型对应的地质特征见表 1-33 第二列。

表 1–33　岩体结构类型划分

岩体结构类型	岩体地质类型	主要结构形态	结构面发育情况	岩土工程特征	可能发生的岩土工程问题
整体状结构	均质，巨块状岩浆岩、变质岩、巨厚层沉积岩、正变质岩	巨块状	以原生构造节理为主，多呈闭合型，裂隙结构面间距大于 1.5 m，一般不超过 2 组，无危险结构面组成的落石掉块	整体性强度高，岩体稳定，可视为均质弹性各向同性体	不稳定结构体的局部滑动或坍塌，深埋井巷与洞室围岩的岩爆
块状结构	厚层状沉积岩、正变质岩、块状岩浆岩、变质岩	块状、柱状	只具有少量贯穿性较好的节理裂隙，裂隙结构面间距为 0.7～1.5 m，一般为 2～3 组，有少量分离体	整体强度高，结构面互相牵制，岩体基本稳定，接近弹性各向同性体	
层状结构	多韵律的薄层及中厚层状沉积岩、副变质岩	层状、板状、透镜状	有层理、片理、节理，常有层间错动面	接近均一的各向异性体，变形及强度特征受层面及岩层组合控制，可视为弹塑性介质，稳定性较差	不稳定结构体可能产生滑塌，特别是岩层的弯张破坏及软弱岩层的塑性变形
碎裂状结构	构造影响严重的破碎岩层	碎块状	断层、断层破碎带、片理、层理及层间结构面发育，裂隙结构面间距为 0.25～0.5 m，一般在 3 组以上，由许多分离体组成	完整性破坏较大，整体强度降低，并受断裂等软弱结构面控制，多呈弹塑性介质，稳定性很差	易引起规模较大的岩体失稳，地下水加剧岩体失稳
散体结构	构造影响剧烈的断层破碎带、强风化带、全风化带	碎屑状、糜棱状、颗粒状	断层破碎带交岔，构造及风化裂隙密集，结构面及组合错综复杂，并多充填黏性土，形成许多大小不一的分离岩块	完整性遭到极大破坏，稳定性极差，岩体属于接近松散体介质	易引起规模较大的岩体失稳，地下水加剧岩体失稳

4）岩体结构测度方法

常用的先进岩体结构面主要量测技术与方法包括：测线和测窗统计法、钻孔定向取芯法、孔内照相法、数字式全景钻孔摄像法、摄影测量法、三维激光扫描量测法等。

（1）测线和测窗统计法

测线和测窗统计法是在岩体结构面揭露位置（巷道或采场开挖面、地表露头等），选定测线路径或测量窗口，通过皮尺和罗盘等工具，人工逐一量测结构面几何信息（如结构面产状、迹线长度、间距、开度、粗糙起伏度等）和闭合、胶结及填充条件。

（2）钻孔定向取芯法、孔内照相法和数字式全景钻孔摄像法

此类方法均基于岩体钻孔方法。钻孔定向取芯法是通过岩芯揭露的结构面信息来量测结

构面特征；而孔内照相法和数字式全景钻孔摄像法则是获取钻孔孔壁内侧结构面纹理信息，通过数字图像处理技术来识别和量测钻孔深度范围内的结构面特征信息。图 1-25 所示为数字式全景钻孔摄像法光学成像系统识别裂隙和层面效果图。

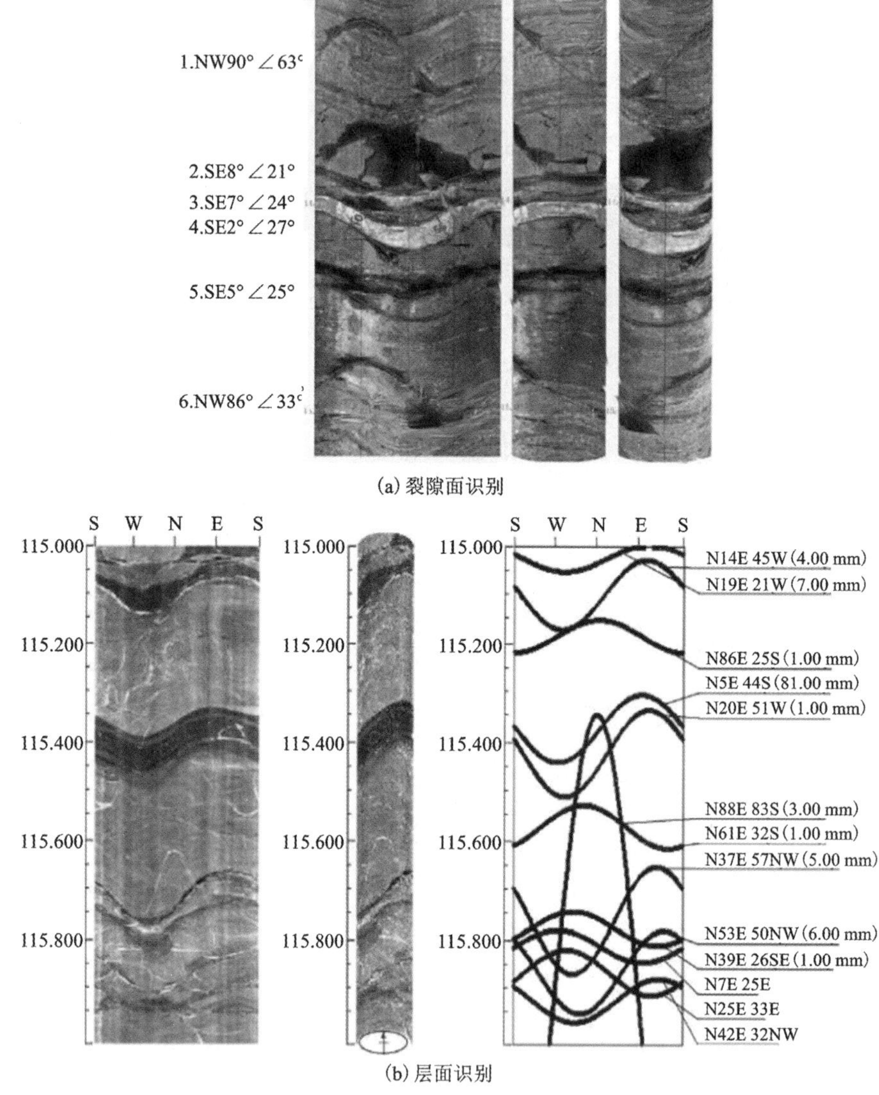

图 1-25 数字式全景钻孔摄像法光学成像系统识别裂隙和层面效果

(3) 摄影测量法

岩体结构摄像测量法是基于数字图像与摄影测量原理，将计算机三维成像技术、影像匹配、图像插值、模式识别等多学科理论与方法相融合，通过获取岩体结构面出露位置的相对坐标空间几何信息，从而计算出结构面的产状、迹线长度等几何参数。图 1-26 展示了 Kong 等岩体结构面三维测量典型案例。图 1-26(a) 是基于摄影测量数据形成的岩体露头三维 TIN 模型，其中 Window A、B 和 C 框选区域为选取的结构面识别与分析区；图 1-26(b) 展示了识别后的三组结构面的产状规律。

(a) 岩体露头3D TIN模型

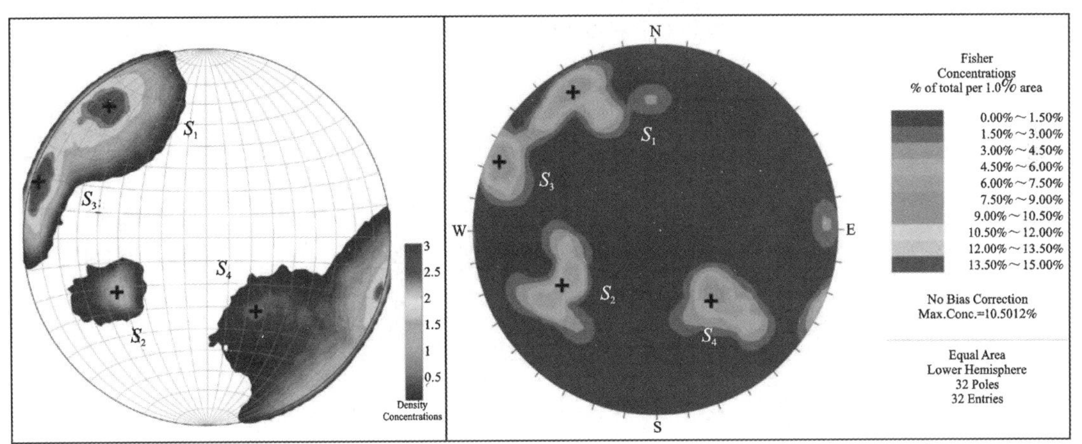

(b) 结构面产状分组

图1-26　典型岩体结构摄影测量案例

扫一扫，看彩图

(4) 三维激光扫描量测法

岩体结构三维激光扫描量测法通过对结构面露头开展逐点激光扫描测距，快速获取描述结构面露头面的相对几何坐标信息的高精度点云数据，进而识别和量测出结构面几何信息。图1-27展示了梁玉飞等获得的典型三维激光扫描设备与结构面识别结果，先获取如图1-27(a)所示的点云模型，然后通过点云聚类等算法可以识别出结构面组，如图1-27(b)所示。

(5) 工程物探与微震识别技术

工程物探技术方法广泛用于识别岩体结构信息，主要包括浅层地震反射波法、浅层地震折射波法、面波法、高密度电法、地质雷达等方法。对于高应力环境下深部矿体开采，微震系统可通过岩体破裂信息的空间集聚特征来识别多尺度地质结构面或断层的信息。图1-28展示了得克萨斯中北Barnett页岩气开采井区微震监测识别断层构造的典型案例，通过在地表和竖井中布置618个传感器组，结合微震事件 b 值分类研究，可识别出两类断裂事件，其中图1-28(b)中的蓝色事件是与一断层构造相关联的事件，由此可识别出该断层在空间的展布状态。

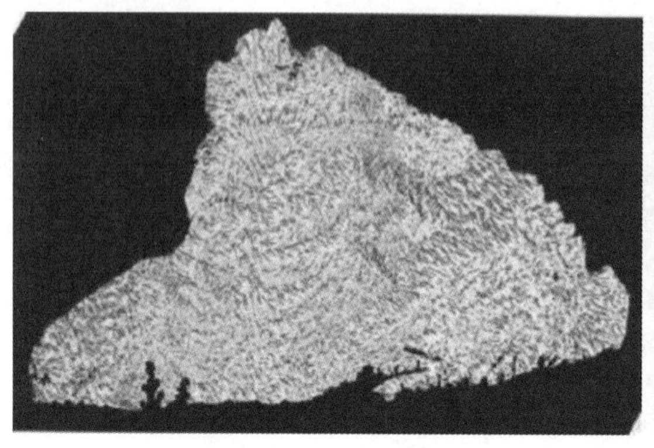

(a) 测量露头面点云数据与选取结构面识别的测量窗

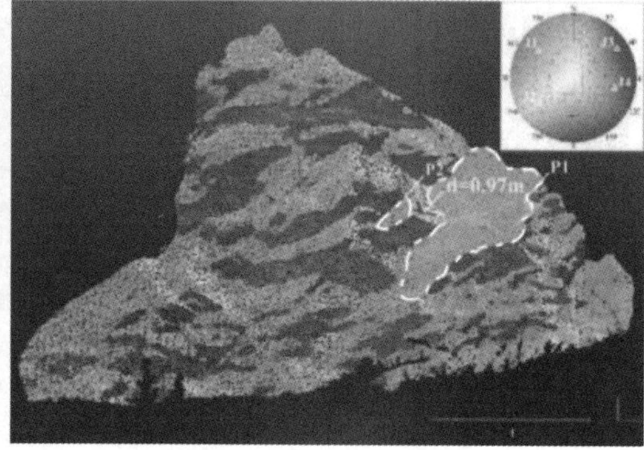

(b) 识别后的结构面空间分布

图 1-27 岩体结构三维激光扫描量测

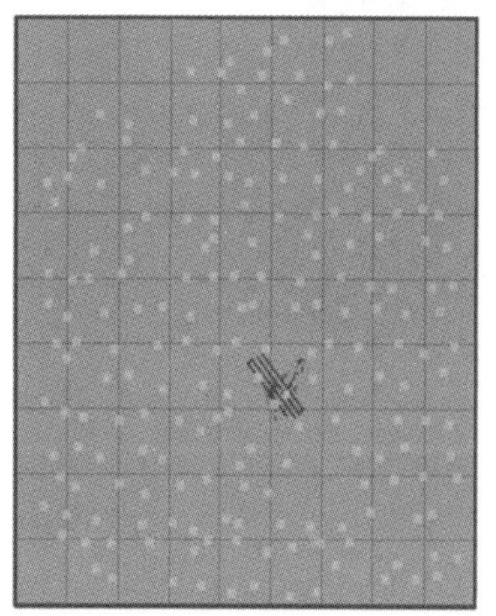

(a) 微震传感器布置竖井分布

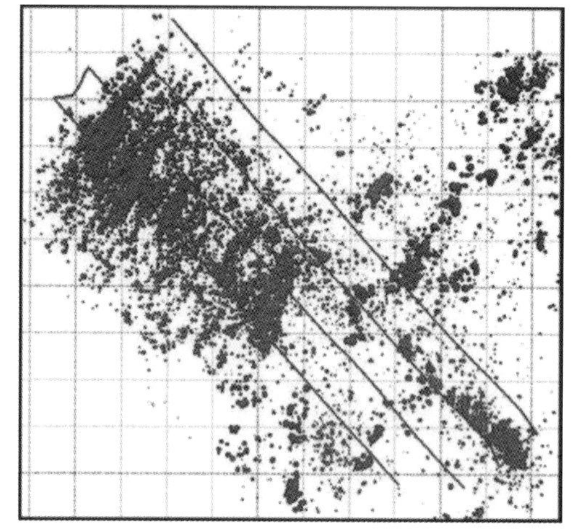

(b) 两类断裂结构识别，其中蓝色为断层构造

图 1-28 得克萨斯中北 Barnett 页岩气开采井区微震监测识别断层构造（据 Kratz 等，2012 年）

1.3.2 岩体的变形

岩体的变形是岩块变形和结构变形的总和，结构变形通常包括结构面闭合、充填物的压密及结构体转动和滑动等。在一般情况下，岩体的结构变形起着控制作用。

1) 结构面变形特性

(1) 法向闭合变形

在法向荷载作用下，岩石粗糙结构面的接触面积和接触点数随荷载的增大而增加，结构面间隙呈非线性减小，应力与法向变形之间呈指数关系（图 1-29）。Goodman（1974 年）通过试验，得出法向应力 σ_n 与结构面闭合量 δ_{max} 有如下关系：

$$\frac{\sigma_n - \xi}{\xi} = s\left(\frac{\sigma_n}{\delta_{max} - \sigma_n}\right)^t \tag{1-84}$$

式中：ξ 为原位压力，由测量结构面法向变形的初始条件决定；δ_{max} 是最大可能闭合量；s、t 是与结构面几何特征、岩石力学性质有关的两个参数。图 1-29 中，K_n 称为法向变形刚度，反映结构面产生单位法向变形的法向应力梯度，它不仅取决于岩石本身的力学性质，还主要取决于粗糙结构面接触点数、接触面积和结构面两侧微凸体相互啮合程度。通常情况下，法向变形刚度不是一个常数，与应力水平有关。

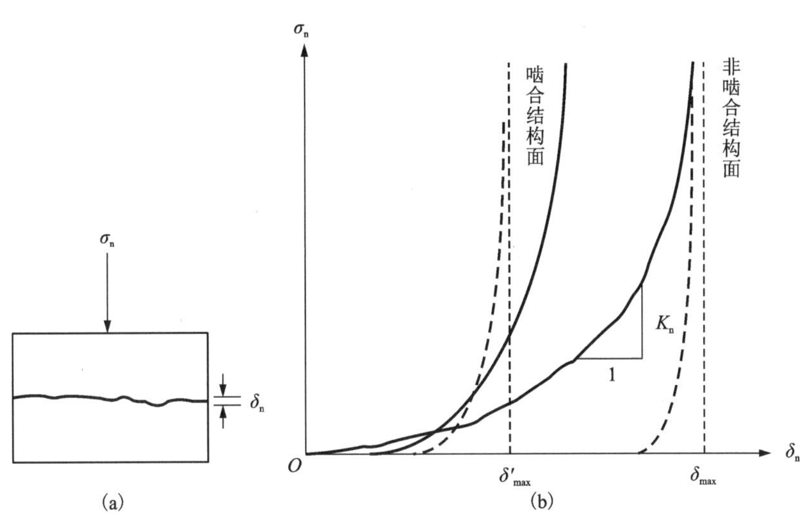

图 1-29　结构面法向变形曲线

根据 Goodman(1974 年)的研究，法向变形刚度可表达为

$$K_n = K_{n0}\left(\frac{K_{n0}\delta_{max} + \sigma_n}{K_{n0}\delta_{max}}\right)^2 \tag{1-85}$$

式中：K_{n0} 是结构面的初始法向刚度。

Bandis 等(1984 年)通过对大量的天然、不同风化程度和表面粗糙程度的非充填结构面的试验研究，提出双曲线型法向应力 σ_n 与法向变形 δ_n 的关系式：

$$\sigma_n = \frac{\sigma_n}{a - b\delta_n} \tag{1-86}$$

式中：a、b 是常数。

将有效法向应力、结构面闭合量和表面粗糙性联系在一起，得出法向刚度的经验公式：

$$K_n = K_{n0}\left(1 - \frac{\sigma_n}{K_{n0}\delta_{max} + \sigma_n}\right)^{-2} \tag{1-87}$$

式中：K_{n0} 和 δ_{max} 分别是结构面的初始法向刚度和最大可能闭合量，并由以下公式给出

$$\begin{aligned} K_{n0} &= 0.02\left(\frac{\mathrm{JCS}}{\delta_{n0}}\right) + 1.75\mathrm{JRC} - 7 \\ \delta_{max} &= A + B(\mathrm{JRC}) - C\left(\frac{\mathrm{JCS}}{\delta_{n0}}\right)^D \end{aligned} \tag{1-88}$$

式中：JCS 是结构面的抗压强度；JRC 是结构面的粗糙性系数；δ_{n0} 是每次加载或卸载开始时结构面的张开度；A、B、C、D 是常数，取决于结构面受载历史。

(2)剪切变形

在一定的法向应力作用下，结构面在剪切作用下产生切向变形。通常有两种基本形式：①对非充填粗糙结构面，随剪切变形发生，剪切应力相对上升较快，当达到剪应力峰值后，结构面抗剪能力出现较大的下降，并产生不规则的峰后变形[图 1-30(a)]或黏滑现象；②对于平坦或有填充物的结构面，初始阶段的剪切变形曲线呈下凹型，随着剪切变形的持续发展，剪切应力逐渐升高但没有明显的峰值出现，最终达到恒定值，有时也出现剪切硬化[图 1-30(b)]。

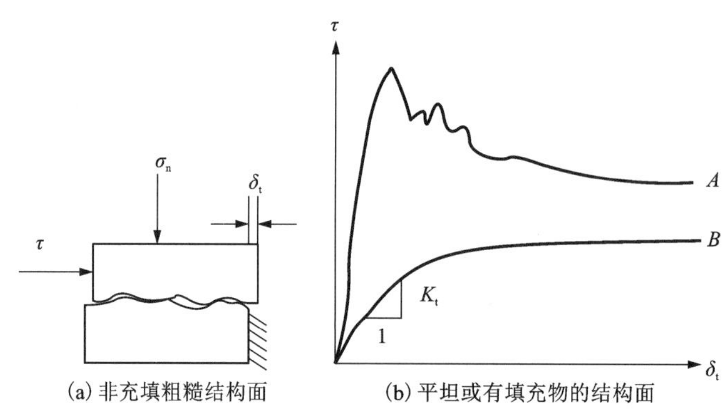

(a) 非充填粗糙结构面　　(b) 平坦或有填充物的结构面

图 1-30　结构面剪切变形曲线

根据 Goodman(1974 年)的研究，剪切刚度 K_t 可以表示为：

$$K_t = K_{t0}\left(1 - \frac{\tau}{\tau_s}\right) \tag{1-89}$$

式中：K_{t0} 是初始剪切刚度；τ_s 是产生较大剪切位移时的剪应力渐近值。试验结果表明，对于较坚硬的结构面，剪切刚度一般是常数；对于松软结构面，剪切刚度随法向应力的大小而改变。

如图 1-31 所示，对于凹凸不平的结构面，在剪应力作用下，除了有切向运动外，还产生向上的移动。这种剪切过程中产生的法向移动分量称之为剪胀。在剪切变形过程中，剪应力与法向力的复合作用可能使凸台剪断或产生受拉破坏，此时剪胀现象消失[图 1-31(b)]。当法向应力较大或结构面强度较小时，剪应力持续增加，使凸台沿根部剪断或产生受拉破坏，结构面剪切过程中没有发生明显的剪胀现象[图 1-31(c)]。

2)岩体压缩变形

现场岩体单轴和三轴压缩试验的应力-应变全过程曲线如图 1-32 所示，岩体在加载过程中，由于岩体内部的结构调整、结构面压密与闭合，应力-应变曲线呈上凹型；中途卸载，回弹变形有滞后现象，而且岩体内结构面数量越多，岩体越破碎，岩体的弹性越差，回弹变形能力越弱；卸载到零时，出现明显的不可恢复的残余变形，这是由于结构面受压过程中产生了闭合、滑移与错动。当加载达到岩体峰值强度后，岩体开始出现破坏，岩体的破坏过程一般呈柔性特征，应力下降比较缓慢，且由于岩体的结构效应，破坏后显示出岩体保留有一定

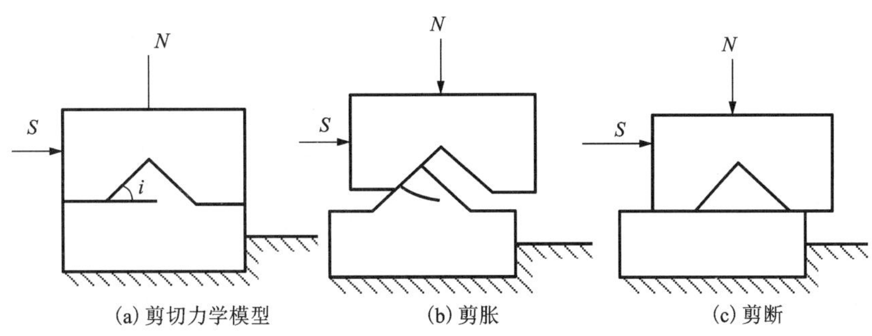

图 1-31　结构面剪切力学模型

的残余应力。从岩体整个变形过程看，岩体受载后应力上升比较缓慢。

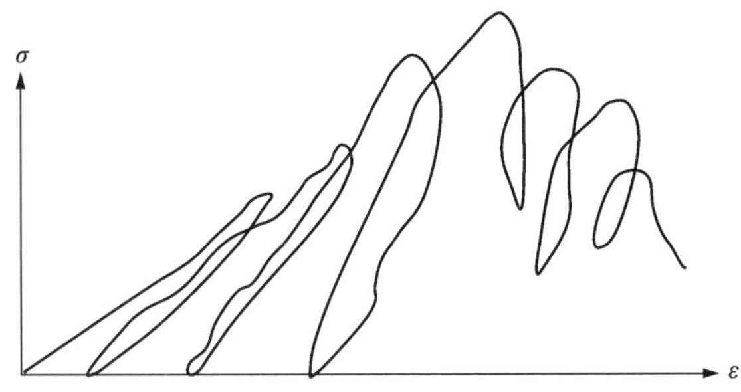

图 1-32　现场岩体循环压缩应力-应变全过程曲线

岩体在循环荷载作用下，而卸载下限又不至零荷载时，相应的变形过程将出现闭环形式。随着外荷载加大或循环次数增多，闭环曲线逐级向后移动，其原因是岩体裂隙结构面逐级被压密与啮合。重复加、卸载次数越多，结构体与结构面压密程度越高，闭环曲线上的滞后变形量越小。

3）岩体变形参数测定方法

（1）由应力-应变曲线确定

图 1-33 中的 b 段称为岩体的弹性变形量，a 段称为岩体的残余变形量。岩体变形模量的计算式为：

$$E = \frac{\sigma}{\varepsilon_a + \varepsilon_b} \tag{1-90}$$

（2）刚性承压板法

变形参数一般用变形模量 E_m 和弹性模量 E_e 两个指标来表示：

$$E_m = \frac{pa(1-\mu^2)\omega}{w_m} \tag{1-91}$$

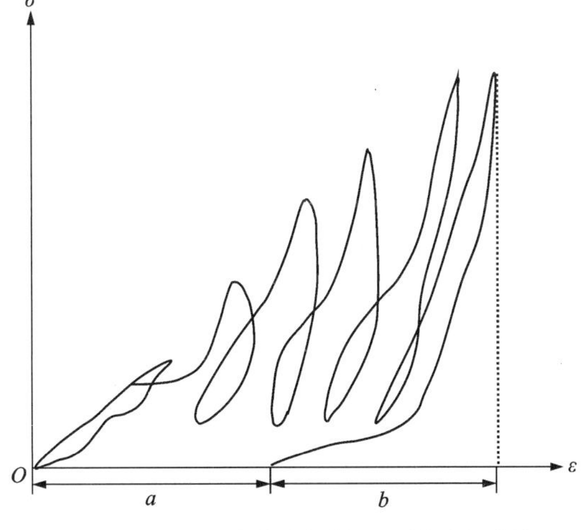

图 1-33　现场岩体变形模量测量过程曲线

$$E_e = \frac{pa(1-\mu^2)\omega}{w_e} \tag{1-92}$$

式中：w_m 为最后一级荷载产生的总变形量(包括可恢复的弹性变形和残余变形)；w_e 为最后一级荷载卸载后产生的可恢复的弹性变形；p 为承压板单位面积上的压力；a 为承压板的直径或边长；μ 为岩体的泊松比；ω 为与承压板形状有关的系数，圆形板取为 0.785，方形板取为 0.886。

(3)钻孔变形法

试验时先钻孔到达待测点位，然后送入高压囊，并注入高压水使囊膨胀，记录加压或卸压时的压差 Δp 及孔径变化量 ΔU。按无限厚度孔受均布压力的公式，可得：

$$E = (1-\mu)D\frac{\Delta p}{\Delta U} \tag{1-93}$$

式中：μ 为岩体的泊松比；D 为钻孔直径。

(4)狭缝法

通过埋置在狭缝中的钢枕(扁千斤顶)，对狭缝两侧的岩体施加压力，同时测量岩体的变形，从而计算出岩体的变形特征。根据试验结果，按绝对变形和相对变形两种情况计算变形模量。

按绝对变形计算：

$$E = \frac{pL}{2u_A B}\left[(1-\mu) + \frac{2(1+\mu)B^2}{B^2+1}\right] \tag{1-94}$$

式中：u_A 为测量点的绝对变形；E 为当 u_A 为总变形时的变形模量，u_A 为总变形时，则为弹性模量；p 为刻槽岩壁上的压力；L 为狭缝长度；B 为与狭缝长度和测量点位置有关的数，$B=\frac{2Y+\sqrt{4Y^2+L^2}}{L}$，其中 Y 为测量点至狭缝中心线的距离。

按相对变形计算：

$$E = \frac{pL}{2u_R B}[(1-\mu)(\tan\theta_1 - \tan\theta_2) + (1+\mu)(\sin 2\theta_1 - \sin 2\theta_2)] \tag{1-95}$$

式中：u_R 为对称轴上两个测量点间的相对位移；θ_i 为与测点 i 的位置有关的角度，即为狭缝中垂线与测点和狭缝端点连线的夹角，$\theta_i = \frac{1}{2}\arctan\left(\frac{L}{2Y_i}\right)$，其中 Y_i 为测量点至狭缝中轴线的距离。

(5)岩体动弹性模量的测定

采用小量药包爆炸激发地震波，在距震源一定距离设置检波器，检测弹性波。根据弹性波波速算出动弹性模量 E_d 和动泊松比 μ_d。

$$E_d = \rho \cdot v_p^2 \cdot \frac{(1+\mu_d)(1-2\mu_d)}{1-\mu_d} \tag{1-96}$$

$$\mu_d = \frac{v_p^2 - 2v_s^2}{2(v_p^2 - v_s^2)} \tag{1-97}$$

式中：v_p 和 v_s 分别为纵波波速和横波波速；ρ 为岩体密度。一般而言：$E_d>E$，$\mu_d>\mu$。

4) 岩体变形参数估算方法

(1) 岩块变形与节理面变形叠加求模量

根据岩体变形等于岩块变形与节理面变形之和，可估算岩体的等效变形模量为：

$$E_m = \frac{E}{1 + 2m(1-\mu^2)(d/nh)} \tag{1-98}$$

式中：d 为岩块边长；E 为岩块弹性模量；μ 为泊松比；m 为与荷载面积形状因素有关的常数，当为方形面积时，$m=0.95$；h 为每个节理接触面的边长；n 为接触面的个数。

(2)“等价模型”求模量

假设岩体内存在单独一组有规律的节理，可用“等价”连续介质模型来代替这个不连续岩体，根据“等价”模型变形等于岩块变形与节理法向变形之和，有

$$\frac{\sigma}{E_m} = \frac{\sigma}{E} + \frac{\sigma}{K_n} \Rightarrow \frac{1}{E_m} = \frac{1}{E} + \frac{1}{K_n} \tag{1-99}$$

式中：E_m 为等效岩体弹性模量；E 为岩块弹性模量；K_n 为节理法向刚度。

(3) 裂隙岩体变形参数的估算

比尼卫斯基(Bieniawski)于 1978 年研究了大量岩体变形模量的实测资料，建立了分类指标 RMR 值和变形模量间的统计关系：

$$E_m = 2\text{RMR} - 100 \tag{1-100}$$

如图 1-34 所示，式(1-100)只适用于 RMR>55 的岩体。为了弥补这一不足，Serafim 和 Pereira 于 1983 年根据收集到的资料以及比尼卫斯基的数据，拟合出如下方程，以用于 RMR≤55 的岩体：

$$E_m = 10^{\frac{\text{RMR}-10}{40}} \tag{1-101}$$

挪威的 Bhasin 和 Barton 等(1993 年)研究了岩体分类指标 Q 值、纵波速度 v_p 和岩体平均变形模量 E_{mean} 之间的关系，提出了如下经验关系：

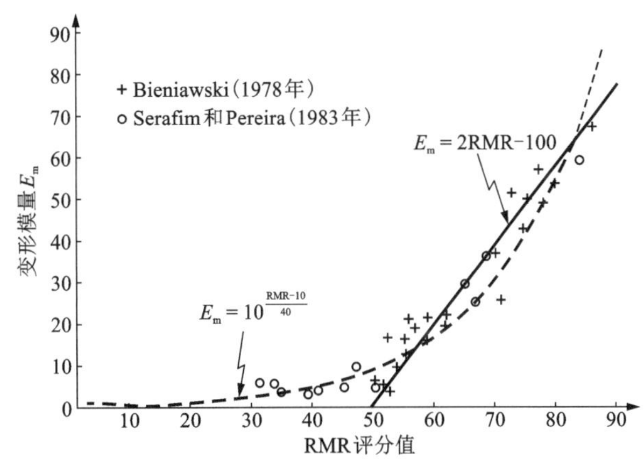

图 1-34　岩体变形模量与 RMR 值关系

$$v_p = 1000\lg Q + 3500 \tag{1-102}$$

$$E_{mean} = \frac{v_p - 3500}{40} \tag{1-103}$$

利用式(1-102)、式(1-103)，已知 Q 值或 v_{mp} 时，可求出岩体的平均变形模量 E_{mean}。式(1-102)只适用于 Q>1 的岩体。

5) 岩体剪切变形

岩体剪切变形可以是单因素的，如沿某一组结构面剪切滑移、追踪某一组结构面剪切滑移或追踪岩体内部薄弱部位剪断；也可以是几种变形兼而有之。如图 1-35 所示，在屈服点以下，变形曲线与压缩变形相似。屈服点之后，岩体内某个结构体或结构面可能首先被剪

坏，随之出现一次应力降，峰值前可能出现多次应力降，应力下降程度与被剪坏的结构体或结构面有关。岩体破碎程度高，应力降反而不明显。当剪应力增加到一定水平时，岩体的剪切变形已积累到一定程度，没被剪坏部位以瞬间破坏的方式出现，并伴有一次大的应力降，然后可能产生稳定的滑移。

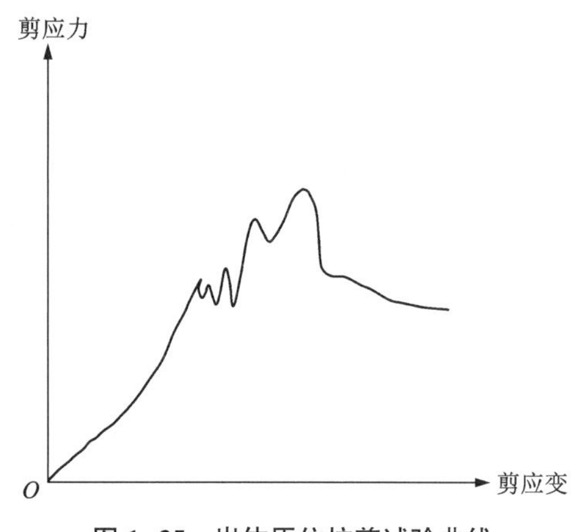

图 1-35 岩体原位抗剪试验曲线

6）岩体各向异性变形特征

岩体变形的另一个主要特征是各向异性，竖直向分布的节理岩体的变形模量明显大于水平分布节理岩体的变形模量，这种区别主要是由于变形机制不同。垂直层面的压缩变形量主要是由岩块和结构面（软弱夹层）压密汇集而成，平行层面方向的压缩变形量主要由岩块和少量结构面错动构成。层状岩体中，不仅开裂层面压缩变形量大，而且成岩过程中由于沉积韵律的变化，层面出现在矿物黏结力弱、致密度又低的部位，它是层面方向压缩变形量大的又一个原因。因此，构成岩体变形的各向异性的两个基本要素为：①物质成分和物质结构的方向性；②节理、结构面和层面的方向性。图 1-36 所示为岩体内节理方向对变形模量的影响。分离度 $x=1$ 表示贯通，$x=0$ 表示完整试件。变形模量在 30°左右（等于岩石摩擦角）开始降低，然后在 60°左右再次降低（这是第二组节理在起作用）。

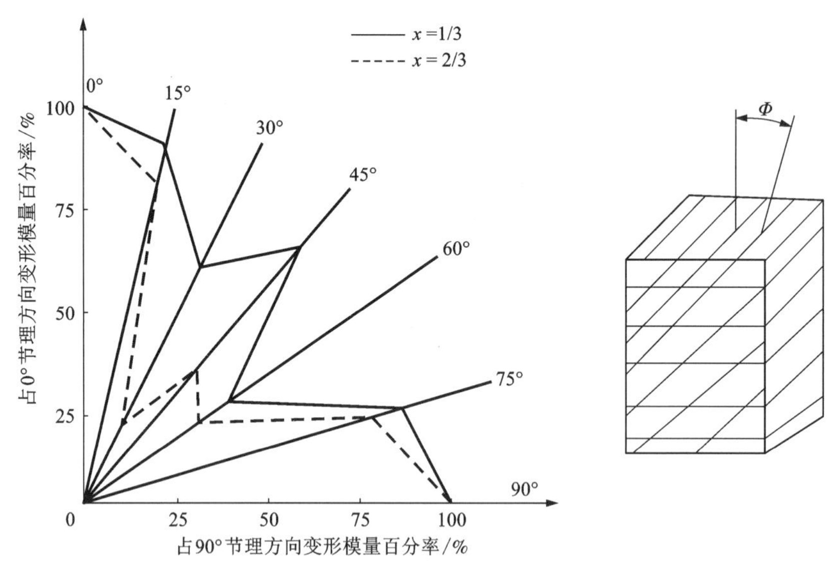

图 1-36 岩体结构面方位对变形模量的影响

1.3.3 岩体的强度

1）岩体破坏机理

岩体在一定的应力条件下丧失其结构联结现象，即为岩体破坏（丧失承载力和稳定性）。

岩体在结构丧失之后的运动称为岩体工程结构的破坏(影响工程使用、报废)。工程岩体破坏可分为两个阶段：①岩体结构联结的丧失，包括结构面开裂、错动或滑移，结构体拉伸破坏或剪切破坏；②结构体运动，如边坡滑动、倾倒、滚石、采场冒顶等。

岩体拉伸破坏主要表现为垂直结构面方向的拉伸破坏[图1-37(a)]、沿结构面方向的拉伸破坏[图1-37(b)]和完整岩体的拉伸破坏。岩体剪切破坏，对近似完整结构岩体而言，类似于岩块破坏(沿某个截面发生剪切滑移)。如果岩体中发育有结构面，则又按照岩块强度和结构面强度分为三种情况：①如果结构面强度足够大，则发生切穿结构面的剪切破坏；②当某个弱结构面起控制作用时，则沿该结构面滑动[图1-38(a)]；③多数情况下会发生既沿结构面滑动又切穿岩石材料的剪切破坏[图1-38(b)]。

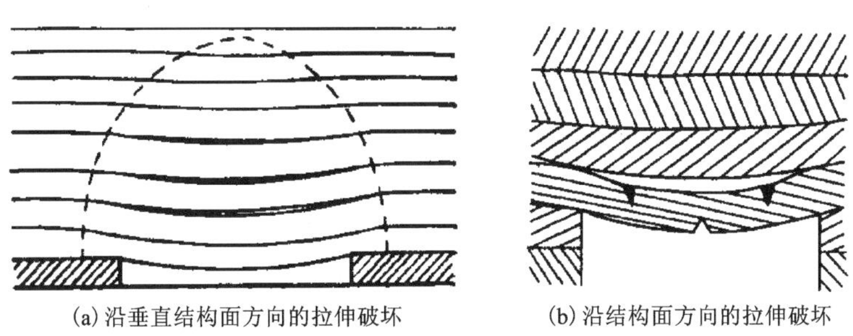

(a)沿垂直结构面方向的拉伸破坏　(b)沿结构面方向的拉伸破坏

图1-37　岩体拉伸破坏

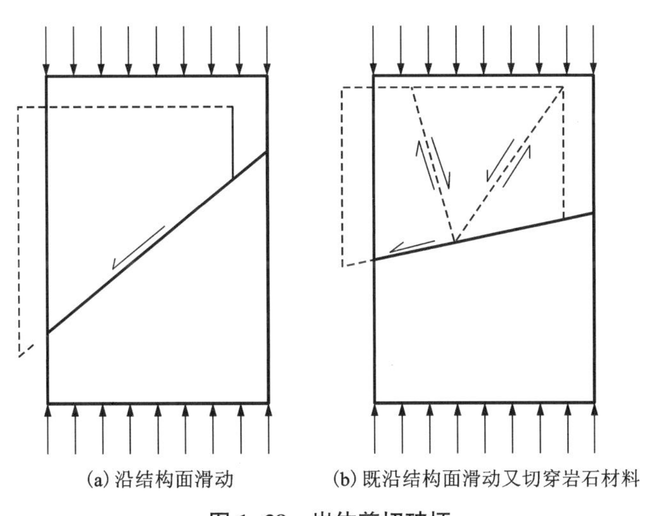

(a)沿结构面滑动　(b)既沿结构面滑动又切穿岩石材料

图1-38　岩体剪切破坏

2)岩体破坏判据

(1)单组结构面岩体破坏判据(耶格尔判据)

耶格尔提出岩体沿结构面剪切破坏的极限应力平衡方程：

$$\sigma_1 - \sigma_3 = \frac{2c_j\cos\varphi_j + 2\sigma_3\sin\varphi_j}{\sin(2\beta - \varphi_j) - \sin\varphi_j} \tag{1-104}$$

式中：σ_1、σ_3 分别为最大、最小主应力；β 为破坏面与 σ_1 的夹角[图1-39(a)]；c_j、φ_j 分别

为结构面的黏结力和内摩擦力。如图 1-39(a)所示，当节理面倾角 β 满足 $\beta_1 \leqslant \beta \leqslant \beta_2$，且 $\varphi_j < \beta < \pi/2$ 时，节理才会对岩体产生影响，这时岩体的强度取决于节理的强度；$\beta = 45° + \varphi_j/2$ 时，岩体强度最低；当 $\beta < \beta_1$ 或 $\beta > \beta_2$ 时，岩体强度与节理无关，取决于岩石的强度。其中，

$$\beta_1 = \frac{\varphi_w}{2} + \frac{1}{2}\arcsin\left[\frac{(\sigma_1 + \sigma_3 + 2c_w \cot\varphi_w)\sin\varphi_w}{\sigma_1 - \sigma_3}\right] \tag{1-105}$$

$$\beta_2 = \frac{\pi}{2} + \frac{\varphi_w}{2} - \frac{1}{2}\arcsin\left[\frac{(\sigma_1 + \sigma_3 + 2c_w \cot\varphi_w)\sin\varphi_w}{\sigma_1 - \sigma_3}\right] \tag{1-106}$$

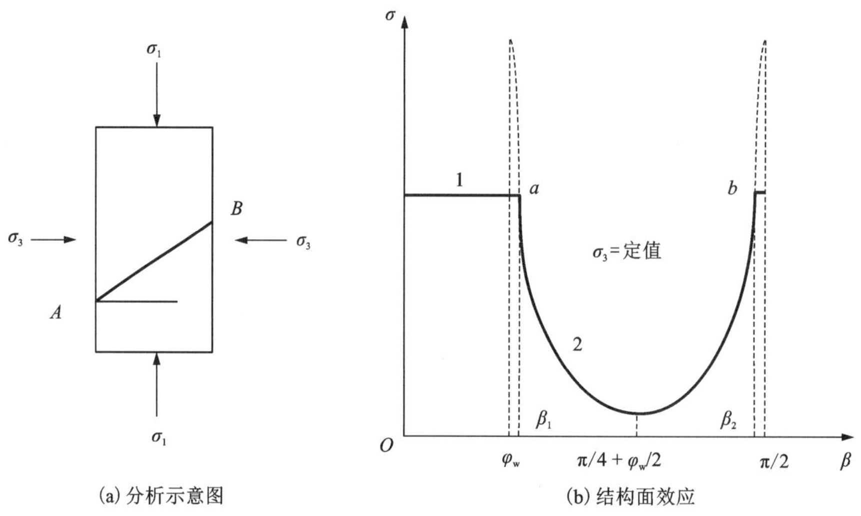

(a) 分析示意图 (b) 结构面效应

1—完整岩石破裂；2—沿结构面滑动。

图 1-39 耶格尔判据分析图

如果岩体含有两组或两组以上结构面，则应对每组结构面分别运用该判据。

(2)霍克-布朗(Hoek-Brown)经验判据

Hoek 和 Brown 根据岩体性质的理论与实践经验，用试验法导出了岩块和岩体破坏时主应力之间的关系为：

$$\sigma_1 = \sigma_3 + \sigma_c\left(m_b\frac{\sigma_1}{\sigma_c} + s\right)^{\alpha} \tag{1-107}$$

式中：σ_c 为完整岩石单轴抗压强度；m_b 为霍克-布朗常数；s、α 分别为取决于岩体特征的常数，对于完整岩石，$s=1$，$\alpha=0.5$。

3)岩体结构面的抗剪强度

平直、光滑、无充填岩体的结构面的抗剪强度：

$$\tau = \tan\varphi \tag{1-108a}$$

式中：τ 为结构面抗剪强度；φ 为结构面内摩擦角。

粗糙起伏、无充填岩体的结构面的抗剪强度：

①当法向应力较小时，存在所谓的爬坡效应

$$\tau = \sigma\tan(\varphi_b + i) \tag{1-108b}$$

式中：φ_b 为结构面的基本摩擦角；σ 为结构面上的正应力；i 为齿面的起伏角。

②当法向应力较大时，将剪断锯齿，则有

$$\tau = \sigma \tan \varphi + C \tag{1-109}$$

式中：C 为结构面黏聚力。

对于不规则起伏的结构面，考虑法向力、粗糙度 JRC、结构面强度 JCS 的影响，Barton 和 Choubey(1977 年)提出结构面的抗剪强度公式：

$$\tau = \sigma \tan[\mathrm{JRC}\lg(\mathrm{JCS}/\sigma) + \varphi_b] \tag{1-110}$$

式中：JRC 为结构面的粗糙度系数，从平滑到最粗糙取 0~20；JCS 为结构面两侧岩石的抗剪强度。

有充填、无结构面岩体的抗剪强度，主要取决于充填物的成分、结构、厚度及充填程度等。

4)岩体强度的测定

岩体强度是指岩体抵抗外力破坏的能力，它有抗压强度、抗拉强度和抗剪强度之分。对裂隙岩体来说，其抗拉强度很小，工程设计上一般不允许岩体中有拉应力出现，因而更关注岩体的抗压强度和抗剪强度。一般情况下，岩体的强度不同于岩块的强度，也不同于结构面的强度。

岩体强度试验是在现场原位切割较大尺寸试件以进行单轴压缩、三轴压缩和抗剪强度试验。为了保持岩体的原有力学条件，不能在试块附近爆破，只能使用钻机、风镐等来机械破岩，根据设计的尺寸，凿出所需规格的试体，一般试体为边长 0.5~1.5 m 的立方体，加载设备用千斤顶和液压枕(扁千斤顶)。

(1)岩体单轴抗压强度的测定

切割的试件如图 1-40 所示，在拟加压的试件表面(图中为试件的上端)抹一层水泥砂浆，将表面抹平，并在其上放置方木和工字钢组成的垫层，以便把千斤顶施加的荷载经垫层均匀传给试体，根据试体破坏时千斤顶施加的最大荷载及试体受载截面的面积，计算岩体的单轴抗压强度。

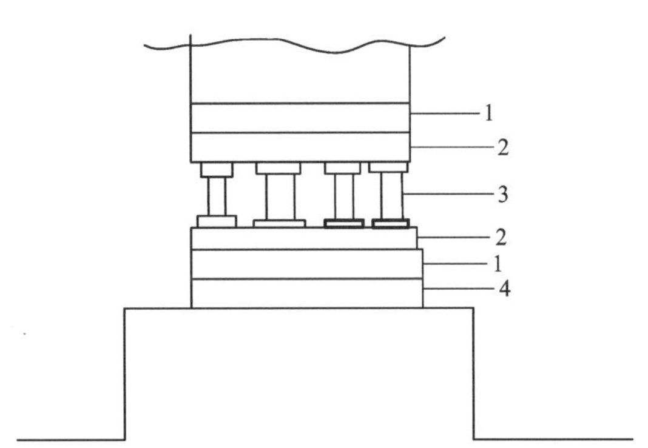

1—方木；2—工字钢；3—千斤顶；4—水泥砂浆。

图 1-40　岩体单轴抗压强度测定

(2)岩体抗剪强度的测定

一般采用双千斤顶法：一个垂直千斤顶施加正压力，另一个千斤顶施加横推力，如图 1-41 所示。

为使剪切面上不产生力矩效应，应让合力通过剪切面中心，使其接近于纯剪切破坏，另一个千斤顶呈倾斜布置。一般采取倾角 $\alpha = 15°$，试验时，每组试体应有 5 个以上，剪断面上的应力按式(1-111)计算；然后根据 τ、σ 绘制岩体强度曲线。

$$\left.\begin{aligned} \sigma &= \frac{P + T\sin \alpha}{F} \\ \tau &= \frac{T}{F}\cos \alpha \end{aligned}\right\} \tag{1-111}$$

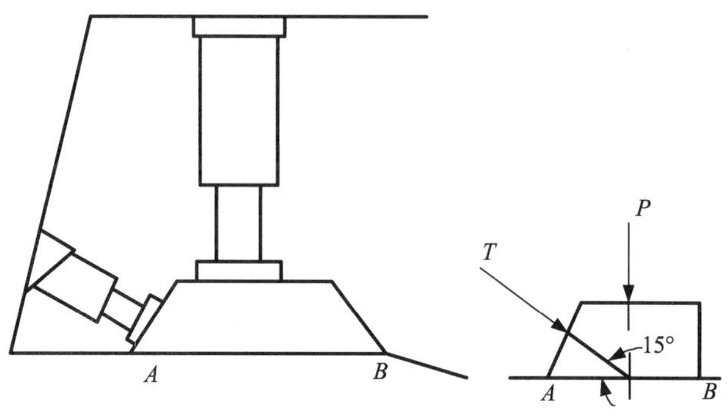

图 1-41 岩体抗剪试验

式中：P、T 分别为垂直、横向千斤顶施加的荷载；F 为试体受剪断面面积。

(3)岩体三轴压缩强度试验

原位岩体三轴试验装置如图 1-42 所示，用千斤顶施加轴向荷载，用压力枕施加围岩荷载。根据围岩情况，可分为等围压三轴试验($\sigma_1>\sigma_2=\sigma_3$)和真三轴试验($\sigma_1>\sigma_2>\sigma_3$)。试验表明，中间主应力 σ_2 在岩体强度中起重要作用，在多节理岩体中尤其重要，因此，真三轴试验越来越受重视。

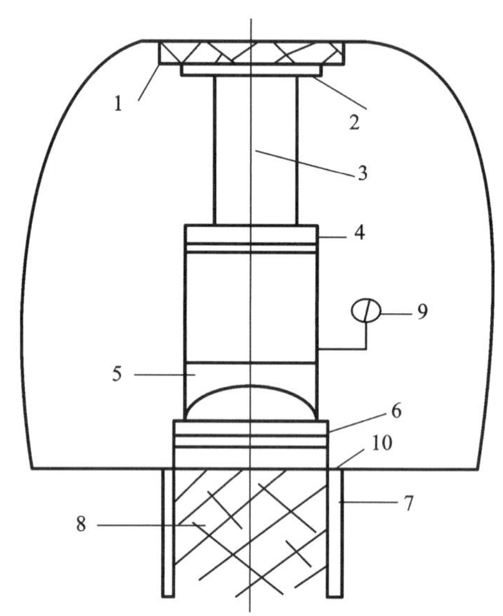

1—混凝土顶座；2—垫板；3—顶柱；4—垫板；5—球面垫；6—垫板；7—压力枕；8—试件；9—液压表(千斤顶)；10—液压枕。

图 1-42 原位岩体三轴试验装置

5)岩体强度的各向异性

根据耶格尔判据可以看出，岩体强度的各向异性受加载方向与结构面夹角 β 的控制，如岩体为同类岩石分层所组成，或岩体只含有一种岩石，但有一组发育的较弱结构面(如层理等)，当最大主应力 σ_1 与弱面垂直时，岩体强度与弱面无关，此时岩体强度就是岩石的强度，当 $\beta=\frac{\pi}{4}+\frac{\varphi_w}{2}$ 时，岩体将沿弱面被破坏，此时岩体强度就是弱面的强度。当最大主应力与弱面平行时，岩体因弱面横向扩张而破坏，此时，岩体的强度将介于前述两种情况之间，如图 1-43(a)所示。若岩体中节理非常发育，则节理面的方向会多种多样，岩体的强度图像[图 1-43(b)]为各单组结构面岩体强度图像的叠加，如图中阴影部分。试验表明，随着岩体内结构面数量的增加，岩体强度特性越来越趋于各向同性，而岩体的整体强度却大大减弱了。Hoek 和 Brown 认为，含四组以上性质相近结构面的岩体，在地下开挖工程设计中按各向同性岩体来处理是合理的。另外，随着围压 σ_3 增大，岩体由各向异性向各向同性转化，一般认为当 σ_3 接近岩体单轴抗压强度时，可视为各向同性体。

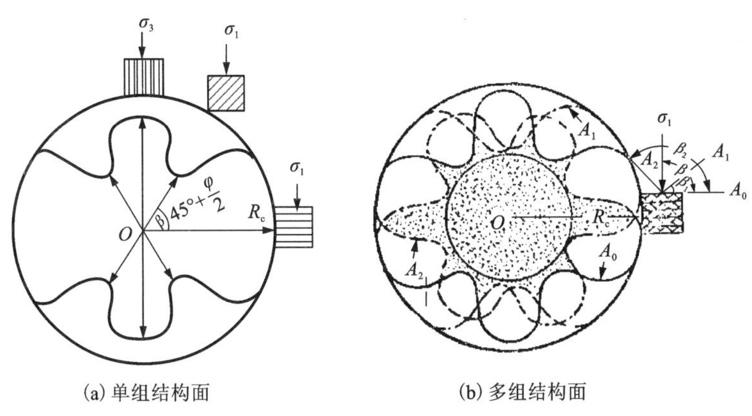

(a) 单组结构面　　(b) 多组结构面

图 1-43　岩体强度的各向异性

6) 岩体强度的估算

岩体强度是岩体工程设计的重要参数，而做岩体的原位试验又十分费时、费钱，难以大量进行。因此，如何利用地质资料和小试块室内试验资料对岩体强度做出合理估算是岩石力学中的重要研究课题。借助准岩体强度估算方法和 Hoek-Brown 经验方程可方便地对岩体强度进行估算。

(1) 准岩体强度估算方法

这种方法的实质是用某种简单的试验指标来修正岩块强度，以此作为岩体强度的估算值。节理、裂隙等结构面是影响岩体强度的主要因素，其分布情况可通过弹性波传播来查明。弹性波穿过岩体时，遇到裂隙便发生绕射或被吸收，传播速度将有所降低，裂隙越多，波速降低越大，小尺寸试件含裂隙少，传播速度大，因此根据弹性波在岩石试块和岩体中的传播速度比，可判断岩体中裂隙发育程度，称此比值的平方为岩体完整性系数，以 K 表示：

$$K=\left(\frac{V_{ml}}{V_{cl}}\right)^2 \tag{1-112}$$

式中：V_{ml} 为岩体中弹性波纵波传播速度；V_{cl} 为岩块中弹性波纵波传播速度。各种岩体的完整性系数列于表 1-34，岩体完整系数确定后，便可计算准岩体强度。

表 1-34　岩体完整性系数

岩体种类	岩体完整性系数 K
完整	>0.75
块状	0.45~0.75
碎裂状	<0.45

准岩体抗压强度为：

$$\sigma_{mc}=K\sigma_c \tag{1-113}$$

$$\sigma_{mt}=K\sigma_t \tag{1-114}$$

式中：σ_c 为岩石试件的抗压强度；σ_t 为岩石试件的抗拉强度；σ_{mc} 为岩体单轴抗压强度；σ_{mt} 为岩体单轴抗拉强度。

(2) Hoek-Brown 经验方程

由式(1-107)，令 $\sigma_3=0$，可得岩体的单轴抗压强度 σ_{mc}，即

$$\sigma_{mc}=\sqrt{s}\sigma_c \tag{1-115}$$

对于完整岩石，$s=1$，则有 $\sigma_{mc}=\sigma_c$，即 σ_{mc} 为岩块抗压强度；对于裂隙岩石，$s<1$，则 $\sigma_{mc}<\sigma_c$。

将 $\sigma_1=0$ 代入式(1-107)中，并对 σ_3 求解所得的二次方程，可解得岩体的单轴抗拉强度 σ_{mt} 为：

$$\sigma_{mt}=\frac{1}{2}\sigma_c\left(m-\sqrt{m^2+4s}\right) \tag{1-116}$$

式(1-107)的剪应力表达式为：

$$\tau=A\sigma_c\left(\frac{\sigma}{\sigma_c}-T\right)^B \tag{1-117}$$

式中：τ 为岩体的剪切强度；σ 为岩体法向应力；A、B 为常数，可查表 1-35 求得；$T=\frac{1}{2}(m-\sqrt{m^2+4s})$，可查表 1-35 求得。

利用式(1-107)、式(1-115)~式(1-117)和表 1-35 可对裂隙岩体的三轴压缩强度、单轴抗压强度、单轴抗拉强度进行估算，同时还可求出等效黏聚力和内摩擦角。进行估算时，先进行工程地质调查，得出工程所在处的岩体质量指标(RMR 和 Q 值)、岩石类型及岩块单轴抗压强度。

Hoek 曾指出，m 与内摩擦角非常相似，而 s 则相当于黏聚力。根据 Hoek-Brown 提供的常数(表 1-35)，m 最大为 25，显然这时用式(1-107)估算的岩体强度偏低，特别是在低围压下及较坚硬的岩体条件下。但对于受构造扰动及结构面较发育的裂隙化岩体，Hoek 认为用这一方法估算是合理的。

表 1-35 岩体质量和经验常数之间的关系

岩体状况	具有很好结晶解理的碳酸盐类岩石，如白云岩、灰岩、大理岩	成岩的黏土质岩石，如泥岩、粉砂岩、页岩、板岩(垂直于板理)	强烈结晶，结晶解理不发育的砂质岩石，如砂岩、石英岩	细粒、多矿物结晶岩浆岩，如安山岩、辉绿岩、玄武岩、流纹岩	粗粒、多矿物结晶岩浆岩和变质岩，如角闪岩、辉长岩、片麻岩、花岗岩等
完整岩块试件，实验室试件尺寸，无节理，RMR=100，Q=500	$m=7$ $s=1$ $A=0.816$ $B=0.658$ $T=-0.140$	$m=10$ $s=1$ $A=0.918$ $B=0.677$ $T=-0.099$	$m=15$ $s=1$ $A=1.044$ $B=0.692$ $T=-0.067$	$m=17$ $s=1$ $A=1.086$ $B=0.696$ $T=-0.059$	$m=25$ $s=1$ $A=1.220$ $B=0.705$ $T=-0.040$

续表1-35

岩体状况	具有很好结晶解理的碳酸盐类岩石，如白云岩、灰岩、大理岩	成岩的黏土质岩石，如泥岩、粉砂岩、页岩、板岩（垂直于板理）	强烈结晶，结晶解理不发育的砂质岩石，如砂岩、石英岩	细粒、多矿物结晶岩浆岩，如安山岩、辉绿岩、玄武岩、流纹岩	粗粒、多矿物结晶岩浆岩和变质岩，如角闪岩、辉长岩、片麻岩、花岗岩等
质量非常好的岩体，紧密互锁，未扰动、未风化岩体，节理间距为 3 m 左右，RMR = 85，Q = 100	$m=3.5$ $s=0.1$ $A=0.651$ $B=0.679$ $T=-0.028$	$m=5$ $s=0.1$ $A=0.739$ $B=0.692$ $T=-0.020$	$m=7.5$ $s=0.1$ $A=0.848$ $B=0.702$ $T=-0.013$	$m=8.5$ $s=0.1$ $A=0.883$ $B=0.705$ $T=-0.012$	$m=12.5$ $s=0.1$ $A=0.998$ $B=0.712$ $T=-0.008$
好质量岩体，新鲜至轻微风化，轻微构造变化岩体，节理间距为 1~3 m，RMR = 65，Q = 10	$m=0.7$ $s=0.004$ $A=0.369$ $B=0.669$ $T=-0.006$	$m=1.0$ $s=0.004$ $A=0.427$ $B=0.683$ $T=-0.004$	$m=1.5$ $s=0.004$ $A=0.501$ $B=0.695$ $T=-0.003$	$m=1.7$ $s=0.004$ $A=0.525$ $B=0.698$ $T=-0.002$	$m=2.5$ $s=0.004$ $A=0.603$ $B=0.707$ $T=-0.002$
中等质量岩体，中等风化，岩体中有几组节理间距为 0.3 ~ 1 m，RMR = 44，Q = 1.0	$m=0.14$ $s=0.0001$ $A=0.198$ $B=0.662$ $T=-0.0007$	$m=0.2$ $s=0.0001$ $A=0.234$ $B=0.675$ $T=-0.0005$	$m=0.3$ $s=0.0001$ $A=0.280$ $B=0.688$ $T=-0.0003$	$m=0.34$ $s=0.0001$ $A=0.295$ $B=0.691$ $T=-0.0003$	$m=0.5$ $s=0.0001$ $A=0.346$ $B=0.700$ $T=-0.0002$
质量差的岩体，大量风化节理，间距为 30 ~ 500 m，并含有一些夹泥，RMR = 23，Q = 0.1	$m=0.04$ $s=0.00001$ $A=0.115$ $B=0.646$ $T=-0.0002$	$m=0.05$ $s=0.00001$ $A=0.129$ $B=0.655$ $T=-0.0002$	$m=0.08$ $s=0.00001$ $A=0.162$ $B=0.672$ $T=-0.0001$	$m=0.09$ $s=0.00001$ $A=0.172$ $B=0.676$ $T=-0.0001$	$m=0.13$ $s=0.00001$ $A=0.203$ $B=0.686$ $T=-0.0001$
质量极差的岩体，具有大量严重风化节理，间距小于 50 mm 的充填夹泥，RMR = 3，Q = 0.01	$m=0.007$ $s=0$ $A=0.042$ $B=0.534$ $T=0$	$m=0.010$ $s=0$ $A=0.050$ $B=0.539$ $T=0$	$m=0.015$ $s=0$ $A=0.061$ $B=0.546$ $T=0$	$m=0.017$ $s=0$ $A=0.065$ $B=0.548$ $T=0$	$m=0.025$ $s=0$ $A=0.078$ $B=0.556$ $T=0$

1.3.4 岩体的渗透特性

岩体的渗透性质指岩体的渗透特性及在渗流作用下所表现出的力学性质。

1)地下水对岩土体产生的力学作用

地下水主要通过空隙静水压力和空隙动水压力作用对岩土体的力学性质产生影响。前者通过减小岩土体的有效应力而降低岩土体的强度，在裂隙岩体中的空隙静水压力可使裂隙产生扩容变形；后者通过对岩土体产生切向的推力来降低岩土体的抗剪强度。地下水在松散土体、松散破碎岩体及软弱夹层中运动时会对土颗粒施加一个体积力，在空隙动水压力的作用下可使岩土体中的细颗粒物质产生移动，甚至被携出岩土体之外，产生潜蚀而使岩土体破坏，这就是管涌现象；岩体裂隙或断层中的地下水会对裂隙壁施加两种力，一是垂直于裂隙壁的空隙静水压力(面力)，该力使裂隙产生垂向变形；二是平行于裂隙壁的空隙动水压力(面力)，该力使裂隙产生切向变形。

当多孔连续介质岩土体中存在空隙地下水时，未充满空隙的地下水会对多孔连续介质骨架施加一个空隙静水压力，该力为面力，其结果是使岩土体的有效应力增加，即

$$\sigma_a = \sigma + p \tag{1-118}$$

式中：σ_a 为岩土体的有效应力；σ 为岩土体的总应力；p 为岩土体中的空隙静水压力(负压)。

当地下水充满多孔连续介质岩土体时，地下水会对多孔连续介质骨架施加一个空隙静水压力，该力为面力，其结果是使岩土体的有效应力减小，即

$$\sigma_a = \sigma - p \tag{1-119}$$

当多孔连续介质岩土体中充满流动的地下水时，地下水会对多孔连续介质骨架施加一个空隙静水压力和动水压力，动水压力为体积力，即

$$\tau_d = \gamma J \tag{1-120}$$

式中：τ_d 为岩土体中的动水压力；γ 为地下水的容重；J 为地下水的水力坡度。

当裂隙岩体中充满流动的地下水时，地下水对岩体裂隙壁施加垂直于裂隙壁面的静水压力和平行于裂隙壁面的动水压力，动水压力为面力，即

$$\tau_d = \frac{b\gamma}{2}J \tag{1-121}$$

式中：b 为裂隙的隙宽。

2)岩体渗流特性

岩体以裂隙渗流为主，其渗流特点为：①岩体渗透性大小取决于岩体中结构面的性质及岩块的岩性；②岩体渗流以裂隙导水、微裂隙和岩石孔隙储水为其特色；③岩体裂隙网络渗流具有定向性；④岩体一般看作非连续介质(密集裂隙可看作等效连续介质)；⑤岩体的渗流具有高度的非均质性和各向异性；⑥一般岩体中的渗流符合达西定律(岩溶管道流一般属于紊流，不符合达西定律)；⑦岩体渗流受应力场影响明显；⑧复杂裂隙系统中的渗流，在裂隙交岔处具有“偏流效应”，即裂隙水流经大小不等裂隙交岔处时，水流偏向于往面宽大裂隙一侧流动。

《水利水电工程地质勘察规范》(GB 50487—2008)规定，岩土渗透性可按表 1-36 分级。

表 1-36　岩土渗透性分级

渗透性等级	渗透系数 K /(cm·s⁻¹)	透水率 q /(L·min⁻¹)	岩体特征	土类
极微透水	$K<10^{-6}$	$q<0.1$	完整岩石，含等价开度小于 0.025 mm 裂隙的岩体	黏土
微透水	$10^{-6}\leqslant K<10^{-5}$	$0.1\leqslant q<1$	含等价开度 0.025~0.05 mm 裂隙的岩体	黏土—粉土
弱透水	$10^{-5}\leqslant K<10^{-4}$	$1\leqslant q<10$	含等价开度 0.05~0.01 mm 裂隙的岩体	粉土—细粒土质砂
中等透水	$10^{-4}\leqslant K<10^{-2}$	$10\leqslant q<100$	含等价开度 0.01~0.5 mm 裂隙的岩体	砂—砂砾
强透水	$10^{-2}\leqslant K<10^{0}$	$q\geqslant 100$	含等价开度 0.5~2.5 mm 裂隙的岩体	砂砾—砾石、卵石
极强透水	$K\geqslant 10^{0}$	$q\geqslant 100$	含连通孔洞或等价开度大于 2.5 mm 裂隙的岩体	粒径均匀的巨砾

(1)岩体空隙的结构类型

岩体的空隙是地下水赋存场所和运移通道，岩体空隙的分布形状、大小、连通性以及空隙的类型等，影响着岩体的力学性质和渗流特性。

多孔介质质点与多孔连续介质：把包含在多孔介质的表征性体积单元(简称表征体元RVE)内的所有流体质点与固体颗粒的总和称为多孔介质质点。由连续分布的多孔介质质点组成的介质称为多孔连续介质。在研究岩体水力学时，若表征体元 RVE 内有足够多的孔隙(或裂隙)和流体质点，而这个表征体元 RVE 相对所研究的工程区域而言，则充分小，此时可按连续介质方法研究工程岩体的力学及水力学问题；否则，用非连续介质方法研究。

裂隙网络介质：由裂隙(如节理、断层等)个体在空间上相互交岔形成的网络状空隙结构，这种含水介质称为裂隙网络介质。由相互贯通且裂隙中的水流为连续分布的裂隙构成的网络，称为连通裂隙网络；由互不连通或存在阻水裂隙，且裂隙中的水流为断续分布的裂隙构成的网络，称为非连通裂隙网络。

狭义双重介质：由裂隙(如节理、断层等)和其间的孔隙岩块构成的空隙结构，裂隙导水(渗流具有定向性)，孔隙岩块储水(渗流具有均质各向同性)，这种含水介质称为狭义双重介质，即 Barenblatt(1960 年)提出的双重介质。

广义双重介质：由稀疏大裂隙(如断层)和其间的密集裂隙岩块构成的空隙结构，裂隙导水(渗流具有定向性，控制区域渗流)，密集裂隙岩块储水及导水(渗流具有非均质各向异性，控制局部渗流)，这种含水介质称为广义双重介质。

岩溶管道网络介质：由岩溶溶蚀管道个体在空间上相互交岔形成的网络状空隙结构，这种含水介质称为岩溶管道网络介质。在此介质中的水流基本上符合层流条件。

溶隙-管道介质：由稀疏大岩溶管道(或暗河)和溶蚀网络构成的空隙结构，岩溶管道(或暗河)中水流为紊流(具有定向性，控制区域渗流)，溶隙网络中水流符合层流条件(渗流具有非均质各向异性，控制局部渗流)，这种含水介质称为溶隙-管道介质。

按岩体空隙形成的机理，把岩体的空隙结构划分为原生空隙结构和次生空隙结构；根据岩体空隙的表现形式，把岩体空隙结构划分为准孔隙结构、裂隙网络结构、孔隙-裂隙双重结构、孔洞-裂隙双重结构、溶隙-管道(或暗河)双重结构等；根据岩体结构面的连续性，可将岩体划分为连续介质、等效连续介质及非连续介质(包括双重介质和裂隙网络介质)。

(2)岩体的渗透性

岩体的渗透性是指岩体允许透过流体(气体和液体)的能力，其定量指标可用渗透率、渗透系数、渗透率张量和渗透系数张量描述。

岩体的渗透率是表征岩体介质特征的函数，它描述了岩体介质的一种平均性质，表示岩体介质传导流体的能力。对均质各向同性多孔介质而言，其渗透率为

$$k(\sigma) = cd^2\exp(-\alpha\sigma) \tag{1-122}$$

式中：$k(\sigma)$为岩体(多孔介质)在应力为σ时的渗透率；α为待定系数；σ为岩体的应力；d为岩体颗粒的有效粒径；c为比例常数，其值为45~140。较小值适于黏质砂土，较大值适于纯砂土，常取平均值100。

单裂隙介质的渗透率为

$$k_f(\sigma) = b^2\exp(-\alpha\sigma) \tag{1-123}$$

式中：$k_f(\sigma)$为岩体(单裂隙介质)在应力为σ时的渗透率；b为初始应力状态单裂隙隙宽。

对裂隙系统而言，岩体的等效渗透率为

$$k_f(\sigma_a) = b^3\lambda S\exp(-\alpha\sigma_a) \tag{1-124}$$

式中：λ是与岩体裂隙粗糙度有关的参数，当裂隙平直光滑无充填物时，$\lambda = 1/12$，否则$\lambda < 1/12$；S为岩体中裂隙的平均间距；σ_a为岩体的等效法向应力。

岩体的渗透系数也称为水力传导系数(率)，是岩体介质特征和流体特性的函数。它描述了岩体介质和流体的一种平均性质。在岩体水流系统中，渗透系数既可表征地下水流经空间内任一点上的介质的渗透性，也可表征某一区域内介质的平均渗透性，还可表征某一裂隙段上介质的渗透性。

对岩体裂隙介质而言，渗透系数可表示为

$$K_f(\sigma) = k_f(\sigma)\rho g/\mu \tag{1-125}$$

式中：$K_f(\sigma)$为岩体在应力为σ时的渗透系数；ρ为流体密度。

当同时考虑异常温度时，则

$$K_f(\sigma, T) = k_f(\sigma)\rho(T)g/\mu(T) \tag{1-126}$$

式中：$K_f(\sigma, T)$为异常温压作用下岩体的渗透系数；$\rho(T)=\rho_0\exp[-\alpha_1(T-T_0)]$，$\rho(T)$、$\rho_0$分别为$T$、$T_0$条件下流体的密度；$\mu(T)=\mu_0\exp[-\alpha_2(T-T_0)]$，$\mu(T)$、$\mu_0$分别为$T$、$T_0$条件下流体的动力黏滞系数；$g$为重力加速度。

(3)岩体的渗透率张量和渗透张量场

在岩体系统内，由于岩体介质具有非均质各向异性，故要反映岩体各向异性的渗透性能，不能用一个标量来表示，而要用张量来描述岩体介质各个方向上的不同渗透性能，这个量就称为岩体介质的渗透率张量。岩体空间内不同点上的渗透率张量构成了岩体系统内介质的渗透率张量场。

当岩体由多组裂隙组成，且其间岩块为不透水者，裂隙组在裂隙网络中相互连通，某一方向上裂隙组的裂隙水流丝毫不受另一方向上裂隙组的裂隙水流的干扰，则岩体裂隙的等效渗透率张量为

$$k=\begin{pmatrix}\sum_{i=1}^{M} b_i^3\lambda S_i(1-\alpha_{xi}^2) & \sum_{i=1}^{M} b_i^3\lambda S_i\alpha_{xi}\alpha_{yi} & \sum_{i=1}^{M} b_i^3\lambda S_i\alpha_{xi}\alpha_{zi}\\ \sum_{i=1}^{M} b_i^3\lambda S_i\alpha_{yi}\alpha_{xi} & \sum_{i=1}^{M} b_i^3\lambda S_i(1-\alpha_{yi}^2) & \sum_{i=1}^{M} b_i^3\lambda S_i\alpha_{yi}\alpha_{zi}\\ \sum_{i=1}^{M} b_i^3\lambda S_i\alpha_{zi}\alpha_{xi} & \sum_{i=1}^{M} b_i^3\lambda S_i\alpha_{zi}\alpha_{yi} & \sum_{i=1}^{M} b_i^3\lambda S_i(1-\alpha_{zi}^2)\end{pmatrix} \tag{1-127}$$

式中：$\alpha_{xi}=\cos\beta_i\sin\alpha_i$，$\alpha_{yi}=\sin\alpha_i\sin\beta_i$，$\alpha_{zi}=\cos\alpha_i$，其中 α_i 为第 i 组裂隙的倾角($0\leqslant\alpha_i\leqslant 90°$)，$\beta_i$ 为第 i 组裂隙的倾向($0\leqslant\beta_i\leqslant 360°$)；$M$ 为岩体中裂隙的组数；b 为裂隙隙宽；S 为裂隙间距。

当裂隙为陡倾角，即 $\alpha\approx 90°$时，$\alpha_{xi}=\cos\beta_i$，$\alpha_{yi}=\sin\beta_i$，$\alpha_{zi}=0$，则

$$\boldsymbol{k}=\begin{pmatrix}\sum_{i=1}^{M} b_i^3\lambda S_i\sin^2\beta_i & \sum_{i=1}^{M} b_i^3\lambda S_i\cos\beta_i\sin\beta_i & 0\\ \sum_{i=1}^{M} b_i^3\lambda S_i\cos\beta_i\sin\beta & \sum_{i=1}^{M} b_i^3\lambda S_i\cos^2\beta_i & 0\\ 0 & 0 & 0\end{pmatrix} \tag{1-128}$$

当裂隙的隙宽和密度十分整齐和规则，但方位杂乱无章，没有一个较其他方向突出的主渗透方向时，岩体的渗透率张量可表述为：

$$\boldsymbol{k}=b^3\lambda S\begin{pmatrix}k_{11} & 0 & 0\\ 0 & k_{22} & 0\\ 0 & 0 & k_{33}\end{pmatrix}=\mathrm{diag}(k_{11},\ k_{22},\ k_{33}) \tag{1-129}$$

当岩体中只发育唯一的一个方向裂隙组，且裂隙隙宽 b 为常数，隙间距 S 为常数，而 Z 轴与隙面法向一致，X、Y 轴在隙面上，则岩体的渗透率张量可表述为：

$$\boldsymbol{k}=b^3\lambda S\begin{pmatrix}1 & 0 & 0\\ 0 & 1 & 0\\ 0 & 0 & 0\end{pmatrix} \tag{1-130}$$

当岩体中发育有两个相交的方向裂隙组，其裂隙隙宽 b 为常数，隙间距 S 为常数，且 Z 轴与不同方位隙面的交线一致，X、Y 轴在隙面上，则岩体的渗透率张量可表述为：

$$\boldsymbol{k}=b^3\lambda S\begin{pmatrix}1 & 0 & 0\\ 0 & 1 & 0\\ 0 & 0 & 2\end{pmatrix} \tag{1-131}$$

渗透系数张量是描述岩体介质和介质内流动的流体在空间同一点上不同方向上的渗透性能的量，其值可表示为：

$$\boldsymbol{K}(\sigma,\ T)=\boldsymbol{k}(\sigma)\rho(T)g/\mu(T) \tag{1-132}$$

式中：$\boldsymbol{K}(\sigma,\ T)$为异常温压下岩体的渗透系数张量；$\boldsymbol{k}(\sigma)$为应力作用下岩体介质的渗透率张量。

岩体的渗透张量场是指岩体空间上不同点或不同小区域上平均渗透系数张量的集合。渗透率张量和渗透系数张量都是对称、二阶张量。前者仅与裂隙几何形状(包括裂隙宽度、间距或密度、粗糙度等)有关；后者不仅与裂隙几何形状有关，而且与流体的性质(容重和黏滞

性等)有关。

1.3.5 岩体的可钻性与可爆性

1.3.5.1 岩体的可钻性

1)凿碎法岩石可钻性分级

由于岩石的坚固性不同，破碎的难易程度也不同，我们将破碎单位体积岩石所消耗的功称作“凿碎比功”。凿碎比功是反映岩石破碎难易程度的一种指标，它可采用一种专门仪器来进行测定。

便携式凿测器通常简称为“凿测器”，它采用质量为 4 kg 的落锤从 1 m 高处沿导向杆自由落下，以 39.2 J 的恒定冲击功冲击承击台，使钎头凿入岩石某一深度。钎头为一字形，直径 $d=(40\pm0.5)$ mm，刃部嵌入硬质合金片，刃角为 110°，每次测试均要使用新磨锐的钎头。

测试工作可直接在现场或大块岩石上进行。待测部位岩石表面接近水平，局部较平整，先用小剁锤或凿测器开出 5 mm 左右深的小孔，量取初始深度。测试一个试样共凿 480 次，再量测最终孔深，最终孔深与初始孔深之差即为静凿深度 H。求算凿碎比功 a 的公式为：

$$a=\frac{A}{V}=\frac{nA_o}{\frac{\pi}{4}d^2H}=\frac{480\times39.2}{\frac{\pi}{4}\times(4.1)^2\frac{H}{10}}\approx\frac{14252}{H}\quad \text{J/cm}^3 \tag{1-133}$$

式中：a 为凿碎单位体积岩石所消耗的功，即凿碎比功，J/cm^3；A 为锤自由下落 480 次时的总冲击功，J；V 为锤自由下落 480 次时的破岩总体积，cm^3；n 为锤下落冲击的总次数，$n=$ 480 次；A_o 为锤自由下落时的单次冲击功，$A_o=39.2$ J；d 为实际凿孔直径(钎头直径为 40 mm 时，实际孔径 $d=4.1$ cm)。

除了凿碎比功 a，还要量测试验结束后钎刃的磨蚀宽度 b，以凿 480 次后刃锋两端向内 4 mm 处的刃锋磨宽平均值为分级采用的钎刃磨蚀宽度 b。

根据凿碎比功 a 和钎刃磨蚀宽度 b 值的大小，将岩石划分为七级三类，用以综合表示岩石的可钻性，见表 1-37 和表 1-38。

表 1-37 按凿碎比功 a 分为七级

级别	凿碎比功/(J·cm^{-3})	可钻性	代表性岩石
Ⅰ	<190	极易	页岩、煤、凝灰岩
Ⅱ	191~290	易	石灰岩、砂页岩、橄榄岩、绿泥角闪岩、云母石英片岩、白云岩
Ⅲ	291~390	中等	花岗岩、石灰岩、橄榄片岩、铝土矿、混合岩、角闪岩
Ⅳ	391~490	较难	花岗岩、硅质灰岩、辉长岩、玢岩、黄铁矿、磁铁石英岩、片麻岩、矽卡岩、大理岩
Ⅴ	491~590	难	假象赤铁矿、磁铁石英岩(南芬)、苍山片麻岩、中细粒花岗岩、暗绿角闪岩
Ⅵ	591~690	很难	假象赤铁矿(姑山)、煌斑岩、磁铁石英岩(南芬)、致密矽卡岩
Ⅶ	≥691	极难	假象赤铁矿(白云鄂博)、磁铁石英岩(南芬)

表 1-38　按钎刃磨蚀宽度 b 分为三类

类别	钎刃磨蚀宽度 b/mm	磨蚀性	代表性岩石
1	≤0.2	弱	页岩、煤、凝灰岩、石灰岩、大理岩、角闪岩、橄榄岩、辉绿岩、白云岩、铝土矿、千枚岩、矽卡岩
2	0.3~0.6	中	花岗岩、闪长岩、辉长岩、砂岩、砂页岩、硅质灰岩、硅质大理岩、混合岩、变粒岩、片麻岩、矽卡岩
3	≥0.7	强	黄铁矿、假象赤铁矿、磁铁石英岩、石英岩、硬质片麻岩

2)金刚石钻进岩石可钻性分级

采用“切槽法”来测试可钻性指标。岩样取自现场金刚石钻孔的岩芯，标准直径为 38~40 mm。按适合于钻中硬岩石的钻头配方，制成孕镶金刚石试棒，棒径为 8 mm，金刚石层厚为 3 mm，试棒用一定的载荷压在回转的岩芯侧表面上，边转边刻出一道环形沟槽，用清水冲洗切槽时所产生的岩屑，一次切槽回转 400 圈。

生产中衡量钻进效果的主要指标是机械钻速和钻头寿命，这两个指标分别与失径(指切槽直径的变化 Δd)和试棒的失重 Δw 有内在联系，因此可以用这两项指标综合表示岩石的可钻性。

$$\Delta d = d_0 - d_{400} \tag{1-134}$$

式中：Δd 为岩芯切槽前、后的直径损失量，mm；d_0 为切槽前岩芯的直径，mm；d_{400} 为切槽后岩芯的直径，mm。

$$\Delta w = w_0 - w_{400} \tag{1-135}$$

式中：Δw 为切槽前、后试棒的损失，mg；w_0 为切槽前试棒的质量，mg；w_{400} 为切槽后试棒的质量，mg。

根据数理统计理论，可以 Δd 和 Δw 的平均离散系数大小为依据，确定分级比 P，按等比级数分。Δd 和 Δw 的平均离散系数分别为：

$$V_{b(\Delta d)} \approx 8\% \qquad \text{为可靠计取 } 10\% \tag{1-136}$$

$$V_{b(\Delta w)} \approx 23\% \qquad \text{为可靠计取 } 25\% \tag{1-137}$$

根据数理统计原理有：

$$P = \frac{1 + 1.16V_b}{1 - 1.16V_b} \tag{1-138}$$

式中：P 为分级比(上下两挡级别标准之比)。于是：

$$P_{(\Delta d)} \approx 1.26 \tag{1-139}$$

$$P_{(\Delta w)} \approx 1.82 \tag{1-140}$$

按此分级比，可将岩石按 Δd 分为 8 级(表 1-39)，按 Δw 分为 4 类(表 1-40)。前者用罗马数字表示，后者用阿拉伯数字表示，可钻性的综合表示方法举例如下：

“IV_3”：为 4 级可钻性，3 级研磨性岩石(如一些花岗岩、片麻岩等)。

表 1-39 岩石可钻性分级表

级别	Ⅷ	Ⅶ	Ⅵ	Ⅴ	Ⅳ	Ⅲ	Ⅱ	Ⅰ
Δd/mm	≤1	1.1~1.6	1.7~2.5	2.6~4	4.1~6.5	6.6~10	10.1~16	>16

表 1-40 岩石研磨性分级表

类别	1	2	3	4
Δw/mg	≤1	1.1~2.5	2.6~5	>5

表中 Δd>16 的岩石都纳入Ⅰ级，范围较广，由于此类岩石过软，不适于金刚石钻进，故不再细分。

表 1-41 列出了总的分级方案及代表性岩石。

表 1-41 金刚石钻进岩石可钻性分级表（Δd，Δw 联合分级）

可钻性级别	失径范围 Δd/mm	岩石研磨性类别（失重范围 Δw/mg）				预估钻速 v/(m·h^{-1})	与原级别对应关系
		1（Δw≤1）	2（Δw=1.1~2.5）	3（Δw=2.6~5）	4（Δw>5）		
Ⅰ	>16	凝灰岩，大理岩（泥质页岩、灰岩）		长石石英砂岩、斜长角闪片岩	弱胶结细粒石英砂岩	>4.5	3~5
Ⅱ	10.1~16	块状灰岩（泥质页岩、绿泥角闪岩）	含石英大理岩（砂质页岩、长石砂岩、凝灰岩）	黑云母斜长片麻岩（松散硅质胶结页岩，砂岩）	弱胶结细粒石英砂岩	3.4~4.5	5~6
Ⅲ	6.6~10	白云质灰岩含石英大理岩	含石英大理岩，斜长角闪岩，角闪石英片岩，片麻岩，混合岩（辉长岩，安山岩）	含石英大理岩，斜长角闪片麻岩，中-粗粒花岗岩，混合岩（磁铁石英岩，硬砂岩，矽卡岩）	混合黑云母斜长片麻岩，火山角砾岩	2.6~3.4	6~7
Ⅳ	4.1~6.5	硅质灰岩，千枚岩	细粒花岗岩，黑云母角闪斜长片岩（混合岩，硅质灰岩，闪长岩）	伟晶岩，角闪斜长片麻岩（磁铁石英岩，花岗岩，矽卡岩）	（磁铁石英岩，花岗岩，片麻岩，硅质胶结的石英砾岩）	2~2.6	7~8
Ⅴ	2.6~4	硅化粉砂岩（矽卡岩、硅质灰岩）	混合花岗岩，石英长石砂岩，辉绿石，石榴透辉石（玄武岩）	混合花岗岩，中粒花岗岩，混合岩，片麻岩（硅化凝灰岩，磁铁石英岩）	（磁铁石英岩，花岗岩，片麻岩）	1.5~2	8~9

续表1-41

可钻性级别	失径范围 Δd/mm	岩石研磨性类别(失重范围 Δw/mg)				预估钻速 $v/(\mathrm{m\cdot h^{-1}})$	与原级别对应关系
		1($\Delta w\leqslant 1$)	2(Δw=1.1~2.5)	3(Δw=2.6~5)	4(Δw>5)		
Ⅵ	1.7~2.5	硅化粉砂岩(石英伟晶岩)	硅化细粒石英砂岩，花岗闪长岩(硅化褐铁矿，沉积火成砾岩)	(坚硬花岗岩，片麻岩，硬砂岩，磁铁石英岩，石榴子石岩)		1~1.5	10
Ⅶ	1.1~1.6	石英岩(燧石，铁质岩)	硅化细粒石英砂岩，花岗闪长岩(石英钠长斑岩)	(磁铁石英岩，硅化伟晶岩，致密石英砂岩)		0.6~1	11
Ⅷ	≤1	石英岩(燧石，铁质岩，刚玉岩)				<0.6	12

注：括号内表示未经试验，预计属于该范围的岩石。

将表 1-41 绘成各类地层在 Δw-Δd 图上的分布图(图 1-44)。

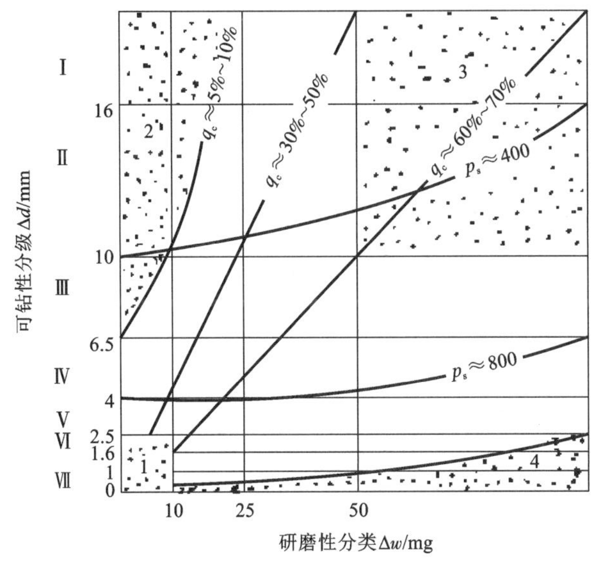

1—打滑地层；2—弱研磨性软地层；3—强研磨性软地层；4—此区域中的岩层极少见；

q_c—石英含量；p_s—压入硬度，kg/mm²。

图 1-44　各类地层在 Δw-Δd 图上的分布

图 1-44 中由上向下岩石愈坚硬，压入硬度 p_s 增大，由左向右磨蚀性加强。岩石中的石英含量存在沿顺时针方向增大的趋势(见 q_c 值)。

表 1-42 为各级岩石适用钻头选择表。

表 1-42 切槽法金刚石钻进岩石可钻性分级及选用钻头参考表

硬度分类			软				中硬			
代表性岩石			凝灰岩，大理岩（泥质灰岩），块状灰岩（泥灰岩）	含石英大理岩（砂质页岩，凝灰岩，石英绿泥石岩）	长石石英砂岩，斜长交的片岩	弱胶结细粒石英砂岩	块状灰岩，灰岩，白云质灰岩，含石英大理石	含石英大理岩，斜长角闪岩，片麻岩，角闪石英片岩混合岩	黑云母斜长片麻岩，含石英大理岩，中粗粒花岗岩，混合岩	弱胶结细粒石英砂岩，混合黑云母斜长片麻岩，火山角砾岩
可钻性	级别		Ⅰ~Ⅱ				Ⅱ~Ⅲ			
可钻性	失径范围 Δd/mm		>16		>10.1		6.6~16			
研磨性	类别		1	2	3	4	1	2	3	4
研磨性	失重范围 Δw/mg		<1	1.1~2.5	2.6~5	>5	<1	1.1~2.5	2.6~5	>5
人造聚晶钻头，复合片钻头			0		0	0	0	0		
天然金刚石表镶钻头	胎体硬度（HRC）	35~40 40~45	△	△	△	△	0	0	0	0
天然金刚石表镶钻头	胎体硬度（HRC）	>45			0	0			0	0
天然金刚石表镶钻头	金刚石粒度/（粒/克拉）	15~25 25~40 40~60 60~100	0		0	0	0 0	0 0	0 0	0 0
天然或人造孕镶钻头	胎体硬度（HRC）	10~20 20~30 30~35 35~40 40~45 >45					0	0	△ 0	△ 0 0
天然或人造孕镶钻头	金刚石粒度/目	>36 36~46 46~60					0	0	0	0

续表 1–42

硬度分类			硬				坚硬			
代表性岩石			（硅质灰岩、矽卡岩、千枚岩）硅化粉砂岩	细粒花岗岩、黑云母斜长角闪片麻岩、混合花岗岩、石榴透辉岩	伟晶岩、角闪斜长片麻岩、混合花岗岩、混合岩片麻岩	（磁铁石英岩、花岗岩、片麻岩、硅质胶结石英岩）	石英岩（燧石、碧玉铁质石、刚玉岩）	硅化细料石英砂岩、花岗闪长岩	坚硬花岗岩、片麻岩、硬砂岩（磁铁石英岩、规划伟晶岩）	
可钻性	级别		Ⅲ～Ⅴ				Ⅵ～Ⅶ			
	失径范围 Δd/mm		2.6～6.6		≤1		1.1～2.6			
研磨性	类别		1	2	3	4	1	2	3	4
	失重范围 Δw/mg		<1	1.1～2.5	2.6～5	>5	<1	1.5～2.5	2.6～5	
人造聚晶钻头，复合片钻头										
天然金刚石表镶钻头	胎体硬度（HRC）	35～40 40～45	0	0	△	△				
		>45	0	0	0	0				
	金刚石粒度/（粒/克拉）	15～25	0	0	0	0				
		25～40	0	0	0	0				
		40～60		0	0					
		60～100		0	0		0			
天然或人造孕镶钻头	胎体硬度（HRC）	10～20	△				0			
		20～30					0	0		
		30～35	0					0	0	
		35～40		0	0				0	
		40～45			0	0				
		>45				0			△	0
	金刚石粒度/目	>36								
		36～46	△	0	0	0	△	△	0	0
		46～60								
		60～80								
		80～100	0	0	0	△	0	0	0	
		100～120								

注：0 表示常用的，△表示亦可采用。

图 1–45 所示为 Δd–Δw 分布图上各区域适用钻头的参考情况。

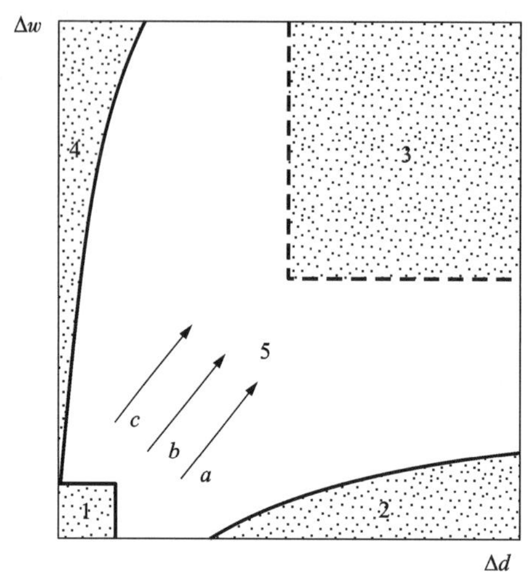

1—孕镶钻头；2—硬质合金钻头、复合片钻头、聚晶钻头；3—钻头、复合片钻头、粗粒天然表镶钻头；4—孕镶钻头（此类岩石很少）；5—表镶、孕镶钻头；*a*—胎体硬度由软到硬；*b*—金刚石浓度由低到高；*c*—金刚石粒度由细到粗。

图 1-45 各区域适用钻头参考图

应当指出的是，现场应用时应进行不同直径岩芯折算系数的计算。

目前各地质勘探部门所使用的钻头规格不尽相同，所得岩芯直径亦不同。为免于加工岩芯而直接测定，则需将所测得的 $\Delta d'$ 和 $\Delta w'$ 值折算成标准岩芯直径下的 Δd 和 Δw。经过初步的试验研究，可采用以下折算系数。表 1-43 为不同直径岩芯的 Δd 折算系数，即将实际测得的失径乘以折算系数，即可得相当于标准直径（ϕ39 mm）岩芯时的失径值。

表 1-43 不同直径岩芯 Δd 折算系数

钻头规格/mm		ϕ46	ϕ56	ϕ66
岩芯外径/mm		29	39	49
岩石可钻性级别	Ⅰ（Δd>16）	0.9	39	1.1
	Ⅱ（Δd=10~16）	0.83	1	1.25
	Ⅲ、Ⅳ（Δd=4~10）	0.77	1	1.4
	Ⅴ~Ⅷ（Δd=0~4）	0.7	1	1.7

对 Δw 的折算系数所做试验数量较少，仅对普遍存在的第二类岩磨性岩石做了比较，且提供表 1-44 的数据做参考。Δw 的用法与 Δd 方法相同。

表 1-44 不同直径岩芯，第二类岩磨性岩石的 Δw 折算系数

岩石外径/mm	29	39	49
岩磨性，2 类（Δw=1~2.5 mg）	1.7	1	0.7

1.3.5.2　岩体的可爆性

1）岩石爆破性分级指数的确定

以能量准则和岩体波阻抗准则作为岩石爆破性分级的准则。在一定的测试条件下，选择我国 12 个矿山的 63 种典型矿岩进行现场和实验室试验，在爆破漏斗和岩体弹性纵波速度、测定的大量数据基础上，运用数理统计的多元回归分析方法，求得岩石爆破性分级指数，以此对岩石进行爆破性分级。

设爆破漏斗试验和声波测定的有关数据为：岩石爆破漏斗体积 V；大块率 K_1；平均合格率 K_2；小块率 K_3；岩石波阻抗 ρv_m。

由此可得，岩石爆破性指数（N）的表达式为：

$$N = \ln\left[\frac{e^{67.22}K_1^{7.42}(\rho v_m)^{2.03}}{e^{38.44V}K_2^{1.89}K_3^{4.75}}\right] \tag{1-141}$$

式中：ρv_m 为岩石波阻抗，MPa/s×10；ρ 为岩石容重，t/m^3；V 为岩石爆破漏斗体积，m^3；K_1、K_2、K_3 分别为爆破岩块的大块率、平均合格率和小块率，%。

由量纲分析可知，该式的物理意义是表示爆破单位体积岩石所需爆破能量的大小，亦即岩石对爆破作用抵抗力的强弱。

为便于应用，将式（1-141）转换为最终公式，使岩石爆破性分级以爆破漏斗体积和爆破块度分布为主要指标，以岩体波阻抗率为辅助指标，即

$$N = 67.22 - 38.44\ln V + K + 2.03\ln(\rho v_m) \tag{1-142}$$

式中：N 为岩石爆破性分级指数；V 为爆破漏斗体积，m^3；K 为爆破块度分布指数。

$$K = \ln\left(\frac{K_1^{7.42}}{K_2^{1.89}K_3^{4.75}}\right)$$

式中：K_1 为大块率（爆块块度大于 300 mm），%；K_2 为平均合格率，%；K_3 为小块率（爆块块度小于 50 mm），%；其他符号意义同前。

2）岩石爆破性分级表

建立岩石爆破性分级表的目的在于用合理的定量指标对岩石爆破性进行分级，通过模量识别、现场对比，并考虑上述特点，最终制订出岩石爆破性分级表（表 1-45）。

表 1-45　岩石爆破性分级表

级别		爆破性指数 N	爆破性程度	代表性岩石
Ⅰ	$Ⅰ_1$	<29	极易爆	煤、黏土、千枚岩、泥质板岩
	$Ⅰ_2$	29～39		
Ⅱ	$Ⅱ_1$	39～46	易爆	角砾岩、绿泥石片岩、混合岩、砂页岩
	$Ⅱ_2$	46～53		
Ⅲ	$Ⅲ_1$	53～60	中等	混合岩、石灰岩、煌斑岩、大理岩
	$Ⅲ_2$	60～67		
Ⅳ	$Ⅳ_1$	67～74	难爆	采矿岩、石英片岩、磁铁矿、角闪片麻岩、变质闪长岩
	$Ⅳ_2$	74～81		

续表1-45

级别		爆破性指数 N	爆破性程度	代表性岩石
V	V_1	81~88	极难爆	花岗岩、矽卡岩
	V_2	>88		

1.4 深部岩体力学特性

随着社会经济的日益发展，对于地下空间、地下能源的需求逐渐扩大，针对地球浅部空间的建设饱和、能源的枯竭，岩石工程活动逐渐过渡到向深部空间开发、资源的开采。对于进入1000~2000 m的深部开采，由于资源赋存的地质条件复杂、地应力大、地温高、岩体破裂程度与涌水加剧，将会产生如资源开采难度大、作业环境恶化和生产成本急剧增加等一系列问题，这对深部资源开采提出了严峻的挑战。

部分国家对深部的定义见表1-46。还有一部分国家从岩体赋存环境的角度来考虑深部的定义，且提出只有在具有"三高"特性的地质环境中开采才可以称之为深部开采。

表1-46 临界深度定义

深度	英国、波兰	南非、加拿大	中国	其他国家
临界深度/m	750	800	煤矿：800~1500 金属矿：1000~2000	600

1.4.1 深部岩体地应力特性

资源开采进入1000 m深度以后，重力引起的垂直原岩应力及地质构造运动产生的构造应力基本已经超过工程岩体的抗压水平，工程开挖尤其是大规模的开采活动所导致的应力集中水平更是远超工程岩体的抗压水平，如根据南非地应力测定结果，1000~5000 m深度地应力达到50~135 MPa。在高地应力水平下，深部岩体变形高度积聚，动力灾害等安全事故更加频繁。

深部工程岩体强度与特征应力是评价岩体稳定性的重要指标。试验研究发现，岩石的起裂破坏过程通常分为裂纹稳定扩展阶段和非稳定扩展阶段，且划分岩石各阶段的应力即为岩石起裂扩展的特征应力，包括起裂应力、损伤应力和峰值强度。岩石的起裂应力代表了岩石裂纹稳定扩展的开始和弹性变形的结束，并和岩体片帮强度密切相关。损伤应力代表岩石进入了非稳定扩展阶段，岩石的裂纹扩展表现出明显的时间依赖性。因此，损伤应力水平通常被认为是岩石的长期强度。岩石的峰值强度则代表了岩石的极限承载力。一般深部岩体处于真三向高应力状态，深部岩体的起裂扩展需要充分考虑应力状态的影响。

真三轴压缩试验结果表明，考虑中主应力的影响，在恒定最小主应力条件下岩石的强度随中主应力水平的增加呈先增后减的趋势，而且变化特征为非对称变化。广义三轴压缩应力状态($\sigma_3=\sigma_2$)下的峰值强度与广义三轴拉伸应力状态($\sigma_1=\sigma_2$)下的强度表现出较大差异，如

图 1-46 所示。根据真三轴压缩下特征应力的研究，如图 1-47 所示，在中间主应力小于 100 MPa 水平，岩石的起裂发生在最大主应力加载阶段，且随着中主应力水平的增加，岩石起裂应力呈缓慢增加趋势。但随着中主应力水平的继续增加（大于 100 MPa），在中间主应力加载阶段岩石便开始起裂，此时起裂应力水平小于中间主应力水平。同样，岩石损伤应力水平随中主应力的变化规律与岩石的起裂应力水平具有相似性：当中间主应力水平小于 250 MPa 时，岩石的非稳定扩展点发生在最大主应力加载阶段，并随中间主应力的增加而升高；当中间主应力水平较高，岩石破坏接近广义拉伸应力状态（$\sigma_1=\sigma_2$）时，岩石裂隙在中间主应力加载阶段便开始发生非稳定性扩展。所以，中间主应力对裂纹扩展有显著的影响。基于以上特征应力的变化特征，可知中间主应力下强度变化的规律：由于中间主应力增加了微裂缝的有效剪切应力，砂岩的峰值强度得到了提高；但是，在 σ_2 接近 σ_1 的条件下，当中间主应力大于裂纹损伤应力，在较高的差异应力（$\sigma_2-\sigma_3$）情况下，中间主应力对不稳定裂纹扩展起促进作用，会导致峰值强度下降。

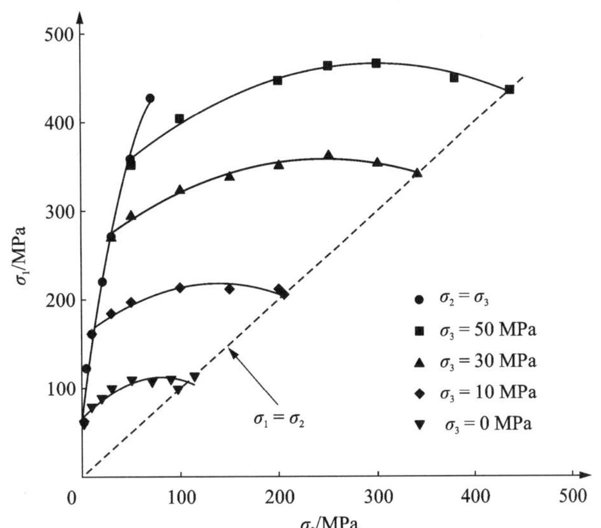

图 1-46　真三轴压缩下砂岩的破坏强度特征

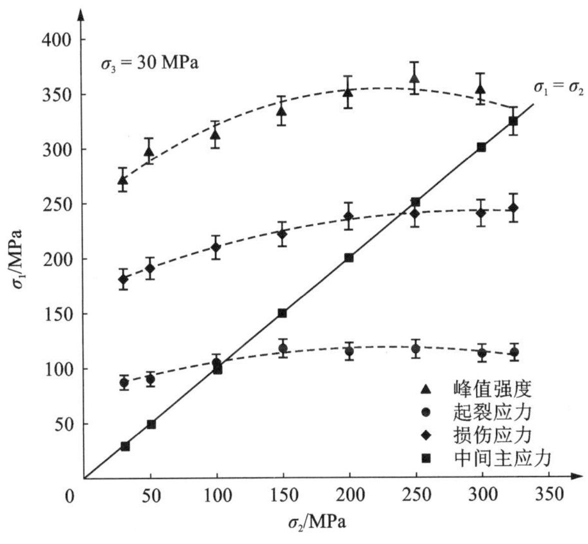

图 1-47　真三轴压缩下岩石的起裂应力、损伤应力、中间主应力及强度变化特征

1.4.2 深部岩体高温高压特点

高地温、高岩溶水压加剧了深部工程灾害频发的可能。深部开采随深度的延伸，其地温梯度一般为30~50℃/km，达到千米深时岩温超过40℃。高地温环境逐渐形成，将对深部岩体的力学特性、变形性质产生显著影响，特别是在高地压和高温下，岩体的流变特性与塑性失稳与常规环境下具有巨大差别，这也是深部灾害发生的重要影响之一。此外，进入深部以后，地应力水平的增加及地温水平的升高将使岩溶水压升高，在深部资源开采埋深大于1000 m时，其岩溶水压将达到10 MPa，高岩溶压力环境同样会影响深部岩体的受力状态，极可能驱动裂隙扩展，导致深井突水事故等重大工程灾害。对东滩煤矿深部巷道底板四段岩体进行的现场原位压水试验表明，东滩煤矿深部巷道底板的厚层泥岩具有低阻弱渗的特点，厚层砂岩和灰岩、泥岩、煤互层具有高阻弱渗的特点，四段岩体在原始状态下的渗透性均较差。

1.4.3 深部岩体变形与破裂特点

深部工程硬岩的变形及最终破坏特征如图1-48所示，深部工程硬岩的变形特征受到应力水平的影响。随着中主应力的增加和最小主应力的减小，深部工程硬岩的脆性变形特征逐渐明显，依次出现弹塑延塑、弹塑延脆、弹塑脆、多阶段和弹脆曲线形态。其中，对于弹塑延塑的曲线形态，深部工程硬岩在变形破裂过程中依次出现弹性、塑性、延性和塑性的变形特征；对于弹塑延脆的曲线形态，深部工程硬岩在变形破裂过程中依次出现弹性、塑性、延性和脆性的变形特征；对于弹塑脆的曲线形态，深部工程硬岩在变形破裂过程中依次出现弹性、塑性和脆性的变形特征；对于多阶段的曲线形态，深部工程硬岩在变形破裂过程中依次出现弹性、塑性、脆性、塑性和脆性的变形特征(可以理解为多阶段的峰后跌落)；对于弹脆的曲线形态，深部工程硬岩在变形破裂过程中依次出现弹性和脆性的变形特征。相应地，弹塑延塑曲线形态的变形特征展现出剪切贯穿的破坏特征；弹塑延脆曲线形态展现出拉剪混合、以剪为主的破坏特征；弹塑脆曲线特征展现出拉剪混合、以拉为主的破坏特征；多阶段曲线特征展现出以拉为主、部分拉剪混合的破坏特征；弹脆曲线形态展现出拉伸劈裂的破坏特征。

如图1-49所示，深部工程硬岩在真三轴压缩条件下破坏的宏观裂纹呈现出局部宏观拉裂纹和局部宏观剪切裂纹交替出现的台阶状形态。锦屏大理岩的宏观裂纹主要由很多竖向裂纹和斜裂纹构成。其中竖向裂纹张开程度较大，通过SEM微观扫描发现，其微观结构多为河流状或台阶状的穿晶裂纹，主要破坏机制以拉裂为主。斜裂纹张开程度较小，断面上有些许岩粉，其微观断面破裂形态具有一定程度的方向性，主要破坏机制以剪切为主。此外，白鹤滩玄武岩和北山花岗岩等其他类型的深部工程硬岩同样也展现出类似的破裂特征。

1.4.4 深部岩体卸荷破坏行为

深部硬岩工程开挖卸荷过程中片帮、板裂、岩爆等高应力脆性破坏问题时有发生。深部围岩开挖卸荷过程处于三向应力状态，忽略中主应力作用难以很好地研究这些高应力脆性破坏现象的特征与机制，而开挖卸荷过程中的开挖卸荷速率以及开挖卸荷时围岩所处的应力状态(卸荷起点)对岩体的强度与破坏模式有着重要影响。为此，以锦屏地下实验室二期工程中脆性破坏最为剧烈的7~8#实验室的大理岩试样为研究对象，利用东北大学自主研发的真三

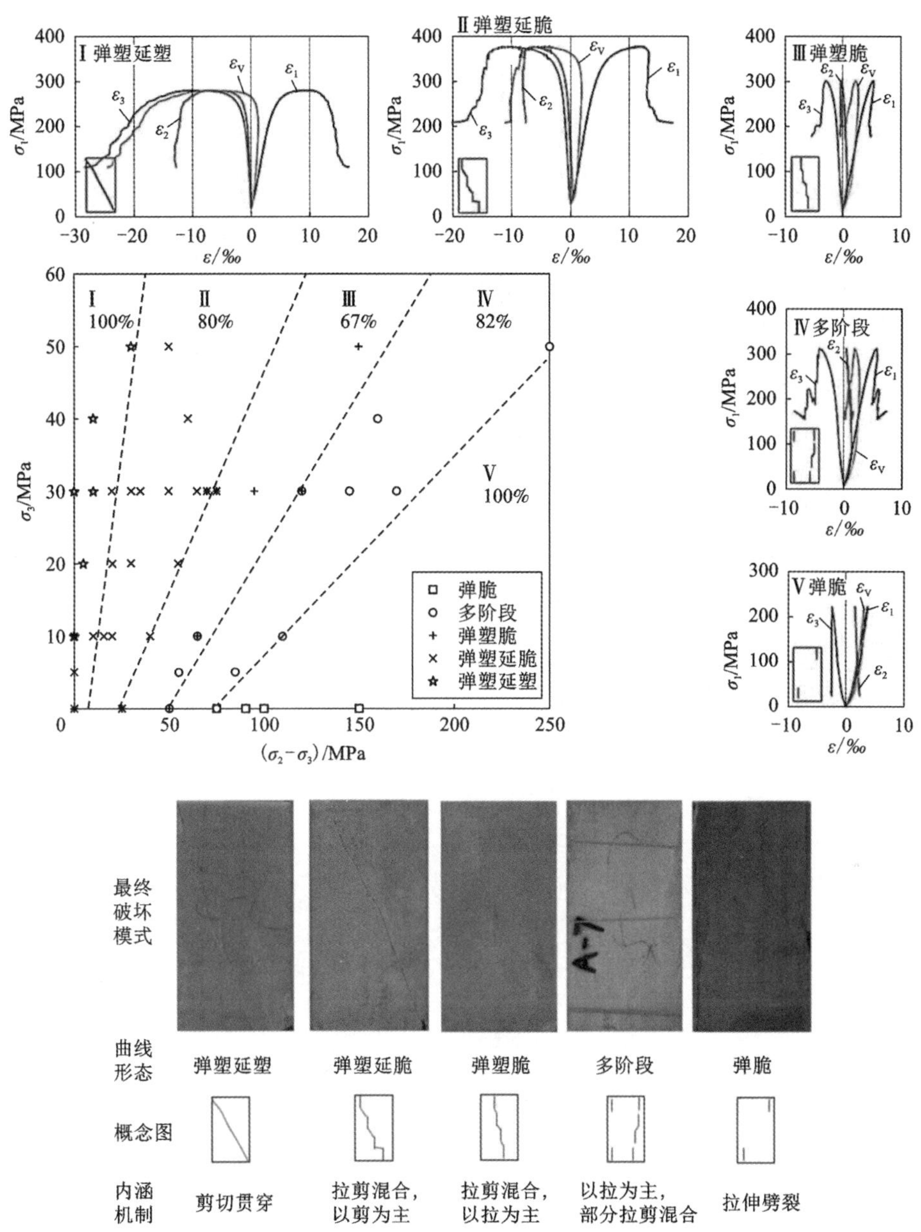

图 1-48　深部工程硬岩的变形及最终破坏特征示意图

轴试验系统对锦屏大理岩开展了不同卸荷起点、不同卸荷速率下恒定最大主应力与中间主应力同时卸荷最小主应力的真三轴卸荷试验研究。

试验分为以下几个过程：

(1) 开展 0.01～0.5 MPa/s 的卸荷速率试验，研究卸荷速率对卸荷过程中的变形、强度以及破坏特征的影响。

(2) 在卸荷试验研究基础上进行不同卸荷速率试验研究，选取试样的变形破坏最为明显

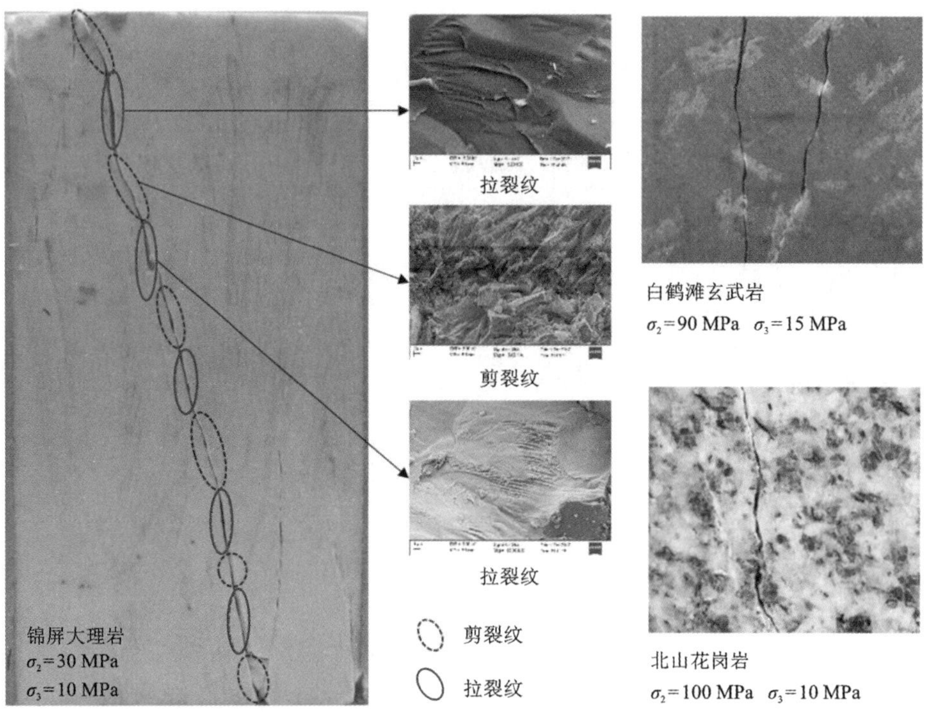

图 1-49 深部工程硬岩的宏观破裂形态

的卸荷速率(0.3 MPa/s)开展卸荷起点试验研究。

卸荷试验路径如图 1-50 所示，(a)表示不同卸荷起点，(b)表示不同卸荷速率。

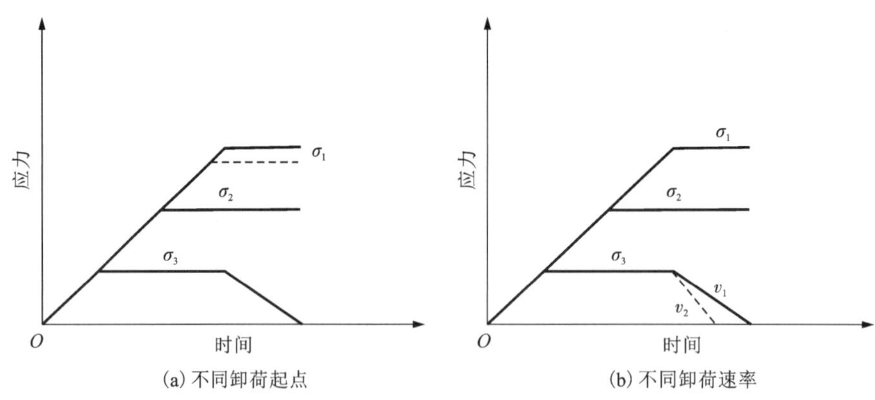

图 1-50 真三轴卸荷应力路径

为了研究卸荷过程对岩石试样强度的影响，还开展了相应的加、卸荷试验研究。加、卸荷试验结果如图 1-51 所示，(a)表示不同卸荷速率下的强度特征与加荷差异，(b)表示不同卸荷起点下的强度特征与加荷差异。分析图 1-51(a)可知，卸荷强度基本大于加荷，且随着卸荷速率的增加，加、卸荷强度差异逐渐增大，这一特征说明常规认识下对岩石试样的极限强度的估计偏保守。从图 1-51(b)中同样可以得到卸荷强度高于加荷这一结论，不同的是，在损伤应力水平以上时，卸荷起点越高，岩石试样的加、卸荷强度差异越小。这一特征说明了卸荷前期的损伤特性对岩石试样的强度影响明显，在进行岩石强度估计时应当予以考虑。岩石卸荷时极限强度特征基本都比加荷高，但是破坏突然且剧烈，如图 1-52 所示，卸荷破坏时的最小主应力越小，试样破坏程度越大。

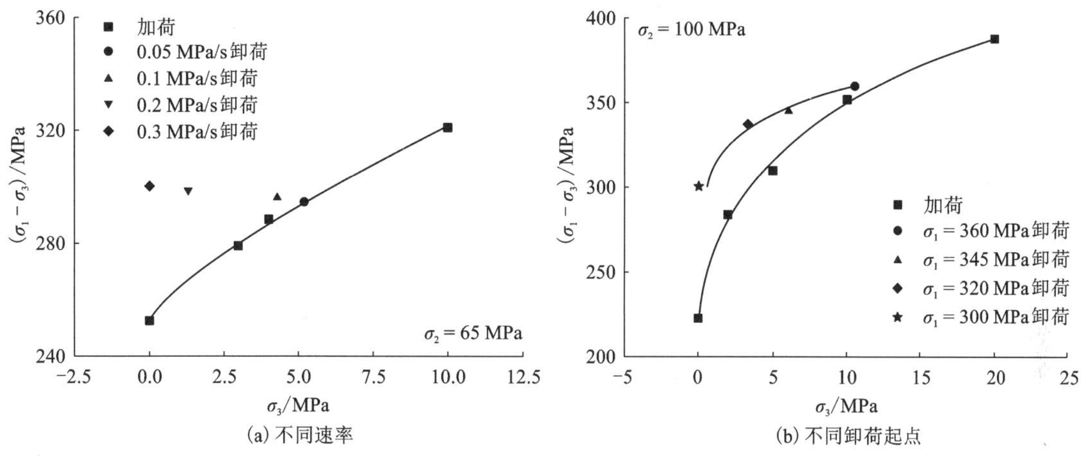

(a) 不同速率　　(b) 不同卸荷起点

图 1-51　真三轴加、卸荷强度特征

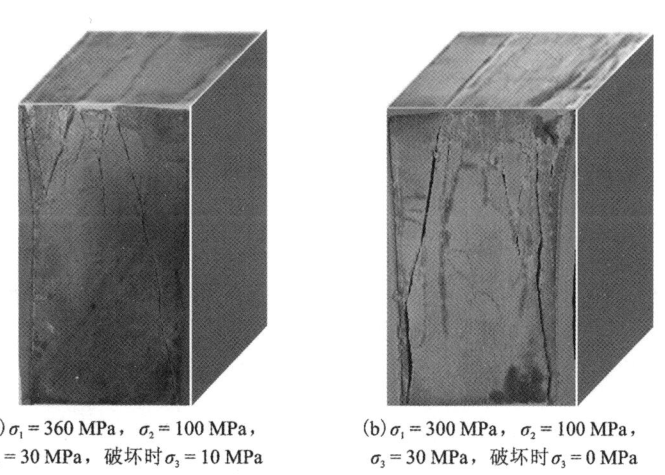

(a) σ_1 = 360 MPa，σ_2 = 100 MPa，σ_3 = 30 MPa，破坏时σ_3 = 10 MPa　　(b) σ_1 = 300 MPa，σ_2 = 100 MPa，σ_3 = 30 MPa，破坏时σ_3 = 0 MPa

图 1-52　真三轴卸荷试验试样破坏模式

1.4.5　深部岩体破裂过程能量演化

岩石的破裂在本质上是其内部能量流动和转化的结果，岩石变形破坏过程中的能量储存、耗散和释放机制与岩石内部的损伤状态和破坏方式密切相关。运用能量理论分析和研究岩石的破裂失稳过程已得到广泛的关注和认可。

真三轴压缩下岩石的总能量计算如图 1-53 所示，对于试验中的任一时刻 t，单位体积岩石在3个主应力方向上的总应变能可表示为：

$$U = \int_0^{\varepsilon_1^t} \sigma_1 \mathrm{d}\varepsilon_1 + \int_0^{\varepsilon_2^t} \sigma_2 \mathrm{d}\varepsilon_2 + \int_0^{\varepsilon_3^t} \sigma_3 \mathrm{d}\varepsilon_3 \tag{1-143}$$

式中：ε_1^t、ε_2^t、ε_3^t 分别为任一时刻 t 单位体积岩石在 σ_1、σ_2、σ_3 方向上的应变。

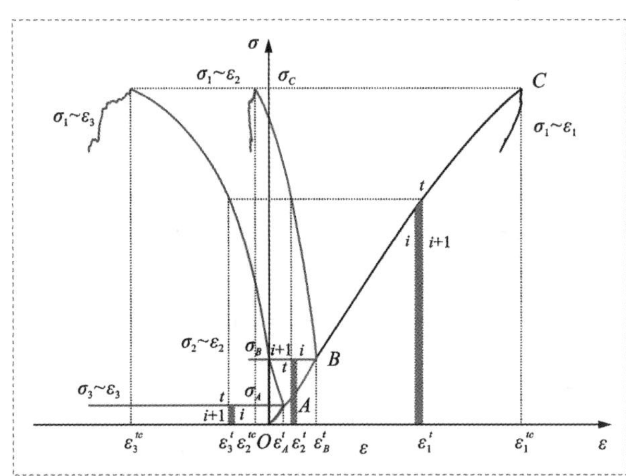

图 1-53 真三轴压缩下总应变能计算方法示意图

岩石在外力作用下发生变形破坏，假设该物理过程与外界没有热交换，那么真三轴压缩下单位体积岩石实际吸收的总应变能 U 等于 σ_1、σ_2、σ_3 方向上的总应变能 U_1、U_2、U_3 之和。同时，总应变能 U 又会转化为弹性应变能 U^e 和耗散应变能 U^d，即

$$U = U^e + U^d \tag{1-144}$$

另外，单位体积岩石的弹性应变能 U^e 的计算方法与总应变能的计算方法相似，其表达式为：

$$U^e = \int_0^{\varepsilon_1^{et}} \sigma_1 \mathrm{d}\varepsilon_1^e + \int_0^{\varepsilon_2^{et}} \sigma_2 \mathrm{d}\varepsilon_2^e + \int_0^{\varepsilon_3^{et}} \sigma_3 \mathrm{d}\varepsilon_3^e \tag{1-145}$$

式中：ε_1^{et}、ε_2^{et} 和 ε_3^{et} 为对应于 σ_1、σ_2 和 σ_3 的任一时刻单位体积岩石的弹性应变。

由于真三轴压缩下岩样的应变在三个主应力方向上并不都是单调增加的，因此，需要分阶段计算单位体积岩石在各主应力方向上的能量分量，结合图 1-53 和图 1-54，其计算过程分为以下几个阶段。

(1)静水压力加载阶段(OA 段)(ε_1^t, ε_2^t, $\varepsilon_3^t \leqslant \varepsilon_A^t$；$\sigma_1$, σ_2, $\sigma_3 \leqslant \sigma_A$)

静水压力加载阶段：岩石在三个主应力方向上同时受力压缩，理论上不存在能量耗散，也就是说 U_1^d、U_2^d、U_3^d的值均为零，单位体积岩石的弹性能计算式为

$$U^e = \frac{1}{2}\sigma_1\varepsilon_1^e + \frac{1}{2}\sigma_2\varepsilon_2^{e_1} + \frac{1}{2}\sigma_A\varepsilon_3^{e_1} = 3 \cdot \frac{1}{2}\sigma_1\varepsilon_1^e = U = 3 \cdot \int_0^{\varepsilon_1^t} \sigma_1 \mathrm{d}\varepsilon_1 \tag{1-146}$$

(2)中间主应力加载阶段(AB 段)($\varepsilon_A^t \leqslant \varepsilon_1^t$, $\varepsilon_2^t \leqslant \varepsilon_B^t$, $\sigma_A \leqslant \sigma_1$, $\sigma_2 \leqslant \sigma_B$)

中间主应力加载阶段：σ_3 保持不变，同时加载 σ_1 和 σ_2 以达到预先设定的 σ_2 水平。此时，在 σ_1 和 σ_2 方向上，岩石继续受力压缩，ε_1 和 ε_2 继续增加，其增量为正值。在 σ_3 方向上，岩样的变形由静水压力加载阶段的压缩状态转变为膨胀状态，ε_3 开始减小，其增量为负

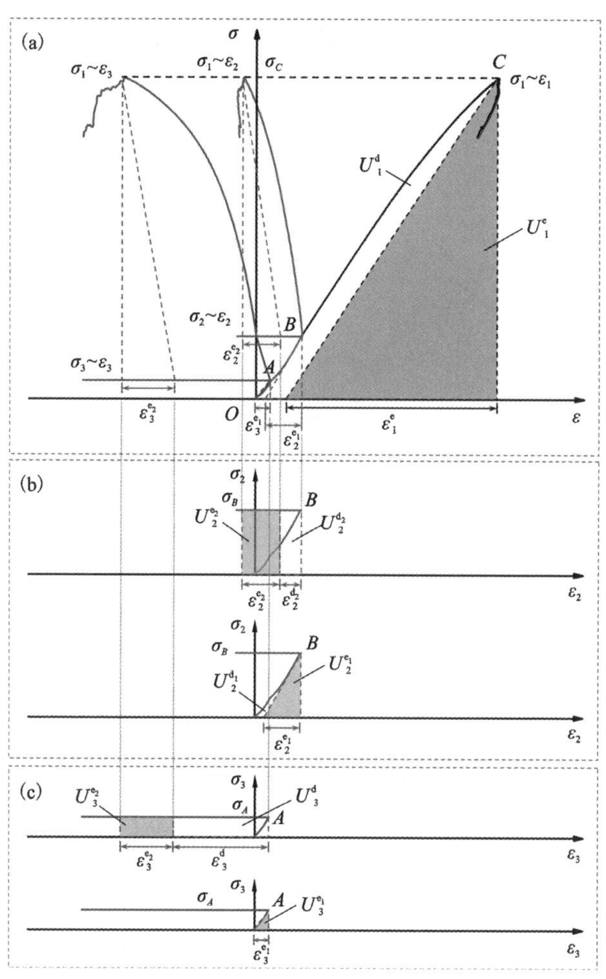

图 1-54　真三轴压缩下弹性应变能和耗散应变能的计算方法示意图

值，单位体积岩石的能量计算式为：

$$U^{e}=\frac{1}{2}\sigma_{1}\varepsilon_{1}^{e}+\frac{1}{2}\sigma_{2}\varepsilon_{2}^{e_1}+\left(\frac{1}{2}\sigma_{A}\varepsilon_{3}^{e_1}+\sigma_{A}\varepsilon_{3}^{e_2}\right) \tag{1-147}$$

式中：ε_1^e 为 σ_1 对应的弹性应变；$\varepsilon_2^{e_1}$ 为 B 点之前 σ_2 对应的弹性应变；$\varepsilon_3^{e_1}$ 和 $\varepsilon_3^{e_2}$ 分别为 A 点之前和 A 点之后 σ_3 对应的弹性应变。

(3)最大主应力加载阶段(BC 段)($\varepsilon_B^t \leqslant \varepsilon_1^t$，$\sigma_B < \sigma_1$)

最大主应力加载阶段：σ_2 和 σ_3 保持不变，加载 σ_1 直至岩样破坏。峰值应力之前，岩样在 σ_1 方向上继续受力压缩，ε_1 继续增大，其增量为正值。同时，在 σ_2 方向上，岩样的变形由中间主应力加载阶段的压缩状态转变为膨胀状态，ε_2 开始减小，其增量为负值。在 σ_3 方向上，岩样继续保持膨胀变形，ε_3 继续减小，其增量为负值，单位体积岩石的能量计算式为：

$$U^{e}=\frac{1}{2}\sigma_{1}\varepsilon_{1}^{e}+\left(\frac{1}{2}\sigma_{B}\varepsilon_{2}^{e_1}+\sigma_{B}\varepsilon_{2}^{e_2}\right)+\left(\frac{1}{2}\sigma_{A}\varepsilon_{3}^{e_1}+\sigma_{A}\varepsilon_{3}^{e_2}\right) \tag{1-148}$$

式中：$\varepsilon_2^{e_2}$ 为 B 点之后 σ_2 对应的弹性应变。

图 1-55 所示为岩石的能量演化过程和岩石声发射的对比图，如图中蓝色曲线所示，北山花岗岩的累计声发射计数率曲线与总耗散应变能曲线的变化趋势十分相似，都可以直观地反映岩石破坏过程中其内部的裂纹扩展和损伤演化过程。可见，真三轴能量方法可以真实有效地反映出岩石破裂与损伤演化的全过程。

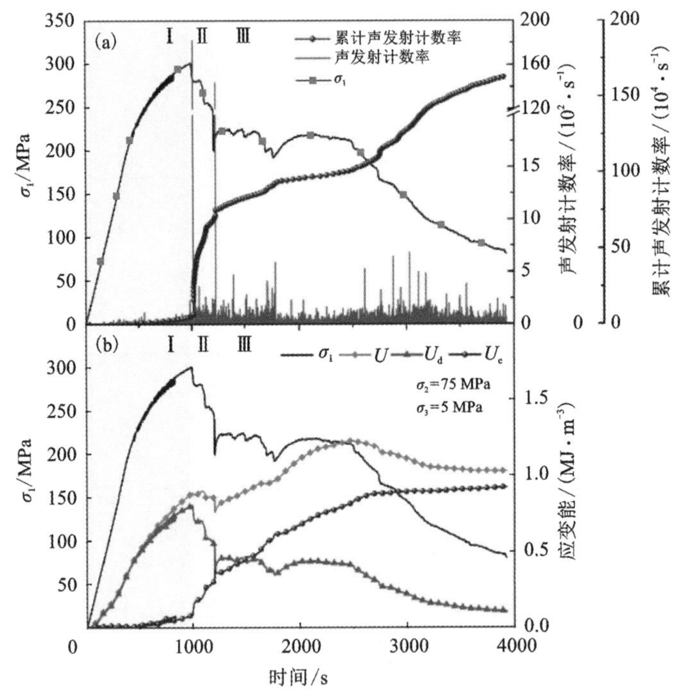

图 1-55 真三轴压缩下岩石应变能与声发射演化全过程

1.4.6 深部岩体破坏后残余变形特点

地下洞室和隧道的开挖，难免会让围岩形成损伤区，该区域进入峰后变形阶段，仍具有一定的承载力。近年来，峰后特性和残余强度的研究取得了较大进展，其对围岩和支护结构设计和维护产生深远影响(Peng et al, 2017 年)。

一般，常规三轴试验中残余强度能较好地符合二维 Mohr-Coulomb 或 Hoek-Brown 强度准则。将常规三轴应力状态($\sigma_3=\sigma_2$)下残余强度采用线性 Mohr-Coulomb 强度准则进行拟合[式(1-149)和式(1-150)]：

$$\sigma_{r0} = a \cdot \sigma_3 + b \tag{1-149}$$

式中：线性比例 a 和截距 b 是与黏聚力 C 和内摩擦角 φ 相关的系数，表达式如下：

$$a = (1 + \sin\varphi)/(1 - \sin\varphi),\ b = (2C\cos\varphi)/(1 - \sin\varphi) \tag{1-150}$$

图 1-56(a)为拟合结果，常规三轴应力状态下残余强度和围压的线性拟合系数 R^2 为 99.8%，很好地符合 Mohr-Coulomb 强度准则。但这是 σ_3 和 σ_2 同步增加(保持 $\sigma_3=\sigma_2$)对残余强度的影响规律。然而，深部地下洞室开挖后，由原岩区到临空面 σ_3 逐渐降低至 0，但 σ_2

的变化与 σ_3 并不同步。目前，独立 σ_3 或 σ_2 对残余强度的影响规律尚不清楚。

(1)最小主应力效应

图 1-56(b)为锦屏大理岩 σ_{r0} 随着 σ_3 的变化。σ_2 保持不变时，将相同 σ_2 下不同 σ_3 的残余强度用线性 Mohr-Coulomb 强度准则进行拟合。拟合结果(表 1-47)表明，相同 σ_2 下 σ_{r0} 与 σ_3 呈现很好的线性关系，不同 σ_2 下的拟合系数 R^2 都在 98.1%以上。σ_2 为 15 MPa、30 MPa、65 MPa 和 100 MPa 时对应线性比例 a 分别为 6.713、6.660、6.139 和 4.571，即随着 σ_2 增加，线性比例减小。这说明不同 σ_2 时，σ_3 变化对残余强度的线性影响程度不同，且 σ_2 能减弱 σ_3 对残余强度的增强效应。

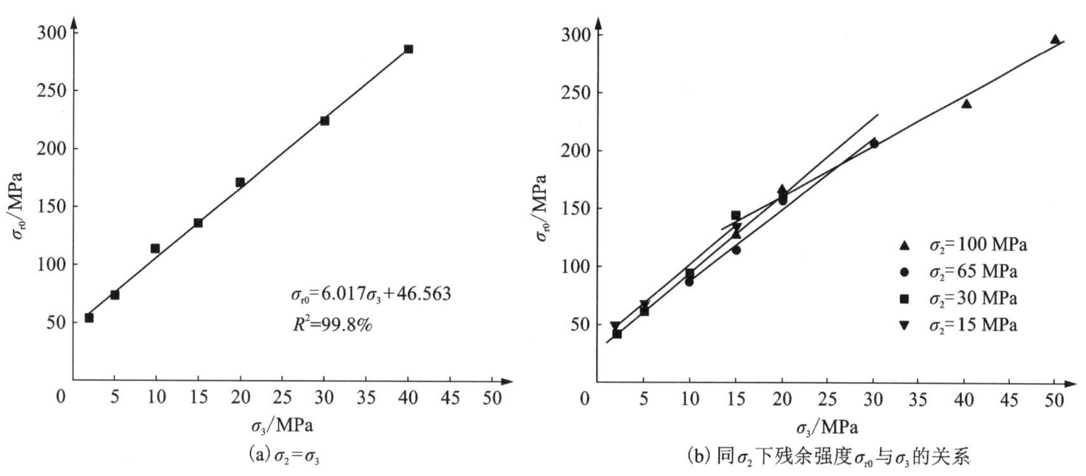

图 1-56　残余强度 σ_{r0} 与 σ_3 的关系

表 1-47　σ_{r0} 和 σ_3 的拟合结果

应力/MPa		a	b	C/MPa	φ/(°)	R^2
$\sigma_2=\sigma_3$		6.017	46.563	9.49	45.64	99.8%
σ_2	15	6.713	34.443	6.65	47.79	99.4%
	30	6.660	30.871	5.98	47.64	98.7%
	65	6.139	26.800	5.41	46.04	98.9%
	100	4.571	65.556	15.33	39.87	98.1%

注：C 为黏聚力；φ 为内摩擦角；R^2 为线性相关系数。

(2)中间主应力效应

为了更好地展示 σ_2 的影响以及便于同常规三轴应力状态比较，定义一个真三轴残余强度增大系数 u_i，见式(1-151)：

$$u_i=(\sigma_{rij}-\sigma_{ric})/\sigma_{ric} \tag{1-151}$$

式中：σ_{ric} 和 σ_{rij} 分别为常规三轴应力状态下残余强度和真三轴应力状态下同 σ_3 不同 σ_2 的残余强度。对于前者保持 $u_i=0$。

如图 1-57(a)所示，σ_3 较高时(σ_3>10 MPa)，随着 σ_2 增加，残余强度增大系数 u_i 先从 0 明显减小至低值，然后增加至 0 附近趋于稳定。低 σ_3($\sigma_3 \leqslant$10 MPa)时，u_i 随 σ_2 的增加而降低。σ_3 为 2 MPa、5 MPa、10 MPa、15 MPa、20 MPa、30 MPa 和 40 MPa 时，u_i 的最低值分别为-0.178、-0.163、-0.147、-0.152、-0.174、-0.136 和-0.157。

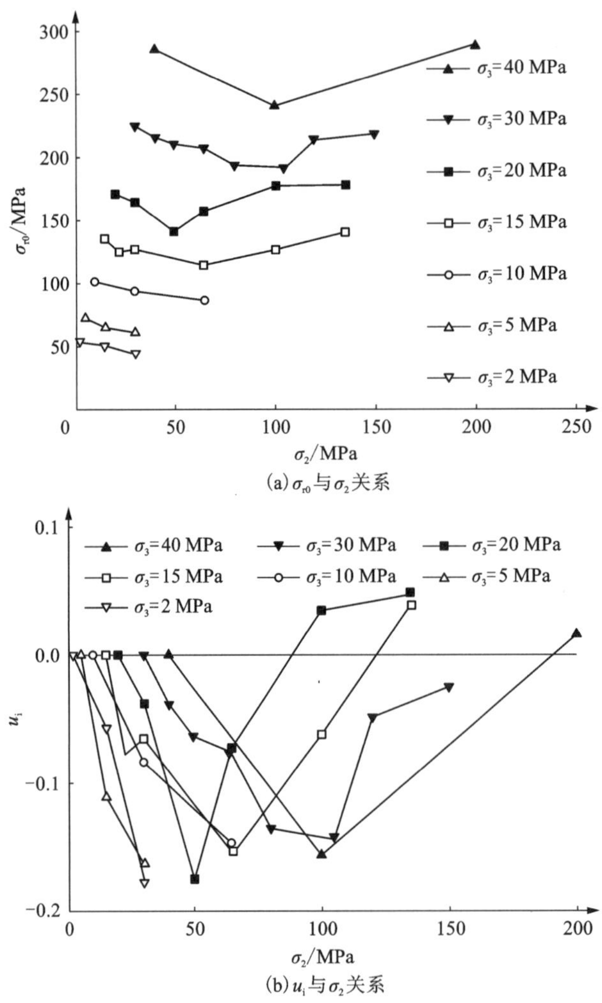

图 1-57 残余强度的 σ_2 效应

因此，残余强度的 σ_3 效应非常明显，σ_2 效应也较为显著。σ_2 相同时，残余强度随着 σ_3 的增加而增加。同 σ_3 且 σ_3 值较大时，残余强度随 σ_2 整体呈先减小后增加的趋势；同 σ_3 且 σ_3 较低时，残余强度随 σ_2 整体呈逐渐减小趋势。常规三轴应力状态残余强度一般高于真三轴状态，同 σ_3 不同 σ_2 的残余强度增大系数最大值的取值为 13.6%~17.8%。残余强度中主应力效应在工程中应给予考虑，否则会因高估其大小而增加工程不安全因素。

1.4.7　深部硬岩的非膨胀变形特征

针对深部高脆性硬岩的破裂特征进行研究，发现某些硬岩存在非膨胀变形特征。岩石的非膨胀变形指峰值前一直处于压缩状态，岩样体积几乎不会表现出膨胀变形特征。研究发现，非膨胀岩石几乎没有微裂隙压密段，应力-应变曲线呈明显线-弹-脆性特征；体积应变曲线峰前段几乎呈线性，见图 1-58；光学显微镜下非膨胀硬岩主裂纹附近的显微结构显示（图 1-59），主裂纹附近并没有沿最大主应力方向的微裂纹聚集，主裂纹附近岩石结构完好。

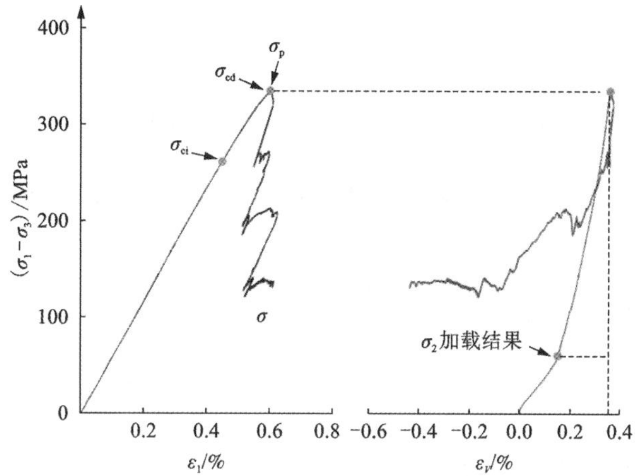

图 1-58　非膨胀硬岩典型轴向应力-应变和体积变形曲线

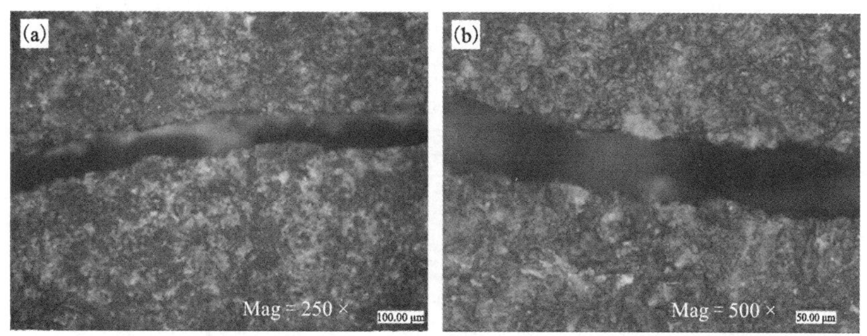

图 1-59　光学显微镜下非膨胀硬岩主裂纹附近的显微结构

研究发现，深部硬岩的非膨胀变形与特征应力有关，见图 1-60。损伤应力和峰值强度近乎相等是非膨胀变形的直接原因；起裂应力阈值高是非膨胀变形的间接原因。非膨胀硬岩的起裂应力与峰值强度的比值大，表明其抵抗变形的能力强；损伤应力与峰值强度的比值大，表明非膨胀变形能力强。

非膨胀硬岩特征应力与峰值强度之间的关系如下：

$$\sigma_{ci} = (0.6 \sim 0.8)\sigma_p$$
$$\sigma_{cd} = (0.9 \sim 1.0)\sigma_p \tag{1-152}$$

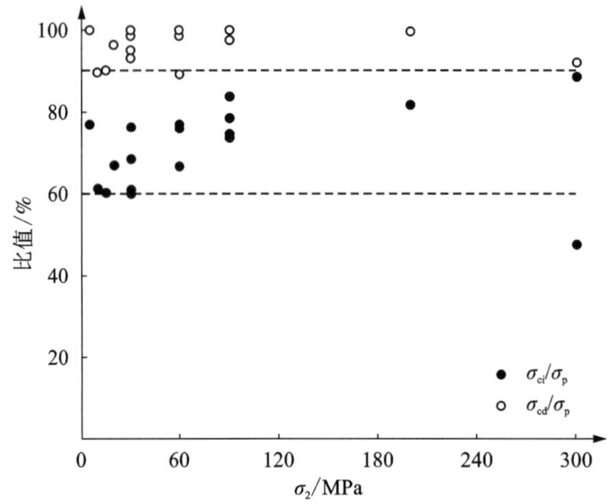

图 1-60 真三轴压缩下，某深部硬岩的特征应力与峰值强度之间的比值关系

1.4.8 深部岩体时效破裂行为

真三轴应力条件下，岩石蠕变过程应变-时间曲线出现了明显的衰减蠕变(primary creep)、稳态蠕变(secondary creep)和加速蠕变(tertiary creep)三个阶段(图 1-61)。衰减蠕变阶段，岩样蠕变速率逐渐降低，当蠕变速率趋于恒定时，岩样进入稳态蠕变阶段。稳态蠕变阶段，岩石内部时效裂纹逐渐累积，当裂纹密度达到一定程度时，相邻裂纹贯穿，岩样蠕变速率加速增加，最终发生脆性破坏。

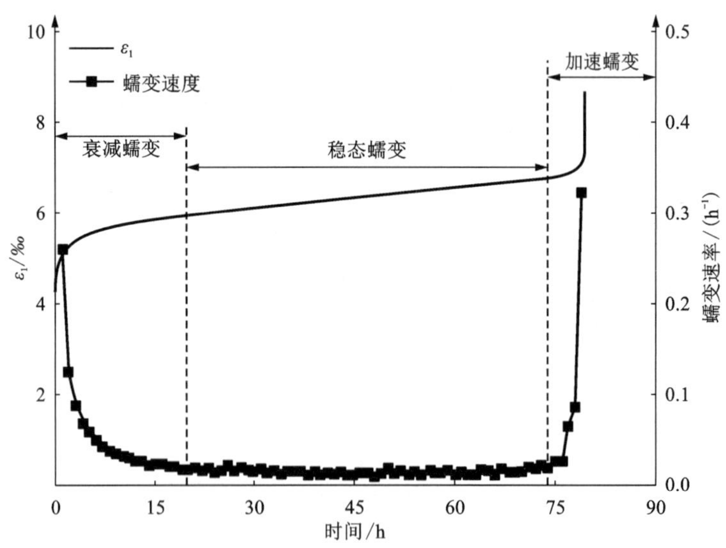

图 1-61 岩石真三轴蠕变试验过程衰减蠕变、稳态蠕变和加速蠕变三个阶段

图 1-62 所示为不同中间主应力条件下，岩石应变-时间和应力-应变曲线。在应力水平较低时，特别是低于损伤强度时，岩石内部的原有裂纹的闭合、晶格缺陷的扩散以及颗粒之

间变形协调等局部结构进行调整。随着时间的推移，岩石变形量逐渐增大并趋于稳定，之后几乎不再增加，此后，岩石内部基本没有新的损伤出现，时效变形过程只形成衰减蠕变。而在应力高于损伤强度时，在这种高应力的持续作用下，岩石内部的细观微裂纹在时效过程中产生和发展，裂纹尖端随着时间而逐渐前移，裂纹宽度增加，导致岩石变形增加，开始出现由裂纹引起的体积扩容，但由于这种裂纹开裂扩展是稳定进行的，在宏观上则表现为蠕变速率不变，即岩石呈现稳态蠕变阶段。随着时间的推移，当裂纹密度达到一定量时，相邻裂纹扩展连通，并逐渐形成主裂缝持续发展，裂隙体积扩容加剧，蠕变速率增大，岩石变形加速发展，即岩石出现加速蠕变阶段，岩石最终由于裂纹的时效扩展而被破坏。另外，还可发现：随着中间主应力的增加，岩石多级蠕变加载过程发生破坏时的强度增加；岩石时效变形特征随着中间主应力的增加而逐渐减小。而且，当 $\sigma_3=\sigma_2$ 时，随着 σ_1 的增加，岩石在 σ_2 方向和 σ_3 方向变形曲线差异性较小。随着中间主应力的增加，岩石在 σ_3 方向的变形明显大于在 σ_2 方向的变形。而且这种变形的差异性随着 $\sigma_2-\sigma_3$ 值的增加而逐渐增大，使得 σ_2 方向的变形在岩样发生破坏前始终处于压缩状态。

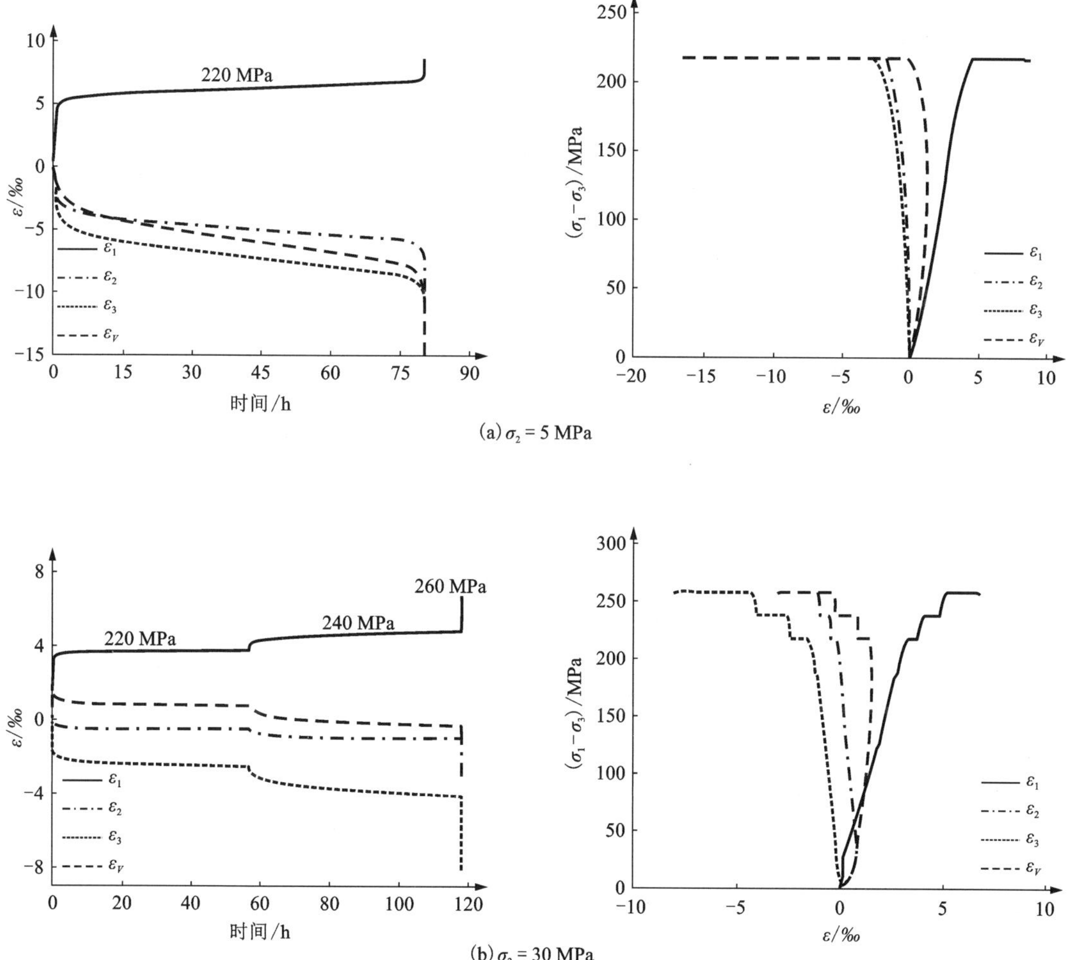

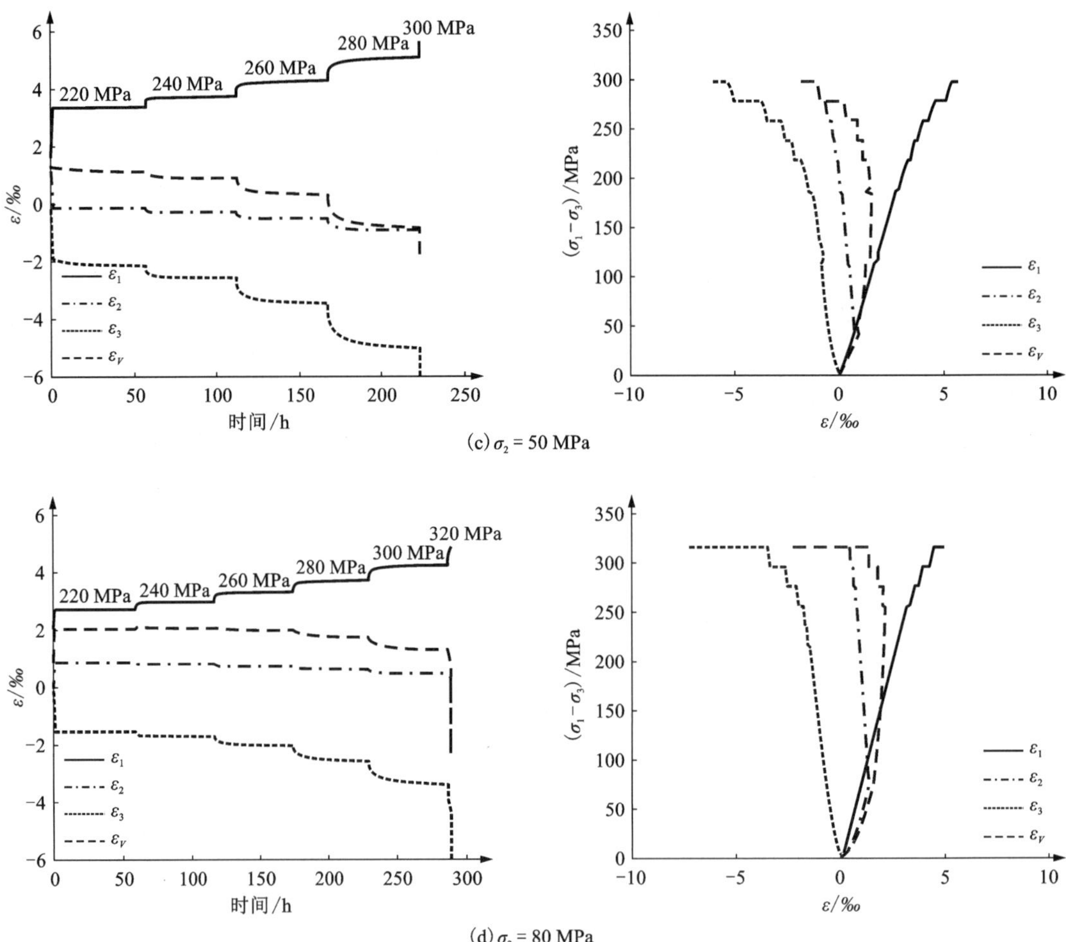

(c) σ_2 = 50 MPa

(d) σ_2 = 80 MPa

图 1-62 真三轴压缩蠕变试验过程，应变-时间曲线及应力-应变曲线(Zhao et al.，2018 年)

参考文献

[1] 孔宪立. 工程地质学[M]. 北京：中国建筑工业出版社，1997.

[2] 周辉，张凯，冯夏庭，等. 脆性大理岩弹塑性耦合力学模型研究[J]. 岩石力学与工程学报，2010，29(12)：2398-2409.

[3] 黄书岭，冯夏庭，张传庆. 脆性岩石广义多轴应变能强度准则及试验验证[J]. 岩石力学与工程学报，2008，27(1)：124-134.

[4] MARTIN C D. The strength of massive Lac du Bonnet granite around underground openings[M]. Canada：Department of Civil and Geological Engineering，University of Manitoba，1994.

[5] 邱士利，冯夏庭，张传庆，等. 均质各向同性硬岩统一应变能强度准则的建立及验证[J]. 岩石力学与工程学报，2013，32(4)：714-727.

[6] YU M H. Advances in strength theories for materials under complex stress state in the 20th Century[J]. Applied Mechanics Reviews，2002，55(3)：169-218.

[7] LUBARDA V A, MASTILOVIC S, KNAP J. Brittle-ductile transition in porous rocks by cap model[J]. Journal of Engineering Mechanics, 1996, 122(7): 633-642.

[8] HADJIGEORGIOU J, GHANMI A, PARASZCZAK J. 3-D numerical modelling of radial-axial rock splitting [J]. Geotechnical and Geological Engineering, 1998, 16: 45-57.

[9] PRIEST S D. Determination of shear strength and three-dimensional yield strength for the hoek-brown criterion [J]. Rock Mechanics and Rock Engineering, 2005, 38(4): 299-327.

[10] 高红，郑颖人，冯夏庭. 岩土材料能量屈服准则研究[J]. 岩石力学与工程学报，2007，26(12): 2437-2443.

[11] 谢和平，鞠杨，黎立云. 基于能量耗散与释放原理的岩石强度与整体破坏准则[J]. 岩石力学与工程学报，2005，24(17): 3003-3010.

[12] 陈景涛，冯夏庭. 高地应力下硬岩的本构模型研究[J]. 岩土力学，2007，28(11): 2271-2278.

[13] GHAZVINIAN A H, FATHI A, MORADIAN Z A. Failure behavior of marlstone under triaxial compression [J]. International Journal of Rock Mechanics and Mining Sciences, 2008, 45(5): 807-814.

[14] 郑颖人，沈珠江，龚晓南. 岩土塑性力学原理[M]. 北京：中国建筑工业出版社，2002.

[15] ZHANG L Y, ZHU H H. Three-dimensional hoek-brown strength criterion for rocks [J]. Journal of Geotechnical and Geoenvironmental Engineering, 2007, 133(9): 1128-1135.

[16] ZHANG L. A generalized three-dimensional Hoek-Brown strength criterion[J]. Rock Mechanics and Rock Engineering, 2008, 41(6): 893-915.

[17] YOU M Q. True-triaxial strength criteria for rock[J]. International Journal of Rock Mechanics and Mining Sciences, 2009, 46(1): 115-127.

[18] ZHOU S H. A program to model the initial shape and extent of borehole breakout [J]. Computers & Geosciences, 1994, 20(7/8): 1143-1160.

[19] DESAI C S, FARUQUE M O. Constitutive model for (geological) materials [J]. Journal of Engineering Mechanics, 1984, 110(9): 1391-1408.

[20] 路德春，江强，姚仰平. 广义非线性强度理论在岩石材料中的应用[J]. 力学学报，2005，37(6): 729-736.

[21] DE BOER R. On plastic deformation of soils[J]. International Journal of Plasticity, 1988, 4(4): 371-391.

[22] EHLERS W. A single-surface yield function for geomaterials[J]. Archive of Applied Mechanics, 1995, 65 (4): 246-259.

[23] KRENK S. Family of invariant stress surfaces [J]. Journal of Engineering Mechanics, 1996, 122 (3): 201-208.

[24] Shen Z J. Development of constitutive modeling of geological materials[J]. Rock SoilMech, 1989, 10(2): 3-13.

[25] HOEK E. 实用岩石工程技术[M]. 刘丰收，崔志芳，王学潮，等译，郑州：黄河水利出版社，2002.

[26] HOEK E, BROWN E T . Practical estimates of rock mass strength[J]. International Journal of Rock Mechanics and Mining Sciences, 1997, 34(8): 1165-1186.

[27] SONMEZ H, ULUSAY R. Modifications to the geological strength index (GSI) and their applicability to stability of slopes[J]. International Journal of Rock Mechanics and Mining Sciences, 1999, 36(6): 743-760.

[28] HOEK E, BROWN E T. Empirical strength criterion for rock masses [J]. Journal of the Geotechnical Engineering Division, 1980, 106(9): 1013-1035.

[29] PAN X, HUDSON J A. Empirical simplified three dimensional Hoek-Brown yield criterion[J]. ROMANA Rock Mechanicsand Power Plant, 1988, 33(2): 95-103.

[30] 刘宝琛，张家生，杜奇中，等. 岩石抗压强度的尺寸效应[J]. 岩石力学与工程学报，1998，17(6): 611-

614.
[31] LANKFORD J. The role of tensile microfracture in the strain rate dependence of compressive strenght of fine-grained limestone—analogy with strong ceramics[J]. International Journal of Rock Mechanics and Mining Sciences & Geomechanics Abstracts, 1981, 18(2): 173-175.
[32] OLSSON W A. The compressive strength of tuff as a function of strain rate from 10-6 to 103/sec[J]. International Journal of Rock Mechanics and Mining Sciences & Geomechanics Abstracts, 1991, 28(1): 115-118.
[33] MASUDA K, MIZUTANI H, YAMADA I. Experimental study of strain-rate dependence and pressure dependence of failure properties of granite[J]. Journal of Physics of the Earth, 1987, 35(1): 37-66.
[34] ZHAO J. Applicability of Mohr-Coulomb and Hoek-Brown strength criteria to the dynamic strength of brittle rock[J]. International Journal of Rock Mechanics and Mining Sciences, 2000, 37(7): 1115-1121.
[35] LI X B, LOK T S, ZHAO J. Dynamic characteristics of granite subjected to intermediate loading rate[J]. Rock Mechanics and Rock Engineering, 2005, 38(1): 21-39.
[36] LANDES M, RITTER J R R, WEDEKEN U. Weighing earthquake waves[J]. Measurement, 2009, 42(1): 13-17.
[37] 冯夏庭, 陈炳瑞, 张传庆, 等. 岩爆孕育过程的机制、预警与动态调控[J]. 北京: 科学出版社, 2013.
[38] 孙钧, 潘鼎元. 岩石动力学及其工程应用[C].//岩石力学新进展. 1989.
[39] BARTON N, LIEN R, LUNDE J. Engineering classification of rock masses for the design of tunnel support[J]. Rock Mechanics, 1974, 6(4): 189-236.
[40] BIENIAWSKI Z T. Engineering rock mass classifications: a complete manual for engineers and geologists in mining, civil and petroleum engineering[M]. New York: Wiley-Interscience, 1989.
[41] PALMSTRØM A. Characterizing rock masses by the RMi for use in practical rock engineering: part 1: the development of the Rock Mass index (RMi)[J]. Tunnelling and Underground Space Technology, 1996, 11(2): 175-188.
[42] 于景良, 王德福, 孙鼎俊. 全景式孔内彩色电视系统的研制及其应用[J]. 大坝观测与土工测试, 1996(4): 30-32, 38.
[43] 王川婴, 葛修润, 白世伟. 数字式全景钻孔摄像系统研究[J]. 岩石力学与工程学报, 2002, 21(3): 398-403.
[44] STURZENEGGER M, STEAD D. Close-range terrestrial digital photogrammetry and terrestrial laser scanning for discontinuity characterization on rock cuts[J]. Engineering Geology, 2009, 106(3/4): 163-182.
[45] 王振东. 浅层地质勘探应用技术[M]. 北京: 地质出版社, 2004.
[46] KRATZ M, AULIA A, HILL A. Identifying fault activation in shale reservoirs using microseismic monitoring during hydraulic stimulation: source mechanisms, b values, and energy release rates[J]. CSEG Recorder, 2012, 37(June): 20-29.
[47] BRACE W F, PAULDING B W Jr, SCHOLZ C. Dilatancy in the fracture of crystalline rocks[J]. Journal of Geophysical Research Atmospheres, 1966, 71(16): 3939-3953.
[48] BIENIAWSKI Z T. Mechanism of brittle fracture of rock: part II—experimental studies[J]. International Journal of Rock Mechanics and Mining Sciences & Geomechanics Abstracts, 1967, 4(4): 407-423.
[49] LAJTAI E Z, LAJTAI V N. The evolution of brittle fracture in rocks[J]. Journal of the Geological Society, 1974, 130(1): 1-16.
[50] MARTIN C D, CHANDLER N A. The progressive fracture of Lac du Bonnet granite[J]. International Journal of Rock Mechanics and Mining Sciences & Geomechanics Abstracts, 1994, 31(6): 643-659.
[51] MARTIN C D, CHRISTIANSSON R. Estimating the potential for spalling around a deep nuclear waste

repository in crystalline rock[J]. International Journal of Rock Mechanics and Mining Sciences, 2009, 46(2): 219-228.

[52] DIEDERICHS M S. The 2003 Canadian Geotechnical Colloquium: Mechanistic interpretation and practical application of damage and spalling prediction criteria for deep tunnelling[J]. Canadian Geotechnical Journal, 2007, 44(9): 1082-1116.

[53] FENG X T, KONG R, ZHANG X W, et al. Experimental study of failure differences in hard rock under true triaxial compression[J]. Rock Mechanics and Rock Engineering, 2019, 52(7): 2109-2122.

[54] KONG R, FENG X T, ZHANG X W, et al. Study on crack initiation and damage stress in sandstone under true triaxial compression[J]. International Journal of Rock Mechanics and Mining Sciences, 2018, 106: 117-123.

[55] ZHAO J, FENG X T, ZHANG X W, et al. Time-dependent behaviour and modeling of Jinping marble under true triaxial compression[J]. International Journal of Rock Mechanics and Mining Sciences, 2018, 110: 218-230.

[56] KONG D H, SAROGLOU C, WU F Q, et al. Development and application of UAV-SfM photogrammetry for quantitative characterization of rock mass discontinuities[J]. International Journal of Rock Mechanics and Mining Sciences, 2021, 141: 104729.

[57] 梁玉飞，裴向军，崔圣华，等. 基于地面三维激光点云的滑坡破坏边界岩体结构特征分析[J]. 岩石力学与工程学报，2021，40(6)：1209-1225.

第 2 章

矿山岩体力学分析方法

2.1 岩体分级

对工程岩体分级的目的是根据少量简易的地质勘察和岩石力学试验就能确定岩体级别，从而做出岩体稳定性评价，给出相应的物理力学参数，为工程建设的勘察、设计、施工和编制定额提供必要的基本依据。

2.1.1 BQ 分级

《工程岩体分级标准》(GB/T 50218—2014)(以下简称《国标》)首先选取岩体的坚硬程度和岩体的完整程度这两个能反映岩体基本属性的独立因素作为评价岩体基本质量的分级因素，平行建立定性和定量评价体系。

(1)岩体基本质量指标(BQ)

岩体基本质量指标(BQ)按下式计算：

$$BQ = 100 + 3\sigma_c + 250K_v \tag{2-1}$$

式中：BQ 为岩体基本质量指标；σ_c 为岩石单轴饱和抗压强度，MPa；K_v 为岩体完整性指数值，由式(2-2)获得。

$$K_v = \frac{V_{pm}^2}{V_{pr}^2} \tag{2-2}$$

式中：V_{pm} 为岩体的纵波波速，由现场测得；V_{pr} 为岩石的纵波波速，由标准试件测得。如岩体纵波波速缺失时，可利用岩体体积裂隙数(J_v)查表 2-1 确定。

表 2-1　岩体体积裂隙数与完整性指数关系

J_v/(条·m^{-3})	<3	3~10	10~20	20~35	>35
K_v	>0.75	0.55~0.75	0.25~0.55	0.15~0.35	<0.15
完整程度	完整	较完整	较破碎	破碎	极破碎

特别地，式(2-1)遵守下列限制条件：

当 $\sigma_c>90K_v+30$ 时，应以 $\sigma_c=90K_v+30$ 和 K_v 代入式(2-1)计算 BQ 值。

当 $K_v>0.04\sigma_c+0.4$ 时，应以 $K_v=0.04\sigma_c+0.4$ 和 σ_c 代入式(2-1)计算 BQ 值。

根据岩体基本质量指标，将岩体质量分为 5 级，见表 2-2。

表 2-2　岩体质量分级

基本质量级别	岩体质量的定性特征	岩体基本质量指标(BQ)
Ⅰ	坚硬岩，岩体完整	>550
Ⅱ	坚硬岩，岩体较完整； 较坚硬岩，岩体完整	451~550
Ⅲ	坚硬岩，岩体较破碎； 较坚硬岩或软、硬岩互层，岩体比较完整； 较软岩，岩体完整	351~450
Ⅳ	坚硬岩，岩体破碎； 较坚硬岩，岩体较破碎—破碎； 较软岩或软、硬岩互层，且以软岩为主，岩体较完整—较破碎； 软岩，岩体完整—较完整	251~350
Ⅴ	较软岩，岩体破碎； 软岩，岩体较破碎—破碎； 全部极软岩及全部极破碎岩	≤250

(2)岩体基本质量指标的修正

岩体基本质量指标的确定只考虑了岩体的坚硬程度和完整性两个重要因素。此外，地下水、软弱结构面的产状和原岩应力状态等因素对岩体质量的影响通常是不容忽视的，这几个因素对岩体质量的影响，可以修正为：

$$[BQ] = BQ - 100(K_1 + K_2 + K_3) \tag{2-3}$$

式中：[BQ]为岩体基本质量指标修正值；BQ 为岩体基本质量指标；K_1 为地下水影响修正系数；K_2 为主要软弱结构面产状影响修正系数；K_3 为原岩应力状态影响修正系数。

K_1、K_2、K_3 的值分别由表 2-3、表 2-4、表 2-5 查出；若表中没有所列的地质条件，修正系数应该取零。由式(2-1)计算出岩体基本质量指标，再通过式(2-3)修正，最后根据岩体基本质量指标修正值确定岩体质量等级。

表 2-3　地下水影响修正系数 K_1

地下水出水状态	BQ				
	>550	451~550	351~450	251~350	≤250
潮湿或点滴状出水，裂隙水压≤0.1 MPa 或每 10 m 洞长出水量≤25(L/min·10 m)	0	0	0~0.1	0.2~0.3	0.4~0.6
淋雨状或线流状出水，0.1 MPa<裂隙水压≤0.5 MPa 或 25(L/min·10 m)<每 10 m 洞长出水量≤125(L/min·10 m)	0~0.1	0.1~0.2	0.2~0.3	0.4~0.6	0.7~0.9

续表2-3

地下水出水状态	BQ				
	>550	451~550	351~450	251~350	≤250
涌流状出水，裂隙水压>0.5 MPa或每10 m洞长出水量>125(L/min·10 m)	0.1~0.2	0.2~0.3	0.4~0.6	0.7~0.9	1

表 2-4 主要软弱结构面产状影响修正系数 K_2

结构面产状及其与洞轴线的组合关系	结构面走向与洞轴线夹角小于30°，结构面倾角为30°~75°	结构面走向与洞轴线夹角大于60°，结构面倾角大于75°	其他组合
K_2	0.4~0.6	0~0.2	0.2~0.4

表 2-5 原岩应力状态影响修正系数 K_3

初始应力状态	>550	451~550	351~450	251~350	<250
强度应力比<4	1	1	1~1.5	1~1.5	1
4≤强度应力比≤7	0.5	0.5	0.5	0.5~1.0	0.5~1.0

2.1.2 Q分级系统

基于工程建设经验，Barton等于1974年提出了著名的围岩Q分级系统，该系统引入了六个参数因子，即岩石质量指标RQD、结构面组数影响系数 J_n、结构面蚀变影响系数 J_a、应力折减系数SRF、结构面粗糙度影响系数 J_r、地下水的影响系数 J_w。按式(2-4)计算工程岩体质量Q值，其范围为0.001~1000。Q分级系统中，RQD/J_n 表征岩体几何特征，该值越高表示岩体完整性越高，即“几何质量”越高；J_r/J_a 关联岩体结构面剪切强度，该值越高表示其“力学质量”越高；J_w/SRF代表岩体所处的环境因素，主要体现地下水和应力水平对围岩质量的影响。

$$Q=\frac{\mathrm{RQD}}{J_n}\times\frac{J_r}{J_a}\times\frac{J_w}{\mathrm{SRF}} \tag{2-4}$$

其中，Q分级系统岩体的质量指标RQD选用坚固完整的、长度等于或大于10 cm的岩芯总长度与钻孔长度之比，并用百分数表示：

$$\mathrm{RQD}=\frac{\sum_{i=1}^{n} l_i(\geqslant 10\ \mathrm{cm})}{L}\times 100\% \tag{2-5}$$

式中：l_i 为第 i 段岩芯的长度；L 为钻孔长度。

结构面组数影响系数 J_n、结构面蚀变影响系数 J_a、应力折减系数SRF、结构面粗糙度影响系数 J_r、地下水的影响系数 J_w 等参数分别按表2-6~表2-10选取。

表 2-6　结构面组数影响系数 J_n

结构面组数	块状岩体	一组结构面	一组结构面且含随机节理	二组结构面	二组结构面且含随机节理	三组结构面	三组结构面且含随机节理	含四组及以上结构面，含随机切割严重的节理，糖块状等	碎裂岩体
J_n 取值	0.5~1	2	3	4	6	9	12	15	20

注：①巷道交岔口取 $3\times J_n$；②入口处取 $2\times J_n$。

表 2-7　结构面蚀变影响系数 J_a

结构面接触状态及蚀变情况		残余摩擦角/(°)	J_a 取值
(a)结构面岩壁接触(无矿物充填，或只有薄层矿物覆盖)	A 紧密闭合，坚硬，不软化，不透水的填充物(如石英)	—	0.75
	B 岩壁未蚀变，仅表面有斑染	25~35	1
	C 岩壁轻微蚀变，无软化矿物覆盖，砂质颗粒、不含黏土的非完整岩体	25~30	2
	D 粉质或砂质黏土覆盖，有少量黏土成分(非软化)	20~25	3
	E 软化或低摩擦的黏土矿物覆盖(如高岭石、云母、亚硝酸盐、滑石、石膏、石墨、少量膨胀性黏土等)	8~16	4
(b)剪切 10 cm 前结构面岩壁接触(薄层矿物充填)	F 砂质颗粒、不含黏土的非完整岩体等	25~30	4
	G 强超固结的、非软化黏土矿物充填(连续的，但厚度小于 5 mm)	16~24	6
	H 中等或轻微超固结的、软化黏土充填(连续的，但厚度小于 5 mm)	8~12	8
	J 膨胀性黏土(如蒙脱石)充填(连续的，但厚度小于 5 mm)；J_a 取值取决于膨胀性矿物含量和含水率等	6~12	8~12
(c)剪切时岩壁不接触(厚层矿物充填)	K、L、M 切带含不完整或破碎岩石、黏土(黏土描述参见 G、H、J)	6~24	6，8 或 8~12
	N 剪切带含粉质或砂质黏土、少量黏土成分(非软化)	—	5
	O、P、R 厚层、连续剪切带含黏土(黏土描述参见 G、H、J)	6~24	10，13 或 13~20

表 2-8　应力折减系数 SRF

取值条件				SRF 取值
(a)软弱岩体与开挖方向交岔，开挖时可能导致岩体松动	A 含黏土或化学风化、不完整岩石的软弱带多次出现，围岩松散(任何深度)			10
	B 含黏土或化学风化、不完整岩石的单一软弱带(开挖深度≤50 m)			5
	C 含黏土或化学风化、不完整岩石的单一软弱带(开挖深度>50 m)			2.5
	D 坚硬岩石含多个剪切带(无黏土)，围岩松动(任意深度上)			7.5
	E 坚硬岩石含单一剪切带(无黏土)，围岩松动(开挖深度≤50 m)			5
	F 坚硬岩石含单一剪切带(无黏土)，围岩松动(开挖深度>50 m)			2.5
	G 松动张开的节理，严重节理化或呈糖块状等(任意深度)			5
(b)坚硬岩石，岩石应力问题	H 低应力，近地表，张开节理	$\sigma_c/\sigma_1>200$	$\sigma_\theta/\sigma_c<0.01$	2.5
	J 中等应力，有利的应力条件	$10<\sigma_c/\sigma_1\leqslant 200$	$0.01\leqslant\sigma_\theta/\sigma_c<0.3$	1
	K 高应力，结构紧密，一般利于稳定，也可能对巷道帮部稳定不利	$5<\sigma_c/\sigma_1\leqslant 10$	$0.3\leqslant\sigma_\theta/\sigma_c<0.4$	0.5~2
	L 块状岩体中 1 小时之后产生中等板裂	$3<\sigma_c/\sigma_1\leqslant 5$	$0.5\leqslant\sigma_\theta/\sigma_c<0.65$	5~50
	M 块状岩体中几分钟内产生板裂及岩爆	$2\leqslant\sigma_c/\sigma_1\leqslant 3$	$0.65\leqslant\sigma_\theta/\sigma_c\leqslant 1$	50~200
	N 块状岩体中严重岩爆(应变型)，突发性动力变形	$\sigma_c/\sigma_1<2$	$\sigma_\theta/\sigma_c>1$	200~400
(c)挤压岩石：高应力下软岩塑性流动	O 轻度挤压岩石应力		$1\leqslant\sigma_\theta/\sigma_c\leqslant 5$	
	P 严重挤压岩石应力		$\sigma_\theta/\sigma_c>5$	
(d)膨胀岩：水作用下化学膨胀	R 轻度膨胀岩石应力			5~10
	S 严重膨胀岩石应力			10~15

注：①当剪切带只产生影响但不位于交岔口处时，SRF 可降低取值 25%~50%。②对各向异性较强的原岩应力区(如果能实测)：当 $5\leqslant\sigma_1/\sigma_3\leqslant 10$ 时，σ_c 取为 $0.75\sigma_c$；当 $\sigma_1/\sigma_3>10$ 时，σ_c 取为 $0.5\sigma_c$，其中 σ_c 为单轴压缩强度，σ_1 为最大主应力，σ_3 为最小主应力，σ_θ 为最大的切向应力(根据弹性理论计算)。③顶部覆盖层的厚度小于跨度的情况很少见，对这种情况，建议 SRF 由 2.5 增加到 5.0(参见 H)。④L、M、N 通常是针对深埋、坚硬、大块状岩体开挖的支护设计提出的，RQD/J_n 取值为 50~200。⑤用开挖影响范围描述开挖对岩体的影响时，推荐 SRF = 5、2.5、1.0、0.5 适用于随深度增长“0~5”“5~25”“25~250”和“>250 m”的条件。这样取值利于调整有效应力影响下与 J_w 联合表征的 Q 值。这一做法也有助于研究静弹性模量和波速的变化规律。⑥当埋深 $H>350Q^{1/3}$ 时，岩石可能会被挤出，岩体抗压强度可由公式 $SIGMA_{cm}\approx 5\gamma Q_c^{1/3}$(MPa)估算，其中 γ 为岩石密度，单位为 t/m^3，$Q_c=Q\times\sigma_c/100$。

表 2-9　结构面粗糙度影响系数 J_r

取值条件		J_r 取值
(a)岩壁接触 (b)错动 10 cm 前岩壁接触	A 不连续	4
	B 粗糙或不规则，波状	3
	C 光滑，波状	2
	D 擦痕，波状	1.5
	E 粗糙或不规则，平直	1.5
	F 光滑，平直	1
	G 擦痕，平直	0.5
(c)错动时岩壁不接触	H 厚层黏土矿物充填，岩壁不接触	1
	J 砂质、砾质或碎裂带充填，岩壁不接触	1

注：①该取值适用于小尺度和中等尺度的特征描述。②如果相关结构面的平均间距大于 3 m，则取值应增加 1.0。③对平直、擦痕、具有线理的结构面，如果线理方向利于强度取最小值时，J_r 可取 0.5。④J_r 和 J_a 适于描述在方向、抗剪强度方面对稳定性最不利的不连续介质剪强度[$\tau \approx \sigma_n \tan^{-1}(J_r/J_a)$]。

表 2-10　地下水的影响系数 J_w

影响因素	水压力/($kg \cdot cm^{-2}$)	J_w
开挖时干燥，或水流小(<5 L/min)	<1	1.0
中等水流或压力，偶有充填物涌出	1~2.5	0.66
含未充填节理的坚硬岩石高水流或高水压	2.5~10	0.5
高水流或高水压，充填物涌出	2.5~10	0.33
特大水流或高水压，随时间衰减	>10	0.1~0.2
特大水流或高水压，不随时间衰减	>10	0.1~0.05

注：①参数 C~F 为粗略估测。如果有排水措施，要增大 J_w 的取值。②因冰冻引起的特殊问题尚未考虑。③用开挖影响范围描述开挖对岩体的影响时，推荐 J_w = 1.0、0.66、0.5、0.33 适用于随深度增长"0~5""5~25""25~250"和">250 m"的条件，假设 RQD/J_n 足够小(例如 0.5~25)，导水性好。这样取值利于调整有效应力影响下与 SRF 联合表征的 Q 值。这一做法也有助于研究静弹性模量和波速的变化规律。

Barton 等根据 Q 值将岩体质量分成九个类别，如表 2-11 所示。

表 2-11　Q 系统分级

Q 值	<0.01	0.01~0.1	0.1~1	1~4	4~10	10~40	40~100	100~400	>400
隧道围岩质量	特坏	极坏	很坏	坏	尚好	好	很好	极好	特好

Barton 等根据大量实际工程规律，提出了没有支护条件下隧道最大安全跨度 D 与岩体分

级 Q 值之间的关系，即

$$Q = 2.1D^{0.387} \tag{2-6}$$

2.1.3　RMR 评价系统

Bieniawski 根据各个因素对工程岩体稳定性影响的程度建立了岩体质量 RMR(rock mass rating)评分系统，引入了 5 个控制因素，分别为岩石抗压强度 R_1、岩体质量指标 R_2、结构面间距 R_3、结构面状态 R_4 和地下水状态 R_5，并建立了 5 个因素在岩体质量分级中的评分标准，采用因子求和的模型获取岩体质量分级分值 RMR 值，即

$$RMR = R_1 + R_2 + R_3 + R_4 + R_5 + R_6 \tag{2-7}$$

式中前 5 项指标的评分标准见表 2-12～表 2-16。式中前 5 项确定后，又考虑了结构面的产状与工程相对位置关系不同，使得其对围岩稳定性影响程度不同，又增补了修正指标 R_6，R_6 以负分的形式赋值，评分标准见表 2-17。

表 2-12　根据点荷载试验强度或单向抗压强度确定的岩体分级评分

点荷载指标/MPa	单轴抗压强度/MPa	评分(R_1)
>10	>250	15
4～10	100～250	12
2～4	50～100	7
1～2	25～50	4
不采用	5～25	2
不采用	1～5	1
不采用	<1	0

表 2-13　岩芯质量指标 RQD 确定的岩体分级评分

RQD/%	90～100	75～90	50～75	25～50	<25
评分(R_2)	20	17	13	8	3

表 2-14　最具影响力的节理组间距所确定的岩体分级评分

节理组间距/m	90～100	75～90	50～75	25～50	<25
评分(R_3)	20	17	13	8	3

表 2-15　由结构面壁的几何状态所确定的岩体分级评分

结构面的状态说明	评分值(R_4)
尺寸有限的很粗糙的表面，硬岩壁	30
略微粗糙的表面，张开度小于 1 mm，硬岩壁	25

续表2-15

结构面的状态说明	评分值(R_4)
略微粗糙的表面，张开度小于 1 mm，软岩壁	20
光滑表面，断层泥充填厚度小于 5 mm；张开度为 1~5 mm，节理延伸超过数米	10
由厚度大于 5 mm 的断层泥充填的张开节理，张开度大于 5 mm 的节理，节理延伸超过数米	0

表 2-16　由岩体中地下水状态所确定的岩体分级评分

每 10 m 洞长的流入量 /(L·min^{-1})	裂隙水压力与最大主应力的比值	总的状态	评分值(R_5)
无	0	完全干的	15
<10	<0.1	潮湿的	10
10~25	0.1~0.2	湿的	7
25~125	0.2~0.5	有中等水压力的	4
>125	>0.5	有严重地下水问题的	0

表 2-17　结构面分布方向对岩体质量影响的修正评分

结构面方向对工程影响的评价	对巷道的修正评分(R_6)	对岩基的修正评分(R_6)	对边坡的修正评分(R_6)
很有利	0	0	0
有利	-2	-2	-5
较好	-5	-7	-25
不利	-10	-15	-50
很不利	-12	-25	-60

RMR 的取值范围为 0~100，其值越大说明岩体的质量越好，以 20 分为一个级差把岩体的质量划分为“很好的”一直到“很差的”共 5 类，见表 2-18。

表 2-18　岩体质量分级

级别	岩体质量描述	岩体质量评分(RMR)
Ⅰ	很好的岩石	81~100
Ⅱ	好的岩石	61~80
Ⅲ	较好的岩石	41~60
Ⅳ	较差的岩石	21~40
Ⅴ	很差的岩石	0~20

Bieniawski 还给出了各类工程岩体对应的自稳时间(围岩无支护下的稳定时间)及其岩体的抗剪切强度参数(c, φ 值), 见表 2-19。

表 2-19 岩体质量类别与工程岩体自稳时间和抗剪切强度参数对应表

岩体分级级别	Ⅰ	Ⅱ	Ⅲ	Ⅳ	Ⅴ
平均自稳时间	20 年 (15 m 跨度)	1 年 (10 m 跨度)	7 d (5 m 跨度)	10 h (2.5 m 跨度)	30 min (1 m 跨度)
岩体的内聚力/kPa	>400	300~400	200~300	100~200	<100
岩体的内摩擦角	>45°	35°~45°	25°~35°	15°~25°	<15°

RMR 分级综合考虑了影响工程岩体稳定性的主要因素, 其参数定义明确, 取值方便。因此, 在欧美等国家及地区得到较为广泛的应用。

Bieniawski 的研究还发现, RMR 和 Q 值之间存在如下关系:

$$RMR = 9\ln Q + 44 \tag{2-8}$$

2.1.4 GSI 岩体分级法

严格来讲, GSI 并不属于岩体分级体系, 它是为了评估岩体强度而提出的, 而 Q 系统和 RMR 系统的根本目的是指导支护设计参数的选取等工作, 但 GSI 充分考虑了岩体地质条件对岩体力学性质的影响, 对岩体力学性质差异的分级有重要的指导意义。GSI 评价方法与指标量值如表 2-20 所示。

2.1.5 MRMR 岩体分级法

MRMR(mining rock mass rating)法是 Laubscher 在 RMR 的基础上所提出的更加符合工程设计和实际运用需要的岩体质量评级法。MRMR 岩体分级法在不断地发展和完善, 所考虑的因素也越来越全面且符合实际情况, 能够考虑风化作用及岩体工程的诱发应力等对岩体质量的影响。

根据 Laubscher 的理论可知, 在 MRMR-90/2000 评价系统中考虑的因素与 RMR 基本类似, 主要有完整岩石强度(IBS)、岩石质量指标 RQD(此指标在 MRMR-2000 评价系统中已不再采用)、结构面间距、结构面条件等, 但是 MRMR 最终的评价结果会根据采矿环境和设计需要而进行调整处理, 其调整因素一般包括风化作用(weathering)、结构面方位(joint orientation)、采矿诱发应力(mining-induced stresses)、地下水条件以及爆破的影响作用(blasting effects)。

MRMR-2000 评价系统的指标范围从 0~100 共分为 5 级, 代表着岩体质量从非常差到非常好, 影响其总评分值的各因素的范围值则是根据因素本身的重要程度而定, 其中完整岩石强度评分值范围为 0~25, 结构面间距评分值范围为 0~35, 结构面条件评分值范围为 0~40。

表 2-20　地质强度因子 GSI 评价方法与指标量值取值表

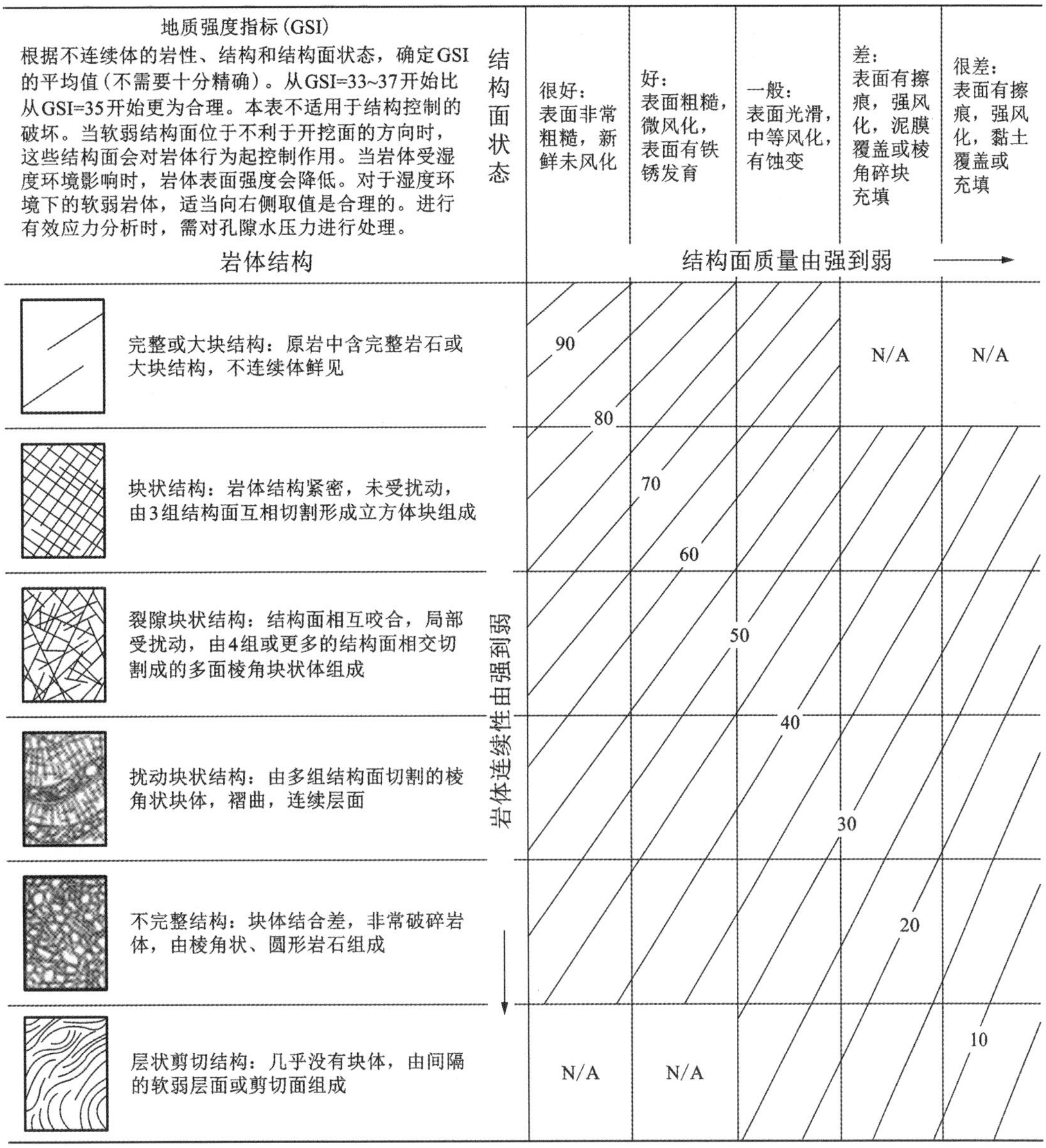

地质强度指标(GSI) 根据不连续体的岩性、结构和结构面状态，确定GSI的平均值(不需要十分精确)。从GSI=33~37开始比从GSI=35开始更为合理。本表不适用于结构控制的破坏。当软弱结构面位于不利于开挖面的方向时，这些结构面会对岩体行为起控制作用。当岩体受湿度环境影响时，岩体表面强度会降低。对于湿度环境下的软弱岩体，适当向右侧取值是合理的。进行有效应力分析时，需对孔隙水压力进行处理。 结构面状态	很好：表面非常粗糙，新鲜未风化	好：表面粗糙，微风化，表面有铁锈发育	一般：表面光滑，中等风化，有蚀变	差：表面有擦痕，强风化，泥膜覆盖或棱角碎块充填	很差：表面有擦痕，强风化，黏土覆盖或充填
岩体结构（岩体连续性由强到弱↓）	结构面质量由强到弱 →				
完整或大块结构：原岩中含完整岩石或大块结构，不连续体鲜见	90 80			N/A	N/A
块状结构：岩体结构紧密，未受扰动，由3组结构面互相切割形成立方体块组成		70 60			
裂隙块状结构：结构面相互咬合，局部受扰动，由4组或更多的结构面相交切割成的多面棱角块状体组成			50		
扰动块状结构：由多组结构面切割的棱角状块体，褶曲，连续层面			40	30	
不完整结构：块体结合差，非常破碎岩体，由棱角状、圆形岩石组成				20	
层状剪切结构：几乎没有块体，由间隔的软弱层面或剪切面组成	N/A	N/A			10

由 Laubscher 和 Jakubec 提出的修正后的 MRMR-2000 系统岩体质量评价及修正流程如图 2-1 所示。其中，基于莫氏硬度指数和结构面密度的 IBS 修正系数的确定如图 2-2 所示，在此基础上可通过式(2-9)计算 RBS 的大小，即

$$\text{RBS} = \text{IBS} \times 0.8 \times \text{修正系数}_{(\text{与莫氏硬度指数和结构面密度相关})} \tag{2-9}$$

由此计算出 RBS 后，再进一步根据图 2-3 进行评值。

结构面间距 J_s 则可根据图 2-4 进行评值，值得注意的是，当存在 3 组以上的优势结构面时，应当作 3 组来计算且对其计算结果进行加权平均，由此得到的结果即为岩体中结构面间距 J_s 的最终评分值。另外，根据调查情况可知，研究范围内的结构面大多为闭合或剪性结构面，不需要考虑胶结结构面(cemented joints)的影响作用(即可认为胶结结构面影响作用的修正系数为 1)。

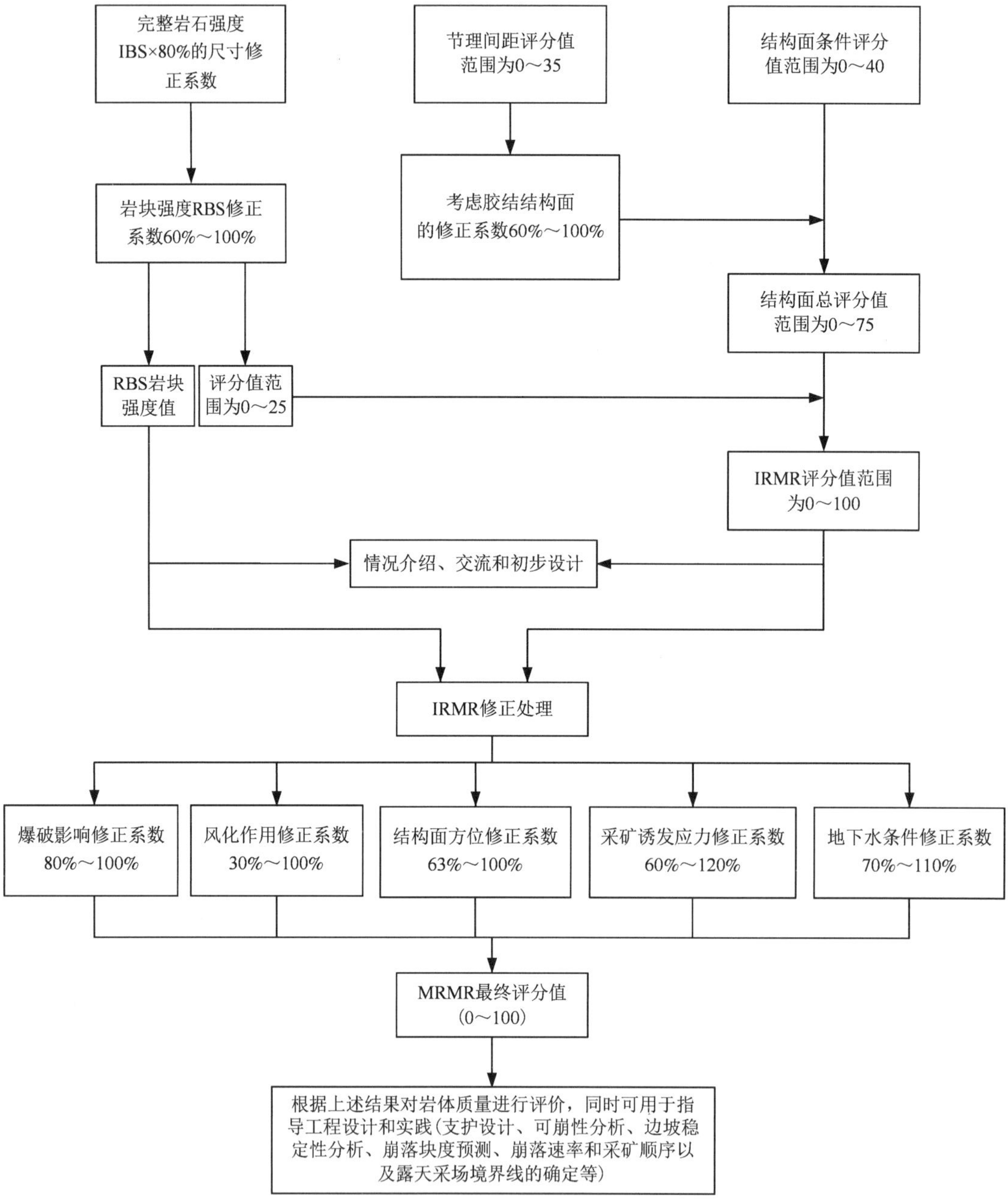

完整岩石强度IBS×80%的尺寸修正系数
节理间距评分值范围为0～35
结构面条件评分值范围为0～40
岩块强度RBS修正系数60%～100%
考虑胶结结构面的修正系数60%～100%
结构面总评分值范围为0～75
RBS岩块强度值
评分值范围为0～25
IRMR评分值范围为0～100
情况介绍、交流和初步设计
IRMR修正处理
爆破影响修正系数80%～100%
风化作用修正系数30%～100%
结构面方位修正系数63%～100%
采矿诱发应力修正系数60%～120%
地下水条件修正系数70%～110%
MRMR最终评分值（0～100）
根据上述结果对岩体质量进行评价，同时可用于指导工程设计和实践（支护设计、可崩性分析、边坡稳定性分析、崩落块度预测、崩落速率和采矿顺序以及露天采场境界线的确定等）

图 2-1 MRMR-2000 系统岩体质量评价和修正流程图

对应的IBS修正系数/%
100
95
90
85
80
75
70
65
60
0.1
0.2
0.4
1
2
5
10
40
结构面密度/莫氏硬度指数

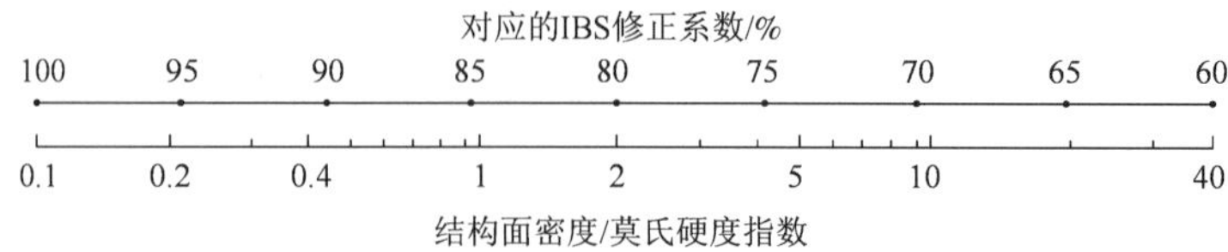

图 2-2 基于莫氏硬度指数和结构面密度的 IBS 修正系数关系图

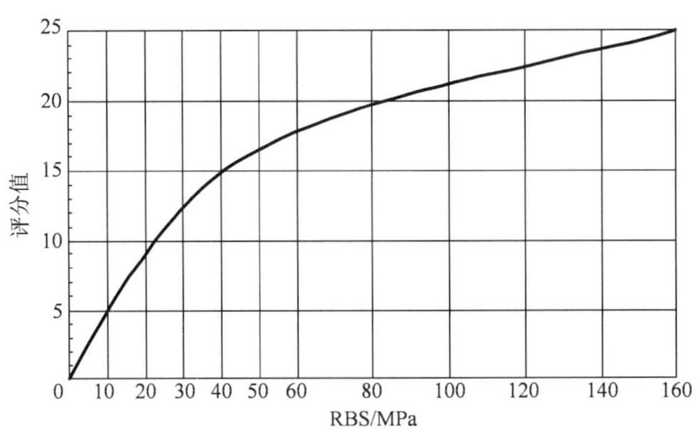

图 2-3 岩块强度 RBS 评分值图

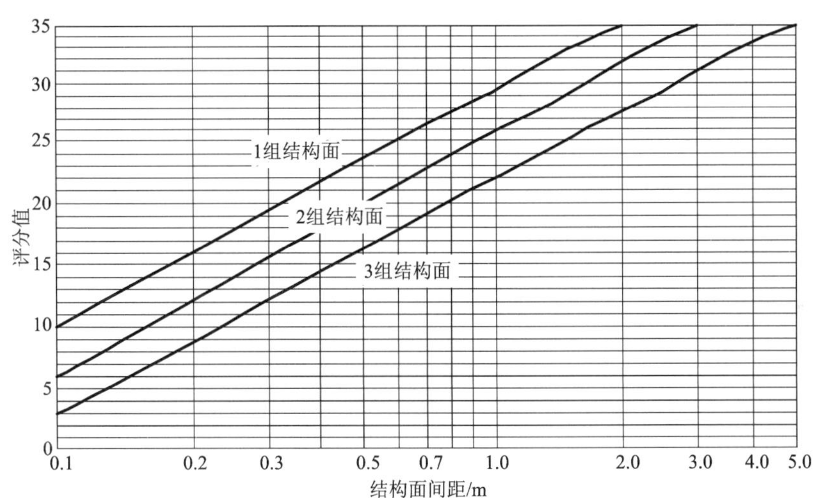

图 2-4 结构面间距 J_s 评分值图

结构面条件 J_c 总分值与 MRMR-90 系统一样仍为 40，但是 MRMR-2000 在此评分值的修正方式和系数分配上有所变化。对单一结构面组而言，其评分及修正可根据表 2-21 进行；而对多个结构面组而言，则需要根据各单一结构面条件 J_c 中的最高和最低评分值的相对百分比及其所对应的结构面数量的相对百分比，利用图 2-5 中多个结构面组条件 J_c 值的修正图进行修正处理，以获得最终的符合实际的结构面条件评分值。

表 2-21 单一结构面组条件 J_c 值评分及修正系数表

<table>
<tr><th>类别</th><th>参数</th><th>描述</th><th>总评分值为 40 的 J_c 修正系数/%</th></tr>
<tr><td rowspan="4">A</td><td rowspan="4">大型结构面</td><td>多向波浪起伏状</td><td>100</td></tr>
<tr><td>单向波浪起伏状</td><td>95</td></tr>
<tr><td>弯曲的</td><td>90</td></tr>
<tr><td>平直的，微小起伏状</td><td>85</td></tr>
<tr><td rowspan="9">B</td><td rowspan="9">小型结构面
(200 mm×200 mm)</td><td>台阶粗糙的/不规则的</td><td>95</td></tr>
<tr><td>台阶平滑的</td><td>90</td></tr>
<tr><td>台阶擦痕状的</td><td>85</td></tr>
<tr><td>波状粗糙的</td><td>80</td></tr>
<tr><td>波状平滑的</td><td>75</td></tr>
<tr><td>波状擦痕状的</td><td>70</td></tr>
<tr><td>平面状粗糙的</td><td>65</td></tr>
<tr><td>光滑平面</td><td>60</td></tr>
<tr><td>圆滑平面</td><td>55</td></tr>
<tr><td>C</td><td colspan="2">蚀变程度比侧壁和充填体要弱的结构面</td><td>75</td></tr>
<tr><td rowspan="2">D</td><td rowspan="2">软泥石层或断层泥</td><td>厚度<幅度</td><td>60</td></tr>
<tr><td>厚度>幅度</td><td>30</td></tr>
<tr><td rowspan="7">E</td><td colspan="3">对于胶结充填的结构面，当其强度比围岩弱时，可通过下列修正系数来修正胶结充填结构面条件的评分值</td></tr>
<tr><td colspan="2">硬度</td><td>修正系数/%</td></tr>
<tr><td colspan="2">5</td><td>95</td></tr>
<tr><td colspan="2">4</td><td>90</td></tr>
<tr><td colspan="2">3</td><td>85</td></tr>
<tr><td colspan="2">2</td><td>80</td></tr>
<tr><td colspan="2">1</td><td>75</td></tr>
</table>

注：单一结构面 J_c 评分值 = $40 \times A \times B \times C \times D$，其中 A、B、C、D 指根据实际需要进行选取和确定修正系数。

根据上述公式和图表分别对 RBS、J_s 和 J_c 进行评分和修正，再根据图 2-1 便可计算出原位岩体分级指标 IRMR(in-situ rock mass rating)值，然后考虑风化作用、结构面方位、采矿诱发应力和地下水条件对分级指标的影响作用，并依次确定各因素的调整系数，对 IRMR 值进行调整，得出最终的 MRMR 值。各因素的调整系数可根据表 2-22 进行确定，最终得到的 MRMR-2000 系统法岩体质量分级及其描述见表 2-23。

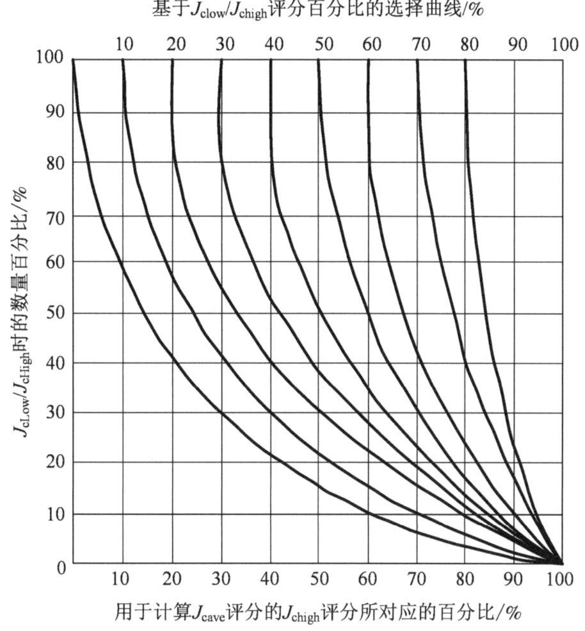

图 2-5　多个结构面组条件 J_c 值的修正图

表 2-22　IRMR 相关各调整因素调整系数的确定

一、潜在风化作用的调整系数/%					
描述	6 个月	1 年	2 年	3 年	4 年
未风化	100	100	100	100	100
微风化	88	90	92	94	96
中等风化	82	84	86	88	90
高度风化	70	72	74	76	78
完全风化	54	56	58	60	62
风化残积物	30	32	34	36	38

二、结构面方位的调整系数/%				
定义块的结构面数量	偏向于垂直方向的结构面数量	根据 J_c 值的结构面方位调整系数/%		
		0~15	16~30	31~40
3	3	70	80	95
	2	80	90	95
4	4	70	80	90
	3	75	80	95
	2	85	90	95

续表 2-22

二、结构面方位的调整系数/%				
定义块的结构面数量	偏向于垂直方向的结构面数量	根据 J_c 值的结构面方位调整系数/%		
		0~15	16~30	31~40
5	5	70	75	80
	4	75	80	85
	3	80	85	90
	2	85	90	95
	1	90	95	—
对于剪切破碎带，方位为0°~15°、16°~45°、46°~75°时，其方位修正系数分别为76%、84%、92%				

三、采矿诱发应力的调整系数/%	
当应力方向与构造面垂直或呈大角度相交时	120
当应力方向与构造面平行或呈小角度相交时	70

四、地下水条件的调整系数/%		
潮湿的	中等压力时(1~5 MPa) 水量 25~125 L/m	高压力时(>5 MPa) 水量>125 L/m
90~95	80~90	70~80

表 2-23 MRMR-2000 系统法岩体质量分级及其描述

综合评分值	81~100	61~80	41~60	21~40	0~20
级别	Ⅰ	Ⅱ	Ⅲ	Ⅳ	Ⅴ
质量描述	非常好	好	中等	差	非常差

2.1.6 矿山岩体分级实例

本节实例根据室内岩石物理力学试验、原岩应力测试和岩体结构面调查结果，分别对矿岩体的质量进行评价。RQD 值法、RMR 值法、Q 系统法以及 MRMR-2000 系统法的分级和评价结果分别见表 2-24~表 2-27，这 4 种方法的矿岩体分级和质量评价最终结果汇总于表 2-28。

表 2-24 RQD 值法岩体分级及质量评价结果

岩体	矿体	上盘岩体	下盘岩体
RQD 均值	88.73	91.70	42.51
级别	Ⅱ	Ⅰ	Ⅳ
评价	好	很好	差

表 2-25　RMR 值法岩体分级和质量评价结果

考虑因素			矿体	上盘岩体	下盘岩体
1	完整岩石材料强度	MPa	139.48	125.40	102.45
		评分值	12	12	12
2	RQD	%	88.73	91.70	42.51
		评分值	17	20	8
3	结构面间距	m	0.31	0.43	0.10
		评分值	10	10	8
4	结构面条件	迹线长度/m	1~3	1~3	3~10
		评分值	4	4	2
		张开度/mm	0.1~1.0	0.1~1.0	0.1~1.0
		评分值	4	4	4
		粗糙度	平滑	平滑	平滑
		评分值	1	1	1
		充填物	硬质部分充填小于 5 mm	硬质部分充填小于 5 mm	硬质部分充填小于 5 mm
		评分值	4	4	4
		风化程度	微风化	微风化	微风化
		评分值	5	5	5
5	地下水	条件	较干燥	较干燥	较干燥
		评分值	10	10	10
6	结构面方向的指标修正	状态	不利的	不利的	不利的
		评分值	-10	-10	-10
RMR 综合得分值			57	60	44
级别			Ⅲ	Ⅲ	Ⅲ
评价			中等岩石	中等岩石	中等岩石

注：上盘岩体的岩体强度是根据岩石力学试验的一部分原始数据所统计出来的平均值，而下盘岩体由于主要为细碧玢岩，只有局部区域含有绿泥石-滑石千糜岩，因而此处取细碧玢岩实测平均强度值为下盘岩体的强度值。

表 2-26　Q 系统法岩体分级和质量评价结果

考虑因素		矿体	上盘岩体	下盘岩体
1	RQD	88.73	91.90	42.51
2	结构面组数影响系数 J_n	4 组优势结构面发育，且沿各方向各角度均有较发育的随机结构面	2 组优势结构面发育，且伴随有较发育的随机结构面	2 组优势结构面极其发育，且伴随有少量的随机结构面
		15	6	6

续表2-26

考虑因素		矿体	上盘岩体	下盘岩体
3	结构面粗糙度影响系数 J_r	结构面大多平直光滑	结构面大多平直光滑	结构面大多平直光滑
		0.5	0.5	0.5
4	结构面蚀变影响系数 J_a	结构面壁轻微变质、充填较少	结构面壁轻微变质、充填较少	含有高度超固结的、非软化的黏土质矿物填充物（连续的厚度小于5 mm）
		2	2	6
5	地下水的影响系数 J_w	开挖时干燥或局部地区有小水流（渗流量小于5 L/min）		
		1		
6	应力折减系数SRF	中等应力，有利于岩体的稳定		
		1		
Q值		1.48	3.82	0.59
级别		Ⅳ级	Ⅳ级	Ⅴ级
评价		差	差	非常差

表2-27 MRMR-2000系统法岩体分级和质量评价结果

初始/调整因素			矿体	上盘岩体	下盘岩体
1	岩块强度RBS	完整岩石强度IBS	139.48	125.40	102.45
		修正系数/%	88	92	82
		修正后的值	98.19	92.29	67.21
		评分值	21	20.5	18.5
2	结构面间距 J_s	结构面组数	4	2	2
		总的结构面平均间距/m	0.31	0.43	0.10
		评分值	20	22	10
3	结构面条件 J_c	J_{clow} 最低评分值	14	20	12
		J_{chigh} 最高评分值	18	22	13
		J_{cave} 修正评分值	15	20	12
IRMR值			56	62.5	40.5
4	风化作用	时间	2年	2年	2年
		调整系数/%	92	92	92
5	结构面方位	定义块的结构面数量	3	3	3
		偏向垂直方向的结构面数量	2	2	2
		J_{cave} 值	15	20	12
		调整系数/%	80	90	80

续表2-27

初始/调整因素			矿体	上盘岩体	下盘岩体
6	采矿诱发应力	应力情况描述	应力与结构面大角度相交	应力与结构面大角度相交	应力与结构面大角度相交
		调整系数/%	120	120	120
7	地下水条件	基本状况	较干燥、部分潮湿	较干燥、部分潮湿	较干燥、部分潮湿
		调整系数/%	95	95	95
MRMR 最终综合得分值			47	59	34
岩体级别			Ⅲ	Ⅲ	Ⅳ
质量描述			中等	中等	差

注：橄榄辉石岩的莫氏硬度为 6，二辉橄榄岩的莫氏硬度为 6.5，细碧玢岩的莫氏硬度为 6.5；而采矿诱发应力则是根据工程施工方向与结构面的相对方位关系初步估算出的。

表 2-28　四种不同矿岩体分级和质量评价方法的最终结果汇总表

评价方法		矿体	上盘岩体	下盘岩体
RQD 值法	得分值	88.73	91.70	42.51
	岩体级别	Ⅱ	Ⅰ	Ⅳ
	质量描述	好	很好	差
RMR 值法	得分值	57	60	44
	岩体级别	Ⅲ	Ⅲ	Ⅲ
	质量描述	中等岩石	中等岩石	中等岩石
Q 系统法	得分值	1.48	3.82	0.59
	岩体级别	Ⅳ级	Ⅳ级	Ⅴ级
	质量描述	差	差	非常差
MRMR-2000 系统法	得分值	47	59	34
	岩体级别	Ⅲ	Ⅲ	Ⅳ
	质量描述	中等	中等	差

根据上述 RQD 值法、RMR 值法、Q 系统法和 MRMR-2000 系统法这四种方法的岩体分级和质量评价最终结果可知，矿体和上盘岩体质量中等，而下盘岩体质量则较差，总体上岩体质量的优劣顺序是上盘岩体>矿体>下盘岩体，这在实际工程施工中也得到了很好的印证。

对比上述四种方法的岩体质量分级结果可知，RQD 值法为单因素指标法，由于没有考虑岩石物理力学性质、结构面特性、风化作用、地下水条件以及工程诱发的应力等因素的影响作用，其所得到的评价值和分级结果相对偏高和偏好，其他三种方法的岩体分级和质量评价结果则比较一致。

2.2 岩体稳定性评价方法

岩体失稳是由工程扰动引起的重分布应力超过岩体强度或变形超过岩体许可变形引起，表现为塑性区贯通和岩体损伤程度加剧。工程稳定性评价，即通过力学和经验等方法，对工程施工引起的岩体损伤和破坏结果进行预判断。工程岩体稳定性评价是工程勘察、设计和编制定额的依据，直接关系到工程施工的安全性和经济性。岩体稳定性评价方法主要有工程类比法、理论解析法、物理模拟法、数值分析法和监测反馈法等。工程类比法建立在工程经验基础上，考虑了影响岩体稳定性的地质条件和施工条件等因素，能定性评价岩体稳定程度，以进一步指导和优化工程设计。工程类比法具有应用方便的特点，但是需要大量的工程数据作为基础。理论解析法是通过数学和力学的方法，得到岩体稳定性评价的判定公式，结合工程力学参数预测岩体稳定性，但是存在破坏机理的复杂性和理论公式精确性的矛盾问题。物理模拟法是通过模型试验对工程施工进行仿真，揭示岩体变形机理和失稳机制，并可对理论进行验证，其前提是要能客观反映工程地质条件和施工条件。相对于物理模拟法，数值分析法可通过改变工程条件，模拟不同条件下工程施工工序，研究不同条件下的工程稳定性，优化工程设计，是近年来广泛应用的一种岩体稳定性评价方法，但应用时需根据工程背景合理选择数值方法，以达到模拟结果与工程现场条件的一致性。监测反馈法是通过监测手段得到位移、应力等演化规律，判断岩体稳定性，并根据监测结果优化施工工序和参数，保证工程安全性，是目前工程必备的手段，可与其他岩体稳定性评价方法协作来判定岩体稳定性。

2.2.1 工程类比法

地下岩土体工程性质复杂，需结合工程经验(类比法)进行工程设计，工程类比法是大型工程围岩稳定性评价的重要方法之一，尤其在勘测资料较少的可行性研究阶段，更能发挥其作用。但是，由类比法得到的结果只能作为参考，现在大多是采用将类比法与多种分析手段结合的方式进行稳定性评价。

(1)基本原理

类比是在两个对象间进行比较，类比推理可以看作一种特殊的归纳推理。如果两个类比对象的某些方面具有类似性，那么根据某对象的一个已知特性或特征，便可推导出另一对象也具有与此类似的特性或特征，这就是类比推理，也称为类比迁移。

类比推理使用有一定的限制条件，主要包括类似性、系统性、选择性、目标控制、类似程度等，具体如下：

①类似性：当两个对象存在共有特性而刻画其特征值可能有差别时，称两者共有的特性为类似特性。当两个对象存在类似特性时，便说这两个对象存在类似性。

②系统性：将类比对象视为具有一定特征(要素、属性和关系)的系统，类比就是将两个对象的相应特征进行匹配，应该从系统的角度而不是仅从个别方面来研究类似性。

③选择性：过滤相互匹配的特征，选择对问题具有实质性影响的重要特征。

④目标控制性：类比应该是目标驱动的，岩土工程设计以解决关键问题为目标。

⑤类似程度：工程的类似性随其共同性而增加，随其差异性而减少。对类似性的定量计算和数值度量，即称为类似程度。类似程度越高，类比效果越好。

(2)类比程式

根据认知心理学的基本原理，将工程类比设计的基本程式概括为课题的表征、类比检索与映射、解答迁移与修正、归纳概括与图式。在实际应用中，应结合具体的工程情况，及时勘察岩体的地质条件、水文特征及其他特征，基于工程经验得到正确解答。

①课题的表征。类比设计法的前提是对基础课题和目标课题做出恰当而清晰的表征。岩土工程表征一般涉及下列因素：岩土地质结构、地下水条件等；岩性、物理力学性质指标等；工程规模；岩土体变形破坏机制；施工条件与水平；主要工程问题和设计目标。

②类比检索与映射。从记忆或信息库中检索类比物并进行映射过程，生成目标问题的类似解答。在类比问题的解决中，类比者已知若干个类比问题及其解答，并且注意到类比物和目标问题的对应关系，通过迁移这种关系就可以获得目标问题的解答。

③解答迁移与修正。岩土工程设计是涉及多变量、多目标和多重约束条件的复杂问题，课题表征不唯一，映射与匹配的结果也不具有唯一性。在此基础上，应根据经验和一些必要的理论计算，调整初始方案。因此，要找出基础课题和目标课题明显不同的特征，并研究它们对问题和方案的影响程度。

④归纳概括与图式。如果类比成功地解决了问题，反映类比物之间抽象相关对应性的图式就是实质性的问题图式。随着目标课题的不断解决，可作为该类基础课题的数目将逐渐增多。通过细致地归纳与概括，可以得到表征这类课题的基本图式，这种图式反映着该类课题的实质性特征与解答原则。类比归纳过程是一种课题与图式归类过程。

(3)类比法应用

①地下工程。

在现行的地下工程类比设计中，一般是通过围岩分级概况并结合工程经验来预测围岩稳定性，并以此为依据来选择支护类型和参数。以纯粹经验或岩土分类分级为基础的传统类比设计法是定性的，已不能满足设计定量化和科学化的要求。为解决这个问题，学者们作出了积极的努力，基本上可归结为 3 种途径：

a. 直接改进传统类比法，使其尽可能达到半定量水平，例如杨志法等提出了可比度的概念，试图以影响因素为基础，来确定两个工程之间的可比度。

b. 建立专家系统或采用人工智能方法，所谓专家系统就是利用某个专门问题的专家知识建立人机系统来进行问题求解，但是，研制和开发的专家系统存在着输入数据量大、运行效率低等问题。

c. 采用从定性到定量的综合集成法，这种方法可以使设计至少达到半定量的水平。如李世辉应用开放的复杂巨系统方法论，即从定性到定量的综合集成法，提出了典型类比分析法，并开发了能普及应用于巷道工程的、具有围岩稳定技术咨询与位移反分析专家的知识型程序系统。分类类比和典型方法是处理此类问题的基本方法，且针对绝大多数巷道工程不具备条件进行岩体力学参数原位测试的实际，充分利用我国现有个别重点巷道工程已有的原位测试资料，纳入围岩分类概念框架。同时，重视一般巷道工程量测资料，以其作为工程验证、局部修正的依据。典型类比分析法是巷道工程中传统方法的传承和发展，从总体上说，岩土工程类比设计法仍不清晰、不规范，效率也比较低。为此，薛守义根据认知心理学关于类比推理的理论，综合性地探索了岩土工程类比设计的基本原理与程式。

②Mathews 图表法。

Mathews 图表法是一种简单且基于实践经验的岩体稳定性评价方法，初始仅设定适用于 1000 m 以下的矿山空场采矿设计。Mathews 图表法一般用于预测露天矿场的稳定性，也可应用于地下开采。Mathews 图表法包含三个主要分区(图 2-6)，分区依靠已有的稳定性数据得到。另外，每两个稳定性分区又由一个过渡区分隔。通过三个稳定性分区的界定可以得到如下结论：ⓐ岩体稳定，此时开挖不需要支护就可维持稳定；ⓑ潜在的岩体不稳定，岩体发生局部失稳，但是能形成稳定的承载拱，若修正设计或施加支护，则可降低破坏的可能性；ⓒ潜在的岩体破坏崩落，此时开挖将引发岩体失稳破坏。

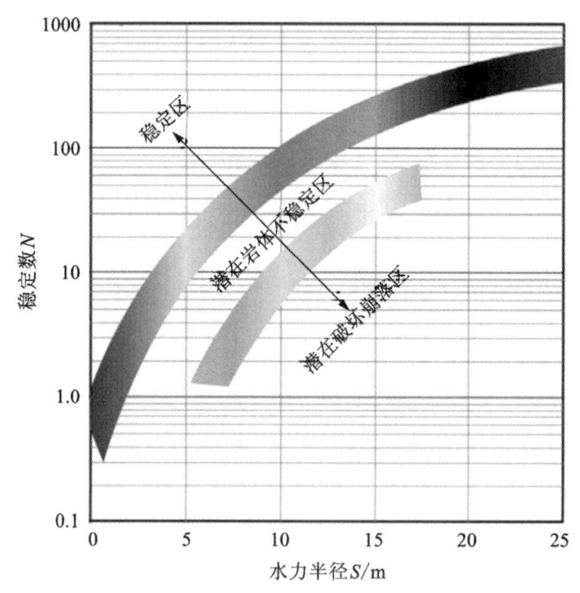

图 2-6　Mathews 图表

在应用 Mathews 图表法时，需计算代表岩体在给定应力条件下维持稳定能力的稳定数 N 和反映采空区尺寸和形状的水力半径 S，然后结合 Mathews 图表法分区(稳定区，潜在岩体不稳定区和潜在破坏崩落区)判断岩体稳定情况。

水力半径 S 与采场的形状和尺寸有关，当为矩形时，开挖面水力半径为：

$$S = \frac{LH}{2(L + H)} \tag{2-10}$$

式中：L 和 H 分别为矩形的长和高。

稳定数 N 代表岩体在给定应力条件下维持稳定的能力，计算公式为：

$$N = Q'ABC \tag{2-11}$$

式中：Q'为修正的 Q 值；A 为岩体应力系数；B 为岩体节理方向系数；C 为重力调整系数。

Q'为当应力折减系数 SRF 和地下水的影响系数 J_w 取值为 1 时的 Q，其中 Q 的表达见式(2-4)，Q'的表达式为

$$Q' = \frac{\text{RQD}}{J_n} \times \frac{J_r}{J_a} \tag{2-12}$$

岩体应力系数 A 描述了作用在矿场表面的应力，其数值等于完整岩石单轴抗压强度 σ_c 与开挖面切线方向的最大应力 σ_i 的比值，该最大应力可由数值计算得到。A 的取值范围为 0.1～1，取值可参考图 2-7。

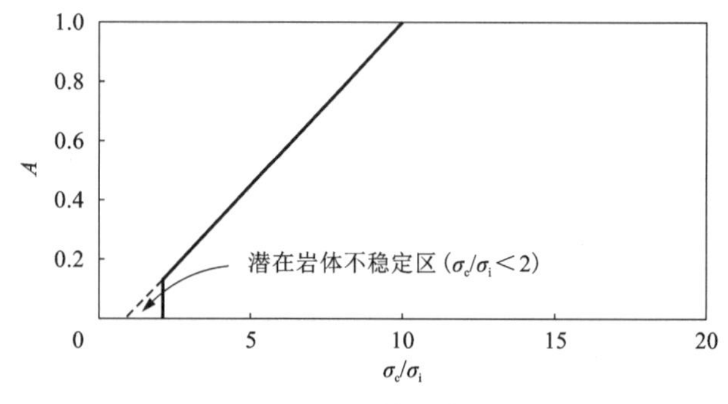

图 2-7　A 的取值图

岩体节理方向系数 B 考虑了

采场面节理和关键节理方向对稳定性的影响，取值范围为 0.3~1。为确定节理方向系数，需做出立体图或采用其他方法来计算控制性作用不连续节理与采场面方向的关系，见图 2-8。

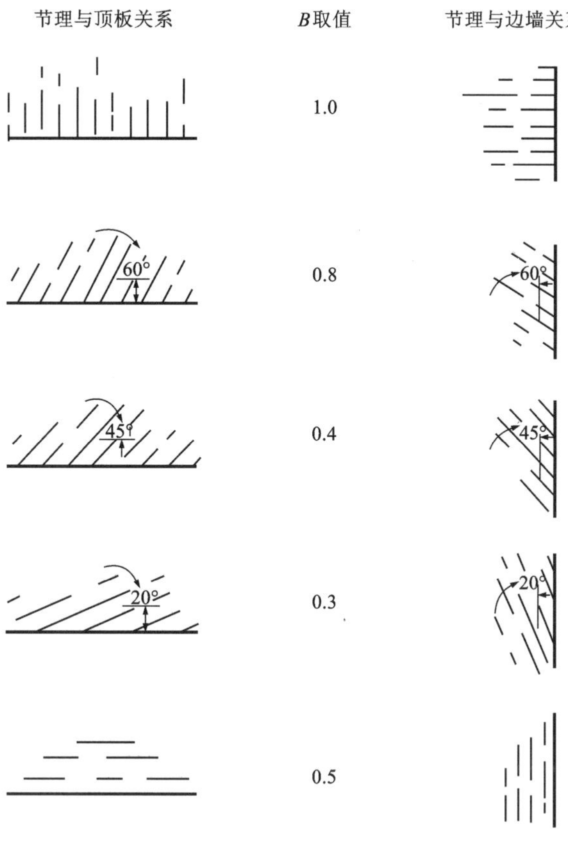

图 2-8　*B* 的取值图

由于重力作用，采场顶板稳定性通常比两帮差。重力调整系数考虑了重力对采场稳定性的影响。重力调整系数与采场面倾角的关系表示为

$$C = 8 - 7\cos \alpha_j \tag{2-13}$$

式中：α_j 为采场面倾角，即采场面与水平面的夹角。

③Mathews 图表法实例。

进行稳定性评价的倾斜采场的几何模型见图 2-9。在实例中，对顶板、上盘和下盘进行稳定性分析，计算各个开挖面的稳定数和水力半径，最终结合 Mathews 图表得出稳定性评价结果。

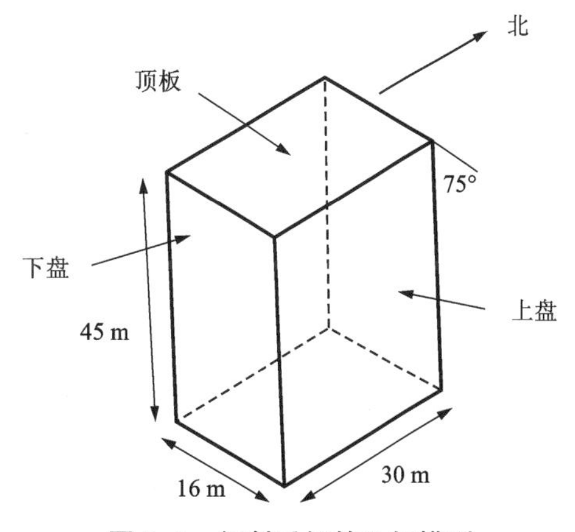

图 2-9　倾斜采场的几何模型

通过计算开挖面面积与周长的比值，得到水力半径，见表 2-29。

表 2-29 几何参数

采场部位	高/m	长/m	面积/m^2	周长/m	水力半径/m
北帮	45	16	720	122	5.9
南帮	45	16	720	122	5.9
下盘	45	30	1350	140	9.0
上盘	45	30	1350	140	9.0
顶板	16	30	480	92	5.2

在计算稳定数前，需要通过岩体结构分析和钻取岩芯等确定 Q' 的取值，计算参数见表 2-30。

表 2-30 反映岩体质量的参数

采场部位	RQD	J_n	J_r	J_a	Q'	描述
北帮	57	7	2	1	16.3	好
南帮	64	5	2	1	25.6	好
下盘	64	6	3	1	32.0	好
上盘	80	15	1.5	4	2.0	差
顶板	79	13	2	2	6.1	良

通过式(2-11)可知，计算稳定数前需先确定 A、B、C。在实例中，每个部位的完整岩样单轴压缩强度相同，每个部位中心位置与开挖面平行的应力取值见表 2-31。由图 2-7 可得到 A 的取值。

表 2-31 应力参数及 A

采场部位	σ_c/MPa	σ_i/MPa	σ_c/σ_i	A
北帮	100	30.6	3.27	0.24
南帮	100	30.6	3.27	0.24
下盘	100	17.0	5.88	0.54
上盘	100	17.0	5.88	0.54
顶板	100	40.8	2.45	0.15

节理的方向会显著影响稳定性。如果每个开挖面的节理情况不同，则需单独分析。控制性节理和开挖面方向见表 2-32。在实例中，层面是控制性的不连续结构，会显著影响下盘和上盘的稳定性。层面与上盘平行时，$B=0.5$。北帮的节理与层面夹角为 25°时，B 的取值约为 0.3。

表 2-32　节理方向系数 B

采场部位	控制性节理	节理倾角/方向	开挖面倾角/方向	B
北帮	节理组 A	65°/170°	90°/0°	0.3
南帮	节理组 B	45°/350°	90°/180°	0.4
下盘	层面	75°/90°	75°/90°	0.5
上盘	层面	75°/90°	75°/90°	0.5
顶板	节理组 A	65°/170°	0°/0°	0.8

对于竖直的帮部，重力调整系数取为 8；对于水平的顶板，取值为 1。由式(2-13)可以计算 C 的值。由式(2-11)可计算得到稳定数，见表 2-33。

表 2-33　稳定数 N

采场部位	Q'	A	B	C	N
北帮	16.3	0.24	0.3	8	9.4
南帮	25.6	0.24	0.4	8	19.7
下盘	32.0	0.54	0.5	6.45	55.7
上盘	2.0	0.54	0.5	6.45	3.5
顶板	6.1	0.15	0.8	1	0.7

由稳定数和水力半径，可在图 2-6 中标出若干数据点。在分界公式方面，有人提出稳定-破坏公式

$$\lg N = 1.889\lg S - 1.2097 \tag{2-14}$$

值得注意的是，Mathews 图表是由经验数据得到，但是目前数据主要集中在国外研究，国内研究较少。在大量数据的基础上，可以得到经验性的 Mathews 图表三个稳定性分区的分界公式，进而可以由该公式修改水力半径设计，优化采场布置。另外，其也可用于采场的破坏概率分析。然而，国内仍需更多的有关设计经验积累方面的研究。

2.2.2　理论解析法

岩体稳定性理论解析的一般思路是分别计算促使岩体不稳定的滑动力和保持稳定的抗滑力，并认为抗滑力和滑动力之比大于稳定性系数时，岩体稳定；否则，岩体不稳定。

(1)岩体巷道分离块体的稳定性计算模型

如图 2-10 所示，分别对洞壁块体的稳定性和洞顶块体的稳定性进行计算。

洞壁块体的稳定性计算采用以下公式：

$$F_s = (W_2\cos\alpha\tan\varphi_1 + c_1L_4)/(W_2\sin\alpha) \tag{2-15}$$

式中：φ_1 为结构面 L_4 的内摩擦角，(°)；c_1 为结构面 L_4 的黏聚力，kPa；α 为结构面 L_4 的倾角，(°)；W_2 为块体的重力，kN。

洞顶块体的稳定性计算采用以下公式：

$$F_s = [2(c_1L_1 + c_2L_2)(\cos\alpha + \cos\beta)]/\gamma L_3^2 \tag{2-16}$$

式中：c_1 为结构面 L_1 的黏聚力，kPa；c_2 为结构面 L_2 的黏聚力，kPa；α 为结构面 L_1 的倾角，(°)；β 为结构面 L_2 的倾角，(°)；γ 为岩体的重度，kN/m³。

块体稳定性的判定标准为：当 $F_s \geqslant 2$ 时，块体稳定；当 $F_s<2$ 时，块体不稳定。

(2)边坡稳定性系数 F_s

边坡稳定性系数可通过传递系数显式解法和传递系数隐式解法确定。

用传递系数显式解法确定边坡稳定性系数的方法如下(图 2-11)。

$$F_s = \frac{\sum_{i=1}^{n-1}(R_i\prod_{j=i}^{n-1}\psi_j) + R_n}{\sum_{i=1}^{n-1}(T_i\prod_{j=i}^{n-1}\psi_j) + T_n} \tag{2-17}$$

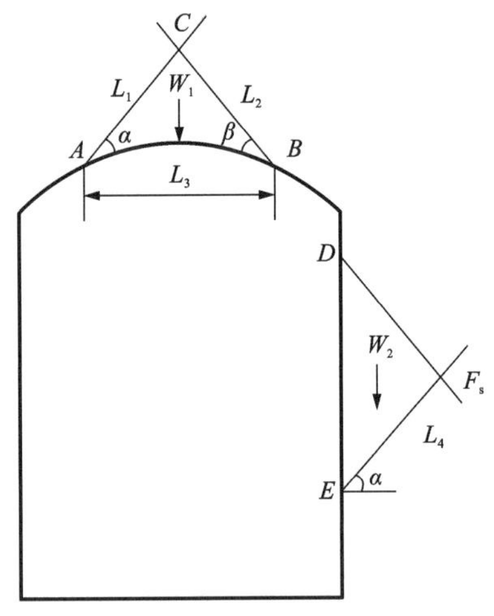

图 2-10 洞顶洞壁分离块体稳定性计算

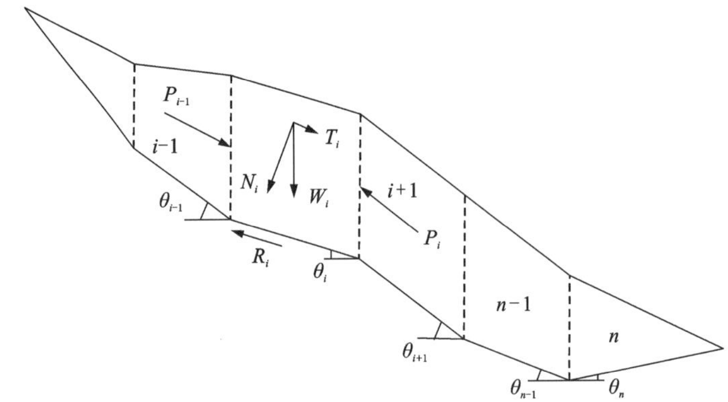

图 2-11 传递系数显式解法计算简图

$$N_i = W_i\cos\theta_i \tag{2-18}$$

$$T_i = W_i\sin\theta_i \tag{2-19}$$

$$\psi_i = \cos(\theta_i - \theta_{i+1}) - \sin(\theta_i - \theta_{i+1})\tan\varphi_{i+1} \tag{2-20}$$

$$R_i = N_i\tan\varphi_i + c_il_i \tag{2-21}$$

式中：R_i 为作用于第 i 块段滑体的抗滑力，kN/m；R_n 为作用于第 n 块段滑体的抗滑力，kN/m；N_i 为作用于第 i 块段滑动面上的法向分力，kN/m；θ_i 为第 i 块段滑动面的倾角，与滑动方向相反时为负值，(°)；φ_i 为第 i 块段滑动带土的内摩擦角，(°)；c_i 为第 i 块段滑动带土的黏聚力，kPa；l_i 为第 i 块段滑动面长度；T_i 为作用于第 i 块段滑动面上的滑动分力，kN/m，与滑动方向相反时，取负值；T_n 为作用于第 n 块段滑动面上的滑动分力，kN/m；ψ_i 为第 i 块段滑体的剩余下滑力传递至第 $i+1$ 块段滑体时的传递系数。

对于折线形滑动面的边坡，可采用传递系数隐式解法(图 2-12)。其边坡稳定性系数可按下列公式计算：

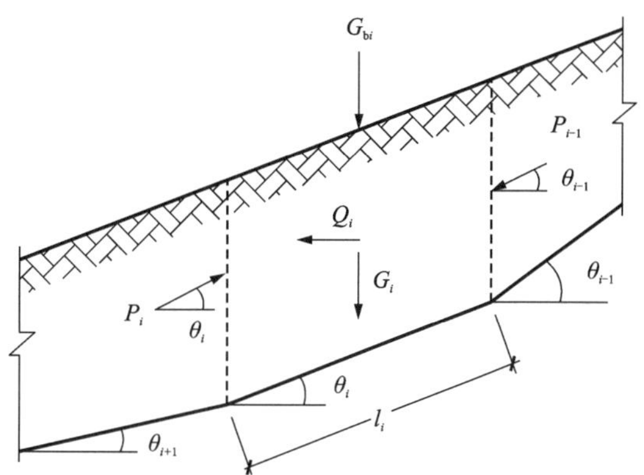

图 2-12　传递系数隐式解法计算简图

$$P_n = 0 \tag{2-22}$$

$$P_i = P_{i-1}\psi_{i-1} + T_i - R_i/F_s \tag{2-23}$$

$$\psi_{i-1} = \cos(\theta_{i-1} - \theta_i) - \sin(\theta_{i-1} - \theta_i)\tan\varphi_i/F_s \tag{2-24}$$

$$T_i = (G_i + G_{bi})\sin\theta_i + Q_i\cos\theta_i \tag{2-25}$$

$$R_i = c_i l_i + [(G_i + G_{bi})\cos\theta_i - Q_i\sin\theta_i - U_i]\tan\varphi_i \tag{2-26}$$

式中：P_n 为第 n 条块单位宽度剩余下滑力，kN/m；P_i 为第 i 计算条块与第 $i+1$ 计算条块单位宽度剩余下滑力，kN/m，当 $P_i<0(i<n)$ 时，取 $P_i=0$；T_i 为第 i 计算条块单位宽度重力及其他外力引起的下滑力，kN/m；R_i 为第 i 计算条块单位宽度重力及其他外力引起的抗滑力，kN/m；ψ_{i-1} 为第 $i-1$ 计算条块对第 i 计算条块的传递系数，其他符号同前。

2.2.3　物理模拟法

相似的概念最先出现于几何学中，当两个不同的物体，其对应部分比值等于同一个数时可称为相似。在物理过程中，如果系统的几何相似，应力、密度等条件也相似，那么这两个物理过程可称为物理相似。

相似理论的基础是相似三定理，表述如下：

第一定理：相似的物理现象，当单值条件相似时，相似准则数值相同。

第二定理：相似现象的物理方程均可变成准则方程，现象相似，其方程相同，相似第二定理常被称为 π 定理。

第三定理：相似的物理现象满足单值条件相似时，若相似准则的数值相等，那么物理现象就是相似的。

其中，单值条件的定义为将某个现象从同类的现象里区别的条件，一般包括边界条件、物理条件、初始条件、几何条件、时间条件等。在进行物理模型的设计时要确定原型条件与物理模型间的相似系数，在实验中决定模型实验过程物理现象的物理量有几何、位移、应变、应力、泊松比、变形模量、密度、体积力、内聚力、摩擦系数、边界应力和抗压强度 12 个参数。其相似常量定义如下：

$$
\begin{gathered}
C_{\mathrm{L}}=L_{\mathrm{P}}/L_{\mathrm{m}},\ C_{\delta}=\delta_{\mathrm{P}}/\delta_{\mathrm{m}},\ C_{\varepsilon}=\varepsilon_{\mathrm{P}}/\varepsilon_{\mathrm{m}},\ C_{\sigma}=\sigma_{\mathrm{P}}/\sigma_{\mathrm{m}}\\
C_{\mu}=\mu_{\mathrm{P}}/\mu_{\mathrm{m}},\ C_{E}=E_{\mathrm{P}}/E_{\mathrm{m}},\ C_{\rho}=\rho_{\mathrm{P}}/\rho_{\mathrm{m}},\ C_{X}=X_{\mathrm{P}}/X_{\mathrm{m}}\\
C_{C}=C_{\mathrm{P}}/C_{\mathrm{m}},\ C_{f}=f_{\mathrm{P}}/f_{\mathrm{m}},\ C_{\sigma^{\mathrm{B}}}=\sigma_{\mathrm{P}}^{\mathrm{B}}/\sigma_{\mathrm{m}}^{\mathrm{B}},\ C_{R}=R_{\mathrm{P}}/R_{\mathrm{m}}
\end{gathered}
\tag{2-27}
$$

式中：C_{L}、C_{δ}、C_{ε}、C_{σ}、C_{μ}、C_{E}、C_{ρ}、C_{X}、C_{C}、C_{f}、$C_{\sigma^{\mathrm{B}}}$ 与 C_{R} 分别代表几何、位移、应变、应力、泊松比、变形模量、密度、体积力、内聚力、摩擦系数、边界应力和抗压强度的相似常量。原型参数标注下标为 P，物理模型参数标注下标为 m。

相似准则，亦可称为相似判据，即相似系统的对应点与对应时刻的相似准数相等，可作为判别是否相似的根据。在物理模型实验中求得相似准则是实验的重中之重。求相似准则的方法有多种，包括相似转换法、矩阵法和量纲分析法。物理模型需要满足如下相似准则：

$$\frac{C_{\sigma}}{C_{\rho}C_{\mathrm{L}}}=1 \tag{2-28}$$

$$\frac{C_{\delta}}{C_{\varepsilon}C_{\mathrm{L}}}=1 \tag{2-29}$$

$$\frac{C_{\sigma}}{C_{\varepsilon}C_{E}}=1 \tag{2-30}$$

$$C_{\varepsilon}=C_{f}=C_{\mu} \tag{2-31}$$

在实际中，不必刻意追求满足所有的相似条件。进行物理现象的相似分析时，要抓住影响相似结果的主要因素。对于次要因素，如不满足相似时，其对结果无重大影响则可忽略，这就是相似分析中近似相似的方法。

2.2.4 数值分析法

在工程地质问题分析中，常用的数值分析法包括连续介质分析法、非连续介质分析法以及混合连续介质-非连续介质分析法（表 2-34）。连续介质分析法包含有限差分法（FDM）、有限单元法（FEM）、边界元法（BEM）等；非连续介质分析法包含离散单元法（DEM）、离散裂隙网络方法（DFN）等；混合连续介质-非连续介质分析方法包含流形元方法、连续-非连续单元法（CDEM 方法）、无单元法等。这些数值方法都有优缺点和适用条件，应当根据具体工程地质问题的特点及其边界条件加以选用。连续介质分析法或非连续介质分析法的选择主要取决于问题的规模和裂隙系统的几何形状。如果只存在少许裂隙，或开口裂隙和完全的块分离不是重要因素，就可以使用连续方法。在中等的裂隙岩体中，对连续的裂隙单元方法来说，裂隙的数目太大，或单个块体有可能发生大尺度位移，则采用非连续介质分析方法是最合适的。

表 2-34 常用的数值分析方法

连续介质分析法	非连续介质分析法	混合连续介质-非连续介质分析法
有限差分法、有限单元法、边界元法等	离散单元法、离散裂隙网络方法等	流形元方法、CDEM 方法、无单元法等

(1)数值分析法的思路

工程地质数值模拟工作一般分为以下几步:

①工程地质条件的调研。对于工程地质条件的调研,不仅限于地质测绘,钻探、物探、试验和长期观测也是常用的手段。各具体的工程地质问题所侧重的调研重点也不尽相同。岩体物理力学参数的测试,以及与地质体本构关系相关的地质条件的查明是本阶段不可忽视的工作。

②地质模型的抽取。地质模型是指在综合分析工程地质条件基础上,对工程地质体的概括或简化,也就是通常所说的定性研究结论的归纳,故也可称为“概念模型”。

③力学模型的建立。在地质模型的基础上,通过合理的抽象、简化和概括,便可建立工程地质数值分析的力学模型。力学模型是直接用作数值计算的,因此它必须突出控制工程地质问题的主导因素,既能准确地反映地质体的客观实际,同时又具有力学分析的可能性和计算机条件保障的可行性。与力学模型的建立直接相关的几个问题包括相对独立的力学结构范围的选取、地质体条件的确定、计算边界条件(位移边界条件、应力边界条件和混合边界条件)的选用等。

④模拟结果的检验。数值计算应当满足一定的精度和可靠度。除了通过适当的数学手段进行检验外,最根本的方法是将计算结果与实际工程地质条件对比。有时也需要进行必要的理论分析和模型试验。检验时如果只挑少数的数据核对,可能由于机会上的巧合,结论仍是错误的。只有针对具体问题,采用整套数据,才能取得真正符合实际的检验效果。如果数值计算结果存在较大的误差,应当着手改善输入数据,修改力学模型和数值计算方法。

要完成岩体稳定性数值分析工作,必须抓住重点,对几个关键条件进行简化,包括岩体的简化、地质条件的简化、岩层的简化和开采过程的简化。

(2)参数取值

由于数值模拟结果的可靠性在很大程度上依赖于岩体力学参数的选取,因此选取不同的力学参数将会产生不同的计算结果。国内外学者提出了很多岩体力学参数的确定方法,确定岩体宏观力学参数的常用方法可分为现场试验法、岩体分类法(经验折减法)、智能分析法、反演分析法。

①现场试验法。现场试验法是一种直接获取现场岩体力学参数的方法,分为直接试验法和间接试验法。直接试验法可分为承压板法、狭缝法、钻孔径向加压法、巷道水压法、原位岩体强度试验等,其基本原理是在选定的岩体表面、槽壁或钻孔壁面上施加一定的荷载,并测定其变形,然后绘制出压力-变形曲线,计算岩体的变形参数。原位岩体强度试验主要有原位剪切试验法、单轴和三轴的抗压试验法等。

现场原位岩体强度试验测得的参数固然准确可靠,但原位岩体强度试验的代价昂贵,难以大量进行。因此,对一般的岩体工程来说,通常是在室内岩石实验的基础上,通过对室内岩石力学参数进行折减换算,来评估岩体力学参数。

间接试验法是利用一定的手段来测定现场岩体的物理力学特征量(如 RQD 值、弹性波速度等),在此数据的基础上,间接地评价岩体力学性质。

②岩体分类法(经验折减法)。岩体力学参数具有尺寸效应,所以原位试验法测得的弹性及变形参数不能代表整体岩体力学参数。由于试验方法的局限性,国内外学者们提出了岩体力学参数的各种经验估算方法,比如建立岩体变形模量与 Q 值的关系、变形模量与 RMR 值

的关系等。

③智能分析法。这是一种人工神经网络法。影响岩体力学性质的主要因素(如岩石强度、岩石容重、吸水率、岩体的风化程度、岩层厚度、节理倾角、节理密集程度、节理的宽度、节理粗糙度、充填情况、充填物中的含泥量等)与岩体力学参数之间存在一定的复杂非线性关系。将主要影响因素作为输入层,将岩体力学参数作为输出层,可以构造人工神经网络。

④反演分析法。岩体力学参数反演按照现场测量数据可以分为应力反演法、位移反演法和混合反演法。其中,位移数据因较易获取和精度可靠而被广泛采用。位移反演法按照计算方法的不同可以分为解析法和数值法。

(3)边界条件处理

在对采场结构参数问题进行数值计算的过程中,首要问题是如何合理确定模型的范围。现有数值分析方法大都以离散化为基础,即在有限的研究区域内把复杂的岩土工程岩体离散化为若干较小单元的集合体。为了使模型范围不给模拟结果带来较大误差,必须取足够大的计算范围,但计算范围太大,单元划分较小,又会付出很大的计算工作量,使时间上和经济上负担太大;当计算范围较小时,边界条件又会影响计算误差,所以必须合理确定模型的边界范围,使模型范围对研究问题的分析结果不产生显著影响,更充分反映研究问题的实际情况。

从对模拟结果的要求来说,不论模型边界如何选取,采矿工程问题数值模型本身要能真实地再现开采前及开采后实际岩体的应力、位移及其变化情况。如工作面开采前、后,能较真实地模拟实际岩体的应力分布,即原岩应力场、采动应力场。这就要求在建立数值力学分析模型时,合理确定模型的范围,以便合理地施加模型边界条件。

在数值模拟中,边界条件包括一切可以用具体变量值来描述的网格边界情况。边界既可以是真实的边界,也可以是人工边界。真实的边界是模型在现实中实际存在的边界,但人工边界是为了使模型封闭而假设的边界。人工边界可以分为两类,即对称面和切断面。对称面边界利用模型几何对称特征或荷载对称特征而设定;切断面边界是由于实际问题的尺寸太大,考虑计算速度和内存要求,只取实际区域的一部分来模拟问题而设定的边界。在具体问题中,应该清楚模型的切断面边界对所计算区域的应力、应变的影响程度,然后确定切断面的位置,减小切断面对计算区域的影响。

2.2.5 监测反馈法

一般采用位移监测、声波监测等手段,确定岩体开挖损伤区,评价岩体稳定性。

某矿巷道埋深 710~880 m,沿煤层顶板向下倾斜 7°施工,断面形状为直墙三心拱形,跨度为 4.8 m,边墙高度为 1.5 m,随掘进随支护,锚杆长度为 2200 mm。岩石质地致密坚硬,抗压强度高,发育有明显层理,具有很强的横观各向同性性质。其中,岩石基质为细砂岩,成分以石英为主,较坚实;岩石层理为粉砂岩,层面含大量碳化物,黏结强度较低。掘进范围内煤岩层总体趋势为东南高、西北低的单斜构造,区内仅发育小断层。

现场监测选用超前监测和滞后监测相结合的方式。

(1)深部位移监测

围岩的深部位移量呈现出由浅部至深部逐渐减小的规律。这是由于受到爆破作用影响,浅部围岩内产生了大量的裂隙,使浅部岩体发生较大变形,而深部岩体内的裂隙较少,因此深部岩体的变形量较小。为得到显著变形区和微小变形区的分界线范围，需计算相邻测点间的线应变，见图 2-13。

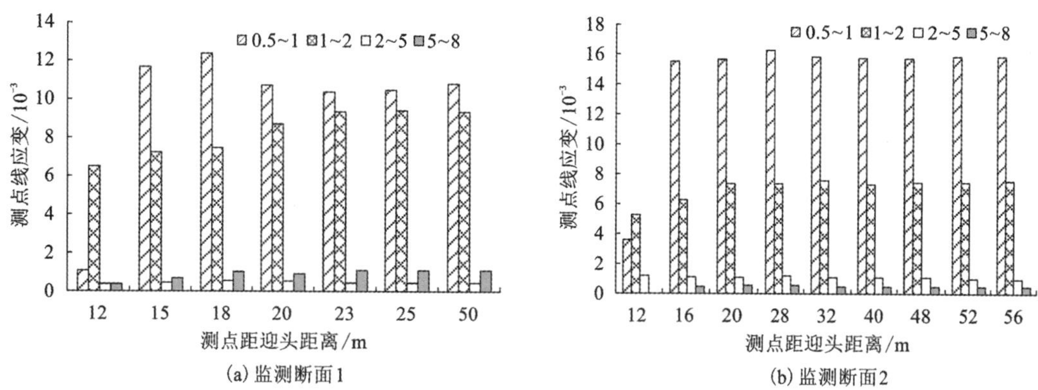

(a) 监测断面 1　(b) 监测断面 2

图 2-13　巷道右帮相邻测点间线应变图

(2) 应力监测

提取围岩不同深度测点的三向主应力值，并将其与各测点垂直于巷道轴向的水平应力 σ_h 和垂直应力 σ_v 进行对比，见图 2-14。可以看出，当工作面未掘进至监测点时，不同深度测点的应力值基本上都未受到扰动的影响。当工作面即将掘进至监测点时，由于 0.5 m 和 1 m 深度处的测点靠近巷道边墙，受工作面空间约束效应影响，σ_1、σ_2、σ_h、σ_v 略有升高；当工作面掘进通过监测点后，开挖卸荷致使巷道边墙位置的应力状态发生变化，两测点的各应力值均大幅度降低，0.5 m 测点的 σ_3、σ_h 在距工作面 6 m 时甚至出现拉应力。

工作面掘进过监测点后，2 m 测点的 σ_1、σ_v 受到工作面空间约束效应的影响而显著增加；σ_2 在工作面接近监测点时略有升高，然后逐渐恢复到原岩应力水平；σ_3、σ_h 则持续显著下降。5 m、8 m 测点的 σ_1、σ_2、σ_v 受扰动程度均较小，σ_3、σ_h 依旧呈现出下降趋势。

另外，在工作面未掘进至监测点时，各测点的 σ_h 均明显大于 σ_3。然而，当工作面掘进过监测点后，σ_h 和 σ_3 明显下降，两应力值趋于一致。这是由于掘进后巷道边墙水平向的应力解除，使得原来处于挤压状态的围岩失去支撑而向巷道内发生松胀变形，这时不仅垂直于巷道轴向的 σ_h 显著减小，而且测点三向主应力的大小、方向也发生了变化。

(3) 声波速度测试

开挖损伤区稳定后的一段时间内，损伤区依然会受到爆破作用的影响而进一步被破坏，产生小的裂隙，主要表现为损伤区内的平均波速明显减小。绘制不同位置的平均波速曲线，见图 2-15。

(4) 钻孔成像测试

取钻孔不同深度的全景图像进行对比，见图 2-16。

(5) 收敛变形监测

测量掘进过程中巷道同一断面上不同位置的收敛变形量，测点布置如图 2-17 所示。

考虑各测线的长度不同，为准确分析各测线的变形量，需计算各测线的线应变，具体结果见图 2-18。

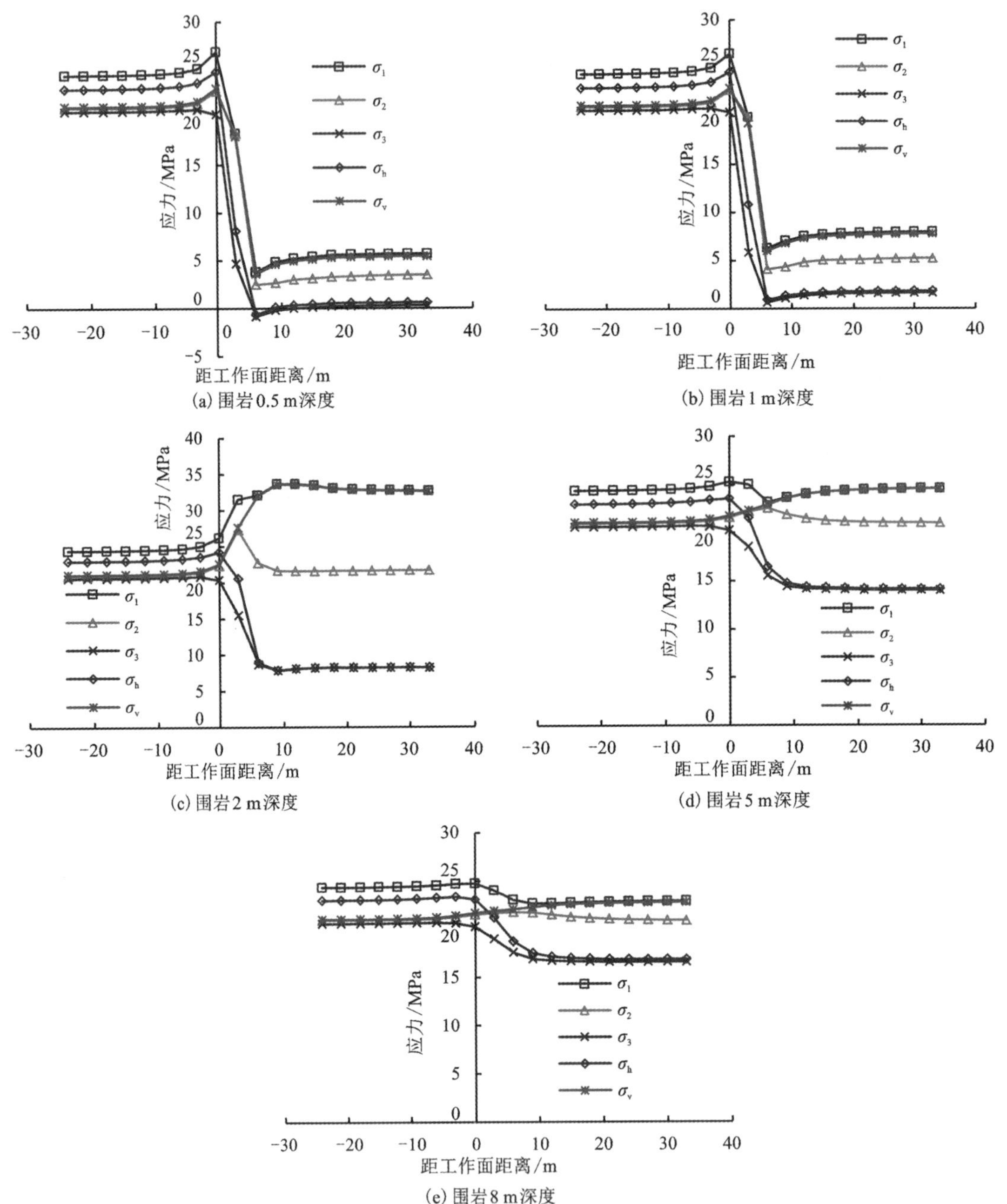

图 2-14　距工作面不同距离围岩扰动应力分布

(6) 监测反馈综合分析

由深部位移监测结果可见，对于监测断面 1，1~2 m 测点的线应变明显大于 2~5 m 测点的线应变，由此断定 1~2 m 的测点，裂隙数量存在显著减小的过程，可以认为监测断面 1 的显著变形区与微小变形区的分界线在 1 m 和 2 m 之间。对于监测断面 2，2~5 m 测点的线应变大于 5~8 m 测点的线应变，因此可以认为监测断面 2 的显著变形区与微小变形区的分界线

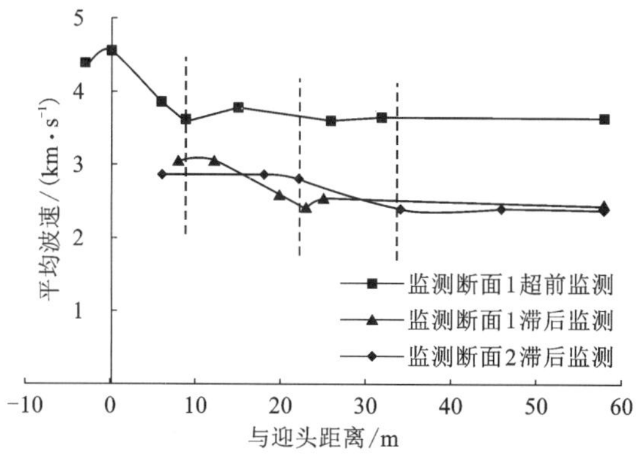

图 2-15　不同监测断面平均波速曲线

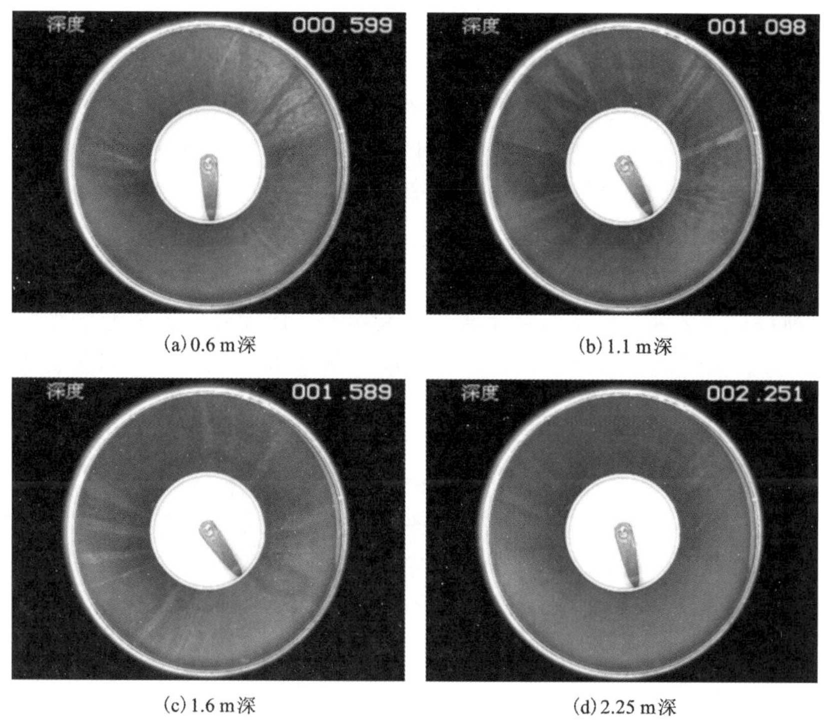

(a) 0.6 m深　(b) 1.1 m深

(c) 1.6 m深　(d) 2.25 m深

图 2-16　不同深度钻孔成像图

在 2 m 和 5 m 之间。

由波速测试结果(图 2-15)可以看出，监测断面 1 超前监测、滞后监测以及监测断面 2 滞后监测的平均波速在迎头后方的基本稳定距离分别为 9 m、22 m、34 m。监测断面 1 中，接近底板的超前钻孔由于监测位置的差异，超前监测的平均波速明显大于滞后监测的平均波速且受扰动距离明显小于滞后监测。另外，考虑岩性的影响，监测断面 2 的平均波速小于监测断面 1 的平均波速，并且受爆破作用后，监测断面 2 的扰动范围明显大于监测断面 1。

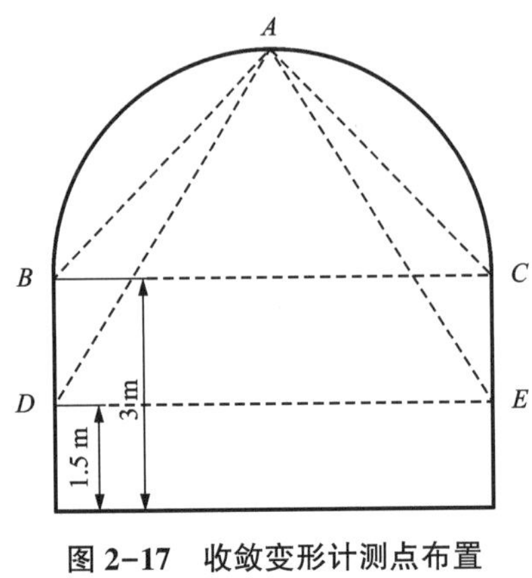

图 2-17 收敛变形计测点布置

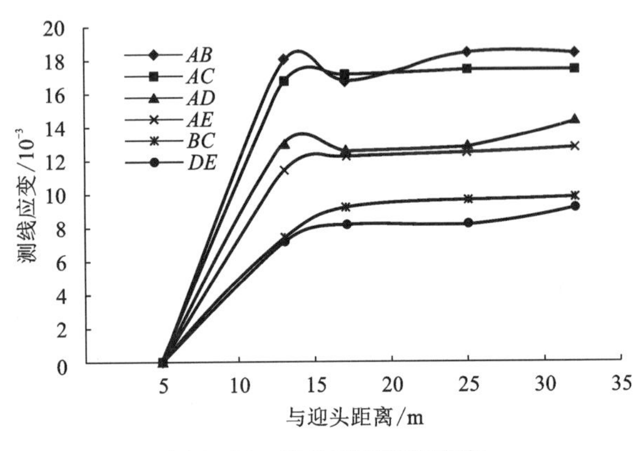

图 2-18 岩体表面测线应变

根据钻孔成像结果(图 2-16)可以看出，钻孔在 0.6 m、1.1 m 以及 1.6 m 附近的范围内，裂隙、层理发育明显，而在 2.25 m 附近，裂隙、层理的数量明显减少。显著裂隙区的范围与之前深部位移的监测结果基本吻合。钻孔在 3~4 m 以及 7 m 深度附近存在着大量的原生裂隙，在距离孔口 2 m 的范围内，受爆破扰动的影响而产生了大量的微小裂隙。

由图 2-18 可以得到，各测线的线应变大小顺序为：*AB*>*AC*>*AD*>*AE*>*BC*>*DE*。

综合以上监测结果，可得两监测断面的开挖扰动区结果(表 2-35)。可以看出，两监测断面两腰位置的开挖扰动区大小一致。受到岩性差异以及后期围岩内部应力调整的综合作用，监测断面 1 的显著变形区范围、扰动距离、最大位移量以及松动圈大小均明显小于监测断面 2。这里应该说明的是，考虑围岩显著变形区和围岩松动圈的形成原因均是岩体浅部大量的裂隙发育导致岩体发生大变形的同时使波速明显降低的，因此可以认为显著变形区与松动圈的范围一致。

表 2-35 两监测断面开挖扰动区分析

监测参数		监测对象	
		监测断面 1	监测断面 2
深部位移参数	开挖扰动区	8 m(滞后)/5 m(超前)	8 m
	显著变形区	1~2 m	2~5 m
	扰动距离	0~25 m	-4~20 m
	最大位移	20.32 mm	20.74 mm
声波测试参数	松动圈	1.8 m	2.4 m
	扰动距离	0~23 m	0~34 m
综合扰动距离		0~25 m	-4~34 m

2.3　岩体稳定性评价判据

岩体稳定性评价判据有变形、强度、开挖损伤区、破坏接近度、能量释放率和安全系数等，这些判据有不同的适用特点，可单独使用或联合使用。岩体变形是矿山中常用的监测变量，当变形大于许可变形时岩体失稳。与变形判据类似，岩体应力大于岩体强度时岩体失稳。岩体变形和岩体强度的研究起步较早，常伴随着岩石力学性质研究与强度理论研究。岩体开挖损伤区内变形和应力发生明显改变，容易造成岩体失稳，损伤区表征了开挖影响的程度和范围。破坏接近度是从应力与破坏强度的关系、变形与许可变形的关系角度提出的判据，破坏接近度常与数值分析结果结合来判断岩体稳定性。能量释放率是从岩爆角度提出的判据，可应用于硬脆性岩体的动态破坏评价。安全系数具有简单直接的特点，可根据岩体破坏概率来定义判据，常应用于岩体稳定性评价。

2.3.1　变形

用位移量来判定采场安全开采的标准时，国内一般认定饱水岩层产生的拉伸变形量上限为 2~3 mm/m，英国规定不超过 10 mm/m，澳大利亚规定不超过 7.5 mm/m。此处对变形量的限定，即规定了岩体的应变，比如 2~3 mm/m 对应的极限应变为 0.002~0.003。

在现场监测中，可以监测岩体中两点的长度，从而得到监测点间的变形量的时序特征，即得到对应的应变值。例如，某矿分别在距离岩体表面 0.5 m、1 m、2 m、5 m 和 8 m 处布置监测点，测得位移结果如图 2-19 所示。由此可以看出，距岩体表面 8 m 以上即可认为基本无变形运动，其他测点的位移可看作相对 8 m 处测点的相对位移。进而可以得出结果：距岩体表面 5 m 处的最大位移值约为 2.5 mm，对应的应变即为 2.5 mm/(8 m−5 m)≈0.0008；距岩体表面 2 m 处的最大位移值约为 5 mm，对应的应变即为 5 mm/(8 m−2 m)≈0.0008；距岩体表面 1 m 处的最大位移值约为 10 mm，对应的应变即为 10 mm/(8 m−1 m)≈0.0014；距岩体表面 0.5 m 处的最大位移值约为 22 mm，对应的应变即为 22 mm/(8 m−0.5 m)≈0.0029。该岩体内部各监测点的应变值均小于 0.003。同时，由变形演化曲线可知，最终岩体变形处于稳定状态。一般压缩破坏时，应变值为 0.005 左右。

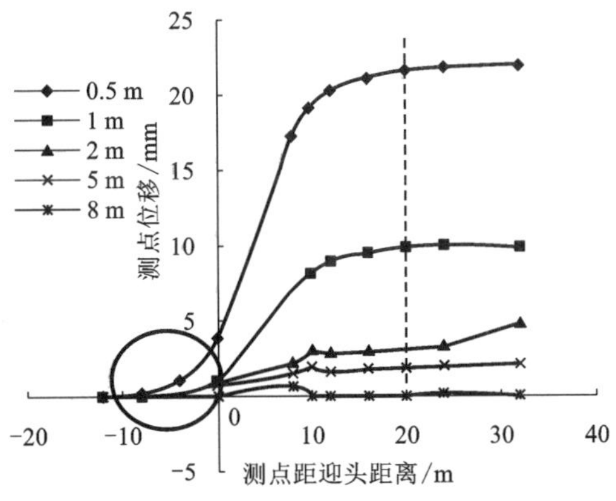

图 2-19　某矿岩体内部监测点的变形随开挖扰动的演化规律

除了采用位移量外，还可采用变形速率判定围岩稳定性，并以此作为监测预警依据。例如，对于拱顶下沉，预警值可选用2 mm/d；对于巷道收敛变形，预警值可选用1 mm/d；对于地表竖向位移，预警值可选用2 mm/d。

2.3.2 强度

采用岩体应力(强度)作为岩体稳定性评价指标，主要是研究岩体应力与岩体强度的关系。岩体强度指岩体抵抗外力破坏的能力，分为抗压强度、抗拉强度和抗剪强度，但对裂隙岩体来说，抗拉强度很小，工程设计上一般不允许岩体中有拉应力出现。

岩体强度是岩体工程设计的重要参数，而做岩体的原位试验又十分费时、费钱，难以大量进行，因此，如何利用地质资料及小试块室内试验资料对岩体强度做出合理估算是岩石力学中的重要研究课题。借助准岩体强度估算方法可方便地对岩体强度进行估算。

这种方法的实质是用某种简单的试验指标来修正岩块强度，作为岩体强度的估算值。节理、裂隙等结构面是影响岩体的主要因素，其分布情况可通过弹性波传播来查明，弹性波穿过岩体时，遇到裂隙便发生绕射或被吸收，传播速度将有所降低，裂隙越多，波速降低越大，小尺寸试件含裂隙少，传播速度大，因此根据弹性波在岩石试块和岩体中的传播速度比，可判断岩体中裂隙发育程度，称此比值的平方为岩体完整性系数，岩体的强度等于岩石的强度与岩体完整性系数的乘积。

另外，岩石/岩体强度的计算可采用通用的Mohr-Coulomb强度理论、Hoek-Brown强度理论等。由于Mohr-Coulomb强度理论表达简单，方便应用，所以很多其他强度准则(如Drucker-Prager准则、Hoek-Brown准则等)都将强度参数以Mohr-Coulomb强度理论的强度参数为自变量进行表达。

Mohr-Coulomb强度理论的强度参数有内摩擦角和黏聚力。围压效应或静水压力效应可自定义塑性内变量，从而得到强度参数随内变量的演化规律。例如，根据三轴试验结果，可将黏聚力和内摩擦角随塑性内变量演化规律表示为

$$
\begin{cases}
c(\kappa)=\dfrac{c_t-c_0}{\kappa_t}\kappa+c_0 & (0\leqslant\kappa\leqslant\kappa_t)\\[2ex]
c(\kappa)=\dfrac{c_t-c_r}{(\kappa_t-1)^2}(\kappa-1)^2+c_r & (\kappa_t<\kappa\leqslant 1)
\end{cases}
\tag{2-32}
$$

$$
\varphi(\kappa)=(\varphi_0-\varphi_r)(\kappa-1)^2+\varphi_r \qquad (0\leqslant\kappa\leqslant 1) \tag{2-33}
$$

式中：黏聚力 c 在初始屈服时的初值为 c_0，内摩擦角 φ 在初始屈服时的初值为 φ_0。c 值线性减小，当到达峰值点 $\kappa=\kappa_t$ 时，$c=c_t$，然后一直呈抛物线规律减小至 c_r；φ 值一直呈抛物线规律增大至 φ_r。

因此，可根据内摩擦角和黏聚力的数值判断岩体塑性演化的程度，如根据初始屈服强度指标 c_0 和 φ_0 判断是否屈服；当 c 的数值介于 c_0 和 c_t 之间时，岩体处于初始屈服至峰值破坏阶段；当 c 的数值介于 c_r 和 c_t 之间时，岩体处于峰值后的破坏阶段。

2.3.3 开挖损伤区

岩体开挖损伤区范围及损伤程度预测、损伤区围岩物理力学特性的评价，对深部岩体工程稳定性设计、安全性评价及支护参数优化是至关重要的。国外进行了较系统的研究工作，

如加拿大的 URL 地下原位试验，美国 Yucca 山原位试验、欧洲各国联合进行的 DECOVALEX 项目和瑞典 Äspö 硬岩实验室(HRL)的原位试验等。在埋深超过 1000 m 的深埋巷道施工及深部采矿过程中，开挖损伤区的演化会对深埋巷道的运营及其稳定性造成重大影响(图 2-20)。

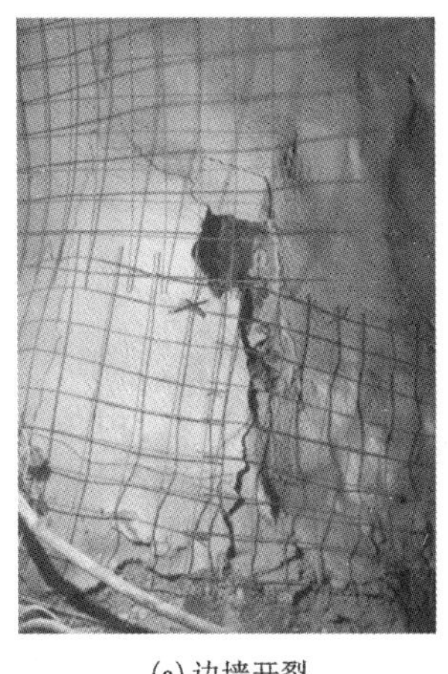

(a) 边墙开裂

(b) 板裂化

(c) 岩爆

图 2-20　岩体开挖后的损伤破坏

(1) 开挖损伤区定义

一般来讲，高应力条件下采用机械开挖时硬岩巷道围岩的影响区由内而外可以分为破坏区、开挖损伤区和开挖扰动区 3 个部分(图 2-21)。地下工程开挖是一个系统问题。工程结构的调整和地质环境的改变是影响巷道稳定性的主导因素，深埋巷道从开挖至达到新的平衡状态是一个逐步开挖卸荷的过程，巷道的几何形状、物理特性、边界条件等随时间逐步变化，开挖损伤区也不断发生变化。

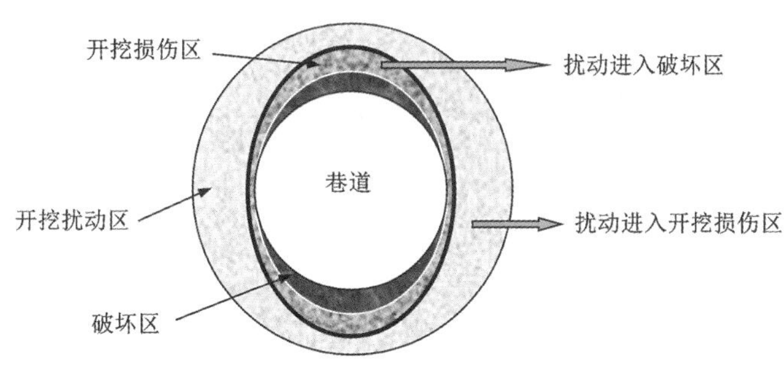

图 2-21　围岩分区示意图

破坏区内岩体完全失去承载能力，岩块与母岩发生了脱离，若围岩最终能够再次达到自稳状态，那么自稳后的最终断面与设计断面之间的区域成为破坏区。

随着围岩应力重新分布、巷道周边收敛变形和岩石结构重组等，巷道周边裂隙、节理和剪裂缝等会组成新的裂隙网络，形成开挖损伤区(excavation damaged zone, EDZ)，而损伤比较严重的区域称为围岩松动圈(loosen zone/broken rock zone, BRZ)。对于开挖扰动区的定义

(excavation disturbed zone, EDZ), 瑞典学者 Malmgren 认为开挖扰动区是开挖和应力重分布导致物理性质、力学性质和渗透性发生极大变化的岩体以外的围岩。URL 的研究表明, 深部岩体开挖损伤区可以分为内、外 2 个次级损伤区, 内损伤区包括破坏区, 主要由开挖方式和开挖导致的应力集中联合造成, 而外损伤区则仅仅由应力重分布引起。在相同条件下, 地应力较低时的外损伤区的范围将显著小于高地应力的情况。扰动区环向应力明显增加, 而径向应力减小, 两者应力差的增大造成了远超过原岩应力的应力集中, 集中应力场造成岩体压密, 高弹性能储存其中, 扰动区仅仅发生围岩应力的调整, 其物理力学性质未受影响。

根据围岩松动圈厚度、围岩胀碎变形量不同, 可以把松动圈分成 3 类:

①小松动圈: 当围岩松动圈厚度为 0~40 cm 时, 为小松动圈稳定围岩。这类围岩中, 松动圈厚度值小, 围岩稳定性好, 由此产生的碎胀变形量小, 一般只有几毫米。

②中等松动圈: 当围岩松动圈厚度为 40~150 cm 时, 为中等松动圈围岩。中等松动圈围岩胀碎变形比较明显, 变形量较大。

③大松动圈: 当围岩松动圈厚度大于或者等于 150 cm 时, 为大松动圈围岩状态。在大松动圈地下巷道中, 围岩表现出软岩的工程特征, 围岩松动圈胀碎变形量大, 初期围岩收敛变形速度快, 变形持续时间长。

(2)围岩开挖与围岩分区演化

开挖扰动将使破坏区向损伤区内扩展, 损伤区将向扰动区内扩展, 扰动区的范围将不断增大。下面通过一个工程实例的分析来说明开挖对围岩应力状态的影响, 而开挖过程中, 围岩应力状态的改变直接影响各区域安全度的变化。

图 2-22 为某试验巷道在开挖过程中开挖断面与应力监测断面的位置关系图, A、B、C、D 分别为开挖过程中不同时刻的开挖断面, 试验巷道由 A 到 D 逐步开挖。图中可分析开挖面前、后方的定义及其与所研究围岩内某点的关系。

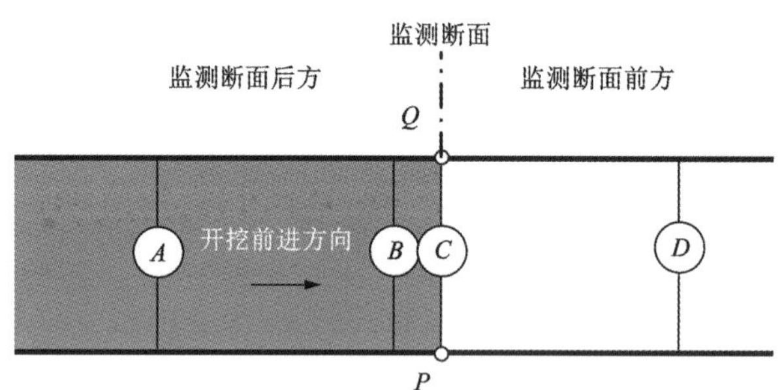

图 2-22 开挖断面与应力监测断面的位置关系图

当开挖面前进时, 巷道洞壁的顶拱 Q 点和底拱 P 点的极限应力路径如图 2-23 所示。当 Q 点在开挖面前方较远位置时, 应力点位于裂纹初始应力 σ_{ci} 包络线以内。随着开挖面的靠近, Q 点处的围压降低, 当开挖面到达 B 处时, Q 点处已处于受拉区, 偏应力($\sigma_1-\sigma_3$)明显增大, 且超过了 σ_{ci} 包络线, 主应力方向旋转了 25°, 出现了预损伤。当开挖面到达 C 处, 即 Q 点处, 由于开挖面的约束作用, 主应力 σ_1 和 σ_3 均有所提高, 但应力状态仍在 σ_{ci} 包络线以上, 围岩损伤区继续扩展。随着开挖面的远离, Q 点处的围压又急剧减小, 损伤区继续向外扩展，当开挖面远离到一定程度(如 D 处时)时，Q 点的径向应力最终降低到零，处于二维应力状态，即只有环向应力 σ_1 和沿洞轴方向的应力 σ_2，应力主轴将不再发生偏转，应力状态超过了裂纹不稳定扩展应力包络线，由于损伤的加剧，围岩内产生了破坏区。

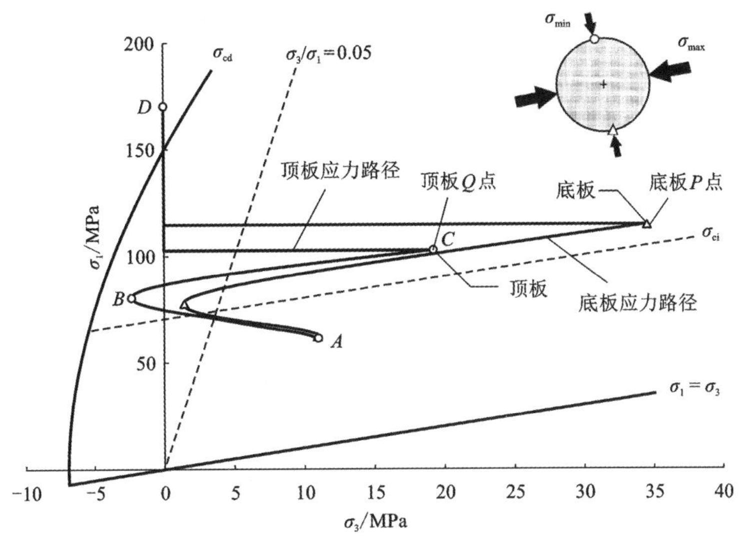

图 2-23　开挖过程中顶拱、底拱的应力路径

2.3.4　破坏接近度

(1)破坏接近度的表征

破坏接近度(FAI)表征工程岩体的危险程度，破坏接近度数值越大，工程岩体危险性越强。破坏接近度采用如下公式计算：

$$\mathrm{FAI}=\begin{cases}\omega & 0\leqslant\omega<1\\ 1+\mathrm{FD} & \omega=1,\ \mathrm{FD}\geqslant 0\end{cases} \tag{2-34}$$

式中：ω 为与屈服接近度(YAI)相补的参量，表达式为 $\omega=1-\mathrm{YAI}$，也称其为危险系数；FD 为破坏度(failure degree)。破坏接近度融合了屈服接近度和破坏度指标。在分析开挖过程中围岩安全性分区及其演化规律的基础上，通过分析主应力空间中一点应力状态与屈服面的相对关系，提出屈服接近度的指标；通过分析塑性主应变空间的塑性剪应变的发展规律，提出破坏度的指标；将两者合为一个表达变量，为破坏接近度指标。

式(2-34)表示，在初始屈服之前，以 ω 表示应力状态的危险性，可随加、卸载状况变化；在初始屈服后，以(1+FD)来表示材料的损伤程度，不反映加、卸载情况。

虽然，ω 和 FD 两个参量是在不同的力学基础上推导出来的，ω 是针对材料弹性变形阶段的应力危险性提出的，FD 是针对材料屈服流动阶段的损伤程度提出的，但是表示危险性的无量纲参量，可以组合在一起来表达材料在不同变形阶段的危险性程度。

对于工程中岩体，可根据弹塑性分析的结果和工程现场的情况，结合经验，通过破坏接近度来界定破坏区、损伤区、弹性区等，并了解其危险性程度。

(2)屈服接近度

在应力空间内，当以应力分量作为变量时，屈服面为六维应力空间内的超曲面。若以主应力分量表示时，则为主应力空间内一个曲面，称为屈服曲面。初始屈服面或后继屈服面将应力空间分成两个部分，应力点在屈服面内属弹性状态，此时屈服函数 $F(\sigma_{ij})<0$；在屈服面上，材料开始屈服，$F(\sigma_{ij})=0$。屈服接近度(YAI)的新概念，可广义地表述为：描述一点的现时状态与相对最安全状态的参量的比，$\mathrm{YAI}\in[0,\ 1]$。相对于某一强度理论，则可以定义为：空间应力状态下的一点沿最不利应力路径到屈服面的距离与相应的最稳定参考点在相同罗德角方向上沿最不利应力路径到屈服面的距离之比。符号约定：应力分量 σ_{ij} 和应变分量 ε_{ij} 的取值均为拉正压负，i，$j=1$，2，3，且主应力 $\sigma_1\geqslant\sigma_2\geqslant\sigma_3$。

①基于 Mohr-Coulomb 准则的屈服接近度函数。

Mohr-Coulomb 以 I_1、J_2、θ_σ 表示为：

$$F=\frac{1}{3}I_1\sin\varphi+\left(\cos\theta_\sigma-\frac{1}{\sqrt{3}}\sin\theta_\sigma\sin\varphi\right)\sqrt{J_2}-c\cos\varphi=0 \tag{2-35}$$

式中：I_1 为应力张量的第一不变量，$I_1=\sigma_x+\sigma_y+\sigma_z=\sigma_1+\sigma_2+\sigma_3$；$J_2$ 为偏应力张量的第二不变量，即

$$J_2=\frac{1}{2}S_{ij}S_{ij}=\frac{1}{6}[(\sigma_x-\sigma_y)^2+(\sigma_y-\sigma_z)^2+(\sigma_z-\sigma_x)^2+6(\tau_{xy}^2+\tau_{yz}^2+\tau_{zx}^2)]$$

式中：θ_σ 为应力罗德角，表示为 $\tan\theta_\sigma=\frac{1}{\sqrt{3}}\frac{2\sigma_2-\sigma_1-\sigma_3}{\sigma_1-\sigma_3}$。

主应力空间中，一点 P 的应力状态在 π 平面上的位置如图 2-24 所示，它在子午面上的位置如图 2-25 所示。

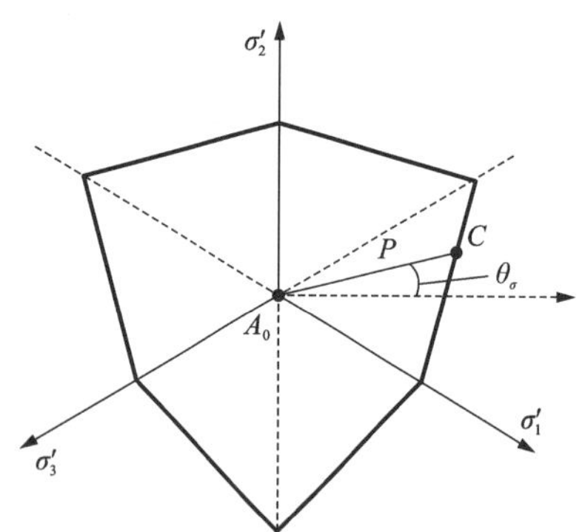

图 2-24 π 平面上应力点与屈服面的关系

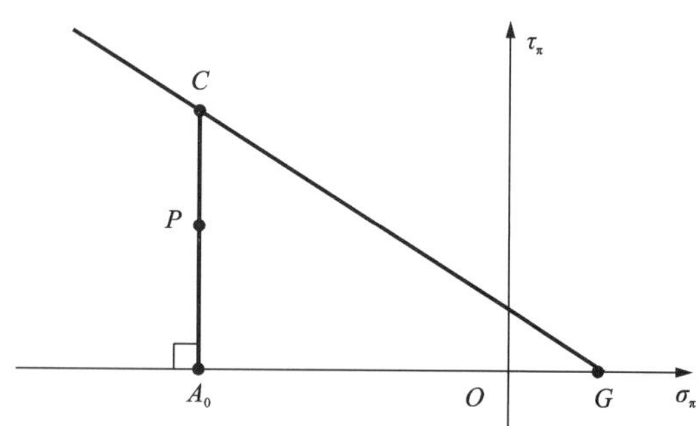

图 2-25 子午面应力点与屈服面的关系

点 P 与屈服面的空间关系如图 2-26 所示。

基于 Mohr-Coulomb 准则的屈服接近度 YAI 的定义为：

$$\mathrm{YAI}=\frac{(I_1\sin\varphi)/3+(\cos\theta_\sigma-\sin\theta_\sigma\sin\varphi/\sqrt{3})\sqrt{J_2}-c\cos\varphi}{I_1\sin\varphi/3-c\cos\varphi} \tag{2-36}$$

式(2-36)即为基于 Mohr-Coulomb 准则的屈服接近度函数的表达式。

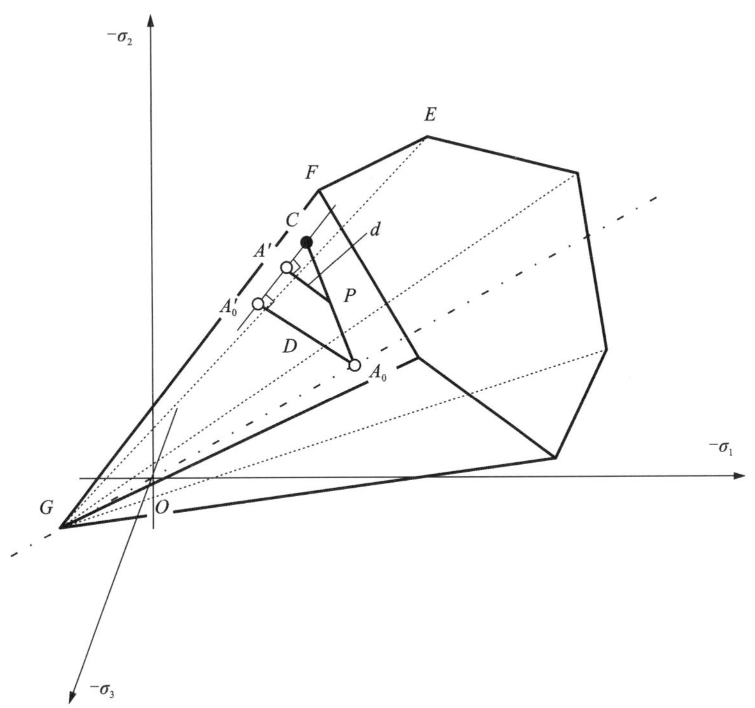

图 2-26　主应力空间中应力点与屈服面关系

对于式(2-36)，有两点需要说明：一是与所研究点在同一应力水平上的等倾线上的点为相对最稳定参考点，若参考点取非相同应力水平的点，空间应力状态下的一点沿最不利应力路径到屈服面的距离与相应的最稳定参考点在相同罗德角方向上沿最不利应力路径到屈服面的距离之比将失去意义，式(2-36)也将无意义；二是此点沿最不利应力路径破坏。

对于单独考虑拉伸屈服的情况，屈服接近度函数为

$$\mathrm{YAI} = \frac{\sigma_t - \sigma_1}{\sigma_t} \tag{2-37}$$

式中：σ_t 为材料的抗拉强度。

②基于 Tresca 准则的屈服接近度函数。

Tresca 准则表达为：

$$F = \sqrt{J_2}\cos\theta_\sigma - k = 0 \tag{2-38}$$

由于 Tresca 屈服准则无静水压力效应，所以在主应力空间内，其为一六棱柱面，在 π 平面上为一六边形，因此，应力点 P 和相应的静水压力点(即相对最安全参考点) A_0 在子午面上的垂足都在 π 平面上的屈服线上，即线 PA' 和线 A_0A_0' 均处于 π 平面内，如图 2-27 所示。

相应于 Tresca 屈服准则的屈服接近度函数的表达式为

$$\mathrm{YAI} = \frac{k - \sqrt{J_2}\cos\theta_\sigma}{k} \tag{2-39}$$

③基于 Drucker-Prager 准则的屈服接近度函数及其扩展形式。

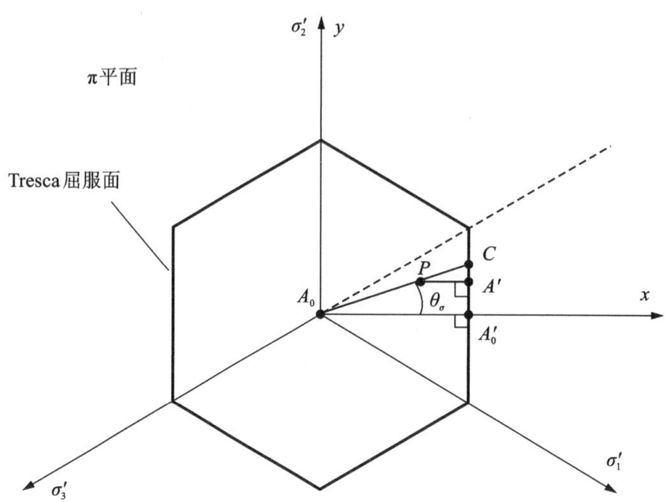

图 2-27 π平面上应力点与 Tresca 屈服面的关系

Drucker-Prager 准则的表达式为：

$$F = \alpha I_1 + \sqrt{J_2} - k = 0 \tag{2-40}$$

对于如式(2-40)所表示的圆锥形屈服面，子午面坐标系内应力点 P 与它的关系如图 2-28(a)所示，偏平面坐标系内应力点 P 与它的关系如图 2-28(b)所示。

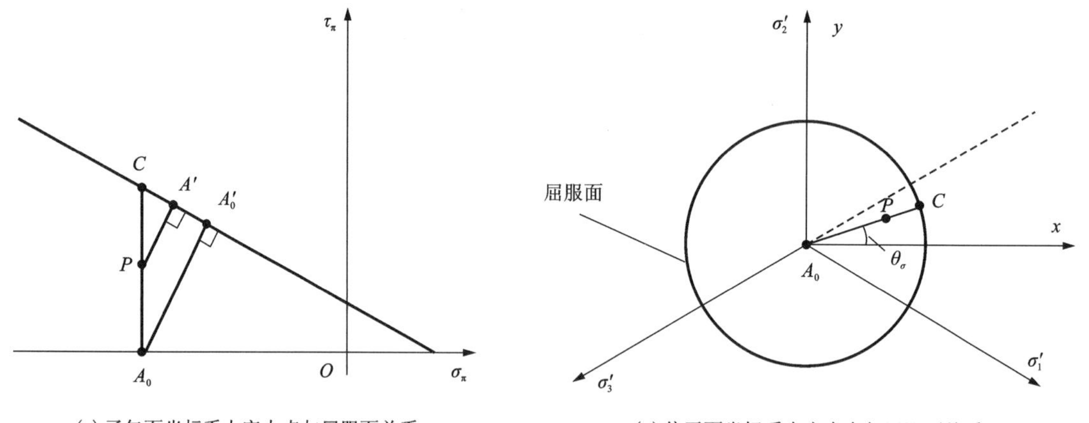

(a) 子午面坐标系内应力点与屈服面关系

(b) 偏平面坐标系内应力点与屈服面关系

图 2-28 应力点与 Drucker-Prager 准则屈服面关系

在子午面内就可以建立起 Drucker-Prager 准则及其扩展形式的屈服接近度函数，本书统一用 α 和 k 来表示：

$$\text{YAI} = \frac{\alpha I_1 + \sqrt{J_2} - k}{\alpha I_1 - k} \tag{2-41}$$

④基于统一强度理论的屈服接近度函数

1961 年，俞茂宏提出了双剪应力屈服条件；后来，在此基础上相继提出了广义双剪应力屈服准则、双剪统一屈服准则和多参数统一强度理论。其中，能够考虑静水应力效应的广义双剪应力屈服准则和三参数统一强度理论在岩土工程中应用较多，而三参数统一强度理论可以退化成广义双剪应力屈服准则。三参数统一强度理论由统一强度理论和双剪应力三参数准则结合而成，其定义是，当作用于单元体上的两个较大主剪应力以及相应的正应力函数和静水应力函数达到某一极限值时，材料发生破坏。其数学表达式为

$$F = \Omega_1 I_1 + \Omega_2 \sqrt{J_2} - C = 0,\ -\frac{\pi}{6} \leqslant \theta_\sigma \leqslant \arctan\left(\frac{\beta}{\sqrt{3}}\right) \tag{2-42}$$

$$F' = \Omega_3 I_1 + \Omega_4 \sqrt{J_2} - C = 0,\ \arctan\left(\frac{\beta}{\sqrt{3}}\right) \leqslant \theta_\sigma \leqslant \frac{\pi}{6} \tag{2-43}$$

式中：$\Omega_1 = \frac{1}{3}[\beta(1+b)+a]$；$\Omega_2 = \frac{2+b+b\beta}{2}\cos\theta_\sigma + \frac{b\beta-3b-2\beta}{2\sqrt{3}}\sin\theta_\sigma$；$\Omega_3 = \frac{1}{3}[\beta(1+b)+a]$；$\Omega_4 = \frac{2+b-b\beta}{2}\cos\theta_\sigma + \frac{3b-2\beta+b\beta}{2\sqrt{3}}\sin\theta_\sigma$。

在 π 平面上，应力点与屈服面的关系如图 2-29 所示。

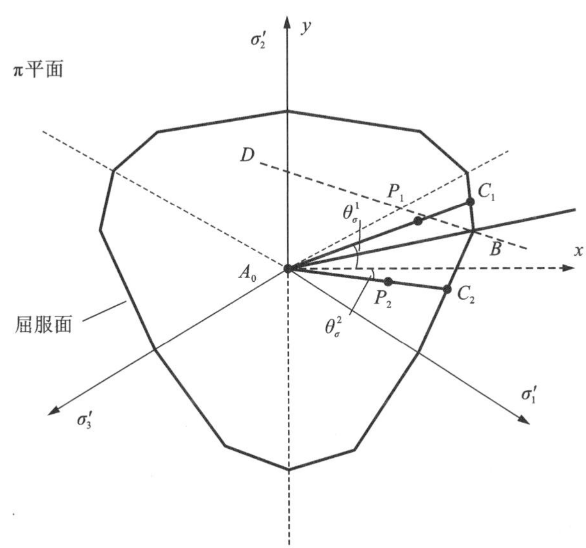

图 2-29　偏平面坐标系内应力点与双剪强度理论屈服面的关系

当 $\arctan\left(\frac{\beta}{\sqrt{3}}\right) \leqslant \theta_\sigma \leqslant \frac{\pi}{6}$ 时，

$$\mathrm{YAI}_1 = \frac{\frac{1}{\sqrt{2}}\Omega_4 \tau_\pi + \Omega_3 I_1 - C}{\Omega_3 I_1 - C} \tag{2-44}$$

当 $-\frac{\pi}{6} \leqslant \theta_\sigma \leqslant \arctan\left(\frac{\beta}{\sqrt{3}}\right)$ 时，

$$YAI_2 = \frac{\frac{1}{\sqrt{2}}\Omega_2 \tau_\pi + \Omega_1 I_1 - C}{\Omega_1 I_1 - C} \tag{2-45}$$

(3)破坏度

材料强度弱化的根本机制是其力学性质的恶化，在塑性力学中，塑性剪应变唯象地描述了这种恶化(即损伤)。对于岩石材料，塑性剪应变 $\overline{\gamma}_p$ 综合描述了材料不可逆的畸变变形，即材料的累积损伤程度。对于以剪切破坏机制为主的材料，常常以此为变量来定义应变硬化(软化)函数。依据以上的分析，我们可以假设，当材料破坏时，存在一个临界的塑性剪应变 $\overline{\gamma}_p$ 值作为界定破坏的判据，这个判据是一个材料参数。因此，完全可以通过塑性剪应变来定义一个评价材料变形破坏过程中损伤程度的指标，称之为破坏度(failure degree，FD)：

$$FD = \overline{\gamma}_p / \overline{\gamma}_p^r \tag{2-46}$$

式中：$\overline{\gamma}_p$ 为塑性剪应变，$\overline{\gamma}_p = \sqrt{\frac{1}{2} e_{ij}^p e_{ij}^p}$，塑性偏应变 $e_{ij}^p = \varepsilon_{ij}^p - \varepsilon_m^p \delta_{ij}$；$\overline{\gamma}_p^r$ 为材料的极限塑性剪应变，但目前还没有规范给出针对不同岩石的破坏判据的参考值。

(4)圆形巷道安全性随开挖过程演化的破坏接近度分析

问题描述：某一灰岩层中的圆形巷道，毛洞半径为 3.0 m。选取典型地质剖面。根据规范规定和计算经验，计算范围取长 30 m，宽和高各为 50 m。由于模型的对称性，取地质模型的四分之一进行数值模拟，地质模型及剖分后的网格见图 2-30。

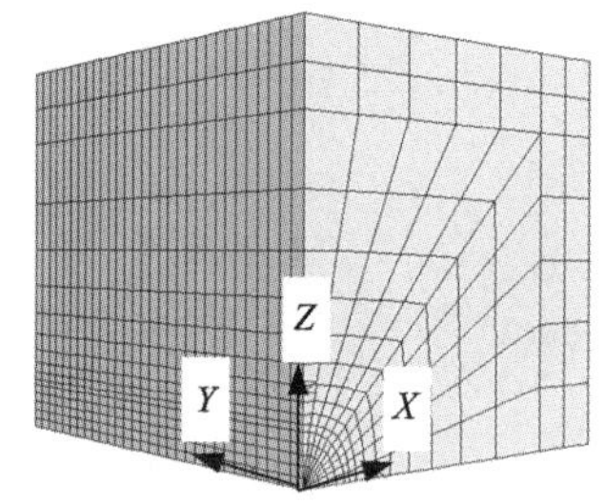

图 2-30 巷道三维拉格朗日元计算网格

岩体的力学参数为：弹性模量(E)为 20 GPa；泊松比(μ)为 0.2；内摩擦角(φ)为 34.88°；黏聚力(c)为 1.7 MPa。不考虑重力场。

边界条件为：底面竖向约束，左侧面 X 方向约束；在上表面沿 Z 方向施加 7.5 MPa 的压力，右侧面沿 X 方向施加 11.25 MPa 的压力，在 Y 方向的前、后两个表面施加 15.0 MPa 的压力。

岩体采用弹塑性本构关系，屈服准则为 Mohr-Coulomb 准则。巷道掘进方向为 Y 轴正向，全段面一次开挖，开挖进尺为 3 m，十步开挖完毕。

对于第二、三步开挖完毕后沿巷道轴向的深度即 Y=4.5 m 处，其横断面的破坏接近度的分布见图 2-31 和图 2-32。比较两图可见，第二步开挖后，此断面 FAI = 1 的区域相对较小，第三步开挖完毕后此区域明显扩大，且和第二次开挖后 FAI = 0.95 区域的范围大体相同，这说明了破坏接近度在评价围岩的危险性程度及预估进一步开挖扰动引起塑性(损伤)区演化的范围和演化规律上具有合理性。

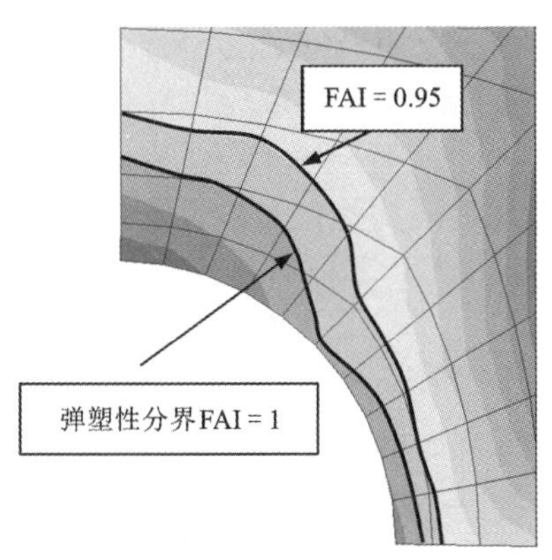

图 2-31　开挖至第二步时，沿洞轴深为 4.5 m 断面的破坏接近度等色图

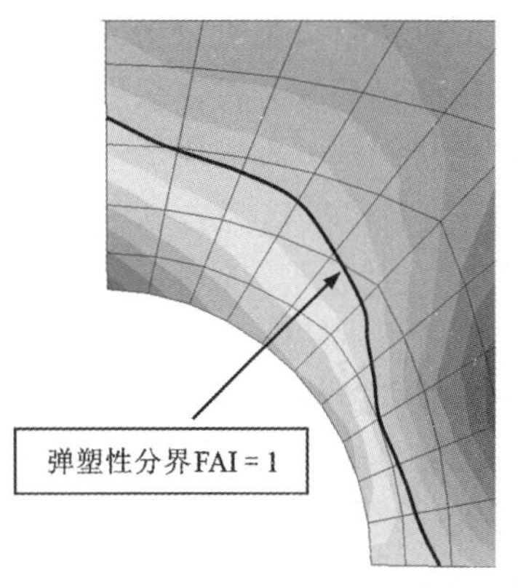

图 2-32　开挖至第三步时，沿洞轴深为 4.5 m 断面的破坏接近度等色图

图 2-33 为开挖到第五步后沿巷道轴向的深度即 Y=4.5 m 处，横断面的破坏接近度的分布图。将其与图 2-31 对比可知，随着开挖掘进面的远离，空间效应逐渐消失，除了损伤区的范围不断扩大以外，岩体的损伤程度加剧，且有部位出现了破坏区，预示将有部分岩体塌落，需要进行支护控制。

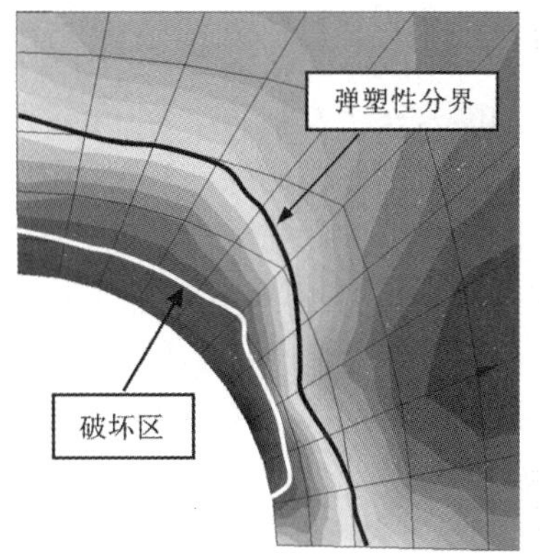

图 2-33　开挖至第五步时，沿洞轴深为 4.5 m 断面的破坏接近度的等色图

2.3.5　能量释放率

自从 Cook 等于 1966 年研究南非金矿岩爆问题时首先提出能量释放率的概念并明确提出岩爆发生次数、规模及其对采矿造成的损失与地下开采能量释放率密切相关以来，能量理论的引入使得用数值计算方法来分析岩爆的发生条件成为可能，从而摆脱传统理论的约束，使得岩爆研究的手段变得更加广阔。迄今为止，有关高地应力下围岩的稳定性分析与优化指标的研究，国内外不少学者从能量的观点出发，做了大量研究工作并取得不少很有价值的成果。目前判别岩体失稳破坏的能量释放率及相关的能量释放指标主要有能量释放率(ERR)、弹性变形能指数、基于能量释放原理的岩体整体破坏准则、基于能量原理的岩爆判据，另外还有局部能量释放密度(LERD)、局部能量释放率(LERR)、相对局部能量释放指数(RLERI)和单位时间相对局部能量释放率(URLERI)等。

以上岩爆能量判别指标中，能量释放率(ERR)认为围岩系统在力学平衡状态破坏时所释放的能量大于消耗的能量，较好地解释了冲击地压的能量来源问题，不足之处是未考虑时间和空间的因素；局部能量释放密度(LERD)表征矿柱破坏前、后围岩系统释放的有效动能，其能量源来自加载系统(如矿柱顶底板)和破坏岩体(如矿柱)因刚度差异而产生的能量释放。上述两个指标均可采用弹性理论计算得到，不足之处为两个指标均无法表征破坏，即指标本身和计算过程均没有考虑岩体破坏的可能性，究其原因是两个指标的确定方法均只考虑岩体破坏前或破坏后两个状态点，而忽略了状态之间的转化过程，故用这两个能量指标来评价岩爆倾向性时就需辅以强度分析来判断岩石是否达到破坏条件。传统的能量释放率是一种基于线弹性理论间接反映开挖体瞬间形成的瞬时动应力效应的指标，现已成为世界各国特别是南非的一种衡量深部开发岩爆活动性的重要指标。但该指标在工程应用上还是有着较大的局限性，表现在其计算中认为岩体看成均匀线弹性体，不考虑地质构造的影响，不考虑岩石材料的破坏及应力重分布，只能在大体上估计岩爆发生的可能性，不能直接圈定岩爆发生的位置，并且只适用于钻爆法施工的巷道。

(1)Cook 能量释放率

对于大型巷道而言，巷道的开挖具有过程性，逐步开采时的能量释放率研究更具有实际意义。在无限岩体内进行采矿，每采下一定体积岩体 V，单位围岩释放出的能量 dW_r/V，就是能量释放率(energy release rate，ERR)。

$$\begin{cases} dW_r = \dfrac{1}{2}\int_{S_m} u_i T_i dS \\ ERR = dW_r/V \end{cases} \tag{2-47}$$

式中：dW_r 为某一动态开挖步围岩释放的能量；S_m 为开挖步暴露出的岩体表面积；u_i 为开挖引起的围岩次生位移；T_i 为开挖前围岩中的表面牵引力；V 为开挖岩体总体积。

通过对南非金矿深部开采中岩爆事例的系统调查和分析，明确提出：岩爆发生次数、规模及对采矿造成的损失与地下开采能量释放率密切相关，能量释放率越大，发生岩爆事件的比例也越高。图 2-34 为南非 Ventersdrop Contact 和 Cavobon Leader 矿脉破坏性岩爆事故次数与能量释放率之间的关系。从图中可以看出，对于一个具体的矿区，其破坏性岩爆事故次数与能量释放率之间几乎呈线性关系，能量释放率越大，岩爆发生的频率也越高。

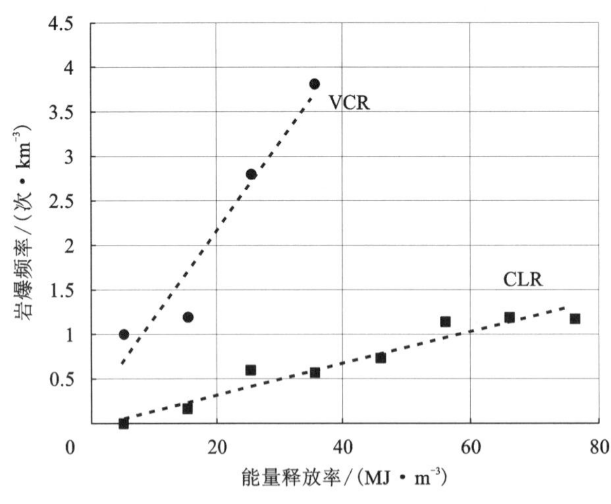

VCR(Ventersdorp Contact Reef)：Ventersdorp Contact矿脉；CLR(Carbon Leader Reef)：Carbon Leader矿脉

图 2-34 岩爆发生次数与 ERR 之间的关系

Cook 于 1976 年发表了南非许多矿山开采中计算的能量释放率和实际观测到的岩爆发生频率的关系图，再次验证了 ERR 与岩爆发生频率之间存在密切的相关关系(图 2-35)。

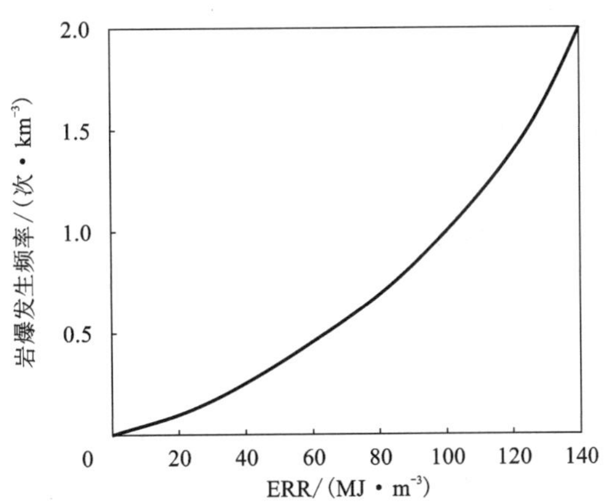

图 2-35　南非金矿的岩爆发生频率与能量释放率 ERR 的关系

(2) 弹性应变能指数

采用储存于岩石中的弹性应变能与耗散能的比值 F 定义了冲击地压能量指标，判据如下：

$$F=\begin{cases}F<2(\text{无冲击倾向性})\\2\leqslant F<5(\text{弱冲击倾向性})\\F\geqslant 5(\text{强冲击倾向性})\end{cases}\tag{2-48}$$

(3) 岩体整体破坏准则

该准则的基本思想是：外力对岩体所做的功一部分转化为介质内的耗散能 U_d，使岩体强度逐步丧失；另一部分转化为逐步增加的可释放应变能 U_e。当 U_e 储存并达到岩体单元某种表面能 U_0 时，应变能 U_e 释放使岩体单元发生整体破坏。该准则建立的岩石单元破坏准则如下：

当岩体受压时，该准则为

$$(\sigma_1-\sigma_3)[\sigma_1^2+\sigma_2^2+\sigma_3^2-2\mu(\sigma_1\sigma_2+\sigma_2\sigma_3+\sigma_1\sigma_3)]=\sigma_c^3\tag{2-49}$$

当岩体受拉时，该准则为

$$\sigma_3[\sigma_1^2+\sigma_2^2+\sigma_3^2-2\mu(\sigma_1\sigma_2+\sigma_2\sigma_3+\sigma_1\sigma_3)]=\sigma_t^3\tag{2-50}$$

式中：σ_c 为岩石单轴受压强度；σ_t 为岩石单轴受拉强度。

(4) 基于能量原理的岩爆判据

从能量的原理探讨岩石破坏过程中能量积聚-释放的全过程，研究岩石的变形破坏特征、能量集聚-耗散-释放特征。另外，还基于能量原理提出一种新的能量判别指标，即岩体实际储存能量与极限能量之比 U/U_0。该指标真实合理地反映地下工程开挖卸荷过程中围岩的能量变化过程，围岩能量的积聚程度以及岩爆的发生程度，通过数值仿真计算可以更合理地定量预测高应力下地下工程开挖过程中岩爆发生的强度和位置。

$$U/U_0=\begin{cases}0.3\ (\text{少量片帮，1 级，弱岩爆})\\0.4\ (\text{严重片帮，2 级，中等岩爆})\\0.5\ (\text{需要型支护，3 级，强烈岩爆})\\\geqslant 0.7\ (\text{严重破坏，4 级，严重岩爆})\end{cases}\tag{2-51}$$

(5)局部能量释放率

为了能够定量分析应变型岩爆的强度，且基于岩爆是以能量释放为主要特征的破坏现象的认识，苏国韶提出局部能量释放率(LERR)的新指标，即在岩体中开挖地下巷道时，围岩局部集聚的应变能超过岩体的极限储存能时单位体积的岩体突然释放的能量。该指标是单位岩体脆性破坏时释放能量大小的一种近似表示，可作为反映岩爆强度的一种量化指标。指标的实现可在数值模拟计算中，采用弹脆塑性本构模型，通过追踪每个单元弹性能量密度变化的全过程，记录下单元发生破坏前、后的弹性能密度差值，即为该单元的局部能量释放率。记录时忽略上述差值较小的单元，即忽略在某些复杂应力状态下可能发生延性破坏的单元释放能量，保证得到的是脆性破坏单元的能量释放率；再将单元的能量释放率乘以单元体积得到单元弹性释放能，所有脆性破坏单元的弹性释放能的总和即为当前开挖步骤引起的围岩总释放能量，简称弹性释放能(ERE)，其表达式为

$$\mathrm{LERR}_i = U_{i\max} - U_{i\min} \tag{2-52}$$

$$\mathrm{ERE} = \sum_{i=1}^{n} (\mathrm{LERR}_i \cdot V_i) \tag{2-53}$$

式中：LERR_i 为第 i 个单元的局部能量释放率；V_i 为第 i 个单元的体积；$U_{i\max}$ 为第 i 个单元脆性破坏前的弹性应变能密度峰值；$U_{i\min}$ 为第 i 个单元脆性破坏后的弹性应变能密度谷值。且有

$$U_{i\max} = [\sigma_1^2 + \sigma_2^2 + \sigma_3^2 - 2\mu(\sigma_1\sigma_2 + \sigma_2\sigma_3 + \sigma_1\sigma_3)]/(2E) \tag{2-54}$$

$$U_{i\min} = [\sigma_1'^2 + \sigma_2'^2 + \sigma_3'^2 - 2\mu(\sigma_1'\sigma_2' + \sigma_2'\sigma_3' + \sigma_1'\sigma_3')]/(2E) \tag{2-55}$$

式中：σ_1、σ_2、σ_3 为单元应变能峰值对应的 3 个主应力；σ_1'、σ_2'、σ_3'为单元应变能谷值对应的 3 个主应力；μ 为泊松比；E 为弹性模量。该指标的计算是基于弹脆塑性本构模型并全程追踪单元能量变化而实现的，由此考虑应力路径对岩体能量集聚与释放的影响，能够直接反映地下工程应力状态下，不同围岩各点的极限储存能不相同时的复杂情况，能够考虑围岩的能量释放、能量转移和塑性能耗散等一系列复杂的能量动态变化过程。

(6)相对局部能量释放指数

局部能量释放率(LERR)的量值在深埋巷道围岩开挖后通常会表现出围压和围岩破坏模式的依赖性，即对于不同巷道或同一巷道，不同部位局部能量释放率(LERR)的量值有可能不同。鉴于此，通过深入研究，认为局部能量释放率(LERR)没有考虑围压和破坏模式对能量释放的影响，并在此基础上用单元弹性能密度演化过程中的峰值弹性能密度将局部能量释放率标准化；同时，与室内试验获得的释放能量比值关系进行比值计算，提出了相对局部能量释放指数(relative local energy release index, RLERI)。该指标表征了岩体发生整体失稳破坏的可能性，其通过释放能量的对比来反映岩体破坏的趋势，本质上类似于强度应力比指标，但它比强度应力比指标优越的原因在于相对局部能量释放指数(RLERI)隐含地考虑了变形特性对破坏的影响。相对局部能量释放指数的计算式为：

$$\mathrm{RLERI} = \frac{\mathrm{RLERR}}{f(p)} \tag{2-56}$$

$$\mathrm{RLERR} = \frac{\mathrm{LERR}}{U_{i\max}} = \frac{U_{i\max} - U_{i\min}}{U_{i\min}} \tag{2-57}$$

$$\mathrm{RLERR}_{岩块}=\frac{\mathrm{LERR}_{岩块}}{U_{i\max}}=\frac{U_{峰值}-U_{残余值}}{U_{峰值}}=f(p) \tag{2-58}$$

式中：RLERI 为相对局部能量释放指数，RLERR 为单元相对能量释放率，可结合式(2-57)计算获得，式(2-57)中 $U_{i\max}$ 为单元峰值弹性能密度；$f(p)$ 为室内试验获得岩块(岩样)发生整体失稳过程中由峰值应力状态到残余应力状态释放弹性能密度与峰值最大弹性能密度比值，静水压力 p 的函数关系式可由三轴压缩试验确定。图 2-36 给出了大理岩的 $f(p)$ 关系式。由图 2-36 可知，大理岩 $f(p)$ 与静水压力存在显著的线性关系，其他类型岩石是否也存在线性关系，则需要通过试验来验证，但式(2-58)中的 $f(p)$ 可以是任意拟合形式。

采用相对局部能量释放指数(RLERI)分析某巷道 2500 m 埋深条件下上台阶开挖过程中岩爆问题，$f(p)$ 取图 2-36 中参数线性拟合形式，即 $f(p)=-0.0023p+1.1831$，分析结果如图 2-37 所示。图 2-37 中 RLERI 等值线表示岩爆倾向性程度，数值越大反映该区域发生岩爆破坏的可能性越大。由图 2-37 可知，上台阶开挖后两侧至拱肩区域发生岩爆破坏的可能性最大，可能性随着深度的增加而减小。图 2-37 还指出巷道底板存在较高的岩爆风险。图 2-38 为 2011 年 2 月 4 日巷道发生的极强岩爆现场情况及围岩破坏情况，清晰显示了两侧边墙的岩爆破坏，说明现场岩爆破坏情况与图 2-37 的分析结果是一致的。

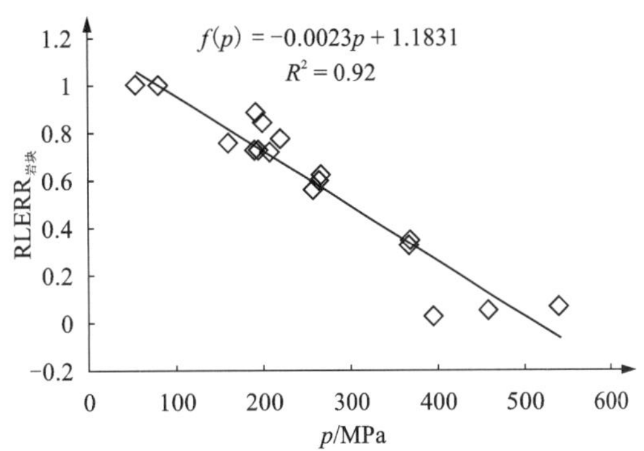

图 2-36　大理岩室内试验获得 $f(p)$ 函数

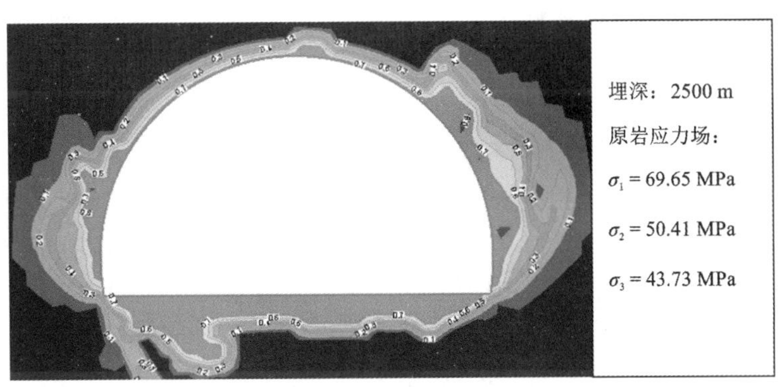

图 2-37　巷道上台阶开挖后 RLERI 分析结果

(7) 单位时间相对局部能量释放率指标

相对局部能量释放指数(RLERI)未考虑岩爆孕育过程中的时间效应。由于岩爆的发生过程实际上是岩体动力失稳的过程，相对局部能量释放指数(RLERI)虽然实现了计算过程中岩体状态的动态跟踪，但其仍然建立在静力学理论的基础上，该指标对岩爆的判别在本质上仍是对工程问题进行静态定量计算后，再在定量计算的结果上进行岩爆倾向性的定性评价。为

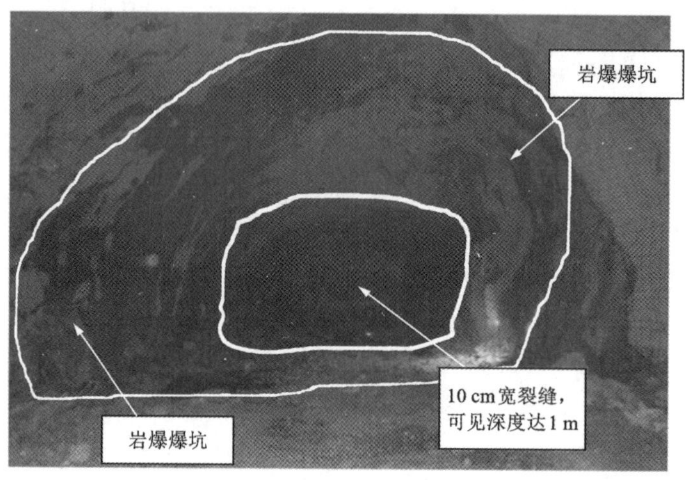

图 2-38 极强岩爆现场及围岩破坏情况

此，杨凡杰定义岩爆能量判别数值指标——单位时间相对局部能量释放率指标(URLERI)：

$$\mathrm{URLER}=\left(\frac{U_i-U_{i+1}}{U_i}\right)\Big/\mathrm{d}t \tag{2-59}$$

$$\mathrm{URLERI}=\mathrm{URLER}/f(p) \tag{2-60}$$

式中：URLER 表示单位时间相对局部能量释放率；U_i 表示单元破坏后(即位于峰后软化阶段)计算步为第 i 步的单元弹性能密度；U_{i+1} 表示单元破坏后计算步为第 $i+1$ 步的单元弹性能密度；$\mathrm{d}t$ 为动力计算步的时长，单位一般为 s；$f(p)$ 为岩石(岩样)发生破坏时，在区分稳态破坏与失稳破坏的临界点处，单位时间相对局部能量释放率(URLER)和围压 p 的函数关系式。

式(2-60)中函数 $f(p)$ 的作用是消除指标对围压和破坏模式的依赖性，在利用数值模拟试验对函数 $f(p)$ 的形式进行确定时，首先应找到岩爆的临界状态，并对该临界状态开展数值模拟。由上述分析可知，为能模拟该临界状态，需解决如下两个问题：首先，须保证硬岩岩样(岩石)的破坏过程以可控方式来进行；其次，须保证硬岩岩样(岩石)的破坏模式处在区分稳态与失稳破坏的临界点位置，即此时硬岩岩样(岩石)的破坏过程还不具备冲击性，但又即将进入失稳状态(具有冲击性)。为保证硬岩岩样(岩石)的破坏过程以稳态可控的方式进行，对硬岩岩样采用环向变形控制加载，则可以使其破坏过程延长，使硬岩岩样得以稳态破裂。因此，在数值模拟试验中，当硬岩岩样进入破坏阶段后，将采用环向应变进行控制，这样可以避免硬岩岩样在破坏时出现突然失稳，从而保证其破坏以可控方式进行。另外，由于岩石动态失稳临界位置的不确定性，且目前对动态与静态的含义尚无统一和严格的规定，而根据一般的倾向性看法，可按应变率 $\dot{\varepsilon}$(即 $\mathrm{d}\varepsilon/\mathrm{d}t$)大小分为以下几类：认为应变速率大于 $1\times10^2\ \mathrm{s}^{-1}$ 时属于动力学范畴；小于 $1\times10^{-4}\ \mathrm{s}^{-1}$ 时属于传统静力学范畴；当应变率大于 $1\times10^{-4}\ \mathrm{s}^{-1}$，且小于 $1\times10^2\ \mathrm{s}^{-1}$ 时，统称为中等应变速率，在此范围内，认为当应变速率小于 $1\times10^{-1}\ \mathrm{s}^{-1}$ 时，惯性力可忽略。因此，在数值模拟试验中，将硬岩岩样(岩石)破坏时的控制应变率定为 $1\times10^{-1}\ \mathrm{s}^{-1}$，即认为此时的硬岩岩样(岩石)破坏模式刚好处在区分稳态与失稳破坏的临界点位置。在数值计算时，可认为硬岩岩样(岩石)处在该应变率的破坏模式的静态范围内，即其破坏过程不考虑惯性力（破坏过程不具有冲击性）；若破坏时的控制应变率大于 $1\times10^{-1}\ s^{-1}$，则认为岩样的破坏进入动态范围，其破坏过程将具有冲击性。

在数值计算时，对于破坏单元（即位于峰后软化阶段），记录每一计算步中单元释放的能量，用该能量与本计算步中单元的起始能量的比值除以该计算步的计算时间就得到岩样的单位时间相对局部能量释放率（URLER）。而由上述分析可知，在破坏控制应变率为 $1\times10^{-1}\ s^{-1}$ 时的岩样（岩石）的破坏过程处于静态范围。众所周知，静力学的计算是与时间变量 t 无关的，为了求得计算步的计算时间，在数值模拟时，设定岩样达到屈服后每一计算步内环向应变的改变量为 9.6×10^{-8}，由此得到每一计算步的计算时间（虚拟时间）为 9.6×10^{-7} s。通过对不同围压下的岩样进行环向应变控制加载，并对计算过程中的能量进行跟踪，从而求得岩样在不同围压下的单位时间相对局部能量释放率（URLER）。结果表明，在试验围压范围内，不同围压下大理岩的相对局部能量释放率呈现很好的线性相关性（图 2-39）。

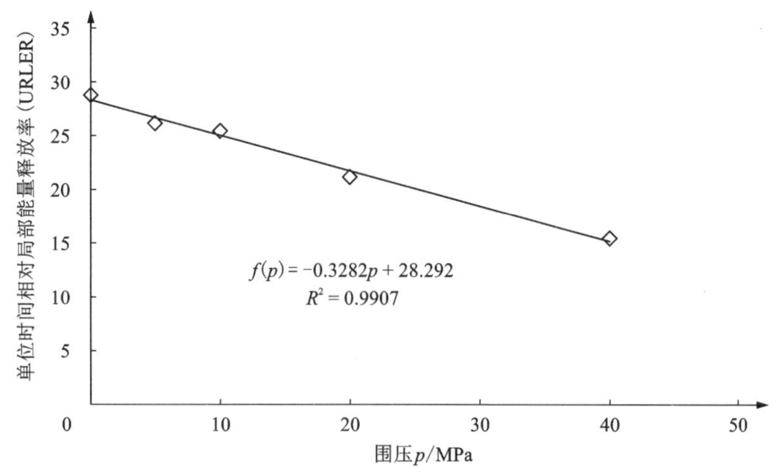

图 2-39　不同围压下 T_2b 大理岩数值模拟试验拟合的 $f(p)$ 函数

单位时间相对局部能量释放率指标（URLERI）在数值计算时的具体实现过程如下：在岩爆动力计算数值模拟中，通过追踪每个破坏单元（即位于峰后软化阶段）的弹性能量密度变化过程，采用计算式（2-60）对单位时间相对局部能量释放率指标（URLERI）值进行计算，然后，利用该指标来判断单元是否发生岩爆，若指标（URLERI）大于 1，则认为该单元发生了岩爆，即单元峰后阶段将发生动态失稳；若指标（URLERI）小于或等于 1，则认为该单元未发生岩爆，即单元峰后阶段仅出现稳态破坏，单元的破坏不具有冲击性。考虑岩石抗拉强度相对于抗压强度而言要低很多，相应纯拉应力状态下的储能能力也要差很多，故此处假定纯拉应力下的屈服单元将不会发生岩爆。在数值模拟计算时，对于发生岩爆的单元，可以直接将其“挖除”，同时记录岩爆单元在动态失稳临界点的弹性能量密度，可利用下面的表达式计算其弹性能：

$$W = U \times V \tag{2-61}$$

$$U = [\sigma_1^2 + \sigma_2^2 + \sigma_3^2 - 2\mu(\sigma_1\sigma_2 + \sigma_3\sigma_1 + \sigma_2\sigma_3)]/2E \tag{2-62}$$

式中：W 为岩爆单元在动态失稳临界点的弹性能；U 为岩爆单元在动态失稳临界点的弹性应变能密度；V 为岩爆单元的体积；σ_1、σ_2 及 σ_3 为岩爆单元在动态失稳临界点对应的三个主应力；μ、E 分别为岩爆单元在动态失稳临界点处考虑应力与损伤影响的泊松比和弹性模量。

下面以某巷道岩爆为例进行说明。岩爆发生时正在从支洞向西端开挖，位于桩号K9+728~K9+766范围内南侧边墙至南侧拱脚的区域，造成了周围岩体剧烈的震动，同时在K9+755~K9+740范围内南侧边墙形成了最大深度达6.0 m的岩爆坑，岩爆时剧烈的冲击作用使得部分碎石甚至锚杆被水平弹射到北侧边墙(13.4 m水平距离)。

为简化计算，计算时采用平面应变模型，数值模型尺寸如图2-40所示，模型宽和高均取为180 m(水平向右为 x 正向，竖直向上为 y 正向)，巷道开挖高度为8.5 m，上断面半径为7.15 m。数值模型中包含了2082个单元，4234个节点。动力计算时，阻尼设置为瑞利阻尼，取定最小临界阻尼比 ξ_{min} 为0.03，最小中心频率 ω_{min} 为500 Hz；模型外围边界均设定为静态边界以减少计算时对波的反射。采用考虑围压效应的大理岩弹塑性耦合力学模型进行计算，岩体的计算参数如表2-36所示。

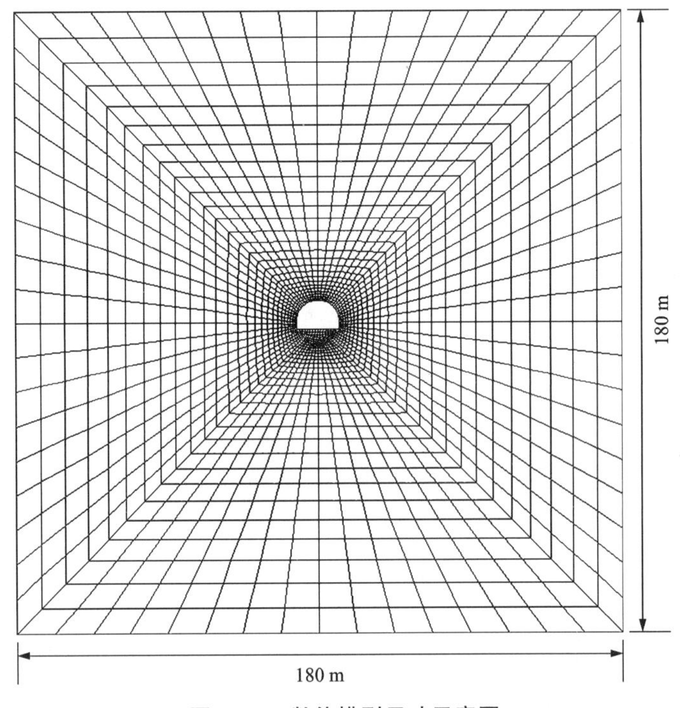

图2-40 数值模型尺寸示意图

表2-36 岩体力学参数

参数	值	参数	值	参数	值
E_0/GPa	27.62	c_r/MPa	9.87	$\kappa_{r\varphi}$/%	0.635
μ_0	0.256	κ_i/%	0.06	ψ_0/(°)	29.20
c_0/MPa	34.36	κ_{rc}/%	0.705	函数 f	$0.038p_c/\sigma_c$+0.0124
c_i/MPa	33.18	φ_0/(°)	29.93		

注：表中 E_0、μ_0 和 ψ_0 为单轴条件下屈服前的弹性模量、泊松比和剪胀角。

支洞开挖后岩爆坑及塑性区的数值计算结果如图 2-41 所示，由图可以看出该洞开挖后的岩爆坑及塑性区随着计算步的变化过程。其中，图 2-41(a)表示计算步为 321 时，巷道围岩的塑性区分布图，此时开挖后在地应力作用下，巷道拱顶、左右拱腰及拱脚处附近围岩出现了深度为 0.5 m 左右的拉裂损伤区；图 2-41(b)表示计算步为 336 时围岩的塑性区分布图，在巷道左拱腰附近的单元最先出现了岩爆现象，随着计算步的增加，岩爆的区域也在扩大；当计算步达到 353 时，在巷道左拱腰附近的岩爆区域逐渐扩大[图 2-41(c)]，且洞壁周围的损伤区域也逐渐加深，深度达到了 1 m 以上；之后随着围岩应力的继续调整，左拱脚附近的单元出现剪切屈服，洞壁其他位置的损伤区域也在逐渐扩大[图 2-41(d)]；在计算步达到 421 时，巷道左拱脚附近的单元也出现了岩爆现象[图 2-41(e)]；随着巷道左拱腰和左拱脚附近岩爆单元的继续增多，其岩爆坑也逐渐变大，在计算步达到 479 时，巷道右拱脚位置出现剪切屈服[图 2-41(f)]；在计算步为 548 时，岩爆坑范围逐渐稳定[图 2-41(g)]，此时岩爆坑的最大深度为 3 m 左右；但围岩应力在一定时间内仍在继续调整，直到计算步为 2268 时，巷道围岩的塑性区逐渐稳定，此时在巷道右拱脚及右拱肩附近的单元均出现剪切屈服[图 2-41(h)]。

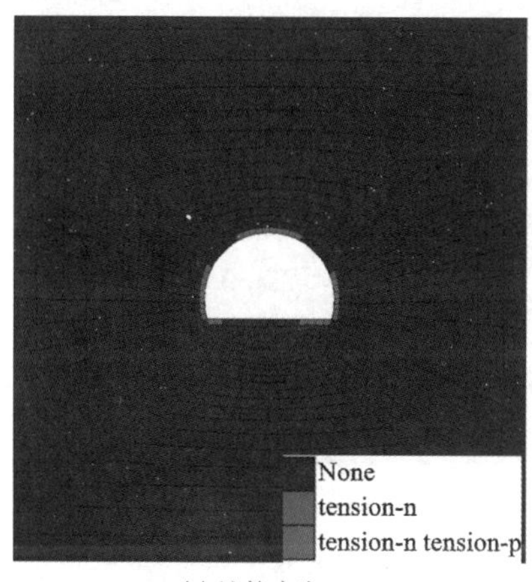

(a) 计算步为321

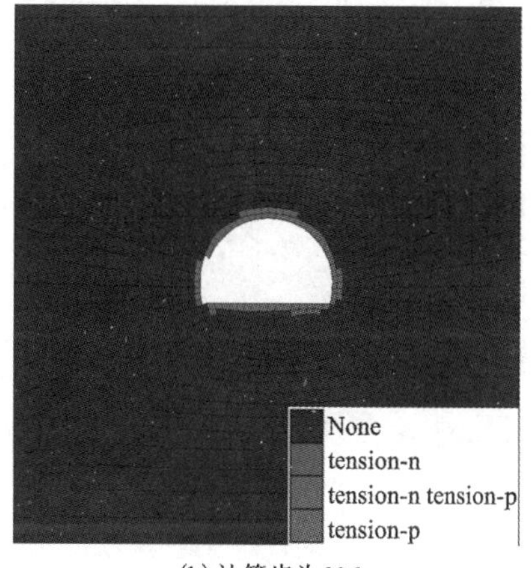

(b) 计算步为336

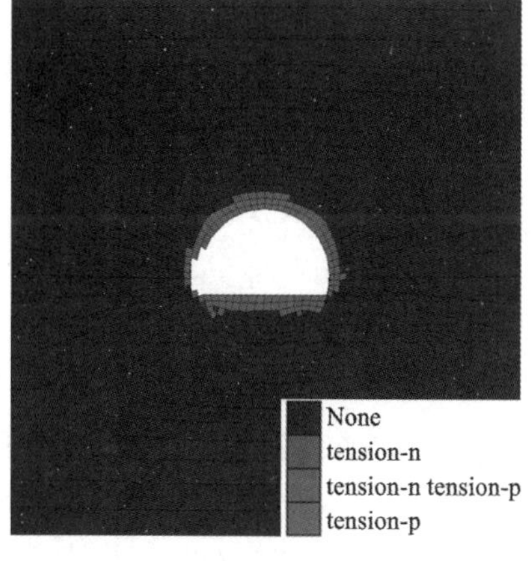

(c) 计算步为353

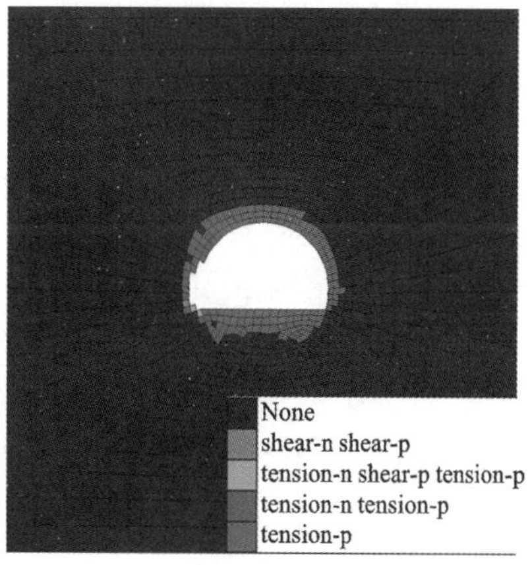

(d) 计算步为376

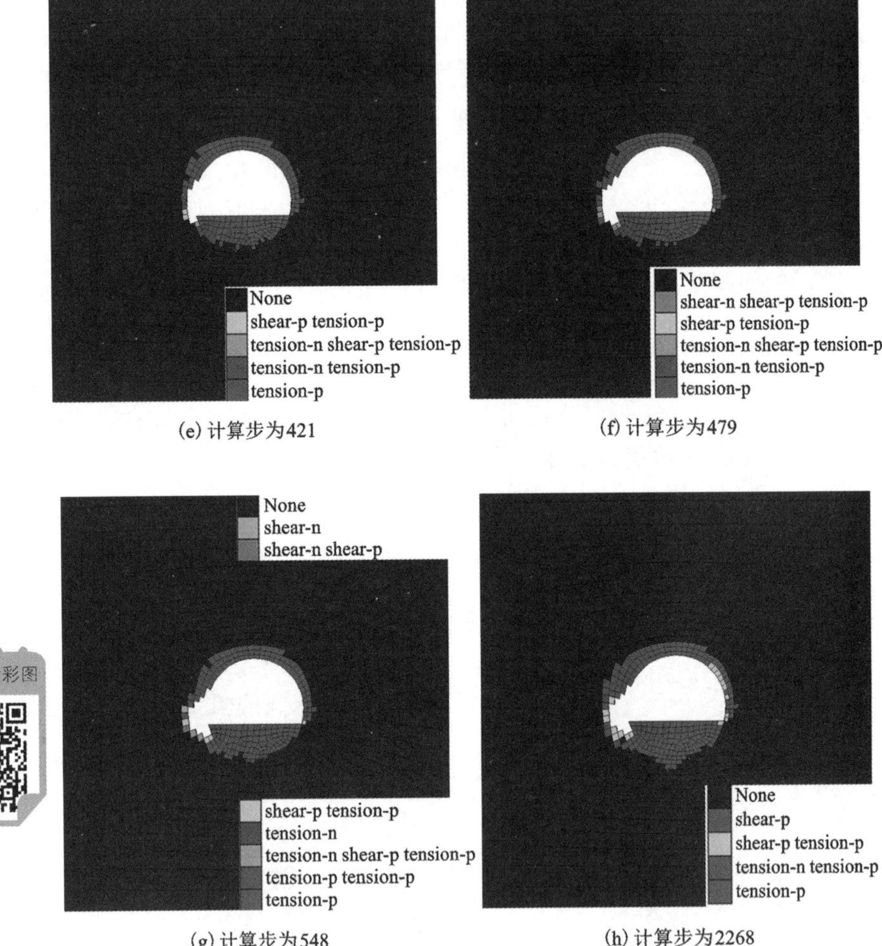

(e) 计算步为421　(f) 计算步为479

(g) 计算步为548　(h) 计算步为2268

图 2-41　巷道开挖后岩爆坑及塑性区的数值模拟分布图

由图 2-41 所示计算结果可以看出，最大岩爆坑位于左拱脚附近，与实测区域接近，最大爆坑的深度为 3 m 左右，且爆坑外侧存在 1 m 左右的损伤区，二者之和虽然小于现场实际观测的岩爆坑最大深度（爆坑深最大达到 6 m），但经过研究分析认为，造成计算岩爆坑尺寸小于实际尺寸的原因有可能是本次计算中未考虑巷道开挖时爆炸荷载、地应力动态卸荷以及岩爆过程中新生边界条件对围岩的影响；从破坏区形状来看，采用单位时间相对局部能量释放率指标（URLERI）作为岩爆判据的数值模拟结果可以作为岩爆判据。

2.3.6　安全系数

选择合理的安全系数对工程岩体稳定性分析具有重要的意义。目前岩土工程问题中安全系数的定义方法主要分为两大类，一是建立在传统理论基础上，以材料的阻滑力与荷载产生的滑动力的比值定义安全系数，多基于单一参数来定义；二是建立在弹塑性理论基础上的基于屈服函数定义的安全系数。传统的安全系数定义存在两方面的不足，一是在多轴应力状态下材料的稳定安全度无法准确表示，二是对于工程实践中普遍存在的多参数强度准则问题不具有适用性。因此，有必要对传统安全系数的一般定义进行推广，根据它们的物理和几何意义分析讨论其适用性。

(1)单轴强度安全系数

传统的以四大古典强度理论作为基础来定义的点强度安全系数 F_s，这里称之为传统安全系数，其表达式为：

$$F_s = \frac{\sigma_s}{\sigma_r} \tag{2-63}$$

式中：σ_s 是材料的单轴强度指标，一般由单轴抗拉强度 σ_t 或单轴抗压强度 σ_c 确定；σ_r 是相当应力，只是主应力的函数，与材料的强度参数无关。

(2)多轴强度安全系数

对于工程实践中大部分工程材料，其失效模式并不符合古典强度理论，这是现有强度理论的普遍共识。为了建立起能反映出多轴强度差异的、适用于岩土类工程材料的强度理论，国内外学者提出了一系列新的强度准则，如岩土工程中的 Mohr-Coulomb 准则、Drucker-Prager 准则、统一强度理论等。这些理论或准则一般包含了 2 个及以上的强度参数，因此，也被称为多参数强度准则。

一般来说，在巷道围岩安全稳定的数值计算中，若以弹性理论为基础，则认为当各质点应力值满足一定条件时发生屈服，此时的条件称为屈服(破坏)条件：

$$f(\sigma) = H(\chi) \tag{2-64}$$

式中：f 为某一函数关系；σ 为总应力；材料参数 H 为内变量 χ 的函数。

为表征其安全程度，工程技术人员提出了安全系数 F_s 的概念：

$$F_s = H(\chi)/f(\sigma) \tag{2-65}$$

将分析所得应力值代入式(2-65)后，就可直接求出安全系数 F_s 值。

当 $F_s>1$ 时，表示未破坏(屈服面内部)；$F_s<1$，表示已破坏(屈服面外部)；$F_s=1$，表示处于临界状态(屈服面上部)。

①基于 Mohr-Coulomb 准则的强度安全系数。

满足 Mohr-Coulomb 屈服条件的岩体破坏安全系数为：

$$F_s = \frac{2c\cos\varphi + (\sigma_1 + \sigma_3)\sin\varphi}{\sigma_1 - \sigma_3} \tag{2-66}$$

②基于 Tresca 准则的强度安全系数。

满足 Tresca 屈服条件的岩体破坏安全系数为：

$$F_s = \frac{2k}{\sigma_1 - \sigma_3} \tag{2-67}$$

式中：k 为材料常数。

③基于 Mises 准则的强度安全系数。

满足 Mises 屈服条件的岩体破坏安全系数为：

$$F_s = \frac{k}{\sqrt{J_2}} \tag{2-68}$$

式中：k 为材料常数。

④基于 Drucker-Prager 准则的强度安全系数

满足 Drucker-Prager 屈服条件的岩体破坏安全系数为：

$$F_s = \frac{k - \alpha I_1}{\sqrt{J_2}} \tag{2-69}$$

式中：α 和 k 为材料常数。

(3)强度折减法表述的安全系数

强度折减法就是将土体的抗剪强度指标 c 和 φ，用一个折减系数 F 进行折减，然后用折减后的抗剪强度指标 c_F 和 φ_F 取代原来的抗剪强度指标 c 和 φ 进行有限元数值模拟计算，直至最终达到破坏状态为止，此时的折减系数 F 即为安全系数。

$$c_F = c/F \tag{2-70}$$

$$\tan\varphi_F = (\tan\varphi)/F \tag{2-71}$$

计算时首先选择一个初始的折减系数，对土体的强度参数折减，并通过计算，不断增加折减系数直至计算结果不收敛，此时的折减系数即为稳定安全系数。有限元程序可根据有限元计算结果自动得到破坏滑动面，并获得强度储备安全系数。

(4)案例分析

矿柱失稳是造成房柱法矿山地压活动的主要因素。为满足安全的要求，往往取较大的矿柱设计尺寸，这将导致回收率低、资源损失。因此，如何合理地计算矿柱的安全系数，对矿柱的稳定性进行评价，一直是房柱法开采矿山需注意的重要问题。传统的矿柱安全系数计算方法认为矿柱的强度是均匀的，计算时只考虑最大的(或平均的)垂直应力，且仅按单轴受压计算，计算中不考虑强度准则的内容。因此，在此基础上进行强度校核时，其结果会与矿柱的实际工况有较大的出入。

国内外传统房柱法矿山设计中，矿柱安全系数普遍用下面的两式计算：

$$F_s = Q_p/\sigma_p \tag{2-72}$$

$$F_s = Q_p/\sigma_{vmax} \tag{2-73}$$

式中：Q_p 为矿柱强度；σ_p 为矿柱平均应力；σ_{vmax} 为最大垂直应力。

从直观上看，式(2-72)在计算时取矿柱平均应力，而矿柱内的应力分布一般是极不均匀的。式(2-73)用最大垂直应力所在处的强度代替整个矿柱的强度，显然偏保守。但由于计算简便，所以这两式仍广为采用。

矿柱内每一点都处于多向受力状态，且各点受力状态不同。我们把安全系数推广到二维(或三维)受力状态，考察矿柱内某一点，定义该点上的安全系数为该点可能达到的极限破坏状态值与该点实际的应力状态之比，而极限破坏状态值由所选用的强度准则决定。这样，我们可以逐点讨论矿柱的一系列内点，计算这些点上的多向应力状态，并与相应的破坏面上的值进行比较。由此可知，安全系数的计算包含了强度准则的内容。

传统安全系数概念明确，计算简单，但不能很好地体现材料的多向复杂应力状态，其所描述的安全系数不尽合理，尤其是对复杂的结构。基于弹塑性力学，应用屈服函数定义安全系数，能很好地描述岩土材料多轴应力状态下的破坏特性，同时能反映应力路径的影响，尤其是加、卸载变化中安全系数的变化。由于单元安全系数能够表征各个单元的破坏程度，而用塑性区计算结果来判别岩体破坏情况只能反映岩体是否被破坏(图 2-42)，因此，基于安全系数的判别方法的结果比塑性区的计算结果更为直观。

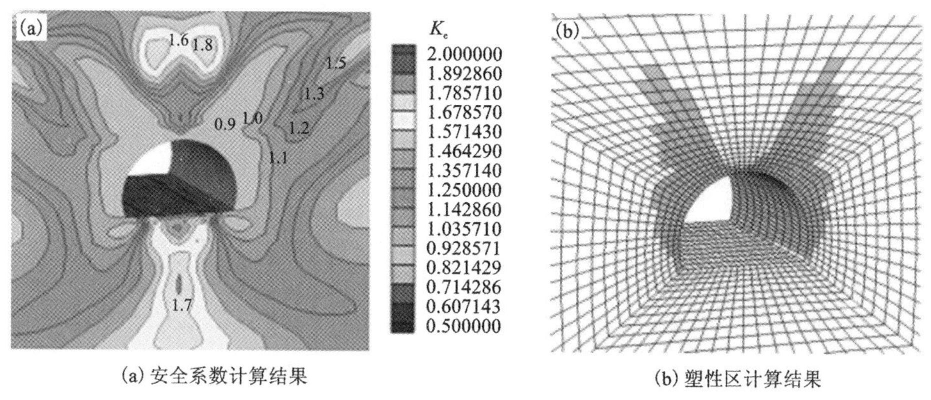

(a) 安全系数计算结果　　　　(b) 塑性区计算结果

图 2-42　安全系数和塑性区分布的巷道计算结果对比

2.4　岩体稳定性不确定分析方法

2.4.1　可靠度分析方法

(1) 可靠度理论的基本概念

可靠度是指在规定的条件下和规定的时间内，系统或结构完成预定功能的概率。

在矿山岩土工程可靠度分析中，规定的条件是指设计所预计的环境条件、指定的施工条件和正常的使用条件。规定的条件包括不可控因素，如岩体的组成与结构、地压等，以及可控因素，如工程结构的几何形状、支护加固、输水、卸压等，前者属于预测精度问题，后者属于控制能力的问题。由于工程用途不同，要求控制的因素和程度也不同，如准备巷道和回采巷道的维护条件是不一样的。为了合理地规定这些条件，必须严格按照相关的规范来设计，并做出切实的风险估计。

规定的使用期限，是指矿山岩体工程的有效服务年限。例如，用于控制地表沉陷的支撑上覆岩体的煤柱要求具有长期稳定性，而采区内的区段煤柱只需保证回采过程中的稳定性即可。可靠度与时间存在密切的关系，规定的时间通常是指采矿工程要求的、能在预计的可靠度指标下工作的时间。

预定的功能，是以岩土工程性能的指标安全性、实用性和时效性来表征的。这三个性能是相互依存的，没有安全性，就失去了使用价值，没有实用性，安全性也就没有实际意义；从使用角度来说，安全性和实用性都必然有时间坐标，即必须考虑时效性。如果实现了规定的性能指标，就叫作完成了预定功能，否则，就是丧失功能。完成功能和丧失功能都是以概率值度量的。

可靠度的大小是用概率来衡量的，它是时间的函数，其概率是在闭区间[0, 1]上的取值。可靠度的特点就是将抽象的可靠性，以明确的、定量的概率形式做出定义。这一点是可靠度设计最大的特征，它不用“绝对安全”或“绝对破坏”这样的表述。由于可靠度的获得归根到底是建立在相应的计算分析方法基础上，因而只有通过计算方法求解得到可靠度这一量化指标后，才能将它与实际工程中指定的可接受标准相对照。若计算结果符合标准，则满足工程要求；若其不可接受，则需要采取有关工程优化措施，重新实施可靠度计算，据此做对比后，再进行后续的工程风险评估。由此可见，可靠度计算分析方法在整个可靠度理论的工程应用体系中占有特别重要的地位，其计算结果的准确性与合理性将直接对巷道安全稳定性评判结果及相应的工程决策(如工期、投资、技术等)产生重大影响。

(2)基于概率的结构可靠度

①直接积分方法。直接积分方法是指根据结构可靠度定义和概率论基本原理，对随机向量及其相应的概率密度函数(或联合密度函数)，通过多重积分求解功能函数大于零的概率(稳定或可靠概率)或功能函数小于零时的概率(失效概率)。但此方法在工程实际应用中往往存在较大困难，一是当概率密度函数难以获取时，不得不采取主观假设，二是通过直接多重积分的手段求解实际工程中随机变量较多、功能函数形式渐趋复杂的可靠度时，一般难以实现。

②矩法。矩法也称可靠指标法。在功能函数服从正态分布的基础上，通常可定义可靠指标 β 来衡量结构的可靠性，即有 $\beta=\mu/\sigma$(μ、σ 分别为功能函数的均值与标准差)。矩法作为计算可靠指标的一类近似方法，主要包括一次二阶矩法、二次二阶矩法及二次四阶矩法等，其中，前两者的根本差异仅在于展开点及展开阶次的不同。目前，在可靠度领域也将这些矩法统称为快速概率积分法(fast probability integration，FPI)。矩法的可靠指标计算过程一般要通过泰勒级数展开，并对功能函数求偏导，这对于处理具有复杂形式且不易求导的功能函数可靠度问题存在困难。

③点估计法。点估计法的基本思想是通过在有限估计点处函数值的加权求和来估算功能函数各阶统计矩，进而利用其求解可靠度。点估计法作为计算统计矩的一种近似手段，其精度控制主要取决于如何合理选取估计点位置及数目。

④Monte-Carlo 模拟法。Monte-Carlo 模拟法又称统计试验法或随机模拟法，它是依据数理统计理论，随着计算机技术的应用而逐步发展而来的一种研究随机变量的数值计算方法。该方法的基本原理是针对各随机变量分布特征通过一定方式随机抽样，将产生的随机样本代入功能函数后求其值，据此判断该值的对应结构处于何种工作状态。如此通过同样过程，当抽样次数足够多时，基于概率论大数定理，可将结构出现失效状态(对应功能函数值小于 0)的次数占总抽样次数的比值视为其失效概率。

⑤随机有限元法。对于工程实际中复杂程度较高的结构，其结构响应与基本变量之间的复杂函数关系往往难以通过显式解析式表达，而须借助数值分析(如有限元法)进行计算。为了在其中考虑不确定因素，于是产生了随机分析模型与有限元法相耦合的产物，即随机有限元法，也称概率有限元法(probabilistic finite element method，PFEM)。

根据国内外众多随机有限元法的研究内容，所有随机有限元法均围绕两个问题展开：一个是随机算子和随机矩阵求逆问题(相当于如何获得随机有限元列式)；另一个则是随机场离散或分离方法(即用有限维随机向量代替随机场)。

⑥响应面法。响应面法(response surface methodology，RSM)是针对结构可靠度分析中，当功能函数为高度复杂的非线性关系，或其无法用明确的或显式解析关系来表达时的一种有效建模及计算方法。响应面法用于结构可靠度计算时的基本思路是，通过选用一个适当的、容易处理且明确表达的显式函数关系来近似代替复杂的、不存在明晰表达的隐式功能函数，

然后基于该显式函数关系由常规方法(如前述的一次二阶矩或二次二阶矩法)求解相应的可靠度。

(3)基于非概率的结构可靠度

基于概率可靠度方法的基本特点是必须已知各不确定参数的确切概率分布函数(对应随机变量)或隶属度函数(对应模糊变量),而这两类函数的准确获得均需以大量的不确定数据信息作为保证。然而,受技术、经济、时间及环境条件等多方面因素的制约,工程实际中往往难以(有时甚至无法)获得充分多的样本数据信息,这种状况下的处理途径往往是作出一定程度上的近似或主观假设,从而可能导致难以求得满足精度要求、合乎实际情况的分析结果。因此,基于概率(随机和模糊)的结构可靠度计算方法在处理不确定性数据缺乏,难以得到不确定性因素足够信息的工程问题时陷入了困境,使得这两类可靠度方法在实际应用方面均受到较大限制。为此,针对不确定性信息不够充分条件下的工程结构可靠度问题研究,目前已形成了一种与概率可靠度相对的非概率可靠度分析方法。该方法认为,虽难以得到不确定性参数的概率密度函数或隶属度函数,但获得它们可能的取值范围或幅度则相对较容易,其基本特点是对影响工程结构安全的不确定因素采用集合模型来描述。从非概率角度探讨工程结构不确定性问题,其研究方法主要分为两类,即区间分析和凸模型分析。

2.4.2　模糊综合分析方法

(1)基本理论

模糊综合分析方法应用于巷道围岩分级是一种合理有效的方法。模糊数学是研究和处理模糊现象的数学方法,即从模糊现象和描述中找出数量规律,然后用精确的数学方法来处理,为研究主观性较强、难以用精确数学准确描述的问题提供了一种简便而有效的方法。因此,对于围岩分级这一受多因素影响,且各因素评判标准相对模糊的问题来说,模糊综合分析方法具有很好的适应性。

①将围岩分为 n 个等级作为评判集 $\boldsymbol{V}=\{v_1, v_2, \cdots, v_n\}$,将围岩分级时影响围岩分级的 m 个因素作为因素集,即有 $\boldsymbol{U}=\{u_1, u_2, \cdots, u_m\}$。

②对因素集中的单因素 u_i 作单因素评判,从因素 u_i 确定该事物对评判等级 v_j 的隶属 r_{ij},这样得出第 i 个因素 u_i 的单因素评判集 $\boldsymbol{r}_i=(r_{i1}, r_{i2}, \cdots, r_{in})$,建立单因素评判矩阵(模糊矩阵)$R$,求出各因素对各等级相应的隶属度,即不同因素评分下隶属于不同等级的概率。

$$\boldsymbol{R}=\begin{Bmatrix} r_{11} & \cdots & r_{1m} \\ \vdots & \ddots & \vdots \\ r_{n1} & \cdots & r_{nm} \end{Bmatrix} \tag{2-74}$$

③建立分级因素对围岩分级的隶属函数,确定各因素的权重 $\boldsymbol{A}=(a_1, a_2, \cdots, a_n)$,采用加权平均模型对所有因素依照权重大小均衡兼顾,计算出综合评判结果向量为

$$\boldsymbol{B}=\boldsymbol{A}\times\boldsymbol{R}=(b_1, b_2, \cdots, b_n) \tag{2-75}$$

④判定某工程围岩等级时,将调查得到的评分标准按以上过程,计算出评判结果 $\boldsymbol{B}=(b_1, b_2, \cdots, b_n)$,按照最大隶属度原则即可得出此处围岩的等级。

(2)应用案例

选取 6 项指标为岩体稳定性评价的因素集,即

$$\boldsymbol{U}=\{u_1, u_2, u_3, u_4, u_5, u_6\} \tag{2-76}$$

式中：u_1 为原岩应力状况；u_2 为岩块力学性质；u_3 为岩体结构特征；u_4 为结构面力学性质；u_5 为地下水影响；u_6 为工程因素的影响。

将岩体稳定性分为 5 个等级，构造如下的评判集：

$$\begin{aligned} \boldsymbol{V} &= \{\text{Ⅰ 级, Ⅱ 级, Ⅲ 级, Ⅳ 级, Ⅴ 级}\} \\ &= \{\text{良好, 较好, 一般, 较差, 很差}\} \end{aligned} \tag{2-77}$$

作综合评判时，需先进行单因素评价，各因素在不同等级中的隶属程度采用隶属函数来刻画，确定隶属函数可采用专家评分，分数越高，稳定性越好。单因素评价包括原岩应力状况、岩块力学性质、岩体结构特征、结构面力学性质、地下水影响、工程因素的影响六个方面。

联合以上单因素评价，得到评价矩阵：

$$\boldsymbol{R} = \begin{bmatrix} 100 & 60 & 40 & 20 & 10 \\ 100 & 80 & 50 & 25 & 15 \\ 100 & 85 & 65 & 40 & 15 \\ 100 & 80 & 50 & 25 & 0 \\ 100 & 90 & 70 & 40 & 0 \\ 100 & 90 & 70 & 40 & 0 \end{bmatrix} \tag{2-78}$$

将式(2-78)归一化，得到由隶属函数表征的模糊矩阵：

$$\boldsymbol{R}' = \begin{bmatrix} 0.43 & 0.26 & 0.17 & 0.09 & 0.04 \\ 0.37 & 0.30 & 0.19 & 0.09 & 0.06 \\ 0.33 & 0.28 & 0.21 & 0.13 & 0.05 \\ 0.39 & 0.31 & 0.20 & 0.10 & 0 \\ 0.33 & 0.30 & 0.23 & 0.13 & 0 \\ 0.33 & 0.30 & 0.23 & 0.13 & 0 \end{bmatrix} \tag{2-79}$$

重要性程度系数的分配方案如下：

$$\begin{aligned} \boldsymbol{A} &= (a_1, a_2, a_3, a_4, a_5, a_6) \\ &= (0.09, 0.18, 0.27, 0.23, 0.14, 0.09) \end{aligned} \tag{2-80}$$

为评价岩、矿体稳定性，对试验区段的岩体工程地质条件进行了详细的测试和调查，可得模糊矩阵为：

$$\boldsymbol{R}' = \begin{bmatrix} 0.43 & 0 & 0 & 0 & 0 \\ 0.37 & 0 & 0 & 0 & 0 \\ 0 & 0 & 0 & 0.13 & 0 \\ 0 & 0.31 & 0 & 0 & 0 \\ 0 & 0.30 & 0 & 0 & 0 \\ 0.33 & 0 & 0 & 0 & 0 \end{bmatrix} \tag{2-81}$$

由此可得综合评价矩阵：

$$\boldsymbol{B} = \boldsymbol{A} \times \boldsymbol{R}'$$

$$= (0.09, 0.18, 0.27, 0.23, 0.14, 0.09) \times \begin{bmatrix} 0.43 & 0 & 0 & 0 & 0 \\ 0.37 & 0 & 0 & 0 & 0 \\ 0 & 0 & 0 & 0.13 & 0 \\ 0 & 0.31 & 0 & 0 & 0 \\ 0 & 0.30 & 0 & 0 & 0 \\ 0.33 & 0 & 0 & 0 & 0 \end{bmatrix}$$

$$= (0.135, 0.113, 0, 0.035, 0) \tag{2-82}$$

根据以上计算结果可知，岩组有 13.5%的可能性是Ⅰ级围岩，11.3%的可能性是Ⅱ级围岩，3.5%的可能性是Ⅳ级围岩；根据隶属度原则可知，岩组属于Ⅰ级围岩。

2.4.3　灰色系统分析方法

对于一个信息系统而言，常把完全信息或已知信息称为白色信息，而把完全缺失信息或未知信息称为黑色信息，把介于两者间的不充分、不完全的信息或未知信息称为灰色信息。信息部分明确、部分不明确的系统，称之为灰色系统。

陈建宏等以改进 Verhulst 模型与灰色效果测度为基础，选取软岩巷道顶板位移的影响因素，对这些影响因素与软岩巷道位移以及是否破坏的关系，利用灰色效果测度理论对这些因素进行效果测度，并利用相对重要程度相关等级计算法确定这些因素对巷道位移影响的权重，最终对这些因素对软岩巷道顶板的影响进行综合测量。灰色效果测度适合于对不同量纲、不同含义的量的综合效果进行测量。将灰色效果综合测度值与软岩巷道顶板位移最终值以及巷道破坏方式对应，得出与灰色效果综合测度值对应的巷道顶板稳定性分析结果，为矿山提前应对巷道顶板破坏、开展合理的二次支护工作提供依据。

影响软岩巷道顶板位移的因素繁多而又复杂，目前仍没有形成统一的选取标准，但归结起来无非是外部因素与自身因素。外部因素通过外界媒介影响软岩巷道顶板位移，内部因素由巷道自身条件而影响软岩巷道的位移。结合矿山的实际情况，选取地应力、围岩质量、巷道跨度与支护方式作为软岩巷道顶板位移的影响因素，见图 2-43。

选取一批具有代表性的巷道，在其顶板安装位移应变片，对巷道顶板的位移进行观测统计。显然，顶板最初的位移较大，随巷道顶板应力重新分布趋于稳定。要对这种曲线的观测值进行预测，应使用 Verhulst 模型。这里使用比传统的 Verhulst 模型预测精度更高的改进 Verhulst 模型对最终位移进行预测。改进 Verhulst 模型可以根据软岩巷道顶板位移的早期观测值而预测出巷道顶板位移的最终值，根据最终位移判断巷道是否被破坏。相对于传统的 Verhulst 模型，改进 Verhulst 模型的预测结果具有更高的精度，其预测结果更加准确、可靠。对于软岩巷道顶板位移预测出现微小偏差且有可能酿成事故的情况，预测结果的准确性是至关重要的。

设巷道位移初期观测值为 $X^{(1)}=[x^{(1)}(1), x^{(1)}(2), \cdots, x^{(1)}(n)]$，则有 $X^{(1)}$ 的 1-IAGO 序列 $X^{(0)}=[x^{(0)}(1), x^{(0)}(2), \cdots, x^{(0)}(n)]$，紧邻均值生成序列 $Z^{(1)}=[z^{(1)}(1), z^{(1)}(2), \cdots, z^{(1)}(n)]$。其中：

$$x^{(0)}(1) = x^{(1)}(1);\ k = 1 \tag{2-83}$$

$$x^{(0)}(k) = x^{(1)}(k) - x^{(1)}(k-1);\ k = 2, 3, \cdots, n \tag{2-84}$$

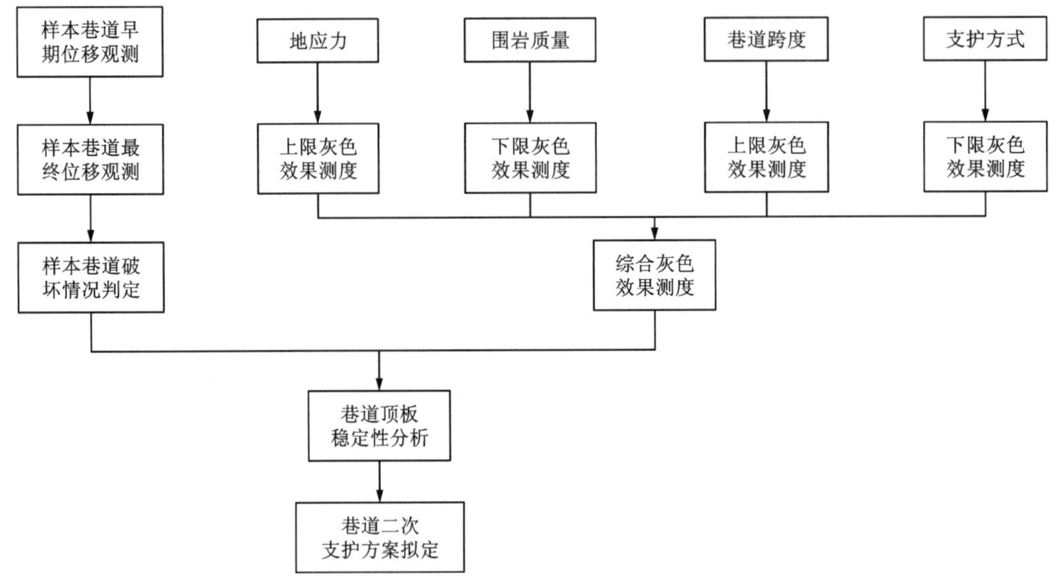

图 2-43 系统建模流程图

$$z^{(1)}(k)=0.5x^{(1)}(k)+0.5x^{(1)}(k-1);\ k=2,3,\cdots,n \tag{2-85}$$

则有

$$x^{(0)}(k)+az^{(1)}(k)=\frac{b}{2}\{[x^{(1)}(k-1)]^2+[x^{(1)}(k)]^2\}^2 \tag{2-86}$$

式(2-86)即为改进 Verhulst 模型。其中，利用最小二乘法得出的 $\hat{a}=(a,b)^{\mathrm{T}}$ 为差分 Verhulst 模型的参数列。

若有矩阵：

$$\boldsymbol{Y}=\begin{bmatrix} x^{(0)}(2)\\ x^{(0)}(3)\\ \vdots\\ x^{(0)}(n)\end{bmatrix}$$

$$\boldsymbol{B}=\begin{bmatrix} -z^{(1)}(2) & 0.5\{[x^{(1)}(1)]^2+[x^{(1)}(2)]^2\}\\ -z^{(1)}(3) & 0.5\{[x^{(1)}(2)]^2+[x^{(1)}(3)]^2\}\\ \vdots & \vdots\\ -z^{(1)}(n) & 0.5\{[x^{(1)}(n-1)]^2+[x^{(1)}(n)]^2\}\end{bmatrix} \tag{2-87}$$

则改进 Verhulst 模型的最小二乘估计参数列为：

$$\hat{a}=(\boldsymbol{B}^{\mathrm{T}}\boldsymbol{B})^{-1}\boldsymbol{B}^{\mathrm{T}}\boldsymbol{Y} \tag{2-88}$$

改进 Verhulst 模型的影子方程为：

$$\frac{\mathrm{d}x^{(1)}}{\mathrm{d}t}+ax^{(1)}=b[x^{(1)}]^2 \tag{2-89}$$

影子方程的解，即时间相应函数为：

$$x^{(1)}(t)=\frac{ax^{(1)}(1)}{bx^{(1)}(1)+[a-bx^{(1)}(1)]\mathrm{e}^{at}} \tag{2-90}$$

改进 Verhulst 模型的时间响应序列为：

$$x^{(1)}(k+1)=\frac{ax^{(1)}(1)}{bx^{(1)}(1)+[a-bx^{(1)}(1)]\exp(ak)} \tag{2-91}$$

式中：$k=1, 2, \cdots, n$。

建立改进 Verhulst 模型后对式(2-91)进行误差检验，包括残差检验、相对误差检验、后验差检验以及后验比值检验。只有当误差检验均合格时，模型的精度才被认为是合格的，可以用于对巷道最终位移进行预测。当模型的精度不高时，可对原模型进行修正，以提高精度。误差检验等级如表 2-37 所示。

表 2-37 灰色预测模型精度检验等级

精度等级	指标临界值	
	后验比值 c	小误差概率 P
一级	<0.35	>0.95
二级	<0.5	>0.80
三级	<0.65	>0.70
四级	>0.80	>0.60

检验合格后即可利用其时间响应序列对巷道顶板最终位移进行预测。由于巷道顶板位移在后期仍然慢慢变大，因此，当巷道顶板位移预测值在一个极小的区间范围内变化时，便可忽略其对巷道位移的影响，判定其为最终位移。

在选取的影响软岩巷道顶板位移的因素中，地应力与巷道跨度越大，巷道顶板位移也就越大，因此，对这两项指标采用上限效果测度进行评价：

$$\gamma_{up}=\frac{U_i}{U_{max}} \tag{2-92}$$

式中：U_{max} 和 U_i 分别为矿山所有巷道中地应力与巷道跨度的集合 $\{U_i\}$ 中的最大值以及一般值。

围岩质量与支护方式越好，则巷道围岩顶板产生的位移就越小，也就越不容易破坏，因此，对这两项指标采用下限效果测度进行评价：

$$\gamma_{down}=\frac{U_{min}}{U_i} \tag{2-93}$$

式中：U_{min} 和 U_i 分别为矿山所有巷道中围岩质量与支护方式评价值的集合 $\{U_i\}$ 中的最小值以及一般值。根据各因素灰色效果测度的结果，建立所有巷道的统计决策矩阵 $\boldsymbol{R}$。

利用决策矩阵，并考虑各因素对软岩巷道顶板位移的影响，对多因素的总体灰色效果进行测量。由于各因素对巷道顶板位移的影响并不是等同的，因此，在决策中不能以算术平均值求得总体灰色效果测度，而应取加权平均值。

根据相对重要程度相关等级计算法，确定软岩巷道各影响因素的权重矩阵 $\boldsymbol{W}=[w_1, w_2, w_3, w_4]^{\mathrm{T}}$。对决策矩阵 $\boldsymbol{R}$ 与权重矩阵进行合成运算，最终得到总的灰色效果测度矩阵 $\boldsymbol{A}$：

$$\boldsymbol{A}=\boldsymbol{R}\cdot\boldsymbol{W} \tag{2-94}$$

对于巷道，其高度是严格按照相关标准设计的，当其顶板的位移超过一定值时，就意味着巷道部分或全部失去了使用价值，即当巷道顶板的位移超过数值ζ时，巷道即视作被破坏。

将样本巷道的顶板最终位移预测值与ζ进行比较，当最终预测值大于ζ时，巷道顶板即视为被破坏，其二次支护方式应取比较稳固的支护方式；当最终预测值小于ζ时，巷道视作安全有保证，其二次支护方式采取一般的支护方式即可。将样本巷道的顶板最终破坏情况与其总的灰色效果测度值对应，通过分析，找出总的灰色效果测度值ε_1。当总的灰色效果测度不小于该值，即

$$\gamma_i \geqslant \varepsilon_1 \tag{2-95}$$

则巷道极有可能因顶板位移量过大而被破坏，该软岩巷道顶板稳定性极差，巷道极有可能因顶板位移过大而被破坏。找出另外一个灰色效果测度值ε_2，当总的灰色效果测度值大于等于ε_2而小于ε_1，即

$$\varepsilon_2 \leqslant \gamma_i < \varepsilon_1 \tag{2-96}$$

则巷道可能因顶板位移过大而被破坏。该软岩巷道顶板稳定性较差，巷道可能因顶板发生位移而被破坏。

将由样本巷道得到的ε_1以及ε_2推广到矿山所有巷道，当巷道的综合灰色效果测度值大于ε_1时，则该巷道顶板稳定性极差，应慎重考虑其二次支护方式，且采取十分可靠的支护方法；当巷道的综合灰色效果测度值在ε_2和ε_1之间时，则巷道顶板稳定性较差，应当仔细考虑其二次支护方式，采取较可靠的支护方式；当巷道的综合灰色效果测度值小于ε_2时，则巷道顶板稳定性较好，采取一般的支护方式进行二次支护即可满足要求。

2.4.4 统计学分析方法

在工程岩体中，岩体结构面的分布极为复杂，但在统计意义上来说，反映岩体结构面分布特征的几何参数服从一定的概率分布规律。结构面网络模拟的基础是对野外地质工作取得的结构面几何参数进行统计分析，由于野外测量获得的数据比较有限，能否用这些有限的数据反映岩体结构面的真实特征就需要统计理论和模型检验。

目前已有众多学者对结构面随机三维网络模拟技术进行了相关研究。随机性三维网络模拟是通过对结构面进行分组，利用统计学的方法获得结构面几何参数的分布概率密度函数，之后运用 Monte-Carlo 随机模拟的方法，在计算机上模拟岩体内的结构面网络。它是建立在对结构面的系统测量基础上的，在统计规律上其模拟结果和实际的分布情况一致，而且可以通过由局部到整体，得到整个岩体的结构特征，方便了解岩体内部的结构特征。例如，根据野外露头测量数据，以花岗岩体典型区域为例，基于 Visual Studio 2008（以下简称为 VS 2008）和 OpenGL 图像处理技术，编制了岩体裂隙三维网络模型生成程序，建立岩体裂隙随机三维网络模型。在此基础上加入露头表面已有的实测确定性裂隙信息，完善了三维网络模型，建立起确定性与随机性相结合的结构面三维网络模型。

由于Ⅳ级结构面数量众多，没有必要弄清楚单个裂隙的几何特征，可以从整体范围对其进行统计，研究其分布规律，根据分布规律形成几何参数的随机变量，进而建立三维网络模型。建立岩体裂隙的三维网络模型需要的参数包括裂隙的大小、裂隙的位置、裂隙的方向以及裂隙的密度分布。

随机三维网络模型的建立的一个关键问题是随机数的生成。圆盘形裂隙的几何参数为裂

隙圆盘中心的三维坐标、裂隙倾向、裂隙倾角、圆盘半径。对应这几个参数生成满足相应统计规律的随机数，利用生成的随机数，便可以生成一条随机裂隙。Monte-Carlo 随机模拟就是利用随机数生成方法，生成随机数序列，使它们服从特定的概率分布形式。目前随机数的生成方法较多，常用的包括积分法、移位指令加法、平方取中法、同余法等。

利用积分法生成概率密度函数随机数时使用(0, 1)的均匀分布随机数。例如 $f(y)$ 是希望生成随机数的概率密度函数：

$$\int_{-\infty}^{s} f(y)\,\mathrm{d}y = r \tag{2-97}$$

式中：r 为(0, 1)的均匀分布随机数。若能根据式(2-97)解出 $s=g(r)$，那么 s 就是希望生成的目标随机数。由此分别得到服从均匀分布、对数正态分布、Fisher 分布的随机数，进而可以得到随机裂隙的中心点坐标、半径和方向。根据 Monte-Carlo 裂隙三维网络模拟原理，对野外露头面实测数据进行统计分析，在统计分析的基础上，利用 VS 2008 编制了随机三维网络的生成程序，利用该程序可以生成符合分布规律的岩体裂隙随机三维网络模型，该程序的具体思路如图 2-44 所示。

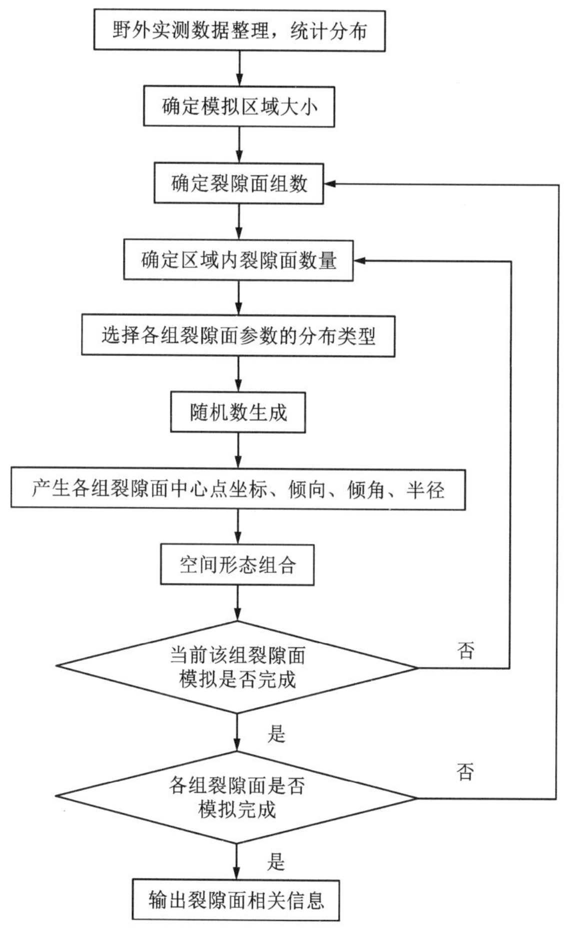

图 2-44　生成岩体裂隙随机三维网络模型流程图

2.5 智能岩石力学分析方法

2.5.1 岩体力学参数与模型智能识别

输入参数和本构模型是岩石力学研究中最核心的两个问题。“输入参数和本构模型给不准”已成为岩石力学理论分析和数值模拟的“瓶颈”问题。

(1)力学参数的智能识别

岩体力学信息存在分形自相似性，可以构造一种从局部信息预测整体信息的推广预测算法。这种做法就是：先利用容易获得的局部信息，建立神经网络模型；再利用信息分形、尺度效应，通过岩体力学信息的分形神经网络重构，获得反映岩体力学的整体信息的大网络；最后借助于该大网络，实现对岩体力学的整体信息的预测。一些代表性的成果有：利用岩石力学试件声发射试验中测得的凯塞效应，可以估算出原岩应力；通过岩土结构在开挖后测得的位移进行模型重构(如神经网络模型、数学模型等的重构)来获得岩体的力学参数(如原岩应力、弹性模量、黏聚力、内摩擦角等)，即位移反分析法；利用岩石节理的尺度效应，构造遗传-神经网络模型，由较小尺度的节理开度预测较大尺度的节理开度随剪切位移的变化模式。

(2)模型的智能识别

岩土材料的本构模型依赖于应力路径和应力历史，需在网络的输入层中加入沿着应力路径紧跟当前状态的一个或多个应力历史点，如图 2-45 所示。

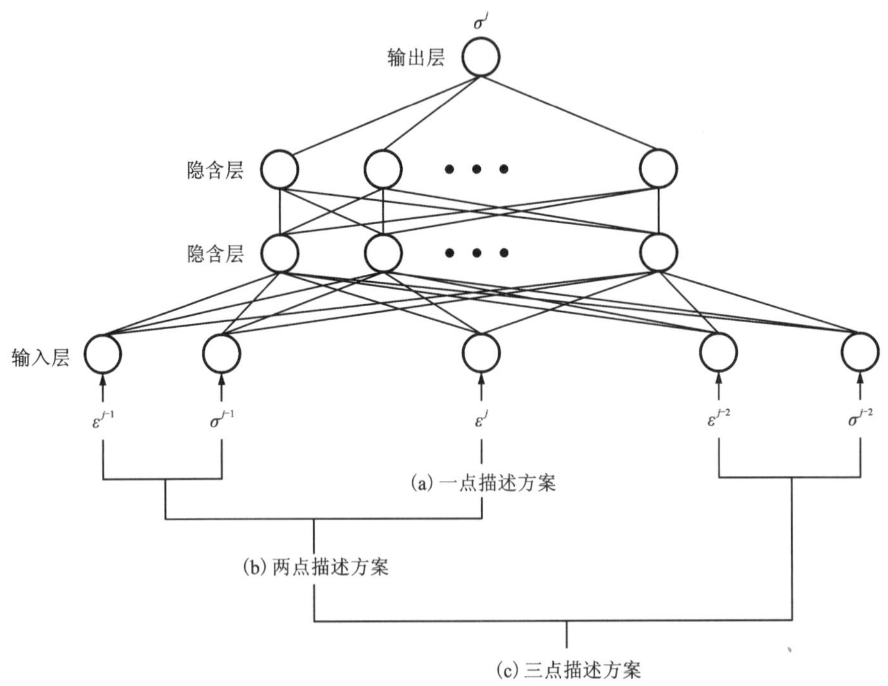

图 2-45　本构模型的神经网络表达方式

非线性本构关系可采用自学习方法而获得，其中一种方法是：在学习时，先假设一个初始神经网络材料模型，进行应力分析，计算出样本内部的应力、应变值以及测点处的位移值，将计算位移值与实测位移值之间的误差作为边界条件再进行应力分析，用计算出的应变修正值对上一次应力分析得到的应变值进行修正，用修正后的应力、应变值作为学习样本进行神经网络学习。神经网络-数值计算方法的基本思想是用神经网络材料本构模型代替现有的数学材料模型并应用到数值计算中(图 2-46)。

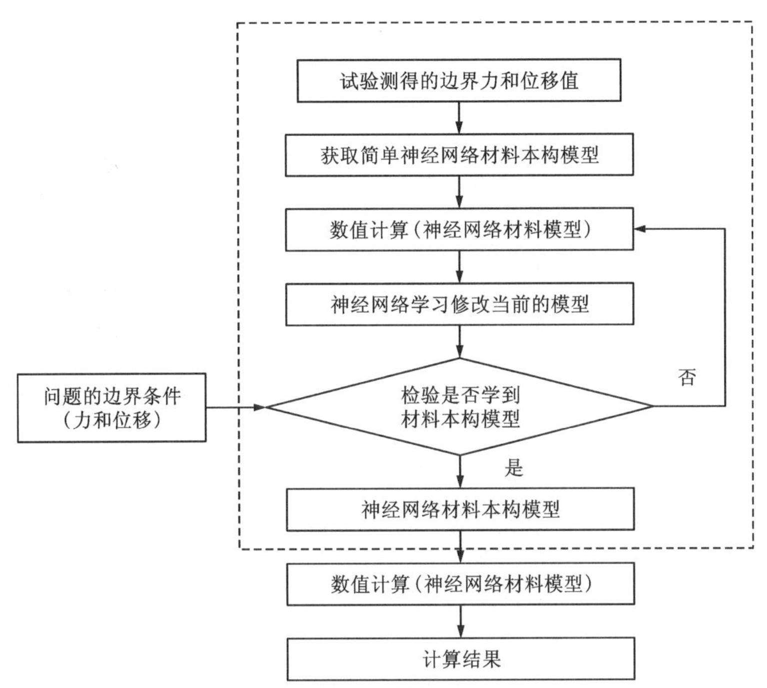

图 2-46　神经网络-数值计算的流程

2.5.2　岩体稳定性智能估计

岩体的影响因素众多，对岩体稳定性的估计需要综合考虑各种因素的影响，并分清影响程度的主次关系。

(1)岩体稳定性的神经网络估计

假设岩体稳定性实例

$$
\begin{aligned}
&(x_{\mathrm{p}} \rightarrow y_{\mathrm{p}})(\mathrm{p}=1,\ 2,\ \cdots,\ N) \\
&x_{\mathrm{p}}=(x_{\mathrm{p}1},\ x_{\mathrm{p}2},\ x_{\mathrm{p}i},\ \cdots,\ x_{\mathrm{p}n}) \\
&y_{\mathrm{p}}=(y_{\mathrm{p}1},\ y_{\mathrm{p}2},\ y_{\mathrm{p}j},\ \cdots,\ y_{\mathrm{p}m})
\end{aligned}
\tag{2-98}
$$

式中：$x_{\mathrm{p}i}$ 为影响岩体稳定性的第 i 个因素，$i=1,\ 2,\ \cdots,\ n$；$y_{\mathrm{p}j}$ 为表明岩体稳定的第 j 个指标，$j=1,\ 2,\ \cdots,\ m$。

根据工程经验，影响岩体稳定的因素有岩石容重，岩石的内聚力、内摩擦角，岩体结构类型、节理，地下水等，表示岩体稳定性的指标有安全系数等。

岩体稳定性估计的建模，就是寻找 y_p 与 x_p 之间的关系，即

$$\begin{aligned} &G: R^n \rightarrow R^m \\ &y_p = G(x_p)(p = 1, 2, \cdots, N) \end{aligned} \tag{2-99}$$

一般而言，G 是非线性的，不是用数学方程式，而是用一个并行分布式神经网络来描述与表达。这种新的描述与表达，是将 $y_p = (y_{p1}, y_{p2}, \cdots, y_{pm})$ 用输出节点表达，$x_p = (x_{p1}, x_{p2}, \cdots, x_{pn})$ 用输入节点表达，建立多层神经网络。

(2)基于安全系数的岩体稳定性极大似然估计

假设收集了 n 个实例数据，从随机性出发，考虑安全系数的估计，有必要建立如下的近似回归方程：

$$F_i = \alpha X_i + \beta Y_i \tag{2-100}$$

式中：α、β 为要确定的系数；F_i 为安全系数，它服从均值为 $\overline{F}$、方差为 σ_F 的 Gauss 分布，即

$$f(F_i; \alpha, \beta) = \frac{1}{\sigma_F \sqrt{2\pi}} \exp\left[-\frac{1}{2\sigma_F^2}(F_i - \overline{F})^2\right] \tag{2-101}$$

随机样本的极大似然函数 L 和 n 个观察值 $F_1, F_2, \cdots, F_n$ 的关系定义为

$$L = \prod_{i=1}^{n}\left\{\frac{1}{\sigma_F \sqrt{2\pi}} \exp\left[-\frac{1}{2\sigma_F^2}(F_i - \overline{F})^2\right]\right\} \tag{2-102}$$

采用算法 $\lg L = -\frac{n}{2}\lg(2\pi) - \frac{n}{2}\lg(\sigma_F^2) - \frac{1}{2\sigma_F^2}\sum_{i=1}^{n}(\alpha X_i + \beta Y_i - \overline{F})^2$ 对 α、β 进行微分，并令其等于 0，可以获得估计 α、β 的全方程

$$\begin{cases} \alpha \sum_{i=1}^{n} X_i^2 + \beta \sum_{i=1}^{n} X_i Y_i = \sum_{i=1}^{n} F_i X_i \\ \alpha \sum_{i=1}^{n} X_i Y_i + \beta \sum_{i=1}^{n} Y_i^2 = \sum_{i=1}^{n} F_i Y_i \end{cases} \tag{2-103}$$

2.5.3 岩体失稳破坏模式智能辨识

为了充分地利用稳定性分析过程中专家们的工程经验，将工程专家们的经验抽取出来，提出一种面向对象的专家系统模型，采用面向对象的专家系统和神经网络模型综合实现破坏模式的识别，建立相应的综合集成智能系统。专家系统的建立包括知识获取、稳定性分析知识的综合表达、推理方向、深度优先搜索与不确定性推理方法等。

(1)知识获取

专家系统的知识包括专家本人的经验和蕴含在工程实例中的工程经验。对于前者，专家系统的建造者需要通过与该领域专家的充分接触和交谈，获取其经验。对于后者，可以采用机器学习方法对收集到的工程实例进行学习。

(2)稳定性分析知识的综合表达

将获取的专家经验和工程经验(包括大量的定性描述)表达成计算机能接收的形式，可采用框架+神经网络+数学模型的综合知识表示方法。比如描述了边坡破坏模式为“单平面滑动”，在 5 个前提即“岩体结构为块状结构”“有一组或单一顺向结构面”“潜在结构面倾角小于坡角”“潜滑面和切割面上、下两端均出露”“有侧向切割面”全为真的情况下，有 100%的

可能得出结论“边坡破坏模式为单平面滑动”。括号中的数字0.25、0.25、0.2、0.15和0.15分别表示这个前提的权值，即对结论的贡献。这些权值满足归一化条件，即其和为1。这条规则可用图2-47表示，规则的结论和其各个前提分别用节点表示，规则的结论节点在上层，前提节点在下层，形成倒立的规则树。前提的权值表示在结论节点与前提节点的连线上。

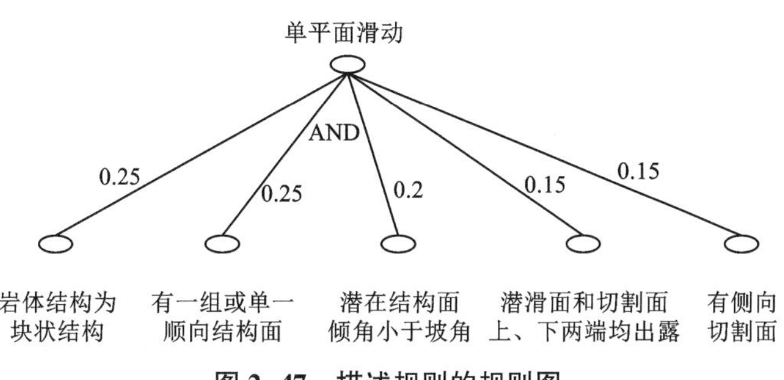

图2-47　描述规则的规则图

(3)推理方向

有了推理网络，可以形成相应的规则树，从初始的事实出发，用模式匹配技术寻找合适的产生式。如果代入已知事实后，使其产生式的前提(条件)为真，则这个产生式可以作用在这组事实上，即产生式被激活，从而推出新的事实。以此类推，直至得出结论。

(4)深度优先搜索与不确定性推理方法

在上述的规则树推理中，目标或子目标结论可以同时是若干规则的结论部分，这就存在一个规则选择和利用顺序问题，可以靠搜索方法来解决。深度优先生成-测试搜索方法是一种适合岩土工程的搜索方法，该方法从规则关系树根节点开始，逐节点往下搜索，边搜索边生成，边生成边测试。如果搜索目标实现，则生成一棵实际的规则关系树。不确定性推理方法针对的是如何利用规则树上的每一个规则进行不确定性传播的问题。单个规则结论的不确定性就可以通过规则树上的各规则的上下逻辑关系，运用合适的不确定性推理方法，对涉及的不确定性知识和信息进行推理。

2.5.4　岩体稳定性智能反馈分析

稳定性智能反馈分析系统是一个循环滚动的动态分析预测系统，以现场信息为基础，根据专家工程经验，利用智能方法建立动态修正模型，不断地对工程稳定性进行分析预测，不断地利用新数据核实已有的模型，并适时进行修正(必要时更换模型)，为设计、施工、维护提供合理建议。根据识别的优秀模型进行数值模拟，对工程长期稳定性进行分析，进而进行预测，为工程提供合理建议；当现场有了新的监测数据时，将它与先前预测结果进行比较，核实已有模型及参数的合理性，若合理，则继续使用；否则，将新数据连同已有数据一起作为反分析目标，先进行参数反演，若得到合理结果，则不再进行模型识别；否则，进行模型结构及参数识别。

2.5.5　岩体稳定性综合集成智能分析

国内外许多研究者都将人工智能、模糊数学、神经网络等新兴学科的理论应用到岩石力学中来，并且出现综合集成的趋势。地下工程力学的综合集成智能分析方法，是把岩石工程勘察、设计、施工与维护等作为一个系统来考虑。其研究主要包括：岩石工程师经验的学习；不确定性推理和运用方法；区域岩体等价本构模型的自适应识别算法；地下工程开挖和稳定性动态分析的智能离散元和智能有限元计算模型；力学遗传算法与并行算法；破坏模式与系统故障诊断自适应识别方法；以信息分形为标度，建立描述岩体变形、破坏、失稳的全过程智能非线性方程以及多种方法集成计算的综合决策方法等。

参考文献

[1] BARTON N, LIEN R, LUNDE J. Engineering classification of rock masses for the design of tunnel support[J]. Rock Mechanics, 1974, 6(4): 189-236.

[2] BIENIAWSKI Z T. Engineering rock mass classifications: a complete manual for engineers and geologists in mining, civil, and petroleum engineering[J]. Wiley-Interscience, 1989: 40-47.

[3] HOEK E. 实用岩石工程技术[M]. 刘丰收，崔志芳，王学潮，等译. 郑州：黄河水利出版社，2002.

[4] HOEK E, BROWN E T. Practical estimates of rock mass strength[J]. International Journal of Rock Mechanics and Mining Sciences, 1997, 34(8): 1165-1186.

[5] 江飞飞. 自然崩落法矿岩可崩性系统化评价及崩落规律研究[D]. 长沙：长沙矿山研究院，2014.

[6] 杨志法，尚彦军，刘英. 关于岩土工程类比法的研究[J]. 工程地质学报，1997，5(4): 299-305.

[7] 李世辉. 隧道支护设计新论——典型类比分析法应用和理论[M]. 北京：科学出版社，1999.

[8] 薛守义. 论岩土工程类比设计原理[J]. 岩土工程学报，2010，32(8): 1279-1283.

[9] MAWDESLEY C A. Predicting rock mass cavability in block caving mines[D]. Queensland: The University of Queensland, 2002.

[10] 侯定贵. 层状岩体深部巷道围岩稳定性监测预警物理模型实验[D]. 北京：中国矿业大学(北京)，2016.

[11] 唐辉明，晏鄂川，胡新丽. 工程地质数值模拟的理论与方法[M]. 武汉：中国地质大学出版社，2001.

[12] 张传庆，周辉，张洋，等. 深埋软岩隧洞稳定性控制理论与技术[M]. 北京：科学出版社，2016.

[13] 严鹏，卢文波，陈明，等. 深部岩体开挖方式对损伤区影响的试验研究[J]. 岩石力学与工程学报，2011，30(6): 1097-1106.

[14] MARTINI C D, READ R S, MARTINO J B, et al. Observations of brittle failure around a circular test tunnel [J]. International Journal of Rock Mechanics and Mining Sciences, 1997, 34(7): 1065-1073.

[15] TSANG C F, JING L, STEPHANSSON O, et al. The DECOVALEX III project: a summary of activities and lessons learned[J]. International Journal of Rock Mechanics and Mining Sciences, 2005, 42(5/6): 593-610.

[16] STANFORS R, RHÉN I, TULLBORG E L, et al. Overview of geological and hydrogeological conditions of the Äspö hard rock laboratory site[J]. Applied Geochemistry, 1999, 14(7): 819-834.

[17] HSIUNG S M, CHOWDHURY A H, NATARAJA M S. Numerical simulation of thermal-mechanical processes observed at the Drift-Scale Heater Test at Yucca Mountain, Nevada, USA[J]. International Journal of Rock Mechanics and Mining Sciences, 2005, 42(5/6): 652-666.

[18] HAWKINS I R, SWIFT B T, HOCH A R, et al. Comparing flows to a tunnel for single porosity, double porosity and discrete fracture representations of the EDZ[J]. Physics and Chemistry of the Earth, Parts A/B/C, 2011, 36(17/18): 1990-2002.

[19] 王华宁，曹志远. 岩体施工过程损伤演化预测的时变力学分析[J]. 应用力学学报，2002，19(4): 134-138，169.

[20] MALAN D F. Manuel rocha medal recipient simulating the time-dependent behaviour of excavations in hard

rock[J]. Rock Mechanics and Rock Engineering, 2002, 35(4): 225-254.

[21] MALMGREN L, SAIANG D, Töyräb J, et al. The excavation disturbed zone (EDZ) at Kiirunavaara mine, Sweden—by seismic measurements[J]. Journal of Applied Geophysics, 2007, 61(1): 1-15.

[22] 周辉, 张传庆, 冯夏庭, 等. 隧道及地下工程围岩的屈服接近度分析[J]. 岩石力学与工程学报, 2005, 24(17): 3083-3087.

[23] 张传庆. 基于破坏接近度的岩石工程安全性评价方法的研究[D]. 北京: 中国科学院研究生院(武汉岩土力学研究所), 2006.

[24] READ R S, CHANDLER N A, DZIK E J, et al. In situ strength criteria for tunnel design in highly-stressed rock masses[J]. International Journal of Rock Mechanics and Mining Sciences, 1998, 35(3): 261-278.

[25] 郑颖人, 孔亮. 岩土塑性力学[M]. 北京: 中国建筑工业出版社, 2010.

[26] 俞茂宏. 双剪理论及其应用[M]. 北京: 科学出版社, 1998.

[27] COOK N G W, HOEK E, PRETORIUS J P G, et al. Rock mechanics applied to the study of rockbursts[J]. Journal-South African Institute of Mining and Metallurgy, 1966, 66(10): 435-528.

[28] WANG J A, PARK H D. Comprehensive prediction of rockburst based on analysis of strain energy in rocks[J]. Tunnelling and Underground Space Technology, 2001, 16(1): 49-57.

[29] 谢和平, 鞠杨, 黎立云. 基于能量耗散与释放原理的岩石强度与整体破坏准则[J]. 岩石力学与工程学报, 2005, 24(17): 3003-3010.

[30] 陈卫忠, 吕森鹏, 郭小红, 等. 基于能量原理的卸围压试验与岩爆判据研究[J]. 岩石力学与工程学报, 2009, 28(8): 1530-1540.

[31] WILES T D, MARISETT S D, MARTIN C D. Correlation between local energy release density and observed bursting conditions at Creighton mine[J]. Unpublished Mine Modelling Report to Creighton Mine, 1998.

[32] 苏国韶. 高地应力下大型地下洞室群稳定性分析与智能优化研究[D]. 武汉: 中国科学院研究生院(武汉岩土力学研究所), 2006.

[33] 邱士利. 深埋大理岩加卸荷变形破坏机理及岩爆倾向性评估方法研究[D]. 北京: 中国科学院大学, 2011.

[34] 杨凡杰. 深埋隧洞岩爆孕育过程的数值模拟方法研究[D]. 北京: 中国科学院大学, 2013.

[35] 左宇军. 动静组合加载下的岩石破坏特性研究[D]. 长沙: 中南大学, 2005.

[36] 李树忱, 李术才, 徐帮树. 隧道围岩稳定分析的最小安全系数法[J]. 岩土力学, 2007, 28(3): 549-554.

[37] 郑泽岱, 刘沐宇. 计算矿柱安全系数的新方法[J]. 化工矿物与加工, 1994(3): 16-19.

[38] 陈建宏, 郑海力, 施飞. 改进 Verhulst 模型与灰色效果测度的软岩巷道顶板破坏规律分析[J]. 中南大学学报(自然科学版), 2011, 42(9): 2790-2796.

[39] 宋彦辉, 聂德新. 基础沉降预测的 Verhulst 模型[J]. 岩土力学, 2003, 24(1): 123-126.

[40] 罗云. 事故分析预测与事故管理[M]. 北京: 化学工业出版社, 2006.

[41] 李若尧. 确定性与随机性相结合结构面网络模型及围岩块体稳定性分析[D]. 南京: 南京理工大学, 2013.

[42] 冯夏庭, 杨成祥. 智能岩石力学(2)——参数与模型的智能辨识[J]. 岩石力学与工程学报, 1999, 18(3): 350-353.

[43] 冯夏庭. 智能岩石力学导论[M]. 北京: 科学出版社, 2000.

[44] 冯夏庭, 王泳嘉, 林韵梅. 地下工程力学综合集成智能分析的理论和方法[J]. 岩土工程学报, 1997, 19(1): 30-36.

第3章

矿山地压与变形监测

矿山地下开采活动往往会引起采场顶板大面积冒落、巷道坍塌、地表沉陷、露天边坡滑塌等灾害，直接威胁矿山的安全生产，造成资源的损失，破坏地面建筑物及环境。为了对这些灾害进行稳定性控制，同时了解矿体开采过程中围岩地压和位移变化规律，需要对矿山地压和变形进行监测，并及时对现场进行预测。在20世纪80年代以前，地压和变形监测主要是采用常规测量技术和某些特殊测量手段。常规的测量技术是指采用经纬仪、水准仪、测距仪、全站仪等测定点的变形(王晓华等，2006)。随着科学技术的进步和对监测要求的不断提高，近十年来，非接触测量技术和方法得到广泛的使用，比较有代表性的是近景摄影测量系统、激光测量技术和超声检测技术，它们具有监测工作简便、快速、安全等特点。近年来，发展起来的InSAR技术也是一种非接触测量技术，但由于数据质量受到多种因素的制约，造成其在应用时的许多困难，精度也相应受到限制。随着有线网络通信、卫星通信、无线移动通信技术的飞速发展，为地压和形变信息的远程实时传输提供了保障，实时监测方法与技术得到了长足发展，如遥感监测和微震监测等。本章首先系统地介绍矿山地压和变形监测的常见仪器，然后针对岩层移动监测、露天边坡监测和采场地压监测，介绍了其监测的内容、方法和仪器选型。

3.1 矿山地压监测仪器

矿山压力和变形监测仪器种类较多。

其按监测内容分为采矿工作面和巷道支柱(架)工作阻力监测仪器、顶底板相对移近量和巷道围岩表面位移监测仪器、岩体内部原岩应力和附加应力监测仪器、围岩表面和深部位移监测仪器、矿山动力现象监测仪器等。

其按工作原理分为机械式、液压式、振弦式、电阻应变式、声波法、光学法及其他物理方法(如电磁波、同位素γ射线等)。

3.1.1 机械式矿压监测仪器

机械式矿压监测仪器的原理是基于机械传动学原理，利用金属构件受力后产生的弹性变形，并通过传动系统放大，由计数装置将数值显示出来。此种类型的监测仪器结构简单、工作可靠、使用方便、易于维护与检修，比较适合地下工程的矿压测量，包括机械式支柱测力计、围岩移动量和移动速度监测仪器。

(1)机械式支柱测力计

ADJ 型测力计是常用来监测记录单体液压支柱承受的载荷的仪器。ADJ 型机械式测力计的标定曲线(图 3-1)是在材料试验机上对测力计进行标定后获取的。在材料试验机上，首先对测力计进行加载，载荷由零均匀加至最大值(为额定工作载荷的 1.2 倍)。同时用压力指示器测量某一载荷下的自由端位移，然后卸载，同样测量某一载荷下的自由端位移。如此重复三次，取其平均值，即可做出测力计的标定曲线。支柱测力计的标定曲线由生产厂家提供，使用过程中因工作环境的变化，其工作特性有可能发生变化。因此，在有条件时，每次监测前都应重新标定一次。

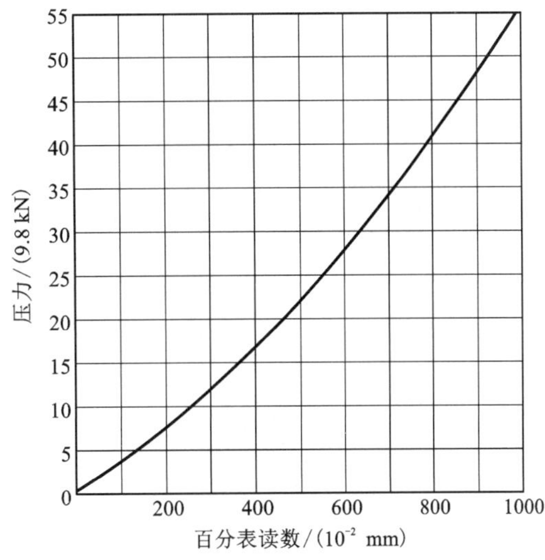

图 3-1　ADJ 型测力计标定曲线

(2)围岩移动量和移动速度监测仪器

围岩移动量和移动速度监测仪器主要包括测杆、测枪和顶板动态仪，如 DDJ-2.5 型测杆、BHS-10 型测枪、KY-82 型顶板动态仪和 D-Ⅲ型顶板动态仪等。

DDJ-2.5 型测杆是测量顶底板相对移近量、巷道围岩表面及支架两点间位移的常用仪器(图 3-2)，主要由活杆、套管、标尺组成。活杆 1 可在套管 5 内滑动，活杆上设有固定标尺 2，套管上端的矩形读数窗口 3 刻有读数基准线，拧紧夹紧螺钉 4，可使卡环抱紧活杆 1，并借助弹簧 6 的弹力使测杆稳固地支撑在两测量基点之间。读数基准线所对准的标尺刻度即为读数值。

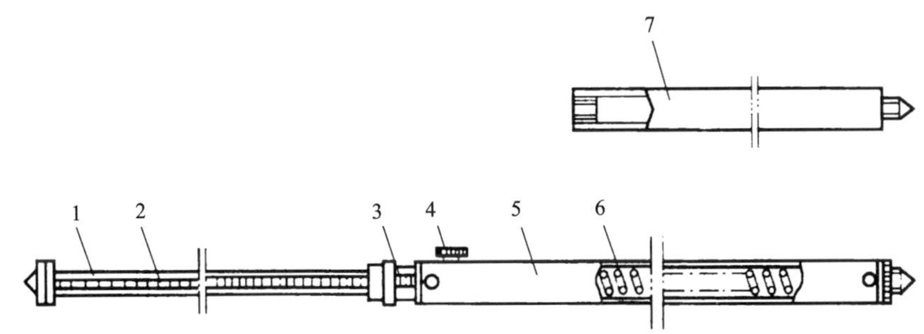

1—活杆；2—固定标尺；3—读数窗口或监测窗；4—夹紧螺钉；5—套管；6—弹簧；7—接长杆。

图 3-2　DDJ-2.5 型测杆

BHS-10 型测枪(图 3-3)适用于测量巷道围岩表面位移，亦可用于地面工程测量。该测枪测量范围大，读数精确，使用方便。测量时，将测枪接头组 1 挂在预安设的监测基点的金属钩上，下压卡簧片 18，松开扳机 10，移动测枪放出测尺 11，待测枪顶尖 16 接近对应测点时，扳机压至一挡，将测尺压紧，当顶尖触及测钉端面时，扳机压至二挡，锁死测尺，从放大镜 4 处观看尺标 3，即是测取的读数值。配合接长杆使用，测枪最大测量范围可达 11 m。

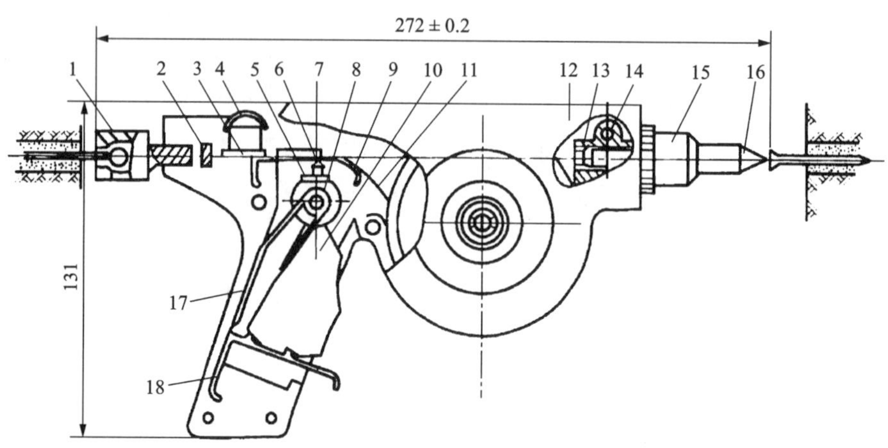

1—接头组；2—毡垫；3—尺标；4—放大镜；5—调整螺母；6—压钉；7—橡胶板；8—扳机轴；9—弹簧片；10—扳机；11—测尺；12—枪壳；13—枪嘴；14—螺钉；15—保护帽；16—顶尖；17—扳机簧；18—卡簧片。

图 3-3 BHS-10 型测枪结构图(单位：mm)

KY-82 型顶板动态仪(图 3-4)是一种普及型、机械式、灵敏度高、量程大的位移计。使用时，动态仪安设在顶底板测量基点间，依靠压力弹簧 5 固定。粗读数或较大读数由粗读数游标 13 指示，从刻度套管 10 上读出，每一小格 2 mm；微读数由指针 9 指示，从微读数刻度盘 8 上读出，刻度盘上每一小格为 0.01 mm，共 200 小格，满刻度对应为 2 mm。顶底板相对移近时，作用力通过压杆 3 压缩压力弹簧 5，并推动齿条 7，齿条再推动齿轮带动指针 9 顺时针方向转动，于是读数增大。前、后两次读数的差值为此段时间内的顶底板移近量，差值与此段时间间隔的比值即为顶底板移近速度。该顶板动态仪分辨率为 0.01 mm。最大量程为 200 mm，与接长杆配合使用，测量高度可达 3 m。图 3-4(b)为接长杆结构示意图，它是顶板动态的组成部分之一，当测量高度较大时，可将接长杆与动态仪用连接螺母 14 连成一体。

D-Ⅲ型顶板动态仪结构如图 3-5 所示，它是在 KY-82 型顶板动态仪基础上加以改造制成的。将 KY-82 型顶板动态仪的百分表刻度盘换成了带孔小圆盘(开有均布 100 个小孔的黑色圆盘)8，圆盘后面装有一只发光二极管。当活杆(也称伸缩杆) 3 移动时，齿条杆带动圆盘旋转，圆盘上小孔转动到发光二极管处时，小孔将透出一束光线，每透光一次即意味着顶底板相对移动 0.02 mm，在圆盘的另一侧装有光电三极管、小孔透出的光直射光电三极管，三极管将导通；小孔转过发光二极管而未转至下一个小孔时，光电三极管因无光束照射将截止。每转过一个小孔，发出一个脉冲信息，再采用一种接收仪记录光电三极管发出的脉冲次数，即可获取此段时间内的顶底板相对移近量。

D-Ⅲ型顶板动态仪与其他相应仪器配合使用，可实现遥测。其使用高度为 1~3 m，最大量程为 300 mm，辨别率为 0.02 mm。

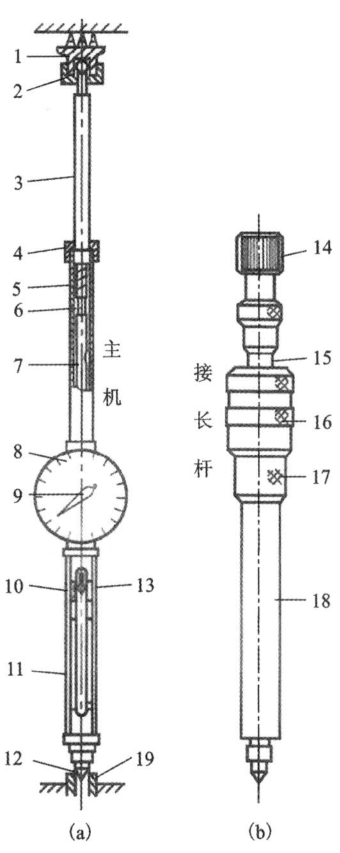

1—顶盖；2—万向接头；3—压杆；4—密封盖；5—压力弹簧；6—万向接头；7—齿条；8—微读数刻度盘；9—指针；10—刻度套管；11—有机玻璃罩管；12—底锥；13—粗读数游标；14—连接螺母；15—内管；16—卡夹套；17—卡夹；18—外管；19—带孔铁钎。

图3-4　KY-82型顶板动态仪结构示意图

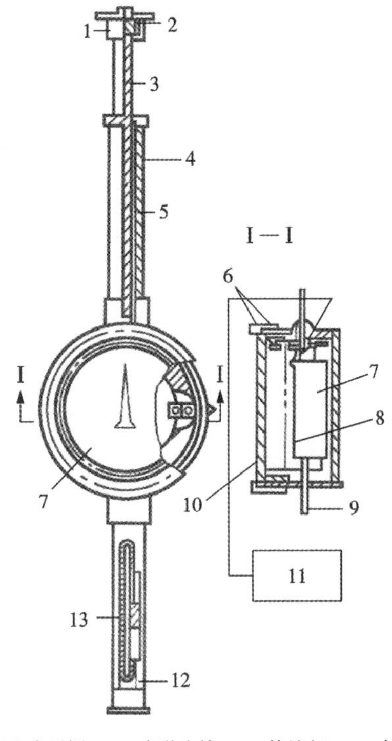

1—活动顶帽；2—球形连接；3—伸缩杆；4—套筒；5—复位弹簧；6—光电转换器；7—百分表；8—带孔小圆盘；9—齿条杆；10—有机玻璃；11—集成电路数字式接收仪器；12—带刻度套筒；13—指针。

图3-5　D-Ⅲ型顶板动态仪结构图

3.1.2　液压式仪器

液压式矿压监测仪器是根据液体不可压缩原理，将支柱载荷转换成液压腔或液压囊的液压值。其测量元件有弹性管、波纹管、波登管及柱塞螺旋弹簧等。目前，用于矿压测量的液压式仪器有压力表、液压测力计和液压自动记录仪。

(1)压力表

压力表结构简单，测量范围宽，使用维修简便，各类压力表中，以弹簧式压力表为主，其中又以单圈弹簧管应用最广。它的品种和规格都较齐全，外径尺寸 ϕ 大部分为60～250 mm，精度等级一般为1%～2.5%。

随着国民经济的发展，近年来出现了精密压力表、超高压压力表、微压计、耐高温压力表及特殊用途的压力表。

(2)液压测力计

常用的液压测力计有 HC 型液压测力计、ZHC 型钻孔油枕应力计和锚杆拉力计。

HC 型液压测力计(图 3-6)主要用于测定采掘工作面的支柱工作阻力。它有两种规格，其中 HC-45 型适用于单体金属支柱和液压支柱，HC-25 型适用于木柱和各种巷道支架。根据液体不可压缩和各向同性的原理，当测力计的调心盖 4 承压时，使活塞 3 向下压迫油体，产生与支柱工作阻力相应的油压，压力油经管接头 7 传至压力表，表的读数即为支柱工作阻力或作用在支柱上的载荷。

ZHC 型钻孔油枕应力计如图 3-7 所示，油枕由两片枕壳对焊而成，在每片枕壳上用专用模具压出 $R=3.5$ mm 的圆形沟槽。选用精度为 1~1.5 级、量程为 0~25 MPa 的普通压力表，油枕与压力表的连接管路采用紫铜管和无缝钢管两种，前者用于浅孔，后者用于深孔。

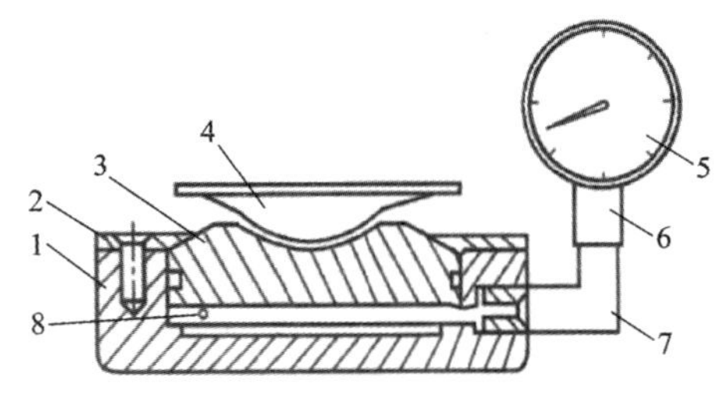

1—油缸；2—压盖；3—活塞；4—调心盖；5—压力表；6—阻尼螺钉；7—管接头；8—排气孔。

图 3-6 HC 型液压测力计

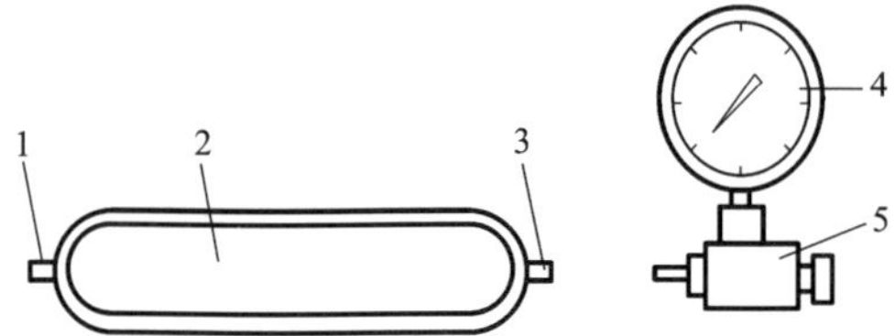

1—排气阀；2—油枕；3—管路；4—压力表；5—注油阀。

图 3-7 ZHC 型钻孔油枕应力计结构图

锚杆拉力计是测量锚杆锚固力的仪器。使用时，将拉力计安装在锚杆上，开启千斤顶推动活塞伸出，锚杆将间接地承受拉力。当锚杆的锚固力小于活塞的拉力时，锚杆被拉出，此时压力表的读数不再上升，其值为千斤顶高压腔的压强。锚杆锚固力，可用下式计算：

$$T = Sp \tag{3-1}$$

式中：T 为锚杆的锚固力，kN；S 为千斤顶活塞的面积，mm^2；p 为压力表读数，MPa。

(3)液压自动记录仪

液压自动记录仪是测量并记录液压支架，单体液压支柱及各种液压设备工作阻力变化的仪器。由于它能够自动记录液体压力的变化过程，故得到了广泛应用。常见的液压自动记录仪有 YTL-610 型圆图压力记录仪和 YSZ-1 型液压支架压力下缩自记仪。

3.1.3 振弦式观测仪器

振弦式观测仪器是根据钢弦在不同张力作用下，具有不同的固定频率这一原理研制的。钢弦在张力 T 作用下，其固有频率为：

$$f = \frac{1}{2L}\sqrt{\frac{T}{\rho}} \tag{3-2}$$

式中：f 为钢弦固有频率；L 为钢弦的长度；T 为作用在钢弦上的张力；ρ 为钢弦的线密度。

振弦式观测仪器由钢弦压力盒和钢弦频率接收仪两部分组成。钢弦压力盒是将外载转换为钢弦频率的传感器。钢弦频率接收仪是收集显示钢弦频率的数字式频率计。

(1)钢弦压力盒的工作原理

目前使用的钢弦压力盒有 YLH 系列和 GH 系列。这两个系列的钢弦压力盒都是双线圈自激型，其工作原理基本相同。下面以 GH-50 型钢弦压力盒为例介绍其工作原理(图 3-8)。

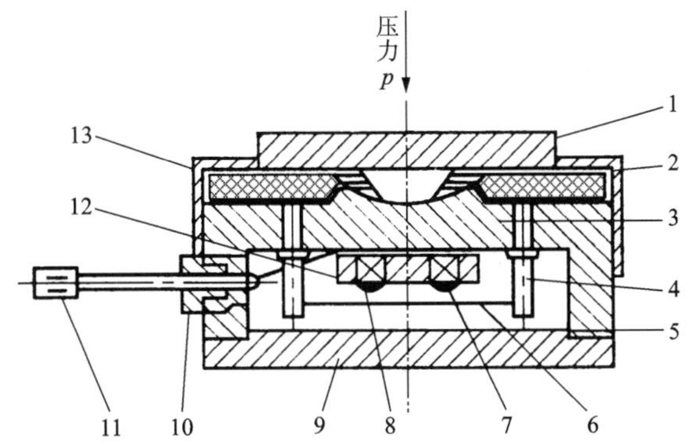

1—导向球面盖；2—橡胶垫；3—工作膜；4—钢弦柱；5—O 形密封圈；6—钢弦；7—激发磁头；8—感应磁头；9—后盖；10—电缆接头；11—电缆插头；12—铝座；13—护罩。

图 3-8　GH-50 型钢弦压力盒结构示意图

当压力 p 通过导向球面盖 1 作用在工作膜 3 时，工作膜产生微小挠曲，使两钢弦柱 4 外张，产生微小的角位移而张紧钢弦 6，使弦的固有频率 f 升高。p 越大，f 愈高。此时测出钢弦的振动频率 f，便可以从钢弦压力盒率定曲线(p-f 曲线)或率定表中查得作用在压力盒上的载荷 p。

(2)钢弦频率接收仪

钢弦频率接收仪实质上是一台简易的数字频率计，下面介绍 GSJ-1 型钢弦频率接收仪与 GH 系列钢弦压力盒配合使用测量支柱载荷的工作原理。

GSJ-1 型频率计读数窗口为红色发光二极管四位数字显示器，压力盒插头接频率计的五芯插座，中间三芯插座为仪器内镍镉蓄电池充电插座。另外，还有两个按钮，最外侧的为关断按钮，靠里侧的为启动按钮。其工作原理如图 3-9 所示，主要技术特征见表 3-1。

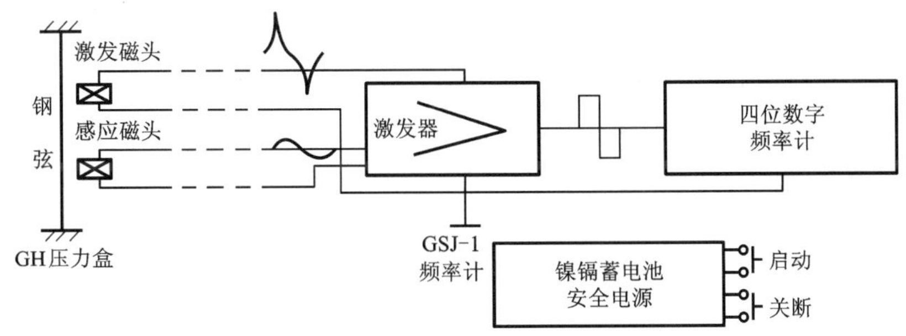

图 3-9　GSJ-1 型频率计工作原理框图

表 3-1 GSJ-1 型频率计技术特征表

技术特征	参数
适用钢弦类型	ϕ0.25 mm 长 40 mm 以下各种钢弦(含不锈钢弦)
频率范围	500~3000 Hz
频率误差	±1 Hz(1000 Hz 以下，每 100 Hz 低 1~2 Hz，1000 Hz 以上基本无误差)
激发距离	0~300 m 双芯线或小于 100 m 的任何四芯线
激发时间	<2 s(含辅助激发 1 s)
电源	6 V、400 mA 有 GNY-0.45 六节串联供电，充电一次可连续供电 4 h 以上
仪器质量	1 kg
体积	190 mm×103 mm×45 mm

3.1.4 微震监测仪器

国内外用于矿山地压微震监测的设备生产厂家较少，其中技术成熟并实现产业化生产的厂家主要有澳大利亚的 IMS 公司、加拿大 ESG 公司、波兰矿山研究院、英国 ASC 公司。其中澳大利亚的 IMS 公司和加拿大 ESG 公司生产的微震监测设备，因在信号数字化采集、智能化分析系统及后处理功能等方面具有良好性能而得到科研工作者的认可，澳大利亚的 IMS 微震监测系统在数据分析等后处理方面相对更加成熟，能满足更深入的数据分析研究的需要。

澳大利亚的 IMS 微震监测设备(integrated seismic system，集成化微震系统)是集数字化、智能化和高分辨率功能为一体的微震监测系统。其微震监测系统具有以下特点：

①多种传感器支持；

②模块化设计，易扩展；

③实时在线监测；

④高速信号采集；

⑤高分辨率、多通道、GPS 授时；

⑥宽频率、多种数字无线传输方式；

⑦小直径钻孔监测；

⑧实时、可视化的后处理软件。

IMS 微震监测系统的硬件系统(图 3-10 和图 3-11)主要包括传感器、数据采集单元(GS)、数据传输系统(调制解调器、光电转换器)、服务器及电缆、电话线及光纤等。

IMS 微震监测系统的后处理软件具有强大的分析功能，主要包括系统运行控制软件(Rts)、微震事件实时显示软件(Ticker)、微震数据处理软件(Jmts)、微震事件的可视及解释软件(Jdi)。

微震远程实时监测系统由传感器、信号电缆、数据采集模块(GS)、通信系统(调制解调器、光电转换器电话线、光纤)、数据控制中心(服务器)等硬件和系统运行控制软件(Rts)、微震事件实时显示软件(Ticker)、微震数据处理软件(Jmts)、微震事件的可视化及解释软件(Jdi)等软件组成。同时，为了保证能及时进行数据分析处理，建立了数据采集中心、数据分

(a) 调制解调器（服务器）

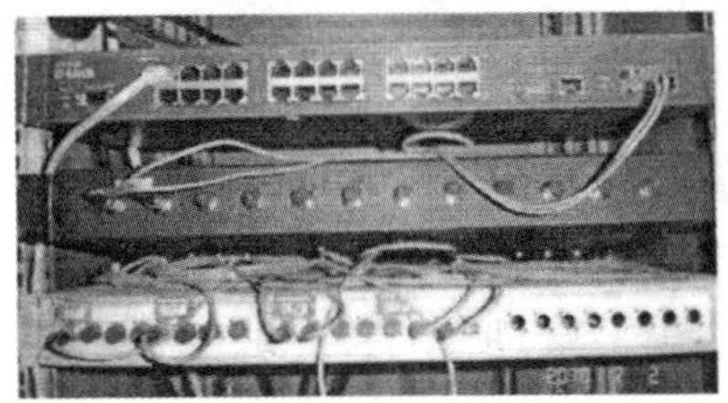

(b) 光电转换器

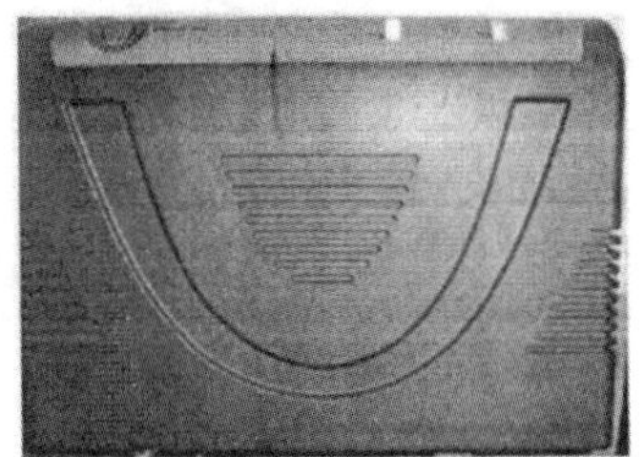

(c) 调制解调器（GS）

图 3-10　数据传输系统

(a) 14 Hz 三向传感器

(b) 32 字节数字型微震数据采集单元

(c) 数据采集模块箱

(d) 服务器

图 3-11　IMS 微震监测系统

析中心和远程微震监测中心，其监测系统组成和结构见图 3-12。

微震传感器首先接收到各种微震信号，将模拟信号通过电缆传输到数据采集单元（GS），进行数模转换和数据滤波等预处理；之后，通过调制解调器（DSL）和电话线实现数采单元和服务器之间的数据传输和时间同步；所有的数据采集工作可以在数据采集中心完成，同时基于 Internet 网络在数据分析中心和远程微震监测中心将数据下载之后进行分析处理。

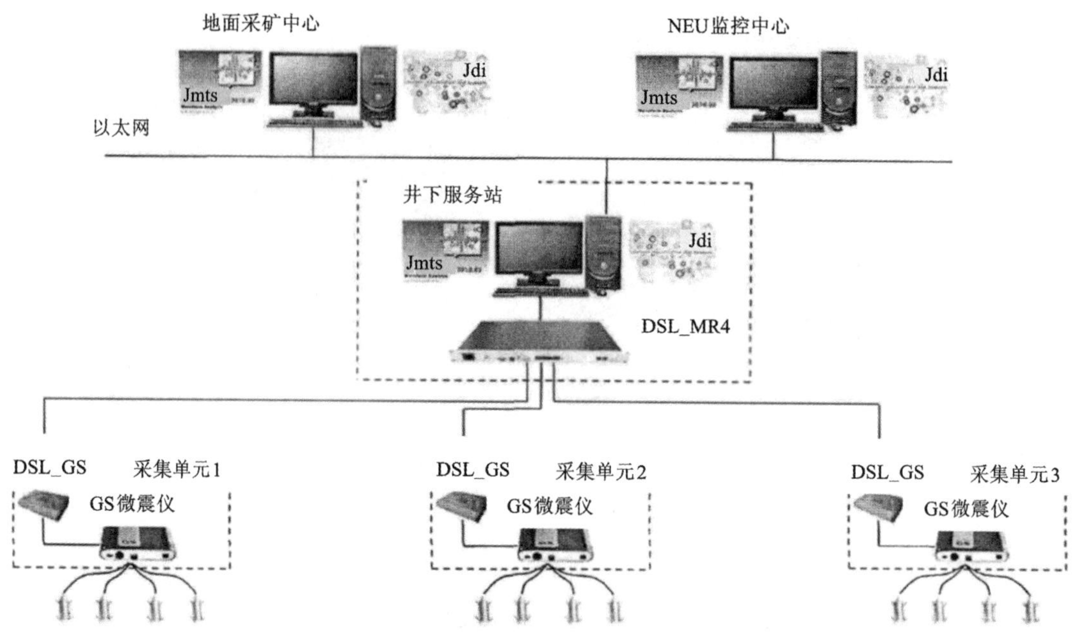

图 3-12 红透山铜矿微震远程实时监测系统示意图

3.1.5 激光探测仪器

近年来，基于激光测量技术的三维探测技术在国内外矿山中得到了较为广泛的应用。国际上主要的激光探测系统生产商有英国 MDL 公司、加拿大 OPTECH 公司、澳大利亚 Maptek 公司、美国 CYRA 公司、奥地利 RIEGL 公司、德国 CALLIDUS 公司等。常用的激光探测系统包括三维激光空区监测系统(CMS)、空区自动激光扫描系统(C-ALS)、三维激光扫描技术(Leica HDS8800)等。

1)三维空区精密探测系统

CMS 是一种基于激光的三维采空区精密探测系统，它通过可旋转并集成有激光测距仪的扫描头来实现对采空区的探测。扫描头做 360°旋转并收集距离和角度参数。每完成一个圆周的扫描后，扫描头将按预先设定的参数自动抬高一定角度(通常为 1°~3°)进行连续循环扫描直至完成全部扫描工作。CMS 系统基本构成包括激光扫描头、控制箱、手持式控制器、支撑杆架及数据处理软件。

具体使用方法如下：

(1)CMS 扫描头安装固定并进行位置初始化；

(2)扫描头水平位置调零；

(3)对仪器扫描参数进行设置，包括保存测试数据的文件名、扫描角度范围及扫描精度等；

(4)开机使扫描头开始扫描，并将扫描数据以有线方式传送到控制箱中，控制箱收到的数据以无线方式自动发送到手持式控制器中；

(5)完成一周扫描后，扫描头按预先设置的角度自动抬高(通常为 1°~3°)进行第二周扫描，直至完成整个扫描过程。

2）空区自动激光扫描系统

C-ALS 运用激光测量技术对采空区进行扫描。该设备外直径 50 mm，通过地表钻孔延伸至地下采空区和洞穴进行测量，条件允许的前提下也可利用导向杆直接伸入采空区进行测量，分为以下四个步骤：

（1）将整个系统进行安装，主要包括激光探头的定位安装、数据接收器的固定、线路连接；

（2）利用钻孔或直接将导向杆扫描探头伸至所探测的采空区；

（3）通过控制软件预先设定控制水平和竖直驱动轴转动探头，用激光器进行扫描，得到扫描点的数据，系统将所有的测量数据返回主控装置，数据将通过无线网络被计算机获取并处理；

（4）通过专用数据软件建立空间立体形态模型，并进行数据分析，得到采空区三维模型。

3）三维激光扫描技术

（1）主要分类。按测量方式可分为基于脉冲式、基于相位差、基于三角测距原理。按用途可分为室内型和室外型，也就是长距离和短距离的不同。一般基于相位差原理的三维激光扫描仪测程较短，只有百米左右。而基于脉冲式原理的三维激光扫描仪测程较长，测程最远的可达 6 千米。典型激光扫描仪外形如图 3-13、图 3-14 所示。

图 3-13　Leica HDS8800 外形

图 3-14　Riegl VZ-1000 外形

（2）基本功能。三维激光扫描仪的基本功能包括三维测量、快速扫描两部分。

①三维测量。传统测量概念里，所测的数据最终输出的都是二维结果（如 CAD 出图），如测量仪器中的全站仪，其采用 GPS 的占比居多，所测量的数据都是二维形式的。在逐步数字化的今天，三维已经逐渐取代了二维，因为二维是无法表示直观的物体的，而三维激光扫描仪每次测量的数据不仅仅包含 X、Y、Z 点的信息，还包括 R、G、B 颜色的信息，同时还有物体反色率的信息。这些全面的信息能给人一种物体在电脑里真实再现的感觉，是一般测量手段无法做到的。

②快速扫描。无臂式手持 3D 扫描系统和双摄像头传感器形成了一个独特的组合，确保

在实验室和工作场所能生成最精确的测量值。这一完备且功能强大的检测方式提高了测量过程的可靠性、速度，具有多功能性。在铰接臂方面，与其他3D扫描仪相比较，光学3D扫描系统可以完全自由移动，显著提高了工作效率和质量。

3.1.6 合成孔径雷达干涉技术(InSAR)

1)合成孔径雷达干涉技术

当SAR扫过地面同一目标区域时，利用成像几何关系，通过成像、一些特殊的数据处理和几何转换，即可提取地表目标区域的高程信息和形变信息。D-InSAR技术是在主动式微波合成孔径雷达SAR相干成像基础上发展起来的，它以合成孔径雷达复数据提供的相位信息为信息源，可从包含目标区域地形和形变等信息的一幅或多幅干涉纹图中提取地面目标的微小形变信息。

2)合成孔径雷达差分干涉测量数据处理流程

主要有三种方法，即二轨法、三轨法和四轨法。二轨法是利用其他的地形数据消除干涉纹图中的地形因素的影响，从而得到形变信息。二轨法主要有以下五个关键性步骤：

步骤1：干涉影像对的精确配准。

步骤2：基于局部地形坡度对干涉影像对进行滤波处理，然后生成干涉图。

步骤3：计算DEM的点间距与干涉图像元间隔之间的比值，对DEM点进行过采样，基于多普勒方程、斜距方程和椭球方程，利用轨道参数将DEM转换到雷达坐标系统，将DEM数据转换为相位值。

步骤4：从干涉图中减去利用DEM模拟的干涉图。

步骤5：将干涉纹图投影至地理坐标系。

与二轨法不同的是，三轨法利用三幅影像实现形变监测，不需要其他的辅助DEM数据。它对于一些无地形数据的变形监测尤为重要。

基于D-InSAR合成孔径雷达差分干涉技术而发展起来的边坡位移监测合成孔径雷达系统(S-SAR)可对大范围边坡进行定点连续监测，原理如图3-15所示。

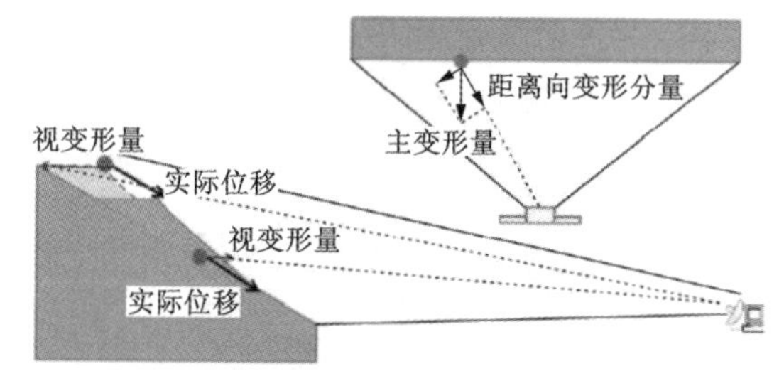

图3-15 S-SAR监测原理图(吴星辉等，2018)

3.1.7 GPS仪器

GPS是美国军方的一个重要系统工程，现在已发射28颗GPS卫星。在地球上任意地点和任何时刻，在高度角20°以上天空至少能同时监测到4~6颗卫星。用户在地面用GPS接收机接收4颗以上卫星发射来的信号，测定接收机天线至卫星的距离，经技术处理后，即可得到待测点的三维坐标，可用于导航与定位。由于GPS可全天候作业，同时不受通视条件的限制，有着广泛的应用前景。GPS测量按精度和用途分为AA、A、B、C、D、E级。B、C、D、E级GPS网观测的基本技术规定应符合表3-2中规定。

表 3-2　B、C、D、E 级 GPS 网观测的基本技术规定

项目	级别			
	B	C	D	E
卫星截止高度角/(°)	15	15	15	15
同时观测有效卫星数/颗	≥4	≥4	≥4	≥4
有效观测卫星总数/颗	≥9	≥2	≥4	≥4
观测时段数	≥4	≥2	≥1.6	≥1.6
时段长度/min	≥240	≥60	≥45	≥40
采样间隔/s	30	10~30	10~30	10~30

注：①计算有效观测卫星总数时，应将各时段的有效观测卫星数扣除其间的重复卫星数。

②观测时段长度，应为开始记录数据到结束记录的时间段。

③观测时段数≥1.6，指采用 GPS 网观测模式时，每站至少观测一时段，其中二次设站点数应不少于 GPS 网总点数的 60%。

④采用基于卫星定位连续运行基准站点观测模式时，可连续观测，但观测时间应不低于表中规定的各时段观测时间的和。

为了实现 GPS 的远程实时监测，可以采用 GPS 一机多天线形变监测系统进行高精度实时观测，并将其与 GMAS 多天线控制系统和 GPRS 通用分组无线传输技术组合在一起，作为远程自动化形变监测系统的主体。整个系统构成如图 3-16 所示(许斌，2005)。

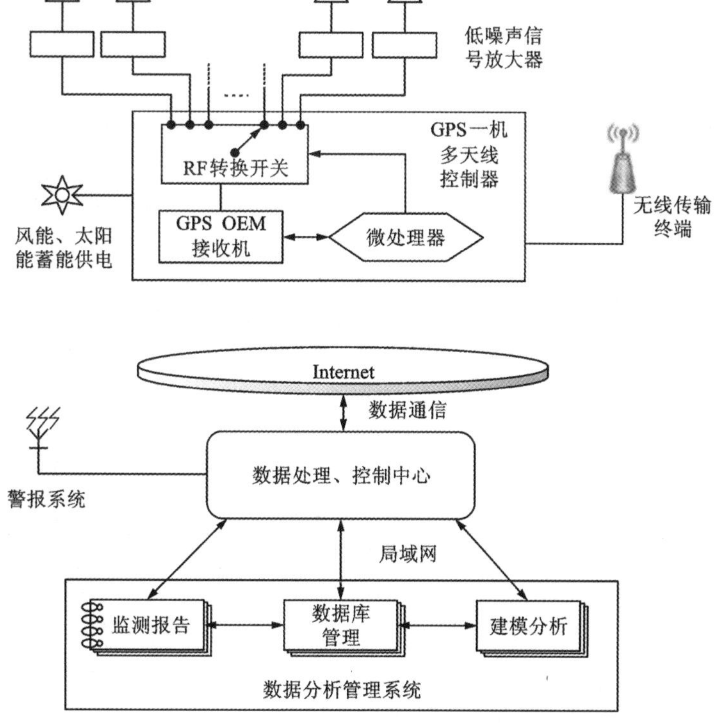

图 3-16　远程自动化形变监测系统示意图(许斌，2005)

3.1.8 光纤传感、钻孔摄像、超声检测、遥测、无人机等其他仪器

1)光纤传感器

光纤监测技术是通过对光纤内传输光时某些参数(如强度、相位、频率、偏振态等)变化的测量,从而实现对环境参数的测量(蒋兴超,2010)。分布式光纤传感技术以其可复用、分布式、长距离传输的优点成为光纤传感技术中最具前途的技术之一,是光纤传感监测技术的发展趋势。其中,光纤布拉格光栅传感技术(FBG)与布里渊光时域反射传感技术(BOTDR)是最具代表性的两种分布式光纤传感技术。

FBG与BOTDR两种光纤传感技术各有优缺点。FBG传感器灵敏度高,能够非常准确地测量应变,虽多个FBG串联组成的FBG传感网络能实现准分布测量,但其用于响应外部被测量的敏感单元是预先设置的传感阵列,因此须对这些离散分布的传感点进行测量,其灵活性较低。BOTDR传感元件为光纤,可实现分布式、长距离、不间断测量,受其技术本身的限制,测量的空间分辨率最高只能达到1 m。表3-3为国产的AV6419型光时域应变测量计(BOTDR)的性能特点及相关参数。

表3-3 国产的AV6419型光时域应变测量计性能特点及相关参数

项目	参数
工作波长/nm	1550±5
光纤类型	SMF
最大动态范围[①]/dB	15
空间分辨率/m	1
最高采样分辨率/m	0.05
采样点数/个	20000
测距准确度/m	±(0.2+2×取样间隔+2×10^{-5}×距离)
应变测试范围($\mu\varepsilon$)	-15000~+15000
测试量程/km	0.5、1、2、5、10、20、40、80
平均次数范围	2^{10}~2^{24}
频率扫描间隔/MHz	1、2、5、10、20、50
频率扫描范围/GHz	9.9~12.0
接口	VGA、RS232C、USB、以太网
光输出接口	FC/APC(可方便更换成SC或ST接头)
最大功耗/W	100
外形尺寸/mm	435(宽)×230(高)×495(深)

续表3-3

项目	参数
质量/kg	≤20
环境适应性	工作温度 0~+40℃；存储温度-20~+65℃； 相对湿度 5%~90%，无结露

注：①脉冲宽度 200 ns，平均次数 2^{16}，频率扫描范围 200 MHz，扫描间隔 5 MHz。

将光纤传感器获取的数据通过相关软件，可实现岩土体监测的在线显示与实时监测。图 3-17 为一种基于光纤传感器的远程实时系统组成结构图(宋福荣，2018)。系统主要由本地监测系统、数据远传模块和远程监测系统三部分构成。本地监测系统通过各类传感器配合相应的光纤光栅解调仪对工程现场各测点进行数据采集、处理、显示和存储，并通过通信信道向数据远传模块 RTU 转发测量信息，RTU 再通过 GPRS 向远程监测中心发送来自本地监测系统的测量信息。

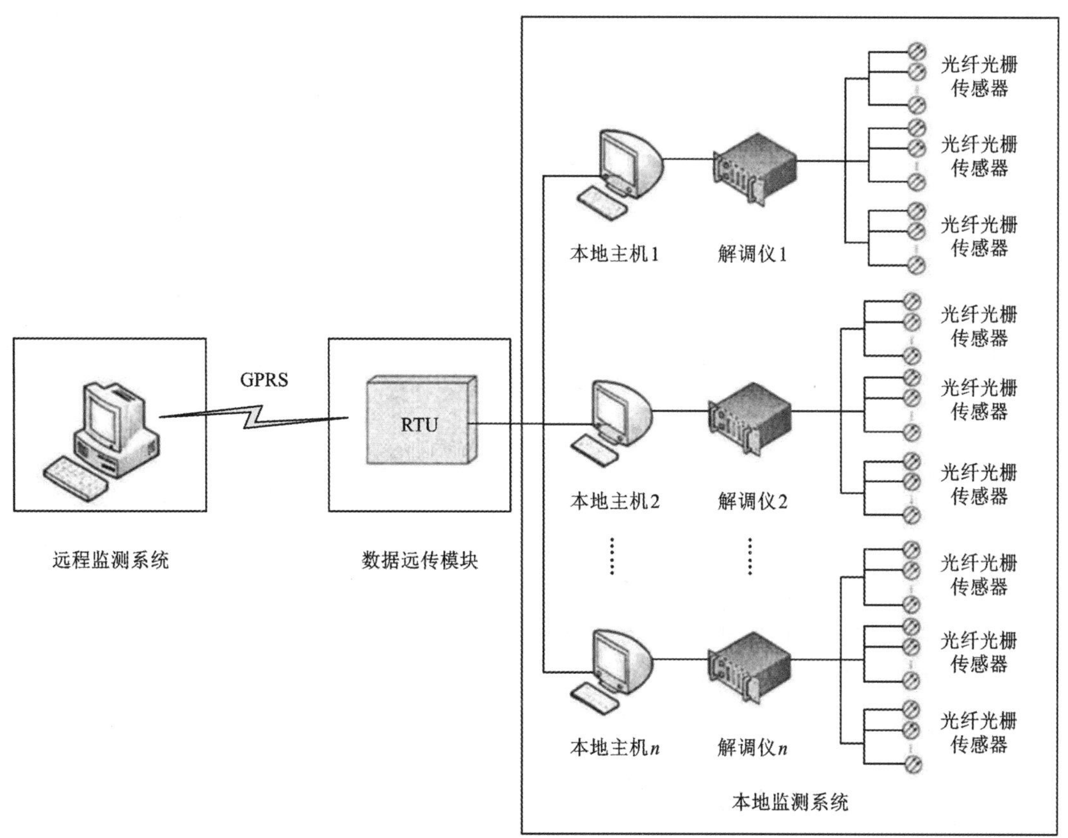

图 3-17　基于光纤传感器的远程实时系统组成结构图(宋福荣，2018)

2)锚索应力计

锚索预应力变化(损失)监测对于岩土锚固工程具有重要意义，它通过监控施工过程和工后的预应力状态，检验加固工程是否达到预期效果，根据长期的监测结果对岩土体稳定状态做出评价(李斌等, 2015)。目前，国内外常用的应力监测仪器是振弦式锚索测力计。其工作原理是将被测载荷作用在锚索测力计上，会引起弹性圆筒的变形并传递给振弦，再转变成振弦应力，从而改变振弦的振动频率。电磁线圈激振钢弦并测量其振动频率，频率信号经电缆传输至振弦式锚索测力计的读数仪上，即可测出频率值。根据事先标定的载荷-频率关系，反算出作用在锚索测力计上的载荷值。

远程监控系统数据采取无线传输方式，采用完全的点对点传输，即每套监测设备之间都是相互独立、互不干涉的，没有任何连接线缆，各监测点可分散布置。现场设备采用电池组供电，使用时只需定期更换电池即可；测量数据能够远距离传输，并可同时发给多个监控主机(何满潮, 2009)。

远程监控系统主要由两大部分构成(图 3-18)：一部分是采集、发射系统，该部分用于安装到监测现场中，可将现场锚索等应力数据自动采集、自动发射到接收分析系统；另一部分是智能接收分析系统，该部分可将现场发来的数据自动接收并处理形成动态监测曲线。

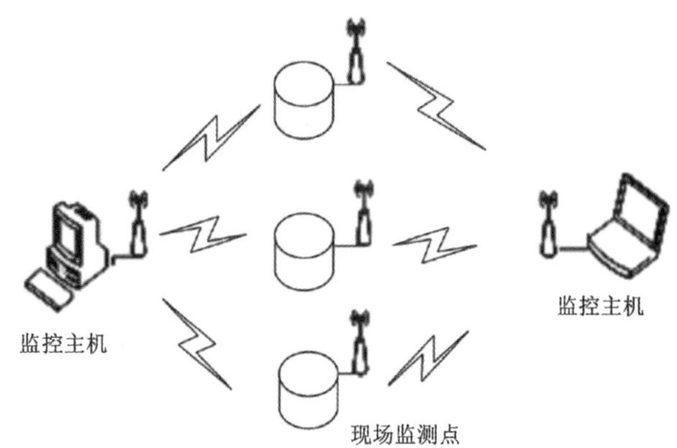

图 3-18　远程监控系统(何满潮, 2009)

3)全景数字式钻孔摄像系统

(1)总体结构。全景数字式钻孔摄像系统的总体结构如图 3-19 所示。它由硬件和软件两大部分组成。硬件部分由全景摄像头、图像捕获卡、深度脉冲发生器、计算机、磁带录像机、视频监视器、绞车及专用电缆等组成(张建斌, 2007)。其中全景摄像头是该系统的关键设备，它的内部包含有可获得全景图像的锥面反射镜、提供探测照明的光源、用于定位的磁性罗盘、微型 CCD 传感器。

(2)测试流程。

①平整场地，安放绞车；

②设备连接；

③全景摄像头进入钻孔，设定初始化；

④用摄像光源为孔壁上的摄像区域照明，孔壁图像经锥面反射镜变换后形成全景图像，全景图像与罗盘方位图像一并进入摄像机；

⑤摄像头摄取的图像数据流由专用电缆传输至位于地面的视频监视器中，并被磁带录像机保存测试过程；

⑥位于绞车上的测量轮通过电子脉冲实时测量摄像头所处的位置，并通过接口板将深度值置于计算机内的专用端口中，叠加到全景图像中并保存；

⑦下降摄像头直至整个探测结束；

⑧室内分析。

4)超声检测仪

(1)声波换能器。换能器是声电能量的转换器件，俗称探头。换能器一般利用压电陶瓷

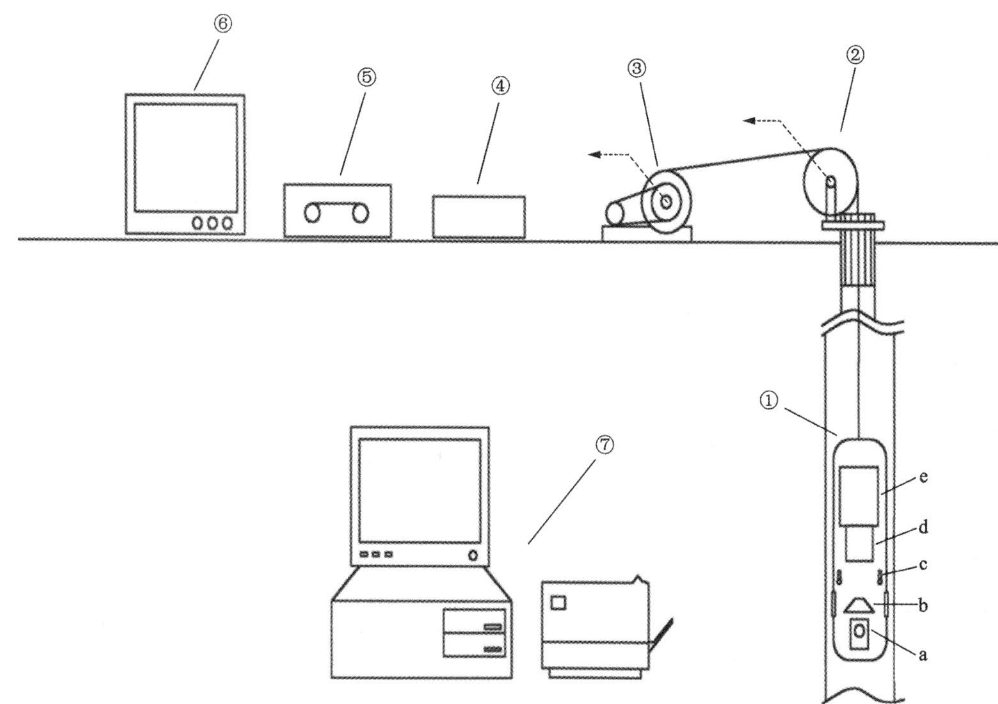

a—磁性罗盘；b—锥面反射镜；c—光源；d—镜头；e—CCD 传感器；①—全景摄像头；②—深度测量轮；③—绞车；④—深度脉冲发生器；⑤—磁带录像机；⑥—视频监视器；⑦—计算机和打印机。

图 3-19　全景数字式钻孔摄像系统总体结构图(张建斌，2007)

晶体的压电效应原理工作。其中发射换能器是将声波仪发射机输出的具有一定功率的电信号转换成声信号并发射到岩体中，它的工作原理是利用晶体的逆压电效应。而接收换能器是将试件中传播的声信号转换成电信号，输入声波仪接收机的输入系统中，其主要工作原理是利用晶体的压电效应。由于实测中对换能器和频率频带、工作方式的要求不同，因此做成了具有不同结构和不同振动方式的压电换能器。我国目前生产的压电系列换能器见表 3-4。

表 3-4　压电系列换能器

<table>
<tr><th colspan="2">测试</th><th colspan="2" rowspan="2">换能器形式</th><th rowspan="2">频率/kHz</th><th rowspan="2">特点</th><th rowspan="2">主要用途</th></tr>
<tr><th>条件</th><th>对象</th></tr>
<tr><td rowspan="6">现场</td><td rowspan="2">岩石表面</td><td colspan="2">喇叭式</td><td>10～40</td><td>收发分开</td><td rowspan="2">①模量
②岩体分类</td></tr>
<tr><td colspan="2">弯曲式</td><td>15～20</td><td>接收</td></tr>
<tr><td rowspan="4">孔壁岩体</td><td>双孔</td><td>增压式</td><td>25～35</td><td>收发分开</td><td rowspan="4">①弹性模量
②松动圈</td></tr>
<tr><td rowspan="3">单孔</td><td>圆管径向式</td><td>30～40</td><td>一发二收</td></tr>
<tr><td>圆管弯曲式</td><td>15～20</td><td>一发二收</td></tr>
<tr><td>板状弯曲式</td><td>15～20</td><td>一发二收</td></tr>
<tr><td>室内</td><td>标本试体</td><td colspan="2">圆块轴向式</td><td>100～200</td><td>收发分开</td><td>①岩体标本的弹性模量
②标本的强度</td></tr>
</table>

(2)声波仪。声波仪是岩石声波传输特性测试的主要仪器设备，主要用于岩土工程质量检测。它的主要部件是发射机和接收机。发射机的作用是根据使用要求向声波测试探头输出一定频率的声脉冲；接收机的作用是将接收到的微量信号放大，并在示波器上显示或以数字的形式显示。目前我国已研制了多种声波探测仪，例如 SYC-1 型和 SYC-2 型岩石声波参数测定仪，RSM-SY5(N)声波检测仪，CTS-25 型声波仪等。

声波检测仪的类型很多，其基本原理框图如图 3-20 所示。

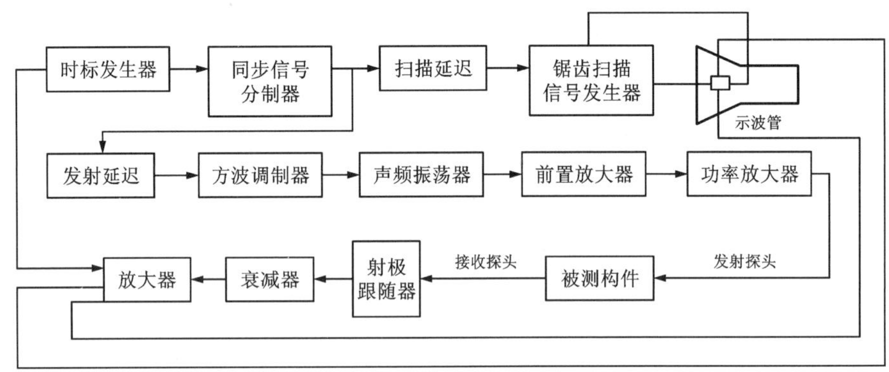

图 3-20 声波检测仪基本原理框图

5)近景摄影测量系统

(1)测量原理。近景摄影测量，是通过在不同位置和方向获取同一物体两张以上的数字图像，经捆绑调整、计算机图像匹配等处理及相关数学计算后得到待测点精确的三维坐标值。

(2)测量系统组成。测量系统一般分为单台相机脱机测量系统和多台相机联机测量系统。测量系统组成如图 3-21 所示。

(a)单台相机脱机测量系统

(b)多台相机联机测量系统

图 3-21 测量系统组成(韩庆龙，2008)

(3)测量流程描述。

①在分段或者结构上布置一定数量的标识点；

②利用摄像机获取目标物体的多张图像；

③通过姿态估计优化算法确定标识点的空间坐标；

④根据图像匹配算法确定被测点的空间三维坐标。

6)矿压遥测仪器

矿压遥测仪器用于实现对矿山压力的远程观测与远程控制，其精度、灵敏度均较高，做到了数据采集自动化、数据处理程序化、计算结果图表化。常用的矿压遥测仪器有 DCC-2 型顶板动态仪、DK-2 型矿压遥测仪等(耿献文等，2002)。

对于 DCC-2 型顶板动态仪，仪器的井下分机最多可接 18 只光电位移传感器。传感器通过电缆相互连接，最靠近分机的传感器为 1 号，其余依次为 2 号、3 号 …… 18 号。位移传感器的机械部分与 KY-82 相同，仅指针换成一只边缘带条形孔的转盘，转盘两侧分别安置红外发光二极管和光电三极管，共两组。供电后，当转盘的孔转到发光管和光电管之间时，光电三极管受光照而由截止变为导通；转盘孔转过后，光电三极管无光照而由导通变为截止。其主要技术参数见表 3-5。

表 3-5　DCC-2 型顶板动态仪主要技术参数(耿献文，2002)

监测点数	6~18 个	
分辨率	0.02 mm	
量程	200 mm	
精度	2.5%	
动态响应	≥4 mm/min	
遥测距离	8~10 km 矿用电话线，专线更远	
发送数据周期	1~10 min	
计算机	任意具有 RS-232 接口的微机	
电源	分机电源盒	10 V、120 mA，充电一次工作 24 h
	中继盒	36 V、50 Hz
	其他	220 V、50 Hz

DK-2 型矿压遥测仪在井下设有巡回检测仪，可接 15 只 GH 系列钢弦式压力盒。由于巡回检测仪内安装有 GSJ-1 型频率计，可配用双线圈自激型钢弦式传感器，故应用范围较广。配上相应的传感器即可对压力、应变、位移及温度等物理量进行遥测。该遥测仪的工作方式有手动挡、自动挡及间断挡、连续挡。手动挡主要用于检查巡回检测仪的工作是否正常，也可与频率计配合，在井下就地检测各传感器的频率。正常观测一般使用自动挡与间断挡，仅在特殊需要时才拨到自动挡与连续挡。该仪器主要技术参数见表 3-6。

表 3-6　DK-2 型矿压遥测仪主要技术参数(耿献文等，2002)

监测点数	15 个
传感器	GH 系列钢弦式压力盒或其他双线圈自激型钢弦式传感器
频率范围	600~3000 Hz

续表3-6

监测点数	15 个
仪器误差	±1 Hz
分辨率	±1 Hz
检测速度	10 s(每个测点)
接收机灵敏度	30 mV
载波频率	100 kHz
巡回检测仪电源盒	6 V、120 mA 充电一次连续工作 24 h，间断工作 5 d 以上

7)无人机

无人机实际上是无人驾驶飞行器的统称，在监测方面具有以下优点：

①轻便易携带；

②工作效率高，一架次可以覆盖 1 km^2；

③分辨率高，可达 1~2 cm；

④可以应用于人不能到达的危险地区；

⑤性价比较高。

无人机由飞行平台、飞行导航与控制系统、数据传输系统和地面监控系统等部分组成，是一种简便的监测手段。该仪器利用航空摄影测量的原理，通过大量的影像照片对空间进行真实的三维记录。通过后处理软件，获得三维数据显示、拼接以及建模，从而生成等高线。

无人机的种类较多，按飞行平台构型分类，无人机可分为固定翼无人机、旋翼无人机、无人飞艇、伞翼无人机和扑翼无人机等。按尺度分类，无人机可分为微型无人机、轻型无人机、小型无人机和大型无人机。按活动半径分类，无人机可分为超近程无人机、近程无人机、短程无人机、中程无人机和远程无人机。按任务高度分类，无人机可分为超低空无人机、低空无人机、中空无人机、高空无人机和超高空无人机。下面介绍几种常用的无人机。

(1)微型无人机倾斜摄影系统，包括电动六轴无人机、微型倾斜云台、旋转云台等。其相关参数见表 3-7。

表 3-7　微型无人机倾斜摄影系统的相关参数

摄影模式	旋转拍摄
云台	两轴增稳云台
相机减震	二级减震
相机倾斜角度	30°
相机 CCD 尺寸	23.5 mm×15.6 mm
地面分辨率	0.02~0.1 m
镜头焦距	20 mm
曝光方式	定点曝光
POS 记录方式	记录于自驾仪内存卡中

(2)大疆悟。这是一款支持 4K 拍摄的航拍无人机，由手持式平台、电池组、数码相机、无人机等部分组成，其飞行器型号为 T650。T650 的相关参数见表 3-8。

表 3-8　T650 的相关参数

飞行器型号	T650
质量	3290 g(含两块电池，不含云台相机)
轴距(不含桨)	605 mm(降落模式)
最大起飞质量	4000 g
最大起飞海拔高度	普通桨：2500 m；高原桨：5000 m
最大飞行时间	27 min(使用 ZenmuseX4S)
最大俯仰角度	P 模式：35°(前视视觉系统启用:25°)；A 模式:35°；S 模式:45°
最大上升速度	P 模式/A 模式：5 m/s；S 模式：6 m/s
最大下降速度	垂直：4 m/s；斜下降：4~9 m/s(App 中可设置，默认：4 m/s)
最大水平飞行速度	94 km/h
GPS 悬停精度	垂直：±0.5 m(下视视觉系统启用：±0.1 m)； 水平：±1.5 m(下视视觉系统启用：±0.3 m)
推荐工作环境温度	-20~40℃

(3)ZT-H610 防雨型倾斜摄影六旋翼无人机。该机具有如下亮点：

①该机采用一体式碳纤维复合材料机身，不仅外观大气，同时具有防中雨的能力，不用再为天气的突然变化而担忧。

②六个机臂采用插拔式拆卸方式，拆装简单快速，可收纳于定制的设备箱内，便于运输和储藏。

③设备挂架具有快速拆装和更换不同设备的能力，可根据客户需求定制。

④电动收放式起落架可满足不同的拍摄需求。

8)激光收敛计

激光收敛计的测量装置主要由 5 部分组成，分别是激光测距仪、测距仪底座、测量基点连杆、连接套筒和测量基座，如图 3-22 所示。激光测距仪被固定于测量基座上，并通过螺杆与测量基点连杆进行连接，以螺杆轴线作为旋转轴来实现测线的二维旋转。测量基点连杆与测量基座采用连接套筒方式来实现两者轴线的对接和固定，此对接的轴线也是可以旋转的。这样，测量装置就可以实现测量的三维旋转和照准。该测量装置的实物如图 3-23 所示。

9)电阻应变式检测仪

电阻应变式检测仪是利用电阻应变片及电阻应变式传感器对岩体及支护设备、构件等进行应力应变分析，以提供有关的矿压显现数据(耿献文等，2002)。

电阻应变法测量是将作为敏感元件的电阻应变片粘贴在被测试的物件或专用传感器弹性元件表面，根据所测参数种类、特点和大小确定粘贴应变片的规格、数量、位置和方向。图 3-24 为数字应变仪测量原理框图。

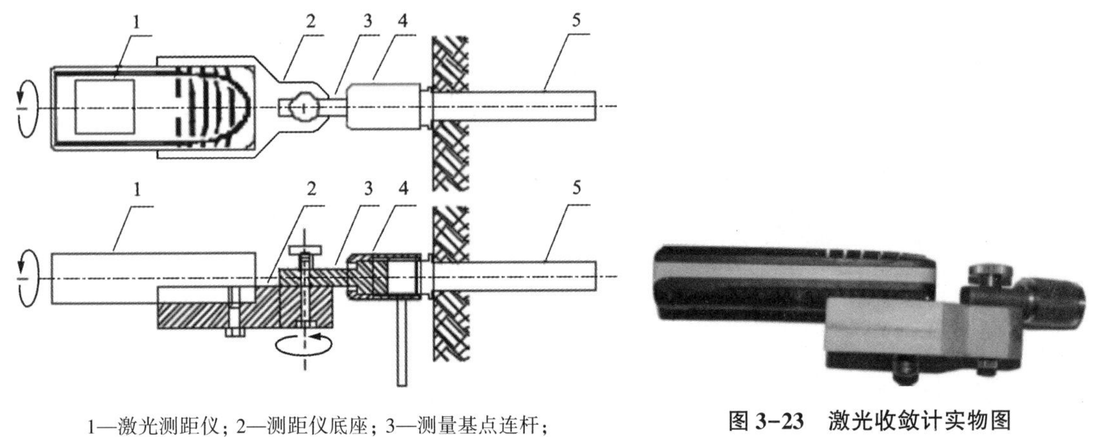

1—激光测距仪；2—测距仪底座；3—测量基点连杆；4—连接套筒；5—测量基座。

图 3-22　激光收敛计结构图

图 3-23　激光收敛计实物图

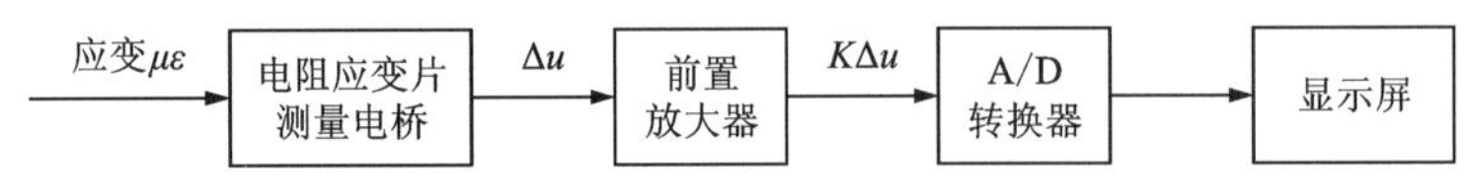

图 3-24　数字应变仪测量原理框图(耿献文等，2002)

电阻应变式检测仪的关键测量元件是电阻应变片，电阻应变片的结构因用途不同也不完全相同。敏感栅是电阻应变片中把应变量变换成电阻变化量的关键部件，是用金属或半导体材料制成的单丝或栅状体。电阻应变片的规格(指同一种结构)有 60 Ω、120 Ω、200 Ω、300 Ω、500 Ω、1000 Ω，其中 120 Ω 为常用规格。

10)钻孔测斜仪

上覆岩层的水平移动观测主要是通过在地表打深钻孔至采空区周边的围岩内，然后在钻孔内安装测斜管，用钻孔测斜仪来监测。钻孔倾斜仪由探头、电缆及测读仪三部分组成，配有专用测斜管，如图 3-25 所示。

探头：探头内装有两个正交的伺服加速度计，上、下具有两组导轮，以便使其沿测斜管导槽升降滑动。

电缆：电缆把探头和测读仪连接起来。它除了向探头供电、给测读仪传递信息外，同时也是测点的深度尺和测头升降的绳索。为使电缆在负重时不致有明显的长度变化及损坏导线，电缆芯线中有一根钢丝绳，电缆上每隔 0.5 m 设一个深度标识。

测读仪：测读仪由显示器、蓄电池、电源变换线路和转换开关等装置组成。

测斜管：测斜管是测斜仪进行量测及控制的导管，其断面为圆形，管内壁有两组相互正交的导槽(凹槽)。

11)多点位移计

多点位移计的测点既可以是水泥结构(图 3-26)，也可以是压缩木结构(图 3-27)。一孔内可只设一个点，也可设多点。对于如图 3-26 所示的深埋测点，设多个点时，内部测点引出的钢丝要穿过外部测点，并且要保证钢丝互相不会缠绕。一孔多点的埋设技术要求很高。这种深钻孔也可以由地下巷道或采场内向上打，并在井下进行监测。

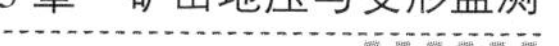

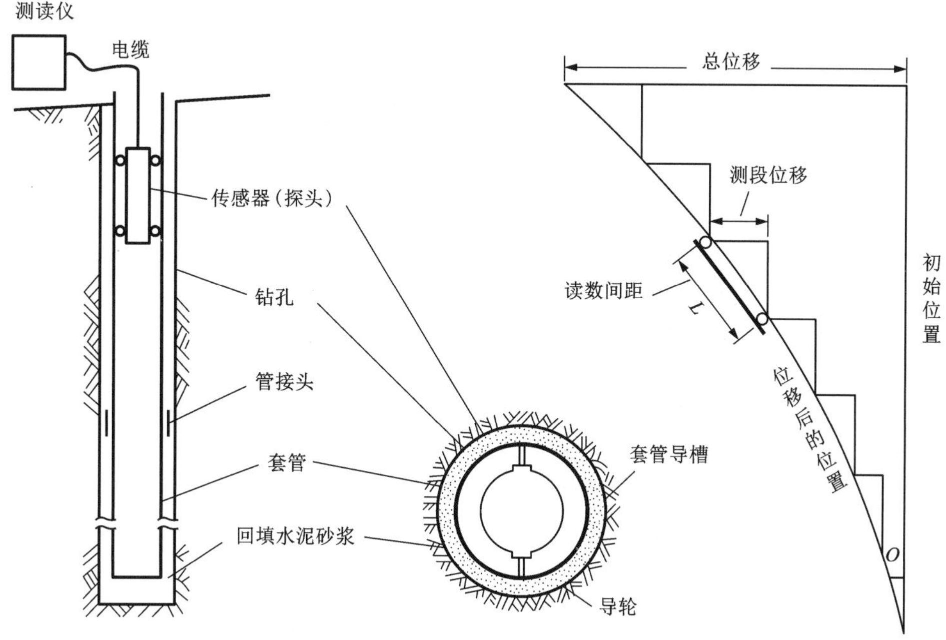

图 3-25　钻孔倾斜仪工作原理示意图

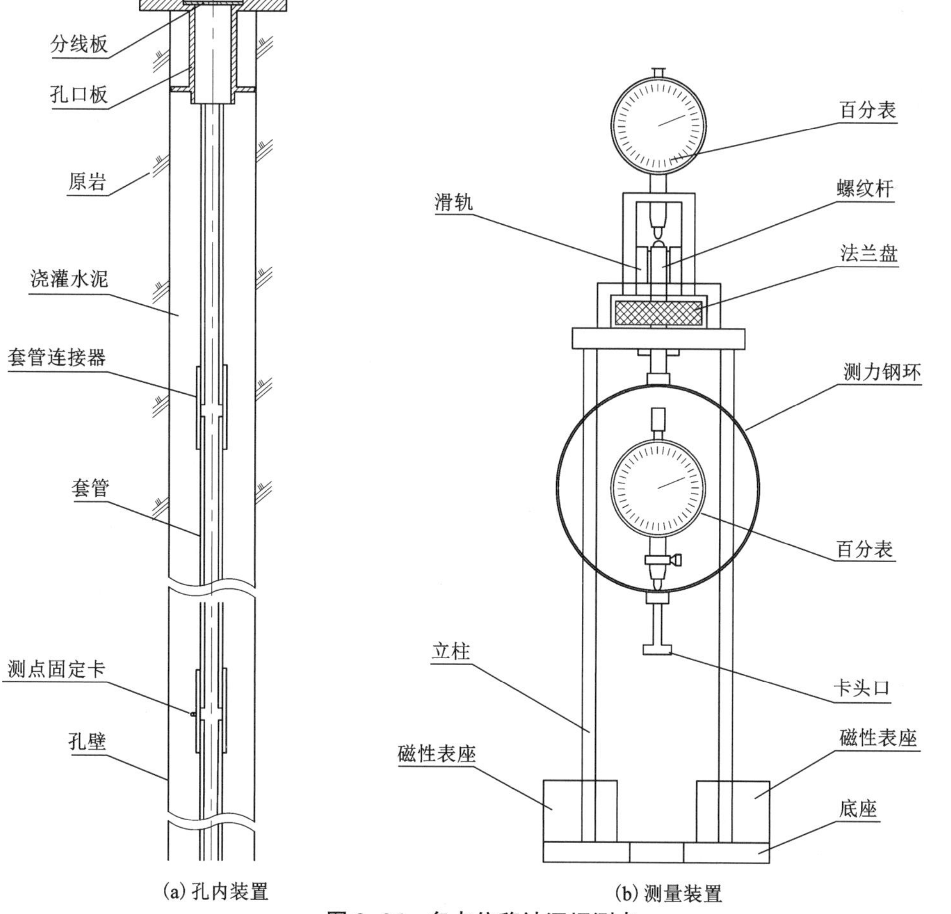

图 3-26　多点位移计深埋测点

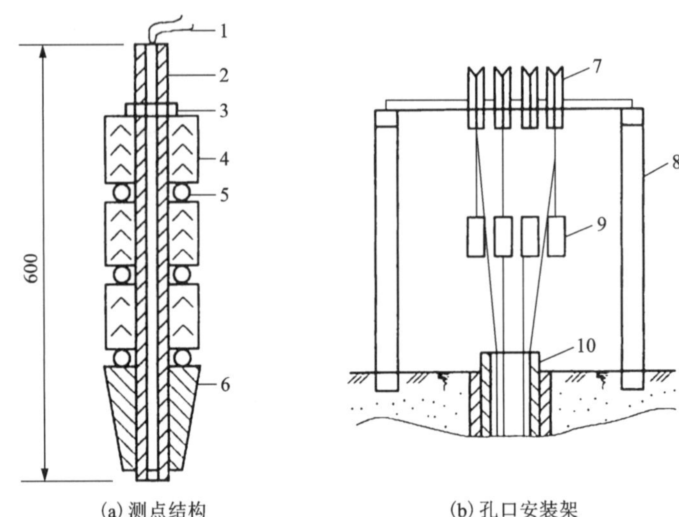

(a) 测点结构　　(b) 孔口安装架

1—钢丝；2—钢管；3—螺母；4—压缩木；5—铁环；6—重锤；7—滑轮；8—监测钢架；9—平衡锤；10—孔口管。

图 3-27　压缩木深埋点(王运敏，2011)

在测量之前，按照测点的埋藏深度，由浅至深(即按照测点编号 1~6 的顺序)，依次用大约 100 N 的力预拉各个钢丝，如此进行 2~3 遍。然后采用多点位移计进行测量，测量顺序依然是按照由浅至深进行循环测量，测量 4~6 次，测量结果取平均值。

12) 滑动测微计

滑动测微计是一台高精度的应变测量仪器，用于确定在岩石、混凝土和土中沿某一测线的应变和轴向位移的分布情况。目前，全球广泛使用的是 Solexperts AG 公司生产的 GMD 滑动测微计。

(1) 测量原理——线法测量位移。

滑动测微计沿测线以线法测量位移，探头采用球锥定位原理来测量测管上的标记，而且传感器精度很高，在每次测量前后进行定期校准，可达到非常高的测量精度和长期稳定性。

球锥定位原理：探头的球状顶端和环形锥状的测量标记，确保测量时探头的长度为 1 m。

在塑性套管上每米间隔有一个金属测标，将测线划分成若干段，通过灌浆，测标与被测介质牢固地浇筑在一起。当被测介质发生变形时，将带动测标与之同步变形。用滑动测微计逐段测出随时间变化的各标距长度，从而得到反映被测介质沿测线的变形分布规律。

(2) 仪器组成。一套完整的滑动测微计由探头、电缆、导杆、读数仪、数据处理仪、校准装置等组成。

13) 钢弦式锚杆测力计

钢弦式锚杆测力计主要有荷载盒式、锚杆式和锚栓式三种。荷载盒式测力计由钢筒盒和布置在钢筒周边的 3 个或 6 个钢弦应变计组成；用应变计来测读作用在荷载盒上的荷载，然后对各应变计的读数取平均值，以减少不均匀和偏心荷载的影响。

14) 电阻应变式锚杆测力计

电阻应变式锚杆测力计是沿一种高强度钢或不锈钢圆筒的周边粘贴 8~16 片高输出电阻

应变片，构成惠斯通全桥结构，当受荷载时，全桥输出阻值发生变化，用以测量其压缩或张拉的荷载。

电阻应变片的上述布置可补偿温度影响和偏心加载。用作监测的每根锚杆一般布置 3~5 个测点，以监测锚杆受力状态和加固效果，了解应力沿杆体的分布规律。在锚杆上安装应力计时应符合安装技术要求。应力计采用螺纹或对焊与杆体连接。需要对焊的应力计，应在冷却下进行对焊，应力计与锚杆保持同轴。应力计安装前须进行标定(姜杰明，2004)。非应力锚杆的应力监测根数不宜少于锚杆总数的 5%，预应力锚杆的应力监测根数不宜少于锚杆总数的 10%，且不少于 3 根。

15)滑坡记录仪

它是一个带计时钟的滚筒记录装置，固定在裂缝外的不动体上；在滑体上设监测点，监测点与记录仪之间的距离以 15 m 左右为宜。监测点与记录仪中间拉一铟钢丝(ϕ0.5 mm)，铟钢丝外应设塑料管或木槽保护以防动物碰撞。监测点的位移随时间的变化将被记录在记录纸上。一周或一个月换一张记录纸，可连续记录。此记录仪还可带报警器，当位移达到规定数值时，自动报警。

滑坡记录仪类型较多，日本坂田株式会社生产的 SRL 型滑坡自动记录仪比较典型。该记录仪不用机械纸带记录，一台室内记录装置可带 12 个设在滑坡内外的记录仪，滑坡位移在室内被自动记录。自动记录装置可用于滑坡危险性较大、人员不宜接近的情况。

近年来，我国也研制了由单片机控制的自动记录仪。比如，中铁西北科学院研制的 KHB-1 型滑坡自动记录和报警器，可带 16 个探头；既可测位移，又可测雨量和水位，还能自动报警，能分出位移是拉伸还是压缩，而且具有较强的抗干扰性能。这种记录仪曾在电气化铁路两侧滑坡体上使用，性能良好。记录仪距测点间距离可达 600~800 m(即电缆的长度)，可以交、直流电两用。

16)裂缝计

裂缝计(李晓等，2006)是一种三维机械式大量程 IGG-1 型机械式裂缝计，其结构如图 3-28 所示。

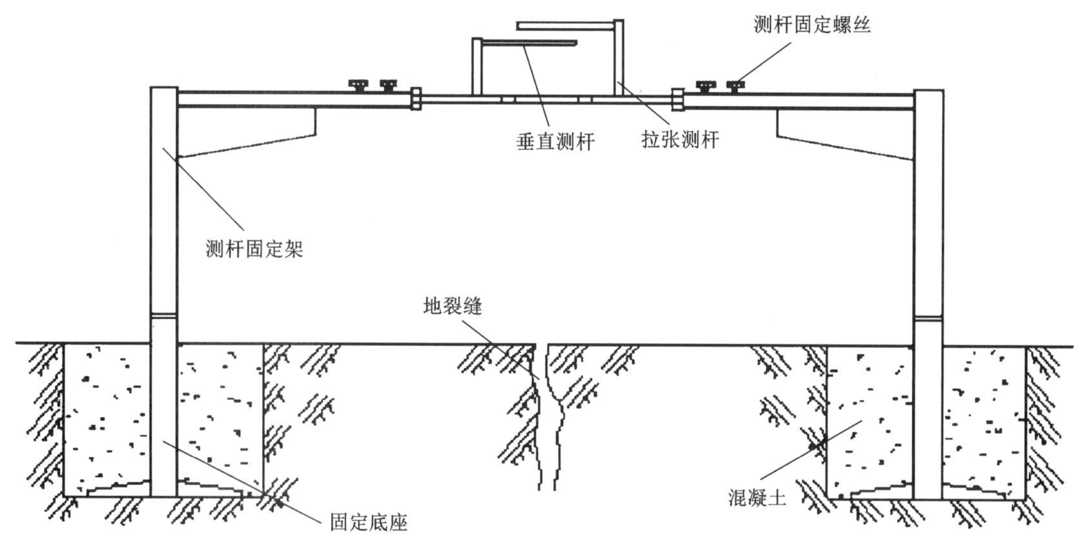

图 3-28　IGG-1 型机械式裂缝计结构示意图

IGG-1 型裂缝计由 4 部分组成：固定底座、测杆固定架、测杆和大量程游标卡尺。

(1)固定底座：固定底座是用来安装测杆固定架的。裂缝计安装时，将两个固定底座分别埋设在裂缝两侧的安装坑中，并用混凝土浇筑，使其与裂缝两侧的岩体胶结成整体。

(2)测杆固定架：该装置用来固定各方向的测杆。测量时，把测杆和底座连接在一起。

(3)测杆：用来测量裂缝两侧的张开、水平错动和垂直错动三个方向的相对位移量。这些部件均由不锈钢材料经过精加工制成，以保证其精度。

(4)大量程游标卡尺：采用 500 mm 量程的游标卡尺，精度为 0.02 mm。

3.2 岩移监测

矿山地下开采必然会引起岩层移动，岩层移动可以通过各种变形监测仪器来获取。岩层移动的监测工作主要包括裂缝监测、地表位移监测、岩层深部位移监测。各个项目的主要监测内容见表 3-9。

表 3-9 监测内容

序号	监测项目	监测内容
1	裂缝监测	地表裂缝监测；构造裂缝监测
2	地表位移监测	水平位移监测；沉降位移监测
3	岩层深部位移监测	水平位移监测；沉降位移监测

对于不同的监测项目，一般需要采用不同的监测方法；各个项目常用的监测方法和仪器见表 3-10。

表 3-10 监测方法、仪器

监测内容	主要监测仪器	监测方法的特点	适用性评价
裂缝监测	钢卷尺、游标卡尺、裂缝量测仪、伸缩自记仪、测缝仪、位移计等	人工测缝法精度高、测程可调、方法简易直观、资料可靠；自动测缝法自动化程度高，可全天候监测、安全、速度快、省人力	适用于裂缝张开、闭合、位错、升降变化的监测
地表位移监测	经纬仪、水准仪、测距仪等	投入快、精度高、监测范围大、直观、安全、便于确定位移方向及变形速率	适用于不同变形阶段的位移监测；受地形通视和气候条件影响，不能连续监测
	全站仪、电子经纬仪等	精度高、速度快、自动化程度高、易操作、省人力、可跟踪自动连续监测、监测信息量大	适用于不同变形阶段的位移监测；受地形通视条件的限制；受气候条件影响较大
	三维激光扫描仪	监测信息量大、省人力、投入快、安全，但精度相对较低	适用于变形速率较大的监测；受气候条件影响较大
	GPS 接收机	精度高、易操作、可全天候监测	适用于不同变形阶段地表三维位移监测

续表3-10

监测内容	主要监测仪器	监测方法的特点	适用性评价
岩层深部位移监测	电阻式位移计、多点位移计、钻孔测斜仪等	易操作、成本较低、速度快、省人力	适用于测量岩层内不同深度的变形特征

3.2.1　地表变形监测

1)地表移动分区及参数

(1)移动盆地、主断面及危险变形区。

地形移动后在采空区上方形成的沉陷的洼地称为移动盆地。当采空区为长方形时，盆地大致为椭圆形。盆地与采空区的相对位置决定于矿层倾角。图 3-29 所示为倾斜矿层开采时的移动盆地。通过移动盆地的最大下沉点，沿走向或倾向所做的竖直剖面 *AB* 和 *CD* 称为移动盆地的主断面。在移动盆地内对各种建筑物会产生破坏作用的区域称为危险变形区。

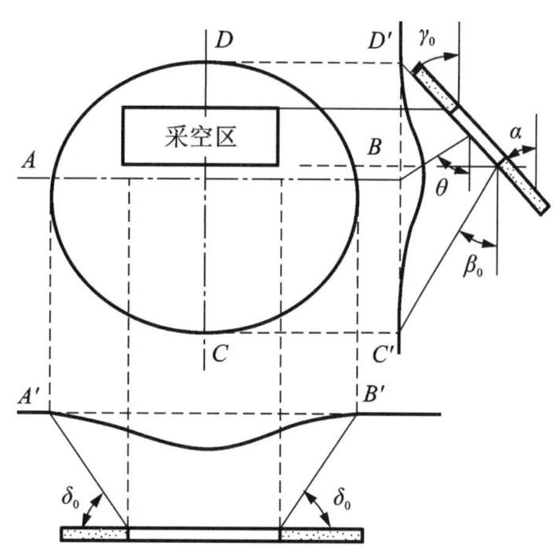

图 3-29　倾斜矿层开采时的移动盆地

(王运敏，2011)

(2)地表的移动和变形值。

移动盆地内产生两种移动值(下沉和水平移动)和三种变形值(水平变形、倾斜和曲率)，见表 3-11。

表 3-11　地表的移动和变形值

名称	代表符号	定义	单位	备注
下沉	w	一点位移的竖直分量	mm 或 m	向下为正
水平移动	u	一点位移的水平分量	mm 或 m	一般指沿主断面方向
倾斜	i	一线段两端点下沉值之差与线段长度之比	mm/m 或 10^{-3}	临界变形值 3 mm/m
曲率	k	两相邻线段的倾斜差与此两线段长度平均值之比	10^{-3}/m	上凸为正，临界变形值为 0.2×10^{-3}/m
水平变形	e	一线段两端点沿线段方向水平移动值之差与此线段长度之比	mm/m 或 10^{-3}	拉伸为正，临界变形值为 2 mm/m

凡不需要维修且能保持建筑物正常使用所允许的地表最大变形值，称为临界变形值。在金属矿山地下开采过程中，对一般砖混结构建筑物，其临界变形值参见表 3-11。

(3)边界角、移动角和崩落角。

在移动盆地主断面上，可分别用下沉为 10 mm 的点、临界变形值点和最外侧裂缝位置确定盆地的最外边界、危险变形区边界及裂缝边界，这些边界点和相应采空区边界的连线与水平线在采空区外侧的夹角，分别称为边界角(δ_0、β_0、γ_0)、移动角(δ、β、γ、β_1)及崩落角(δ''、β''、γ''、β_1'')。

各种角度在走向方向用δ表示，采空区下侧方向用β表示，采空区上侧方向用γ表示，急倾斜下盘用β_1表示(图3-30)。地表有表土时，表土移动角用φ表示，它和矿层倾角无关。作崩落角时不计表土，将地表最外侧裂缝边界直接与采空区边界相连。

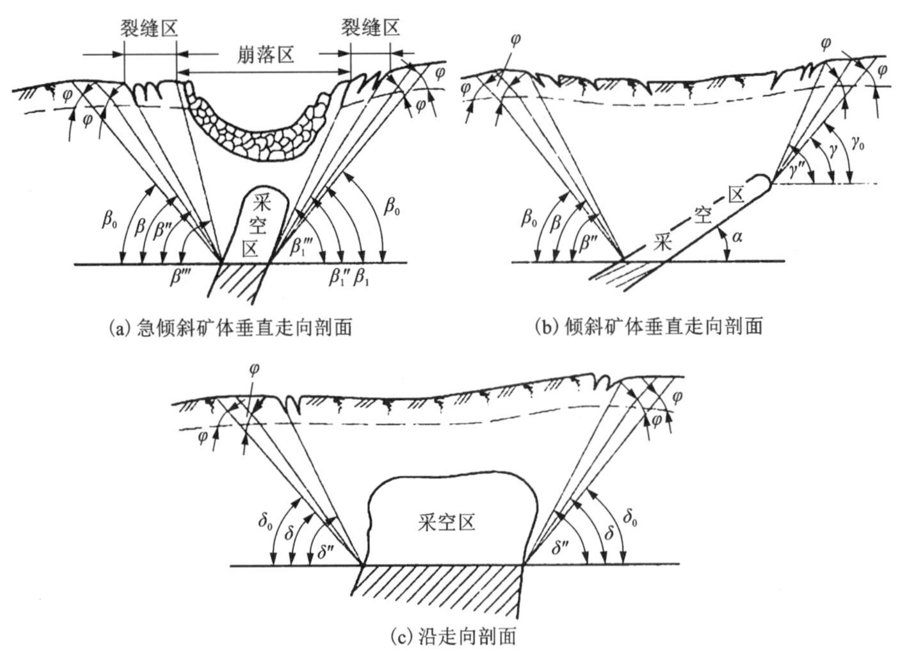

图3-30 边界角、移动角、崩落角确定示意图(王运敏，2011)

2)地表移动监测站设计

对地下开采的某一设计开采区域，在预计地表移动盆地主断面内设置一至数条埋设测点的监测线，即构成地表移动监测站。在该区开采后的整个移动过程中，定期监测监测线上测点位置的变化，即可得出地表移动的各种数据和参数。

(1)监测线位置及条数的确定。

一般在预计地表移动盆地主断面上，分别在走向和倾向方向各设置一条监测线。当未来的采空区走向长度大于$1.4H_0$+50 m(H_0为平均采深)时，沿倾向方向也可设置两条监测线，其间距不小于50 m。走向监测线的位置由预计最大下沉角θ求得的主断面位置确定。

(2)监测线长度的确定。

设计时要根据本矿已有的移动角值，或者参考地质采矿条件相似的其他矿山的岩移资料，选取该采区可能的移动角值(δ、β、γ、β_1)。然后，考虑一定的调整值$\Delta\delta$、$\Delta\beta$、$\Delta\gamma$、$\Delta\beta_1$，在相应的剖面图上即可求出预计的移动盆地范围。该范围就是应该埋设工作测点的观测线长度。图3-31(a)(b)(c)分别表示确定倾向和走向观测线长度的作图方法。调整值一般可取15°。如有表土，还应预先选定表土移动角φ。图3-31中ab线段长即观测线工作测点部分之长。

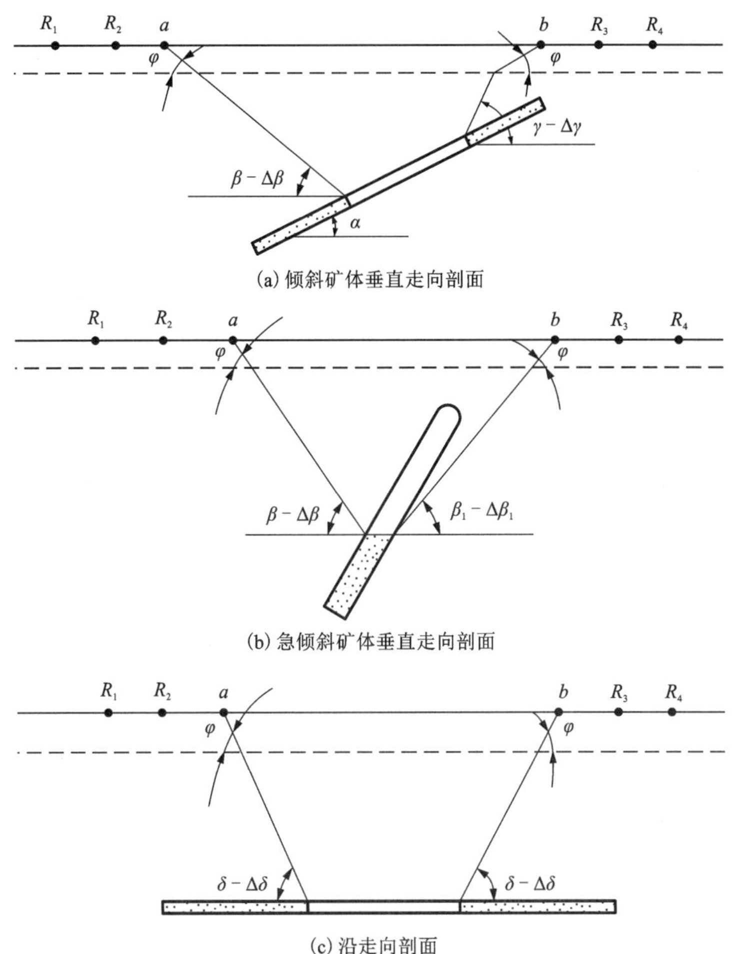

图 3-31　监测线长度确定示意图(王运敏，2011)

(3) 测点间距及埋设。

每条监测线在工作测点外要设控制点，可在一端设一个，另一端设两个；也可在每端各设两个，见图 3-31 中的 R_1、R_2、R_3、R_4。控制点至最外侧工作测点的距离为 30~50 m，控制点间距应不小于 30 m。

工作测点的间距决定于平均采深 H_0，H_0 等于设计开采区域上、下边界的平均深度。H_0 小于 50 m 时，测点间距取 5 m；H_0 为 50~100 m 时，取 10 m；H_0 为 100~200 m 时，取 15 m；H_0 为 200~300 m 时，取 20 m。为获得较精确的移动角值，在盆地边界部分可适当缩短工作测点的间距。

3) 监测成果的整理及实例

(1) 监测成果的整理。

根据监测数据，得出各测点的高程或者坐标，并且量出沿监测线方向各相邻测点间的水平距离，然后计算移动变形值。

根据每次监测所得的移动变形值，不仅可做出移动变形曲线，还可求出相应的移动参数。图 3-32 所示为求最大下沉角、采空区上侧和下侧方向移动角、边界角和崩落角的方法。求移动角时，以最外边一个临界变形值为准。

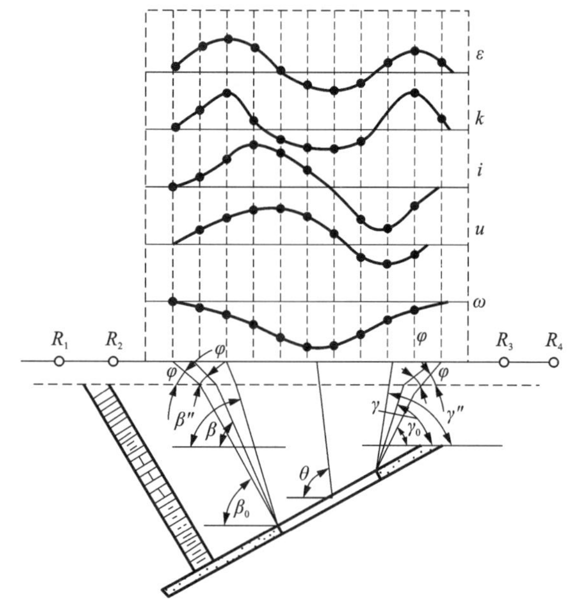

图 3-32 岩层移动确定示意图(王运敏，2011)

(2) 实例 1——湖北鄂州程潮铁矿。

湖北鄂州程潮铁矿是武钢铁矿石主要生产基地。2002 年 7 月，程潮铁矿西区进行了第一个水平(-290 m)的开采；2006 年 4 月 17 日，在 -342.5 m 水平快要开采结束时，程潮大湾东侧在毫无征兆的情况下，第一次出现塌坑。地表出现塌坑之后，于 2006 年 5 月在该区地表设测站，采用 TOPCON 水准仪进行监测，由倾向剖面做出了每次监测过程中的沉降曲线图及倾斜曲线图(图 3-33)。

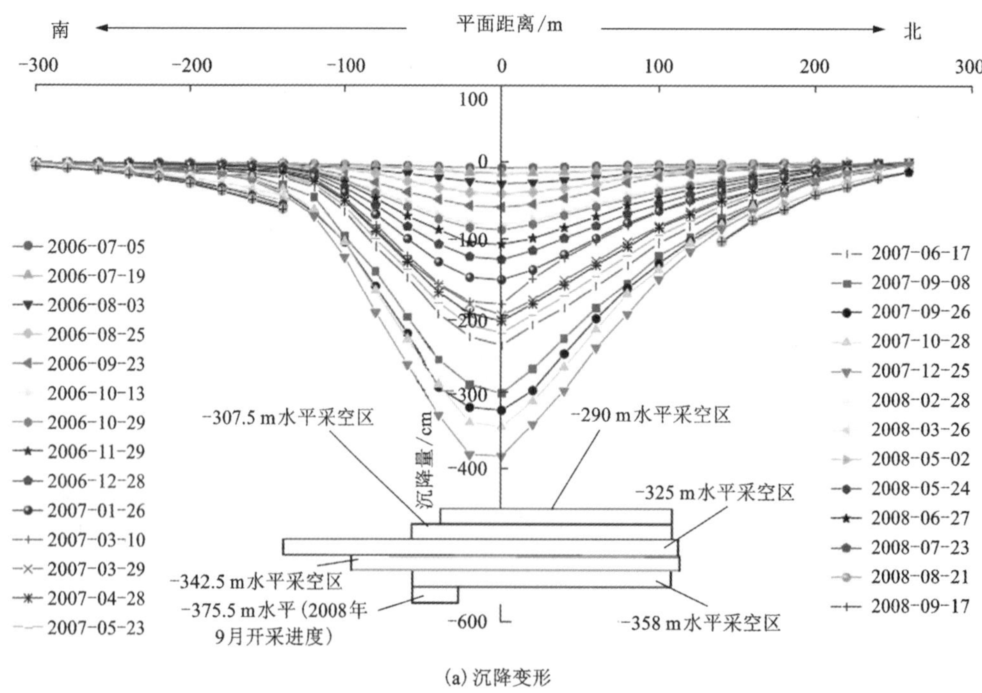

(a) 沉降变形

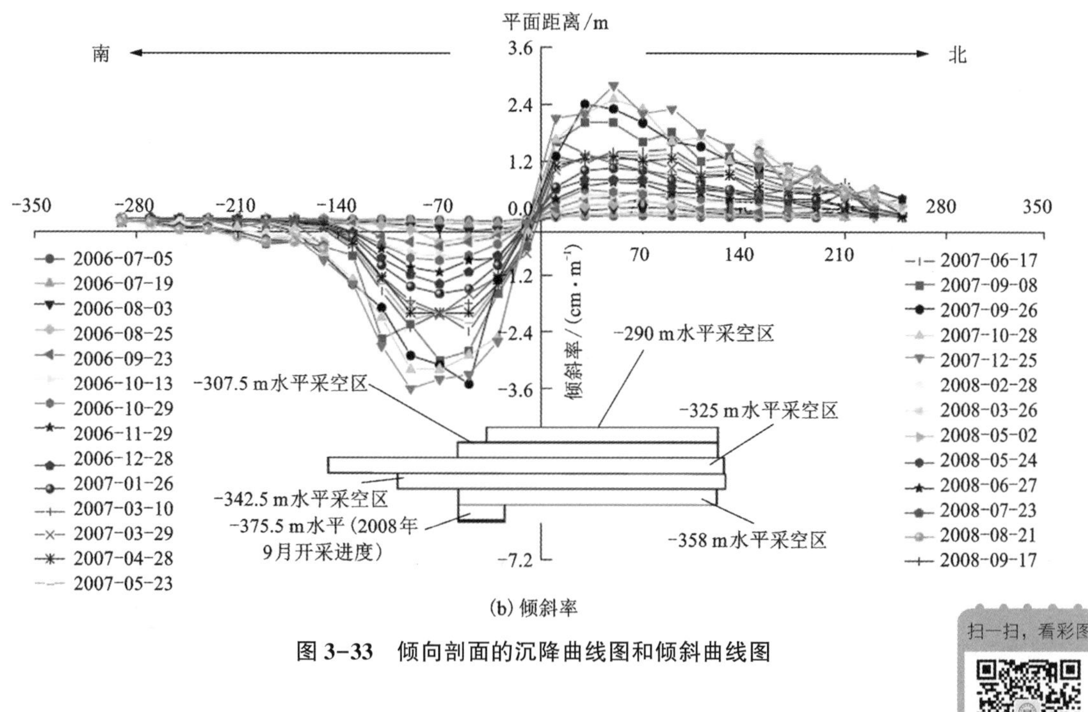

(b) 倾斜率

图 3-33　倾向剖面的沉降曲线图和倾斜曲线图

另外，根据监测站上的最大下沉点 S14 及采空区周边部分测点的高程监测值，求得这些测点的沉降量曲线及沉降速率曲线，如图 3-34、图 3-35 所示。

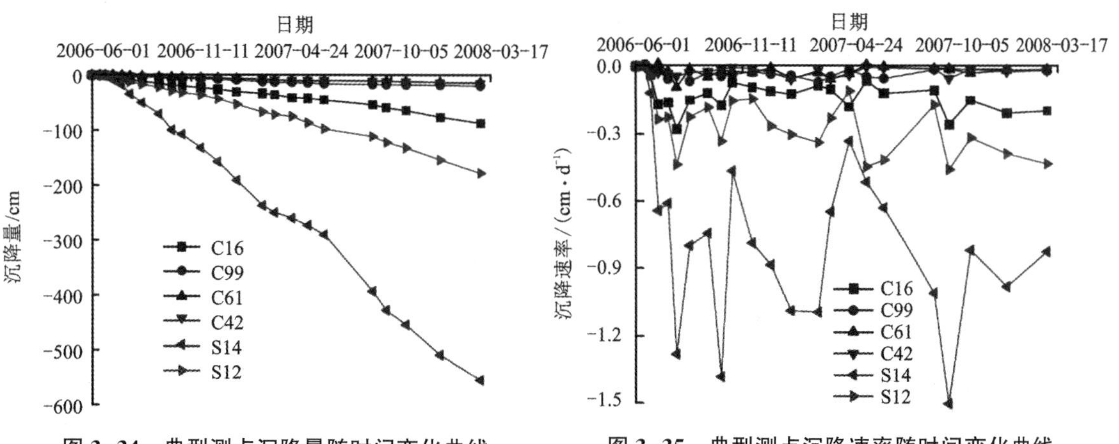

图 3-34　典型测点沉降量随时间变化曲线

图 3-35　典型测点沉降速率随时间变化曲线

随着采矿在深度和平面上的扩展，2007 年 12 月对该区监测点进行了优化监测，地表水平位移和沉降位移主要采用 GPS 技术测量，对重要测点的沉降位移同时采用了 Leica DNA03 数字水准仪进行测量。根据监测数据，以水平变形 2 mm/m 为临界变形值(考虑金属矿山水平位移普遍大于沉降位移)，绘制了 2007 年 12 月至 2013 年 9 月每半年监测成果中的移动线(图 3-36)。另外，还做出了南北向剖面的移动角扩展情况图(图 3-37)。

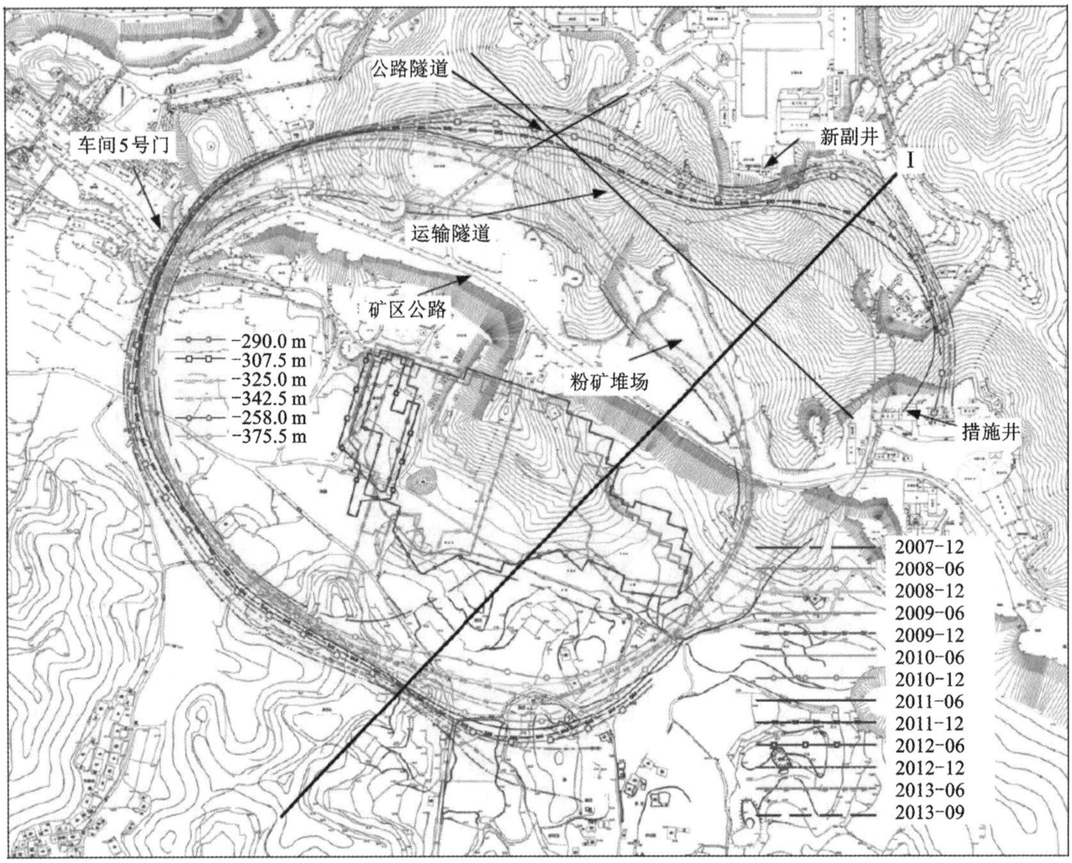

公路隧道
车间5号门
新副井
I
运输隧道
矿区公路
粉矿堆场
措施井
−290.0 m
−307.5 m
−325.0 m
−342.5 m
−258.0 m
−375.5 m
2007-12
2008-06
2008-12
2009-06
2009-12
2010-06
2010-12
2011-06
2011-12
2012-06
2012-12
2013-06
2013-09

图 3-36　2007 年 12 月至 2013 年 9 月移动线分布图

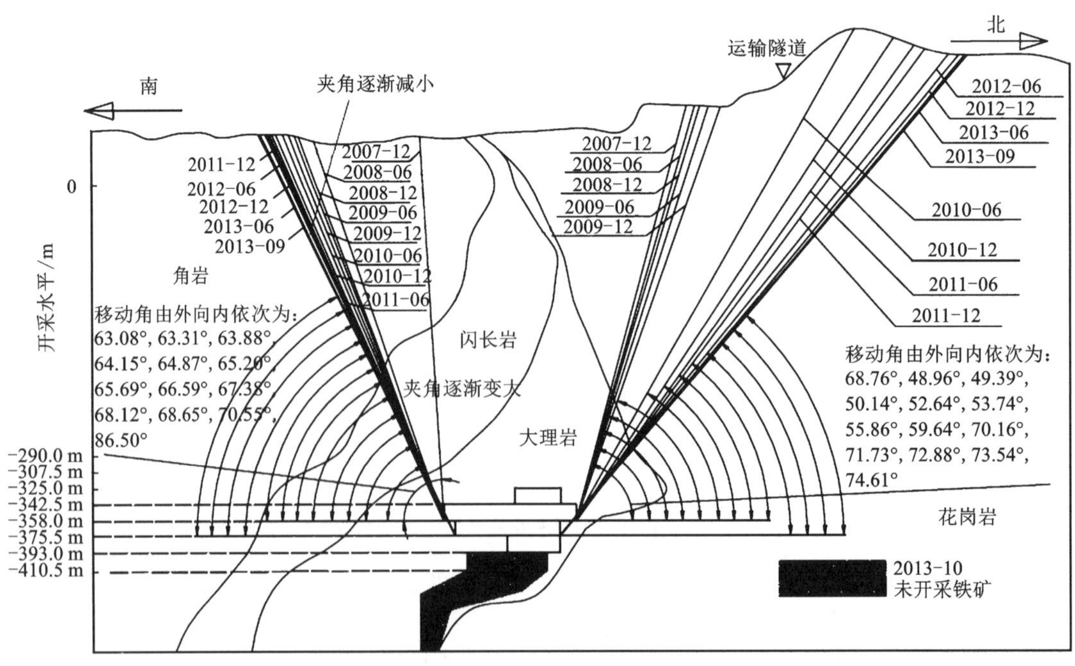

图 3-37　2007 年 12 月至 2013 年 9 月南北向移动角分布图

(3)实例 2——金川Ⅱ矿区地表变形监测(马凤山等，2007)。

金川矿山是我国特大型的硫化铜镍矿山，为典型的厚大急倾斜金属矿山。主要采用下向进路式胶结充填采矿为主体的采矿方法。虽然采用充填采矿方法，地表仍遭受大规模岩体移动和变形。

为了监测金川Ⅱ矿区的地表变形，在地表布设变形 GPS 监测点。考虑地表裂缝的分布和地下矿体的展布，在Ⅱ矿区地表分别沿 6、8、10、14、18、22、26 行勘探线布置 7 条观测线，同时在矿体上盘地表垂直行线方向布置 1 条观测线。另外，还布控了一些加密监测点(图 3-38)。

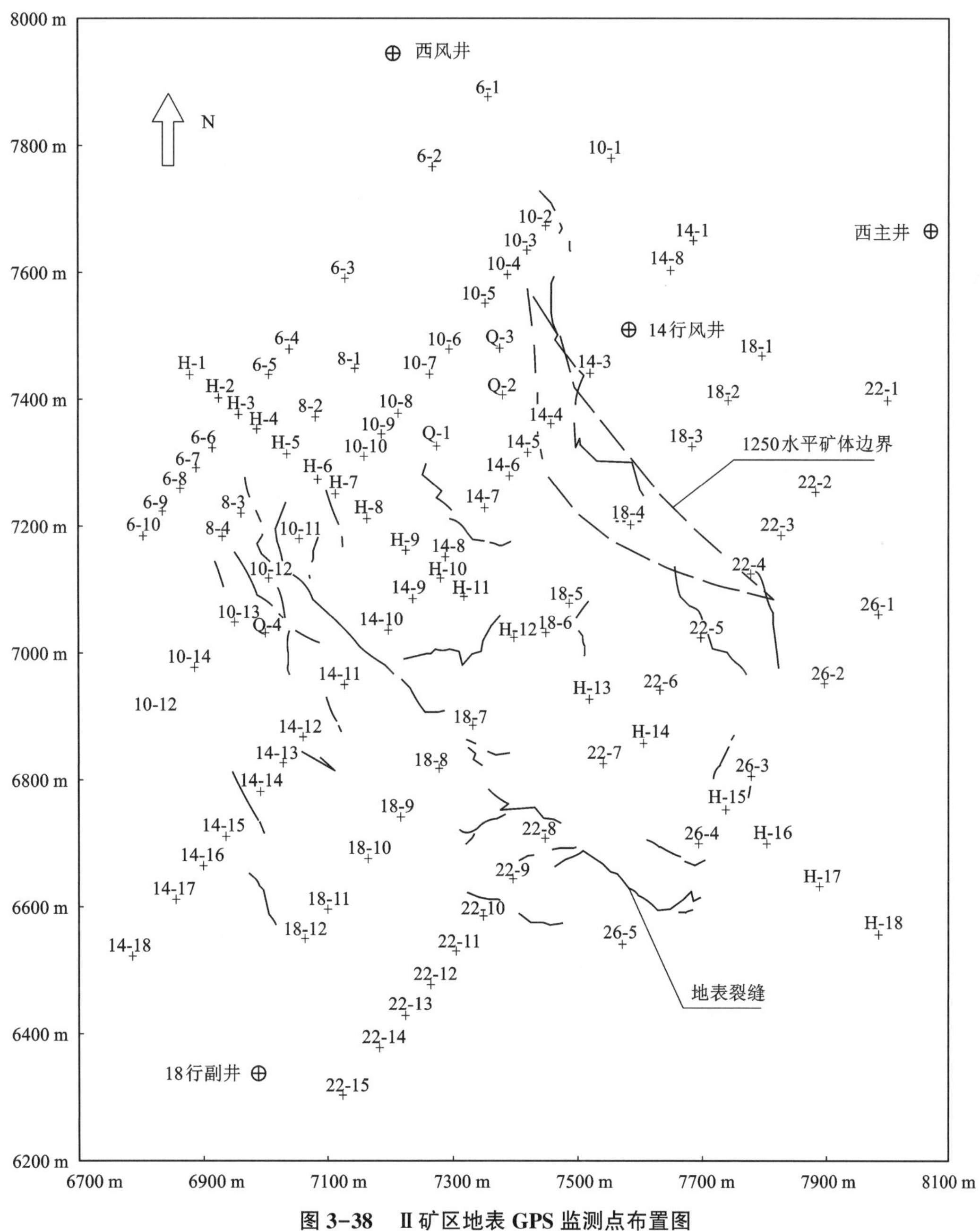

图 3-38　Ⅱ矿区地表 GPS 监测点布置图

图 3-39 为 14 行勘探线位移累积曲线，图 3-40 为 GPS 监测点沉降速率及其趋势线。可以看出，自开始进行岩体移动监测以来，Ⅱ矿区岩体移动的速率虽有跳跃性的变化，但有的监测点的岩体移动速率总体趋势却在不断地减小。

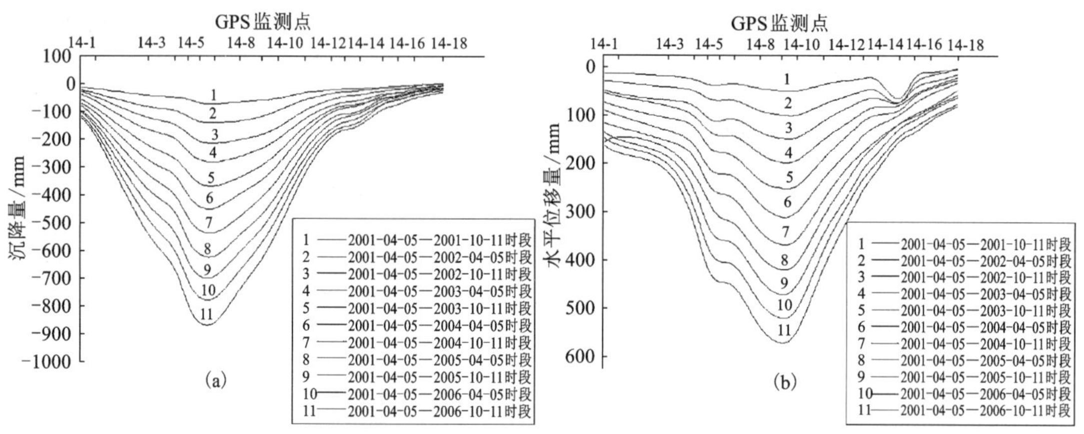

图 3-39 14 行勘探线位移累积曲线

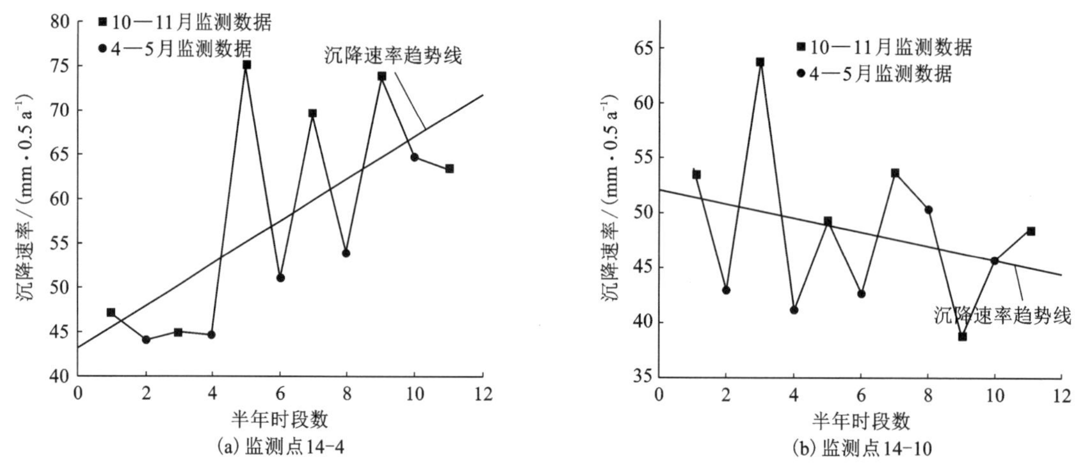

图 3-40 GPS 监测点沉降速率及其趋势线

(4) 实例 3——金川Ⅱ矿区地表裂缝监测(李晓等, 2006)。

金川Ⅱ矿区是金川公司的最大矿山。Ⅱ矿区在采用胶结充填采矿法开采 18 年后，于 1999 年底在地表发生了大范围的山体开裂和地裂缝。为了掌握地裂缝的变化特征，需要对裂缝进行监测。根据金川Ⅱ矿区地裂缝的出露特征，共选择了 5 条具有代表性的地裂缝，并安装了 IGG-1 型三维裂缝计，其中 FG01、FG02 和 FG03 裂缝计安装于第二裂缝区带，FG04 和 FG05 裂缝计安装于第一裂缝区带，如图 3-41 所示。

图 3-42 是位于第二裂缝区带的 FG03 裂缝计历时 1 年的监测曲线。图 3-43 ~ 图 3-45 为各裂缝计分别在拉张方向、水平错动方向和垂直沉降方向的监测曲线。

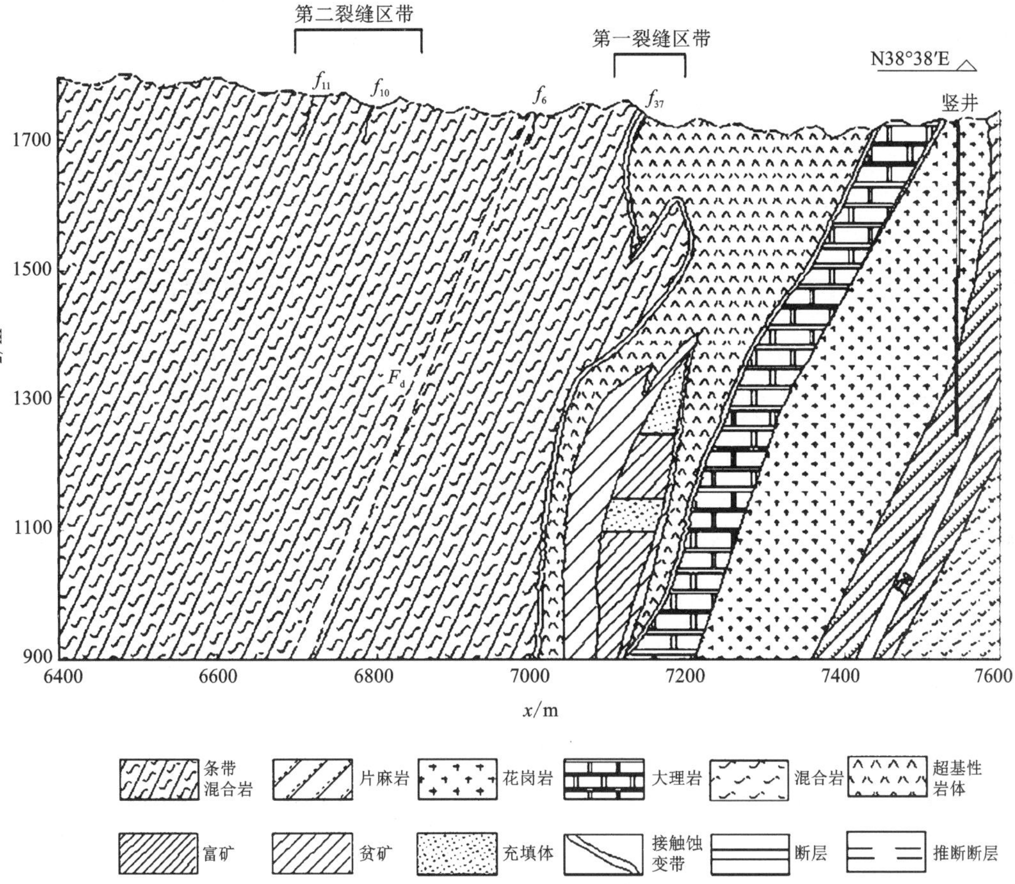

图 3-41　金川Ⅱ矿区 19 行勘探线地质剖面图

通过 1 年多对地裂缝发展变化的监测，可以获得裂缝变化的几个特点：①随时间的推移，裂缝张开位移和垂直沉降位移的总趋势在增大；②各裂缝均有水平方向的错动位移。

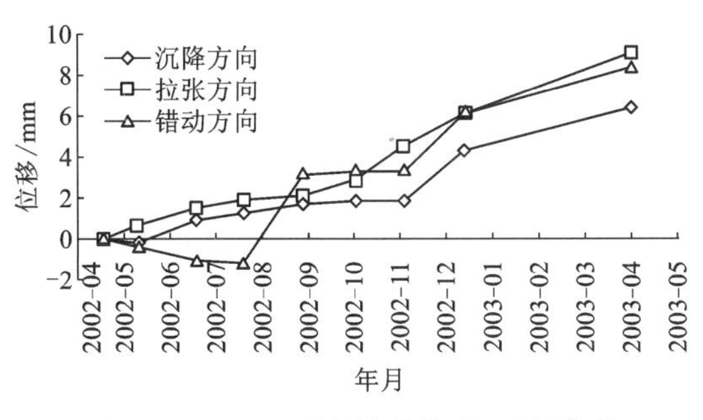

图 3-42　FG03 裂缝计的位移-时间曲线

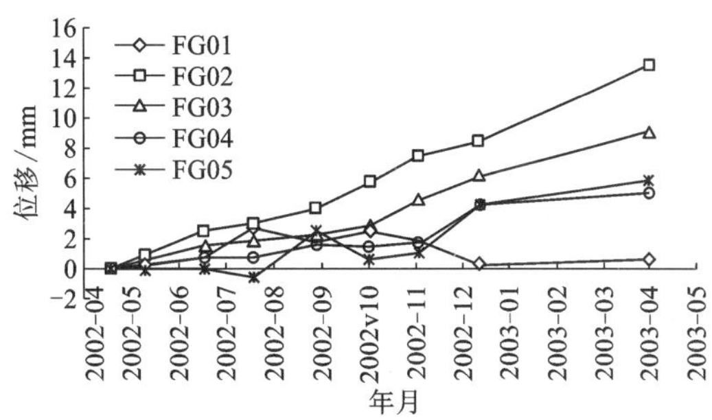

图 3-43　各裂缝计拉张方向的位移-时间曲线

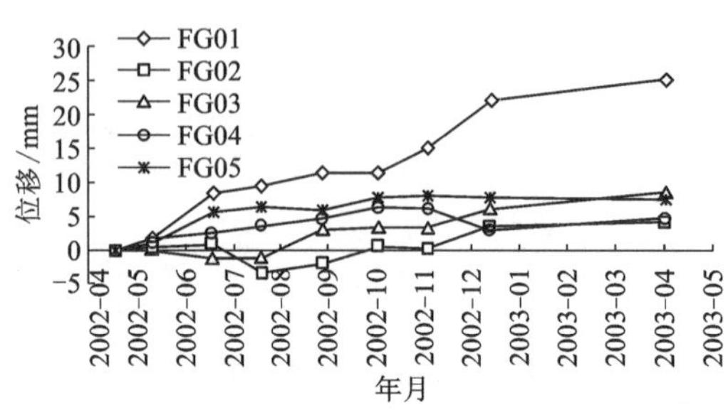

图 3-44　各裂缝计水平错动方向的位移-时间曲线

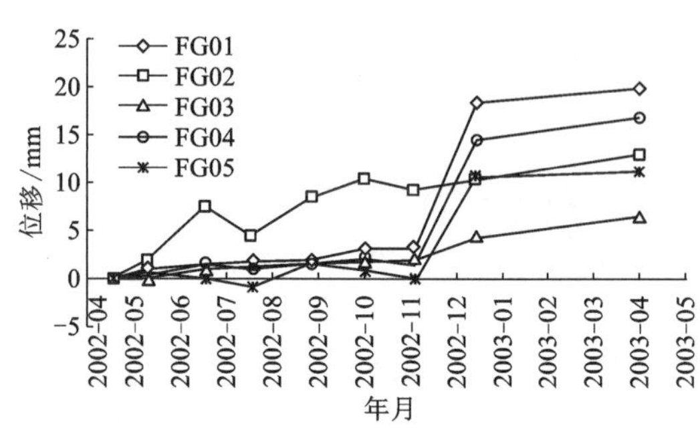

图 3-45　各裂缝计垂直沉降方向的位移-时间曲线

3.2.2　岩体内部变形监测

3.2.2.1　巷道监测

为研究岩层内部的移动和变形，在采空区上方的老巷道内设置监测线；其位置最好与地表监测线相对应，位于同一竖直剖面内。监测线尽可能设成直线，不得已时也可设成折线。必须设置 2~3 个控制点。测点间距视离采空区顶板距离而定，一般 5~15 m。监测线的设计方法与地表监测站基本相同。

3.2.2.2　采场围岩沉降监测

1) 监测方法

为了监测采空区上覆岩层内部的沉降情况，可从地表打深钻孔至采空区上方岩层内，采用多点位移计进行监测；孔内埋设一个或数个监测点与该层位岩层固结。在孔口通过对引出的每根钢丝上的标识进行位移监测，即可得出各点所代表的该层岩石的下沉大小，从而估计出岩层的层离及破坏情况。

2) 监测实例——湖北黄石金山店铁矿东区

金山店铁矿位于湖北省黄石市的金山店镇，是武钢的主要矿石生产基地。为了解金山店铁矿东区的深部岩体变形情况，在北面采空区端部和火车站旁布置了两个超深孔多点位移计(编号 2#、3#)，其装置如图 3-46 所示，测点位置如图 3-46 所示。图 3-47、图 3-48 为 2#、3#超深孔多点位移计变形图。

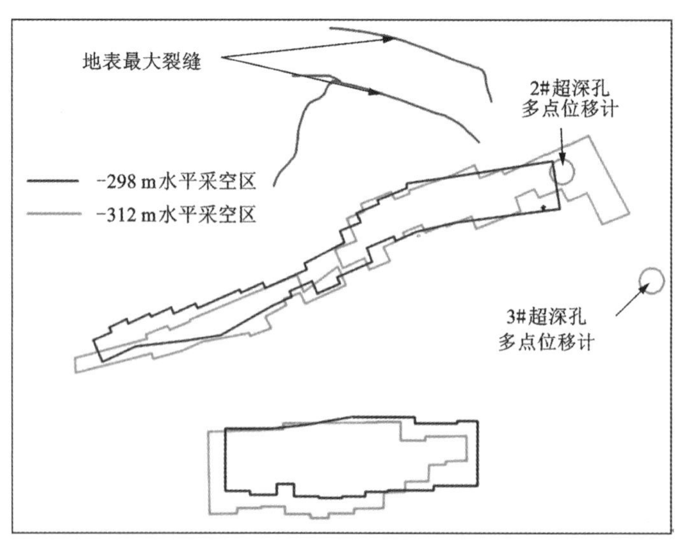

图 3-46　多点位移计位置

由此可以看出，2#超深孔的深部岩体变形存在着明显的加速趋势，即存在明显

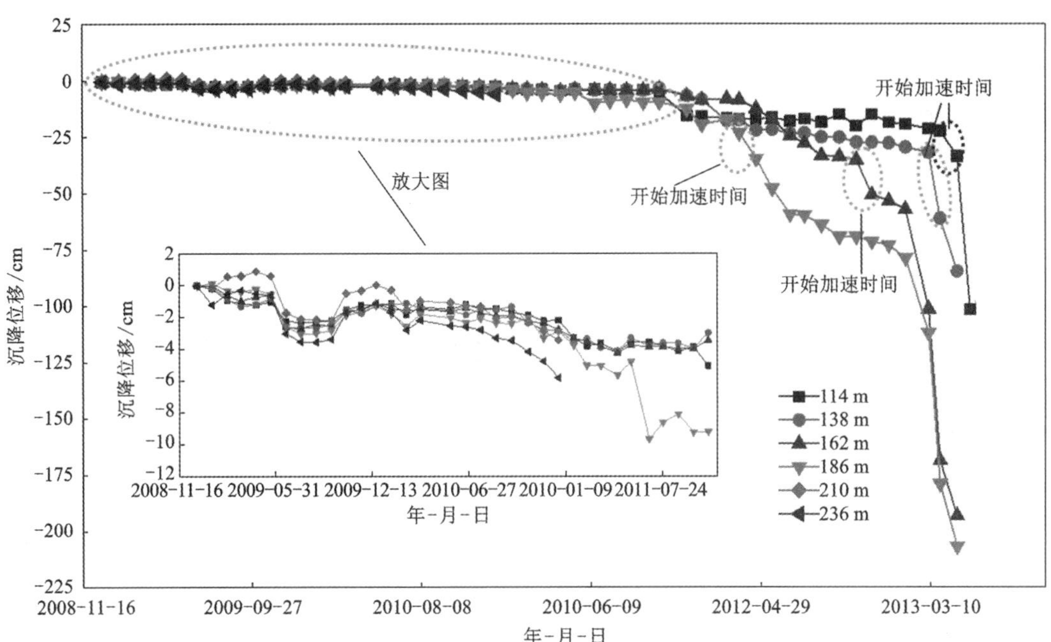

图 3-47　2#超深孔多点位移计变形图

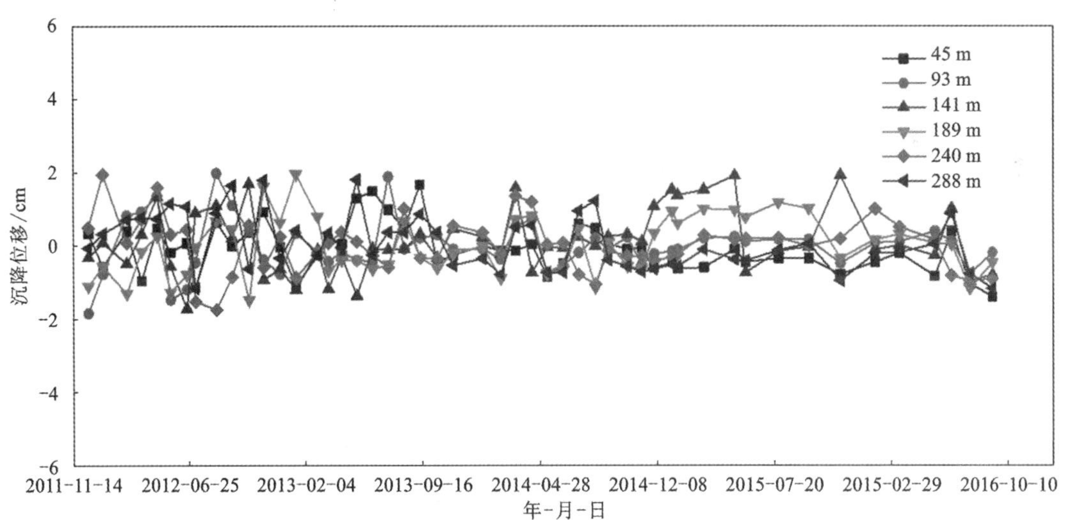

图 3-48　3#超深孔多点位移计变形图

的层离及破坏情况；而 3#超深孔的深部岩体测点之间没有发生相对变形，也就是没有层离现象发生。

3.2.2.3　采场围岩水平移动监测

1) 监测方法

上覆岩层的水平移动监测主要是通过在地表打深钻孔至采空区周边的围岩内，然后在钻孔内安装测斜管，用钻孔测斜仪来监测。

2）监测实例——湖北鄂州程潮铁矿

为了了解程潮铁矿西区运输隧道区域的深部岩体变形情况，在运输隧道中部布置深孔 XX3 和运输隧道措施井段洞口处布置深孔 XF3 两个深孔，孔深分别为 99 m 和 98 m，其位置如图 3-49 所示。测量时，以孔口为基准点，从上往下每间距 1.0 m 测一个点。不同深度岩层的水平移动值见图 3-50、图 3-51。

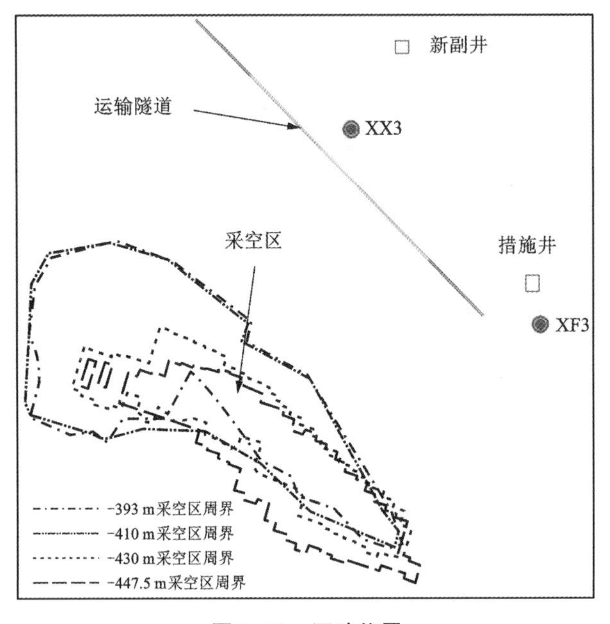

图 3-49 深孔位置

图 3-50 深孔 XF3 的变形随深度变化曲线

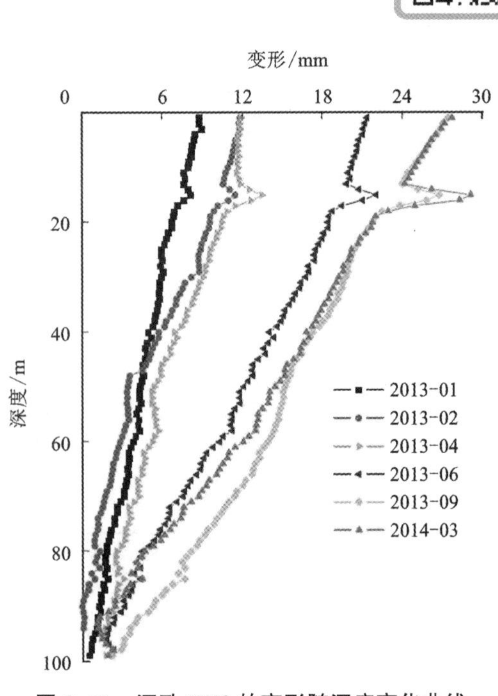

图 3-51 深孔 XX3 的变形随深度变化曲线

从图 3-50、图 3-51 可以看出：深部岩体变形随深度呈线性变化，表明运输隧道东南端区域深部变形为整体向采空区倾斜，没有出现岩层错动现象。

3.3 露天边坡监测

边坡监测的内容主要包括裂缝监测、位移监测、地表水监测、地下水监测、降水量监测、应力监测、微震监测和爆破振动监测，见表 3-12。

表 3-12　边坡监测的主要类型

序号	主要类型	监测内容
1	裂缝监测	地表裂缝监测，建筑物、构筑物裂缝监测
2	位移监测	地表位移监测，地下位移监测
3	地表水监测	自然沟水监测，河、湖、水库水位监测
4	地下水监测	钻孔、井水监测，泉水监测，孔隙水压力监测
5	降水量监测	降雨量、降雪量监测
6	应力监测	滑带应力监测，锚索应力监测
7	微震监测	岩石破裂监测
8	爆破振动监测	振动波形特征监测

在边坡监测中，对应于各个边坡的监测内容，往往使用不同的监测方法和设备，常用的监测方法和设备见表 3-13。

表 3-13　边坡监测中常用的监测方法和设备

监测内容	主要监测方法	主要监测仪器	监测方法的特点	适用性评价
裂缝监测	测缝法（人工测缝法、自动测缝法）	钢卷尺、游标卡尺、裂缝量测仪、伸缩自记仪、测缝仪、位移计等	人工测缝法精度高，测程可调，方法简易直观，资料可靠；自动测缝法自动化程度高，可全天候监测，安全，速度快，省人力	适用于裂缝张开、闭合、位错、升降变化的监测

续表3-13

监测内容	主要监测方法	主要监测仪器	监测方法的特点	适用性评价
地表位移监测	大地测量法(三角交会法、几何水准法、测距法、视准线法)	经纬仪、水准仪、测距仪等	投入快、精度高、监测范围大、直观、安全、便于确定位移方向及变形速率	适用于不同变形阶段的位移监测;受地形通视和气候条件影响,不能连续监测
		全站仪、电子经纬仪等	精度高、速度快、自动化程度高、易操作、省人力、可跟踪自动连续监测、监测信息量大	适用于不同变形阶段的位移监测;受地形通视条件的限制;受气候条件影响较大
		三维激光扫描仪	监测信息量大、省人力、投入快、安全,但精度相对较低	适用于变形速率较大的监测;受气候条件影响较大
		GPS 接收机	精度高、易操作、可全天候监测	适用于不同变形阶段地表三维位移监测
地下位移监测	测斜法(钻孔测斜法、竖井)	钻孔倾斜仪、多点倒锤仪、倾斜计等	精度高、效果好、可远距离测试、易保护、受外界因素干扰少、资料可靠,但测程有限	主要适用于边坡体变形初期,在钻孔、竖井内测定边坡体内不同深度的变形特征及滑带位置
		多点位移计、井壁位移计、位错计等	易保护,传感器易被地下水浸湿、锈蚀	一般用于监测竖井内多层堆积物之间的相对位移,目前因仪器性能、量程所限,主要适用于初期变形阶段,即小变形、低速率、监测时间相对短的监测
	重锤法	重锤、极坐标盘、坐标仪、水平位错计等	精度高,易保护,机测直观、可靠,电测方便,量测仪器便于携带;但易受潮湿、强酸、碱锈蚀等影响	适用于上部危岩相对于下部稳定岩体的下沉变化及软层或裂缝垂直向收敛变化的监测
	沉降法	下沉仪、收敛仪、静力水准仪、水管倾斜仪等		适用于危岩裂缝的三向位移监测和危岩界面裂缝沿硐轴方向位移的监测
应变监测	应变量测法	管式应变计、多点位移计、滑动测微计	精度高,易保护,测读直观、可靠,使用方便,量测仪器便于携带	主要适用于测定边坡体不同深度的位移量和滑面(带)位置

续表3-13

监测内容	主要监测方法	主要监测仪器	监测方法的特点	适用性评价
水文监测	监测地下水位	水位自动记录仪	精度高、直观、可靠	适用于坡体不同变形阶段的监测，其结果可作基础资料使用
	监测孔隙水压	孔隙水压计、钻孔渗压计		
	测泉流量	三角堰、量杯等		
	测河、湖水位	水位标尺等		
环境监测	测降雨量	雨量计、雨量报警器	精度高、可连续监测、直观、可靠	适用于不同类型边坡及其不同变形阶段的监测，为边坡工程的稳定性分析与评价提供基础资料
	测地温	温度记录仪		
岩石破裂监测	测破裂事件	微震系统	可以远程实时监测，成本较高	适用于边坡滑动面产生，发展直至贯通阶段的监测，其结果可做基础资料使用
应力监测	滑带应力监测、锚索应力监测	钢筋计、应变计(组)、无应力计、土压力计	可连续监测、直观	适用于不同类型边坡及其不同变形阶段的监测，为边坡工程的稳定性分析与评价提供基础资料

3.3.1　边坡变形监测

1)边坡表面裂缝监测

边坡和建筑物(挡土墙、房屋、水沟、路面等)上的裂缝是边坡变形较明显的标志。对这些裂缝进行监测是最简单易行、最直接的方式。下面介绍边坡表面裂缝监测的常用方法和要点：

(1)最简单的一种方法是在滑坡周界两侧选择若干个点，在滑动体和不动体上分别打入一根桩(木桩或钢筋)，桩埋入土中的深度应不小于1.0 m；桩顶各钉一小钉或者做十字标记，定时用钢尺测量两点间的距离，即可求出两桩间距的变化。若在不动体上设两个桩，滑动体上设一个桩，则桩形成了一个三角形，那么从三边长度变化可确定滑动体的移动方向和移动值。

(2)标尺测量法。在滑坡主轴断面上的后壁和前缘出口处设两组监测桩，并在两组监测桩露出地面的部分刻上标尺(或另加标尺)，一个水平，一个垂直；设桩后测出其初始读数，以后随时测记水平和垂直尺上的读数，不用另外丈量即可求出滑动体的水平位移值和垂直升降值(陈敏，2013)。一般距离增大和下沉为正，反之为负。

(3)在不动体上水平打入一根桩，测量时在桩上吊一垂球，垂球下的滑动体上设一混凝土墩，墩顶面画上方格坐标，即可测出移动值和路径。若垂线长度固定，还可大致测出滑动体的沉降量。

(4)建筑物上的裂缝监测可以通过在裂缝两侧设固定点(如涂油漆),然后用尺量距,也可在裂缝上贴水泥砂浆片(贴片处必须清洗凿毛以便粘贴牢固),监测水泥砂浆片被拉裂、错开等情况。

(5)滑坡裂缝监测除了采用前面一些简单的方法外,也可以采用滑坡记录仪(也叫伸缩计、滑坡计)。

2)边坡表面移动监测

目前边坡表面移动监测主要采用大地测量法、GPS(全球定位系统)测量法、近景摄影测量法、三维激光扫描技术和D-InSAR监测技术等,其中GPS(全球定位系统)测量法、近景摄影测量法、三维激光扫描技术和D-InSAR监测技术的介绍详见第3章3.1节。下面对大地测量法进行简单的介绍。

常用的大地测量法主要有两方向(或三方向)前方交会法、双边距离交会法、视准线法、小角法、测距法、几何水准测量法和精密三角高程测量法等。常用两方向(或三方向)前方交会法、双边距离交会法监测边坡变形的二维(X、Y方向)水平位移;用视准线法、小角法、测距法监测边坡的水平单向位移;用几何水准测量法、精密三角高程测量法监测边坡垂直(Z方向)位移。常用高精度光学和光电测量仪器,如精密水准仪、全站仪等仪器,通过测角、测距来完成。大地测量法具有能确定边坡地表变形范围、量程不受限制和能监测到边坡的绝对位移量等三个突出的优点。但它也受到地形通视条件限制和气象条件(如风、雨、雾、雪等)的影响,工作量大,周期长,连续监测能力较差。

3)边坡深部位移和滑动面监测

(1)简单地下位移监测。在滑坡钻孔中埋入塑料管(连接要光滑)到预计滑动面以下3~5 m,然后定期用直径略小于管内径的钢棒放入管中测量。当滑坡位移将塑料管挤弯时,钢棒在滑面被阻就可以测出滑动面的位置。这种方法只能测出上层滑动面的位置。当滑动面多于两层时,可以先放一棒在孔底,用提升的办法测下层滑带的位置(雷航,2011)。

(2)应变管监测。日本同行最早将应变管用于监测滑坡的地下位移和滑动面位置。所谓应变管,就是将电阻应变片粘贴于硬质聚氯乙烯管或金属管上,埋入钻孔中,管外充填密实;管随滑坡位移而变形,电阻应变片的电阻值也跟着变化,由此分析判断出地下位移和滑动面的位置。

应变管的优点是操作容易,造价低,测定仪器不复杂;采用该方法的关键是贴片工艺和防潮,在孔中有水时使用寿命有限。该方法的缺点是不易直接测出位移值。

(3)固定式钻孔测斜仪监测。固定式钻孔测斜仪监测是将若干台测斜仪定向放入钻孔中,将电线拉出孔外;可以定时测量,也可以连续测量。

其优点是位置固定,减少了取放仪器的人为影响;缺点是所需探头数量多,花费大。

(4)活动式测斜仪监测。活动式测斜仪监测是把槽形管埋入钻孔,管外用灌浆或填砂固定后,不把测斜仪探头固定在孔中,而是用一根电缆与一个探头连接,在钻孔中固定深度(如每隔0.25 m或0.5 m)两个方向进行测量,以便求出合位移的方向。

(5)拉线式地下位移监测(多点位移计)。在钻孔中,从可能滑动面以下到地面设置若干个固定点,间距2~3 m,每一点用一根钢丝拉出孔外,并固定在孔口监测架上,分别用重锤或弹簧拉紧。监测架上设有标尺,可测定每一钢丝伸长或缩短的距离,即表示孔内点的位移。为防止各钢丝在孔中互相缠绕,每3 m设一架线环,将钢丝定位。

(6)TDR技术探测滑坡的滑动面。TDR(time domain reflectometry)称为时间域反射测试技术，是一种电子测量技术。

TDR测试技术的基本原理：采用电缆中的“雷达”测试技术，把一个脉冲波发射入同轴电缆中，脉冲信号在电缆中传播，能反映同轴电缆的阻抗特性。

TDR在滑坡变形监测中的应用：根据滑坡的实际情况，在滑动体上打钻孔深入预估滑面下一定深度，然后将测试同轴电缆埋入孔中，并充填密实使电缆同周围地层紧密结合，即可对滑坡深部位移和滑动面进行监测。

这种监测方法可以对多点进行测量，并且比使用钻孔测斜仪省钱，约为其造价的1/4；其缺点是测不出位移具体的量值，也确定不了位移方向，而且还要防止地下水对它产生影响。

3.3.2 边坡应力监测

1)边坡内部应力监测

边坡内部应力监测主要采用土压力计。比如滑坡推力测定时常用土压力计，结合抗滑桩一起埋设。

土压力计按采用传感器的不同有钢弦式、差动电阻式、电阻应变片式、电感式和变磁阻式之分；它们的结构外形基本相同，只因传感器不同而使内部结构有相应改变。其中钢弦式土压力计的长期稳定性好，结构牢固，操作方便，容易实现自动化；特别是它采用的二次膜分离结构，可提高灵敏度和刚度，减少埋设中“拱效应”和边界应力集中，因此在国内外得到广泛应用。

2)边坡锚固应力监测

当边坡具有破坏危险或者已经失稳时，必须采取适当的加固措施。一般常用的支护结构包括锚杆、锚索、抗滑桩等。在这些支护工程施工过程中或者施工完毕后，都有必要对支护效果进行监测。常见的支护监测项目有锚杆轴力监测、预应力锚索监测、抗滑桩监测。

(1)锚杆轴力监测。锚杆轴力监测的目的在于了解锚杆实际的工作状态，结合位移监测的结果，修正锚杆的设计参数，检验加固效果。量测锚杆轴力的传感器主要有差动电阻式锚杆测力计、钢弦式锚杆测力计和电阻应变式锚杆测力计。

(2)预应力锚索监测。预应力锚索监测的目的是分析锚索的受力状态、锚固效果及预应力损失情况。预应力的变化受到边坡变形和内在荷载变化的影响，故通过监控锚固体系的预应力变化可以了解被加固边坡的变形与稳定状况。通常一个边坡工程长期监测的锚索数，应不少于总数的5%。监测设备一般采用圆环形测力计(液压式或钢弦式)或电阻应变式压力传感器。

锚索测力计的安装是在锚索施工时进行的，其安装全过程包括测力计室内检定、现场安装、锚索张拉、孔口保护和建立监测站等。

(3)抗滑桩监测。抗滑桩是穿过滑动体深入滑床的桩柱，用以支挡滑动体的滑动力，起稳定边坡的作用；适用于浅层和中厚层的滑坡，是边坡抗滑处理的主要措施之一。

抗滑桩监测主要有两个内容：一是监测抗滑桩的加固效果和受力状态；二是监测抗滑桩正面边坡坡体的下滑力和背面边坡坡体的抗滑力。监测抗滑桩的受力状态常采用钢筋计和混凝土应力计。钢筋计有差动电阻式和钢弦式两种。钢筋计应布置在受力最大、最复杂的主滑动面附近。

3.3.3 边坡地下水位和降雨量监测

1)地下水位监测

对矿山边坡地下水位进行监测的目的主要体现在三个方面：一是确定边坡地下水的边界条件，为边坡渗流场分析提供依据，进而为分析边坡稳定性提供基础资料；二是利用采场早期地下水压监测资料，可以预测采场向下延伸过程中的地下水状态；三是可以检验采场边坡疏干效果。

(1)简易方法。

用测绳和测水钟进行定时监测和记录。每次监测应固定在井口的同一位置。

(2)自动监测法。

用自动水位计监测，可连续记录水位随时间的变化关系。

(3)孔隙水压力监测。

几十年来各国研究者和工程技术人员研制了各种形式的孔隙水压力测量设备，主要有钢弦式渗压计、差阻式渗压计、振弦式渗压计、压阻式压力传感器及电感式仪器等。差阻式渗压计稳定性好，但是灵敏度低，尤其在低水位监测的情况下不适用；压阻式压力传感器的长期稳定性较差，损坏率高，难以长期应用于地下水监测；电感式仪器稳定性差，故障率高，在国内许多工程中使用效果不好；钢弦式渗压计可将测压管中水位变换为频率量，其灵敏度高，安装方便，长期稳定性好，温度影响小，已在国内外工程中大量使用，效果良好，推荐使用。

2)降雨量监测

在对矿山边坡进行地下水位监测的同时，应对矿区降雨量进行监测。监测设备大多选用翻转式雨量计，有条件时可用遥测雨量计。

3.3.4 微震监测

露天矿岩质边坡的滑移失稳往往是在外部降雨、温度、人工扰动等作用下经历了从边坡内部岩石微破裂、裂隙发展、滑移面贯通直至最终滑坡发生这一完整过程的，因此可以对边坡内部岩石破裂进行监测。主要采用微震监测技术，通过预先埋设在边坡体内的检波器拾取边坡岩石破裂信息对破裂点进行定位分析。

另外，就岩质边坡而言，由于岩质边坡属于类脆性材料，在内部发生岩石微破裂的时候，外观位移一般都较小。随着岩石破裂的增多，其释放的能量也逐渐增大。在大的滑动面形成之前，一般都会在潜在滑移面周围形成大量微破裂，通过微震监测技术监测这些微破裂信号就可以反演岩体微破裂发生的时刻、位置和性质，即地球物理学中所谓的“时空强”三要素。根据微破裂的大小、集中程度、破裂程度，有可能推断岩石宏观破裂的发展趋势，从而预测预报边坡失稳前兆(徐奴文等，2010)。

一般把传感器分别安装在边坡上不同的高程，并在空间上呈阵列布设。根据微震事件发生的时间、位置、能量大小等，可以识别和圈定边坡风险区域(徐奴文等，2017)。

3.3.5 爆破振动监测

表征爆破地震质点振动强度的参量有位移、加速度、速度和能量比等，国内比较一致的意见认为边坡等整体性构筑物的破坏与质点振速关系密切，南芬、大冶、水厂等大型铁矿以及三峡水电工程等项目研究中均采用质点振速作为监测与评价参量(宋光明等，2000)。

通过爆破振动监测，研究振动波的波形特征、传播规律及衰减规律。爆破振动监测的仪器较多，如 NUBOX-9012/9015 爆破冲击波与噪声智能监测仪、NUBOX-8016 智能爆破测振仪、NUBOX-7016 智能爆破测振仪、M20 爆破振动监测仪、TC-4850 爆破测振仪(包括数据分析设备 Blasting Vibration Analysis 和 Vib'SYS 振动信号采集、处理和分析系统)、L20 智能便携式爆破测振仪、YBJ-1 型爆破振动自记仪(配用 CD-1 型和 CDJ-1 型速度传感器)。

关于爆破振动对边坡稳定的影响，马建兴(1996)对欧美、苏联及国内的爆破振速安全标准进行了总结，见表 3-14。

表 3-14　国内外边坡稳定临界安全速度

序号	提出国家或单位	允许质点振动速度/(cm · s^{-1})
1	苏联	20
2	加拿大	12.7~30
3	中国，“七七”工程	25
4	长沙矿冶院大冶铁院	22
5	马鞍山院南芬铁院	22
6	L. L. Oriard	10

对于露天矿边坡，我国相关部门也制定了相应的安全振速标准，见表 3-15(张伟，2017)。

表 3-15　露天矿边坡允许安全振速标准

边坡稳定性等级	边坡特性	允许安全振速/(cm · s^{-1})
Ⅰ(较好)	岩石整体性较好，稳定系数在 1.4 以上	<35
Ⅱ(中等)	除Ⅰ、Ⅲ类边坡外	<28
Ⅲ(较差)	岩质边坡裂隙、节理发育，有较明显的构造弱面，稳定性系数在 1.08 以下	<22

3.3.6　实例

1)湖北鄂州程潮铁矿

自 1997 年起，程潮铁矿选矿厂办公楼区斜坡和细筛间、球磨东间及仓库区的地面陆续开裂、沉降，办公楼及工业建筑的地基基础以及梁柱上也出现了不少裂缝。在 1998 年大雨后，裂缝和沉降位移有了加速扩展的趋势，使选矿系统建筑物的稳定性和生产设施的运行安全受到威胁。为了查明上述问题产生的原因，武汉钢铁集团矿业有限责任公司程潮铁矿委托有关单位进行了工程地质勘察、边坡稳定性分析、建筑物结构加固和滑坡抗滑桩设计施工等工作；中科院武汉岩土所受武汉钢铁集团矿业有限责任公司程潮铁矿的委托对边坡加固工程进行了监测。

根据监测设计要求，在滑坡东区和西区共选择了7个监测桩和3个钻孔，埋设监测元件，定期进行项目监测。整个监测过程分两期，分别为：

第一期(1999年12月—2000年5月)：进行抗滑桩Z_{11}、Z_{21}、Z_{29}受力状态监测(桩钢筋受力状态监测、钢轨受力状态监测)，Z_9、Z_{21}、Z_{25}号桩桩土间土压力监测和滑坡的滑动面监测(B_1、B_2、B_3孔位)。

第二期(2000年5月—2001年5月)：对选矿车间西部滑坡区选定的两监测桩XZ_{12}、XZ_{26}定期进行钢筋受力状态监测，同时第一期监测项目不变。

(1)工程地质概况。

根据武汉中汉岩土工程技术开发公司提供的补勘及边坡稳定性评价研究报告，选矿车间滑体在横向上可分为西滑体和东滑体两块。

西滑体北起选矿车间的两个浓缩池中间，南至12 m大井后的泵房，东到铜选下围墙。滑体宽约60 m，长约120 m，具有典型的滑体变形特征。

东滑体东起碎石场西边，西达选矿食堂，北抵Ⅲ级台阶南缘，向南延伸到程潮大湾内。东西宽250余m，南北长达150 m，为一典型的横展式滑坡。

根据提供的地质勘察资料，场地岩层主要有杂填土、残坡积黏土、全风化层、强风化层等。

①杂填土：上层呈松散、湿-饱和状态，主要为矿渣、含碎石黏土和建筑垃圾。

②残坡积黏土：上层呈湿-饱和、可塑-硬塑态，局部含碎石，下层黏土较软弱，呈饱和、软塑-流塑态。

③全风化层：上层斜长花岗岩或斜长玢岩全风化层已风化成土状，呈湿-饱和、硬塑-可塑态，具有原岩的中粗粒结构，块状构造；节理发育，节理面光滑，延伸性好。中层矽卡岩全风化层已风化成土状，呈饱和、可塑-软塑态，具有原岩的结构和构造；局部含铁矿石和构造角砾岩，发育有密集的S形节理，高孔隙比，高压缩性，节理较发育。下层大理岩全风化层已风化成为土状，呈细粒结构，块状构造，饱和，为可塑-软塑状态，可溶性矿物由于淋滤作用被带走，高孔隙比，高压缩性，节理较发育。

④强风化层：上层斜长花岗岩强风化层呈中细粒结构，块状构造，已风化成碎块状。中层含铁矽卡岩强风化层呈中细粒结构，条带状构造，节理发育。下层大理岩强风化层呈细粒结构，块状构造，已风化成碎块状，可溶性矿物部分被带走，基本上具有原岩成分，节理发育。

地质资料显示，西滑坡滑体结构分为上层的填土和下层的残坡积黏土，滑体厚度较薄，中部厚6~8 m；铜矿车间陡坎下厚5 m，坡顶厚10 m左右，属中浅层滑坡。东滑坡滑体结构由填土层和全风化层构成，在水泥公路以南为残坡积黏土，滑体厚度7~11 m，在Ⅱ级台阶上厚度最大。

(2)监测方法简介。

①滑动面监测。滑动面监测采用钻孔倾斜仪法。钻孔倾斜仪可以从两个正交方向上描述全测孔深的位移全貌，从而准确地确定滑动面的具体位置及位移的大小和方向。在滑坡区和沉降区共布置三个钻孔倾斜仪孔，孔径ϕ110 mm，原设计孔深45 m，实际孔深B_1、B_3为

30 m，B_2 为 40 m。

②钢筋计法监测抗滑桩受力状态。在选定的抗滑桩的受拉和受压侧各选一根纵向受力钢筋，每隔 1.5 m 焊接钢筋计；从钢筋笼埋设后、混凝土初凝时起，定期检测钢筋受力状态，直接监测桩体抗弯(拉)抗压分布，检验抗滑桩设计的合理性和加固效果。

③压力盒法监测桩岩间受力状态。在选定的抗滑桩内，自预定的滑动面下 2.0 m 起，每 2.0 m 在桩体与桩孔壁间埋设一个压力盒(每孔埋设 4 个)，检测滑动面上部岩土施加于桩体压力的分布规律。

④桩体中的钢轨受力状态监测。在本工程的抗滑桩设计中，在桩的受拉力一侧插入 5 根钢轨，以增强钢筋混凝土桩的抗滑力。钢轨和钢筋混凝土桩能否整体发挥抗滑作用，需检测其受力状态来确定。因此，在指定的 3 根监测桩上，选择受推力侧中心线上的钢轨；钢轨两侧捆绑测斜仪导管，连同钢轨一起埋入桩体内，待混凝土初凝后开始定期监测。利用钢轨水平位移与轨深关系曲线，换算出钢轨的抗滑力，最后将它与钢筋计测出的抗滑力综合起来确定整个抗滑桩的抗滑力。

(3)监测结果及其分析。

①滑动面监测结果及分析。

B_1 号孔：该孔于 2000 年 1 月 26 日开始第一次监测，至 2000 年 12 月 20 日时共进行了 12 次监测，变形监测结果见图 3-52。从图中可以看出，在距孔口深约 10 m 和 15 m 处变形较大；边坡变形在经历雨季后有突然增大的趋势，孔口位移在经历雨季后也有突然增大的趋势。

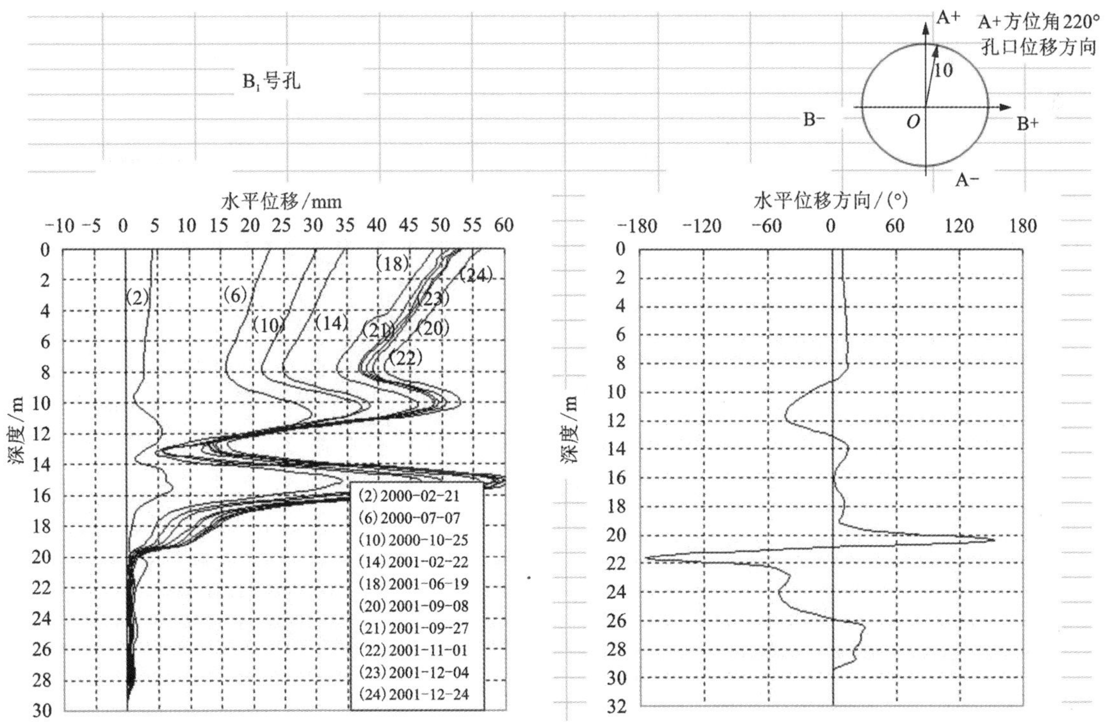

图 3-52　B_1 号孔位移深度随时间变化曲线图

B_2 号孔：该孔于 2000 年 1 月 26 日开始第一次监测，至 2000 年 12 月 20 日时共进行了 12 次监测，变形监测结果见图 3-53。该孔在距孔口深 8 m 左右和 23~24 m 时出现突变点，经历雨季后有突然增大的趋势，孔口位移在经历雨季后有突然增大的趋势。

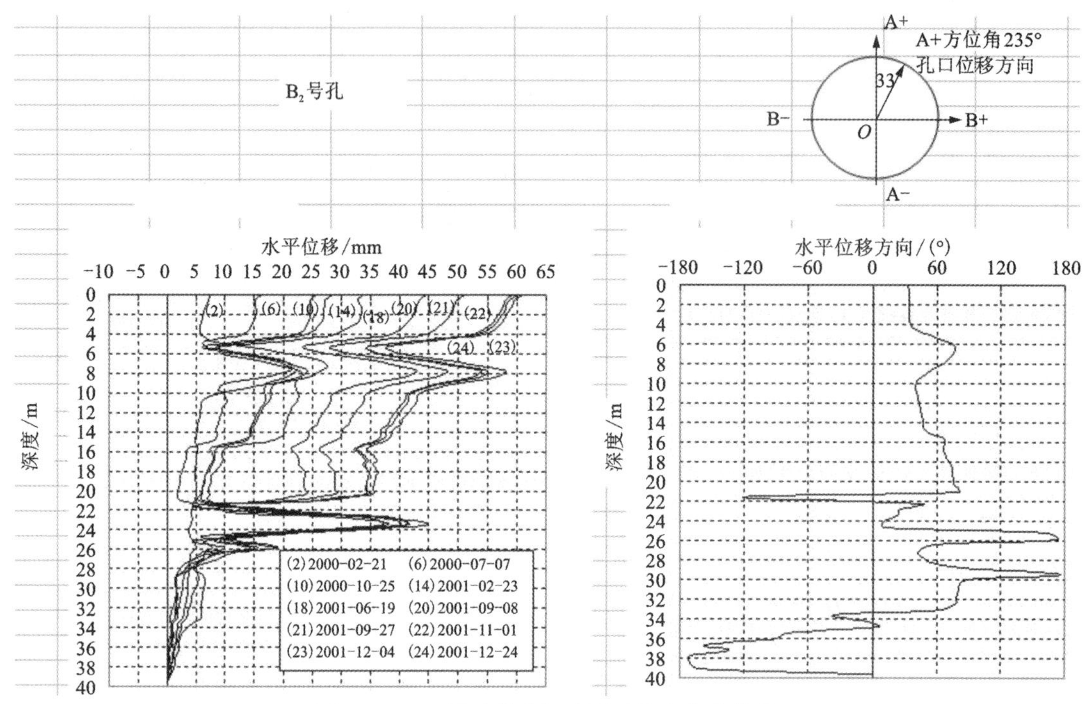

图 3-53 B_2 号孔位移深度随时间变化曲线图

B_3 号孔：该孔于 2000 年 1 月 26 日开始第一次监测，至 2000 年 12 月 20 日时共进行了 12 次监测，变形监测结果见图 3-54。该孔在距孔口深 5~6 m 处有一突变点，在经历雨季后有变大的趋势。孔口位移最大，孔口位移在经历雨季后有增大的趋势。

结合地质资料可见，B_1 号孔在距孔口深 10 m 处的岩层性质为大约 2 m 厚的可塑性含砾黏土，在距孔口深 15 m 左右处为可塑性黏土与硬塑性粉质黏土交界处，为相对软弱层；经历雨季后，地下水的影响导致这两处的位移变大。第一个滑动面与原设计中确定的滑动面较接近。根据孔口位移时间变化图和位移最大点的位移时间变化图可以看出，孔口位移和位移最大点的位移仍在增加，在下个雨季，其变形还有加大的可能。B_2 号孔在距孔口深 8 m 左右处的岩层性质为大约 3 m 厚的可塑性黏土，距孔口深 23~24 m 处为流塑性含碎石黏土，为相对软弱层；经历雨季后，地下水的影响导致这两处的位移变大，第一个滑动面与原设计中确定的滑动面较接近。由孔口位移时间变化图和位移最大点的位移时间变化图可以看出，孔口位移和位移最大点的位移已经趋于稳定，但在下个雨季，其变形还有加大的可能。B_3 号孔距孔口深 5~6 m 处的岩层性质为矽卡岩全风化层，由于土体内 S 形节理的扩张和错动，含水量和孔隙比明显变大，受雨季影响比较大；由孔口位移时间变化图可以看出，孔口位移仍在增加。

②钢轨受力状态监测结果及分析。

钢轨受力状态监测是在抗滑桩 Z_{11}、Z_{21}、Z_{29} 上进行的。

Z_{11}：该桩的两个监测孔于 2000 年 2 月 21 日进行第一次监测，至 2000 年 12 月 20 日共进

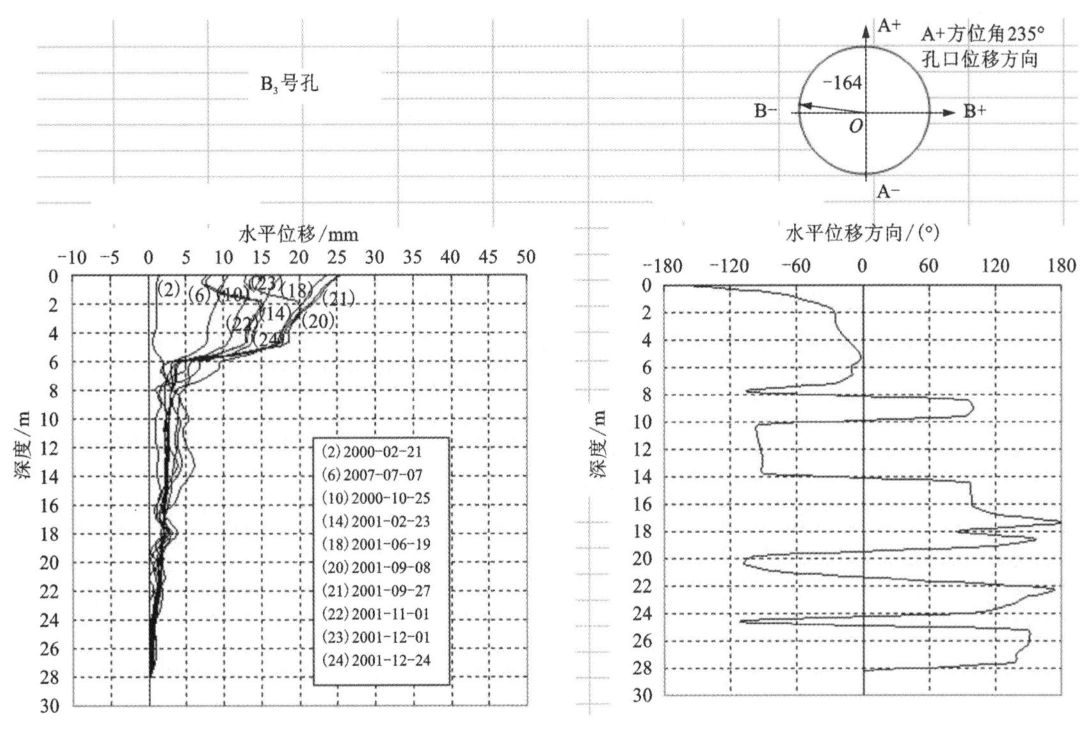

图 3-54　B_3 号孔位移深度随时间变化曲线图

行了 11 次监测，位移监测结果见图 3-55。可以看出，抗滑桩沿深度方向变形均匀，从孔底至孔口各点位移量逐渐增加，无突变点，表明钢轨受力正常。

Z_{21}：该桩的两个监测孔于 2000 年 2 月 21 日起开始第一次监测，其中 A 孔至 2000 年 12 月 20 日共进行了 11 次监测，而 B 孔至 2000 年 11 月 28 日共进行了 10 次监测；位移监测结果见图 3-56。可以看出，抗滑桩沿深度方向变形均匀，从孔底至孔口各点位移量逐渐增加，无突变点，表明钢轨受力正常。

Z_{29}：该桩的两个监测孔于 2000 年 2 月 21 日进行第一次监测，至 2000 年 12 月 20 日共进行了 11 次监测，变形监测结果见图 3-57。可以看出，抗滑桩沿深度方向变形均匀，从孔底至孔口各点位移量逐渐增加，无突变点，表明钢轨受力正常。

③钢筋计法桩体受力状态监测结果及分析。

用钢筋计法做的受力状态监测是在抗滑桩 Z_{11}、Z_{21}、Z_{29} 上进行的。

Z_{11}：该监测点于 2000 年 2 月 21 日进行第一次监测，至 2000 年 12 月 20 日共进行了 11 次监测。变形监测结果显示，地面 9 m 以下部分钢筋计读数随时间的增加而变化不大，比较稳定；9 m 以上部分，读数随时间的增加而增大，但增大的速率逐渐减小，趋于稳定。

Z_{21}：该监测点于 2000 年 2 月 21 日进行第一次监测，至 2000 年 12 月 20 日共进行了 11 次监测。变形监测结果显示，地面 7.5 m 以下部分钢筋计读数随时间的增加而变化不大，比较稳定；7.5 m 以上部分，读数随时间的增加而增大，但增大的速率逐渐减小，趋于稳定。

Z_{29}：该监测点于 2000 年 2 月 21 日进行第一次监测，至 2000 年 12 月 20 日共进行了 11 次监测。变形监测结果显示，钢筋计读数随时间的增加而增大，但增大的速率逐渐减小，趋

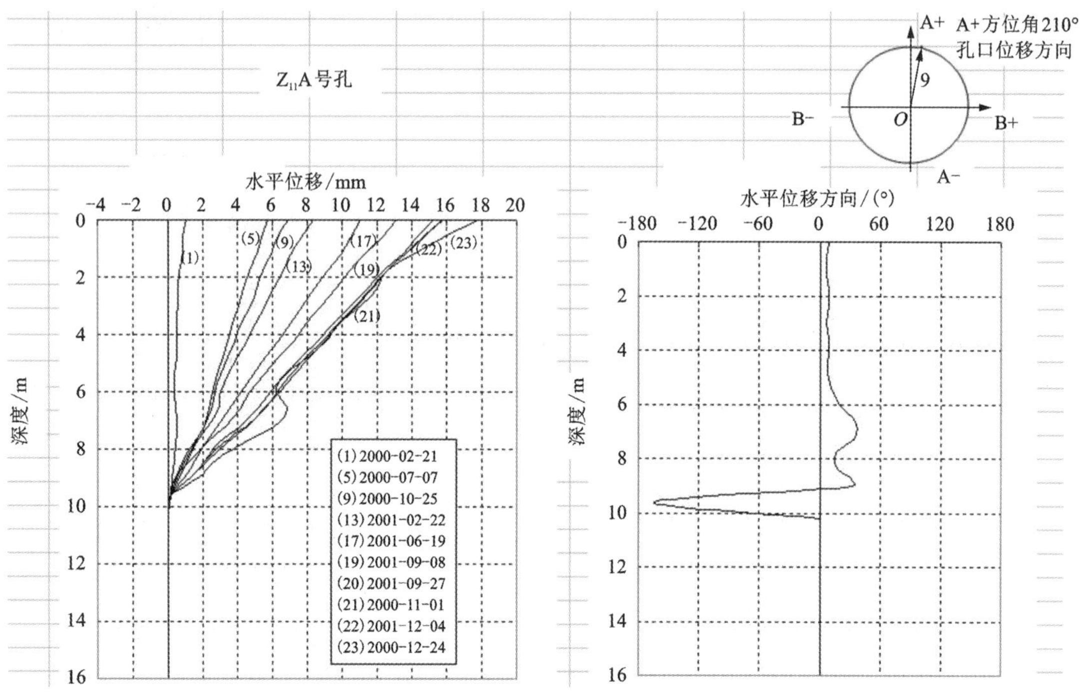

图 3-55 Z_{11}A 号孔位移深度随时间变化曲线图

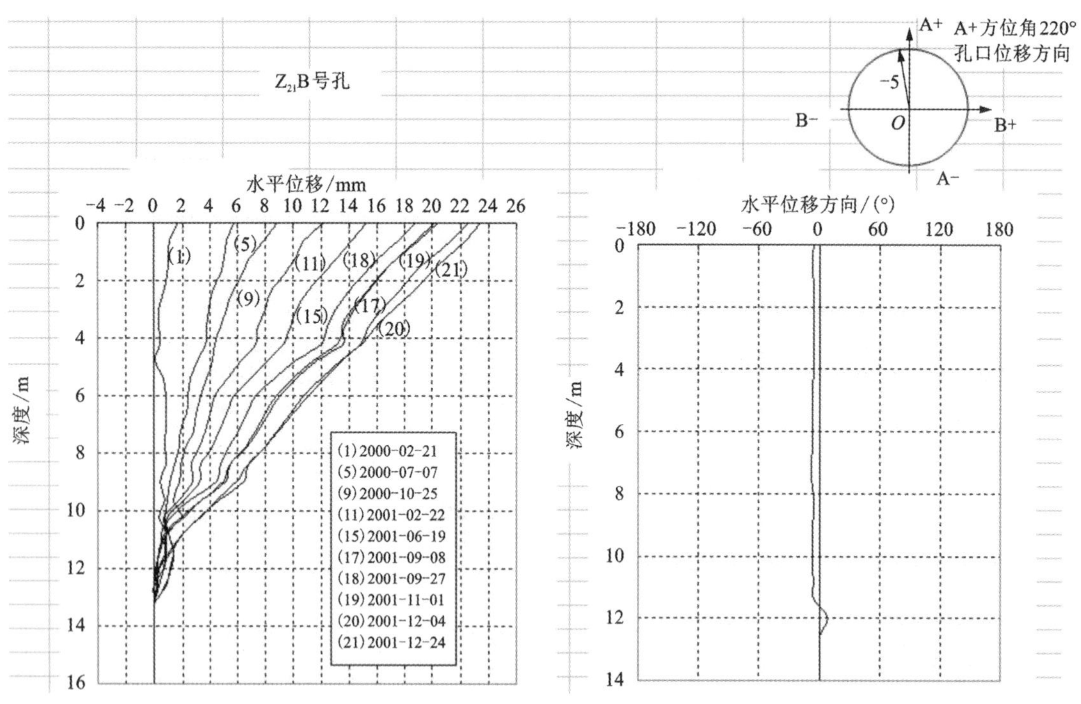

图 3-56 Z_{21}B 号孔位移深度随时间变化曲线图

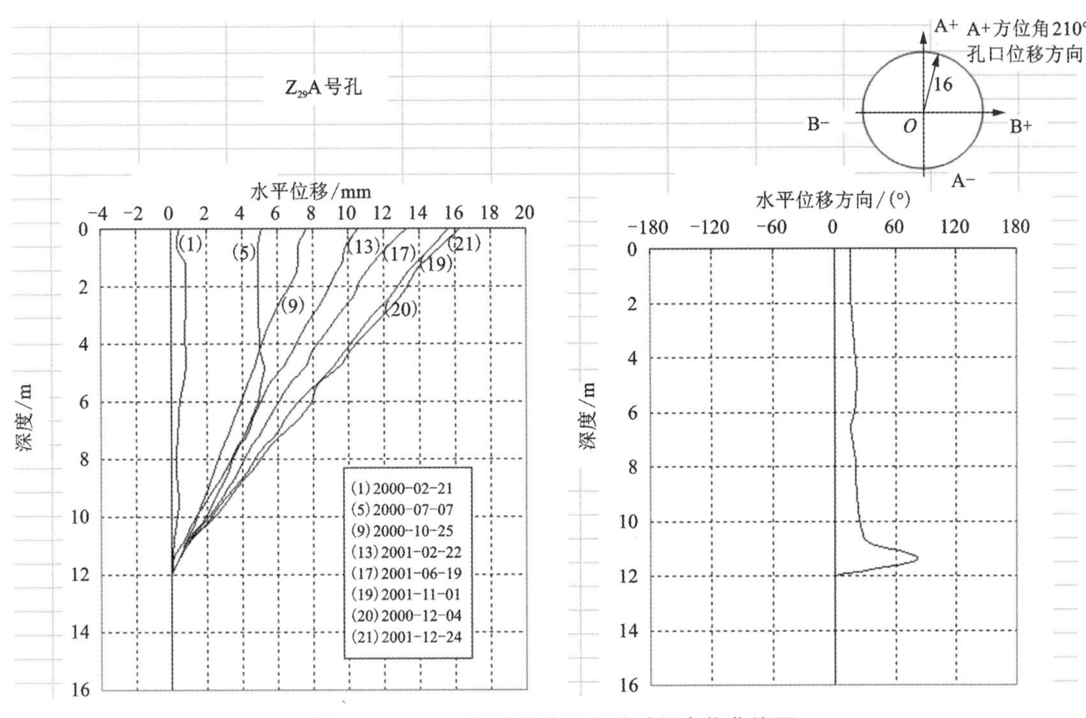

图 3-57　Z_{29}A 号孔位移深度随时间变化曲线图

于稳定。

以上监测结果显示，抗滑桩受力比较稳定，未发生突变。

④压力盒法受力状态监测结果及分析。

压力盒法受力状态监测是在抗滑桩 Z_9、Z_{21}、Z_{25} 上进行的。2000 年 3 月 23 日进行第 1 次监测，至 2000 年 12 月 20 日共进行了 10 次监测。所得到的压力盒读数普遍偏小，最大值仅为 42. 86 kPa。抗滑桩 Z_9 的孔深与压力盒读数关系曲线见图 3-58。可以看出，压力盒读数随监测时间变化较小，说明压力盒受力比较稳定。

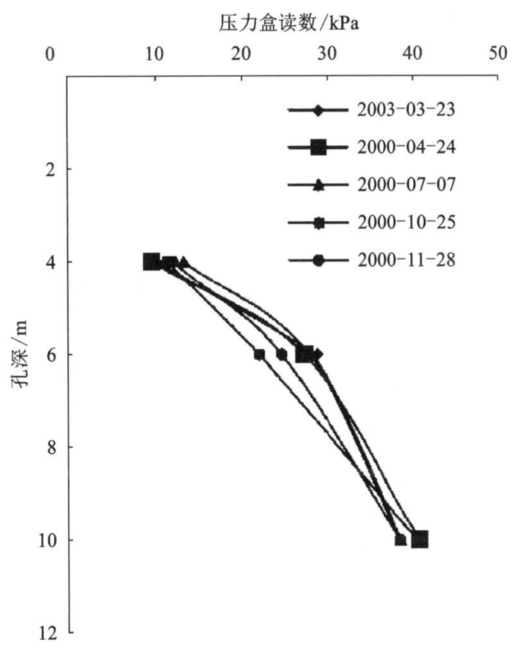

图 3-58　Z_9 桩压力盒深度随时间变化曲线图

2)广东省大宝山露天矿(吴星辉等，2018)

广东省大宝山露天矿位于韶关市南约 40 km 的曲江区沙溪镇境内，在生产过程中，露天采场作业面岩体易破碎且边坡长期受到风化剥蚀和采空区塌陷的影响，导致整个坡面的完整性受到一定的破坏。根据大宝山矿露天边坡现状，为保证矿山安全、经济开采，防止发生滑坡事故造成人身伤害和财产损失，在露天采场设置监测室，应用中国安全生产科学研究院自主研发的边坡雷达 S-SAR(slope-synthetic aperture radar)监测系统，对采场边坡进行 24 h 全天候实时监测。

(1)监测目标。

S-SAR 雷达系统能够实现全年实时采场边坡监测，根据监测数据评判采场边坡安全状态；建立分级预警阈值，实现设备初级预警、专家综合预警的应急管理模式。

(2)监测内容。

监测内容包括整体表面位移、关键点位移、滑坡面积、时间段位移、变形速度及加速度、滑坡的预警预报。

(3)数据分析。

在雷达数据位移折线图中发现865 平台位移量较大，如图3-59 所示。865 平台根据颜色区分位移变形程度，选取图中 6 个变形量较大的关键点进行分析，得到位移变形量与时间的折线图，如图 3-59 所示。

由图 3-60 可知，6 个点的位移变形趋势大致一致，该变形坡体为整体缓慢滑移，还未发生崩解滑坡，其中最大的累计变形值为 47 mm。已知大宝山岩性、构造等地质条件下设置的预警阈值为 50 mm/d，故雷达未发出预警信息。但是从发展速度上分析，从 0 时到 10 时，6 个关键点的变形量一直处于增长状态，而且在 6 时到 10 时间的增长速度明显增大，若不及时对其进行分析、治理，有可能会发生滑坡地质灾害。

考虑降雨是诱发滑坡的主要因素，因此防止雨水聚集渗透进入坡体是解决问题的关键。经过 865 平台的人工巡查，发现台阶表面存在坑洼地且聚集了一定量的雨水，滑坡体的后缘存在张开的竖向裂缝。经过决策采取了以下措施：①对可能受到滑坡体影响的区域进行人员疏散；②人工清理积水并开挖排水沟；③填补后缘存在的竖向裂缝。

人工治理工作在 10 时完成，从图 3-60 可以得出，10 时以后坡体的变形量没有继续增大，甚至逐渐减少。

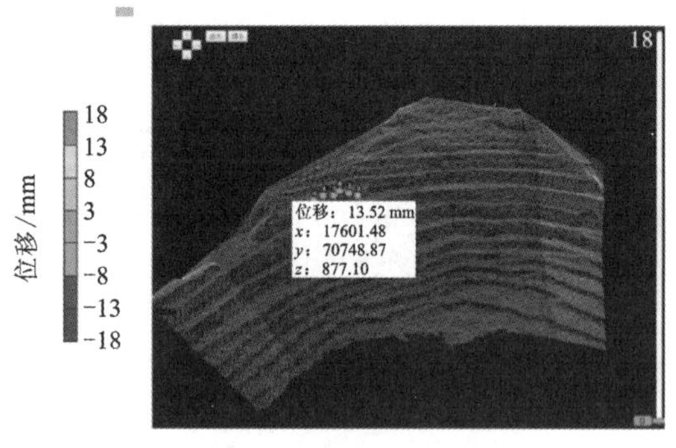

图 3-59　关键点选取

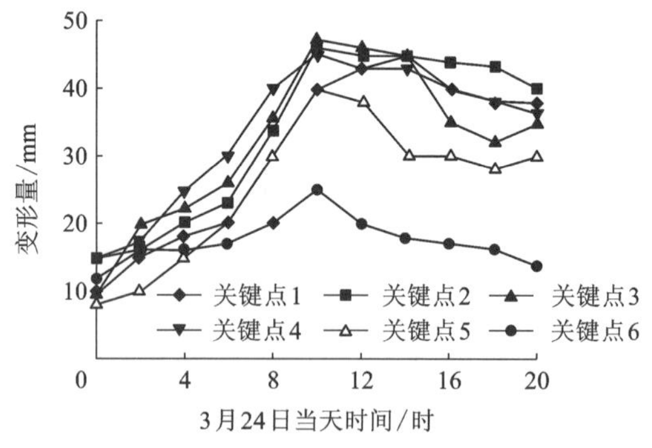

图 3-60　边坡位移曲线图

3)大孤山露天矿西北帮边坡(朱万成等，2020)

大孤山露天铁矿是深凹露天矿，矿场封闭圈标高+90 m，沿走向长 1700 m，宽 1500 m，现已开采到-330 m 境界。矿山采用汽车运输与皮带运输相结合的方式，西北帮边坡坡体内部开掘有皮带运输巷道。多年以来，西北帮皮带巷道、风井均不同程度地出现细微开裂，皮带巷道衬砌混凝土沿巷道出现多处规模不等的裂缝，裂缝宽度从数厘米至数十厘米不等。这表明，大孤山西北帮已出现不同程度的变形破坏现象。为保证矿山正常生产、运输，故选择西北帮边坡为本研究稳定性监测区域。

根据选取的重点监测范围以及防范灾害类型，在该区域布置了一套包含 9 个传感器（8 个单轴传感器和 1 个三轴传感器）、12 通道的微震监测系统，设置了 3 个深孔测斜监测点、5 个 GPS 监测点和 3 个测量机器人测点，采用 3GSM、无人机、激光扫描、钻孔电视等多种手段对边坡表面及内部的结构面进行了测试，同时使用超声波测试仪测定岩体波速、合成孔径雷达干涉（INSAR）获取边坡沉降场、合成孔径雷达（SAR）获取边坡位移场、红外获取边坡温度场，对大孤山露天矿西北帮边坡进行空—天—地—内一体化的持续跟踪监测。现场监测设备布置情况、微震监测结果与深孔测斜结果如图 3-61 所示。

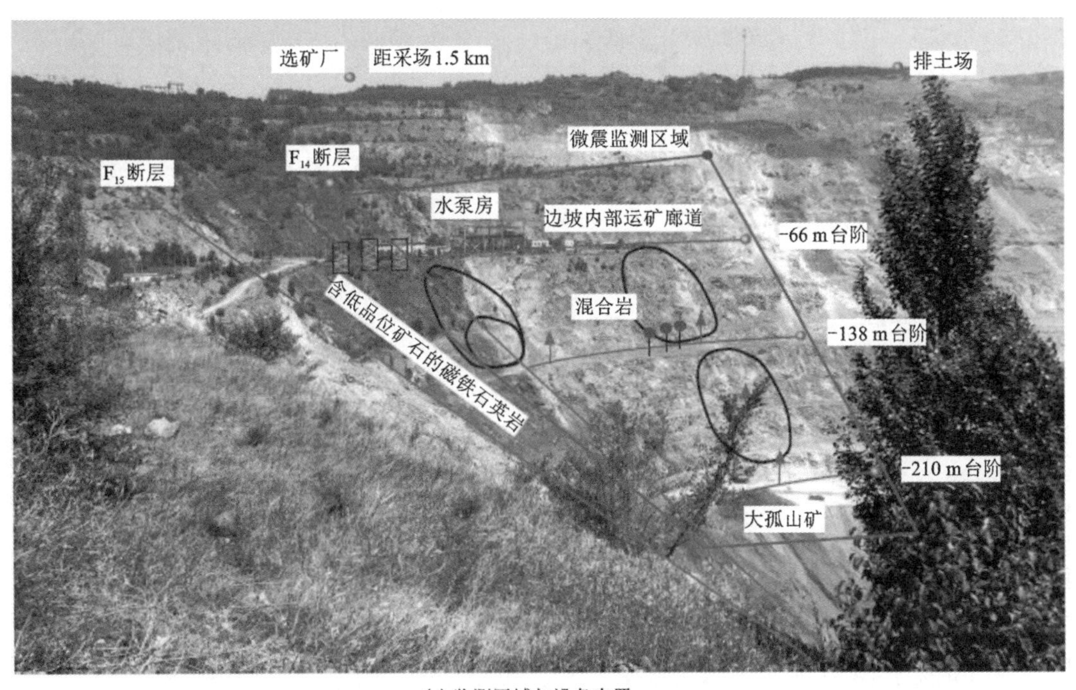

(a) 监测区域与设备布置

—深孔测斜　—GPS变形监测　—测量机器人　—微震监测区域　—滑坡区域

(b) 深孔测斜监测数据

(c) 微震监测数据

图 3-61　监测区域与监测数据

3.4 采场地压监测

采场地压的产生是由于开挖打破了岩体的原始平衡状态，导致岩体中的应力重新分布和向开挖空间位移；在此过程中，出现围岩的变形和破坏。由于采场的规模较大，形状也很复杂，因此出现地压波及的范围广、强度大、规律性差等情况；这使得采场地压的监测工作尤为重要。采场地压监测主要包括变形监测、应力监测、损伤裂隙监测、微震监测、岩爆监测和爆破振动监测等部分(表 3-16)。

表 3-16 采场地压监测中常用的监测方法和设备

监测内容	主要监测方法和设备	监测方法的特点
变形监测	收敛计、伸缩杆、拱顶位移计、钻孔伸长仪、水准测量、多点位移计、时域反射仪(TDR)	矿山地下变形监测的内容主要包括收敛量监测、轴向位移量监测及切向位移量监测三项；其中收敛量的测量位置在岩体表面，而轴向和切向位移量的测量位置在钻孔内
应力监测	监测方法有应力恢复法、应力解除法、水压致裂法、地球物理法和地质测绘法；监测设备有光弹塞、光弹片、液压枕、刚性包体计、共轭应力计、三分量钻孔应力计、薄壁型空心三轴应变盒、共轭应变片、空心压力盒、振弦式应变计、便携式 W 形门栓式地应力测试仪	包括围岩表面应力监测和深部围岩应力监测。能测量三个正应力分量的一个分量，也能监测钻孔内多于一个方向的应力变化
损伤裂隙监测	监测方法主要有超声波监测、钻孔摄像监测和声发射监测。超声波监测的设备主要有 SYC-1 型和 SYC-2 型声波岩石参数测定仪、RSM-SY5 型非金属声波检测仪、CTS-25 型非金属超声波检测仪等。钻孔摄像监测的设备主要有 BHC-TV 型数字式全景钻孔摄像系统、KTJ-45 型井下电视系统、GDS-108 型井下电视系统和 KTJ-108 型井下电视系统等。声发射监测的设备主要有 CFAE-2001 系列、PXWAE 系列、LOCAN 系列、SPARTAN 系列、MISTRAS 系列和 AMSY 系列等	损伤裂隙的监测内容主要包括采动条件下岩体内部裂隙的发育情况、发育程度和位置
微震监测	微震监测系统	微震监测具有远距离、动态、三维、实时监测的特点，还可以根据震源情况进一步分析破裂尺度和性质。它为研究覆岩空间破裂形态和采动应力场分布提供了新的手段
岩爆监测	地震学预测法、钻屑法、声发射法、微重力法、电阻率法、振动法、光弹法、流变法、气体测定法、电阻法	往往采用多种方法综合进行监测，可以弥补各种方法自身存在的不足，提高监测以及对监测结构进行预报的准确性和可靠性

续表3-16

监测内容	主要监测方法和设备	监测方法的特点
爆破振动监测	NUBOX-9012/9015 爆破冲击波与噪声智能监测仪、NUBOX-8016 智能爆破测振仪、NUBOX-7016 智能爆破测振仪、M20 爆破振动监测仪、TC-4850 爆破测振仪	通过爆破振动测试，研究振动波波形特征、振动波的传播规律及衰减规律，采用质点振速作为监测与评价参量

3.4.1　变形监测

1) 巷道围岩表面变形监测

(1) 巷道围岩表面变形监测方法及仪器。

巷道围岩表面变形监测的主要目的是测量巷道围岩在开挖临空之后的表面回弹或收敛变形量。测点的布置以断面为基础，在一个断面上，沿硐周一般设置若干个监测点；测量值为特定的两个监测点之间的距离值。通过多周期的监测，跟踪距离值的变化情况；距离值缩短，则两监测点之间收敛。

收敛计是收敛监测的主要测量设备，型号众多，并得到了广泛应用；其标称精度均超过0.1 mm，施测精度也可以达到0.6 m。虽然精度很高，但收敛计也存在一些缺陷，例如操作要求高，施工干扰多，不易长期监测等。随着激光测距技术的发展，全站仪也被应用于收敛监测中，其采用无靶标测距技术，测量操作简单，施工干扰少，便于长期监测；但由于采用间接测量策略，测点间的距离需要进行解算，其施测精度大为降低。除了这两类测量方法外，近年来还出现了一些新的测量手段，例如采用激光收敛计测量。

激光收敛计不同于收敛计测量所采用的直接测量测点之间距离的方法，其在围岩侧壁设置了测量基座，将激光测距仪放置于测量基座与测点标记之间，测量基座中心点与测点标记之间的距离，如图 3-62 所示。测量基座紧邻着围岩侧壁的测点标记来安装，测量基座与测点标记的回弹变形值完全可以认为是相等的，从而实现与收敛计测量方法完全一致的测量效果。

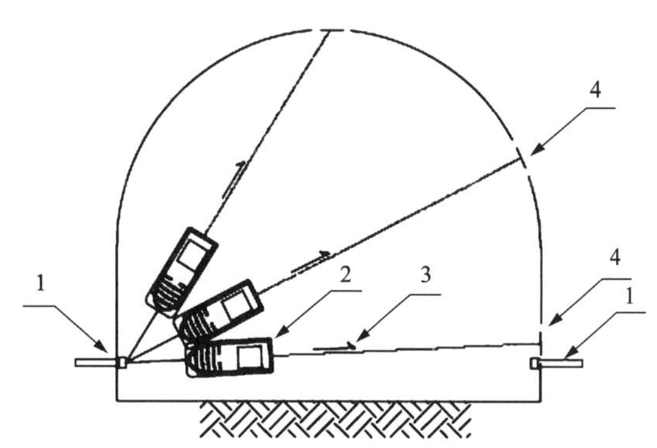

1—测量基座；2—激光测距仪；
3—激光照准路线；4—测点标记。

图 3-62　激光收敛计测量原理

(2) 巷道围岩表面变形监测实例。

武汉钢铁集团矿业有限责任公司程潮铁矿采用分段崩落的采矿方法进行开采，在一定范围内形成了采空区。矿区的一条运输隧道在 2009 年开始进入采空区的地表移动区范围；在 2011 年进入采空区的地表陷落区范围后，隧道围岩开始出现变形和开裂现象，随后隧道收敛监测被应用于隧道安全性的监测中。

该隧道高度为 4.6 m，测量段长度为 190 m，共布设测量断面 20 条，编号为 P1~P20，断面间距为 20 m(图 3-63)。每个断面在侧壁布设测量基座 2 个，做测量标记点 5 个，测线 6

条(图3-64)。收敛测量开始于2011年3月，至2012年9月结束，每月测量1次，共实施测量19次，历时19个月。激光收敛计监测的实施，使此隧道在变形可监控的条件下得以安全地使用。

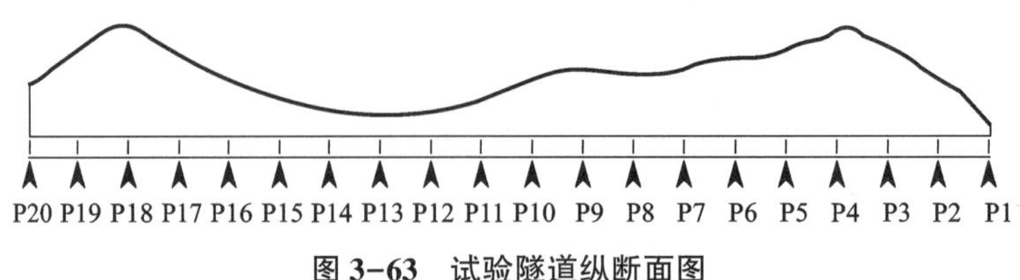

图3-63 试验隧道纵断面图

2)巷道围岩深部变形监测

(1)巷道围岩深部变形监测的概念与方法。

巷道围岩深部变形监测主要是通过钻孔方式进入围岩深部布置测量设备，监测围岩不同深度各点之间的距离变化值。围岩深部变形监测的设备主要有两类：多点位移计和滑动测微计。两者的区别主要在于前者测量钻孔内部一测点与孔口基准点之间的距离值，而后者测量钻孔内部两测点之间的距离值。多点位移计的埋设耗资大，测量点数有限；滑动测微计则能克服这些缺点。

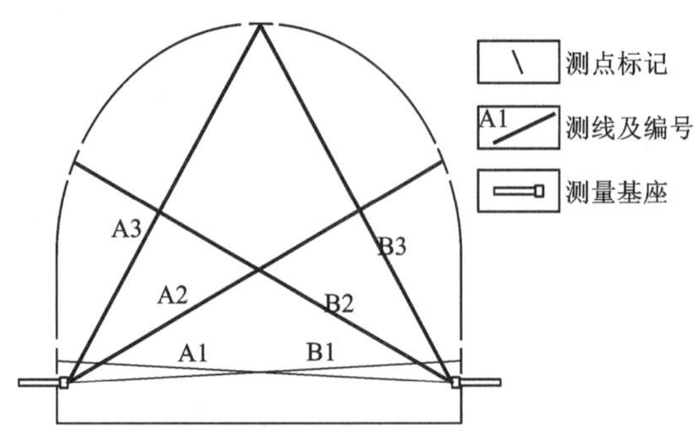

图3-64 断面测点和测线布置图

(2)巷道围岩深部变形监测的实例(张勇，2015)。

谷家台铁矿含水层异常发育，地下水静储量和动储量均较大，地下涌水是威胁矿山安全的最大危险源。矿区大范围连续采矿是否对注浆形成的上盘灰岩帷幕注浆隔水层产生扰动破坏？在破坏发生之前或裂隙形成过程中仅凭肉眼无法做出判断。为此，通过在井下注浆堵水帷幕的薄弱部位安装位移计等监测设备，可进行远程变形自动监测。位移计采用基康公司的BGK-A3型多点位移计，与BGK-A3型多点位移计配套使用的是BGK-4450型位移传感器。该传感器由线圈、温度传感器段、外筒、滑动杆定位槽与定位销组成。多点位移计示意图见图3-65。

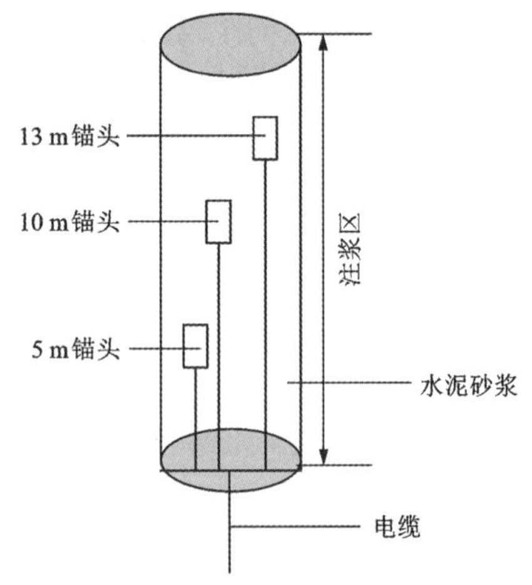

图3-65 多点位移计布置示意图

从图3-66可以看出，5 m位移计的位移接近0.4 mm，10 m位移计的位移接近0.45 mm，13 m位移计的位移接近0.5 mm，越靠近采空区，深度越大，变化速率越快。但-8 m水平不同位移变化速率都不高，也没有出现位移突变，由此可以判断-8 m水平围岩比较稳定。

从图3-67可以看出，5 m位移计的位移高于0.5 mm，10 m位移计的位移接近1.1 mm，

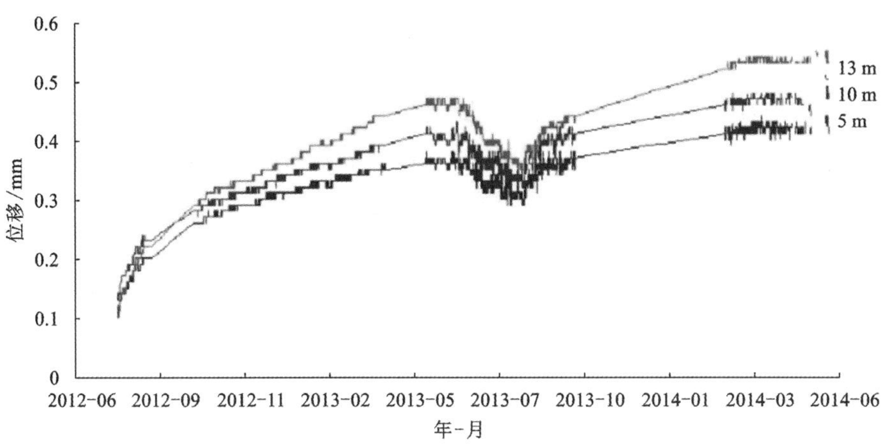

图 3-66　-8 m 水平监测成果

13 m 位移计的位移接近 1 mm，深度 10 m 处位移波动大，变化速率也较高。

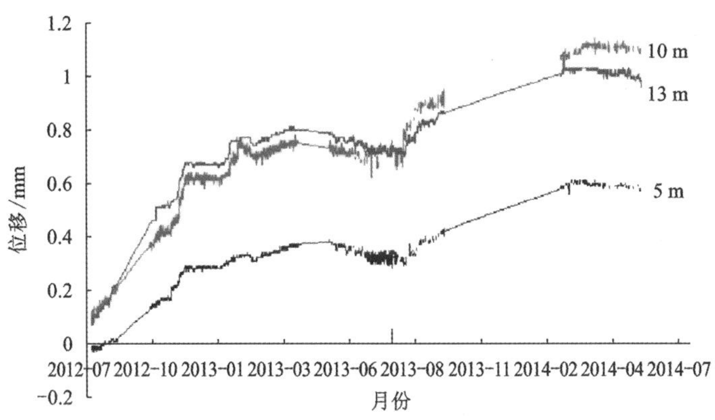

图 3-67　-23.5 m 水平监测成果

3.4.2　应力监测

1) 围岩表面应力监测

(1) 围岩表面应力监测的方法。

围岩表面受开挖扰动的次生应力场常用应力恢复法进行量测。最初采用的是一种便携式 W 形门栓式地应力测试仪进行量测，其作为一种原位地应力测试法广泛应用于隧道围岩二次应力测试。

该方法在选定的测试点安装测量元件，然后在岩体中开挖一个扁槽埋设液压钢枕或千斤顶，对其加压，使测量元件的读数恢复到掏槽前的值，则液压钢枕或千斤顶的压力读数便是该方向的岩体应力。其优点是可以不考虑岩体的应力-应变关系而直接得出岩体的应力。其局限性是扁千斤顶法只是一种一维应力测量方法，一个扁槽的测量只能确定测点处垂直于扁千斤顶方向的应力分量。

(2)围岩表面应力监测的实例(杜坤乾等, 2014)。

蒙库铁矿位于新疆阿勒泰地区富蕴县境内, 是新疆八一钢厂可持续发展的主要矿石原料基地之一, 其露天开采场东部靠帮后挂帮矿体要转地下开采, 将形成露天和地下同时开采局面, 露天和挂帮矿体开采结束后要转入深部矿体的地下开采。矿山开拓系统采用竖井—平硐—主斜坡道联合的方案。884 m 主运输平硐巷道掌子面在掘进的过程中, 遇到了多处高地应力区, 个别地段甚至发生了岩爆, 严重影响了巷道掘进的施工进度和安全。为了查明平硐巷道围岩的应力大小与方向, 特在 884 m 主运输平硐的 6 个比较有代表性的、典型的巷道侧壁进行了巷道围岩应力测试。各个巷道围岩应力测试点的具体位置、岩壁走向及实测水平应力的详细情况见表 3-17。

表 3-17 测试点位置、岩壁走向及实测水平应力

位置编号	巷道围岩应力测试点的具体位置	巷道侧壁走向/(°)	实测水平应力/MPa
1	1#平硐 7#穿脉前 27.0 m 处	106	20
2	2#平硐 2.0 km 处	220	18
3	西风井 P24~P22 方向 125 m 处	205	10
4	西风井 P25~P26 方向岔口处	290	18
5	P23~P14 方向 260 m 处	277	16
6	P7 至上部溜井 90 m 处	262	14

从表 3-17 可以看出, 所做围岩应力测试点的巷道侧壁的整体走向在 106°和 290°之间, 实测水平应力在 10 MPa 和 20 MPa 之间, 其平均水平应力为 16 MPa。

编号为 1~3 的巷道围岩应力测试点的典型应力应变曲线关系如图 3-68 所示。可以看出, 随着液压钢枕或超薄千斤顶压力(应力)的增大, 应变片的数值明显减小; 应变片的数值回到初始清零的位置时, 液压钢枕所施加的应力就是巷道围岩的水平应力。

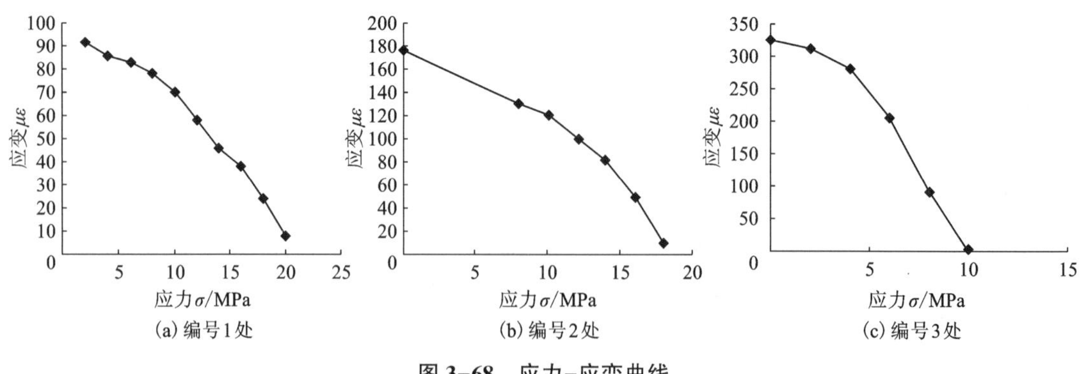

图 3-68 应力-应变曲线

2)围岩深部应力监测

(1)围岩深部应力监测的方法。

现有的地应力监测方法很多, 有应力恢复法、应力解除法、水压致裂法、地球物理法和地质测绘法等，其原理各有不同。但目前只有应力解除法和水压致裂法是井下地应力实测的可行方法，其中应力解除法是目前应用最广的地应力监测方法(赵显文等，2011)。套孔应力解除法的现场具体测量步骤如下(欧阳振华，2004)：

①在测点所在巷道壁上打直径为130~150 mm的水平钻孔，孔深为巷道跨度的3~5倍，以保证应变计安装位置位于原岩应力区。具体解除位置由钻孔岩芯的情况决定，钻孔稍向上倾斜(1°~3°)以便于排水并清洗钻孔。

②用平钻头将孔底磨平，并用锥形钻头打出喇叭口，然后从孔底打直径为36 mm的同心小孔，小孔深35~40 cm。小孔打好后，用水冲洗干净，再用酒精或丙酮浸泡过的擦拭头送入小孔来回擦洗，以彻底清除小孔中的油污和其他杂物。

③安装应力计。在安装应力计之前做好准备工作，包括黏结剂的配制、钻孔深度的计算、安装深度的控制等。准备工作就绪后，将黏结剂注入应力计的内腔，固定好柱塞，用带有定向器的安装杆将空心包体应变计送入小孔中预定位置，推断固定销，使黏结剂从应力计内腔挤出并进入应力计与小孔之间的间隔中以便胶结。

④待胶结剂固化后(一般需要20 h左右)，即可进行应力解除试验。在解除之前，将应力计电缆依次从岩芯管、钻杆及其后部的水电三通管穿出，接上电阻应变计，并对电阻应变计进行调零。然后用直径为130 mm的薄壁钻头继续延伸大孔。在套芯过程中进行监测，每隔2 cm读数一次，记录应变计读数和热敏电阻读数。待读数不随进尺变化时(钻头超过应力计中心45 cm处)停止套芯。套芯结束后，取出带有应力计的岩芯(图3-69)。

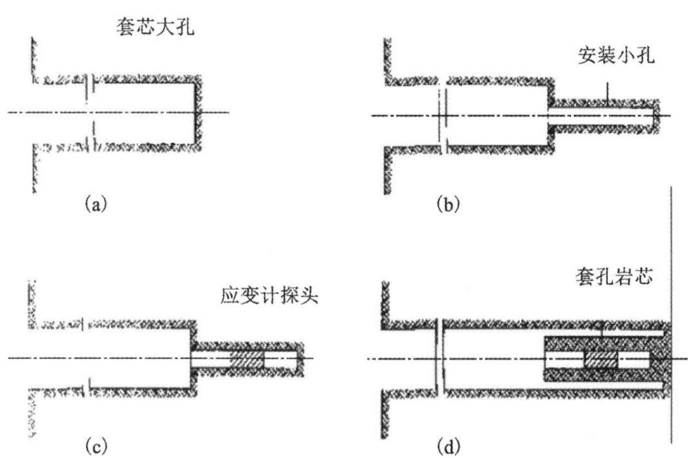

图3-69 套孔应力解除法测量步骤示意图(欧阳振华等，2004)

(2)实例——程潮铁矿。

程潮铁矿位于下扬子凹陷的西端，介于淮阳地盾与江南古陆之间或隶属淮阳山字形构造西翼(图3-70)。矿区内构造较为复杂，既有淮阳山字形构造成分，又有新华夏构造形迹，两者在空间上相互重叠，时间上相互交替，构成了一幅复杂而又有序的构造图案。其中北西西向的山字形构造是矿区的主干构造，它控制着地层的展布、岩体产状，以及矽卡岩和铁矿体的分布。

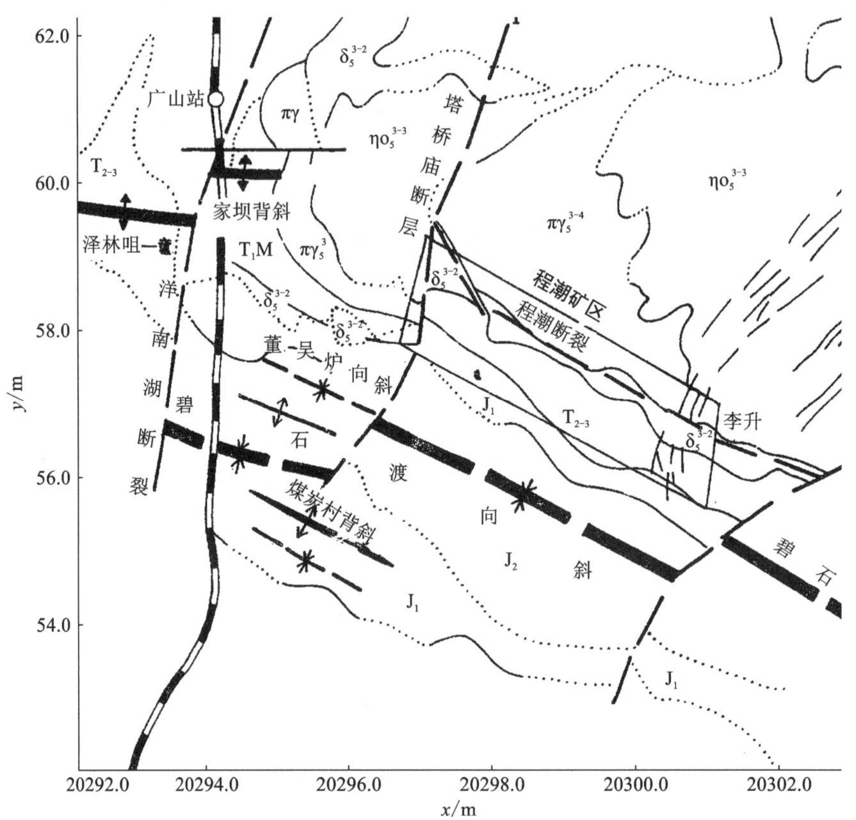

图 3-70 程潮矿区构造形迹图

北京科技大学和中南大学对程潮铁矿进行了地应力测试，其最大主应力、最小主应力和次主应力分布规律如下。

①原岩应力中的次主应力 σ_2 非常接近于由自重引起的垂直应力分量 σ_z：

在-430 m 中段，$\sigma_2=12.7$ MPa，$\sigma_z=13.5$ MPa。

在-360 m 中段，$\sigma_2=11.2$ MPa，$\sigma_z=11.61$ MPa。

②矿区岩体最大主应力 σ_1 的作用方向，在东、西南两区间遵从一致的统计规律。其主方向 α_1 为 N85°~75°W，主要由新华夏构造运动作用于原淮阳山字形构造体系所致。主方向 α_1 又与水平面呈小角度相交，δ_{cp} 为 5.6°~6.3°。主方向 α_1 与矿体走向基本一致。

最大主应力 σ_1 与接近于岩层自重的次主应力 σ_2($\sigma_2=\sigma_H=\gamma H$) 的比值，在东西矿区的-270 m、-360 m、-430 m 中段间，具有随深度增加而减小的统计规律。

在-270 m 中段，$\sigma_1=(2.17\sim3.33)\gamma H$，均值为 $2.75\gamma H$。

在-360 m 中段，$\sigma_1=(1.58\sim2.162)\gamma H$，均值为 $1.938\gamma H$，较上中段均值减少 $0.812\gamma H$。

在-430 m 中段，$\sigma_1=(1.170\sim1.630)\gamma H$，均值为 $1.274\gamma H$，较上中段均值减少了 $0.664\gamma H$。

③最小主应力 σ_3 的作用方向 α_3 基本上垂直于矿体走向。σ_3 与次主应力的比值，在东西矿区不同深度测得结果表现为比值相近但略有波动趋势。

在-270 m 中段，$\sigma_3=(0.33\sim0.59)\gamma H$，均值为 $0.46\gamma H$。

在-360 m 中段，$\sigma_3 = (0.267 \sim 0.405)\gamma H$，均值为 $0.336\gamma H$，较上中段均值减小了 $0.124\gamma H$。

在-430 m 中段，$\sigma_3 = (0.296 \sim 0.59)\gamma H$，均值为 $0.443\gamma H$，较上中段均值增加了 $0.107\gamma H$。

自-430 m 中段向下，岩体应力逐步向静水压力状态变化。程潮铁矿主应力随深度变化如图 3-71 所示。

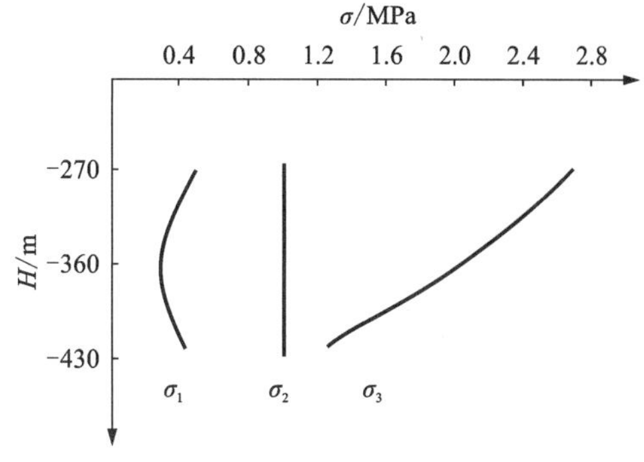

图 3-71　程潮铁矿主应力分布示意图

3.4.3　损伤裂隙监测

3.4.3.1　监测目的

监测矿山岩体在开采条件下微裂隙的萌生、扩展、汇集至岩体破坏的演化过程，是评估岩体稳定性和开采设计的重要依据。

3.4.3.2　监测内容、方法及仪器选型

损伤裂隙的监测内容主要包括采动条件下岩体内部裂隙的发育情况、发育程度和位置。

监测方法主要有超声波监测、钻孔摄像监测和声发射监测。

超声波监测的设备主要有 SYC-1 型和 SYC-2 型声波岩石参数测定仪、RSM-SY5 型非金属声波检测仪、CTS-25 型非金属超声波检测仪等。

钻孔摄像监测的设备主要有 BHC-TV 型数字式全景钻孔摄像系统、KTJ-45 型井下电视系统、GDS-108 型井下电视系统和 KTJ-108 型井下电视系统等。

声发射监测的设备主要有 CFAE-2001 系列、PXWAE 系列、LOCAN 系列、SPARTAN 系列、MISTRAS 系列和 AMSY 系列等。声发射的监测孔一般布置在完整岩体上，孔间距 15～20 m，钻孔倾角不超过 15°，孔径 36～42 mm，孔深 1.8～2.0 m。钻孔后一般用压风清洗钻孔碎屑。为避免噪声干扰，一般在探头装入孔底后，用棉纱堵塞孔口。表 3-18 为鸡笼山金矿岩体冒落预报的 AE(声发射)临界值。

表 3-18　鸡笼山金矿岩体冒落预报的 AE(声发射)临界值

顶板类型	声发射参数临界值			岩性特征	说明
	大事件	总事件	能率		
1	—	—	—	大理岩及新鲜斑岩，裂隙较少，强度高	每 2～3 天监测一次
2	≥4	≥11	≥750	大块状矽卡岩及其含矿体，风化蚀变不严重，强度较高，整体性好	每 1～2 天监测一次，变化较大时加密
3	≥4	≥16	≥350	小块状矽卡岩及其含矿体，风化蚀变严重，强度中等，滴水严重，整体性差	每天监测一次
4	≥1～2	≥9	≥150	小块状斑岩及其含矿体，风化蚀变严重，强度中等，滴水严重，整体性差	每天监测一次
5	数值很小或无，微地音一般 10 多次，有连音，高达 3 次/分			强风化大理岩、斑岩，强度低，成碎块状或松散状，受地下水的作用发生软化	每 8 小时或每天监测一次

1)超声波监测应用的实例(程潮东区)

在程潮铁矿东主井北侧(DZJ1)及南侧(DZJ2)各布置了一个钻孔。其布置如图 3-72 所示。在钻进过程中,DZJ1 孔在 25.5 m 时完全不返水,DZJ2 孔在 63 m 时完全不返水。将两钻孔的这一特征点进行连线,交于东主井的深度为 35 m 处,如图 3-73 所示。从井筒裂缝监测成果图上可以看出,此深度处正好是井筒开裂在深度方向分布的一个特征点。三点一线,说明在该界线以上岩体与界线以下岩体存在明显的差别。由于其中 DZJ2 钻孔岩体破碎风化,孔内漏水现象严重,DZJ2 水位在孔口以下 63 m,因此 DZJ2 测试范围为 63~97 m。测试结果的岩体声波波速随深度变化见图 3-74 和图 3-75。

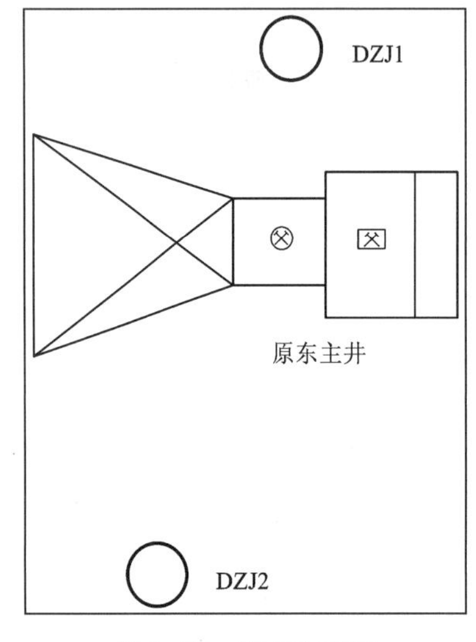

图 3-72 测点布置图

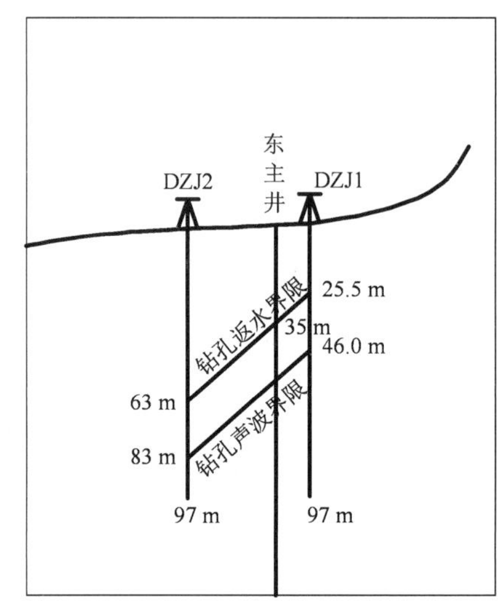

图 3-73 钻孔揭示特征点连线图

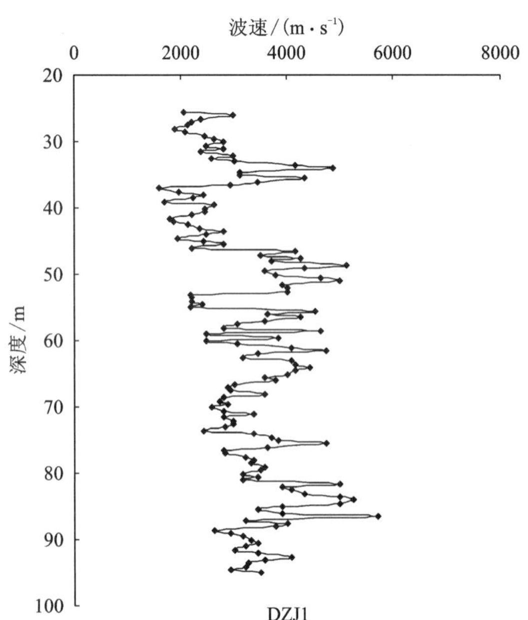

图 3-74 DZJ1 岩体纵波波速与深度关系

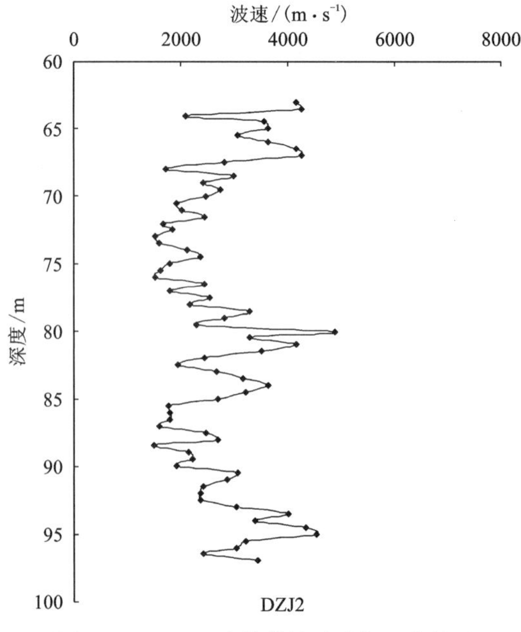

图 3-75 DZJ2 岩体纵波波速与深度关系

根据图 3-74 和图 3-75，各钻孔岩体纵波波速分布反映了岩体风化程度及完整性状况：孔号为 DZJ1 的钻孔纵波波速范围为 1562~5714 m/s，其中 25.5~33 m 处岩体纵波波速较低，岩体风化程度较高；37~46 m 及 53~55 m 处岩体破碎，风化程度较高；其他测段岩体均存在破裂面。DZJ2 钻孔岩体纵波波速范围为 1503~4878 m/s，其中 67.5~79.5 m 及 85~93 m 处岩体波速极低，岩体风化程度高。

利用这两个孔的钻孔声波成果可以得到一条钻孔声波界线，在东主井同样交于一个特征点(图 3-73)。

2)钻孔摄像监测应用实例

应用实例为程潮铁矿东区，目的是记录炮孔内壁裂隙发育情况。本次测量范围取自 -395 m 水平 11 线和 15 线之间，选取 46#进路共 2 排炮孔，47#进路共 8 排炮孔，48#进路共 2 排炮孔，49#进路共 3 排炮孔，50#进路共 7 排炮孔，每排炮孔选取右一、右二、左一和左二孔进行测量，布置如图 3-76 所示，右一和左一炮孔与水平方向有 60°夹角，右二和左二炮孔与水平方向有 76°夹角。测量时将数字式全景钻孔摄像系统由下往上逐渐放入炮孔内，其中 47#进路微裂隙发育区域情况如表 3-19 和图 3-77 所示。

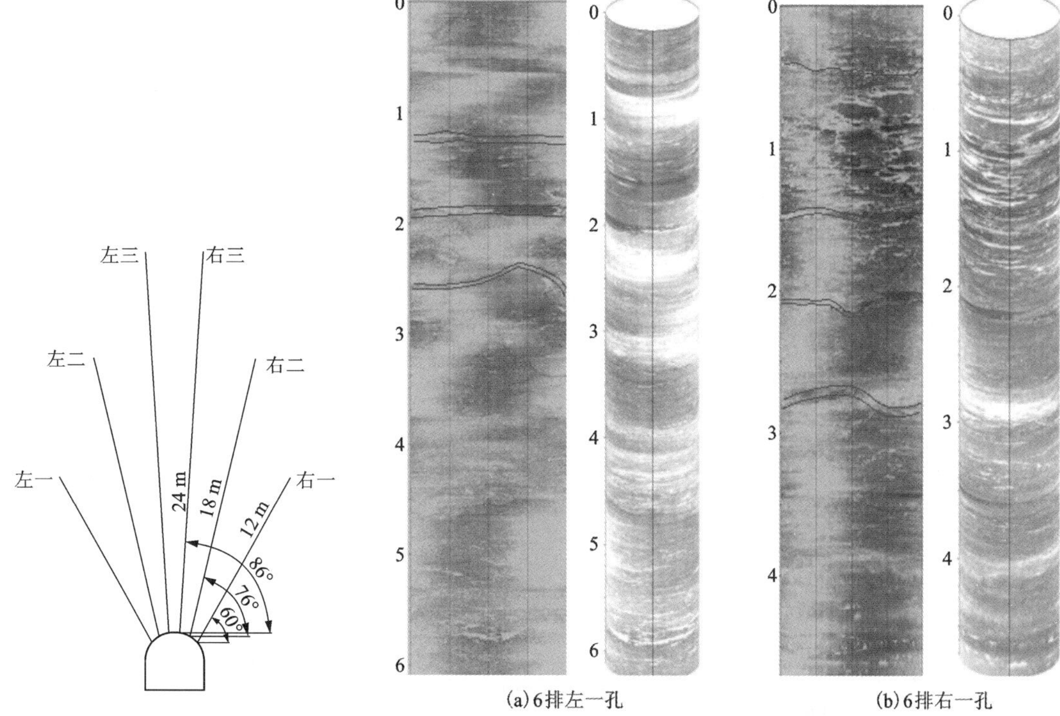

图 3-76　布置剖面图

图 3-77　47#进路炮孔内壁裂隙发育情况

表 3-19　47#进路微裂隙发育区域表

编号	深度/m	节理数/条	平均宽度/mm	备注
1	0~1	5	11.80	微裂隙发育
2	1~2	11	24.11	微裂隙发育

续表3-19

编号	深度/m	节理数/条	平均宽度/mm	备注
3	2~3	10	11.51	微裂隙发育
4	3~4	6	12.97	微裂隙发育
5	4~5	2	7.62	微裂隙发育
6	5~6	4	14.70	微裂隙发育
7	6~7	2	10.01	微裂隙发育

47#进路的总的测量范围为 7 m，其中节理发育较多的区域为 1~3 m，在此段区域内的节理并没有较为明显的充填物，但是在 0~2 m 的测量范围内存在一处破碎区域，此破碎区域发育较轻，易受到外界环境的影响而产生较为严重的破坏。整个测量区域共发现了 40 多条节理裂隙，并且 NE 向为节理的主要发育方向，区段的节理以中等倾角和陡倾角为主，没有明显的充填物，孔内岩脉较为发育。

3）声发射监测应用的实例（欧阳治华和江露，2012）

通过对崞窖铁矿 2010 年 8 月到 2011 年 3 月的监测数据进行整理分析，以崞窖铁矿 4 号监测点为例，绘制了这段时期的大事件趋势图和总事件趋势图，见图 3-78 和图 3-79；该监测点大事件值基本上为 0，个别天次测得的数据为 1 或 4，日平均值在 0.45 以下，总事件的日平均值均在 2.5 以下，大多数在 1 以下。根据经验判断，目前 4 号监测点地压活动正常。崞窖铁矿所有监测点在这段时期的累计大事件分布和总事件分布分别见图 3-80 和图 3-81，其中横轴与左纵轴为测量坐标，圆的颜色、大小均能反映累计事件数，圆心为声发射监测点的位置。从图中可以看出该矿各个监测点累计大事件值最大数值在 10 左右（即 4 号监测点），声发射活动相对稳定，无异常现象出现。根据经验判断，目前崞窖铁矿采空区整体基本稳定。

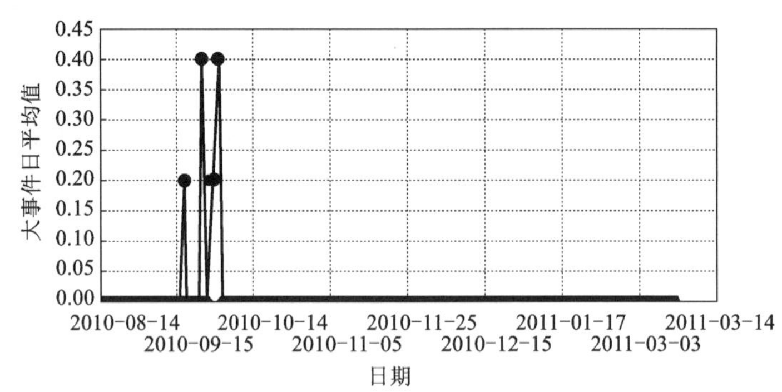

图 3-78 崞窖铁矿-77 m 4 号点 2010 年 8 月—2011 年 3 月大事件变化趋势

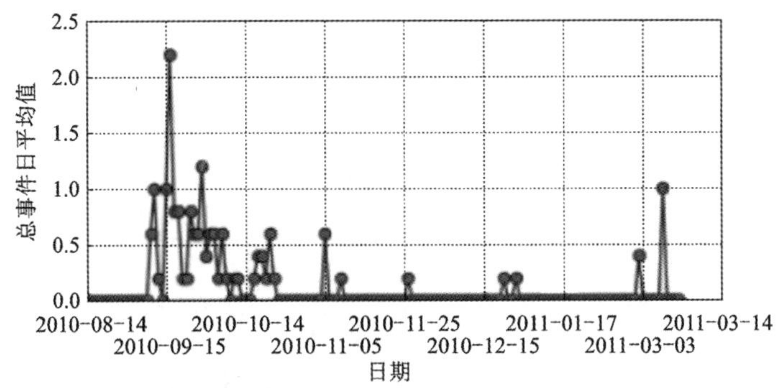

图 3-79　坳窖铁矿-77 m 4 号点 2010 年 8 月—2011 年 3 月总事件变化趋势

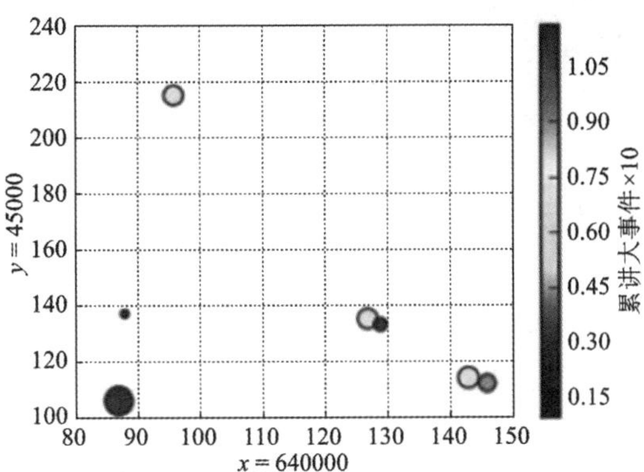

图 3-80　坳窖铁矿 2010 年 8 月—2011 年 3 月累计大事件分布

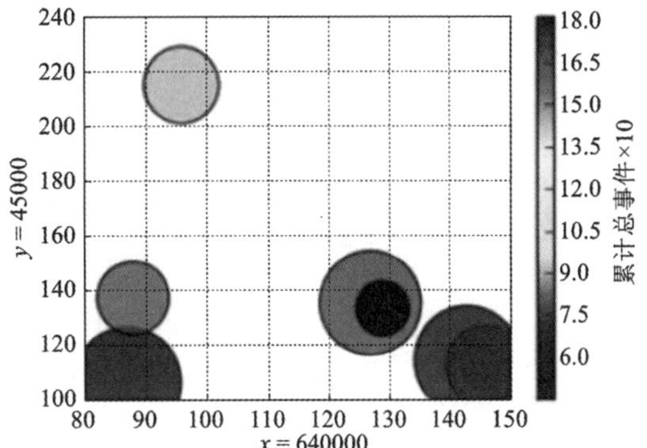

图 3-81　坳窖铁矿 2010 年 8 月—2011 年 3 月累计总事件分布

3.4.4　微震监测

3.4.4.1　监测目的

岩石在应力作用下发生破坏，并产生微震和声波。在采动区顶板和底板内布置多组检波器并实时采集微震数据，经过数据处理后，采用震动定位原理，可确定破裂发生的位置，并显示在三维空间上。与传统技术相比，微震定位监测具有远距离、动态、三维、实时监测的特点，还可以根据震源情况进一步分析破裂尺度和性质。这种技术是在近几年来计算机和数据采集技术快速发展的基础上产生的，它为研究覆岩空间破裂形态和采动应力场分布提供了新的手段(姜福兴等，2007)。

3.4.4.2　工程实例 1(李庶林等，2016)

大红山铁矿位于云南省玉溪市境内，是国内采用无底柱分段崩落法开采中段高度、分段高度与进路间距最大的矿山。2012 年 3 月，大红山铁矿建立了 60 通道全数字型微震监测系统，其中依托上覆岩层+1090 m 地压监测巷道布置了 18 个通道，在主采与中部采区内布置了 42 个通道。上覆岩层传感器布置在+998～+1115 m，限于现场工程条件，微震传感器仅布置在上覆岩层西北区域的 1090 m 巷道周围，包括在 1090 m 巷道内和该巷道内向下施工的

102 m 垂直深孔内布置传感器。18 个通道包括 15 个单轴加速度型传感器和 1 个三轴加速度型传感器，上覆岩层中 18 个通道布置如图 3-82 所示。

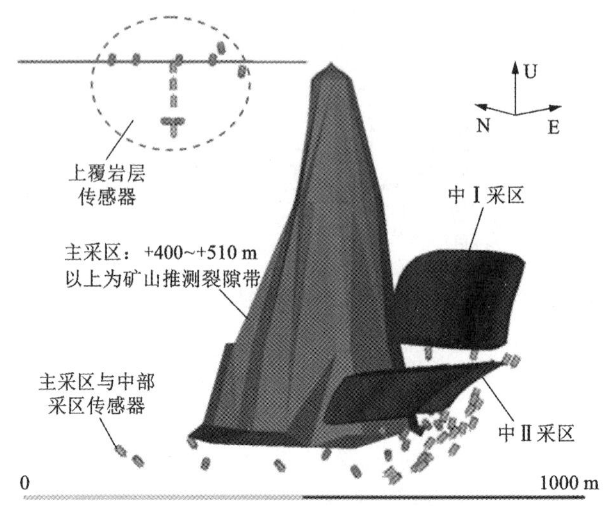

图 3-82 60 通道传感器布置图

截至 2013 年 12 月底，在辨识与排除爆破等噪声事件后，上覆岩层中共监测到微震定位事件 369 个，不同时期内微震定位事件的空间分布如图 3-83 所示。

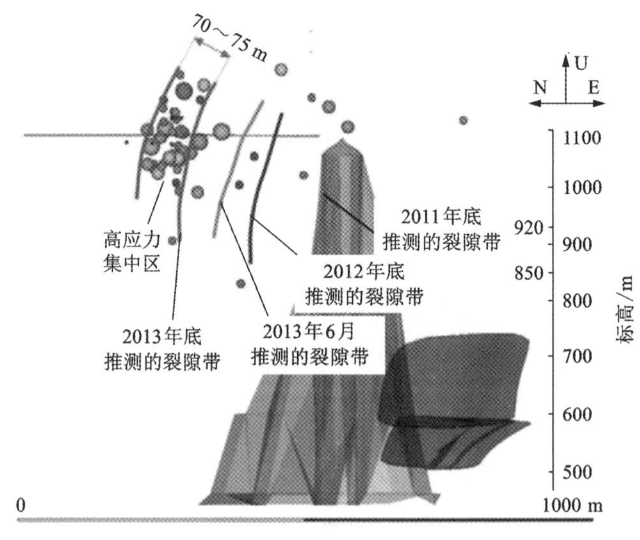

图 3-83 2013 年底的高应力集中区

3.4.4.3 工程实例 2（刘洪涛，2011）

红透山铜矿位于辽宁省抚顺市清原县红透山镇，隶属于中国有色集团。矿山自 1958 年开采以来，已有六十多年的开采史，开采深度已经超过千米。

在红透山铜矿整体微震监测系统传感器布置中，27 采场附近设置 1 个数据采集模块(GS1)、4 个传感器(含 1 个三向传感器)。此次局部重点监测过程中，在 27 采场附近再增加 1 个数据采集模块(GS4)、4 个单向传感器(图 3-84)。

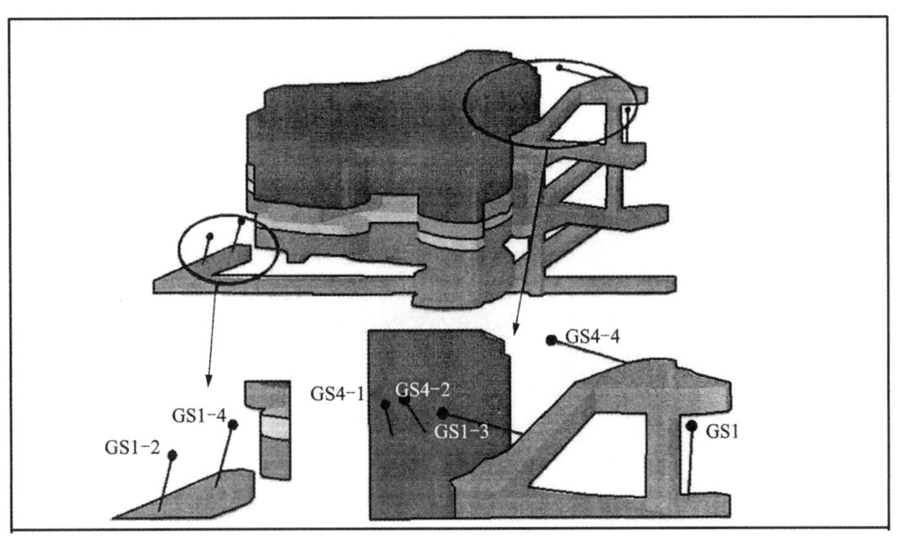

图 3-84　-707 m 中段 27 采场附近传感器布置图

在传感器安装好之后，通过采用 3.1 节介绍的远程实时监测系统，在室内实时分析了微震事件。图 3-85 为 2010 年 9 月 1 日至 10 月 8 日的微震事件空间分布图。微震事件的空间分布主要集中在监测范围 1(-707 m 中段 27 采)附近。27 采场作为目前红透山铜矿开采面积(暴露面积)最大的一个采场，其开挖扰动势必会引起围岩的逐步损伤和破坏。

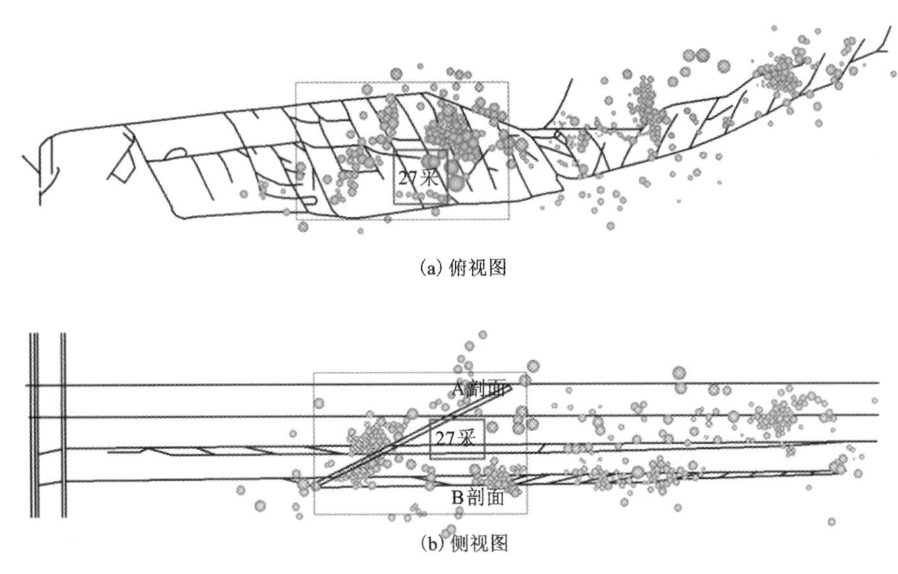

图 3-85　微震事件空间分布图

3.4.5 爆破振动监测

1)监测方法、仪器选型

通过爆破振动测试，可研究振动波的波形特征、传播规律及衰减规律。爆破振动监测的仪器较多，如 NUBOX-9012/9015 爆破冲击波与噪声智能监测仪、NUBOX-8016 智能爆破测振仪、NUBOX-7016 智能爆破测振仪、M20 爆破振动监测仪、TC-4850 爆破测振仪(包括数据分析设备 Blasting Vibration Analysis 和 Vib'SYS 振动信号采集处理分析系统)、L20 智能便携式爆破测振仪等。

2)爆破振动控制标准

爆破振动控制标准见表 3-20。

表 3-20 《爆破安全规程》(GB 6722—2014)爆破振动控制标准

序号	保护对象类别		安全允许振动速度 $V/(cm \cdot s^{-1})$		
			<10 Hz	10~50 Hz	>50 Hz
1	土窑洞、土坯房、毛石房屋		0.15~0.45	0.45~0.9	0.9~1.5
2	一般民用建筑物		1.5~2.0	2.0~2.5	2.5~3.0
3	工业和商业建筑物		2.5~3.5	3.5~4.5	4.2~5.0
4	一般古建筑与古迹		0.1~0.2	0.2~0.3	0.3~0.5
5	运行中的水电站及发电厂中心控制室设备		0.5~0.6	0.6~0.7	0.7~0.9
6	水工隧道		7~8	8~10	10~15
7	交通隧道		10~12	12~15	15~20
8	矿山巷道		15~18	18~25	20~30
9	永久性岩石高边坡		5~9	8~12	10~15
10	新浇大体积混凝土(C20)	龄期：初凝~3 d	1.5~2.0	2.0~2.5	2.5~3.0
		龄期：3~7 d	3.0~4.0	4.0~5.0	5.0~7.0
		龄期：7~28 d	7.0~8.0	8.0~10.0	10.0~12.0

爆破振动监测应同时测定质点振动相互垂直的三个分量。

注：①表中质点振动速度为三个分量中的最大值；振动频率为主振频率。

②频率范围根据现场实测波形确定或按如下数据选取：硐室爆破 $f<20$ Hz；露天深孔爆破 $f=10\sim60$ Hz；露天浅孔爆破 $f=40\sim100$ Hz；地下深孔爆破 $f=30\sim100$ Hz；地下浅孔爆破 $f=60\sim300$ Hz。

3)爆破振动监测实例

武钢金山店铁矿位于湖北省黄石市西南 30 千米、大冶市西北 16 千米之金山店镇，距铁山镇 13 千米，为武钢重要的铁矿石生产基地之一。金山店铁矿以 25#勘探线的中央主井为界，划分为东、西两个矿区，西区在 3~25 勘探线范围。上盘分布有稠密的居民村庄，包含大量的民房。为了保证矿区居民的生命财产安全和矿山生产的顺利进行，有必要对金山店铁矿西区地下采矿活动的爆破振动进行监测，并分析其对上盘地表民用建筑物的影响。图 3-86

为爆破振动测点布置图。监测系统为 TC-4850 爆破测振仪（包括数据分析设备 Blasting Vibration Analysis 和 Vib'SYS 数值振动信号采集分析系统）。

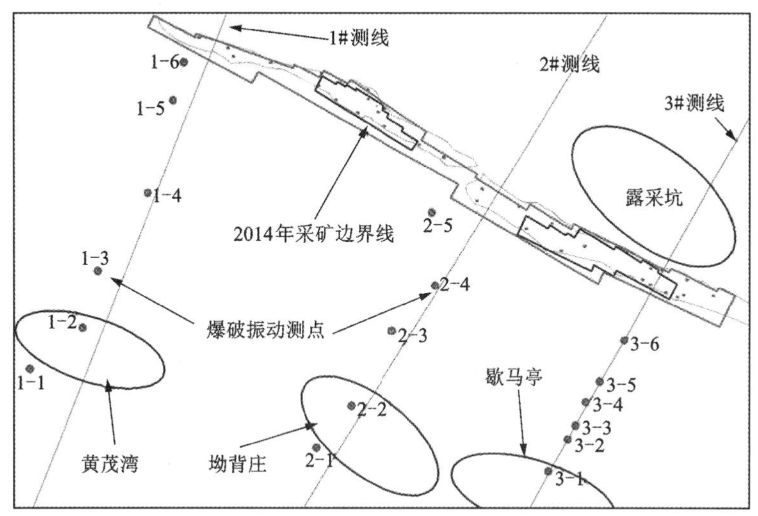

图 3-86　爆破振动测点布置图

在爆区与被保护建筑物连线上布置 3 条爆破振动测线，每条测线布置 5~6 个速度测点，每个测点均布置水平径向、水平切向和垂直方向的速度传感器。1#测线测点编号为 1-1~1-6；2#测线测点编号为 2-1~2-5；3#测线测点编号为 3-1~3-6。其中测点 1-1、1-2、2-1、2-2 和 3-1 布置在居民房附近。表 3-21 为 2#测线爆破参数及爆破振动监测结果表。

表 3-21　2#测线爆破参数及爆破振动监测结果表

数据文件编号	测点编号	最大段药量 Q /kg	爆心距 R/m	比例距离	水平径向		水平切向		垂直方向	
				$R/Q^{\frac{1}{3}}$	速度/(cm·s^{-1})	频率/Hz	速度/(cm·s^{-1})	频率/Hz	速度/(cm·s^{-1})	频率/Hz
JSD-2-1	2-1*	225.0	798.69	131.32	0.0326	18.52	0.0439	35.714	0.0331	38.462
	2-2*		736.48	121.09	0.0347	16.13	0.0386	19.231	0.0291	23.810
	2-3		688.23	113.15	0.0870	25.00	0.1230	17.241	0.0856	33.333
	2-4		644.33	105.94	0.0418	13.89	0.0267	7.042	0.0169	15.150
	2-5		638.20	104.93	0.0346	7.81	0.0399	6.667	0.0322	9.615
JSD-2-2	2-1*	200.0	703.61	120.32	0.0221	17.24	0.0256	12.821	0.0320	25.000
	2-2*		646.98	110.63	0.0299	12.50	0.0217	18.519	0.0233	26.316
	2-3		586.32	100.26	0.1100	20.83	0.0599	22.727	0.0456	25.000
	2-4		559.94	95.75	0.0215	12.50	0.0267	20.833	0.0137	10.417
	2-5		474.35	81.11	0.0531	9.43	0.0362	11.111	0.0244	17.241

续表3-21

数据文件编号	测点编号	最大段药量 Q /kg	爆心距 R/m	比例距离	水平径向		水平切向		垂直方向	
				$R/Q^{\frac{1}{3}}$	速度/(cm·s⁻¹)	频率/Hz	速度/(cm·s⁻¹)	频率/Hz	速度/(cm·s⁻¹)	频率/Hz
JSD-2-3	2-1*	225.0	676.78	111.27	0.0571	38.46	0.1100	35.710	0.0849	50.000
	2-2*		614.17	100.98	0.0323	31.25	0.0494	26.320	0.0466	50.000
	2-3		564.00	92.73	0.1790	25.00	0.2120	26.316	0.0822	31.250
	2-4		528.22	86.85	0.0354	25.00	0.0319	20.833	0.0179	10.638
	2-5		496.01	81.55	0.0457	11.11	0.0512	13.889	0.0555	29.412
JSD-2-4	2-1*	220.0	1263.90	209.37	0.0175	20.83	0.0171	16.129	0.0099	31.250
	2-2*		1197.04	198.29	0.0191	15.63	0.0096	20.000	0.0105	18.519
	2-3		1130.59	187.28	0.0667	20.83	0.0385	23.810	0.0244	22.727
JSD-2-5	2-1*	130.0	692.41	136.68	0.0454	15.63	0.0403	15.152	0.0298	23.810
	2-2*		629.93	124.35	0.0753	21.74	0.0784	10.870	0.0478	23.810
	2-3		581.07	114.70	0.3450	20.83	0.1700	25.000	0.0867	31.250
	2-4		544.07	107.40	0.0461	8.46	0.0525	15.625	0.0401	14.286
	2-5		518.52	102.36	0.0605	11.63	0.0499	8.772	0.0500	7.042

注：表中带＊为居民房附近测点。

同样地，对2#测线的监测结果进行回归分析，得出水平径向、水平切向及垂直方向振动速度衰减规律，各方向衰减规律曲线见图3-87。

2#测线居民房测点至爆源距离为614.17~1263.9 m，水平径向实测振动速度监测范围为0.018~0.075 cm/s，实测振动速度频率范围为12.5~38.46 Hz；水平切向实测振动速度监测范围为0.0096~0.110 cm/s，实测振动速度频率范围为10.84~35.71 Hz；垂直方向实测振动速度监测范围为0.0099~0.0849 cm/s，实测振动速度频率范围为18.52~50.00 Hz。2#测线居民房测点的爆破振动实测最大值为0.110 cm/s，远小于控制标准1.5 cm/s，因此按表3-21中的爆破参数实施爆破不会对居民房结构造成危害。

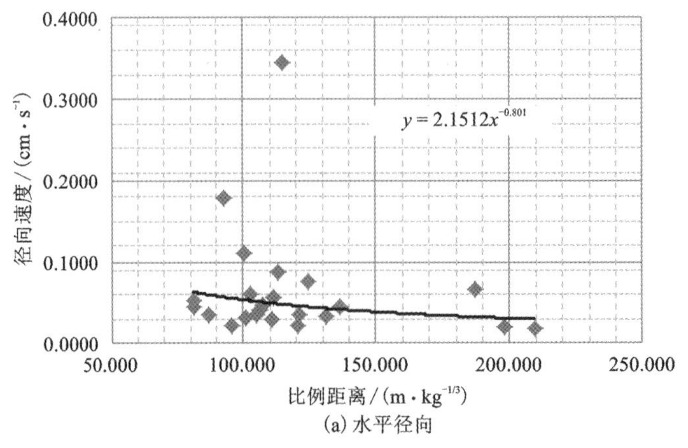

(a) 水平径向

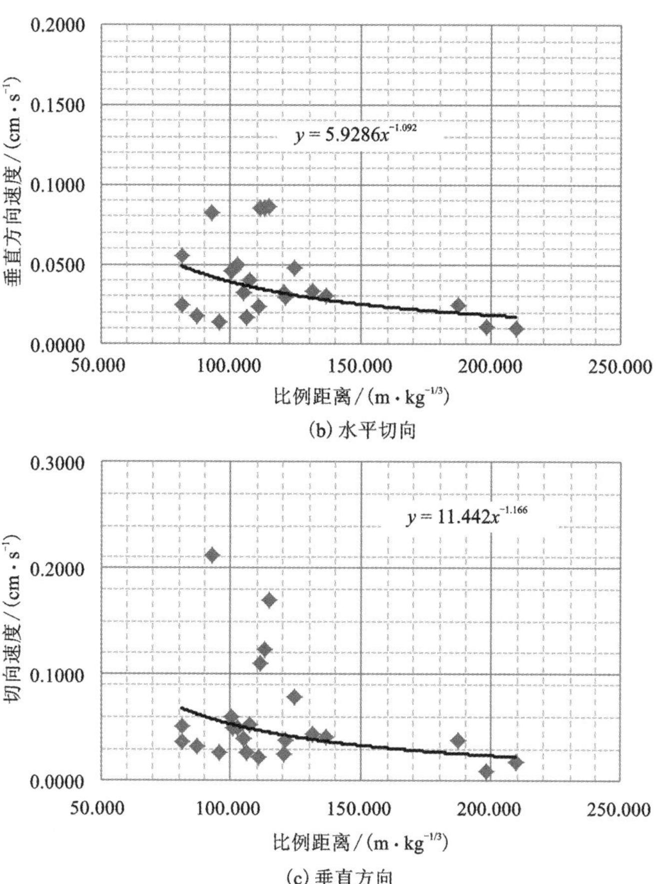

(b) 水平切向

(c) 垂直方向

图 3-87　2#测线振动速度衰减规律

参考文献

[1] 刘洪涛. 红透山铜矿微震监测系统的建立及应用研究[D]. 沈阳：东北大学，2011.

[2] XIA K Z, CHEN C X, LIU X M. Mining-induced ground movement in tectonic stress metal mines：a case study [J]. Bull Eng Geol Environ, 2016, 75(3)：1089-1115.

[3] XIA K Z, CHEN C X, DENG Y Y. In situ monitoring and analysis of the mining-induced deep ground movement in a metal mine[J]. International Journal of Rock Mechanics and Mining Sciences, 2018, 109：32-51.

[4] XIA K Z, CHEN C X, FU H, et al. Mining-induced ground deformation in tectonic stress metal mines：a case study[J]. Engineering Geology, 2016, 210：212-230.

[5] 许斌. 小湾电站高边坡 GPS 形变监测系统研究[D]. 南京：河海大学，2005.

[6] 宋福荣. 多参量光纤传感远程监测系统软件平台设计与实现[D]. 济南：山东大学，2018.

[7] 王运敏. 现代采矿手册[M]. 北京：冶金工业出版社，2011

[8] 何满潮. 滑坡地质灾害远程监测预报系统及其工程应用[J]. 岩石力学与工程学报，2009，28(06)：1081-1090.

[9] 李晓，路世豹，廖秋林. 充填法开采引起的地裂缝分布特征与现场监测分析[J]. 岩石力学与工程学报，2006，25(7)：1361-1361.
[10] 李健，吴顺川，高永涛. 露天矿边坡微地震监测研究综述[J]. 岩石力学与工程学报，2014，33(A02)：3998-4013.
[11] 徐奴文，唐春安，吴思浩. 微震监测技术在大岗山水电站右岸边坡中的应用[J]. 防灾减灾工程学报，2010，30：216-221.
[12] 马凤山，袁仁茂，邓清海. 金川矿山地表岩移 GPS 监测及岩体采动影响规律[J]. 工程地质学报，2007，(增刊Ⅱ)：84-97
[13] 唐礼忠. 深井矿山地震活动与岩爆监测及预测研究[D]，长沙：中南大学，2008.
[14] 宋光明，陈寿如，史秀志. 露天矿边坡爆破振动监测与评价方法的研究[J]. 有色金属(矿山部分)，2000(4)：24-27.
[15] 张伟. 露天矿爆破作用下边坡稳定及高程效应分析[D]. 山西：太原理工大学，2017.
[16] 马建兴，王震. 爆破振动的研究[J]. 包头钢铁学院院报，1996，15(2)：50-54.
[17] 耿献文，马全礼. 矿山压力测控技术[M]. 徐州：中国矿业大学出版社，2002.
[18] 吴星辉，璩世杰，马海涛. 边坡雷达系统在露天矿边坡监测中的应用[J]. 金属矿山，2018(02)：188-191.
[19] 王晓华，胡友健，柏柳. 变形监测研究现状综述[J]. 测绘科学，2006，31(2)：130-132，9.
[20] 蒋兴超. 滑坡地质灾害监测方法概述[J]. 长江大学学报(自科版)，2010，07(3)：345-347.
[21] 李斌，黄芬. 福堂水电站震后厂房边坡锚索加固及应力监测与分析[J]. 探矿工程-岩土钻掘工程，2015，42(5)：67-71，76.
[22] 张建斌. 煤岩体结构钻孔观测手段综述[J]. 科技情报开发与经济，2007，17(29)：208-209.
[23] 韩庆龙. 大尺寸截面配对式视觉测量方法的研究[D]. 天津：天津大学，2008.
[24] 姜杰明. 国道 318 线二郎山至康定公路高边坡处治技术研究[D]. 成都：西南交通大学，2004.
[25] 陈敏. 常年浸水条件下边坡稳定性分析方法研究[D]. 长沙：湖南大学，2013.
[26] 雷航. 基于坡面位移监测信息的边坡稳定性分析[D]. 成都：西南交通大学，2011.
[27] 冯仲仁，张兴才，张世雄. 大冶铁矿巷道变形监测研究[J]. 岩石力学与工程学报，2004，23(3)：483-487.
[28] 杜坤乾，李国祥，赵建海. 蒙库铁矿巷道围岩应力测试及数值分析[J]. 地下空间与工程学报，2014，10(增2)：1835-1841.
[29] 欧阳治华，江露. 小型矿山声发射监测与强地压活动预测[J]. 矿业研究与开发，2012(2)：75-79.
[30] 李庶林，胡静云，周爱民. 崩落法上覆厚大岩层崩落及破裂特性综合研究[J]. 岩石力学与工程学报，2016，35(9)：1729-1739.
[31] 徐奴文，李韬，戴峰，等. 基于离散元模拟和微震监测的白鹤滩水电站左岸岩质边坡稳定性分析[J]. 岩土力学，2017，38(8)：1-11.
[32] 姜福兴，王存文，杨淑华，等. 冲击地压及煤与瓦斯突出和透水的微震监测技术[J]. 煤炭科学技术，2007(1)：26-28.
[33] 赵显文，张晓宇，王升宇. 地应力测量在羊场湾矿中的应用[J]. 煤矿开采，2011，16(4)：102-103.
[34] 朱万成，任敏，代风. 现场监测与数值模拟相结合的矿山灾害预测预警方法[J]. 金属矿山，2020，523(01)：151-162.
[35] 张勇. 谷家台铁矿帷幕注浆及充填采矿技术和围岩监测分析与研究[D]. 青岛：青岛理工大学，2015.
[36] 欧阳振华，蔡美峰，王双红，等. 套孔应力解除法及其应用[J]. 全国岩石力学与工程学术大会，2004：936-939.

第 4 章

岩体支护与加固

在岩体中开采矿石，破坏了原岩应力场平衡，致使岩体内原岩应力场重新分布，引起采场和井巷围岩产生变形、移动、破坏等一系列地压现象，影响采矿生产，甚至危及安全。为保证采场和井巷工程的稳定，可对采场和井巷围岩体进行支护与加固。以人工结构物提供支护力支撑采场顶板和井巷围岩荷载的岩层控制方法称为岩体支护，常见方法为混凝土衬砌、金属支架、锚杆(索)、喷射混凝土等；通过人工手段改变围岩体属性，充分调动和利用岩体固有强度，实现岩体自支撑的岩层控制方法称为岩体加固，常见方法为锚杆(索)支护、注浆等。

岩体主要由岩块和结构面组成。不同应力条件下采场(巷道)围岩破坏可表示为图 4-1。从图 4-1 中可以看出，在不同应力条件下，采场(巷道)围岩破坏可分为结构面控制型破坏和应力控制型破坏；结构面控制型破坏主要表现为岩块掉落、楔形体滑移等；应力控制型破坏主要表现为巷道围岩产生剪切破坏、层裂、岩爆、挤压大变形等。

4.1 岩体支护原理与方法选择

4.1.1 岩体支护原理

4.1.1.1 收敛-约束法

收敛-约束法又称特征曲线法，这是一种随着锚喷等柔性支护的应用和新奥法的发展，将弹塑性理论和岩石力学应用到岩土工程中，用以揭示围岩和支护相互作用过程，从而将基础理论、实测数据与工程经验结合为一体的较完善的设计方法，广泛用于矿山、隧道、地下工程支护设计。

1)收敛-约束法基本原理

收敛-约束法是用于井巷掘进工作面支护力的估算方法(图 4-2)。当支护结构安装于井巷掘进工作面附近时，其支护载荷无法达到最大。由于工作面对其附近井巷围岩的限制(支撑)作用，仅部分井巷围岩压力作用于掘进工作面附近的支护结构上。随着掘进工作面的不断推进，支护结构与工作面的距离不断增加，井巷掘进工作面的限制作用减弱，则原来由工作面承载的部分围岩压力将转移到支护结构上，使支护结构的支护力随着工作面的远离而不断增加。当井巷掘进工作面与原支护结构距离足够远时，“工作面效应”消失，围岩压力将完

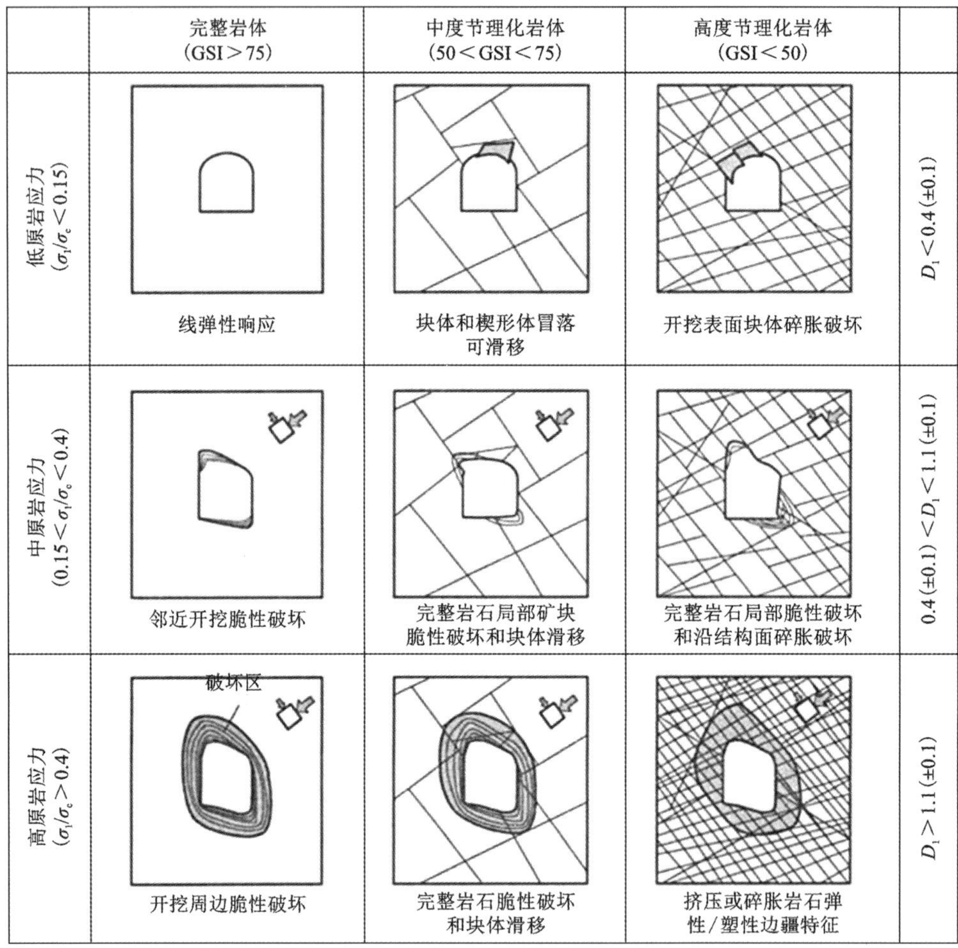

图 4-1　不同应力条件下采场(巷道)围岩破坏形式

全由支护结构承载。通过井巷围岩与支护结构的收敛约束分析，选择恰当的支护时机，使支护结构载荷处在安全合理的范围，以保证井巷围岩及其支护结构所组成的支护系统的稳定性。

2)收敛-约束法技术特征

收敛-约束法强调了围岩与支护共同作用的思想，并在设计与稳定分析中加以体现。它以施工中巷道断面的变形量测值为依据，将巷道的开挖视为围岩应力重分布的过程。其要点为量测巷道围岩表面径向应力与径向位移的关系曲线(图 4-2)与围岩位移-时间曲线，它反映四个阶段：

①围岩无约束自由变形；

②初期支护，变形由于受支护约束抗力的反作用而减缓；

③形成了完整封闭支护结构，变形速度大为降低；

④最终变形稳定。

若所采用的支护刚度较大，则地压急剧增加；若支护时间过晚，则出现松动地压。因此，支护刚度、支护时间及支护与围岩接触好坏均影响围岩的稳定和支护所受的地层压力。此外，收敛变形曲线还可供判断支护是否适当和变形是否趋于稳定，并且可配合现场和实验室的岩土力学试验、应力与应变测试、实验室模型试验等，以此作为设计计算的依据。

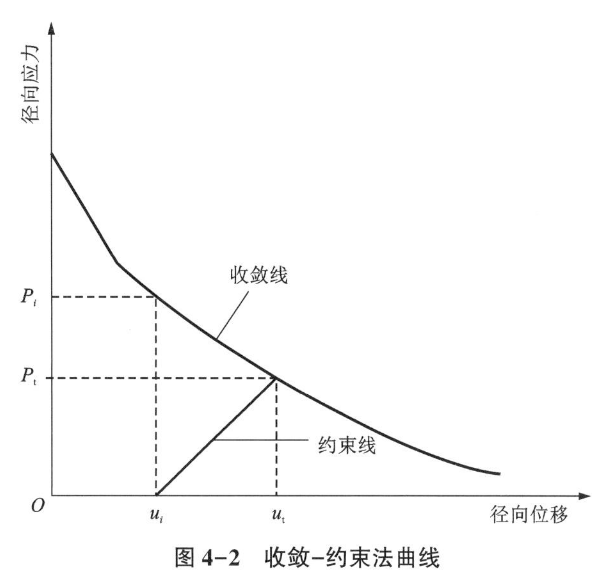

图 4-2　收敛-约束法曲线

3）收敛-约束法的工作要点

一个基本原则是，支护的目的通常不是阻止围岩的弹性变形，也不是阻止已经超过破坏准则时准塑性区的形成，更不是支撑岩层压力，而是控制开挖面的变形和准塑性区的延伸。要达到平衡状态，需满足以下三个条件：

①限制收敛变形到一个可以接受的数值，使其与井巷的开挖和支护结构的最终目的相协调；

②控制围岩的减压（这种减压总要引起围岩力学性能的严重弱化）；

③只施加足够的约束压力来限制收敛变形，以使其在可以接受的限度之内，据此来做支护参数的最佳选择。

4）收敛-约束法适用范围

收敛-约束原理能较好地解释井巷围岩与支护的相互作用关系，但是目前该方法的定量分析仍存在以下局限性：

①井巷开挖断面为圆形；

②围岩为均质、连续且各向同性介质，并且初始应力为静水压力状态；

③井巷围岩各点径向位移均相同，即不考虑支护的受弯作用；

④围岩变形的时间效应对收敛线的影响难以预估；

⑤难以考虑围岩自重作用的影响；

⑥影响开挖面的空间约束因素太多，该方法难以合理分析。

忽略围岩自重影响及其他空间约束因素，选择合理的岩体变形本构模型，确定围岩特性曲线与纵剖面变形特性曲线绘制方法，可分别对岩体质量较好（GSI>75）、一般（25<GSI<75）、较差（GSI<25）各类岩体井巷围岩与支护进行收敛-约束分析。

4.1.1.2　新奥法

奥地利学者拉布西维兹（L. V. Rabcewicz）依据喷射混凝土和锚杆支护技术的发展，提出了新奥法（new austrian tunnelling method，NATM），它是以隧道工程经验和岩体力学的理论为基础，将锚杆及喷射混凝土组合在一起，作为主要支护手段的一种施工方法，经过一些国家的许多工程实践和理论研究，广泛地应用于矿山、隧道、水工隧洞、地铁等地下工程。

1)新奥法基本原理

新奥法是新奥地利隧道施工方法的简称，其利用岩体力学原理，以维护和利用围岩自稳能力为基点，以锚杆及喷射混凝土为主要手段，在井巷掘进施工过程中进行现场监控量测，及时获取围岩变形的动态信息，并反馈于修正支护参数与施工措施，充分发挥围岩自支撑能力。

2)新奥法主要技术特征

①保持和调动围岩的强度，充分利用围岩自身承载能力。

②运用围岩-支护共同作用原理、岩体的动态变形性质和岩体蠕变发展规律，提出两次支护概念。为了能有效地控制围岩变形，防止围岩开裂和松动，新奥法要求在井巷开挖初期便迅速采用锚喷支护，以使其能与围岩很好地共同作用，这样既能抑制围岩变形，又允许围岩有一定变形的柔性支护结构，进行初期支护或一次支护。柔性一次支护通常采用锚喷支护或增设金属网的方式。一次支护的锚喷参数是根据围岩特性、用工程类比法确定的，喷层厚度通常为 50~150 mm。

一次支护后即对围岩位移动态及支护受力状况进行系统监测。通过监测，可以评价一次支护质量，并根据实测资料及理论分析，合理设计二次支护的时间、方法、材料及结构形式。二次支护属于永久支护，是在一次支护的基础上进行复喷或采取其他补强支护措施(包括封底)，主要作用是阻止围岩变形的进一步发展，保持围岩长期稳定。若一次支护后围岩已基本稳定，则二次支护的复喷可以提高工程的安全性。

③将监测作为井巷施工工作内容的重要组成部分，连续对围岩位移及支护受力状态进行监测，掌握围岩活动特性和井巷安全程度，再以各种量测数据为基础，指导二次支护工作，及时调整支护设计，适当改变施工顺序。

3)新奥法工作基本要点

①井巷开挖作业应采用光面爆破，选择合理的断面形状、施工程序和开挖方法，并尽量采取大断面开挖，尽量减少对围岩的破坏程度。

②井巷开挖后，尽量利用围岩的自支撑能力，把围岩当作支护结构的基本组成部分。遇塑性变形压力较大的巷道围岩，应增设锚杆加固，使支护结构和围岩紧密贴合，形成一个整体的承载环和承载拱。

③根据围岩特征采用不同的支护类型和参数，及时喷射柔性混凝土和锚杆作为初期支护，以控制围岩的变形和松弛。

④在软弱破碎围岩地段，应及早闭合隧道断面，及时封闭仰拱，以有效发挥支护体系作用，保证巷道稳定。

⑤二次衬砌是在围岩与初期支护变形基本稳定的情况下构筑的。围岩与支护形成整体，不仅提高支护系统稳定性，还能增加衬砌厚度。

⑥尽量使井巷周边轮廓圆顺，避免棱角突变处出现应力集中。

⑦设置监测系统，监控围岩变形、变形速率及收敛程度，并进行必要的反馈分析，正确估计围岩特性及其随时间的变化，及时调整开挖及支护方式，以确定初期支护的支护时机，以及是否采取补强支护等措施，使设计与施工更符合实际情况，确保施工安全。

⑧某些条件下，需采取其他补充措施，如超前注浆、冻结、疏导涌水等。

新奥法施工基本要点可简要概括为“少扰动、早喷锚、勤量测、紧封闭”。

4)新奥法适用条件

新奥法适用范围:

①具有较长自稳时间的中等岩体;

②弱胶结的砂和石砾,以及不稳定的砾岩;

③强风化的岩石;

④刚塑性的黏土泥质灰岩和泥质灰岩;

⑤坚硬黏土,以及带坚硬夹层的黏土;

⑥微裂隙的含很少黏土的岩体;

⑦在很高的初应力场条件下,坚硬的和可变坚硬的岩体。

在下述条件下,应用新奥法必须与一些辅助方法相配合:

①有强烈地压显现的岩体;

②大量涌水的岩体;

③膨胀性岩体(要与仰拱与底部锚杆相配合);

④在一些松散岩体中,要与钢背板配合;

⑤在蠕变性岩体中,要与冻结法、预加固法等配合。

在下列场合中应用时应慎重:

①大量涌水的岩体;

②由于涌水会产生流砂现象的围岩;

③极为破碎,锚杆钻孔、安装都极为困难的岩体;

④开挖面完全不能自稳的岩体等。

4.1.2　支护设计

工程类比法是根据已建成的类似工程经验直接选择相类似支护设计参数,通常涉及岩体工程地质条件、地应力大小和方向、工程用途和使用期限、断面形状及尺寸等。较常用的工程类比支护设计主要有BQ支护设计、Q支护设计、RMR支护设计等。

4.1.2.1　BQ支护设计

对于井巷支护初步设计,可根据BQ的围岩等级和井巷跨度,初步选择井巷围岩支护类型与支护参数,见表4-1与表4-2。对Ⅳ、Ⅴ级围岩中井巷跨度大于5 m的工程,除应按照表4-1的规定选择初期的类型与参数外,尚应进行计算和监控测量,确定支护类型和支护参数;对于Ⅰ、Ⅱ、Ⅲ级岩体,以及井巷跨度大于15 m的工程,除应按照表4-1选择支护类型与参数外,尚应进行稳定性分析与验算;对于Ⅲ级岩体,还应进行监控测量,以便确定支护类型和参数。所选取的支护类型和参数需要现场多次验证、校核,最终确定最优支护设计。

表 4-1 根据 BQ 的围岩等级按跨度 B 分类支护设计

BQ 分级	$B\leqslant5$	$5<B\leqslant10$	$10<B\leqslant15$	$15<B\leqslant20$	$20<B\leqslant25$
Ⅰ	不支护	喷射 50 mm 厚混凝土	①喷射 80~100 mm 厚混凝土；②喷射 50 mm 厚混凝土，设置长度为 2.0~2.5 m 的锚杆	在钢筋网上喷射 100~150 mm 厚混凝土，设置长度为 2.5~3.0 m 的锚杆	在钢筋网上喷射 120~150 mm 厚混凝土，设置长度为 3.0~4.0 m 的锚杆
Ⅱ	喷射 50 mm 厚混凝土	①喷射 80~100 mm 厚混凝土；②喷射 50 mm 厚混凝土，设置长度为 1.8~2.0 m 的锚杆	①喷射 120~150 mm 厚混凝土，必要时配置钢筋网；②喷射 80~120 mm 厚混凝土，设置长度为 2.0~3.0 m 的锚杆，必要时配置钢筋网	在钢筋网上喷射 120~150 mm 厚混凝土，设置长度为 3.0~4.0 m 的锚杆	在钢筋网上喷射 150~200 mm 厚混凝土，设置长度为 5.0~6.0 m 的锚杆，必要时设置长度大于 6.0 m 的锚杆
Ⅲ	①喷射 80~100 mm 厚混凝土；②喷射 20 mm 厚混凝土，设置长度为 1.5~2.0 m 的锚杆	①喷射 120~150 mm 厚混凝土，必要时配置钢筋网；②喷射 80~100 mm 厚混凝土，设置长度为 2.0~2.5 m 的锚杆，必要时配置钢筋网	在钢筋网上喷射 100~150 mm 厚混凝土，设置长度为 3.0~4.0 m 的锚杆	在钢筋网上喷射 150~200 mm 厚混凝土，设置长度为 3.0~4.0 m 的锚杆，必要时设置长度大于 5.0 m 的预应力或非预应力锚杆	—
Ⅳ	喷射 80~100 mm 厚混凝土，设置长度大于 1.8~2.0 m 的锚杆	在钢筋网上喷射 100~150 mm 厚混凝土，设置长度为 2.0~2.5 m 的锚杆，必要时采用仰拱	在钢筋网上喷射 100~150 mm 厚混凝土，设置长度为 3.0~4.0 m 的锚杆，必要时采用仰拱并设置长度大于 4.0 m 的锚杆	—	—
Ⅴ	在钢筋网上喷射 120~150 mm 厚混凝土，设置长度为 1.8~2.0 m 的锚杆，必要时采用仰拱	在钢筋网上喷射 150~200 mm 厚混凝土，设置长度为 2.0~3.0 m 的锚杆，采用仰拱，必要时架设钢支架	—	—	—

注：①表中支护类型和参数，是指巷道和倾角小于 30°的斜井的永久支护，包括初期支护和后期支护的类型和参数。

②服务年限小于 10 年及跨度小于 3.5 m 的巷道与斜井，表中支护参数可根据工程具体情况适当减小。

③复合衬砌的巷道和斜井，初期支护采用表中参数时，应根据工程具体情况予以减小。

④陡倾斜岩层中的巷道或斜井易失稳的一侧边墙和缓倾斜岩层中的巷道或斜井的顶部，应采用表中第②种支护类型和参数，其他情况下，两种支护类型和参数均可采用。

⑤对于高度大于 15.0 m 的边帮，应进行稳定性验算，并根据验算结果，确定锚喷支护参数。

表 4-2　根据 BQ 的围岩等级按开挖直径 D 分类支护设计

BQ 分级	$D<5$	$5\leq D<7$
Ⅰ	喷射 100 mm 厚混凝土，必要时局部设置长度为 1.8~2.0 m 的锚杆	喷射 100 mm 厚混凝土，并设置长度为 2.0~2.5 m 的锚杆
Ⅱ	喷射 100~150 mm 厚混凝土，并设置长度为 1.8~2.0 m 的锚杆	在钢筋网上喷射 100~150 mm 厚混凝土，设置长度为 2.0~2.5 m 的锚杆，必要时加设混凝土圈梁
Ⅲ	在钢筋网上喷射 150 mm 厚混凝土，并设置长度为 1.8~2.0 m 锚杆，必要时加设混凝土圈梁	在钢筋网上喷射 150 mm 厚混凝土，设置长度为 2.0~3.0 m 的锚杆，必要时加设混凝土圈梁

注：①井筒采用锚喷做初期支护时，支护设计参数可适当减小。
②Ⅲ级围岩中井筒深度超过 500 m 时，支护设计参数应予以增大。

4.1.2.2　Q 支护设计

Bieniawski 和 Barton 提出 Q 岩体质量分级和等效尺寸(D_e)相关的井巷支护设计图(图 4-3)，这个等效尺寸(D_e)由开挖空间的跨度、直径或高度与开挖支护比(ESR)确定，公式为：

$$D_e = \frac{\text{开挖跨度、直径或高度(m)}}{\text{开挖支护比(ESR)}} \tag{4-1}$$

开挖支护比(ESR)反映了开挖空间的支护需求以及安全度。锚杆长度 L_b 由巷道顶板宽度(B)或高度(H)来确定，公式为：

$$L_b = 2 + 0.15B \tag{4-2}$$

或

$$L_b = 2 + 0.15H/\text{ESR}$$

开挖支护比(ESR)的取值见表 4-3。

表 4-3　开挖支护比(ESR)取值

开挖工程类型	开挖支护比(ESR)
①临时性矿山井巷	3~5
②永久性矿山井巷，低压水洞，大型开挖的平巷与导洞	1.6
③库房硐室，水建工厂，次要公路与铁路，巷道，涌浪硐室，联络巷道	1.3
④电站，主要公路与铁路，土木工程防护硐室，洞口井口交岔点	1.0
⑤地下核电站，运动设施与公共设施，工厂	0.8

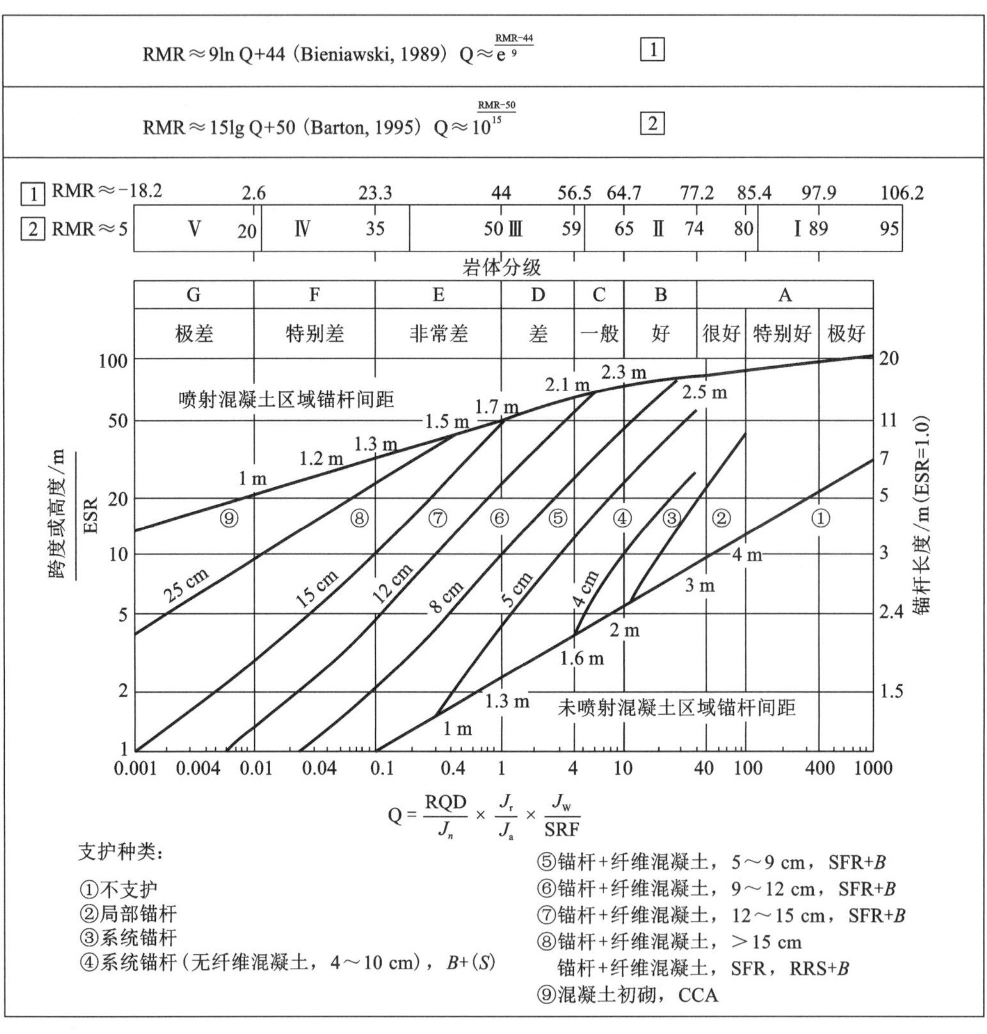

图 4-3 Q 支护设计图表

4.1.2.3 RMR 支护设计

Lauffer(1988)提出了利用 RMR 值估算巷道无支护空间的自稳时间图(图 4-4)，未支护空间的自稳时间主要取决于开挖空间的跨度和 RMR 值，可以根据巷道的自稳时间来判断巷道的稳定性、选择支护时机。

Bieniawski(1984)提出了用于井巷支护参数选择的表(表 4-4)，适用于传统钻爆法掘进的巷道施工。

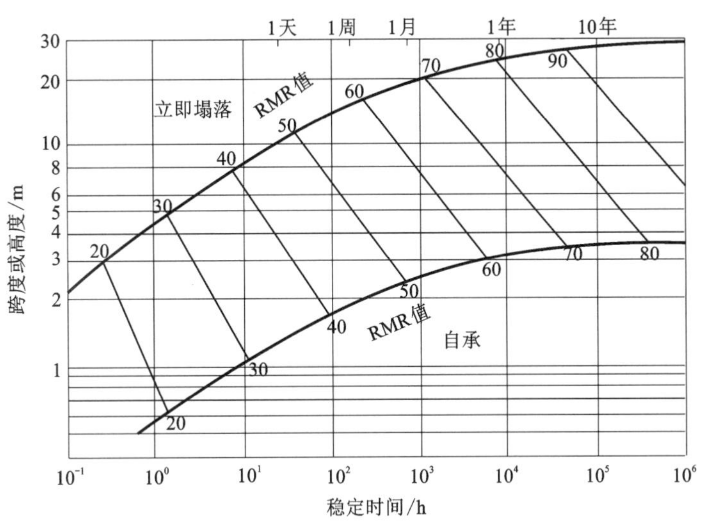

图 4-4　利用 RMR 值估计巷道无支护空间的自稳时间图

表 4-4　RMR 支护参数设计(Bieniawski, 1984)

RMR 分级	支护方式		
	锚杆(ϕ20 mm, 全长锚固)	喷射混凝土	钢支架
非常好 (81~100)	通常不进行支护, 需要时只在局部进行点锚支护		
好 (61~80)	局部破碎地带安装 3 m 长度的锚杆, 间距 2.5 m, 必要时采用金属网	局部顶板喷射 50 mm 厚混凝土	不需要
中等 (41~60)	全断面锚固, 锚杆长度 4 m, 间距 1.5~2 m, 顶部安装金属网	顶板喷射 50~100 mm 厚混凝土, 两帮喷射 30 mm 厚混凝土	不需要
差 (21~40)	全断面锚网支护, 锚杆长度 4~5 m, 间距 1~1.5 m	顶板喷射 100~150 mm 厚混凝土, 两帮喷射 100 mm 厚混凝土	局部进行轻型或中型钢支架支护, 间距 1.5 m
非常差 (≤20)	全断面锚网支护, 锚杆长度 5~6 m, 间距 1~1.5 m, 底板进行锚杆支护	顶板喷射 150~200 mm 厚混凝土, 两帮喷射 150 mm 厚混凝土, 工作面喷射 50 mm 厚混凝土	中型或重型钢支架支护, 安装钢背板, 间距 0.75 m, 必要时进行超前支护

4.2　喷射混凝土

喷射混凝土是以压缩空气为动力, 用喷射机将细骨料混凝土以喷射的方法覆盖到需要维护的岩面上, 凝固硬化后形成混凝土支护结构; 按支护方式不同, 分为素喷混凝土、纤维喷射混凝土。它与锚杆和金属网组成锚网喷联合支护。

喷射混凝土施工方法主要有干喷法和湿喷法。

干喷法是利用搅拌系统将一定配合比的水泥、骨料及各种添加剂干搅拌后，利用压缩空气使混合料在软管内呈悬浮状态压送到喷头处，在喷嘴端人工加水的喷射施工方法。干喷法具有回弹率大(30%~50%)、粉尘浓度高、原材料消耗量大、生产效率低等缺点。

湿喷法是将水泥、水、骨料等在搅拌装置里按一定的比例充分搅拌后，用湿喷机压送到喷枪，最后在喷嘴处加入速凝剂的喷射施工方法。湿式喷射混凝土具有回弹率低、现场粉尘少、喷射混凝土质量高、工作条件改善等优点。由此，湿式喷射混凝土逐步取代干式喷射混凝土，其成套技术逐步得到推广、应用，但高碱速凝剂对人的伤害需要引起注意。

湿式喷射混凝土工艺流程见图 4-5。

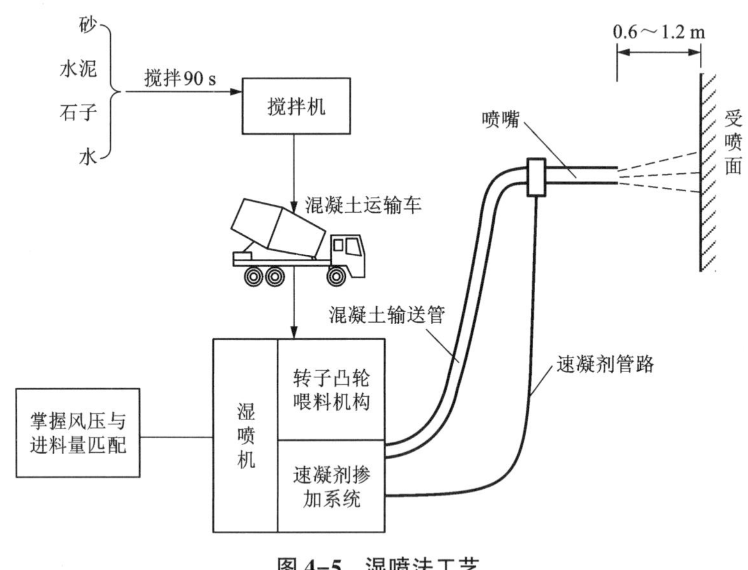

图 4-5 湿喷法工艺

湿式喷射混凝土速凝剂应符合下列规定：

(1)掺加正常用量速凝剂的水泥净浆初凝不应大于 3 min，终凝不应大于 12 min；

(2)加速凝剂的喷射混凝土试件，28 d 强度不应低于不加速凝剂强度的 90%；

(3)宜用无碱或低碱型速凝剂。

4.2.1 喷射混凝土技术性能

1)素喷混凝土

喷射混凝土抗压强度：一般喷射混凝土设计强度要求达到 15~20 MPa，喷射混凝土强度随时间延长而增加，最终强度可以达到设计强度的 120%以上。

黏结强度：喷射混凝土的拌和料以高速冲击岩面层，不仅可以提高浆料密实度，还可以形成 5~10 mm 的浆液层充满岩面层，以接受后续的拌和料。因此，无论喷层面是砖、混凝土还是石料，均有较高的黏结强度。

喷射混凝土骨料级配宜控制在表 4-5 数据范围内。

表 4-5　喷射混凝土骨料通过各筛选粒径的累计质量百分率　　单位：%

项目	骨料粒径/mm							
	0.15	0.30	0.60	1.20	2.50	5.00	10.00	15.00
优	5~7	10~15	17~22	23~31	35~43	50~60	73~82	100
良	4~8	5~22	13~31	18~41	26~54	40~70	62~90	100

喷射混凝土 1 d 龄期的抗压强度不应低于 8 N/mm^2；28 d 龄期的抗压强度不应低于 20 N/mm^2。不同强度等级的喷射混凝土的设计强度应按表 4-6 采用。

表 4-6　喷射混凝土的设计强度值　　单位：N/mm^2

喷射混凝土强度等级	C20	C25	C30	C35	C40
轴心抗压 f_c	9.6	11.9	14.3	16.7	19.1
轴心抗拉 f_t	1.1	1.27	1.43	1.57	1.71

喷射混凝土厚度：喷层厚度一般为 50~150 mm；当喷层厚度超过 150 mm 时，不仅不会提高支护能力，而且支护成本明显增加，因此应选用适合的喷射混凝土厚度。

2)纤维喷射混凝土

纤维喷射混凝土分为钢纤维喷射混凝土和合成纤维喷射混凝土。纤维能有效地改善混凝土的脆性。

钢纤维喷射混凝土由水泥、砂、骨料和钢纤维组成。由于钢纤维喷射混凝土的钢纤维改善了混凝土的抗拉性能、增强了韧性，所以在巷道衬砌中得到了广泛的应用。钢纤维喷射混凝土优点：①具有较好的物理耐久性和化学耐久性；②钢纤维体积掺量为 1%~2%时，抗弯强度提高 30%~80%，抗剪强度提高 50%~100%，抗拉强度提高 25%~50%，抗压强度提高 0~25%；③钢纤维混凝土的韧性大幅提高，抗收缩和抗蠕变性略有提高；④抗裂性能具有较大改善。此外，钢纤维喷射混凝土的抗疲劳、抗爆炸、抗冲击、耐磨等性能均有所提高。

纤维喷射混凝土用钢纤维及合成纤维应符合下列规定：

(1)钢纤维的抗拉强度宜不低于 1000 N/mm^2，直径宜为 0.40~0.80 mm，长度宜为 25~35 mm，并不得大于混合料输送管内径的 0.7 倍，长径比为 35~80；

(2)合成纤维的抗拉强度不应低于 280 N/mm^2，直径宜为 10~100 μm，长度宜为 4~25 mm。

4.2.2　喷射混凝土支护适用条件

喷射混凝土支护适用于中等稳定块状结构围岩及部分稳定性稍差的碎裂结构围岩。其与金属网、锚杆等结合使用，具有较大的灵活性。

不宜采用喷射混凝土支护的情况：厚大破碎带，蚀变严重、岩体松散、节理裂隙非常发育且有强渗流水等；大面积渗漏水区域；岩层错动区域；岩层与混凝土起不良反应等。

4.2.3 喷射混凝土支护设计

目前，喷射混凝土支护设计有三种方法，即以围岩分类为基础的工程类比法、以计算为基础的理论计算法和以量测为基础的现场监控法。为选择合理的喷射混凝土支护，通常需要两种甚至三种方法结合使用。

1)工程类比法

赛西尔(Cecil)按照 RQD 指标，提出了相应的喷射混凝土和锚杆支护经验参数(表 4-7)。

表 4-7 喷射混凝土和锚杆支护经验参数

岩石质量参数		支护要求
RQD/%	平均不连续面的间距	
<60	<30 cm	多层喷射混凝土支护；现浇混凝土拱；或与局部锚杆相结合
60~80	30 cm~1 m	中等间距(2~5 m)到小间距(<2 m)的局部锚杆；单层喷射混凝土；局部锚杆和一层喷射混凝土相结合
>80	>1 m	不支护或中等间距(2~5 m)到大间距(>3 m)的局部锚杆支护

注：单层喷射混凝土指喷层厚度为 40~60 mm，多层喷射混凝土则为单层喷射混凝土的重复。

西德林特等根据劳弗尔分类，提出以下喷射混凝土支护参数：

A 类：不需支护。

B 类：喷射 20~30 mm 厚混凝土；或间距 1.5~2.0 m 的锚杆，并配金属网，有时仅拱部支护。

C 类：喷射 30~50 mm 厚混凝土；或间距 1~1.5 m 的锚杆，并配金属网，有时仅顶拱支护。

D 类：喷射 50~70 mm 厚混凝土，配金属网；或间距 0.7~1.0 m 的锚杆和在金属网上喷射 30 mm 厚混凝土。

E 类：在金属网上喷射 70~150 mm 厚混凝土；或间距 0.5~1.0 m 的锚杆和在金属网上喷射 30~50 mm 厚混凝土。

F 类：在金属网上喷射 150~200 mm 厚混凝土和钢拱；或在带背板的钢拱上喷射混凝土。

G 类：喷射混凝土和带背板的钢拱。

我国制定的《岩土锚杆与喷射混凝土支护工程技术规范》(GB 50086)，主要根据岩体结构及受地质构造影响程度、结构面力学特征、岩块单轴抗压强度和围岩自稳时间等把围岩分成五类，再按不同工程跨度给出了不同的喷射混凝土和锚杆支护技术参数。

2)理论计算法

在坚硬节理岩体中，围岩坍落常常从某一局部不稳定危石冒落开始，因此有效阻止不稳定岩块的滑移和冒落，可以维持围岩稳定。喷射混凝土层具有一定的抗剪强度、良好的黏结力。因此，喷层厚度除了可以按工程类比法确定外，还应按式(4-3)和式(4-4)进行验算。

按抗剪强度计算喷层厚度：

$$h \geqslant \frac{KG}{0.75 \cdot u \cdot R_{\mathrm{L}}} \tag{4-3}$$

按黏结力计算喷层厚度：

$$h \geqslant 3.65K\left(\frac{G}{uR_{\mathrm{Lu}}}\right)^{4/3}\left(\frac{K_0}{E}\right)^{1/2} \tag{4-4}$$

式中：h 为喷射混凝土层厚度；G 为可能冒落的危石重；u 为危石与喷射混凝土的接触周长；R_{L} 为喷射混凝土设计抗拉强度；R_{Lu} 为喷射混凝土与岩石的设计黏结强度，可取 0.3 MPa；K_0 为岩石弹性抗力系数；E 为喷射混凝土的弹性模量；K 为强度安全系数，可取 $K=2$。

3) 现场监控法

把锚喷支护设计同现场量测紧密结合，通过现场量测，及时掌握围岩变形情况及支护受力情况，为修改设计和指导施工提供信息。

现场监控设计分为预先设计与最终设计。预先设计是施工前根据工程类比或辅以理论计算，对初期支护的类型参数、施作程序、监控方法进行设计，对最终支护类型进行预估计。最终设计是根据掌握的监测资料，调整初期支护，设计最终支护，包括确定最终支护类型、参数、施工时间等。

现场监控法设计特别适用于软弱围岩及复杂地质围岩中锚喷支护设计。

4.2.4　工程实例

具体喷射混凝土支护工程实例见表 4-8。

表 4-8　喷射混凝土支护工程案例

矿山	采矿方法	支护形式	喷层厚度/mm	原材料及配合比	混凝土强度等级	速凝剂	减水剂	支护位置	支护效果
程潮铁矿	无底柱分段崩落法采矿新工艺	砂浆锚杆-喷射混凝土联合支护	60~80	P. O 42.5 普通硅酸盐水泥，$w_{水泥}:w_{砂子}:w_{石}=1:2:2$	C20	CTS-Z 型高效水泥速凝剂	—	采矿巷道	支护费用大大降低，降低粉尘
田兴铁矿	充填法	湿喷混凝土支护	100	普通硅酸盐水泥，水灰比 0.44~0.60，5~16 mm 连续级配，含泥量不大于 1%	C30	高效 782 型速凝剂，掺量控制在 3%~6%	JP-1 型高效减水剂，掺量控制在 0.5%~1%	平巷回风井	巷道的空气质量和工程的施工进度提高，回弹率降低
贵州锦丰金矿	上向水平分层进路式胶结充填法	湿喷混凝土及树脂锚杆支护	—	普通硅酸盐水泥，贝卡尔特 Synmix 合成纤维，水灰比为 0.43	C40	无碱速凝剂	高性能聚羧酸减水剂	采矿巷道	支护强度高，环境好，保证了混凝土质量的稳定性

续表4-8

矿山	采矿方法	支护形式	喷层厚度/mm	原材料及配合比	混凝土强度等级	速凝剂	减水剂	支护位置	支护效果
金川镍矿	大规模下向胶结充填采矿法	湿喷混凝土支护	80~100	P. O 42. 5 普通硅酸盐水泥，砂石比为 7∶3，水灰比为 0. 49	C30	SA167 型速凝剂	RHEOPLUS 26R 型混凝土高效减水剂	采矿巷道	提高了支护的劳动生产率，降低了生产成本，改善了作业环境
梅山铁矿	无底柱分段崩落法	砂浆锚杆–喷射混凝土联合支护	100~150	普通硅酸盐水泥，$w_{水泥}:w_{砂子}:w_{石子}$ 为 1∶2. 5∶1. 5 或 1∶2∶2，砂子为普通中粗砂，石子为直径小于 25 mm 的卵石	C25	速凝剂为国产“红星一型”或上海产 711 型水泥速凝剂	—	硐室、竖井或平巷	劳动力减少，节约投资
冬瓜山铜矿	阶段空场嗣后充填采矿法	锚喷网、锚索联合支护	100	$w_{水泥}:w_{砂子}:w_{石子}$ 为 1∶1. 96∶1. 74，水灰比为 0. 48~1. 50	C20	无碱液体速凝剂	—	采矿巷道	回弹率低，生产效率提高
获各琦铜矿	上向水平分层充填法	钢拱架、锚喷网、素喷混凝土等	50~100	普通硅酸盐水泥，$w_{水泥}:w_{水}:w_{砂子}$ = 1∶2∶2. 8	C20	—	—	采场顶板与巷道	降低施工成本，回弹率降低
北洺河铁矿	无底柱大结构参数采矿法	砂浆锚杆、锚喷网支护	100	$m_{水泥}:m_{砂子}:m_{石子}$ =1∶2∶2	C20	—	—	软岩巷道	支护效果较好，围岩变形降低
黔西南某金矿	—	湿喷塑料纤维混凝土、锚杆联合支护	75	P. O 42. 5 普通硅酸盐水泥，砂石为骨料，水灰比为 0. 4~0. 45，掺入塑料纤维	C25	Meyco SA167，掺量为水泥用量的 6%~8%	RHEOPLUS 26，掺量为水泥用量的 0. 8%	采矿巷道	节约成本，回弹率降低，支护强度提高
雪鸡坪铜矿	分段空场嗣后充填法	喷锚网支护+锚喷网与钢筋混凝土联合支护	100	普通硅酸盐水泥，粒径 0. 3~3 mm 的中砂，5~10 mm 的碳酸钙碎石，水灰比为 0. 4~0. 45	C25	728 型速凝剂	—	采区巷道	效率增高，作业条件良好

续表4-8

矿山	采矿方法	支护形式	喷层厚度/mm	原材料及配合比	混凝土强度等级	速凝剂	减水剂	支护位置	支护效果
某铀矿	—	喷射混凝土支护	80~100	秦岭牌 P. O 32.5 普通硅酸盐水泥，砂子粒径为0.35~1.00 mm中砂，石子为粒径5~10 mm，水灰比为0.4~0.43，$w_{水泥}:w_{砂子}:w_{石子}=1:2:2$	C25	782型速凝剂，用量为水泥用量的5.0%~5.5%	—	中段大巷	保证了施工安全，材料资金投入大大降低
拜什塔木铜矿	矿房法	锚喷支护	60	$w_{水}:w_{水泥}:w_{砂子}:w_{石子}=0.42:1:2:1.63$，水灰比为0.42	C30	速凝剂掺量为9%	—	软岩巷道	提高了围岩支护效果
谦比西铜矿	分层充填法和无底柱分段崩落法开采	塑料纤维湿喷混凝土	—	P. O 42.5普通硅酸盐水泥，$w_{水}:w_{水泥}:w_{砂子}:w_{石子}=0.42:1:2:1.63$，水灰比为0.42，塑料纤维掺量控制在1.0~5.0 kg/m^3	C25	速凝剂掺量为12%	减水剂掺量为9%	巷道	改善受力状态，提高围岩自承能力

4.3　锚杆支护

锚杆是锚固在岩体内维护围岩稳定的杆状结构物。锚杆与其他支护相比，具有支护工艺简单、支护效果好、材料消耗和支护成本低、运输和施工方便等优点。

按锚杆与被锚固岩体的锚固方式，锚杆支护大体可分为黏结式、机械式和摩擦式三类；按锚固位置，锚杆支护可分为端头锚固、全长锚固和加长锚固；按锚杆杆体的工作特性，锚杆支护可分为刚性锚杆和可延伸锚杆。单体锚杆主要由锚固段、杆体、外露长度、托盘等部件组成，是井巷支护中非常重要的支护材料之一。

4.3.1　支护原理

正确地设计和应用锚杆支护，必须对锚杆支护机理有正确的认识，并以锚杆支护理论做指导。

传统的锚杆支护理论有悬吊理论、组合梁理论、组合拱(压缩拱)理论和减跨理论等。具体理论及适用条件见表 4-9。

值得注意的是，锚杆支护理论、各种支护作用都不是单独存在的，而是综合在一起共同起作用。

表 4-9 锚杆支护理论及适用条件

锚杆支护理论	支护作用示意图	理论内容	适用条件	应用方向
悬吊理论	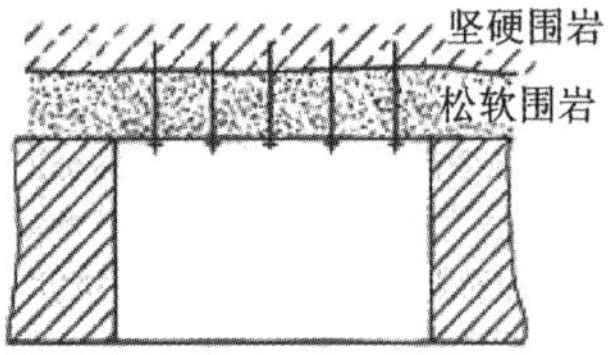 坚硬围岩 松软围岩 (a) 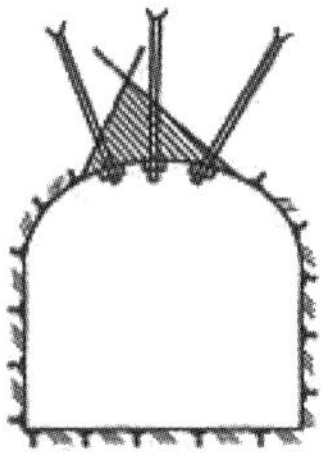 (b)	悬吊理论认为：锚杆支护的作用就是将巷道顶板较软弱岩层悬吊在上部稳定岩层上，以增强较软弱岩层的稳定性，从而防止离层脱落[图(a)]；也可把节理弱面切割形成的岩块连接在一起，阻止其沿弱面转动或滑移塌落[图(b)]	悬吊理论只适用于巷道或者采场顶板危岩体冒落，不适用于巷道的帮、底。如果顶板中没有坚硬稳定岩层或顶板软弱岩层较厚，围岩破碎区范围较大，无法将锚杆锚固到上面坚硬岩层或者未松动岩层上，悬吊理论就不适用	根据悬吊岩体的质量，可以进行锚杆支护设计
组合梁理论	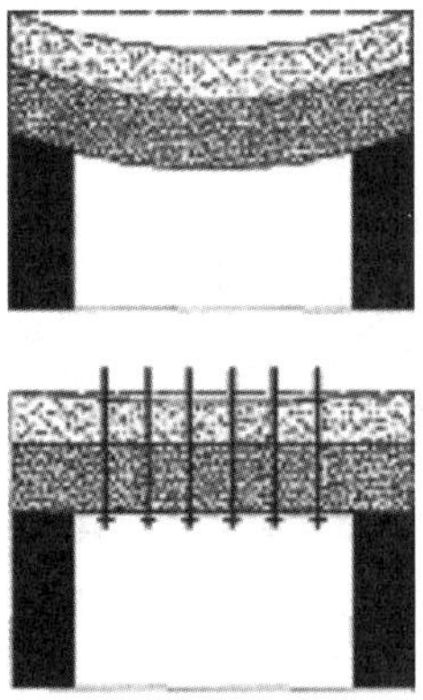	在层状结构的岩层中，如果存在若干分层，则顶板锚杆的作用有两点：一是依靠锚杆的锚固力增加各岩层间的摩擦力，防止岩石沿层面滑动，避免各岩层出现离层现象；二是锚杆杆体可增加岩层之间的抗剪刚度，阻止岩层间的水平错动，从而将巷道顶板锚固范围内的几个薄岩层锁紧成一个较厚的岩层(组合梁)	组合梁理论只适用于层状顶板锚杆支护的设计，对于巷道的帮、底不适用	根据组合梁的强度大小，可以确定锚杆支护参数
组合拱理论	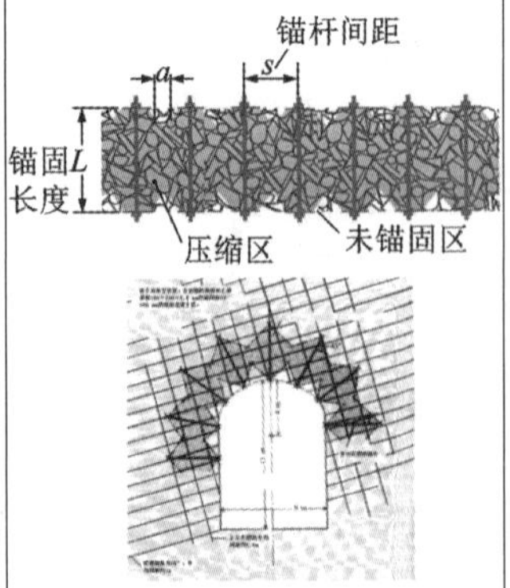 锚杆间距 a s 锚固长度 L 压缩区 未锚固区	在拱形巷道围岩的破碎区中安装预应力铺杆时，在杆体两端将形成圆锥形分布的压应力。如果沿巷道周围布置杆群，只要铺杆间距足够小，各个铺杆形成的压应力圆锥体将相互交错，就能在岩体中形成一个均匀的压缩带，即组合拱(亦称承压拱或压缩拱)。另外，锚杆可以增加岩层弱面的剪切阻力，使围岩稳定性提高，起到了补强作用	组合拱理论只适用于全断面破碎岩体拱形巷道围岩锚杆支护的设计	根据组合拱理论可以有效维持拱形巷道围岩的稳定，进而确定锚杆支护参数

续表4-9

锚杆支护理论	支护作用示意图	理论内容	适用条件	应用方向
减跨理论	 a—未打锚杆的巷道悬顶跨度	在水平厚度较大的矿体中开采矿石，常导致采场顶板暴露面积极大，不利于采场顶板的稳定。通过在采场顶板采用杆支护，并在采场合适位置安设立桩，相当于使巷道或者顶板岩石悬露的跨度缩小。这称为销杆支护的减跨作用。减跨作用可以减小采场顶板的暴露面积，利于采场顶板的稳定	减跨理论适用于厚大矿体空场或者充填采场顶板的稳定	根据减跨理论可以有效维持厚大采场顶板围岩的稳定，进而确定锚杆支护参数

4.3.2 锚杆种类

锚杆类型及其优缺点见表 4-10。

表 4-10　锚杆类型及其优缺点

锚杆类型	锚杆结构图	锚杆结构与性能	优点	缺点	现场实例
快硬水泥锚杆		该锚杆将一定比例的水泥、砂子及速凝剂等配料混合后装入透水袋中，制成直径 32 mm、长度 200 mm 的水泥卷；该锚杆锚固力为 60 kN	适应性好，锚固速度快且可靠，可以施加预应力，具有抗震动和抗冲击等特点，并且价格低，施工简便	锚固力、技术指标不如树脂锚杆，因此在永久支护中，尤其是在淋水或渗水的巷道中应用时受到限制	斗南锰矿采场顶板加固
砂浆锚杆		该锚杆由水泥砂浆、杆体、托板和螺母组成，是一种全长黏固式锚杆；该锚杆锚固力为 30~100 kN	结构简单，加工方便，适用于各种岩石	不能立即承载，采场顶板允许暴露时间在 2 天以上者方可使用	小官庄煤矿支护

续表4-10

锚杆类型	锚杆结构图	锚杆结构与性能	优点	缺点	现场实例
管缝锚杆		该锚杆由一根全长纵向开缝的长钢管和焊有一个直径为 6~8 mm 的圆钢挡环的外锚头组成；该锚杆初始锚固力为 30~70 kN	结构简单，安装简便，能快速起到锚固作用；锚杆全长受力，锚固可靠；当钻孔有横向位移时，锚固力更大，且锚固力随时间而增长	对钻孔孔径要求严；锚杆长度受限制，一般超过 1.5 m 的锚杆很难安装；制作锚杆的材料要求高，需要高弹性合金钢；初始锚固力低	兴云煤矿巷道支护
胀壳锚杆	σ_0	该锚杆由胀壳、楔形螺母、杆体、球形座和垫板组成；该锚杆锚固力为 50~80 kN	锚固可靠、迅速，对岩石的适应性较强	结构较复杂，成本较高	三山岛金矿、新城金矿
树脂锚杆		该锚杆由树脂、杆体、托板和螺母组成；该锚杆锚固力为 120 kN	锚固力较大，胶凝固化速度快，能在几小时内获得较高的初锚能力，从而迅速、有效地产生锚固作用	施工较复杂，成本较高	锦丰金矿、三山岛金矿、新城金矿
水力膨胀锚杆		该锚杆由端套、异型管杆体、挡圈、注水管、托盘等配套组件组成；该锚杆锚固力为 80~100 kN	安装速度快，支护效果好，适用于各种岩层，对软岩及破碎岩层更有效	适用范围较小，在硬岩中适用性较差	加拿大 Coleman 矿、Creighton 矿
注浆锚杆		该锚杆采用中空设计，杆体中孔作为钻进高压风水通道和注浆通道；该锚杆锚固力为 130 kN 以上	锚固力较大，耐腐蚀性好，在中等地质条件下能够产生良好的锚固作用	适用范围较小，安装步骤较为复杂	鑫汇金矿

续表4-10

锚杆类型	锚杆结构图	锚杆结构与性能	优点	缺点	现场实例
锥形(Cone)锚杆	 (单位：mm)	该锚杆一端为圆锥形体，锚杆全身喷涂脱脂材料；该锚杆锚固力为 200 kN，能够产生 200 mm 位移，能量吸收为 39 kJ 左右	受到岩爆等动力冲击时，可以在岩体中产生一定滑移，有效释放积聚在岩体中的能量	受表面喷涂的脱脂剂影响，静止拉拔力小；由于杆体一端为圆锥结构，不能有效抗拌树脂	加拿大 Coleman 矿、Creighton 矿
Yield-Lok 锚杆		该锚杆由直径为 19.05 mm 圆钢构成，用聚合物涂层将部分或全部密封，涂层做成间隔排列的锥形体；该锚杆最小屈服荷载为 12.5 t，拉伸荷载为 16.7 t	工作性能稳定，有良好的静态载荷屈服性能	结构复杂，成本相对较高	加拿大 Coleman 矿、Creighton 矿
Garford 释能锚杆		该锚杆由圆钢、锚头及粗牙螺纹钢套组成，采用树脂锚固；该锚杆锚固力为 199 kN，能够产生 390 mm 位移，能量吸收范围为 27~33 kJ	锚固力稳定，树脂锚固后能立即起到支护作用，有较好的吸能效果	锚杆的位移能力取决于锚杆的滑动段的长度，产生位移的长度是固定的，需要大直径的锚固钻孔，成本高	—
恒阻大变形锚杆		该锚杆由恒阻装置、杆体、托盘和螺母组成；该锚杆允许变形量为 300~1000 mm，恒阻力为 110~150 kN	消除了传统锚杆在高应力下端部断裂而产生的高速弹射安全隐患；具有恒阻大变形，且吸收冲击能量	结构复杂，成本相对较高，安装步骤较为复杂	新汶煤矿软岩支护

续表4-10

锚杆类型	锚杆结构图	锚杆结构与性能	优点	缺点	现场实例
Roofex 大变形锚杆		该锚杆是一种动力韧性锚杆，由锚固端和圆钢组成，采用树脂进行锚固；该锚杆锚固力为 80 kN，能够产生 200 mm 位移，能量吸收范围为 12～27 kJ	锚固力稳定，能量吸收能力强	锚杆的位移能力取决于锚杆的滑动段的长度，产生位移的长度是固定的，结构复杂，成本高	—
D 释能锚杆		该锚杆由圆钢及带一定数量的具有一定间隔的锚固点组成；该锚杆锚固力为 200 kN，能够产生 100～120 mm 位移，能量吸收范围为 36～39 kJ	多个锚固点确保锚固力较大，安装容易，安装后能立即起到支护作用	锚杆的螺纹部分较薄弱，易产生破坏	加拿大 Coleman 矿、Creighton 矿
J 形释能锚杆	树脂搅拌头；托盘；垫圈；螺母	该锚杆由托盘、螺母、垫圈、树脂搅拌头及锚杆杆体组成；该锚杆采用模块化组合式结构，锚杆杆体由搅拌模块、锚固模块和变形模块组成，锚杆锚固力为 130 kN 以上，产生位移 200 mm 以上，释能能力大于 35 kJ	既具有锥形（Cone）锚杆的整体滑移能力，又具有 D 释能锚杆的多点锚固作用；既可以与围岩共同移动消耗积聚在围岩内部的动能，又可以保持较高的锚固力	生产工艺较复杂，成本较高	思山岭铁矿井壁支护

支护附件

管缝锚杆托板

树脂锚杆托板

种类	长/mm	宽/mm	厚/mm
1	120	120	8
2	120	120	10
3	150	150	8
4	150	150	10
5	200	200	8
6	200	200	10

4.3.3 锚杆支护设计

除 4.1.2 节“支护设计”外，还包括 RQD 支护设计及其他锚杆支护参数设计。

4.3.3.1 RQD 支护设计

Deere 等(1964)提出 RQD 的概念，用来评价岩体的完整性。随后经过多年的发展，该方法逐渐用于巷道支护参数选取方面(表 4-11)。

表 4-11　RQD 支护参数设计

作者	RQD/%	支护要求		
		不支护/点锚杆	系统锚杆	钢支架
Deere 等(1964)	0~25			中至重型圆形钢支架，间距 0.6~0.9 m
	25~50		间排距 0.9~1.5 m	轻至中型钢支架，间距 0.9~1.5 m
	50~75		间排距 1.5~1.8 m	轻型钢支架，间距 1.5~1.8 m
	75~100	不支护/点锚杆		
Cecil(1970)	0~52			钢支架或钢纤维混凝土喷层
	52~82		40~60 mm 混凝土喷层	
	82~100	不支护/点锚杆		
Merritt(1972)	0~23			钢支架
	23~72		间距 1.2~1.8 m	
	72~100	不支护/点锚杆		

4.3.3.2 其他锚杆支护参数设计

控制井巷围岩稳定性须采用系统锚杆进行支护，其支护参数计算如下。

1)锚杆长度

Barton 等(1980)提出的锚杆长度的计算方法为：

$$L_b = 2 + \left(\frac{0.15a}{\mathrm{ESR}}\right) \tag{4-5}$$

式中：a 为井巷直径/跨度；ESR 为开挖支护比，对于竖井，ESR 取 2.0。

2)锚杆间距

$$\begin{aligned} S_b &= 0.5 + 2.5 \times \frac{\mathrm{RMR} - 20}{65} \quad (20<\mathrm{RMR}\leqslant 85) \\ S_b &= 0.25m + [(\mathrm{RMR} - 10)^{1.5}]/140m \quad (10 < \mathrm{RMR} \leqslant 20) \\ S_b &= 0.25m \quad (\mathrm{RMR} \leqslant 10) \end{aligned} \tag{4-6}$$

式中：RMR 表示岩体地质力学分级(rock mass rating)。

4.3.4 锚喷支护

锚喷支护是井巷施工中应用极为广泛的支护形式，其实质是采用锚杆加固围岩，用喷射混凝土封闭围岩表面，以防止围岩弱化，抵抗围岩压力。

4.3.4.1 支护类型及选用

支护类型及选用见表4-12。

表4-12 支护类型及选用

支护类型	支护结构图	支护结构与性能	适用条件	支护特点	现场实例
单体锚杆支护		单体锚杆支护是锚杆支护结构中最简单的支护结构形式之一，在稳定围岩、控制松动岩石时常被采用	用于岩石稳定、坚固系数大于6、节理裂隙不发育的顶板条件，以及围岩应力较小的条件	巷道支护施工方便，工序简单，有利于提高围岩自撑能力，用于较差围岩条件，围岩表层容易首先破坏，再由表及里，导致锚杆失效	新城金矿、三山岛金矿、鑫汇金矿等
锚梁支护	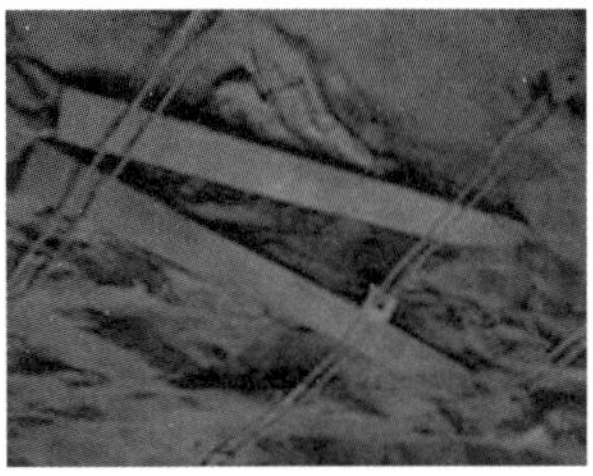	锚梁支护是指由锚杆和钢筋梯或W形钢带组合的支护结构。锚杆通过钢筋梯梁或W形钢带扩大锚杆作用力的传递范围，把个体锚杆组合成锚杆群以共同加固巷道围岩，这种组合大大增强了锚杆群锚作用	围岩强度较大，节理裂隙较发育的Ⅱ、Ⅲ类围岩条件	支护操作方便，施工简单，有利于单进水平的提高	鑫汇金矿、新城金矿、三山岛金矿等
锚网梁支护	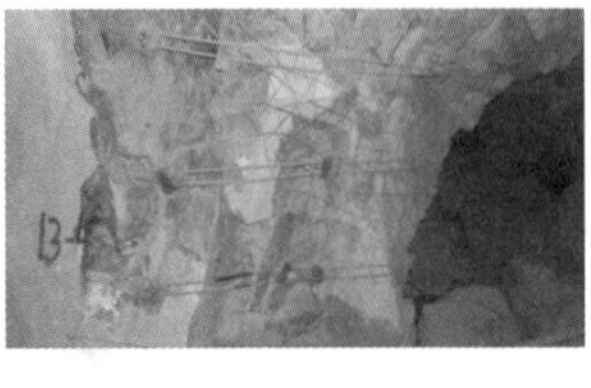	锚网梁支护是锚杆托梁、梁压网、网护顶的组合锚杆支护结构。它是在锚梁支护结构的基础上发展起来的，除具有锚梁结构的支护功能和作用外，由于使用金属网把锚梁间裸露的岩体全部封闭起来了，因此其护表功能较强	复合层状顶板和岩体松软、压力大的Ⅳ、Ⅴ类巷道围岩条件	适应性强，支护效果好，加固岩体性能稳定。支护结构相对复杂，操作工序增多，对掘进速度有一定的影响	新城金矿、三山岛金矿、鑫汇金矿等

续表4-12

支护类型	支护结构图	支护结构与性能	适用条件	支护特点	现场实例
锚网索支护		锚网索支护是在锚网梁支护的基础上增加锚索的组合支护结构。它凸显了锚索对锚网梁的补强作用，增大了强度，改善了巷道的受力条件，提高了巷道维护的安全可靠程度	复杂地质条件下的巷道支护和岩体松软、压力大的Ⅳ、Ⅴ类巷道围岩条件，以及巷道断面加大、孤岛开采的工作面两巷、受构造影响区域的巷道等	支护强度大，适用范围广，安全可靠性高，支护结构相对复杂，施工工序多、难度较大，对掘进速度有一定影响，支护成本较高	南非SAVUKA金矿、TauTona金矿等
锚喷支护		锚喷支护是指以锚杆为主体，在锚杆支护的岩体表面喷射一定厚度的混凝土来加固围岩，提高围岩强度，减小破裂区厚度	巷道开挖后围岩处于破裂状态，而破裂区的形成要经历较长的时间	支护操作方便，施工简单，有利于单进水平提高	新城金矿、三山岛金矿、鑫汇金矿等
锚注支护	3　2　3600　4　1　5270 1—注浆锚杆；2—拱部锚索；3—拱部锚杆；4—帮底锚杆	锚注支护既是一种注浆加固方法，又是一种独立的支护方式。这种支护方法是将锚杆兼作注浆管，对巷道围岩进行外锚内注。与单纯的锚喷加固围岩不同，锚注支护在锚杆加固带的围岩深处形成一个注浆加固圈。由于锚杆外部的围岩因注浆而得到加固，整体性加强，为锚杆提供了可靠的着力基础	除严重膨胀性岩层，毫无黏结力的松散岩层以及含饱和水、腐蚀性水的岩层不宜采用锚注支护外，其他情况下均可优先考虑使用	支护强度大，护表效果好，适用范围宽，安全可靠性高，支护结构相对复杂，施工工序多、难度较大，对掘进速度有一定影响，支护成本较高	鑫汇金矿

4.3.4.2　锚喷支护设计

锚喷支护结构承载力计算方法认为喷层、锚杆和围岩共同组成的承载结构，阻止巷道围岩产生剪切体位移破坏。按经验公式初选支护参数，然后验算锚喷支护结构承载能力。

1）锚喷设计

初选喷层厚度 t：按经验公式 $t=0.017a$ 计算，其中 a 为巷道半径，单位为 mm。

确定锚杆直径 d、长度 l 和间距 i：根据现场施工条件和岩体特性选取锚杆直径 d，一般情况下多是直径为 16~22 mm 的螺纹钢筋。实践证明，在比较软弱的岩层中，短而密的锚杆往往能更有效地控制围岩位移。在锚喷支护设计中，应满足锚杆长度与锚杆间距之比大于或等于 2 的要求。

2）压缩拱结构设计

承压拱的承载力实际上是锚喷支护结构的安全储备。因此锚喷支护形成承压拱后，锚喷支护安全系数 k 为：

$$k=\frac{P_{i1}+P_{i2}}{P_{i1}} \tag{4-7}$$

因此，压缩拱承载能力可表示为：

$$P_{i2}=(k-1)P_{i1} \tag{4-8}$$

式中：P_{i1} 为锚喷支护承载能力；P_{i2} 为压缩拱承载能力；k 为锚喷支护安全系数。

根据工程实践数据和经验，建议 k 取 1.5~2。其中 1.5 为临时支护安全系数，2 为永久支护安全系数。

4.3.4.3 锚喷支护监控量测

巷道地压活动的主要表现是片帮、滑移、冒落等。巷道围岩监控指标主要有：表面收敛、围岩深部位移、锚杆受力；与巷道稳定有关的监控内容有：围岩变形量，锚固区内、外的变形值，围岩深部位移，锚杆受力及其分布情况。锚喷支护的监测内容主要包括：

（1）收敛监测：指采用收敛仪进行观测，根据采场围岩处于高应力区，围岩的变形、位移较大的特征进行的围岩状态监测设计，反映巷道表面位移的大小及巷道断面的缩小程度，并判断围岩的运动是否超过其安全最大允许值，是否影响巷道的正常使用。围岩应力位移变化仪器安装示意图如图 4-6 所示。

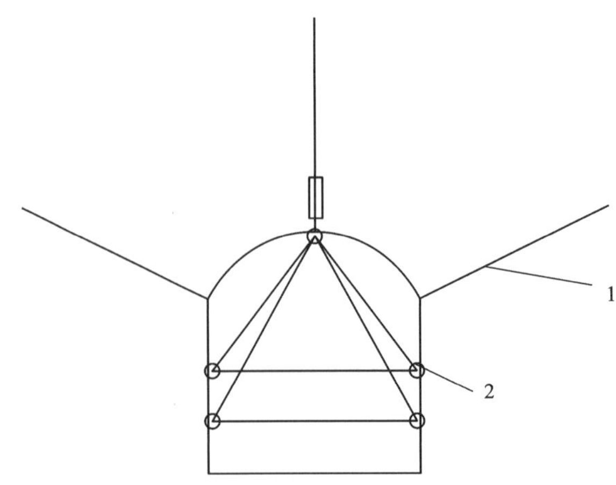

1—多点位移计；2—收敛观测点。

图 4-6 围岩应力位移变化仪器安装示意图

位移观测数据见表 4-13。

表 4-13 位移监测数据

测试断面	日期	A		B		C	
		Δ_a/cm	V_a/(cm · d^{-1})	Δ_b/cm	V_b/(cm · d^{-1})	Δ_c/cm	V_c/(cm · d^{-1})

(2)围岩深部多点位移监测：应用多点位移计监测来反映距巷道表面不同深度的围岩移近量，可以判断锚杆的应变是否超过极限应变。

多点位移计主要由基点锚头、测绳、基准点座、弹簧、标尺组成。各组锚头安装在不同的位置(图 4-7)，当岩石、岩体发生位移时，不同层次的测点位置移动量由标尺指示(表 4-14)。

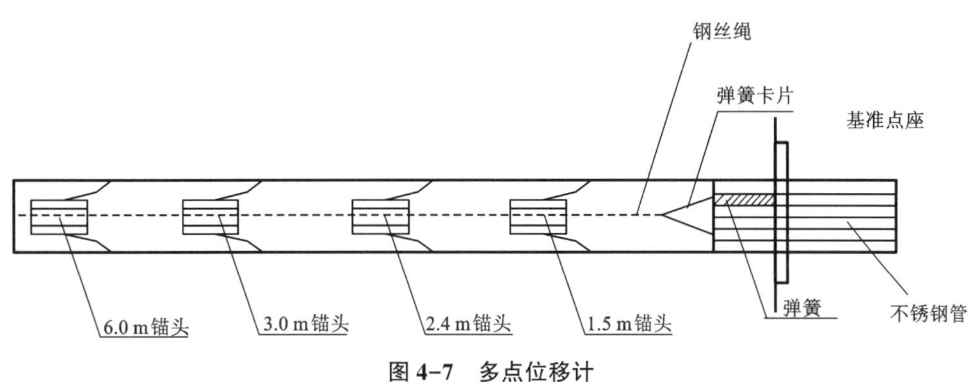

图 4-7 多点位移计

当浅部范围内移动时(如 1.5 m)，浅部标尺位置不变，深、中部位置的标尺向内移动，表明岩体浅部有移动，离动量由标尺指示。当在中部范围内移动时(如 3 m)，3 m、2.4 m、1.5 m 标尺位置不变，6 m 的标尺向内移动，离动量由标尺指示。

表 4-14 多点位移计监测数据

测试断面	日期	A				B				C			
		A_1/mm	A_2/mm	A_3/mm	A_4/mm	B_1/mm	B_2/mm	B_3/mm	B_4/mm	C_1/mm	C_2/mm	C_3/mm	C_4/mm

(3)锚杆受力：应用锚杆应力计监测锚杆的工作状态及其参数是否合理，如锚杆选择、锚杆布置密度是否合适等；锚杆应力计与所要测量的锚杆(钢筋做锚杆)连接可采用螺纹接头或焊接方式。当锚杆所受的应力发生变化时，振弦式应变计输出的信号频率也发生变化(图 4-8)。

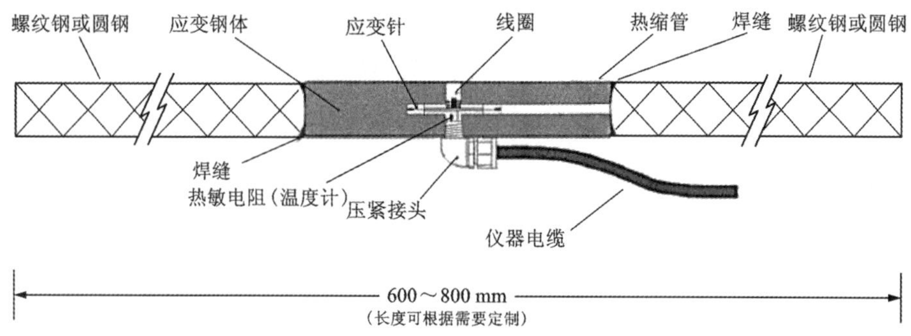

图 4-8 锚杆应力计构造图

4.3.5 释能锚杆支护

释能锚杆支护是控制深部岩爆等动力冲击条件下巷道围岩稳定性的重要支护方法，采用释能锚杆支护结构使岩体中积蓄的高弹性能以和缓的方式释放，使高应力岩体处于低储能、缓变形的稳定状态，有效抵抗岩爆等动力灾害的往复冲击作用，在深部采矿工程、隧道工程等高岩爆风险岩体稳定性控制中得以广泛应用。

4.3.5.1 释能锚杆支护原理

在岩爆等动力冲击作用下，巷道围岩表面积聚的高应变能快速释放，将岩块从围岩表面抛出；从能量耗散角度来看，如果巷道围岩破坏深度为 1.5 m 以上，就会为灾害性岩爆发生提供必要条件。释能锚杆支护系统能够抵抗的能量释放能力为 5~20 kJ/m^2，最大可达 50 kJ/m^2。

释能锚杆支护原理是以高应力岩体动能释放程度为基础的。释能锚杆支护系统选择的基本要求(图 4-9)为：

(1)在高动力冲击作用下，释能锚杆支护区域内岩体以相同的加速度移动；

(2)高动力冲击作用后，释能锚杆支护系统控制岩体移动速度减小到零；

(3)释能锚杆支护系统能提供高支护阻力，同时能够产生大的恒定位移；

(4)释能锚杆支护系统最薄弱位置等于或高于冲击能量。

在不考虑相邻释能锚杆支护系统影响区域及稳定跨度影响的条件下，释能锚杆支护原理要同时满足上述条件。释能锚杆支护原理未充分考虑动载荷循环、震动及滞后特点。目前，释能锚杆支护设计主要考虑岩石质点峰值速度替代岩块弹射速度。在设计释能锚杆支护系统时，需考虑质点振动速度为 3~10 m/s，以此作为释能锚杆支护系统的锚杆(索)承担的岩体能量释放能力。

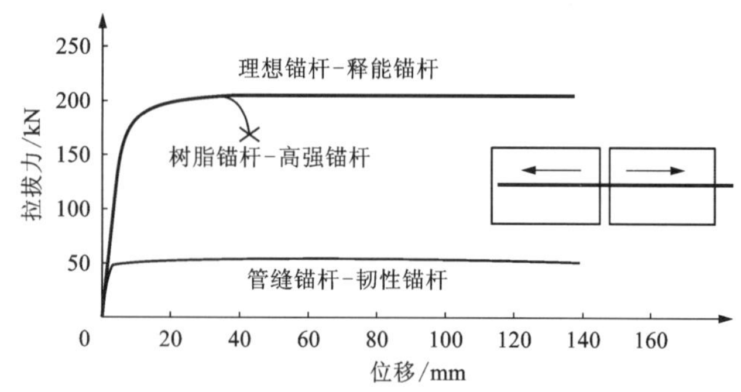

图 4-9 理想释能锚杆支护效果

4.3.5.2　释能锚杆支护设计方法

目前，释能锚杆支护设计主要是针对具有岩爆倾向的巷道进行支护设计。国外释能锚杆支护经验通常是先对岩爆发生的可能性、岩爆的等级进行预测，然后根据岩爆发生等级不同采取工程类比法进行支护。对有岩爆倾向的巷道释能锚杆支护可以从以下方法来研究。

(1)围岩加固角度。对于地下采矿一定深度围岩内，围岩应力状态与岩石加载应力-应变曲线具有一定对照关系。在图 4-10 中，σ_0 为原岩应力，σ_{max} 为峰值应力，σ_r 为残余应力，图 4-10 中 B'为塑性区，对应于图中的 B 区，A'区为岩石峰值强度后区，此区域内岩石因所受的应力超过其抗压强度，而在围岩内产生宏观破裂，导致围岩体弱化，承载能力下降。B'区为塑性高应力区，对应此区是岩石损伤初始、演化、扩展区，即岩石已开始产生微、细观破裂。

围岩加固区域是与图中 B'、A'区对应的 B、A 区。加固 B 区，可以提高岩体峰值强度；加固 A 区或 Q 点围岩采取的支护约束，可以提高围岩的残余强度，增大其承载能力。加固围岩提高围岩体的强度，防止围岩强度下降，使巷道围岩能够提高自身的承载能力，从而提高岩爆诱致围岩发生破坏极限。围岩加固可控制岩体破碎膨胀和弱化，充分利用岩体的黏聚力和内摩擦力。

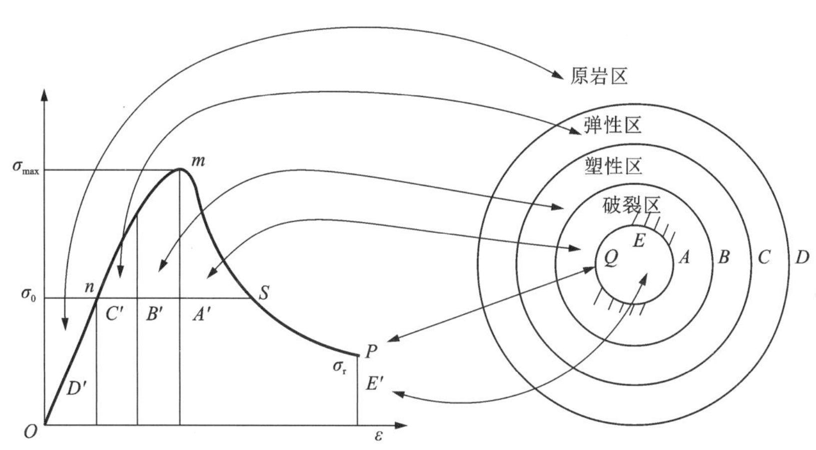

图 4-10　围岩应力状态与岩石加载应力-应变曲线对照关系

(2)能量角度。由于岩爆是一种动力破坏，其破坏过程伴随着能量积聚和释放。从能量角度考虑设计释能锚杆支护结构，假设巷道围岩在岩爆过程中产生动能 $E_e=\dfrac{1}{2}mv^2$，还有一部分势能变化即 $E_p=mg\Delta h$，那么，在支护过程中，要求支护体系所释放的能量 E 要大于 E_e 与 E_p 之和。

$$E > E_e + E_p \tag{4-9}$$

将岩体屈服破坏范围近似等于岩体表面产生裂隙的范围，即近似等于巷道围岩破裂厚度。通过对大量矿山岩爆实际监测数据进行分析发现，巷道围岩发生岩爆处的峰值质点震动速度为 1 m/s，是设计巷道安全支护的最低质点震动速度；当峰值质点震动超过 2.5 m/s 时，巷道严重破坏。Jager 研究认为发生中等强度岩爆的峰值质点震动速度为 3 m/s。岩体峰值质点震动速度的计算式为：

$$2.20\lg(RV) = 0.5M_L + \lg 2.6 \tag{4-10}$$

式中：R、V 为巷道参数，其中 R 为远离震源中心的距离，V 为峰值质点震动速度；M_L 为岩爆震级。

(3)动能角度。岩爆等动力灾害的发生一般都是瞬时的，且其作用时间特别短。由动量守恒定律可知，岩爆对支护构件产生的反作用力 F 较大。根据反比例函数的性质(图 4-11)，在 Δt 值很小时，Δt 增大，F 值会迅速降低。由此可知，对岩爆支护系统的要求是，既要有较高的承载力，同时也要有很强的瞬时变形能力。

$$F\Delta t = mv_0 - mv_t \tag{4-11}$$

根据有岩爆危险巷道的支护要求可知，具有刚塑性变形特点的支护系统最适合有岩爆危险的巷道。典型的刚塑性支护系统的应力-变形曲线见图 4-12。

从图 4-12 中可以看出，刚塑性支护系统具有较高的屈服强度，屈服后允许的变形较大，即释放岩块动能的能力大，因此释能锚杆支护最适合有岩爆危险的巷道。

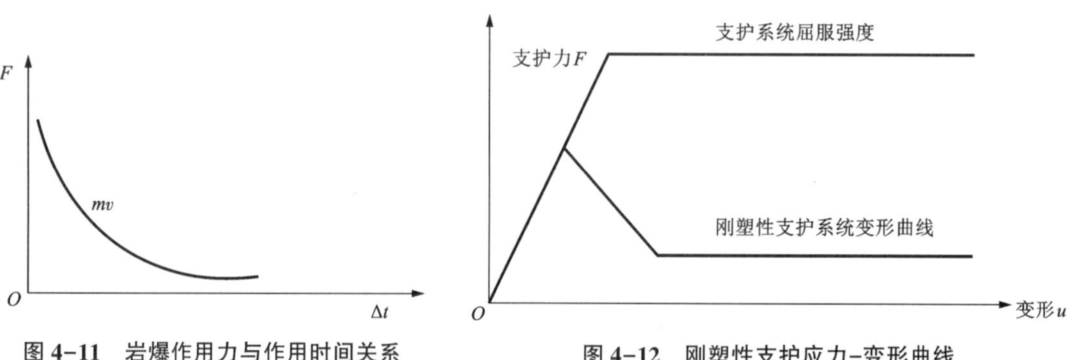

图 4-11 岩爆作用力与作用时间关系

图 4-12 刚塑性支护应力-变形曲线

4.3.5.3 释能锚杆支护设计安全标准

传统的支护设计方法主要通过支护能力与支护要求的比值评价其设计的安全系数；高岩爆倾向岩体的巷道支护设计同样应满足上述安全系数。该安全系数不仅应满足支护静载荷，还应考虑动载荷作用所产生的位移与释能大小等。在高岩爆倾向地层释能锚杆支护设计时，需考虑载荷、位移和能量三个支护指标，并逐一进行评价，其具体过程如下。

一是载荷指标。载荷安全系数定义如下：

$$FS_{载荷} = \frac{支护系统支护力}{围岩压力} \tag{4-12}$$

通常，载荷指标包含动载荷与静载荷两种。在动载荷条件下，动载荷加速度将增加载荷与位移需求，要求柔性支护系统释放部分动能，直到静载荷支护需求降低到释能锚杆支护系统极限承载以下。

二是位移指标。如果应力超过岩体强度，则巷道围岩会发生破坏，并产生膨胀变形、体积增大等现象。当巷道受采动应力作用产生切向破坏、破碎巷道围岩产生膨胀变形时，可采用支护系统控制巷道径向变形。因此，设计支护系统时必须允许支护系统产生较大的位移，满足或超过巷道围岩变形需求。其位移安全系数定义如下：

$$FS_{位移} = \frac{支护系统最大变形量}{围岩最大变形量} \tag{4-13}$$

三是能量指标。当巷道发生岩爆破坏，岩块从巷道围岩表面产生弹射时，其具有较大动能，导致巷道围岩垮落，释能锚杆支护要求控制潜在岩爆动载荷变化产生的动能冲击作用。因此，设计释能锚杆支护系统的能量释放能力必须满足或超过巷道围岩能量释放要求。其能量安全系数定义为：

$$FS_{能量} = \frac{支护系统最大释放能量}{围岩最大释放能量} \tag{4-14}$$

在岩爆等动力冲击作用下，释能锚杆支护设计的安全标准是在传统支护设计安全标准的基础上增加了有关动载荷、位移与能量校核等设计要求。岩爆等动力冲击巷道围岩释能锚杆支护设计过程为：①选择合适的支护结构与支护参数(详见 4.1.2 节)，相应支护结构改为释能锚杆支护结构；②计算支护系统支护能力与岩爆等动力冲击巷道围岩支护需求；③按照 4.3.5.3 节所述安全标准对支护系统的载荷、位移与能量等指标进行逐一校核；④调整支护结构与支护参数，并对其进行载荷、位移与能量等指标的再校核，直至满足 4.3.5.3 节所述的所有安全标准。

4.3.5.4　岩爆等动力冲击巷道围岩破坏深度计算

巷道围岩破坏区域岩体的厚度指在无支护的条件下，巷道围岩体内部的黏结力降低，破裂岩体的碎块可在自重作用下脱离岩体。脆性岩体的破裂厚度取决于应力大小(相对于单轴抗压强度 σ_c 的最大诱发应力 σ_{max})、侧压力系数 σ_1/σ_3、岩体结构、开挖体形状，以及远处地震事件诱发的动态应力增量 $\Delta\sigma_d$。根据现场经验和数值模型，提出圆形或近圆形开挖体围岩破裂厚度的计算方法。

1)静态应力状态下井巷围岩破坏

在完整硬岩中，开挖区附近岩体的最大应力(切应力)为 $0.3\sigma_c \sim 0.5\sigma_c$，围岩内出现高应力集中，可能会以稳定或不稳定的方式发生脆性破坏。对于近圆形开挖体，破裂区的最大应力为开挖边界的切应力 σ_{max}，计算如下：

$$\sigma_{max} = 3\sigma_1 - \sigma_3 \tag{4-15}$$

根据经验图(图 4-13)，井巷围岩破坏的附加深度 d_f($d_f = r_f - a$)与井巷半径的比值可表示如下：

$$\frac{d_f}{a} = 1.34\frac{\sigma_{max}}{\sigma_c} - 0.57(\pm 0.05) \tag{4-16}$$

井巷围岩破裂带的半径可表示为：

$$\frac{r_f}{a} = \frac{r_f}{a} + 1 = 1.34\frac{\sigma_{max}}{\sigma_c} + 0.43 \tag{4-17}$$

2)岩爆等动力冲击巷道动载荷及相应破坏深度计算

巷道围岩破坏产生岩爆事件或井巷开挖爆破等动态加载，导致巷道围岩应力增大，提供岩石破裂过程的附加能量。在开挖区域附近非均匀应力场作用下，受远场振动荷载作用，巷道断面附近应力集中并迅速传递，在巷道断面产生椭圆形的破裂区。动载荷改变了巷道围岩的应力集中状态，由剪切波引起动态应力的峰值 c_s、ρ、ppv_s，其中 c_s 是剪切应力波的传播速度，ρ 是岩石密度，ppv_s 是剪切波速度的峰值。动态加载改变了原岩应力状态，动载荷引起的

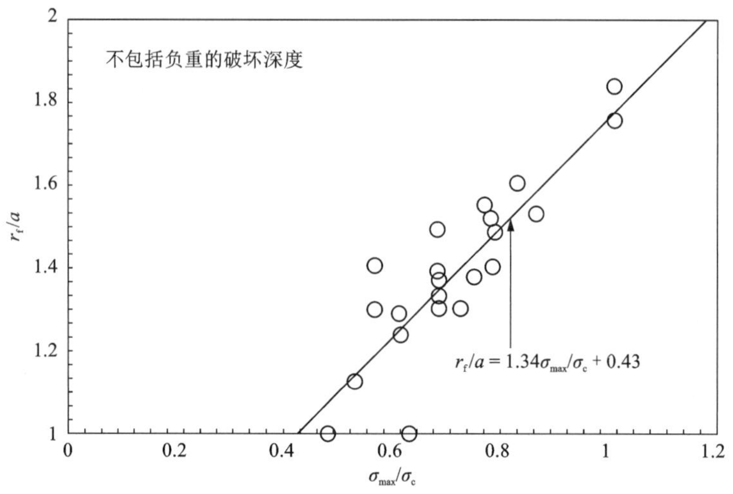

图 4-13 破裂带半径与应力减小参数间的关系

应力增量通过 $\Delta\sigma_1^d = c_s \cdot \rho \cdot ppv_s$、$\Delta\sigma_3^d = -c_s \cdot \rho \cdot ppv_s$ 可换算为静载荷。由于 $\Delta\sigma_1^d$ 和 $\Delta\sigma_3^d$ 符号相反，主应力差值是动态荷载增量的两倍。纵波速度 ppv_p，远低于剪切应力波的传播速度 ppv_s。因此，远场地震波只考虑剪切应力波的传播速度 ppv_s。对于圆断面巷道，最大的动态应力集中：

$$\Delta\sigma^d = n \cdot c_s \cdot \rho \cdot ppv_s \tag{4-18}$$

式中：参数 n 取决于动态应力波的入射角。$n = 4\cos 2\theta$，θ 是相对于 σ_1 的入射角，因此 $-4<n<4$。

如图 4-14 所示，对于入射角为 θ 的剪切波，最大总应力(静态加动态)可表示为：

$$\Delta\sigma_{max}^{s+d} = 3\sigma_1 - \sigma_3 + n \cdot c_s \cdot \rho \cdot ppv_s \tag{4-19}$$

对于 $\theta=45°$的剪切应力波，引起 σ_1 增加，而 σ_3 减小 $\Delta\sigma_d$，最大总应力(静态加动态)可表示为：

$$\Delta\sigma_{max}^{s+d} = 3\sigma_1 - \sigma_3 + 4c_s \cdot \rho \cdot ppv_s \tag{4-20}$$

由此将动载荷转化为静载荷进行计算，同时将动载荷作用下巷道围岩破坏深度转化为静态应力条件下的岩体破坏深度进行讨论。

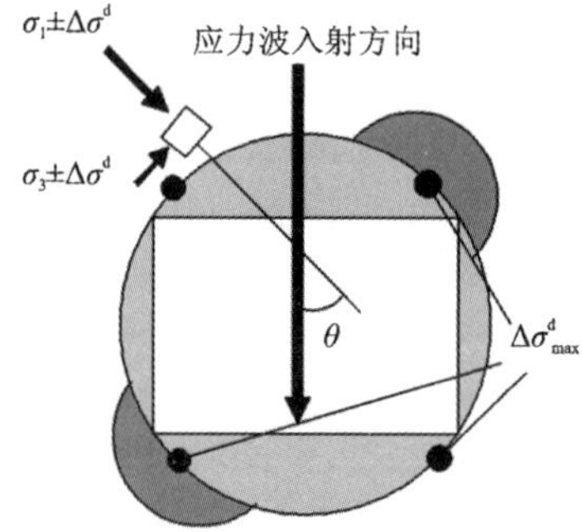

图 4-14 动态应力波作用下巷道围岩应力变化

3) 巷道围岩最大位移估算

当岩体内存储的应变致使岩体产生破裂时，其支护系统只需控制岩体的膨胀变形。此种情况下，需建立分析井巷围岩位移和裂隙岩体变形的平均应变，以此来选择支护类型。

井巷围岩平均应变大小与膨胀系数大小相等，即：$\varepsilon_{ave} = BF$。

在岩爆等冲击动力作用下，常规锚杆支护不能在瞬间提供较大的位移变形，采用常规的支护结构不能有效控制岩体产生的(10±3)%应变。而释能锚杆支护结构系统能产生(5±1)%的平均应变，并且提供大约 200 kN/m² 的支护力，岩体应变可以减少(1.5±0.5)%，从而降低对支护的整体位移要求。

释能锚杆可用来承受岩体的膨胀变形，同时结合刚性支护结构，可使巷道围岩的膨胀变形减小。巷道围岩位移 u_{wall} 可通过围岩的破裂厚度(Δ+df)乘以膨胀系数 BF 来估算，巷道围岩的最大位移估算式为：

$$\frac{u_{wall}}{a}=\mathrm{BF}\left[1.34\frac{\sigma_{max}}{\sigma_c}-0.27(\pm 0.05)\right] \tag{4-21}$$

式中：u_{wall} 为巷道围岩位移；a 为巷道开挖半径。

图 4-15 提供了一个巷道围岩最大变形估算方法。由此可知，采用锚杆和金属网支护时，低应力下的岩体膨胀变形效率低，当 σ_{max}/σ_c 为 0.4~0.5 时，巷道围岩产生的位移超过 3%a，巷道围岩产生中等程度破裂，锚网支护不能满足最低岩爆倾向的支护要求。图 4-15 也说明刚性支护结构和释能锚杆的组合能最大化控制膨胀变形过程。即使当 σ_{max}/σ_c>0.65，围岩发生严重破裂时，该释能锚杆支护结构仍能控制巷道围岩变形。

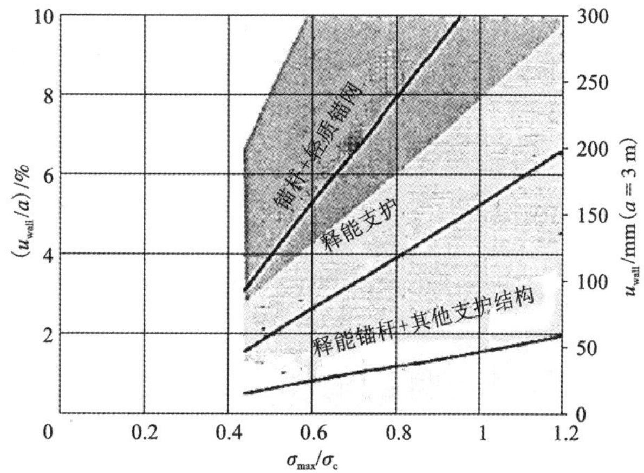

图 4-15　岩爆作用下巷道围岩产生的变形

4) 破裂岩石的弹射

如果加载系统刚性大，残余的应变能或释放的动能 E_k 较小，岩石将以稳定的方式破裂，少量的残余应变能通过支护释放。多余的应变能为岩石中储存的应变能与岩石破裂消耗的应变能之差(图 4-16)。对于很小的残余应变能，岩石的弹射速度很小，当超过岩体强度后，支

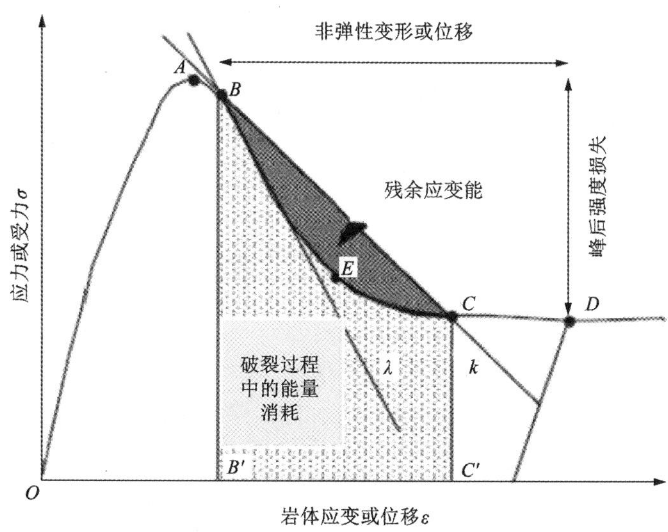

λ 为峰后斜率；k 为加载系统刚度；存储的应变能 = $S_{BCC'B'}$，岩石破裂能量 = $S_{BECC'B'}$，释放的应变能 $E_k = S_{BECB}$。

图 4-16　岩体力-位移或应力应变曲线

护用来控制 B 点到 D 点的塑性变形。如果加载系统的刚性低，开挖区附近的岩石中的大量残余应变能 E_k 释放，围岩不仅会膨胀破裂，还会向巷道内弹射。此时的支护不仅要控制膨胀变形，还要释放岩石中储存的动能。由于残余的动能可通过破裂岩石的变形和支护结构来释放，因此当围岩变形达到 D 点时，围岩–支护系统将达到新的应力平衡。

如上所述，如果 $E_k \leqslant 0$ 或 $|\lambda|>|k|$，则发生稳定应力压裂；如果 $E_k>0$，则发生不稳定的断裂。然而，释放的应变能 E_k 不能准确测定，即不能准确地测定岩块弹射速度，除非峰后强度损失非常小（百分之几），弹射能量将总大于岩石支护实际有效释放能量（$E_{sup} \leqslant 50\ \text{kJ/m}^2$），确保满足加载系统刚度低于峰后刚度（50%峰值强度损失小于 1%）。因此，加载系统刚度必须保证比脆性岩石峰值后的刚度高，以防止岩石产生猛烈破坏。需通过采用卸压爆破人为降低岩体峰后破坏岩体刚度来实现。

岩石破坏过程强度可由岩块弹射速度来表征。当岩块弹射速度超过 3 m/s 时，难以支护，因为当前支护系统的最大释放能量约为 50 kJ/m^2；弹射深度超过 1.5 m，岩石释放能量超过 50 kJ/m^2。如果岩石破裂的深度小于 1.5 m、弹射速度小于 1.5 m/s 时，常规岩爆支护系统即可满足。因此，岩石破裂膨胀的支护取决于碎裂岩石的弹射速度，即

当 $v_e<1.5$ m/s 时，无弹射现象；

当 1.5 m/s$<v_e<$5 m/s 时，支护系统能承受弹射；

当 $v_e>5$ m/s 时，弹射速度过大，支护系统不能阻止岩体破坏。

根据岩爆现场估计岩石碎块弹射的速度。如果没有岩块弹射，岩体支护设计可忽略动能 E_k 和假设 $v_e<1.5$ m/s。

5）抛射岩体的动能分析

开挖后巷道围岩破裂深度取决于诱导应力与岩石强度的比值，估算岩体破坏区域的最大厚度 t_{max}，得到潜在发生弹射岩块的区域，岩体破裂的最大深度 r_f 的径向距离可以由式（4–23）来估算。假设岩石弹射抛物线区域对应的圆心角为 π/2（图 4–17），所弹射出岩石的横向范围（抛物线的宽度）w 为 1/4 巷道断面周长 $\pi \cdot a/2$，阴影区域的面积 S 的计算式为：

$$S=\frac{2}{3}\cdot\frac{\pi a}{2}t_{max}=\frac{1}{3}\pi a\cdot t_{max} \tag{4-22}$$

通过岩石厚度 t 乘以岩石密度 ρ，可以计算出潜在发生岩爆区域单位面积的岩石质量。

$$m=\frac{2}{3}\rho t_{max}\cdot 1=\frac{2}{3}\rho(r_f-a) \tag{4-23}$$

已知抛射岩石的质量和抛掷速度 v_e，可以计算出抛射岩体的动能。

$$E_k=\frac{1}{2}mV_e^2 \tag{4-24}$$

6）释能锚杆支护系统设计标准与支护能力估算

岩爆倾向性岩体支护的基本原则为：在爆破开挖诱发作用下产生岩爆灾害，快速释放能量，冲击井巷支护结构；在高速动力冲击载荷作用下，其井巷支护结构亦能快速产生一定的形变，同时保持支护结构不丧失支护强度，确保井巷支护结构的稳定。释能锚杆支护结构既具有高支护承载力，充分提高和发挥围岩自身承载力，与支护结构共同形成相互协调、相互作用的支护系统，又能确保在岩爆等动力冲击作用下，快速释放岩爆产生的动能，确保井巷支护结构的稳定。在岩爆等动力冲击载荷作用下，如果不进行释能锚杆支护，则会直接冲击

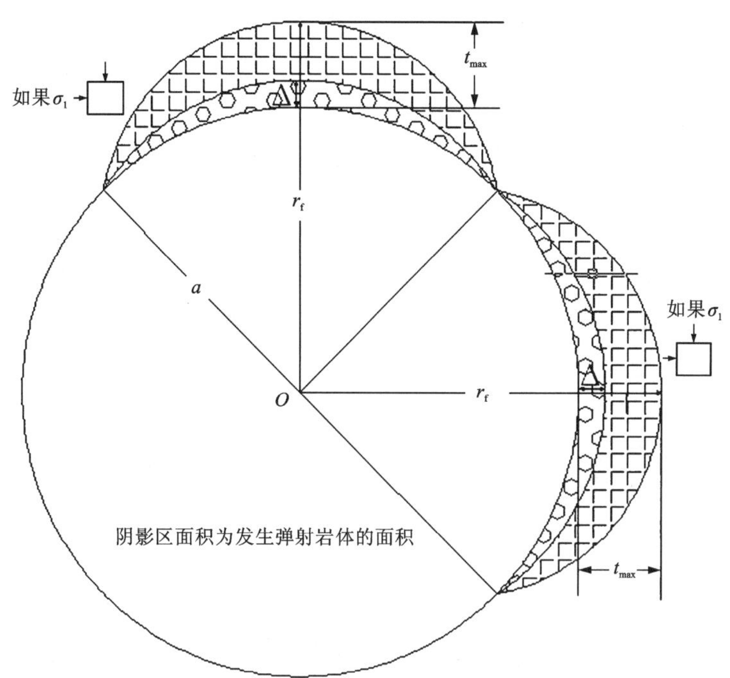

图 4-17　由高应力作用下破碎岩块弹射抛物线区域内的岩爆动能计算

井巷衬砌或刚性结构，致使其失稳。

释能锚杆支护的设计标准基于弹射岩体的质量、速率和动能。表 4-15 列出了载荷、位移和能量的推荐设计值。

表 4-15　岩爆岩体岩石弹射支护系统设计标准

岩体破坏强度	载荷/($kN \cdot m^{-2}$)	位移/mm	能量/($kJ \cdot m^{-2}$)
低	70	75	5
中等	100	100	10
高	100	250	25
非常高	150	>300	50

表 4-16 给出了典型支护构件载荷、位移参数。确定巷道岩爆破坏程度后，可根据释放能量大小，依照表 4-16 选取相应的支护措施，再按照位移与载荷安全标准校核即可。

表 4-16　典型支护构件载荷、位移参数

支护构件	峰值载荷/kN	位移极限/mm	能量吸收/kJ
16 mm，2 m 长机械锚杆	7~120	20~50	2~4
16 mm 砂浆锚杆	70~130	50~100	4~10

续表4-16

支护构件	峰值载荷/kN	位移极限/mm	能量吸收/kJ
19 mm 树脂锚杆	100~170	10~30	1~4
16 mm 锚索	160~240	20~40	2~6
39 mm 管缝锚杆	50~100	80~200	5~15
水力膨胀锚杆	80~90	100~150	8~12
优质水力膨胀锚杆	180~190	100~150	18~25
160 mm 锥形锚杆	90~150	100~200	10~25
6 号线焊接金属网	20~30	100~200	1.5~2.5 m^2
4 号线焊接金属网	30~45	150~200	2.5~4 m^2
9 号线焊接金属网	30~35	350~450	3~4 m^2
喷射混凝土+焊接金属网	60~90	<450	30~60

在满足这三种释能锚杆支护安全指标的基础上，要考虑爆破振动或岩爆等对巷道围岩支护系统产生的影响。由于巷道开挖处附近的储存应变能转移到弹射岩石中，其岩块弹射速度增大，当弹射速度远大于质点运动峰值 *ppv*。由此，在计算岩块弹射速度 ν_e 时，需引入一个弹射速度因子 n：

$$\nu_e = n \cdot ppv \tag{4-25}$$

在低频应力波时，$n<1$；有能量转移条件下，$1<n<4$。

$$\nu_e = n \cdot ppv = \frac{nC^* \cdot 10^{\left(\frac{m_N+1}{2}\right)}}{R} = \frac{nC^* \cdot 10^{\left(\frac{m_L+1.5}{2}\right)}}{R} \tag{4-26}$$

式中：m_N、m_L 表示 Nuttli 和 Richter 地震震级；R 表示与地震发生处的距离，m；C^* 参数的推荐值取 0.25。

对于一个给定荷载和位移能力的释能锚杆支护系统，其能承受的距地震点的最近距离可由式(4-27)决定，即

$$R = \frac{nC^* \cdot 10^{\left(\frac{m_N+1}{2}\right)}}{\sqrt{2d_s\left(\frac{L_s}{m} - qg\right)}} \tag{4-27}$$

式(4-27)定义了支护系统的承载极限。对于一个给定的支护系统，与震源的安全距离取决于弹射岩石的质量。如果弹射岩石的质量降低，支护系统可以更接近地震点。

4.3.6 支护案例

4.3.6.1 小官庄铁矿锚网支护

鲁中小官庄铁矿是复杂难采矿山，属矽卡岩型铁矿床，围岩以矽卡岩和闪长玢岩为主，部分地段夹杂着断层泥，岩体节理裂隙比较发育，围岩比较破碎，巷道围岩变形比较大。原支护形式普遍采用砂浆锚网喷支护：①弯头锚杆+钢筋网+喷射混凝土；②二次支护：采用中

长锚杆。这些支护方式虽能保证正常的巷道服务年限，但是存在支护不及时、效率低下及支护成本高等问题。

在此，对 E-335 水平二采区的巷道围岩破坏情况进行现场调查，共调查了 E-335 水平二采区 56 条巷道，调查巷道的总长度为 1168.4 m。通过调查统计发现，所有调查破坏巷道长度占巷道总长度的 43.9%。在所支护巷道中，采用一次支护的巷道长度占支护巷道总长度的 49%，其中采用一次支护破坏巷道长度为 98 m，占采用一次支护巷道长度的 17.1%；采用二次支护的巷道长度占支护巷道总长度的 51%，其中采用二次支护破坏巷道长度占采用二次支护巷道长度的 71.6%。围岩破坏形式主要是顶板下沉、片帮、部分地段出现底鼓。

支护效果：采用确定的锚网支护参数，在 41 联巷进行锚网支护试验，支护完成 4 个月后，41 联巷周围进路已经开掘，受采动影响。通过现场观测，初期变形较大，最大位移为 80 mm，一般为 20~30 mm。3 个月后变形趋于稳定，变形速度保持在 0.02 mm/d 以下，巷道趋于稳定状态。锚网支护效果良好，满足小官庄铁矿支护要求。

4.3.6.2　拜什塔木铜矿破碎软岩巷道的锚喷支护

针对拜什塔木铜矿地下巷道情况，根据《岩土锚杆与喷射混凝土支护工程技术规范》(GB 50086)设计锚杆支护方案，如图 4-18 所示。其中选用的锚杆为树脂锚杆。

(1)凿孔。锚杆孔要求垂直于巷道表面，且其直径要求为 32 mm 以下；锚杆排距为 850 mm；锚杆孔深 1.75 m，不得超过 1.8 m，也不得低于 1.6 m。

(2)安装锚固剂。将 3 卷锚固剂放入锚杆孔内。

(3)安装锚杆。将树脂锚杆插入孔内，用气腿凿岩机带动锚杆一边旋转，一边将锚杆插入孔底，要求树脂锚固剂自开始搅拌至装入孔底的总时间不超过 30 s，但不少于 20 s。搅拌完毕后，在 60 s 内不要使锚杆杆体移动，否则影响锚固强度。

(4)安装托盘与螺母。等待时间过后即可安装托盘与螺母，锚杆托盘应压紧钢筋网，并紧贴岩面。

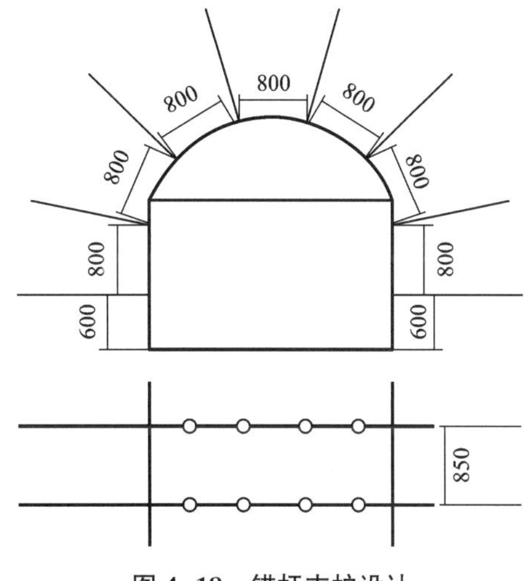

图 4-18　锚杆支护设计

(5)锚固力测试。采用 ZY-20 型锚杆拉拔计对安装的树脂锚杆进行拉拔力测试，要求拉拔力应大于 12 t 且测试频率为 3 根/100 根。

4.3.6.3　鑫汇金矿新主井石门巷破碎岩体支护

鑫汇金矿新主井——1070 m 水平所设计的石门巷道处于松软破碎岩体中，巷道穿过岩层以绿帘石和大理岩为主，岩体结构松散，呈片状，岩体内夹杂类粉煤灰状细粉，岩体强度低，遇水泥化，完整性极差，造成石门巷道的掘进与支护施工十分困难，如采取不当的掘支施工，不仅会影响石门巷道的稳定及工人的人身安全，同时也会对该区域范围内井巷的稳定性产生不利影响。因此，针对构造带影响下新主井-1070 m 水平石门巷道的掘进与支护施工所面临的问题，经过现场调查、试验，通过对原有支护设计方案的不断修正，现确定的新主井-1070 m

水平石门巷道的掘支方法为：石门巷道断面由原设计的 4.6 m×3.7 m 断面尺寸改为 2.6 m×2.7 m 断面尺寸，采用超前管棚注浆支护+锚梁网喷+长锚索+钢支架支护(图 4-19)。

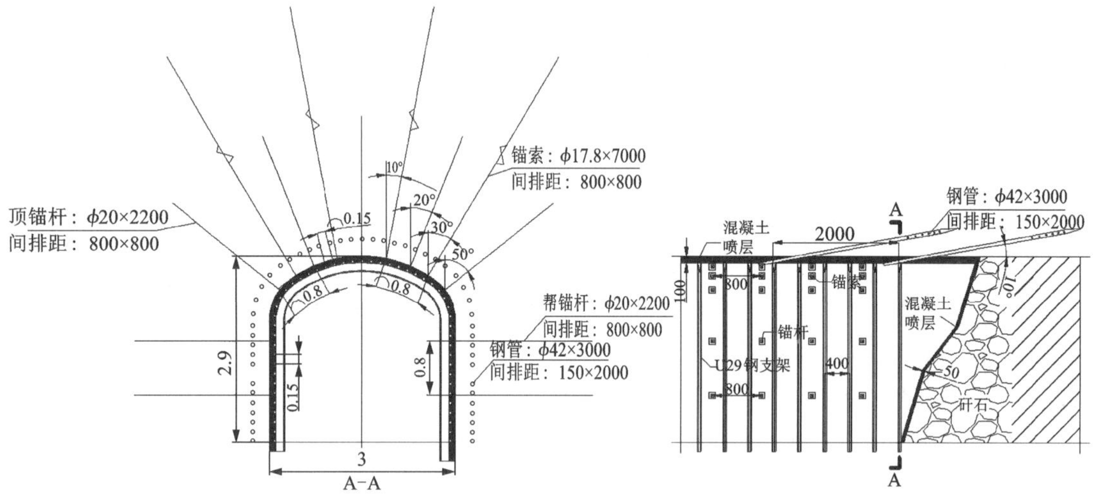

图 4-19 超前管棚注浆支护+锚梁网喷+长锚索+钢支架支护(单位：m)

4.3.6.4 释能锚杆支护应用案例

加拿大 Vale 公司经营的 Creighton 矿和 Coleman 矿岩爆灾害频发，经常导致井下支护体发生破坏。在其井下支护设计时，主要由 Cone 锚杆与管缝锚杆、树脂锚杆、金属网、钢筋带及喷射混凝土组成支护系统，对井下高岩爆发生的危险区域进行支护，其支护见图 4-20。采取释能锚杆支护系统能有效控制低等级岩爆灾害的发生。岩爆发生后其破坏情况见图 4-21。

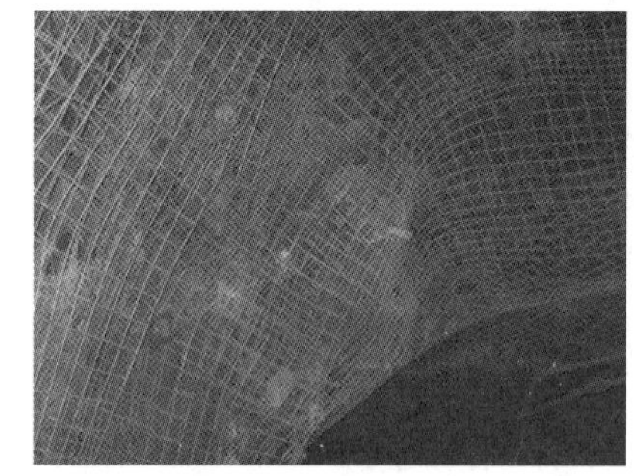

图 4-20 Cone 锚杆与其他锚杆组合支护系统

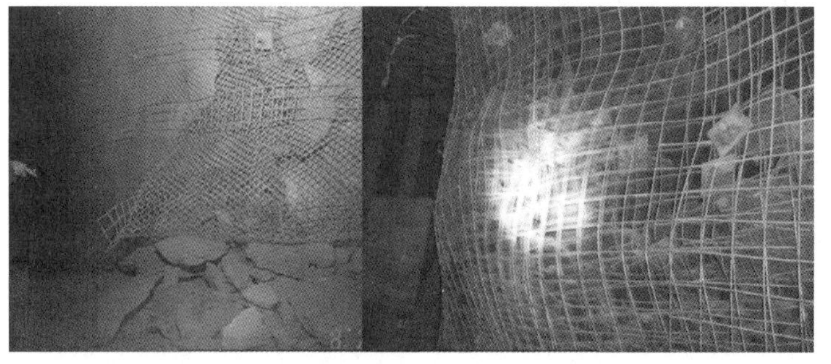

图 4-21 岩爆动力冲击后支护效果

4.4　锚索支护

锚索支护是使用锚索穿过不稳定岩石，一端锚固在完整的稳定岩石中，一端固定在岩石表面的锚索托盘上，对锚索施加预拉应力，使不稳定岩体与稳定岩体连在一起，或使分离岩块彼此连成整体，达到支护岩石的目的，适用于采场、巷道与边坡的加固。

4.4.1　锚索类型

锚索类型主要分为普通长锚索和预应力锚索两种结构形式。

4.4.1.1　普通长锚索

长锚索支护是在岩石中钻凿深孔或中深孔，然后放入一根或多根钢丝绳并向孔中注入水泥砂浆，待凝固后即可加固和支撑采场岩石(图 4-22)，适用于充填法和空场法的采场。在采用分层充填法的采场中，用长锚索预先加固顶板和上下盘围岩，可使在顶板下直接作业的工人的安全得到保护，从而使回采工作顺利进行。在采用空场法的采场中，用长锚索加固矿体上下盘围岩，不仅使采矿和放矿工作能顺利进行，减少矿石损失和贫化，同时也扩大空场法的应用范围。

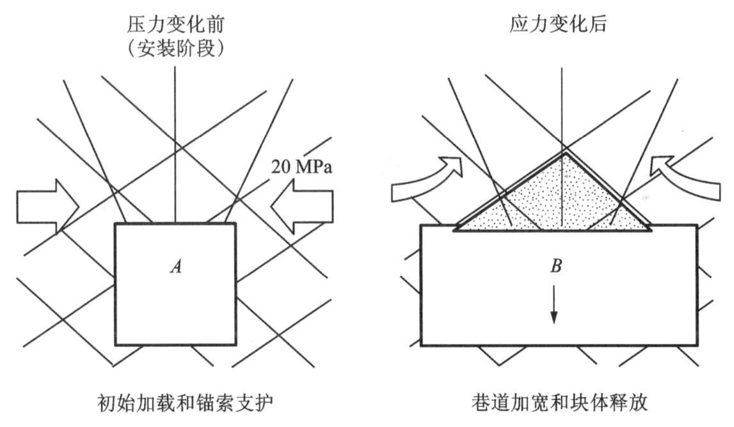

图 4-22　锚索支护作用示意图

1) 普通长锚索结构

图 4-23 所示是普通长锚索结构示意图。

长锚索结构与砂浆锚杆结构相同，由于长锚索比砂浆锚杆长，钻孔直径大，锚固范围大，因此在开采过程中，长锚索一直起着限制岩块位移，调整岩层内部应力场，使顶板围岩及时形成完整岩体的作用，从而有效提高采场顶板围岩的稳定性。

2) 长锚索及悬吊长锚索

悬吊长锚索是长锚索支护的一种演变形式(图 4-24)。

悬架锚索是把固结于各孔中的钢索彼此相连，这种连接可通过钢绳卡子实现，或者悬架本身就是以一根钢索依次有序地固结于各个孔中。这种支护结构要求所使用的钢索的刚度不能太大，否则不能弯曲相连。钢索松弛处用背板楔紧，其目的有二，即背板可支护钢索间的岩石和张紧锚索。

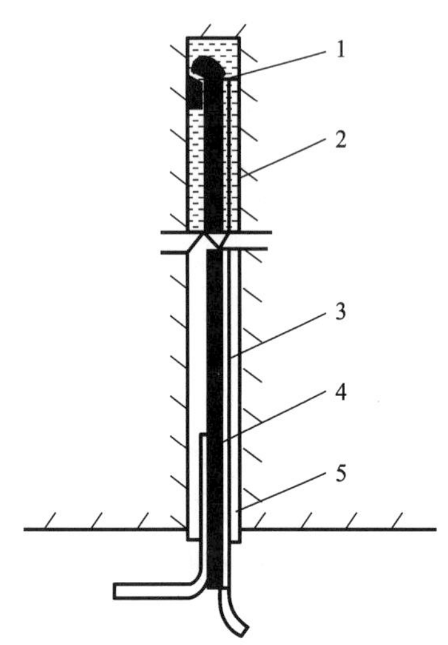

1—排气孔；2—注浆孔；3—钢丝绳孔；4—注浆管；5—孔塞。

图 4-23　普通长锚索结构

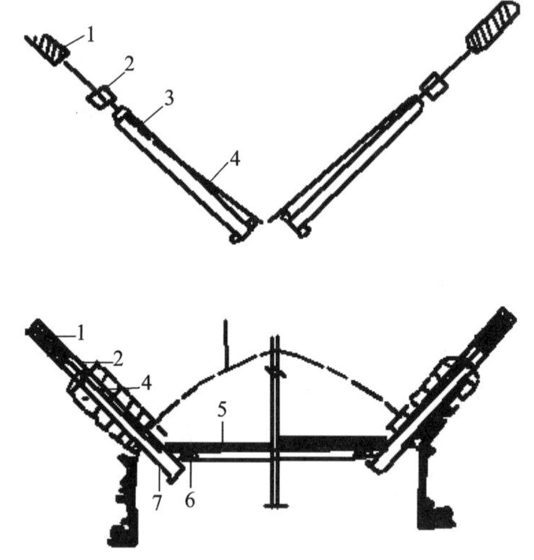

1—水泥卷；2—锤击块；3—缝管式锚杆；4—钢绳；5—顶板；6—承载块；7—木塞。

图 4-24　长锚索悬架支护

4.4.1.2　预应力锚索

预应力锚索一般指施加的预应力大于 200 kN、孔径为 60~100 mm、长度大于 8 m 的锚索。它与普通锚杆或喷射混凝土配合使用(亦可单独使用)，可用于地下高大硐室的支护，采场顶板的管理，预防和处理大跨度硐室的塌方，以及坝体和边坡工程的加固处理。

(1)预应力锚索的类型。

目前国内使用的锚索类型如图 4-25 所示。

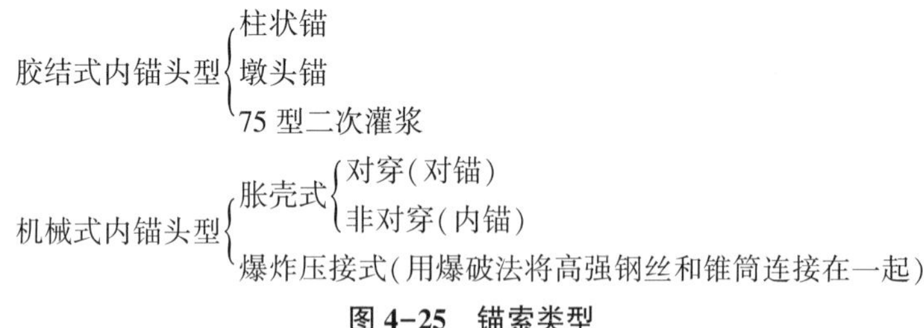

图 4-25　锚索类型

(2)预应力锚索的结构。

各种类型预应力锚索的结构均由三部分组成，即内锚头、张拉段(高强钢丝束、钢绞线及钢丝绳)、外锚头。其结构简图见图 4-26~图 4-28。

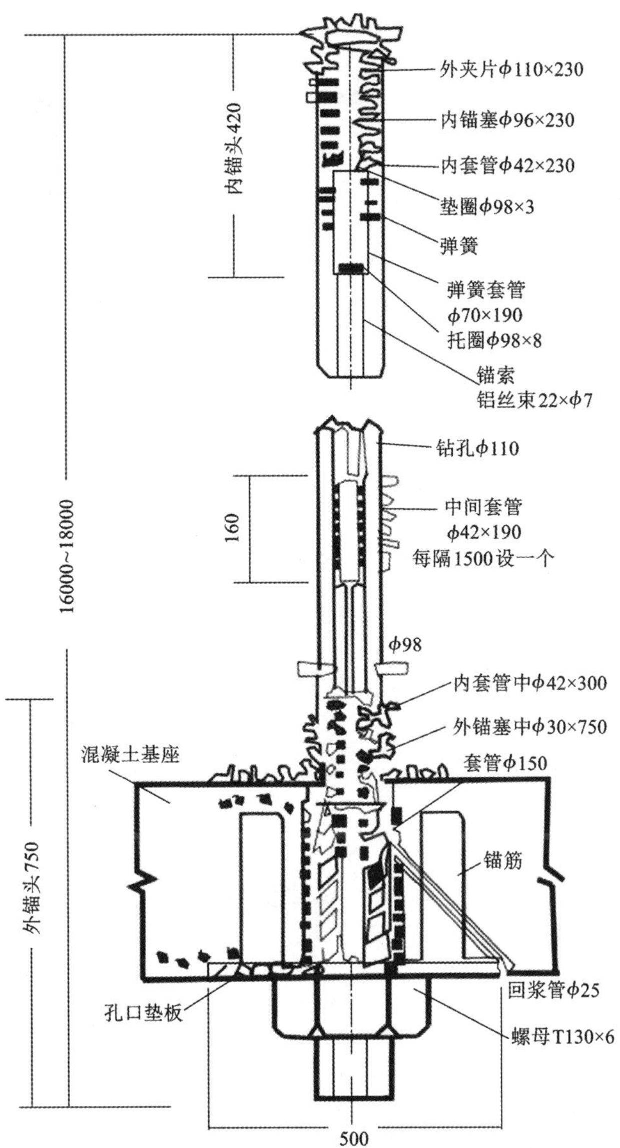

图 4-26　爆炸压接式内锚头锚索结构图(单位：mm)

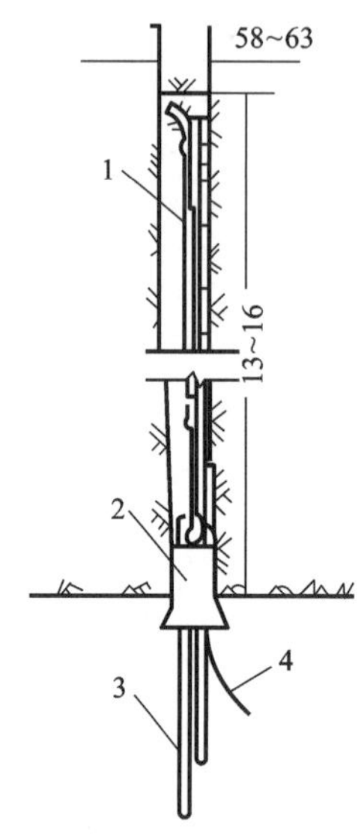

1—钢丝绳；2—封口木塞；
3—注浆管；4—塑料排气管。

图 4-27 钢丝绳长锚索(单位：mm)

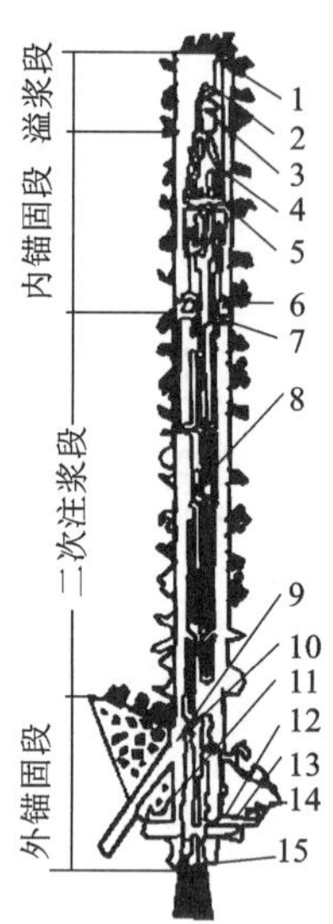

1—定位杆；2—排气管；3—顶帽；4—溢浆管；5—架线环；6—定位止浆环；7—固线塞；8—灌浆管；9—口部灌浆管；10—钢绞线；11—固定钢整板；12—活动钢垫板；13—外链圈；14—混凝土墩；15—外锚塞。

图 4-28 75 型二次注浆长锚索

4.4.2 锚索支护理论

锚索支护的目的主要是在锚杆支护不可靠时，通过锚索锚固长度深、锚固力大的特点把下部不稳固的岩层悬吊在上部稳定岩层之上，从而保证安全。根据不同条件下顶板岩层的力学性质，对锚索支护参数的确定应以悬吊理论和连续梁(板)的减跨理论为依据，同时结合实际巷道的有效跨度进行确定(表 4-17)。

表 4-17 锚索支护理论

锚索支护理论	支护作用示意图	理论内容	应用方向
悬吊理论		由普氏平衡拱理论可知，回采空间形成后，由于应力集中，顶板岩体的力系将失去原有平衡，顶板岩层必然出现弯曲、下沉，如果不进行支护，围岩将发生冒落现象，并形成一个暂时稳定的平衡拱。此时锚索的作用就是利用其强抗拉能力将松软岩层或危石悬吊于深部稳定岩层之上，达到支护的目的。破坏线以下的顶板松脱带重量完全由锚索悬吊在上部稳定的岩体上	可根据悬吊重量确定锚索的支护参数

续表4-17

锚索支护理论	支护作用示意图	理论内容	应用方向
减跨理论		锚索减跨作用，即锚索支护把分层岩层锚固到上层稳定岩层之上，增加了作用支点，缩短梁或板的跨距，以减小其中因弯矩产生弯曲应力及横力而产生的弯矩尤其是弯曲拉应力，从而有效减小顶板整体变形程度，提高整体的稳定性	设计时应根据具体岩层的可锚固条件确定合理的锚索长度、锚固段长度及锚索安设位置等

4.4.3　锚索支护设计

影响锚索锚固特性的因素有水灰比、灰砂比、外加剂掺加量、养护龄期、水泥和砂子的质量等。首先通过室内模拟试验，找出适合于灌浆的速凝、早强、高强的外加剂及其最佳掺加量，选择最佳水灰比、灰砂比，然后用最佳配合比进行锚固特性的试验及锚固形式的选择，为现场工业性试验打下可靠基础。

长锚索支护强度除了锚索的抗拉强度外，还取决于水泥砂浆与矿岩之间的黏结力及水泥砂浆与钢丝绳锚索之间的黏结力。

长锚索的锚固力与锚索孔直径、水泥浆液的配合比及钢绞线直径有关，这些因素的合理组配可通过正交试验设计获得，或用工程类比法确定。

4.4.3.1　锚索支护设计原则

锚索支护设计原则概括为五条：①锚索长度原则；②锚索强度原则；③耦合设计原则；④关键部位原则；⑤反馈设计原则。

锚索长度原则：锚索长度取决于岩体结构、巷道顶板岩性和巷道工程尺寸。当坚硬顶板岩层高度小于3倍巷道宽度时，锚索长度取决于坚硬岩层位置，锚索锚固段要设计在坚硬岩层内1~1.5 m；当坚硬顶板岩层高度大于3倍巷道宽度时，锚索长度按3倍巷道宽度设计，同时，要充分注意锚固段的结构设计和施工质量，重点考虑深部围岩强度和巷道浅部支护体之间的相互耦合作用。

锚索强度原则：锚索承载强度取决于锚索根数和锚索间排距，其设计总载荷按巷道顶板塑性软化区范围的岩石质量乘以安全系数来计算。

耦合设计原则：锚索和锚杆支护达不到耦合作用状态，将会出现恶性事故。因此，重视各种时空条件下的预应力施加值的变化显得至关重要。一般来说，在迎头工作面实施锚索支护，预应力值应适当小一些，是锚杆设计值的0.8~1.0倍。在掘进机后实施锚索支护时，预应力大小应是锚杆设计荷载值的1.0~1.3倍。

反馈设计原则：现场地质条件复杂多变，要加强锚索支护的监测，及时反馈、分析、修正和完善设计，这样就及时弥补了理论和实践存在的缺陷。

4.4.3.2 锚索支护参数确定

1)经验法

(1)锚孔网度。

对系统布置的锚索，其间、排距一般不大于锚索长度的1/3，并不应小于被锚固体直径的3倍，按梅花形、矩形或扇形布置。

锚孔深度必须穿过被加固部位。对于机械式内锚头锚索，穿过长度为2~3 m；对于胶结式内锚头锚索，穿过长度不得小于内锚固段长的2~3倍。锚孔的方向应考虑岩体破坏滑动方向，力求防止索体受剪。

(2)锚索长度。

①胶结式内锚头锚索。

总长度=内锚固段长+自由段(拉伸段)长+外锚头长

内锚固段长与自由段长度合称为被锚固围岩的厚度，按地质调查及监控量测值确定，或按冒落拱高经验公式计算。对于外锚头段，国内多采用圆柱形钢筋混凝土柱墩，其外形尺寸及配筋量可按锚索张拉力计算确定或按工程类比选取。下料总长度还应包括内锚固段的弯钩长度和外锚头中回弯压在锚头中的长度。

②机械式内锚头锚索。

总长度为锚孔深度加上100~200 mm (孔底预留空隙)。

锚索下料总长度的确定。爆炸压接内锚头锚索(以镜泊湖水电站工程为例)，下料总长度为设计孔深度减去350 mm(外锚头插入孔中可调长度)再减去150~200 mm(孔底预留空隙)。

胀壳式锚头锚索(以白山水电站工程为例)有对穿和非对穿之分，其下料长度不同。

对穿型锚索下料总长度为实测孔深度加上1500 mm (张拉端单根钢绞线长度)再加上200 mm(被张拉端外露长度)。

非对穿型锚索单股钢绞线的下料总长度为实测孔深度加上1500 mm(张拉端外露长度)再加上30 mm(内锚头端外露长度)。

③锚索索体(高强钢丝、钢绞线及钢丝绳)的长度和直径通过受力计算确定。

④国内外部分矿山锚索应用案例见附表。

2)图表法

(1)锚索网度/密度。

地下采场需要锚索支护时，可依据锚索网度/密度确定图(图4-29)选择锚索支护参数。锚索支护参数与岩体节理切割块体尺寸(RQD/J_n)、采场空间的水力半径密切相关。Potvin对加拿大地下金属矿山锚索支护案例进行调查、统计、分析，形成锚索支护数据库，确定锚索支护经验图[图4-29(a)]；在图4-29(a)中，依据(RQD/J_n)/HR(J_n为节理组数；HR为水力半径)，估算节理岩体块体尺寸与采场开挖尺寸选择锚索支护参数，当锚索支护密度小于0.1或选取经验参数小于0.6时，Potvin图表法无效。依据Potvin(1989)稳定性图表进行锚索支护参数设计时，必须充分考虑节理岩体的潜在破坏模式。当采场出现岩体滑动破坏时，锚索的安装应倾斜于采场面17°~27°，垂直于节理面安装锚索，从而利于采场围岩的稳定。

1992年，Nickson使用锚索支护案例数据，并调查、分析多种不同影响因素组合。Nickson提出使用参数N'/HR作为变量，进行锚索支护参数设计，并给出锚索支护设计的可靠性[图 4-29(b)]。对于无人员进入采场的锚索支护设计，锚索支护参数可处于非保守设计区；而对于采场顶板锚索支护设计时，锚索支护参数应该选择保守设计区。综合 Nickson 提出的锚索支护参数设计图，可以确定推荐锚索支护的最大锚索参数。具体应用时，须根据现场工程实际进行选择，再应用数值模拟和现场监测进行优化。

Hutchinson 和 Diederichs(1996)根据楔形块拱(梁)理论计算锚索支护参数。通过应用锚索支护使采场围岩形成具有自承能力的拱或梁，抵抗采场围岩弯曲变形，依据等效面积原理确定采场锚索支护参数[图 4-29(c)]。

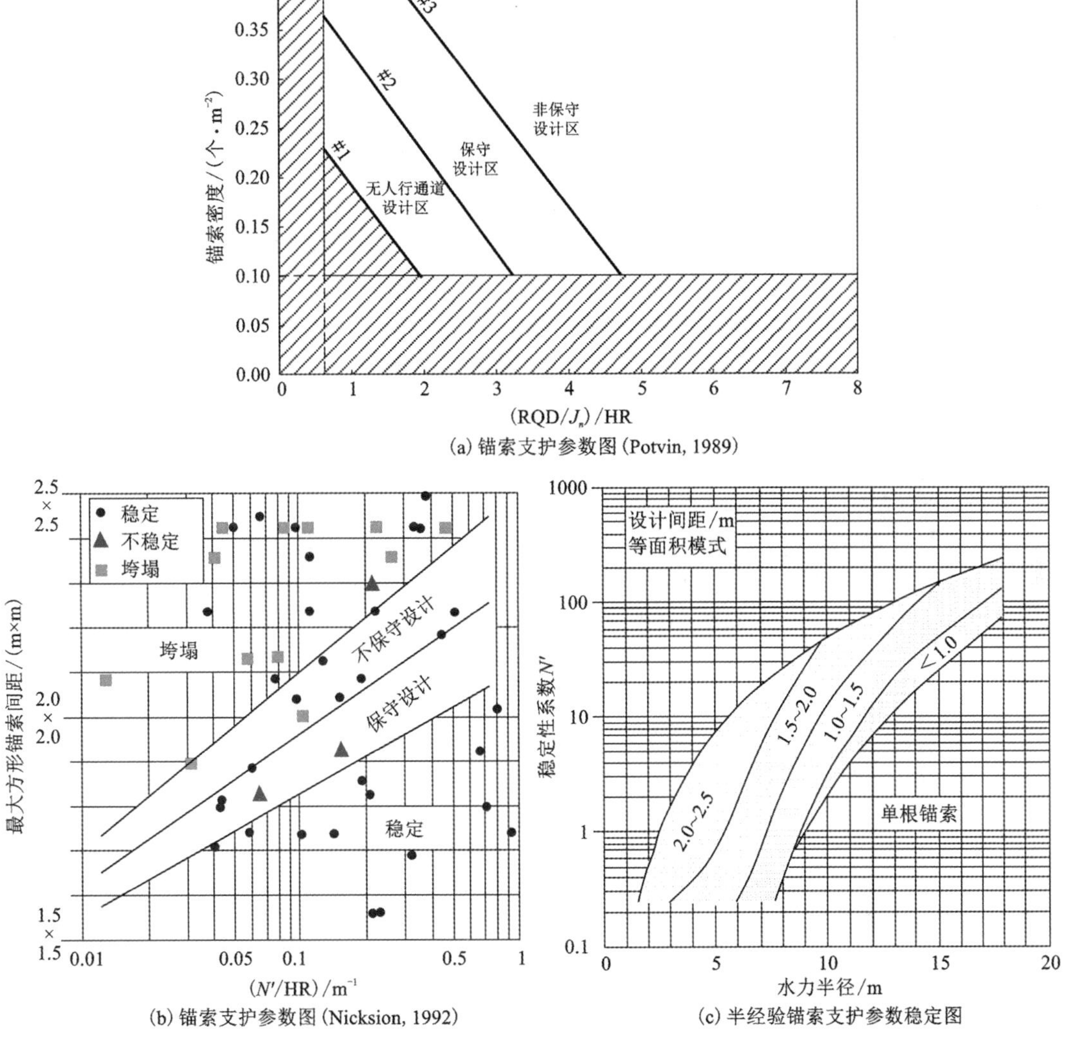

图 4-29　锚索网度/密度确定图

(2)锚索长度确定。

锚索长度设计与采场尺寸密切相关。锚索支护长度应该超过采场围岩破坏区域，锚索孔底锚固到采场围岩未扰动区域，以达到良好的锚固效果；对于锚索支护长度的确定，可以应用经验公式估算锚索支护长度，Potvin(1989)提出锚索长度设计准则(锚索长度是采场面水力半径的函数)[图4-30(a)]；Barton(1988)根据不同的岩体稳定性系数 N' 提出了详细的锚索支护图；Grimstad 和 Barton(1993)根据一些现场锚索支护方案，提出了总体锚索支护图；Hutchinson 和 Diederichs(1996)提出了改进的锚索支护长度设计图[图4-30(b)]。

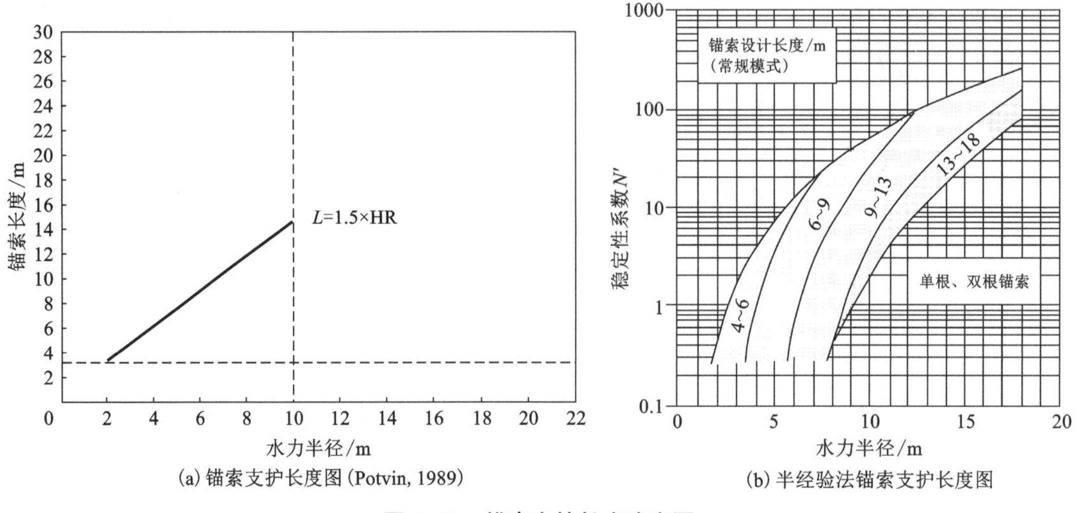

(a) 锚索支护长度图(Potvin, 1989)　　(b) 半经验法锚索支护长度图

图4-30 锚索支护长度确定图

3)理论计算法

(1)普氏拱理论。

当采场顶板岩体较为破碎而采用普氏拱理论时，假定采场上部松散岩体无内聚力，且围岩可以自己形成稳定的免压拱，那么采场所需支护岩体即为拱内岩体的质量。

假定拱内两帮稳定，则拱内岩体质量为所需支护岩体质量。

$$\begin{cases} q = \dfrac{4ab\gamma}{3} = \dfrac{4a^2\gamma}{3f} & (\text{走向为单位长度，且 } b = a/f \text{ 时，拱内岩体质量}) \\ p_1 = ql = \dfrac{4a^2\gamma l}{3f} & (\text{整个采场拱内岩体质量}) \\ p_2 = ql = \dfrac{2a^2\gamma l}{f} & (\text{将抛物线拱假定为矩形拱时}) \\ p = kp_1 & (\text{当埋深超过 400 m 且 } k = 1.1 \text{ 时}) \end{cases} \tag{4-28}$$

式中：q 为走向长度为1 m时冒落拱内岩体质量，kN/m^2；a 为采场宽度的一半，m；b 为采场冒落拱的高度，m；γ 为岩体容重，kN/m^3；f 为普氏系数；l 为采场长度，m；p_1 为拱内岩体质量；p_2 为矩形拱内岩体质量；k 为埋深超过400 m时的修正系数；p 为埋深超过400 m时采场冒落拱内岩体质量。

假定锚索承受所有载荷的压力，并且锚索破坏形式为锚索破断。在进行采场冒落载荷计算时需要预留一定的锚索设计安全系数 n，那么整个采场所需锚索数量、锚索网度为：

$$\begin{cases} m = \dfrac{np}{T} = \dfrac{4a^2k\gamma ln}{3fT} & (\text{当 } n = 1.6 \text{ 时，整个采场所需锚索根数}) \\ T = S\sigma\eta & (\text{单根锚索破断力}) \\ d^2 = D/m & (\text{方形锚索间距}) \end{cases} \tag{4-29}$$

式中：n 为安全系数(根据国际规范，2 年内无重大伤害事故，取 1.6)；m 为整个采场所需锚索根数；T 为锚索破断力，kN；S 为锚索横截面积，m^2；σ 为锚索抗拉强度，kN/m^3；η 为锚索有效利用系数(取 0.99)；d 为方形锚索间距，m。

根据普氏拱理论观点，锚索长度大于冒落拱最大高度，满足几个分层开采的高度并且预留一定的外露长度，根据锚索灌浆体与钻孔滑移的破裂方式进行锚固长度的计算。因此锚索长度的计算公式为：

$$\begin{cases} L = L_1 + L_2 + L_3 \\ L > a/f \\ L_1 = np/(m\pi d_1 \tau) \\ L_2 = n_1 h \end{cases} \tag{4-30}$$

式中：L_1 为锚索锚固长度，m；L_2 为上采各分层高度，m；L_3 为锚索外露长度或埋入稳定岩体内长度，m；L 为锚索总长度，m；n_1 为上采总分层层数；τ 为灌浆体与钻孔黏结强度，MPa；h 为采上一分层高度，m；d_1 为锚索钻孔直径，m。

(2)悬吊理论。

与使用普氏拱理论相似，在使用悬吊理论进行锚索参数设计时应该遵循以下几个原则：①锚索长度应大于不稳定块体埋入深度或者最大松动范围；②进行锚索网度设计时应将锚索破断力除以安全系数以获得安全的锚网参数；③锚索长度计算时按照锚索失效以灌浆体和钻孔破裂失稳形式为主进行设计。那么，应用悬吊理论进行锚索参数设计过程如下：

$$\begin{cases} T = F/n & (\text{锚索最大承载力}) \\ L_1 = T/\pi \cdot d_1 \cdot \tau & (\text{锚索锚固长度}) \\ L = L_1 + L_2 + L_3 & (\text{锚索总长度}) \\ m = G \cdot K/T & (\text{不稳定区域所需锚索根数}) \\ d^2 = D/m & (\text{方形锚索间距}) \end{cases} \tag{4-31}$$

式中：T 为锚索最大承载力，kN；F 为锚索破断力，kN；n 为安全系数；d_1 为锚索钻孔直径，m；τ 为灌浆体与钻孔黏结强度，MPa；L_1 为锚索锚固长度，m；L_2 为上采各分层高度，m；L_3 为锚索外露长度或埋入稳定岩体内长度，m；L 为锚索总长度，m；G 为锚固范围内岩体重量，kN；m 为不稳定区域所需锚索根数；d 为方形锚索间距，m。

悬吊理论只适用于采场顶板中存在不稳定冒落拱、三角冒落体或软弱夹层的地质条件。由于不稳定块体在采场顶板调查中难以详细调查，因此悬吊仅作为局部的加固手段。

4)岩体分级方法

(1)RMR 分级系统确定锚索参数。

RMR 分级系统为确定地下开挖自稳时间、支护跨度和支护特征提供了新的分析手段和指导准则。假设锚索预先安装或在爆破后立即安装，那么根据岩体比重确定锚索支护载荷和锚索支护长度的公式为：

$$P = \gamma \cdot \frac{100 - \mathrm{RMR}}{100} \cdot S \quad \text{支护压力}$$

$$\begin{cases} H_t = \dfrac{100 - \mathrm{RMR}}{100} \cdot S & \text{锚索长度} \\ L = H_t + 2 \end{cases} \tag{4-32}$$

式中：H_t 为锚索理论计算长度；RMR 为岩体地质力学分级；γ 为岩体容重，kN/m^3；S 为采场跨度，m；P 为支护压力，kN/m^2；L 为锚索长度，m。

（2）Q 分级系统确定锚索参数。

1993 年，Grimstad 在 1988 年基于 Barton 岩体分级质量 Q、开挖体跨度与开挖支护的比值两种因素提出的各种支护建议，详细总结了各种支护类型及其参数，如图 4-31 所示。应当注意，图 4-31(a)中锚索密度设计没有考虑采场跨度影响，并且仅用于节理组数参数大于 6 时，单个锚索间距的估计；图 4-31(b)中锚索长度设计为开挖支护比 ESR=1 时的情况，而当开挖支护比大于 1 时，应及时调整锚索长度 L，调整规则为 ESR = 1 时得到的长度乘以 $\mathrm{ESR}^{0.5}$。

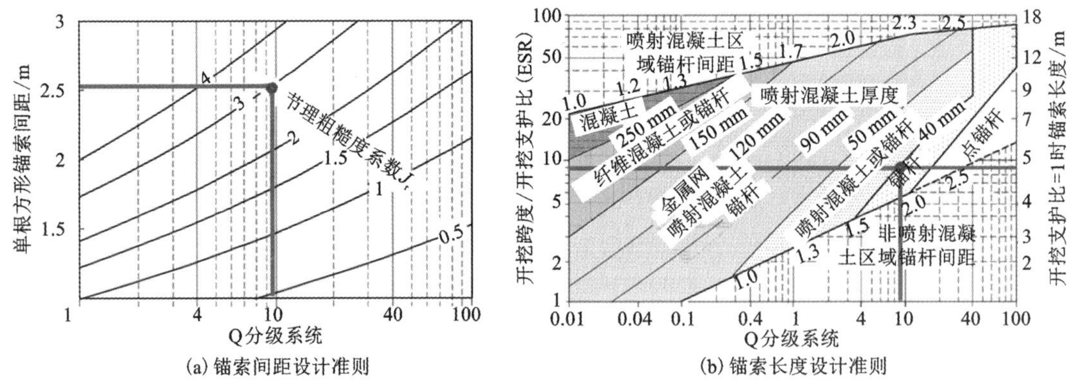

(a) 锚索间距设计准则　　(b) 锚索长度设计准则

图 4-31　Q 分级系统锚索支护设计准则

4.4.4 锚索支护案例

部分国内外矿山锚索参数见表 4-18。

表 4-18　不同矿山使用锚索支护情况汇总

矿山	采矿方法	锚索类型	锚索材料	网度/(m×m)	长度/m	水灰比	水泥标号	支护位置	支护效果
芬兰科塔拉提镍矿	分段空场法	普通长锚索	—	6×6	25	—	—	两帮和顶板	增加效益，加固松软围岩
瑞典基律纳铁矿	空场法	普通长锚索	钢丝绳	3×3	20	—	—	上盘和顶板	提高岩体稳定性

续表4-18

矿山	采矿方法	锚索类型	锚索材料	网度/(m×m)	长度/m	水灰比	水泥标号	支护位置	支护效果
澳大利亚道尔芬矿	点柱充填法	普通长锚索	—	3.5×3.5	20	—	—	上盘和顶板断层	控制断层的暴露时间和面积
美国霍姆斯特克金矿	充填采矿法	普通长锚索	2根直径15.9 mm或1根直径36.6 mm钢丝绳	2.4×2.4或3×3	18.3	—	—	矿体顶板围岩	降低采矿成本
凤凰山铜矿	水平分层尾砂充填法	普通长锚索	直径24.5 mm的6×7新钢丝绳	3×3或4×4或5×5	14.5	砂浆1∶10.4	—	采场顶板	提高生产效率，避免采场冒落
吴县铜矿	残矿开采	普通长锚索	深孔锚索	2×2.5	12.5	砂浆1∶1∶0.35	—	矿房顶部	成功回采2号残矿
湘西金矿	削壁充填	普通长锚索	直径22 mm或31 mm旧钢丝绳	1.5×8	4.5~6	砂浆1∶1∶0.4	—	采场顶部	回采率达96%，贫化率为6.7%
铜绿山铜矿	水砂充填	普通长锚索	直径21~24.5 mm钢丝绳	3×3或4×4	15	—	—	采场顶部	避免冒顶
金川Ⅱ矿区	VCR法	预应力长锚索	2~4根直径21.5 mm的钢丝绳	0.8×1	16.5~22	—	—	上盘围岩	减少损失贫化
南京栖霞铅锌矿	上向水平充填采矿法	普通长锚索	直径20~24 mm废弃钢丝绳	2.5×2.5	15	0.4~0.45	525普通硅酸盐水泥	采场顶板(23 m×50 m)	配合锚杆支护，贫化率为3%，回采率为85%
山东黄金焦家金矿	上向进路分层充填采矿法	普通长锚索	直径15.24 mm钢绞线	3×3	15	0.4~0.5	—	进路顶板	将进路跨度从3 m扩大到4 m
山东黄金新城金矿	机械化盘区上向分层充填法	普通长锚索	直径15.2 mm钢绞线	3×2.4	13	0.4	42.5普通硅酸盐水泥	二步采场顶板	确保二步开采顶板稳定
山东黄金三山岛金矿		普通长锚索	直径15 mm钢绞线	2.5×2.2	—	—	—	—	提高二步开采矿柱稳定性

续表4-18

矿山	采矿方法	锚索类型	锚索材料	网度/(m×m)	长度/m	水灰比	水泥标号	支护位置	支护效果
青菜冲矿上盘磷矿	分段空场法	普通长锚索	直径18 mm钢绞绳	2×2	4.3	—	—	采场顶板	矿石回采率提高了7%，贫化率降低了3%
会泽铅锌矿	进路式分层回采	普通长锚索	直径为25.4 mm的钢丝绳	2.5×2.5或3.5×3.5	20	砂浆1∶1.25∶0.38	42.5普通硅酸盐水泥	进路顶板(8 m×22 m)	未发生大块冒落，多出2.4万吨矿
云南某铜矿	留矿法或中深孔分段开采	普通长锚索	6×25TSFC结构钢绞线	1.9×1.9	10~15	砂浆1∶1.1∶0.38	32.5R滇北水泥	采场上盘和顶柱	安全，减少损失和贫化
鲁南矿业王峪矿区	上向水平充填采矿法	普通长锚索	直径为15.24 mm的钢绞线	3×3	10	—	—	矿山顶板	避免采场冒落
银茂铅锌矿业	上向水平充填采矿法	普通长锚索	直径为20~24 mm的废弃钢绞线	2.5×2.5	15	砂浆1∶1∶0.45	525普通硅酸盐水泥	采场顶板	配合锚杆支护，减少矿石损失贫化
某矿试验采场	充填采矿法	普通长锚索	废旧6股×19根钢丝绳	2.5×3	9.4	砂浆1∶1.5∶0.5	42.5普通硅酸盐水泥	采场岩壁	抵抗爆破冲击，增加采场稳定性
东乡铜矿	高水胶结材料充填法	普通长锚索	6股×19根钢丝绳	2×2	12	1∶1.4∶0.4	32.5硅酸盐水泥	采场顶板	预控顶提高安全性
白银深部铜矿	高分段大跨度空场法	普通长锚索	热处理废旧钢丝绳	4×4.8	—	砂浆1∶2∶0.5	—	上盘层状围岩	增加安全，降低贫损指标
安徽和睦山铁矿	充填采矿法	预应力长锚索	直径为17.8 mm的钢丝绳	1.4×1.6	6.3	—	—	巷道顶板	配合锚网喷，有效减小了变形
安徽李楼铁矿	嗣后充填采矿法	预应力长锚索	直径为18.92 mm的钢丝绳	1.×1.5或2×2	6~10	—	C20	巷道顶板	成本降低，效益增加
云南文山斗南锰业	分段采矿法	预应力长锚索	直径为15.2的钢绞线	0.8~1.2	4.8~5.2	—	—	采场	贫化率减少了9.05%，回采率提高了12.7%
开磷集团马路坪矿	分段空场法嗣后充填法	预应力长锚索	—	2×2	5.3	—	—	采场顶板	顶板塑性区消失，位移量减少

注：表中砂浆比指水泥、砂、水的质量比。

通过矿山对比发现，使用锚索支护加固，采场上盘和顶板锚索间距从 1.5 m 到 8 m，以 2~4 m 最多，其中网度以 2 m×2 m 至 3 m×3 m 较为典型；锚索长度从 4.3 m 到 25 m 不等，以 10 m 左右居多。

4.5　混凝土支护

混凝土是井巷工程中竖井井巷、井下车场及其巷道、各种硐室及其服务年限等不受采动影响的巷道支护材料。混凝土在未凝固前具有良好的可塑性，在现场可直接浇灌成各种拱形、圆形整体支架，也可浇灌成各种混凝土预制块，再砌筑成巷道支架。

4.5.1　混凝土支护类型

混凝土具有抗压强度大，耐久、防火、阻水，可浇灌成任意形状的构件的优点，在支护工程中应用广泛。

常用的混凝土支护类型包括混凝土砌碹支护、现浇整体式钢筋(型钢)混凝土支护、预制式钢筋(型钢)混凝土支护及装配式钢筋(型钢)混凝土支护等。混凝土支护类型见表 4-19。

表 4-19　混凝土支护类型

混凝土支护类型	混凝土支护结构图	混凝土支护结构与性能	优点	缺点	现场实例
砌碹支护	1—石碹胎拱顶；2—托梁；3—石碹胎柱腿	砌碹指连续支护体，对围岩可起到封闭、防止风化的作用	坚固，耐久，防火，阻水，通风阻力小，材料来源广，便于就地取材等	施工复杂，劳动强度大，成本高，进度慢	瓮安县上场坪新井煤矿主斜井及相关巷道
现浇整体式钢筋(型钢)混凝土支护	1—横筋；2—立筋；3—拉筋；4—现浇混凝土	所有构件采用现场支模板，现场浇筑混凝土，现场养护	抗震性能强，整体性好，可塑性强，空间分割随意	现浇钢筋(型钢)混凝土需要大量模板，现场作业量大，工期也较长	思山岭铁矿副井深部采用现浇双层钢筋混凝土支护

续表4-19

混凝土支护类型	混凝土支护结构图	混凝土支护结构与性能	优点	缺点	现场实例
预制式钢筋(型钢)混凝土支护	1—充填混凝土；2—钢筋混凝土预制砌块；3—双层塑料防水层；4—混凝土内壁	构件在工厂或预制场先制作好，然后在施工现场进行安装	可以节省模板，改善制作时的施工条件，提高劳动生产率，加快施工进度	整体性、刚度、抗震性能差	奥·维克托利亚8号井冻结段采用砌块、砂浆充填层、沥青、钢板和钢筋混凝土结构复合井壁
装配式钢筋(型钢)混凝土支护	1—C100高强弧板；2—可缩夹层；3—柔性充填材料；4—吊装孔、注浆预留孔	装配式又叫装配整体式，即将预制板、梁等构件吊装就位后，在其上或者与其他部位相接处浇筑钢筋混凝土，从而连接成整体	装配式的整体性、抗震性介于现浇整体式与预制式钢筋(型钢)混凝土支护之间		淮南孔集矿高强混凝土弧板巷道支护

4.5.2　混凝土配合比设计

混凝土组成材料用量比例，即混凝土中水泥、砂、石用量比例(质量比或体积比，均以水泥为1)和水灰比(加水量与水泥用量之比)。水灰比、单位用水量和砂率是混凝土配合比设计的三个基本参数。

混凝土配合比设计以计算1 m³混凝土中各材料用量为基准，计算时骨料以干燥状态为准。

1)配合比设计步骤

设计的基础资料：①混凝土强度等级；②对混凝土耐久性的要求；③原材料品种及其物理力学性质；④混凝土的支护部位、结构构造情况、施工条件等。

初步配合比计算如下。

(1)试配强度($f_{cu,0}$)。

$$f_{cu,0}=f_{cu,k}+1.645\sigma \tag{4-33}$$

式中：$f_{cu,0}$为混凝土试配强度，MPa；$f_{cu,k}$为混凝土设计龄期的强度标准值，MPa；σ为混凝土强度标准差，MPa。

(2)水灰比(W/C)。

根据强度公式计算水灰比:

$$\frac{W}{C}=\frac{\alpha_a f_{ce}}{f_{cu,0}+\alpha_a\alpha_b f_{ce}} \tag{4-34}$$

式中:$f_{cu,0}$ 为混凝土试配强度, MPa;f_{ce} 为水泥 28 d 的实测强度, MPa;α_a、α_b 为回归系数,与骨料品种、水泥品种有关,其数值可通过试验求得。

《普通混凝土配合比设计规程》(JGJ 55—2011)提供的 α_a、α_b 经验值为:

采用碎石时,$\alpha_a=0.46$,$\alpha_b=0.52$;

采用卵石时,$\alpha_a=0.48$,$\alpha_b=0.61$。

(3)用水量(m_{w0})。

单位用水量根据施工要求的坍落度和骨料品种规格选用,见表 4-20。

表 4-20　塑性混凝土的用水量(JGJ 55—2011)　　单位:kg/m^3

拌和物稠度		卵石最大粒径/mm				碎石最大粒径/mm			
项目	指标	10	20	31.5	40	16	20	31.5	40
坍落度/mm	10~30	190	170	160	150	200	185	175	165
	35~50	200	180	170	160	210	195	185	175
	55~70	210	190	180	170	220	205	195	185
	75~90	215	195	185	175	230	215	205	195

注:①本表用水量系采用中砂时的取值。采用细砂时,每立方米混凝土用水量可增加 5~10 kg;采用粗砂时,用水量可减少 5~10 kg。②掺用各种外加剂时,用水量应相应调整。

(4)水泥用量(m_{c0})。

根据已确定的 W/C 和 m_{w0},可求出 1 m^3 混凝土中水泥用量 m_{c0}:

$$m_{c0}=\frac{m_{w0}}{W/C} \tag{4-35}$$

为保证混凝土的耐久性,由式(4-35)得出的水泥用量还应大于表 4-21 规定的最小水泥用量。如算得的水泥用量小于表 4-21 的规定值,应取规定的最小水泥用量值。

表 4-21　混凝土的最大水灰比和最小水泥用量

环境条件	结构物类别	最大水灰比			最小水泥用量/kg		
		素混凝土	钢筋混凝土	预应力混凝土	素混凝土	钢筋混凝土	预应力混凝土
1. 干燥环境	正常的居住或办公用房屋内部件	不做规定	0.65	0.60	200	260	300

续表4-21

环境条件		结构物类别	最大水灰比			最小水泥用量/kg		
			素混凝土	钢筋混凝土	预应力混凝土	素混凝土	钢筋混凝土	预应力混凝土
2. 潮湿环境	无冻害	·高湿度的室内部件 ·室外部件 ·在非侵蚀性土和(或)水中的部件	0.70	0.60	0.60	225	280	300
	有冻害	·经受冻害的室外部件 ·在非侵蚀性土和(或)水中且经受冻害的部件 ·高湿度且经受冻害的室内部件	0.55	0.55	0.55	250	280	300
3. 有冻害和除冰剂的潮湿环境		·经受冻害和除冰剂作用的室内和室外部件	0.50	0.50	0.50	300	300	300

注：当用活性掺合料取代部分水泥时，表中的最大水灰比及最小水泥用量即为替代前的水灰比和水泥用量。

(5)砂率(β_s)。

合理的砂率可通过试验、计算或查表求得。试验是通过变化砂率检测混合物坍落度，能获得最大流动度的砂率为最佳砂率。另外，也可根据骨料种类、规格及混凝土的水灰比，参考表4-22选用。

表4-22 混凝土砂率 单位：%

水灰比	卵石最大公称粒径/mm			碎石最大粒径/mm		
	10	20	40	16	20	40
0.40	26~32	25~31	24~30	30~35	29~34	27~32
0.50	30~35	29~34	28~33	33~38	32~37	30~35
0.60	33~38	32~37	31~36	36~41	35~40	33~38
0.70	36~41	35~40	34~39	39~44	38~43	36~41

采用体积法(绝对体积法)时，粗、细骨料用量及砂率的计算式分别为：

$$\begin{cases}\dfrac{m_{c0}}{\rho_c}+\dfrac{m_{g0}}{\rho_g}+\dfrac{m_{s0}}{\rho_s}+\dfrac{m_{w0}}{\rho_w}+0.01\alpha=1\\[2ex]\beta_s=\dfrac{m_{s0}}{m_{s0}+m_{g0}}\times 100\%\end{cases}\tag{4-36}$$

式中：m_{c0}为水泥质量；m_{g0}为石子质量；m_{s0}为砂的质量；m_{w0}为水的质量；ρ_c为水泥密度，kg/m^3，可取2900~3100 kg/m^3；ρ_g为粗骨料的表观密度，kg/m^3；ρ_s为细骨料的表观密度，kg/m^3；ρ_w为水的密度，kg/m^3，可取1000 kg/m^3；β_s为砂率，%；α为混凝土的含气量百分数，在不使用引气型外加剂时，α可取为1。

通过以上计算，得出每 1 m^3 混凝土各种材料用量，即初步配合比计算完成。

2）配合比确定

（1）确定混凝土初步配合比。

根据试验得出的各灰水比及其相对应的混凝土强度关系，用作图或计算法求出与混凝土配制强度（$f_{cu,0}$）相对应的灰水比值，并按下列原则确定每 1 m^3 混凝土的材料用量。

用水量（W）：取基准配合比中的用水量，并根据制作强度试件时测得的坍落度或维勃稠度进行调整；

水泥用量（C）：取用水量乘以确定的灰水比计算而得；

粗、细骨料用量（G、S）：取基准配合比中的粗、细骨料用量，并按确定的灰水比进行调整。

至此，得出混凝土初步配合比。

（2）确定混凝土正式配合比。

在确定混凝土初步配合比后，还应对混凝土表观密度进行校正，其方法为：首先算出混凝土初步配合比的表观密度计算值（$\rho_{c,c}$），即

$$\rho_{c,c} = C + W + S + G \tag{4-37}$$

再用初步配合比进行试拌混凝土，测得其表观密度实测值（$\rho_{c,t}$），然后按式（4-38）得出校正系数 δ，即

$$\delta = \frac{\rho_{c,t}}{\rho_{c,c}} \tag{4-38}$$

当混凝土表观密度实测值与计算值之差的绝对值不超过计算值的 2%时，则上述得出的初步配合比可确定为混凝土的正式配合比设计值。

若两者之差超过 2%时，则须将初步配合比中每项材料用量均乘以校正系数，由此得到的值即为最终确定的混凝土正式配合比设计值，通常也称实验室配合比。

（3）混凝土施工配合比换算。

实验室配合比计算用料是以干燥骨料为基准的，但实际工地使用的骨料常含有一定的水分，因此必须将实验室配合比进行换算，换算成扣除骨料中水分后工地实际施工采用的配合比。其换算方法如下。

设施工配合比 1 m^3 混凝土中水泥、水、砂、石的用量分别为 C'、W'、S'、G'；并设工地砂子含水率为 $a\%$，石子含水率为 $b\%$。则施工配合比 1 m^3 混凝土中各材料用量为：

$$C' = C$$

$$S' = S \cdot (1 + a\%)$$

$$G' = G \cdot (1 + b\%)$$

$$W' = W - S \cdot a\% - G \cdot b\%$$

3）混凝土配合比实例

（1）计算水灰比。

先根据支架要求的混凝土强度 R_{28} 确定水泥标号 R_c。在一般情况下，它们之间有如下关系：

$$R_c = (1.5 \sim 2.0) R_{28} \tag{4-39}$$

已知 R_c 及 R_{28}，再利用公式 $R_{28}=AR_c\left(\frac{C}{W}-B\right)$ 求出水灰比：

$$\frac{W}{C}=\frac{A(1.5\sim2.0)R_{28}}{R_{28}+ABR_c} \tag{4-40}$$

(2)确定用水量和水泥用量。

根据施工要求提出的坍落度、采用的石子种类及最大粒径，由混凝土配合比表查出 1 m^3 混凝土用水量，最后按水灰比求 1 m^3 混凝土的水泥用量。

(3)计算骨料(砂、石)的绝对体积。

1 m^3 混凝土中骨料的绝对体积是指不包括骨料中空隙的体积：

$$V_{骨}=1-(水泥绝对体积+水的体积)\ (cm^3)$$

或

$$V_{骨}=1000-\left(\frac{M_{水泥}}{\rho_{水泥}}+V_{水}\right)\ (cm^3)$$

式中：$M_{水泥}$为水泥用量，kg；$\rho_{水泥}$为水泥密度，t/m^3 或 kg/cm^3；$V_{水}$为用水体积，cm^3。

(4)砂率的确定。

(5)求砂石用量。

砂子的绝对体积： $V_{砂}=V_{骨}\times 砂率$ (cm^3)

砂子质量： $M_{砂}=V_{砂}\times\rho_{砂}$ (kg)

石子的绝对体积： $V_{石}=V_{骨}-V_{砂}$ (cm^3)

石子的质量： $M_{石}=V_{石}\times\rho_{石}$ (kg)

式中：$\rho_{砂}$、$\rho_{石}$分别代表砂、石的密度。

(6)计算混凝土配合比(质量比)。$M_{水泥}:M_{砂}:M_{石}=1:(M_{砂}/M_{水泥}):(M_{石}/M_{水泥})$，即 1 m^3 混凝土中各成分的数量比例。

施工中要经过试验验证，即做强度和坍落度试验。如果不符合要求，应进行调整。

4.5.3 混凝土支护厚度

1)经验表

矿山常用混凝土支护厚度参考表如表 4-23 所示。

表 4-23 支护厚度表

支护跨度/m	$f_{kp}=4\sim6$			$f_{kp}=3$		
	混凝土	混凝土块	料石	混凝土	混凝土块	料石
1.8~3.0	200	250	250	250	250	300
3.0~3.5	250	300	300	300	300	350
3.5~4.0	300	300	300	350	350	350
4.0~5.0	300	350	350	350	350	350
5.0~5.5	300	350	350	350	350	—
5.5~6.0	300	350	350	400	—	—

注：①采用料石及混凝土块支护时壁后应充填，厚 50 mm。混凝土标号 C20。②料石的砌缝宽为 10~15 mm。

2)曲线图及表

曲线图 4-32 的适用条件：①适于铁路隧道支护，跨度 $l=4.9\sim8.9$ m；②岩层坚固系数 $f_{kp}\leqslant8$。

3)经验公式

按铁道专业设计院建议的式(4-41)及式(4-42)计算。

当混凝土的标号为 C15 时，

单线隧道(净跨 $l_0=4.9$ m)：

拱顶厚

$$d_0=(0.06\sim1.00)f_{kp} \tag{4-41}$$

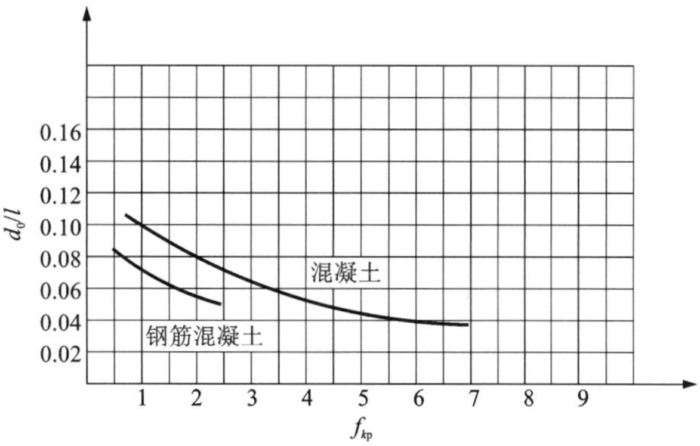

d_0—拱的支护厚度；l—硐室跨度；f_{kp}—岩层坚固系数；

当 $f_{kp}<2$ 时，且又为曲墙支护时，查得曲线值可减少 10%~15%。

图 4-32　支护厚度曲线图

双线隧道(净跨 $l_0=8.9$ m)：

拱顶厚

$$d_0=(0.08\sim1.60)f_{kp} \tag{4-42}$$

其他断面厚度：

拱脚厚　$d_n=(1.0\sim1.5)d_0$

边墙厚　$d_{cm}=(1.0\sim1.6)d_0$

底拱厚　$d_s=(0.6\sim0.8)d_0$

基础宽　$h_x=(1.0\sim1.8)d_n$

值得注意的是，式中低值用于 $f_{kp}=5$ 的坚硬岩层中，高值用于 $f_{kp}=0.6$ 的松软岩层中。

按国外经验公式计算。

①按经验公式(4-43)计算：

$$\left.\begin{aligned}
&\text{拱顶厚} && d_0=0.06\sqrt{\beta}\left(1+\sqrt{\frac{l_0}{f_{kp}}}\right)\\
&\text{拱脚厚} && d_n=(1.25\sim1.5)d_0\\
&\text{边墙厚} && d_{cm}=(1\sim2)d_n\\
&\text{底拱厚} && d_s=(0.5\sim0.8)d_0\\
&\text{基础宽} && h_x=(1\sim1.5)d_{cm}\\
&\text{底拱矢高} && f_s=\left(\frac{1}{10}\sim\frac{1}{15}\right)l_s
\end{aligned}\right\} \tag{4-43}$$

式中：l_s 为底拱跨度；$\beta=l_0/f_0$，为跨度与矢高之比，其值可按表 4-24 选取。

表 4-24　β 取值

f_{kp}	0.3~0.5	0.6~0.8	1	1.5	2	3~4	5~6	≥8
$\beta=l_0/f_0$	2.5	3	3.5	4	4.5	5	5.5	6

式(4-43)的适用条件：当$f_{kp}>4$时，用式中低值；当$f_{kp}<0.8$时，用式中高值。

②按经验公式(4-44)计算：

拱顶厚
$$d_0 = 8.5\sqrt{\frac{a_0}{h_0}\left(1+\sqrt{\frac{B_0}{100f_{kp}}}\right)} \tag{4-44}$$

式中：a_0为拱净跨一半，mm；h_0为拱的净矢高，mm；B_0为拱净跨，mm；f_{kp}为顶板岩石坚固系数。

③按经验公式(4-45)计算：

拱顶厚
$$d_0 = 4.4\frac{a_0}{[\sigma_{压}]\sqrt{f_{kp}}}\sqrt[3]{\frac{l_0}{h_0}} \tag{4-45}$$

式中：$\sigma_{压}$为支护材料的允许压力，kg/mm^2；其他符号的意义同式(4-44)。

④按经验公式(4-46)计算：

拱顶厚
$$d_0 = \frac{4.4l_0}{[\sigma_{压}]\sqrt{\tan\beta}}\sqrt[3]{\frac{l_0}{h_0}} \tag{4-46}$$

式中：l_0为巷道净跨一半，cm；h_0为拱的净矢高，cm；β为岩层内摩擦角，(°)；$\sigma_{压}$为支护材料的允许压应力，MPa。

⑤按经验公式(4-47)计算：

拱顶厚
$$d_0 = \frac{4a}{12 \sim 14} \tag{4-47}$$

式中：a为巷道净跨一半，mm。

⑥按经验公式(4-48)、公式(4-49)计算：

当混凝土的标号为150~200号时，

拱顶厚：

单线隧道 $$d_0 = (0.07 \sim 0.6)f_{kp} \tag{4-48}$$

双线隧道 $$d_0 = (0.10 \sim 1.00)f_{kp} \tag{4-49}$$

与中心线呈60°角的拱圈截面厚：$d_n=(1.2\sim1.4)d_0$。

最大跨度处墙厚： $d_{cm}=(1.4\sim2.0)d_0$。

仰拱厚： $d_s=(0.5\sim0.8)d_0$。

边墙基础宽： $h_x=(1.2\sim1.6)d_{cm}$。

值得注意的是，式中低值用于$f_{kp}>4$的岩层中，高值用于$f_{kp}\leqslant0.8$的岩层中。

4.6 金属支架

金属支架强度高，体积小，坚固，耐久，防火，是一种优良的巷道支架，经回收整形后可重复利用，初期投资大。在有酸性水的情况下，应避免使用金属支架。

金属支架可分为刚性结构和可缩性结构。金属支架常用18~24 kg/m钢轨，16#~20#工字钢制作。制作金属支架比较理想的钢材是矿用工字钢和U形钢。

4.6.1 矿用工字钢刚性金属支架

金属支架可制成各种形状的构件，虽然初期投资大，但巷道维修工作量小。

1) 梯形刚性金属支架

金属支架是由“两腿一梁”构成的金属棚子(图 4-33)。棚腿下端应焊一块钢板或穿有特制的“柱鞋”，以增加承压面积，防止棚腿陷入巷道底板。有时还可以在棚腿下加设垫木，尤其在松软地层中更应如此。

图 4-33 为梯形刚性金属支架的构造型式。常用的接合方式如图 4-34 所示。

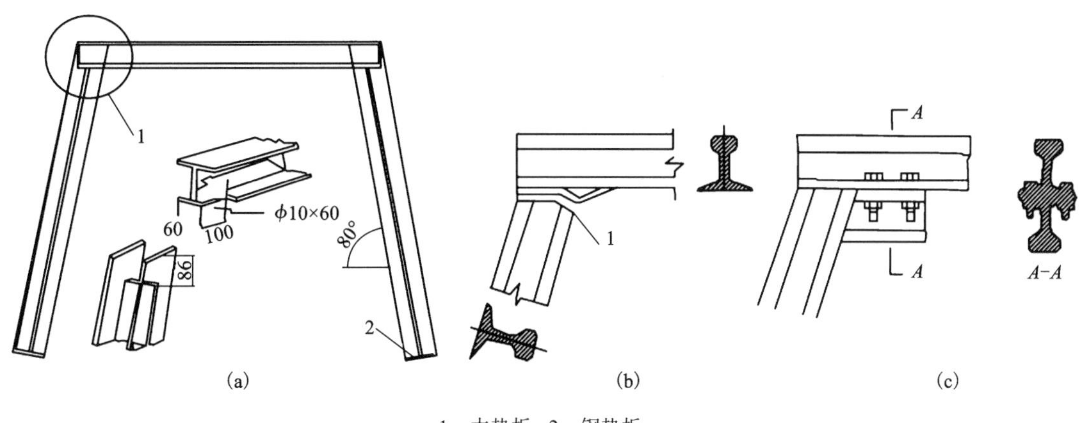

1—木垫板；2—钢垫板。

图 4-33　梯形刚性金属支架的构造型式(单位：mm)

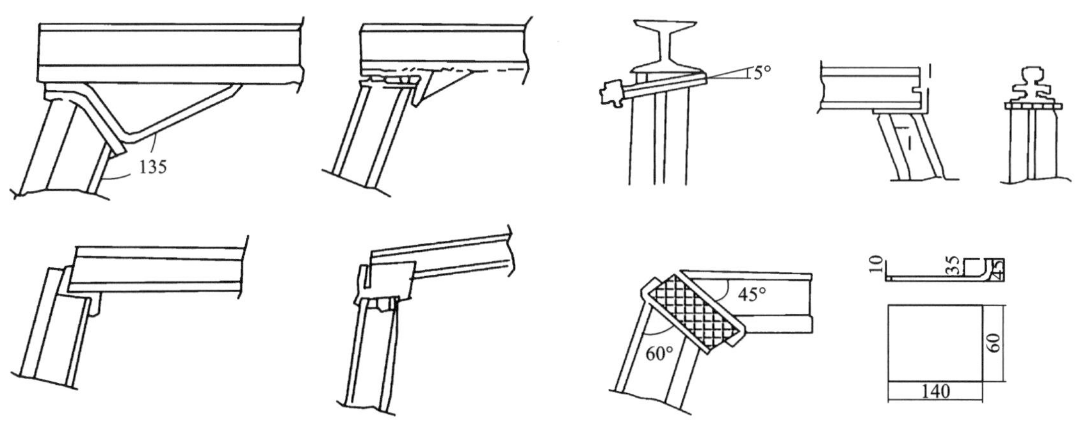

图 4-34　梯形刚性金属支架的接合方式

2) 拱形刚性金属支架

拱形刚性金属支架一般由矿用工字钢或槽钢制成。与梯形刚性金属支架相比，其结构复杂，但承载能力较大。拱形刚性金属支架主要采用夹板和螺栓连接。

拱形刚性金属支架可用在围岩压力较大且不受采动影响的巷道。U 形钢也是一种矿用特殊型钢，适宜制作拱形金属支架(图 4-35)。拱形金属支架适用于地压大、围岩不稳定、变形较大的采区巷道和断层破碎带地段，所支护的巷道断面面积一般不大于 12 m^2。

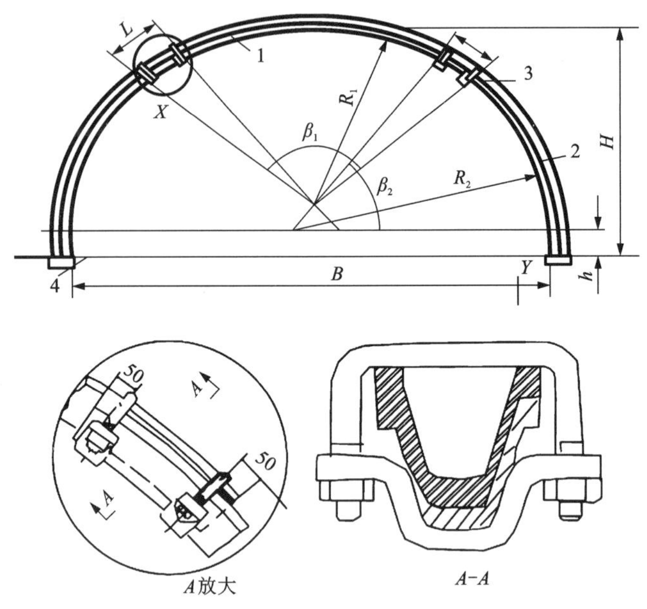

1—拱梁；2—柱腿；3—卡箍；4—垫板。

图 4-35 可缩性拱形金属支架的构造型式

4.6.2 矿用工字钢梯形可缩性金属支架

对于矿用工字钢梯形可缩性金属支架，其顶梁用矿用工字钢，柱腿用U形钢，由两节构件组成，用卡缆连接，具有可缩性。其顶梁由有微拱形结构的工字钢顶梁及其两端的紧楔式侧向滑块组成(图4-36)。

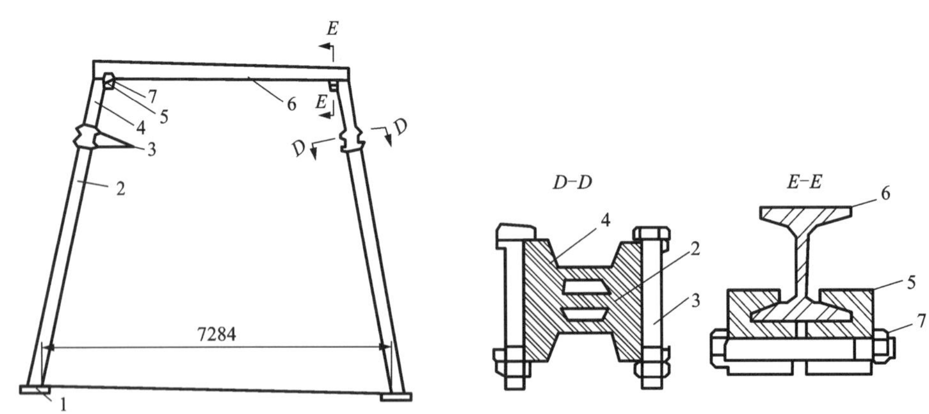

1—柱腿鞋；2—柱腿；3—螺栓；4—纵向滑移构件；5—横向夹紧摩擦块；6—顶梁；7—螺栓。

图 4-36 矿用工字钢梯形可缩性金属支架的构造型式

可缩性金属支架宜用于自稳时间短、变形量大的Ⅳ、Ⅴ类围岩，膨胀性围岩，延性流变围岩等，可根据地压情况和施工方法将支架做成全断面或半断面形。支架的结构类型和支护参数用工程类比法确定。在设计、使用时，应特别注意支架搭接处的滑移方向，要使它和巷道地压主要来压方向、围岩最大移动方向相适应。否则，支架将很快因变形而失稳。

4.7 注浆加固

注浆法是利用压力将能固化的浆液通过钻孔注入岩土孔隙或建筑物的裂隙中，从而改善裂隙发育围岩物理力学性能的一种方法。注浆法实用性较强，应用范围广，广泛应用到金属矿山、煤矿、边坡、基坑、巷道、桥梁、地基等领域。注浆法出现于 19 世纪初，1802 年法国查理斯・贝里格尼(Charles Berigny)应用黏土充填基础底板与地基间的空隙，修复被水流侵蚀的挡潮闸的砾土地基。我国自 20 世纪 50 年代起开始应用水泥注浆，现已发展到采用水泥浆液、化学浆液等多种材料进行围岩注浆的实用阶段。

4.7.1 注浆原理

为改善井巷等工程岩体的整体性，提高其自支撑能力，应对岩体进行注浆加固。其作用机理如下：

(1)浆液在裂隙界面间充填凝固后，可加大裂隙界面间的内摩擦角，增加岩块间相对位移的摩擦阻力；

(2)浆液结石可封闭裂隙，防止围岩进一步吸湿风化；

(3)浆液充塞于松散破碎的岩石层中，所形成的网络具有胶结作用，可提高围岩的整体强度。

注浆加固围岩可为围岩与支护结构共同承载创造条件。

4.7.2 注浆材料

注浆工程中所用的材料主要由主剂(原材料)、溶剂(水或其他溶剂)及外加剂混合而成。通常，注浆材料指原材料中的主剂。注浆材料由胶凝材料固结成固结体(结石体)的过程如图 4-37 所示。

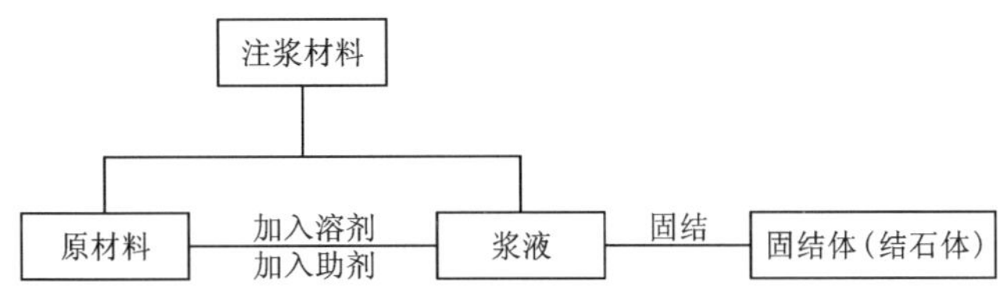

图 4-37　注浆材料由原材料固结成固结体的过程

注浆材料分为颗粒状注浆材料和化学注浆材料两大类：

(1)颗粒状注浆材料，包括水泥浆、黏土浆、水泥黏土浆、水泥水玻璃浆、高水材料、乳化沥青及其复合注浆材料。如水泥、黏土、聚氨酯、环氧浆液等。

(2)化学注浆材料，包括水玻璃类、丙烯酰胺类、聚氨酯类、丙烯酸盐类、木质素类、脲醛树脂类、环氧树脂类、其他类。如水泥水玻璃浆液、水玻璃氯化钙浆液等。

常用注浆材料基本性能见表 4-25。

表 4-25 常用注浆材料基本性能

水灰比	黏度/(Pa·s)	密度/(g·cm^{-3})	结石率/%	凝胶时间		抗压强度/MPa			
				初凝时间	终凝时间	3 d	7 d	14 d	28 d
0.5∶1	139	1.86	99	7 h 41 min	12 h 36 min	4.14	6.46	15.3	22.0
0.75∶1	33	1.62	97	10 h 47 min	12 h 33 min	2.43	2.60	5.54	11.2
1∶1	18	1.49	85	14 h 56 min	24 h 27 min	2.00	2.40	2.42	8.90
1.5∶1	17	1.37	67	16 h 52 min	34 h 47 min	2.04	2.33	1.78	2.22
2∶1	16	1.30	56	17 h 7 min	48 h 15 min	1.66	2.56	2.10	2.80

4.7.3 注浆设计

4.7.3.1 注浆设计基础资料

注浆工程设计应具有矿区(或井巷)所在位置的工程地质资料及水文地质资料。

1)工程地质资料

(1)1∶2000 至 1∶500 比例的矿区地质地形图;

(2)工程地质勘察报告;

(3)施工地点平面图;

(4)岩土测试和观测、土工试验和现场原型观测、岩体力学试验和测试;

(5)当地的气象资料,如最大年降雨量、最高洪水位、冻结深度、最大风速及主导风向、最高(低)气温、地震烈度等。

2)水文地质资料

(1)注浆地段含水层和隔水层的岩性、产状、厚度及平面分布,含水构造裂隙的主要发育方向,各含水层或含水构造之间的水力联系;

(2)注浆地段的主要地质构造及其发育程度,构造破碎带的规模、含水性、延续性和稳定性;

(3)受注含水层的孔隙、裂隙,岩溶的性质、大小、裂隙率、分布范围、发育程度;

(4)受注含水层的单位吸水量、渗透系数、弹性波速;

(5)地下水的静止水位、流向、流速、水温、水质等;

(6)溶洞的发育程度、充填程度、充填物性质,以及软弱围岩的抗冲刷、抗渗透能力;

(7)受注地段的水文地质边界,查清进水边界与隔水边界;

(8)地下水动态长期观测资料。

4.7.3.2 注浆设计

注浆设计主要指注浆参数设计,包括:①注浆范围与注浆深度;②注浆孔布置与注浆顺序;③注浆材料选择;④注浆参数(有效扩散半径、注浆压力、浆液注入量、注浆时间、注浆流量等)。

1)注浆范围与注浆深度

对于注浆范围与注浆深度，目前还没有明确的计算方法，只能从试验或实践中确定。一般认为，巷道围岩松散范围内的岩石，都将列入加固范围，其加固深度可根据井巷围岩松动区深度确定。金川Ⅱ矿区不良岩层返修巷道，由于经过一次人工卸压过程，周围岩石进一步松动，局部松动范围由壁后2 m扩展到5 m左右。井巷围岩注浆将井巷围岩松动岩体全部加固，才能起到稳定井巷等工程岩体的作用。

2)注浆孔布置与注浆顺序

(1)注浆孔布置。

注浆孔布置的原则为每个注浆孔加固范围相互交叠贯通，避免加固出现盲区，强化围岩整体性与稳定性。据此，为最大限度发挥注浆孔作用，注浆孔可采用梅花形或方格形布设方式。

(2)注浆顺序。

注浆顺序的选择方式为：基岩裂隙注浆，应优先选用分段下行注浆，自上而下分段注浆后，再自下而上复注一次；当岩层稳定且垂直节理发育，或在含水层向存在隔水层时，宜采用分段上行式；当地质条件相对复杂且注浆孔较深时，可采用混合式；对于浅孔，可选全孔一次注浆；当采用小孔径钻孔封闭注浆法时，必须通过试验验证。

3)注浆材料选择

注浆材料的选择应与受注岩层渗透性相适应，同时其所加固岩体的力学性能应满足井巷围岩稳定性要求。对于较高加固要求的井巷围岩，注浆材料的选择可参考帷幕注浆材料的选择，具体如下：

(1)当岩层裂隙小于0.15 mm时，宜采用磨细水泥、化学浆或采用水玻璃进行预压处理，采用预处理后再采用化学浆液注浆；

(2)当岩层裂隙大于0.15 mm时，可采用水泥浆和黏土水泥浆；

(3)当岩层吸水率达7 L/(min · m)时，应采用水泥-水玻璃浆；

(4)当遇到断层、破碎带时，可先注入粉煤灰、尾矿粉、砂子、砾石、锯末等惰性材料，再注入水泥-水玻璃浆或水泥浆；

(5)当遇基岩裂隙发育，既有大裂隙又有小裂隙时，可进行复合注浆，即先注悬浊液，再注化学浆。

对于较低加固要求的井巷围岩，浆液选择要求可适当放宽。

4)注浆参数

(1)有效扩散半径。

《注浆技术规程》(YS/T 5211)指出，浆液有效扩散半径可根据加固岩体裂隙宽度，由经验选取，具体见表4-26。

表 4-26　浆液有效扩散半径的选取

裂隙宽度/mm	浆液有效扩散半径/m
0.3~2	2~4
2~5	4~6
5~10	6~10
>10	10~25

同时，还可根据现场压水试验等进行浆液扩散半径的测试与计算，其计算公式为：

$$R = 0.178B\sqrt{\frac{b_1 pT}{\eta h}} \tag{4-50}$$

式中：R 为浆液扩散半径，m；B 为井筒直径或巷道跨度，m；p 为注浆压力，MPa；T 为注浆时间，min；b_1 为岩体裂隙宽度，m；h 为注浆有效段长度，m；η 为浆液的动黏性系数，m^2/h。

(2)注浆压力。

《注浆技术规程》(YS/T 5211)提出，注浆压力应综合考虑上覆压力、地层条件和浆液性能等因素，并通过试验确定，宜符合下列规定：

①当采用黏度高的悬浊浆液时，在不影响建筑物安全的前提下，宜逐级提高注浆压力；

②当采用渗透性好的化学浆液时，在满足注浆扩散半径要求的前提下，宜逐级降低注浆压力；

③当在水下碎石类土和砂土中进行化学注浆时，注浆压力可按垂直深度确定，注浆深度每增加 1 m，注浆压力可增加 15~20 kPa，浆液黏度低、土层渗透系数大时宜取低值，反之取高值。

除上述方法外，注浆压力还可通过理论计算获得。由于裂隙的产状、密度、连通性、充填程度受多种自然因素和人为因素的影响，裂隙会呈现出千差万别的复杂现象。又由于裂隙隐蔽于岩体之中，目前的测试技术难以对其进行确切的研究。因此关于注浆压力的计算方法也就因考虑的因素不同而有不同的形式。按注浆主要依据及公式表示方式，其可分为五类：一是以净水压力 P_0 为依据，以其倍数关系建立公式，即 $P=(2\sim2.2)P_0$；二是以受注岩层埋藏深度 H 为依据，也以其倍数关系建立公式，即 $P_0=KH/10$，其中 K 为由注浆深度决定的压力系数，取值见表 4-27；三是以上覆岩层自重为依据，以不产生岩层移动为原则建立公式，即 $P=\dfrac{10H_u\gamma}{k}$，其中 γ 为上覆岩层容重(kg/m^3)，若有多层覆盖岩层时，γ 取加权平均值，k 为安全系数，取 2~3；四是依据裂隙张开度大小给出指定范围内的规定压力(表 4-28)；五是以多项式表征经验公式，即

$$P = P_0 + \frac{\gamma H}{10} + m(H_1 - H) - \frac{H_1\gamma_1 - S\gamma_0}{10} \tag{4-51}$$

式中：γ_1 为浆液容重，t/m^3；γ_0 为水容重，t/m^3；S 为注浆顶点至静水位的高度，m；m 为注浆深度每增加 1 m 时相应增加的压力值，按表 4-29 选取；其余符号同前。

表 4-27　压力系数 K 的取值

注浆段深度/m	K 值/(kg·cm^{-2}·m^{-1})
<200	0.21~0.23
200~300	0.20~0.21
300~400	0.18~0.20
400~500	0.16~0.18
>500	0.16

表 4-28　注浆压力取值

裂隙张开度/mm	静水压力/(kg·cm^{-2})
<5	20~40
5~30	10~15
>30	5~10

表 4-29　注浆深度每增加 1 m 时相应增加的压力值取值

岩石类别	上行式		下行式	
	稀浆	浓浆	稀浆	浓浆
第一类	0.18	0.20	0.20	0.22
第二类	0.20	0.22	0.22	0.24
第三类	0.22	0.24	0.24	0.26

注：稀浆指水灰比大于 1∶1 的水泥浆。第一类岩石指强烈风化并有多组大裂隙的松散岩石；第二类岩石指弱风化、中等裂隙的岩石；第三类岩石指细裂隙、较致密的岩石。

上述诸类公式均存在适用条件，即存在一定局限性。根据工程经验，提出如下公式，作为裂隙岩体水泥加固注浆的注浆压力计算公式：

$$P = \frac{10K_j}{K_k(1 - C)\sqrt{n}} + P_0 \tag{4-52}$$

式中：K_j 为岩体结构系数(参照表 4-30 确定)；K_k 为裂隙张开度(参照表 4-31 确定)；C 为裂隙充满率，%；n 为水灰比(参照表 4-32 确定)；P_0 为地下静水压力。

C 值可由矿床地质报告中的工程地质、水文地质部分提供的信息并结合现场裂隙调查确定。

表 4-30 K_j 取值

围岩分类	围岩判定标准				K_j
	地质状态	岩芯特征	裂隙间距/mm	锤击效果	
Ⅰ	岩质坚硬，层理、片理明显，夹有狭窄破碎带，开挖后几天内不发生大变形	岩芯采取率为40%～50%	30～50	易被手锤击裂且主要沿裂隙节理面破裂	2.00
Ⅱ	岩体风化蚀变严重，裂隙、层理、节理发育；岩体呈镶嵌状，且为块度不一的碎裂结构；裂隙发育方向受节理、层理面控制，开挖后几小时内及时支护不发生全面垮落	岩芯采取率为20%～30%，夹有碎块、细片	2～30	易被手锤击碎成小块状	1.25
Ⅲ	岩质松软，岩体呈块状散体结构，裂隙空隙无明显方向性，开挖时即垮落	岩芯采取率极低		岩块锤击时易崩解	0.75

表 4-31 K_k 取值

裂隙张开度/mm	<0.5	0.5～1	1～5	>5
K_k	0.5	1	1.25	1.75

表 4-32 n 取值

岩石单位吸水率/(L·min^{-1}·m^{-2})	水灰比 n(起始浓度)
0.05～0.1	3∶1 至 4∶1
0.1～0.5	1∶1 至 2∶1
0.5～1.0	0.75∶1 至 1∶1
>1.0	0.6

(3)浆液注入量

由于围岩的裂隙发育程度、围岩松动程度和岩体结构差异，单位体积围岩的注浆量差别也比较大。从保证巷道围岩裂隙被充填密实的角度出发，原则上应注到不吃浆为止。因此，注浆量的初步估算式为：

$$Q = A\pi R^2 H\beta n/m$$

式中：A 为浆液耗损量，取 1.2～1.5；R 为浆液有效扩散半径，m；H 为注浆段长，m；n 为岩体孔隙率，其取值为 1%～5%；β 为浆液充填系数，其取值为 0.8～0.9；m 为浆液结实率，取 0.5～0.95，水灰比大时 m 取小值，小时 m 取大值。

(4)注浆时间与注浆流量

为保证注浆效果和防止在大裂隙处浆液扩散较远，造成跑浆现象，注浆时除了要控制注浆压力和注浆量，还要注意控制注浆时间。在围岩裂隙不太发育的地方，由于浆液扩散速度较慢，注浆的速度也比较慢，所以在注浆时应适当提高注浆压力和延长注浆时间。根据注浆经验，一般情况下，每孔的注浆时间应控制在 30~40 min。

对于注浆流量，可根据单孔注浆量与注浆时间，结合现场实际确定。

4.7.4　注浆设备

4.7.4.1　注浆泵

注浆泵是泵送浆液的设备，是浆液工程的重要设备之一。注浆材料不同，使用的注浆泵也不同。井巷工作面预注浆时常用注浆泵。

1）双液调速高压注浆泵

主要用于井壁注浆和井巷工作面预注浆，输送单液水泥浆和水泥-水玻璃双浆液，也可输送高浓度水泥浆和黏土浆。

（1）技术参数。

2TGZ 系列双液调速高压注浆泵技术参数见表 4-33。

表 4-33　2TGZ 系列双液调速高压注浆泵技术参数

项目	型号							
	2TGZ-60/21				2TGZ-120/10.5			
挡位	1 挡	2 挡	3 挡	4 挡	1 挡	2 挡	3 挡	4 挡
变速传动比 i	3.7	3.1	1.8	1	3.7	3.1	1.8	1
柱塞往复次数/(次 · min^{-1})	26	31	54	96	52	62	108	192
排浆量/(L · min^{-1})	16	19	36	60	32	38	72	120
最大注浆压力/MPa	21	18	9.5	6	10.5	9	5	3
柱塞直径/mm	52				52			
柱塞行程/mm	150				150			
电机功率/kW	7.5				11			
外形尺寸(长×宽×高)/(mm×mm×mm)	1750×945×1120				1750×980×1200			

（2）结构与工作原理。

2TGZ 系列双液调速高压注浆泵由电动机、变速箱、缸体、高低压吸排浆阀及管路组成，其外形及泵体结构如图 4-38 和图 4-39 所示。

2）普通泥浆泵

在井巷工作面注浆中，常利用单位钻探队自有的钻孔用泥浆泵来代替注浆泵进行工作面注浆。在实践中，只要泥浆泵的参数符合注浆设计参数要求，就可以用来注浆，从而避免了设备的闲置和浪费。

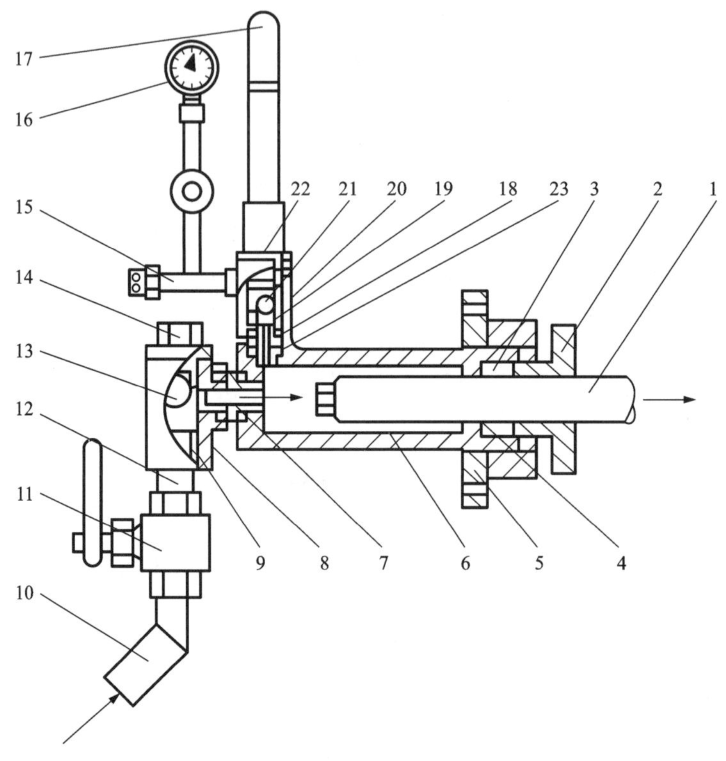

1—柱塞；2—塞线挡；3—连接盘；4—塞线；5—连接板；6—缸体；7、12、18—连接管；8—吸浆阀体；9、19—阀座；10—吸浆插管；11—浆量控制阀；13、21—球阀；14、22—阀盖；15—高压连接管；16—压力表；17—安全阀；20—阀体；23—O 形密封圈。

图 4-38 2TGZ 系列双液调速高压注浆泵缸体

3)化学注浆泵

在化学注浆材料不断地被引入煤炭工作面以后，专用的化学注浆泵也不断地被使用。在注入马丽散、聚氨酯、罗克休等化学浆液时应使用专用的化学注浆泵。

2ZBQ 系列气动注浆泵技术参数如表 4-34 所示。其适用于煤矿、铁矿等井下巷道注浆、井壁防水、围岩支护加固注浆等工程。该泵可无级调量，定压自动变量，双腔独立工作，可进行双组分 1∶1 的双液注浆工作。

图 4-39 2TGZ 系列双液调速高压注浆泵

表 4-34　ZBQ 系列气动注浆泵技术参数

项目	ZBQ-27/1.5 参数值	
产品型号	基本型	增压型
工作气压/MPa	0.2~0.8	
最大排浆压力/MPa	4	8
排浆流量/($L \cdot min^{-1}$)	27	13
往复次数/(次 · min^{-1})	148	148
耗气量/($m^3 \cdot min^{-1}$)	0.5	0.5
排浆缸基本参数(内径×行程)/(mm×mm)	50×100	33×100
噪声(距离 1 m)/dB	≤108	
外形尺寸(长×宽×高)/(mm×mm×mm)	1100×207×330	
适用介质	水泥浆、水、乳化液、液压油等	

如果注浆系统布置在地面，则可选用大型注浆泵。例如：YSB-250/12 型液力调速注浆泵的最大泵量为 250 L/min，最高注浆压力为 2 MPa，可调压调速；HFV-C 型液压调速注浆泵(日本进口或国产)的泵量为 0~200 L/min，最高注浆压力为 13 MPa，可参照地面注浆选择。

4.7.4.2　钻孔机械

钻机是井巷工作面注浆的钻孔设备，生产厂家较多。按动力来源可分为电动钻机、液压钻机和风动钻机，按钻机结构可分为机械立轴回转式钻机和动力头式液压钻机。

应根据钻机的钻孔深度、开孔直径、作业空间的大小等因素选择钻机的型号，且场地允许、能力满足要求即可。

4.7.4.3　搅拌机

搅拌机是制浆的设备，如果注浆站设在地面，水泥浆搅拌机多为自制，在一个一定容积的容器内安装搅拌浆叶片即成。如果注浆站设在井下，一般使用容积为 200~500 L 的电动水泥浆搅拌机。搅拌机的选用应根据工程量的大小，且使搅拌的浆液达到质量标准，能满足施工要求即可。

4.7.4.4　混合器

当双液注浆时，有两台注浆泵分别输送不同种类的浆液，两种浆液在混合器中混合后，注入地层中。混合器有几种形式，常使用的是球阀混合器，也称为三通混合器。混合器的两阀管分别与两台泵的出浆管连接。混合器的技术参数如表 4-35 所示。

表 4-35　DFB20/7 混合器技术参数

项目	参数值
输入电压	12~24 V DC
工作电流	≤500 mA DC
环境温度	0~40℃

续表4-35

项目	参数值
环境湿度	≤95%RH(25℃)
大气压力	80~110 kPa
水压适用范围	0~7 MPa
水温适用范围	0~60℃
球阀开启速度	6~30 s
球阀开启通径	1″、4″、6″

注：1″=2.54 cm。

4.7.5 注浆工艺

4.7.5.1 注浆工艺基本流程

注浆分预注浆和后注浆两种类型。预注浆分探孔注浆和扇形注浆。后注浆是指对工作面以后部分进行残余渗透或为进一步减小渗透对水文地质流态模式的影响而进行的附加注浆。在注浆施工前需要对注浆区域进行判断，渗水较多处需进行注浆，渗水少的地方无需注浆，具体判断注浆的标准程序见图4-40。

4.7.5.2 注浆方法

注浆方法按照注浆的连续性可分为连续注浆、间歇注浆；按照一次注浆的孔数可分为单孔注浆、多孔注浆；按照地下水的径流可分为静压水注浆、动水注浆；按照浆液在管路中运行方式可分为纯压注浆、循环注浆；按照每个注浆段的注浆顺序可分为下行式注浆、上行式注浆。

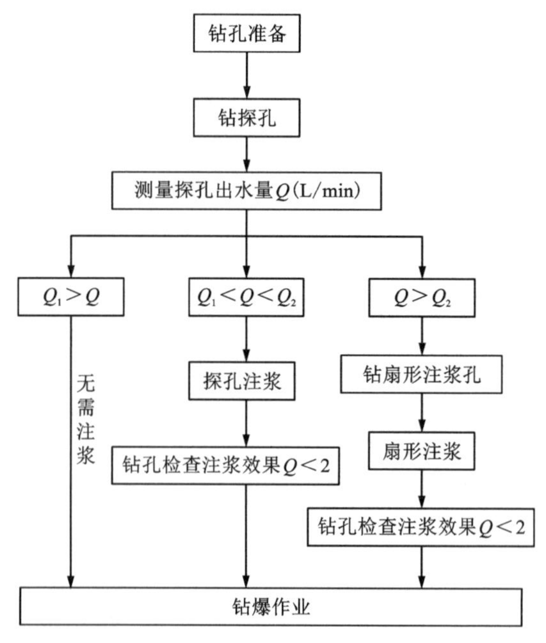

注：图中 $Q_1=2$ L/min，$Q_2=20$ L/min。
探孔出水量 Q 由现场试验确定。

图4-40 注浆判断标准程序

选择注浆方法时要考虑介质的类型和浆液的凝胶时间。土体注浆一般吸浆量比较大，多采用纯压注浆；而裂隙岩体注水泥浆时，吸浆量一般比较小，多采用循环式注浆。双液化学注浆时，浆液的凝胶时间不同，混合的方法也不同。

1)纯压注浆

纯压注浆的浆液由注浆泵通过注浆管直接压入注浆段的岩溶裂隙中，不设回浆装置，浆液流量变化由泵体的调速装置完成。此法的缺点是，在注浆泵由高速调至低速时，浆液容易沉淀，从而导致吸浆堵塞。

2) 循环注浆

循环注浆则是在纯压注浆基础上增加了从孔口至储浆桶的回浆装置。此种注浆方式可减少浆液流失，适用于对吸浆率较小的裂隙岩体浅层、地压注浆，且可注水泥浆和水泥黏土浆液(图 4-41)。

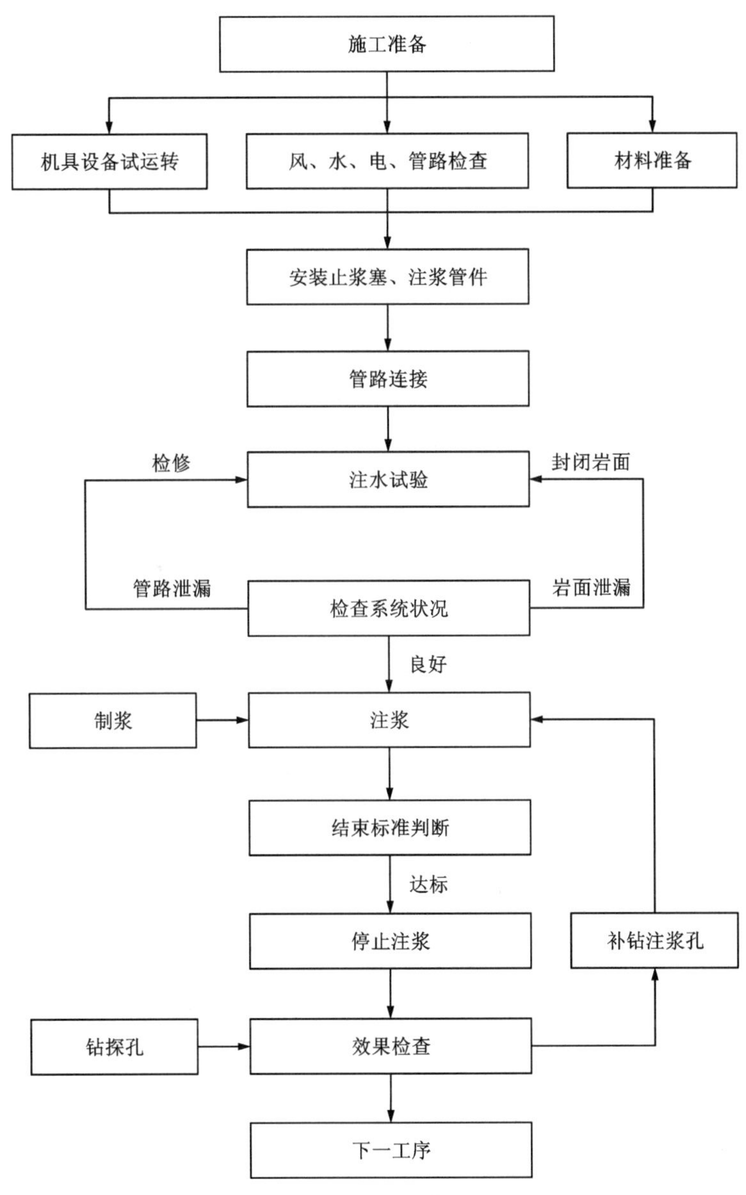

图 4-41　注浆施工工艺流程图

3)花管注浆

花管注浆时，要在注浆管前端的一段管上打许多直径为2~5 mm的小孔(每组小孔的间距为33~50 cm，即每一米管长钻2~3组射浆孔，每组孔的纵向长度为10~20 cm)，使浆液从小孔水平喷射到地层里。与钻杆注浆法相比，花管注浆的注浆管喷出面积明显增大，因此大大减小了压力的急剧上升和浆涌到地表层的可能性。注浆钻杆的直径为25~40 mm，且其前端1~2 m处左、右两侧壁开有孔眼，孔眼呈梅花形布置。有时为防止孔眼堵塞，可以在开口孔眼外包一圈橡皮环。

花管注浆既可用于沙砾层渗透注浆，也可用于土体的水泥-水玻璃双液劈裂注浆。与注浆塞组合时，还可用于孔壁较好的裂隙岩体注浆。

4)袖套管注浆

此法为法国Soletanche公司首创，故又称为Soletanche法。20世纪80年代末，国内将此法广泛用于沙砾层渗透注浆、软土层劈裂注浆(SRF工法)和深层土体劈裂注浆。袖套管注浆施工有如下几个步骤：

(1)钻孔：孔直径一般为80~100 mm，采用泥浆护壁，钻孔垂直度误差应小于1%。

(2)插入袖套管：袖套管一般用内径为50~60 mm的塑料管。每隔33~50 cm钻一组射浆孔外包橡皮套。插入钻孔，管端封闭。

(3)孔内灌套壳料：其作用是封闭单向袖套管与钻孔壁之间的空隙。套壳料为泥浆。泥浆的配方直接影响注浆效果，因此要求套壳料收缩性小，脆性较高，早期强度高。

(4)注浆：在封闭泥浆达到一定强度后，在单向袖套管内插入双向密封注浆芯管以进行分段注浆。每段注浆时，首先加大压力使浆液顶开橡皮管，挤破套壳料，然后使浆液进入地层。

5)岩溶注浆

岩溶注浆是一种针对岩溶具有较大裂隙、缝、洞的通道，在水的流速达到足以冲走浆液最大颗粒的情况下，不能产生浆液颗粒沉淀堵塞作用，出现所谓的灌不住现象而研究的特殊注浆工艺。

一般岩溶注浆，可以在浆液中掺加粗粒，促使浆液产生沉淀堆积作用，堵塞流水通道。但是当通道水流速度很大时，只靠在浆液中掺加粗粒的办法很难实现封堵的目的。其原因是目前注浆设备只允许掺加不大于5 mm的砾料。

级配反滤注浆法是通过钻孔充填砾、砂、卵石等级配料来堵塞漏水通道，减小水流速度，形成反滤条件，然后注水泥浆以形成防渗凝结体。级配反滤注浆法的要点是首先测准管套口以下的深度数据，然后视情况用水泵网管套内送清水，每分钟注水量可为200~500 L，用水表测量、调整，使水位抬高但不得超过袖管口。

4.7.5.3 钻孔

钻孔设备主要包括钻机(冲击式或回转式)、水泵和泥浆搅拌机等几种。

钻进时钻孔钻机的主要配套组件、钻具配备是否合理对钻孔进度和效率的影响很大。钻具主要包括钻头、岩芯管、加重钻链和钻杆等，其组合一般以“粗、重、刚、直”为原则，按要求匹配，连接后必须调直，每次提、下钻具必须进行核查。

作为循环护壁泥浆，它起到冷却钻头、提携钻屑和保护孔壁等作用，应尽量采用优质泥浆，以确保钻孔质量和施工进度。

测斜通常采用钻孔测斜仪。钻孔的空间位置，可由钻孔的顶角（即钻孔脱离垂直方向而倾斜的角度）和方位角（即直孔按相反的方向定位）来测定。目前常用 JDT−3A 型陀螺测斜仪及 JDT−5 型陀螺定向测斜仪进行孔斜检测。

注浆孔的测斜、防斜及纠正。注浆孔的垂直度是影响注浆堵水质量的重要因素之一，为了保证注浆孔垂直度不超限，在钻进过程中应采取措施来保证钻孔的垂直度，把钻孔的偏斜控制在设计要求范围内。

4.7.5.4　适配性试验

在正式注浆之前，一般需要在现场进行压水试验，即适配性试验。压水试验采用注浆泵压入清水。通过压水试验，可以了解注浆钻孔的含水性、透水性，据此确定注浆分段。同时，压入的清水能冲洗岩石裂隙中的泥浆及充填物，提高浆液结石体与岩石裂隙间的黏结强度及抗渗能力。

另外，还可将压水试验结果作为确定注浆参数的标准（如浆液的初始浓度、压力和浓度等）或作为估算浆液消耗量的重要依据。

4.7.5.5　造浆

大型注浆工程应设有专门的注浆站，以保证浆液的输送和灌浆的连续性。注浆站的位置应靠近注浆点，且尽可能使注浆管线最短、弯头最少。注浆站所占面积的大小主要取决于设备的型号、数量、注浆材料等，注浆站流程示意图可参考注浆工艺流程图。另外，单液浆比双液浆简单，但总体情况一致。

浆液的配制，不仅要严格参照注浆设计的水灰比，而且要严格按照设计要求添加外加剂。一般造浆用水没有特殊说明，应采用洁净的淡水。

4.7.5.6　止浆

止浆是注浆工艺的重要组成部分，止浆塞一般设在孔壁围岩稳定、岩芯完整、无纵向裂隙和孔形规则的地方。而且两个注浆段要保持 3～5 m 的重叠长度，防止浆液沿纵向裂隙上窜或返浆。

止浆塞分为机械式和水利膨胀式两类。

机械止浆塞是靠机械压力使密封件橡胶塞产生横向膨胀，从而使其与孔壁扣紧。

对橡胶塞的性能要求有：

（1）天然胶质量分数不低于 70%，保证胶塞有良好的恢复变形性能。

（2）抗张强度不低于 20 MPa，永久变形不大于 10%，伸长率不小于 40%。

（3）在 10%的氢氧化钠溶液中浸泡 24 h，膨胀率不大于 5%。

（4）耐磨性好，硬度高，邵氏硬度为 70～75。

4.7.5.7　注浆结束标准

注浆结束标准有两个：一是注浆量（注浆结束时的单位注浆量与总注入量）；二是注浆终压均达到设计标准。即：

（1）采用自上而下注浆法，在规定的压力下，当注入率不大于 0.4 L/min 时，继续注浆 60 min；或注入率不大于 1 L/min 时继续注浆 90 min，注浆可以结束。

采用自下而上分段注浆法时，继续注浆的时间可相应地减少为 30 min 和 60 min，注浆可以结束。

（2）固结注浆，在规定的压力下，当注入率不大于 0.4 L/min 时，继续注浆 30 min，注浆可以结束。

(3)采用自上而下分段注浆法时，注浆孔应采用分段压力注浆封孔法；采取自下而上时，应采用置换和压力注浆封孔法或压力注浆封孔法。

(4)固结注浆孔封孔应采用机械压浆封孔法或压力注浆封孔法。

4.7.5.8 注浆质量检查

注浆效果与注浆质量是两个完全不同的概念。注浆质量好，不一定注浆效果好；但是注浆效果好，却可以看作注浆质量总体良好。控制好注浆过程的质量一般就可以保证注浆质量。

注浆控制分为过程控制和标准控制。

过程控制是把浆液控制在所要注浆的范围之内；标准控制指控制浆液达到注浆要求。过程注浆主要调整浆液的性质和注浆压力、流量，使浆液既能扩散到预定注浆范围，又不能过多跑浆出注浆范围而流失掉，调整的依据是地质条件和注浆理论。

标准注浆控制方法有定浆量控制法、定压控制法、定时控制法、注浆强度控制法、钻孔取芯检查、大口径检查孔检查、专门巷道检查和仪器测试法。

1)定浆量控制法

注浆总量控制：当浆液扩散半径确定以后，注浆总量就确定了，在地层均匀无空洞的条件下，调整注浆压力，使总注浆量达到设计值。

吸浆速率控制法：在设计时，吸浆率小到一定程度时，即达到注浆要求。这种方法适用于防渗帷幕注浆。水电部门规定，吸浆量 $q=0.01\sim0.05$ L/min。在施工时帷幕注浆和固结注浆的吸浆量不大于0.4 L/min，继续注浆30~60 min，即可结束注浆。

2)定压控制法

土体注浆加固，一方面靠注进土体的浆液起作用，另一方面靠浆体对土体的挤压作用使土体力学指标提高，反过来土体密实度增加又使浆体的强度充分发挥作用，形成复合地基。因此，注浆量最终压力对加固效果起主要作用。

注浆过程压力控制可分为一次升压法和逐级升压法，压力大小除与浆液特性有关外，还与浆液速率、地层吸水率有关。因此，升压的快慢应不使地层抬动，而又能在此压力下使地层充分注实为佳。

3)定时控制法

定时控制法是指控制注浆历时以达到控制浆液扩散半径的方法。注浆历时是指一个注浆段所需要的注浆持续时间，可根据注浆公式确定。

4)注浆强度控制法

Lombardi 和 Deere 提出裂隙岩体注浆强度值法，已成功应用于许多大坝的现场注浆，在以注浆压力为纵坐标和已灌注浆液总体积 V 为横坐标的坐标系中，绘出两者乘积为常数的曲线，此乘积称为注浆强度值，其大体上等于泵入岩体的能量。至于如何确定最大允许注浆强度值，则要考虑对岩体的损害。这种方法克服了压力、流量等因素控制的缺点。

5)钻孔取芯检查

钻孔取芯检查指利用钻孔取岩芯，检查岩芯裂隙产状、宽度，以及被浆液填充的程度，据此对注浆质量进行分析评价。常采用取芯进行评价，取芯孔应布置在注浆钻孔浆液的有效扩散范围之内。专门质量检查孔要距注浆钻孔中心3~5 m。我国冶金、煤炭、水利等领域已广泛采用此种检验方法。

6) 大口径检查孔检查

大口径检查孔检查是在注浆钻孔中心打一个 0.8~1.0 m 直径的大钻孔，直接观察注浆效果。此法适用于浅层帷幕。

7) 专门巷道检查

专门巷道检查指在注浆范围内打一与注浆孔走向方向平行的巷道，在巷道内检查注浆质量。

8) 仪器测试法

(1) 利用超声波测试仪量测岩体在注浆前、后的动弹性模量，水利部门常用该法测试大坝注浆质量。

(2) 利用地震仪测试注浆前、后岩石的动弹性模量，据此对注浆质量进行分析和鉴定。一般情况下，注浆后的动弹性模量较注浆前要有所增加，其增长速率随岩石的破碎程度而变化，破碎程度越大，增长速率越大。

(3) 利用声波仪测试注浆前、后声波在不同介质中的传播速度。一般而言，完整岩体的声波波速要比破碎岩体的声波波速高。

(4) 利用钻孔摄影仪拍摄钻孔孔壁岩石裂隙的大小、方向和发育程度。通过对比注浆前、后的孔壁图像，即可判断注浆质量。

4.7.6　工作面注浆

工作面注浆是指当井巷掘进到含水层前，停止掘进，将掘进工作面与含水层间的不透水岩帽作为保护层或专门构筑止浆垫，然后在工作面上钻孔注浆，进行掘砌工作。工作面注浆方案见表 4-36。

4.7.6.1　布孔方式与注浆段高

1) 布孔方式

工作面注浆布孔方式有很多种，常用的有三种。

(1) 垂直孔布置方式。

垂直孔布置方式是指钻孔在凿井工作面的轨迹是垂直向下的。垂直孔布置方式适用于近水平裂隙发育、裂隙间的连通性较好且高角度裂隙不太发育的地层，垂直钻孔切穿裂隙的概率会减小。

由于垂直布孔采用设备简单、轻便，准备时间短，操作方便，因此在井下空间狭小、钻孔设备能力不足的情况下，特别是采用风动冲击钻机的情况下，经常采用此种布孔方式。

(2) 注浆孔带径向外倾角的布孔方式。

注浆孔带径向外倾角的布孔方式是指钻孔的开孔点在井巷内、终孔点沿井巷径向倾斜一定角度的布孔方式(图 4-42)。设计的出发点：一是使钻孔尽可能地提高钻孔切穿裂隙的概率；二是通过钻孔把浆液注入井巷的外围四周以起到包围井巷的帷幕作用。

径向外倾角的大小取决于设计孔底落点距井巷掘进直径的距离，这一距离的确定要考虑注浆浆液在有效的扩散距离内对井巷形成有效的帷幕保护范围，一般取 3~5 m。径向外倾角的计算式为

$$\alpha = \arctan \frac{S + A}{H} \tag{4-53}$$

表 4-36　工作面注浆方案

工作面注浆方案	注浆程序示意图	施工顺序	工艺优缺点	使用条件
自上而下分段注浆法	注浆塞 注浆塞 注浆塞 (a) (b) (c) (d) (e) (f) (a)(b)第一段钻进、注浆；(c)(d)第二段钻进、注浆；(e)(f)第三段钻进、注浆；1、2、3—注浆先后顺序的段号。 **自上而下分段注浆程序示意图**	自上而下分段注浆法是一种自上而下逐段钻进、逐段注浆的施工方法。它的施工顺序一般是钻进(一段)→冲洗→简易压水试验→注浆→待凝(孔口无涌水时也可不待凝)→钻进(下一段)	优点：①注浆塞安设在已注段底部，易于堵塞严密，不致产生绕塞返浆；②随着注浆段深度的增加，能逐段加大注浆压力；③压水试验成果准确；④计算注入的干料量准确，注浆质量较好。 缺点：①在破碎或涌水段，需要待凝一段时间；②钻孔、注浆两个工序交替进行，辅助时间较多	适宜于岩石破碎、孔壁不稳固、孔径不均匀、竖向节理裂隙发育、渗漏情况严重的地层。施工时，为防止漏注，止浆塞应塞在已注段段底以上不少于 0.5 m 的部位
孔口封闭自上而下分段注浆法	封闭器 封闭器 封闭器 (a) (b) (c) (d) (e) (f) (a)(b)第一段钻进、注浆；(c)(d)第二段钻进、注浆；(e)(f)第三段钻进、注浆；1、2、3—注浆先后顺序的段号。 **孔口封闭自上而下分段注浆程序示意图**	孔口封闭自上而下分段注浆法是把封闭器(即注浆塞)设置在孔口，自上而下分段钻进，逐段注浆并不待凝的一种分段注浆方法	优点：①全部孔段均能自行复注；②工艺简单，不需待凝，节省时间。 缺点：①全孔多次复注，孔内占用水泥量较多；②各段压水试验成果和单位注入量值的准确性较差	注浆孔的基岩段长度小于 6 m 时，可采用全孔一次注浆法

续表4-36

工作面注浆方案	注浆程序示意图	施工顺序	工艺优缺点	使用条件
自下而上分段注浆法	(a)钻孔；(b)第一段注浆；(c)第二段注浆；(d)第三段注浆；1、2、3—注浆先后顺序的段号。 **自下而上分段注浆程序示意图**	自下而上分段注浆法就是将钻孔一直钻到设计孔深，然后自下而上逐段进行注浆	优点：①钻进、注浆工序各自连续施工，工序简化；②不需待凝，节省时间，工效较高。 缺点：①钻进中岩粉易堵塞孔段裂隙，影响注浆质量；②在垂直裂隙发育或孔径不均的孔段，注浆难以阻塞严密，易发生浆液绕塞上流，造成埋塞事故，或需上、下移动以调整栓塞位置，比较费时；③若上提塞位，会使段长过长，也影响注浆质量	一般适宜在岩石比较坚硬完整、裂隙不很发育、渗透性不大的地层中施工
综合分段注浆法		综合分段注浆法是将自上而下与自下而上分段注浆相结合的方法。在深孔注浆中，可把全孔分成几个综合段	每个综合段包含有几个注浆段。从全孔施工来看，以综合段为单元，注浆是自上而下的，但在每个综合段内，则注浆又是自下而上的	在地质条件比较复杂而钻孔又深的情况下，采用该法对注浆质量和施工进度都是有利的

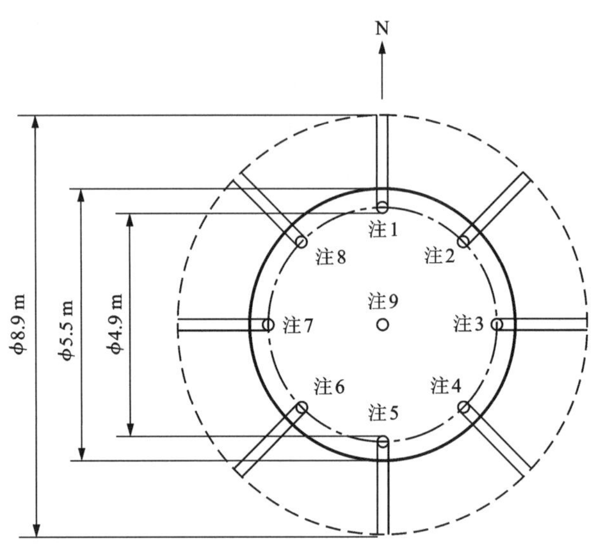

图 4-42 山东招远阜山金矿竖井工作面预注浆径向外倾角的钻孔布置图

式中：α 为钻孔径向外倾角，(°)；S 为终孔点径向超出井巷掘进直径的距离，一般取 3～5 m；H 为注浆段高度，m；A 为孔口管与井壁的距离，m。

(3)注浆孔同时带有切向角和径向倾角的布孔方式。

为了使注浆孔切穿各种产状的岩层裂隙的概率最大，可把注浆孔设计成既有径向倾角又有切向角，钻孔轨迹在三维空间呈倾斜状态(图 4-43)。选择合适的切向角，可以使井巷遇到的每条裂隙至少被两个注浆孔穿过，使这些裂隙最大限度地被注浆并被有效地封闭。

2)注浆段高的划分

根据岩石的性质、裂隙开度、裂隙分布特点、裂隙内充填物的情况、浆液性质及钻机能力等综合因素确定注浆段高。

庞庄煤矿张小楼千米主、副立井凿井工作中，井巷通过基岩含水层时采用工作面小孔注浆的方法，即采用边探、边注、边掘的工作面注浆方式，布孔 7～8 个，预留岩帽 1.5 m 以上，有效注浆段高 3 m，经注浆处理后，工作面剩余漏水量在 2 m^3/h 以下，使得井巷顺利通过基岩含水层。

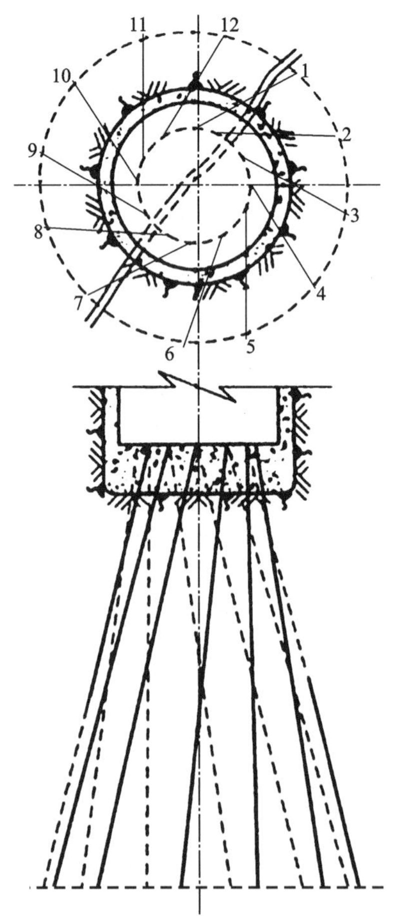

图 4-43 带有切向角和径向倾角的布孔方式

3)止浆垫厚度计算

止浆垫厚度 B 是根据最大注浆压力 p_0 和混凝土允许矿压强度 $[\sigma]$ 来确定的。最大注浆压力 p_0 为:

$$p_0 = p_r + p_u \tag{4-54}$$

式中: p_0 为最大注浆压力, MPa; p_r 为注浆孔口的静水压力, MPa; p_u 为注浆剩余压力, MPa。

(1)单级球面型止浆垫厚度的计算。

假设注浆压力均匀作用在止浆垫的球面上, 利用球面板受压理论, 并考虑止浆垫围岩的抵抗力的作用, 卡尔梅科夫提出了止浆垫受力模型(图 4-44)及其厚度的计算公式:

$$B = \frac{p_0(r^2 + h^2)^2}{4r^2h[\sigma]} \tag{4-55}$$

式中: B 为止浆垫厚度, m; r 为井巷的掘进半径, m; h 为球面矢度, m; $[\sigma]$ 为混凝土的允许抗压强度, MPa。

混凝土的允许抗压强度 $[\sigma]$, 一般用 3~7 d 的单轴抗压强度除以安全系数(K=2~3)来确定。

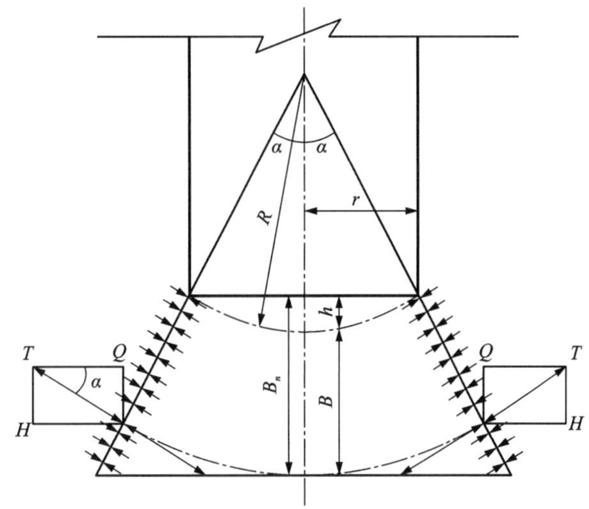

α—止浆垫界面与垂直面的夹角; R—止浆垫的球面半径。

图 4-44　止浆垫受力模型图

计算中, 常取 h=0.3r, 则止浆垫厚度为:

$$B = \frac{p_0 r}{[\sigma]} \tag{4-56}$$

止浆垫边界面与垂直面的倾角 α 为:

$$\alpha = \arcsin \frac{2hr}{r^2 + h^2} \tag{4-57}$$

一般 α 为 30°~33°时, 止浆垫的球面半径为:

$$R = \frac{r^2 + h^2}{2h} \tag{4-58}$$

(2)单级平底型止浆垫厚度计算。

以球面型止浆垫为基础, 平底型止浆垫的厚度增大一个内球面矢度 h 值, h 为 0.3r。其厚度 B_0 的计算公式为

$$B_0 = \frac{p_0 r}{[\sigma]} + 0.3r \tag{4-59}$$

根据实践经验, B 和 B_0 的计算结果不是很准确, 实际工作中可以按此先计算一个基本值, 然后综合考虑井巷含水层的埋深、注浆时所使用的浆液种类、注浆终压等因素并调整止浆垫的初算厚度。国内竖井深度最大为 1500 m 左右, 目前工作面注浆最大深度为 800~1200 m, 止浆垫厚度一般为 2~5 m。随着竖井工作面注浆深度的增加, 止浆垫的厚度也随之

增加。

4.7.6.2 岩帽厚度确定

止浆岩帽的预留条件是含水层的上方有比较致密的隔水层，其强度较高，岩性较完整，基本无水。含水岩层较厚，需要分几段进行工作面注浆。当完成第一段注浆后，井巷掘进到距下一个含水层 10 m 左右，工作面基本无水，岩层较完整，可以考虑设置预留岩帽(图 4-45)。

岩帽厚度计算的理论依据是岩帽在注浆压力作用下受到注浆压力而被破坏。

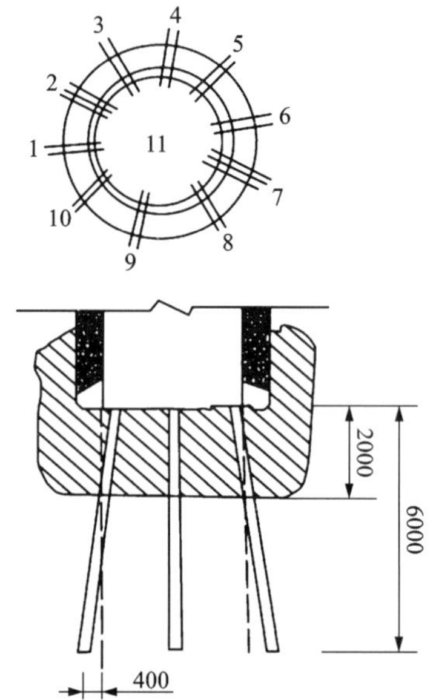

图 4-45 短注短掘方法施工实例钻孔图

(1) 由剪力破坏理论而得出的岩帽厚度计算公式：

$$B = \frac{p_0 D}{4[\tau]} \tag{4-60}$$

式中：B 为按岩石抗剪强度理论计算的岩帽厚度，m；$[\tau]$ 为岩石允许抗剪强度，MPa；D 为井筒净直径，m。

(2) 由拉力破坏理论而得出的岩帽厚度计算公式：

$$B_\varepsilon = \frac{D}{2}\sqrt{\frac{3+\gamma}{\sqrt[3]{\frac{16(2+\gamma)\sigma^2}{2P_0}}-1}} \tag{4-61}$$

式中：B_ε 为按岩石抗拉强度理论计算的岩帽厚度，m；D 为井筒净直径，m；γ 为岩石泊松比；σ 为岩石抗拉强度，MPa；P_0 为注浆终压，MPa。

由于岩帽的地层不可能是一块完整的岩石，而依据实际而取的岩石允许抗剪强度很大，只能根据实践经验判断。一般选取岩层比较完整、基本不出水的地层。岩帽的厚度一般取 10 m。

4.7.6.3 孔口密封装置

工作面注浆时不可避免地会出现孔内突然喷水的情况，在钻孔期间就要安装孔口防喷装置。钻进过程中若发生孔内突然喷水，应及时旋紧防喷装置的压盘，并采取措施。常用于井巷工作面预注浆的孔口防喷密封装置如图 4-46 所示。

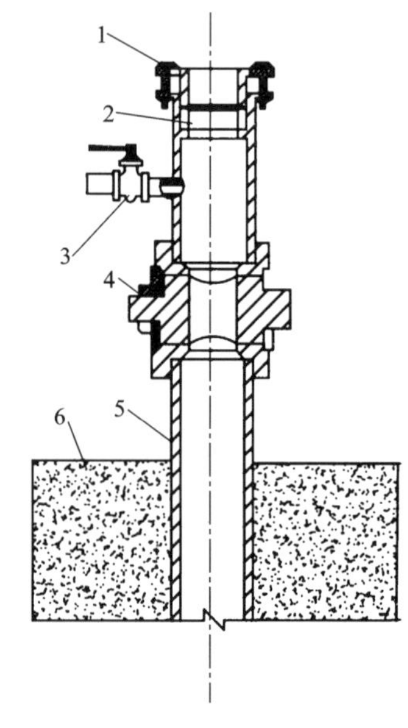

1—密封压盖；2—密封胶圈；3—放水闸板阀；4—转芯阀；5—孔口管；6—混凝土止浆垫。

图 4-46 孔口防喷密封装置

4.7.6.4 工作面预注浆后效果检查

工作面注浆质量的检查方法主要有两种：

(1) 后续钻孔检查。由于井巷工作面注浆施工空间狭小，不可能多台钻机施工，而注浆孔数量较多，钻孔须依设计数据进行施工。这样，后续施工的钻孔就可以对前期注浆进行检查。可以取芯观察浆液的充填和结石情况，较直观的检查就是检查钻孔的涌水量，所以每个注浆钻孔都应进行涌水量的观测和记录。

(2)专门检查孔检查。各注浆钻孔施工完毕后，在井巷的中心打一个垂直检查孔，取芯观察浆液的充填和结石情况，用大泵量浆水冲孔，将孔内岩粉、泥浆清出孔外，然后对钻孔的涌水量进行直观测定，最后用经验数值类比法判断井巷工作面的预计涌水量。

若预计涌水量超过设计规定的量时，应对该注浆段补强注浆。

检查孔完工后，应进行注浆封闭。

在工作面注浆中，各注浆孔的注浆段都达到了注浆结束标准，检查孔的涌水量经换算后小于设计规定量并进行封闭注浆后，即可结束注浆工作。

4.7.6.5　井壁注浆

1)井壁注浆参数

(1)注浆压力。注浆压力是指注浆时克服浆液流动阻力并使浆液扩散一定范围所需的压力，可根据公式计算确定：

$$P=\frac{KH\gamma}{100} \tag{4-62}$$

式中：P 为注浆终压；K 为系数，取 2~3；H 为受注点至静水位的水柱高度，m；γ 为水的密度，t/m^3。

(2)浆液注入量。浆液注入量是指注入地层中的浆液总体积。其计算式为：

$$Q=\frac{ASLnB}{m} \tag{4-63}$$

式中：Q 为浆液总体积，m^3；A 为浆液消耗系数，取 1.2~1.5；S 为由浆液有效扩散距离决定的扩展巷道断面积，m^2；L 为注浆段长，m；n 为岩层平均裂隙数，%；B 为浆液充填系数，取 0.9~0.95；m 为浆液结石率，取 0.85。

2)壁内注浆与壁后注浆

(1)根据井巷特征及漏水情况来确定是采用壁内注浆还是壁后注浆。当井壁处于流沙层或涌水量较大、注浆孔穿过井壁可能发生大量漏水时，可采用壁内注浆。

(2)根据涌水及地质情况来选择注浆材料。当涌水量较大时，可采用复合注浆方法，先注入惰性材料，然后注入水泥-水玻璃浆液。止水效果不理想时，可用化学浆液补注。对于壁后注浆，一般采用悬浮型浆液。

(3)根据井壁裂缝及出水点的分布、井壁结构及强度布置钻孔，确定注浆参数(注浆压力、凝胶时间、注入量、浆液扩散半径等)。一般情况下，井壁注浆要求的注浆压力和流量都比较小。

(4)根据注浆止水的要求确定注浆结束标准。

3)井壁注浆工艺流程

井壁工作面注浆工艺流程如图 4-47 所示，井巷工作面注浆工艺流程如图 4-48 所示。

(1)注浆压力及浆液注入量。

井壁注浆的注浆压力及浆液注入量见表 4-37。

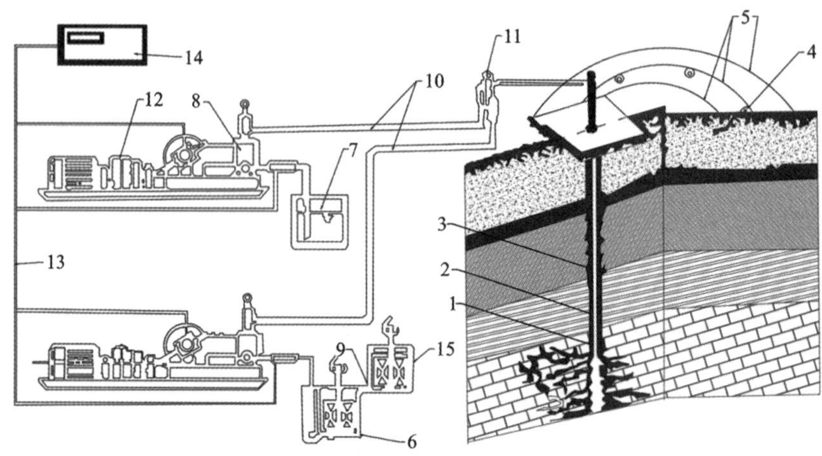

1—止浆塞；2—注浆孔；3—注浆管；4—注浆孔位；5—环形道；6—水泥吸浆池；7—水玻璃吸浆池；8—注浆泵；9—液力变距器；10—输浆管；11—混合器；12—流量计；13—信号线；14—放浆网；15—水泥搅拌机。

图 4-47　井壁预注浆工艺流程

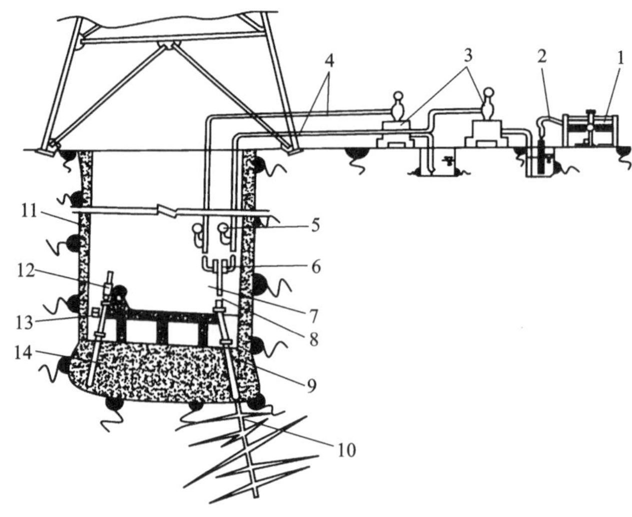

1—浆液搅拌池；2—压风管；3—注浆泵；4—输浆管；5—压力表；6—混合器；7—卸浆阀；8—孔口阀；9—孔口管；10—注浆孔；11—井壁；12—钻机；13—工作台；14—止浆垫。

图 4-48　井巷工作面注浆工艺流程

表 4-37　井壁注浆的注浆压力及浆液注入量

计算内容	计算公式	计算条件
井壁后注浆压力	初始注浆压力：$p_a=p_0+(1\sim3)\times0.1$ 正常注浆压力：$p_b=p_0+(3\sim5)\times0.1$ 最终注浆压力：$p_c=p_0+(5\sim8)\times0.1$ 式中：p_0 为注浆点静水压力，MPa；1~8 为富余压力值，MPa	富余压力值的选取：壁后注浆时取低值，充填加固时取高值，堵水为主或石料井壁取低值

续表4-37

计算内容	计算公式	计算条件
井壁强度校核	$$p=\frac{K(E^2+2R_0E)}{2(R_0+E)^2}>p_c$$ 式中：p 为注浆处井壁能承受的压力，MPa；B 为井壁厚度，cm；R_0 为井巷内半径，cm；K 为井壁材料允许抗压强度，MPa，$K=\frac{R_c}{n}$（R_c 为井壁材料抗压强度，MPa；n 为安全系数，$n=2$）	最终注浆压力用井壁材料允许抗压强度校核。确定的最终注浆压力在一般情况下不能超过校验值
确定注浆量	$$Q=aVn$$ 式中：Q 为注浆量，m^3；V 为须固结或充填的体积，m^3；n 为被加固体孔隙率，%；a 为浆液损失系数，$a=1.1\sim1.5$	对于砂层，$n=26\%\sim40\%$；充填空洞时，$n=1$

(2)注浆材料。

浆液材料采用单液注浆和双液注浆。水泥选用 32.5R，水灰比为 1∶1，双液浆 $C:S=1:0.8$。水玻璃选用液体硅酸钠型，波美度为 38~40°Bé，模数为 2.8 的水玻璃。

(3)浆液的配制。

水泥浆液配制方法为：先向水泥浆搅拌桶内加入定量的清水，按设计配合比加入定量的水泥，搅拌均匀后倒入储浆桶内供注浆泵吸浆。若采购的水玻璃模数、浓度偏高，则须加水稀释成需要的浓度。

(4)注浆压力选择。

基岩段：若能测定钻孔静水压力，注浆压力控制在静水压力 1.5 倍以内，但终压不得大于 5 MPa。

(5)注浆顺序。

根据井壁漏水情况，上提吊盘时，从下往上注浆以封堵井壁漏水。对于布孔方式、布孔数量，基岩段应在不同层位根据现场漏水情况确定，表土段应根据地表土层位均匀布置。

(6)钻孔布设。

由专人用风钻按照现场技术员或有经验的注浆工指定的孔位打眼。基岩段原则上是顶水打眼造孔，以找到出水通道为准，以注浆孔均匀布置为宜。

(7)注浆管埋设。

开孔后，将预先加工好的注浆孔口管马牙扣端缠上麻丝，抹上铅油，丝扣端上好管套，用大锤将注浆管砸入孔内，下放孔内不小于 500 mm，拧下管套，将球阀安装到注浆孔口管的丝头上。注浆前，先进行压水试验。球阀与高压混合器接好后，开动注浆泵用清水冲孔，并做耐压试验。

(8)注浆作业。

将吸浆管和吸水玻璃管拧紧上牢后并分别放在水泥浆及水玻璃储浆桶内，按照设计好的浆液配合比，利用供液阀门调整好流量，即可进行注浆工作。注浆过程中，视压力情况，随时调整水泥浆浓度。如井壁跑浆量较大，可采用间歇式注浆，但间歇的时间不宜过长。每个孔注浆结束后，必须用清水冲洗净注浆管路。吸水泥浆管和吸水玻璃管做好标记，以防混用。

(9)注浆记录。

注浆过程中，司泵人员及技术人员应做好详细记录，记录内容包括注浆日期、开孔数量、孔位、测量水压、注浆压力、浆液浓度、水泥用量、水玻璃用量等。

4.7.6.6　平巷和斜井工作面注浆

巷道注浆泛指在平巷和斜井施工过程中，在工作面进行堵水或加固围岩的注浆活动。

平巷和斜井在进行施工的过程中，不可避免地要穿过水文地质条件复杂的构造带和含水层。在巷道施工的过程中，若发现岩层破碎或有涌水的征兆，必须进行巷道工作面注浆，进行加固围岩或封堵涌水，以防止事故发生，确保施工安全。

按施工目的的不同，巷道注浆可分为帷幕注浆、加固注浆和充填注浆。

(1)帷幕注浆。巷道施工时，已经发生或者预测将要发生涌水，已经影响或者可能影响工作面正常施工时，要进行巷道的工作面帷幕注浆。其目的是封堵岩层涌水。

(2)加固注浆。巷道施工时，岩石破碎、不稳定、易塌方、施工困难，就要进行巷道工作面加固注浆。其目的是加固巷道围岩。

(3)充填注浆。在巷道的壁后有空洞的区域，或者是巷道本身技术上要求填实的，要进行充填注浆。凡是向地下灌注浆液以充满地下空间的注浆，均可称为充填注浆。

从施工角度分类，鉴于施工方法的不同，可分为水平巷道注浆和倾斜巷道(斜井)注浆两类。水平巷道注浆和倾斜巷道(斜井)注浆的施工工艺在作业条件上有很大的差别。

4.7.7　注浆实例

部分国内矿山注浆加固工程实例见表4-38。

表4-38　部分国内矿山注浆加固工程实例

矿山名称	注浆位置	注浆方式	注浆材料	注浆设备	注浆效果
田兴铁矿	北进风井 −475 m 中段平巷破碎带	平面型止浆墙注浆	水泥单液浆(水灰比0.5∶1)；水泥-水玻璃双液浆(0.75～1)，体积比为1∶1，根据涌水情况调整，水玻璃波美度为35°Bé		采用止浆墙注浆技术顺利地封堵了涌水，注浆效果良好，爆破掘砌后工作面涌水为5 m^3/h，达到预期效果
开滦林南仓矿	新回风井井巷	下行式注浆方式	以水泥单液浆为主，适当加入一定比例的其他辅料，如食盐、三乙醇胺和水玻璃。水泥浆水灰比为0.8∶1至2∶1，水泥∶水玻璃浆为3∶1	双液调速高压注浆泵(2TGZ−60/210型)	井底涌水量由最初的4.0 m^3/min降至0.1 m^3/min以下，年节约排水费用约300万元，保障了井巷安全，获得了良好经济、社会和生态效益

续表4-38

矿山名称	注浆位置	注浆方式	注浆材料	注浆设备	注浆效果
朔州朔煤新裕煤矿	采空区段破碎岩层	由下而上、由外而内的顺序进行	M20 水泥砂浆		对破碎松散体进行黏结，使之成为整体，提高了围岩的稳定性和抗压承载能力，使掘进工作顺利通过了断层或冒顶区域，既保证了施工安全，又提高了经济效益
白皎煤矿	矿 23 采区巷道冒顶	待低位注浆胶结固化、原有散碎岩石具有一定承载力后，进行中位和高位注浆	马格尼 628 煤岩加固材料	1 台专用气动注浆泵和 1 支搅拌注射枪	改善了破碎围岩的物理力学特性，使围岩自承能力和稳定性得到提升。尤其是注浆中的升压作用，浆液渗入裂隙后致使体积膨胀，压密裂隙，提高了岩体的塑性强度
平煤六矿	三水平戊组石门大巷	壁后注浆	以水泥单液浆为主，水泥采用 P. O 42. 5 普通硅酸盐水泥。封口或局部漏浆严重时采用水泥-水玻璃双液浆液，水玻璃为模数 2. 4 ~ 3. 2、波美度为 35 ~ 45°Bé 的碱性水玻璃	2ZBQ-11. 5/3 型煤矿用气动注浆泵	注浆加固支护后，巷道稳定性大大增强，根据巷道顶、底板位移观测点连续 3 个月的观测，巷道累计最大位移不超过 30 mm，平均位移为 15 mm，且巷道没有出现裂缝、脱皮、掉块等来压现象
红柳煤矿	运输巷道	帷幕注浆采用前进式分段钻孔分段注浆	水泥单浆液、水泥-水玻璃双浆液超细水泥或聚氨酯类的化学浆。水灰比为 1 ∶ 0. 8 ∶ 0. 6。当某一配合比连续注浆 1 h 且不升压或吸浆量不下降时，应改为下一个配比进行注浆		有效地封堵 2 煤上覆直罗组砂岩裂隙水通过 DF_{6-1} 及一些伴生断层的涌水通道，并在其大巷周围形成厚度不小于 10 m 的准混凝土堵水帷幕圈

续表4-38

矿山名称	注浆位置	注浆方式	注浆材料	注浆设备	注浆效果
淮南矿区	巷道施工前预注浆	巷道施工前预注浆采用分段注浆进行加固，根据异常体岩性及构造情况进行分段	P. O 42. 5 普通硅酸盐水泥；水玻璃波美度为 40 ~ 45° Bé，模数为 2. 8~3. 2	巷道施工前预注浆采用 2TGZ-60/210 型双液调速高压注浆泵，巷道施工期间预注浆采用 KYB-50/70 型液压注浆泵	预注浆对砂岩裂隙水进行封堵，减少水害对施工的影响
七星煤矿	立井	下行全孔封闭式	水泥-水玻璃双液为主，水泥选用 42. 5 普通硅酸盐水泥，水玻璃波美度为 35~45°Bé	注浆泵，储液池搅拌箱	通过工作面预注浆使井巷涌水量下降到 5 m^3/h，保证了井巷顺利下掘
获各琦铜矿	井底车场	工作面预注浆	XPM 纳米灌注剂		提高围岩整体强度，使工程顺利通过构造带
任楼煤矿	520 轨道大巷	两步耦合注浆加固	水泥（主料）+水玻璃（速凝剂）		围岩的状态由弱面失稳转变为围岩本身控制，从而提高了围岩的自身承载能力，使支护体和围岩之间达到强度、刚度及变形上的耦合，改善围岩承载状况
张马屯铁矿	矿体的顶板	悬挂式单排注浆	普通硅酸盐水泥浆液		-240 m 水平、-300 m 水平、-360 m 水平，疏干水量分别稳定在 5300 m^3/d、5400 m^3/d、5600 m^3/d，幕内外水头差分别保持在 170 ~ 256 m、300 ~ 325 m、360~380 m 恒定；2003 年矿山生产疏干放水试验证明，堵水率达到 83. 46%
鑫汇金矿	新主井 -1070 m 石门巷道	壁后注浆单液单系统的定压注浆方式，拟采用全孔一次注浆法	普通硅酸盐水泥浆液		提高围岩整体强度，用壁后注浆+长锚索对现有以钢支架为主的支护系统进行加固，以保证石门巷道及其他相关工程结构的稳定

续表4-38

矿山名称	注浆位置	注浆方式	注浆材料	注浆设备	注浆效果
锦州国家石油储备库	地下硐室拱顶	拱顶后注浆	DS 高分子化学堵水材料，纯水泥和超细水泥		通过渗漏水控制注浆，洞内裂隙得到很好的封闭，从而使渗漏水得到很好的控制，保持洞室必要的水位
马兰矿	12509 工作面顶板破碎区	全孔一次注浆法	马丽散树脂与催化剂配合比为 1∶1 的混合液	1 台 ZBQ-8/3 型气动注浆泵	注浆支护可对大面积破碎岩体进行黏合，形成一个完整的耦合体。通过对 12509 工作面顶板破碎岩体注浆前、后的抗压实验，发现注浆前岩体抗压强度仅为 9 MPa，而注浆后岩体抗压强度提高至 74 MPa，有效地提高了破碎岩体抗压强度

参考文献

[1] 赵兴东. 井巷工程[M]. 北京：冶金工业出版社，2014.
[2] 周昌达. 井巷工程[M]. 北京：冶金工业出版社，1994.
[3] 蔡美峰. 岩石力学与工程[M]. 北京：科学出版社，2002.
[4] 王运敏. 现代采矿手册[M]. 北京：冶金工业出版社，2011.
[5] 于润沧. 采矿工程师手册 上[M]. 北京：冶金工业出版社，2009.
[6]《井巷喷射混凝土支护》编写组著. 井巷喷射混凝土支护[M]. 北京：冶金工业出版社，1973.
[7] THOMAS A. 喷射混凝土衬砌巷道导论[M]. 北京：科学出版社，2014.
[8]《井巷喷射混凝土支护》编写组. 井巷喷射混凝土支护[M]. 北京：冶金工业出版社，1973.
[9] 赛云秀. 现代矿山井巷施工技术[M]. 西安：陕西科学技术出版社，2000.
[10] 李慧民. 冶金建设工程技术[M]. 北京：冶金工业出版社，2005.
[11]《采矿手册》编辑委员会. 采矿手册[M]. 北京：冶金工业出版社，1990.
[12] 闫莫明，等. 岩土锚固技术手册[M]. 北京：人民交通出版社，2004.
[13] 蒋树屏，王福敏，唐树名. 岩土锚固技术研究与工程应用[M]. 北京：人民交通出版社，2010.
[14] 朱浮声. 锚喷加固设计方法[M]. 北京：冶金工业出版社，1993.
[15] 冶金工业部建筑研究院. 锚杆喷射混凝土支护设计施工规定[M]. 北京：中国建筑工业出版社，1979.
[16] 田裕甲. 岩土锚固新技术及实践[M]. 北京：中国建材工业出版社，2006.
[17] 王泰恒，许文年，陈池，等. 预应力锚固技术基本理论与实践[M]. 北京：中国水利水电出版社，2007.
[18] 郝哲，王来贵，刘斌. 岩体注浆理论与应用[M]. 北京：地质出版社，2006.
[19] 张永成. 注浆技术[M]. 北京：煤炭工业出版社，2012.
[20] 杜嘉鸿，张崇瑞，何修仁. 地下建筑注浆工程简明手册[M]. 北京：科学出版社，1992.
[21] 彭春雷，杨晓东，马栋. 锚固与注浆设备手册[M]. 北京：中国电力出版社，2013.
[22] 刘文永，王新刚，冯春喜，等. 注浆材料与施工工艺[M]. 北京：中国建材工业出版社，2008.
[23] 谢和平，彭苏萍，何满潮. 深部开采基础理论与工程实践[M]. 北京：科学出版社，2006.

[24] 何满潮，钱七虎，等.深部岩体力学基础[M].北京：科学出版社，2010.
[25] 蔡美峰.金属矿山采矿设计优化与地压控制：理论与实践[M].北京：科学出版社，2001.
[26] 刘殿中，杨仕春.工程爆破实用手册[M].北京：冶金工业出版社，2003.

第 5 章

井巷地压

5.1 原岩应力

存在于原岩中的天然应力，称为原岩应力，也称岩体初始应力、绝对应力或地应力。原岩应力≈自重应力+构造应力。它是引起采矿、水利水电、土木建筑、铁路、公路，以及其他各种地下或露天岩石开挖工程变形和破坏的根本作用力，也是确定工程岩体力学属性，进行围岩稳定性分析，实现岩石工程开挖设计和科学决策的前提条件。原岩应力在岩体空间中的分布状态称为原岩应力场。

人类在岩体中进行工程活动，开辟了自由空间，扰动了原岩的自然平衡状态，使一定范围内的原岩应力重新分布，变化后的应力被称为次生应力，也称地压、岩压或矿山压力。

为了对各种岩石工程进行科学合理的开挖设计和施工，必须对影响工程稳定性的各种因素进行充分调查。在诸多影响岩石开挖工程稳定性的因素中，原岩应力状态是最重要、最根本的要素之一。对矿山设计来说，只有掌握了具体工程区域的原岩应力分布，才能合理确定矿山总体布置，确定巷道和采场的最佳断面形状、断面尺寸。根据弹性力学理论，巷道和采场的最佳形状主要由其断面内的两个主应力的比值来决定。为了减少巷道和采场周边的应力集中现象，最理想的断面形状是椭圆，而此椭圆在水平和垂直方向的两个半轴的长度之比与该断面内水平主应力和垂直主应力之比相等。在此情况下，巷道和采场周边将处于均匀等压应力状态，是一种最稳定的受力状态。同样，在确定巷道和采场走向时，也应考虑原岩应力的状态，最理想的走向是与最大主应力方向平行。当然，实际工程中的采场、巷道走向和断面形状还要综合考虑工程需要、经济性和其他条件。

5.1.1 原岩应力的成因

产生原岩应力的原因十分复杂，至今尚不清楚。多年来的实测和理论分析表明，地应力的形成主要与地球的各种动力运动过程有关，包括板块边界受压、地幔热对流、地球内应力、地心引力、地球旋转、岩浆侵入和地壳非均匀扩容等。另外，温度不均、水压梯度、地表剥蚀或其他物理化学变化等也可引起相应的应力场。其中，构造应力场和重力应力场为现今地应力场的主要组成部分。

中国大陆板块受到外部两块板块的推挤，即印度洋板块和太平洋板块的推挤，推挤速度为每年数厘米；同时还受到西伯利亚板块和菲律宾板块的约束。在这样的边界条件下，板块发生变形，产生水平受压应力场。印度洋板块和太平洋板块的移动促成了中国山脉的形成，控制了我国地震的分布。

5.1.2 构造应力

构造应力是指由地质构造作用产生的应力或地壳内长期存在的一种促使构造运动发生和发展的内在力量。构造应力场指构造应力在空间的分布状态。岩体构造应力是构造运动中积累或剩余的一种分布力。

大地构造学说是基于地球表层(包括地壳和地幔)结构及其运动规律而提出的，其中最具代表性的是地质力学学说和板块构造学说。

实践表明，大多数地壳表层应力状态以水平应力为主。重力应力场中最大主应力的方向是铅垂方向，但原岩应力并不完全符合重力应力场的规律。例如，俄罗斯科拉半岛的基洛夫矿、拉斯乌姆乔尔矿在霓霞矿的磷霞岩中，测得 100 m 深处的水平应力为 55.9~76.4 MPa，比自重应力场的垂直应力约大 19 倍；我国江西铁山垅钨矿 480 m 深处，测得垂直应力为 10.6 MPa，沿矿脉走向的水平应力为 11.2 MPa，垂直矿脉走向的水平应力为 6.5 MPa；金川镍矿矿区以水平应力为最大主应力，水平应力为近北东 30°~40°，是压应力，在 200~300 m 深度最大主应力一般为 20~30 MPa，最高达 50 MPa，最大主应力与最小主应力的差值随深度增加，平均水平应力较垂直应力随深度增加的梯度更大，水平应力是自重应力的 1.69~2.27 倍；山东巨野煤田万福煤矿 813~1104 m 深勘探区实测最大水平主应力值为 26.35~58.0 MPa，最小水平主应力值为 20.4~35.2 MPa，矿区应力场水平主应力与垂直主应力比值(σ/σ_v)的变化较大，该值为 1.44~3.22，大致有随深度变化而增加的规律。最大水平应力与最大垂直应力比值普遍大于 1，水平应力较垂直应力增加更快，且远远大于垂直应力。此外，地应力测量结果还表明：矿区应力状态分布不均匀，受断层影响，处于断裂端点附近的应力较集中，应力值高；而位于断裂两旁应力相对较低。大量研究和实践表明，多数情况下，地应力每百米增加约 3 MPa，在断层附近每百米增加约 5 MPa，基值随着经纬度的变化而发生很大的变化。构造应力一般可分为以下三种情况。

1)原始构造应力

原始构造应力场的方向可以应用地质力学的方法判断，如图 5-1 所示。因为构造形迹的走向与形成时的应力方向有关，根据各构造的力学性质，可以判定原始构造应力的方向。

每一次构造运动都在地壳中留下构造形迹，如结构面，有的地点的构造应力在这些行迹附近表现强烈，且关系密切。如顿巴斯煤田，在没有呈现构造形迹的矿区，原岩体内铅垂应力 $\sigma_v=\gamma H$；在构造形迹不多时，σ_v 超过 γH 大约 20%；在构造复杂区内，σ_v 远远超过 γH。

2)残余构造应力

有的地区虽有构造运动行迹，但构造应力不明显或不存在，原岩应力基本属于重力应力。例如，俄罗斯乌拉尔的维索科戈尔和科奇卡尔矿床测定的原岩应力基本符合重力应力场的分布规律，沿矿体走向的水平应力比铅垂应力小 10%~30%，有的水平应力竟比计算值大 3.9~4.9 MPa，并未发现水平应力在某个方向占明显优势。其原因是，虽然远古时期的地质构造运动使岩体变形，以弹性能的方式储存在地层中，形成构造应力，但是经过漫长的地质年代，由于应力松弛，应力随之减少。而且，每次新的构造运动对上次构造运动都将引起应

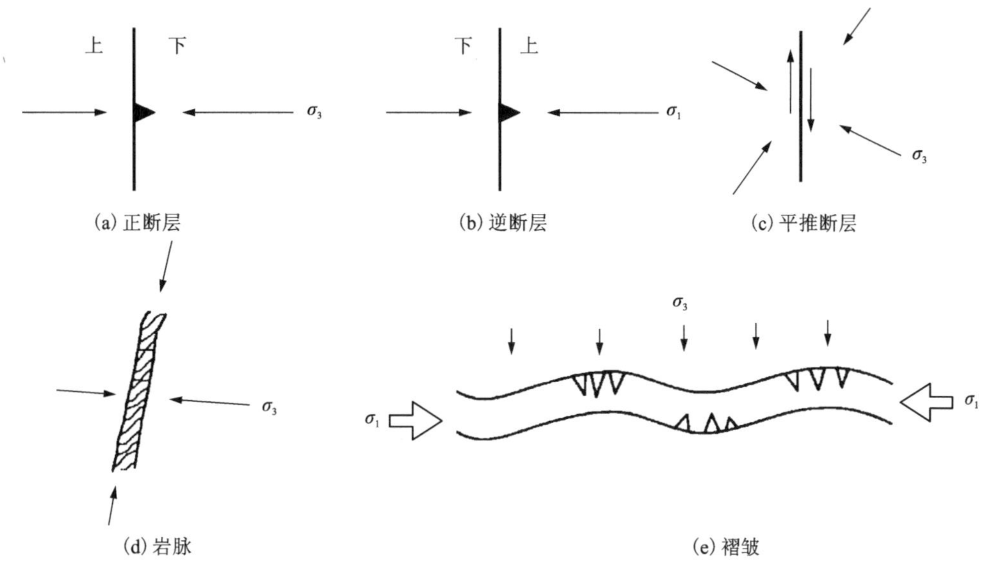

图 5-1　由地质特征推断应力方向[(a)~(e)均为平面图]

力释放，地貌的变动也会引起应力释放，故使原始构造应力大大降低。这种经过显著降低的原始构造应力，称为残余构造应力。各地区的原始构造应力的松弛与释放程度很不相同，所以残余构造应力的差异很大。

3)现代构造应力

许多实测资料表明，有的地区的构造应力与构造形迹无关，但是与现代构造运动密切相关。如哈萨克斯坦杰兹卡兹甘矿床，原岩应力以水平应力为主，其方向不是垂直构造线走向，而是沿构造线走向。科拉半岛水平应力是垂直应力的 19 倍，且地表以每年 5~50 mm 的速度上升。M. B. 格索夫斯基曾指出，现代构造运动强烈的地区，水平应力可达(98±49) MPa，而活动小的地区仅为(9.8±4.9)MPa。由此可见，在这些地区不能用古老的构造形迹来说明现代构造应力，必须注重现代构造应力场的研究。

原岩的构造应力场分布特点为：①应力有压应力，亦可能有拉应力；②以水平应力为主时，一般水平应力比垂直应力大；③分布不均匀，通常以地壳浅部为主；④褶皱、断层和节理等各种构造形迹是相伴而生的，共同形成一个构造体系。

5.1.3　重力应力

重力应力，也叫自重应力，指地壳上部各种岩体由于受到地心引力的作用而产生的应力。它是由岩体自重引起的。由地心引力引起的重力场称为重力应力场。一般应用连续介质力学原理来探讨岩体的重力应力场问题。将岩体视为半无限体，即上部以地表为界，下部以水平方向为界。岩体中某点的应力仅由上覆岩体的重力产生，如图 5-2 所示，对埋藏深度为 z 的单元体，垂直应力可表示为

$$\sigma_z = \gamma z \tag{5-1}$$

式中：γ 为上覆岩层的容重；z 为埋藏深度。

图 5-2 中单元体因受铅垂应力 σ_z 的作用而产生横向变形，因单元体受横向相邻单元体约束，不能产生横向变形，相应产生水平应力 σ_x 和 σ_y。因视岩体为各向同性的弹性体，故它的水平应力 σ_x、σ_y 相等，水平应变 ε_x、ε_y 也相等，即

$$\begin{cases}\sigma_x=\sigma_y\\ \varepsilon_x=\varepsilon_y=0\\ \tau_{xy}=\tau_{yz}=\tau_{zx}=0\end{cases}\tag{5-2}$$

根据广义胡克定律，有

$$\begin{cases}\varepsilon_x=[\sigma_x-\mu(\sigma_y+\sigma_z)]/E\\ \varepsilon_y=[\sigma_y-\mu(\sigma_x+\sigma_z)]/E\end{cases}\tag{5-3}$$

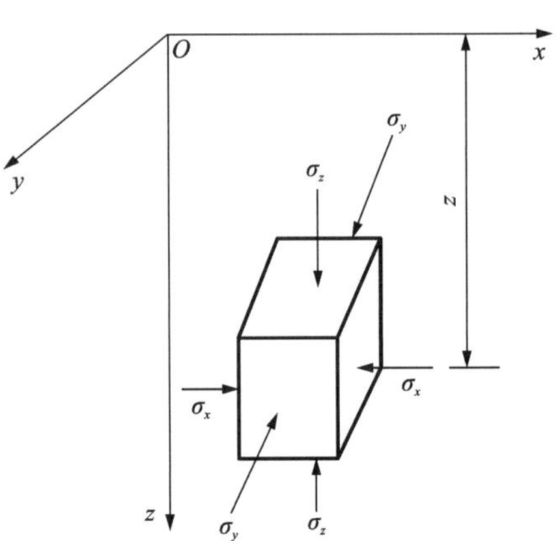

图 5-2 各向同性岩体自重应力计算

$$\sigma_x=\sigma_y=\mu\sigma_z/(1-\mu)\tag{5-4}$$

式中：E、μ 为岩体的弹性常数；λ 为侧压系数，$\lambda=\mu/(1-\mu)$。

在均质岩体中，岩体的初始自重应力状态为

$$\begin{cases}\sigma_z=\gamma z\\ \sigma_x=\sigma_y=\lambda\sigma_z=\lambda\gamma z\\ \tau_{xy}=\tau_{yz}=\tau_{zx}=0\end{cases}\tag{5-5}$$

当深度 H 内有多层岩层，各层岩石容重不同时，如图 5-3 所示，计算式为

$$\begin{cases}\sigma_z=\sum\limits_{i=1}^{n}\gamma_i h_i\\ \sigma_x=\sigma_y=\dfrac{\mu}{1-\mu}\sigma_z\end{cases}\tag{5-6}$$

式中：γ_i 为第 i 层岩体的容重，$i=1$，2，3，…，n；h_i 为第 i 层岩体的铅垂厚度。

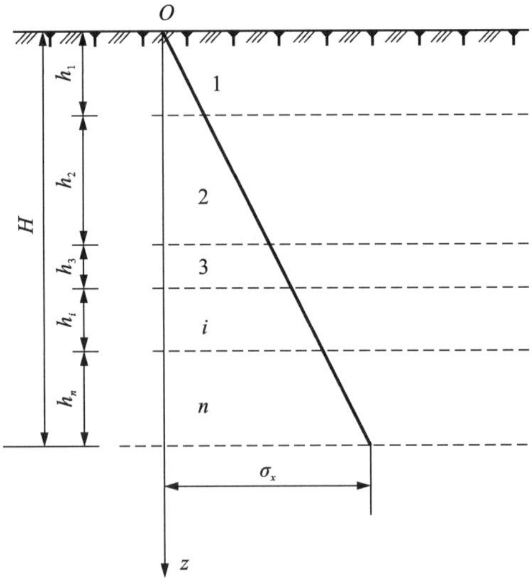

图 5-3 垂直自重应力分布

对于各向异性体，例如薄层状沉积岩，当岩层水平时，如图 5-4(a)所示，其计算式为

$$\sigma_z=\sum_{i=1}^{n}\gamma_i h_i\tag{5-7}$$

按广义胡克定律，有

$$\varepsilon_x=\varepsilon_y=\frac{\sigma_x}{E_{/\!/}}-\mu_{/\!/}\frac{\sigma_y}{E_{/\!/}}-\mu_{\perp}\frac{\sigma_z}{E_{\perp}}=0$$

而 $\sigma_x=\sigma_y$，因此有

$$\sigma_x=\sigma_y=\frac{\mu_{\perp}}{1-\mu_{/\!/}}\times\frac{E_{/\!/}}{E_{\perp}}\sigma_z$$

所以，各向异性水平岩层的初始自重应力状态为

$$\begin{cases}\sigma_z = \sum_{i=1}^{n} \gamma_i h_i \\ \sigma_x = \sigma_y = \dfrac{\mu_{\perp}}{1-\mu_{//}} \times \dfrac{E_{//}}{E_{\perp}}\sigma_z\end{cases} \tag{5-8}$$

对于各向异性体，当岩层垂直时，如图 5-4(b)所示，同样，可得初始自重应力状态为

$$\begin{cases}\sigma_z = \sum_{i=1}^{n} \gamma_i h_i \\ \sigma_x = \dfrac{\mu_{//}(1+\mu_{//})E_{\perp}}{(1-\mu_{//}\mu_{\perp})E_{//}}\sigma_z \\ \sigma_y = \dfrac{\mu_{//}(1+\mu_{\perp})}{1-\mu_{//}\mu_{\perp}}\sigma_z\end{cases} \tag{5-9}$$

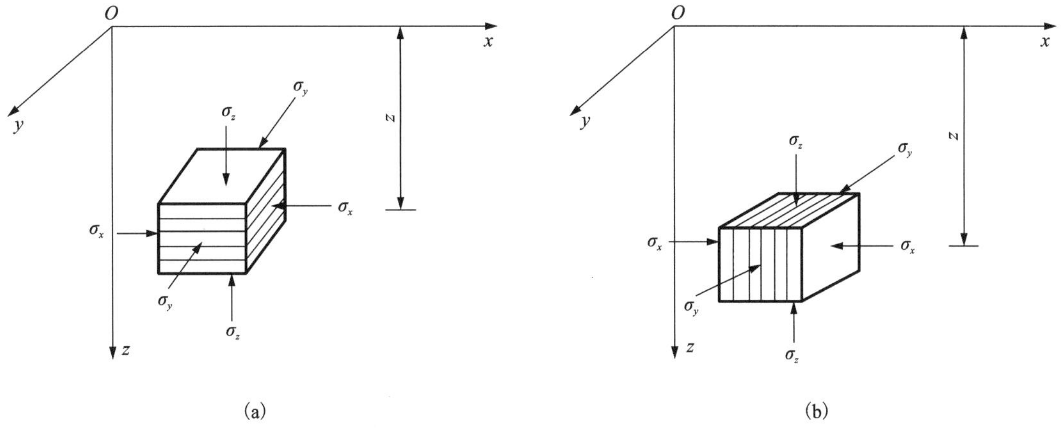

图 5-4　薄层状沉积岩中自重应力分析简图

原岩自重应力场的分布特点为：①水平应力 σ_x、σ_y 小于垂直应力 σ_z；②σ_x、σ_y、σ_z 均为压应力；③σ_z 只与岩体密度和深度有关，而 σ_x、σ_y 还与岩体弹性常数 E、μ 有关；④结构面影响岩体自重应力分布。

在地壳浅部，可认为岩体处于弹性状态，μ 为 0.20~0.30；在深部，岩体转入塑性状态，$\mu=0.50$，$\lambda=1$，则有 $\sigma_x=\sigma_y=\sigma_z=\gamma z$，这种各向等压的应力状态，又称为静水压力状态。海姆认为岩石长期受重力作用，产生塑性变形，甚至在深度不大时亦会发展成各向等压的应力状态。

5.1.4　原岩应力场分布规律

目前，我国有许多地下矿山已经进入深部高应力开采阶段，一些矿山的开采深度已接近或超过 1000 m。例如，红透山铜矿的开拓深度已达 1337 m、开采深度达 1137 m，最大主应力值随深度呈线性增长，目前采矿最深的-767 m 中段最大主应力值已达 50 MPa；冬瓜山铜矿的开拓深度达 1074 m，最大主应力方向与矿体的走向一致，近似水平，开采最低水平的最大主应力达 38 MPa；凡口铅锌矿的开拓深度达 906 m，最大水平应力与垂直应力的比值为 1.2~

1.7，实测的最大主应力为31.2 MPa；云南驰宏深部矿、弓长岭地下铁矿开拓深度和夹皮沟金矿二道沟坑口矿体延伸都超过了1000 m；湘西金矿开拓垂深超过850 m；此外，还有寿王坟铜矿、金川镍矿、乳山金矿等许多矿山都将进行深部高应力区开采。

国外进入深部高应力开采的金属矿山较多。如南非AngloGold公司的西部深水平金矿，采矿深度已超过3700 m，在未来的几年内将达到5000 m，其地应力测定结果表明，3500～5000 m深的地应力为95～135 MPa；印度卡纳塔克邦的科拉尔余矿区，已有Nundydroog(农迪驾格)、Chain Pion Reef(钱皮恩里夫)、Mysore(迈索尔)3座金矿采深超过2400 m，其中Pion Reef金矿共开拓112个阶段，深度为2200～3400 m；位于俄罗斯科拉半岛中心的Khibiny磷灰岩矿区，目前有Kirovsky、Yukspor、Rasvumehorr 3个地下矿和Saami、Tsentralny 2个露天矿，目前的采矿深度为600～700 m，矿区的应力测试表明，单轴抗压强度σ_c为100～200 MPa，弹性模量E为30～90 GPa，为高应力区，最大的水平应力是垂直应力的5～10倍；美国爱达荷州(Idaho)北部克达伦矿区的幸运星期五矿，目前开采的5930水平距地表1808 m；利纳银铅矿目前开采深度已超过2800 m；Galena银矿最深为5500水平，距地表约2000 m，Sun-Shine矿开采的5600水平距地表2100 m；澳大利亚的某矿山在-480 m时，主应力为70 MPa，为上覆岩层自重应力的5倍之多。

浅部地壳应力分布的一些基本规律如下：

(1)地应力是一个具有相对稳定的非稳定应力场，它是时间和空间的函数。

地应力在绝大部分地区是以水平应力为主的三向不等压应力场，三个主应力的大小和方向是随着空间和时间而变化的，因而它是一个非稳定的应力场。从小范围来看，地应力在空间上的变化是很明显的。从某一点到相距数十米外的另一点，地应力的大小和方向也可能是不同的；但就某个地区整体而言，地应力的变化不大，如我国的华北地区，地应力场的主导方向为北西方向到近东西方向。

在某些地震活动活跃的地区，地应力的大小和方向随时间的变化是很明显的。在地震前，处于应力积累阶段，应力值不断升高，而地震时集中的应力得到释放，应力值突然大幅度下降。例如，1976年7月28日唐山地区发生7.8级地震时，北京市顺义区的吴雄寺测点在震前和震后的测量结果，说明了应力从积累到释放的过程：震前的1971年到1973年，τ_{max}由0.64 MPa积累到1.8 MPa；震后的1976年到1977年，τ_{max}由0.9 MPa下降到0.3 MPa。主应力方向在地震发生时会发生明显改变，在震后一段时间又会恢复到震前的状态。喀尔巴阡山、高加索等地区的测量结果表明，每隔6～12年应力轴方向有较大的变化；但是也有地区应力场极为稳定，如瑞典北部的马姆贝格特矿区。

(2)实测垂直应力(σ_v)基本等于上覆岩层的重量(γH)。

对全世界实测垂直应力σ_v的统计分析表明，在深度为25～2700 m的范围内，σ_v呈线性增长，大致相当于按平均容重γ等于27 kN/m^{3}计算出来的重力。但某些地区的测量结果有一定幅度的偏差，此偏差除有一部分可能归结于测量误差外，板块移动、岩浆对流和侵入、扩容、不均匀膨胀等都可引起垂直应力的异常。图5-5是霍克(E. Hoek)和布朗(E. T. Brown)总结出的世界各地σ_v值随深度H变化的规律。

(3)水平应力普遍大于垂直应力。

实测资料表明，绝大多数地区均有两个主应力位于水平或接近水平的平面内，其与水平面的夹角一般不大于30°，最大水平主应力$\sigma_{h,max}$普遍大于垂直应力σ_v，$\sigma_{h,max}/\sigma_v$值一般为

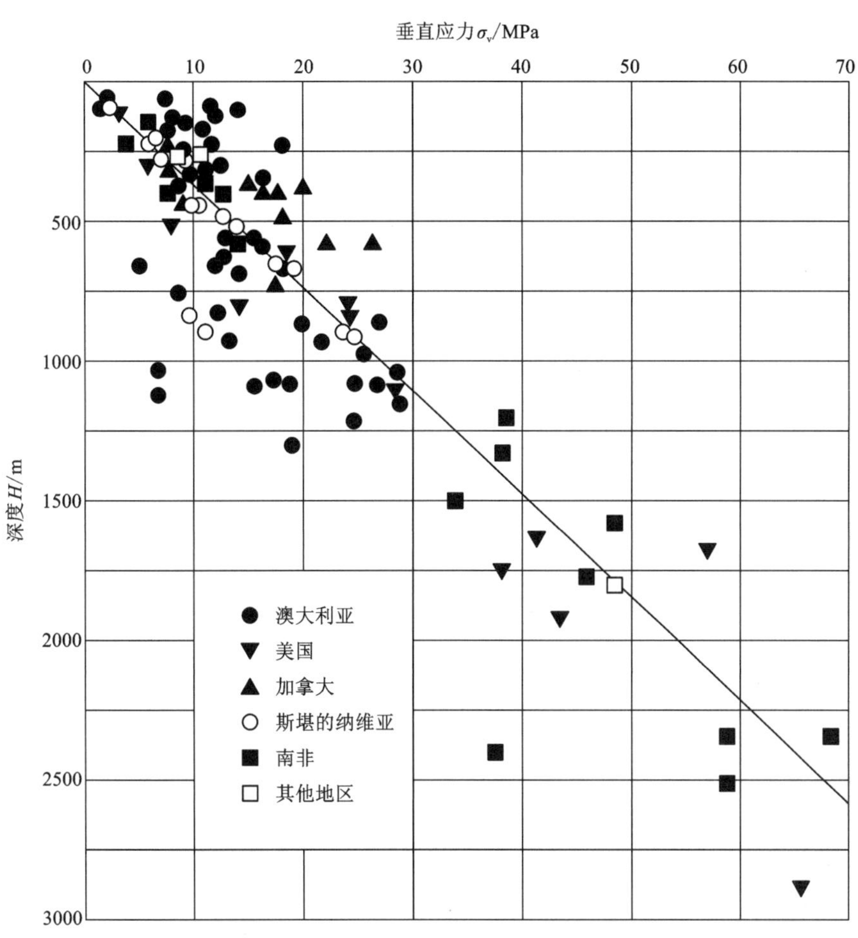

图 5-5　垂直应力 σ_v 随深度 H 变化的规律

0.5~5.5，在很多情况下比值大于 2，见表 5-1。如果将最大水平主应力与最小水平主应力的平均值 $\sigma_{h,av}=(\sigma_{h,max}+\sigma_{h,min})/2$ 与 σ_v 相比，从目前全世界应力实测的结果，可以得出 $\sigma_{h,av}/\sigma_v$ 值一般为 0.5~5.0，大多数为 0.8~1.5，见表 5-1。这说明在浅层地壳中平均水平应力普遍大于垂直应力，垂直应力在多数情况下为最小主应力，在少数情况下为中间主应力，只在个别情况下为最大主应力。这再次说明，水平方向的构造运动，如板块移动、碰撞，对地壳浅层地应力的形成起控制作用。

表 5-1　世界各国水平主应力与垂直主应力的关系

国家及地区		$\sigma_{h,av}/\sigma_v$			$\sigma_{h,max}/\sigma_v$
		<0.8	0.8~1.2	>1.2	
占比/%	中国	32	40	28	2.09
	澳大利亚	0	22	78	2.95

续表5-1

国家及地区		$\sigma_{h,av}/\sigma_v$			$\sigma_{h,max}/\sigma_v$
		<0.8	0.8~1.2	>1.2	
占比/%	加拿大	0	0	100	2.56
	美国	18	41	41	3.29
	挪威	17	17	66	3.56
	瑞典	0	0	100	4.99
	南非	41	24	35	2.50
	苏联	51	29	20	4.30
	其他	37.5	37.5	25	1.96

原岩应力的三个主应力轴一般与水平面有一定交角。根据这个关系，通常将原岩应力场分为水平应力场和非水平应力场两类。水平应力场的特点为：两个主应力轴呈水平或与水平的夹角不大于30°；另一个主应力轴接近于垂直水平面，或与水平面夹角不小于60°。非水平应力场的特点为：一个主应力轴与水平面夹角为45°左右，另外两个主应力轴与水平面夹角为0~45°。

(4)最大水平主应力和最小水平主应力随深度呈线性增长关系。

与垂直应力不同的是，在水平主应力线性回归方程中的常数项比垂直应力线性回归方程中常数项的数值要大些，这反映了在某些地区近地表处仍存在显著水平应力的事实。斯蒂芬森(O. Stephenson)等根据实测结果给出了芬诺斯堪的亚古陆最大水平主应力和最小水平主应力随深度变化的线性方程。

$$\begin{cases}\text{最大水平主应力}\ \sigma_{h,max}=6.7+0.0444H\\ \text{最小水平主应力}\ \sigma_{h,min}=0.8+0.0329H\end{cases}\tag{5-10}$$

式中：H为深度，m；$\sigma_{h,max}$、$\sigma_{h,min}$分别为最大、最小水平主应力，MPa。按照通式$\sigma=T+kH$，取最大主应力和最小主应力的系数T、k，分别求平均值T'、k'。不同国家及地区的T'、k'统计值见表5-2。

表5-2 不同国家及地区T'、k'统计值

国家及地区	T'	k'	统计者
美国	0.020	4.75	Haimson
英国	0.040	11.25	Cooling
英国	0.0195	11.00	Pine 等
澳大利亚	0.0215	7.26	Woritininicki
芬兰	0.049	9.31	Hast
加拿大	0.041	8.30	Herget
南部非洲	0.015	0.50	Orr

续表5-2

国家及地区	T'	k'	统计者
中亚地区	0.029	2.50	Aitttatov
中国	0.020	5.44	王连捷
中国华北平原	0.021	-0.21	陈家庚
中国潜江	0.019	12.17	陈家庚
中国黄河三角洲	0.028	-17.12	丁建民
岩浆岩地区	0.031*	13.65*	朱焕春
沉积岩地区	0.022*	7.89*	朱焕春
变质岩地区	0.021*	12.00*	朱焕春

注：* 表示最大水平主应力的相对值；T'、k'分别为最大、最小水平主应力平均值的统计结果。表中数据对应的应力单位为 MPa，深度单位为 m。

(5)平均水平应力与垂直应力的比值随深度增加而减小。

图5-6为各地平均水平主应力与垂直主应力的比值 λ 随深度 H 变化的规律。一般平均水平应力与垂直应力的比值 λ 随深度增加而减小，但在不同地区，变化的速度很不相同。

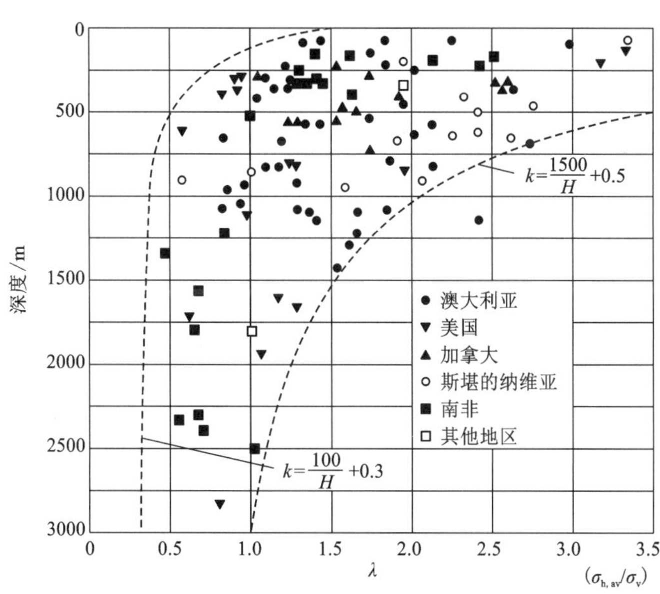

图5-6 各地平均水平主应力与垂直主应力的比值 λ 随深度 H 变化的规律

霍克和布朗根据图5-6回归出下列公式，以此表示 $\sigma_{h,av}/\sigma_v$ 随深度变化的取值范围，即

$$\frac{100}{H}+0.3\leqslant\frac{\sigma_{h,av}}{\sigma_v}\leqslant\frac{1500}{H}+0.5 \tag{5-11}$$

式中：H 为测点埋藏深度，m。

在深度不大的情况下，λ 值相当分散。随着深度增加，λ 值的变化范围逐步缩小，并趋

近于1，这说明在地壳深部有可能出现海姆静水压力状态。

(6)最大水平主应力和最小水平主应力之值一般相差较大，显示出很强的方向性。

不论是在一个大的区域或是一个矿区范围内，$\sigma_{h,max}$ 和 $\sigma_{h,min}$ 的大小和方向都会有一定的变化。一般地，$\sigma_{h,min}/\sigma_{h,max}$ 为0.2~0.8，多数情况下为0.4~0.8，见表5-3。

表5-3 部分国家及地区两个水平主应力的占比 单位：%

实测地点	统计数目/个	$\sigma_{h,min}/\sigma_{h,max}$				合计
		1.0~0.75	0.75~0.50	0.50~0.25	0.25~0	
斯堪的纳维亚等地	51	14	67	13	6	100
北美	222	22	46	23	9	100
中国	25	12	56	24	8	100
中国华北地区	18	6	61	22	11	100

5.1.5 原岩应力测量

1)基本原理

测量原岩地应力就是确定存在于拟开挖岩体及其周围区域的未受扰动的三维应力状态，这种测量通常是通过点的测量来完成的。岩体中一点的三维应力状态可由选定坐标系中的六个分量(σ_x, σ_y, σ_z, τ_{xy}, τ_{yz}, τ_{xz})来表示，如图5-7所示，这种坐标系是可以根据需要和使用的方便程度来任意选择的，但一般取地球坐标系作为测量坐标系，由六个应力分量可求得该点的三个主应力的大小和方向，其解是唯一的。在实际测量中，每一测点所涉及的岩石可能从几立方厘米到几千立方米，这取决于采用何种测量方法。但不管是几立方厘米还是几千立方米，对于整个岩体而言，仍可视为一点。虽然也有一些测定大范围岩体内的平均应力的方法，如超声波等地球物理方法，但这些方法很不准确，因而其远没有“点”测量方法普及。由于地应力状态的复杂性和多变性，要比较准确地测定某一地区的地应力，就必须进行充足数量的“点”测量，在此基础上，才能借助数值分析和数理统计、灰色建模、人工智能等方法，进一步描绘出该地区的全部地应力场状态。

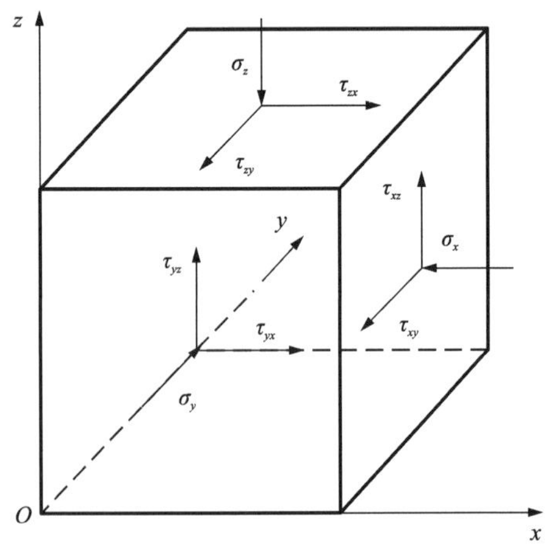

图5-7 岩体中任一点三维应力状态示意图

2)地应力测量方法

随着地应力测量工作的不断开展，各种测量方法和测量仪器也不断发展起来，目前主要测量方法有数十种，而测量仪器则有数百种。对测量方法的分类还没有统一的标准。根据测量原理的不同，将在实际测量中使用的测量方法分为构造法、变形法、电磁法、地震法和放射性法五类；根据测量手段的不同，测量方法可分为直接测量法和间接测量法两大类，见表5-4。

表 5-4　地应力测量方法分类

分类	测量方法
直接测量法	(1)千斤顶法，包括扁千斤顶法、曲形千斤顶法； (2)刚性包体应力计法，包括液压式应力计法、压磁式应力计法、光弹应力计法、钢弦应力计法； (3)声发射法； (4)水压致裂法
间接测量法	(1)全应力解除法，包括孔径变形法、孔底变形法、空心包体应变法、实心包体应变法； (2)局部应力解除法，包括切槽解除法、钻孔全息干涉测量法、平行钻孔法、中心钻孔法、钻孔延伸法； (3)松弛应变测量法，包括微分应变曲线分析法、非弹性应变恢复法； (4)孔壁崩落测量法； (5)地球物理探测法，包括声波观测法、超声波谱法、原子磁性共振法、放射性同位素法

直接测量法是由测量仪器直接测量和记录各种应力值，如补偿应力、恢复应力、平衡应力，并由这些应力值和原岩应力的相互关系，通过计算获得原岩应力值。在计算过程中并不涉及不同物理量的换算，不需要知道岩石的物理力学性质和应力应变关系。刚性包体应力计法及水压致裂法应用广泛。

间接测量法指不是直接测量应力值，而是借助某些传感元件或某些介质，测量和记录岩体中某些与应力有关的间接物理量的变化，如岩体中的变形或应变，岩体的密度、渗透性、吸水性、电阻、电容的变化，弹性波传播速度的变化，等等，然后由测得的间接物理量的变化，通过已知的公式计算岩体中的应力值。因此，在间接测量法中，为了计算应力值，首先必须确定岩体的某些物理力学性质，以及所测物理量和应力的相互关系。套孔应力解除法是目前国内外普遍采用的发展较为成熟的一种方法。

(1)刚性包体应力计法。

刚性包体应力计法是 20 世纪 50 年代继扁千斤顶法之后应用较为广泛的一种岩体应力测量方法。刚性包体应力计的主要组成部分是一个由钢、铜合金或其他硬质金属材料制成的空心圆柱，在其中心部位有一个压力传感元件。测量时首先在测点打钻孔，然后将该圆柱挤压进钻孔中，以使圆柱和钻孔壁保持紧密接触，就像焊接在孔壁上一样。理论分析表明，位于一个无限体中的刚性包体，当周围岩体中的应力发生变化时，在刚性包体中会产生一个均匀分布的应力场，该应力场的大小和岩体中的应力变化之间存在一定的比例关系。设在岩体中的 x 方向有一个应力变化 σ_x，那么在刚性包体中的 x 方向会产生应力 σ_x'，并且

$$\frac{\sigma_x'}{\sigma_x}=(1-v^2)\left[\frac{1}{1+v+\dfrac{E}{E'}(v'+1)(1-2v')}+\frac{2}{\dfrac{E}{E'}(v'+1)+(v+1)(3-4v)}\right] \tag{5-12}$$

式中：E、E'分别为岩体和刚性包体的弹性模量；v、v'分别为岩体和刚性包体的泊松比。

由式(5-12)可以看出，当 E/E'大于 5 时，σ_x'/σ_x 的比值将趋向于一个常数 1.5。这就是说，当刚性包体的弹性模量超过岩体的弹性模量 5 倍之后，在岩体中任意方位的应力变化会

在包体中相同方位引起 1.5 倍的应力。因此只要测量出刚性包体中的应力变化就可知道岩体中的应力变化。这一分析为刚性包体应力计奠定了理论基础。上述分析也说明，为了保证刚性包体应力计能有效工作，包体材料的弹性模量要尽可能大，至少要超过岩体弹性模量的 5 倍以上，根据刚性包体中压力测试原理的不同，刚性包体应力计可分为液压式应力计、电阻应变片式应力计、压磁式应力计、光弹应力计及钢弦应力计等。

图 5-8 是一种液压式应力计的结构示意图。在该应力计的中心槽中装有油水混合液体，端部有一层薄膜。钻孔周围岩体中的压力发生变化时，引起刚性包体中的液压发生变化，该变化被传递到薄膜上，并由粘贴在该薄膜上的电阻应变片将这种压力变化测量出来。为了使应力计和钻孔保持紧密接触并给其施加预压力，包体被设计成具有一定的锥度，并加了一个与之匹配的具有相同内锥度的套筒，该套筒的外径和钻孔直径相同。安装时首先将套筒置入钻孔中，然后将刚性包体加压推入套筒中，由于锥度的存在，随着刚性包体的不断推入，应力计和钻孔的接触越来越紧密，其中的预压力也越来越大。

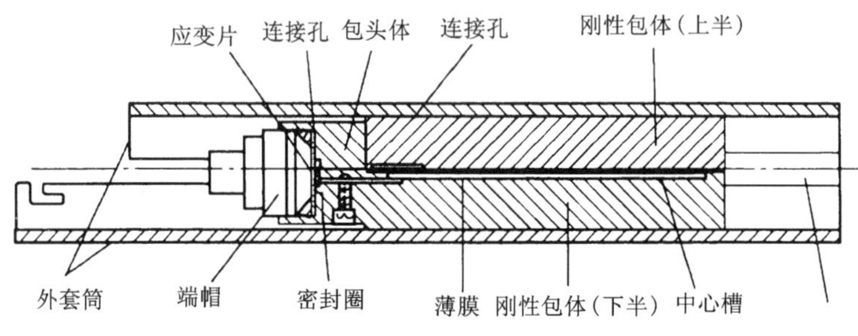

图 5-8 液压式应力计的结构示意图

刚性包体应力计具有很高的稳定性，可用于对现场应力变化进行长期监测。然而，通常只能测量垂直于钻孔平面的单向或双向应力变化情况，而不能用于测量原岩应力。除钢弦应力计外，其他各种刚性包体应力计因灵敏度普遍较低，已逐步被淘汰。

(2)水压致裂法。

水压致裂法在 20 世纪 50 年代被广泛应用于油田，通过在钻井中制造人工的裂隙来提高石油的产量。哈伯特(M. K. Hubbert)和威利斯(D. G. Willis)在实践中发现了水压致裂裂隙和原岩应力之间的关系，这一发现又被费尔赫斯特(C. Fairhurts)和海姆森(B. C. Haimson)用于地应力测量。

根据弹性力学理论，当一个位于无限体中的钻孔受到无穷远处二维应力场(σ_1, σ_2)的作用时，离开钻孔端部一定距离的部位处于平面应变状态。在这些部位，钻孔周边的应力为

$$\sigma_\theta = \sigma_1 + \sigma_2 - 2(\sigma_1 - \sigma_2)\cos 2\theta \tag{5-13a}$$

$$\sigma_r = 0 \tag{5-13b}$$

式中：σ_θ 和 σ_r 分别为钻孔周边的切向应力和径向应力；θ 为周边一点与 σ_1 轴的夹角。

当 $\theta=0$ 时，σ_θ 取得极小值，此时

$$\sigma_\theta = 3\sigma_2 - \sigma_1 \tag{5-14}$$

如果采用图 5-9 所示的水压致裂系统将钻孔某段封隔起来，并向该段钻孔注入高压水，当水压超过 $3\sigma_2-\sigma_1$ 与岩石抗拉强度 T 之和后，在 $\theta=0$ 处，即 σ_1 所在方位将发生孔壁开裂。

设钻孔壁发生初始开裂时的水压为 P_i，则有

$$P_i = 3\sigma_2 - \sigma_1 + T \quad (5-15)$$

如果继续向封隔段注入高压水，使裂隙进一步扩展，当裂隙深度达到 3 倍钻孔直径时，此处已接近原岩应力状态，停止加压，保持压力恒定，将该恒定压力记为 P_s，它应和原岩应力 σ_2 相平衡，即

$$P_s = \sigma_2 \quad (5-16)$$

由此，只要测出岩石抗拉强度 T，即可由 P_i 和 P_s 求出 σ_1 和 σ_2。这样，确定了 σ_1 和 σ_2 的大小和方向。

在钻孔中存在裂隙水的情况下，如封隔段处的裂隙孔隙水压力为 P_0，则

$$P_i = 3\sigma_2 - \sigma_1 + T - P_0 \quad (5-17)$$

此时，求解 σ_1 和 σ_2，需要知道封隔段岩石的抗拉强度，这往往是很困难的。为了克服这一困难，在水压致裂试验中增加一个环节，即在初始裂隙产生后，将水压卸除，使裂隙闭合，然后再重新向封隔段加压，使裂隙重新打开，记裂隙重开时的压力为 P_r，则有

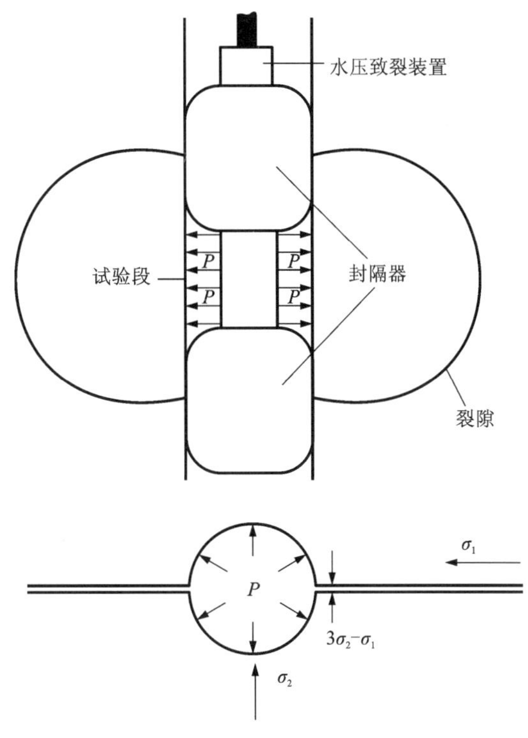

图 5-9　水压致裂应力测量原理

$$P_r = 3\sigma_2 - \sigma_1 - P_0 \quad (5-18)$$

此时求 σ_1 和 σ_2 就无须知道岩石的抗拉强度。因此，由水压致裂法测量原岩应力将不涉及岩石的物理力学性质，而完全由测量和记录的压力值来决定。由此，地应力公式为

$$\sigma_H = 3P_s - P_r - P_0 \quad (5-19a)$$

$$\sigma_h = P_s \quad (5-19b)$$

式中：σ_H 为最大水平主应力；σ_h 为最小水平主应力。

水压致裂法应力测量系统如图 5-10 所示，其测量步骤为：

①打钻孔到准备测量应力的部位，并将钻孔中待加压段用封隔器密封起来，钻孔直径与所选用的封隔器的直径相一致，有 38 mm、51 mm、76 mm、91 mm、110 mm、130 mm 等几种。封隔器一般是充压膨胀式的，充压可用液体，也可用气体。

②首先，向两个封隔器的隔离段注射高压水，不断加大水压，直至孔壁出现开裂，获得初始开裂压力 P_i；其次继续施加水压以扩张裂隙，当裂隙扩张至直径深度的 3 倍时，关闭高压水系统，保持水压恒定，此时的应力称为关闭压力，记为 P_s；最后进行卸压，使裂隙闭合给封隔器加压和给封闭段注射高压水可共用一个液压回路。一般情况下，利用钻杆作为液压通道先给封隔器加压，然后关闭封隔器进口，经过转换开关，将管路接通至给钻孔密封段加压；也可采用双回路，即给封隔器加压和水压致裂的回路是相互独立的，水压致裂的液压通道是钻杆，而封隔器加压通道为高压软管。

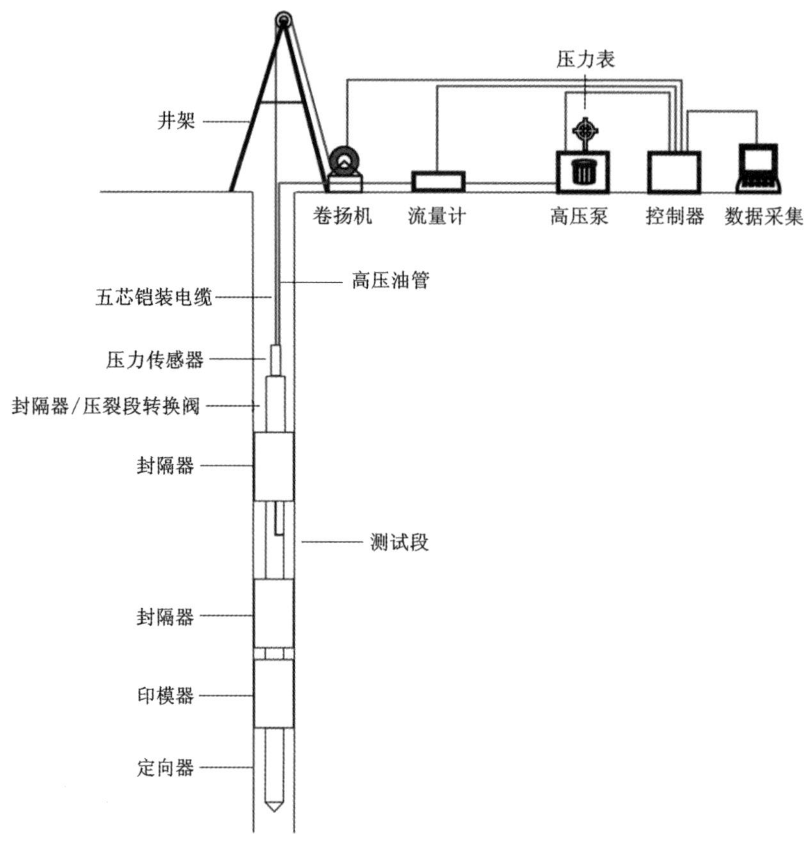

图 5-10 水压致裂法应力测量系统示意图

在整个加压过程中，同时记录压力-时间曲线图(图 5-11)和流量-时间曲线图，使用适当的方法，可从压力-时间曲线图中确定 P_i 和 P_s 值，从流量-时间曲线图中判断裂隙扩展的深度。

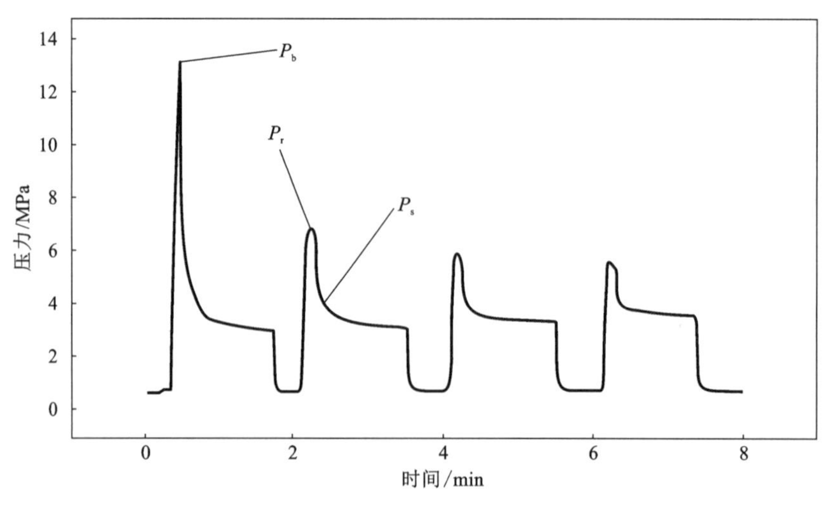

(P_b 为初始起裂压力，MPa)。

图 5-11 水压致裂法试验压力-时间曲线图

③重新向密封段注射高压水，使裂隙重新打开并记下裂隙此时的压力 P_r 和随后的恒定关闭压力 P_s。这种卸压–重新加压的过程重复 2 ~ 3 次，以提高测试数据的准确性，P_r 和 P_s 同样由压力–时间曲线和流量–时间曲线确定。

④将封隔器完全卸压，连同加压管等全部设备从钻孔中取出。

⑤测量水压致裂裂隙和钻孔试验段天然节理裂隙的位置、方向和大小，测量可以采用井下摄影机、井下电视、井下光学望远镜或印模器。前三种方法的成本昂贵，操作复杂，使用印模器的方式则比较简便。印模器的结构和形状与封隔器相似，在其外面包裹一层可塑性橡皮或类似材料，将印模器连同加压管路一起送入井下的水压致裂部位，然后将印模加压膨胀，使钻孔上的所有节理裂隙均印在印模器上。此印痕可保持足够长的时间，以便提至井上后记录下来。印模器装有定向系统，以确定裂隙的方位。在一般情况下，水压致裂裂隙为一组径向相对的纵向裂隙，容易辨认。

正确地确定 P_i 和 P_s 值，对于准确计算地应力的大小是极其重要的。但在某些情况下，由压力–时间曲线却很难直接获得确定的 P_s 值。此时，可采用孔径变形法来确定。

水压致裂测量结果只能确定垂直于钻孔平面内的最大主应力和最小主应力的大小和方向，所以从原理上讲，它是一种二维应力测量方法。若要确定测点的三维应力状态，必须布置互不平行的交会于一点的三个钻孔，这是非常困难的。一般情况下，假定钻孔方向为一个主应力方向，若将钻孔打在垂直方向，并认为垂直应力是一个主应力，其大小等于单位面积上覆岩层的重量，则由单孔水压致裂结果就可以确定三维应力场。但在某些情况下，垂直方向并不是一个主应力的方向，其大小也不等于上覆岩层的重量。如果钻孔方向和实际主应力的方向偏差 15°以上，那么上述假设就会对测量结果造成较为显著的偏差。

水压致裂法认为初始开裂发生在钻孔壁切向应力最小的部位，即平行于最大主应力的方向，这是基于岩体为连续、均质和各向同性的假设。如果孔壁本来就有天然节理裂隙存在，那么初始裂痕很可能发生在这些部位，而并非切向应力最小的部位。因而，水压致裂法较为适用于完整的脆性岩石。

深部地应力水压致裂法已克服传统水压致裂法的技术瓶颈，在其基础上进行了优化和改进。目前，深部地应力水压致裂法具有以下特点：①采用自动卸压阀，解决了封隔器深部平衡压力问题。②采用单管及推拉阀进行双回路转换。③采用无中心管封隔器，克服了中心管强度低的制约。④采用 16 道实时数据采集系统，数据采集精度达到 12 位，克服了记录仪模拟输出的人为误差，大大提高了测量精度。⑤测试过程由自动控制系统控制，可实现电机、油压等的自动控制。此外，由于采用单管双回路，可直接由钻杆加压。同时，为了防止钻杆内高压力传输时产生变形或铁锈脱落，导致液压管路堵塞，在回路中增设了防塞装置。

水压致裂法的突出优点是能测量深部应力，已见报道的最大测深为 5000 m，这是其他方法所不能做到的。因此这种方法可用来测量深部地壳的构造应力场。同时，对于某些工程，如露天边坡工程，由于没有现成的地下井巷、隧道、硐室等可用来接近应力测量点，或者在地下工程的前期阶段，需要估计该工程区域的地应力场，比较经济实用的方法就是使用水压致裂法。否则，如果使用其他更精确的方法如应力解除法，则需要首先打几百米深的导洞才能接近测点，这种方式的成本是十分昂贵的。因此，对于一些重要的地下工程，在工程前期阶段使用水压致裂法估计应力场，在工程施工过程中或工程完成后，再使用应力解除法比较精确地测量某些测点的应力大小和方向，就能为工程设计、施工和维护提供比较准确可靠的地应力场数据。

(3)扁千斤顶法。

扁千斤顶又称压力枕，由两块薄钢板沿周边焊接在一起而成，在周边有一个油压入口和一个出气阀，如图 5-12 所示。

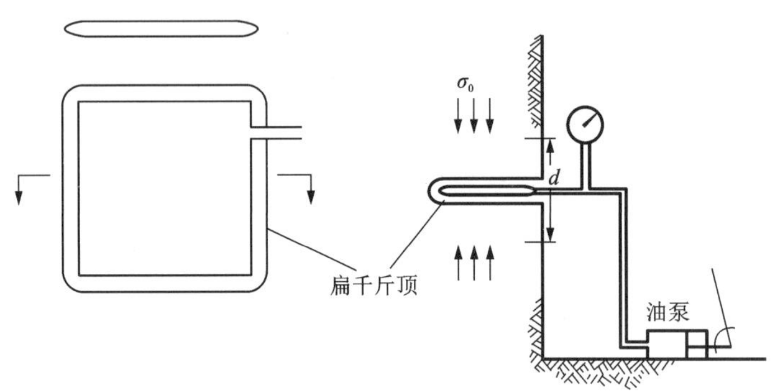

图 5-12 扁千斤顶法应力测量示意图

其测量步骤如下：

①在准备测量应力的岩石表面，如地下巷道、硐室的表面，安装两个测量柱，并采用微米表测量两柱之间的距离。

②在与两测柱对应的中间位置，向岩体内开挖一个垂直于测柱连线的扁槽，槽的大小、形状和厚度须与扁千斤顶一致。槽的厚度一般为 5～10 mm，由盘锯切割而成。扁槽的开挖，会造成局部应力释放并引起测柱之间距离的变化，测量时需记录这一变化。

③将扁千斤顶完全塞入槽内，必要时需注浆将扁千斤顶和岩体胶结在一起，然后用电动或手动液压泵向其加压，随着压力的增加，两测柱之间的距离亦增加。当两测柱之间的距离恢复到扁槽开挖前的大小时，停止加压，记录此时扁千斤顶中的压力，该压力称为平衡应力或补偿应力，此应力大小等于扁槽开挖前表面岩体中垂直于扁千斤顶方向(即平行于两测柱连线方向)的应力。对于普通千斤顶，特别是面积较小的扁千斤顶，由于周边焊接圈的影响，由液压泵施加到扁千斤顶中的压力高于扁千斤顶作用于岩体上的压力。为此，在测量之前，须对千斤顶进行标定。

采用扁千斤顶法测量地应力，需要在地下巷道或硐室表面沿不同部位和不同方向开挖至少 6 个扁槽，通常为 8～9 个扁槽(图 5-13)，根据表面岩体应力测量结果，使用数值计算或数值分析方法，推导岩体中的原始应力状态。

从原理上讲，扁千斤顶法是一种一维应力测量方法，一个扁千斤顶只能确定测点处垂直于扁千斤顶方向的次生应力场，而非原岩应力场。因此，为了确定测点的 6 个应力分量，必须沿该测点在不同方向切割 6 个扁槽。事实上这是不可能实现的。由于扁千斤顶测量只能在巷道、硐室或其他开挖岩体表面附近的岩体中进行，因此其测量只是开挖扰动后的次生应力场。扁千斤顶的测量原理是基于岩体完全线弹性假设，对于非线弹性岩体，其加载和卸载路径的应力应变关系是不同的，由扁千斤顶得到的平衡应力并不等于扁槽开挖前岩体中的应力。此外，由于受开挖影响，岩体将受不同程度的损坏，使测量结果的可靠性难以得到保障。

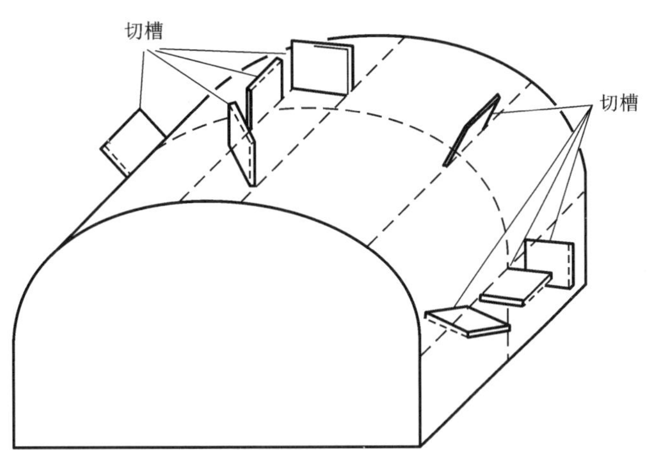

图 5-13 扁千斤顶测量原岩应力的切槽布置示意图

在扁千斤顶的基础上，有一种曲形千斤顶，其工作原理与扁千斤顶相同。但曲形千斤顶测量主应力的步骤比较繁杂，其环形槽必须有足够的长度才能安置千斤顶，因此要求被测岩体非常完整，故测量深度很难达到原岩应力区，且只能测量垂直钻孔平面的二维应力状态。这限制了其在实际测量中的应用。这里没有对曲形千斤顶做详细介绍，有兴趣的读者可参考有关地应力测量文献。

(4)套孔应力解除法。

套孔应力解除法又称全应力解除法。其基本原理是使测点岩体完全脱离地应力作用，通常采用套钻的方法来使套孔岩芯的应力完全解除。套孔应力解除法是发展历史悠久、技术比较成熟的一种方法，其适用性强、可靠性高。

套孔应力解除法测量步骤(图 5-14)为：

第一步：从岩体表面，一般是从地下巷道、隧道、硐室或其他开挖岩体的表面向岩体内部钻凿大直径钻孔，直至需要测量岩体应力的部位。大孔直径为下一步即将钻凿的用于安装探头的小孔直径的 3 倍以上，小孔直径一般为 36~38 mm，因此大孔直径一般为 130~150 mm。大孔深度为巷道、隧道或已开挖硐室跨度的 2.5 倍以上，以保证测点为未受岩体开挖扰动的原岩应力区。硐室的跨度越大，所需的大孔深度也越大。为了节省人力、物力并保证试验的成功，测量应尽可能选择在跨度较小的开挖空间进行，避免将测点安排在岔道口或其他开挖扰动大的地点。为了便于安装测试探头，大小孔要保持一定的同心度，因此在钻进过程中需有导向装置。大孔钻完后须将孔底磨平，并钻出锥形孔，以便下一步钻同心小孔，清洗钻孔和使探头顺利进入小孔。

第二步：从大孔底钻同心小孔，供安装探头用，小孔直径由所选用的探头直径决定，一般为 36~38 mm。小孔深度一般为孔径的 10 倍左右，以保证小孔中央部位处于平面应变状态。小孔钻凿完成后须放水冲洗钻孔，保证小孔中没有钻屑和其他杂物。为此，钻孔须上倾 1°~3°。

第三步：用专用装置将测量探头，如孔径变形计、孔壁应变计等，安装(固定或胶结)到小孔中央部位。

第四步：用第一步钻大孔用的薄壁钻头继续延伸大孔，从而使小孔周围岩芯实现应力解除。由应力解除引起的小孔变形或应变由包括测试探头在内的测量系统测定并通过仪器记录下来，根据测得的小孔变形或应变通过有关公式即可求出小孔周围的围岩应力状态。

从理论上讲，不管套孔的形状和尺寸如何，套孔岩芯中的应力都将完全被解除。但是，若测量探头对应力解除过程中的小孔变形有限制或约束，它们就会对套孔岩芯中的应力释放产生影响，此时就必须考虑套孔的形状和大小。一般来说，探头的刚度越大，对小孔变形的约束越大，套孔的直径也就越大。对绝对刚性的探头，套孔的尺寸必须无穷大，才能实现完全的应力解除。这就是刚性探头不能用于应力解除测量的缘故。对于孔径变形计、孔壁应变计和空心包体应变计等，由于它们对钻孔变形几乎没有约束，因此对套孔尺寸和形状的要求不太严格，一般只要套孔直径超过小孔直径的3倍以上即可，而对实心包体应变计，套孔的直径就要适当大一些。

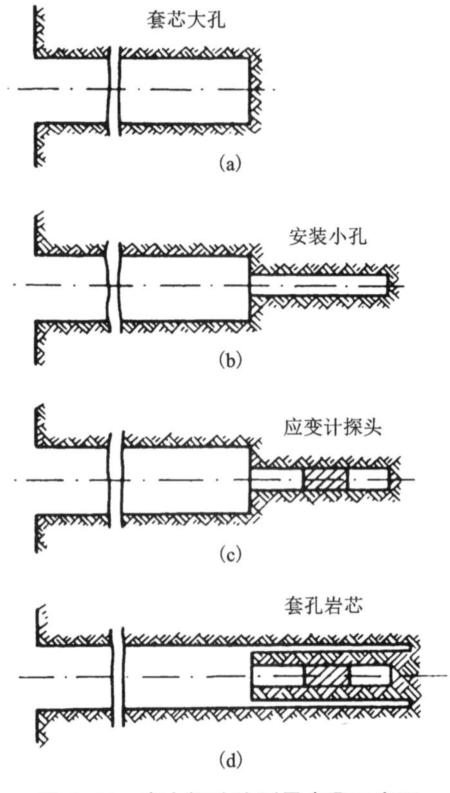

图 5-14　应力解除法测量步骤示意图

(5)局部应力解除法。

局部应力解除法又称切槽解除法。基本步骤如下：

①向岩体内部钻凿直径为96 mm的钻孔，直至需要测定应力的部位。

②将一个包含金刚石锯片和切向应变传感器的装置预先固定在钻孔中需测应力部位。

③利用气动压力将切向应变传感器预压固定在孔壁上靠近切槽的部位，然后驱动锯片以在孔壁上开出径向槽，确保该槽与钻孔中心位于同一平面内，如图5-15所示，以便使该槽附近岩体实现应力解除。在切槽过程中，切向应变传感器所测应变值将产生变化，当切槽达到一定深度后，应变值趋于稳定。此稳定应变值即切向应变传感器所在部位由于切槽而实现应力解除所引起的切向应变值。

④为了确定测点垂直于钻孔轴线平面内的应力状态，至少要在相隔120°的三个方位上进行切槽测试。由弹性力的一般公式即可计算出切向应变传感器所在的垂直于钻孔轴线的平面内的二维应力状态。

⑤要确定测点的三维应力状态，必须钻凿测点的三个互不平行的钻孔，进行上述切槽解除试验。

(6)地球物理探测法。

①声波观测法。从20世纪60年代初开始，声波观测法即用于测量岩体中的应力状态。该方法依据的现象是声波特别是纵波的传播速度和振幅随岩体中的应力状态而定量地变化。其测量步骤如下：

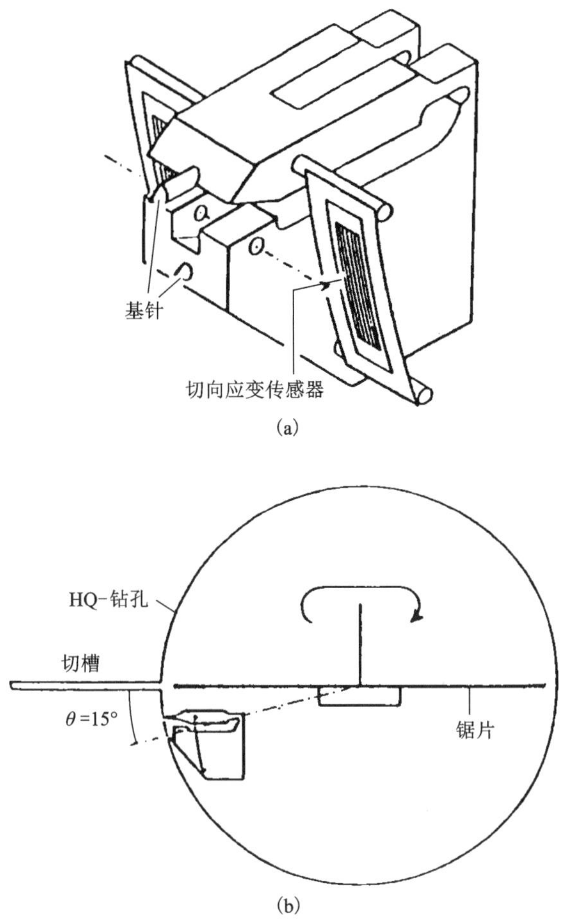

图 5-15　钻孔切槽及切向应变传感器位置示意图

第一步：选择岩性、结构较为简单的地段，取某一点作为声波发射点。

第二步：以发射点为中心，在其周围不同方向布置接收点，组成监测网。

第三步：使用微爆破、机械振动或其他专用仪器向岩体中发出声波，并在各接收点使用声岩仪等仪器接收声波。

第四步：测量发射点至各接收点的声波传播速度，绘制如图 5-16 所示的速度椭圆，椭圆长、短轴的方向即代表了岩体中最大和最小主应力的方向。

第五步：使用合理的方法，对声波传播速度和地应力大小之间的关系进行标定试验，根据标定结果由测得的速度椭圆确定

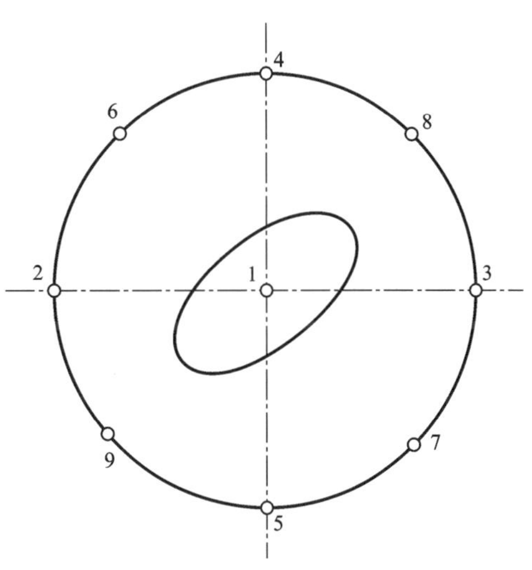

1—发射点；2、3、4、5、6、7、8—接收点。

图 5-16　声波传播速度椭圆

岩体中的应力状态。

②超声波谱法。阿格森(J. R. Aggson)于1978年首次提出超声波谱法。该方法依据的物理现象是，当岩石受到超声剪切波的作用时将成为双折射性的，其双折射率是应力的函数。其测量步骤为：

第一步：向岩体内钻孔。

第二步：使用专用仪器向钻孔内发射偏振剪切波并接收该波在钻孔中的传播信号。

第三步：当偏振波在钻孔中传播一段距离后，将出现快波和慢波之间的相消干涉，这种相消干涉由接收的传播信号的最小值来认定。相消干涉即传播信号最小值出现的频率，主要由岩体中平行于剪切波偏振方向的应力分量决定。因此，测得的相互干涉频率可用于推断岩体中的应力状态。

第四步：由于不同类型的岩石在超声剪切波作用下的双折射性是各不相同的，为了根据测量数据定量确定应力的大小，必须在试验中进行相关的标定试验。

第五步：为了确定一点的二维或三维应力状态，必须在同一地点的多个互不平行的钻孔中进行上述的测量试验。

综上所述，套孔应力解除法是一种比较经济实用的方法，它能比较准确地测定岩体中的三维原始应力状态。局部应力解除法、松弛应变测量法则只能用于粗略地估计岩体中的应力状态或者岩体中的应力变化情况，而不能用于准确测定原岩应力值。地球物理探测法可用于探测大范围内的地壳应力状态，但是，由于对测定的数据和应力之间的关系缺乏了解，同时由于岩体结构的复杂性，各点的岩石条件和性质各不相同，因此这种方法还不能为实际的岩石工程提供可靠的地应力数据。

5.1.6 地应力数据分析方法

地应力数据的分析通常采用线性拟合方法。对地应力规律或特征分析的可靠性，主要取决于测试数据的可靠程度及数据的处理。不同范围、不同位置对数据的处理要求及分析方法不同。

(1)测试数据的可靠性。

为保证测量数据的可靠性，在测量过程中，必须做到以下几点：①严格控制布点。在选择钻孔测试段时，综合分析地质录孔、岩芯及钻孔柱状图，选择岩层结构均匀、岩石完整、同一岩性地层、节理裂隙不发育的孔段。②观察数据。观察钻孔各测点数据，确保数据正常，压力记录曲线标准。③确保破裂压力峰值确切、明显，保证各循环重复测量具有强的规律性及各循环测量的压裂参数具有良好的一致性。

(2)数据的预处理。

地应力数据采用不同的方法测得。当采用应力解除法测量时，多数情况下，得到的三个主应力方向中并不一定存在一个主应力指向垂直方向，而是与垂直方向有一定的夹角，另外两个主应力在一般情况下也不是水平的，而是与水平方向存在一定夹角。在某些情况下，这些夹角还比较大。对采用应力解除法所得数据做如下处理：最大主应力 σ_1 的倾角绝对值小于20°时，认为是接近水平的，将其标注为最大水平主应力 σ_H；在每一测点还有一个主应力，可能是 σ_2 或 σ_3，倾角绝对值小于20°时也接近于水平方向，标注为最小水平主应力 σ_h，每一测点另外一个主应力 σ_2 或 σ_3 接近于垂直方向，其倾角绝对值大于70°时，将其标注为垂直

主应力 σ_v。据此，将位于近水平方向的两个主应力分别称为 σ_H 和 σ_h，位于近垂直方向的主应力称为 σ_v。

(3) 矿区地应力分析。

对于矿区地应力数据的分析，由于受断层及开采扰动等影响，数据的差异性比较大，因此，不能简单地将矿区各钻孔的地应力进行统计回归以表征矿区的地应力规律。此时，应该对不同位置各钻孔地应力进行独立拟合，以反映这些位置的地应力特点或规律。数据处理方法如下：①对于特定位置的钻孔，当地应力数据偏差大或地应力数据较少时，剔除不合理数据，增加测点数；无条件补充测点时，可采用线性插值法补充数据，或采用灰色系统理论进行数据生成处理，然后进行线性拟合分析。②对于整个矿区而言，应该采用远离断层的钻孔，测试方法应采用水压致裂法，通过远场钻孔测试数据，最后经线性拟合获得矿区应力场分布特点或规律。

(4) 区域地应力分析。

为了保证所分析数据的可靠性，应对所测地应力数据进行质量评价及优化处理，处理过程为：①当某一地区地应力数据较多时，为避免同一地区数据重复，仅选取有代表性的测点；②剔除主应力数值、方向、倾角不完整的数据；③对于采用应力解除法获得的三个主应力数据，若两个接近于水平方向的主应力倾角绝对值大于 20°或另外一个接近于垂直方向的主应力倾角绝对值小于 70°，则将该组数据剔除。数据的优化处理方法如下：将优化后的数据进行线性拟合，以所得的拟合直线为中心，在其两侧做两条对称直线，使 95%的数据落到两条对称线内侧，视为有效数据；落在对称线外侧的 5%的数据，偏离回归线较远，视为异常数据。将低质量、低可靠性的数据删除，重新采用较高质量的数据进行线性拟合分析，便能获得可靠的研究成果。

5.1.7　典型案例

1) 水压致裂法测量

峨口铁矿位于山西代县境内，是一座大型露天铁矿山，该矿在构造上处于五台凸起的西北隅，地层属于太古界五台群，矿床为鞍山式沉积变质贫铁矿床。

区内主要构造为一系列平行皱褶，构成全区复式倒转向斜，总体走向 NEE-SWW。该复式倒转向斜由北向南依次为：①老脊向斜，位于矿区北部，由西向东贯穿全区，长约 2300 m；②万年冰背斜，与老脊向斜毗邻，北翼即老脊向斜的南翼，长约 1600 m；③马鬃山向斜，由西向东翘起，为一轴面南倾的倒转向斜；④上进背斜；⑤白坞塘向斜。在皱褶形成的同时，在倒转皱褶的两翼，产生有大型逆断层、正断层及垂直于走向的横断层。三羊坪断层为矿区唯一大型断层，走向 340°，倾角 48°~74°，走向长大于 2000 m，断距为 214 m。

利用矿山 4 个勘查钻孔进行地应力测量，钻孔直径 76 mm，封隔器直径 76 mm，封隔器长度均为 120 cm，两个封隔器采用直径 40 mm、长 50 mm 的钢管且以螺纹连接。

(1) 测量钻孔与测点布置。

根据矿山初步设计方案布置测试钻孔。其原则是选择临近井工结构及井巷开挖位置，使钻孔分布均匀，尽可能揭露断层附近的应力变化。根据矿山要求，共安排 4 个钻孔（H1~H4），布置见图 5-17。

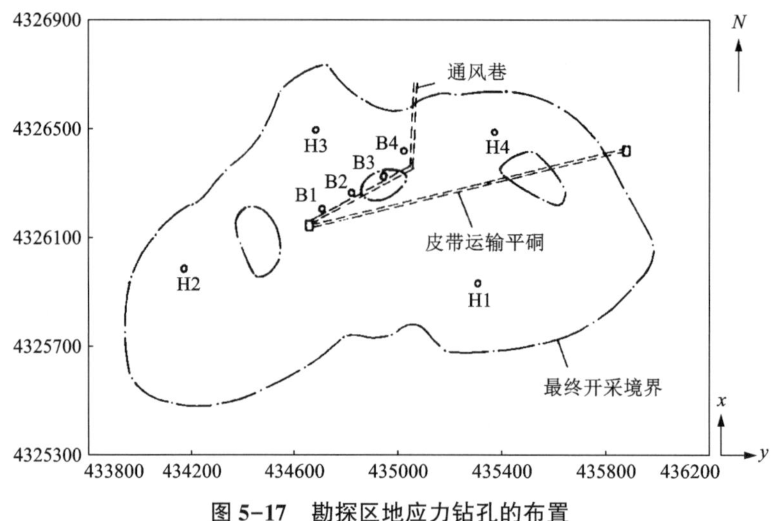

图 5-17 勘探区地应力钻孔的布置

(2)测试参数的确定。

①关闭压力 P_s。根据压力-时间曲线确定瞬时关闭压力。采用指数压力衰减法确定 P_s 的值，结果见表 5-4。

②裂隙重开压力 P_r。裂隙重开压力通过比较第一加压循环和第二(或第三、第四等)加压循环获得。通常，将第二加压循环和第一加压循环的压力-时间曲线重叠在一起，然后选择第二加压循环曲线偏离第一加压循环曲线的一点作为裂隙重开点，将该点的压力定为裂隙重开压力 P_s。参见表 5-5。

表 5-5 地应力测量参数

测点	深度/m	P_s/MPa	P_r/MPa	P_0/MPa
1	118.0	6.4	4.8	1.07
2*	99.14	5.4	5.4	0.92
2	133.48	6.3	6.3	1.26
3	151.25	7.3	7.3	1.47
4	110.92	9.0	9.0	0.98

注：2* 为 H2 孔的第二测点，下同。

根据式(5-19a)及式(5-19b)，即可确定各钻孔水平方向的地应力值。地应力结果如表 5-6。

表 5-6 各测点主应力计算结果

测点	深度/m	σ_H		σ_h		σ_v/MPa
		数值/MPa	方向/(°)	数值/MPa	方向/(°)	
1	118.0	13.3	140	6.4	50	3.1
2*	99.14	13.3	102	6.5	12	2.6

续表5-6

测点	深度/m	σ_H		σ_h		σ_v/MPa
		数值/MPa	方向/(°)	数值/MPa	方向/(°)	
2	133.48	14.0	—	7.2	—	3.5
3	151.25	18.5	97	9.1	7	4.0
4	110.92	13.2	112	6.8	22	2.9

2)勘探区地应力场分布规律

根据水压致裂钻孔的地应力测试，并结合矿山在巷道进行的应力解除法地应力测量结果，采用灰色代数曲线模型 GAM(n, h)进行回归分析，得出勘探区地应力的分布模型如下：

$$\sigma_H = -0.13 - 0.1697x + 0.2797y + 0.4396z$$

$$\sigma_h = -0.03 - 0.1480x + 0.2052y + 0.1177z$$

$$\sigma_v = -0.017 - 0.008x + 0.016y + 0.3316z$$

式中：主应力单位为 MPa，$x = X/100$，$y = Y/100$，$z = Z/10$，X、Y 为区域坐标，Z 为钻孔深度(向下为正)，单位为 m。

水压致裂法地应力测试结果表明：①最大主应力位于水平方向，其值为自重应力的 2 倍以上。垂直应力基本等于或大于上覆岩层质量，说明峨口铁矿的地应力场是以水平构造应力为主导的，而不是以自重应力为主导的，这就否定了传统的认为山坡的构造应力已充分释放的假设。较大的水平构造应力的存在对边坡稳定性有重大的影响，必须给予足够的重视。②最大水平主应力随深度变化增加较快，而深度变化对最小水平主应力的影响相对较小。③最大主应力的方向基本为 NNW-SSE 向或接近于 S-N 向，与矿区地质构造分析的结果一致。矿区的一系列东西褶皱构造，都是在近南北向主压应力的作用之下形成的，山羊坪正断层也是受到南北向挤压应力作用而产生的与东西向挤压构造相配套的张性断裂。

3)应力解除法测量。

三山岛金矿位于山东省莱州市北 32 km，北、西面临渤海，东南面与陆地相连，是我国唯一的滨海地下金矿。矿床位于沂沭深大断裂带东侧次一级断裂-三山岛断裂带内，属典型的破碎带蚀变岩型岩浆热液矿床。目前，三山岛金矿直属矿区已进入深部开采阶段，开采深度将达到并超过 1000 m。随着开采深度的增加，地压加剧，巷道围岩变形、塌方、冒顶、片帮等情况日渐增多。-600 m 水平以下的开拓工程面临岩爆灾害的潜在威胁。由此，采用套孔应力解除法，在该矿深部开展了 9 个测点的地应力测量工作。

(1)地应力测量点分布。

采用套孔应力解除法进行现场地应力实测，测点选择遵循以下原则：

①完整或尽量完整的岩体内，一般要远离断层，避开岩石破碎带、断裂发育带；

②远离或尽量远离较大开挖体，如大的采空区、大硐室等；

③避开巷道和采场的弯、岔、拐、顶部等应力集中区，保证应力测点必须位于原岩应力区，即应力状态未受工程扰动的地区；

④为研究地应力状态随深度变化的规律，测量尽量在三个或三个以上水平进行。

根据上述原则，在三山岛金矿深部六个水平上共安排了 9 个测点，各测点的分布和钻孔概括见表 5-7。

表 5-7 地应力各测点位置及钻孔施工概况

测点号	位置	坐标(x, y, z)	埋深/m	孔深/m	RQD/%
1	-510 m 北巷	(41837.8, 96016.9, -512.0)	512	8.10	48.5
2	-510 m 南巷	(41032.3, 95701.3, -512.5)	512.5	9.44	64.2
3	-555 m 南巷	(40825.7, 95716.6, -553.0)	553	8.63	81.2
4	-600 m 盲竖井附近	(40804.2, 95767.1, -602.2)	602.2	9.71	61.3
5	-600 m 新立联络巷	(40760.6, 95485.1, -603.0)	603	9.64	88.4
6	-645 m 斜坡道口	(40901.7, 95813.3, -647.0)	647	9.13	47.4
7	-690 m 斜坡道口	(40979.5, 95851.2, -693.0)	693	10.79	75.3
8	-690 m 风井附近	(40825.6, 95878.1, -693.0)	693	9.20	82.7
9	-750 m 斜坡道口	(40941.2, 95867.8, -750.0)	750	8.51	66.5

(2)测量结果。

三维地应力测量结果见表 5-8。

表 5-8 各测点主应力测量结果

测点号	深度/m	最大主应力 σ_1			中间主应力 σ_2			最小主应力 σ_3		
		数值/MPa	方向/(°)	倾角/(°)	数值/MPa	方向/(°)	倾角/(°)	数值/MPa	方向/(°)	倾角/(°)
1	510	24.55	129	4	16.35	-138	2	14.49	133	-85
2	510	24.64	-111	3	15.68	155	82	15.02	161	-10
3	555	25.71	-45	-13	14.00	14	73	13.00	50	-20
4	600	28.88	103	1	16.54	10	76	14.77	13	-8
5	600	30.17	110	-16	18.83	24	-11	16.94	236	-70
6	645	29.57	112	-3	19.56	-177	-80	15.48	-156	-9
7	690	31.50	-80	2	19.08	230	-79	17.54	10	-10
8	690	29.77	-83	4	20.84	-8	-74	19.63	8	15
9	750	33.22	119	-10	19.93	-89	-82	17.10	208	-8

深部地应力场分布存在如下的规律:

①每个测点均有两个主应力接近水平方向，其与水平面夹角一般不大于 10°，最大不超过 20°；另有一个主应力接近垂直方向，其与垂直方向夹角不大于 20°。

②最大主应力位于近水平方向，9 个测点最大水平主应力方向全部位于 NW-SE 向，与区

域构造应力场的最大主应力方向基本一致。9 个测点的最大主应力，有 7 个与水平面的夹角小于或等于 10°，因而都是非常接近于水平的。最大水平主应力($\sigma_{h,\max}$)与垂直主应力(σ_v)的比值，9 个测点中有 8 个超过 1.5 倍，最大一点为 1.84 倍，最小一点为 1.43 倍，平均为 1.65 倍(表 5-9)。由此可见，矿区深部地应力场是以水平构造应力为主导，而非自重应力。

表 5-9　最大水平主应力与垂直主应力的比值

测点号	1	2	3	4	5	6	7	8	9
$\sigma_{h,\max}/\sigma_v$	1.69	1.57	1.84	1.74	1.78	1.51	1.65	1.43	1.67

③在 9 个测点中，有 7 个点的最小主应力也位于近水平方向，说明水平方向两个主应力的差值较大。9 个点的最大水平主应力($\sigma_{h,\max}$)与最小水平主应力($\sigma_{h,\min}$)之比见表 5-10。9 个点的平均比值为 1.76，最大值为 1.98。按照莫尔-库仑强度理论，两个主应力的差值就是剪应力，而岩体的破坏通常是由剪切破坏引起的，在水平面内存在很大的剪应力，是引起地下巷道和采场变形和破坏的主要原因，必须引起足够的重视。

表 5-10　最大水平主应力与最小水平主应力的比值

测点号	1	2	3	4	5	6	7	8	9
$\sigma_{h,\max}/\sigma_{h,\min}$	1.50	1.64	1.98	1.96	1.60	1.91	1.80	1.52	1.94

④最大水平主应力($\sigma_{h,\max}$)、最小水平主应力($\sigma_{h,\min}$)和垂直主应力(σ_v)均随着深度的增加而增加，并且呈近似线性增长的关系。

同样，采用线性回归的方法，对所测各点的应力值进行了回归分析，获得地应力模型为：

$$\sigma_H = 0.947 + 0.044H$$

$$\sigma_h = 1.066 + 0.024H$$

$$\sigma_v = 0.136 + 0.028H$$

式中：H 为测点埋深，m；主应力的单位为 MPa。

地应力场模型给出了进行开采设计、支护加固、地压控制等数值模拟、物理模拟研究，以及各种定量计算和分析所必需的矿区力学边界条件。其回归曲线如图 5-18 所示。

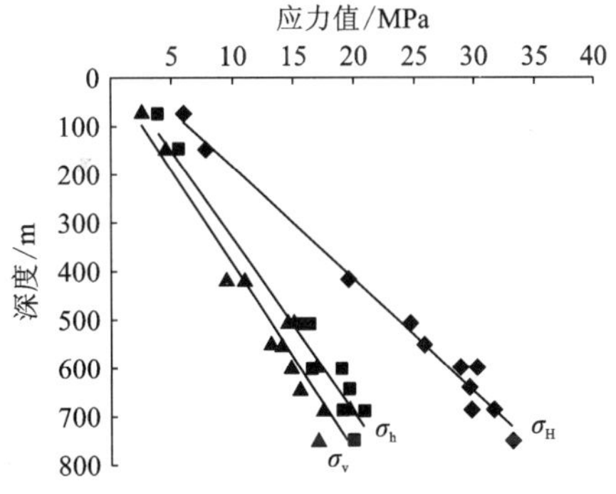

图 5-18　σ_H、σ_h 和 σ_v 值随深度的回归曲线

5.2　巷道地压

5.2.1　巷道地压显现形式与分类

1)地压的显现形式

地压是岩体因受开挖扰动而产生的力学效应。地压显现通常表现为以下形式：①岩体变

形，如巷道底鼓、顶板下沉、断面收缩；②微观或宏观破裂；③岩层移动；④片帮；⑤冒顶；⑥岩爆；⑦支架破坏；等等。地压显现的形式和程度与岩体的受力状态、岩体结构和质量、岩体物理力学性质、工程地质条件及时间等因素有关。岩体强度和原岩应力是影响地压的关键因素。对于巷道而言，不同位置其地压显现形式略有不同：①顶板。显现形式为顶板下沉、开裂、破碎、断裂破坏、大面积冒顶。②底板。显现形式为底板鼓起、断裂破坏。③两帮。显现形式为两帮收敛、层理滑移、裂隙扩展、片帮、臌帮。

2)地压分类

按表现形式，地压可分为散体地压、变形地压、膨胀地压及岩爆四类。

散体地压，亦称松动压力，是指硐室围岩因拉裂塌落、块体滑移及重力坍塌等破坏引起的压力，是一种有限范围内松散岩体自重施加于支护结构上的压力。这是一种极端的情况，因为此时支架与围岩已完全脱离，没有任何共同作用。地压控制必须避免这种情况的发生，尽可能地防止围岩的变形破坏发展到松散塌落的地步。在很多情况下，须采取锚注等技术使松散围岩固结化，从而再次达到单独或与支护一起共同承载的作用。

变形地压是因开挖产生的围岩位移所引起的压力，这是地压的基本形式。根据岩体性质与变形种类的不同，变形地压可分为弹性变形地压、塑性变形地压、弹塑性变形地压、流变变形地压及松动地压等。巷道开挖前，岩体处于原始平衡状态，巷道开挖后出现围岩应力重新分布，围岩的一部分弹性变形产生的压力为弹性变形地压。当二次应力场使弹性围岩局部的应力状态达到屈服条件时，这部分围岩就进入塑性状态，产生塑性区，应力重新分布。塑性区的应力一部分向弹性区转移，另一部分因塑性变形而释放，同时产生塑性变形地压。塑性变形的进一步发展就会引起岩体的破坏，同时巷道周围区域可能出现的拉应力也会引起岩体的破坏，从而在靠近巷道周边的区域形成松动区。在有支护的情况下，若支护和围岩紧密接触，则可以视为支护为围岩提供了一个均匀抗力。弹塑性变形地压是弹性变形到塑性变形的中间状态，流变变形地压是塑性变形到松动地压的中间状态，与岩体性质及所处地质环境有关。

在岩体条件较好的情况下，围岩的位移和变形发展到一定程度就停止了，可能不需要支护，围岩自身就能维持稳定。但在多数情况下，围岩必须通过支护才能防止因过量变形而引起的破坏。此时，变形地压的显现特征与支护方法、支护结构密切相关。在围岩与支护结合成一体的条件下，围岩与支护构成共同承载体，它们相互依存、相互制约、共同变形。若不及时采取支护措施或支护方法不当，不能有效改善围岩应力分布状态，抑制围岩变形，那么围岩就会发生破坏或垮落，变成散体地压。

膨胀地压是由岩体膨胀变形所产生的压力。膨胀地压主要与岩性、水有关。它只出现在具有膨胀性的围岩中。含有膨胀性矿物，如蒙脱石、伊利石、绿泥石的岩体均具有膨胀性。膨胀地压的大小与其膨胀特性的大小，即与其内部所含膨胀性矿物的多少成正比。膨胀地压产生的另一重要条件是水，膨胀性岩体只有遇水才能膨胀。因此防治膨胀地压的唯一途径是控制水。要采取有效措施疏干排水，避免岩体和水接触，严格禁止岩体长期浸泡在水中。

此外，在冻结法凿井时，冻结体温度变化将引起冻结压力。冻结压力也是一种膨胀地压。

岩爆是一种岩石动力学现象，它是围岩内聚集的大量弹性变形能在一定诱因下突然释放而表现出的一种形式。在硬岩金属矿山，表现为岩爆，岩爆发生时往往伴随矿震，并伴有巨响，岩石以镜片状或叶片状弹射而出，以极大速度冲向巷道或采场。在煤矿等软岩井巷表现为冲击地压。产生岩爆主要与两方面因素有关：一是岩石和岩体的结构性质，具有在围岩内贮存高应变能的内在条件。一般来讲，坚硬完整岩体容易储存高应变能。二是有产生高应变能的外部环境，如地应力大及围岩应力集中的地方。随着开采深度增大，地应力增大，深部更容易出现岩爆。由于岩体结构性质和地应力是天然形成的，是无法改变的，因此防止岩爆的主要途径就是避免不合理的围岩应力集中和引发岩爆的各种外部诱因的出现。

5.2.2　巷道地压形成机理

“狭义地压”认为地压是围岩作用于支架上的压力。随着岩石力学研究的不断深入和发展，人们已经逐步认识到，围岩和支架之间不是荷载和结构物的关系，而是一个相互作用、相互影响、共同承载的关系。支架的作用是改变或改善围岩的应力和位移状态，充分发挥围岩自身的作用来维护地下巷道或采场的稳定性，而在充分发挥了围岩自身的作用，有效改善了其应力和位移状态之后，支架所受到的压力也会显著降低。从根本上讲，地应力是所有地下工程包括地下采场和井巷地压显现的根本来源。在没有开挖扰动的情况下，岩体处于原始平衡状态。地下巷道由于开挖出现了自由空间，岩体有了变形及位移的自由面，打破了原始平衡状态，导致地应力释放，从而引起岩体的变形和位移，造成围岩应力的重新分布。围岩的过量位移和应力集中将导致围岩的局部或整体失稳和破坏。这就是地压发生的过程和机理。

5.2.3　巷道地压分析与计算

1) 无支护巷道地压

下面以圆形巷道为例说明开挖引起的巷道围岩地压分布规律。如图 5-19 所示。

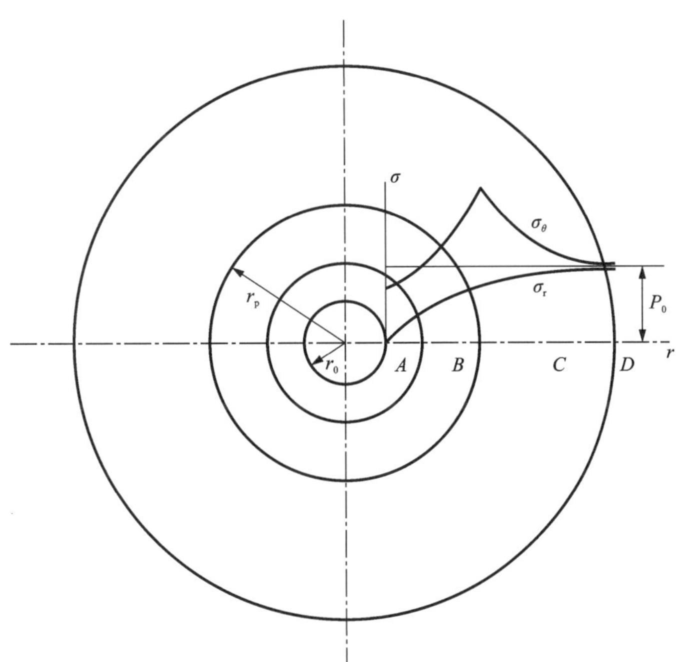

图 5-19　巷道围岩应力分布

地下岩体和金属材料不同，它不是线弹性体，而是复杂的非线性体，多数可简化为弹塑性体。若以弹塑性体来考虑，并假设原岩应力为均匀应力场，其值等于 P_0，那么巷道开挖后一般将在围岩中形成三个区，即塑性区（$A+B$）、弹性区（C）和原岩应力区（D），其中塑性区通常又分为两个区，即松动区（A）和塑性应力升高区（B）。

地下巷道开挖前，岩体处于原始平衡状态。巷道开挖后出现围岩应力重新分布，围岩的一部分弹性变形产生的压力为弹性变形地压。当二次应力场使弹性围岩局部地区即靠近巷道周边地区的应力状态达到屈服条件时，这部分围岩就进入塑性状态，产生塑性区。应力重新分布，塑性区的应力一部分向弹性区转移，另一部分因塑性变形而释放，同时产生塑性变形地压。塑性变形的进一步发展就会引起岩体的破坏，同时巷道周围区域可能出现的拉应力也会导致岩体的破裂，从而在最靠近巷道周边的区域形成松动区。这就是上述 A、B、C 三个区的形成过程。各区的应力、位移状态分析如下。

（1）塑性区。

假定岩体满足莫尔-库仑屈服准则，根据屈服条件和平衡方程，即可求出塑性区内的应力大小，其计算式为

周向应力
$$\sigma_\theta^{\mathrm{p}} = c \cdot \cot\varphi\left[\left(\frac{1+\sin\varphi}{1-\sin\varphi}\right)\left(\frac{r}{r_0}\right)^{\frac{2\sin\varphi}{1-\sin\varphi}} - 1\right] \tag{5-20a}$$

径向应力
$$\sigma_{\mathrm{r}}^{\mathrm{p}} = c \cdot \cot\varphi\left[\left(\frac{r}{r_0}\right)^{\frac{2\sin\varphi}{1-\sin\varphi}} - 1\right] \tag{5-20b}$$

在巷道周边，即 $r=r_0$ 处，有

$$\sigma_\theta^{\mathrm{p}} = \frac{2c \cdot \cos\varphi}{1-\sin\varphi} = \sigma_{\mathrm{c}} \tag{5-21a}$$

$$\sigma_{\mathrm{r}}^{\mathrm{p}} = 0 \tag{5-21b}$$

式中：c 为岩体内聚力；φ 为岩体内摩擦角；σ_{c} 为岩体单轴抗压强度；r_0 为巷道半径；r 为围岩中任一点距巷道中心的距离；P_0 为原岩应力。

由式（5-20a）和式（5-21b）可以看出，塑性区内的应力状态与原岩应力 P_0 无关，而只与岩体的强度指标（c、φ）有关。这就是所谓的极限平衡问题。塑性区通常也被称为极限平衡区。在极限平衡区中，满足屈服条件或强度条件，各点的物理状态都相同，即都处于极限平衡状态。

（2）弹性区。

弹性区内的应力大小可由弹性力学的厚壁圆筒公式求得。

周向应力
$$\sigma_\theta^{\mathrm{e}} = P_0 + (c \cdot \cos\varphi + P_0\sin\varphi) \cdot \left[\frac{(P_0 + c \cdot \cot\varphi)(1-\sin\varphi)}{c \cdot \cot\varphi}\right]^{\frac{1-\sin\varphi}{\sin\varphi}}\left(\frac{r_0}{r}\right)^2 \tag{5-22a}$$

径向应力
$$\sigma_{\mathrm{r}}^{\mathrm{e}} = P_0 - (c \cdot \cos\varphi + P_0\sin\varphi) \cdot \left[\frac{(P_0 + c \cdot \cos\varphi)(1-\sin\varphi)}{c \cdot \cot\varphi}\right]^{\frac{1-\sin\varphi}{\sin\varphi}}\left(\frac{r_0}{r}\right)^2 \tag{5-22b}$$

弹性区内的应力大小不仅与岩体强度指标（c、φ）有关，而且与原岩应力有关。

当 $r\to\infty$ 时，$\sigma_\theta^{\mathrm{e}}=\sigma_{\mathrm{r}}^{\mathrm{e}}=P_0$，即在距巷道开挖无穷远处，为原岩应力状态，即不受开挖影响。

研究表明，在离巷道中心 5 倍巷道直径处，其周向应力、径向应力与原岩应力之差已在百分之一以内。这就意味着巷道开挖应力释放引起的岩体扰动的范围大约在距巷道中心 5 倍巷道跨度的范围。

塑性区的半径 r_p 可根据弹、塑性交界面上应力、位移连续的条件求得

$$r_p = r_0\left[\frac{(P_0 + c \cdot \cot\varphi)(1 - \sin\varphi)}{c \cdot \cot\varphi}\right]^{\frac{1-\sin\varphi}{2\sin\varphi}} \tag{5-23}$$

根据广义胡克定律和伊留申弹塑性小变形理论，可求得巷道围岩中的径向位移 u。

$$u = \frac{\sin\varphi}{2Gr}(P_0 + c \cdot \cot\varphi)r_p^2 \tag{5-24a}$$

因为该问题满足轴对称条件，故轴向位移为零。此时，巷道周边位移为

$$u_0 = \frac{\sin\varphi}{2Gr_0}(P_0 + c \cdot \cot\varphi)r_p^2 \tag{5-24b}$$

以上是巷道围岩同时满足平衡和屈服的极限平衡条件时的巷道围岩应力、位移状态。实际上，这种极限平衡状态是很难存在的。塑性区在经过一段时间后就会分成两个区，其外围是应力高于原岩应力的区域(B 区)，它与围岩弹性区应力升高部分(C 区)结合在一起称作围岩的承载区；其内圈是应力低于初始应力的区域(A 区)，称为松动区。松动区内应力和强度都明显下降，裂隙扩张、增多，容积增大，出现明显的塑性滑移。这时若没有足够的支护抗力，就不能使围岩维持平衡状态。

显然，塑性区内应力逐渐解除不同于未破坏岩体的应力卸载，前者是伴随塑性变形被迫产生的，它是强度降低的体现，而后者则是应力的消失，并不影响岩体的强度。当岩体应力达到岩体极限强度后，将会引起岩体的破坏，但强度并未完全消失，而是随着变形增大，强度逐渐降低，直至降低到残余强度为止。这就称为强度弱化或恶化。试验表明，强度恶化时，c 值明显下降，而 φ 值下降不多。靠近弹、塑性交界面处，c、φ 值高(接近弹性时)，而靠近巷道壁处，c、φ 值较低。因此在采用各种方法，如用数值分析方法进行巷道围岩稳定性分析和应力、位移计算时，对 c、φ 值的降低必须予以考虑，而不能从计算开始到计算结束将 c、φ 值固定为一个不变的常数。

在形成 A、B、C、D 四个分区的情况下，围岩中的周向应力和径向应力值随径向距离变化的曲线如图 5-19 所示。

2)有支护巷道地压

在有支护的情况下，若支护和围岩紧密接触，则可视为支护为围岩提供了一个均匀抗力 P_0。此时，将应力边界条件即 $r=r_0$ 时 $\sigma_r=P_1$ 代入相关方程，即可得围岩中的应力状态。

弹性区应力：

$$\sigma_\theta^e = P_0 + (c\cos\varphi + P_0\sin\varphi)\left[\frac{(P_0 + c\cot\varphi)(1 - \sin\varphi)}{P_1 + c\cot\varphi}\right]^{\frac{1-\sin\varphi}{\sin\varphi}}\left(\frac{r_0}{r}\right)^2 \tag{5-25a}$$

$$\sigma_r^e = P_0 - (c\cos\varphi + P_0\sin\varphi)\left[\frac{(P_0 + c\cos\varphi)(1 - \sin\varphi)}{P_1 + c\cot\varphi}\right]^{\frac{1-\sin\varphi}{\sin\varphi}}\left(\frac{r_0}{r}\right)^2 \tag{5-25b}$$

塑性区应力：

$$\sigma_\theta^{\mathrm{p}} = (P_1 + c\cot\varphi)\left[\frac{1+\sin\varphi}{1-\sin\varphi}\left(\frac{r}{r_0}\right)^{\frac{2\sin\varphi}{1-\sin\varphi}} - 1\right] + P_1 \tag{5-26a}$$

$$\sigma_{\mathrm{r}}^{\mathrm{p}} = (P_1 + c\cot\varphi)\left[\left(\frac{r}{r_0}\right)^{\frac{2\sin\varphi}{1-\sin\varphi}} - 1\right] + P_1 \tag{5-26b}$$

塑性区半径 r_{p} 和支护抗力 P_1 的关系为：

$$r_{\mathrm{p}} = r_0\left[\frac{(P_0 + c\cot\varphi)(1-\sin\varphi)}{P_1 + c\cot\varphi}\right]^{\frac{1-\sin\varphi}{2\sin\varphi}} \tag{5-27}$$

$$P_1 = (P_0 + c\cot\varphi)(1-\sin\varphi)\left(\frac{r_0}{r}\right)^{\frac{2\sin\varphi}{1-\sin\varphi}} - c\cot\varphi \tag{5-28}$$

以上是著名的卡斯特奈(H. Kastner)方程。由方程可知：

①巷道半径越大，原岩应力越大，则塑性区半径越大；岩石强度越高，支护抗力越大，则塑性区半径越小。

②塑性区应力仍然与原岩应力无关，因为这还是极限平衡问题。

3)巷道地压分布规律

从圆形巷道开挖所引起的围岩地压分布规律可以看出：

①围岩应力和位移均与原岩应力和岩体强度有关。虽然处于极限平衡状态的塑性区的应力状态与原岩应力无关，只与岩体强度有关，但塑性区的半径大小仍与原岩应力关系极大，而且平衡状态也只是一种理想化的状态。

②在维护围岩稳定性方面，支护和围岩确实存在相互影响、共同作用问题。如果围岩本身具有足够的强度，其塑性区内圈不发展成松动圈，则围岩本身就能维持稳定，而不需要支护。在可能出现松动圈的情况下，及时进行支护是必要的。支护提供的抗力，将抑制围岩的变形和塑性滑移，改善应力分布状态，阻止围岩的破坏，这样就能保持围岩的强度，并充分利用其自身的强度来维持巷道的稳定性。

③支护只有和围岩紧密接触才能提供上述均匀支护抗力，传统的点支撑方法不能起到这样的作用。支护的根本作用是保持和提高围岩的强度，充分利用围岩自身的强度，保持巷道的稳定。上述均匀支护抗力只能起到保持围岩强度的作用，而只有喷锚支护、注浆等积极支护方法才能起到提高围岩强度的作用。

④地压活动，包括巷道的变形和破坏，是由巷道开挖引起的原岩应力释放所造成的，这样才能解释围岩最大位移发生在巷道周边，松动圈和变形破坏也出现在巷道周边的事实。地应力是内荷载，是在开挖之前就存在的，因而是先有载后挖洞；而地面结构物是先有结构后加载，二者有本质不同。若把结构力学方法照搬到岩石力学的问题中来，对地下开挖工程也是先挖洞后加载，即先把洞挖好，然后在其围岩外部加上原岩应力，则计算出的结果可能与事实完全相反。

均匀原岩应力场中的圆形巷道开挖是一个比较简单的理想化例子，它也是解析法能解决的极少的几个问题之一。对于具有比这更复杂的开挖形状和原岩应力条件的问题，解析法将无能为力，必须采用现代的数值分析方法才能解决。

5.2.4　巷道地压控制

巷道地压控制的常用方法如下：

①采用光面爆破技术，保持和提高围岩强度，使用钻井机和掘进机掘进巷道，减少围岩的破坏；用锚喷支护、注水泥浆或化学加固法加固围岩；尽量避免将巷道布置在松软岩层和破碎带中。

②控制围岩应力，正确选择巷道的断面形状，尽量使巷道周边不出现拉应力或集中的压应力；将巷道开掘在不受或少受采动影响的岩体中，用喷射混凝土填补巷道表面不平部分，缓和周边应力集中现象。

③合理选用支护手段，选用支架的原则是：对弹性为主、变形量较小的围岩，应采用刚性较大的支架；对塑性为主、变形量较大的围岩，采用可缩性支架，并根据围岩变形特征，合理选取其可缩量。在松软岩层条件下，可采用封闭式可缩性圆形金属支架、混凝土砌支架或其他合理支护手段。在地质条件不良区，采用锚喷与可缩性金属支架联合支护技术。在坚固岩层条件下，采用锚杆支架，包括树脂锚杆，以减少巷道支护工作量，充分利用巷道有效断面。在受采动影响较大的巷道中，围岩在较短时间内产生很大的位移，可采用锚网或性能良好的拱形可缩性支架。在其他合适的岩层条件下，应推广使用锚喷支护，以求获得安全、经济和合理的效果。

④合理设计支护断面，并将支护标准化。合理确定设计断面，在地压作用变形后，仍能满足矿井通风和使用的要求，保持巷道在服务年限内不维修或少维修，使设计断面标准化。同时，对各类巷道的围岩进行分类，提出与之相适应的支护形式，形成规程，使支护标准化。

5.2.5　典型案例

(1)金川镍矿

金川镍矿是世界上特大型铜镍矿床之一，矿区走向长度为6500 m，矿体平均宽度达300 m，深度达1000 m，含矿母岩为超基性岩，呈不规则岩墙状侵入前震旦系中，岩体走向N50°W，倾向南西，倾角70°以上，与围岩地层在走向、倾向上呈小角度相交。共有4个矿区。矿体总体特点是厚大、陡倾、埋藏深。金川矿区构造主要有：①走向扭性断裂；②北北东向压扭性断裂；③北东向张扭性横向断裂。巷道埋深大、地应力高。由于地质构造运动长期继承性活动，岩浆岩的侵入作用及其相互穿插，矿区岩层完整性很差，地质条件极为复杂。一期工程中，在不良岩体中开拓的巷道约占总开拓巷道的30%。二期工程的开拓巷道埋深在地表600 m以下，地应力随之增大，再加上大型采掘设备，巷道断面大，二期工程开拓巷道掘进断面由一期8~10 m^2增至19~25 m^2，巷道围岩的工程稳定性差，巷道地压活动严重，主要表现形式为支护体两帮内挤、开裂、片裂、脱落，拱顶开裂、下沉、冒落。不同地段的巷道受不同因素的控制，其变形程度不尽相同，但其总体特点一致，矿体中部巷道破坏严重，两侧破坏轻微。1号矿体开采纵投影如图5-20所示，1138 m水平巷道分布及收敛变形监测布置如图5-21所示。

巷道地压破坏的主要原因：①采动影响。中部采场面积大于两侧，出矿量大于两侧，采充作业造成的跑水也多于两侧，作业用水侵入结构面，黏土矿物遇水膨胀，使岩体产生膨胀应力，造成围岩流变；相反，两侧巷道受采矿活动的影响较小，如Ⅰ、Ⅶ盘区。Ⅱ~Ⅵ盘区联

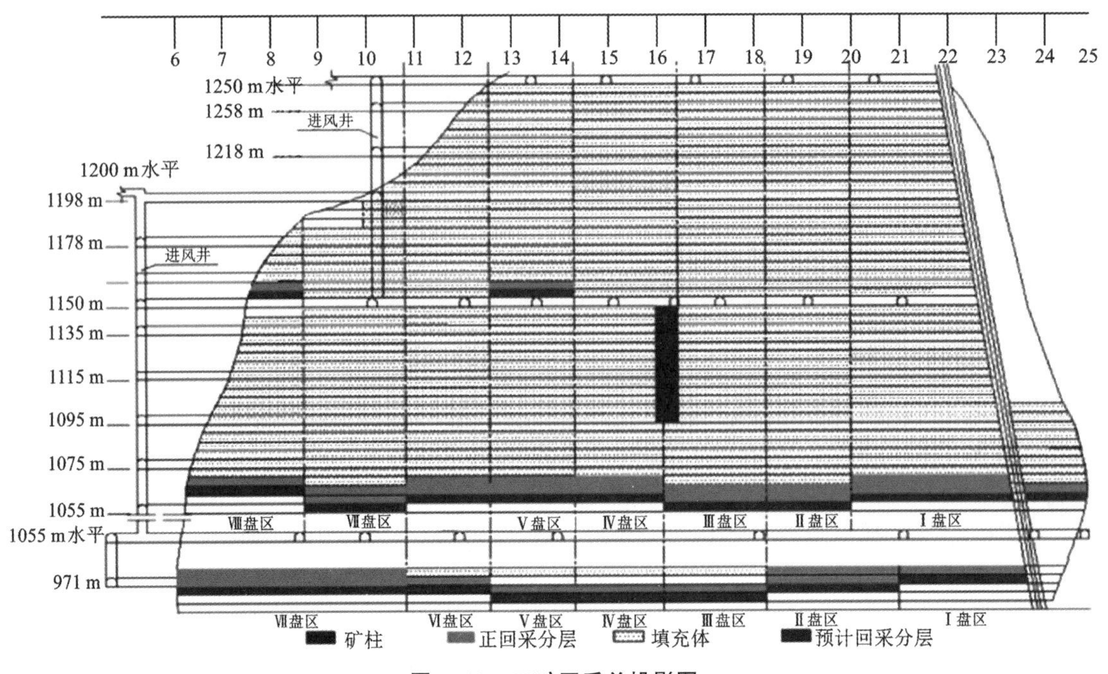

图 5-20 二矿开采总投影图

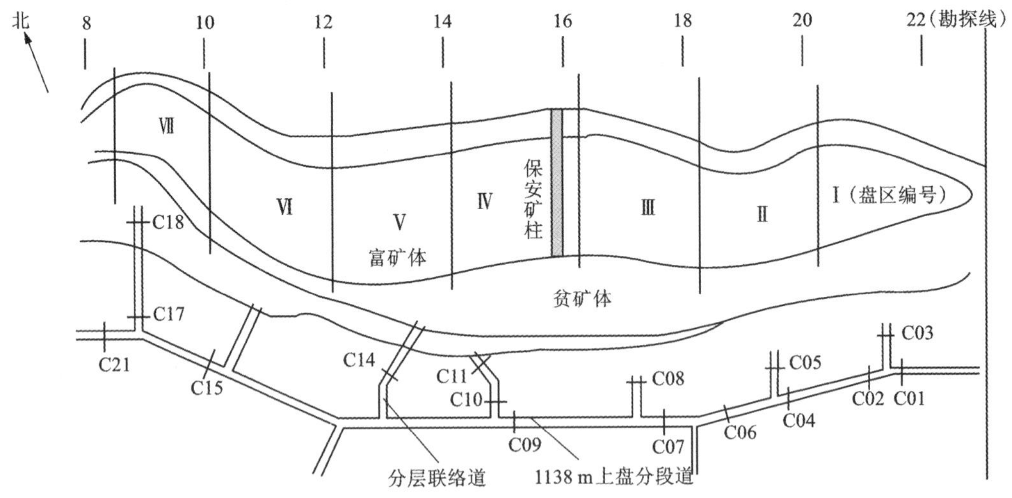

图 5-21 1138 m 水平巷道分布及收敛变形监测布置图

络道用喷锚网联合钢拱架支护，两三个月就要维修一次，仍不能确保巷道中车辆的畅通，经常出现钢架倾覆、失去支撑的现象。②岩体结构因素。局部区段如图 5-20 中 9~11 行、11~16 行、20~23 行，工程地质条件较好，岩体为层状碎裂结构、层状结构，侵入岩浆岩脉较少，中等蚀变，Q 值为 1 左右，有一定自稳能力；16~20 行岩体为层状碎裂结构或碎裂结构，16 行附近，其局部为散体结构，岩浆岩脉频繁穿插，强蚀变，节理发育，结构面上有绢云母、绿泥石、高岭石等膨胀矿物，有擦痕，工程地质条件极差，Q 值为 0.1~1，自稳能力差。岩体结构上的差别导致中部Ⅱ、Ⅲ盘区 16~20 行的分段道的围岩的蠕变远强于两侧的Ⅳ~Ⅵ盘区。岩体结构上的差异造成巷道变形的破坏程度不同。③地应力。如图 5-21 所示，1138 m 分段道的轴线方向主要为 128°、118°，Ⅵ、Ⅶ盘区分段道的轴线方向为 156°。前者与主应力方向近正交，巷道变形严重；后者与最大主应力方向斜交，巷道相对稳定。如 C15 断面所在的Ⅵ盘区分段道，450 d 的监测期内几乎未发生收敛变形，而其支护方式也仅是喷锚网；C21 所在的位置为Ⅶ盘区口西侧，其工程地质条件也无大的变化，但巷道轴线方向变为 128°，巷道变形量明显增大，速率为 0.5 mm/d，属于欠稳定巷道。

地压控制措施主要包括：①对软弱结构面发育、破坏严重的巷道，在维护时尽可能控制岩体结构破碎所造成的岩体蠕变，采用先喷锚网支护，锚杆中、短结合，以改善围岩自稳能力，再用现浇混凝土等刚性支护方式进行支护。对破坏的巷道应立即维护，以免应力重新集中，造成松动圈的扩大。二次支护与破坏后的返修宜强不宜弱。②巷道侧帮应避免与较大软弱结构面斜交，尽可能让新巷道的侧帮避开较大软弱结构面。③采用上向分层胶结充填采矿法、下向倾斜分层胶结充填采矿法及机械化下向水平方形进路开采方案。其中，机械化下向水平方形进路开采方案适用于大规模矿体和管道细砂充填工艺，其进路断面为 4 m×4 m~4 m×5 m，为了保证充填体的稳固性及下分层开采的安全性，上、下分层应交错布置，即上一分层进路为沿走向布置，下一分层沿垂直走向布置。在回采顺序方面，先采两翼，后采中间，开采进路为隔二采一，以提高采区回采强度。目前该方式已在金川Ⅱ矿区全面推广。采充作业时，要尽可能防止跑水，以免作业用水侵入结构面，造成结构面中黏土矿物遇水膨胀，使岩体产生膨胀应力，导致围岩流变。④进行变形地压监测。金川镍矿Ⅱ矿区东西部采场全部拉开以后，东部采场总面积约 3×10^4 m^2，西部采场总面积约 5×10^4 m^2。尤其是在西部这样大面积的采场，用下向胶结充填法回采，在世界上也是少有的。为了不发生意外，避免产生岩爆，沿矿体走向每隔 100~150 m 划为采区，每个采区间留有一定的临时矿柱。在上部岩体和充填体内埋设微震仪和地音仪，通过对监测数据进行分析来掌握全矿开采过程中地压活动情况，以便采取相应措施。

(2)冬瓜山铜矿

冬瓜山矿床是目前国内发现的首例大型、深埋型铜矿床，其 1#主矿体占矿床总储量的 98%，位于青山背斜的轴部，赋存于-1007~-690 m 标高，呈似层状产出。矿体主要由含铜矽卡岩、含铜黄铁矿、含铜磁黄铁矿、含铜蛇纹岩、含铜磁铁矿等组成。矿体直接顶板以大理岩为主，上部为矽卡岩，局部含闪长玢岩，底板以砂岩及粉砂岩为主，其次是闪长岩和矽卡岩。矿床处于高地应力区，最大主应力方向与矿体走向大体一致，近似水平，其大小为 30~38 MPa。

软岩巷道的地压显现特征：

①来压快，掘进后围岩变形迅速，地压显现剧烈，且持续时间长。由于蛇纹岩松软破碎，易于氧化，开挖后前几天围岩收敛速度很快，一般要较长时间才能稳定。

②流变性显著。蛇纹岩的流变变形为碎胀变形、弹塑性变形和遇水膨胀变形。蛇纹岩强度低，遇水膨胀、软化和崩解，导致蛇纹岩流变变形的发生。在掘进阶段表现为巷道掘进后很长时间不能稳定，变形速度很快。稳定期流变主要表现为巷道掘进后稳定期长，围岩变形速度一直保持在一个较高的值，变形较长时间才能停止。

③对应力扰动极为敏感。蛇纹岩在较大范围内均属松软破碎岩层，整体稳定性差，巷道不仅掘进变形剧烈，流变速度快，而且对应力扰动十分敏感。相对稳定巷道若受到较小的扰动，如翻修、爆破等，则围岩再次发生变形，致使巷道断面改变。

硬岩巷道的地压显现特征：

①巷道来压迅速，达到稳定的时间短。

②破坏形式主要为沿节理裂隙塌落。

③在高度压应力集中区，巷道的典型破坏形式为沿巷道轮廓发生剥落，然后沿结构面产生断裂；当岩体破碎时，剥落现象沿有利于层状剥落的先存结构面发生，不出现于完整岩体中。

④岩爆。岩爆发生前，巷道围岩发生炸裂声，突发时伴有清脆的响声，脱离母体的岩块被抛掷，且大多呈片状。岩爆发生在岩石新鲜、完整、质地坚硬、强度高的地段。

地压控制措施主要有巷道支护、充填开采及变形与微震监测。

①软岩巷道“喷-锚-网+锚索”支护。蛇纹岩为软弱岩层，易松软膨胀形成较大的垂直载荷，导致巷道顶板垮落。巷道支护宜采用“喷-锚-网+锚索”联合支护。该支护除了具有“喷-锚-网”支护作用外，通过锚索锚固在上部稳定的含铜磁铁矿和含铜矽卡岩之中，悬吊于完整坚固的岩体上，由锚索来承担垮落范围之内的岩层所受的垂直载荷，防止顶板岩层离层。

②普通硬岩巷道“喷-锚-网”支护。从静态力学平衡的角度考虑，即考虑力的平衡，采用“喷-锚-网”支护，支护构件采用普通锚杆。“喷-锚-网”支护可以发挥挤压加固作用，促使锚固范围之内的岩石形成能承受一定载荷的整体结构，保持锚固范围内顶板的整体性，在一定程度上阻止上部围岩的松动与变形。

③具有岩爆倾向巷道的“喷-柔锚-网”支护。具有岩爆倾向巷道的支护主要从能量平衡的角度考虑，即支护系统在保持能够提供抗力的前提下，吸收或消耗岩爆可能释放出来的动能。岩爆的特殊要求是支护系统必须具有让压或屈服特性，而且允许巷道有一定量的变形。支护方式为柔性支护，仍采用“喷-柔锚-网”支护，采用刚塑性支护构件，或使用压锚杆或摩擦式锚杆锚固钢丝绳。

矿山采用 VCR 法开采，堑沟铲运机出矿，隔三采一，采用大隔离矿柱，嗣后充填采用全尾砂胶结充填，并结合微震监测系统进行实时监测，在地压控制方面取得了较好的效果。该矿于 2005 年 8 月引进南非 ISS 国际公司生产的微震监测系统，与国内科研单位联合开展地压监测及控制技术研究，目前已监测到上万个矿山地震事件。利用微震监测系统监测数据，能获得矿山地震事件的时空分布规律及相对集中区域，建立以微震监测技术为中心的高应力区采动分析工作程序，从而对岩爆进行预测和防治，对高应力区进行有效支护，不断优化开采设计方案，有效避免岩爆和工程失稳等危害。

(3)铜矿峪矿

铜矿峪矿是以变斑岩型铜硫铁为主的多金属大型地下矿山，矿山自 1989 年开始采用自然崩落采矿法开采，中段高度 120 m，V 形出矿沟底部结构，电耙出矿，年生产能力为 400×10^4 t/a。2008 年，其二期投产，采用自然崩落采矿法，改用大出矿横巷及进路，铲运机出矿，年生产能力为 600×10^4 t/a。

围岩主要为流纹岩、凝灰岩、绿泥石、绢英(片)岩及绢云母石英岩与绢云母石英片岩。矿区有三条断裂构造，矿区平均水平应力与垂直应力之比为 1.05~2.5，矿区的最大主应力基本为水平应力，且以构造应力为主。由于自然崩落采矿法拉底面积大，且出矿沟与拉底层一次爆破成型，采空区空间大，采场上部来压快，故其底部结构脆弱；加之，采动造成地压重新分布，在断面变化及巷道交岔等关键部位应力集中，极易诱发高应力区。随着开采深度的增加，690 m 水平及以下采场地压陡增，在出矿横巷(穿脉)、进路及拉底巷端口出现压裂剥层、垮塌、巷道收敛变形、底鼓开裂等破坏。4#矿体主、副层地压影响范围达 10×10^3 m^2，其中严重破坏区域占 55%；5#矿体主、副层地压影响范围约为 8×10^3 m^2，其中严重破坏区域占 37.5%。在 4#矿体主层 554 m 水平 403~408 穿脉巷道，副层 614 m 及 584 m 水平、570 m 水平 4#岩及 5#岩。5#矿体主层 554 m 水平 507~511 穿脉巷道以及 15~17 沟穿、副层 583 m 水平 3#及 4#电耙硐室、570 m 水平 7#~10#岩、542 m 水平进风道 508~511 的出矿穿脉和装矿进路已出现严重垮塌，有的下沉位移达 1.7 m，支护工程破坏，已给矿山生产、安全造成严重影响，一些横巷及进路已不能生产，且恢复困难。其地压分布如图 5-22 所示。

扫一扫，看彩图

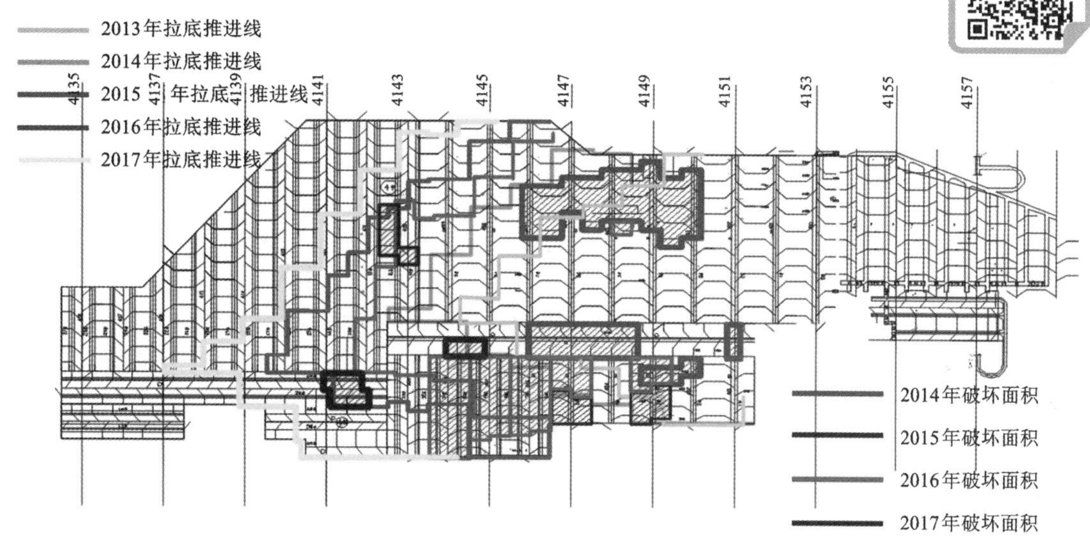

图 5-22　铜矿峪矿自然崩落采矿法某水平地压分布

通过控制爆破拉底、减少拉底量、拉底线弧形推进、强化均匀出矿、加强巷道及采场底部结构的支护等措施，使地压得到了较好的控制。

铜矿峪矿巷道地压属于开挖地压，其影响范围一般是局部的，采用木支护、刚性支护、锚杆支护、砼支护或复合型的锚网砼支护等方式控制地压，取得了较好的效果。但随着开采深度的增加，深部地压显现突出，仍有待于进一步研究。

(4)红透山铜锌矿

该矿山为超千米铜锌矿，采用平硐竖井联合开拓，充填法及阶段矿房法开采，巷道围岩以黑云母斜长片麻岩为主。自 20 世纪 70 年代中期开始，该矿区出现轻微岩爆现象。最早有明确记载的岩爆发生在 1976 年 9 月+13 m 中段(地下深度 440 m)一采场电耙道。此次岩爆造成斗穿之间矿石垛子发生破坏，岩块崩出，并伴有噼啪响声。这些年来，随着采矿深度的增加，巷道地压主要表现形式为岩爆、顶板冒落及片帮，对矿山安全与生产造成了很大威胁。

根据矿山地压记载，-587 m 中段、-647 m 中段、-707 m 中段、-767 m 中段的地压变化非常大，地压显现频度和强度随开采深度呈线性增长。巷道地压的表现形式，在浅部为构造控制型松脱地压；在深部巷道地压显现中，其表现形式既有上部常见的松脱地压，又有以应力控制的岩片弹射、岩粉逸出等岩爆型地压。-647 m 中段 2#、3#采区六盘区六平巷曾发生长达 20 余 m 的巷道垮塌。

此外，随着开采深度的增加，除巷道地压破坏外，还出现严重的涌水问题。该矿在-647 m 中段 2#、3#采区曾发生巷道围岩顶板破坏及渗流涌水现象，根据现场勘察，在该段采区巷道上部存在导水断层破碎带和基岩裂隙水，地压作用使得顶板局部破坏，同时围岩渗流浸水作用大大降低了岩体的抗拉性能，断层水通过巷道顶板破坏带进入巷道，发生涌水。

针对巷道地压破坏及涌水现象，矿山布置了微震监测、巷道变形收敛监测、应力测量等地压监测系统，并在顶板中布置多点位移计，以监测顶板沉降位移及速度。通过一系列的监测，以及强化注浆与支护，较好地控制了地压。

(5)高峰锡矿

采用机械化上向水平分层充填法及分段空场嗣后充填法开采，工作面深度为 975 m，终采深度为 1200 m，在-151 m 水平的最大主应力约为 40 MPa，经检测，巷道开挖后最大主应力发生了重分布，局部位置出现应力集中现象，应力集中区域主要为巷道边帮，最大应力达到了 70 MPa。

该矿体位于大厂矿田西矿带生物礁灰岩中，矿体形态复杂，总体呈不规则透镜状，局部有分支，在-83 m 水平呈不规则状。矿体总体为 SN 走向，总体倾向于 E 至 SE，倾角大，矿体在深部往 S 至 SW 向侧伏。-142 m、-151 m、-166 m、-173 m、-186 m 和-200 m 水平等多个分层探矿巷道曾发生较大规模的塌陷和冒落，使巷道的支护工程被严重破坏。这一区域矿体围岩为碎裂结构的岩体，且该区域为应力集中区，故在探矿工程施工过程中经常有地压活动显现，造成这一区域一度停止作业，对矿山生产产生了严重影响。

地压控制的主要措施有：①改变成巷方式。巷道掘进时采用光面爆破，严格控制孔距和孔量以控制爆破效果，提高巷道抗压能力，同时解决锚网与巷道壁不扣紧的问题，降低锚网的难度，提高锚网的作用。②采用金属钢锚杆与玻璃钢锚杆联合支护的方式。玻璃钢锚杆具有质量轻、锚固力强、可施加预应力加强巷道锚固、抗腐蚀等优点。由于在打锚孔的时候，钻孔以垂直巷道为主，在挂钢筋网时有一定的难度，同时考虑围岩矿岩的特性，采用打斜孔、用普通锚杆挂住锚网，钻垂直孔、用玻璃钢锚杆锚固锚网等工艺联合支护方式进行支护，以达到普通锚杆与玻璃钢锚杆之间优势互补的效果。③在地压活动特别严重的地方，通过二次喷射混凝土进行支护。

该矿深部开采存在局部的地压问题，主要为岩爆和片帮。该矿于 2007 年建立了多通道声发射监测系统，并在 2008 年针对矿区区域性岩层错动、断层活动和地震扰动现象，增加了一套配备低频传感器的声发射监测系统，实现了井下声发射地压 24 h 全天候监测。2013 年采用无线智能电子报警系统，将井下声发射监控系统的声发射预警信息通过网络连接移动通信终端，在地表即可实现数据的自动采集和自动报警。

(6)其他

此外，六苴铜矿、丰山铜矿及铜山铜矿等在深部开采过程中均出现了较严重的地压灾害。

六苴铜矿为砂岩型铜矿，采用普通全面法及分段空场嗣后充填法开采，主要工作面开采深度为 830~1500 m 高程，终采深度为 400 m 高程，深部地压问题主要为岩爆、片帮。因岩石质量及稳定性较好，结合测量观测、控制的监测手段，并通过对采空区充填、留置矿柱、局部喷砼、锚喷、砼支护、支架支护等支护方式，较好地控制了地压。

丰山铜矿采用无底柱分段崩落法、上向分层尾砂充填法及上向分段碎石胶结充填法开采，目前开采-320 m 中段、-260 m 中段，终采 S-500 m 中段、N-800 m 中段，巷道地压主要表现为岩爆、片帮、底鼓等现象。该矿布置了地压监测系统，采用 YSSC 岩体声发射监测仪等，并通过加强安全检查，确定支护方式，采用锚杆条网支护、喷锚网支护、喷射混凝土、砼支护、充填接顶及采空区封堵隔离等手段控制地压，取得了较好的效果。

铜山铜矿的采矿方法为分段空场嗣后充填法和房柱空场嗣后充填法，其开采工作面深度为 660 m，终采深度为 840 m，在深部开采过程中存在地压，使巷道出现了片帮、底鼓等现象。另外，该矿山还布置了地压监测系统，主要采用声发射和钻孔应力计来监测，建立地压监测网络，较好地实现了对灾害性地压活动的安全监测。

5.3　竖井地压

5.3.1　竖井地压显现形式与分类

1）竖井地压显现形式

竖井地压是指因竖井围岩应力变化及变形或破坏而作用在支护结构上的力。

竖井地压显现的形式分为变形和破坏。岩体较软时，次生应力使围岩产生较大的塑性变形，对竖井支护施加挤压力。若围岩变形均匀，支护承受均匀挤压力。反之，支护可能受拉应力。在坚硬岩体中，尤其在岩体中存在结构弱面时，由于受拉应力或剪应力的作用，岩体可能沿弱面发生破坏。破坏后的岩体碎块将沿滑动面向竖井空间滑移，对支护产生挤压力。

在高地应力条件下，硬岩井巷发生岩爆的可能性将增大。在浅部靠近地表的岩体中，岩体滑移常常引起地表塌陷。此时滑移体呈倒台阶形。如果出现大量涌砂、冒泥现象，沉陷范围将增大，甚至引起井口全部坍塌。而深部破碎岩体则呈中空圆柱状。竖井四周破坏范围与岩层倾角有关，在水平岩层中，围岩破坏范围近似相等。在倾斜岩层中，倾斜上方破坏最严重。由于各层岩性的变化，围岩只发生局部破坏，破坏形式通常为楔形滑移。

2）竖井地压分类

按照地压形成机理，可分为变形地压、散体地压、岩爆和膨胀地压。具体可参见巷道地压部分（5.2 节）。

5.3.2　竖井地压的形成机理

1）竖井地压的影响因素

影响竖井地压的因素很多，大体上可以分为地质因素和非地质因素两种类型。

地质因素是影响竖井围岩变形和稳定的决定性因素，主要包括岩土物理力学性质、竖井围岩的初始应力状态、地质构造特征、岩体结构状态、岩石的基本性质和地下水的状态等。

非地质因素是通过地质因素的作用而起作用的因素，主要包括地下开采、竖井深度、井筒尺寸、支护措施、时间条件等。

2)竖井地压发生机理

竖井围岩发生变形甚至破坏是由于次生应力的作用。竖井围岩破坏后形成的松散岩体对竖井支护结构的压力称为散体地压；围岩变形作用在支护结构上的压力称为变形地压；岩土吸水膨胀引起膨胀变形地压；冻结法凿井时，冻结体温度变化引起冻结地压。

5.3.3 竖井地压分析计算

1)围岩应力重分布

当在岩体中开凿井筒后，井筒附近原岩应力的平衡状态受到破坏，因而岩体中的应力将重新分布。井筒可看作在一个半无限体中的垂直孔，其某一水平的断面如图 5-23 所示。井筒远处周围作用有均匀压力 p，而在井筒附近则有应力升高区。对于弹性体，由理论分析可知，离井筒中心 r 处的径向应力和环向应力分布如图 5-24 所示，其计算式为

$$\sigma_r = p\left(1 - \frac{a^2}{r^2}\right) \tag{5-29}$$

$$\sigma_\theta = p\left(1 + \frac{a^2}{r^2}\right) \tag{5-30}$$

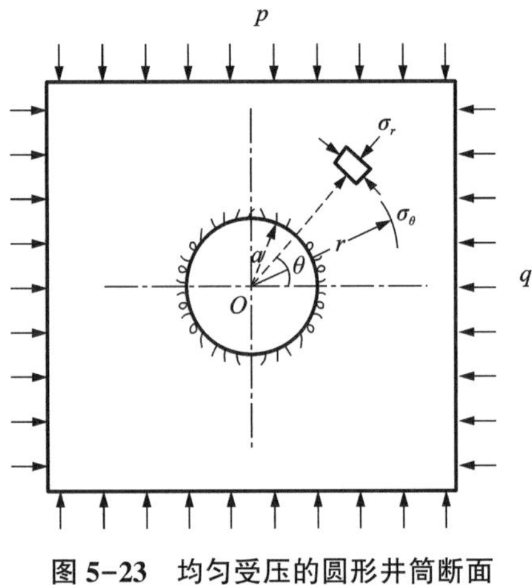

图 5-23 均匀受压的圆形井筒断面

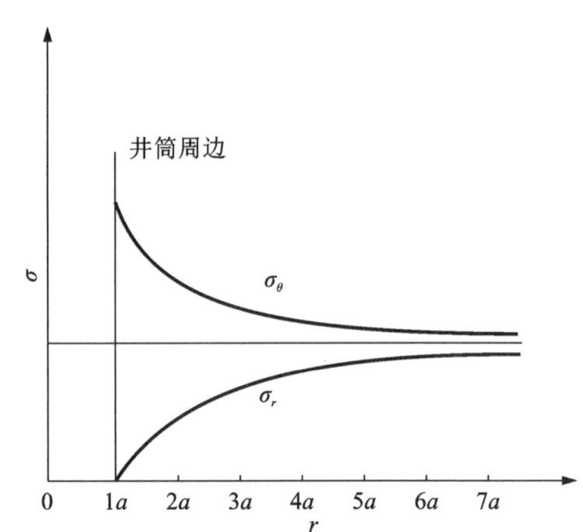

图 5-24 弹性状态的应力分布

井帮的环向应力最大可达 $2p$，即井帮的应力集中系数为 2。这时在井帮衍生的剪应力之值，按不同的剪切方向可根据莫尔定律来确定，而其最大值为

$$\tau_{max} = \frac{1}{2}(\sigma_\theta - \sigma_r)_{r=a} = p \tag{5-31}$$

井壁岩体的破坏主要是由于剪切作用，按照库仑定律，如果在剪切面上所受的剪应力 τ 和正应力 σ 之间的关系满足以下条件，则岩体是稳定的，否则岩体就会破坏。

$$\tau \leqslant \sigma \tan\varphi + c \tag{5-32}$$

式中：φ 为岩体的内摩擦角；c 为岩体的内聚力。

按照莫尔-库仑准则，极限平衡状态与莫尔圆分布如图 5-25 所示。

根据不同的 σ_{max} 画出的三个莫尔圆，如果莫尔圆处在表征岩体极限平衡状态的斜线 $\tau =$

$\sigma\tan\varphi+c$ 的下方，即图 5-25 中的圆①，则表示所衍生的剪应力 $\tau<\sigma\tan\varphi+c$，井壁围岩是稳定的。否则，如果 σ_{max} 与画出的莫尔圆与斜线相割，即在图 5-25 中圆③的情况，则井壁岩石就会破坏。当莫尔圆与斜线相切时，即在图 5-25 中圆②的情况，井壁围岩处于稳定的极限状态。由几何关系可得，

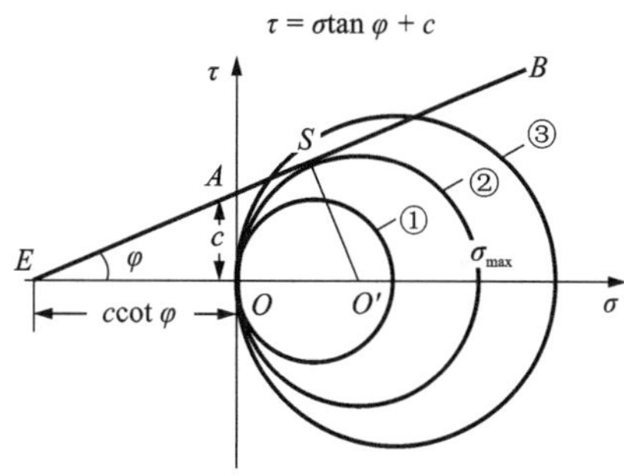

图 5-25　极限平衡状态与莫尔圆

$$\left(\frac{\sigma_{max}}{2}+c\cdot\cot\varphi\right)\sin\varphi=\frac{\sigma_{max}}{2}$$

即 $\sigma_{max}=\dfrac{2c\cos\varphi}{1-\sin\varphi}=\sigma_c$，或者

$$\sigma_{max}\leqslant 2c\cdot\tan\left(45°+\frac{\varphi}{2}\right) \tag{5-33}$$

当井壁的环向应力超过式(5-33)的值时，井壁岩体就开始发生剪切破坏，这时井壁围岩就发生塑性流动或呈崩塌状态(图 5-26)。与此同时，井壁应力释放，呈现出应力降低现象。而应力升高区则从井壁向岩体深处移动。由于井壁破坏才使井壁衬砌受到压力，这种压力和水压力共同作用在井壁上，即竖井地压。

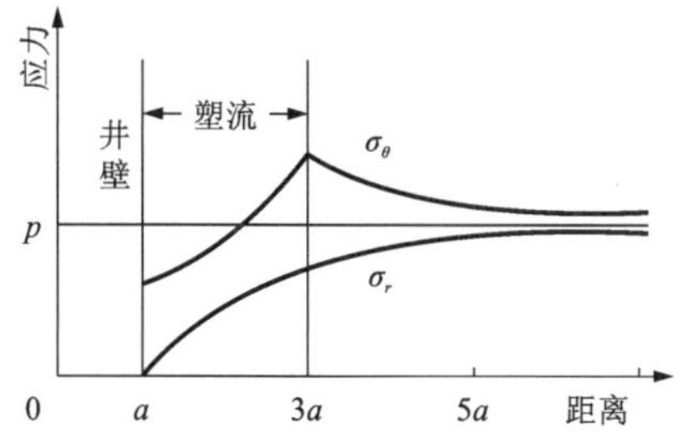

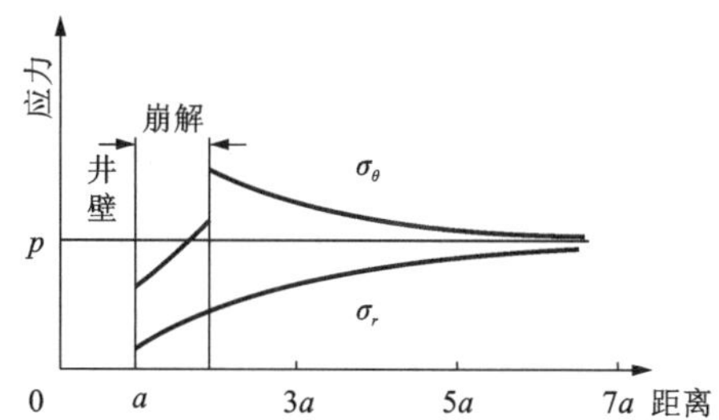

图 5-26　井壁岩体在超过极限平衡状态后的应力重分布

2)竖井表土地压

表土层地压分析计算的基础是挡土墙理论。如图 5-27 所示，以 AC 表示挡土墙，当挡土墙没有任何位移时，土体就像处于原岩应力状态一样，它对墙的挤压力相当于土体的侧压力。若挡土墙发生变形或位移，土体对墙的挤压力也将随之发生变化。根据土力学理论，在土体发生滑动破坏时，土压力以土体刚开始沿 AB 面滑动时为最大。在土体将滑未滑即土体处于极限平衡状态时，施于挡土墙的压力就称为主动土压力。

挡土墙理论用于确定竖井表土地压时，将表土假定为无黏结力的松散体。因此，作用在井筒衬砌上的地压则可视作包含在锥体内的土体，沿某滑动面 AB 主动施于井壁上的压力，如图 5-27 所示。

滑动角：$\theta=\dfrac{90°+\varphi}{2}$，$\varphi$ 为土体的内摩擦角(°)，这时作用在井壁上的压力与深度成正比。

$$p=\gamma z\tan^2(90°-\theta)=\gamma z\tan^2\left(\frac{90°-\varphi}{2}\right) \tag{5-34}$$

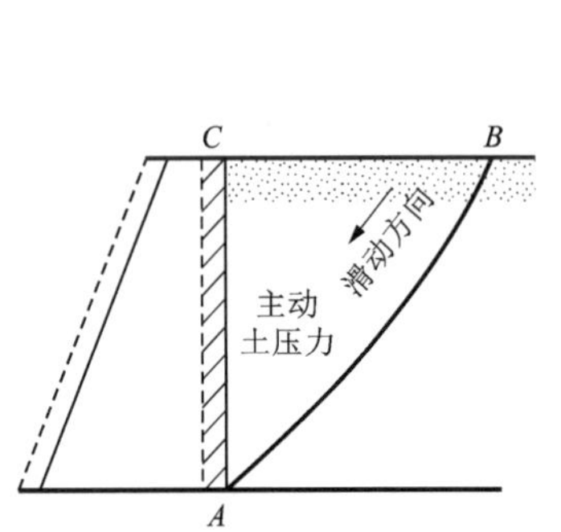

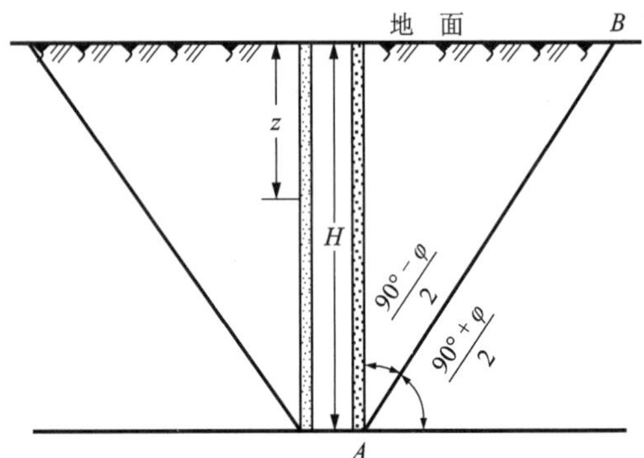

图 5-27 滑动锥体施压于井壁

式中：γ 为土体容重；z 为竖井中土体深度。

由于地层的性质不同，n 层土体的上、下盘地压分别为：

$$p_{n上} = \left(\sum_{i=1}^{n-1} \gamma_i h_i\right) \tan^2\left(\frac{90° - \varphi_n}{2}\right) \tag{5-35}$$

$$p_{n下} = \left(\sum_{i=1}^{n} \gamma_i h_i\right) \tan^2\left(\frac{90° - \varphi_n}{2}\right) \tag{5-36}$$

式中：γ_1、γ_2、γ_i、γ_n 分别为第 1、2、i 及 n 层土体的容重；h_1、h_2、h_i、h_n 分别为第 1、2、i 及 n 层土体的厚度；φ_1、φ_2、φ_i、φ_n 分别为第 1、2、i 及 n 层土体的容重。

在计算含水岩土层地压时，需要考虑水压及水对岩土体的悬浮作用，故要用悬浮容重代替天然容重。岩土在水中的悬浮容重为

$$\gamma' = (\Delta - 1)(1 - q) \tag{5-37}$$

式中：Δ 为岩土颗粒的比重；q 为岩土的孔隙度。

设地下水位以上有 n 层，以下有 m 层，则地下水位下第 m 层的上、下盘压力的计算式为：

$$p_{m上} = \left(\sum_{i=1}^{n} \gamma_i h_i + \sum_{i=1}^{m-1} \gamma'_i h'_i\right) \tan^2\left(\frac{90° - \varphi_n}{2}\right) + \sum_{i=1}^{m-1} h'_i \tag{5-38}$$

$$p_{m下} = \left(\sum_{i=1}^{n} \gamma_i h_i + \sum_{i=1}^{m} \gamma'_i h'_i\right) \tan^2\left(\frac{90° - \varphi_n}{2}\right) + \sum_{i=1}^{m} h'_i \tag{5-39}$$

3) 竖井基岩地压

在基岩中的竖井地压，至今还没有一个普遍采用的比较合理的计算方法。目前我国有关设计单位对于在基岩中的竖井地压一般不进行计算，只凭经验或根据结构的要求选取。个别情况下需要计算时，往往沿用表土地压的计算方法，但要做一些验算，主要是计算极限深度。极限深度为 H_{er}。

$$H_{er} = \frac{5\sigma_c}{\gamma} \tag{5-40}$$

式中：σ_c 为岩体的抗压强度；γ 为岩层的平均容重。

如果计算压力处的深度小于 H_{er}，则说明岩层没有破坏，能承受上覆岩层的压力且不致对井壁施加压力。如果计算压力处的深度大于 H_{er}，则说明岩层在凿井后，其井壁出现应力集

中，由开挖衍生的剪应力超过岩石的抗剪强度，井壁将受破坏或对井筒衬砌施加压力。在后一种情况下，必须计算井壁承受的压力，以为后续设计提供依据。

井筒所受的压力，无论是轴向还是径向的，都是极不均匀的。压力不均匀，会使井筒产生弯矩，而弯矩又会产生拉应力，从而使井壁产生裂缝甚至被破坏。造成不均匀压力的原因是多种多样的，如地层构造和岩石性质的不同、冻结孔偏斜、打孔时形成空洞或塌陷、壁后注浆或充填质量的好坏，以及井筒投产后岩层移动造成的不均匀地压等均会造成压力的不均匀分布。任一压力分布见图 5-28。

将分布压力按辐角展成富氏级数，则

$$p(\theta)=p_0+\sum_{n=1}^{\infty}p_n\cos n\theta+\sum_{n=1}^{\infty}q_n\cos n\theta \tag{5-41}$$

不均匀压力的表达式为：

$$p(\theta)=p_0+p_2\cos 2\theta \tag{5-42}$$

其对应的应力分布见图 5-29。这是一个典型不均匀压力的应力场，如在因地质构造使两个主应力大小不等的应力场中开凿竖井时就会出现这种应力分布。

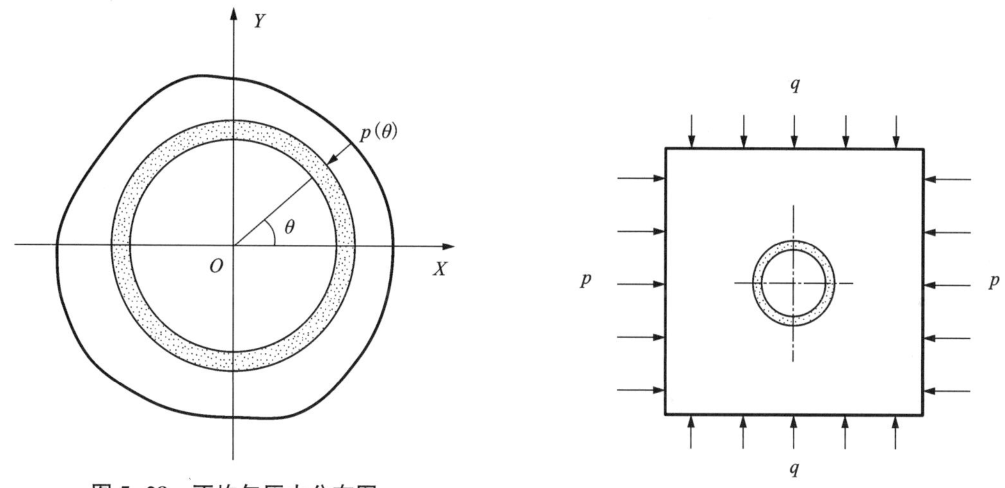

图 5-28　不均匀压力分布图

图 5-29　不均匀应力场中的井筒

设 $p>q$，则径向应力 $\sigma_r(\theta)$ 为

$$\sigma_r(\theta)=\frac{p+q}{2}+\frac{p-q}{2}\cos 2\theta \tag{5-43}$$

式中：$\frac{p+q}{2}$为均匀压力，在井壁中产生环向应力；$\frac{p-q}{2}\cos 2\theta$ 为两主应力之差产生的不均匀压力。

均匀压力使井巷产生径向变形，造成缩径但形状不变，不均匀压力使井壁产生弯矩或扭剪，使井壁形状发生改变。

不均匀压力系数等于在均匀压力基础上增加了变化量，在 $p(\theta)=p_0+p_2\cos 2\theta$ 的情况时，不均匀压力系数为：

$$\Delta=\frac{p_2}{p_1}=\frac{p-q}{p+q} \tag{5-44}$$

由此，式(5-42)可改写成

$$p(\theta) = p_0(1 + \Delta\cos 2\theta) \tag{5-45}$$

在计算时，建议不均匀压力系数 Δ 的取值为 0.02~0.05。

竖井受地下采动影响，发生变形地压及破坏，主要表现为：

①井筒沿轴向的挤压或拉伸变形。这种变形主要由岩层在竖直方向上下沉量不同引起。

②井筒中心线的偏斜与弯曲。这种变形是因为不同深度上，水平移动量不同，当采区位于井筒的一侧，或者在井筒两侧不对称开采时，岩层移动波及井筒位置，井壁将跟随围岩而移动，原来垂直的井筒中心线将发生位移和偏斜，偏斜的方向一般指向采区的几何中心。

③井壁错动。造成井壁错动的原因有二，一是在采动影响下，由上覆岩层弯曲而引起的岩层沿层面的滑移致使井壁剪切错动，二是由于岩体沿软弱层面的滑动而引起的井壁错动。

④水平挤压破坏。水平挤压破坏一般发生在围岩为软弱岩层的井壁处，这主要是软弱岩层因受压而朝横向膨胀所致。

当竖井位于开挖引起的岩移范围内时，如果岩移较为剧烈，竖井会发生较大规模的破坏。但是工程中有些竖井的破坏并非如此，破坏往往出现在断层等软弱结构面，而其他部位未发生破坏。已有研究和实践表明，在采动影响下，岩体沿断层面等软弱结构面的滑动会引起井壁错动，从而导致井筒的破坏。

5.3.4 竖井地压控制

竖井地压控制主要是通过一定的技术手段，使围岩应力得到合理的分布，同时降低井筒附近的应力，达到维护井筒稳定的目的。

竖井地压控制的主要方法包括：①采用光面爆破技术，减少井筒施工对围岩的扰动；②采用圆形断面，竖井掘进机一次施工成井；③采用短掘快支强支；④注浆；⑤卸压；⑥预留保安矿柱；⑦充填采空区。

在竖井施工前，应通过地质勘测手段，做好竖井井筒的选址、评价工作，以及采取相应的预防措施，对必须穿过破碎带及含水层的井筒，进行注浆加固及防水等处理。

1)施工过程的地压控制

在竖井施工过程中，为防止井帮片落等地压灾害，保证施工安全，常对井筒围岩采取临时性防护措施。根据围岩性质、井段高度和井筒涌水量的不同，临时支护方式分为以下几种。

(1)喷射混凝土临时支护

紧随掘进工作面的推进，在岩帮上喷射一层混凝土，喷层厚度随围岩情况而定，一般为 50~100 mm。若施工及时、施工速度快，喷射混凝土便能有效地充填和封闭围岩中的裂隙、层理，与围岩形成一个整体，从而防止岩帮风化，增加围岩的自承能力。但在井帮淋水较大时，应采取防水措施，以保证喷射混凝土的施工质量。在井筒掘进中，应采用短掘快支的作业方式进行支护。

(2)锚杆金属网临时支护

采用锚杆来加固围岩，并挂设金属网以阻挡岩帮破块的脱落。此种方式适用于岩层节理发育，裂隙较多或破碎等不稳定岩层。在易膨胀的不稳定岩层中，可采用锚喷网联合支护。

(3)井圈背板临时支护

其是一种传统的支护方式，即用井圈、背板、挂钩、顶柱组成维护结构。井圈多采用

14~20号槽钢，上、下井圈间用直径为20~25 mm的Z形挂钩吊挂相连，井圈背后用木板支护。随着喷锚支护的推广和短掘、短砌作业方式的发展，这种临时支护方式的使用逐步减少。

2）竖井变形地压的治理

（1）井壁处理措施

一是“让”，二是“抗”。“让”，即采取工程措施使井壁能承受一定的变形，以减少井壁受地层压缩、下沉产生的附加压应力，具体措施是在内井壁开卸压槽；“抗”，即提高井壁自身的强度，使其同时能抵御自重应力、土层压力以及因地层固结压缩所引起的附加压应力的共同作用，具体措施是套壁，即在内井壁内套一层混凝土井壁。这两种措施可以单独或者同时作用。

（2）地层加固措施

主要是通过注浆施工，提高地层的抗压缩变形能力，减少因水位疏降而产生的地层压缩变形量，降低井壁所承受的附加外力，从而达到保护井壁的目的，具体措施是采用地面注浆或破壁注浆。

（3）水头控制措施

通过注水或帷幕注浆等工程方法，维持井筒周围一定范围内含水层的水头高度，从而减少地层固结，达到保护井筒的目的。

（4）预留保安矿柱

在地下开采过程中，采空区的出现可能导致竖井所处岩层产生移动，而使竖井发生变形或产生位移压力。为保护竖井不受或减少开采影响，合理设置保安矿柱可达到保护井筒的目的。

竖井应布置在矿体开采后的最终移动境界之外，其边缘与地表移动境界线之间应留保护带。保护带的宽度应根据地表保护物的保护等级而定。Ⅰ级保护的保护带宽度为20 m，Ⅱ级保护的保护带宽度为15 m，Ⅲ级保护的保护带宽度为10 m。由于地质勘探所圈定的矿体位置及形状与实际开采后的情况可能有误差，因此用类比法选取的移动角圈定地表移动范围时，应考虑5°左右的误差。保安矿柱的范围通常按岩层移动角β、γ、δ用作图法圈定。

（5）采空区充填

为保护竖井井筒的稳定，在开采过程中及保安矿柱回收时对采空区进行及时充填，是减少竖井岩层移动、降低竖井地压的有力措施。

5.3.5　典型案例

1）会泽铅锌矿3#竖井

会泽铅锌矿3#竖井为矿山深部资源接替工程。竖井井口位于云南省东北部会泽县矿山镇境内，距者海镇13 km。井口标高2380 m，井深1526 m，井筒掘进断面直径为7.3 m，净直径为6.5 m，采用混凝土支护，支护厚度为400 mm。卸压方式包括爆破卸压及钻孔卸压。通常，爆破卸压用于岩石较完整、坚固性系数$f \geqslant 10$的岩层，钻孔卸压用于岩体节理发育不充分、硬度系数$f<10$的岩层。区域海拔高程为1600~2600 m，最高海拔为2830.6 m。竖井所穿透的地层岩性较为复杂，区内下伏基岩主要为古生界二叠系、石炭系、泥盆系以及寒武系下统、元古界震旦系上统灯影组地层。围岩主要为白云岩，区域构造较为简单，未穿越大型

地质构造，但 250 m 外围构造较为复杂，受此影响竖井构造应力作用较为明显，围岩抗压强度相对较大，但抗剪强度相对较小。竖井深部最大水平主应力为 49~63 MPa，岩石抗压强度为 34~46 MPa，平均抗拉强度为 3.0 MPa 左右，存在岩爆危险。

矿山采用的地压控制措施主要包括竖井地压监测和卸压控制。

(1)竖井地压监测

①竖井围岩及井壁地压监测。地压监测包括应力监测和混凝土岩壁应力监测，矿压监测设备布置在地压危险区围岩体内。布置方案如下。沿竖井掘进方向分别在 -1500 ~ -1100 m 设置 10 个水平面作为监测平面，见表 5-11。每个水平的南、北面分别布置 N1、N2、N3 和 S1、S2、S3 测点，具体位置如图 5-30 所示。其中，矿压监测点为 N1、N3 及 S1、S3，混凝土井筒岩壁应力监测点为 N2、S2。

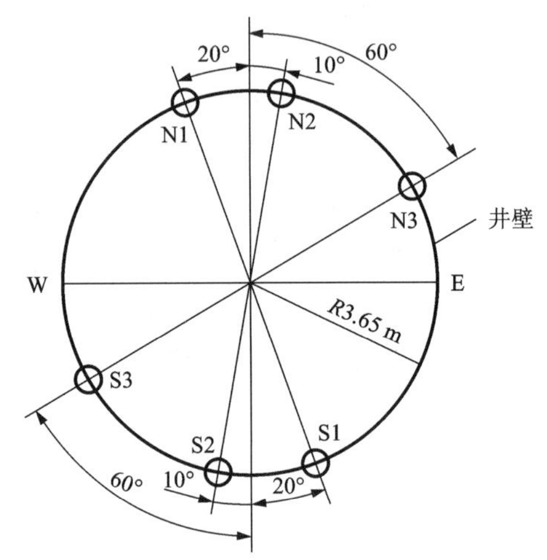

图 5-30 监测点平面布置图

表 5-11 矿压监测点的布置

危险区域	布置平面/m	测量平面数	矿压监测点数	混凝土井筒测点数
轻度危险区(-1160~-1093)m	-1130	1	4	2
轻度危险区(-1220~-1166)m	-1190	1	4	2
中度危险区(-1326~-1265)m	-1300	1	4	2
轻度危险区(-1382~-1330)m	-1350	1	4	2
轻度危险区(-1414~-1397)m	-1410	1	4	2
掘进末端	-1450	1	4	2
共计			24	12

在地压监测时，若地压骤然升高值小于 2 MPa 时，采用临时防护措施，若升高值超过 2 MPa，则要及时采取卸压措施。

②钻孔岩屑监测。根据最大水平主应力方向、掘进进度、岩性及现场条件，制订钻屑监测方案。采用钻屑量 S0 测试，钻孔深度为 9 m，孔径为 42~50 mm，钻孔垂直于岩壁，距离迎头前方 3 m，孔排距 5 m。每个平面布置 10 个钻孔，分别布置 5 个钻屑点，以圆心为对称点，按照中心对称原则对称至矿井南向岩壁，共 10 个钻屑点，如图 5-31 所示。

根据钻孔岩屑判断竖井岩爆的指标，如表 5-12 所示。

表 5-12 竖井岩爆判断的钻屑率指标

钻粉率指数	1.5	2~3	≥4
岩爆危险性	轻度	中度	重度

注：钻粉率指数=每米实际钻粉量/正常钻粉量。

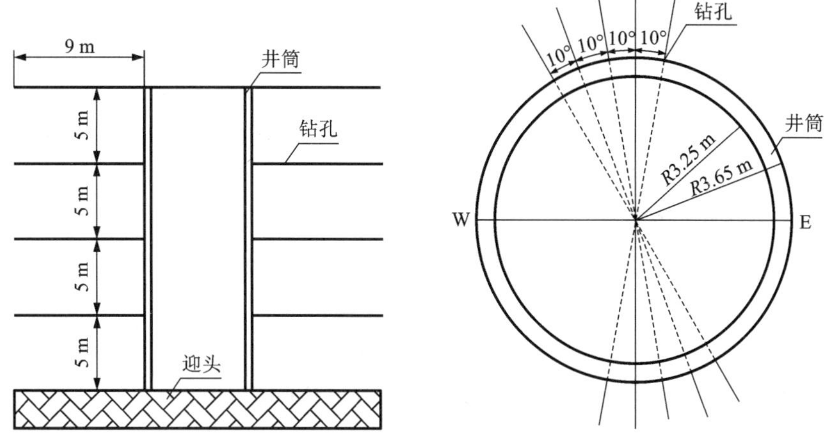

图 5-31　钻屑孔布置示意图

(2)竖井地压的卸压控制

①爆破卸压。对于$f\geqslant 10$的岩层，采用爆破卸压。炮孔布置如图 5-32 所示。钻孔直径 42 mm，孔深 5 m，孔间距 1.3 m，装药量 600~800 g，炸药为Ⅱ岩石炸药。

超前卸压爆破。当井筒和掌子面应力均较高时，宜采用超前卸压爆破。首先采用 5 m 深孔装药的内部爆破，钻孔布置在井筒的周围，与井筒竖轴成 30°角[图 5-32(b)]，钻孔末端之间的距离不超过 1 m，在井筒的掘进区段，整个井筒周围用内部爆破形成一宽 2 m 的保护区，孔间距为 1.3 m，炮孔数量为 16。

保护性卸压爆破。当只有井筒壁中的岩石有较大冲击危险时，采用保护性卸压爆破。在长为 4 m 的炮孔中装药进行内部爆破，炮孔与水平面成 30°角[图 5-32(c)]，整个井壁周围形成一宽为 3 m 的保护区，炮孔口之间的距离为 1.3 m，炮孔口距掌子面 1.5 m，炮孔数量为 16 个，装药长度为炮孔深的 1/4~1/2。

②钻孔卸压。对于$f<10$的岩层，节理发育不完善的岩层，采用钻孔卸压。钻孔卸压是一种较为有效的释放岩体中弹性能量、改变应力状态积聚的技术。卸压孔分为垂直作业面的卸压孔和与井壁成 60°角的卸压孔。

垂直作业面的卸压孔通常结合预探孔布置和施工，即如果在施工预测探孔时发现有高地压倾

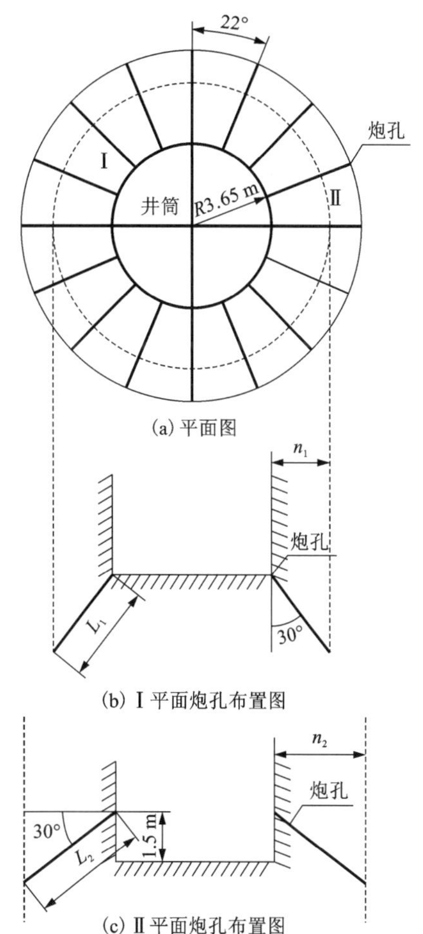

Ⅰ—在掌子面和垂直侧壁；Ⅱ—仅在井筒的侧壁；n_1、n_2—保护区的宽度；L_1—井筒掌子面和侧壁爆破孔深度；L_2—井筒侧壁爆破孔的深度。

图 5-32　竖井卸压爆破炮孔布置图

向，可根据现场实际在井筒布置周边眼的位置均匀布置若干个卸压孔，具体个数视岩爆倾向强度而定。长度为每循环进尺的2倍，孔径为50~60 mm。其施工与井筒正常掘进凿岩施工同时进行。

与井壁成60°角的卸压孔孔径为50~60 mm，孔深为5 m，孔间距为1.3 m。

(3)避让地压高发时间点

通常，地压诸如岩爆的发生有两个时间点：第一个时间点是掘进爆破后3 h内；第二个时间点是3~5 d。在该时段采取避让措施，人员、设备等尽可能不到工作面。

(4)及时支护和加强支护

在地压较轻的区域，处理措施主要有以下几步：第一步，初喷CF30钢纤维混凝土，厚度为50~100 mm；第二步，挂ϕ6.5钢筋网，网孔距为100 mm×100 mm，安装树脂锚杆临时支护，锚杆直径为20 mm，间排距为1 m×1 m，长度为2 m；第三步，采用锚索加强支护。选用结构简单的锚索，如钢绞线，小孔径28~32 mm，锚索长度6.5 m，轻型锚杆机施工，锚索网格尺寸为1.5 m×1.5 m。

2)金川Ⅱ矿区深部风井

金川矿区主要竖井参数及支护方式见表5-13。Ⅱ矿区14号竖井位于矿体下盘，井口标高为+1715 m，井深715 m，井筒净直径6.5 m。直接穿过井筒的围岩可分为4个主要工程地质岩组，即超基性岩组、花岗岩组、大理岩组和混合岩组。井筒位置及工程地质概况如图5-33所示。

表5-13 金川矿区主要竖井参数及支护方式

工程名称	井深/m	井底标高/m	净直径/m	设计主要支护方式	矿区
14行风井	715.0	+1000.0	6.5	400 mm厚C25素混凝土结构	Ⅱ
18行副井	1165.0	+636.0	6.5	450 mm厚C30/C40素混凝土结构	Ⅱ
46行副井	718.5	+1006.5	5.0	400 mm厚C30/C35素混凝土结构	Ⅱ
Ⅲ矿区主井	675.0	+1063.0	5.3	400 mm厚C30素混凝土结构	Ⅲ
Ⅲ矿区副井	723.0	+1015.0	6.3	450 mm厚C30素混凝土结构	Ⅲ
24行主井	1072.0	+725.0	5.6	450 mm厚C40单层钢筋混凝土结构	Ⅱ
龙首混合井	1083.7	+742.5	6.7	100 mm厚喷锚网+350 mm厚C40双层钢筋混凝土结构	Ⅰ

矿山地质条件复杂，断层构造发育，矿岩破碎，地应力高，工程岩体稳定性极差。2005年3月金川Ⅱ矿区14行风井发生垮塌，地表以下170 m到276 m井壁严重破坏，170 m到井底715.5 m被冒落的毛石填实，甚至一度出现无完整井壁的重大灾害事故，造成了巨大的经济损失。事故发生后，对竖井进行返修加固。对返修后的新井筒进行调查发现，在井筒上部又出现两条较大的近水平的裂缝，分别位于32~36 m段和287 m左右，严重影响Ⅱ矿区对1#矿体1250 m水平以上的贫矿的大规模开采。

地下开采对竖井地压的影响主要为采动引起地应力重新分布，使原有的断层、破碎带在

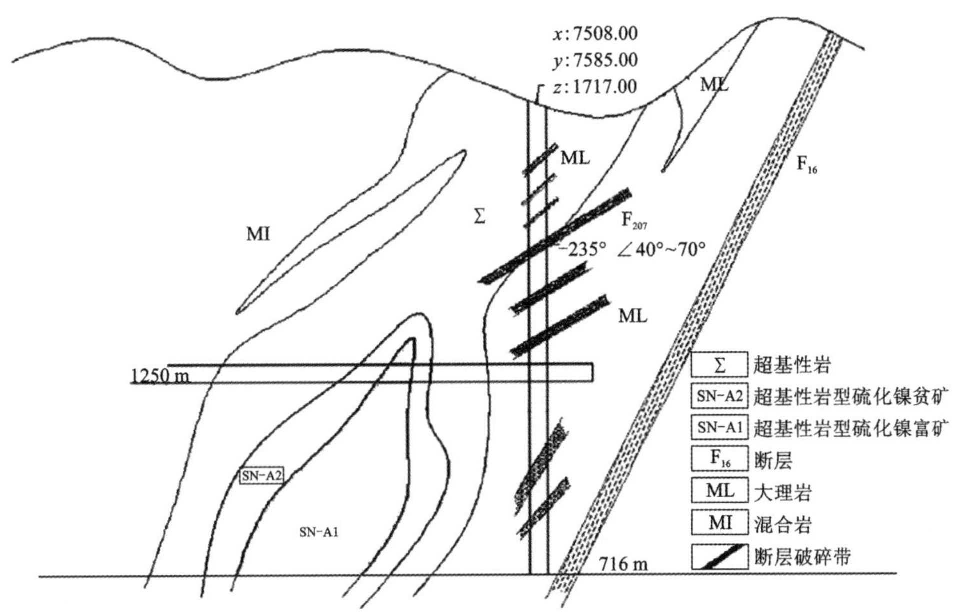

图 5-33　Ⅱ矿区 14 号风井位置及其工程地质概况示意图

应力作用下发生岩体移动、变形和破坏作用。竖井围岩的地质构造特征和地下开采活动是造成竖井地压、影响竖井稳定性的关键因素。前者为竖井地压增大的内因，后者是促使竖井发生变形破坏的外因。影响竖井围岩地压的地质构造特征主要为穿过井筒的断层弱面和断层破碎带。在这种情况下，井筒围岩变形大、稳定性差。风井主要是穿过井筒的 F207 断层及其上部的小断裂破碎带、下部超基性岩与花岗岩接触的断层破碎带，以及竖井底端附近的岩性接触破碎带。GPS 监测表明，大规模的地下开采导致了该矿区大范围和大幅度的地表岩体移动。2001 年 5 月到 2008 年 11 月的 GPS 监测结果表明，在Ⅱ矿区已经形成了一个较大的沉降区域，沉降中心的最大沉降量达到了 1287.5 mm，竖井位置地表沉降量为 470 mm，水平位移量达到 226 mm。随着地下开采规模的扩大，以地裂缝为宏观特征的地表破坏问题日益突出。经初步调查，裂缝宽度为 20~30 cm，大部分裂缝分布在矿体的上盘，大的裂缝在上、下盘沿矿体走向趋于贯通，开裂的宽度明显变大，延伸加剧，波及的范围更加广泛。

采用 FLAC-3D 有限差分软件模拟地下开采对竖井地压的影响。模型尺寸为 2500 m×950 m×100 m，采用地表面为自由边界，底部约束垂直位移，其他边界约束水平位移。在地表附近，最大水平主压应力约为 3 MPa，在 200~500 m 深度最大主压应力值一般为 20~30 MPa，最高实测值为 50 MPa。将岩组简化为富矿、贫矿、含矿超基性岩、大理岩、混合岩、断层带和其他小破碎带，将竖井返修加固的喷锚网、锚杆、混凝土衬砌等整体简化为厚 3 m 的加固带，辅以相匹配的参数以适应数值计算要求。采用大变形模式、理想弹塑性材料及莫尔-库仑准则进行计算。岩组类型及力学参数见表 5-14。

表 5-14　岩组类型及力学参数

岩性	重度/(kN·m^{-3})	弹性模量/GPa	泊松比	黏聚力/MPa	内摩擦角/(°)	抗拉强度/MPa
混合岩	30.0	2.5	0.26	2.0	44	2.0

续表5-14

岩性	重度/(kN · m⁻³)	弹性模量/GPa	泊松比	黏聚力/MPa	内摩擦角/(°)	抗拉强度/MPa
富矿	29.3	2.2	0.26	1.6	42	0.6
贫矿	28.0	2.0	0.26	1.0	40	0.3
超基性岩	29.3	2.3	0.25	1.0	42	0.6
大理岩	30.0	2.5	0.25	2.0	44	2.0
F_{207} 断层带	25.0	0.3	0.28	0.3	33	0.3
F_{16} 断层带	28.0	0.8	0.27	0.6	36	0.3
其他破碎带	25.0	0.4	0.28	0.3	33	0.3
加固带	30.0	10.0	0.22	3.0	42	5.0
充填体	20.0	0.2	0.28	0.2	42	0.2

通过数值仿真模拟，揭示了竖井发生破坏的机理。根据矿山开采模式，采用富矿与贫矿联合开采、只采富矿两种模式研究开采对竖井地压的影响，确定不同开采过程产生的井筒位移及应力分布。两种开采方式下，井壁位移沿井筒轴的变化如图 5-34 所示，图中纵坐标轴斜条代表穿过井筒的断层和岩性接触带。

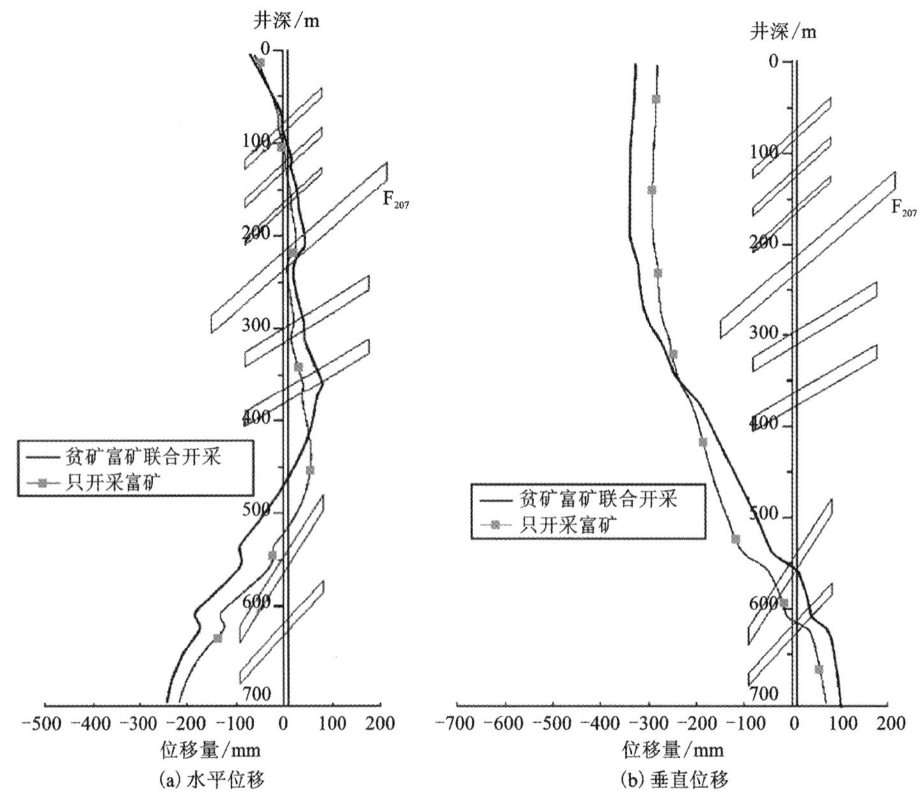

图 5-34 井壁位移沿井筒轴向的变化

两种开采条件下，竖井井筒中上部水平位移小，中下部靠近采空区方向相对增大；沉降位移分布越靠近井筒上部，井筒沉降量越大。此外，与单纯开采富矿相比，贫矿和富矿联合开采后，竖井井壁的水平位移分量的增幅比较大，特别是在井深 100～570 m 时，增幅在 50%左右，在竖井顶底两端增幅略小于中间部分。在井壁单元的垂直位移方面，贫矿开采后对竖井井壁竖直位移影响比较突出，在井深 0～300 m 时，竖井井壁的竖直位移分量的增幅为 15%左右，在井深为 400～550 m 时，增幅为 50%左右。可见，贫矿开采后使得井壁的水平位移和垂直位移分量在不同的位置都增大了。

从井壁位移分布和断层破碎带与岩性接触带的分布对应情况看，竖井井筒位移的分布与断层破碎带和接触带的分布具有明显的相关性，表现在断层带和接触带处，位移分布的连续性较差。在上部 F_{207} 断层上、下几个小断层破碎带分布之处，即井深 100～460 m 井壁产生了向井筒内的正位移，尤其是 F_{207} 断层下部的两个小断层破坏带处，位于井深 300～410 m 产生的垂向井筒内部的位移最大。在井筒下部的两个小的断层破碎带处，井壁的水平位移指向采空区(负值)，受断层破碎带影响，断层上盘水平位移大于下盘，造成水平位移分布曲线出现扭曲状。在垂直位移分布上，井筒上部断层效应不是太明显，但是在井筒下部的两个小断层破碎带处，即 550～650 m 处，竖直位移分布曲线呈现明显的阶梯状分布。由此可见，在开采过程中，断层和接触带的存在对竖井井壁位移分布的连续性存在很大的影响。

井壁单元水平应力和剪应力沿井筒轴向分布如图 5-35 所示。从整体上看，两种开采模式下，竖井井壁的水平应力和剪应力分布规律相似。井筒在浅表位置水平应力较大，在中间位置剪应力较大，两种开采条件下，水平应力和剪应力相差较小，说明井壁水平应力和剪应力的变化受富矿开采的影响较大，增加贫矿的开采对竖井井壁的应力影响并不突出。从井壁应力分布特征看，受开采影响，竖井井壁水平应力均指向开采区，说明开采作用使得竖井井壁产生了一定的附加水平应力，且受采动影响，竖井井壁不同高程处的剪应力分布也发生了变化。

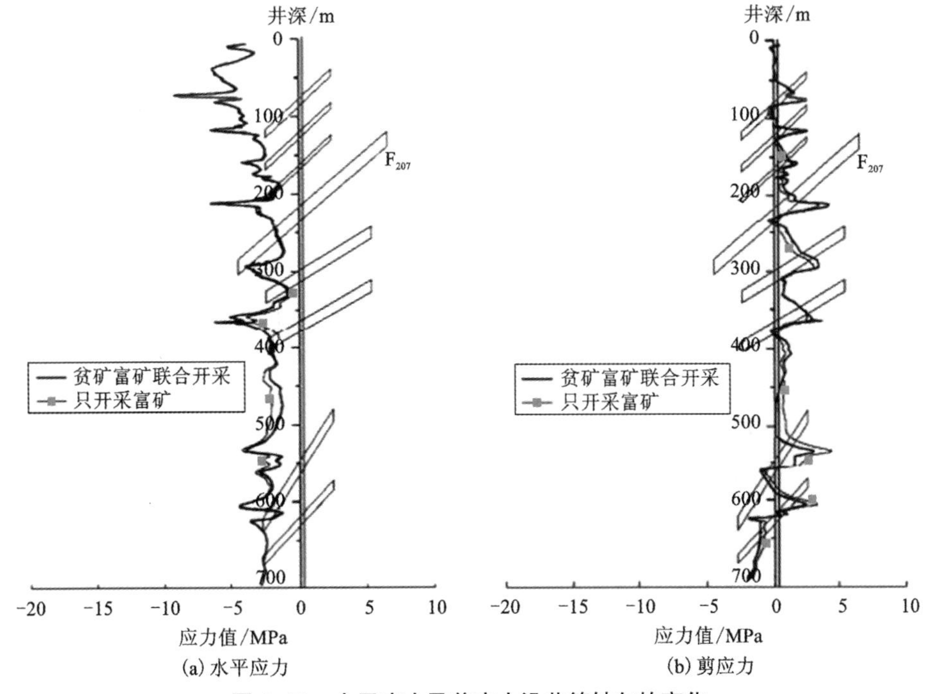

图 5-35　水平应力及剪应力沿井筒轴向的变化

水平应力和剪应力的分布特点与断层破碎带及岩性接触带的分布具有很好的对应关系，表现在断层带和接触带处，井壁的水平应力和剪应力突然增大，形成几处明显的高应力区，水平应力和剪应力都较高，井筒极易在这些部位发生破坏。因此，在竖井井壁应力分布方面，断层和接触带的存在导致竖井井壁应力在分布上出现明显的不均匀性，增加了井壁破坏的风险。

井壁单元差应力($\sigma_1-\sigma_3$)沿井筒轴向的变化如图5-36所示。由此可以看出，竖井井筒中下位置差应力较大，而整体上两种开采条件下井壁的差应力差别不大。断层破碎带与接触带的分布对差应力的分布具有显著的影响，其表现为在有断层破碎带分布的地方，差应力升高。尤其是在井深200~400 m处，有断层破碎带分布的部位的差应力较大，导致井壁破坏的可能性升高。

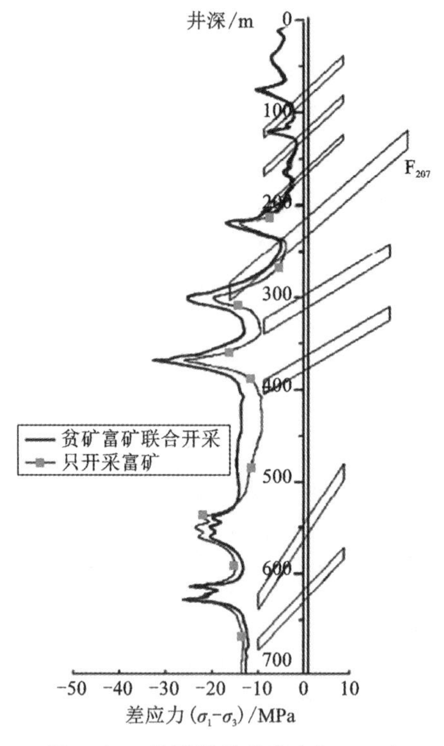

图 5-36 井壁单元差应力($\sigma_1-\sigma_3$)沿井筒轴向的变化

Ⅱ矿区14号风井发生变形、破坏，这是以穿过井筒的断层出现活化为诱发因素，以井壁发生错动、破裂和冒落为主要形式的断层效应的集中体现。井筒不同高程竖直位移和水平位移的差异性促进或增强了井筒出现破裂断层效应的可能性和所显现的剧烈程度。断层的存在破坏了岩体的连续性，当断层位于开采影响范围内时，断层常常会破坏岩体变形协调条件。在开挖条件下，当断层处剪应力超过其抗剪强度时，断层就会发生活化，产生错动。当断层以一定厚度的破碎带形式出现时，在断层带内，破碎物质结构面间的摩擦制动作用在岩体移动、变形影响的趋势下将会逐渐失效，当断层与竖井相交时，这些部位最容易出现竖井井筒变形、破裂甚至错断的现象(图5-37)。

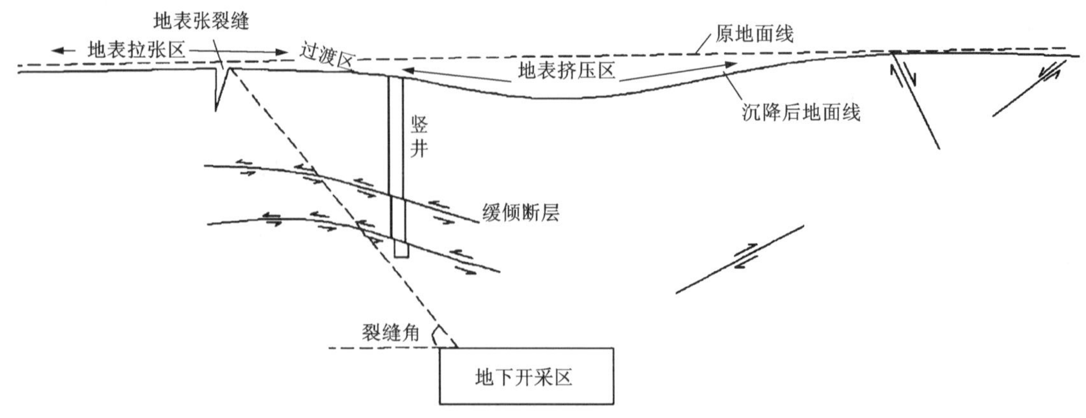

图 5-37 地下开采引起断层错动而致竖井错断

在穿过竖井的岩体类型中，发育较多的软弱破碎带，其中断层 F_{207} 发育比较显著，在工程现场易于识别，在 F_{207} 上部有 3 条小的破碎带，下部有两个小断层破碎带，而且在竖井底端也发育两个破碎带。地下开采引起岩体移动、变形，首先会在断层及断层破碎带处发生剪切错动，引起断层活化，并且在持续甚至是愈加强烈的采动影响下，断层活化段的长度将逐渐增大，最终使得断层上盘相对下盘发生较大幅度正断层性质的错动，造成竖井围岩及井筒被剪断、破坏，如图 5-38 所示。

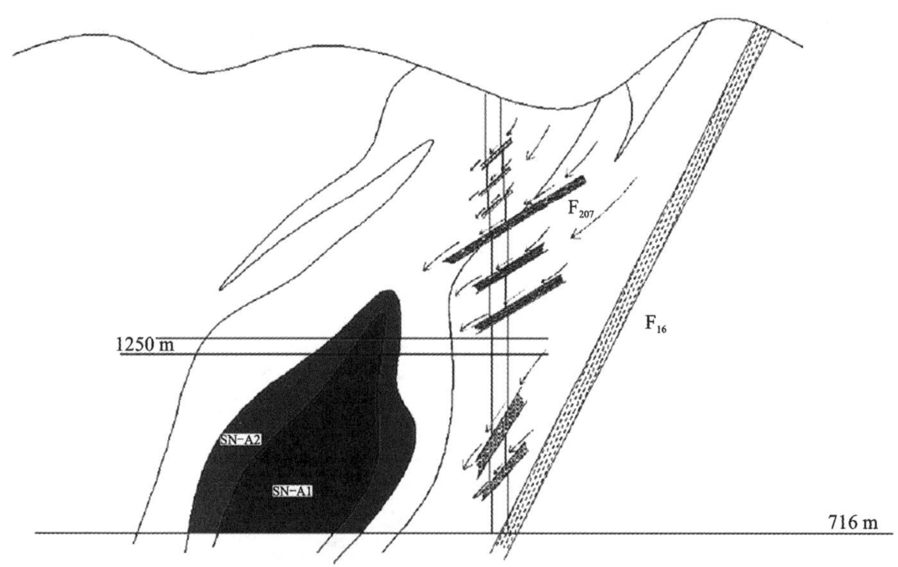

图 5-38　采动引起断层活化对 14 号风井的破坏机理

在竖井中上段的断层 F_{207} 上下一定区域，鉴于竖井位于采动岩移危险区内，水平位移和竖直沉降都比较大，断层发育相对密集，因此，受采动影响，这些部位是最有可能发生井壁错断、破坏的位置。2005 年，竖井 170~276 m 井筒位置破坏，曾出现无完整井壁的重大灾害事故，证明了上述灾害成因机理的正确性。

研究和实践认为，可采用以下方法对竖井地压进行治理：①以柔治刚法。设置木砖可塑层，在井壁断裂或有断裂倾向处砌置可塑层，通过木砖本身的压缩以降低围岩对井壁的压应力；井壁设置卸压槽并充填可塑性材料。卸压槽不仅可以起到卸压目的，其间充填的可塑材料还可以有效降低井筒的径向应力和剪切应力，解决井壁附加应力积聚对竖井的破坏问题，同时也可以使变形控制在预定位置，便于井壁的变形治理。②以刚治刚法。井壁打锚索挂金属网是特别针对断层破碎带的加固措施。针对 14 号风井威胁最大断层破碎带，采取水平打长锚索并注浆的方式锚固断层结构面和破碎带，对断层全长锚固，井壁设置刚性砼结构。采用槽钢进行井圈加固，需在井壁变形严重处，特别是断层带处，加强加固结构的强度和密度，确保井圈紧靠井壁，使之成为封闭的刚性砼结构加固层。

3) 胡家峪南和沟矿区千米竖井

中条山有色金属集团胡家峪矿南和沟矿区，采用明竖井开拓方案，主井地面标高+918 m，净径 $\phi 5.0$ m，井深 993 m(+918~-75 m)，配 3.2 m^3 双箕斗担负矿石、废石提升任务。副井采用两段接力提升，上段+490～+790 m 利用二期副井提升，下段+490～-75 m 利用三期原副井延伸至-75 m，井口标高 490 m，井底标高-75 m，井深 565 m，井净径 ϕ5.0 m。深井内配 5#a 单层罐笼-平衡锤提升，如图 5-39 所示。

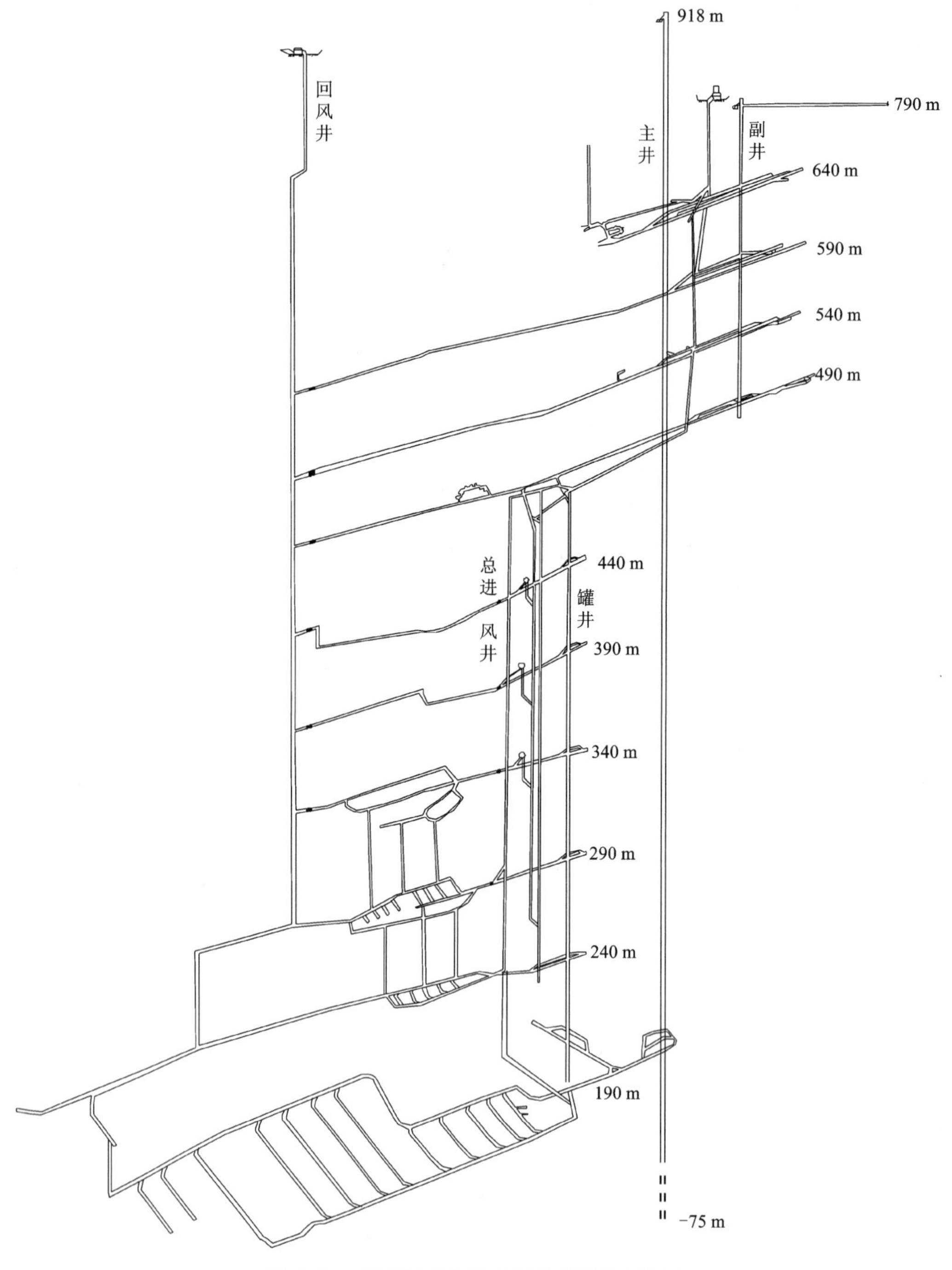

图 5-39 胡家峪南和沟矿区千米竖井布置图

矿层顶板有白云石大理岩、黑云片岩、钙质云母片岩、矽化大理岩；底板岩性有白云石大理岩、黑色片岩、矽化大理岩。地质构造发育，对地层破坏程度较大，岩石裂隙较发育。矿区内岩石为中等坚硬岩石，由于区内构造发育，在构造破碎带岩芯完整性差，其余岩石较完整，矿层顶底板稳定性较好。在+240 m中段及+190 m中段时，矿山井巷及采场地压已显现，问题十分突出，如+240 m中段巷道严重变形甚至局部垮塌，治理和恢复困难，造成了大量资源损失和资金浪费，严重影响了矿山的安全、高效开采。

目前该矿已经达到-75 m中段，逐步进入深部开采。矿区在基建和开采过程中，在-75 m中段、+190 m中段和+240 m中段发现不同程度的地压显现，主要表现为巷道拱顶下沉甚至塌方、墙体片帮与开裂、支护后的钢拱架变形严重、岩爆现象偶发。

南和沟矿区后续将继续开采+190 m、+140 m、+90 m、+40 m、-10 m五个中段，矿山最终开采深度将接近千米。四期主井，竖井井口标高918 m，井底标高-75 m，井深993 m，为典型的千米深井，主井净断面ϕ5.0 m，竖井贯穿岩层主要岩性为片岩、大理岩、硅质片岩。研究表明，+240 m中段水平，巷道的最大水平主应力达46 MPa，最大最小水平主应力差为60 MPa；+190 m中段水平巷道最大主应力达50 MPa，最大最小水平主应力差达64 MPa；-75 m中段水平巷道最大主应力高达62 MPa，最大最小水平主应力差为64 MPa。在-10～+70 m通过片岩含水断层，曾出现涌井事故，并出现局部脱帮、鼓包及开裂现象，井筒上部锁口段采用钢筋混凝土浇筑，厚度600～800 mm。其余采用300 mm厚混凝土浇筑支护。通过研究，对病害段进行详细的工程地质及水文地质调查，进行必要的疏水处理，并进行帷幕注浆和混凝土浇筑支护，在松软破碎岩层中采用喷锚支护，取得了较好的效果。

4)塔什塔戈里金属矿竖井

塔什塔戈里金属矿，铁矿石平均含铁品位为47%，采用竖井箕斗提升(图5-40)开拓矿床的东部区段上不同走向的8个矿体，矿体的厚度为12～60 m，竖井提升能力为30万t/a。井筒位于矿床下盘，距回采区域540 m。井筒的内径为7.5 m，混凝土和钢筋混凝土支护，厚度为300～500 mm，井筒总深度为809 m，金属装备，罐梁用36号工字钢梁，段间距离为3.126 m，箕斗使用箱状罐道，堆笼用P-50型钢轨罐道。

随着矿床开采的不断延深，地压急剧增大，动压频繁地出现，产生了岩爆。研究结果表明，在岩体中主要应力不是地质静止的而是具有构造特性，并且随着深度增加呈线性增长。

竖井地压使支护发生变形，并出现裂隙使支护遭到破坏，在主井井筒中反复出现。该井筒的刚性装备基本构件也出现了变形，装备系统中某提升容器的几何结构也遭到破坏。这对提升操作条件产生了不利影响，致使箕斗运行速度受限。

为了及时防止由于地压加大带来的不利影响，在井筒内安装具有较大承重能力的支护，但这样做并没有取得有效结果，用钢筋混凝土重新支护的井筒部分区段，三排3G号工字钢梁明显变形，并出现了裂隙。

中心罐梁发生变形，其轴线与在地压作用下竖井外形最大位移方向相重合。中心罐梁的变形导致箕斗间罐梁的变形和罐道偏离轴线方向。在生产期间修理过65根中心罐梁。为了提高井筒装备的工作能力和减少大地压的影响，通过把罐梁固定在井筒壁上的可缩性结点上以补偿罐梁的轴向压力或拉伸力，取得了较好的效果。同时，对影响装备和提升容器平稳运行的几何结构进行监测。

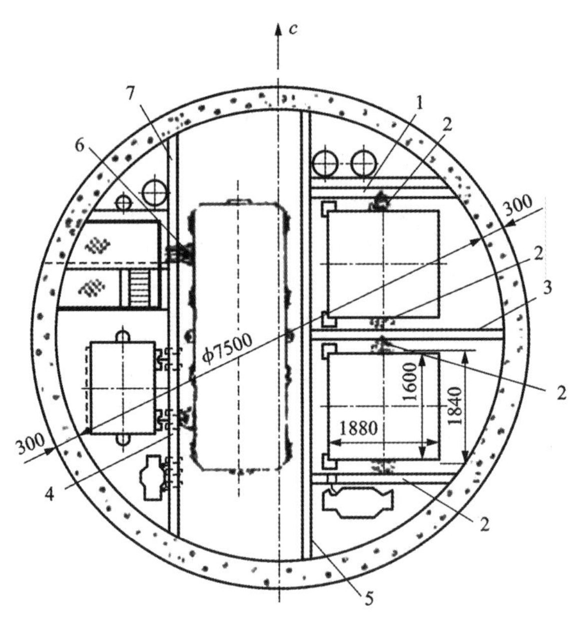

1—北部箕斗罐梁；2—箕斗间箱状罐道；3—中心箕斗罐梁；4—南部箕斗罐梁；5—中心罐梁；6—罐梁间钢轨罐道；7—罐笼罐梁。

图 5-40 塔什塔戈里金属矿竖井井筒断面

5.4 硐室地压

5.4.1 硐室地压显现形式与分类

1)硐室地压的基本概念

硐室地压是指地下硐室围岩在二次应力作用下产生变形或松动破坏，作用于支护衬砌上的压力。随着开采深度的增大，一方面地下硐室承受的地压将增大，另一方面由于高应力的作用以及深部开采技术工艺的客观要求，地下选厂等大型地下硐室将随之出现，地下硐室具有大跨度、大拱高、高地压等特点。

2)地压的显现形式

由于硐室跨度大、拱高大，暴露面积和体积大，加之受构造应力和开采扰动等影响，硐室地压来压快，范围大，地压活动强烈。其显现形式为两帮移近、片帮、底鼓、顶板弯曲下沉、脆性断裂和垮落冒顶。

3)硐室地压的类型

按围岩压力的形成机理，分为变形地压、膨胀地压、松动地压及岩爆。

硐室地压的原理及其地压计算，可参考巷道地压。

5.4.2　硐室地压控制

1)深部硐室地压控制理论

(1)岩性转化理论

该理论认为具有同样矿物成分或同样结构形态的岩体在不同采掘工程扰动下，会出现不同的应力应变特性，具有不同的本构关系。坚硬的花岗岩处于高温高压下，同样会发生流变或扩容变形现象，该理论强调工程岩体的非连续及非均匀性特征，弹塑性及黏弹性理论难以完全概括岩体的本构关系。

(2)轴变理论

该理论认为硐室顶板的垮落可实现自稳，硐室围岩呈现一定的塑性破坏缘于围岩内部集中应力大于岩体自身极限强度，围岩垮落可改变硐室轴比，结构的改变导致应力场的重新分布，围岩中的高应力转移，低应力回升，直到硐室围岩重现自稳平衡，围岩中应力分布最均匀的轴比即为最稳定硐室轴比。

(3)联合支护理论

该理论在新奥法控制机理的基础上提出，其核心为“先柔后刚、先挖后让、柔让适度、稳定支护”，在该理论的基础上发展形成了锚喷网索、锚喷网架、锚喷弧板等多种联合支护方式。

(4)围岩松动圈理论

该理论认为坚硬围岩的巷道松动圈接近于零，这时围岩的弹塑性变形仍然存在，但并不需要额外的支护控制。巷道围岩的松动圈范围越大，围岩产生的内敛变形就越大，其围岩的控制难度相对就越大，支护控制可有效控制围岩松动圈。

(5)主次承载区支护理论

该理论认为巷道开挖卸荷导致围岩中形成拉压区域，巷道围岩深部为压缩域，充分展现了围岩的承载性能，是巷道围岩压力主要承载区域。在巷道的浅部范围形成拉张区，在围岩进行支护后，其浅部锚固围岩同样具有一定的承载能力，但无法与主承载区相提并论，故称其为次承载区。主、次承载区能否协同作用决定了巷道围岩稳定与否，巷道围岩控制的主对象是张拉区，要结合主、次承载区协同作用的过程中表现的动态变形破坏特征来制订合理的支护结构与控制参数。

(6)围岩强度强化理论

该理论认为锚杆与围岩相互作用形成了锚固体，锚杆在一定程度上改善了工程岩体的力学特性，使锚固体的整体强度得到提升，提高了岩体的抗压强度，特别是强化了工程岩体的峰后强度及残余强度，实现了共同承载，充分调动了围岩的自承性能。锚固体整体强度的强化，对维持硐室围岩稳定起到了关键的作用，体现了锚杆支护控制机理与加固软弱破碎岩体的实质，为支护参数优化设计提供了重要途径。

(7)关键部分耦合支护理论

该理论认为深部巷道围岩的变形破坏多源于支护结构与围岩的强度、刚度及结构等方面存在的不耦合，要采用某种支护控制转化技术，使支护结构与围岩间实现耦合，深部软岩巷道围岩控制应分两步进行，其一为柔性的面支护，其二为关键部位的点控制。

(8)应力控制理论

该理论认为通过某种特定的技术手段可对巷道围岩的部分物理力学特性进行一定程度的改变，从而从根本上改善巷道围岩内应力环境。因此，可通过各种工程手段降低巷道围岩集中压力区内岩体承载特性，使巷道围岩内的集中压力向围岩深部转移，使深部巷道围岩的整体性得到提升。

2)深部硐室围岩控制原则

(1)全断面均撑支护

大量工程实践证明，深部大型硐室的破坏往往先从支护薄弱地点如底板帮角、支护构件连接处突破，进而在深部高应力的作用下引起支护系统的连锁破坏。深部大型硐室支护控制必须采取全断面均撑支护，保证全断面均衡受力，防止支护系统存在弱点和盲区。根据壳体力学相关理论，壳体具有良好的结构对称性，能够均衡断面受力，防止局部地点产生应力集中。由此可将硐室全面加固形成类壳体结构，并与预应力锚杆/索结合使用，对围岩提供主动支护抗力。

(2)耦合协调让压支护

在深部高应力影响下，弱软围岩流变和蠕变量大，要求支护系统必须具有一定的让压变形协调能力。传统支护方式，如让压锚杆、让压锚索等，往往让压变形有余，但支护抗力不足，忽略了高支护抗力才是维护围岩稳定的根本。因此，深部大型硐室支护控制必须坚持让压有度、一让即抗的原则。U形钢棚式被动支护具有一定的变形能力，且能够在较小的变形量下提供较高的支护抗力。岩土工程领域中以钢筋网为骨架整体混凝土浇筑形成的衬砌强度高，能够将各U形钢棚连接在一起，均衡各构件受力，实现力与变形的耦合协调。两者结合使用，能够在一定变形让压的情况下对空间围岩体提供较高的支护抗力。

(3)超强防冲支护

冲击动力灾害是当下深部开采面临的重要威胁之一。虽然深部大型硐室开挖后松动周围岩体，导致冲击能量集聚程度降低，但硐室长期受到开采扰动影响，从安全开采角度考虑，支护体系应具有一定的防冲能力。由于硐室围岩破碎松动范围大，可应用高压封闭注浆技术使深部破碎围岩体重新胶结形成外层围岩自承载强结构，同时对表层破碎围岩体注浆加固，与支护系统形成内层强结构。两层强结构间为相对破碎的软弱结构岩体，三者总体上形成类似“强-弱-强”防冲结构模型。外层围岩自承载强结构能够大幅度降低冲击载荷，中部弱结构能够延缓降低冲击能量，内层强结构能够有效抵御残余冲击能量，整体实现硐室的超强防冲。

3)硐室地压控制方法

(1)支护加固法

支护加固法就是采用锚网、锚网索、锚注、喷射混凝土、砌筑混凝土块或浇筑混凝土、架设封闭式支架独立支护或联合支护，对具有变形趋势的硐室进行支护并增强其整体强度，从而提高顶底板岩层和两帮的稳定性，使得岩层的抗变形能力提高，减少硐室变形。

(2)卸压法

卸压法是指采用一些人为的措施改变巷道围岩的应力状态，使软岩巷道围岩的最大应力向围岩深部转移，使之处于应力降低区，以控制巷道浅部围岩的变形和破坏，而且使得围岩承载范围显著增加。卸压法主要有切缝、钻孔、松动爆破及顶部掘巷卸压等形式。钻孔卸压法和顶部卸压法等是硐室地压控制的常用方法。

硐室顶部卸压法是在硐室顶部围岩中，开掘卸压巷硐，使采动引起围岩中应力重新分布，从而使被保护硐室处于低地应力区，减少围岩变形，提高硐室围岩的稳定性。

顶部卸压巷硐位置的确定。卸压巷硐的位置要根据现场地质条件确定。卸压巷距硐室越近，卸压效果越明显。但应避免卸压产生的拉伸区与硐室顶板连通，造成硐室顶板稳定性降低。为保持硐室顶板的稳定，卸压巷与硐室顶板间应保证有不小于2 m厚的原岩核区。卸压巷采用矩形断面，其结构参数见图5-41。

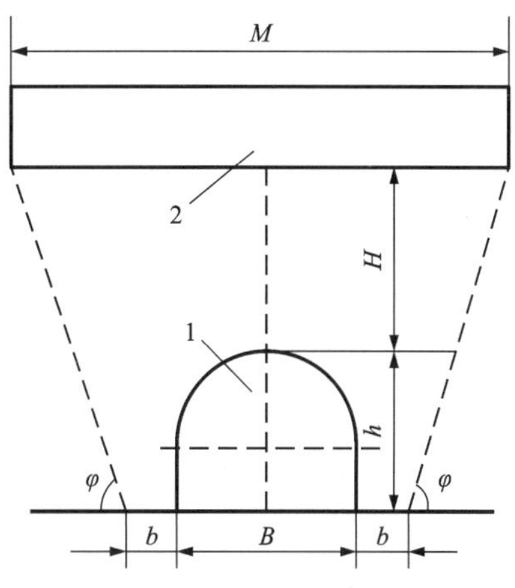

1—受护巷道；2—卸压巷(槽)。

图5-41 顶部卸压巷硐的结构参数

①顶部卸压巷硐的宽度的计算。

顶部卸压巷硐的宽度为：

$$M = 2(H + h)\cot\varphi + 2b + B \qquad (5-46)$$

式中：M 为卸压巷硐的宽度，m；H 为卸压巷硐与硐室之间的岩柱高度，m；h 为硐室高度，m；φ 为应力核边界线与水平线的夹角，(°)；b 为硐室距应力核边界线的宽度，m；B 为受动压影响的硐室宽度，m。

②顶部卸压巷硐长度的计算。

卸压巷硐的长度即卸压区域的长度，此值由受保护的底板硐室的长度确定，但两端一般要超出底板硐室高度的一半，即卸压巷硐的长度为：

$$L = S + h \qquad (5-47)$$

式中：L 为卸压巷硐的长度，m；S 为被保护硐室的长度，m；h 为被保护硐室的宽度，m。

(3)采用围岩应力与支护结构耦合控制

(4)联合支护法

联合支护法是在单独使用支护加固法或卸压法不能取得满意的支护效果时使用，需要将不同的方法结合起来。如对大断面硐室的帮、顶及底板进行“锚+锚+注”联合支护，一方面尽量将巷道周边的应力向围岩深部转移，另一方面提高围岩的自承能力，并给予一定的支护力。联合支护法适合应力集中程度大、底鼓严重的情形。

5.4.3 典型案例——金川镍矿

金川公司三矿区地层经历了自吕梁运动以来的各次构造运动的作用、变质作用和多期岩浆的侵入作用，形成了矿区的复杂岩石组合，造成矿区断裂、节理纵横交错，层间挤压发育。破碎硐室高度及跨度大，周围连接的其他硐室较多，为高地压、软岩特大硐室。+1165 m水平破碎硐室顶板岩石整体性差、易变形。平面位置及断面结构如图5-42所示。破碎硐室主体工程的掘进长度为33.70 m，宽为4.87 m，高为14.20 m，掘进断面面积为164 m^2，掘进体积达5559.60 m^3。在距硐室轴线22.20 m的两侧上方各有一直径为5.00 m、深为43.00 m的原矿仓，在破碎硐室底板距轴线13.25 m的两侧下方各有一直径为4.50 m、深为38.00 m的成品矿仓，成品矿仓的上口各有一深3.25 m、高8.50 m、宽3.00 m的地下室，工程结构复杂。

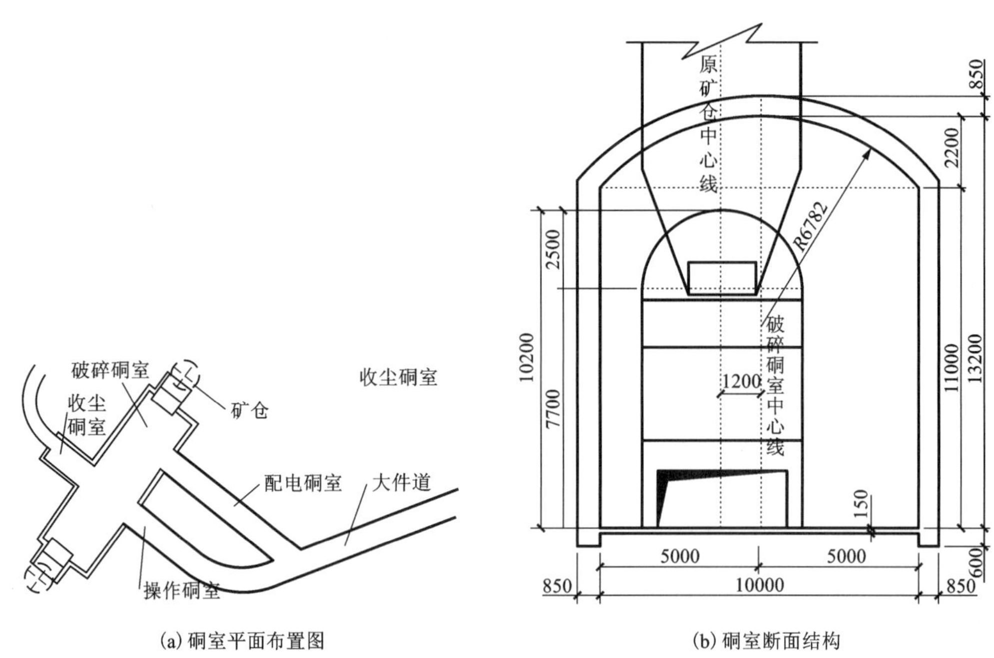

(a) 硐室平面布置图　　(b) 硐室断面结构

图 5-42　+1165 m 水平破碎硐室平面布置及断面结构

为了确定永久支护的最佳时间，在二次支护后，以破碎硐室为中心，沿硐室长轴方向每隔 10 m 布置一组监测点，每组监测剖面内设置监测点 3 个，共布置 3 组监测点。

监测断面采取三角形测点布设，*A*、*B* 为同一水平测点，分别布置在两帮，*E* 点为巷道拱顶中央测点；3 个测点须位于同一垂直断面上。测点应每 10 m 布置一组，一组布置 3 个点，按 *A*、*B*、*E*~*A*1、*B*1、*E*1 依次类推的顺序布置。测点布置示意图如图 5-43(a)所示。每次测量时，将 *E* 中点用线绳悬吊并在下部悬挂 0.50 kg 锤球。早期每 3 d 测量一次，后期每 5 d 测量一次，分别测量 *AB*、*AE* 中、*BE* 中间的距离，再分别将 *A*、*B*、*E* 3 点的标高与硐室外大件道车场处的标高基点进行往、返水准测量，对测量数据进行比较分析，得出结论：①*AE*、*BE* 中间任一组数据变小，说明水平方向有压力；同时通过数据的不同变化，可以分析出压力的方向。②*A*、*B*、*E* 3 点的标高与硐室外的标高点之间数据变小，说明垂直方向有压力。通过每次对测量数据进行分析，能及时掌握硐室变化情况。

根据实际观测数据，绘制硐室帮部及拱顶实测平均收敛变形随时间的变化曲线，如图 5-43(b)所示。由此确定破碎硐室从开挖到二次支护结束后收敛变形急剧增加的时间段为一个月左右，然后收敛变形逐渐趋于减缓。施工 2 个月后，硐室的帮部和拱顶围岩收敛变形基本稳定。因此，破碎硐室永久支护施工的最佳时间为一、二次支护完后 2 个月左右。

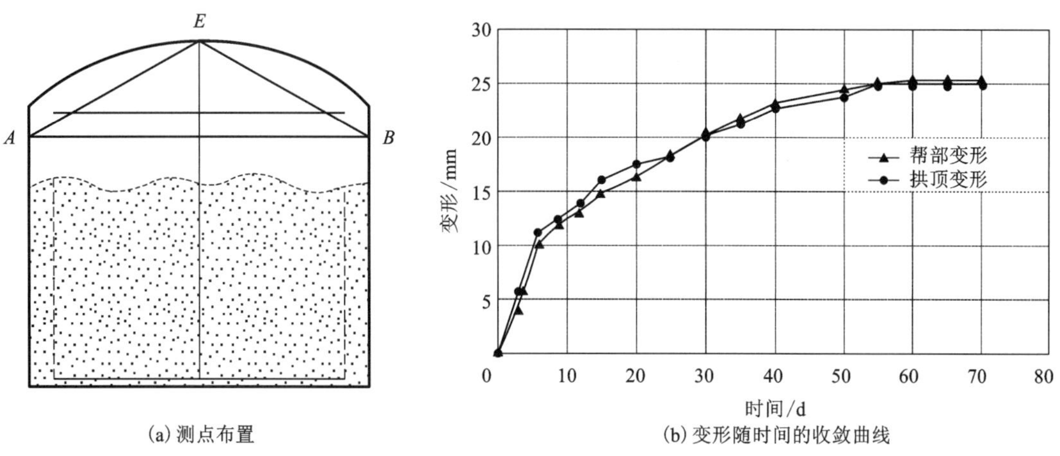

(a) 测点布置　　(b) 变形随时间的收敛曲线

图 5-43　观测点布置及变形收敛曲线

5.5　深井地压

5.5.1　深井地压机理与特点

1) 深井地压的表现形式

随着开采深度的增加，高地应力、高地温、高渗透压力及复杂地质条件随之出现，高地压成了深部采矿面临的主要问题之一。

随着深度的加大，地温升高，不仅井下作业条件恶化，而且伴生相应的温度应力场。显然，深度越大，温度应力越高。研究表明，温度应力的大小约为同等深度下重力场的 1/9。

深井地压主要形式为变形地压和岩爆。变形地压主要包括岩体变形、微观或宏观破裂、岩层移动、巷道底鼓、片帮、冒顶、断面收缩、支架破坏，以及由此而造成的垮落、突水等。深井岩爆的表现形式主要为岩爆和矿震。

地压显现的形式和程度与岩石的受力状态、岩体结构和质量、岩体物理力学性质、工程地质条件以及时间等因素有关。

2) 深井地压的特点

①岩体蠕变明显，呈现非线性、大流变特征。随深度增加，不仅软岩表现出明显的蠕变特性，即使是脆性岩石亦呈现明显的蠕变变形，为潜塑性，巷道开掘后围岩长期不能稳定，移近曲线一直处于上升趋势；

②巷道呈周围来压趋势，围岩破坏形式表现为顶板下沉、底板鼓起、两帮内移、全断面缩小；

③随深度的增加，产生底鼓的巷道比例增加，底鼓成为深井巷道围岩变形的主要特征；

④采掘引起的动压影响范围增大，表现为超前支承压力随深度增加而增大，支承压力沿底板的传递深度和范围增加，影响范围随深度增加而呈线性增长；

⑤岩爆强度和频率显著增加。

3)深井地压发生机理

深井地压的发生与普通地压相似。不同的是，随着深度增加，构造应力和自重应力增大，地温升高，温度附加应力增大，岩体处于高应力状态下，将积聚更高的变形能。井巷开挖后，原始的三维应力平衡被打破，岩体中高变形能的突然释放，将导致井巷围岩局部或整体的变形失稳与破坏。当变形能的释放速率较低，岩体的变形速率低于岩体的拉伸极限速率时，岩体将发生变形，形成变形地压；当积聚的变形能很高，岩体来不及变形，能量迅速释放时，则发生岩爆。当岩体破裂发生在岩体深处时，将可能诱发矿震。

此外，随着深度的增加，应力状态将发生改变，从而导致岩体的力学属性及结构发生变化。当超过一定深度后，自重应力可能超过水平应力而成为最大主应力，并存在一个临界深度，此时最大水平应力与竖向应力相等。

深井地压发生的理论主要有强度理论、刚度理论、能量理论、失稳理论及岩爆理论。

5.5.2 深井地压控制方法

深井地压调控的基本原理就是采用一定的技术方法，使围岩中的应力得以释放，从而降低围岩应力水平和应变能积聚，使地压得到有效控制；科学确定深井结构参数、断面形状，运用成熟的深井回采顺序，充分利用免压性能以控制地压、加固岩体、填充采空区等，结合微震监测及声发射技术，辅以位移与应力监测，综合运用防治技术与监测预报技术，实现对深井地压的控制。

1)深井地压控制的基本原则

①对于井巷而言，尽可能使用椭圆、圆形巷道，并采用光面爆破等技术减少对巷道周壁的破坏，以增加巷道自身的承压能力；

②在合适的时期进行合理的支护，先柔后刚，合理利用岩体破坏的残余强度，使巷道与围岩共同承载地压，以防止地压显现；

③在井巷布置上，应尽量使巷道不经过软弱面，必须经过时则应垂直穿过，应考虑深地高应力下新生断裂结构的影响；

④采用新奥法原理，充分发挥围岩自身的承载能力，在初次支护后，及时监测围岩的移动，根据反馈的信息及时进行二次支护；

⑤应用卸压及围岩加固技术，及时释放围岩中的压力，提高围岩自身承载能力，适应大深度、高应力、巷道围岩易失稳的特点。

2)深井地压的支护控制技术

根据影响深井巷道地压显现的因素，地压控制的方法有以下几种。

(1)采准巷道的布置

深井开采时，在设计之前必须了解开采阶段的原岩应力场的特点，即应力的大小及作用方向。根据原岩应力的大小、垂直应力与水平应力分量比、最大主应力作用方向等，合理选择巷道断面形状及其布置方位。设计巷道断面时，尽量使巷道断面水平轴尺寸与垂直轴尺寸之比等于原岩应力水平分量与垂直分量之比，并且将其长轴布置于最大来压方向，以使巷道周围岩体中形成均匀的环向压应力圈，使巷道的稳定性从二次应力场的特征上得到保证。

为此，在深部地压大的地段，主要巷道均应拥有曲线形(圆形、椭圆形)断面。

随开采深度增加，原岩应力增大，巷道开凿后失稳的可能性增大，尤其采准巷道在采动影响下更易失稳。根据原岩应力测量可知，矿体下盘分布着一个应力升高区。因此，在考虑开拓、采准巷道布置时，必须考虑到此点。尤其在采用崩落法开采厚矿体时，在矿体下盘分布的应力升高区范围较大，导致位于矿体下盘的阶段巷道受地压作用而破坏，巷道维护费用增加。为保证深部开采时，阶段采准巷道免遭采动影响而破坏，巷道位置应避开下盘的应力升高区。一般设于距矿体 30~60 m 处。

(2)巷道支护

开采深度超过 600 m 时，不是任何矿山都会发生具有动压特征的地压活动，因此可根据岩性及岩体结构特点、地压大小选择支护方法。

目前广泛应用于深部开采矿山的支护类型有：加固岩石(自强)的喷锚，喷锚网支护、辅以强类型的可缩性钢支架，刚性的混凝土支护等。根据对南非探矿井巷道周围岩石破坏的观察和巷道支护经验，可根据原岩应力垂直应力分量(σ_v)与岩石单向抗压强度(σ_c)之比确定是否需要支护及其支护类型。

① $\sigma_v/\sigma_c=0.1$，巷道稳定，不需要支护；

② $\sigma_v/\sigma_c=0.2$，巷道帮发生轻微片帮，可用锚喷支护；

③ $\sigma_v/\sigma_c=0.3$，巷道帮发生严重片帮，需支护，可用锚喷支护；

④ $\sigma_v/\sigma_c=0.4$，需加强支护，可用金属拱形支架支护；

⑤ $\sigma_v/\sigma_c=0.5$，有发生岩爆可能，可采用锚喷网支护。

南非开采深度大的金矿多采用混凝土支护作为二次支护的永久支护，一般用 500 号混凝土，墙厚 1 m。采用锚喷或锚喷网时，锚杆长度为巷道宽度的 0.5 倍，金属网规格为 60 mm×60 mm~100 mm×100 mm，钢丝直径为 4.6 mm。

3)深井地压的卸压控制技术

主要包括流体压裂卸压、钻孔卸压、爆破卸压、注水卸压及井掘工程卸压等方法。

(1)流体压裂卸压

流体压裂卸压是通过在钻孔中注入高压流体使岩体致裂，从而使岩体沿自由面发生变形和位移，释放弹性变形能，达到降低围岩应力水平实现地压调控的目的。流体压裂卸压分为水力压裂和压气压裂卸压，包括水压致裂卸压、气压致裂卸压、乳化混合液卸压以及油液致裂卸压。

岩体致裂起始压力 P_{min} 可参考水压致裂法地应力测量有关内容确定，即

$$P_{min} = 3\sigma_3 - \sigma_1 + \sigma_t \tag{5-48}$$

式中：σ_1、σ_3 分别为岩体中最大和最小水平主应力；σ_t 为岩体的抗拉强度。

对于层状岩体，起裂压力由以下公式确定

$$P_{min} = 2\frac{E_1}{E_2}\frac{\mu_2}{(1-\mu_1)}\sum_{i=1}^{n}\gamma_i h_i + \sigma_t \tag{5-49}$$

式中：E_1、μ_1 分别为平行于层理方向的岩体弹性模量、泊松比；E_2、μ_2 分别为垂直于层理方向的岩体弹性模量、泊松比；$\sum_{i=1}^{n}\gamma_i h_i$ 为压裂孔上覆岩层的自重压力；γ_i 为第 i 层岩层的容重；h_i 为第 i 层岩层的厚度；σ_t 为岩层在垂直方向的抗拉强度。

压裂装备主要由压裂泵车、混砂车(水箱)、仪表车、管汇车及辅助设备等组成(图 5-44)。国外生产压裂设备的国家主要有美国、加拿大、俄罗斯及罗马尼亚等。其中，以美国的压裂

技术和设备制造技术最具代表性。美国的 Hallibuton 公司、BJ 公司、STEWART & STEVENSON 公司、皇冠公司等是主要的设备生产商。国外压裂设备已实现了产品的系列化、通用化和标准化。Hallibuton 公司生产的 HT-400 泵通过动力端与液力端独立设计，可输出多种压力等级和排量。目前，美国 OPI2000AWS 泵的最高压力达 143 MPa。美国大多数厂家生产的压裂泵均可达到 140 MPa。

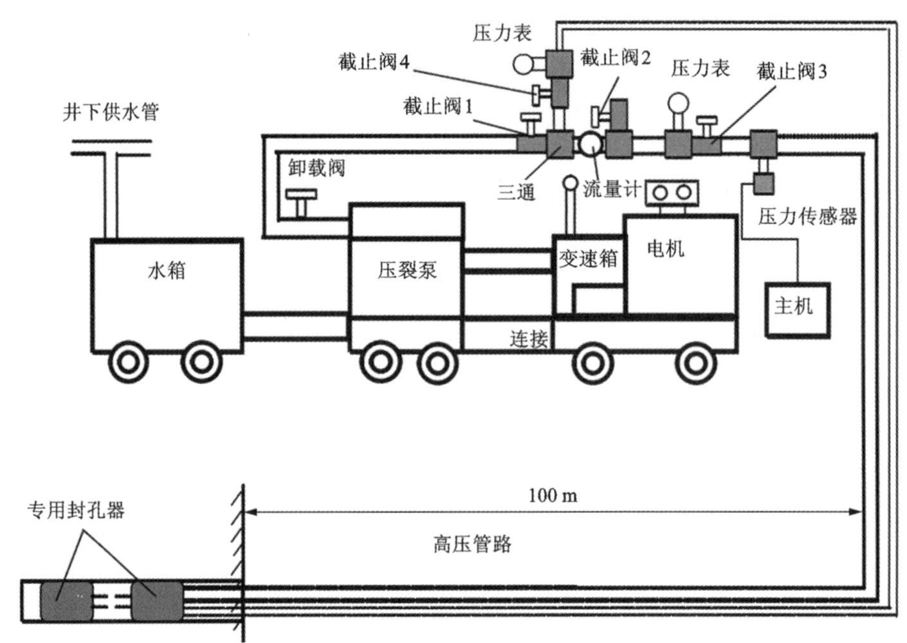

图 5-44 流体压裂系统基本组成及布置

我国压裂泵的研制工作始于 20 世纪 60 年代，先后研发了压力为 11.5~140 MPa 等系列的压裂设备。江汉第四石油机械厂研发了 YLC105-1490 型压裂泵车，主要用于油气田深井、中深井、浅井的各种压裂泵液注压作业，采用 3ZB-1490 三缸柱塞泵，最高压力可达 105 MPa，并配备 2237 kW 动力系统车载式压裂车，单车的输出水功率 1900 kW，最高工作压力达到 140 MPa。此外，国产 BRW31.5 系列乳化液泵功率为 200 kW，压力为 31.5 MPa，介质为 3%~5%乳化油的中性水混合液；BYW 型压裂泵最高工作压力为 50 MPa，最高工作压力时流量为 16.5 m^3/h，最大排量为 87.5 m^3/h，最大排量时工作压力为 11.5 MPa。

利用网络系统来控制压裂机组，不仅可以实现远程遥控指挥和监控作业，还能够降低工人劳动强度、减少工人数量、提高压裂设备的可靠性和压裂施工作业的经济性。Hallibuton 公司和 S & S 公司已经将网络控制技术成功地应用于压裂设备的控制系统；江汉第四石油机械厂也成功研发出了自己的压裂设备网络控制技术。应用网络技术来控制压裂设备，已经成为今后压裂设备控制技术发展的主流方向。

井下压裂工艺流程：①在压裂前，采用电磁辐射仪、微震系统、钻屑法检测设备和技术对预压裂地点进行数据监测并记录；②敷设高压管路，与压裂设备相连；③按要求施工压裂钻孔；④压裂孔封孔；⑤高压管路连接压裂孔；⑥高压管路试压检漏；⑦停电、撤人、设置警戒；⑧实施压裂；⑨压裂结束 40 min 后，由安检员和压裂作业现场指挥人员进入压裂地点查看压裂情况；⑩压裂结束后，再次采用电磁辐射仪、微震系统、钻屑法检测等设备和技术对压裂地点进行数据监测并记录，之后进行对比分析。

常用的封孔方式为封孔器封孔、水泥砂浆封孔和聚氨酯封孔。一般根据不同的地层环境选用不同的封孔方式进行钻孔的密封工作。

封孔器封孔工艺主要是靠压缩封孔器胶圈，使其径向膨胀紧贴钻孔内壁而达到封孔效果。封孔器封孔方法简单，可以重复使用，且密封压力较高，适用于岩层致密和服务时间不长的钻孔。近年来，封孔器封孔工艺在矿山实际生产中已得到广泛应用。根据不同作业环境和不同用途，已开发多种封孔器。封孔器主要分为水力膨胀式封孔器和摩擦式封孔器两类，以膨胀式封孔器为主。

水泥砂浆封孔方法作为一种操作简单、封孔可靠的封孔方法，已广泛用于矿山安全生产中。该封孔方法工艺简单，将按比例混合均匀的水泥砂浆充填入需要密封的空间内，待水泥砂浆凝固后即可达到封孔效果。水泥砂浆封孔存在原材料来源广、成本低廉、强度高、封孔长度长等优点，且水泥砂浆浆液可部分扩散并渗透到钻孔附近的岩体裂隙中，大大提高了封孔质量。但由于水泥本身存在收缩性，水泥砂浆凝固后可收缩产生裂纹，从而影响封孔效果，通过向水泥砂浆中加入适量的膨胀剂可有效补偿水泥的收缩，减少裂纹的产生，改善封孔效果。该封孔方法为一次性永久密封，不可重复使用。

聚氨酯封孔是利用聚氨酯 A、B 液发生化学反应后快速凝固并发生膨胀的特性开发的封孔技术。将聚氨酯 A、B 液充分混合后，迅速注入钻孔内，待其经化学反应后凝固、膨胀即可达到封孔效果。聚氨酯封孔工艺方法简单，易于操作，封孔时密封材料与岩壁黏附力强。但该方法受材料强塑性的限制，抗压强度较低，对钻孔的支护力小，钻孔容易变形产生新的裂隙，达不到密封效果。因此该方法不宜用于高压环境的密封工作。常用的聚氨酯封孔方法有卷缠药液法、压注药液法等。

(2)钻孔卸压

钻孔卸压调控地压的机理是在岩体应力集中或潜在应力集中区，钻凿一系列大直径钻孔，由于钻孔为围岩变形能的释放创造了自由空间，将在钻孔周围形成破碎区，钻孔间的破碎区互相连通后，便能使岩体沿钻进剖面全部破裂，支承压力均衡，向围岩深部转移，从而使岩体变形能得以释放，降低应力水平，改变岩体内应力分布及其特性，达到卸压和地压调控的目的。

卸压孔也称为放能孔。针对冲击危险程度确定合理的钻孔参数是成功应用该技术的关键。苏联对钻孔卸压进行的研究表明，当钻孔孔径为 300 mm，孔间距为 1.5~2.0 m 时，卸压效果好；孔间距为 3.0 m 时，卸压效果降低。单一钻孔周围破裂区半径 R 的近似估算式为：

$$R = \frac{1}{2}\beta D \tag{5-50}$$

式中：D 为卸压孔的直径；β 为破裂范围系数，其确定公式为：

$$\beta = \sqrt{K - 0.25}$$

$$K = \frac{3S \cdot \mu_1 - \mu_1 - 2}{\mu_1 - 1}$$

式中：μ_1 为孔壁的松散系数，可近似于钻屑的松散系数；S 为钻孔的实际钻屑量与正常钻屑量之比。

破裂区半径 R 值确定后，孔间距也随之确定。实践表明，当孔径大于 250 mm 时，钻进过程中易发生钻孔冲击等强烈而危险的卸压现象；钻屑量达到 1000～5000 kg/m 时，易造成钻进困难，须对钻机进行遥控并注水排粉解决。

钻孔卸压参数的确定，可按以下考虑：

①孔径 D。放能孔的能量与钻孔直径的平方成正比。因此，孔径越大，放能效果越好。但孔径太大时，要求的钻孔技术越复杂；孔径太小，则放能作用不大。实践证明，该矿放能孔技术经济合理的直径 D=100～150 mm。

②孔深 H。放能孔孔深实际上是一个放能保护带深度，孔深由煤柱宽度 B 和采高 M 确定。$H_{max}=\left(\frac{1}{3}\sim\frac{1}{2}\right)B$ 或 $3M$，一般为 6～8 m。

③孔间距 B_s。孔间距由放能孔孔径决定，孔径大，孔间距就大。一般孔间距 $B_s=(5\sim10)D$，孔间距的确定参见表 5-15。

表 5-15 孔间距与孔径的关系

孔径/mm	42	80	100	150	165	200
孔间距/m	0.2	0.5	0.5～1.0	0.5～1.5	0.8～1.5	1.0～2.0

(3)爆破卸压

爆破卸压是利用炸药爆炸产生的振动和超高压气体来破坏高应力区岩体，降低岩体应力集中程度，促使岩体支承压力向深部转移，从而消除或降低地压危险。卸压爆破具有施工简单、见效快等特点，但同时也存在动态扰动作用，可能会损坏巷道支护结构，故要对爆破参数进行优化。

在机理上，卸压爆破后，将形成破碎区、裂隙区、弹性区，如图 5-45 所示，导致围岩深部应力重新分布，产生大范围应力降低区，促使应力较为集中的弹性区转移到围岩深处，使围岩应力场得到改善。此外，卸压爆破产生的松动圈本身存在受压致密过程，在一定时间内，可以使周围岩体受压变形量直接被爆破产生的松动圈吸收，从而减少表面岩体的变形量，达到防治地压的目的。

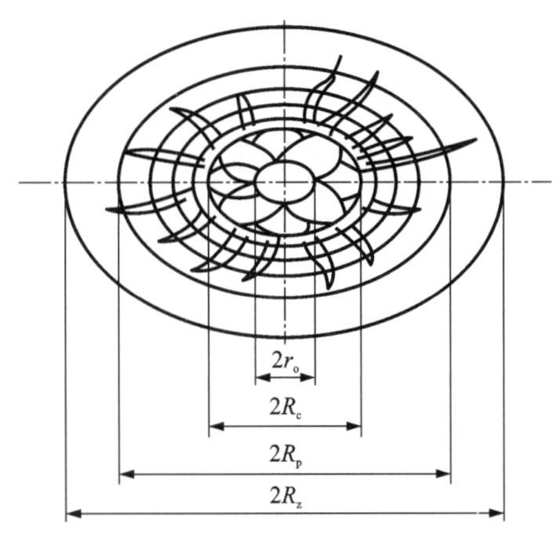

r_o—钻孔半径；R_c—破碎区半径；R_p—裂隙区半径；R_z—弹性区半径。

图 5-45 钻孔爆破卸压后岩体的破坏区域示意图

(4)注水卸压

①注水卸压机理。通过钻孔注水软化岩体，有效释放岩层的弹性能，改变岩体的物理力学性质，降低岩体的强度和冲击倾向性，达到卸压防冲的目的。

岩体遇水湿润后，内聚力与内摩擦角降

低，岩体强度降低。当岩体裂隙或颗粒间充满水液后，会产生孔隙水压力，使有效应力降低，岩体抗剪强度下降。根据莫尔-库仑准则，其下降值为：

$$\Delta\tau = \tau_0 - \tau_w = (C_0 - C_w) + \sigma_n(\tan\varphi_0 - \tan\varphi_w) + \sigma_w\tan\varphi_w \tag{5-51}$$

式中：C_0、φ_0、σ_n 分别为岩体注水前的内聚力、内摩擦角及正应力；C_w、φ_w、σ_w 分别为岩体注水后的内聚力、内摩擦角及孔隙水压力；$\Delta\tau$ 为岩体注水前后抗剪强度的变化量。

在流体压裂卸压中，采用高压流体将钻孔压裂，裂纹在高压下扩展并与相邻钻孔的裂纹连通，形成破碎区，释放岩体中的变形能，以达到卸压的目的。注水卸压主要针对高应力易软化岩体，但通常为了提高卸压效率，需要进行高压预裂，然后保持一定时间的恒定低压或高、低压交错注水。可见，注水卸压与高压流体压裂卸压在机理上有本质区别，但在技术工艺上又有相通之处。

②注水类型。按压力大小分为高压注水和低压注水，当采用高压注水时，其实质是流体压裂卸压。按水压状态分为动压注水、静压注水和动静交替注水。通常，在地压动压区采用静压注水，在地压静压区采用动压注水。

当采用高压注水时，水不断压裂并贯通岩体裂隙，形成不断扩展的渗流通道，从而增大岩体的湿润程度，使岩体裂隙趋于饱和，并在渗透压力作用下进一步改变裂隙岩体的宏观、微观结构。

③注水卸压的有益效果。当采掘工作面原岩体在高压注水设备下进行注水时，岩体逐渐龟裂且产生裂隙，原岩体的整体性遭到破坏。高压水流注入岩层后，当岩层中注入的水量大于岩体的流失量时，岩层内的水压就会逐渐升高，当该水压升至大于岩层的水平应力和垂直应力时，岩层便会产生更多的新裂隙，从而破坏岩层的原始结构，大大降低原岩强度，防止岩层应力的集中。岩层采用高压设备进行注水，注水水体在高压作用下楔入岩体内部的微观结构内，岩体中的裂隙、各种孔隙充分吸水达到饱和后开始膨胀，从而导致岩体变软，进而达到软化岩体的效果，压力水在注入岩层后，由于扩大了水与岩体的接触面，从而促进了岩体的软化。

(5)高应力利用

随着开采深度的加大，高原岩应力随之升高，这是普遍的规律。一方面，高原岩应力将诱发一系列的矿山地质灾害，给矿山安全生产带来巨大的威胁，因此需要采取措施。另一方面，需要利用高原岩应力为矿山生产服务，变害为利。通过优化采掘技术工艺和顺序，充分利用开拓井巷、采准、切割及回采技术工艺，对高原岩应力进行释放和转移。目前，国内外在这方面的研究甚少，虽有些探索，但还没有成功的经验可借鉴，有待今后深入研究和实践。下面提出几点思路，供今后的高原岩应力利用参考。

①高原岩应力用于矿石自崩。结合已有采矿方法，充分利用高原岩应力，以自然落矿取代爆破崩矿。利用切割、拉低工艺，先形成矿石崩落硐室，或开掘崩矿巷道，使矿岩形成崩矿自由面，矿石在高原岩应力作用下出现冒顶、崩塌。此时，可借助在矿体中布置一定数量的钻孔，利用钻孔卸压原理使矿石在高原岩应力下自行破碎，有步骤、分阶段实现高原岩应力下矿石的非爆连续落矿，并提高崩矿效率和破碎效果。

②创造高原岩应力，加速矿石自崩。利用应力集中发生条件和机理，在矿体中制造不规则形态的空间，如开掘三角形或多角形断面的崩矿巷道，诱发高原岩应力的产生，提高矿石的可钻、可爆和自崩性。

③高原岩应力用于井巷及硐室掘进。利用钻孔卸压、流体致裂卸压等原理，在掘进井巷或硐室时，沿井巷轴线超前钻进致裂钻孔，根据断面大小采用大孔径钻孔、大孔径导孔+小孔径钻孔等布置方式，使井巷开掘断面的岩石提前破碎，为高效开挖创造条件。

矿山开采是一个动态过程，岩体开挖后应力重新分布，扰动区范围受采深、井巷空间、开采顺序及采空区大小等的影响，是一个不断自调整的过程。随着深度的增大，开采的不断深入，井巷地压防治的难度增大，如何在“防”与“用”之间达到协调，让井巷地压既能为矿山所用，又能为矿山所防，则需要对整个矿山生命周期的开采活动和闭坑处理进行全面、系统的考虑和规划，这是一个大的系统工程。

金川镍矿、凡口铅锌矿等地下金属矿山均成功采用过爆破卸压、钻孔卸压、注水卸压或采掘工程进行地压控制。此外，这些地压控制方法也已广泛运用于煤矿山，如常村煤矿、大同忻州窑煤矿、兖矿集团杨村煤矿、开滦集团唐山矿及淄博矿业唐口煤矿等。

5.6 岩爆

5.6.1 岩爆诱发因素及形成条件

岩爆是指岩石工程中，因岩体开挖造成应力重分布，围岩中积聚高弹性应变能，达到极限后突然猛烈释放，导致岩体爆裂并弹射的破坏现象。岩爆发生时，通常伴有岩体抛出、巨响及气浪等现象，造成开挖工作面的严重破坏、设备损坏和人员伤亡。

岩爆最早出现于20世纪初，近百年来岩爆灾害几乎遍布世界各采矿国家。最早记录的金属矿岩爆发生于1900年印度Kolar矿山，1904年美国密歇根州亚特兰铜矿发生首次岩爆，南非是世界上地下开采深度最大的国家，1908年进入地下1000 m开采，Klerksdop矿区、Western Deep lEVERS矿区、Welkom矿区、Verdefort矿区和Carletonville矿区的开采深度均超过2000 m，最大开采深度超过4000 m。仅在1975年，南非有31座金矿发生了680次岩爆，造成73人死亡。1976年Welkom矿区的岩爆震级达到里氏5.1级，造成地表一栋6层楼房倒塌。国外部分金属矿山岩爆情况见表5-16。

表5-16 国外金属矿山岩爆情况

矿山	岩爆发生时间及深度	矿山类型	矿震震级
南非Welkom矿区	1976年，12 m	金矿	$M_L=5.1$
印度Kolar矿区	1962年，岩爆破坏区高度达500 m，走向长300 m	金矿	$M_L=5.0$
加拿大波丘潘金矿区	1963年，1200~1800 m	金矿	—
加拿大萨德伯里矿区	1965年，1200 m	镍铜矿	—
加拿大Brunswick矿	2000年，326联络巷，892 m	锌银铜多金属矿	—
加拿大Lake Shore矿	1939年，630 m，断层岩爆	金矿	$M_L=4.4$
加拿大Saakatchewn矿区	1985年，1000 m	钾矿	$M_L=2.3\sim3.6$

续表5-16

矿山	岩爆发生时间及深度	矿山类型	矿震震级
美国幸运星期五矿区	1991 年，北部控制断层	银铅矿	$M_L = 2.5 \sim 4.1$
美国科达伦铜矿	1967 年，斯坦尔矿区，1200 m 1967 年，加里纳矿区，1800 m	铜铅锌矿	—
苏联塔什塔戈里铁矿	1978 年，1000 m	铁矿	—
苏联 Kirovsk 矿区	1989 年	磷灰石矿	$M_L = 4.2$
波兰 Lubin 矿区	1977 年	铜矿	$M_L = 4.5$
瑞典 Granggensberg 矿区	1974 年	铁矿	$M_L = 3.2$

在我国，最早记录的金属矿岩爆发生在冬瓜山铜矿。1997 年 1 月，该矿在−730 m 中段措施井施工中，首次出现了弱岩爆现象，并发现井中支护锚杆在岩爆发生过程中被切断。我国部分金属矿山岩爆情况见表 5-17。

表 5-17　国内金属矿山岩爆情况

矿山	目前采深/m	岩爆强度
会泽铅锌矿	1500	较强
红透山铜矿	1300	较强
冬瓜山铜矿	1100	中等
灵宝崟鑫金矿	1600	中等
玲珑金矿	1150	中等
二道沟金矿	1500	中等
三山岛金矿	1050	轻微
玲南金矿	800	轻微

1) 岩爆诱发因素

诱发岩爆的因素可以归纳为岩土、地质、开采及地震活动四大类。岩土因素主要包括地应力(大小、方向及应力比)、岩体强度、岩体质量/结构及物理力学性质(如脆性)；地质因素主要包括岩性、片理、层理及断层、剪切带等；采矿因素包括采矿方法、开挖间距等开采诱发的静应力、空间结构刚度、开采顺序等；地震活动因素包括地震引起的动应力、地面运动、距震源的距离、震级、震源机理等。其中，高地应力是岩爆发生的能量源泉，岩体结构及物理力学性质决定了发生岩爆的能量聚集程度和释放能力，断层运动将诱发高地应力并使岩体积聚高应变能。

大量岩爆记录资料显示，岩爆几乎都发生在新鲜完整、质地坚硬、强度高、干燥无地下水、上覆岩体厚度较大的弹脆性岩体中，这种岩体有利于岩石弹性应变能的积蓄。此外，处于高地应力区域的岩体通常具有明显的脆性，而岩爆恰恰是岩体的脆性破坏过程。高地应力条件下金属矿山开采中井巷、硐室、采空区开挖后，周边围岩二次应力场产生的切向应力和径向应力的巨大差异是导致岩爆发生的重要原因。

2）岩爆形成条件

岩爆是一种开采诱发的矿山动力灾害，岩体在高应力条件下，由于开挖扰动，岩体变形能在岩体中聚集、演化和突然释放。在采矿开挖之前，岩体处于自然平衡状态。采矿活动打破了这种平衡，引起地应力向开采形成的自由空间释放，形成释放荷载，正是这种释放荷载，引起了采矿工程围岩变形和破坏。由此可见，岩爆形成的必要条件是：①围岩必须具有形成高地应力集中和高应变能集聚的应力环境；②岩体必须具有储存高应变能的能力。高地应力、脆性岩体和自由空间是矿井岩爆形成的三要素。

5.6.2 岩爆显现形式、特征及分类

1）岩爆显现形式

根据岩爆发生时所表现的特征，岩爆的显现形式通常为：①岩体爆裂；②岩块弹射；③岩块剥落；④坍塌。岩爆发生时，会伴随爆裂声响或崩裂。

2）岩爆的主要特征

根据国内外矿山对岩爆现象的记录和描述，岩爆发生时，岩体会突然产生爆裂声响，可能伴随岩石突然崩裂和飞石，有时开裂和脱落之间会存在一定的滞后性，中间会间隔数十分钟至几小时不等，最长可达近 1 年。爆裂的岩石弹射速度有时很大，弹射距离可达数米。碎石的尺度为厘米到米，但多为厘米级，岩块通常为透镜状。破坏程度最小的可以是小岩块剥落，较严重的出现拱顶岩石坍塌，有时可导致整个巷道闭合。有些岩爆具有一定的持续性，同一地点在发生岩爆之后，会反复产生劈裂声响及岩块弹落。概括起来，岩爆具有以下主要特征。

①随机性。岩爆发生的时间、范围和具体位置，具有随机性。

②缓慢性。岩爆的孕育过程具有缓慢性。

③突变性。岩爆的发生过程具有突变性。突变性也是一种瞬时性，岩爆的持续时间通常较短。

④分界性。岩爆在不同区域表现出不同破坏强度或破坏特征。

⑤周期性。岩爆的显现有时在短时期内表现出集中凸现，随后就趋于平静，在一定时间以后又出现，具有周期性。

3）岩爆的分类

（1）按岩爆发生时间和空间分类

根据岩爆发生时间与施工时间及空间的关系，可将岩爆分为即时型岩爆、时滞型岩爆和间歇型岩爆。

即时型岩爆是指开挖卸荷效应影响过程中发生的岩爆；时滞型岩爆是指开挖卸荷后应力调整平衡后，外界扰动作用下发生的岩爆，根据发生的位置又可分为时空滞后型和时间滞后型；间歇型岩爆是指同一区域一定时间内，多次发生同等级或是更高等级的岩爆。其特征如表 5-18 所示。

表 5-18　按照发生时间和空间分类的岩爆特征

岩爆类型	特征
即时型	发生频次相对较多，多在开挖后的几个小时或是 1~3 d 发生，多发生在距工作面 3 倍洞径范围内
时滞型	发生频次相对较少，在开挖后的数天、1 月、数月发生，发生位置与工作面的距离可以达到几百米
间歇型	发生频次相对较少，多发生在掌子面附近，在有施工扰动和无施工扰动情况下均可能发生

(2)按岩爆孕育机制分类

通常，根据岩爆的孕育机制，将岩爆分为应变型、断层滑移型及应变-结构面滑移型。应变型岩爆由岩石破坏导致，滑移型岩爆由断层滑移或者剪切断裂导致。断层滑移型岩爆的能量通常大于应变型岩爆的能量。断层滑移型岩爆破坏通常比应变型岩爆破坏强烈得多，在矿井环境中通常在单一事件中有数十米甚至数百米巷道被破坏，硬岩矿井中大量的地震性事件属于剪切型或滑移型破坏。各类型岩爆特征如表 5-19 所示。

表 5-19　不同孕育机制岩爆的特征

岩爆类型	发生条件	特征
应变型	完整、坚硬、无结构面的岩体中	浅窝型、长条深窝型、“V”字形等形态的爆坑，爆坑岩面新鲜
断层滑移型	有大型断裂构造存在	影响区域更大，破坏力更强，甚至可能诱发连续性强烈岩爆
应变-结构面滑移型	坚硬、含有零星结构面或层理面的岩体中	结构面控制爆坑边界，一般情况下破坏性较应变型大

5.6.3　岩爆倾向性

冲击倾向性是岩石介质产生冲击破坏的固有能力或属性。岩体冲击倾向性是产生岩爆的必要条件。冲击倾向性理论是波兰和苏联学者提出的，我国学者在这方面也做了大量的工作，提出用动态破坏事件、弹性能指数、冲击能量指数三项指标综合判别岩体的冲击倾向的试验方法。

为了定量评价岩石的岩爆倾向性程度，通常采用能量指标、脆性指标、刚度指标和时间指标来评价岩石的倾向性。常用的岩爆倾向性评价指标见表 5-20。

表 5-20 岩爆倾向性评价指标汇总

序号	评价指标	计算公式	获取方法	分类标准
1	岩爆倾向性指数 W_{et}	$W_{et}=E_R/E_D$ 式中：E_R 为卸载时恢复的弹性应变能；E_D 为加卸载循环中耗散的能量；W_{et} 反映了岩石弹性变形能的储存能力	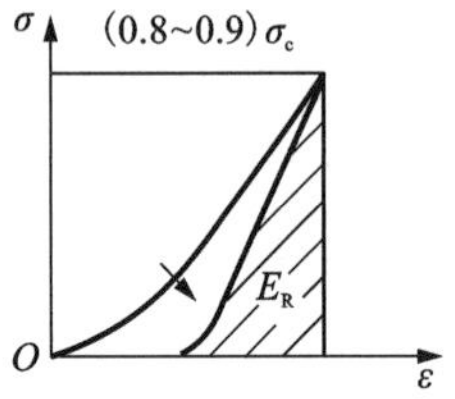 σ (0.8~0.9)σ_c E_R O ε	分类标准一： W_{et}<2.0，无岩爆倾向； 2.0≤W_{et}<3.5，弱的岩爆倾向； 3.5≤W_{et}<5.0，中等的岩爆倾向； W_{et}≥5.0，强烈的岩爆倾向。 分类标准二： W_{et}<10，弱的岩爆倾向； 10≤W_{et}<15，中等的岩爆倾向； W_{et}≥15，强烈的岩爆倾向
2	冲击能量指数 W_{cf}	$W_{cf}=E_1/E_2$ 式中：E_1 为峰值前贮存的变形能；E_2 为破坏过程损耗的变形能；W_{cf} 反映岩石破坏过程中剩余能量的大小	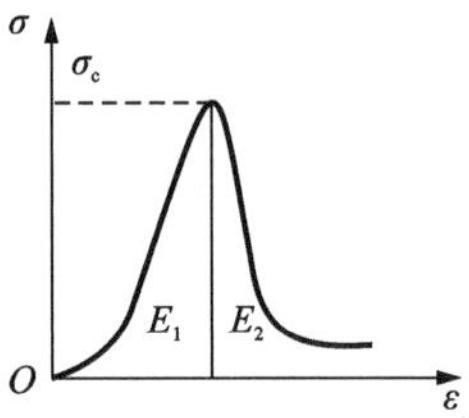 σ σ_c E_1 E_2 O ε	分类标准一： W_{cf}<2，无岩爆倾向； 2≤W_{cf}<3，弱的岩爆倾向； W_{cf}≥3，强烈的岩爆倾向。 分类标准二： W_{cf}<1.5，无冲击倾向； 1.5≤W_{cf}<5，弱的冲击倾向； W_{cf}≥5，强烈的冲击倾向
3	最大储存弹性应变能指标 E_s	$E_s=R_c^{\ 2}/(2E)$ 式中：R_c 为岩石单轴抗压强度；E 为岩石的弹性模量	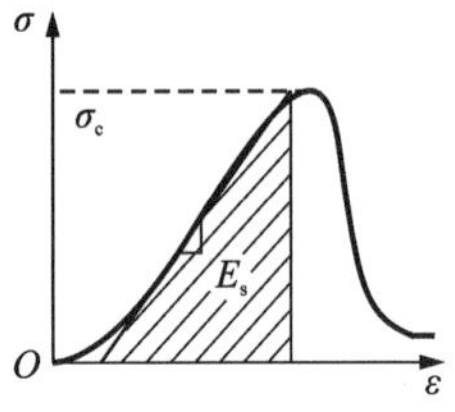 σ σ_c E_s O ε	分类标准： E_s<0.2 MJ/m^3，无岩爆倾向； 0.2 MJ/m^3≤E_s<0.5 MJ/m^3，弱的岩爆倾向； 0.5 MJ/m^3≤E_s<0.75 MJ/m^3，中等的岩爆倾向； E_s≥0.75 MJ/m^3，强烈的岩爆倾向
4	改进脆性指数 BIM	$BIM=A_2/A_1$ 式中：A_1 为按弹性模量 E_{50} 计算的峰值时储存的弹性变形能；A_2 为峰前加载曲线下的面积，即峰前加载储存的变形能	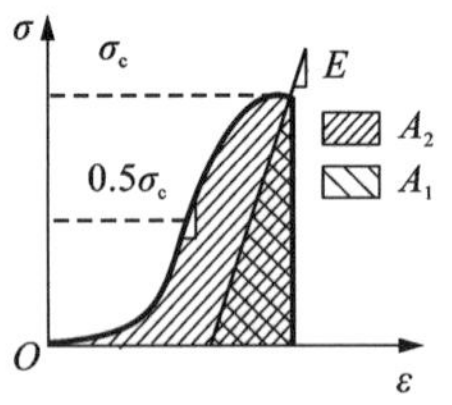 σ σ_c E A_2 A_1 0.5σ_c O ε	分类标准： BIM>1.5，低的岩爆倾向； 1.2<BIM≤1.5，中等的岩爆倾向； 1.0≤BIM≤1.2，高的岩爆倾向

续表5-20

序号	评价指标	计算公式	获取方法	分类标准
5	剩余能量指数 W_R	$W_R = \Delta W/\|W_d\|$ $\Delta W = W_e^M - \|W_d\|$ $W_e^M = \left(\dfrac{\int_{\varepsilon_A}^{\varepsilon_B}\sigma d\varepsilon^e}{\int_0^{\varepsilon_A}\sigma d\varepsilon}\right)\int_0^{\varepsilon_M}\sigma d\varepsilon$ $W_d = \int_{\varepsilon_M}^{\varepsilon_C}\sigma d\varepsilon$ 式中：W_R 反映岩石的剩余能量与稳定破坏耗散能量之间的相对大小关系	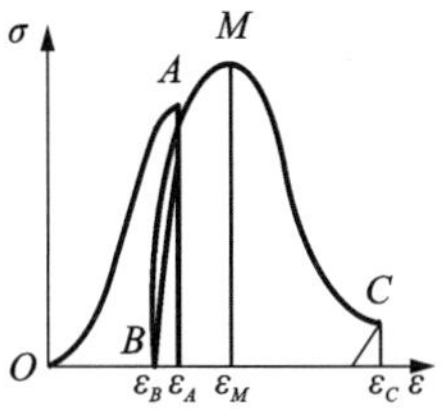	分类标准： W_R<0，无岩爆倾向性； W_R≥0，有岩爆倾向性
6	能量储耗指数 k	$k=(s_c/s_t)(e_f/e_b)$ 式中：s_c 和 s_t 分别为岩石单轴抗压强度和单轴抗拉强度；e_f 和 e_b 分别为峰值前和峰值后的总应变量；k 表征岩石弹性变形能的储存能力和岩石破坏能量耗散量之间的关系	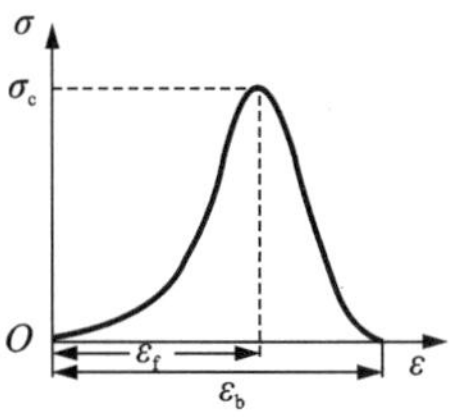	
7	能量比 B_{er}	$B_{er}=(f_1/f_0)\times100\%$ 式中：f_1 为岩石在受力破坏时碎片飞出的动能；f_0 为加载中储存的最大弹性应变能		分类标准： B_{er}<3.5，无岩爆倾向； 3.5≤B_{er}<4.2，弱的岩爆倾向； 4.2≤B_{er}<4.7，中等的岩爆倾向； B_{er}≥4.7，强烈的岩爆倾向
8	动态时间 D_t	在常规加载条件下，岩石从其峰值强度开始直到完全失去承载能力时所需时间	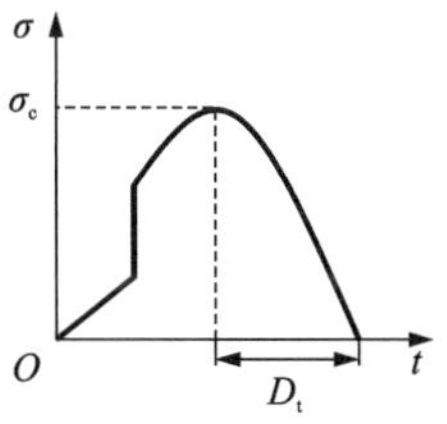	分类标准一： D_t>500 ms，无岩爆倾向； 50 ms<D_t≤500 ms，中等的岩爆倾向； D_t≤50 ms，强烈的岩爆倾向 分类标准二： D_t>2000 ms，无岩爆倾向； 100 ms<D_t≤2000 ms，中等的岩爆倾向； D_t≤100 ms，强烈的岩爆倾向

续表5-20

序号	评价指标	计算公式	获取方法	分类标准
9	强度脆性系数 B	$B=s_c/s_t$ 式中：s_c 为岩石单轴抗压强度；s_t 为岩石单轴抗拉强度。 岩石越脆，其塑性越小，岩石在变形过程中储存的变形能中弹性变形能就越大，而塑性变形能就越小		分类标准一： $B<15$，无岩爆倾向性； $15<B\leqslant 18$，弱的岩爆倾向性； $18<B\leqslant 22$，中等的岩爆倾向性； $B\geqslant 22$，强烈的岩爆倾向性。 分类标准二： $B<10$，无岩爆倾向性； $10<B\leqslant 14$，弱的岩爆倾向性； $14<B\leqslant 18$，中等的岩爆倾向性； $B\geqslant 18$，强烈的岩爆倾向性
10	变形脆性系数 K_u	$K_u=u/u_1=(e_p+e_e)/e_p$ 式中：u 为岩石峰值荷载前的总变形；u_1 为峰值荷载前的永久变形；e_p 为塑性应变；e_e 为弹性应变		分类标准： $K_u<2$，无岩爆倾向； $2<K_u\leqslant 6$，弱的岩爆倾向； $6<K_u\leqslant 9$，中等的岩爆倾向； $K_u\geqslant 9$，强烈的岩爆倾向
11	下降模量指数 DMI	$DMI=G/\|M\|$ 式中：G 为轴向应力-应变曲线上升段线性部分的斜率（弹性模量）；M 为峰值后应力-应变曲线下降段的斜率		分类标准： $DMI>1$，无岩爆倾向性； $DMI\leqslant 1$，有岩爆倾向性

5.6.4 岩爆分级

岩爆等级是描述岩爆强烈程度与破坏规模的指标。岩爆等级一般划分为：轻微岩爆、中等岩爆、强烈岩爆和极强岩爆。一般而言，岩爆等级越高，对围岩、构筑物及支护的破坏也越大。常根据岩爆爆裂或剥落岩体质量及破坏面积对岩爆进行分级，见表 5-21。不同等级的岩爆对支护系统的破坏特征明显。

表 5-21 岩爆分级及支护破坏特征

岩爆分级	岩体破坏质量/t	破坏面积/m²	岩体支护破坏特征
R1	无破坏，不发育	0	无破坏
R2	小破坏，小于 1 t	<1	支护系统受载荷，锚网松垮；衬板变形，喷射混凝土破裂
R3	1~10 t	1~10	一些锚杆断裂，锚网鼓胀，喷射混凝土断裂
R4	10~100 t	10~50	支护系统发生大的破坏，支护能力严重受损
R5	>100 t	>50	支护系统完全破坏

国内根据隧道岩爆的典型特征和现象对岩爆进行分级，其结果见表 5-22。由此可看出，不同等级的岩爆，其特征和破坏程度差异明显。岩爆预警应该区别岩爆等级，并根据不同等级的岩爆，制订相应的调控措施。

表 5-22 不同等级岩爆的典型特征和现象

岩爆等级	危害性描述	岩爆破坏深度 D/m	岩爆沿洞轴线破坏长度 L/m	爆块平均弹射初速度 V_0 /(m·s^{-1})	爆块特征	声响特征
轻微岩爆	危害低。钻爆法施工时，易造成小型机械设备局部易损部位损坏，影响正常使用。TBM 施工时，偶尔会造成 TBM 的锚杆钻机等受损。对工序影响较小，局部排险、支护后可正常施工，清理爆坑处松动围岩需 1~3 h	D<0.5	0.5<L<1.5	V_0<1.0	呈薄片状和板状，厚 1.0~5.0 cm	清脆的噼啪、撕裂声，似鞭炮声，偶有爆裂声响
中等岩爆	危害中等。钻爆法施工时，易造成小型机械设备被砸坏，或大型设备设施局部暴露部位被砸至变形，需维修才能正常使用。TBM 施工时，易造成 TBM 的锚杆钻机受损等。对工序影响稍大，在短暂等待、排险、支护后可正常施工，清理爆坑处松动围岩需 8~12 h	0.5≤D<1.0	1.5≤L<5.0	1.0≤V_0<5.0	呈薄片状、板状和块状，板状岩石厚 5.0~20.0 cm，块状岩石厚 10.0~30.0 cm	清脆的似子弹射击声或雷管爆破的爆裂声，围岩内部偶有闷响
强烈岩爆	危害高。钻爆法施工时，易造成施工台架砸坏、机械设备驾驶室严重变形、机械设备作业臂砸断等大型设备设施的暴露部位损害，需大量修复或更换。TBM 施工时，易造成 TBM 的刀盘、锚杆钻机被砸坏、刀盘内油缸损坏等。对工序影响大，等待足够久的时间后才可排险、支护，清理爆坑处松动围岩需 12~24 h	1.0≤D<3.0	5.0≤L<20.0	5.0≤V_0<10.0	围岩大片爆裂脱落、抛射，伴有岩粉喷射现象，块度差异较大，大块体与小岩片混杂，呈薄片状、板状和块状，块状岩石厚 20.0~40.0 cm	似炸药爆破的爆裂声，声响强烈
极强岩爆	钻爆法施工时，大型施工台架、挖掘机、卡车、凿岩台车等机械设备被埋或被摧毁。TBM 施工时，TBM 损坏非常严重，需做大量修复工作或更换部件，甚至造成 TBM 被埋无法使用。对工序影响极大，等待足够久的时间后才可排险、支护，清理爆坑处松动围岩时间为几天到几十天不等	D≥3.0	L≥20.0	V_0≥10.0	围岩大面积爆裂垮落，岩粉喷射充满开挖空间，块度差异大，大块体与小岩片混杂，最大块体厚度一般可达 1.0 m	低沉的似炮弹爆炸声或闷雷声，声响剧烈

5.6.5 岩爆监测与预警方法

1)岩爆监测的常用技术方法

岩爆监测常用方法有电测法、地震法、统计法、光弹法、回弹法、水分法、岩芯饼化率法、钻屑法、流变法、气体测定法、微重力法、微震法、声发射法、电磁辐射法及红外法等。这些方法可以在工程现场实现实时监测和预报。其中，钻屑法、微震法、声发射法、电磁辐射法及岩芯饼化率法等已被广泛采用。

(1)钻屑法

目前，各矿山广泛使用的岩爆预测方法是20世纪50年代提出的钻屑法。钻屑法是通过在岩层中打小直径(41~50 mm)钻孔，根据排出的岩粉量、变化规律及有关动力现象鉴别冲击危险的一种方法。通过向岩壁钻孔，根据每米钻孔钻屑量多少，估算该处应力状态，判断岩爆危险程度。如出现岩粉排出量剧增、岩芯出现鳞片状变化、岩体脆性破坏、岩粉颗粒变粗或放炮后短时间内发生岩块弹出等现象，则表明有岩爆危险。某学者将钻屑监测和钻孔卸压合在一起设计了专门的监测设备，如有危险则继续向前钻孔卸压。钻屑法简单易行，在岩爆预测中发挥了很大作用。但是它不能对目前日益增多的顶底板冲击地层和刚硬岩层的断层岩爆进行预测。对软弱煤层钻孔煤粉量应力变化也不明显，难以分辨，监测结果受人的因素影响，因而不能用于在空间和时间上进行岩爆危险变化的连续监测观察。它的检测效率低，仅能作为一种辅助的预测手段。

(2)微震监测

微震与声发射监测技术是随着电子技术的发展而得到发展的岩爆预测方法。岩体在变形破坏的整个过程中几乎都伴随着裂纹的产生、扩展、摩擦及能量积聚，以应力波的形式释放能量，从而产生微震事件。整个过程中的微震信号从最初阶段就包含大量的关于岩体受力变形破坏以及岩体裂纹活动的有用信息。通过监测、分析微震事件，可以推测岩体发生破坏的程度。事件的位置及强度反映了岩体内发生变形或破坏的位置及程度，可以利用地震学方法对岩体破坏程度进行预测、预报及预警。发生岩爆之前，地震声响频繁、程度剧增，声发射检测值急剧增大，表现出岩爆危险。自20世纪60年代起，大规模矿山微震研究在南非金矿各主要矿山开展，随后在波兰、美国、苏联、加拿大等国开展研究，目前微震系统监测微震事件的定位精度已达到米级。常见的微震定位方法有牛顿法、Powell 法、Broyden 法、双差分法、模拟退火法及遗传算法等，常见微震监测系统见表5-23。目前，全球20多个主要矿业国家，已安装约150套微震监测系统。

表5-23 常见微震监测系统

国家或地区	微震系统产品	国内应用矿山及微震系统建设时间
南非	ISS	冬瓜山铜矿/2005年、玲珑金矿/2017年、会泽铅锌矿/24通道/2007年、红透山铜矿/2009年、万城铅锌矿/18通道/2013年
澳大利亚	IMS	大宝山矿/32通道/2013年、阿舍勒铜矿/2002年、潘洛铁矿/2013年
波兰	SOS/SYLOK	赣南钨矿/24通道/2012年
加拿大	ESG/ADASLS	凡口铅锌矿/44通道/2003年、柿竹园/2008年
中国	BMS	三山岛金矿新立矿区/2009年

(3)地球物理监测

地球物理监测是指通过地质层析成像、地震法、声波法、电磁法和电磁辐射法等方法对岩层结构、高应力区及动力现象进行分析探测。地质层析成像法已用于煤层开采覆岩破坏的层析成像研究，可较为准确地重现断层结构位置、裂隙带形态和煤层开采后岩层结构的变化过程。地震法和电阻法主要用于探测应力高度集中区，其中地震法适用于提前判定长壁工作面走向区域内的应力状态，与声发射法结合，可以用来确定地质异常以及岩爆危险性判定。电磁辐射法利用岩石破坏发出的电脉冲预测岩体失稳破坏。

由于岩爆发生的随机性和突发性以及破坏形式的多样性，预报岩爆不能仅仅根据一种方法，在分析地质条件和生产技术条件的基础上，采用多种方法进行综合预测成为岩爆预测的主要途径。同时，由于岩爆发生原因和条件的复杂性和不确定性，目前的理论和技术距准确预报岩爆还有一定的差距。

2)岩爆预测预警的理论方法

岩爆风险评估分为两个阶段，一是矿体开采前的岩爆风险估计阶段，二是采场开采过程中岩爆风险评估与预警阶段。前者主要基于岩体地质结构、应力条件、岩体力学性质、矿山开采的技术参数等信息，为矿山开采参数、支护方案优化及岩爆防治提供理论依据。常见岩爆风险估计方法见表 5-24。后者多根据开采过程中的具体条件与监测信息，动态更新岩爆风险并发出预警警报，及时采取岩爆防治措施。

表 5-24　常见岩爆风险估计方法

方法名称		指标参数	估计结果	适用阶段	
				勘察设计阶段	施工阶段
岩爆经验指标法	工程地质分析法	地应力、岩石强度、岩体完整性和地下水等	岩爆位置、岩爆等级	√	+
	岩石强度应力比法	R_c/σ_m	岩爆位置、岩爆等级	√	+
	岩石应力强度比法	σ_θ/R_c	岩爆位置、岩爆等级	√	+
	弹性变形能指数法	W_{et}	岩爆位置、岩爆等级	√	+
	RVI 指标法	RVI	岩爆位置、岩爆等级、岩爆破坏深度	√	+
数值指标分析法	神经网络法、支持向量机法	神经网络模型、支持向量机模型	岩爆位置、岩爆等级、释放能量量值	√	√
	能量释放率方法(应变型岩爆)	ERR	断裂滑动与否	√	√
	超剪应力(断裂滑移型岩爆)	ESS	破坏位置、范围	√	√
	局部能量释放率方法	LERR	深度及程度	√	√

注：R_c 为岩石饱和单轴抗压强度，MPa；σ_m 为垂直工程纵轴线方向上的最大主应力，MPa；σ_θ 为开挖面洞周最大切向应力，MPa；W_{et} 为弹性变形能指数；ERR 为能量释放率；ESS 为超剪应力；LERR 为局部能量释放率；“√”表示主要方法；“+”表示辅助方法。

微震监测技术作为地下工程安全监测预警的重要手段，已广泛应用于煤及非煤矿山的地压监测、预报及预警。目前，与微破裂活动密切相关、能反映监测区域岩爆孕育规律的多个微震参变量被用于研究岩爆预警方法，如微震事件数、事件率、能量、能量速率、视体积、视体积率、视应力、事件动态趋势等，详见表 5-25。上述参数可采用单个进行判断，也可采用多个相互结合共同判断，以避免单一参变量的片面性。

表 5-25 岩爆预警方法研究常用微震参变量列表

微震参变量	说明
微震事件率	单位时间内的微震事件个数，反映微震的频度和岩体的破坏过程
事件累积数	一定时间区域内微震事件个数的总和，可评价破裂源的活动性和破裂动态变化趋势
能量	区域内每个微震事件能量的总和，反映岩体微震强度和释放的能量
能量速率	单位时间内岩体微震辐射能量，是岩体破裂强度演化的重要标志
视体积	震源非弹性变形区岩体的体积，用来描述围岩变形的程度。公式：$V_a=\mu P^2/(2E)$，其中 V_a 为视体积，μ 是岩体刚度(剪切模量)，P 为潜能，E 为能量
视体积率	单位时间内非弹性变形区岩体的体积，反映岩体破裂变形变化程度
微震事件率倍比	异常情况下的微震事件率与正常水平时微震事件率均值的比值，反映了微震的频度演化特征
分形维值	分形是指具有自相似性的几何对象。随着岩石的损伤破坏，出现降维现象
微震事件时间熵	一定时间范围内的微震聚集程度，采用相继发生微震的时间间隔物理量，定量地表征微震孕育的不同阶段
b 值	B. Gutenberg 和 C. F. Richter 所引入的震级频度关系中描述微震震级大小分布的一个参数，反映岩石承受平均应力和接近强度极限的程度，公式：$\lg N(>M)=a-bM$，其中 M 为震级，N 为震级在 ΔM 中的声发射次数，a、b 为常数，其中 b 值是声发射相对震级分布的函数
视应力	震源单位非弹性应变区岩体的辐射微震能，可由释放能量 E 和潜能 P 的比值计算，即 $\sigma_a=E/P$，反映岩体单位非弹性变形对应的能量释放程度
应力降	反映震源的应力调整与释放，与震源半径相关
事件密度	单位体积或单位面积微震事件数，反映微震事件的聚集程度
微震事件空间聚集度	表示在空间上微震事件聚集的程度，反映宏观的岩体破裂滑移面形成的可能性
微震能量密度	单位体积或单位面积微震能量，反映微震释放能量的聚集程度
施密特数	地震施密特(Schmidt)数是运动学黏度与扩散率之比，描述岩体中地震扩展在时空中的复杂程度，也是唯一反映位势不稳定的参数
大能级事件	单位时间内能量超过一定值的微震事件，评价突出危险性的特征
震级	指地震的大小，国际矿业领域普遍采用震级来描述地震事件量级。常见的震级包含里氏震级、矩震级、潜能震级等

续表5-25

微震参变量	说明
地震矩	地震矩 $\boldsymbol{M}$ 为断裂驱动力，与震源非弹性变形成正比，评估震源变形程度，随值增大，震源向周围岩体作用更大的变形量，造成变形驱动的岩体损伤
能量集中度	表示在空间上微震能量聚集的程度，反映微震释放能量的聚集程度
η 值	震级频度关系拟合曲线修正系数，反映了震级频度关系拟合曲线的线性偏离程度
缺震性参数	如果某一地区一定时间内平均最大震级低于该地区长期最大平均震级，那么这个地区在未来一段时间内就应该发生一些较大的地震来缺补，反映将要发生缺失震级的微震活动趋势
微震活动性描述参数	震级和频次综合分析微震活动性定量参数，直接定量地反映地震活动的“增强”或“平静”
小震动态参数	综合表示频度和平均震级的综合效应
事件动态趋势	单位时间内微震事件数比前一个值大的值个数与正常值个数的比值，评价突出危险性的特征
地震黏滞度	地震应力张量与地震应变率的比值，表征地震变形过程的统计特性。低黏度意味着地震的非弹性变形易于扩展或者发生较大的应力转移。黏滞系数降低，岩爆风险增高
地震扩散率	可用来在时空内量化地震活动在量级、方向、速度和加速度的迁移以及由此而引起的应力转移。扩散率和摩擦参数呈负相关关系。扩散系数升高，岩爆风险升高
断裂总面积	断裂总面积升高，岩爆风险升高。岩爆常发生在断裂总面积指标增大到峰值的时刻。公式： $$A(t) = \sum_k N(k) L^k \quad (1 \leqslant k \leqslant 10)$$ 式中：$N(k)$ 为第 k 阶能量的事件数。当 $L=1$ 时，$A(t)$ 代表微震总事件数；当 $L=10$ 时，$A(t)$ 代表微震总能量
Z 值	样本地震矩平均值与长期地震矩平均值差异检验，岩爆常发生在 Z 值指标降低到最小值的时刻
能量指数	一个微震事件的能量指数为该事件发射的地震能量与区域内具有相同地震矩的事件发射的平均能量之比。表示事件发生时震源的驱动应力的大小
矩震级	矩震级由 Hanks 和 Kanamori 公式定义：$m_{\mathrm{M}}=2/3\lg \boldsymbol{M}-6.06$，断裂驱动力的标量度量。式中 m_{M} 为矩震级；$\boldsymbol{M}$ 为地震矩

矿山岩爆活动受开采活动影响较大，通常金属矿山多中段、多采场同时开采，且空间分布相对复杂，监测信息间呈非线性，使得金属矿山岩爆预警研究困难较大。近年来随着智能岩石力学的发展，神经网络、支持向量机、粒子群算法等智能算法逐渐应用于金属矿山岩爆预警研究。目前，常见的岩爆预警方法主要有 EMS 岩爆预警方法、3S 原理岩爆预报预警方法、神经网络岩爆预警方法、支持向量机岩爆预警方法、基于岩爆预警概率分布函数的岩爆预警方法等。

(1)EMS 岩爆预警方法

EMS 方法定义了各评价指标的含义与关系、岩爆发生及岩爆等级评估、微震路径与震源参数空间等内容。E 代表地震能量，M 代表地震矩，S 代表视应力。根据 EMS 方法实时、累积演化曲线判识岩爆预警阶段，评估当前岩爆发育范围，即微震事件簇的视应力级配曲线特征，预测潜在岩爆灾害等级，如图 5-46 所示。

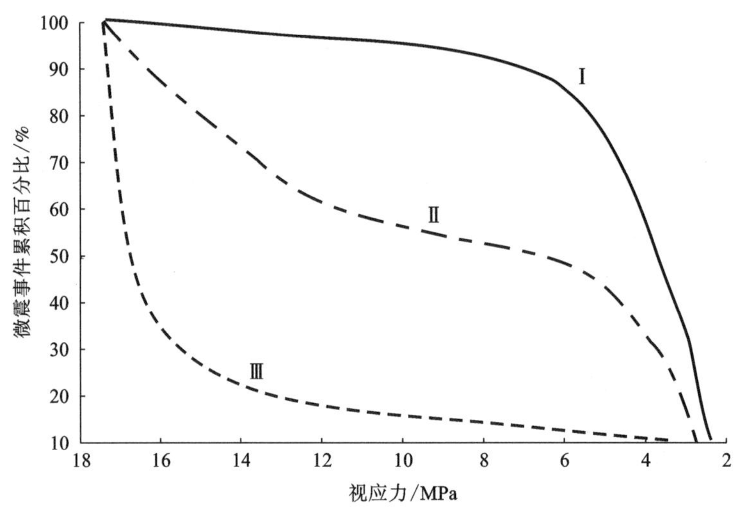

图 5-46　视应力级配曲线类型及岩爆等级预测

图 5-46 中，类型Ⅰ描述先陡后缓的曲线特征，此时低量级视应力的微震事件占有主要比重，潜在岩爆可判识为轻微等级。类型Ⅱ描述中间缓两边陡的曲线特征，低量级和高量级视应力的微震事件均占有较大比重，潜在岩爆的等级常常强于类型Ⅰ。类型Ⅲ描述先缓后陡的曲线特征，可出现较强烈等级的岩爆，如岩体抛掷。

对于震源参数空间，在引入评估指标阈值后，微震事件可在空间内划分为多个类型，对应类型Ⅰ～Ⅵ，如图 5-47 所示。根据不同评估标准，震源参数空间具有多个分区方案，可实现对微震事件致灾类型和岩爆过程能量演化阶段的评估。

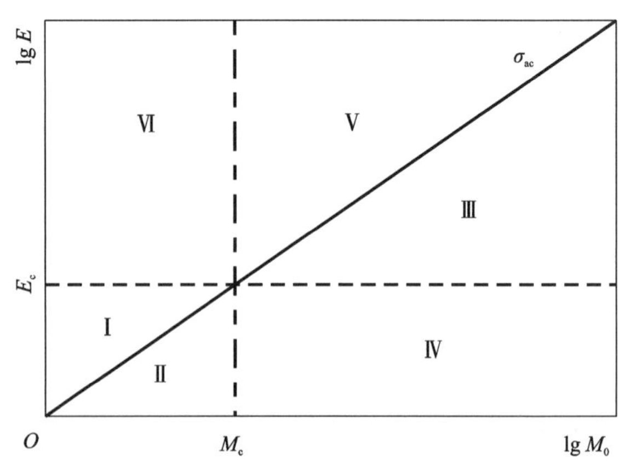

图 5-47　各指标阈值及震源参数空间的分区

(2)3S 原理岩爆预警方法

3S 原理在地震学上称作应力集聚、应力弱化、应力转移的 3 种状态。岩体中应力调整需要一定的时间，通过对强岩爆发生前一段时间的微震事件统计，发现岩爆发生具有一定的重复规律性。选取微震事件密度、微震事件震级与频度关系、微震事件震级、能量及集中度、3S 判据作为预警指标。根据 3S 原理将岩爆发生前后微震事件分成 3 个区域，如图 5-48 所示。一般过渡期之后会有微震事件高峰期出现，此时岩体内应力集聚有岩爆发生的可能性。如果在高峰期没有发生岩爆，说明岩体局部应力还在不断积累；如果在高峰期发生岩爆，说明岩体局部应力得到释放，根据地质条件做出相应的岩爆危险性预警。

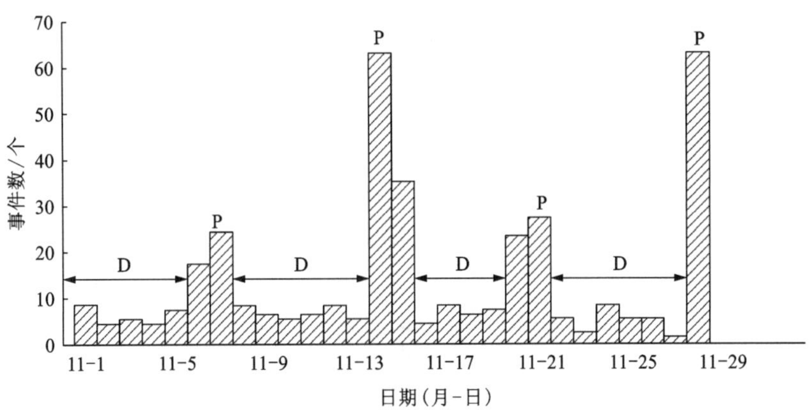

P—微震高峰期；D—微震发展过程；B—微震平静期或空白区。

图 5-48　微震事件发生频率（2010 年）

(3) 神经网络岩爆预警方法

选取微震参变量作为岩爆发生风险的影响因子。采用 BP 神经网络模型，基于大量岩爆数据，优选模型结构，确定隐含层节点数，再用神经网络进行学习训练，建立神经网络岩爆预警模型，如图 5-49 所示。采用测试样本检验模型预警精度，开展预警误差分析。应用人工神经网络方法，可以先不考虑岩爆发生与其各种影响因素之间到底存在什么样的函数关系，通过机器学习可以找出它们蕴含在实例样本中的内在联系——高度非线性映射，并且不会因为某个变量的输入数据丢失或含有噪声而影响网络的推理。

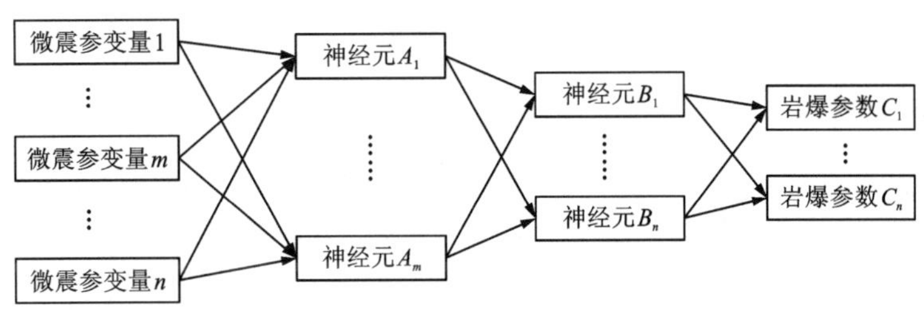

图 5-49　BP 神经网络模型

(4) 支持向量机（SVM）岩爆预警方法

与神经网络方法类似，SVM 也常用于解决非线性问题。SVM 是专门针对小样本问题而提出的，可以在有限样本的情况下获得最优解。进行岩爆预警时，往往是有限样本的情况。因此支持向量机具有很大的优势。SVM 算法最终会转化为一个二次规划问题，从理论上可以得到全局最优解，从而解决了传统神经网络无法避免局部最优的问题，SVM 的拓扑结构由支持向量决定，避免了传统神经网络需要反复试验确定网络结构的问题。SVM 方法首先需要确定输入变量和输出变量，然后选择核函数，确定回归参数，经过训练确定支持向量，建立支持向量机岩爆预警模型。

(5)基于岩爆预警概率分布函数的岩爆预警方法

基于微震监测信息构建概率分布函数也可实现岩爆预警。分析岩爆孕育过程中微震参变量演化规律，选取微震参变量，建立岩爆数据库，提取各微震参变量特征值，构建微震参变量不同岩爆等级的概率分布函数，建立岩爆等级概率预警公式。线性分布函数、正态分布函数是常见的微震参变量岩爆等级概率函数。当选用多个微震参变量时，可通过主成分分析、粒子群算法等方法确定各微震参变量权系数，最终形成动态更新的岩爆等级概率预警模型。

微震参变量不同岩爆等级概率分布函数：

$$P_{ji} = f_k(x) \qquad A_{jk} \leqslant x \leqslant A_{j(k+1)} \tag{5-52}$$

不同等级岩爆概率预警公式：

$$P_i = \sum_{j=1}^{n} c_j P_{ji} \tag{5-53}$$

式中：i 为岩爆等级；j 为微震参变量；P_{ji} 为微震参变量 j 发生第 i 级岩爆的概率；$f_k(x)$ 为分段函数；P_i 为发生第 i 级岩爆的概率；c_j 为微震参变量 j 的权系数。

5.6.6 岩爆预警案例及工程应用

1)某铜矿深部开采过程岩爆预警

某深部矿山生产能力为 6000 t/d，矿体走向长度为 800 m，平均厚度为 20~45 m，倾角为 55°~85°，开采深度约为 1000 m，最大主应力为 40 MPa，方向近水平。深部矿体围岩主要为黄铁矿、玄武岩、凝灰岩，主要矿物为黄铜矿，其中玄武岩、凝灰岩岩爆倾向性弱，黄铁矿、黄铜矿岩爆倾向性较强。矿山主要采用大直径深孔采矿方法，单段最大药量高达 380 kg，最大单次爆破总药量达 4.5 t，开采扰动大，深部采区地压显现突出，岩爆灾害严重。

在岩爆风险分析时，微震信息空间单元以采空区边界为基准，包含远离采空区方向的 30 m 范围，垂直巷道走向截面上，取巷道轴线中心左右各 15 m，上下各 15 m。对于微震活动较活跃的采场，空间单元的选取规模与标准空间单元一致，或按照体积比将相关微震参变量换算至标准空间单元规模。

依据该矿岩爆弹射程度及声响特征，将岩爆分为强烈、轻微和无岩爆 3 个级别，如图 5-50 所示。选用微震累积事件数、累积能量、累积视体积、事件率、能量释放率和视体积率 6 个参变量作为岩爆预警指标。其中，累积事件数、累积能量、累积视体积统计时间窗口为 7 d，事件率、能量释放率、视体积率三个微震参变量统计时间窗口为 3 d，参变量统计时间窗口的滑动长度均为 24 h。整理岩爆发生前空间单元内的微震量信息，建立岩爆实例数据库，见表 5-26。

(a) 强烈岩爆

(b) 轻微岩爆

图 5-50　矿山岩爆现场

表 5-26　某铜矿 2017 年岩爆实例统计

序号	岩爆等级	时间	累积事件数/个	事件率/[个·(3 d)$^{-1}$]	累积能量/J	能量率/[J·(3 d)$^{-1}$]	累积视体积/m^3	视体积率/[m^3·(3 d)$^{-1}$]	位置
1	1	2017-03-27	12	2.33	4.90	4.23	4.99	4.44	750 m 采深沿脉巷道
2	3	2017-04-08	33	5.33	5.64	4.82	8.16	7.22	850 m 采深 1#穿脉巷道
3	3	2017-04-28	32	5.67	5.56	4.74	8.71	7.97	850 m 采深 1#穿脉巷道
4	3	2017-04-28	30	5.33	6.01	4.89	7.88	7.15	850 m 采深沿脉巷道
5	2	2017-06-09	17	3.33	5.57	4.91	6.13	5.55	850 m 采深沿脉巷道
6	3	2017-06-14	32	4.67	5.90	5.23	7.00	6.27	850 m 采深沿脉巷道
7	1	2017-07-26	15	2.33	4.72	3.96	5.72	5.04	700 m 采深 3#穿脉巷道
8	1	2017-07-29	12	1.67	4.50	3.76	5.39	4.57	750 m 采深 1#穿脉巷道
9	1	2017-10-15	7	1.67	4.18	3.22	6.04	5.45	700 m 采深 3#穿脉巷道
10	2	2017-10-17	15	4.00	4.96	4.43	6.74	6.23	700 m 采深 3#穿脉巷道
11	1	2017-11-02	10	2.33	4.77	3.89	6.20	5.02	800 m 采深沿脉巷道
12	2	2017-11-04	20	4.33	5.05	4.25	6.55	5.94	750 m 采深沿脉巷道
13	2	2017-11-06	13	3.33	5.21	4.72	5.47	4.98	750 m 采深沿脉巷道

续表5-26

序号	岩爆等级	时间	累积事件数/个	事件率/[个·$(3\ d)^{-1}$]	累积能量/J	能量率/[J·$(3\ d)^{-1}$]	累积视体积/m^3	视体积率/[m^3·$(3\ d)^{-1}$]	位置
14	1	2017-11-08	12	2.33	5.09	3.74	4.56	4.28	700 m 采深 1#穿脉巷道
15	2	2017-11-08	31	4.67	5.54	4.71	6.80	6.02	750 m 采深 1#穿脉巷道
16	3	2017-11-22	24	4.67	5.67	4.73	7.30	6.49	750 m 采深 1#穿脉巷道
17	1	2017-11-23	9	1.00	5.06	3.24	5.85	4.94	750 m 采深沿脉巷道
18	2	2017-11-24	16	2.67	5.15	4.30	7.49	6.74	750 m 采深沿脉巷道
19	2	2017-11-26	16	2.67	5.33	4.71	7.46	6.78	700 m 采深 3#穿脉巷道
20	2	2017-11-27	26	4.67	5.10	4.34	7.46	6.78	800 m 采深沿脉巷道
21	2	2017-12-25	16	3.00	4.92	4.31	7.30	6.61	700 m 采深 3#穿脉巷道
22	1	2017-12-26	6	1.67	4.83	4.33	5.43	4.91	750 m 采深沿脉巷道

计算不同等级岩爆孕育过程中 6 个微震参变量的均值，将均值作为最具代表性的特征值。当微震参变量为某等级岩爆孕育过程中该微震参变量的均值时，下一日预警区域发生该等级岩爆的可能性最大；当微震参变量小于最低等级岩爆孕育过程中该微震参变量的均值时，可归属于最低等级岩爆；当微震参变量大于最高等级岩爆孕育过程中该微震参变量的均值时，可归属于最高等级岩爆。以不同等级岩爆孕育过程中微震参变量的均值作为各自等级岩爆的中心点和相邻等级岩爆的分界点，见表 5-27。利用上述思想，采用线性函数构建各个参变量不同等级岩爆的概率密度分布函数，记为 P_{ji}(i 为岩爆等级，j 为微震参变量)。当 P_{ji} 越接近于 1 时，表示下一日预警区域基于微震参变量 j 预警 i 等级岩爆的概率越大。相反，P_{ji} 越接近于 0，则表示概率越小。

表 5-27 不同等级微震参变量特征值

序号	岩爆等级	A_{j1}	A_{j2}	A_{j3}
1	累积事件数/个	10.375	18.889	30.200
2	事件率/[个·$(3\ d)^{-1}$]	1.917	3.630	5.135
3	累积释放能量/J	4.757	5.204	5.757
4	能量速率/[J·$(3\ d)^{-1}$]	3.797	4.521	4.882
5	累积视体积/m^3	5.522	6.822	7.810
6	视体积率/[m^3·$(3\ d)^{-1}$]	4.831	6.181	7.019

设 i 等级岩爆孕育过程中微震参变量 j 的均值为 A_{ji}，实际监测的微震参变量 j 的值为 J。微震事件累积数与岩爆等级的概率分布函数公式为

$$P_{11}=\begin{cases}1, & 0\leqslant J\leqslant 10.375\\ \dfrac{18.889-J}{8.514}, & 10.375<J<18.889\\ 0, & J\geqslant 18.889\end{cases} \tag{5-54}$$

$$P_{12}=\begin{cases}0, & 0\leqslant J\leqslant 10.375,\ J\geqslant 30.2\\ \dfrac{J-10.375}{8.514}, & 10.375<J\leqslant 18.889\\ \dfrac{30.2-J}{11.311} & 18.889<J<30.2\end{cases} \tag{5-55}$$

$$P_{13}=\begin{cases}0, & 0\leqslant J\leqslant 18.889\\ \dfrac{J-18.889}{11.311}, & 18.889<J<30.2\\ 1 & J\geqslant 30.2\end{cases} \tag{5-56}$$

相应的微震事件累积数与各岩爆等级的概率分布函数关系，如图 5-51 所示，其他微震参变量与之类似。

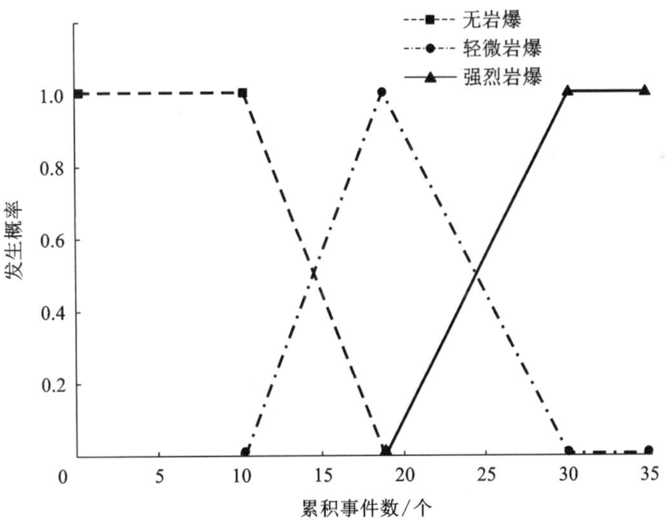

图 5-51　微震事件累积数与各岩爆等级的概率分布函数关系

为避免单一因素的片面性与局限性，将上述参变量相互结合，对岩爆风险进行综合预警，预警公式如下：

$$P_i=\sum_{j=1}^{n}c_jP_{ji} \tag{5-57}$$

通过 KMO 测度（Kaiser-Meyer-Olkin）检验统计，KMO 测度值为 0.756，该值大于 0.7，表明适合进行因子分析。由主成分分析可以求得微震参变量权重模型

$$Y = 0.381x_1 + 0.381x_2 + 0.403x_3 + 0.397x_4 + 0.269x_5 + 0.279x_6 \tag{5-58}$$

对权重系数进行归一化处理，确定最终权重系数如下：

$$C = \{c_1, c_2, c_3, c_4, c_5, c_6\} = \{0.180, 0.181, 0.191, 0.188, 0.127, 0.132\} \tag{5-59}$$

因此，岩爆等级及其预警概率公式可记为：

$$\begin{bmatrix} P_1 \\ P_2 \\ P_3 \end{bmatrix} = [0.180 \quad 0.181 \quad 0.191 \quad 0.188 \quad 0.127 \quad 0.132] \begin{bmatrix} P_{11} & P_{12} & P_{13} \\ P_{21} & P_{22} & P_{23} \\ P_{31} & P_{32} & P_{33} \\ P_{41} & P_{42} & P_{43} \\ P_{51} & P_{52} & P_{53} \\ P_{61} & P_{62} & P_{63} \end{bmatrix} \tag{5-60}$$

式中：P_1、P_2 和 P_3 分别代表无岩爆、轻微岩爆和强烈岩爆发生的概率。

2018 年 3 月 26 日，750 m 深处 1#穿脉巷道处，根据岩爆预警区域选取的方法选取了预警区域范围，获取了相关的微震参变量信息，见表 5-28。

表 5-28 微震参变量信息

累积事件数 /个	事件率 /[个·(3 d)$^{-1}$]	累积释放能量 /J	能量速率 /[J·(3 d)$^{-1}$]	累积视体积 /m^3	视体积率 /[m^3·(3 d)$^{-1}$]
27	5.67	5.42	4.57	7.85	7.27

通过岩爆等级及其概率预警公式对该预警区域内的岩爆风险进行预警，结果为：

$$\begin{bmatrix} P_1 \\ P_2 \\ P_3 \end{bmatrix} = \begin{bmatrix} 0 \\ 0.334 \\ 0.666 \end{bmatrix} \tag{5-61}$$

预警结果显示，2018 年 3 月 27 日 750 m 深处 1#穿脉巷道处监测预警区域发生强烈岩爆的概率为 66.6%，发生轻微岩爆的概率为 33.4%，无岩爆的概率为 0。2018 年 3 月 27 日 15 时 45 分，750 m 深处 1#穿脉巷道处巷道边帮发生强烈岩爆，附近工人听到较大响声，有岩石弹射现象，预警结果与实际相符。

2）南非金矿地压灾害风险管理

对开采中的矿山来说，岩体的几何尺寸每天都在发生改变，因而导致微震事件发生的驱动力每天在改变，对某个特定的区域，矿山微震的历史数据（如两年前的数据）对考察今后一段时间（如一个月）内该区域地压灾害的参考价值不大，这是因为两年中不断的采矿作业在很大程度上改变了区域的几何形态，致使驱动力已发生了很大的变化。因此，需要不同的方法来考虑变化过程中驱动力对地压灾害估计的影响，这可以通过对传统方法进行修正或发展新的分析方法来完成。由于矿山微震监测的目标有长期、中期、短期之分，因此，需要建立针对上述不同时间尺度的微震灾害评估方法。

（1）长期灾害评估

“长期”一般指在此时段内矿山可以针对地压发生的潜在区域而改变采矿参数设计。从

20 世纪 80 年代开始，有岩爆灾害的南非矿山在很大程度上依赖于数值模拟的方法来做矿山开采设计，以尽量减少岩爆事件的发生。作为微震监测的其中一个目的，反分析就是为了完善长期采矿计划而进行的，通过反分析可以在数值模拟结果和微震监测数据之间建立相关关系。长期微震风险评估中最重要的一个任务是建立与维护微震数据库以便进行反分析和数值模拟。对给定的采矿方法，需要采用微震灾害反分析和数值模拟反分析相结合的方式以针对采矿计划进行灾害评估。通过建立微震参数和数值分析之间的相关关系，就可对相应于采矿设计的微震灾害做出评估，并对所设计的开采方法做出相应的调整。当这个调整后的采矿计划开始实施后，应不断地对实际的采矿过程进行模拟，作出地压灾害评估，不断对先前的微震和数值模拟的相关关系进行定期更新，必要时对未来采矿风险进行重新评估。

这种方法适用于已积累了一定数量微震数据的已开采的矿山。

(2) 中期灾害评估

中期指的是一个时段，其间允许采取预防性措施，例如改变采矿进度或者改变巷道位置的策略。中期微震灾害估计是对微震数据进行分析，将获取的与微震应变有关的参数信息与微震应力有关的参数信息在空间分布上进行叠加对比，以判断是否存在潜在的不稳定性。对不同区域(通常是生产作业区)的微震活动性进行定量和统计分析，从而对这些区域的灾害进行分级比较，从岩体工程的角度进行优化风险管理。尽管在某个特定时段内对某个特定区域的岩体进行的定量和统计分析对预估今后微震活动性的价值有限，但其对灾害的分级仍然很有用。如果能够定期(按月)重复相同的分析，就可以获得微震灾害的演化过程。

传统地震灾害分析的结果是得到一份微震震级概率图表，横坐标为时间区间，纵坐标为震级。对两个区域进行对比，可以发现一个区域 A 比另一个区域 B 在概率上更具灾害性，比如说在一个月内发生 2 级以上地震的概率。然而，如果改变参照震级，如改为 3 级以上地震，就有可能发现区域 B 在相同的时段内发生 3 级以上地震的概率更大。灾害级别的概念是将灾害与震级和时间段建立联系，用一个量值来估计地震矩与能量在一年内的变化。

(3) 短期灾害评估

短期微震风险管理主要依赖于对特定微震参数进行时程分析，通过用时间和参数过滤的方式控制微震的时间分布特征，优化分析以确保成功率。

对微震时程记录分析进行短期稳定性评估，其原理可以简述为：微震时程分析的主要目的是定量估计将要发生的岩体失稳。频繁发生的大微震事件通常有许多前兆，例如能量指数突降、累积视体积持续增加等。由于岩体失稳的演化和成核过程的动力学原理还不是十分清楚，因此，任何方向发生明显异常的微震参数的变化，都应立刻引起足够的关注。短期微震灾害评估对矿山作业的日常风险管理极为重要。然而，人们通常认为矿山地震或地震事件是不可预测的。在地下矿山灾害预警中，需要回答的问题是：在特定时间将作业人员送到特定的作业区时能否保证他们的安全，如果不能提高这种短期预报的成功率，那么就没有达到应用微震监测技术的一个主要目的。

利用累积视体积(VA)与能量指数(EI)等微震参数的时程分布来预警的方法已被南非很多矿山应用，为描述这些情况，可根据微震参数的时程分布上的定性改变，将微震灾害分级分为预警 1、预警 2 等。目前，该系统被升级为“微震灾害分级系统的日常分类”(routine rating of seismic hazard rating，RRoSHR)，并成功地被 10 多个南非金矿用于 100 多个作业面的日常灾害分级评估。

这种灾害分级体系的成功率可以在反分析时加以考察，可采用统计的方法确定某个区域内发生高于平均率的破坏微震事件的概率。将此概率与该事件发生在其他区域的概率进行比较，得到的这些概率比值就是灾害分析体系的成功率，合理的成功率为一个可能的破坏性事件发生的概率约三倍于该事件发生于其他区域的概率。这里，给出灾害分级在 Far West Rand 一些矿山的实际应用结果，见表 5-29。

表 5-29 RRoSHR 在南非矿山应用的成功率

应用矿山	预警指标	概率
矿山 A	在班时间内发生 $m \geq 1$ 事件	5.28%
	在班时间内发生 $m \geq 1$ 事件，如果此前 60 h 内灾害分级不低于 3，即发生警报	14.18%
	在班时间内发生 $m \geq 1$ 事件，如果此前 60 h 内灾害分级小于 3，即撤销预警报	0.23%
矿山 B	在班时间内发生 $m \geq 1$ 事件	10.3%
	在班时间内发生 $m \geq 1$ 事件，如果此前 2 d 内灾害分级不低于 4，即发出警报	36.97%
	在班时间内发生 $m \geq 1$ 事件，如果此前 2 d 内灾害分级小于 4，即撤销预警报	2.52%

任何微震灾害估计都需要选定进行估计的空间单元，空间单元的范围与选用的灾害评估方法和主要关注事件的大小有关。一个简便的方法是选择生产区域(如一个作业面)作为分析所需的空间单元，因为对作业面的风险管理通常容易实施，这种选择适合于时程分析。如果仅考虑那些由特定作业场产生的事件，最大震级事件的线性尺度与采场的尺度应该在同一量级。然而，我们需要考虑通常发生在结构(断层、岩脉、矿壁、矿柱)上的大事件，这些大事件通常受多于一个采场的影响。对这样的结构，空间单元需要包括可能遭到微震破坏的结构所在区域。另外，还需要考虑的因素则是微震监测系统的灵敏性、定位精度和分析目的。例如，要达到 0.5 震级的精度，空间分辨率需要精确到采矿条带的尺度大小，系统灵敏度需要达到-1.5 震级，定位精度小于 10 m。

对南非深井金矿通常选用三个层面的空间单元来进行微震分析与解释，可以分为 A、B、C 三类。这三类单元的尺度及相应的分析任务列于表 5-30。

表 5-30 典型空间单元尺度与分析方法

空间单元	最大线性尺度	分析目的	分析方法	时间尺度
A	>1000 m 矿山范围	矿山微震大致趋势	统计分析：一般性趋势	月、年
B	500~1000 m 部分矿山	防止：监测异常空间分布形式	绘制微震事件等值线图	周、年
C	100~500 m 通常为作业区	控制：中期风险管理；短期风险管理	统计与定量评估微震灾害；稳定性分析	周、月 天：换班前

5.6.7　岩爆控制

在金属矿山中，采取的预防岩爆措施有：

①降低回采过程中弹性应变能的释放速度。可借助部分回采，或应用废石、尾砂、河沙及胶结材料充填采空区来实现。

②两帮岩石在回采过程中可能发生收敛闭合时，应减小矿块宽度。

③采用振动爆破释放应力。

④改变矿岩层的物理力学性质，采用高压注水，人为地在岩层内部造成一系列的弱面，并起软化作用，以降低岩体强度和增加塑性变形量。注水后，可使岩体单向压缩的塑性变形量增加 13.3%~14.5%。

金属矿山岩爆的防治可以分为设计阶段的预防与施工阶段的防治两部分。

在设计阶段，要进行合理的开采设计，确定优化的开采顺序和开挖步骤，巷道设计应尽量避开易发生岩爆的高地应力集中地区。当难以避开高地应力集中地区时，要尽量使巷道轴线与最大主应力方向平行布置，以减小应力集中系数，防止发生岩爆或者降低岩爆发生的级别。巷道断面设计应尽量减小应力集中和应变能积聚。要进行合理的爆破设计，尽量减少爆破震动的影响，避免岩爆的各种诱发因素的发生。

在施工阶段，要对采空区进行及时有效的充填，尽量减少采空区的空顶面积和体积，减少岩爆可能发生的空间。对关键部位的硐室和围岩采用喷锚网、可塑性锚杆等柔性或先柔后刚的支护措施，允许围岩的适量位移和应变能的逐步释放。改善围岩物理力学性能，在开挖面和硐壁经常喷洒冷水或进行超前钻孔注水，可在一定程度上降低表层围岩强度，软化岩石，释放应变能。改善围岩应力条件，根据工程实践经验，爆破洞段尽量采用钻爆法施工，短进尺掘进，减小药量，控制光面爆破效果，以减小围岩表层应力集中现象。

选择科学合理的采矿方法，优化采掘工程布置和回采顺序，避开断层、弱面及高地应力等应力集中区，充分利用免压拱及爆破振动、卸压巷、爆破弱化岩体、注水软化等卸压措施，可有效预防岩爆的发生。

(1)改善围岩物理力学性能

常在掌子面和硐壁喷撒冷水，可在一定程度上降低表层围岩强度。采用超前钻孔高压均匀注水，可以通过三方面作用来防治岩爆。一是可以释放应变能，并将最大切向应力向深部转移；二是高压注水的楔劈作用可以软化、降低岩体强度；三是高压注水产生了新的张裂隙，并使原有裂隙继续扩展，从而降低了岩体储存应变能的能力。其具体防治措施见表 5-31。

表 5-31　常见岩爆防治技术

序号	岩爆防治技术	具体措施
1	高压或静压注水技术	注水孔位置：两帮或掌子面；注水孔参数：注水孔间距 7~8 m，封孔长度 8 m 以上，注水孔直径 47~78 mm；注水压力：初始注水压力为 20 MPa，后续注水压力为 10~15 MPa
2	磨料高压水射流技术	位置：底板或侧帮；压力：30~35 MPa；缝深：10~12 m；缝宽：30~50 mm；缝长：2 m

(2)改善围岩应力条件

根据国内外工程实践经验，岩爆洞段尽量采用钻爆法施工，短进尺掘进；减小药量，控制光面爆破效果，以减小围岩表层应力集中现象。轻微、中等岩爆段尽可能采用全断面一次开挖成型的施工方法，以减少对围岩的扰动。强烈以上烈度岩爆地段，必要时也可采用分部开挖的方法，以降低岩爆的破坏程度，但在施工中应尽量减少爆破振动触发岩爆的可能性；采取超前钻孔应力解除、松动爆破或振动爆破等方法，使岩体应力降低，能量在开挖前释放。典型矿山工程中岩爆防治实例如表 5-32 和表 5-33 所示。

表 5-32 钻孔卸压防治岩爆工程实例

序号	矿山	研究对象	岩爆情况	施工参数
1	会泽铅锌矿	3#竖井掘进工作面(硬度系数 10 以下，节理发育不完善)	深部工作面频现块石弹射现象	在竖井中布置 2 种卸压孔。一种垂直于作业面，其长度为每循环进尺的 2 倍，孔径 50~60 mm，施工时可与正常掘进同时进行；另一种与井壁呈 60°角，孔径 50~60 mm，孔深为 5 m，孔间距为 1.3 m
2	渣滓溪锑矿	43 脉-205 中段采场	采场多次发生小型岩块弹射现象，岩性以石英砂岩为主	布置 5 个钻孔，钻孔长 2 m，直径 42 mm，间距 0.9~2.58 m，倾角 56°~69°，现场观测到孔径变形、孔内有碎颗粒掉落，说明起到卸压作用，且其卸压影响半径约为 0.7 m，并具有 48 h 的实效性
3	二道沟金矿	1 号矿脉 1511 和 1510 采场	多次听到类似岩石压碎发出的“啪啪”声响，同时切割巷道靠近矿体一侧片帮较严重	使用 7655 气腿式凿岩机，钻孔半径为 19 mm，在采场回采工作面往顶板和下盘方向钻凿卸压钻孔，孔深尽可能大，一般情况可以打 2~3 m，具备条件最好用套钎打 3~5 m 的钻孔

表 5-33 爆破卸压防治岩爆工程实例

序号	矿山	研究对象	施工参数
1	会泽铅锌矿	3#竖井	当硬度系数在 10 以上时，钻孔直径为 42 mm，孔深 5 m，孔间距 1.3 m，每孔装药量一般为 600~800 g
			超前卸压：井筒四周布置 16 个钻孔，孔深 5 m，孔间距 1.3 m，与井筒竖轴成 30°角，钻孔末端之间的距离不超过 1 m，在整个井筒周围用内部爆破形成一个宽 2 m 的保护区
			保护性卸压：在井筒四周布置 16 个钻孔，钻孔与水平面成 30°角，孔深 4 m，孔口间距 1.3 m，孔口到掌子面的距离为 1.5 m，装药量占钻孔长度的 1/4~1/2，整个井壁周围形成一个宽 3 m 的保护区
2	灵宝金矿	平硐拱顶	钻孔深 3~4 m，间距 0.5~1.5 m，按与垂直方向成 30°角斜向钻进，每孔装药量为 500 g 左右
		平硐侧帮	钻孔深 3~4 m，间距 0.5~1.5 m，装药量为钻孔长度的 1/5~1/4
		平硐掌子面	钻孔按与巷道轴线成 15°~20°钻进，深 4~5 m，孔底装药深度不少于钻孔深度的 1/4，黄土泥封眼，内部爆破，钻孔个数根据巷道断面确定

(3) 加固围岩

岩爆发生时，会使岩体内部产生极大的瞬时变形，且形成的岩石碎块具有极强的动能，从而与常规岩体破坏有很大差异，前者产生的破坏块体的运动速度甚至超过 10 m/s，在很大程度上会威胁施工生产员工的生命安全和生产装备的正常运作。锚杆支护前的钻孔可以释放围岩应力，达到弱化围岩、实现应力向深部转移的目的，同时支护后形成的锚网可以最大限度地减小岩爆弹射石块的危害。因此，锚杆支护可实现弱化围岩和人员防护两者较好的结合，是一种有效的岩爆防治方法。施工实践中支护防治岩爆工程实例见表 5-34。

表 5-34　支护防治岩爆工程实例

序号	工程	支护参数
1	冬瓜山铜矿	布置在大理岩中的充填回风巷道采用管缝式锚杆+ϕ6 mm 金属网方式支护；在矿岩接触带采用锚杆或注浆锚索支护，锚索为 ϕ19~24 mm 的废旧除锈钢丝绳，长 4~6 m，网度为 2 m×(2~3) m；对出矿巷道和出矿进路采用临时喷浆 30 mm+锚杆挂金属网+永久喷浆的方式；出矿穿脉采用喷锚网+锚索的联合支护；在出矿进路和堑沟的交会点处采用超前预锚杆进行预支护+喷锚网联合支护
2	会泽铅锌矿 3#竖井	首先，初喷 CF30 钢纤维混凝土，厚 5~10 cm；其次挂 ϕ6. 5 mm 的钢筋网，间距为 100 mm×100 mm；最后，安装树脂锚杆，锚杆 ϕ20 mm，间排距 1 m×1 m，长度 2 m
3	后岗隧道	对轻微岩爆段，采取喷水湿化降低岩面应力，具体做法是用洗车增压泵在爆破后及时对临空面进行喷水处理。对中等岩爆段，采用爆破后及时找顶和排除危石，在边拱及拱顶部位喷射 5~10 cm 厚 C20 混凝土，初喷后再出渣，然后采用密锚挂网喷混凝土：打 ϕ25 mm 系统砂浆锚杆，长 3. 5 m，间距 1. 5 m，并对岩爆爆坑范围适当加密，间距 1. 0 m，均为梅花形布置。挂设直径 6 mm，20 cm×20 cm 钢筋网，喷 5~10 cm 厚 C20 素混凝土

(4) 岩爆孕育过程的动态防控

根据新揭示的地质条件进行岩爆等级和区域复核、修正，动态调整开挖、应力释放孔和支护方案，以避免岩爆的发生或降低岩爆发生等级，是岩爆动态防控的基本方法。由于地质信息、地应力条件、微震活跃性等变化导致潜在岩爆区域和等级相对于先前估计或预警结果发生变化时，应根据最新岩爆区域和等级的估计或预警结果，进行开挖、应力释放和支护方案的动态优化。若针对前期岩爆风险实施相应开挖、应力释放或支护措施后，微震活动性变化或岩爆风险防控仍未达到所要求的效果，则应不断地对开挖、应力释放和支护方案进行调整，使得微震活动性变化或岩爆风险防控达到所要求的效果。综合考虑改善围岩应力条件和支护方法，不同等级岩爆防控策略和措施如表 5-35 所示。

表 5-35　不同等级岩爆防控策略和措施

<table>
<tr><th rowspan="2">岩爆等级</th><th colspan="4">岩爆风险防控措施</th></tr>
<tr><th colspan="2">优化工程布置和开挖参数，减少开挖引起的岩体内部能量集中水平</th><th>采用应力释放措施，释放和转移在部分岩体中的能量</th><th>采用支护系统，吸收岩体释放的能量</th></tr>
<tr><td>轻微</td><td>—</td><td>—</td><td>—</td><td>采用系统喷锚网支护。
(1)喷射混凝土支护：可选用钢纤维、仿钢纤维等混凝土；
(2)锚杆支护：可选用普通砂浆锚杆、树脂锚杆、中空预应力注浆锚杆或机械式锚杆等</td></tr>
<tr><td>中等</td><td rowspan="3">(1)地下硐室纵轴线方位与最大主应力方位夹角宜小于 30°，在第一主应力和第二主应力量值较为接近时，地下硐室纵轴线方位宜与两者中的水平分力较大者呈较小夹角；
(2)宜避免穿过褶皱核部或活动性断裂</td><td>(1)采用小扰动开挖方式
①两相向开挖掌子面贯通时，由岩爆风险相对较低的掌子面单独开挖至贯通；
②穿越刚性断裂时，由刚性断裂上盘侧向下盘侧开挖。
(2)采用短进尺/低速率开挖</td><td>—</td><td>采用系统喷锚网支护。
(1)喷射混凝土支护：可选用钢纤维、仿钢纤维等混凝土；
(2)锚杆支护：可选用普通砂浆锚杆、树脂锚杆、中空预应力注浆锚杆或机械式锚杆等，宜大角度穿过控制型结构面或刚性断裂处，并加钢垫板</td></tr>
<tr><td>强烈</td><td rowspan="2">(1)采用小扰动开挖方式
①两相向开挖掌子面贯通时，由岩爆风险相对较低的掌子面单独开挖至贯通；
②穿越刚性断裂时，由刚性断裂上盘侧向下盘侧开挖；
③高度不小于 10 m 的钻爆法开挖硐室，采用分层分步开挖；
④高度不小于 10 m 的 TBM 法开挖硐室，先采用钻爆法开挖上导洞，后进行 TBM 扩挖。
(2)采用短进尺/低速率开挖</td><td rowspan="2">进行高能量集中区的应力释放：
(1)应力释放孔布置方式：掌子面超前于断面径向；
(2)应力释放孔深度应到达应力和能量集中的部位，潜在岩爆由硬性结构面或刚性断裂引起时，深度要超过结构面或断裂部位</td><td rowspan="2">采用系统喷锚网支护+钢拱架支护。
(1)喷射混凝土支护：可选用钢纤维、仿钢纤维等混凝土；
(2)锚杆支护：可选用具有高吸能特性的锚杆，如锥形锚杆、Garford solid bolt、Roofex bolt、D-bolt、Yield-lok bolt 及 NPR 锚杆等，宜大角度穿过控制型结构面或刚性断裂处，并加钢垫板；
(3)钢拱架支护：可选用钢拱筋、TH 梁等可伸缩支架</td></tr>
<tr><td>极强</td></tr>
</table>

致谢

在本章编写过程中，蔡美峰院士对书稿章节和内容进行了审核，提出了许多建设性的意见和建议，在此表示衷心的感谢！此外，郭奇峰、刘建坡(岩爆部分)、李文、齐宽、夏志远、谭乃根、李准、孙春辉、丁宇、李江、苗勇刚、任朝阳、王玉丁、张鑫、赵鹏、武立岐、王佼佼、乔鹏飞等在文献资料收集、书稿文字录入、编辑等方面做了许多工作，在此感谢！由于书稿篇幅有限，许多文献作者、矿山企业和个人没有一一列出，在此一并致谢！

参考文献

[1] HEIDBACH O, RAJABI M , CUI X F, et al. The world stress map database release 2016: Crustal stress patteren across scales[J]. Tectonophysics, 2018, (744): 484-498.

[2] HOEK E, BROWN E T. Underground excavations in rock [M]. London: The Insititute of Mining and Metallurgy, 1980.

[3] 于学馥, 郑颖人, 刘怀恒. 地下工程围岩稳定分析[M]. 北京: 煤炭工业出版社, 1983.

[4] 蔡美峰. 地应力测量原理与技术(修订版)[M]. 北京: 科学出版社, 2000.

[5] FAIRHURST C. Measurement of in situ rock stresses with particular reference to hydraulic fracturing[J]. Felsmechanik, 1965, 2(3): 129-147.

[6] TAN Z Y , CAI M F. Measurement and study of distributing law of in-situ stresses in rock mass at great depth [J]. Journal of University of Science and Technology Beijing, 2006, 13(3): 207-212.

[7] 林韵梅. 地压讲座[M]. 北京: 煤炭工业出版社, 1981.

[8] 李文秀, 闻磊, 刘晓敏. 矿区区域性水平移动及其对竖井的影响[J]. 岩石力学与工程学报, 2009, 28(增刊2): 3926-3931.

[9] 马凤山, 袁仁茂, 邓清海. 金川矿山地表岩移 GPS 监测及岩体采动影响规律[J]. 工程地质学报, 2007, 15(增刊2): 84-97.

[10] TIAN Y S, ZHANG W. Engineering geological characteristics and rheological property of rock mass in Jinchuan Nickel Mine[C]// Proc 8th Cong Inter Soc On Rock Mechanics A A Balkema, 1995: 9-12.

[11] 徐嘉谟, 李毓瑞, 马凤山. 金川矿山边坡岩体工程地质力学[M]. 北京: 地震出版社, 1998.

[12] 赵海军, 马凤山, 徐嘉谟. 金属矿充填开采岩体移动对竖井围岩的变形破坏[J]. 岩土工程学报, 2012, 34(2): 340-348.

[13] 蔡美峰. 金属矿山采矿设计优化与地压控制[M]. 北京: 科学出版社, 2001.

[14] 钱七虎. 岩爆、冲击地压的定义、机制、分类及其定量预测模型[J]. 岩土力学, 2014, 35(1): 1-6.

[15] Kidybiński A. Bursting liability indices of coal [J]. International Journal of Rock Mechanics and mining Sciences & Geomechanics Abstracts, 1981, 18(4): 295-304.

[16] SINGH S P. Burst energy release index[J]. Rock Mechanics & Rock Engineering, 1988, 21(2): 149-155.

[17] 郭然, 于润沧. 新建有岩爆倾向硬岩矿床采矿技术研究工作程序[J]. 中国工程科学, 2002, 4(7): 51-55.

[18] WANG J A, Park H D. Comprehensive prediction of rockburst based on analysis of strain energy in rocks[J]. Tunnelling & Underground Space Technology, 2001, 16(1): 49-57.

[19] AUBERTIN M, GILL D E, SIMON R. On the use of the brittleness index modified (BIM) to estimate the post-peak behavior of rocks[J]. Aqua Fennica, 1994, 23: 24-25.

[20] 唐礼忠, 潘长良, 王文星. 用于分析岩爆倾向性的剩余能量指数[J]. 中南大学学报(自然科学版), 2002, 33(2): 129-132.

[21] RIEKER C B, SCHN R, KTTIG P. Analysis of fault-slip mechanisms in hard rock mining[J]. Journal of Biomechanics, 1999, 39(06): S120.

[22] WU Y, ZHANG W. Evaluation of the bursting proneness of coal by means of its failure duration[J]. Rockburst and Seismicity in Mines, 1997: 285-288.

[23] 李庶林. 岩爆倾向性的动态破坏实验研究[J]. 辽宁工程技术大学学报, 2001, 20(4): 436-438.

[24] ZHANG J, FU B, LI Z. Criterion and classification for strain mode rockbursts based on five-factor comprehensive method[C].//12th ISRM International Congress on Rock Mechanics(第十二届国际岩石力学大会)论文集. 2011: 1435-1440.

[25] 李庶林, 冯夏庭, 王泳嘉. 深井硬岩岩爆倾向性评价[J]. 东北大学学报(自然科学版), 2001, 22(1): 60-63.

[26] 马春驰, 李天斌, 张航. 基于 EMS 微震参数的岩爆预警方法及探讨[J]. 岩土力学, 2018, 39(2): 765-774.

[27] 冯夏庭, 陈炳瑞, 张传庆, 等. 岩爆孕育过程的机制、预警与动态调控[M]. 北京: 科学出版社, 2013.

[28] 张镜剑, 傅冰骏. 岩爆及其判据和防治[J]. 岩石力学与工程学报, 2008, 27(10): 2034-2042.

[29] 李志力. 锦屏二级水电站洞室群开挖岩爆防治措施探讨[D]. 天津: 天津大学, 2010.

[30] 吴伟伟, 戴兴国, 杜坤. 矿山岩爆防治机理及方法研究综述[J]. 采矿技术, 2018, 18(5): 34-40.

[31] 丁航行. 二道沟金矿岩爆机理及防治方法研究[D]. 沈阳: 东北大学, 2012.

[32] 刘月锋, 卫栓紧. 深部开拓巷道岩爆防治技术[J]. 建井技术, 2013, 34(2): 13-15.

[33] 严鹏, 陈拓, 卢文波. 岩爆动力学机理及其控制研究进展[J]. 武汉大学学报(工学版), 2018, 51(1): 1-14.

[34] 张少杰, 张爱民, 马俊生. 深井硬岩矿山岩爆防治技术综述[J]. 中国矿工程, 2018, 47(6): 12-18.

[35] 冯夏庭, 肖亚勋, 丰光亮, 等. 岩爆孕育过程研究[J]. 岩石力学与工程学报, 2019, 38(4): 1-25.

第 6 章

采场地压

6.1 采场地压特征及分类

采场地压是指在地下开采过程中，原岩对采场或采空区围岩及矿柱所施加的载荷。在矿床开采过程中，在地下形成巷道和采空区，破坏了原岩体的应力平衡，产生次生应力场。采场和围岩内应力重新分布时，引起围岩变形、移动或破坏等不同地压现象，这些地压现象的发生和发展过程称为采场地压显现。为保证正常回采，利用地压和采取减少或避免地压危害的技术措施，称为采场地压控制。

由于矿床开采范围较大，开采空间的形态极其复杂，随开采工作的开展，采场规模和形态又不断变化，岩体受到多次重复的扰动，呈现极其复杂的受力形态。因此，采场地压区别于矿山井巷、水电、铁路、国防等地下工程的地压，具有显现剧烈、波及范围大、次生应力场复杂、活动规律短时间内难以认识等突出特点。

传统的地下矿山开采设计，缺乏考虑地压活动对矿山投产后采矿的影响以及有效的防治措施，给后期矿山安全生产留下隐患。近几十年以来，开采顺序、工程布置对地压的影响作用越来越受到重视。随着计算机技术的发展，基于矿岩物理力学性质、力学环境和岩体构造的数值模拟计算被广泛应用于开采过程研究。实践表明，通过优化采场开采顺序、合理布置工作面形式等地压控制措施，能够有效降低应力集中程度和地压活动规模，已经成为防治地压活动的有效手段之一。国内外众多学者针对现场地压灾害孕育发生机理开展了大量的研究工作，尤其是微震监测技术的快速发展为矿山动力灾害监测和安全生产管理提供了有效手段，在世界范围内得到广泛应用。通过微震监测开展地压灾害发生风险评估、地压活动聚集的区域预警，能够及时调整开采计划或采取预防措施，有效降低地压灾害发生风险。

国外开采深度超过 2600 m 的金属矿山有 9 座，其中最深的是南非的 Mponeng 金矿，其开采深度已达 4000 m。据不完全统计，“十三五”时期我国有十余座金属矿山进入 1500～2000 m 深度开采。进入深部开采后，地应力显著增大、岩温升高，矿床开采的地质力学和热物理力学条件均发生很大变化，地压规律变得更为复杂，岩爆发生的烈度和频率显著增加，对卸压开采、支护技术的要求将更加突出，传统的地压防控理论与技术难以满足深部高应力下开采的要求。

长期以来，人们一直关注于如何控制地压活动和防范地压灾害，将高井深、高应力看作不利因素。既然岩爆等地质灾害是因高应力和深部开采引起应力集中和能量的突然释放而产生的，通过开展深部强卸荷下开采诱发岩爆灾害的孕育演化规律以及金属矿床深部采场高应力矿岩爆破的规律研究，研发高应力诱导破岩的深部开采高效爆破技术，能够充分利用和降低开采诱发的高应力集中程度和能量的突然释放速率。因此，如何把这些致灾因素同深井采矿方法与采矿工艺的根本性变革结合起来，在被动防范高应力地压显现的同时努力实现深部开采过程中高应力的主动利用，是未来实现深部安全高效开采的有效途径。

6.1.1 影响采场地压的因素

影响采场地压的主要因素有以下几点。

①采矿方法。采矿方法的选择一般考虑矿岩稳固性条件与矿体赋存参数。采矿方法不同时，开采工艺流程、工序时间、开采活动对矿岩体扰动程度、采场地压维护方式等影响较大，从而导致不同采矿方法的采场地压具有较大差异。

②矿岩物理力学性质。矿岩的完整性、岩石质量、不连续面的特征等与围岩稳定性紧密相关，当矿岩力学性质较好时，可允许较大的暴露面积，矿岩力学性质一般时，地压显现，需对围岩进行支护。岩石的矿物组成、结晶程度以及矿物颗粒之间连接特征等对地压显现有不同程度的影响。

③采场的暴露面积。生产实践证明，开采暴露面的稳定性，不仅取决于暴露面积的大小，还取决于暴露面积的形状。当暴露面的长度小于 2 倍宽度时，采场稳固性取决于暴露面积大小；当暴露面长度远远大于其宽度(大于 2 倍以上)时，其稳固性就取决于宽度，而长度(或面积)已经不是决定性因素了。

④地应力。上覆岩层的重力与开采深度成正比，一般开采深度越大，上覆岩层的重力越大，地压越明显。如果有构造应力影响，水平应力往往大于垂直应力。

⑤开采顺序。开采顺序不同，岩体所经历的应力路径也不同，最终的应力状态也就不同。研究表明，不同应力路径下，岩体的变形特征、强度特征和破坏机制有明显差异。

⑥相邻采空区的处理方法及处理质量。若相邻采空区充填体强度大，接顶程度好，则对采空区稳固有利。相邻采空区处理的质量不好，仍有较大的地压活动，则对采空区稳定不利。

⑦断层、破碎带等构造。对于大面积地压活动，大型连续结构面(如断层，破碎带等)一方面起控制其发生和控制其范围的作用，即成为岩体移动边界的切割面、滑动面；另一方面对其发生和发展起促进加速作用。从弓长岭铁矿地表塌陷观测，井下地压活动所引起的地表开裂，一般沿断层发生，并由此形成下沉台阶。锡矿山、盘古山钨矿、荆襄磷矿等矿发生的大规模地压活动，均受地质构造弱面所控制。

⑧地下水。地下水一方面对岩体结构面起溶蚀、软化和泥化作用，降低弱面的强度；另一方面在裂隙水压力作用下，减少了作用于裂隙岩体的摩擦阻力，从而降低了岩体的抗剪强度。江西钨矿、弓长岭铁矿、保国铁矿大面积地压活动，一般发生在春季解冻和雨季时期。

⑨时间效应。大量矿山地压活动观测资料表明，随着大面积开采活动的进行，时间成为重要的可变因素。地压活动呈现缓慢移动、加速移动和冒落崩塌的发展过程。局部地压活动诱发局部坍塌甚至大面积冒落，主要由岩性、岩体构造等条件决定。

6.1.2　采场地压的分类

按地压显现特征、活动规模以及破坏程度，采场地压可分为局部性地压和大面积地压。前者波及面小(仅限数个采场)，对生产、安全影响较小，发展缓慢(数月至十几年)；而后者波及面广(几个中段)，破坏性大，发展急剧(几小时至几天)，严重影响生产和威胁安全，甚至会导致全矿停产，并造成重大资源损失。

局部性地压由于规模小、发展慢，如果及时采取有效的控制措施，可以避免大面积地压的发生。相反，当局部性地压失控时，地压迅速增加，就可能造成大面积地压的发生。

按地下矿山地压的显现形式，可分为散体地压、变形地压、冲击地压和膨胀地压。按地下金属矿山的采矿方法，可分为空场法地压、充填法地压、崩落法地压。不同的采矿方法，其采场地压活动的规律及其地压控制的方法不同。

6.2　空场采矿法地压

空场采矿法是利用矿岩本身的强度支撑采场空间，辅以必要的支撑矿柱支撑局部压力，实现采场地压管理。在回采过程中，将矿块划分为矿房和矿柱，先回采矿房，再回采矿柱。在回采矿房时，采场以敞空形式存在，依靠矿柱和围岩本身的强度来维护采场的稳定性。有时为了提高矿岩的承载能力，除留矿柱外，还采取了某些辅助性的措施(如木支护、锚杆支护、长锚索等)，以保证回采工作的安全。

空场采矿法中地压破坏主要为顶板及围岩的变形和冒落、矿柱的失稳和采空区暴露所引起的地压活动。由于矿体赋存条件不同，需应用不同的空场采矿法，其地压的显现特征以及地压管理方法有较大的差别。采场具有规模大、形状复杂的特点，由于在地壳内部开挖出空间，破坏了原岩体的应力平衡状态，使围岩的应力重新分布，在此过程中围岩发生变形、破坏。空场采矿法采场地压显现从时间和空间上看，大体可分为两个时期：一是开采初期采场回采期间的局部地压显现。随着回采工作面的形成及推进，采场暴露面积达到一定值后，可能出现采场矿体、围岩或矿柱的变形、断裂、片帮、冒顶等现象。二是开采中后期大规模剧烈的地压显现。在矿山开采中后期，由于采空区范围扩展及采空区体积扩大，可能出现大规模、大范围的剧烈地压显现情况。

6.2.1　房柱采矿法地压特征及控制

1. 房柱采矿法地压显现特征

房柱采矿法结构工艺简单，通风条件好，生产能力强，广泛应用于水平和缓倾斜矿体开采。房柱采矿法依靠矿柱控制顶板和围岩的位移，但当矿房顶柱暴露面积过大时，顶板垮落，使顶柱压力传递于间柱后造成矿柱破坏，产生上盘围岩的大冒落和急剧位移。房柱采矿法地压显现的特征主要有以下几种。

1)顶板变形分区性

通常，在采空区覆盖岩层中会形成三个不同破裂程度的区域，即破裂区、压缩区和弹性极限内的影响区(图 6-1)。一般情况下，浅埋矿床开采时也可能存在“三区”，只不过往往发育不完整。但当矿体的埋藏深度足够大时，破裂变形一般不会发展到地表。

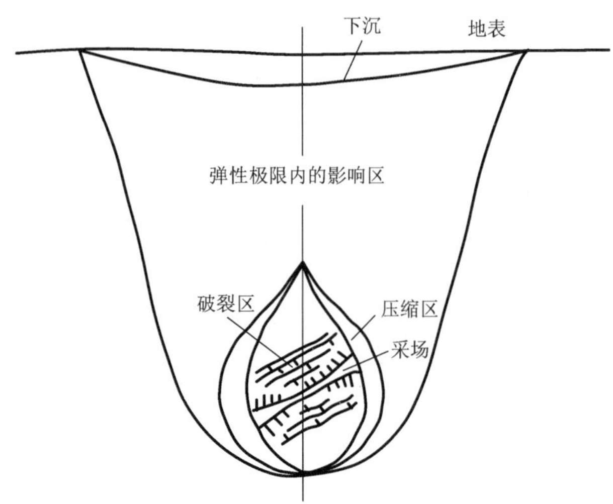

图 6-1　金属矿采空区三区示意图

破裂区：紧靠矿体上方的覆盖岩层中由于破碎而冒落的区域称为破裂区。该区域内岩体常常呈拱形冒落向上发展，当冒落后的破碎岩石体积能将采空区完全填满，并起到支撑上覆未崩落岩层的作用时，则冒落停止向上发展；或者在冒落拱的下方虽尚有空隙，但因采空区暴露面积有限，即未充分采动，覆岩自身已形成自然平衡拱，冒落亦可停止。当然，其还与采动范围、覆岩自身强度以及采空区的充填状况有关，一般说来，采空区充填密实时，上覆岩层只出现轻微的松动开裂，不出现冒落。

压缩区：破裂区上方为压缩区，由于该区内岩层下沉弯曲，变形较大，使岩层沿层理裂开形成离层，带内岩层虽未冒落，但存在较大程度的变形，使该区域岩体失去了原有的整体性。

弹性极限内的影响区：压缩区上方岩层仅出现下沉弯曲，呈整体移动，称为弹性极限内的影响区。该区域内岩层一般不再破裂，只在自重作用下产生法向弯曲，故岩体较好地保持了原有的整体性。由于采动形成的破坏裂隙稀少，一般在区域内不会出现渗水裂隙。但在影响区范围内有构造断裂存在时，岩体将会沿构造断裂出现大的岩移或错动，有可能使井巷工程或建筑物受到破坏。

顶板三区的形成，一般经历以下三个阶段。

第一阶段，岩层离层与弯曲。锡矿山实测结果表明，顶板测点在回采工作面前方 7 m 以上时，顶板基本不下沉；当工作面推进到距测点 3~6 m 时，顶板开始离层与弯曲，而且随着间距的缩短，弯曲变形加速；当工作面通过测点 3~6 m 以后，测点下沉速度最大；此后，随着工作面的继续推进，顶板测点下沉速度逐渐减小。

第二阶段，岩层局部破坏与冒落。随着时间推移和采空区面积的扩大，顶板岩层的离层破坏向深处发展，由零星冒落逐渐转变为上覆岩层的变形移动。

第三阶段，岩层大体积塌落。局部矿柱和顶板的破坏，加速了上覆岩层的移动，同时，顶板岩层内拉应力与切应力也急剧增加，当其变形(应力)值超过岩石允许变形(应力)值时，岩层将出现破坏，岩层内部的新生裂隙增多，原生裂隙进一步扩展，岩体被裂隙、节理、断层和层理切割成无数岩块，在这些岩块组成的岩体中，一旦外加负荷超过岩块间摩擦阻力，将导致岩块连续移动，进而造成大体积岩体突然冒落。由此可见，上覆岩层崩落时岩体内裂隙和断层起着非常重要的作用，矿山岩层大体积塌落是岩体弱化和施加荷载的结果。

2）矿柱破坏特征

回采工作的进行引起了应力重新分布和矿柱载荷的增加。如果矿柱中的应力状态低于原岩强度，则矿柱保持完整。矿柱破坏形式基本上可分为三种类型，即剪切型、拉裂型和滑移型（图 6-2）。矿柱的破坏大多数属于剪切型破坏。这是由于矿柱与顶、底板紧密连成一体，在覆盖岩层的压力下，矿柱两端有很大的约束，存在很大的横向剪力，因而使矿柱中的任一小单元体，都出现与柱轴成 45°方向的剪应力，这些剪应力引起矿柱表面各单元被破坏，并向柱的中心逐步发展，最终导致矿柱倒塌。

在矿柱与顶板接触处有软弱夹层的情况下，一般出现拉裂型破坏。这与岩石试样两端无摩擦受压情况的破坏形式基本相同。当矿柱中存在软弱夹层或明显节理时，节理面和夹层面很容易受到轴向压力所产生的剪切作用而发生相对滑移，由于夹层几乎不能承受剪应力，因此出现滑移型破坏。大红山铜矿采场矿柱的破坏形式主要为剪切型和滑移型。锡矿山中部地压区对 21 个采场 84 个矿柱破坏情况统计显示，在所有破坏的矿柱中，大多数属于剪切型破坏。

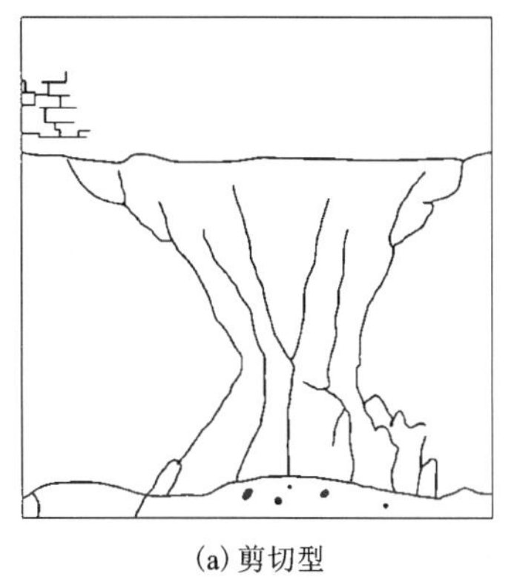

(a) 剪切型

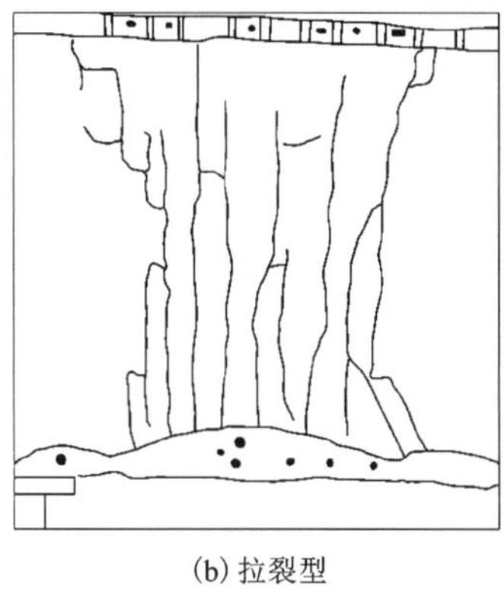

(b) 拉裂型

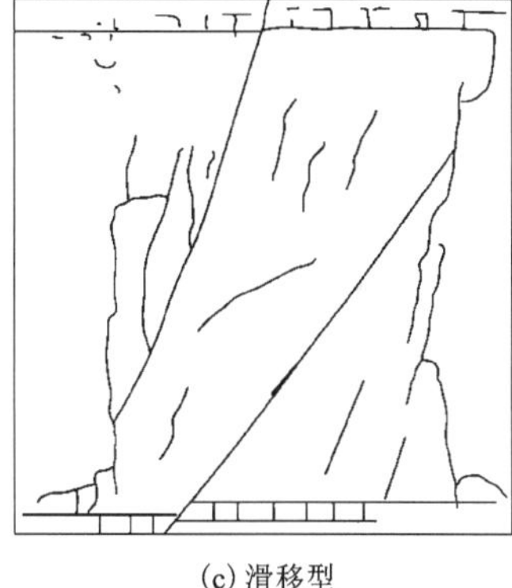

(c) 滑移型

图 6-2　矿柱破坏形式

3）大面积顶板冒落

随着采空区面积扩大，顶板压力增加，承压最大的矿柱首先被破坏，然后引起相邻矿柱荷载增加，导致矿柱系统的破坏和顶板崩落。锡矿山的经验是，当矿柱破坏率达 60%以上时，即出现大冒落。车江铜矿的经验是个别采场顶板崩落后，导致多个采场采空区连成一片的数千平方米顶板崩落。

根据我国 20 世纪 80 年代以来辽宁、湖南、江西、云南等地某些金属矿山所发生的大面积地压活动情况（表 6-1），可以将其发生、发展的全过程划分为如下三个阶段。

第一阶段为发生和缓慢发展阶段，也称预兆阶段。这个阶段发展很缓慢，短者数月，长者十几年。如弓长岭铁矿为 2~3 个月，锡矿山锑矿为 5~12 个月，江西钨矿经历十几年，而湖南邵东县石膏矿经历了 20 余年。地压显现主要特征为：围岩发生岩移、采场顶板局部冒落、矿柱压坏、近矿巷道变形和破坏。

第二阶段为加速发展、剧烈岩移和崩塌阶段。巷道和围岩变形明显，岩移剧烈，巷道、矿柱或夹墙压坏、倒塌。大面积地压活动发生时，岩层产生大范围的移动，大片矿柱垮落，采空区顶板大面积断裂。大面积岩移活动的时间，短者几小时至几天，长者达 3 个月。

第三阶段为衰减稳定阶段，大面积地压活动后，采场和巷道变形及破坏趋于缓和，而地表开裂和下沉一般还要持续一段时间，但其速度逐渐减缓，围岩应力趋于新的平衡状态，处于相对稳定阶段。

随着回采工作进行，采动范围继续扩大，岩体的暂时平衡状态受到破坏，地压活动再次发生，如此重复上述发展过程。如弓长岭铁矿通硐区 8 年内发生 3 次大面积地压活动，周期间隔时间为 2~6 年。

表 6-1 20 世纪 80 年代以来发生的典型大面积地压活动事件

矿山名称	采空区面积/(万 m^2)	采空区体积/(万 m^3)	采矿方法	地压灾害时间	地压状况
盐池河磷矿(湖北远安)	6.4	51.2	房柱法	1980-06	采矿引起山崩，摧毁地表建筑物和设施，284 人死亡，直接经济损失 510 万元以上
刘冲矿(荆襄磷化公司)	12.0	60.0	浅孔房柱法、留矿法	1983-07	T554~T5562 线+10 m 以上的采空区有面积约 2 万 m^2 的顶板冒落，冒顶之后诱发了岩体移动，导致地表开裂和陷落
拉么锌矿(广西)	12	64	全面法 留矿法	1985-05	0 号采空区于凌晨突然陷落，地表陡坡地形使 30 多万 m^3 的岩土顺坡滑动，导致该矿的两个主平硐出口覆盖封闭，冲毁并掩埋了工业广场内的建筑设施及生产设备，全矿生产陷入瘫痪状态，直接经济损失达 210 万元
罗家金矿(山东招远)	4.6	27.4	房柱法 留矿法	1991-07	欧家界矿段 170 号竖井南 20 m 处突然发生地面塌陷，陷坑东西长 35 m，南北宽 20 m，深 20 m，塌坑影响深度达 170 m，破坏井下设施
刘冲矿(荆襄磷化公司)	17.0	80.0	浅孔房柱法、留矿法	1992-07	Ⅰ号矿体 T551~T5562 线的-130 m 以上的采空区顶板发生了大面积冒落，地表移动范围达 17 万 m^2，盆地中心下沉 0.8~0.9 m，并出现大量裂缝，裂缝最长达 320 m，最宽达 1 m，直接经济损失约 80 万元
高峰锡矿(广西大厂)	5.8	78.3	空场法	1993-03	地表塌陷导致至少 13 人死亡，地表 17 台大卡车埋入地下，损毁大量的井下工程，陷落坑呈圆锥形，直径约 70 m，坑深约 30 m

续表6-1

矿山名称	采空区面积/(万 m^2)	采空区体积/(万 m^3)	采矿方法	地压灾害时间	地压状况
花垣锰矿(湖南)	29.6	59.2	房柱法	1994-07 1994-12	花垣锰矿南段+700 m 中段以上直至+770 m，先后两次发生大规模的、灾难性地压活动，波及范围达 1000 m×4000 m，造成重大经济损失
邵东石膏矿(湖南)	90.5	371	房柱法	1996-05—2001-10	地面塌陷 41 处，占地面积 39 亩，最大塌陷坑直径约 80 m，深约 20 m，牛马司子弟学校塌陷。诱发地面沉降 20 处，地面开裂 29 条。因沉降导致农田干涸荒芜面积达 99 亩，25 栋房屋倒塌，88 栋民宅开裂
铜坑锡矿(广西大厂)	5.4	196.0	空场法 充填法	1998-12	细脉带隔火矿柱(650~628 m)在 8#号线附近大范围垮落，导致地表陷落，陷落坑面积为 100 m×50 m，死亡 20 人以上
恒大石膏矿(广西合浦)	1.2	9.6	类房柱法	2001-05	顶板大面积垮落，死亡 29 人
里伍铜矿(四川)	26.7	153.5	房柱法	2000-05—2003-06	三年间共发生 5 次较大的地表垮塌，地表垮塌总面积已达 10.6 万 m^2，一系列地压活动导致矿山停产，矿量损失
广西铜坑锡矿	—	—	房柱法	2004-06—2005-03	14 号勘探线位置，由于采空区过大未及时防护导致大面积塌陷，塌陷面积为 2625 m^2
河北省尚汪庄石膏矿	—	—	房柱法	2005-11	采空区大面积冒落，引起地表坍塌，形成长轴 300 m、短轴 210 m、面积约为 5.3 万 m^2 的地表坍塌移动区。造成 33 人死亡，直接经济损失 774 万元
山东金岭召口铁矿	—	—	房柱法 充填法	2007-02	601 矿房及以上周边采空区产生了大面积冒顶及岩移，连通后采空区顶板暴露面积达 1 万 m^2
安徽庐江县龙潭冲铜矿	—	—	房柱法	2008-08	引起老采空区大面积地发生整体性坍塌事件，产生的地压和冲击波将部分采掘巷道毁坏，造成 3 人死亡、6 人受伤
湖北省金泰 2 号矿体	—	—	房柱法	2013-06	老采空区发生塌陷，6 名矿工被掩埋失踪，地表塌陷面积约 100 m^2，塌陷深度约 60 m

锡矿山锑矿有着 100 余年的开采历史，是缓倾斜矿体采用房柱法开采后发生大面积地压活动的典型例证。矿床以岩浆期后热液充填为主，是单一硫化锑矿床，呈似层状产出，走向长约 1500 m，厚度从薄到中厚，倾角为 10°~35°，埋藏深度为 30~250 m。矿体顶板为页岩，

f=3~5，不稳固，底板为稳固的硅化石灰岩，f=10~18。矿区内断层、节理较为发育。采矿方法为房柱法，矿房宽 8~10 m（锚杆护顶），或 10~15 m（留护顶矿 0.8~1.0 m），间断矿柱规格为 3 m×4 m（锚杆护顶），或 4 m×5 m（留护顶矿），矿柱间沿倾斜距离为 5 m，中段斜长为 40~60 m，按自然条件划分为东、中、西三个采区，但随下部开采空区不断扩大，地压逐渐增加，于 1965—1971 年先后在三个区域发生大面积的地压活动，见表 6-2。

表 6-2 锡矿山南矿大面积地压活动情况

采区	开采深度 /m	采空区范围				冒落范围			大冒落时间
		走向长 /m	倾斜长 /m	面积 /(万 m^2)	体积 /(万 m^3)	走向长 /m	倾斜长 /m	面积 /(万 m^2)	
东区	200~250	420	180	7.3	29.2	370	180	3.4	1965 年 5 月 17 日
中区	120~150	320	200	5.0	30.5	160	160	3.0	1965 年 12 月 25 日
西区	30~120	650	250	12.3	108.4	300	300	0.8	1971 年 9 月 12 日

里伍铜矿床矿体产于含矿蚀变带内，矿体规模大小不等，长度为十几米至四五百米，矿体厚度一般为 1~3 m，变化范围为 0.21~17.43 m。分布在 35 线以东的矿体产状较稳定，倾向 95°~159°，倾角 20°左右；分布在 35 线以西的矿体产状变化较大，倾向 128°~226°，倾角 20°左右。下部矿体的倾向 109°~142°，倾角 18°~29°。2000 年 5 月至 2003 年 6 月共发生 5 次较大的垮塌事故，总面积为 10.6 万 m^2。一系列的地压活动曾导致矿山停产，矿量损失。

2. 房柱采矿法地压控制

由于采场地压活动会造成很大的危害，因此我们要寻找经济有效的地压控制方法，维护回采期间采场的稳定和防止采后地压危害，使采动后岩体中的应力重新分布，这将有利于改善回采条件。根据房柱法地压显现特征，可采取以下地压控制方法。

1）确定合理的矿房跨度与矿房矿柱尺寸

确定合理的采场形状及参数，利用矿柱及围岩自支承能力维护矿房稳定性是房柱法地压控制的基本方法。美国某矿原设计矿房跨度为 9 m，开采矿体过程中经常发生围岩破坏现象，于是采用缩小跨度的方法，结果使围岩破坏更加严重，后来将跨度增大（跨度为 18~27 m），围岩稳定性反而获得改善。加拿大某铀矿采用房柱法，回采初期矿房跨度为 13.7 m，开采过程中经常发生冒落，后将矿房跨度改为 30.5 m，结果顶板转为稳定。大红山铜矿通过优化盘区结构布置、控制采空区暴露面积的方法，对遏制顶板大面积垮落现象取得了一定成效。

矿房矿柱尺寸参数的确定，主要有经验公式及理论计算、数值模拟以及工程类比等方法，例如极限跨度法、Mathews 图表法、强度折减法等。Pakainis 等基于实测数据分析了矿房极限跨度与岩体 RMR 值之间的关系，依据岩体 RMR 值可确定矿房矿柱的极限跨度（图 6-3）。

（1）修正的 Mathews 稳定图表法确定矿房跨度

修正的 Mathews 稳定图表法主要考虑岩体稳定性系数 N 与水力半径 HR（或形状系数）之间的关系，计算方法为：

$$N = Q' \cdot A' \cdot B \cdot C$$

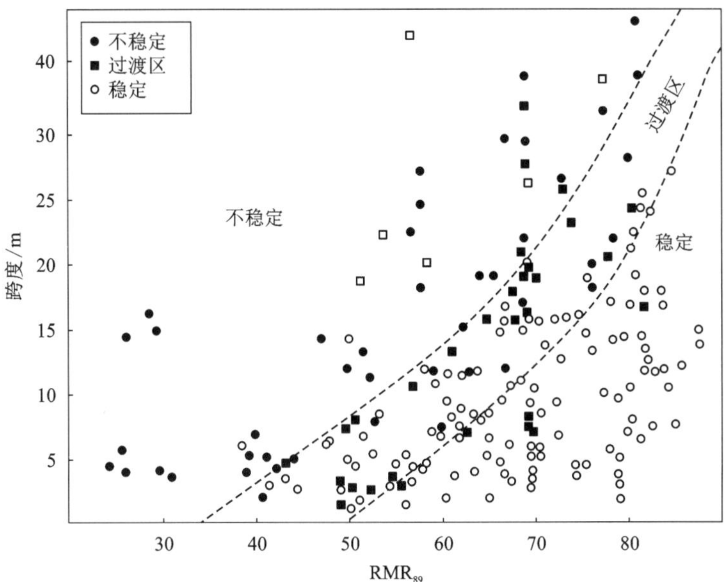

图 6-3　基于岩体 RMR_{89} 的极限跨度法

$$HR = \frac{L \times W_1}{2 \times (L + W_1)}$$

式中：N 为岩体稳定数；Q' 为修正的岩体质量 Q 指标，不考虑裂隙水的应力折减的影响（忽略 J_w 与 SRF）；节理方位修正系数 B 主要表征节理组与暴露面夹角对暴露面的影响，当夹角为 0、10°、30°、45°、60°、90°时，B 分别为 0.3、0.2、0.2、0.5、0.8、1.0；C 为重力调整系数，反映重力对采场稳定性的影响，$C=8-6\cos\alpha$，α 为暴露面与水平面的夹角；HR 为水力半径；L 和 W_1 分别代表暴露面的长和宽；A' 为岩石应力系数，表征地应力对采场稳定性的影响。A' 的计算式为：

$$A' = \begin{cases} 0.1 & \sigma_c/\sigma_1 < 2 \\ 0.1125(\sigma_c/\sigma_1) - 0.125 & 2 \leqslant \sigma_c/\sigma_1 < 10 \\ 1 & \sigma_c/\sigma_1 \geqslant 10 \end{cases}$$

式中：σ_c 为完整岩体的单轴抗压强度；σ_1 为平行于开挖面的最大诱导应力。

矿柱尺寸的计算采用等效面积法，其实质是仅考虑围岩的自重应力，认为采空区上方的覆岩重量全部转移到矿柱上。当矿房近似水平、矿柱均匀布置时，上覆岩层的重力由矿柱均匀承担，有

$$f\sigma_p MN = \gamma \cdot HS$$

式中：f 为安全系数；σ_p 为矿柱强度，MPa；M 为矿柱排数；N 为每排矿柱个数；γ 为上覆岩层的容重；H 为开挖深度，m；S 为开采区域划分到单个矿柱的面积，m^2。单个矿柱强度的计算式为：

$$\sigma_p = k\frac{w^{0.5}}{h^{0.75}}$$

式中：w 为矿柱宽度；h 为矿柱高度；k 为强度参数，一般取单轴抗压强度的 65%。据此即可求出矿柱尺寸。

(2)矿柱宽度折减法

矿柱宽度折减法的基本原理是，在计算过程中不断调整矿柱宽度，对于某一宽度，若矿柱处于稳定状态则减小该值，反之增加，直到矿柱达到临界失稳状态，此时对应的宽度即为矿柱临界宽度，即矿柱处于临界状态时的宽度值。

矿柱宽度折减法的实现过程为：①收集矿区地质资料，并获得矿岩的强度参数，建立矿柱计算模型。②根据矿区采矿经验，计算上限宽度和下限宽度以确定矿柱宽度。③在 $FLAC^{3D}$ 中采用 Mohr-Coulomb 模型，开启大变形模式(set large)，应用二分法不断折减矿柱宽度，直至临界失稳状态(出现位移变形突增或者矿柱失稳)，此时矿柱的宽度即为矿柱临界宽度 W_e。④根据工程类比确定矿柱的安全系数 f_1，得到矿柱安全宽度 $W_s=f_1W_e$。

(3)上部覆岩载荷法确定矿柱尺寸

①水平和缓倾斜矿体的矿柱。

用房柱法开采水平和缓倾斜矿体时，一般留有采区矿柱和支撑矿柱。前者多为较宽的连续矿柱，用于承受采区范围的上部覆岩荷载；后者多为间接的圆形或矩形矿柱，用以限制各矿房回采的允许跨度(暴露面积)。有时不留矿柱，而留房间柱。此时矿柱呈宽度较小的连续或间断的圆形或矩形，用以承受矿房开采范围的上覆岩层荷载，矿柱相对面积为：

$$\frac{s}{S} \geqslant \frac{\gamma Hkn}{\sigma_0 k_f} \tag{6-1}$$

式中：s 为矿柱的截面积，m^2；S 为矿柱支撑的上部覆岩面积，m^2；γ 为上部覆岩平均容重，t/m^3；H 为开采深度，m；k 为荷载系数，与岩石性质有关，也与开采深度 H 和开采空间短边尺寸 W_1 的比值有关。当 $H/L<1$ 时，$k=1$；当 $H/L>2$ 时，$k=0.4\sim0.8$；σ_0 为矿柱矿石立方形试件单向抗压强度，$\sigma_0=9.81$ kPa；n 为安全系数，对于永久矿柱，取 3~5，对于临时矿柱，取 2~3；k_f 为矿柱形状系数，取决于其高宽比，可近似为：当宽度(W_2)小于其高度(h)时，$k_f=(W_2/h)^{0.5}$，当宽度(W_2)大于其高度(h)时，$k_f=W_2/h$(对于圆形矿柱，W_2 等于直径；对于矩形矿柱，W_2 等于其短边长；对于条带矿柱，W_2 等于其宽度减去巷道宽度)。

各矿柱承载比例与各矿柱断面大小有关。当开采面积很大，且各矿柱的规格又相同时，k 为常数。当矿体垂直厚度为 10 m 时，采区矿柱的宽度一般增加到 20~40 m，则采区矿柱可称为隔离矿柱。隔离矿柱中矿石大部分处于三向压缩状态，其强度很大，而支撑矿柱很小，属塑性的，只承受部分上覆岩层重量。当开采深度为采区宽度的 1.5~2 倍时，对坚硬弹性矿石，$k=0.6\sim0.8$；对于软弱塑性岩石，$k=0.35\sim0.45$，其余覆岩重量传给隔离矿柱。因此，隔离矿柱的荷载为其上覆岩层重力加上支撑矿柱的上覆岩层的部分重力。

②急倾斜矿体矿柱。

开采急倾斜矿体时，一般留有顶柱、底柱和间柱。底柱因布置多条放矿巷道，对围岩的支承力很差；顶柱因受剪应力和弯曲应力，只能承受部分荷载。因此，顶柱和底柱的支撑能力，仅按安全系数考虑。间柱厚大而连续，呈三向受力状态，是支撑的主体部分。

按覆岩压力计算间柱宽度，与缓倾斜矿体矿柱计算方法类似：

$$\frac{s}{S} = \frac{W_2}{W_1 + W_2} \geqslant \frac{\gamma Hkn}{\sigma_0 k_f} \tag{6-2}$$

式中：W_1 为矿房宽度，m；W_2 为间柱宽度，m；其余符号意义见式(6-1)。

在急倾斜矿体中，间柱的宽度远远小于其高度，因此，$k_f=(W_2/h)^{0.5}$。

计算时，先取 W_2 的近似值进行试算，直至满足条件。k 值与缓倾斜矿体矿柱计算相同，但此处 L 值是矿体开采范围横断面的短边在水平面上的投影值。

$$W_2 \geqslant 2W;\ W_2 \geqslant (1/3 \sim 1/4)h;\ W_2 > 4 \sim 8\ \text{m}$$

式中：W 为矿房落矿炮孔最小抵抗线。

(4)矿柱稳定性分析

矿柱尺寸确定后，可采用安全系数对矿柱稳定性进行分析，矿柱的安全系数是根据普氏理论和 Bieniawski 矿柱强度公式求得，其计算式为：

$$k=\frac{S_p}{\sigma_p}=\frac{(A_p/A)\cdot\sigma_c\cdot[0.64+0.36(W_p/h)]}{\gamma R_0\left[\dfrac{(\gamma H+c\cot\varphi)(1-\sin\varphi)}{c\cot\varphi}\right]^{\frac{1-\sin\varphi}{2\sin\varphi}}} \tag{6-3}$$

对于正方形矿柱，其安全系数为：

$$k=\frac{S_p}{\sigma_p}=\frac{W_p^2\cdot\sigma_c\cdot[0.64+0.36(W_p/h)]}{(W_0+W_p)^2\gamma R_0\left[\dfrac{(\gamma H+c\cot\varphi)(1-\sin\varphi)}{c\cot\varphi}\right]^{\frac{1-\sin\varphi}{2\sin\varphi}}} \tag{6-4}$$

式中：S_p 为矿柱强度，MPa；σ_p 为矿柱内平均应力，MPa；A_p 为矿柱横截面面积，m^2；A 为矿柱所承载岩柱横截面面积，m^2；σ_c 为单轴抗压强度，MPa；W_p 为矿柱宽度，m；h 为矿柱高度，m；γ 为上覆岩层岩石容重，kN/m^3；R_0 为开挖半径，m；H 为开采深度，m；c 为岩体的黏聚力，MPa；φ 为岩体的内摩擦角，(°)；W_0 为矿房宽度，m。

2)利用压力拱控制矿房顶板应力

压力拱是岩体为抵抗不均匀变形而进行自我调节的一种现象。其主要特点是，地下工程开挖后，初始应力平衡被破坏，围岩为抵抗开采扰动导致的变形进行自我调节，应力传递路径受到破坏，应力方向发生偏转并进行重分布。重分布应力场中，开采空间周围一定厚度范围内应力方向发生偏转，其最大主应力矢量线形成一个环状体压力拱。压力拱不仅存在于采场顶板上，也存在于两帮和底板上。作为一种拱形结构，处于压力拱中的岩体承担着自身和其上的岩体荷载，从而确保其上方岩体的稳固。

合理利用免压拱效应。在高应力区开采矿体时，可用超前切顶的方法使待采矿块处于免压拱的保护之下，免压拱将原岩中的高载荷转移到采区以外，从而改善矿块的回采条件。

我国锡矿山南矿的生产实践证明，形成压力拱后进行回采，矿房顶板压力降低，回采顺利，如图 6-4 所示，该矿七中段 71~73 号采场大冒落后，相邻的 61~69 号采场地压活动剧烈，回采困难。在 45~51 号采场回采冒落后，61~69 号采场地压明显降低，回采顺利。这是因为两侧采场冒落后应力集中区由 61~69 号采场转移到 45~51 号采场的外侧矿柱上，形成一个大压力拱，中间采场处于应力降低区。

美国白松铜矿是一个埋深较大(915 m)的缓倾斜矿体。随采深增加，矿柱规格加大，使普通房柱法的矿石回收率逐渐降低。在采深 458 m 时，回收率仅为 57%。在采深 610 m 时，试验利用压力拱控制地压，为了不使顶板冒透地表，盘区宽度小于 1/3 采深。盘区矿柱宽高比为 7，支撑矿柱宽高比为 2，矿石回收率为 62%~71%。

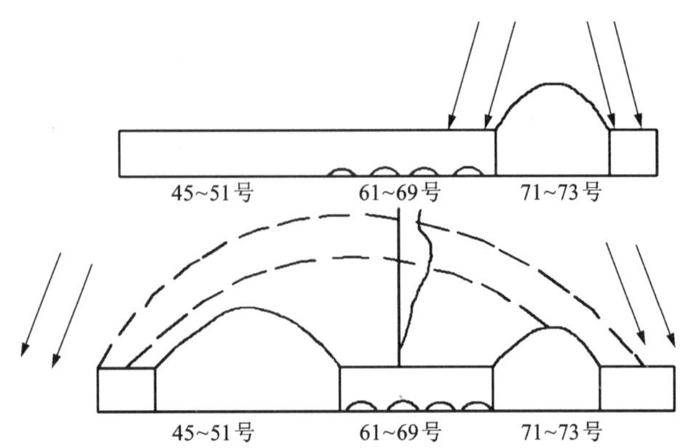

图 6-4 锡矿山南矿在压力拱下回采(图中数字表示采场编号)

3)顶板加固

应用房柱采矿法开采顶板不稳固的缓倾斜薄矿体，关键在于对顶板岩层进行有效的加固。根据直接顶板稳固程度，应分别采取不同的岩体加固方法。

①普通锚杆加固顶板。在回采不稳固矿体时，常利用人工方法支护回采空间，以防止冒落。人工方法支护已由传统的使用立柱、支架、木垛等发展到现在的用锚杆、长锚索等方法来提高岩体的强度，例如湘西金矿使用砂浆锚杆和长锚索、遵义锰矿使用锚索、良山铁矿使用砂浆锚杆。

张家口金矿顶板岩石松软破碎，采用钢丝绳砂浆锚杆加固方式。锚孔深 1.6~1.8 m，网度 1~1.2 m^2/根，灰砂比(质量比)1∶1.5，水灰比(质量比)0.35∶1，钢绳直径为 12 mm。试验证明，钢绳在加载 5~6 t 时，均在孔口外部拉断，而孔内砂浆无变化，其锚固力在 60 kN 以上。实际观测发现，采用注浆法将砂浆吹入孔内时，部分灰浆充填于孔壁裂隙中，对提高岩体的抗剪、抗拉强度，防止其变形和破坏，起到良好的作用。

②锚杆桁架加固顶板。锚杆桁架由矿房顶板两侧以 45°角相对锚固的两个涨壳式锚杆在其下端用高强度钢杆拧紧装置连接起来的构件组成(图 6-5)。锚杆拉杆构件安装后，和顶板岩层一起形成倒放的桁架。锚杆桁架作为一种工程结构，在被支护顶板岩层内形成压缩带，减小其中分布的张应力以改善其围岩的应力状态，提高围岩的稳定性。锚杆桁架支护是一种与岩体结成一体，对岩体加固，从而提高其自撑能力的支护方法，它的作用机理与结构力学中的桁架相似，受张拉杆和承压岩体组成桁架。施加预紧力的这些桁架构件，使巷道顶板岩层内部产生如图 6-5 所示阴影部分紧靠巷道顶板上部岩石的压力。安设锚杆桁架所产生的水平压力，阻止了巷道顶板发生冒落。

锚杆桁架可以大大改善顶板岩层的应力分布状态，对于加固不稳固顶板岩层来说，无疑将起到良好的支护作用。特别是对受地质构造破坏的顶板，由锚杆桁架所形成的压应力场，将增加岩体弱面的抗剪强度。

华铜铜矿调查显示，当支护间距为 1.2 m 时，锚杆桁架支护能明显地减少岩石拱的反作用力。以垂直锚杆为标准，倾斜锚杆的水平反作用力和垂直反作用力分别减少 20%和 18%，ϕ18 mm 锚杆桁架的水平反作用力和垂直反作用力分别减少 48%和 37%，ϕ25 mm 锚杆桁架分别减少 60%和 55%(表 6-3)。

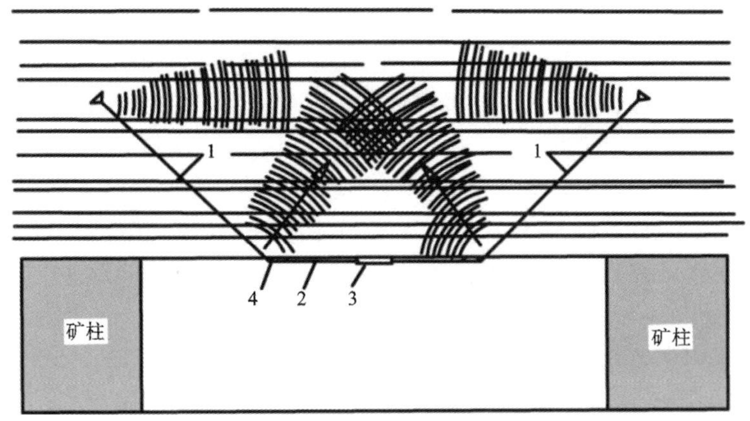

1—胀壳式锚杆；2—连接钢杆；3—拧紧装置；4—垫块。

图 6-5　锚杆桁架支护结构图(图中阴影表示压应力区)

表 6-3　锚杆桁架支护应力拱受力统计

反作用力/N	锚杆		锚杆桁架	
	垂直锚杆	连续倾斜锚杆	ϕ18 mm	ϕ25 mm
水平	16000	15705	9577	6365
垂直	9600	7832	6065	4297

③注浆加固顶板。注浆加固顶板岩层，通过采用高压向岩体中浇注浆液，使岩体裂隙充满浆液凝固物，增加裂隙黏聚力，增强岩体弱面的抗剪和抗拉强度。当顶板岩层松软、构造破坏严重时，崩落法无法控制顶板，仅采用简单维护措施时，顶板不允许有暴露面积。此时，对直接顶板进行注浆加固，技术上可行。

水泥注浆具有结石体力学强度高、材料来源广、成本低、注浆设备与工艺简单等优点，是加固松碎顶板岩层经济有效的方法。施工时，要求在顶板岩层中掘凿少量工程和钻凿必需的注浆孔，用注浆泵把水泥浆液压入注浆孔中。水泥浆液的浓度直接影响浆液的可注性和结石强度。岩石裂隙宽度较大时，浆液浓度宜偏大。为了适应各种尺度的裂隙，也可采用不同浓度的浆液。一般起始注入时采用稀浆，之后再逐渐提高浓度。

注浆压力是影响注浆效果的重要参数。高压注浆不仅可使浆液有足够的流速，防止水泥过早沉结，增大扩散范围，还可提高结石的宽度和强度。国内常用注浆压力为 2~15 kg/cm^2。浆液的可能扩散范围(扩散半径)是加固顶板时布孔的依据。但因岩体构造的各向异性，浆液在岩体中扩散是不均匀的，只能通过实践来确定。我国各矿山注浆实践表明，扩散范围最大者达 41.5 m，最小为 1~2 m。张家口金矿注浆实践证明，对于张开的且无充填物的裂隙，注浆是最有效的加固岩体方法。此时水泥浆液将附着在裂隙壁上，能提高岩体的黏聚力，改善其受荷载作用下的变形特征。但是，注浆对含有黏土的闭合裂隙效果很差，注入前还需用高压水进行清洗。在国外存在使用化学试剂来促使黏土分散以利于将其排出的例子。

④预控顶技术。预控顶技术是在矿房回采前，以拉顶上山为自由面，向矿柱两侧推进。

拉顶时随工作面推进及时进行锚护，以增加顶板的稳固性。预控顶作为地压管理的辅助手段，可增强顶板的整体性，改善其受力状态，推迟顶板的垮落时间。控顶前用浅孔沿顶板切开矿体，切割过程中可进一步探明矿体，从而降低顶板废石的贫化。同时，顶板事先切开，可增加生产爆破的自由面，降低爆破的夹制性，有效改善生产爆破对顶板的破坏作用，保证作业人员的安全。

在潼关金矿缓倾斜中厚矿体条件下试验预控顶房柱法，采用胀圈式金属锚杆进行锚固，排距为1.0~1.2 m，间距为0.8~1.2 m，边界锚杆距间柱0.3 m，锚杆长2.0 m。生产实践证明，预控顶措施能够达到推迟顶板垮落时间的目的。而未加锚固的矿房，回采后期有冒落现象。

洪山铝土矿洪山矿区属缓倾斜中厚矿床，采用中深孔房柱法回采，顶板易离层、垮落。采用预控顶房柱法，将不稳固的铁质黏土岩预先拉顶，以锚固后的辉绿岩为矿房顶板，然后逆倾斜回采下部的矿石(图6-6)，安全完成了采场回采工作。

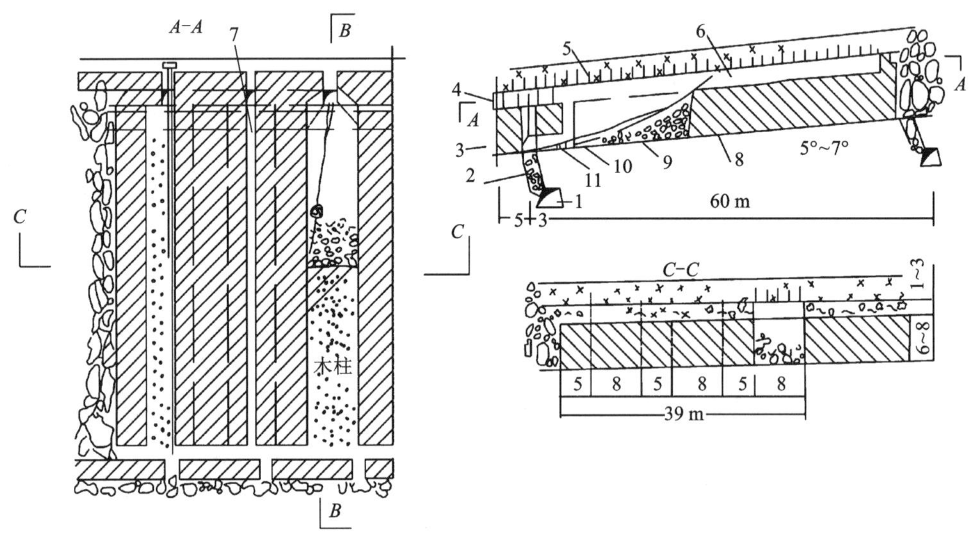

1—阶段运输巷道；2—溜井；3—下耙巷；4—上耙巷；5—锚杆；6—木支柱；7—拉顶上山；8—炮孔；9—电耙；10—切割槽；11—耙路进矿。

图6-6 洪山铝土矿预控顶房柱法

⑤超前锚杆加固顶板。对于未采动的构造发育的顶板，在回采爆破前预先凿设微倾斜的超前锚杆，其深度略大于一次爆破进尺，可防止爆破后顶板冒落，保证正常的回采工作。用超前锚杆可起缝合加固的作用，这在应用全长黏结式锚杆、树脂锚杆、速凝砂浆锚杆时其作用较为明显。而点锚固的锚杆，其托板往往因四周岩石掉落而易产生松动，因而加固作用不佳。

4)合理确定矿柱所占比例

大面积采空区失稳与矿柱分布有关。矿柱面积比率大时，一般不易发生大面积失稳。通过对大面积采空区失稳的典型案例进行调查研究发现，房柱法(或类房柱法)开采坚硬顶板的矿床，发生大面积采空区失稳的动力现象的主要原因是矿柱被破坏，矿柱是否破坏的关键是矿柱面积比率和矿柱的宽度。对于采用房柱法(或类似房柱法)开采的矿山，当矿柱面积比率大于30%时很少发生大面积采空区失稳，但小于20%的采空区失稳较突出。矿柱的宽高比也直接影响大面积采空区失稳的发生。调查表明，宽高比大于3时，一般不发生采空区失稳。矿柱的平面分布影响大面积采空区失稳的范围。一般情况下矿柱稀少的地方容易发生采空区失稳，而矿柱密集的区域往往是塌陷区的边缘。

根据锡矿山中部地压区21个采场84个矿柱破坏情况所做的统计，当采场倒塌或失去支承能力的矿柱数占总数的60%左右时，即出现大冒落。

5)合理选择回采顺序

选择合理的回采顺序，对控制采场地压具有重要作用。控制回采顺序实质上是对回采时间与围岩应力的综合控制。按不同顺序进行回采时，可使采区处于不同的地压控制之下，只要利用得当，便可收到安全回采的效果。大红山铜矿采用从中段中间向两翼回采，盘区之间实行跳采回采方式，其多年的生产实践表明地压得到了很好的控制。

6)优化爆破设计

房柱法采场围岩受本采场及相邻采场大爆破的多次震动、冲击影响，加上自身地质构造发育，顶板暴露面积大、时间长，极易导致顶板垮落，极大地影响了矿山的生产效率。大红山铜矿因盘区大爆破作业次数多，一般一个盘区需爆破3~4次。因大爆破作业频繁，对相邻及本盘区的运输大巷、耙巷、斗穿及溜井格筛设施破坏较大，需多次重复维护。因此，通过优化爆破设计，采用微差爆破技术、减小单段最大药量和减少大爆破次数，有效降低了爆破对采场稳定性的影响。

6.2.2　留矿法地压特征及控制

1)留矿法地压特征

留矿法在我国金属矿山有广泛的应用，这种采矿法对矿岩稳固的急倾斜中厚以下矿体，获得了较为理想的技术经济效果，因此它的使用较多。但围岩稳固性较差(特别是上盘围岩)时，应用留矿法，往往给生产造成很大困难，并严重地恶化了矿石回收指标。大量现场统计资料表明，留矿法地压显现主要存在以下规律。

(1)频繁的局部出矿加剧了围岩的破坏

生产实践表明，在矿房回采时期，频繁的局部放矿，使崩落矿石处于松动状态，靠近上盘部分经常出现空隙，随矿体倾角变缓，这种空隙就变大。在大放矿期间，随暂留矿石面积下降，围岩的暴露面积不断增加。此时，如果围岩稳固性差，特别是受地质构造破坏，围岩受应力作用，就会发生变形、冒落，甚至大面积的破坏，这不仅增加了矿石损失与贫化，严重时甚至使回采中断，造成生产事故。开采条件较差时，应用留矿法矿石贫化率高达20%~50%，矿石回收率仅为70%~85%。弓长岭铁矿采用留矿法开采，由于上盘不稳固的绿泥片岩大量塌落，造成大量贫化，严重时贫化率高达47%。内蒙古金厂沟梁金矿501矿块，上盘属受构造破坏的片麻岩，在大放矿时，上盘岩石大面积塌落，近一半矿石未能放出。夹皮沟金矿、五龙金矿、红花沟金矿等也发生了类似的问题。

(2)采场地压活动受临近采场出矿的影响

湖北大红山矿业公司石头嘴矿区应用留矿法在-320 m水平生产时出现了严重的地压现象。11A线穿脉出矿巷道的顶板发生垮冒，矿柱压裂，并且伴随有岩爆现象。与此同时，正在进行大量出矿的-370 m 中段 3711#矿房顶板也出现大量的矿石掉落，危及位于顶板之上的-320 m 水平运输平巷。针对此情况，矿区对采场出矿进行调整。为了防止地压对上部矿柱的进一步破坏，暂时停止了地压活动严重的-370 m 中段 11A 矿房的大量出矿，将已经崩落的矿石保留在矿房。同时，对相邻采场如-370 m 中段 10#矿房的顶板进行了锚固锁顶，有效控制了地压活动，保证了采场的安全生产。

(3)采空区暴露时间过长诱发地压活动

岩石的流变性质也是影响地压活动的重要因素。岩石在载荷长期作用下，应力、应变随时间而改变。岩石的应力、应变超过一定限度时，即开始剥裂和破坏。遂昌金矿顶板冒落的矿房，其落矿时间均在一年以上，而大量放矿和残采时间更长。一般每个采场从回采开始到放矿结束为 3~4 年，这对顶板管理极为不利，不少采场在大量放矿过程中发生了冒落。

(4)回采至顶柱时地压活动显现明显

红透山铜矿采矿深度下降到距地表 740~860 m 时，会明显发生地压现象，此深度范围内的矿体主要采用留矿法进行回采。采矿活动进行到接近顶柱时地压发生概率较大，表现为顶板频繁发生大面积冒落。大量放矿期间的地压活动表现为上盘岩体大规模脱落，见表 6-4。大吉山钨矿南组矿脉 517 中段 207 线小采空区底部 26 脉回采时，由于顶部上盘岩体靠近密集采空区，应力升高形成应力集中，岩体开裂破坏明显，数值分析得出，顶柱水平压应力很大，其 10 m 范围内的岩体几乎处于受压破坏的不稳定状态。

表 6-4 深部采场地压活动

中段	采场号	面积/m^2	采矿方法	开采深度/m	地压显现
-347	6	300	浅孔留矿法	740~800	接近顶柱时全面积冒落，落高 3 m
	8	600	浅孔留矿法	740~800	接近顶柱时三处大冒落，落高 2~3 m，冒落面积 300 m^2
	11	400	浅孔留矿法	740~800	接近顶柱时，80%顶板冒落，落高 1~3 m 不等
-407	1~4	400	留矿法	800~860	帮壁失稳，顶板险情经常发生，出现伤亡事故若干起
-467	30 号脉及 3 号脉各采场	平均 500	留矿法	860~920	顶板明显破碎，节理发育，再生浮渣增多，有冒落迹象

2)留矿法采场地压控制

(1)加强上盘围岩支护，提高岩体稳定性

对上盘不稳固围岩进行喷锚支护，不只是消极地承受围岩压力，而是尽量保持围岩的完整性与稳定性，积极控制围岩的应力变化，限制岩体的变形、位移和裂隙发展，充分发挥岩体自身支撑作用。

那林金矿矿体走向长度 780 m，标高为 536~920 m，矿体厚度为 1~5 m。矿体顶底板均为中-弱硅化的细砂岩、粉砂岩或泥岩，矿石以松散的断层角砾岩为主，局部为强硅化岩。由于矿体赋存在 F2 的断层破碎带中，节理裂隙发育，巷道沿矿体掘进时，容易发生冒顶、塌方事故。根据该矿的矿岩稳固性，上盘沿脉采用喷锚支护采场的措施，一是使用水泥卷锚杆护顶，网度 0.8 m×0.8 m~1.0 m×1.0 m，锚杆深度 2.0 m；二是喷锚支护以后立即对上盘暴露顶板进行喷浆支护，喷浆厚度 50 mm；三是对个别破碎严重的顶板辅以网度 50 mm×50 mm 的金属网，并且每张金属网之间要互相搭接。采场采用水泥卷锚杆支护。锚杆的杆体使用直径为 16 mm 的螺纹钢，长度 2.0 m；托盘应用 150 mm×150 mm×6 mm 的普通钢板，锚固深度为 400 mm，保证了回采期间采场的稳定性。

(2)改变采场出矿方式，控制顶板岩体变形破坏

针对频繁的局部出矿加剧地压显现的问题，采用静态留矿法是一个很好的解决途径。静态留矿法在普通浅眼留矿法的基础上，通过安装在采场内的溜矿井或采场一侧的放矿溜井把采场采出矿石的 1/3 放出，其余矿石留在采场内以支撑采空区。此外，为了采空区的稳定，在生产过程中还要对上、下盘进行必要的支护。在采场大放矿期间，应采用均衡出矿或强化出矿方法。

东桐峪金矿为急倾斜薄矿体，倾角 70°~80°，平均厚度 2.62 m。矿体赋存于控矿构造带内，构造带由各种挤压片岩、片理化辉绿岩与碎裂岩组成，平均厚度 8.63 m。东桐峪金矿一直采用普通浅眼留矿法开采，但在矿山生产过程中，上、下盘围岩大量脱落，矿石贫化率为 57%~75%，矿石损失率达 32%。针对上述问题，该矿开展了静态留矿采矿法试验研究，不留矿柱，底柱采用下盘脉外平底式电耙结构。在矿房回采过程中，采场内崩落矿石留在采场中以支护上、下盘围岩，局部出矿时，将电耙设在采场联络道中，将矿石耙到专用临时放矿溜井。待整个采场回采结束，在采场底部电耙巷道均衡出矿，即每个漏斗轮流依次定量出矿，保证整个采场崩落矿石均衡下降，减少出矿二次贫化。经统计，采矿贫化率和损失率指标大幅下降，贫化率由 66%降至 17.55%，损失率由 32%降到 11.48%，矿房生产能力也有较大的提高。静态留矿法在金亭岭矿和五龙金矿等矿山也取得了显著技术经济效果。

(3)控制采场规模，加强顶柱维护

对现场生产数据分析表明，采场围岩的稳定程度与采场构成要素紧密相关。江西钨矿采用留矿法回采时，在高度为 50 m 的采场回采过程中，当采高超过 30 m 时，围岩开始出现拉应力。岩体应力观测结果证实，由于应力不断地重新分布，板状夹墙受力状态由三维变为二维，并主要承受来自上、下盘的压力，稳定性变差，回采过程中所出现的诱发采场地压的拉应力，随回采而向纵深延续发展，采高超过 30 m 后尤为明显，间柱的稳定性降低，回采高度与应力变化曲线见图 6-7。

在矿床开采中，随着开采深度增加，采矿作业日益艰难，地压增大，围岩稳定性差，50 m 的回采高度难于顺利达到。实践证明，采用短矿块、矮采场(30 m×30 m)，对采场地压控制效果显著。

(4)加强回采进度，缩短采空区暴露时间

采场顶板暴露时间越长，发生顶板事故的风险越大。因此，提高回采强度、缩短工程服务时间可以有效缓解地压问题。二道沟金矿在矿井深部回采作业中采用“三强”作业技术，即坚持快采快出快充方式，采取小矿块连续回采、多班次滚动作业方法，有效地减弱了地压显现。

“三强”作业主要是采准工程要平行交岔作业，矿块所有采切工程实施“三强”作业，采场联络道与底柱切采工程施工及人工底柱构筑等各项工作实行平行或交岔作业。加速采场回采

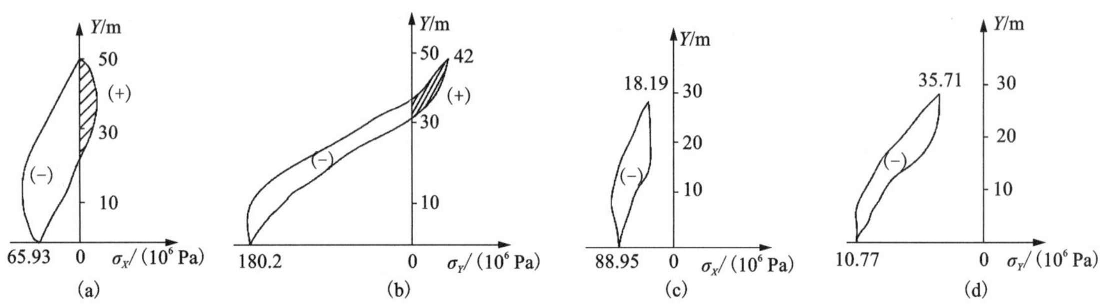

(a)、(b)—高长采场(50 m×50 m)；(c)、(d)—短矮采场(30 m×30 m)。

图 6-7　回采高度与应力变化曲线

作业，多安排凿岩机工作，提高采场回采效率。采用高效率电耙，加快采场出矿速度。

(5)及时处理采空区

生产实践证明，在地表允许崩落时，应尽量采取人工崩落夹壁和矿柱的方法，消除部分采空区，并在生产中段上部形成必需的松散岩石垫层。这样，一方面保证生产安全，另一方面也可促使上部围岩自然崩落。对于不宜采取崩落夹壁和矿柱的少数地方，应采取充填方法处理采空区。

江西钨矿脉群赋存条件不同，结合采后采空区和形态，其处理方法不同。对合采后的大型采空区，一般采用崩落围岩方法进行处理；对靠近生产区的上部老采空区，采取封闭自然崩落方式；对靠近生产区的脉群密集小采空区，采用充填方法处理或崩落、充填、封闭等联合处理的方法；对脉群稀疏的小采空区，常常采用封闭方法处理(表 6-5)。

表 6-5　江西部分浅孔留矿法矿山采空区处理方法

矿山	采空区体积/(万 m^3)	各种方法处理采空区体积/(万 m^3)				
		合计	强制崩落处理采空区	自然崩落处理采空区	充填处理采空区	封闭处理采空区
大吉山	300	274	130	144	—	—
盘古山	245.2	109.3	—	86.5	22.8	—
小垅	114	35.1	—	30	5.1	—
铁山垅	116.2	79.7	12.7	—	38.9	28.1
画眉坳	206.3	19.6	—	17	2.6	—

6.2.3　分段矿房法地压特征及控制

1)分段矿房法地压特征

分段矿房法是 20 世纪 70 年代以来推广的技术先进的空场采矿法。分段矿房法是以分段为独立的回采单元，其因高效率无轨设备的应用而有较大灵活性。这种方法在使用时，由于围岩暴露面积小、回采时间较短，可适当降低对围岩稳固性的要求。采场中由地质构造因素造成的采空区顶板冒落现象比较常见，如节理、裂隙等构造发育较小时，小规模的顶板冒落会比较频繁。当节理、裂隙发育完全时，甚至会造成采空区顶板大范围的冒落，如大红山铜矿 435 中段 54 和 58 之间有 F1、F3 大断层，附近的几个采场存在较多的小断层和小节理，如果节理、裂隙的发育得不到合理的控制，将会出现大面积的顶板冒落现象。采场工作面地压破坏还受采场结构参数与矿脉稳定性的影响，若矿岩整体稳定性不高，局部较破碎时，受爆破震动与矿山地压变化影响，将导致工作面顶板破碎地带冒落，直接威胁采矿作业人员的人身安全。

2）分段矿房法地压控制

（1）采用预留护顶层方式，保护上盘不稳矿体

峰子山铅锌矿 V1 主矿体为产于景星组细粒石英砂岩中的层状铅锌矿体，总体走向北东、倾向北西，产状上部缓、下部陡。P42～P46 勘探线所在的北采区属缓倾斜-倾斜、中厚-厚大矿体，平均倾角 40°，平均铅垂厚度 20 m。矿体中等稳固，矿体上盘及下盘围岩均不稳固。根据选矿工艺的要求，在开采矿石时尽可能控制上盘红泥岩的混入。由于上、下盘围岩松软破碎，采准工程布置和矿石贫化控制困难、安全条件差，开采难度加大。该矿采用分段空场法回采，在上盘不稳矿体预留 3.5 m 护顶层，较好地控制破碎顶板的失稳冒落现象，有效保证采场的安全。

（2）合理的回采方向和工作面形式，增加顶盘的稳定时间

矿山实践表明，从采场中间向两翼后退回采及采取垂直下向梯段工作面落矿，有利于地应力缓慢转移，随后退回采悬顶跨度逐渐加大，上盘暴露面积逐渐增加，而上盘围岩应力逐渐向两端转移，有效避免了分段回采方式所造成的上盘围岩暴露时间过长，围岩应力自上而下转移，围岩过早片落现象的发生。峰子山矿生产实践表明，采取以上技术措施，可使顶板允许暴露时间增加 3～4 周，为采场出矿创造了有利条件。

（3）采用控制爆破技术，合理确定凿岩爆破参数

薄矿脉开采时，围岩对爆破的夹制作用较大，但上、下盘的断层泥对落矿及保护围岩是有利条件，可以阻止应力波向围岩方向传递，减少对围岩的破坏。另外，采用平行中深孔的布置和边孔减弱装药、合理的最小抵抗线、同排孔不同段的起爆方式，都能在不同程度上有效地保护上盘的完整性。

（4）合理利用间柱布置，转移上盘应力

白银铜矿 1657～1705 m 水平的 3 号矿体，位于露天坑底上盘，走向 280°～290°，倾向西南，倾角 60°，厚度 6～10 m，矿岩片理比较发育，沿脉巷道片帮较严重。1705 m 水平以上采用露天开采，下向分段空场地压以边坡应力为主，即上盘应力较大，而顶柱重量对空场稳定不起主导作用。在试验过程中，运用应力转移的方法，即采用不规则间柱，使上盘应力向下盘传递，减小了由于采空区长度增大而在采场两端产生的应力集中，有效地维护了空场的稳定。

（5）采用长锚索支护，防止顶板冒落

平水铜矿主矿体走向长千余米，对于矿体厚度大于 5 m 的矿块，用分段空场法回采，矿块高度为中段高度 50 m，矿块长度 50 m，矿房长度 40～45 m，分段高度 8～12 m，上盘围岩为中酸性火山碎屑熔岩，直接下盘围岩为千糜岩，绿泥石化强烈，弱片理化极易片帮冒落且节

理裂隙发育，大多呈“X”状分布，倾角较大，走向与采场长轴方向一致。该矿结合自身特点，采用长锚索技术控制采场顶板及上、下盘围岩的冒落。利用加深的采矿中深孔作为锚索孔，孔径 60~65 mm，根据采场上、下盘围岩及顶板的岩石性质、空间形态、中深孔炮孔布置情况、爆破方案及防治要求确定的远距离长锚索支护图如图 6-8 所示，每个剖面一般布置 25~32 根长锚索，每个锚索孔深度为 7~9 m(不包括矿体部分的孔深)。通过对整个采场的跟踪观察及出矿样、量的化验分析、统计，整个采场在回采出矿期间上、下盘围岩及顶板基本稳定，说明远距离长锚索对采场上、下盘围岩及顶板的稳定起到了良好的作用。

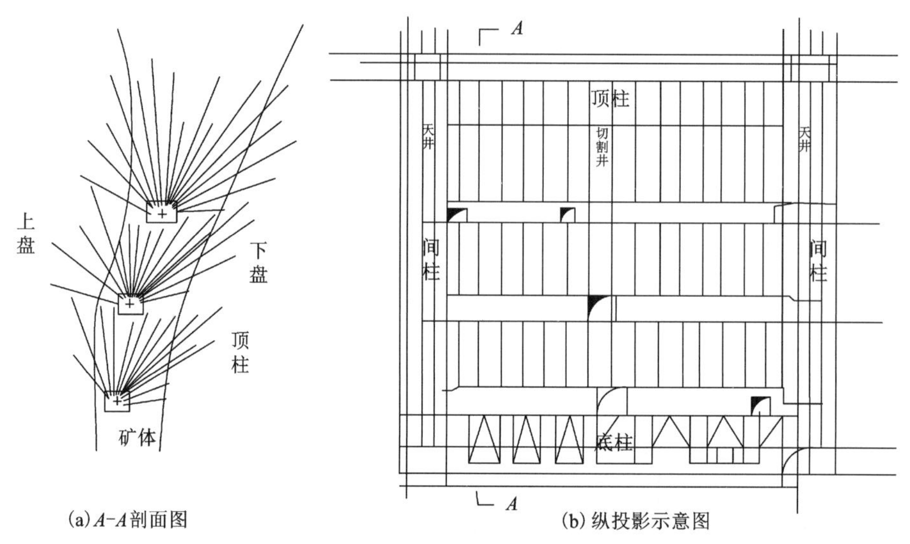

(a) A-A 剖面图　　(b) 纵投影示意图

图 6-8　平水铜矿长锚索支护图

阿舍勒铜矿采用长锚索、锚杆联合支护方法进行预控顶，共开采了 7 个采场，全部顺利回采，所有预控顶采场均未发生大冒落现象；而未按要求重新加固上盘围岩的 7#采场回采期间，采场上盘围岩均发生冒落。实验表明，长锚索辅以锚杆联合支护技术在阿舍勒铜矿回采围岩不稳固矿体时，安全、可靠且适用。

6.3　充填采矿法地压

充填采矿法采用充填采空区的方法来实现采场地压管理。随着回采工作面的推进，逐步用充填料对采空区进行充填，利用充填体的支护作用控制和管理地压，以控制围岩崩落和地表沉陷，并为回采工作创造安全条件。充填体改善采场周围岩体的应力分布状态，提高围岩自身的承载能力，共同维护采场的稳定性。同时，上盘围岩受到充填体的限制作用，向采场内的位移量很小，采场在充填体的支撑下，呈良好的稳定状态，能够较好控制采场地压的显现。

充填采矿法在地压控制方面发挥着重要的作用，但是目前存在充填成本高、采充不协调、充填体强度不合理、接顶效果差等问题。充填工艺与采矿工作不协调是影响地压活动的主要原因之一。因此，充填工艺技术的发展方向包括：研发新型充填材料，降低充填材料成本；研制与现有工艺相互配套的高效充填设备，实现采充协调运作；研究完善深井充填工艺，实现深部矿井的高效充填。

6.3.1　充填体与围岩的相互作用

目前对充填体在金属矿床地下开采控制地压的力学作用，有两种不同的看法：一种认为充填体对控制地压与限制围岩变形的作用不大，另一种认为充填体可以有效控制地压。充填体能减少矿石损失率和贫化率的作用，已得到一致认识，且被生产实践所证实。国内外生产实践证明，充填体控制地压作用的大小主要取决于充填体的力学性质。

1) 充填体对矿柱的支护作用

由于充填体的强度低、刚度小，只采用充填料不能有效地防止围岩的移动。实践证明，在正确选取矿块参数的条件下，合理布置矿柱且充填矿房，能有效地控制地压和限制围岩移动，保持开采空间的稳固性。充填体的支护作用，可从两个方面分析。充填体包裹矿柱，可对矿柱施以侧向压力，使矿柱由单向或双向受力状态，变为三向受力状态，从而提高其强度。另外，考虑充填体可加强矿柱表面破碎矿石层的支撑能力以及由于充填料的沉缩、压实，开采过程中矿柱受到的侧向压力不断增加，故矿柱的强度得到进一步提高。

2) 充填体对围岩应力分布的影响

胶结充填体对围岩的作用包括充填体对采场顶板岩层、上盘岩层和下盘岩层的作用。由于不同的矿床赋存的条件以及采场围岩性质、充填材料种类和采矿方法等方面的差异，其作用机理存在一定的差别，要在理论上对胶结充填体与围岩的作用机理做一个统一的分析是比较困难的。但可以认为，胶结充填体在体积被压缩较小的情况下，可承受较大的压力，即抵抗采场围岩变形的能力较大。当采场开挖后，由于应力重新分布，在围岩表层一定的范围内产生了弱化区，这个区内岩体受力已超过其峰值强度。充填体的充入则可以使这部分岩体的开挖表面处的残余强度得到提高，从而改善围岩的特性。充填体对围岩的作用主要是支撑、让压和阻止围岩的变形或位移，以及对围岩表层残余强度的改善。对大面积充填体而言，它还可以达到控制大面积地压活动的作用。充填体对围岩的作用过程是一个支撑与让压过程(图 6-9)。

当采场开挖结束后，围岩会产生瞬时弹性变形(ε_e)和塑性变形(ε_p)，由于充填工序在时间上的滞后性，围岩还会产生流变现象(ε_R)。因此，围岩的总应变量(ε_t)由以下几部分组成：

$$\varepsilon_t = \varepsilon_e + \varepsilon_p + \varepsilon_R$$

式中：ε_p 是一个随时间 t 而增大的量，其变形特点与围岩的岩性有关。考虑采场充填一般是在其开采后一段时间才进行，可以认为围岩弹塑性变形已经完成。

假设 $t=t_0$ 为采场开挖到充填接顶时间，充填接顶之前的总应变为 ε_0，相应的充填前的围岩位移为 U_0，充填后的充填体与围岩协调产生的位移为 U_1(图 6-9)。充填体在变形过程中被动地支撑围岩，若不考虑岩层与充填体交界面上的相对剪切滑动力，则在交界面垂直界面形成一对作用力与反作用力，分别作用于充填体和围岩上。当 $U=U_0$ 时，在开采空区周围一定范围的岩体内形成了一个应力降低区，即卸荷区，其应力降低值为 P_0。充填体对围岩发生作用后，由于充填体的支撑作用，围岩的位移曲线发展趋势得到了改变，虽然围岩进一步变形和卸压，但速度变慢。当充填体能提供足够的支撑反力时，围岩的卸压值为 P_1，这时围岩

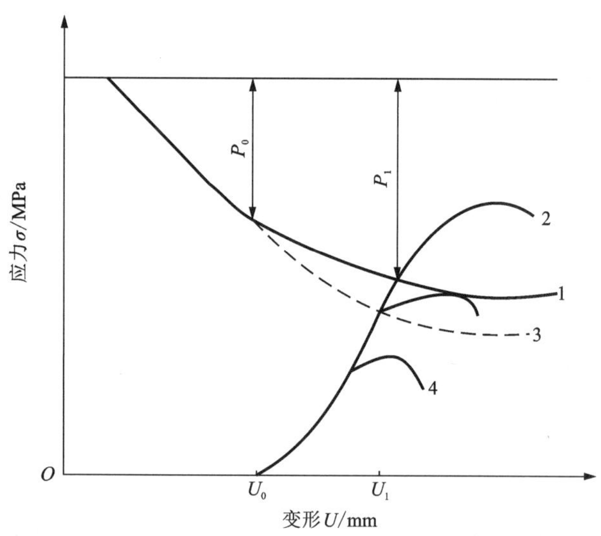

1—采场顶板围岩卸压变形曲线；2—充填体抗压强度 $\sigma>P_1$ 时充填体的受力变形曲线；
3—充填体抗压强度 $\sigma=P_1$ 时充填体的受力变形曲线；4—充填体抗压强度 $\sigma<P_1$ 时充填体受力变形曲线。

图 6-9 胶结充填体与围岩相互作用关系

作用于充填体上的力已是很小的一部分，且这种作用力与充填体的被动支承力 P_1 大小相等，作用方向相反。根据充填体的支撑特性可知，不同的充填体作用效果不同。

当充填体的单轴抗压强度 $\sigma>P_1$ 时，充填体的受力变形关系曲线为图 6-9 中的曲线 2。这种情况下充填体能提供足够的被动支承力 P_1 来支撑围岩，并能形成共同作用点。若这种情况下开挖相邻的矿柱，充填体被揭露后，其受力从三维状态转化为二维或单轴状态，充填体仍有足够的强度，且处于稳定状态。

当充填体的单轴抗压强度 $\sigma<P_1$ 时，充填体的受力变形曲线为图 6-9 中的曲线 4。这时由于充填体的强度较低，难以在其强度值内与围岩形成共同作用关系，充填体受压破坏，进一步变形。如果这种情况下开挖相邻的矿体，被揭露的充填体将会因破坏而垮落。因此，对于分步回采的工艺，一步骤回采后不能用这种质量的充填体进行充填，否则将无法保证其揭露后的自立稳定性。

充填体的单轴抗压强度 $\sigma=P_1$ 的情况是上述两种情况的临界点，充填体的强度正好等于围岩施加的作用力。如果此时相邻充填体被揭露，则充填体处于极限平衡状态。这种平衡为不稳定平衡，微小的扰动都将使其失去平衡。因此，在采矿工程中，也不能让充填体处于这种受力状态。

在生产实践中，由于矿山充填工艺或充填管理等方面的原因，采场充填不接顶的现象较为普遍。充填体不接顶的危害性以及此时充填体所发生的作用，一直是采矿工程师们所关注的问题。

当充填体与采场顶板岩层之间的空顶高度较小时，上覆盖层由于流变性质产生一定的位移 U_0 之后，能与充填体接触并形成相互作用的关系，则充填体能提供支承力，阻止岩层的持续位移。当充填体不接顶采空区高度较大时，上覆岩层在变形调节过程中长时间得不到充填体的有效支撑而产生松脱地压，或者即使上覆岩层在经过一段时间之后能与充填体有效接触，得到充填体的支撑，但在达到共同作用的平衡位置 $U=U_1$ 之前，岩层已产生了松脱地压。这两种情况下的岩层实际上已产生了破坏，可以说不接顶采空区的存在将会造成较大的危害。在经过位移 U_0 之后，上覆岩层与充填体接触，得到其有效支撑，继续变形到 U_1 时正好处在产生松脱地压的临界状态。此外，在没有充填物的情况下，回采爆破引起的压缩冲击波将在采空区顶板和底板表面产生拉应力。充填后与岩石接触的充填料，使部分冲击波在岩石与充填体界面处产生反射。

3）深部开采的局部支护

能量释放速率可以通过限制采空区周边围岩的位移来得到最有效的控制，用尾矿、砂、或废石回填采空区的方法可以实现。这个方法对深部高应力采场在减小围岩应力集中，提供全局或局部支护方面具有很大的潜力。充填在深部开采中有两个突出优点：第一，充填可以减小应力集中，既可以限制应力集中程度，也可以限制因每一开采步骤而产生的位移；第二，采场地压作用在充填体上并使其发生变形，这个过程能够吸收大量的能量。随着充填技术的发展，在南非的一些深部金矿，充填已经成为控制局部支护的成熟方法。

由邻近的采矿活动引起的采场帮壁岩体的准连续性刚体位移，使得充填体发挥被动抗体的作用。作用在充填体交界面上的支护压力允许在采场周边产生很高的局部应力梯度。实践已证明，即使小的表面荷载对摩擦型介质中的屈服区范围也可能产生重大的影响，对于改善上盘围岩的承载条件具有重要作用。

4）充填体强度设计

一般来说，胶结充填体所需的强度（指单轴抗压强度，下同）因矿山而异，主要取决于具体的开采条件和充填条件。胶结充填体的强度设计应当基于充填体在采空区所起的力学作用来考虑，这是充填体强度设计准则。胶结充填体在采空区所起的力学作用，大致上可分为两种，一种起到支护不稳定的采场围岩的作用，另一种起到自立性人工矿柱的作用，对采场围岩的支护作用居次要地位。然而，在许多情况下，常常要求胶结充填体同时起上述两种力学作用，如我国矿山常见的胶结充填回采矿房，尾砂充填回采矿柱的两步骤回采方案。

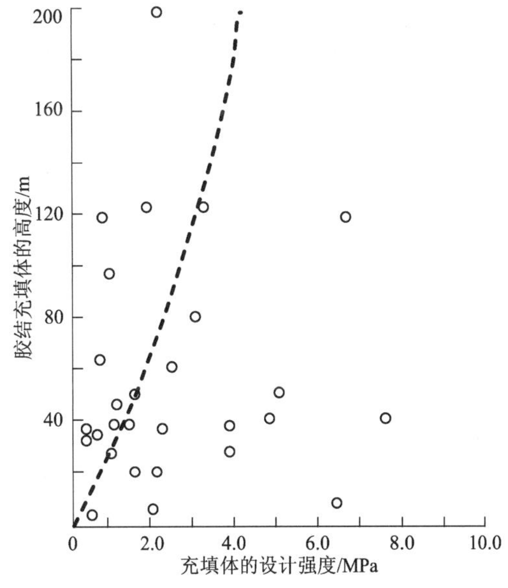

图 6-10　胶结充填体强度和其高度关系经验曲线

（1）当胶结充填体起自立性人工矿柱作用时，常用的方法有经验公式法、Terzaghi 模型法、Thomas 模型法

①经验公式法。通过总结同类型矿山胶结充填体的设计方案，采用归纳法，得到矿山胶结充填体强度和充填体高度呈抛物线的趋势，如图 6-10 所示。

经验公式可归纳如下：

$$H^2 = a\sigma_c^3 \tag{6-5}$$

式中：H 为胶结充填体人工矿柱的高度，m；σ_c 为胶结充填体的强度，MPa；a 为经验系数，建议充填体高度小于 50 m 时，a 取 600，充填体高度大于 100 m 时，a 取 1000。

②Terzaghi 模型法。Terzaghi 在 1943 年提出了一种方法，用来决定沉陷带上沙土体的应力分布。由于胶结充填体的强度特性接近于固结土，该法假设矿柱在深度上是无限的，在任一给定的矿柱深度上，各应力分量是常量，矿柱与围岩间的摩擦力得到充分利用。虽此假设有局限性，但可简化分析过程。设有一充填体人工矿柱，断面为长为 L、宽为 B 的矩形。由假设有，距充填体顶部 y 处，垂直应力分量 σ_v 和水平分量 σ_h 均为常量，有以下关系：

$$\sigma_h = k \cdot \sigma_v \tag{6-6}$$

式中：k 为该深度的侧压力系数。在充填体与围岩接触带上，剪应力 τ 为：$\tau = c + \sigma_h \tan\varphi$，$c$ 和 φ 分别为充填材料的黏聚力和内摩擦角。

则垂直方向上有：

$$\mathrm{UCS} = \frac{D}{A}[1 - \exp(-Ah)],\ A = \frac{2(L+B)}{LB}k\tan\varphi,\ D = \gamma - \frac{2c(L+B)}{LB} \tag{6-7}$$

式中：UCS 表示充填体设计强度；γ 为充填体的堆密度。

③Thomas 模型法。Thomas 等认为充填体底部的垂直应力可表示为：

$$\sigma_v = \frac{\gamma h}{1 + (h/w)} \tag{6-8}$$

式中：σ_v 为作用在充填体底部的垂直应力分量；γ 为充填体的容重，$\mathrm{N/m^3}$；h 为充填体的高度；w 为充填体的跨度；此式的适用范围是充填体的长度不小于充填体高度的 1/2。

2）胶结充填体作为采场支护结构时，可看作开采工程结构的一部分，用于支护采场围岩

胶结充填体支护采场围岩的力学作用主要取决于各矿山开采地质条件和围岩物理力学性质，常用的设计方法有以下两种。

①经验类比法。将设计矿山的开采与充填条件与类似的生产矿山进行比较，从而选择较适当的充填体所需强度值，必要时留有一定的安全系数。

②数值分析法。无论是采用经验类比法还是数值分析法来确定胶结充填体的所需强度，均应进行数值分析计算，以相互检验所确定的胶结充填体强度是否合理。

（3）金川公司Ⅱ矿胶结充填体强度计算

金川镍矿的巷道处于地质构造极为破碎软弱、水平地应力大、流变现象明显的地层之中，常发生严重冒顶坍方和侧墙向内挤压的现象。为此，金川公司将原设计采矿方法改为下向六边形高进路充填法，并采用基于可靠度理论的充填体强度确定方法确定了充填体强度。该方法采用不确定性分析方法来分析计算胶结充填体的强度，可使许多不确定性因素定量化，能够反映各种类型随机参数的随机性，同时也可给出相应可能承担的风险，即失效概率，这种方法更加符合现场实际。基于可靠度理论的下向进路胶结充填采矿法充填体强度确定方法，主要分下述四个步骤进行。

①根据可靠度理论，建立极限状态方程：

$$z = g(h,\ l,\ E_j,\ E_L,\ q,\ \sigma_R)$$

$$= \sigma_R - \frac{\left[\frac{3(1-u^2)E_j}{E_L M}\right]^{\frac{1}{2}} q l^3 h^{-\frac{3}{2}} + 3\left[\frac{3(1-u^2)E_j}{E_L M}\right]^{\frac{1}{4}} q l^2 h^{-\frac{3}{4}} + 3ql}{\left[\frac{3(1-u^2)E_j}{E_L M}\right]^{\frac{1}{2}} l h^{\frac{1}{2}} + \left[\frac{3(1-u^2)E_j}{E_L M}\right]^{\frac{1}{4}} h^{\frac{5}{4}}} = 0 \tag{6-9}$$

式中：σ_R 为进路承载层抗拉强度，MPa；h 为承载层厚度，m；l 为进路 1/2 宽度，m；E_j 为进路侧帮岩体(或充填体)弹性模量，MPa；E_L 为进路承载层弹性模量，MPa；q 为载层所受均布载荷，MPa；u 为承载层泊松比；M 为进路高度，m。

②确定各随机参数的特征值。式中 h、l、E_j、E_L、q 均可作为随机参数，可通过现场调查和实验室测量获得。

③进路承载层稳定性可靠概率的确定。

④进路承载层强度的计算。将 h、l、E_j、E_L、q 的相关参数代入蒙特卡洛法、改进的 JC 法分析程序，并初步确定一强度值，就可以计算出相应的承载层稳定性可靠概率指标，然后以计算出的可靠概率指标为参照，逐次调节充填体强度值并反复运算，即可求得承载层稳定性可靠概率为 90%时对应的充填强度值。

(4)焦家金矿下向进路高水固结充填体强度计算

在矿体比较破碎而品位较高的部位，焦家金矿采用下向进路水平分层胶结充填法开采，高水材料固结尾砂充填。该采矿法成功解决了矿体比较破碎而品位较高矿块的回采难题。焦家金矿采用的高水固结充填体的强度计算模型见式(6-10)。在模型中考虑了充填体自身重力、在滑动面上阻止充填体下滑的抗剪阻力、充填体两侧受到围岩或其他充填体的作用等因素。

$$\sigma_v > \frac{\frac{1}{100}hr\sin\alpha - \frac{c}{\cos\alpha} - \frac{2}{L}hc_1}{\tan\varphi + \frac{1}{L}hk\tan\varphi_1} \tag{6-10}$$

式中：σ_v 为作用在充填体底部的垂直应力；k 为侧压力系数，$k=1-\sin\varphi_1$；$\alpha=45°+\varphi/2$；$h=H-(W\cdot\tan\alpha)/2$，H 表示充填体的高度，m，W 为充填体的宽度，m；r 为充填体的容重，kN/m^3；c_1、φ_1 分别为充填体和围岩间的黏聚力和摩擦角；c、φ 分别为充填体的黏聚力和摩擦角。

5)深部开采的区域支护

在深部开采条件下，充填采矿法越来越受重视。国内外深井矿山实践证明，采用充填采矿法，能比较有效地预防和控制岩爆，阻止或减缓这种能量瞬间的释放，同时有利于降低深井工作面的温度。深井矿山的最大危害是岩爆与岩层冒落事故，南非自 1908 年以来一直寻找解决这个问题的途径，其中具有代表性的成果为萨拉蒙的弹性理论和仓克提出的能量变化理论。由于岩爆与能量变化有关，故仓克等建议通过减小采空区体积的采矿设计以减轻岩爆问题，其中充填采空区是有效途径之一。

充填对超量剪切应力的影响的研究结果表明，在断层横切待采区的部位，充填可显著控制地压活动能量。胶结料回填采空区后的调查研究发现，超量剪切应力显著减少并且断层面随之呈稳定状态。如果采用区域充填，可使有效回采宽度加倍，超量剪切应力的正弦半轴范围减半，地震能量可减少 40%以上。

赖德等用数值模拟一个面积为 1280 m×1280 m，开采深度分别为 2 km、3 km、4 km 和 5 km，充填率分别为 20%、40%和 80%的深井开采区域，以确定开采深度、充满率对能量耗散率的影响。充填料质量对降低能量耗散率有非常明显的影响，在 2000 m 深处用质量良好的充填料充填 20%的区域，能量耗散率将从 38 MJ/m^2 降至 23 MJ/m^2。如果充填率增加到采空区的 80%，则能量耗散率进一步降低到 20 MJ/m^2 以下。若在 3300 m 的深度采用良好质量的充填料充填 80%的采空区，则能得到 40 MJ/m^2 的能量耗散率。可见，增大充填区域的比例可以有效降低能量耗散率水平，减少地震活动危险，增大采矿深度。

6)充填体作用的矿山实例

我国一些矿山的生产实践证实了充填体的上述作用。锡矿山锑矿用块石和尾砂充填体积为 129.66 万 m^3，占采空区总体积的 61.4%。充填体保护了矿柱，使顶板岩层和矿柱响声减弱或消失，充填区未发生大冒落或延缓了大面积冒落的时间、充填减弱地面下沉程度，如东、中区地表最大下沉值分别为 1103 mm 和 1703 mm，而经大量充填的西区地表最大下沉值，仅为 80 mm。充填采空区控制大面积地压活动的作用，从江西钨矿的实践中也得到证实。例如，铁山垅钨矿黄砂区中组充填区，推迟了大面积来压时间，使 1979 年 6—7 月发生的大面积地压活动不甚猛烈，也未发生大崩塌现象。

红透山铜矿围岩稳固，130 m 中段以下采空区用尾砂和胶结充填了 171.58 万 m^3，经长期监测，证实了充填对围岩变形的有效控制作用，岩移累计量仅为 0.5~3 mm。

小龙钨矿现场测试表明，404 采场用块石充填后(充填率为 69%)，底柱继续剥皮、破裂，位于采场中央部分的沿脉巷道的 415 号测点，下沉值达 20 mm，且有继续增加的趋势。该矿 4019 采场的 416 号测点，在充填一年后的下沉值为 7.5 mm，变形仍继续发展。这表明，块石充填有较大的沉缩性，对改变围岩的应力状态、阻止围岩变形和破坏效果较差。不同充填材料、充填方式和充填高度对矿柱承载能力的影响见表 6-6。

表 6-6 不同充填材料、充填方式和充填高度对矿柱承载能力的影响

充填材料和充填方式	充填接顶程度/%	充填高度对矿柱承载能力的提高/%		
		10 m	15 m	20 m
胶结充填(尾砂，20 号水泥，充填体强度 6 MPa)	100	26.5	27.6	28.1
	90	26.2	27.1	27.3
	85	25.7	26.7	27.0
水力充填(石英砂 d=0.01~0.6 mm，黏土质量分数为 1.2%；细粒尾砂 d=0.07 mm)	100	20.5	21.2	22.0
	90	19.6	20.0	20.8
	85	19.0	19.2	19.5
	80	18.4	18.8	19.2
干式充填(石英砂或尾砂)	100	20.0	20.9	—
	90	19.1	19.5	
	80	17.5	17.9	

招远金矿灵山分矿 5 号脉为中厚急倾斜扁豆状矿体。矿石以细脉浸染状黄铁矿绢英化的花岗质破碎岩为主，上盘为花岗岩、糜棱岩，节理发育，不稳固，易冒落；下盘为绢云母化花岗岩，较稳固。从 1983 年 9 月开始对该矿体的 1903 西采场，试验了下向分层胶结充填法，并已在 1903、1909 等采场推广应用。1903 西采场长 16 m，高 40 m，宽等于矿体厚度(平均为 14.5 m)，矿体倾角 51.5°，回采进路沿矿体走向布置，分层高 2.7~3 m，进路宽 2.5~4 m。从上盘向下盘分两步回采(隔一采一)。胶结充填的灰砂质量比为 1∶8~1∶4，充填料的质量分数为 78%。回采分三阶段：第一阶段，一步回采后，采空区未进行胶结充填；第二阶段，一步进行胶结充填；第三阶段，一步回采充填体作人工矿柱，进行二步回采，采空区未充填。对各回采阶段，进行有限元计算和现场测定，结果列于表 6-7。

表 6-7　招远金矿灵山分矿下向胶结充填法顶、底板及围岩应力变化

项目及位置	数据获得方法	单位	回采阶段		
			第一阶段	第二阶段	第三阶段
进路顶板最小主应力(顶板中央)	有限元法	MPa	-2.17	—	—
进路底板最小主应力(底板中央)	有限元法	MPa	-0.51	—	—
矿柱中最大主应力	有限元法	MPa	19.9	17.12	—
矿柱中应力集中系数	有限元法		2.9	2.49	—
充填体内最大主应力(垂直顶板)	有限元法 钢弦测力计实测 遥测应变计实测	MPa MPa MPa	—	2.62 — —	8.54 2~2.16 2.4
充填体受上盘作用力(垂直矿岩接触面)	有限元法 钢弦测力计实测	MPa MPa	—	—	0.51 0.7
上盘围岩内最大主应力	有限元法	MPa	15.69	13.95	22.28
上盘围岩内最大剪应力	有限元法	MPa	5.75	4.26	7.38
上盘围岩内应力集中系数	有限元法	—	2.3	1.96	3.27
上盘围岩向采场内位移	有限元法 多点位移计实测	cm cm	—	—	1.65 2.17

从计算和测定的资料看出，回采第一阶段，一步进路回采后，在二步矿柱中承受较大的垂直压应力，并于一步进路顶底板中央出现水平拉应力。回采第二阶段，即一步进路胶结充填实现良好接顶后，二步矿柱应力集中有所缓和，顶板部分压力转移到充填体上，矿柱应力降低 13.7%，应力集中系数从 2.9 降低到 2.49。回采第三阶段，充填体作为承压的人工矿柱支撑顶、底板，此时顶板很大部分压力已转移到上、下盘围岩，而充填体上方压力较小。这充分说明，如果充填体接顶良好，它能承受顶板部分压力。虽然上盘围岩对充填体有一定的压力，由于充填体施加的被动压力，其向采场内的闭合位移很小，因此保持了良好的稳定状态。

6.3.2 水平分层充填采矿法地压显现特征

1）水平分层充填采矿法地压显现特征

（1）局部顶板开裂冒落

对于上向采矿法采场来说，每采完一个分层 3~4 m，再进行新一层回采时，全部采矿工作都是在自然拱内进行。采场顶板岩体因受拉应力及爆破震动的作用，已有的节理裂隙不断扩大并向纵深发展，如果回采周期长，充填又不能充分接顶，顶板暴露面积过大，就容易开裂冒落。实际上，上向采场每一分层都是在松动圈里采矿，这对安全回采极为不利。

冒落破坏是高峰矿最常见的一种破坏类型（图 6-11）。冒落多发生在掘进成形后的破碎矿岩巷道中及采场局部区域。在局部矿岩破碎、地压显现明显区域，巷道会发生离层冒落破坏。高峰矿虽然采用锚网支护形式对巷道进行了支护，但是在矿岩破碎地带，依然出现支护体破坏以及巷道顶板垮冒现象。从现场锚网支护巷道破坏现象来看，此段巷道岩体比较破碎，破坏形式主要是岩体离层破坏，没有发生明显的巷道变形现象。

1985 年金川公司Ⅱ矿区曾在东部 2 号矿体 1300 m 中段 37-39+20 行（矿体厚 100 m，沿走向长 120 m）区段采用上向机械化盘区方式进行回采，第一层勉强回采至 3/5 时，由于分层巷道及采场片帮冒顶相当严重，不得已提前进行充填，并转入第二层的回采。但第二层采到 1/2 左右时，顶板大面积冒落，致使回采工作无法继续进行。

（2）片帮

回采之前，矿岩体处于原始应力条件下，应力保持相对平衡，随着开采活动的进行，应力平衡遭到破坏，水平应力迅速减小，由于开采引起的支承压力的作用，垂直应力迅速增大，直接作用在帮壁上，使帮壁产生新的节理、裂隙（图 6-12）。随着时间的推移及开采活动的干扰，帮壁会在节理裂隙最发育的地方最先受到破坏，当支承压力达到一定值后，帮壁加剧破坏，从而造成片帮，减弱了对顶板的控制，严重时将导致顶板事故。

图 6-11 顶板冒落

图 6-12 分层充填法采场片帮

（3）矿柱劈裂

上向分层充填法采场暴露面积较大，采场中矿柱应力集中突出，容易出现劈裂破坏。高峰矿在-200 m 水平巷道交岔处留有一个矿柱，并采用混凝土进行了浇筑。受地压影响，外部混凝土出现较明显开裂。从矿柱破坏形式来看，矿柱劈裂是沿矿柱竖向出现裂缝，没有其他破坏现象，这说明矿柱在受地压作用后发生一定的劈裂破坏，也说明该区域出现较大压应力。

2）水平分层充填采矿法地压控制

（1）提高充填效率，缩短充填时间

通过对采场边界关键块体的位移施加运动约束，充填体可以防止低应力条件下的岩体在空间上的渐进变形破坏。由临近采矿活动引起的采场帮壁岩体的准连续性刚体位移，使得充填体发挥被动抗体的作用。作用在充填体与岩体交界面上的支护压力允许在采场周边产生很高的局部应力梯度，且已有研究证明小的表面荷载对摩擦型介质中的屈服区范围可能产生更大的影响。因此，及时进行充填能有效缓解采场帮壁上的应力集中现象。

（2）优化矿柱布置及回采顺序

红透山铜矿−707 m 中段 27 采场开采深度 1137 m，该采场为红透山铜矿开采面积最大的采场，设计矿量 16.7 万 t，开采深度 1137 m，采用水平上向分层充填法回采，分层回采高度 3 m，采场暴露面积 2400～3000 m^2，是深部采区具有代表性的典型采场（图 6−13）。目前已经开采 6 个分层，准备回采第 7 分层。回采过程中顶板出现局部冒落，作业工人在采场内部作业过程中经常听到"噼啪"的岩石破碎声，斜坡道片帮严重，地压问题日益突出。

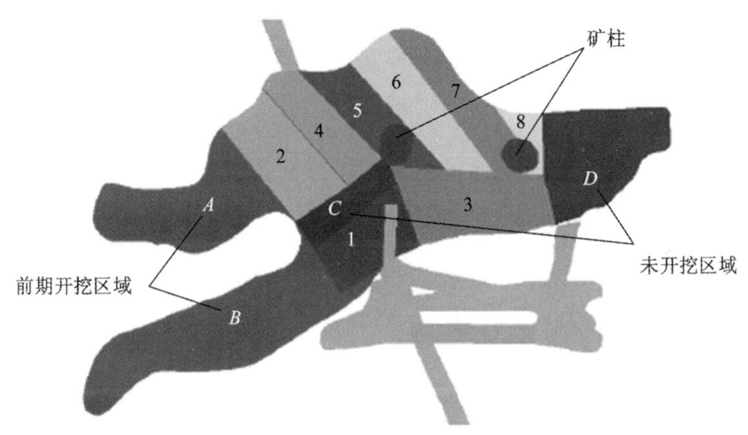

图 6−13　红透山铜矿 27 采场开采顺序

依据矿山岩石力学的实验结果，对矿柱留设方案及开挖顺序进行了模拟计算，最终确定了如图 6−13 所示矿柱布置方案及开采顺序。该方案顶板沉降及应力集中问题小于其他方案。实施该方案以后，地压活动明显减弱，使 27 采场的上部分层得以安全高效的开采。

（3）提高接顶率

顶板岩层是由断层、节理和裂隙等结构体切割组成的复杂岩体。由于矿石采出形成的采空区，使得某些结构体具有滑移或冒落的可能。这些潜在冒落的拱顶岩块称为"拱顶石"。充填体的最重要作用是在拱顶石和采场之间提供一种连接的支撑，延缓且最终阻止拱顶石的移动，从而提高顶板围岩的自身承受能力。在不充填的状况下，可能松动的拱顶石将从顶板自由冒落，引起连锁的冒落和塌垮而最终导致整个采场失稳。而充填后充填料中的细料进入拱顶石周围的开口和裂隙，这有助于保持拱顶石的稳定。由于整个矿区在回采工程的影响下势必形成连续或间隔的采场采空区，将会使矿区出现应力集中现象，应力集中的方向主要为各重要采空区顶底板矿柱处。因此，应当尽量提高充填质量，使充填接顶，保持拱顶石的稳定。

新桥矿充填体矿柱接顶情况较差(1~2 m)，使得第二步骤回采时盘区矿柱受压状态更为明显。为此，新桥矿将应力监测设备布置在重要的采场采空区顶底板围岩及盘区矿柱中。通过地压监测数据分析，初步掌握了新桥矿区的地压活动特征：位于东西部盘区矿柱较近的采场位移明显，应力较大，地压活动比较严重；东西部边缘部位已充填完的采场地压相对比较稳定。随着开采分层的不断升高，采场顶板越来越薄，地压活动日益凸显，顶板最大沉降量达 13.69 mm。

(4)提高充填体强度

国内外的资料均表明，在一定范围内水泥量愈大，所形成的充填体强度愈高。因为采场充填强度要求不高，故一般水泥与尾砂的常用质量配比为 1∶10~1∶5。在水泥、尾砂比例一定的条件下，充填料中水分过多，很容易造成离析现象(即水泥与尾砂分离)；另外，充填料含水过多，在形成充填体的固结过程中，充填体内部产生很多孔隙，因而降低了充填体的强度(表 6-8)。

表 6-8 凡口矿关于水灰比和强度资料

水泥与尾砂比	水灰比	抗压强度/MPa
1∶3	1.00	12.40
1∶3	1.28	6.98
1∶3	1.62	6.00
1∶4	1.33	8.50
1∶4	1.47	7.53
1∶4	1.71	7.00
1∶4	2.16	5.53
1∶5	2.00	4.40
1∶5	2.21	3.30
1∶5	2.57	3.0
1∶5	3.22	3.0

东乡铜矿Ⅴ号矿体属缓倾斜矿体，矿体上盘围岩稳固性差，自 1998 年开采以来，采用下向水平分层充填采矿法，现已下降了六个分层，采场采用坑木支护，铺设钢筋混凝土假顶，尾砂胶结充填，在开采第一、第二分层时，非常顺利地采完并充填。当采到第三分层时，经常出现地压大而导致的冒顶事故，给采矿安全带来极大威胁，而且每次处理冒顶浪费大量人力、物力。通过运用岩石力学理论分析，在第三个分层充填时，适当加大充填灰砂质量比，将原灰砂比从 1∶10~1∶8 提高到 1∶6~1∶5 之后，充填体试块强度也由 0.5 MPa 提高到 1.0 MPa，有效地延缓了围岩的位移变形。

(5)顶板加固

在应用上向分层充填法时，当局部顶板破碎或节理较发育时，可用锚杆、长锚索或锚杆加长锚索支护顶板。长锚索加固岩体技术，在加拿大、澳大利亚、芬兰等广泛应用。近年来，我国一些应用充填法的矿山，如湘西金矿、凤凰山铜矿、铜绿山铜矿以及金川Ⅱ矿区等广泛进行了长锚索支护顶板的实践工作，取得较好效果。

Copper Cliff North 矿位于加拿大萨德伯里市南 8 km，围岩主要为坚硬的石英闪长岩和花岗岩，矿区内有一定数量的大型地质构造。2008 年 9 月 11 日，3050 m 水平的 94561 采场的爆破引起了约 10 次 1.2~3.8 纳特里震级的微震事件，导致 2700~3710 m 水平异常活跃的微震活动。多家矿山研究与咨询公司一致认为是采场爆破诱发了断层滑移，从而导致岩体破坏。为降低后序采场开采的安全隐患，该矿采用能够承受动力冲击的联合支护方案——吸能锚杆、喷射混凝土、金属网、锚索等联合支护；设计了巷道破坏风险评估系统，考虑微震活跃性、岩体质量、现有支护水平、与重要工程的距离、扰动应力的影响、与地质构造的距离等因素，根据影响程度不同各赋值 1、2、3，当综合数值大于 10 时，采用能够承受动力冲击的联合支护方案；同时，沿高应力采场的上盘或下盘布置卸压钻孔，降低采场的应力水平，最终顺利将矿体采出。

湘西金矿采用长锚索预控顶板，孔径 65 mm，孔深 6~8 m，间距 1.5 m，交错布置，回采时用缝管式和砂浆锚杆加密支护顶板，锚杆长 22 m，孔径 40 mm，网度为 1 m×0.8 m，缝管式和砂浆锚杆数量比为 3∶1；采用长锚索和锚杆联合加固顶板后，采场安全性较好，提高了采场生产力，降低了矿石损失贫化。凤凰山铜矿采用长锚索、短锚杆并配合光面爆破技术维护顶板，长锚索孔径 60~70 mm，孔深 8~10 m，网度为 4 m×4 m，采用自制钢绳推送机推送钢绳，采用 HB6-3 型灰浆泵前进式注浆，采用涨管式和缝管式锚杆，孔径 35 mm，孔深 2 m，网度为 1.5 m×1.5 m；联合支护顶板后，改善了安全状况。铜绿山铜矿采用长锚索和短锚杆联合支护顶板，长锚索孔径 66 mm，孔深 15 m，网度 4 m×4 m 和 3 m×3 m，局部破碎地段为 2.5 m×2.5 m，送绳器送绳，用 HB6-3 型灰浆泵向孔内前进式注浆，采用缝管式锚杆，孔径 42~43 mm，长 1.6~1.8 m，网度 0.9 m×0.9 m；支护成本为 0.64 元/t，改善了采场安全条件，缩小了点柱矿柱尺寸，提高了矿石回采率。此外，凡口铅锌矿在盘区充填法采场中，采用缝管式锚杆(网度 1.4 m×1.5 m)和金属网联合支护顶板，焦家金矿在上向分层充填法采场，用胀壳式锚杆(网度 1 m×1 m~1.5 m×1.5 m)支护顶板，都取得了良好的支护效果。

6.3.3　阶段充填法地压显现特征及控制

1)阶段充填法地压特征

(1)地压显现阶段特征明显

两步骤回采的充填采矿工艺中，第一步骤回采矿房时，保留矿柱以保证采场和采区的安全生产。在第一步骤回采过程中产生的应力重新分布现象，称为区域地应力的第一次重新分布过程。这个应力重新分布过程，充分地表现在矿柱的应力变化中。现场监测的应力变化曲线表明(图 6-14)，在矿房拉底过程中，其相邻矿柱的应力急剧升高(图 6-14 中 0~Ⅰ段)；受开采和其他矿房拉底的影响，回采时应力亦有所增加(图 6-14 中Ⅰ~Ⅱ段)；当矿房回采结束后，应力趋于稳定(图 6-14 中Ⅱ~Ⅲ段)。在这一阶段由应力重新分布过程造成的矿柱应力集中，明显地表现在矿房的拉底过程中。拉底过程的应力变化量为该阶段总变化量的 62%~67%(表 6-9)。

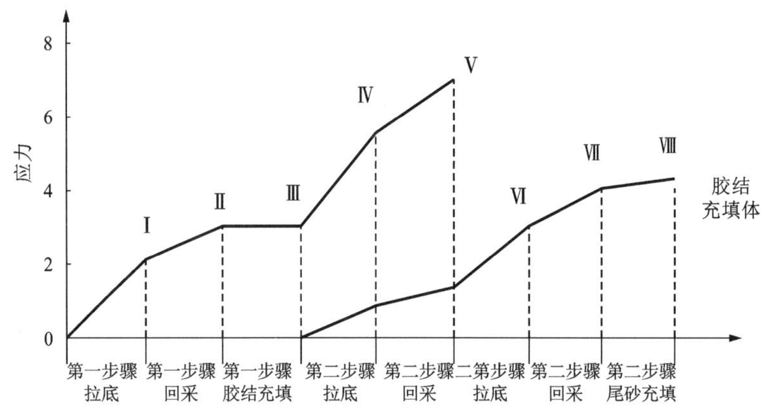

图 6-14 应力集中与采矿作业工序关系曲线

表 6-9 矿房回采过程中矿柱的应力变化量

项目	拉底	回采	总变化量
应力变化量/MPa	2.0~4.0	1.0~2.5	3.0~6.0
占总变化量比例/%	62~67	33~38	100

受该阶段应力集中的影响，第二步骤待采矿柱的应力状态发生变化，这种变化是决定第二步骤安全回采的重要条件。开采实践表明，在矿房拉底过程中，其相邻矿柱中的巷道会出现开裂和片帮现象。

在第一步骤回采过程中，矿房采场顶板下沉和脱层破坏是回采过程中的另一个重要特征。声波测试和脱层测试结果表明，在顶板 2.1 m 和 4.4 m 的深度为脱层位置。这表明了在胶结充填体形成之前，在顶板岩层中就形成了一定范围的脱层破坏区。这一特征揭示了胶结充填体的载荷性质，与原岩矿柱有着重要区别。

在胶结充填过程中，矿柱岩体中的应力变化趋于稳定(图 6-14 中Ⅱ~Ⅲ段)。这表明，在第一步骤胶结充填作业开始时，第一次应力调整完成。

第二步骤回采矿柱时，又一次引起区域地应力的重新分布，这是采区回采的第二次应力集中过程。这时，矿房回采后形成的胶结充填体起着人工支柱作用。这一过程的应力重新分布充分地反映于胶结充填体、待采矿柱和周围岩体的应力变换中。

由图 6-14 曲线Ⅲ~Ⅳ段的应力变化规律，体现出如下两个重要特征：其一，在胶结充填体一侧矿柱拉底过程中，其相邻待采矿柱的应力急剧增加，而胶结充填体的应力增长却相对较小；其二，当胶结充填体另一侧矿柱拉底时，矿柱卸压，胶结充填体的应力较一侧拉底时有较大的增长。这一方面表明了该阶段应力集中过程主要表现在拉底阶段，另一方面揭示在第二步骤回采过程中，待采矿柱承担了上覆岩层的载荷。

在该回采阶段，区域岩体被扰动范围增大，围岩体的应力明显升高。当采区矿柱全部拉开后，顶板岩层的移动范围较大，可随着岩层移动达到地表。矿柱回采过程是区域岩体急剧扰动阶段。

在矿柱回采后的充填过程中，应力再次趋于稳定(图 6-14，Ⅵ~Ⅶ段)或稍有降低。这表明第二次应力集中过程，在充填阶段达到稳定。此时，胶结充填体处于尾砂体的包裹之中，进入长期破坏过程。

(2)间柱受压拉交替作用破坏，部分矿柱支撑能力下降

间柱受压破坏是空场法嗣后充填易发生的现象，在大红山采场几个地压比较集中的间柱中，出现了较大规模的裂缝。裂缝走向与矿柱基本平行，倾角 60°左右，上、下表面平整，有明显滑面，且裂缝的张开宽度较大(可达 4~5 m)。这些裂缝在人行天井及穿脉巷道中都能见到。种种迹象表明，这些裂缝主要是受压应力集中产生的原始结构面的压剪破坏，其次是在底部卸荷情况下产生的张开破坏。这些裂缝对矿柱的破坏很大，使矿柱的整体性严重降低，支撑能力大大下降。

(3)采场顶板矿岩位移较大

由于采场与围岩接触面积大、采场高度大、暴露面积大，这层矿岩在不稳定的情况下极易产生矿岩掉落。图 6-15 为采空区位移矢量图，从图中可明显看出，顶部岩体位移量大，顶板受拉应力，顶板矿岩容易发生冒落；采空区直立矿壁的岩体位移方向指向采空区，从而诱导各分段内联络巷道向采空区移动，直立矿壁底脚部位岩体位移量也相对较大。

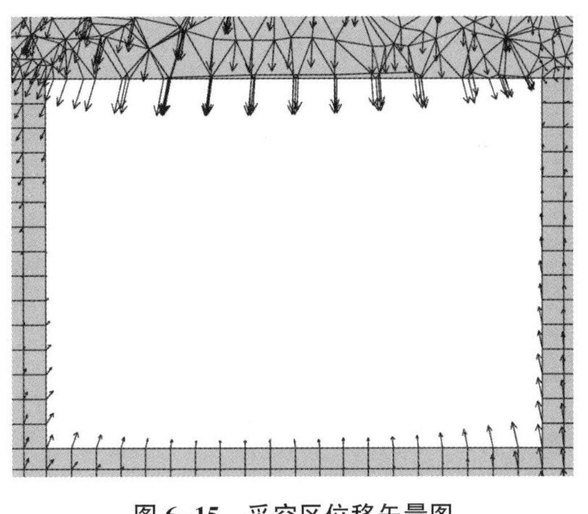

图 6-15　采空区位移矢量图

(4)采空区附近巷道受力明显，向采空区发生位移

矿体被采出造成采空区周边矿岩体应力重新分布，使周围岩体受力状态不同，临近采空区一侧的巷道壁岩体受拉明显，另一侧巷道壁岩体受剪切作用严重，容易使巷道产生横向位移。

和睦山铁矿矿体赋存于闪长岩与周冲村组地层接触带和靠近接触带的灰岩中，矿段节理裂隙发育程度高，属构造型节理；矿石以磁铁矿为主，矿体粉化、泥化严重，并有较强的高岭土化，粉矿带与块矿带夹杂，矿岩整体稳定性较差。对后观音山矿段-162.5 m、-175 m 和-187 m 三个水平凿岩巷道、盘区联络道、堑沟出矿巷和出矿联络道进行的调查研究表明：采空区附近部分巷道整体发生塌陷，如-150 m 水平一段巷道塌陷至采空区；水平相邻矿房的凿岩巷道单壁向采空区错移。

2)阶段充填法地压控制

(1)结合应力场分布布置采场

应力场的分布特点与开采顺序不协调是地压活动的重要原因之一。最大主应力的方向与矿房最小尺寸方向一致时，不利于二次应力的调整，容易在矿柱中形成较大的拉应力区。该拉应力区极易使矿柱中的原生结构面产生受拉破坏，这是矿柱产生较大受拉张开裂缝的重要原因。

石头嘴矿区最大主应力的方向与矿体的走向基本一致，采场垂直走向布置时，最大主应力方向是矿房尺寸最小的方向，矿柱中产生了较多裂缝，沿走向布置的采场矿柱破坏情况明

显得到改善。该矿区既存在沿走向布置的采场，也存在沿垂直走向方向布置的采场，如果先采沿走向布置的采场，后采沿垂直走向方向布置的采场，则走向采场开采之后会在矿体中产生卸压，垂直走向采场中水平方向的应力将得到一定程度的降低。但由于垂直走向采场部位储量大、品位高，往往成为中段中优先开采的对象。因此，在条件允许的情况下，应先开采与主应力方向一致的采场。

(2)调整采场结构参数，预防第二步骤采场剧烈破坏

萨德伯里 Nickel Rim South 矿年生产能力 125 万 t，采用分段空场嗣后充填法开采。接触矿化带区域主要包含块状和半块状镍轴承硫化物。该矿最小主应力为垂直应力，$\sigma_{\text{vertical}}=0.026H$，最大水平主应力为 $1.6\sigma_{\text{vertical}}$。接触带处的上盘倾角 70°，该区域矿体开采上下盘采用分幅开采，每幅厚度 12.5 m，一般为 1~4 幅，视矿体厚度而定。最初开采时，第一步采骤、第二步骤采场宽 15 m，第三步骤采场宽 10 m。为保证第三步骤采场围岩的完整性，将第二步骤采场、第三步骤采场宽度均调整为 12.5 m(图 6-16)。下盘区域采用第一、二步骤采场布置，采场宽度均为 12.5 m，最初采用隔三采一的布置方式，但在靠近底柱的最后两个分段开采时，为了避免 3 个采场组合形成 37.5 m 的矿柱，开采顺序调整为隔一采一(图 6-17)。依据经验，当矿柱的宽高比小于 2/3 时，矿柱不会产生剧烈的破裂活动。开采底柱时，两个巷道之间的矿柱宽高比接近 5∶7.5，这种形态的矿柱易储存能量，现场有多处该形态的矿柱发生岩爆。

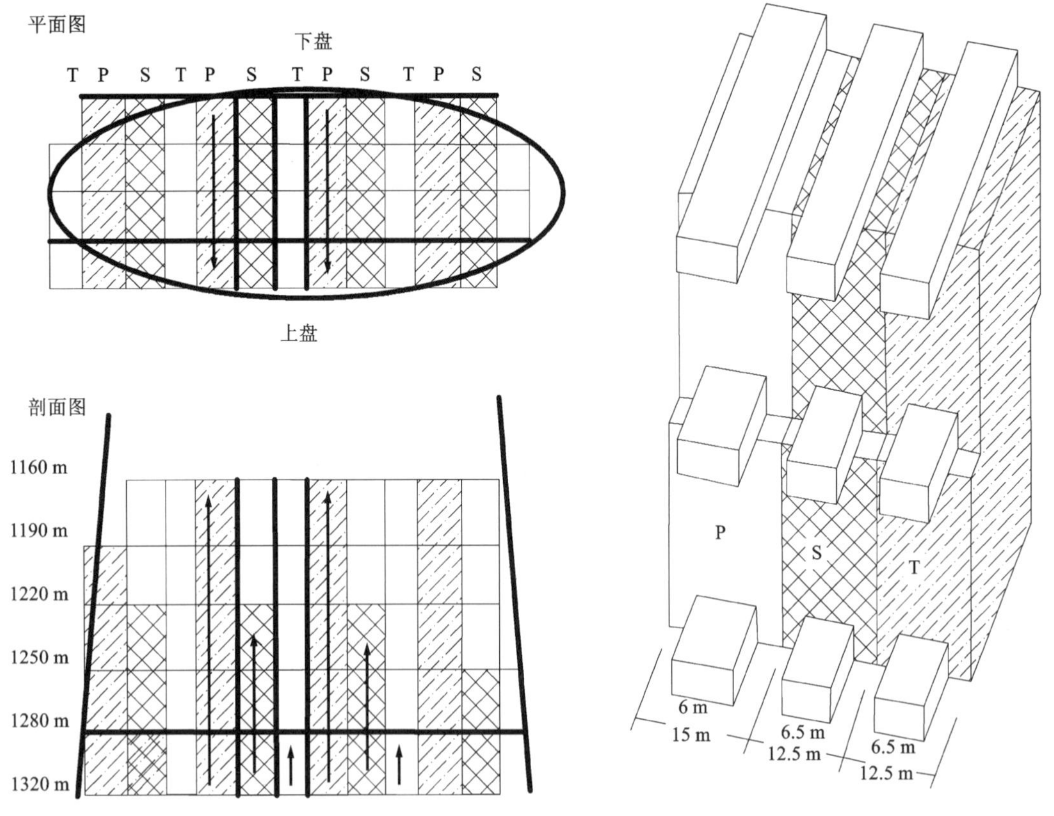

P—第一步骤采场；S—第二步骤采场；T—第三步骤采场。

图 6-16 接触矿化带区域采场布置

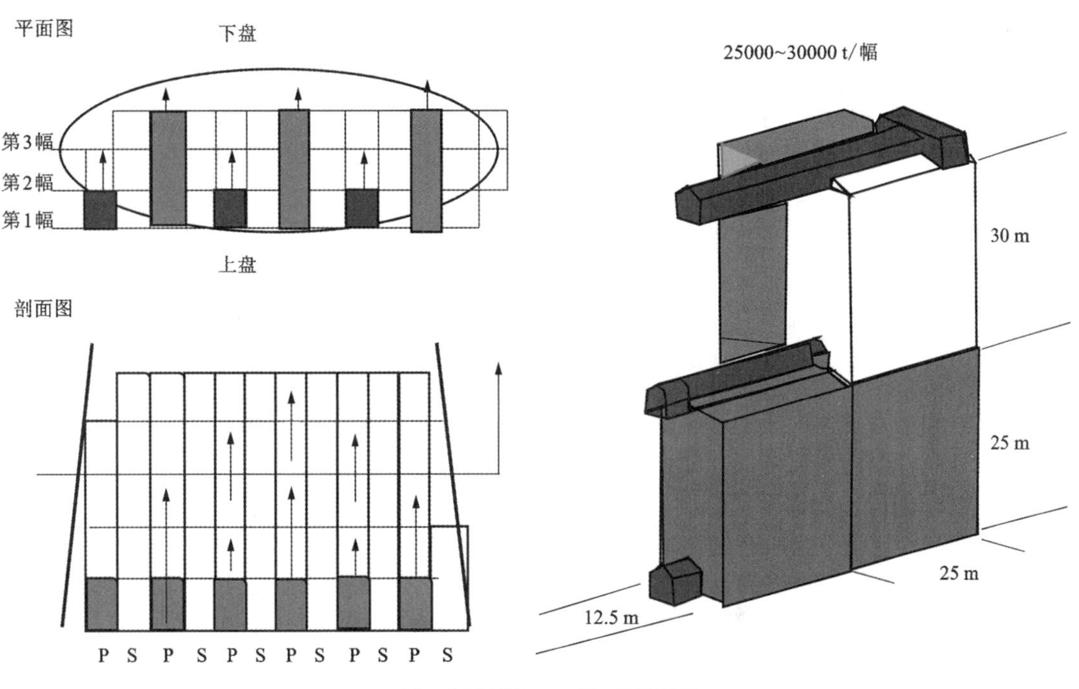

P—第一步骤采场；S—第二步骤采场。

图 6-17　下盘区域采场布置

(3)缩短充填时间，高强度充填采空区

采场未充填时，开采扰动会导致采场顶板或帮壁内的裂隙继续扩展，使顶板块体松动，严重时可能造成顶板冒落或片帮。同时，开采扰动或地压活动引起的冲击波将由顶板和底板表面提供的岩石界面处反射，此时产生的拉应力趋于将孤立的顶板(或底板)“切断”。充填后，与岩石接触的充填料，使冲击波仅在岩石与充填体界面处部分反射，因此降低了“切断”作用。采场出矿结束后，立即对充填挡墙和滤排水设施进行施工，以实施高强度集中充填。采场及时充填可有效地限制空场两侧围岩的位移和变形，减缓岩石的移动对上盘和顶柱的破坏作用，减弱冲击波的拉力作用。

冬瓜山铜矿对采空区边界点进行了模拟监测，矿柱监测采空区侧质点的震动速度最大值为 1.43 m/s，矿柱另一侧质点震动速度最大值为 0.77 m/s。由于围岩本身的阻尼作用，应力波传播到自由面时，峰值逐渐减小。在充填情况下，矿柱监测采空区侧质点震动速度最大值为 1.29 m/s，矿柱另一侧质点震动速度最大值仍为 0.77 m/s，这是由于应力波透射到了充填体内，反射波的波幅较未充填时有所降低。对采空区进行充填后，在动力扰动下，原采空区侧质点震动速度较不充填时减小；另外，在充填体的侧压力作用下，接触面上质点位移明显减少。因此，矿石开采完成后，应尽快对采空区进行充填。

白银公司深部铜矿是西北地区露天矿转地下开采的大型铜矿山，矿体产于中等稳固的凝灰岩中，矿体厚度为 65~70 m，倾角为 65°。在这种岩石条件下，实现大采场难度较大，同时凝灰岩具有遇水软化的特点，这将会恶化井下作业环境。试验采场位于露天坑底以下的高应力区内，经长沙矿山研究院有限责任公司测定分析，最高应力达 16.8 MPa，应力集中系数达

3.57。在矿体的上、下盘围岩中积聚着较大的变形能，且随着开采深度的加大，这种变形能还在不断增加。针对以上地压特点，白银公司采用高强度充填的方式。结果表明，除顶板和上盘受爆破影响有少量的片帮以外，没有出现因地压问题造成的大范围岩移和变形。

(4)优化爆破设计

回采爆破会对采场顶板、帮壁造成一定的破坏，普通爆破落矿方式的爆破震动作用使采场周围一定范围的矿岩产生了较强的压碎区和裂纹区，降低了顶板本身的承载能力，频繁的爆破对整个采场顶板和帮壁不断扰动，改变了采场的稳固性，加大了其冒落、片帮的可能性。确定合理的边孔距及控制最大单段药量，可以减小爆破震动对充填体稳定性的影响。

红透山铜矿-707 m 中段多个中深孔采场在回采爆破中，出现采场顶板冒落，联络道片帮、变形，甚至坍塌等现象，严重影响了生产进度。红透山铜矿采取将中深孔孔底距增大、排距减小，同时控制单段药量的方法，不仅降低了炸药单耗，还使得联络道破坏情况明显得到改善，降低了生产成本，提高了生产能力。

(5)合理布置工作面开采顺序

阶段矿房嗣后充填法开采应尽量减少采矿扰动应力影响。下分段回采工作应滞后于上分段回采工作，以阶梯式顺序退采，并形成“V”字形采空区，这样一能满足炮孔装药的需要，二是下部矿岩维护了帮壁的平衡状态，缩短了直立帮壁存在时间。此外，还应加大联络巷道间距，尽量减小上、下分段回采时巷道处集中应力的叠加。

和睦山铁矿后观音矿段采用大阶段盘区嗣后充填法，多处巷道发生开裂，甚至坍塌，地压显现明显。和睦山铁矿调整了采场崩落顺序，对采场进行对称回采，使采空区呈“V”形，增强了采场帮壁及顶板的稳定性，明显降低了采场地压活动(图6-18)。

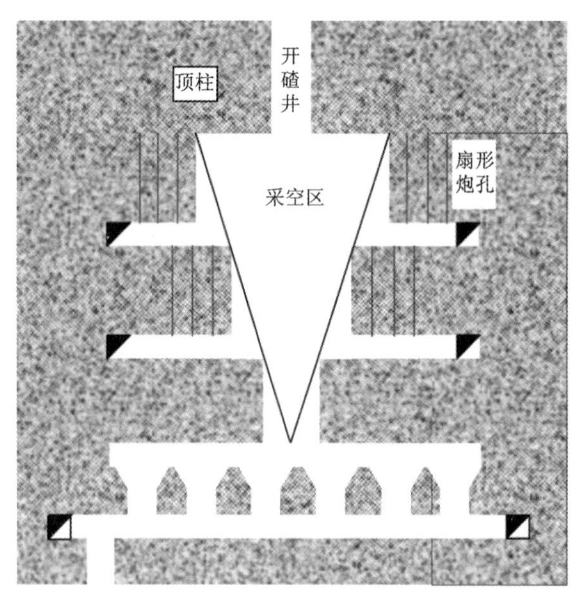

图6-18 采空区“V”形分布

(6)增加水平矿柱的厚度

矿柱作为一种支撑结构，承受着巨大的载荷，维持采场力学环境的稳定。当矿柱所承受的载荷超过自身极限强度时，矿柱就会失稳破坏。矿柱的失稳破坏形式由多种因素决定，这些因素包含矿柱自身的物理力学性质、赋存环境、所受载荷大小及施加方式、时间等。

水平矿柱主要由本中段底柱和对应下中段顶柱构成。作为矿山的残留矿柱，水平矿柱在矿山前期采矿过程中就受到了开挖扰动，周围的应力得到释放和转移，局部区域表现为应力集中区，其内部已经受到不同程度的损伤破坏，很有可能发生破裂、垮落现象。当采场顶板岩体受到平行于层状顶板的水平压应力作用或垂直应力作用时，会发生大的弯曲变形，致使顶板下部岩体发生拉伸张裂，最终导致采场顶板失稳破坏。这种类型的采场顶板失稳，主要发生在一些薄层状顶板，并且受到较大水平构造应力的挤压作用或者顶板上部受到大的垂直载荷作用时。经实践证明，选择合理的水平矿柱厚度，可有效减弱顶板的地压活动。

凤凰山铜矿-240 m 中段水平矿柱主要由-240 m 中段回采底柱和-360 m 中段回采顶柱构成，中段高为 120 m。整个水平矿柱都是以矿房、间柱进行划分，矿房长度为 50 m，间柱为 10 m，其中未回采水平矿柱整体厚度为 13 m，由下往上分别为-360 m 中段顶柱厚 5 m，-240 m 中段底柱厚 8 m。水平矿柱宽度为矿体厚度，矿体平均厚度约为 30 m，水平矿柱的上方为-240 m 中段矿房内充填的松散尾砂体，充填尾砂体高度约 110 m，如图 6-19 所示。根据水平矿柱受力分析，在考虑矿柱回采的前提下，得出水平矿柱高度取 13 m 时，可确保回采过程中的顶板稳定性。

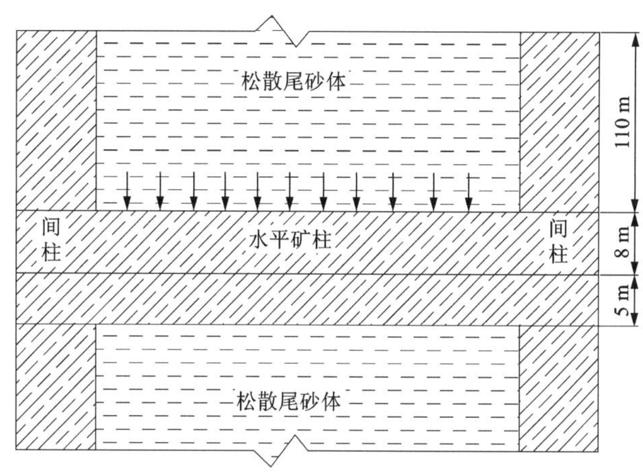

图 6-19　凤凰山铜矿水平矿柱

(7)集中出矿

崩落的松散矿体对邻近的围岩具有一定的支撑作用。根据静水压力理论，产生的侧向压力大小为 $p=\gamma H$，若控制出矿顺序维持采场采空区周边围岩稳定性，遵循底部集中出矿的原则充分利用崩落散体作用，可达到维护采场稳定性的目的。

湖北大红山矿业公司石头嘴矿区自 2005 年上半年以来，正在生产的-320 m 水平出现了严重的地压现象。11A 线穿脉出矿巷道的顶板发生垮冒，矿柱压裂，并且伴随有岩爆现象，底板鼓起并且产生了纵向张开裂缝。该穿脉巷道顶板中产生的裂缝与正在充填的矿房连通，充填料通过裂缝流入该巷道。邻近的 10 线穿脉巷道的顶板也出现了长达 10 m 的纵向裂缝，该裂缝迅速扩展，危及该巷道的正常使用。与此同时，正在进行大量出矿的-370 m 中段 3711#矿房顶板也出现大量的矿石掉落，危及位于顶板之上的-320 m 水平运输平巷。大红山矿业公司针对以上地压活动特点，在不影响爆破效果的前提下，减少分次出矿量，集中出矿。这些松散矿石暂时减小了-370 m 中段 11A 矿房的暴露空间，并且增强了间柱的支撑能力，限制了该矿房顶板矿石的继续冒落。

6.4　崩落采矿法地压

崩落采矿法通过崩落围岩来实现采场地压管理。在回采过程中，按一定回采顺序第一步骤连续回采。随着崩落矿石，有计划地强制或自然崩落围岩充填采空区，以控制和管理地压。崩落采矿法中地压破坏主要集中在巷道破坏、有底柱崩落法底部出矿巷道破坏和无底柱崩落法回采进路破坏等处。地压显现可以表现为多种不同的形式，如岩体变形、微观或宏观破裂、岩层移动、巷道底鼓、片帮、冒顶和断面收缩等。根据地压显现的影响因素和地压显现形式，可将其分为两类：一类是受构造控制的地压显现，主要是巷道、采场等采掘工程受地质构造影响而发生的顶板和上盘岩体失稳冒落；另一类是受应力控制的地压显现，这类地压显现有巷道剪切破坏，主要发生在两相邻巷道间的岩柱中，巷道壁面由表及里发生层层片落、剥落，致使巷道断面不断扩大。

如果二次应力场没有超过围岩的承载能力，岩体就会自然平衡。由于采动的影响，二次应力场应力可能发生叠加，有时大大超过原岩应力，导致岩体出现破裂甚至冒落现象或使断面产生很大变形。采场地压除造成采准巷道变形和破坏以外，也会引起中深孔和支护的破坏。

6.4.1　单层崩落采矿法地压特征及控制

1) 单层崩落采矿法地压特征

开采水平或缓倾斜顶板岩层不够稳定的薄矿体时，多采用单层崩落采矿法。该方法上方覆岩层压力直接作用在工作面顶板上(图 6-20)，使顶板承压较大，尤其是对埋藏较深的矿床。因此，顶板管理对单层崩落采矿法具有重要意义。通过现场调查发现，单层崩落采矿法容易出现塌面、局部冒顶、片帮等事故。

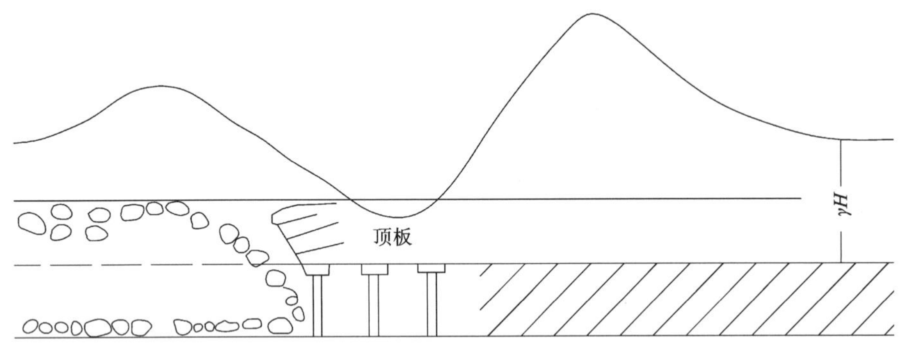

图 6-20　单层崩落采矿法顶板岩层应力重分布

长壁面整个悬顶全部冒落，即塌面。这类事故发生的原因是多方面的，如地质构造复杂、地压较大、断层裂隙较多、放顶不彻底等致使二次顶压大、工作面支柱不正规、回柱不及时等，造成顶压积聚。

局部冒顶，造成此类事故的主要原因是不及时支柱或缺少支柱，忽视了支柱对维护顶板所起的作用。根据经验，此类事故多发生在断层附近、缺支柱或放炮击倒支柱的地方，以及发现顶板有裂缝而未彻底处理或拖后处理的地方。

片帮多发生在采高 2.0 m 以上的长壁面，如凿岩过程中或手镐落矿时。一般发生在节理发育、放炮震动或采场地压较大的采面或巷道。此类事故多发生在放炮后，人员刚进入工作面，又尚未检查或检查不细致的地方，或支柱时，或在凿岩时以及矿柱回采过程中。

2) 单层崩落法采场地压控制

随工作面的推进，周期性切断直接顶板，以崩落的岩石充填采空区，保证工作面附近矿岩的稳定性。作用在顶板岩层中的压力，呈波状分布。随回采工作面向前推进，顶板岩层中的压力波亦向前移动。在回采工作空间上方形成应力降低区，前后方形成应力升高区，远场又恢复为原岩应力。应力升高区的应力值和范围，取决于顶板岩石的力学性质、顶板管理方法、开采深度等。实验室及现场观测表明，顶板岩石强度越大，开采深度越深，则应力峰值越高，应力升高范围也越广。据现场确定，工作面应力集中系数变化于 3~11，应力升高范围为 20~30 m。应用这种采矿方法时，应正确选择最大悬顶距，这是控制地压的重要参数。工作面推进到最大悬顶距时，就应按确定的放顶距立刻放顶，将放顶距内的直接顶板崩落下来。放顶工作不及时或放顶质量不好，会出现剧烈的地压现象，如工作面压裂、支柱劈裂或弯曲折断、顶板出现裂缝、局部冒落、顶板垮落等。

掌握二次来压的活动规律，及时采取相应的技术措施。放顶后，顶板悬臂长度缩短，工作面上方压力下降，使回采工作处于安全状态。当顶板长度达到极限值时，顶板将大面积垮落(图 6-21)。此时，工作面上方岩层压力急剧增加，出现二次来压。应根据具体的地质条件，掌握二次来压的活动规律，及时采取相应的技术措施，保证回采工作的安全。

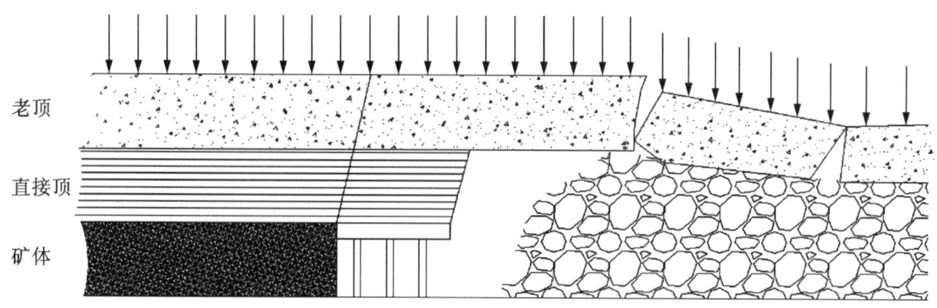

图 6-21　顶板垮落

地质构造(如断层、裂隙、节理等)对顶板管理也有很大影响。构造弱面的存在，往往会改变顶板冒落的一般规律，造成突然来压或冒顶。此时，正确选择回采方向，是很重要的问题。当工作面由结构面的上盘向下盘推进时，工作面呈现压力较小，相反，则压力较大(图 6-22)。

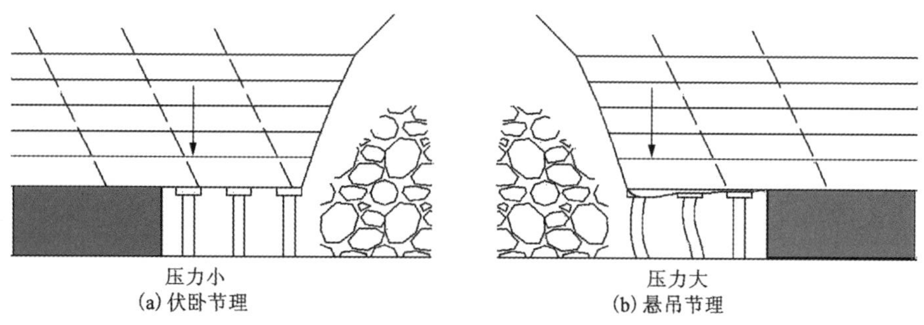

图 6-22　结构面产状与工作面布置关系

长壁面开始生产前，首先要检查工作面支护状况，并确定支柱工作任务。金属矿山可将煤矿使用成熟的单体液压支柱支护设备和技术引入金属矿床开采。康家湾矿矿柱呈水平赋存状态，平均厚度为3~3.5 m，上部为低强度的尾砂充填体。设计采幅高度为2.5~3.0 m，留0.5 m厚的矿石护顶层。采矿时，工作面附近暴露的顶板用0.8 m×0.8 m(排距×柱距)网格的单体液压支柱支护。回采推进到一定距离时，进行放顶，使崩落的充填体充满采空区。同时，对液压支柱采用支架载荷监测，测量支架所承受的分布应力及上覆充填体对矿柱的作用载荷。实践证明，不管矿柱上部充填体种类如何，其主要通过所留0.5 m左右厚度的护顶矿层与支柱共同作用来承载上部充填体的压力，支护效果好、可靠性高。

官店铁矿液压支柱的应用也表明，开采顶板稳固性差的水平、缓倾斜矿体时，使用液压支架有利于长壁式单层崩落法的顶板地压管理工作，它不仅能改善采场作业环境，还使该采矿方法更安全、高效。

6.4.2 有底柱崩落采矿法地压显现特征及控制

1)有底柱崩落采矿法地压显现特征

有底柱崩落采矿法采场矿石通过设于底柱中的放矿巷道放出。因此，底柱中放矿巷道的稳定性直接影响回采工作安全及经济效益。故这种采矿方法的地压控制问题，主要是维护出矿巷道的稳定性。其地压显现主要有以下特征：

(1)电耙道在拉底过程中出现应力集中现象

铜矿峪铜矿为大型斑岩铜矿床，倾角50°左右，厚度110~140 m，走向长约1000 m。出矿电耙道沿矿体走向布置，间距20 m。采用JXH-2型混凝土应变计布置在5157穿脉及5155穿脉的11条电耙道，用于监测电耙道混凝土支护体与围岩间的相互作用力，即混凝土支护体承受的荷载及混凝土内的应力-应变变化规律。

拉底工作初期，电耙道混凝土顶板所承受的围岩压力较小，在电耙道测点与拉底推进线的间距$s<30$ m时，电耙道混凝土顶板压强均为4~6 MPa，混凝土的应变值也较小，均小于250个微应变(图6-23)。电耙道与拉底推进线的距离为-30~-10 m时，应力应变急剧增长。在拉底推进线越过电耙道后，电耙道混凝土顶板压力迅速下降，拉底推进线越过电耙道5 m后，电耙道应力已降到较为稳定的应力状态。拉底推进线越过电耙道约10 m后，电耙道混凝土支护体承受的压力已较为稳定，拉底推进线位置的变化对该电耙道应力状态的影响较小，电耙道压力仅随上覆崩落矿石的增减而稍有增减，但变化幅度较小。

(2)放矿面积对底部压力有影响

放矿面积对底部压力的影响机制是很复杂的，它不仅取决于矿岩本身的物理力学性质，而且其对采场边壁的物理力学性质也有很大影响。更重要的是，放矿面积不同时，其边壁效应(如成拱作用)大小不一样。随着放矿面积的增加，底部压力也在增大。可以认为，由于采场面积增加，边壁效应变弱，引起底部压力增大。

(3)采场放矿顺序对底部结构压力的影响明显

物理模拟相似试验表明，不同的放矿顺序对底部结构压力影响明显。测得中央放矿时底部的压强(最大压强)分布见图6-24。由此可以看出，由于放矿，底部出现降压区和相邻的升压区。这可以从放矿椭球体压力转移理论得到解释：由于矿石的放出，采场内的矿岩必然在第一次松散的基础上进行第二次松散，并形成松动椭球体，从而失去了对上部矿岩的支承

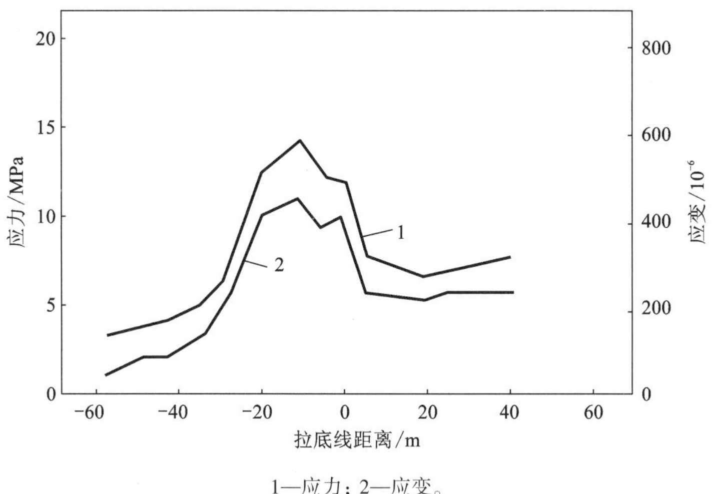

1—应力；2—应变。

图 6-23　电耙道应力与拉底推进线距离关系

力。因而，椭球体上部的压力必然转移到松动椭球体以外的矿岩上，从而形成降压区和相邻的升压区。采场放矿时，距离放矿口远近不同的点，压力波动值是不一样的。试验结果表明，距离放矿口越近的点，压力波动越大。这是因为距离放矿口越近，矿岩颗粒运动速度越大，因而压力波动变大。与中央放矿相比，从采场一侧向中央放矿时，其底部压力变化的不同之处是降压区和相邻的升压区位置不同。这些试验结果说明控制采场某部位地压是有可能的。

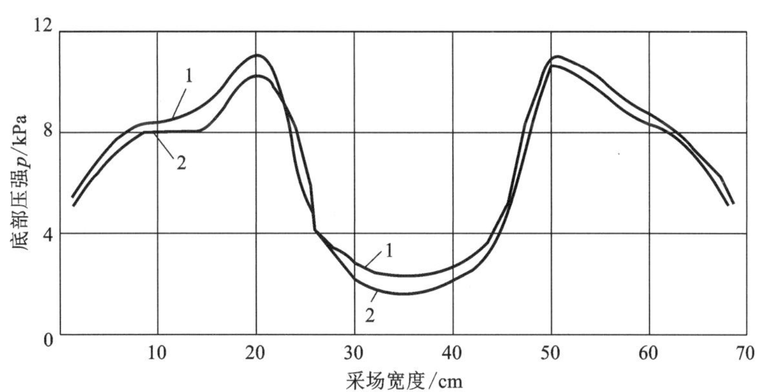

1—单漏口放矿，放出矿量 201.98 cm^3；2—相邻漏口放矿，放出矿量 201.98 cm^3。

图 6-24　中央放矿时底部压力分布

多漏口放矿的实质是单漏口放矿的叠加。由于沿整个采场水平断面同时放矿，松散体内承压拱被破坏，整个采场都处于降压区，底部结构上垂直压力降低很多，根据测定，平均垂直压强为 5.58 kPa。

(4)一次出矿量大小对底部压力存在影响

采场一次放矿量大小，直接影响松动椭球体的发育。因而，一次出矿量对采场地压有很大的影响。采场放矿，必然引起采场底部压力的重新分布和底部结构上压力的波动，压力的大小在很大程度上取决于一次放矿量的大小。漏口放矿在不同的一次放矿量情况下测得最大底部压强 p_{max} 和一次放矿量 Q 之关系曲线见图 6-25。

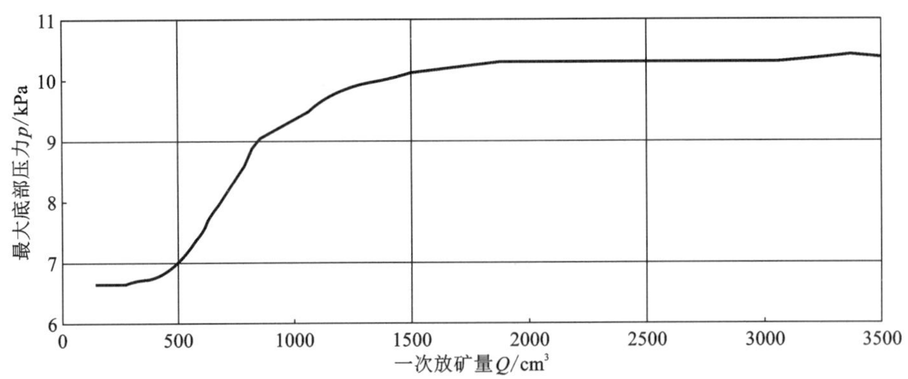

图 6-25 底部最大压强与一次放矿量之间的关系

底部最大压强随一次放矿量增加而增加，当一次放矿量达到一定值时，最大压力趋于稳定。之所以产生这种现象，可以解释为：底部压力主要取决于颗粒运动速度，随着一次放矿量的增加，矿岩颗粒运动速度增大，因而底部压力增大，但一次放矿量达到一定值时，矿岩流动速度达到极限值，因而底部压力也趋于稳定。

2)有底柱崩落采矿法地压控制

应用有底柱崩落采矿法时，随崩落矿石的放出，上部覆岩和上、下盘围岩也不断崩落。崩落的矿石和上部覆岩的重力作用在底柱上，因此，底柱中的出矿巷道容易变形、破坏。当矿体埋深、厚度较大时，矿体下盘岩石受到的压力作用，也容易使下盘采准巷道破坏。

胡家峪铜矿在两翼采后一个半月，岩石错动达 3 cm，炮孔眼位错动，装药困难。4303 采场 3#~7#电耙道开裂明显，严重影响了正常的爆破、出矿工作，损失矿量达 10 万 t。铜矿峪铜矿对电耙道混凝土顶板压力进行了测试，落矿之前的应力为 4~6 MPa，开采过程中压力峰值达到 15 MPa。由此可以看出，底部出矿巷道在开采过程中承受的压力变化很大。采准工作之后，出矿巷道上部仍是实体，作用在底柱上的压力较小。在大量落矿之后，在底柱上部储满了崩落的矿石和覆岩，作用在底柱上的压力明显增加。作用于底柱上的压力由两部分组成：一为作用于回采中段上部的崩落岩石的平均压力；二为采下矿石作用于底柱上的平均压力。

出矿时，松散矿岩对底柱的压力是不均匀的，采场四周压力较小，中央部分压力最大。这是由于松散矿岩与周围覆岩之间存在摩擦阻力以及成拱作用，放矿漏斗上部应力分布情况见图 6-26。

在采场放矿以后，底柱上所受压力将发生变化。由于放矿漏斗上部矿岩发生二次松散，松动椭球体上部形成免压拱，将载荷传递到附近漏斗上部，从而使压力增大，在松动椭球体范围内的压力则降低，出现降压带(图 6-27)。如果几个漏斗同时放矿，则由各个漏斗松动椭球体共同组成一个免压拱，拱上部的压力向四周传递。当放矿面积增加到一定值以后，免压拱不易形成，底柱上的压力又恢复为之前的压力分布状态。

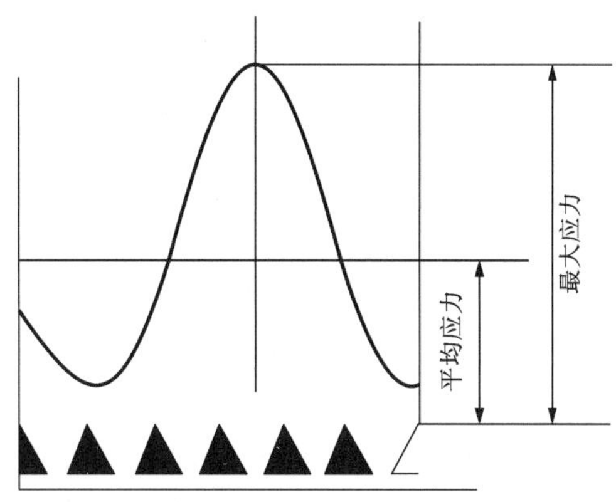

图 6-26　漏斗上部应力分布

针对有底柱分段崩落采矿法地压显现规律，结合底部结构受力特征，可采取以下措施进行地压控制。

(1) 选择合理矿块尺寸

从底部出矿结构受力分析看出，作用于底柱上的平均压力与采下矿石物理力学性质、采下矿石层高度、矿块水平尺寸有关。根据生产实践及实验室试验确认，矿块水平面积为方形时压力大，对出矿巷道稳定性不利。而边长比为 1∶4~1∶3 的矿块，则具有较大的稳定性。

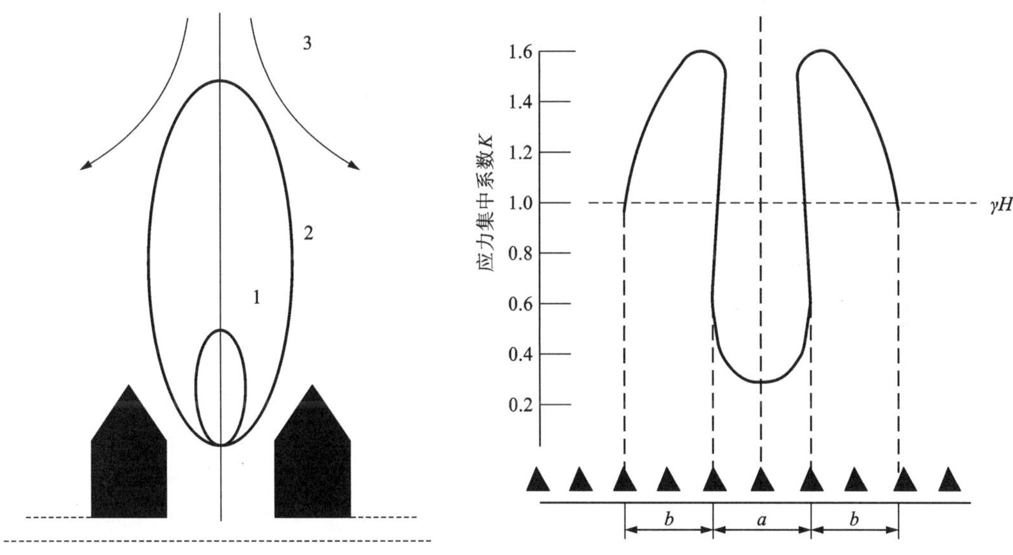

1—放出体；2—松动体；3—降压带。

图 6-27　漏斗放矿及降压带分布

物理模拟实验表明，采场压力随放矿面积和矿岩高度的增加而增大，但随矿岩高度增加，其增大值会逐渐减小，当崩落矿岩高度达到一定值时，压力趋于某一极限值。因此，在矿山生产中应采取增加崩落矿岩高度而缩小采场水平面积的方法，这样采场压力不会增加很多，而采准工程量可大大减少。

(2) 确定合理开采顺序

当矿体走向长度很大时，按一般规律，矿体走向中央部位压力最大。在这种情况下，如果采用从矿体两端向中央后退式回采顺序，则每个中段的回采初期，其地压显现不明显，但当回采接近中央部分时，地压逐渐增大。采至最后几个矿块时，必然承受较大的支承压力，给回采工作带来很大困难。相反，如果采取从中央向两端的前进式回采顺序，则受力情况将得到很大的改善，回采接近矿体的两端时，由于待采矿体和围岩相连接，也不会产生较大的支承压力。

当矿体走向不长时，由于地质条件复杂，应从压力最大部位开采，然后向两侧后退，这是较为合理的开采顺序。杨家杖子岭前矿岭北 0 号脉Ⅵ条矿体回采时，矿体东部走向东西，向南倾，倾角 35°，向西逐渐转为北西向，倾向南西，倾角 45°，而后走向近南北，倾向西，倾角 42°，矿体走向长 450 m，厚度 10~30 m，上、下盘围岩节理发育，均不稳定。该矿多年的生产实践表明，采用从一端向另一端或从两端向中央的回采顺序，当回采接近矿体轴部时，会出现剧烈的地压活动，如电耙道压垮、炮孔变形和错位等，从而造成大量矿石的损失。

当矿体厚度很大，矿块垂直走向布置时，对地压控制有很大的影响。在上盘滑动柱体压力作用下，从矿体上盘向下盘回采，越采压力越大，下盘三角矿柱常受到破坏，回采异常困难。采取相反的回采顺序，则上盘三角压力不明显，回采比较顺利。

当开采几条平行矿体时，由于下盘矿体承受较大的支承压力，位于下盘的矿体应按上盘岩石崩落角关系，超前回采，以避免集中应力区的影响。

(3)对遗留矿体及时采取相应措施

胡家峪矿南河沟矿床 4303 采场由于炮孔变形等，爆破不彻底，留有残柱，当开采 4303 采场正下方的 5303 采场时，地压活动频繁(表 6-10)，矿石损失贫化严重。

表 6-10 胡家峪矿南河沟矿床 5303 采场地压活动记录

次数	开采顺序	地压现象	后果
1	由顶向底	3 号、4 号凿岩道 5~7 排岩石错动下沉缝宽 1~2 cm 并伴有声音	爆破质量差，4 号电耙道损失率为 29.9%，贫化率为 34.14%
2	由顶向底	5 个月后，岩石压力大，有 4 排炮孔无法装药	爆破质量差，5 号电耙道损失率为 27.4%，贫化率为 23.91%
3	由顶向底	2 号电耙道采后 5.2 个月，4 号凿岩道采后 11.3 个月，3 号电耙道巷眼滑落	爆破药量只装进一半，爆破质量差，大块多
4	由顶向底	两个月后 3 条巷道向 3 号电耙道滑落，7 号切割巷几乎全塌，8 号切割道有裂缝	装药差，7 号切割道有 2.4%的铜矿石 1.4 t 没装药，损失率为 40.8%，贫化率为 36.77%
5	由顶向底	塌落严重，尤其是 6 号电耙道，有两组断层相交处	没松动提前爆破，采巷剩下 2.4 t 炸药，损失率为 23.7%，贫化率为 39.16%

对于未正常回采的采场，采用松动爆破，消除未采矿体对下方采场的压力。

(4)采用合理的漏斗形式

有底柱分段崩落采矿法靠近底部炸药较为集中，大药量爆破时有可能对炮孔底部区域造成集中冲击载荷。但和堑沟凿岩的扇形孔落矿方案相比，其不连续开挖方式有利于底柱稳定。半漏斗底部结构具有底柱切削小、提高桃形矿柱强度、缓解对桃形柱的冲击和磨损破坏的优点，消除了扩漏时对桃形矿柱的爆破破坏。用半漏斗底部结构的，从试验所测回收率来看，无因漏斗未切开而造成的脊部矿石损失，主要是矿石流动过程中半漏斗顶部平台磨损而最后形成的桃形矿柱。

西石门铁矿南区实际生产实践发现，采用如图6-28所示的半漏斗底部结构有利于底柱稳定。此外，适当增大斗檐和耙道高度，可以提高耙道的稳定性和出矿强度。西石门铁矿采用斗檐高2.5~3 m，斗檐口死带角45°，斗檐口处死带高度0.3 m，取得了良好的效果。

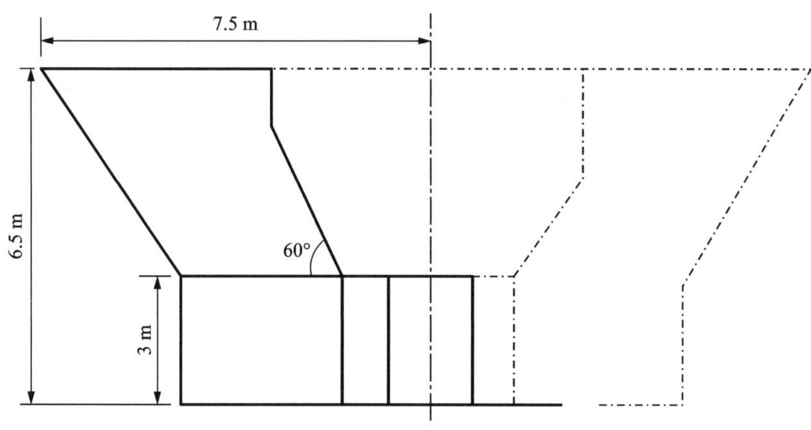

图6-28　半漏斗底部结构

(5)选择合理的漏斗间距

实验室与现场研究表明，放矿椭球体腾出的空间不断为周围松散胀大后向下移动的矿石及岩石所充填，其波及范围也是一个近似椭球体，可称为松动椭球体，它以外的矿石和岩石不发生移动。松动椭球体内的矿岩松动，不能承受压力，因此其上部矿岩的压力就要转移到松动区两侧，于是松动区的压力降低，而两侧压力升高。如几个漏斗同时均匀放矿，可扩大压力降低区，由各个漏斗的松动椭球体共同组成一个大的压力降低区，从而减轻了桃形矿柱上的压力。从地压维护角度来看，漏斗的间距 b（图6-29）应尽量增大，但最好不大于放矿椭球体短轴的长度，否则桃形矿柱侧面的矿石放不出来，损失贫化率太大。

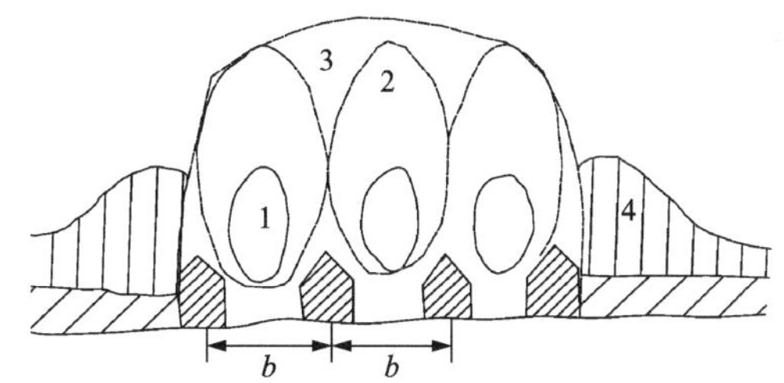

1—放矿椭球体；2—松动椭球体；
3—应力降低区；4—应力升高区。

图6-29　放矿对地压的影响

(6)优化放矿制度

在底柱上，地压在开始切割前压力最小，至大量落矿时，底柱上压力为上部崩落的矿岩重量，由于矿房壁的夹制作用，矿房中央部位比两侧要大。在放矿阶段，由于放矿椭球体内发生二次松散，不再承受压力，因而顶部出现免压拱，拱上松散矿岩压力传递到四周，出现了以放矿漏斗为中心的降压带，随着放矿漏斗个数增加，放矿体共同组成一个免压拱，但是放矿面积增加到一定大小时，免压拱就不能形成。利用此规律可处理漏斗堵塞或悬顶等问题。放矿时一部分压力降低，它相邻的一部分压力升高，易门铜矿为了防止一采场放矿导致另一采场压力升高、底部结构破坏，采用在放矿采场与回采施工电耙道采场之间隔一个已落矿暂不放矿的采场，以防止电耙道施工时遭到破坏。

(7)提高放矿强度，缩短回采周期

回采周期对电耙道的维护极为重要。因为电耙道的破坏总有一个发生发展的过程，如能尽量缩短回采周期，抢在电耙道严重破坏以前采出矿石，则电耙道的维护工作量将大为减轻。

云南易门铜矿针对地压较大、巷道变形破坏情况，采取“强掘、强采、强出”的三强措施，提高回采强度，生产周期由12个月以上缩短到9~10个月，巷道服务时间最多可缩短25%，巷道维修量减少，改善了作业条件，降低了支护成本，损失率由41%降低到8.72%，贫化率由33%降低到24.63%，有效治理了地压突出问题。

(8)减少二次爆破

在崩落法中，崩落围岩跟着矿石下移，边采边消除采空区，上部松散矿岩重量所造成的支承压力将集中地作用在回采中段的底柱上面，同时，由于底柱被稠密的出矿切割巷道所削弱，所以崩落法地压管理的主要矛盾就突出地反映在底柱结构，尤其反映在电耙道维护上。但电耙道内频繁的二次爆破反复干扰电耙道，降低了电耙道稳定性。因此，应尽量减少二次爆破，同时加强电耙道的维护。

桃形矿柱是电耙道维护的关键部位。采用锚喷支护在此方面取得了较好的效果，以锚杆为主的锚喷支护能将破碎了的桃形矿柱串联在一起，与喷浆层共同发挥支护作用，而混凝土结构在桃形矿柱破坏后只能构成假顶板。因此，除粉矿或散体结构等不稳定岩体外，均应在底柱结构中积极推广锚喷支护，以便改善地压管理工作。在设计锚喷支护时，锚杆应重点布置在漏斗檐及支承桃形矿柱的两帮围岩上，该处是崩落矿石由采场流到电耙道的咽喉。

6.4.3 无底柱分段崩落采矿法地压显现特征及控制

1)无底柱分段崩落采矿法地压特征

无底柱分段崩落法的全部回采过程，都是在回采进路中完成，因其工艺简单、生产能力强而被广泛应用。然而，在无底柱分段崩落采矿法中，经常出现巷道片帮，顶板开裂、垮落，炮孔变形和悬顶等情况，造成生产被动和资源浪费。因此，维护回采巷道(进路、联络道等)稳定安全高效开采至关重要。无底柱分段崩落采矿法地压显现主要特征如下。

(1)进路回采过程中，存在应力升高区与降低区，即分区分带特征

上部矿体回采之后，顶板充分崩落，其上部岩体压力转移到四周未采动的岩体上，形成应力降低区或称卸压带，其垂直应力小于初始自重应力，而在未采动岩体中形成应力升高区或称承压带，其垂直应力大于初始自重应力。根据现场观测资料，回采进路轴向方向，周围岩体中应力变化呈现如图6-30所示的规律，在进路工作面附近形成应力降低区和应力升高区。

符山铁矿采用岩体声发射、巷道收敛、锚杆应力测量、地表位移测量、矿柱裂隙测量等手段，对其地压进行了全方位监测。通过回采过程监测得到，距出矿工作面15~25 m处是应力升高区，15 m以内为应力降低区，25 m以外为原始应力区。在进路退采方向上或其侧翼，距工作面一定距离(15~25 m)，岩体声发射的频度、能率及巷道收敛变形值都明显增加，见图6-31。

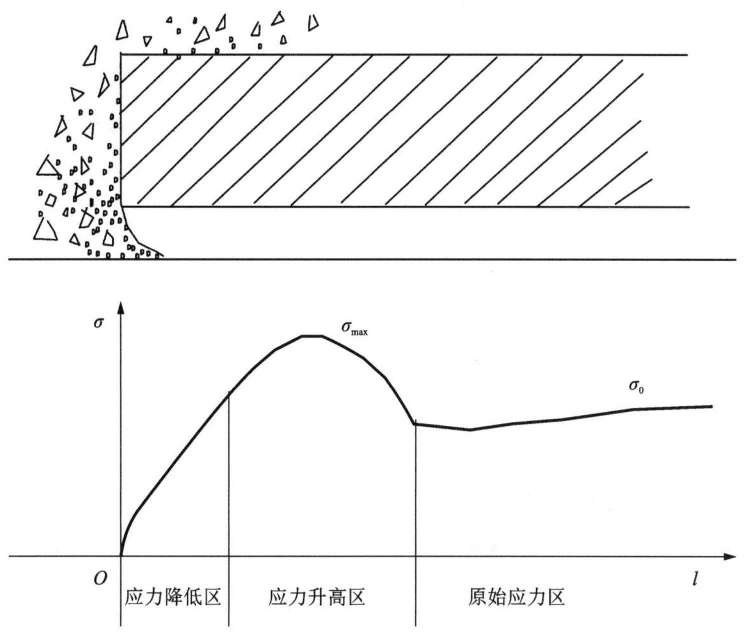

图 6-30　进路回采应力分布

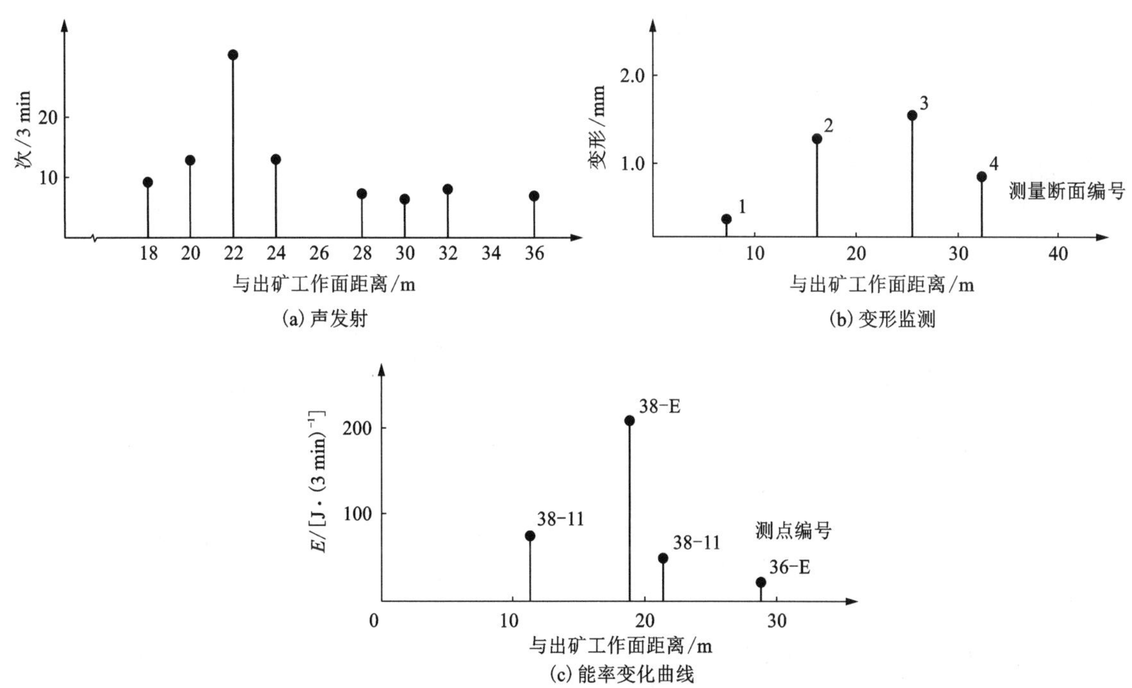

图 6-31　符山铁矿矿体监测结果

桃冲铁矿采用表面收敛测点和四点位移计观测采矿巷道变形，采用量测锚杆观测锚杆受力情况。对布置在 134~153 m 分层内的 77 个测点进行长期观测发现，在距工作面 10~20 m

时巷道压力升高，变形速度增大；在 20 m 以外压力基本没有多大变化；在 10 m 以内变形速度降低。

小官庄铁矿西区-250 m 分段，当开采范围达到 150 m 和 200 m 两种跨度时，其承压带最大应力可以达到初始自重应力的 4.7~6.3 倍，位于承压带范围内的巷道变形速度较大，达 15 mm/d，1 个月的最大变形量可达 400 mm，破坏严重。处于卸压带范围内的巷道最大变形速度不到 0.3 mm/d，月最大变形量仅为 9 mm，仅为承压带范围内的 1/50，破坏较轻，这充分表明了地压分布分区分带特征。

现场大量观测，进一步验证了地压分布分区分带特征。玉石洼铁矿采矿实践发现，采矿进路横向影响范围为 10~15 m，轴向距工作面 0~10 m 范围内为应力降低区，10~15 m 范围内为应力升高区。程潮铁矿横向影响范围为 0~7 m，轴向距工作面 7~18 m 的范围为应力降低区，应力升高区在 18 m 范围以外。符山铁矿横向影响范围为 0~10 m，轴向距工作面 10~25 m 的范围为应力降低区，应力升高区在 25 m 以外。

(2)承压带与卸压带地压活动剧烈程度及地压显现形式存在差异

承压带是应力升高区，该区的地压活动明显比卸压带剧烈，以小官庄铁矿为例，在-230~-250 m 三个分段采场的开采过程中，巷道、炮孔和溜井的破坏率明显不同，说明两带地压显现程度具有较大差别(表 6-11)。

表 6-11 小官庄铁矿-230~-250 m 三个分段采准、回采工程破坏调查结果

工程所在区带	巷道			炮孔			溜井		
	总量/m	破坏量/m	破坏率/%	总量/个	破坏量/个	破坏率/%	总量/条	破坏量/条	破坏率/%
承压带	1874.0	1330.0	71.0	330	176	53.3	4	4	100
卸压带	3270.5	1121.5	34.3	730	29	4	4	0	0

图 6-32 是 102 联巷的巷道变形曲线，处于承压带中的 a、b 和 c 进路的变形(对应于 5#、6#和 7#测点)远大于处于卸压带中的 e~h 进路的变形(对应于 4#~1#测点)。承压带内巷道的最大变形量达 70 mm，最大变形速度为 4.7 mm/d；卸压带内绝大多数测点的变形速度都较小，一般小于 0.033 mm/d，最大变形量不超过 5 mm。这也是承压带地压活动剧烈的一种表现。

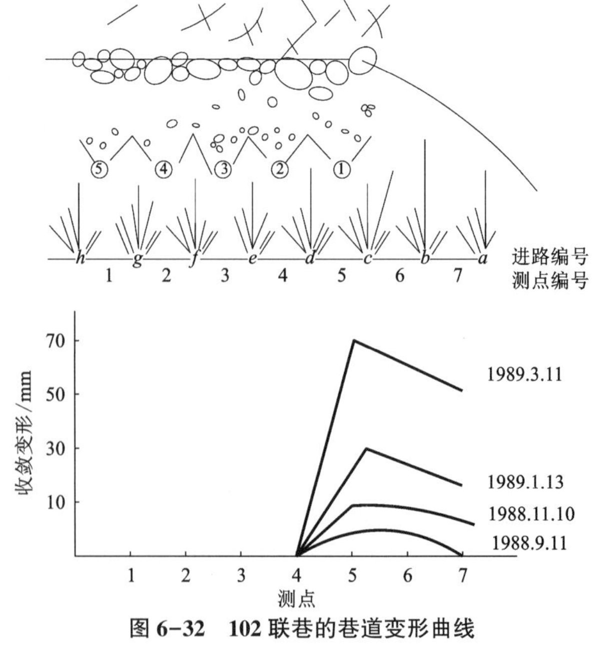

图 6-32 102 联巷的巷道变形曲线

在受拉应力作用的应力松弛区，主应力轨迹线发散，围岩松脱垮侧，地压以松脱地压为主；与之相反，在受压应力作用的压缩区，主应力轨迹线汇聚，两帮岩体被挤压和内鼓，显现出以变形地压为主。

(3)进路回采过程中应力升高区不断地移动

矿床回采时，围岩中的应力重分布，随工作面的推移，压力依次向后转移，表现为支承压力随回采工作进行向外移动的规律。符山铁矿在巷道喷锚支护体裂隙观测中发现，当进路出矿工作面靠近联巷一定距离，即联巷处于应力升高范围内时，联巷支护体开裂速度明显加快，但进一步靠近时，开裂速度却反而变慢，即联巷处于应力降低区内。可见，随着进路的退采，应力升高区在不断地后移，见图 6-33，如测点 7、9，3 月 15 日至 3 月 22 日，测点 7 处于应力升高区内，裂隙扩展速度最大，而距采矿工作面稍远的测点 9 则在 3 月 15 日至 4 月 5 日，处于应力升高区内。

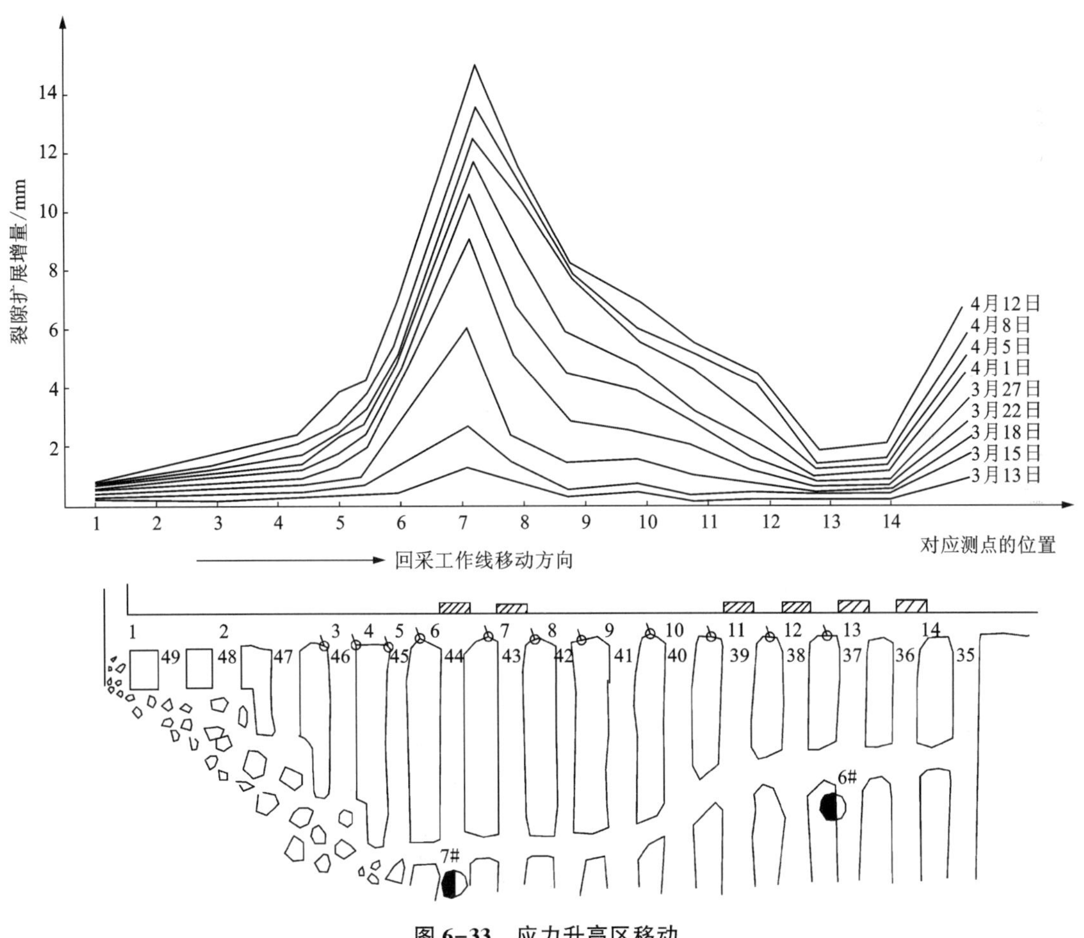

图 6-33 应力升高区移动

小官庄铁矿利用有限元法分析了在-250 m 水平回采结束后回采北翼承压带矿体时的围岩应力。图 6-34 是从上盘向下盘退采过程中围岩应力的变化规律。

随着退采空区的扩大，应力和影响范围逐渐增大。当采空区达到 10 m 时，工作面附近围岩开始出现塑性区，应力影响范围扩展到 15 m；当退采工作面离联巷 4 m 左右时，联巷附近围岩几乎全部进入塑性状态，仅由退采产生的应力集中系数达到2.73，最大总应力集中系数达到4.63；应力峰值位置偏离工作面的距离随退采距离的增加而加大，由最初的5 m增加到11 m。

(4)在回采过程中破碎松软岩体处在减应力区时巷道维护困难

一般情况下，处于增压区的巷道难以维护，但对于节理发育岩体，不仅在应力升高区难以维护，在低应力区也难以维护。这是因为，岩体处于应力升高区时，前方支承岩体变形大，处于低应力区时，支承岩体变形减小。节理发育岩体经过挤压和卸压作用后，岩体整体强度大大降低以致容易垮冒。所以对于节理、裂隙发育的破碎岩体和各种软岩夹层带，在回采工作面临近时，更应注意维护。

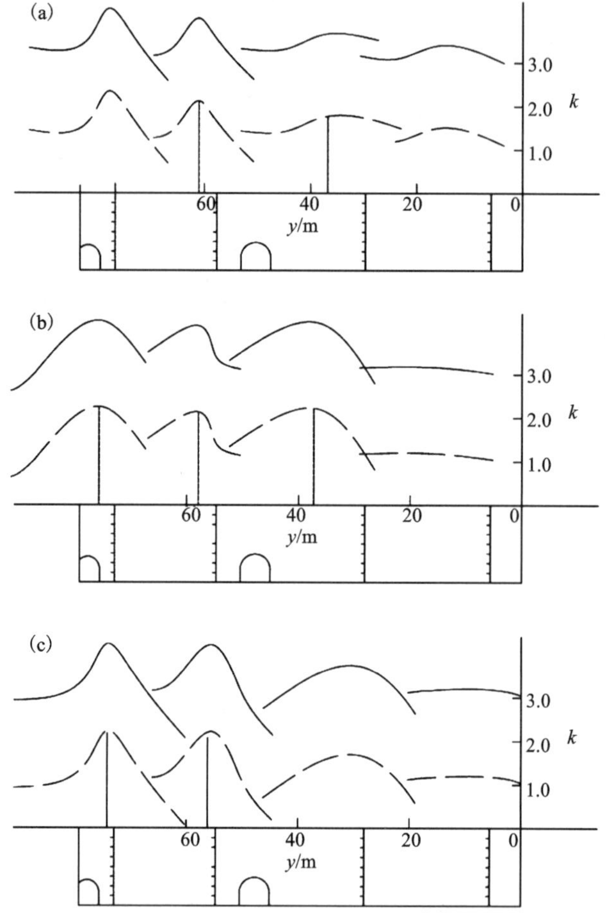

图6-34 从上盘向下盘退采时承压带矿体围岩应力分布

桃冲铁矿153 m水平新11#进路页岩带旁的6#测点变形监测表明，当它处于应力升高区时，收敛变化虽有增大，但页岩夹层并没有垮冒，而当它距工作面5~8 m时，收敛变化减小，但页岩夹层开始垮冒。在对有黄泥夹层的破碎富矿体的观测中发现，当它处于工作面附近的应力降低区时，巷道出现片帮、冒顶的情况更加严重。

(5)滞后回采进路地压显现明显

所谓滞后回采进路，就是指某一条进路由于某种原因回采落后于其左右各进路很多，而成为留在采动区中的滞后回采进路。滞后的进路其一侧必有一段与崩落区相邻。随着相邻进路放矿工作的进行，不断出现松动椭球体，因而覆岩压力向周围转移，其中一部分转移到了滞后进路上，增加了滞后进路围岩应力的水平，进而作用到底部结构或者进路上，造成不同程度的破坏。

符山铁矿四矿体760 m水平66#采场进路1986年6月底较其他两个进路工作面落后15 m，两帮开裂明显加剧，声发射值明显升高。7月初加快了回采速度，放了几排炮孔后，工作面基本拉平，声发射值有明显下降，见表6-12。

表 6-12　声发射值监测结果

项目	日期				
	6 月 26 日	6 月 27 日	7 月 4 日	7 月 7 日	7 月 14 日
大事件/(次·min^{-1})	13	9	7	3	1
总频度/(次·min^{-1})	56	51	25	13	12
能率/(e/3 min)	366	444	294	290	508

(6)上分层留有部分矿岩实体的地压显现明显，下分层相应位置出现应力集中

通过观察和收敛监测发现，在一般情况下，上分层如果地压显现明显，则下分层相应部位地压显现也较明显。分析认为，这主要有以下三个方面的原因：一是可能由于凿岩爆破事故或其他原因留有未崩完全的实体矿岩；二是上分层地压显现大时，会对下分层岩体造成很大影响，削弱岩体的强度；三是覆盖岩层中可能有较大的滑落实体，在下滑时产生较大的冲击压力。

当上分层由于凿岩爆破事故或其他原因留有未崩完全的实体矿岩时，实体周围的崩落覆岩在不断放矿中松动，但实体部分未松动，必然要起支承应力的作用；另外，孤立实体在上部受到上覆岩体重力作用的同时，侧面还受到松散矿石移动产生的摩擦力和侧压力作用，构成较大的偏心集中应力，并在进路顶板中产生水平拉应力，地压显现明显，往往引起相应地点巷道开裂、片帮等。

符山铁矿 4#矿体正在回采的采场相应上水平采场存在未采实体或回采不好留有半实体时，本水平回采后，上盘围岩不能很好地随回采而下落充填采空区，由实体或半实体传递压力，而给北部未采进路或运输巷造成极大压力。例 770 m 水平的 11#、10#采场因进路压垮而未采，在 760 m 水平的 10#、11#采场回采时地表下沉速度不快、下沉量不大，这两个采场虽然较顺利地采完，但当这两个采场结束后，10#~11#采场的运输联巷压坏，北部的 25#、26#采场也被压垮报废。

玉石洼铁矿一采区 260 m 分段 6 号进路右帮及绕道下帮，因上部残留矿体造成破坏，经有限元计算表明在顶板中出现水平拉应力。金山店铁矿二采区±10 m 水平的 7~9 进路正对上部两个分段未采实体矿柱，造成 8#进路首先破坏，两侧进路高应力转移，导致不同规模地压活动。

符山铁矿四矿体 760 m 水平 9#采场进路冒落而未能采动，引起下部 750 m 水平相应部位的巷道严重开裂，局部地点甚至冒穿 760 m 水平。

(7)独立矿柱以及联络道与进路岔口处是应力集中区

桃冲铁矿在对独立矿柱的观测中发现，1999 年 11 月位于 153 m 水平独立矿柱处的 9#测点以及 145 m 水平独立矿柱处的 2#测点(两个部位正好对应)，在 145 m 水平 10#、11#进路中部回采时变化都明显增大，而从地表测量结果看位于该部位的地表测点沉降量也明显增大。主要原因是 153 m 水平以上由于留有大量残柱，而该部位又有一条较宽的黄泥夹层带，当在 145 m 水平采矿时，这个部位可能发生过大冒落，致使地表下陷，应力升高集中于独立矿柱处。该联络巷道(特别是矿体中部联络巷道)与进路岔口处的矿柱地压显现也特别严重，如 1999 年 10 月 145 m 水平上盘矿体回采时，位于前方的中部联络巷与进路岔口处矿柱，大部

分已片帮、鼓裂，收敛变化很大。在 153 m 水平回采时该部位也是地压显现较严重的部位之一。

(8)相邻进路两侧矿柱中形成应力升高区

有限元模拟得到相邻进路顶板应力分布，如图 6-35～图 6-37 所示，在进路两侧矿柱中形成应力升高区，进路顶板上方形成应力降低区。在进路周边拱脚、立墙角处，应力值较高。

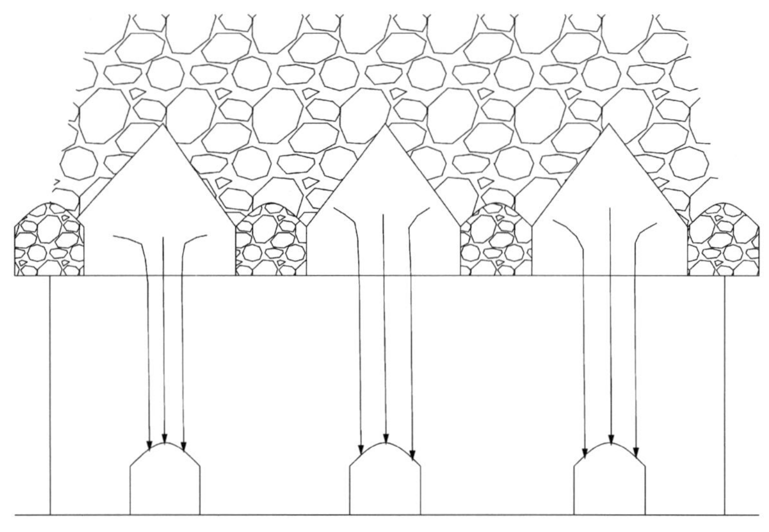

图 6-35 进路两侧矿柱支撑作用

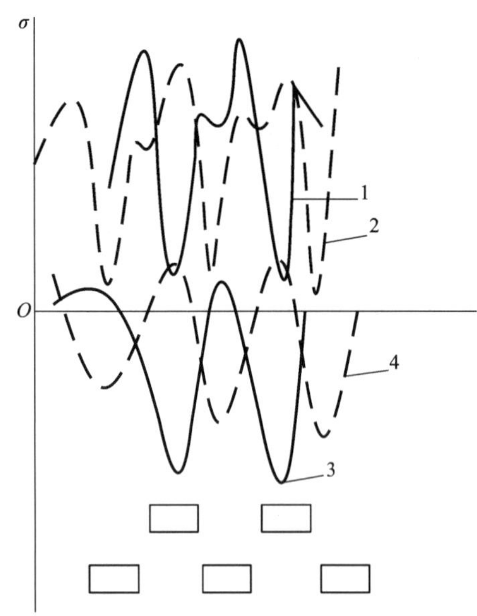

1——分段顶板最大主应力；2—二分段顶板最大主应力；
3——分段顶板最小主应力；4—二分段顶板最小主应力。

图 6-36 相邻进路顶板应力分布图

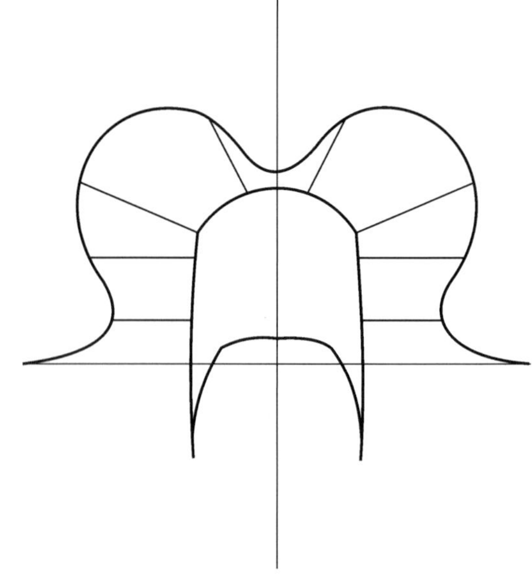

图 6-37 进路周边应力分布图

小官庄铁矿三维光弹性试验表明，如图 6-38 所示，采场联巷围岩应力状态在采矿过程中有以下变化：在切割回采之前，联巷的围岩应力受原岩水平构造应力场的支配，巷道顶板受切向和轴向两向压缩应力，两帮受切向拉伸应力；回采期间，卸除了原岩水平构造应力场，联巷顶板应力从二向压缩改变为二向拉伸，两帮应力从切向拉伸改变为切向压缩。有限元分析给出的小官庄铁矿采场顶板岩石崩落过程中的围岩应力分布有以下特点：顶板岩石在崩落过程中，其拉应力逐渐减小；两翼承压带岩体应力随着顶板的崩落而逐渐降低，承压带范围则相应扩大；采空区底板处于应力降低区，随着远离底板，该拉应力逐渐减小。

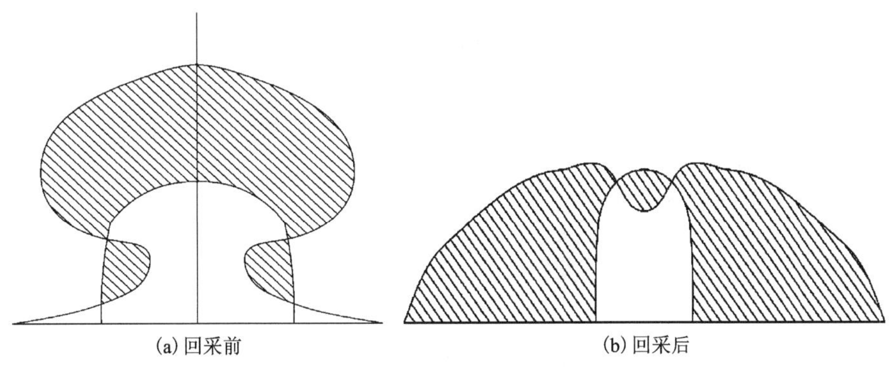

(a) 回采前　　(b) 回采后

图 6-38　联巷围岩应力状态随采矿过程的变化

(9) 悬顶引起的应力集中

装药施工疏忽或起爆网络的不完善造成的进路中的悬顶现象在无底柱崩落法开采的矿山中比较常见。进路悬顶后形成的悬臂结构如图 6-39 所示，从力学角度看，悬顶形成悬臂后，悬臂梁支撑着上部覆盖岩层，在未回采进路上产生很大的应力集中，导致进路变形较大，地压显现明显。另外随着悬顶面积的扩大，存在着大面积悬顶突然垮落而产生巨大冲击波的风险。

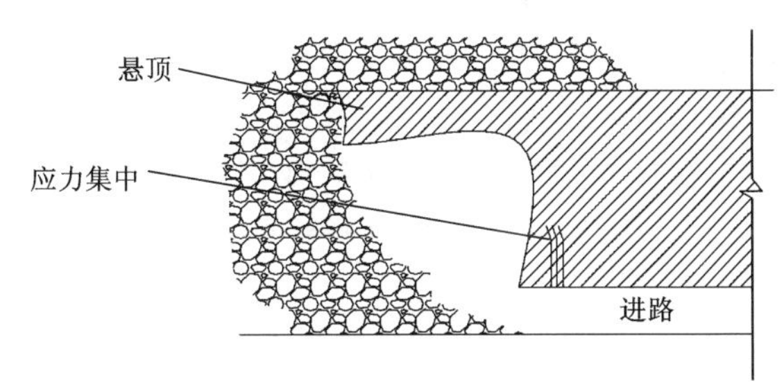

（图中阴影斜线区即为悬臂）。

图 6-39　无底柱分段崩落法中的悬顶现象

(10) 矿岩接触带处地压显现突出

桃冲铁矿矿岩接触带处的矿体和围岩比较破碎，且该处又有一条宽约 2 m 的页岩夹层，地质条件较差。在该部位巷道开挖时经常出现掉碴、脱落，回采时该部位片帮、垮冒也相当严重。

保国铁矿矿体下盘围岩受构造和蚀变作用，结构破碎，岩质松软稳定性差，因而其下盘围岩具有抗压强度低、变形大、来压快、遇水极易破碎、膨胀产生变形破坏等特点，导致其矿山沿脉运输巷道的稳定性问题十分突出，巷道施工完毕后不久即产生开裂变形，进而产生片帮、冒落和沉降变形，严重影响了矿山的开采和运输。

(11)当回采工作线与节理走向线一致时地压突出

合理的回采顺序可以减少不利的支承压力传递，所以回采工作线的布置应考虑相邻进路的应力分布状况以及岩体本身的地质构造。通过对桃冲铁矿地压的调查发现，当回采工作线呈北东东方向布置时，这些回采进路的地压显现就明显。如 153 m 水平的 12#~15#六条进路回采时，采矿工作线呈北东东方向布置，结果矿岩接触带以及页岩夹层带巷道支架弯曲、喷锚网支护层开裂、内鼓，巷道其他部位也出现片帮现象。在 145 m 水平 12#进路以西也出现过以这种方式布置工作线的情况，结果该处巷道破坏严重。这是因为矿区内节理以 NE70°~80°和 NW5°~15°两组最为发育，如果工作面推进时压力升高线和压力降低线与节理走向线相重合，那么压力显现就明显(图 6-40)。同时，由于页岩夹层走向、矿岩接触带走向和 NE70°~80°节理走向基本一致，所以北东东方向布置回采工作线很不利于保持巷道稳定。由于不稳定的中部联络巷道是东西方向，所以按东西方向布置采矿线也是不利的。

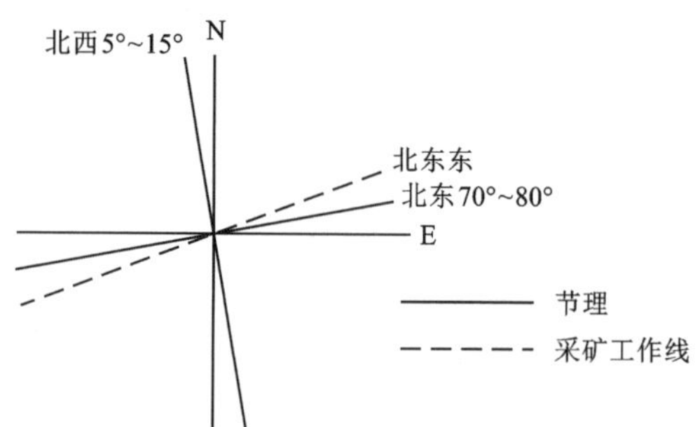

图 6-40 桃冲铁矿节理与采矿工作线走向

(12)两端到中央的退采方式加剧地压显现

桃冲铁矿 9 号线以西地质情况复杂，采用无底柱分段崩落法后，在矿体围岩本身稳定性不好的情况下，采准和回采各项作业均落后于东西两头，形成了三中段各分层回采中，先东西后中央的不合理回采顺序，进一步加剧了中部地段的应力集中程度，造成 10~14 号线地段地压显现程度明显高于其他地段。

符山铁矿 4#矿体地表移动盆地为一长轴方向与矿体方向一致偏上盘的椭圆。中间发展较远，移动幅度较大，且岩移总趋势指向矿体中部。780 m、770 m、760 m 水平的回采过程中亦表现出矿体中间部分压力最大，两端稳定的现象。例如 770 m 水平中间部位各采场回采过程中均有冒落损失，而两端的 14#、1#、2#采场回采良好。

(13)爆破震动对巷道稳定性影响显著

由于药包爆炸在岩体中产生的应力波在遇到界面时产生的反射波是一种拉伸波，强烈的爆炸对节理性岩体有比较大的破坏作用，会使原有的节理裂隙开裂、扩展，并产生新的裂隙，在自由面上则会因拉伸作用产生岩体崩落。无底柱分段崩落法属于中深孔挤压爆破，按崩矿步距进行回采，进路和附近联络巷道受到爆破的反复影响，在地压较大、岩体稳定性不好的情况下极易引发事故，甚至对下一中段造成影响。如桃冲铁矿 145 m 水平 11#、12#进路中部采矿爆破时，由于爆破动荷载的影响，134 m 水平溶洞旁进路出现掉碴、脱落，页岩夹层处出现垮冒。同时，爆炸还会影响巷道的变形，如 1998 年 11 月 3 日 153 m 水平的新 14#进路在位于 12#测点前二次破碎大块，11 月 2 日测量变形速度较小，为 0.002 mm/d，11 月 4 日测量时变形速度已明显增大到 0.06 mm/d。

(14)采场地压时间效应明显

由于采矿的连续进行，巷道就会受到连续不断的交变的动压作用。随着时间的延长，巷道受到动压作用的次数越来越多，进而使巷道发生破坏。

小官庄铁矿现场调查表明，采场地压具有明显的时间效应，表 6-13 中列出了巷道稳定性与时间的关系，一般巷道掘支后半年内破坏较小，但随着时间的延长，破坏率逐渐增大。

表 6-13　巷道的稳定性与时间的关系

时间/a	巷道量/m	破坏量/m	破坏率/%
0.5	238	8	3.4
1.0	847	262	30.9
1.5	1583	722	45.6
2.0	1322	727	55.0
3.0	1576	1104	70.1

2）无底柱分段崩落法地压控制

针对无底柱分段崩落法采场地压活动特征，采取的地压控制技术主要包括：

（1）选择合理的开拓方式

程潮铁矿矿体长约 2300 m，以处于中间位置的西 15 线为界分东区和西区分别开采。根据采准设计，当开采到−430 m 水平时东区与西区将合二为一。在两个采区采通之前，随着东区、西区分段水平的下降，中间无矿带（矿柱）的尺寸越来越小，根据采动应力的分布规律，中间矿柱恰好处在两大采区支承压力的叠加部位，应力集中程度显著。通过数值模拟计算分析，采用从中部开始东区与西区保持同步的掘进和回采的方案比只从东或西向另一方向回采的方案更有利于控制采场地压，应力集中程度明显小于其他方案（表 6-14）。

表 6-14　回采方案对比分析

方案	开挖顺序	主应力/MPa		应力集中情况
		最大	最小	
Ⅰ	从西区开始掘进回采	−50	0	支承矿柱与东西区交界部位
Ⅱ	从东区开始掘进回采	−35	0	支承矿柱与东西区交界部位
Ⅲ	从中部向东西区同时掘进回采	−25	0	东区和西区矿体中间

符山铁矿 4#矿体走向近东西，长约 1 km，通过 1984 年 1 月至 1986 年 12 月使用多种地压监测手段（地音仪、收敛仪、地表岩移观测等）及有限元数值模拟计算，发现地压具有沿矿体走向呈中部大、两翼小，矿体中间部分岩移活动剧烈的特点，最终该矿采用从应力大的矿体中央向地压小的两翼回采的顺序，地压显现程度得到了有效缓解。

小官庄铁矿开采−260 m 水平矿体时，采用平面塑性有限元方法分析了三种不同采矿顺序的采场围岩应力分布，分别是从两翼承压带向中间开采，从中间向两翼退采以及先从矿体两翼与上分段已采边界相对应的部位向远端开采承压带矿体、然后由两翼向中央后退式开采。三种采矿顺序中，以第三种回采方案即先从矿体两翼与上分段已采边界相对应的部位向远端开采承压带矿体、再由两翼向中央后退式开采，采场地压为最小（图 6-41）。

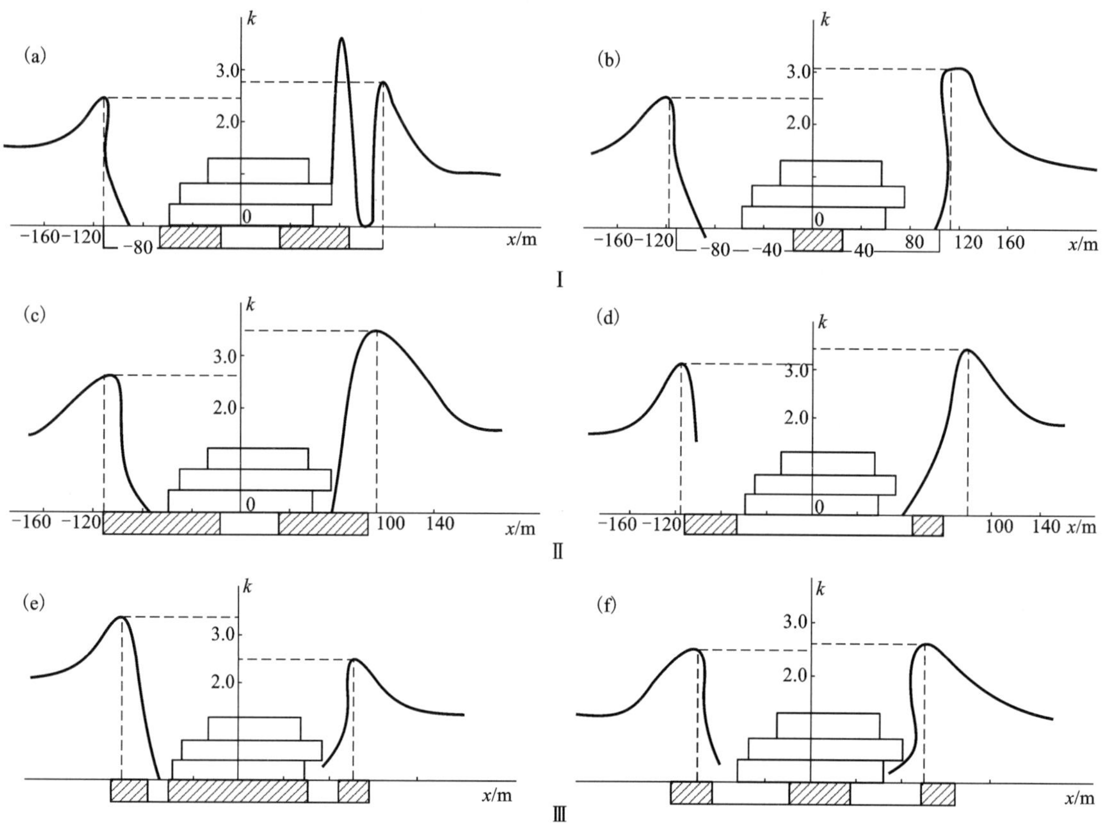

Ⅰ(a)—第一种开采顺序首次开采；Ⅰ(b)—第一种采矿顺序后续开采；

Ⅱ(c)—第二种开采顺序首次开采；Ⅱ(d)—第二种采矿顺序后续开采；

Ⅲ(e)—第三种开采顺序首次开采；Ⅲ(f)—第三种采矿顺序后续开采。

图 6-41 不同采矿顺序采场围岩应力分布

(2)采用分段卸压的方式，调整局部支承压力分布

每个分段水平的上、下盘沿脉巷道是分段水平服务年限最长的巷道，保持其稳定性对整个分段回采十分关键，但这些巷道都位于岩性较好的上、下盘围岩内，属支承压力区。在无底柱分段崩落采场中，巷道交岔口众多。这些交岔口暴露面积大，稳定性差，常常是垮冒多发地段。采用上盘卸压无底柱分段崩落法新方案可降低采矿过程中的应力。采用分段卸压开采，回采工作面的总推进方向是从上盘到下盘。几个分段同步进行回采形成台阶状的卸压槽，其台阶沿 35°推进，巷道中的应力比传统方案低 33%~66%，为防止应力集中的发生创造了有利条件。

(3)采用阶梯状后退式回采的工作面形式

阶梯状斜线后退式回采工作线的各进路，分别依次落后一定距离，可使各进路的应力升高区依次到达联巷并转移到围岩中，可有效减少联巷在同一时间内应力升高区作用的范围，从而有利于联巷的稳定。平行退采工作线开采方式，在采场回采初期，采动区呈狭窄带状，上覆岩层位移速度低，而开采到一定宽度时，位移速度急剧增大，使进路短时间内受剪切力

作用而破坏。而阶梯状后退式回采的工作面形式，在回采初期，即为上覆岩体中棱柱体下滑创造了有利时机，使采场上覆岩体在采矿过程中匀速下沉，解决了进路受剪切应力破坏的弊端。

玉石洼铁矿 250 m 分段 1 号联巷同时回采 4 条进路，形成完好的阶梯状工作面，从进路喷锚网支护变形和破坏情况，可以明显看出采场地压活动为有规律的转移，有效地控制了地压活动，基本上保证了进路的稳定性。符山铁矿采用进路工作面呈斜线退采方式(图 6-42)，有利于控制北盘棱柱体滑移空间和时间，由于各条进路工作面依次到达联巷，使北盘联巷的应力升高区范围大大减小。

(4)考虑节理走向方向，布置采矿工作线

工作面斜线的布置还应考虑节理面走向，避免与节理面走向一致时的地压问题。桃冲铁矿矿区内节理以 NE70°~80°和 NW5°~15°两组最为发育，根据桃冲铁矿进路之间应力分布状况和岩体地质条件，回采工作线与进路方向成 45°角布置时，即 NE25°和 NW65°两条线，较好控制了地压显现，避免了工作面推进时压力升高线和压力降低线与节理面走向线重合。这两条线正好在北西西和北东东这个有利的区域，实践证明，与进路方向呈 45°布置采矿工作线是合理的(图 6-43)。

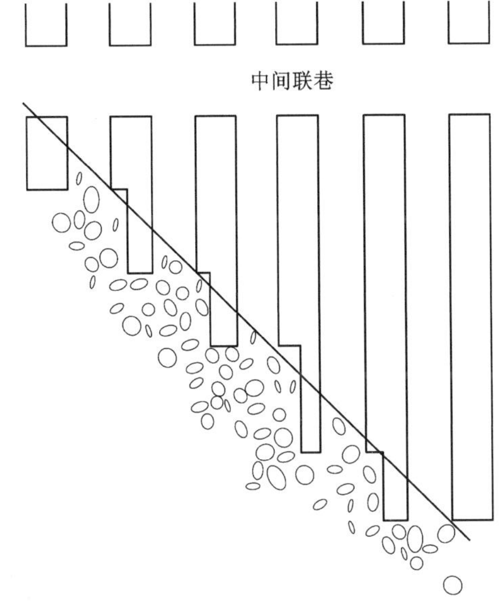

图 6-42　工作面斜线布置

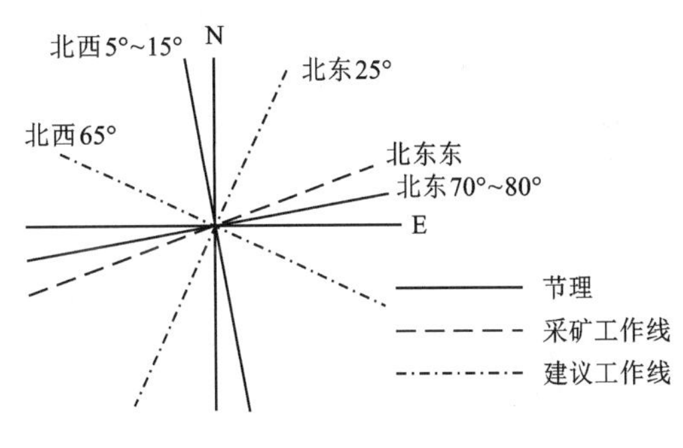

图 6-43　建议采矿工作线走向

(5)优化采掘顺序，减小应力集中程度

原则上，无论在同一分段内，还是在上、下分段之间，相邻回采单元都要保持一定距离的超前关系，防止出现局部滞后而形成应力集中带；特别是要连续推进，不能因巷道破坏，不加处理就绕道而行，从而破坏合理的采掘顺序。从地压控制角度来看，应使由采掘所造成的应力集中为最小，因此要从高应力区向低应力区开采，减小应力集中程度。

(6)利用下盘应力集中区，布置沿脉运输巷道

弓长岭铁矿-160 m~-100 m 的沿脉巷道，恰好布置在应力集中区，但也有的布置在第四

层铁矿(Fe_4)中,该铁矿层宽度和巷道宽度相等。由于上、下盘应力集中和巷道两角剪应力大,同时Fe_5和围岩接触为断层接触,因此,产生冒顶和沿Fe_5铁矿层下滑的现象。例如井下-100 m六号井附近下盘巷道,由于上盘滑动棱柱体的挤压作用,使该巷道呈三角形,最后被挤压崩落碎块充填巷道,使巷道遭到破坏。

符山铁矿4#矿体下盘围岩中存在一挤压破碎带,因巷道通过困难而将脉外运输巷设在上盘,因而回采自下盘向上盘退采。这样退到一定面积后,上盘棱柱体滑落加剧而造成北部采场及运输巷有较大地压显现。

如果地质条件允许,则应尽量将脉外运输巷设在下盘,进路垂直矿体布设,回采由上盘向下盘后退较为有利,这样第一个崩矿步距爆破后,破坏了矿体的连续性,使回采分段卸除了部分载荷,缓和了棱柱体下滑造成的压力,对继续退采是有利的。

无底柱分段崩落法应力受采动影响的距离:符山铁矿是距工作面25 m,玉石洼铁矿是15 m,程潮铁矿为18 m。在这种情况下,应将运输巷道布置在采动影响范围之外,以避开支承压力区。巷道与矿体的距离,应根据实际经验,或用实测方法来解决。

(7)及时处理上分段残留实体

对上分段残留实体及时处理。分段回采中尽量使各采场不留实体,以免给下分段采场的回采留下隐患。对于地压大而无法正常回采的进路,应及早设法进行松动爆破,以消除残留实体对下分段的集中压力。

(8)集中作业强化开采,缩短巷道服务年限

集中作业强化开采,即快掘快支护回采,缩短回采工作线和进路回采周期,争取在地压到来之前,结束回采工作。

玉石洼铁矿以进路为单元代替采场组织生产,一条50 m长的进路的生产周期由17个月缩短到10个月,有效地控制了地压活动。符山铁矿生产实践证明,一个分段回采不超过一年,进路和联巷就不会遭到破坏。

桃冲铁矿153 m水平11#~13#进路变形监测发现,超前支承压力是随着采矿的推进而不断转移的,其大小与回采速度成正比。当工作面回采推进快时,支承岩体不能充分变化,这时的超前支承压力分布范围大,集中程度低,峰值小,工作面前方支承压力就小。因此,在回采工作面前方,如果遇到暴露面积较大的岔口、采空区和地质条件差的页岩夹层带等,应加快回采速度、缩短巷道服务年限,以便减小超前压力的影响。

(9)采用光面爆破技术

频繁的爆破对巷道围岩带来了反复的干扰,实践证明,光面爆破可以有效减弱爆破对巷道围岩的破坏。程潮铁矿矿体上部矿石疏松、破碎,呈粉状、碎块状,很不稳固,进路坍塌、冒顶、维护不住,投产初期钢轨梯形拱支架支护,因承压性较差,由金属棚子支护取代。但这种支护难以承受剧烈的动压作用,在回采过程中,受爆破震动造成的棚子破坏、进路坍塌现象是经常发生的。据不完全统计,-51 m水平由进路坍塌所造成的矿量损失约占该水平可采矿量的12.4%,-64 m水平占10.14%,-74 m水平占11.03%,矿量损失严重。

程潮铁矿在-96 m水平16号进路采用大直径炮孔同排微差爆破及预装药爆破,减小光爆层药卷直径,进行间隔装药的试验方案。对光面爆破和非光面爆破进路帮壁破坏范围进行测定发现,光面爆破对帮壁的破坏范围为0.4~0.6 m,非光面爆破为0.5~0.9 m。-86 m水平的7号进路矿石为碎块夹粉矿,采用普通方法掘进,金属棚子必须紧跟工作面,而7号进

路采用光面爆破掘进，全长 36 m 掘完后，48 天内没有进行支护，进路仍然保持完整，未发生冒顶片帮现象。

(10)增大采场结构的结构参数

国外个别先进矿山已开始采用进路间距大于分段高度的结构参数，如瑞典的基律纳铁矿，分段高度×进路间距为 10 m×10 m→12 m×11 m→12 m×16.5 m→20 m×22.5 m→27 m×25 m→30 m×30 m，马姆贝格特矿结构参数由原来 15 m×15 m 改为 20 m×22.5 m，不仅大幅度降低了采矿成本，还对缓解地压问题有很好的效果。

2001 年，梅山铁矿开展的《大间距集中化无底柱采矿新工艺研究》项目提出大间距理论，首先在北部矿体-198 m、-213 m、-228 m、-243 m 水平进行了试验。

矿岩内部量测结果表明，结构参数为 15 m×15 m 的压应力的平均值为 4.00 MPa，结构参数为 15 m×20 m 的压应力的平均值为 2.55 MPa；锚杆应力量测结果表明，结构参数为 15 m×15 m 的受压力均值为 1.52 MPa，结构参数为 15 m×20 m 受压力均值为 0.95 MPa；巷道周边收敛结果表明，结构参数为 15 m×15 m 的巷道 196 天内累计收敛变形值为 2.10 mm，平均收敛速度为 0.0107 mm/d，结构参数为 15 m×20 m 的巷道 196 天内累计收敛变形值为 1.70 mm，平均收敛速度为 0.0086 mm/d，后者比前者收敛值和收敛速度都小。

采用三维有限元方法对 10 m×10 m、15 m×15 m、15 m×20 m 不同结构参数的崩落法采场进行计算，对进路开挖与矿石回采两个不同过程的巷道顶板竖直位移、主应力进行分析。数值计算结果(表 6-15)表明：进路开挖时 15 m×20 m 与 10 m×10 m 的结构参数相比较，巷道顶板的竖直位移降低了 20.1%，最小主应力下降了约 18.8%；开采过程中顶板的竖直位移、主应力值都比进路开挖时小，采场地压得到改善；进路开挖与矿石回采过程巷道顶板的竖直位移和主应力值都随着结构参数的增大而降低。因此，大结构参数能更好地改善采场地压，增强采场稳定性，采用大结构参数的无底柱分段崩落法是安全可行的。

表 6-15　不同结构参数数值计算结果

方案	结构参数/(m×m)	竖直位移/mm	σ_1/MPa	σ_3/MPa	安全率(岩体强度/岩体受力)
Ⅰ	10×10	-10.2	-2.19	-5.73	1.722
Ⅱ	15×15	-9.1	-2.17	-5.3	1.875
Ⅲ	15×20	-9.1	-2.05	-4.46	2.232

实践表明，大间距无底柱分段崩落法开采时，中心孔深的小幅度增加，不会对凿岩、装药、爆破作业等造成困难，原有采矿设备能满足大间距采矿的需要，工艺变化不大，易于操作。试验取得了较好的损失贫化指标。由于一次崩矿量增加，有利于大型采矿设备发挥效率，采掘比降低了 25%，降低了生产成本，经济效益显著。

(11)卸压与让压相结合的地压控制技术

岩体中的应力分布具有集硬的特点，即应力一般在较硬的岩层中集中。卸压开采就是充分利用应力集硬和转移原理，通过卸压工程将待回采区上方的压力转移到矿体周围岩体中，使采区中无过高的应力集中存在，一切采掘活动都在应力降低区中进行，主要的卸压工程包括卸压巷道和卸压炮孔两项。按无底柱分段崩落法的回采方式，对急倾斜矿体来讲，绝大多数采场能实现卸压开采，对于缓倾斜矿体可实现部分卸压。

谦比希铜矿主矿体走向长度约 2200 m，矿体厚度 6~9 m，倾角 20°~65°。矿体产于矿化泥质板岩中，呈层状产出，比较规整。矿体和围岩层理和节理比较发育，沿矿体走向分为稳定区、不稳定区、欠稳定区。采动地压垂直压力集中作用于层理、节理发育的矿体与近矿围岩，易引起巷道破坏冒落，尤其是靠下盘 1.5 m 左右的底砾岩，稳定性更差，更容易冒落。矿体水文地质复杂，井下涌水量约 4.5 万 m^3/d。

针对谦比希铜矿重力场压力集中作用及矿体与近矿围岩的特征，采取卸压措施解决沿脉凿岩巷道的稳定性难题，将卸压方法同矿石回采工艺有机结合，综合运用矿山“三律”的研究成果，可采用卸压与让压相结合的分段崩落法。该法卸压与让压分段间隔布置，如图 6-44 所示，其中卸压分段的沿脉凿岩道布置在上分段回采卸压的范围之内；让压分段的沿脉凿岩道布置于采动压力峰值区外，以实现采动地压的有效控制。让压分段的回采为卸压分段，卸压分段的回采充分回收下盘矿量，同时控制上盘爆破范围，为让压分段提供良好的承压条件，两者相辅相成，保障不稳岩体沿脉凿岩道的稳定性与较高的矿石回采指标。通过现场试验，凿岩道稳定性得到较好改善，眉线保持完好，试验采场的矿石回采率由最初的 60% 提高到 70.26%，贫化率由 30%降低到 25.1%。

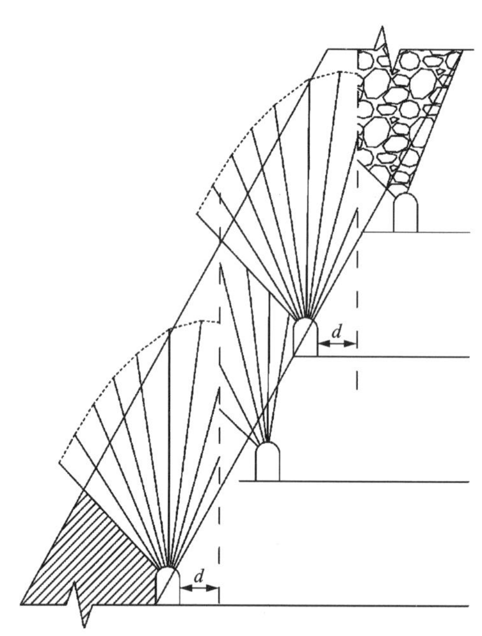

图 6-44　卸压与让压分段间隔布置

(12)采用适宜的支护形式，以确保巷道稳定性

瑞典基律纳(Kiruna)矿是世界上最大的地下金属矿之一，年产矿石 2600 万 t。基律纳铁矿矿体长 4 km，厚 80~160 m，倾角 50°~60°，采用无底柱分段崩落法开采。基律纳矿矿区内含有塑性剪切带和脆性断层构造，其中脆性断层几乎垂直于矿体，倾角极陡。964 m 水平紧邻 19 采区的下盘巷道普遍采用了基律纳锚杆、金属网、喷射钢纤维混凝土联合支护，局部布设了锚索，仍然发生了严重的破坏，并且靠近开采区域一侧的巷道破坏严重。结合微震监测数据与巷道发生破坏的时间推断，该处巷道发生破坏的原因是开采扰动激活了脆性断层，诱发了巷道的破坏。针对此情况，基律纳矿拟采用以下措施降低巷道的破坏：加强地压活动信息监测与分析，改进支护方案，支护的选择和设计充分考虑地质构造活动、岩爆等动力灾害，尤其是在具有较强岩爆倾向的岩体处。

丰山铜矿矽卡岩型铜钼矿床，矿体上盘为不规则块状大理岩，属层状碎裂结构，为中等稳固、稳固岩体；下盘节理、裂隙发育，呈碎裂状，并伴随有绿泥石化、高岭土化，稳定性差；部分矿石遇水泥化膨胀，稳定性差。在开挖过程中，围岩体的变形较大，巷道产生片帮冒顶、坍塌破坏。支护体的开裂、剥落，侧帮鼓胀现象也十分普遍。如-50 m 水平的 1408、1410 进路，偶尔也出现底板塌陷的现象，造成这种现象的主要原因是岩体松散、碎裂的结构特征，以及与围岩变形不相适应的支护。如在巷道变形大的软弱岩层中采用浇灌混凝土或料石砌碹的一次支护方式，试图以增加支护体的刚度来维护巷道的稳定。实际上，这类支护不能适应围岩大变形的特点，从而导致支护体的开裂、剥落。

对应巷道变形特征，必须采取合适的支护方式。如玉石洼铁矿，将岩体稳定性分为 4 级，采取相适宜的支护形式(表 6–16)。符山铁矿提出喷锚支护主要用于不受构造破坏影响的进路和联巷、矿岩接触带、地质条件较差的交岔口，喷锚网支护加长锚索主要用于断层破碎带、地压很大和存留时间很长的关键巷道。

表 6–16　玉石洼铁矿岩体稳定性分级支护形式

级别	岩体结构类型	点载荷强度 $I_s(50)$/MPa	表面声速 /$(m \cdot s^{-1})$	允许暴露长度/m	代表性岩石	支护形式
中等稳定	块状结构	8~9	2800	10~20	内长岩	喷混凝土
稳定性差	块状结构	3~4	—	5~10	灰岩	喷混凝土 喷锚
不稳定	碎裂结构	2~3	—	3~5	内长岩 灰岩	喷锚
极不稳定	松散结构	<1	1800	<2	矽卡岩 磁铁矽卡岩 蚀变矽卡岩	喷锚网 金属拱架

(13)选择合理的进路回采方式

同一分段相邻进路回采方式，对进路周围岩体中应力分布影响亦较大。应用有限元法对进路平行回采、单进路单侧回采、单进路双侧回采、双进路双侧回采、双进路单侧回采方式作了计算，结果见表 6–17。以各进路平行回采方式，进路周边应力最低。但采用此种回采方式回采到靠近联络巷道部位时，各进路将互相影响，引起应力集中。为此，符山铁矿、玉石洼铁矿采取相邻回采进路超前一定距离，即各进路工作面形成阶梯状。根据玉石洼铁矿 250 m 分段实测结果，相邻进路工作面超前距离小于 5 m 时不会造成应力叠加，有利于维持岩体稳定。

表 6–17　不同回采方式进路周边应力分布数值　　单位：MPa

<table>
<tr><th colspan="2" rowspan="2">进路周边部位</th><th colspan="2">进路平行回采</th><th colspan="2">单进路单侧回采</th><th colspan="2">单进路双侧回采</th><th colspan="2">双进路双侧回采</th><th colspan="2">双进路单侧回采</th></tr>
<tr><th>σ_y</th><th>σ_x</th><th>σ_y</th><th>σ_x</th><th>σ_y</th><th>σ_x</th><th>σ_y</th><th>σ_x</th><th>σ_y</th><th>σ_x</th></tr>
<tr><td colspan="2">顶中</td><td>0.294</td><td>0.206</td><td>4.37</td><td>6.79</td><td>8.46</td><td>16.56</td><td>4.94</td><td>2.32</td><td>4.91</td><td>16.73</td></tr>
<tr><td rowspan="2">上角</td><td>左</td><td>4.67</td><td>1.12</td><td>10.87</td><td>11.5</td><td>13.85</td><td>23.14</td><td>5.92</td><td>9.06</td><td>18.13</td><td>20.51</td></tr>
<tr><td>右</td><td>4.67</td><td>1.12</td><td>10.51</td><td>9.91</td><td>13.85</td><td>23.14</td><td>8.74</td><td>15.43</td><td>11.96</td><td>20.53</td></tr>
<tr><td rowspan="2">帮中</td><td>左</td><td>3.09</td><td>3.09</td><td>8.30</td><td>4.41</td><td>11.87</td><td>8.49</td><td>2.54</td><td>3.36</td><td>10.99</td><td>5.86</td></tr>
<tr><td>右</td><td>3.09</td><td>3.09</td><td>6.40</td><td>3.22</td><td>—</td><td>8.49</td><td>2.63</td><td>3.67</td><td>7.97</td><td>3.81</td></tr>
</table>

续表6-17

进路周边部位		进路平行回采		单进路单侧回采		单进路双侧回采		双进路双侧回采		双进路单侧回采	
		σ_y	σ_x	σ_y	σ_x	σ_y	σ_x	σ_y	σ_x	σ_y	σ_x
下角	左	5.20	1.245	13.40	8.36	19.61	10.1	9.48	11.03	19.47	11.49
	右	5.20	1.245	6.40	4.64	19.61	10.0	5.40	8.56	10.89	5.41
底中		0.26	0.35	0.99	0.75	2.64	16.22	0.5	2.47	0.49	0.93

6.4.4 自然崩落采矿法地压显现特征及控制

1)自然崩落采矿法地压显现特征

自然崩落采矿法多用于节理发育的矿体。矿石可崩性好是自然崩落采矿法成功应用的前提。自然崩落采矿法是利用原岩应力作为矿岩破坏的主要动力，自然崩落采矿法底部结构中巷道工程的服务时间长，受力条件复杂，在整个采矿工艺过程中，必然会出现一定程度的采场地压活动现象，导致巷道冒顶、巷道局部块体、楔形体滑落、周边松脱、片落、喷层结构开裂、剥落，锚杆外露等破坏。剧烈的地压显现必然影响底部结构的稳定性，所以，底部结构的地压控制和稳定性维护是自然崩落采矿法成功的关键。围绕着采场的整个采矿工艺过程，自然崩落采矿法地压显现特征如下。

(1)阶段性地压特征明显

采场回采期间，地压显现具有明显的阶段性。镜铁山铁矿在采准期间，巷道收敛值和收敛速度都很小，而在拉底期间达到最大，在拉堑沟期间逐渐减小，到大量出矿期间最小，体现出各个中段地压活动的程度和巷道工程的稳定性，现场实际情况也证实了这一点，图6-45为几个测点在各个阶段累计收敛值的变化过程。

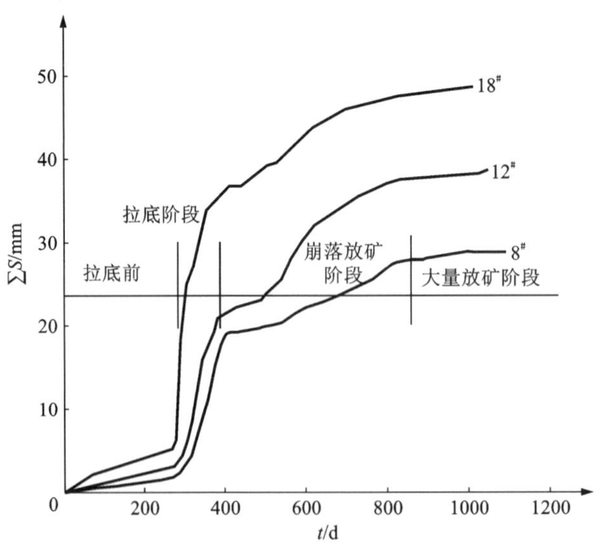

图6-45 累计收敛值和平均收敛速度的变化过程

自然崩落采矿法底部结构的地压和变形特征可以分为三个阶段，即拉底阶段、崩落放矿阶段、大量放矿阶段。

①拉底阶段地压显现规律。

在拉底工作开展之前，虽然在拉底水平和出矿水平开挖了一些巷道工程，但是对底部结构扰动不大，从收敛观测看收敛值基本上是零，故压力显现甚微。这时底部结构还处于稳定平衡状态。拉底工作开始以后，随着拉底面积不断扩大，压力开始加大，并且在已拉底区与未拉底区交界处压力最大。金山店铁矿光弹应力计测试结果表明，交界处压力一般为 5~6 MPa，个别应力集中点高达 14 MPa，在其他地方测得的压力值却只有 0.8~2 MPa。这是由于这个交界处位于崩落拱基，它一方面承受着上部已崩落矿石的自重，另一方面还承受着已拉底区上部未崩落的矿石和覆盖岩层传过来的压力，因而在这个交界处出现了一个增压带。随着拉底工作的不断进行，崩落拱在不断移动，增压带也在不断向拉底推进线前方移动，并随着拉底面积的不断扩大，增压带的压力值也是越来越高。其规律可以用曲线表示，见图 6-46。

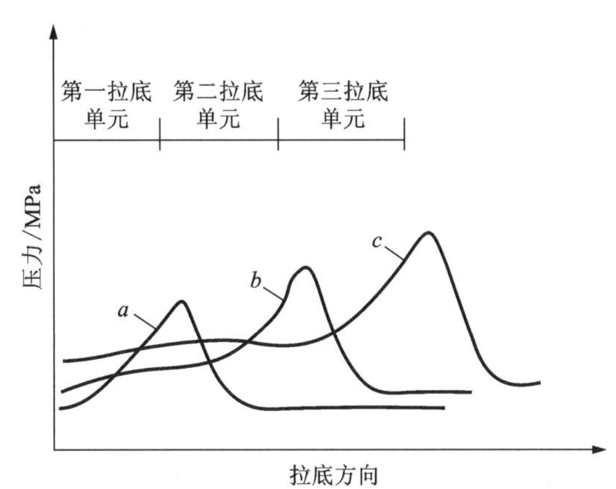

a—第一次拉底压力变化曲线；*b*—第二次拉底压力变化曲线；*c*—第三次拉底压力变化曲线。

图 6-46　拉底阶段底部结构承受压力变化曲线

在拉底区，由于拉底以后切除了对上部矿岩的支撑，底柱向拉底空间变形，应力得到了释放，在靠近拉底推进线的已拉底区出现一个减压带。作用在该部位底部结构上的压力大幅度降低，光弹应力计测得的压力值平均只有 0.8 MPa。

随着拉底线的不断推进，在远离拉底推进线的已拉底区，由于崩落高度的加大，底部结构上方崩落矿石增多，作用在底部结构上的压力有进一步升高的趋势。

在拉底过程中，底部结构处于加载—卸载—加载的过程，是底部结构承受压力和变形变化最频繁时期。由于矿岩坚硬程度不同和开挖巷道对底部结构的破坏、拉底不完整留有残柱等因素影响，拉底过程中在底部结构容易产生应力集中。金山店铁矿试验矿块 17 号耙道 11 号出矿口测得的应力高达 14.5 MPa，而这时采场平均应力只有 3.8 MPa，应力集中系数高达 3.8。因此，拉底时期特别是拉底后期是地压管理的困难时期，往往在这个阶段，局部巷道特别是位于应力集中区的巷道产生不同程度的破坏。

酒钢镜铁山铁矿随着拉底推进线的推进，在拉底线边界处出现支承应力集中现象，支承应力值是自重应力的 2~8 倍，分析认为这是上部未崩矿体应力转移引起的。

②崩落放矿阶段地压显现规律。

自然崩落采矿法采场放矿工作是在两种不同的情况下进行的。放矿初期，采场内矿石开始崩落，但是尚未崩落到采场上方的覆盖岩，这时放出的矿石还没有开始贫化，采场放矿处于崩落放矿阶段。由于拉底已经结束，拉底面积达到了最大值，此阶段底部结构承受的压力比拉底阶段有所增加。据金山店铁矿试采时测试，采场平均压力为 4~5 MPa，是底部结构承受压力最大阶段，特别是采场四周崩落拱角处，常常出现较高的剪应力区。这个阶段是自然崩落采矿法采场底部结构地压管理最困难时期。因为该阶段不仅采场平均压力比拉底阶段大，而且压力最大部位一般在采场四周，即矿体的上、下盘及相邻采场。

大部分矿山在矿体与上、下盘围岩间都存在一个接触带，这个接触带岩性比较复杂，是一个不稳固的软弱带，又处于应力增高区，所以位于该部位的巷道容易产生开裂、变形和坍塌。

③大量放矿阶段地压显现规律。

随着矿石从放矿口不断放出，采场内的矿石已完全崩落，进入了大量放矿阶段。这时采场上方的覆盖岩层开始移动，矿石开始贫化。采场底部结构上部堆积着大量的松散矿石和覆盖岩石，作用在底部结构上的压力主要是上部松散矿岩的自重。由于崩落后松散的矿石与周围未采动的矿石(相邻采场)及上、下盘围岩之间存在着摩擦阻力，使作用在该部位底部结构上的压力有所降低。图 6-47 是金山店铁矿一采区-50 m 水平西部试验矿块，大量放矿阶段从底部结构中收敛测点测得的收敛值。采场中间收敛值平均为 12 mm，采场四周收敛值一般为 5~6 mm。

这个阶段底部结构承受的压力和变形的特点是采场中央大、周边小，尤如料仓中的情形，如图 6-48 所示。随着放矿工作的不断进行，作用在底部结构上的压力也发生了变化，放矿量较多的漏斗压力降低，周围放矿量少，或没有放矿的漏斗压力升高。金山店铁矿试验采场 17#电耙道光应力计测试结果表明，大量放矿时漏斗压力只有 1~2 MPa，而附近其他放矿漏斗的压力值为 5~6 MPa。这是由于大量放矿漏斗上部松散矿岩产生二次松动，不再承受压力，其顶端出现免压拱，拱上部压力传递到四周，这样就出现了以放矿漏斗为中心的降压带。它的范围以松动椭球体为限，在其周围形成增压带，并随着远离放矿漏斗而逐渐转为稳定压力。如果几个漏斗同时放矿，则几个漏斗的松动椭球体共同组成一个免压拱，拱上部的压力向四周传递。

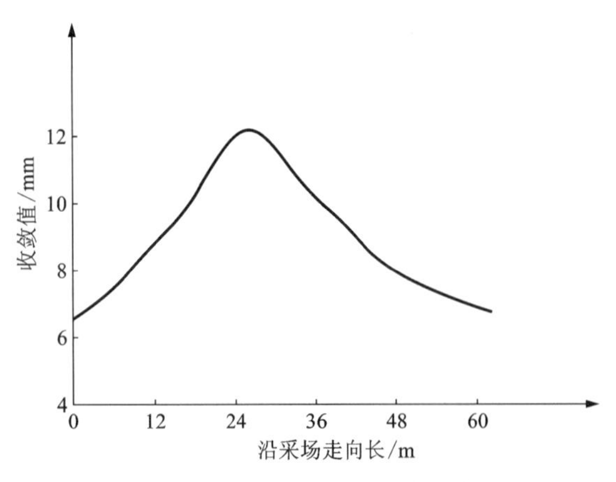

图 6-47 大量放矿阶段底部收敛值变化曲线

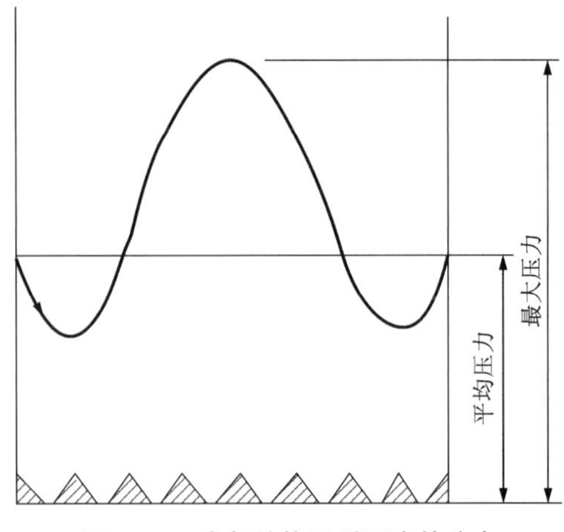

图 6-48 底部结构承受压力的分布

大量放矿阶段，随着采场矿石不断放出，作用在底部结构上的压力是逐渐降低的。这个阶段应引起重视的是二次破碎爆破对出矿口的破坏和矿石流动荷载对出矿口的冲击。因为进入大量放矿阶段，大块产生率增加，二次破碎次数频繁，爆破时对出矿口的破坏较大，再加上矿石流动对出矿口支护层的磨损，往往在这个阶段会出现出矿口被破坏的情况。

(2)拉底工程对地压影响显著

铜矿峪矿在采场拉底过程中，由于工程衔接组织问题使拉底面积难以保障，造成深孔变形影响爆破质量，致使采场内留有多处岩墙，给后面的拉底爆破组织工作带来很大困难；部分电耙道长时间处在应力升高区，遭受严重破坏，爆破后电耙道坍塌，不能松动出矿，拉底推进受阻。拉底工程可以有效转移释放应力，但由于拉底不完整，留有残柱，造成采场底部结构应力集中，影响回采工作。

(3)爆破动应力对地压显现影响明显

酒钢镜铁山铁矿水平拉底采用斜线后退式峒室爆破拉底形式，从东部巷道处开始逐渐后退至西部，拉底工作持续 5 个月时间(分 14 次爆破)，最大爆破炸药量为 5980 kg，最大同段起爆药量为 1640 kg，拉底爆破对巷道工程有较大的破坏作用，其中 3060 m 水平所受的破坏比 3072 m 水平严重。3072 m 水平的破坏主要发生在与爆破地段邻近的穿脉巷道和上下盘联络巷中。3060 m 水平的破坏主要发生在斜巷与出矿巷道、堑沟巷道的交岔口附近，以及局部支护质量较差地段。在酒钢镜铁山铁矿采场的四个不同阶段，拉底期间的采场地压最为显著，这主要是由拉底爆破动应力作用引起的。

2)自然崩落采矿法地压控制

(1)合理确定拉底速度，缩短增压带持续时间，提高拉底质量

拉底速度是受到矿石崩落速度、出矿速度、拉底时爆破质量等因素影响的变量。国内外应用自然崩落采矿法的矿山拉底速度也不尽相同。但是，一般规律是矿石可崩性好的矿山拉底速度偏高，如金山店铁矿拉底速度就达到了 30 m/d。由于在拉底过程中，位于拉底推进线前方的未拉底区存在一个增压带，如果拉底速度慢，这个增压带滞留在某一点的时间就长，位于增压带的井巷工程就容易产生破坏。例如金山店铁矿试验矿块的 4#拉底巷道，1982 年 5 月 21 日拉底爆破第 15、16 排炮孔，后来由于某种原因拖延到 7 月 15 日才爆破第 17、18 排炮孔。这期间，首先在拉底巷道混凝土上出现裂纹，第 17、18 排炮孔发现错位、堵塞，后不久混凝土开始脱落，与其相对应的电耙道中的混凝土出现裂纹，并且裂纹在不断发展，待第 17、18 排炮孔爆破后，电耙道中混凝土的裂纹才停止了发展。在其他拉底速度比较正常的地方就没有产生类似的现象。

因此，适当加快拉底速度、缩短增压带在某一点持续的时间，是提高底部结构稳定性的重要措施之一，尤其在矿石不稳固的区域。另外，提高拉底质量，拉底时爆破完整，不留残柱，也是一项很重要的措施。菲律宾菲勒克斯铜矿规定，每一个拉底单元爆破后，将矿石放出进行观察，发现残柱必须及时处理，待处理好以后才允许下一个单元拉底。

(2)合理确定拉底和出矿水平巷道施工顺序

拉底过程中，由于爆破震动是一种反复冲击和震动作用过程，爆破震动对底部结构的影响较大，应尽量避免拉底爆破时对底部结构中巷道的冲击，合理确定拉底和出矿水平巷道施工顺序。在拉底过程中采场底部结构始终有一个增压带存在，位于增压带的巷道承受的压力大，容易被破坏。因此，通常情况下，待拉底爆破结束之后再开挖出矿水平的井巷工程，有利于增加底部结构稳定性。

普朗铜矿矿山设计采矿规模为 1250 万 t/a，且采用自然崩落采矿法。3720 m 水平底部结

构的矿柱受垂直应力压缩破坏。微震监测数据表明，底部结构聚矿槽施工距离拉底工作面较近，处于拉底后造成的应力集中区，拉底推进线后方 20 m 以外处于拉底后的应力释放区，能够有效缓解矿柱破坏现象。

(3)通过调整出矿速度控制采场矿石崩落

拉底之后，崩落放矿阶段是采场底部结构承受压力和变形最大阶段，也是地压管理最困难时期。为了增加底部结构的稳定性，应该尽量缩短这个阶段的时间，而缩短这个时间的办法只有提高矿石崩落速度。矿石崩落速度随矿石物理力学性质不同而异。一般规律是节理裂隙比较发育，矿石比较破碎，特别是粉状矿石崩落速度快，坚硬矿石崩落速度慢。但是，一般矿山特别是矿石可崩性好的矿山，崩落速度都受到放矿速度的牵制。根据金山店铁矿一采区-50 m 水平西部试验矿块观测结果，矿石崩落速度是实际放矿速度的 1.35~1.4 倍(实际放矿速度是 0.15~0.2 m/d)。所以，适当提高放矿速度，促使崩落速度提高，让采场矿石尽早崩落完毕，缩短崩落放矿阶段时间以增加采场底部结构的稳定。

(4)合理制定放矿制度

应用自然崩落采矿法，让各出矿口均匀放矿，不仅能获得较好的矿石回收、贫化指标，还可以避免底部结构产生应力集中，减小底部结构的地压作用。金山店铁矿在生产过程中，为了消除某个出矿口大块卡斗，曾采用加强相邻出矿口放矿，利用放矿过程中压力转移产生应力集中的办法，使卡斗大块自然垮了下来。在放矿过程中做到定点、定量均匀放矿，有利于底部结构的稳定。

(5)优化拉底方向，确保拉底完整

由于在拉底推进线前方有一个增压带存在，并随着拉底跨度的增加，这个增压带的压力和变形在逐渐增加，先拉底区域的底柱变形量比后拉底区域的底柱变形量要小。因此，拉底方向应该遵循由软至硬、由厚至薄的原则，避免拉底巷道片帮冒顶，从而保证拉底完整。

(6)优化拉底爆破工艺

拉底推进爆破可以转移释放应力，因此，适时适地、保质保量地组织拉底爆破对底部结构稳定性至关重要。拉底推进线前方一定范围内为应力升高区，底部结构承载应力较大，必须及时组织拉底爆破以转移或释放应力，否则会造成底部结构的严重破坏，影响出矿生产。拉底爆破的组织应遵循以下原则：拉底推进线应与主生产巷道垂直，可增加巷道的稳定性，拉底推进线与大的地质构造垂直，并从构造往外推进，可改善崩落条件；拉底推进线与主应力方向垂直有利于降低块度，拉底推进方向与主应力方向同向，可减小崩落影响范围；根据出矿生产计划、应力变化状况及岩石条件确定拉底速度和一次拉底面积；适当增加爆破次数，减小单次爆破规模，可降低应力集中程度，减少大爆破对底部结构的破坏。

(7)加强底部结构巷道支护

当采取应力控制措施不能满足要求或无法采取应力控制措施时，则用人工支护。应采用以喷锚柔性支护为主，以浇灌混凝土刚性支护为辅的支护方案，并尽早进行支护施工，抑制地压活动的扩展。酒钢镜铁山铁矿经补强加固支护后，其巷道的稳定性大大提高。大量出矿期间，采场内没有进行大量爆破作业，地表崩落测点观测表明，矿体向上自然崩落很顺利。3060 m 水平巷道工程仅受上部松散矿岩自重应力作用，应力值很低，采场中没有产生大规模地压活动，巷道工程基本上均处于稳定状态，巷道收敛值很小，出矿期间的平均收敛速度仅为 0.08 mm/d。大量出矿期，大块矿石较少，大块率仅为 5.42%，二次炸药单耗仅为 0.029 kg/t,

二次爆破药量小，破坏危害不大。

(8)选择合理的漏斗尺寸和间距

漏斗尺寸应根据矿石块度和底柱岩体稳固性确定。一般说来，如果放矿口尺寸大于最大矿石块度的 3 倍，则能顺利放矿。由于在自然崩落采矿法中最大矿石块度无法控制，如果在矿石块度预测中发现特大块(单块矿石能堵塞漏斗)比例达到 10%，就会给出矿工作带来很大困难。理论上，一定尺寸的放矿口上方，存在一个矿石能全部放出的极限椭球体，块度越小，该椭球体越细长，块度越大，极限椭球体越肥大。根据生产经验考虑底部结构的稳定，漏斗间距一般可取 4~6 m。间距太大可能导致管状放矿，电耙出矿时可取大至 10 m 的间距，铲运机出矿时漏斗间距可取 10~18 m。

6.5　采空区地压管理

6.5.1　采空区分类

依据矿山单个采空区和采空区群的体积，可将采空区分为小型、中型、大型和特大型采空区四个等级。采空区的规模等级划分见表 6-18。

表 6-18　采空区的规模等级

序号	类别	等级	规模/万 m^3
1	采空区群	小型	$V\leqslant 50$
		中型	$50<V\leqslant 100$
		大型	$100<V\leqslant 500$
		特大型	$V>500$
2	独立采空区	小型	$V\leqslant 0.5$
		中型	$0.5<V\leqslant 1.0$
		大型	$1.0<V\leqslant 5.0$
		特大型	$V>5.0$

按采矿方法、形成时间、处理时间、与地表贯通方式以及形态的不同，可将采空区分为不同类型，其特点和危害程度也有所区别，见表 6-19。

表 6-19　采空区类型及特点

序号	分类方式	类型	特点
1	采矿方法	空场法采空区	体积大，能稳定一定时间，形态易于观测
		崩落法采空区	围岩滞后崩落，易形成悬顶，形态难以观测
		充填法采空区	充填后剩余采空区，体积小

续表6-19

序号	分类方式	类型	特点
2	形成时间	老采空区	采完停采，废弃后采空区
		现采空区	正在开采，变形仍在继续发展
3	处理时间	即时处理	暴露时间短，采场地压能够有效控制
		嗣后处理	暴露时间长，未处理时，存在隐患
		不处理	永久暴露，存在较大隐患
4	与地表贯通方式	明采空区	与地表相通，冲击波危害小，易引发地表水入侵
		暗采空区	不与地表相通，冲击波危害大
5	采空区的形态	房式(点柱式)采空区	采空区形态呈房状，有矿柱相隔，形态较规整，采空区稳定性相对较好
		矿体原状采空区	脉状、囊状、透镜状等矿体回采后形成的采空区，暴露面积、体积较大，形态变化大

采空区危害等级划分表见表6-20。

表6-20　采空区危害等级划分表

采空区危害等级		Ⅰ	Ⅱ	Ⅲ	Ⅳ
可能人员伤亡		无人员伤亡	造成3人以下死亡	造成3人以上10人以下死亡	造成10人以上死亡
潜在的经济损失	直接	≤100万元	100万~1000万元	1000万~5000万元	≥5000万元
	间接	≤1000万元	1000万~10000万元	10000万~50000万元	≥50000万元
综合评定		不严重	一般严重	较严重	很严重

6.5.2　采空区探测

充分了解采空区的空间分布形态，采空区治理才能做到有的放矢，采取合理的措施，因此，采空区探测是采空区治理的前提。采空区探测方法按照测试原理可分为电法、电磁法、非电法和地震波法采空区探测技术。其中高密度电阻率法、地震波法应用尤为突出，其适用条件见表6-21。近十几年，随着激光测距技术的发展，采空区三维激光探测技术在国内外矿山中得到了广泛应用。

每种探测方法都不同程度地受到地形、采空区规模和埋深等条件限制，其在分辨率、探测深度、探测施工等方面又各有特点。因此，应综合地形、采空区分布范围、埋深、形态、稳定程度等因素确定单一或多种方法组合的方式来探测采空区。

表 6-21　几种常见的探测采空区的方法

方法名称	电法采空区探测技术		电磁法采空区探测技术				非电法采空区探测技术			地震波法采空区探测技术		
	高密度电阻率法	常规电阻法	井间电磁波透视法	探地雷达法	瞬变电磁法	地表无人机遥感	3D 激光探测法	人工实测法	钻孔法	地震波速法(CT)	浅层地震法	瑞雷波法
利用岩层性质	视电阻率差异	视电阻率差异	电磁波传播速度差	波形与波幅差	脉冲波速差	脉冲波速差	光波岩壁反射观察	—	—	光波透射与绕射时间差	地震波反射时差	瑞雷波的频散效应
探测形状	多层复杂采采空区	多层复杂采采空区	多层复杂采采空区	单层采空区	单层采空区	单层采空区	单层采空区	多层复杂采采空区	多层复杂采采空区	适用于各种形状	适用于各种形状	适用于各种形状
精度范围/%	5	5~10	10	5	5~10	5~10	1	3	2	5	10	10
干扰因素	电线、地下水管、铁管、游散电流、电磁干扰		电线、地下水管、铁管、游散电流、电磁干扰				粉尘	仪器精度及人员素质	地质构造	噪声		

6.5.3　采空区稳定性评价

20 世纪以来，国内外专家提出了多种采空区稳定性评价方法，主要有理论分析、相似模拟、数值分析以及工程类比等方法。

1）顶板厚跨比法

基于顶板厚跨比法的采空区稳定性分析方法是理论分析较为简便的一种方法。顶板厚跨比法是指利用采空区跨度与安全隔离层厚度之间的关系来评价采空区稳定性的方法，一般适用于围岩稳固、节理裂隙不太发育、无较大断层的情况。安全系数计算公式如下：

$$k = 2H/L \tag{6-11}$$

式中：H 为顶板最小安全隔离层厚，m；L 为采空区的跨度，m；k 为安全系数，当 $k \geqslant 2$ 时，采空区稳定、安全，当 $1.5 \leqslant k < 2.0$ 时，采空区较稳定、较安全，当 $1.0 \leqslant k < 1.5$ 时，采空区较不稳定、较不安全，当 $k < 1.0$ 时，采空区易崩落、危险。同理，通过计算采空区矿柱的安全系数也可判别采空区稳定性情况，安全系数的计算方法参考 6.2.1 节。

2）Barton 极限跨度法

开挖体的当量尺寸（D_e）是将开挖体的跨度、直径或侧帮高度除以开挖体的支护比（ESR）得出，即

$$D_e = \frac{\text{开挖体的跨度、直径或者侧帮高度}}{\text{开挖体的支护比(ESR)}} \tag{6-12}$$

无支护地下开挖体最大当量尺寸 D_e 与岩体质量指标 Q 有关，其关系如图 6-49 所示。

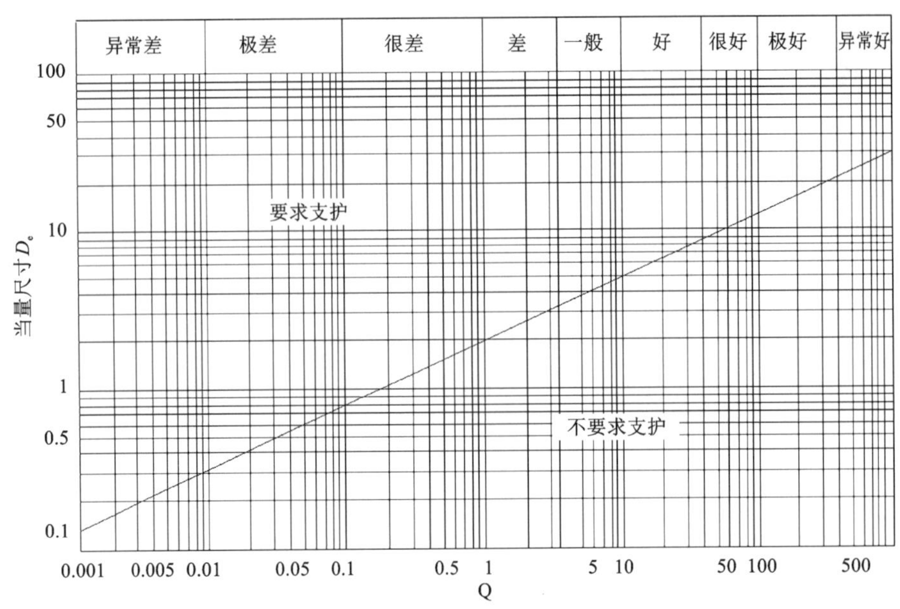

图 6-49 无支护地下开挖体最大当量尺寸 D_e 与岩体质量指标 Q 的关系

开挖体支护比与开挖体的用途和它所允许的不稳定程度有关，对于 ESR 建议采用表 6-22 所示数据。

表 6-22 不同开挖工程类别的 ESR 建议值

	开挖工程类别	ESR
A	临时性矿山巷道	3~5
B	永久性矿山巷道、水电站引水涵洞(不包括高水头涵洞)大型开挖体的导洞、平巷和风巷	1.6
C	地下储藏室、地下污水处理厂、次要公路及铁路隧道、调压室、隧道联络道	1.3
D	地下电站、主要公路及铁路隧道、民防设施、隧道入口及交岔点	1
E	地下核电站、地铁车站、地下运动场和公共设施以及地下厂房	0.8

开挖体的最大无支护跨度 SPAN 与当量尺寸 D_e 和开挖体支护比(ESR)的关系如下：

$$\text{SPAN} = \text{ESR} \times D_e \tag{6-13}$$

式中：SPAN 为开挖体的最大无支护跨度，m；ESR 为开挖体支护比；D_e 为当量尺寸。

3) Mathews 稳定性图表法

用于确定空场法矿房矿柱尺寸的 Mathews 稳定性图表法可用于采空区稳定性分析。计算暴露面的水力半径和稳定性系数时(计算方法参考 6.2.1 节)，水力半径考虑了单独采场暴露表面的尺寸和形状，稳定性系数反映了在一定的应力条件下岩体的自稳定能力。依据采空区稳定性系数可确定稳定的、过渡的、支护的、支护过渡的、崩落的采空区容许水力半径，将其与采空区实际水力半径对比即可判别采空区的稳定性(图 6-50)。

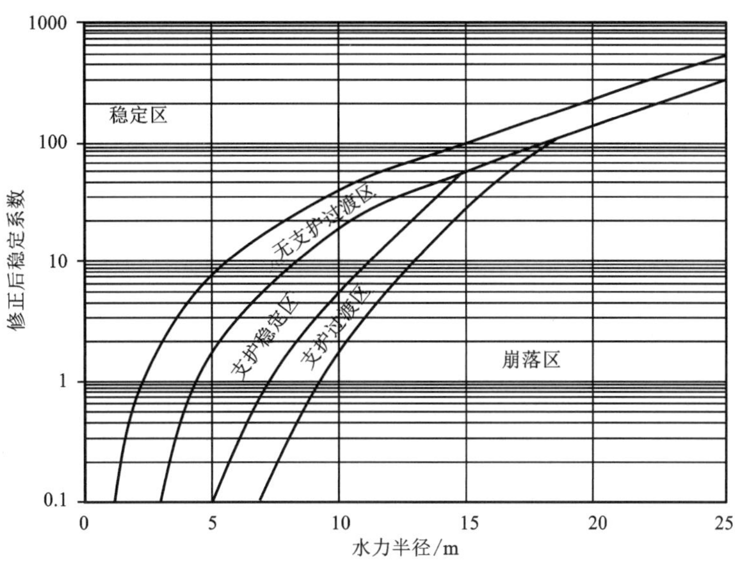

图 6-50　基于 Mathews 稳定性图表法的采空区容许水力半径

6.5.4　采空区群稳定性评价

多个大小不一的采空区形成水平、纵向采空区群，当这些采空区群达到一定规模后，很可能会诱发大面积的灾害性地压活动。由于采空区群系统的稳定性主要由顶板和矿柱这 2 个基本要素决定，所以，一般将采空区群简化为顶板-矿柱模型或刚架结构模型。

将 $2n$ 个单元采空区组成的采空区群作为一个系统，系统由采空区顶(底)板、间柱及围岩组成(图 6-51)。根据结构力学分析方法，分别将系统内各采空区顶(底)板、间柱及一定厚度的围岩简化为梁和柱单元杆件，杆件之间以刚节点连接，形成采空区群的刚架结构失稳模型(图 6-52)。系统在垂直方向受岩体自重应力作用、在水平方向受岩体构造应力作用。对于浅地表采空区群而言，其所受水平方向的构造应力远小于垂直方向的自重应力，在工程上可以忽略不计。因此，在分析过程中，仅考虑竖直方向的岩体自重作用。图 6-52 中，E 为矿岩弹性模量，q 为覆岩及顶板自重应力的合力，q_1、q_2、q_3 为相应各顶(底)板自重应力。

采用位移法对图 6-52 的失稳模型进行求解。经分析，该模型为无侧移刚架，共 $3n$ 个角位移未知量，线位移未知量为 0。因此，仅需对每个刚节点添加 1 个附加刚臂(共 $3n$ 个)。根据静力平衡条件得到 $3n$ 个方程构成的位移法方程组：

$$\begin{cases} r_{11}Z_1 + r_{12}Z_2 + \cdots + r_{1(3n)}Z_{(3n)} + R_{1\mathrm{p}} = 0 \\ r_{21}Z_1 + r_{22}Z_2 + \cdots + r_{2(3n)}Z_{(3n)} + R_{2\mathrm{p}} = 0 \\ \qquad\qquad\vdots \\ r_{(3n)1}Z_1 + r_{(3n)2}Z_2 + \cdots + r_{(3n)(3n)}Z_{(3n)} + R_{(3n)\mathrm{p}} = 0 \end{cases} \tag{6-14}$$

式中：$r_{kj}(k, j=1, 2, 3, \cdots, 3n)$表示附加刚臂 j 发生单位角位移($Z_j=1$)时，在附加刚臂 k 处产生的反力矩；$Z_k(k=1, 2, 3, \cdots, 3n)$表示原结构在附加刚臂 k 处的角位移；$R_{k\mathrm{p}}(k=1, 2, 3, \cdots, 3n)$表示刚架受岩体重力荷载作用时，在附加刚臂 k 处产生的反力矩。

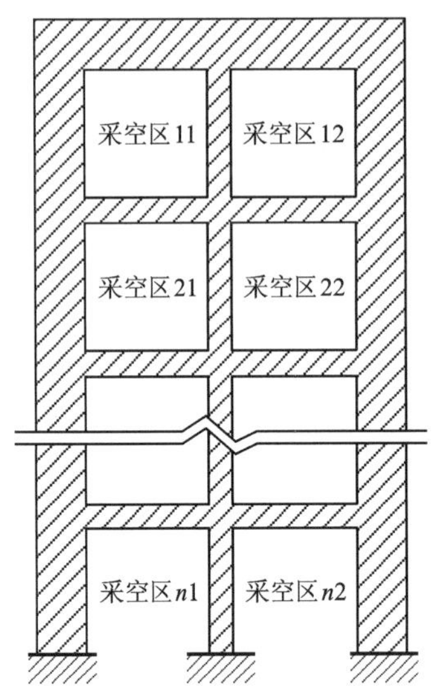

图 6-51　采空区群系统

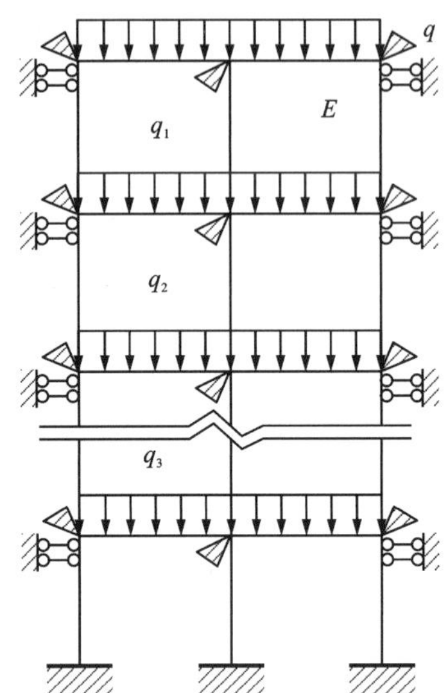

图 6-52　刚架结构失稳模型

求解该方程组，应用叠加法得出模型各杆件所受弯矩 M 的表达式：

$$M = \overline{M}_1 Z_1 + \overline{M}_2 Z_2 + \cdots + \overline{M}_{3n} Z_{3n} + M_{\mathrm{p}} \tag{6-15}$$

式中：$\overline{M}_k(k=1, 2, 3, \cdots, 3n)$为附加刚臂 k 发生单位角位移对各杆件产生的弯矩；M_{p} 为覆岩及顶(底)板自重应力对各杆件产生的弯矩。根据所得弯矩，取各杆件为隔离体，由力矩平衡求解其所受剪力；以各刚节点为研究对象，依据静力平衡方法求解各杆件所受轴力。

当顶(底)板或间柱发生失稳时，采空区群处于失稳状态。在刚架结构模型法分析过程中，结合岩石强度理论、容许极限位移判据，通过分析刚架结构模型的梁、柱稳定性，判定采空区群的整体稳定性。

1)顶(底)板

在矿岩自重荷载作用下，顶(底)板发生不同程度的向下位移变形；顶(底)板上部受压应力作用，下部受拉应力作用。由于岩体的单轴抗压强度远大于其抗拉强度，顶(底)板的变形破坏主要是由拉伸破坏引起的。下面分别从强度、变形等角度来分析顶(底)板的拉伸破坏。

①强度。由结构力学分析知，刚架结构模型的顶(底)板梁最大弯矩 $M_{\max}$ 出现在顶板围岩的中部位置，其大小为

$$M_{\max} = \frac{EI}{l}(Z_1 - Z_2) + \frac{1}{6}ql^2 \tag{6-16}$$

式中：I 为顶(底)板截面对中性轴的惯性矩，$I=bh_1^3/12$，b 为矿房宽度，h_1 为顶(底)板厚度；l 为采空区跨度；Z_1、Z_2 分别为杆件左、右端附加刚臂处的角位移。

顶(底)板梁所受最大拉应力 $\sigma_{\max}$ 为：

$$\sigma_{\max} = \frac{M_{\max}}{W_z} \tag{6-17}$$

式中：W_z 为顶(底)板的抗弯截面系数，$W_z=bh_1^2/6$，由岩石强度理论分析知，当顶(底)板的

最大拉应力 $\sigma_{\max}$ 超过其承受的拉应力阈值$[\sigma]_t$时，发生塑性破坏。因此，$\sigma_{\max}$ 须满足：

$$\sigma_{\max} \leqslant [\sigma]_t = \frac{K_v \sigma_t}{m} \tag{6-18}$$

式中：K_v 为岩体完整性系数；σ_t 为岩石的极限抗拉强度；m 为安全系数，这里 m 取 2.2。

②变形。经分析，刚架模型顶(底)板的竖向变形满足挠曲线近似微分方程：

$$EIW'' = \overline{M}_1 Z_1 + \overline{M}_2 Z_2 + \cdots + \overline{M}_{3n} Z_{3n} + M_p \tag{6-19}$$

当顶(底)板的竖向变形量超出容许极限位移值时，系统将进入危险状态，此时需要进行支护处理。苏联学者通过对大量数据的观测整理，提出了计算地下硐室(采空区等)容许极限位移值$[w]_v$的经验公式。顶(底)板的竖向最大变形量 $W_{v\max}$ 应满足：

$$W_{v\max} \leqslant [w]_v = 1.2 \frac{1}{f^{1.5}} \tag{6-20}$$

式中：w 为刚架模型各梁、柱上不同点的挠度；f 为岩体的普氏系数，对中等坚固砾岩，f 的值取 4.0。

2)间柱

间柱在覆岩压力作用下将产生变形，破坏形式主要有表面剥落、局部垮落、整体破坏等。由于间柱变形主要是沿轴线方向的压缩变形，沿采空区方向的变形很小。因此，这里仅从强度角度分析其变形破坏，选取 Bieniawski 强度计算公式，求解间柱的抗压强度 σ_p：

$$\sigma_p = \sigma_c \left[0.64 + 0.36\left(\frac{b}{h}\right)\right]^{\alpha} \tag{6-21}$$

式中：σ_c 为岩体的强度参数。由岩石强度理论知，当间柱承受的轴向压应力 σ_r 超出其承受的压应力阈值$[\sigma]_c$时，即发生塑性破坏。σ_r 应满足强度条件：

$$\sigma_r \leqslant [\sigma]_c = \frac{\sigma_p}{m} \tag{6-22}$$

σ_r 的大小为间柱所受轴力与其截面面积之比，方向沿间柱轴线方向，其取值和围岩柱的宽高比有关，α 为试验确定的常数，当 $b/h \leqslant 5$ 时，$\alpha=1$；当 $b/h>5$ 时，$\alpha=1.5$。

3)采空区群

综上分析，可以得到采空区群稳定的判定方法。

①当顶(底)板、间柱二者任一个处于不稳定状态时，采空区群处于不稳定状态。

②当顶(底)板、间柱二者均处于稳定状态，顶(底)板竖向位移幅值小于容许竖向变形阈值 $W_{v\max}$ 时，采空区群处于稳定状态。

③当顶(底)板、间柱二者均处于稳定状态，顶(底)板竖向位移幅值大于或等于容许竖向变形阈值 $W_{v\max}$ 时，采空区群处于稳定状态，但需要进行支护处理。

6.5.5　采空区处理

采空区处理主要有充填法、支撑加固法、封闭隔离法、强制崩落顶板和联合治理法。空场法采空区处理是一个复杂的问题，因为不同矿体的采矿技术条件不同，各个矿山存在的采空区数量、所处位置、形态特征不一样，在具体处理过程中，针对各采空区的特点和条件，分别采取相应的处理方法，有时也可采用两种以上方法联合处理。

1)疏通和密闭采空区

疏通和密闭采空区是一种经济、简便的方法，常采取的措施是：用矿石、碎石堵塞底部结构，如漏斗和溜井等；在采空区和生产中段相通区段设阻波墙，阻波墙采用巷道开帮和挑顶的废石堆筑而成；若采空区离地表较近，则开天窗至地表，地表用铁丝网保护。

在密闭采空区时，要在采空区附近通往生产区的巷道中，构筑一定厚度的隔墙，使采空区中围岩崩落所产生的冲击气浪不至造成危害。因此，构造充分的缓冲层厚度或通往采空区的通道密封长度是采用密闭法处理采空区的关键。

锡铁山铅锌矿在 39~57 线范围内形成的较大采空区有 17 个。相对较为独立和远离生产作业区的采空区的形成，一般是盲矿体和中小规模矿体回采形成的采空区。由于是盲矿体或中小规模矿体，采场回采后形成的采空区不大，而且采空区上、下部一般无采场或与相邻采场距离较远。另外，锡铁山铅锌矿采场沿矿体走向布置，对于同一矿带，在同一中段内可能同时布置几个采场，或不同矿带相距较近，形成同一中段联通和靠近生产作业区域的较小规模采空区。针对此类采空区，锡铁山铅锌矿采用封闭通往采空区的溜矿井、入风井，封闭通往采场的巷道。用混凝土砌筑，封堵的长度为 2~3 m；用松散废石，封堵的长度为 8 m。

锡铁山铅锌矿主要由几个比较大的矿带组成，同一矿带贯穿于上、下 2~3 个生产中段，下部采场间顶柱回采后，导致上、下左右十几个采场采空区连通，形成了大面积的采空区，对锡铁山铅锌矿的生产危害性较大。针对此类采空区，其处理方案如下：

①三中段 39~47 线区域：该区域位于 3162 m 水平以上，最上部的一中段采空区已透地表，其他采空区与它直接或间接相通，加之在 330~335 m 采场采空区内已充满了废石，而且废石厚度为 20~25 m，基本满足垫层厚度，空气冲击波也有泄压路线。三、四中段采场间顶柱爆破后，将上部采空区内的废石转移下来，形成覆岩下放矿，从而达到安全生产的目的，但在间顶柱爆破后，应制定完善的出矿措施。

②四中段 45~59 线区域：该区域位于 3062 m 水平以上，目前部分地段采空区与上部采空区连通，地表塌透，形成“天窗”，采空区内有大量的废石，其采空区处理采用封闭通往采场的运输巷道和通往采空区的天溜井和行人井的方案。

1996 年，西石门铁矿 100 m 水平以上形成了哑铃状两大型采空区，其中 7 勘探线以北的北采空区底圆面积为 2 万 m^2，总体积为 140 万 m^3。南部采空区暴露面积为 2.3 万 m^2，但采空区高度远小于北采空区，顶板岩体无明显构造，较稳定。西石门铁矿封堵了作业区域与采空区之间的通道，保留了南、北采空区之间的通道，并在北采空区顶部设置了天窗。最终在北采空区地表崩落过程中保证了井下作业人员及南采空区安全，北采空区塌落范围与地表警戒圈圈定的界限十分吻合。

2)强制崩落顶板处理采空区

强制崩落顶板处理采空区的实质是用深孔或者药室爆破将顶板岩石强制崩落，用崩落岩石充满采空区。当采空区高度小于 4 m 时，可直接从采空矿块向顶板布置束状扇形深孔将顶板崩落；当采空区高度大于 4 m 时，可通过矿柱在顶板中布置处理硐室，打水平或束状扇形深孔将顶板崩落。这种方法的优点是按计划控制顶板崩落，有利于顶板管理与压力控制，作业灵活；缺点是需掘进较多的处理巷道与深孔爆破工程，工艺复杂。

铜官山铜矿采用阶段矿房法开采，采空区体积达 449.25 万 m^3。上盘围岩稳固，难以自然崩落，采用在矿体上盘布置药室、局部辅以深孔爆破强制崩落围岩处理采空区。药室崩落围岩处理采空区示意图见图 6-53。实践表明，该矿及时处理采空区，对保证下部安全生产有明显效果。例如，老庙基山矿段已回采至-175 m 水平，采深达 200 m 以上，采空区顶板暴露面积大，但因作业阶段上部留有厚 20 m 以上岩石垫层，历年虽发生几次较大的顶板围岩崩落，但对安全生产均未产生影响。

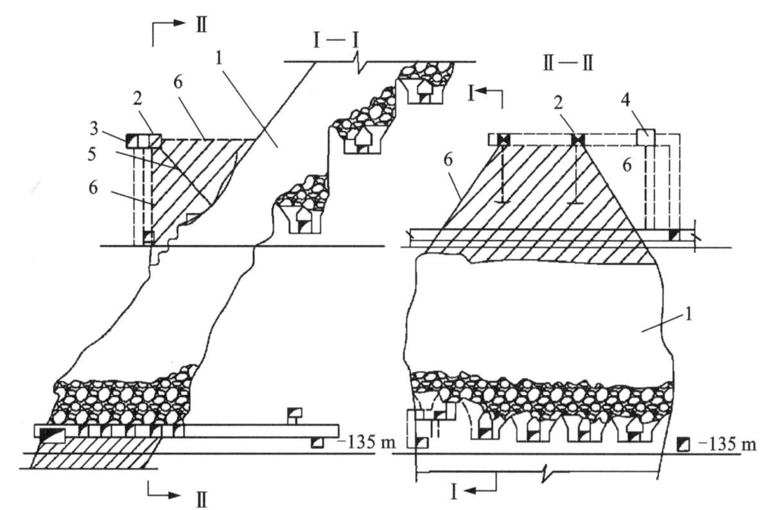

1—采空区；2—药室；3—联络巷道；4—深孔凿岩硐室；5—抵抗线；6—设计崩落围岩界线。

图 6-53　铜官山铜矿药室爆破崩落围岩处理采空区

3）顶板自然崩落处理采空区

随回采推进，采空区面积增大以后，利用覆盖岩层自然崩落规律，崩落围岩处理采空区。这种方法的优点是工艺简单、采空区处理费用少。一些采用自然崩落采矿法进行采空区处理的矿山见表 6-23。

表 6-23　自然崩落采矿法处理采空区

矿山	矿体倾角/(°)	矿体厚度/(°)	顶板岩石特征	矿石稳固性	埋藏深度/m	采矿方法	采矿方法参数	采空区支护状况	采空区状况
豪江铁矿	15~20	1.6	铁质砂岩 f=6~9；石英砂岩 f=10~12；比较稳固	5~6	230	长壁全面法	矿块长 70~100 m，斜长 40~60 m	留 3 m×3 m 矿柱或石垛支护，顶板一般不留底柱，矿柱比例 3%~15%	采空区顶板自然发展
湘西金矿	30	1.5~3.5	不稳固至稳固，f=4~8	10~12	570	长壁全面法	矿块长 50 m，斜长 30 m	留 ϕ3~5 m 不规则矿柱及混凝土柱支护顶板，矿柱距离 6~18 m	矿柱受压破坏，顶板自然崩落充填采空区，控顶距 4~5 m

续表6-23

矿山	矿体倾角/(°)	矿体厚度/(°)	顶板岩石特征	矿石稳固性	埋藏深度/m	采矿方法	采矿方法参数	采空区支护状况	采空区状况
烂泥坪铜矿	0~30，一般 15	2~3，局部 16	白云岩中等稳固	3~6	—	房柱法	矿块长 50 m，斜长 30 m，房宽 6 m	—	顶板逐渐自然崩落
黄山岭铅锌矿	3~30	3	—	—	70~160	房柱法	矿块长 60 m，房宽 12~15 m	留 ϕ3~5 m 矿柱，顶底柱 4 m	采空区体积 102 万 m^3，封闭采空区，顶板自然崩落
秦岭金矿	20~25	0.4~1.5	$f=8\sim10$	3~10	—	全面法	矿块长 60 m，中段高 22~25 m	—	采空区体积 4.5 万 m^3，不同程度自然崩落

4）诱导冒落法处理采空区

诱导冒落是利用矿岩的可崩性，通过扩展采空区面积，诱导顶板矿岩冒落的新型采空区处理技术。它不设底部结构，对冒落时间和块度的要求不严格，和自然崩落采矿法在工艺上有本质上的不同，为此称之为诱导冒落法。

当采空区规模较大、埋深较大、顶板无大的结构面破坏、内部无矿柱支撑时，采空区顶板的变形冒落过程主要受重力场控制，冒落线形态能够较好地近于拱形，此时顶板围岩受到水平压力 T 的作用(图 6-54)。当 T 增大到一定程度时，临空面岩体横向变形派生出拉应力，使采空区顶板受拉变形，并使表层岩体裂缝扩张、贯通。当岩块间的联系不足以克服自身重力时，块体便会脱离母岩自然掉落，从而呈现出断续零星冒落情况。当采空区有效暴露面积超过临界冒落面积时，采空区顶板围岩便会发生持续冒落情况。因此，通过扩大采空区的有效暴露面积，即可控制采空区的冒落进程。

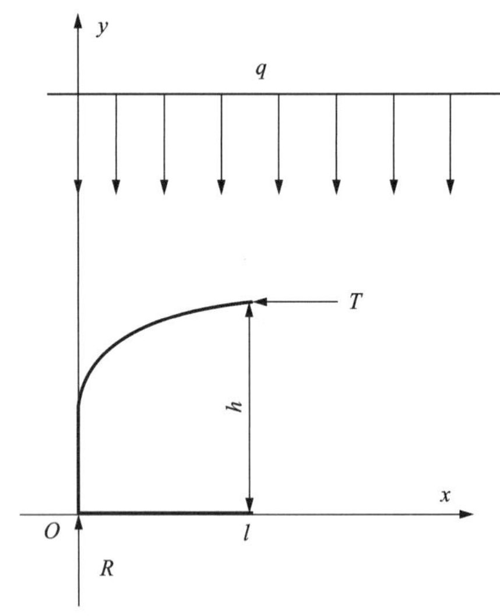

图 6-54 平衡拱受力分析

诱导冒落法是一项安全、高效的采空区处理和采矿新技术，现已逐渐应用于顶板稳固或中等稳固的采空区处理和难采矿石开采。2003—2004 年，东北大学与桃冲矿业公司合作，对井下 43~83 m 盲矿体开采形成的采空区开展处理方案的研究。经过理论分析和现场调研，提出了通过扩展顶板面积来诱导采空区自然冒落的采空区处理方案，顺利回收了采空区内部及周边矿量，实现生产安全，取得了良好的技术经济效果。

内蒙古大中矿业公司书记沟铁矿为沉积变质磁铁矿床，矿体呈单斜层状、似层状或透镜状、扁豆状及囊状。208-1#采空区的水平截面形状为一近似扁椭圆形，采空区长 109 m，宽 32.35 m，高 51.7 m，上盘倾角约 75°，采空区顶板距地表 75.5 m；208-2#采空区的水平截面形状为一椭圆形，采空区长 51.4 m，宽 36.3 m，高度 26.1 m，采空区顶板距地表 98.7 m（图 6-55）。采空区之下矿体改用无底柱分段崩落法开采。采空区的存在对其下部生产构成安全威胁。

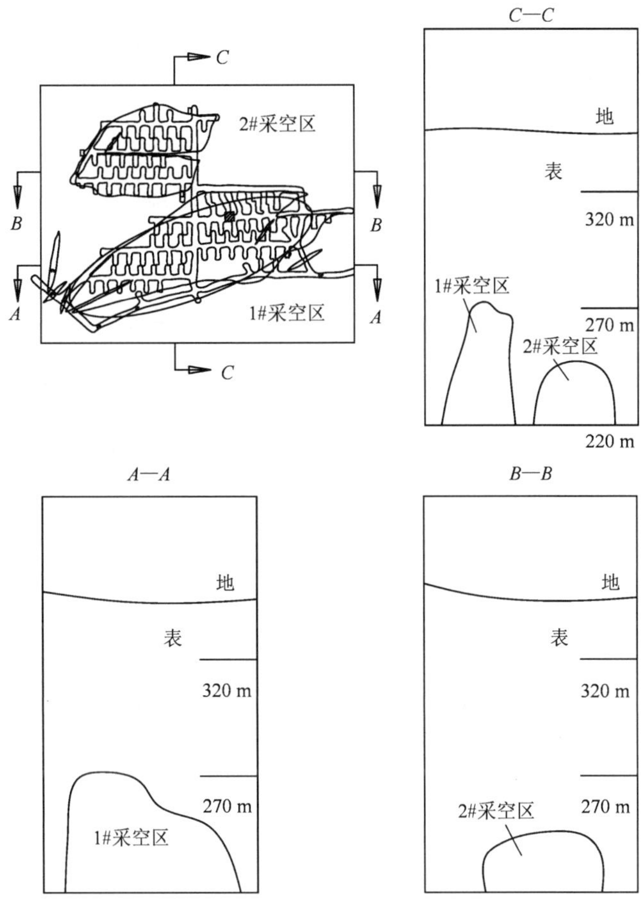

图 6-55　208-1#、208-2#采空区剖面图

为实现采空区顶板围岩安全冒落，首先对采空区通口进行了散体封堵，要求封堵厚度不小于 5 m。尽可能崩落 1220 m 水平采空区内一切支撑矿柱（或岩柱），以改善采空区顶板围岩的受力状态，减小顶板冒落能量的蓄积量。崩落两个采空区之间的岩柱，将两个采空区连成一体，以此迅速扩展采空区面积，诱导采空区顶板围岩自然冒落。考虑到 208-1#采空区与 208-2#采空区在 1195 m 分段间距较小，选择 1195 m 分段作为诱导冒落分段，在正常布置采空区以下采准工程的同时，在两采空区之间的岩柱里布置了总长度为 120 m 的岩石进路，用于崩落采空区间柱，使两采空区完整地连为一体（图 6-56）。此时采空区跨度已远大于临界冒落跨度，可促使采空区自然冒落。

随着采空区跨度的快速增大，采空区顶板发生了快速冒落。回采工作面刚刚越过岩柱部

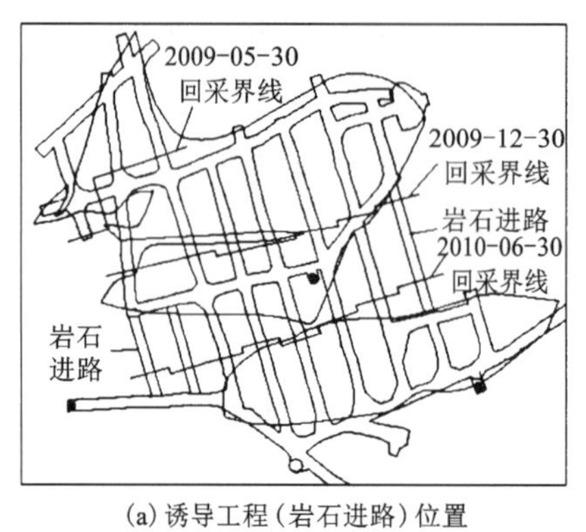

(a)诱导工程(岩石进路)位置

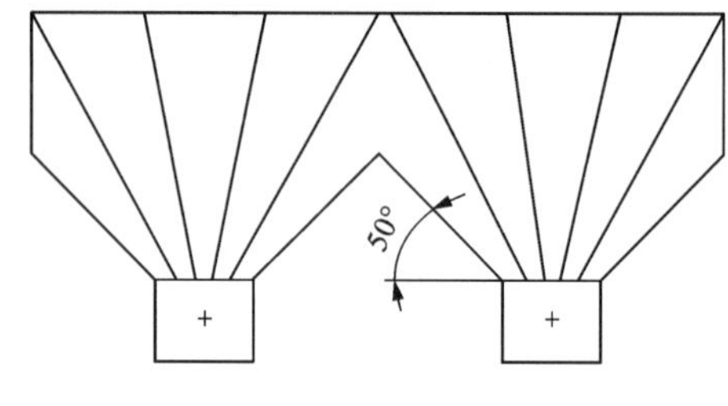

(b)崩岩炮孔布置形式

图 6-56 1195 m 分段诱导工程位置与崩岩炮孔布置形式

位，208#采空区就发生了通达地表的大冒落，在地表形成一个东西长约 100 m、南北宽约 80 m 的椭圆形塌陷坑(图 6-57)。

图 6-57 208#采空区冒落时地表的塌陷坑

由于采取了不小于 5 m 厚的散体垫层防护措施，附近未见到明显的冒落冲击粉尘，没有设备和工程被冲击的任何痕迹，表明工作面未受到有害冲击。可见崩落岩柱的诱导冒落方法以及所留散体垫层的部位与厚度是适宜的，实现了采空区处理不影响生产、采空区大冒落零事故的目标。书记沟铁矿的采空区的成功处理实践表明，在散体垫层防护下的诱导冒落方法具有成本低、效率高、施工安全等优点，是处理相邻不规则采空区的经济实用方法。

5)用充填料充填采空区

对于那些在其上部有建筑物的采空区，由于地表不允许大面积塌陷，要彻底根除采空区带来的安全隐患，充填采空区是一种可行的手段。充填法处理采空区，一般是指用空场法及矿柱回采后的大采空区采取的事后充填处理，目的在于减少岩石和地表移动的幅度，防止大面积地压活动，并有助于解决因尾砂和采掘废石的堆放而引起环境污染和占用土地问题及满足闭坑需要。其实质是将采空区作为地下尾砂等废弃物的贮库，利用废弃矿坑堆放固体废弃料，具有节省资金、利于环境保护的特点，该方法在加拿大、澳大利亚等国的矿山得到应用。

冬瓜山铜矿东、西狮子山矿段采用空场法回采，两矿段分别在 2000 年、2002 年闭坑，均形成了连通地表的特大采空区。东狮子山采空区赋存在 -190 ~ 152.7 m，采空区容积为 1570175 m^3，其中 40 m(设计充填高度)以下采空区容积为 1433175 m^3；西狮子山采空区赋存在 -280 ~ 146 m，采空区容积为 3011817 m^3。两个特大采空区一直没有得到处理，对矿山正常生产及周边环境造成了一定影响。

东狮子山矿段有-190 m、-160 m、-120 m、-80 m、-40 m、0 m、37 m、40 m 这 8 个中段，它们主要与井下废石提升的冬瓜山辅助井、大团山矿段主通风井倒段风井相通；西狮子山矿段有-280 m、-220 m、-190 m、-160 m、-120 m、-80 m、-40 m、-10 m、20 m、50 m 这 10 个中段，它们分别与主井、冬瓜山副井、团山副井、进风井、冬瓜山辅助井及老区主出矿溜井相通。由于在采空区充填时会产生大量的尾砂和水，因此对采空区各中段通道进行封闭尤为关键，特大采空区封闭的关键就是封闭墙设计与采空区排水。若不对现有采空区通道进行封闭，将对下部生产系统造成极大的危害。采空区调研资料显示，东、西狮子山矿段分别有 13、31 道出口需要封闭(图 6-58)。

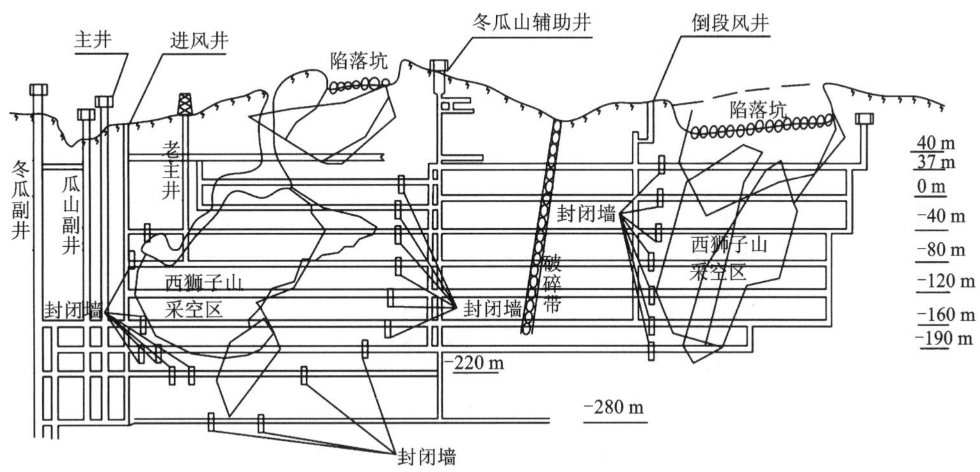

图 6-58　东、西狮子山采空区及封闭墙布置

井下采空区形态复杂，有一些体积小且比较分散的盲采空区，尾砂不能完全充填这些采空区，为了使采空区能够充分均匀地充填，在作业安全的情况下，尽可能地实现采空区多点下料充填。东、西狮子山采空区自充填至 2008 年 5 月底，东狮子山矿段充填量为 177.68 万 t，折合 52%浓度的尾砂量为 114.6 万 m^3；西狮子山矿段充填量为 353.5 万 t，折合 52%浓度的尾砂量达 228 万 m^3，消除了特大采空区存在所带来的安全隐患。

6) 支撑加固法处理采空区

支撑加固法是采取留设永久矿柱或构筑人工支柱用以支撑采空区顶板压力，或用锚杆、锚索等支护材料加固矿柱和顶板，以增强矿柱、顶板的承载能力，在一定时间内阻止采空区塌陷的空场治理方法。该方法一般适用于缓倾斜、薄及中厚以下矿体且矿石及围岩稳固性好或较好的矿山。这种技术可采用人工假柱代替矿柱，既回收了矿柱，又加强了对顶板的支撑作用，并且成本不大，便于施工，也可解决充填法治理采空区接顶效果不好而导致的支承力不足的问题。

山东黄金矿业(沂南)有限公司铜井矿主要采用浅孔房柱法开采，其采空区分布特征复杂，采空区容积有 26 万 m^3。根据采空区特点，矿山采用人工膨胀矿柱支护技术处理采空区。支护系统主要由若干刚性人工膨胀矿柱组成，在井下采空区中，每一个膨胀矿柱作为一个独立的支撑体以主动形式对采空区局部顶板进行支护。对高度不大于 5 m 的采空区架设组合式人工膨胀矿柱支护，对于高度大于 5 m 的采空区，先对其进行部分充填，以达到膨胀矿柱安装的合适高度，待充填体密实稳定后，再架设膨胀矿柱(图 6-59)。根据受力情况布置由若干膨胀矿柱组合而成的矿柱群，与采空区周围的围岩共同构成一个应力平衡体系，不仅以膨胀矿柱群产生的主动支承力实现对采空区稳定性的维护，还可以充分发挥采空区围岩自身的支撑作用，实现膨胀矿柱群与围岩共同作用，达到维护采空区稳定的目的。

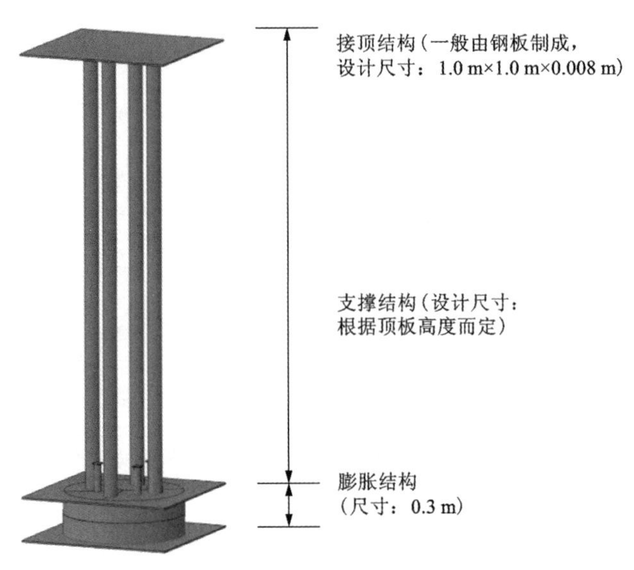

图 6-59　组合式人工膨胀矿柱结构

7)降低对采空区开采扰动，加强采空区地压监测

地压显现的一般规律是其规模由小而大逐渐发展。如果局部性活动得到有效控制，则可避免规模地压活动的发生。采空区地压灾害并不是在没有任何征兆的条件下突然发生的，在采空区冒顶前往往会伴随围岩应力异常显现，且经过一定的异常加剧时间后，在不采取任何防治措施的情况下发生。采用监测、监控法的实质是通过对采空区围岩位移、应力等的长期监测，采集开采过程中采空区围岩应力、变形、破裂信息，总结采空区地压活动特征，分析采空区地压活动与周围开采活动之间的关系，结合采空区顶板垮落前的异常征兆，在采空区范围内设置顶板和矿柱监测、监控装置，如顶板下沉位移监测、矿柱应力变形监测、视频监控、岩音仪监控、自动在线监控等。当采空区地压活动比较活跃时，提出安全预警，及时调整开采方案，减少采空区附近开采活动，降低对采空区的扰动，待采空区地压活动平稳后再恢复开采。当地压灾害发生风险较高时，及时果断采取措施，迅速组织现场人员撤离，避免采空区冒顶时造成人员伤亡或重大财产损失。

山东枣庄峄城是山东省较大的石膏矿产地之一，矿区有十几家矿山企业。20 世纪 80 年代普遍采用房柱法开采，多年的开采留下了大面积采空区。2002 年 5 月 20 日发生大面积冒顶塌陷事件引发矿震，总质量达 230 多万 t 的矿井顶板轰然塌陷，垂直下落 5 m 左右，10 m 多高的巨大采空区被土石塞满，塌陷主体部分在顺源矿井下，波及吴林矿等周围 4 个矿井，在地面形成 14.47 万 km^2 的塌陷区。据山东省地震局数字化测震台测定，峄城石膏矿区这次的塌陷能量相当于震级 M_L 3.6。在发生大垮塌之前，顺源矿密切关注采空区地压显现情况，在大垮塌发生前 3 天，顺源矿发现两处顶板垮塌征兆，立即组织技术人员分析险情，在布置有关预警监测人员定时监测的同时，加强了重点部位的监测。随后两天，险情扩大。在险情发生前 2 小时 15 分，矿山开始撤离四个矿区 410 名矿工。顺源矿对采空区地压显现的监测预警，成功避免了一场特大灾难。

降低爆破震动对采空区的扰动。随着日益增大的开采规模，地下开采单次爆破药量、最大单段药量也在不断增大，不可避免地会对围岩产生扰动，影响围岩稳定性。因此，有必要采用预裂爆破、多布孔、少装药、不耦合装药结构、微差爆破技术、控制最大段药量等方法来降低爆破震动效应，从而减少爆破对采空区及其附近围岩、矿柱、巷道的破坏，防止大面积的冒顶、坍塌等地质灾害的发生。

综上所述，采场地压是一个动态变化的过程，因此必须采用动态的观点和方法来认识和控制地压。解决采场地压问题，必须坚持合理的采矿方法与开采顺序，自始至终坚持自上而下、自上盘向下盘符合地压规律的回采顺序，采用合理的工作面布置，及时处理采空区，严禁乱采，才能减小采场地压和采动影响，以达到对地压进行有效的控制、保证采矿安全和提高采矿综合效益的目的。

参考文献

[1] 丁延祾. 矿山生产特点与矿山岩石力学特征[J]. 采矿技术，1995，32：12-17.

[2] XIAO Y X, FENG X T, JOHN A H. ISRM suggested method for in situ microseismic monitoring of the fracturing process in rock masses[J]. Rock Mech Geotech Eng, 2016, 49(1): 343-369.

[3] LIU J P, FENG X T, LI Y H. Studies on temporal and spatial variation of microseismic activity in a deep metal mine[J]. International Journal of Rock Mechanics & Mining Sciences, 2013, 60: 171-179.

[4] 古德生. 地下金属矿采矿科学技术的发展趋势[J]. 黄金，2004，25(01)：18-22.

[5] 解世俊. 矿床地下开采理论与实践[M]. 北京：冶金工业出版社，1990.

[6] 解世俊. 金属矿床地下开采[M]. 北京：冶金工业出版社，2008.

[7] 邵亿生. 地层控制原理[M]. 北京：冶金工业出版社，1984.

[8] 刘秀礼，方祖烈. 金川公司矿山冒顶片帮原因分析与预防对策[J]. 四川有色金属，1997(1)：39-42.

[9] 解世俊. 房柱法在不良顶板缓倾料薄矿体中的应用[J]. 化工矿山技术，1982，3：22-24.

[10] 郑永学. 弓长岭铁矿地压活动规律的研究[M]. 北京：科学技术文献出版社，1980.

[11] 何国清，杨伦. 矿山开采沉陷学[M]. 徐州：中国矿业大学出版社，1991.

[12] 李通林，谭学术，刘伟伟. 矿山岩石力学[M]. 重庆：重庆大学出版社，1991.

[13]《采矿手册》编辑委员会. 采矿手册(第 4 卷)[M]. 北京：冶金工业出版社，1990.

[14] VILLAESCUSA E. Geotechnical design for sublevel open stoping[M]. Florida: CRC Press, 2014.

[15] ZHANG YH , MITRI H S. Elastoplastic stability analysis of mine haulage drift in the vicinity of mined stopes [J]. International Journal of Rock Mechanics and Mining Sciences, 2008, 45(4): 574-593.

[16] 赵国彦，周礼，李金跃. 房柱法矿柱合理尺寸设计及矿块结构参数优选[J]. 中南大学学报(自然科学版)，2014，45(11)：3943-3948.

[17] HEDLEY D G F, GRANT F. Stope-and-pillar design for the Elliot Lake Uranium Mines[J]. Bull Can Inst Min Metall, 1972, 65: 37-44.

[18] 张兴仁，连志升，康怡星. 锡矿山南矿地压问题的研究[J]. 长沙矿山研究院季刊，1981，1(1)：24-

43, 98.
[19] 卞忠奎, 解世俊, 郑永学. 锚杆桁架作用机理的研究[J]. 有色金属, 1985, 5: 46-49.
[20] 朱浮声, 郑雨天, 王泳嘉. 全长锚固式锚杆桁架的成拱理论[J]. 岩石力学与工程学报, 1993, 12(3): 249-254.
[21] 曹胜根, 刘长友. 高档工作面断层破碎带顶板注浆加固技术[J]. 煤炭学报, 2004, 29(5): 545-549.
[22] 钱源, 刘力. 锚杆预控顶爆力运搬采矿法的试验研究[J]. 金属矿山, 1987, 5: 8-13.
[23] 李建梅. 预控顶下向中深孔房柱法的试验与应用[J]. 金属矿山, 1990, 6: 27-30.
[24] 张兴仁, 连志升, 康怡星. 锡矿山南矿地压问题的研究[J]. 长沙矿山研究院季刊, 1981, 1(1): 24-42.
[25] 陈国山, 王小峰, 魏明贺. 选择合理的开采顺序控制地压活动[J]. 矿冶, 2006, 15(1): 13-16.
[26] 陈有燎. 大红山铜矿采矿工艺工程技术研究[D]. 昆明: 昆明理工大学, 2003.
[27] 袁桂珠, 徐显坤, 刘先贫. 关于急倾斜薄脉群留矿法采场的应力分析[J]. 江西冶金, 1985, 5(1): 17-22.
[28] 谢茂辉, 伍佑伦, 冯声浪, 等. 留矿法嗣后充填开采中的地压活动与控制[J]. 矿业研究与开发, 2007, 26(B11): 36-39.
[29] 沈元伟, 何益民. 全面留矿法采场顶板支护和落矿爆破工艺的研究[J]. 黄金, 1994, 15(1): 19-24.
[30] 王志方. 浅谈深部开采的地压活动及其控制[J]. 有色矿冶, 1998, 6: 1-5.
[31] 徐显坤, 丁嘉榆, 邓左民, 等. 急倾斜脉状矿床留矿法开采后岩体应力与位移分布规律的研究概述(续)[J]. 江西冶金, 1985, 5(5): 4-8.
[32] 刘健, 樊满华, 邓志高, 等. 那林金矿全面留矿法试验研究[J]. 黄金科学技术, 2008, 61(6): 48-50, 54.
[33] 郭洪波, 孙杰, 王建国. 金亭岭矿业公司采矿方法存在问题与解决途径[J]. 中国采选技术十年回顾与展望, 2012: 265-269.
[34] 张奇, 王利, 王晓青. 静态留矿法设计与施工技术问题探讨[J]. 黄金科学技术, 2009, 17(1): 49-52.
[35] 高光. 深井开采中的地压现象致因分析及措施[J]. 黄金科学技术, 2006, 14(4): 32-35.
[36] 周宗红, 侯克鹏, 任凤玉. 分段空场崩落采矿法顶板稳定性分析[J]. 采矿与安全工程学报, 2012, 29(4): 538-542.
[37] 吴爱祥, 胡华, 姚振巩. 高应力环境下大跨度空场嗣后充填采矿法的地压控制[J]. 矿业研究与开发, 1999, 19(2): 13-16.
[38] 俞锡明, 楼海高. 平水铜矿小分段空场采矿法围岩冒落防治实践[J]. 有色矿冶, 2007, 23(6): 11-13.
[39] 周爱民. 矿山废料胶结充填[M]. 北京: 冶金工业出版社, 2007.
[40] 蔡嗣经, 王洪江. 现代充填理论与技术[M]. 北京: 冶金工业出版社, 2012.
[41] 佘诗刚, 朱万成, 赵文. 地下采矿岩石力学[M]. 北京: 科学出版社, 2011.
[42] 王新民. 深井矿山充填理论与管道输送技术[M]. 长沙: 中南大学出版社, 2010.
[43] 周勇, 贺应来. 采用胶结充填法对采场稳定性分析[J]. 湖南有色金属, 2013, 29(2): 9-11, 73.
[44] 刘洪强. 大面积充填体下采场盘区矿柱留设方案优化及地压监测研究[D]. 长沙: 中南大学, 2011.
[45] 王辉镜. 水平下向分层充填采矿法开采缓倾斜矿体的地压应力分析[J]. 铜业工程, 2002, 2: 40-41.
[46] 方祖烈, 陈新万, 丁延棱, 等. 对金川矿区不良岩体水平巷道地压活动规律的几点认识[J]. 北京钢铁学院学报, 1982, 4: 9-15.
[47] 刘恩彦. 和睦山铁矿后观音山矿段充填采矿方法研究[D]. 长沙: 中南大学, 2012.
[48] 杨涛波. 充填体下水平矿柱回采优化及地压控制研究[D]. 赣州: 江西理工大学, 2012.
[49] 马春德. 深部复合型破坏高应力软岩巷道支护技术研究[D]. 长沙: 中南大学, 2010.
[50] 李爱兵, 周爱民, 尹彦波, 等. 柿竹园多金属矿床群采空区条件下的崩落特性研究[J]. 岩石力学与工程学报, 2008, 27(11): 2234-2243.

[51] 尹志华，才庆祥，李志鹏，等. 大倾角层状锰矿长壁式开采分析[J]. 金属矿山，2012，3：23-26.
[52] 吴爱祥，陈昌民. 液压支柱护顶长壁式崩落法回采水平矿柱[J]. 采矿技术，2002，2(2)：18-20.
[53] 赵树果，宋卫东，谷岩. 液压支架护顶长壁式单层崩落法在官店铁矿的应用研究[J]. 矿业研究与开发，2011，31(5)：1-2，42.
[54] 要云生，丁亦敏，杨小聪. 矿块崩落法混凝土底部结构应力应变监测研究[J]. 矿冶工程，1994，14(4)：8-11.
[55] 曹文贵，童光煦. 影响有底柱崩落法采场地压活动因素的试验研究[J]. 有色金属(矿山部分)，1991，6：26-28，18.
[56] 曹文贵，童光煦. 有底柱崩落法采场放矿顺序和一次放矿量对地压影响的研究[J]. 矿冶工程，1989，9(1)：14-18.
[57] 郑永学. 金属矿山地压活动的几个问题[J]. 有色金属，1979，5：4-7，51.
[58] 吴卓山. 有底柱分段崩落法的开采顺序与采场地压[J]. 中国矿山工程，1983，9：29-34.
[59] 毛市龙，吕文生. 提高有底柱崩落法采场电耙道稳定性的技术措施[J]. 有色金属：矿山部分，1998(1)：16-18.
[60] 易门铜矿. 有底柱分段崩落法在我矿开采厚矿体中的应用[J]. 云南冶金，1975，1：23-29，32.
[61] 庞怀勇，李继祥. 有底柱分段崩落法挤压崩矿在我坑的生产实践[J]. 金属矿山，1974，3：19-24.
[62] 那洪良，张胜琴，张继才. 符山铁矿四矿体地表岩石移动规律及其与地压活动的关系[J]. 河北冶金，1987，5：29-36.
[63] 张昌太. 桃冲铁矿无底柱分段崩落法采矿的地压问题与控制方法[D]. 青岛：中国海洋大学，2004.
[64] 明土祥. 深埋地下金属矿山开采过程中的支承压力分布规律及其控制[J]. 中国矿山工程，1993，5：20-24.
[65] 任天贵，王辉光，高谦，等. 无底柱分段崩落采矿法开采深埋软破缓倾斜矿体采场地压显现规律[J]. 岩石力学与工程学报，1992，11(2)：150-160.
[66] 刘兴国，辛洪波，刘斌，等. 软破矿岩条件下无底柱分段崩落法的实践[J]. 化工矿山技术，1990，19(2)：6-10.
[67] 任天贵，王辉光，明士祥，等. 小庄官铁矿无底柱分段崩落法采场地压显现规律[J]. 有色金属，1993，45 (1)：7-15.
[68] 任天贵，王辉光，高谦，等. 无底柱分段崩落采矿法开采深埋软破缓倾斜矿体采场地压显现规律[J]. 岩石力学与工程学报，1992，11(2)：150-160.
[69] 任天贵，明士祥，高谦. 小官庄西区地压显现宏观调查及地压控制[J]. 中国矿业，1992，2：43-48.
[70] 龚智敏. 无底柱分段崩落法采动地压规律分析及控制方法研究[D]. 武汉：武汉科技大学，2009.
[71] 那洪良，张胜琴，张继才. 符山铁矿四矿体地表岩石移动规律及其与地压活动的关系[J]. 河北冶金，1987(5)：29-36.
[72] 薛继志，黄恩兆. 无底柱分段崩落法在破碎、不稳固矿石中的应用——程潮铁矿采矿方法攻关试验技术总结[J]. 有色金属(采矿部分)，1976，5：27-38，11.
[73] 宋卫东，梅林芳，谭玉叶，等. 大间距无底柱分段崩落法采场地压变化规律研究[J]. 金属矿山，2008(8)：13-16，39.
[74] 金闯，董振民，贡锁国，等. 梅山铁矿无底柱分段崩落法加大结构参数研究[J]. 金属矿山，2000(4)：16-19.
[75] 丁航行，任凤玉，曹建立，等. 导流放矿技术在谦比希铜矿的应用[J]. 中国矿业，2011，20(4)：55-57.
[76] 杨清平，岑佑华. 分段卸压与让压崩落法在谦比希铜矿的应用[J]. 采矿技术，2012，12(1)：1-3，37.
[77] WOLDEMEDHIN B Y, MWAGALANYI H. Investigation of rock-fall and support damage induced by seismic motion atKiirunavaara Mine[J]. Luleå University of Technology, 2010.

[78] 齐永年. 阶段自然崩落采矿法地压活动规律探讨[J]. 金属矿山, 1992(1): 33-36.
[79] 马春德, 李夕兵, 陈枫, 等. 自然崩落法矿山深部地应力场分布规律的测试研究[J]. 矿冶工程, 2011, 30(6): 10-14, 22.
[80] 吴少华. 地压活动规律和控制技术的宏观调查研究[J]. 有色矿冶, 1994, 10(1): 8-13.
[81] 张峰. 自然崩落法地压控制方法探讨[J]. 金属矿山, 2004(7): 1-4.
[82] 张东红. 自然崩落法的岩石力学工作与矿石崩落块度[C]. 中国有色金属学会第五届学术年会论文集, 2003: 95-96, 122.
[83] 张瑞, 邓红卫. 基于多种评价方法的复杂采空区群稳定性评价与分级研究[J]. 金属矿山, 2018, 47: 18-23.
[84] 姜立春, 肖康, 吴爱祥. 基于刚架结构模型法的采空区群失稳分析[J]. 岩石力学与工程学报, 2016, 35(S2): 4204-4210.
[85] 何拯苍. 红透山铜矿深部开采技术的现状和对策[J]. 有色矿冶, 1998, 14(4): 1-5.
[86] 李晓峰, 韩亚卿. 锡铁山铅锌矿采空区处理探讨[J]. 西部探矿工程, 2002, 6: 53-54.
[87] 赵文, 任凤玉. 哑铃状两大型连通采空区岩石冒落与冲击气浪的预防[J]. 中国矿业, 2000, 9(3): 76-79.
[88] 任凤玉, 李海英, 任美霖, 等. 书记沟铁矿相邻采空区诱导冒落技术研究[J]. 中国矿业, 2012, S1: 378-380.
[89] 汪令辉. 特大采空区全尾砂充填治理工程研究与实践[D]. 长沙: 中南大学, 2012.
[90] 蔡保清. 岩金矿山采空区处理现状及对策[J]. 有色矿冶, 2003, 19(2): 1-4.

第 7 章

露天矿边坡工程

7.1 露天矿边坡特征

7.1.1 基本要素

相对于地下开采，露天开采在条件合适时，不仅劳动生产率[t/(人·月)]可提高 5~10 倍，同时可节约 30%~60%的成本，具有很大的工效、成本优势。某些大型露天矿边坡角若增加 1°，可以节约剥离成本 1 亿元以上，但不科学加陡的同时会带来滑坡灾害的风险。所以，露天矿高陡岩质边坡稳定性问题是露天矿安全生产的核心问题，对保证矿山安全生产，提高经济效益具有重要的理论与实际意义。部分国内外露天矿边坡要素如表 7-1 和表 7-2 所示。

表 7-1 国内典型露天矿边坡要素

矿山名称	围岩种类		岩石强度系数 f	最终台阶坡面角/(°)	平台宽度/m		最终边坡角/(°)		台阶高度/m	运输方式
	上盘	下盘			安全	清扫	上盘	下盘		
德兴铜矿	闪长斑岩，变质千枚岩		6~8	60	—	—	40~42，37~47	—	15(上部个别 12)	矿石：汽车—斜井胶带；废石：汽车
南芬铁矿(2006 年)	石英片岩，混合岩	角闪岩绿泥片岩	12~14，4~12	70，55	5	11~20	40.6~48.6	33.4~35.4；端帮：44.28~46	12	矿：汽车—矿石破碎倒装—准轨；废石：汽车直排，汽车—固定破碎—直排胶带—排岩机
金川露天矿	大理岩，橄榄岩	片麻岩，角闪岩	6~8	45，55	—	—	41~44	50	12	上部铁路，下部公路

续表7-1

矿山名称	围岩种类		岩石强度系数 f	最终台阶坡面角/(°)	平台宽度/m		最终边坡角/(°)		台阶高度/m	运输方式
	上盘	下盘			安全	清扫	上盘	下盘		
齐大山铁矿	花岗状混合岩，闪长岩		—	65	—	—	43~38	—	12，15	汽车—铁路—胶带联合运输移动坑线
白银厂铜矿1号	凝灰岩		5~7	48~55，39~41	并段12	并段5~8	32~42	45~47	12	汽车
水厂铁矿	片麻岩	—	8~10	60	3~10.5	10~14	40~45		15	汽车
永平铜矿	混合岩	硅化砂岩 矽卡岩 花岗岩	8~12	41~44	8	16~18	41~44		12	汽车
大石河铁矿	斜长片麻岩	片麻岩 花岗岩	8~10	65	4	7	48.5	30~50	12	准轨电机车
大孤山铁矿	石英片岩，千枚岩	混合岩	8~10，10~12	65	12.5	7.5~12.5	32		12	上部机车，下部汽车
大宝山矿	石灰岩，流纹斑岩		8~14，11~15	55~60	4~8	10~12	33~43		12	汽车
海南铁矿	砂化透辉岩，角闪灰岩	硅化透辉岩，角闪灰岩	8~10	45~65	5~6	8~12	32~42		11~12	上部机车，下部汽车
贵州小山坝铝铁矿	石英岩，黄龙岩，白云灰质岩		14~16，10~14，12~14	65	2	—	54		8~12（剥离）	—
昆阳磷矿	砂岩	灰岩	3~7	60	7.1	7.5	45		矿5，岩10	汽车
大冶铁矿	闪长岩	大理岩	10~12，6~8	60~65	7~7，(3~4)	-8	48~52.5，(45~47)	42~45	12	准轨电机车（并段时数据）
云浮硫铁矿	砂岩，千枚岩		—	65	3	8	37~47	32~42	12	汽车
弓长岭独木采场	角闪岩，混合岩		8~12	65，55	5	7	42	30~39	12	汽车
花椒园铁矿	混合岩		8~10	65	3	6	53.5~58	46.5~52.8	8	汽车

续表7-1

矿山名称	围岩种类		岩石强度系数 f	最终台阶坡面角/(°)	平台宽度/m		最终边坡角/(°)		台阶高度/m	运输方式
	上盘	下盘			安全	清扫	上盘	下盘		
豆子沟铁矿	混合岩		8~10	65	—	—	47.33	42	12	汽车
程家沟铁矿	混合岩		10~12	70~75	3	6	53	45	8	汽车
东鞍山铁矿	千枚岩石英岩	混合岩	8~12	55, 65	8	—	42	32.5	13	准轨机车
眼前山铁矿	千枚岩石英岩	混合岩	10~12	65	6	8	45	36	12	准轨电机车
凤凰山铁矿	页岩夹砂岩	闪长岩	4~6, 6~10	57, 64	—	6	45	—	12	汽车
铜官山铜矿	闪长岩	角闪岩	10~14, 8~10	48~55, 39~41	2~4	6	46~49	36~39	10	汽车

表 7-2　国外大型金属露天矿边坡要素

矿山名称	围岩种类	边坡角/(°)	开采深度/m
智利 Chuquicamata 铜矿	石英岩、斜长岩	42(矿), 30~32（不稳定岩）	1000
智利 Collahuasi 铜矿	石英岩、二长岩	38~43(不含道路 40~47)	350
智利 Zaldivar 铜矿	流纹岩、花岗闪长岩	38~50	200~300
智利 Escondida 铜矿主矿体	石英二长岩、花岗闪长安山岩	43~50(北矿)	465(750 最终)
澳大利亚 Mt. Whaleback 铁矿	黄铁矿化页岩	35~45	>400
印尼 Grasberg 铜矿	石灰岩、矽卡岩、砂岩	30(不含道路 38~48)	250~700
南非 Palabora 铜矿	碳酸盐岩、磁铁矿、磷灰石、白云石、辉绿岩	46, 56(下部)	600~800
鹰山露天铁矿(美国)	石灰岩	硬岩 50	180
科恩拉德(苏联)	玢岩、石灰岩 f=15~20	硬岩 50	
布尔什维克(苏联)	角岩 f=10~14	硬岩 51	86
共产国际(苏联)	角岩 f=10~14	硬岩 47	125
秋基卡马它(智利)	闪长岩、花岗岩	硬岩 45	331
奇诺(美国)	花岗岩、石灰岩、闪长岩	硬岩 45	200
莫伦西(美国)	花岗岩、石灰岩、石英岩、页岩	硬岩 45	330
里别尔堆(美国)	二长岩、斑岩	硬岩 45、软岩 40	210

续表7-2

矿山名称	围岩种类	边坡角/(°)	开采深度/m
碧玛(美国)	沉积岩、破碎层	硬岩 45、软岩 40(冲积层)	113
密斯兴(美国)	花岗岩、表土	硬岩 45、软岩 37(表土)	230
叶灵顿(美国)	斑岩、花岗岩	硬岩 45、软岩 37	100
维索卡雅山铁矿(苏联)	白云岩砂岩 $f=8\sim15$	硬岩 41~45	60
犹他(美国)	石英斑岩	硬岩 40、软岩 30~35	715
乌拉尔铜矿(苏联)	玢岩、辉绿岩、闪长岩	硬岩 30~40	100~120
骚特-思龙(美国)	火成岩、包裹体	硬岩 38	140~190

露天开采的穿爆、铲装、运输、排土四个环节都和边坡台阶有关。露天矿采场边坡基本要素如图 7-1 所示。

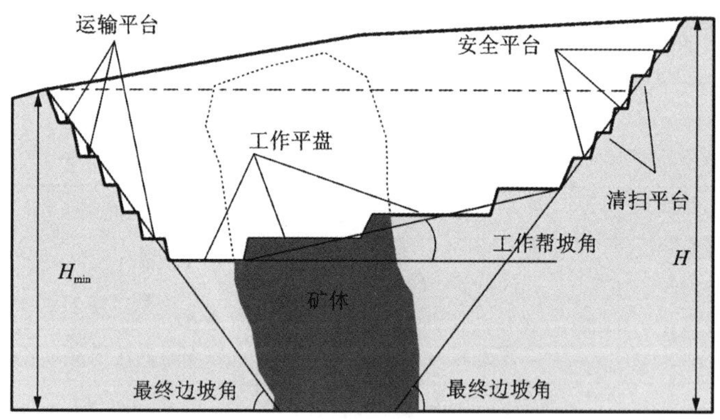

图 7-1 露天矿采场边坡基本要素示意图

7.1.2 边坡岩体结构特征

岩体的结构特征指岩体中结构体、结构面及其相互组合特征，是控制岩体强度和稳定性的重要因素。岩体在岩性和结构上的差别，导致了其物理力学性质的差异，这种差异产生了一系列工程问题，是地质灾害形成的内在因素。基于《非煤露天矿边坡工程技术规范》(GB 51016—2014)，岩体结构特征可按表 7-3 所示划分为五种类型。

表 7-3　露天矿边坡岩体结构

<table>
<tr><th>边坡岩体结构类型</th><th>岩体地质类型</th><th>结构体形状</th><th>结构面发育情况</th><th>岩土工程特性</th><th>边坡工程常见问题</th></tr>
<tr><td>整体状结构</td><td>巨块状岩浆岩、巨厚层沉积岩、正变质岩</td><td>巨块状</td><td>以原生结构节理为主，多呈闭合型，裂隙结构面间距大于 1.5 m，一般不超过 2 组，无危险结构面组成的落石掉块</td><td>整体性强度高，岩体稳定，可视为均质弹性各向同性体</td><td rowspan="2">不稳定结构体的局部滑动</td></tr>
<tr><td>块状结构（图 7-2）</td><td>厚层状沉积岩、正变质岩、块状岩浆岩、副变质岩</td><td>块状、柱状</td><td>只具有少量贯穿性较好的节理裂隙，裂隙结构面间距 0.7～1.5 m，一般为 3 组</td><td>整体性强度较高，结构面相互牵制，岩体基本稳定，接近弹性各向同性</td></tr>
<tr><td>层状结构（图 7-3）</td><td>多韵律的薄层及中厚层状沉积岩、副变质岩</td><td>层状、板状</td><td>有层理、片理、节理，常有层间错动</td><td>接近均一的各向异性体，其变形及强度特征受层面及岩层组合控制，可视为弹塑性体，稳定性较差</td><td>可能产生滑塌，岩层弯张破坏及软弱岩层的塑性变形</td></tr>
<tr><td>碎裂结构（图 7-4）</td><td>构造影响严重的破碎岩层</td><td>碎块状</td><td>断层、断层破碎带、片理、层理及层间结构面较发育，裂隙结构面间距 0.25～0.5 m，一般在 3 组以上</td><td>完整性破坏较大，整体强度很低，并受断裂等软弱面控制，多呈弹塑性介质，稳定性很差</td><td rowspan="2">易引起规模较大的岩体失稳，地下水加剧岩体失稳</td></tr>
<tr><td>散体结构（图 7-5）</td><td>构造影响剧烈的断层破碎带，强风化带，全风化带</td><td>碎屑状、颗粒状</td><td>断层破碎带交岔，构造及风化裂隙密集，结构面及组合错综复杂，并多充填黏性土，形成许多大小不一的分离岩块</td><td>完整性遭到极大破坏，岩体属性接近松散介质</td></tr>
</table>

注：由火成岩遭受变质作用形成的变质岩称为“正变质岩”，由沉积岩遭受变质作用形成的变质岩称为“副变质岩”。

图 7-2　块状结构

图 7-3　层状结构

图 7-4　碎裂结构

图 7-5　散体结构

7.1.3　工程特征

不同于水利水电工程、公路工程等其他岩体边坡，露天矿边坡工程有其自身的特点，只有对这些特点进行深刻认识，才能准确地开展边坡的稳定性研究。露天矿边坡工程特点主要有如下几个方面。

(1)工程活动的多样性

露天矿边坡工程的复杂性除了表现在地质结构空间分布的随机性上之外，还突出表现在工程活动的多样性上，尤其在露天开采和地下开采的复合作用下，很多露天矿在地上边坡实施加陡、到界、闭坑、内部排土等工程的同时，还在下部实施地下开采或露天转地下开采，使得边坡几乎全部处于采矿的扰动范围内。

(2)影响因素的耦合性

影响因素的耦合作用，指在包括开挖应力扰动作用、爆破振动动力学作用、地下水水压作用、岩体浸水弱化作用等两种或多种因素的相互影响下，促使边坡逐渐变形破坏。此耦合性经常体现在降雨诱发的水压变化和爆破振动引起的岩体损伤破坏所导致的滑坡上。

(3)服务年限的时效性

为了减少初期基建开拓工程量及其费用，缩短基建时间，使露天矿尽快投产，以便产生良好的技术经济效益，极少有露天矿在建矿投产时便采用永久性边坡，而是在露天矿坑的开挖范围内采用各种陡帮开采的临时性边坡，这种渐进性的露天矿边坡随露天矿的开挖而不断发展，直至露天闭坑时形成最终边坡。由于露天矿的边坡大多属于临时性边坡，其服务年限较短，且时间长短不一，对其稳定性评价的要求不尽相同，所以只要能保证相应期间的生产与安全即可。露天矿边坡工程的时效性决定了对其进行的稳定性评价也具有时效性(表 7-4)。

表 7-4　有色金属矿山边坡设计的稳定系数要求(GB 50771—2012)

边坡类型	服务年限/年	稳定系数 K
边坡上有重要建筑物、构筑物	>20	>1.4

续表7-4

边坡类型	服务年限/年	稳定系数 K
非工作帮边坡	<10	1.1~1.2
	10~20	1.2~1.3
	>20	1.3~1.4
工作帮边坡	临时	1.0~1.2

(4)局部破坏的不可回避性

边坡及岩体有着可变形性及破坏的不可回避性，不仅允许边坡岩体产生一定的变形，甚至允许发生一定程度的破坏，只要这种变形及破坏不致影响露天矿的安全生产即可。在确保矿山于服务年限内不发生大滑坡的前提下，应研究确定使露天采矿取得最大经济效益的、最陡的边坡角，而局部不影响生产的小滑坡可视作为此目的而进行的原位试验。对十多个大型金属露天矿山进行统计可知，不稳定或具有潜在危险的边坡占边坡总长度的 10%~20%，个别甚至达 33%。

(5)边坡工程的动态稳定性

露天矿是一个复杂的动态地质工程，露天矿自始至终处于复杂的动态开挖、回采过程之中。所以说，边坡的稳定是一个动态稳定的过程。

大多金属矿体倾斜赋存，在开采时，一般先在矿体下盘掘沟，所以下盘边坡首先到界，并在其上布置固定的运输线路，使其成为非工作帮。而矿体上盘边坡逐步剥岩扩帮，布置临时采区穿爆作业，所以称为工作帮。由于非工作帮服务年限长，暴露时间长，爆破扰动剧烈，边坡陡，有重要的运输线路，所以安全等级高，评价边坡稳定性时需选取较大的安全系数；而工作帮边坡逐步靠界，是临时性边坡，服务年限短，一旦达到最终境界，露天矿生产就结束了，所以安全等级要求不高。

(6)边坡认识的阶段性

随着露天矿开采，对矿山工程地质条件的认识也将不断深化，因此边坡认识具有阶段性及循环性。随着矿山采深加大、边坡变高，在边坡稳定性评价方面对工程地质勘察质量的要求也越来越高。但是，露天矿开挖本身就是一种最有效、最直接的工程揭露与勘察工作，即使初期的露天矿工程地质勘察工作做得再详尽，亦不如工程开挖后认识得清楚。为此应尽可能地调节不同阶段的工程地质勘察工作的内容与工作量，以便与露天矿的生产及露天矿边坡稳定性评价的不同阶段相适应。

(7)安全与经济效益的平衡性

平衡安全性和经济效益的时空变化是露天矿生产技术环节的关键。露天矿安全高效开采的内涵表明，承担安全风险和提高经济效益是相辅相成的，所以在高边坡的优化设计和生产决策层面上进行边坡稳定性评价和预测的目标，是在安全的前提下提高经济效益。鉴于边坡地质条件、采矿因素的复杂性和市场价格引起的效益波动性，需要在边坡评价体系和指标设计中应用可靠性的方法，给出滑坡失稳概率和承担的经济风险，以供生产决策。

综上所述，露天矿边坡工程的特点，从客观角度来看，体现在边坡地质条件、影响因素的复杂性和工程活动的多样性上；从主观角度来看，体现在边坡稳定性研究的时效性和阶段性上，是一个逐渐深化认识的动态过程。这些特点决定了对边坡的稳定性研究必须与边坡设计及露天矿生产密切结合，加强动态监测工作，抓住露天矿边坡岩体的主要影响因素，认清边坡破坏机理和前期规律，为边坡设计及露天矿生产提供科学依据。

总之，矿山边坡具有典型的动态稳定性特征，其内涵包括：①客观对象的动态发展要求，必须对其稳定性进行跟踪监测；②主观认识随采矿发展逐步加深，具有阶段性，需要在研究中不断修正计算的条件和参数，动态地评价其稳定性；③矿山边坡的时效性(允许一定变形破坏)，为监测—计算互动提供了客观条件；④承担滑坡的经济风险是动态变化的，导致评价体系和指标也在动态变化。总之，边坡动态评价是一个理论计算和现场监测的互动以及评价指标不断调整变化的过程，这才符合矿山边坡工程的特点。

7.1.4 边坡稳定性影响因素

露天矿边坡是露天采矿工程活动所形成的一种特殊结构物。影响露天矿边坡稳定性的因素繁多，评估各种因素的影响程度是一个很复杂的问题。这些因素可分为两类：①岩石的矿物组成、岩石强度、岩体中的地质结构面(如层面、断层、节理、片理等的性质和产状)和构造应力，它们是边坡岩体自身所固有的，是影响边坡稳定性的内因；②水文地质条件、采矿工程活动、爆破振动、风化等岩体所处的环境条件，是影响边坡稳定性的外因。具体影响因素总结如下：

(1)地下水

地下水是影响边坡稳定性的一个极其敏感的因素，多数边坡的失稳破坏都是由地下水作用造成的。地下水以动、静水压力形式作用于坡体。水的影响主要表现为以下两个方面：首先是水的物理化学效应，它常常能改变岩石的物质组成及构造，还能改变岩石结构；其次则是水的力学作用，这两种效应通常相互影响、相互作用，从而影响边坡岩石的受力程度。地下水对边坡稳定性的影响是相当大的，且是全方位的，大部分的边坡变形和滑动均和地下水的活动有着密切联系。地下水的不断集中不仅使坡体的下滑力增加，而且还减小了软弱岩层与结构面的抗剪强度，导致孔隙水压力升高，减小了滑动面的有效正应力，降低了滑动面的抗滑作用。一般地下水压可以降低边坡稳定性的20%~30%，在保持安全系数不变的情况下，通过降低岩石裂隙水压可使边坡角提高5°~7°。

(2)地震与爆破振动

地震对边坡稳定的影响较大，一方面地震作用产生水平地震附加力，使边坡下滑力增大，从而降低边坡稳定性；另一方面，地震产生的地震波可能引起边坡岩土体应力的瞬时变化，造成边坡岩土体结构发生变化甚至破坏。

地震横波在地表引起周期性左右晃动，纵波引起上下颠簸。在地震作用下，边坡岩体的结构面张裂、松弛，地下水状态发生较大变化；在地震力的反复振动冲击下，边坡岩体结构面发生位移变形，直至破坏。地震对边坡稳定的影响主要表现为累积效应和触发(诱发)效应。

露天矿爆破作业也会对边坡稳定性有相当程度的影响，爆破对边坡稳定性的影响主要体现在三个方面，即爆破的动力作用、爆破对岩体的松动破坏以及爆破对岩体的疲劳破坏等。炸药在爆炸时，向周围岩石传递用于破碎岩石的有效能量仅为炸药能量的2%~8%，所以炸药在爆炸过程中，绝大部分能量并没有用在有效的矿岩破碎上，而是以波的形式向外传递，引起周围岩石和建筑物等破坏和振动。

(3)采掘方式

边坡的管理和维护是露天采矿的重要环节，应尽量缩短最终边坡的暴露时间和服务年限，这样可以加陡边坡，节约剥离费用。所以，在采矿工艺选择、采区布置、工作线推进方向、采空区利用上，都应和边坡工程管理结合起来，协调推进。尤其是在工程地质条件和水文地质条件复杂区段，这一点尤为重要。分区开采、跟踪内排，不仅可缩短运距，提高采矿工艺的效益，而且对边坡来说可起到反压护坡的作用。

(4)岩层结构、构造分布特征

边坡岩层的结构、构造分布控制着岩体破坏模式。一般含结构面的自然岩体强度远低于完整岩石的强度，而包含不利方位弱面的岩质边坡即使边坡角很小也可能滑塌。因此，需研究岩体中各种自然软弱面的特征，调查其几何形态、尺寸及其空间分布，从而估计其对边坡稳定性的影响。

①岩层面、层理。一般岩层面、层理是由不同时期的分层沉积作用形成的。层理是沉积岩的主要特征，是由一系列平行岩层面的细层组成。岩层面可能是同种岩石的分离面，也可能是不同种岩石的分隔面。两个相邻岩层面之间的部分称为岩层。两岩层之间的岩层面上可能有胶结作用，但其抗剪、抗拉强度往往低于完整岩石的抗剪、抗拉强度。岩层面形成之后，在构造运动作用下会发生岩层倾斜、弯曲及沿岩层面滑移；许多岩层面开裂、分离后，其强度会进一步减弱。

②节理、裂隙。按成因可分为构造裂隙(节理)及非构造裂隙(原生裂隙、风化裂隙、卸荷裂隙、爆破裂隙等)。前者是在构造运动过程中生成的，产状较稳定。后者除原生裂隙外，产状较杂乱。节理裂隙数量多、方位杂，只能用随机取样方法统计分析其分布规律。对于单个台阶或少数几个台阶，节理可单独构成滑动面，也可与其他节理、岩层面等组合成楔形滑体。风化、爆破裂隙等易使台阶产生剥落、片帮等破坏现象。

(5)浸水弱化蠕变性

弱层与边坡面的位置关系对边坡的稳定性起控制性作用，在露天矿中常遇到的软弱夹层包含黏土层、泥岩层、页岩层等。这些软弱夹层中岩石颗粒胶结程度很差，所含的黏土矿物成分主要是蒙脱石，其层理发育，吸水后体积膨胀，呈塑性状态；干燥后收缩，呈固态，易产生裂缝。在地下水的浸泡下，边坡岩体强度降低，坡体易沿弱化夹层滑出。矿区内小规模断层的产状也会影响边坡的稳定性。

部分露天矿边坡赋存有含黏土矿物的软弱岩层和断层破碎带，这些软弱夹层遇水软化并呈塑性状态，具有明显的流变特性，软弱夹层与边坡面的组合关系构成了不同边坡变形破坏类型，软弱夹层的流变特性是该类边坡变形破坏的根本原因。

(6)边坡岩体物理力学特性

岩体是由各种形状的岩块和结构面组成的地质体，因此其强度必然受到岩块和结构面强度及组合方式的控制。一般情况下，岩体的强度既不同于岩块的强度，也不同于结构面的强度。但是，如果岩体中结构面不发育，呈整体或完整结构时，则岩体的强度与岩块强度接近；或者如果岩体将沿某一特定结构面滑动破坏时，则其强度取决于该结构面的强度。岩体内任一方向的剪切面，在法向应力作用下所能抵抗的最大剪应力，称为岩体的剪切强度。边坡失稳主要表现为剪切破坏，因而影响岩体抗剪强度的边坡岩体物理力学特性是衡量边坡稳定的重要参数。

(7)边坡角度和高度

根据《金属非金属露天矿山高陡边坡安全监测技术规范》(AQ/T 2063—2018)的定义，采场边坡高度大于 200 m 的为高边坡，大于 500 m 的为超高边坡，最终边坡角大于 42°的为陡边坡。一般金属矿山硬岩边坡最终设计角度都大于 42°，但受台阶坡面角、安全平台和运输平盘宽度限制，最终边坡角一般不超过 50°(边坡高度较低时，可超过此值)。当边坡高度增加时，坡脚剪切应力集中且增大，但坡脚前切面的法向应力也增大，只要坡脚岩体的摩擦角不变，沿坡脚整体滑坡的可能性并不一定随着高度的增加而增大，对于某些特殊岩体结构控制的边坡，比如顺倾层状边坡或坡脚有顺倾断层控制的边坡，坡脚应力集中放大了岩体破坏程度，随着边坡高度增大，发生沿坡脚整体滑坡的可能性也增大。

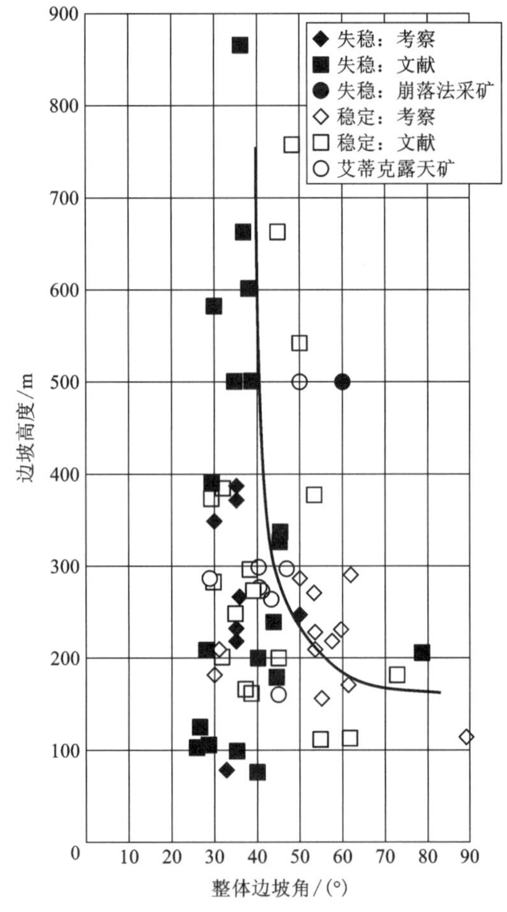

图 7-6 矿山岩石边坡的坡高、坡角及坡体稳定性的关系

图 7-6 为矿山岩石边坡的坡高、坡角以及坡体稳定性的关系。图中表明，无论哪类边坡，其坡高与坡角之间均存在一定的反比例对应关系，对于高度大于 300 m 的边坡，矿山边坡坡角一般为 30°～60°，即使是坡角平缓或高度较低的边坡也可能因为软弱结构面等不利因素的影响而失稳。

综上所述，由于露天矿边坡高且陡、岩性多变、地质构造及水文条件复杂、服务年限不同、矿山工程活动多样，因而其稳定性影响因素是非常复杂的。影响边坡稳定性的许多自然因素是不可改变的，而涉及生产管理的部分是可控的人为因素，后者做得好，可以减小或消除露天采矿对边坡稳定性的影响；反之，会增大对边坡稳定性的影响。

7.1.5 边坡破坏模式

边坡破坏模式的划分主要包括以下 8 种(表 7-5)：

(1)圆弧滑坡：圆弧滑坡破坏的机理为岩体内剪应力超过滑面抗剪强度，致使不稳定体沿圆弧形剪切滑移面下滑。在含下列条件之一的边坡岩体中，破坏的滑面通常呈弧形，岩体沿此弧形滑面滑移：①均匀松散介质、冲积层、大型岩层破碎带；②有三组或多组产状各异的软弱结构面存在；③强风化碎裂结构的岩体；④软弱面的产状各异且均不与边坡面同向；⑤两侧面脱开。

(2)平面滑动：平面滑动破坏是指一部分岩体沿着地质软弱面，如层面、断层、裂隙或节理面的滑动。其特点是块体运动沿着平面滑移，其破坏机理是在自重应力作用下岩体内剪应力超过层间结构面的抗剪强度而导致稳定性破坏，从而引起沿层面滑动。这种滑动往往发生在地质软弱面倾向与坡面相同、倾角相近的地方。由于坡脚开挖或者某种原因(如风化、水的浸润等)降低了软弱面的内摩擦角，地质软弱面以上的部分岩体沿此平面下滑，造成了边坡破坏。

设边坡面倾角为α，弱面倾角为β，弱面强度指标黏聚力为c(kPa)，内摩擦角为φ(°)，要形成平面剪切破坏的判别准则有下列四点：①α与β同倾向；②$\alpha>\beta$；③$\beta>\varphi$；④两侧面脱开，即不计两侧面的阻力。

(3)倾倒破坏：当边坡体中反倾结构面倾角很陡时，岩体可能发生倾倒，其破坏机理是在重力作用下，岩块发生转动而产生倒塌破坏。倾倒滑坡往往发生在台阶坡面上，很少导致整个边坡下滑。

倾倒往往与滑动紧密相关，当同时具有滑动与倾倒时，顺坡向的弱面对滑动起作用，而陡倾角的反坡向弱面使块体发生倾倒成为可能。倾倒滑动破坏的判别准则有以下三点：①在边坡内至少有两组近似正交的结构弱面存在，且其中的一组陡倾角的弱面与边坡面反倾；②该反倾向陡倾角弱面的危险倾角为50°~70°；③该组陡倾角弱面被与它近似于正交的弱面切割，从而形成不稳定的块体倾倒。

(4)楔体滑坡：在岩质边坡的失稳模式中，楔形破坏是较常见的一种破坏模式，楔形破坏又称为“V”形破坏，是由两组或两组以上优势结构面与临空面和坡顶面构成不稳定的楔形体，并沿两优势面的组合交线下滑。当坚硬岩层受到两组倾斜面相对的斜节理切割，节理面以下的岩层又较碎时，一旦下部遭到破坏，上部“V”形节理便失去平衡，于是发生滑动，在边坡上出现“V”形槽。

发生楔体滑动的条件为：①两组结构面与边坡坡面斜交，且互为反倾向，若有第三组结构面存在，则其须与边坡面倾向一致；②两组结构面的交线在边坡面上出露且其倾向与边坡面的倾向基本一致，在过交线的铅垂面内，交线的倾角大于滑面的内摩擦角而小于该铅垂面内的边坡角。

(5)崩塌：岩质边坡崩塌破坏是边坡上部的岩块在重力作用下，突然高速脱离母岩而翻滚坠落的急剧变形破坏的现象，是岩体在陡坡面上脱落而下的边坡破坏形式，经常发生于陡坡顶部裂隙发育的地方。崩塌破坏的机理是风化作用减弱了节理面间的黏结力；岩石受到冰胀、风化和气温变化的影响，减弱了岩体的抗拉强度，使得岩块松动，形成了岩石崩落的条件；由于雨水渗入张裂隙中，造成了裂隙水的水压力作用于向坡外的岩块上，从而导致岩块的崩落。其中，裂隙水的水压力和冰胀作用是崩塌破坏的常见原因。崩塌的岩块通常沿着层面、节理、局部断层带或断层面发生倾倒或其下部基础失去支撑而崩落。可能是小规模块石的坠落，也可能是大规模的山崩或岩崩，这种现象的发生是边坡岩体在重力的作用和附加外力作用下，岩体所受应力超过其抗拉或抗剪强度时造成的。崩塌以拉断破坏为主，强烈震动或暴雨往往是诱发崩塌的主要原因。对于金属露天矿，局部的崩塌破坏是不可避免的，此时需注意人员和设备的安全。

(6)拉裂：受结构面控制和爆破振动影响，在边坡坡表发生卸荷松弛拉裂，出现横向贯通性裂缝，极易造成地表水浸入，形成楔形水压力触发滑坡。

(7)折线滑动：当没有上下贯通且在坡面出露的结构面时，可能形成的是由多组结构面组合而成的折线滑动破坏，即指由两组或更多的相同倾向的结构面组成的滑面滑动。由于边坡岩体被纵横交错的地质结构面切割，由这些断裂面形成的滑面，往往不是平面或圆弧等规则形状，而是呈现出某一种折线状。

(8)溃曲破坏：对于顺层岩质边坡，受各种地质环境的影响，坡体会出现上部岩层沿层面滑动而坡底底部由于受阻而出现鼓出的现象，这称为滑移弯曲型变形，即溃曲。此变形破坏模式主要发生在开挖的坡角等于岩层倾角的顺层岩质斜坡中。这类斜坡的特征是岩体具有沿滑移面下滑的条件，但由于没有临空面，使得岩层需要承受纵向的压应力，随之产生弯曲变形，最终导致溃曲破坏的发生。

表 7-5　边坡可能的变形破坏模式

<table>
<tr><th>破坏模式</th><th>示意图</th><th colspan="2">主要特征</th><th>实例</th></tr>
<tr><td>圆弧滑坡</td><td></td><td colspan="2">滑动面近似圆弧形，常见于强烈破碎、强风化岩体或软弱岩体边坡中</td><td></td></tr>
<tr><td rowspan="3">平面滑动</td><td></td><td rowspan="3">滑动面倾向与边坡面基本一致，并存在走向与边坡垂直或近垂直的切割面，滑动面的倾角小于边坡角且大于其摩擦角</td><td>一个滑动面，常见于倾斜层状岩体边坡中</td><td></td></tr>
<tr><td></td><td>一个滑动面和一个近铅直的张裂缝，常见于倾斜层状岩体边坡中</td><td rowspan="2"></td></tr>
<tr><td></td><td>两个倾向相同的滑动面，下面一个为主滑动面</td></tr>
<tr><td>倾倒破坏</td><td></td><td colspan="2">岩体被结构面切割成一系列倾向与坡向相反的陡立柱状或板块状。当为软岩时，岩柱向坡面产生弯曲；为硬岩时，岩柱被横向结构面切割成岩块，并向坡面翻倒</td><td></td></tr>
</table>

续表7-5

破坏模式	示意图	主要特征	实例
楔体滑坡	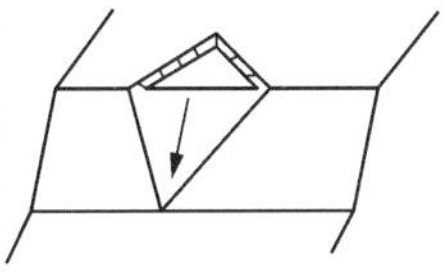	两个倾向相反的滑动面，其交线倾向与坡向相同，倾角小于坡角且大于滑动面的摩擦角，常见于坚硬块状岩体边坡中	
崩塌	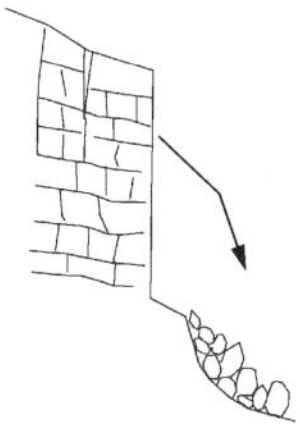	多发生于大于 50° 的斜坡上，常见于节理、片理、劈理、层面、破碎带等较陡的岩体和土体边坡。崩塌体的运动方式为倾倒、崩落	
拉裂	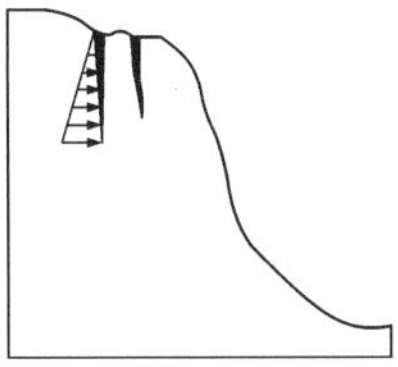	边坡在开挖扰动下，坡表出现卸荷松弛拉裂，裂缝有一定深度，浸水后形成楔形水压力触发滑坡	
折线滑动	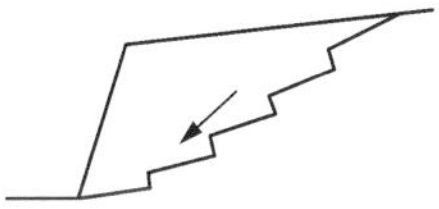	由两组或者多组非贯通结构面组合而成的折线滑动破坏	
溃曲破坏	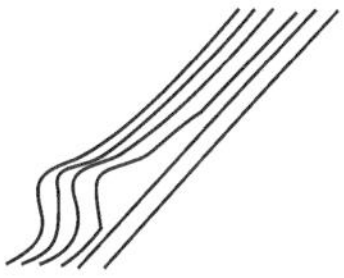	由于滑移面未临空，使下滑受阻，造成坡脚附近顺层岩板承受纵向压应力，在一定条件下可使之发生弯曲变形，最终溃曲破坏	

7.2 露天矿边坡岩体及结构面力学参数确定

岩体物理力学性质是决定边坡岩体稳定性的、最本质的控制性内在因素，岩石材料的抗压、抗拉、抗剪、蠕变等岩石力学试验是基本的岩石力学试验，通过试验可再现岩石材料的破坏现象和破坏过程。就边坡稳定性分析与评价工作而言，只有边坡岩层物理力学指标非常可靠，才能确保边坡稳定性计算的科学性和正确性，进而确定各矿不同边坡的合理边坡角。根据《非煤露天矿边坡工程技术规范》(GB 51016—2014)相关内容，露天矿边坡岩体及结构面力学参数确定方法如下。

7.2.1 结构面力学参数

在工程荷载作用下，岩体破坏常以沿某些软弱结构面的滑动破坏为主，因此，在岩体力学中结构面的抗剪强度通常是研究的重点内容。结构面抗剪强度指标宜根据现场原位试验确定，试验方法应符合《工程岩体试验方法标准》(GB/T 50266)的有关规定。

根据结构面形态、充填状况及连续性等特征，结构面可划分为平直无充填结构面、粗糙起伏无充填结构面、非贯通结构面及有充填的软弱结构面四类。不同类型结构面宜分别选用以下方法确定其抗剪强度。

(1)对于平直无充填结构面，应根据直剪试验测定其抗剪强度参数 c_j、φ_j，抗剪强度根据式(7-1)计算：

$$\tau_j = c_j + \sigma_n \tan \varphi_j \tag{7-1}$$

$$\varphi_j = \varphi_b + i \tag{7-2}$$

式中：τ_j 为结构面抗剪强度，MPa；c_j 为结构面黏聚力，MPa；σ_n 为作用在结构面上的法向应力，MPa；φ_j 为结构面内摩擦角，(°)；φ_b 为岩石平坦表面基本摩擦角，(°)；i 为结构面粗糙度角，(°)。

(2)对于粗糙起伏无充填结构面，应按式(7-3)计算：

$$\tau_j = \sigma_n \tan\left[\varphi_b + \mathrm{JRC} \times \lg\left(\frac{\mathrm{JCS}}{\sigma_n}\right)\right] \tag{7-3}$$

式中：JRC 为结构面粗糙度系数，取值范围为 0～20，具体取值方法可参照图 7-7 的规定。JCS 为结构面的抗压强度。

(3)对非贯通结构面，其抗剪强度宜按式(7-4)计算：

$$\tau_j = [nc_j + (1-n)c_i] + \sigma_n[n\tan \varphi_j + (1-n)\tan \varphi_i] \tag{7-4}$$

其中，

$$n = \frac{l_j}{l_j + l_i} \tag{7-5}$$

式中：n 为贯通率，%；c_i 为岩石的黏聚力，MPa；φ_i 为岩石内摩擦角，(°)；l_i 为岩桥的长度，m；l_j 为结构面的长度，m。

(4)对有充填的软弱结构面，可用充填物的抗剪强度代替结构面的抗剪强度，根据充填物的黏聚力及内摩擦角，按式(7-1)计算。

此外，当不具备试验条件时，对于Ⅱ、Ⅲ级边坡，可根据表 7-6 和折算后的室内试验指标及滑坡反演分析综合确定结构面抗剪强度参数。

表 7-6　边坡岩体结构面抗剪强度标准值

结构面类型	结构面结合程度	内摩擦角 φ/(°)	黏聚力 c/MPa
硬性结构面	胶结的结构面，结合好	>35	0.15～0.25
	无填充的结构面，结合一般	27～35	0.10～0.15
	岩块岩屑型，结合差	18～27	0.05～0.10
软弱结构面	岩屑夹泥型，结合很差	12～18	0.02～0.05
	泥膜、泥化夹层型，结合极差	<12	0.002～0.02

注：①无经验时取表中的低值；②软岩、极软岩取表中较低值；③岩体结构面连通性差取表中的高值；④岩体结构面浸水时取表中的较低值；⑤表中数值已考虑结构面的时间效应。

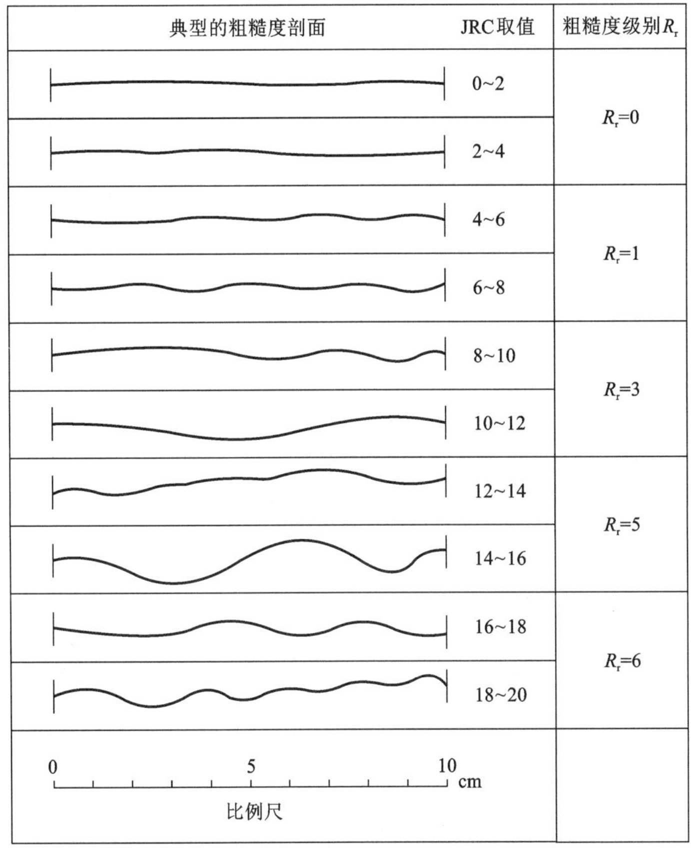

JCS 为结构面附近岩石的单轴抗压强度(MPa)。如结构面附近岩体未风化，则 JCS 取岩石单轴抗压强度 σ_c，如结构面附近岩体风化，则 JCS 可根据风化程度在 $\sigma_c/4 \sim \sigma_c$ 的范围取值。

图 7-7　结构面状态及 JRC 取值

7.2.2　边坡岩体力学参数

7.2.2.1　RMR 与 GSI 岩体质量分级

岩体的力学参数受到岩块的力学性质、结构面的分布情况、结构面的性质及地下水作用等因素的影响，采用岩体工程质量分级法对岩体力学参数进行选择是一种比较实用的方法。岩体工程质量是复杂岩体工程地质特性的综合反映，它不仅客观地反映了岩体结构固有的物理力学特性，而且为工程稳定性分析、岩体的合理利用以及正确选择各类岩体力学参数等提供了可靠的依据。Bieniawski 根据多年工程经验，针对不同工程实例总结得出了 RMR 岩体分类系统，并给出了相应的岩体分级及对应的推荐岩体抗剪强度参数指标，具体如表 7-7 和表 7-8 所示。

表 7-7 露天矿岩体的质量指标(RMR)

<table>
<tr><th colspan="3">分类参数</th><th colspan="5">数值范围</th></tr>
<tr><td rowspan="3">1</td><td rowspan="2">完整岩石强度/MPa</td><td>点荷载强度指标</td><td>>10</td><td>4~10</td><td>2~4</td><td>1~2</td><td><1</td></tr>
<tr><td>单轴抗压强度</td><td>>250</td><td>100~250</td><td>50~100</td><td>25~50</td><td>0~25</td></tr>
<tr><td colspan="2">评分</td><td>15</td><td>12</td><td>7</td><td>4</td><td>0~2</td></tr>
<tr><td rowspan="2">2</td><td colspan="2">岩石质量指标 RQD/%</td><td>90~100</td><td>75~90</td><td>50~75</td><td>25~50</td><td><25</td></tr>
<tr><td colspan="2">评分</td><td>20</td><td>15</td><td>10</td><td>8</td><td>5</td></tr>
<tr><td rowspan="2">3</td><td colspan="2">节理间距/cm</td><td>>200</td><td>60~200</td><td>20~60</td><td>6~20</td><td><6</td></tr>
<tr><td colspan="2">评分</td><td>20</td><td>15</td><td>10</td><td>8</td><td>5</td></tr>
<tr><td rowspan="2">4</td><td colspan="2">节理条件</td><td>面很粗糙，节理不连续，宽度为0，节理面岩石未风化</td><td>面稍粗糙，宽度小于1 mm，节理面岩石轻微风化</td><td>面稍粗糙，宽度小于1 mm，节理面岩石严重风化</td><td>面光滑或含厚度小于5 mm的软弱夹层，节理开口宽度为1~5 mm，节理连续</td><td>含厚度大于5 mm的软弱夹层，开口宽度大于5 mm，节理连续</td></tr>
<tr><td colspan="2">评分</td><td>30</td><td>25</td><td>20</td><td>10</td><td>0</td></tr>
<tr><td rowspan="2">5</td><td colspan="2">地下水</td><td>完全干燥</td><td>湿</td><td>滴水</td><td>流水</td><td>浸泡</td></tr>
<tr><td colspan="2">评分</td><td>15</td><td>10</td><td>7</td><td>4</td><td>0</td></tr>
<tr><td>6</td><td colspan="2">RMR 总值</td><td>100</td><td>77</td><td>54</td><td>34</td><td>0~12</td></tr>
</table>

表 7-8 RMR 推荐抗剪强度参数表

岩体分类类别	Ⅰ	Ⅱ	Ⅲ	Ⅳ	Ⅴ
内聚力/kPa	>400	300~400	200~300	100~200	<100
内摩擦角/(°)	>45	35~45	25~35	15~25	<15

Hoek 基于 RMR 分类提出通用型的地质强度指标 GSI(geological strength index)方法，且目前在岩体分级系统中，只有地质强度指标 GSI 围岩分级系统与岩体参数相关联。通过定量的围岩分级系统，可以减少工程经验的依赖，且方便易行。Hoek 早先给出的 GSI 表在使用时

缺乏可量化的典型参数，使得每个岩体结构的 GSI 值只是一个范围。使用时需要人为作出经验判断，对工程经验少的科研者来说很难判断准确，这就使得 GSI 表的使用较麻烦且不够精确。然而 GSI 指标作为 Hoek-Brown 的核心参数十分重要，所以迫切需要建立量化的 GSI 系统，以减少人为主观判断的失误和对经验的依赖。对此，Sonmez 和 Ulusay 通过引入两个基于岩体节理体密度 J_v 的岩体结构级度 SR（structure rating）和岩体表面条件等级 SCR（surface condition rating）来描述岩体的非连续性和岩体结构的表面条件，以实现节理化岩体结构的定量化描述。具体量化表如图 7-8 所示。

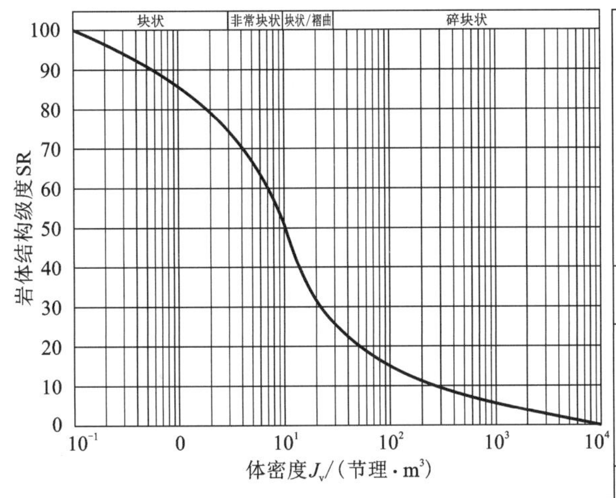

粗糙度	非常粗糙	粗糙	略微粗糙	平滑	成滑面的
级别（R_r）	6	5	3	1	0
风化程度	未风化	轻微风化	中等风化	强风化	分解的
级别（R_w）	6	5	3	1	0
充填胶结程度级别（R_f）	未充填	硬充填物 <5 mm	硬充填物 >5 mm	软充填物 <5 mm	软充填物 >5 mm
	6	4	2	2	0

$SCR = R_r + R_w + R_f$

非常好的	好的	比较好的	差的	非常差的
非常粗糙的新鲜的无风化的表面	粗糙的轻微风化的暗铁色的表面	光滑的中等风化的表面	有擦痕面，高度风化的具有密实或角状块状充填覆盖的表面	有擦痕面，具有黏土质的软岩覆盖或充填的高度风化的表面

结构表面等级SCR

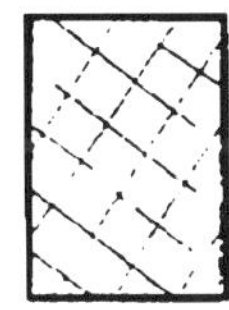

块状（BLOCKY）
由三个正交的不连续面形成的相互连接很好的未扰动的立方块岩体
$J_v \leqslant 3$

部分扰动的块状（VERY BLOCKY）
由四个或更多不连续面形成的具有多面角状部分扰动相互连接的块状岩体
$3 < J_v \leqslant 10$

块状/褶曲（BLOCKY/DISTURBDD）
有许多相互交错的不连续面形成的具有角状块体的褶曲和（或）断层
$10 < J_v \leqslant 30$

碎块状（DISINTEGRATED）
具有角状和圈形岩块的非常破碎的相互连接差的岩体
$J_v > 30$

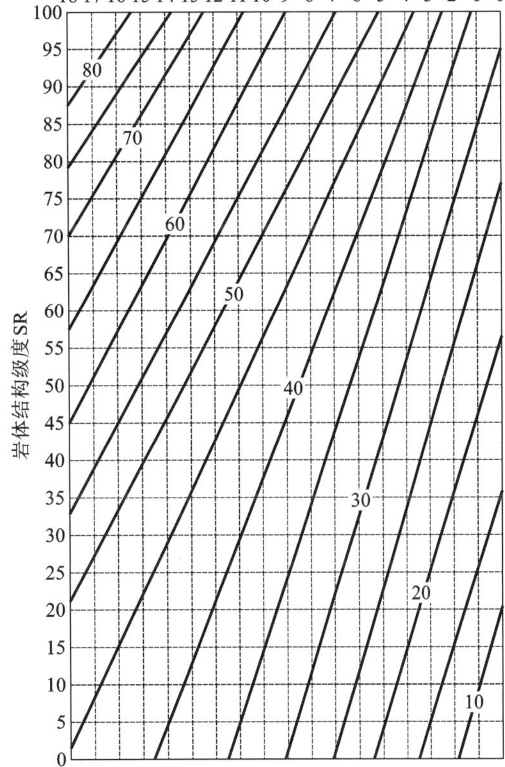

图 7-8　节理岩体地质强度指标（GSI 值）

RMR 和 GSI 的经验关系计算如下：

$$GSI = RMR_{89} - 5 \tag{7-6}$$

式中：RMR_{89} 为 Bieniawski 于 1989 年修正的 RMR 分类法指标，且将地下水参数的指标设为 15，不考虑节理方向的指标修正的总和。式中的限制条件为：$RMR_{89}>23$。

7.2.2.2 广义 Hoek-Brown 准则确定岩体力学参数

2002 年 Hoek 等对 Hoek-Brown 强度准则进行了进一步的修正，提出了基于 GSI 参数 m_b、s、α 取值的新方法，此次修正不仅是对狭义 Hoek-Brown 强度准则的完善，而且使该经验强度准则的应用范围更全面、更具体，其表达式为：

$$\sigma_1 = \sigma_3 + \sigma_{ci}\left(m_b \frac{\sigma_3}{\sigma_{ci}} + s\right)^{\alpha} \tag{7-7}$$

$$m_b = m_i \exp\left(\frac{GSI - 100}{28 - 14D}\right) \tag{7-8}$$

$$s = \exp\left(\frac{GSI - 100}{9 - 3D}\right) \tag{7-9}$$

$$\alpha = \frac{1}{2} + \frac{1}{6}\left(e^{\frac{-GSI}{15}} - e^{\frac{-20}{3}}\right) \tag{7-10}$$

式中：σ_1 为岩体破坏时的最大主应力；σ_3 为岩体破坏时的最小主应力；σ_{ci} 为组成岩体完整岩石的单轴抗压强度；m_b 为岩体的 Hoek-Brown 常量；GSI 为岩体的地质强度指标；D 为爆破或应力释放对岩体扰动的系数，采用常规爆破取 1.0，采用机械开挖取 0.7，采用控制爆破可取 0.8~0.9；m_i 为组成岩体完整岩块的 Hoek-Brown 常数，可按表 7-9 确定。

表 7-9 完整岩体 m_i 取值

岩石类型	岩组		岩石结构			
			粗粒(>2 mm)	中粒(0.6~2 mm)	细粒(0.2~0.6 mm)	极细粒(<0.2 mm)
沉积岩	碎屑岩类		砾岩 角砾岩	砂岩(17±4)	粉砂岩(7±2) 杂砂岩(18±3)	黏土岩(4±2) 页岩(6±2) 泥灰岩(7±2)
	碎屑岩	碳酸盐类	粗晶石灰岩(12±3)	亮晶石灰岩(10±2)	微晶石灰岩(9±2)	白云岩(9±3)
		蒸发岩类		石膏(9±2)	硬石膏(12±2)	
		有机质类				白垩岩(7±2)
变质岩	无片状构造		大理岩(9±3)	角页岩(19±4) 变质砂岩(19±3)	石英岩(20±3)	
	微片状构造		混合岩(29±3)	角闪岩(26±6)	片麻岩(28±5)	
	片状构造			片岩(12±3)	千枚岩(7±3)	板岩(7±4)

续表7-9

岩石类型	岩组		岩石结构			
			粗粒(>2 mm)	中粒(0.6~2 mm)	细粒(0.2~0.6 mm)	极细粒(<0.2 mm)
火成岩	深成岩	浅色	花岗岩(32±3) 闪长岩(25±5) 花岗闪长岩(29±3)			
		深色	辉长岩(27±3) 粗粒玄武岩(16±5) 长岩(20±4)			
	浅成岩		斑岩(20±5)	辉绿岩(15±5)	板岩(7±9)	
	喷出岩	熔岩		流纹岩(25±5) 安山岩(25±5)	石英安长岩(25±3) 玄武岩(25±5)	黑曜岩(19±3)
		火山碎岩屑	集块岩(19±3)	角砾岩(19±5)	凝灰岩(13±5)	

注：①不同材料的取值范围取决于结晶构造的粒度和咬合状态，取值越高，对应的结晶颗粒咬合越紧密且摩擦越大；

②表中数据是在完整岩石试样上垂直于层面或片理面进行试验得到的(括号内为经验估计值)，若沿弱面破坏，则 m_i 值会有显著差别；

③砾岩、角砾岩的 m_i 取值范围较宽，取决于胶结成分的性质和胶结程度，变化范围可介于砂岩与细粒沉积物之间(可能小于10)。

岩体的单轴抗压强度由式(7-11)计算：

$$\sigma_c = \sigma_{ci} s^{\alpha} \tag{7-11}$$

岩体的抗拉强度由式(7-12)计算(岩石力学里默认压为正，拉为负)：

$$\sigma_t = \frac{-s\sigma_{ci}}{m_b} \tag{7-12}$$

对于岩体的弹性模量可由式(7-13)和式(7-14)计算。

Hoek 等人(2002)提出，当组成岩体的岩块单轴抗压强度小于100 MPa时，见式(7-13)。

$$E_m(\mathrm{GPa}) = \left(1-\frac{D}{2}\right)\sqrt{\frac{\sigma_{ci}}{100}}\,10^{\left(\frac{\mathrm{GSI}-10}{40}\right)} \qquad \sigma_{ci} < 100\ \mathrm{MPa} \tag{7-13}$$

当组成岩体的岩块单轴抗压强度大于等于100 MPa时，见式(7-14)。

$$E_m(\mathrm{GPa}) = \left(1-\frac{D}{2}\right)10^{\left(\frac{\mathrm{GSI}-10}{40}\right)} \qquad \sigma_{ci} \geqslant 100\ \mathrm{MPa} \tag{7-14}$$

对于岩体的摩擦角及内聚力指标可以分别根据式(7-15)和式(7-16)求得：

$$\varphi' = \sin^{-1}\left[\frac{6\alpha m_b(s+m_b\sigma'_{3n})^{\alpha-1}}{2(1+\alpha)(2+\alpha)+6\alpha m_b(s+m_b\sigma'_{3n})^{\alpha-1}}\right] \tag{7-15}$$

$$c' = \frac{\sigma_{ci}[(1+2\alpha)s+(1-\alpha)m_b\sigma'_{3n}](s+m_b\sigma'_{3n})^{\alpha-1}}{(1+\alpha)(2+\alpha)\sqrt{1+\frac{6\alpha m_b(s+m_b\sigma'_{3n})^{\alpha-1}}{(1+\alpha)(2+\alpha)}}} \tag{7-16}$$

其中

$$\sigma'_{3n}=\frac{\sigma'_{3max}}{\sigma_{ci}} \tag{7-17}$$

式中：σ'_{3n}为最大围压与岩块单轴抗压强度的比；σ'_{3max}为 Hoek-Brown 强度准则与 Mohr-Coulomb 强度准则关系限制应力的上限值，由式(7-18)确定

$$\frac{\sigma'_{3max}}{\sigma'_{cm}}=0.72\left(\frac{\sigma'_{cm}}{\rho g H}\right)^{-0.91} \tag{7-18}$$

$$\sigma'_{cm}=\sigma_{ci}\frac{[m_b+4s-a(m_b-8s)](m_b/4+s)^{a-1}}{2(1+a)(2+a)} \tag{7-19}$$

式中：ρ 为岩体的密度，kg/m^3；g 为重力加速度，取 $9.8\ m/s^2$；H 为边坡高度，m。

7.2.3 其他方法确定边坡岩体力学参数

岩体力学参数的获取还可以通过以下几种方式进行。

(1)经验公式法确定边坡岩体力学参数

在工程现场岩体中，由于大量软弱结构面的存在，反映出来的强度指标和变形模量等参数要比小块岩石试验结果小得多。获得岩体力学参数的最好办法是开展现场大型力学试验，但由于这种试验需要的时间长，且花费昂贵，不是每一个工程都能进行的。于是人们发展了一些根据小块岩石试验结果估算大范围岩体力学指标的方法(实际上是一些经验公式)，这些方法在必要的经验指导下，也可以得到一些可供使用的结果。利用经验公式确定岩体的力学参数最常用的方法有格吉法、费森科法等。

(2)经验类比法确定边坡岩体力学参数

国外某些科研设计部门、咨询机构往往根据自己从事该类工程的经验，结合本工程的工程地质、水文地质和各种力学试验的具体条件及本边坡工程研究的具体要求，对岩石强度参数 c、φ 采取折减的方法。一些岩体工程专家常将室内试验所得参数折减若干倍后即初选相应岩体的参数，以降低某个量级取定为岩体强度值。这种处理方法是以丰富的工程经验和实际调查研究以及岩石力学试验为基础的。

(3)基于岩体风化程度确定边坡岩体力学参数

风化是造成岩石力学性能劣化的主要因素，故建立岩体强度参数与风化程度间的联系，对岩体力学参数的确定和修正具有十分重要的意义。因此有必要较准确地确定岩石的风化深度，以及对岩石的风化程度进行准确的评价和划分。根据《岩土工程勘察规范》(GB 50021)可将岩体风化程度分为以下几类(表 7-10)。

表 7-10 岩石按风化程度分类

波速比 K_v	风化系数 K_f	野外特征	风化程度
0.9~1.0	0.9~1.0	岩质新鲜，偶见风化痕迹	未风化
0.8~0.9	0.8~0.9	结构基本未变，仅节理面有渲染或略有变色，有少量风化痕迹	微风化
0.6~0.8	0.4~0.8	结构部分破坏，沿节理面有次生矿物，风化痕迹发育，岩体被切割成岩块，用镐难挖，岩芯钻方可钻进	中等风化

续表7-10

波速比 K_v	风化系数 K_f	野外特征	风化程度
0.4~0.6	<0.4	结构大部分被破坏，矿物成分显著变化，风化裂隙很发育，岩体破碎，用镐可挖，干钻不易钻进	强风化
0.2~0.4	—	结构基本被破坏，但尚可辨认，有残余结构强度，用镐可挖，干钻可钻进	全风化
<0.2	—	结构组织全部被破坏，已风化成土状，锹镐易挖掘，干钻易钻进，具可塑性	残积土

基于风化程度确定弹模弱化系数和内聚力弱化系数，获取折减后的边坡岩体力学参数。

(4)基于现场滑坡的边坡岩体力学参数反分析

参数反演的发展历史，要追溯到 20 世纪初。1915 年，瑞典的 Hast 开创了通过现场观测信息来反演初始地应力的先河。随着研究的深入，参数反演已在初始地应力、扰动围岩压力和地层材料特性参数分析中得到了广泛应用。然而，这些反演方法都局限于通过试验测得一定的数据，然后利用假定的关系式，推求出地层材料特性参数和初始地应力。狭义地说，这些方法并不是严格意义上的参数反演法，只是提供了如何通过试验测量参数的方法。

滑带岩土抗剪强度的反算方法是在某一确定的状态下，通过对滑坡体的几何尺寸与物理量的测量，并通过现场调查给出稳定状态评估指标，建立数学模型，然后利用此模型反算滑带岩土的强度参数 c、φ 值。

边(滑)坡反分析需要以下 3 个基本前提：①稳定性反算的基本前提是必须知道当时坡体的稳定性系数。②要知道滑面的确切位置，包括后缘拉裂缝及前缘剪出口等。③滑坡剧烈滑动时的工况，必须查清楚滑动前的雨情、震情、水位升降等生成剧烈滑动破坏的外力因素。

7.3　露天矿边坡稳定性分析评价方法

7.3.1　边坡稳定性分析评价的基本原则

(1)分析评价的目的和流程

边坡稳定性计算是边坡稳定性研究最终给出定量指标的分析过程，是边坡研究的核心，它是在工程地质水文地质调查勘察与分析、岩石力学试验研究和岩体力学参数的工程处理、破坏模式分析等各项工作的基础上求得符合客观实际的几何参数和各类力学参数，最终计算出表征边坡稳定性程度的定量指标。

露天边坡稳定性研究的主要目的是设计安全合理的边坡角，确定边坡稳定性状态。由于露天矿边坡设计时实际边坡并未形成，大多根据掌握的工程地质资料，采用工程类比的方法确定边坡角的参照范围，然后再采用稳定性分析的方法进行优化。选择最终边坡角时应充分考虑边坡组成岩石的性质、地质构造和水文地质等方面的影响，这些因素关系到最终边坡的稳定性。

首先，根据边坡工程地质勘察报告的钻孔资料(RQD，波速测试、地层岩性以及边坡高度等)，采用类比或极限平衡法计算安全系数，确定边坡角，分扇区(工程地质分区)确定整体边坡角和并段台阶边坡角。根据岩性分类，按稳定性条件计算的最终边坡角如表 7-11 所示。其次，在开采期间，边坡岩体揭露后，根据实际测量的数据进一步修正边坡角(加陡或放缓，一般加陡潜力大)。

表 7-11 按稳定性条件计算的最终边坡角

岩性分类	岩体特征	最终边坡角/(°)
硬岩(抗压强度 >80 MPa)	①裂隙不发育，弱面显露不明显； ②裂隙不发育，弱面呈急倾斜(>60°)或缓倾斜(<15°)； ③裂隙不发育和中等发育，弱面倾角(向采空区)为 35°~55°； ④裂隙不发育和中等发育，弱面倾角(向采空区)为 20°~30°	55 40~45 30~45 20~30
不坚固的硬岩，中硬岩和致密岩(抗压强度 8~80 MPa)	①边帮岩石相对稳定，弱面显露不明显； ②边帮岩石相对稳定，弱面倾角(向采场)为 35°~55°； ③边帮岩石严重风化； ④一组岩石，弱面倾角(向采场)为 20°~30°	40~45 30~40 30~35 20~30
软岩和松散土(抗压强度 8 MPa)	①延展性黏土，无旧滑落面，岩层与弱面的接触带不明显； ②延展性黏土或其他黏质土岩，弱面位于边坡的中部或下部	20~30 15~20

修正边坡角的几个常识性依据：

①不同扇区、工作帮、非工作帮位置，包括不同水平位置，选取的设计边坡角可以不同。

②若深部边坡岩性好，工作帮靠帮后暴露时间短、控制爆破技术和监控措施得当，内排压脚快速，完全可以深部加陡，形成上缓下陡凸边坡。

③尽量利用岩体自身的强度，局部岩性构造影响边坡稳定，可以通过境界优化确定加固和剥离的经济账。

露天矿边坡稳定性研究与设计流程如图 7-9 所示。

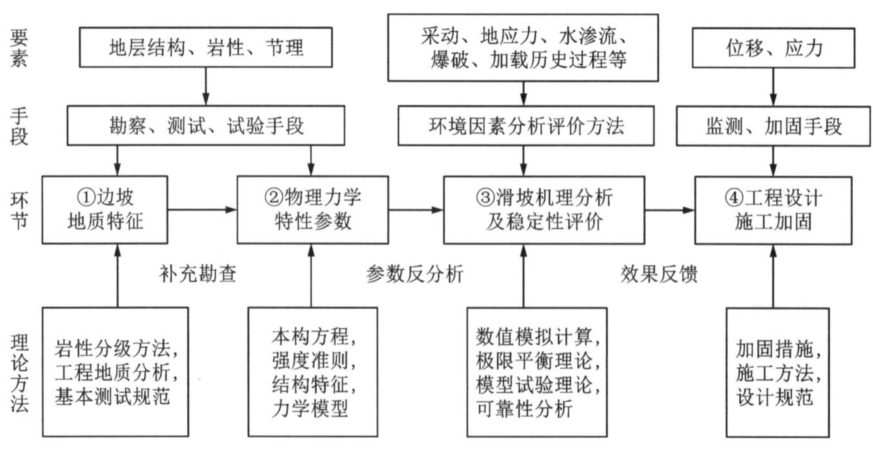

图 7-9 露天矿边坡稳定性研究与设计流程图

一般来讲，露天矿边坡稳定性评价是解决采矿生产效益和维护边坡安全这一矛盾的科学方法，该研究工作是在初步工程地质勘探工作的基础上从安全技术的角度确定的最终边坡的整体边坡角，由于边坡稳定系数是一个与边坡岩层构成、力学特性、地下水、采矿爆破等因素有关的指标，任何简化造成的误差都是不可避免的，所以留有一定的安全系数储备是必要的和客观的，没有这个系数储备将给矿山带来巨大的安全风险。

《非煤露天矿边坡工程技术规范》(GB 51016—2014)对露天边坡的危害等级和工程安全等级分别按表 7-12 和表 7-13 划分。

表 7-12　边坡危害等级

边坡危害等级		Ⅰ	Ⅱ	Ⅲ
可能的人员伤亡		有人员伤亡	有人员受伤	无人员伤亡
潜在的经济损失	直接	≥100 万	50 万～100 万	≤50 万
	间接	≥1000 万	500 万～1000 万	≤500 万
综合评定		很严重	严重	不严重

表 7-13　边坡工程安全等级划分

边坡工程安全等级	边坡高度 H/m	边坡危害等级
Ⅰ	H>500	Ⅰ、Ⅱ、Ⅲ
	300<H≤500	Ⅰ、Ⅱ
	100<H≤300	Ⅰ
Ⅱ	300<H≤500	Ⅲ
	100<H≤300	Ⅱ、Ⅲ
	H≤100	Ⅰ
Ⅲ	100<H≤300	Ⅲ
	H≤100	Ⅱ、Ⅲ

不同荷载组合下总体边坡的设计安全系数应满足表 7-14 规定的安全系数要求。

(2)分析评价的指标及选用

边坡稳定性的计算方法或指标可由以下一种或多种方法表示：

①安全系数 F_s：通过边坡极限平衡分析，将边坡稳定性量化，若 $F_s>1$，则边坡稳定。基于极限平衡原理的安全系数法已成为最常用的边坡稳定性计算方法，对于岩(土)质边坡具有较成熟的使用经验。

②变形：不稳定边坡定义为边坡发生足够大的变形且影响生产安全，或滑体位移速度大于规定值。边坡变形计算是边坡稳定性评价的重要内容，目前，可有效反映结构面空间状态的非连续介质应力-应变分析等数值模拟法得到快速发展，已广泛应用于各类地质条件下的边坡变形稳定性的分析。

③失稳概率：通过描述抗滑力与下滑力概率分布的差异，将边坡稳定性量化。该方法中“5%的失稳概率”以及“失稳的结果表现为彻底失去使用寿命”等定义难以得到工程的直接验证，导致该方法在边坡分析中的使用经验相对较少。

边坡稳定性计算含有若干不确定性因素，为保证设计的边坡处于稳定状态，应使计算得到的安全系数 F_s 大于 1，确保边坡具有一定的安全储备，即规定一个设计限值，称之为设计安全系数。由于不同边坡的类型、高度、破坏后危害程度等各不相同，边坡设计过程中应该根据边坡的工程实际情况，选用不同的设计安全系数。

表 7-14 不同荷载组合下总体边坡的设计安全系数

边坡工程安全等级	边坡工程设计安全系数		
	荷载组合Ⅰ	荷载组合Ⅱ	荷载组合Ⅲ
Ⅰ	1.20~1.25	1.18~1.23	1.15~1.20
Ⅱ	1.15~1.20	1.13~1.18	1.10~1.15
Ⅲ	1.10~1.15	1.08~1.13	1.05~1.10

注：①荷载组合Ⅰ为自重+地下水；荷载组合Ⅱ为自重+地下水+爆破振动力；荷载组合Ⅲ为自重+地下水+地震力。

②对台阶边坡和临时性工作帮，允许有一定程度的破坏，设计安全系数可适当降低。

从采矿的角度分析，首先，随着工作面和边坡体的揭露，影响露天矿边坡稳定的软弱层分布状态及其物理力学性质将被进一步探明，对边坡稳定性的认识将更加深刻，后续的边坡动态跟踪监测和评价是必需的环节，这样可以使得边坡角设计、调整更加符合实际。其次，在开采期间，采矿工艺流程是否按照规程执行，边坡安全监控措施是否落实到位和有效实施，边坡安全隐患是否及时发现、分析和处理，更是决定边坡稳定的重要因素。

从上述理由可知，边坡稳定状况不只取决于设计、评价工程师的技术结论，更掌握在采矿业主自己手中，跟踪监测边坡稳定并进行实时动态评价，科学、规范的日常边坡管理、技术人员的安全意识和素质都是决定边坡稳定的主要因素，这也是要留有一定的安全系数储备的重要原因。

上述两点从采矿和安全角度论述了露天矿边坡稳定性本身的特点和规律，这需要我们在充分认识这一特点与规律的基础上，从矿山整体长远利益出发，来处理采矿和安全这一对矛盾，露天矿阶段性边坡稳定性研究报告就是为此服务的。评价设计人员基于现有地质勘察资料与采矿设计提供的技术依据，分析并提供矿山阶段性边坡稳定性研究报告来确保露天矿在服务年限内边坡不发生整体失稳滑坡(局部边帮破坏存在可能)，承担主观、客观因素造成的风险。若想减小上述风险，并尽可能在边坡服务年限内挖潜增效，需要采矿业主和评价设计人员密切合作，在生产期间继续配合开展边坡动态稳定性技术服务工作，在边坡稳定性深入认识和安全监控数据分析的基础上，提出边坡扩帮局部加陡技术、陡帮开采技术等一系列挖潜增效技术措施，最终实现矿山安全高效生产。

7.3.2 工程地质类比法(定性方法)

工程地质类比法是指把所要研究的边坡与地质条件类似的边坡进行对照，以评价其稳定性或确定其边坡角和坡高，并提出不同条件下边坡角和坡高经验数据的工程地质评价方法，又称工程地质比拟法。其主要是对已有边坡的岩性、结构、自然环境、变形主导因素和发育阶段等做全面分析，与拟建边坡做出相似性的比较，来评价拟建边坡的稳定性和发展趋势。例如，根据失稳边坡与稳定边坡在地貌上的不同特征来判断边坡的演变和稳定性，根据边坡的结构和作用等因素的组合来判断边坡稳定性的变化趋势等。

类比时必须全面分析研究工程地质条件和影响边坡稳定性的各项因素，比较其相似性和差异性。相似性愈高，则类比依据愈充分，所得结果愈可靠。类比的基础是相似，只有相似程度较高的边坡才可进行类比。所以采用工程地质类比法时，不仅要充分做好工程地质调查研究工作，而且要有丰富的实践经验。

工程地质类比的边坡稳定性分析图解法分为两大类：第一类是用一定的曲线表征安全系数与边坡结构参数的关系，或者采用岩体质量指标与边坡结构参数的关系进行分析，如图 7-10、图 7-11 所示；第二类是利用空间投影方法明确结构面的空间组合关系，采用运动学分析方法初判边坡变形破坏模式及失稳可能性。

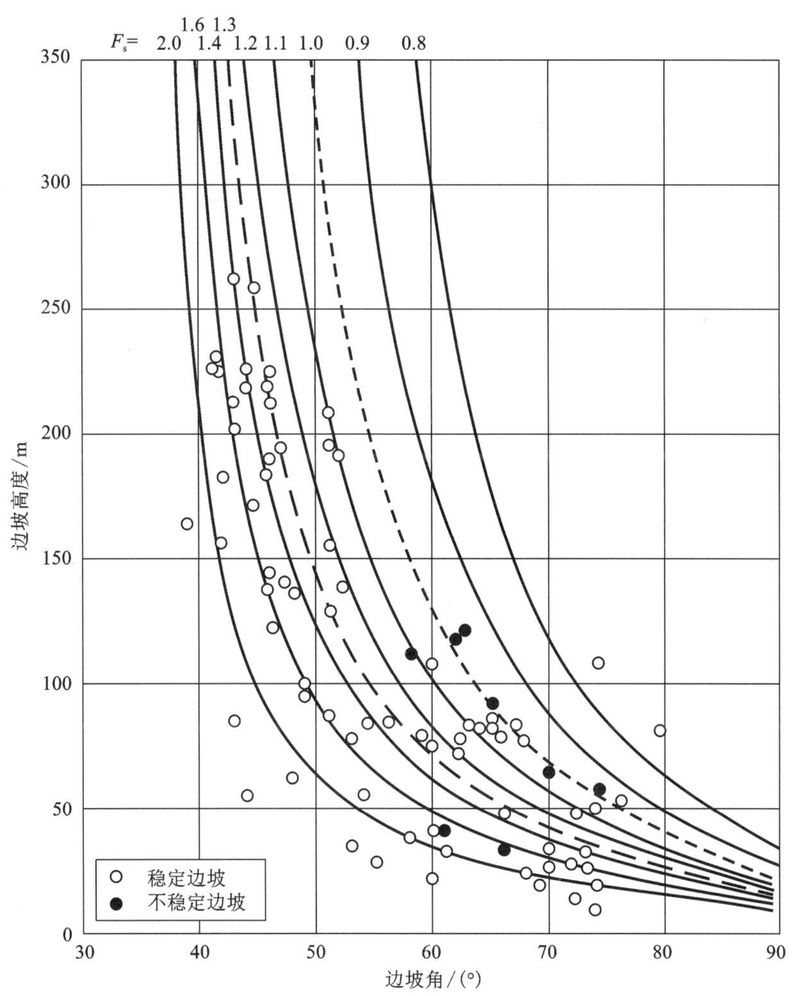

图 7-10　不同安全系数条件下的边坡高度-边坡角关系曲线

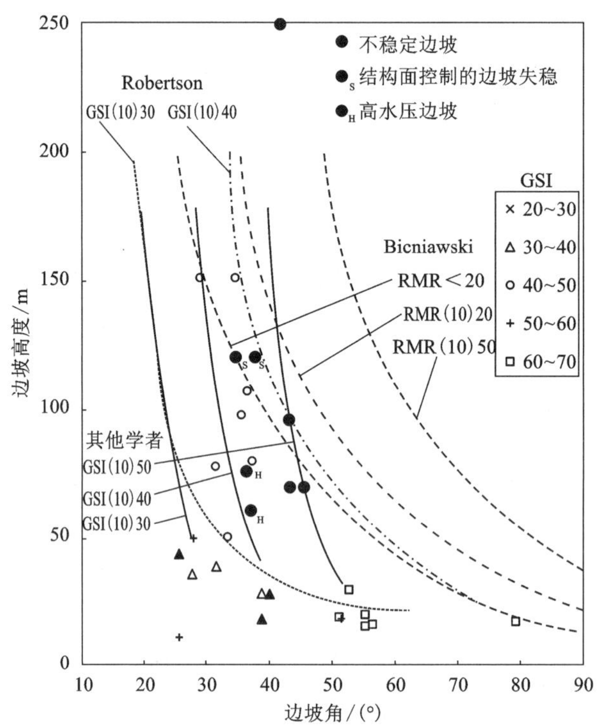

图 7-11 边坡角-坡高与岩体质量指标的经验关系

常用的空间投影方法包括赤平极射投影和实体比例投影，可快速、直观地分辨出控制边坡的主要与次要结构面，确定边坡结构的稳定类型。对于采用图解法判定为不稳定的边坡，需进一步采用定量计算方法加以验证。下面以赤平极射投影法为例进行介绍。

极射投影法是岩质边坡稳定性分析评价的常用方法。该方法既可确定边坡结构面(包括边坡临空面)的空间组合关系，也可给出可能不稳定结构体的几何形态、规模大小及其空间分布位置，还可确定不稳定结构体可能发生位移的方向，为边坡稳定状态做出初步评价。

赤平极射投影法把岩体中结构面的空间几何信息展现在平面上，其特点是只反映线、面产状与角距的关系，而不涉及其具体位置、长短与距离。该方法以参考球作为投影工具，以参考球的中心作为比较物体几何要素(点、线、面)方向和角距的原点，以通过球心的水平面(通常称为赤道平面)作为投影平面。球体的上、下两个球极分别称为北极和南极，根据投影方式不同(射线由南极或北极发出)，又分为上半球和下半球投影。

岩体结构面的空间方位(产状)，通常用倾向和倾角来描述，在赤平投影方法中，倾向和倾角这两个参数可用一个大圆或一个极点唯一地表示，可直观地反映岩体中结构面的分布情况。

图 7-12 描述了岩质边坡的三种典型失稳类型及其相应的赤平投影。对于图 7-12(a)的平面滑动，当结构面的倾向与边坡坡面倾向相反时，边坡为稳定状态；当结构面的倾向与边坡坡面倾向基本一致但其倾角大于坡角时，边坡为基本稳定状态；当结构面的倾向与边坡坡面倾向之间夹角小于 30°且倾角小于坡角时，边坡为潜在不稳定状态。

当边坡被两个相交的结构面切割时，构成的潜在滑移体多数为楔形体，其在重力作用下的滑动方向一般由两个结构面组合交线的倾斜方向控制，如图 7-12(b)所示；当结构面组合交线的倾向与边坡坡面倾向之间夹角小于 30°且组合交线的倾角小于坡角时，楔形体为潜在不稳定状态。

当主要结构面的倾角较陡，且倾向坡内时，在与平缓结构面的共同作用下，边坡可能发生倾倒破坏，如图 7-12(c)所示。

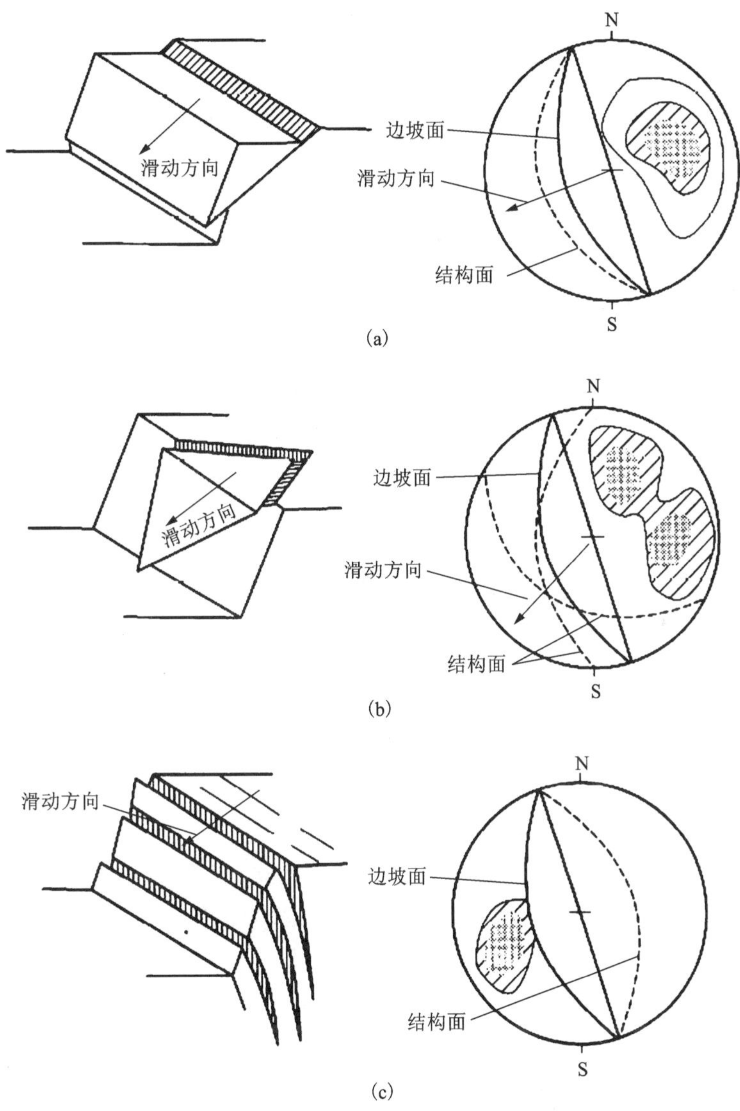

图 7-12　岩质边坡典型失稳类型及其赤平极射投影

7.3.3　刚体极限平衡分析法(定量方法)

刚体极限平衡法是纳入设计规程的边坡稳定性分析的常用的重要方法，该方法是以莫尔-库仑抗剪强度理论为基础，建立滑坡体力或力矩平衡方程，通过一定的假定条件，减少未知量的个数，从而将边坡稳定的超静定问题转化为静定问题，然后求解方程组，得到边坡的安全系数。

刚体极限平衡法以其计算简便且结果足以满足工程需要而被广泛采用。它从强度储备的概念来定义稳定性系数，通常是把抗滑力与下滑力之比称为稳定性系数，依对条块的划分及对条块间的相互作用关系所做的假定不同而发展了很多方法（表 7-15），但它不能给出边坡内应力分布特征及随开挖发展的位移动态变化状态。

基于极限平衡理论的边坡稳定性分析方法，从起初应用的"简化方法"到后来发展起来的"通用方法"，历经数十年，经过众多专家学者的努力，其理论已比较完善。各种分析方法根据条块间力作用点和作用方向的不同假定，得到相应的安全系数表达式，其各自的特点见表 7-15。由于极限平衡法物理意义明确，计算结果可靠，到目前为止，它仍是边坡稳定性分析的主要方法，已被广大工程技术人员广泛地采用。

表 7-15 刚体极限平衡方法汇总表

方法	整体圆弧法	简单条分法	毕肖普法	简布法	Sarma 法	瑞典条分法	摩根斯坦-普赖斯法	不平衡推力法
滑裂面形状	圆弧	圆弧	圆弧	任意	多个分块体	圆弧	任意	任意
假设	刚性滑动体滑动面上极限平衡	忽略全部条简力	忽略条间切向力	各条力作用点位置	滑动面处于极限平衡状态	忽略条块间的相互作用力	假设滑坡体为无限小宽的条块	条间力的作用方向与上一条块滑动面方向平行
适用性	饱和软黏土，$\Phi=0$	一般均质土	一般均质土	任意	任意	浅层散体边坡	任意	任意
整体力矩	√	√	√	√	√	√	√	×
各条力矩	√	×	×	√	√	×	√	×
各条垂向力	√	×	√	√	√	√	√	√
各条水平力	√	×	×	√	√	×	√	√

注："√"表示考虑该工况，"×"表示不考虑该工况。

大量的工程应用表明，即使对同一具体工程边坡来说，按不同方法和同一方法中函数不同的情况进行计算，结果也是有差别的。比较分析发现：

①一般土的内摩擦角 φ 较大时，传统瑞典条分法计算的安全系数多偏于保守，平缓边坡高孔压时用有效应力法很不准确。毕肖普法在所有情况下都是精确的，其局限性表现在仅适用于圆弧滑裂面以及有时遇到的数值分析问题（计算结果严重偏离正确值）。如果使用毕肖普法计算获得的安全系数反而比瑞典条分法小，那么可以认为毕肖普法存在数值分析问题。

②满足全部平衡条件的方法（如简布法和 Sarma 法）在任何情况下都是精确的（除非数值分析问题）。各法计算结果的相互误差不超过 12%，相对于一般可认为是正确答案的误差不会超过 6%，所有这些方法也都有数值分析问题。

③当遇到软弱夹层问题或折线形滑面时，相关规范都推荐使用不平衡推力法。它借助于滑坡构造特征进行稳定性分析及剩余推力的计算，可以获得任意形状滑动面在复杂荷载作用

下的滑坡推力，且计算简洁。

④对于复合破坏滑面的滑坡可以选择摩根斯坦-普赖斯法，该法满足力和力矩平衡，适用于任意形状滑动面的计算，结果精确，可以作为其他方法参照对比的依据。

刚体极限平衡法的力学模型简单，可对边坡稳定性进行定量评价，不能考虑坡体中的应力应变状态，只是给出所有可能的危险滑动范围，对于土质边坡计算结果较好。但是，该方法需对滑坡边界条件大大地进行简化，计算中所选用的各种参数往往是确定的且呈线性变化的，对于由复杂介质和边界组成的岩质滑坡体，其计算结果和实际有很大误差。

7.3.4 数值模拟分析计算方法

随着计算机的普及和发展，出现了一批以弹性力学、结构力学为基础的数值计算方法：FDM（有限差分法）、FEM（有限元法）、DEM（离散单元法）、DDA（非连续变形分析）、FLAC（快速拉格朗日插值法）、NNM（流形元法）等方法都是数值计算方法飞速发展的产物。离散单元法和FLAC-3D（快速拉格朗日法）是美国学者Cundall教授提出的两种计算方法，在解决离散的、非连续的问题和大变形问题方面有着极其广泛的应用与发展前途。目前，DDA、NNM、PFC、RFPA等数值方法广泛应用于边坡稳定性分析中，促进了人们对边坡破坏失稳机理的认识。

和极限平衡条分法相比，有限元法能更好地反映边坡岩土体的应力应变关系，并且不受边坡几何形状和材料不均匀的限制，因而是边坡稳定性分析中一种较为理想的方法。该方法的重要研究内容是如何将有限元计算结果与传统的安全系数挂钩，成为直接用于边坡设计的判别依据，同时可以搜索最危险滑面。边坡稳定性分析的有限元法大体上可以分为两类：一是基于滑面应力分析的有限元法（slip surface stress analysis，SSA），它是边坡稳定性有限元分析中一种常规的计算方法；二是基于强度折减的有限元法（strength reduction method，SRM），这种方法在国外兴起于20世纪90年代。

边坡稳定性分析的有限元强度折减法（SRM）由于计算简单，可直接利用现有大型有限元分析软件进行计算，因此近年来的研究较为活跃。其基本原理是将边坡强度参数同时除以一个折减系数，得到一组新的强度参数值；然后以这组新的值作为输入参数进行有限元计算，当计算至边坡达到极限状态时，对应的折减系数值就是边坡的最小安全系数。

7.3.5 可靠性分析方法

由于岩土介质的特殊性（岩土体参数的离散性、随机性），在工程设计、施工、使用过程中具有种种影响工程安全的不确定性因素，所以在工程设计中采用确定性方法进行边坡安全性能评估是不准确的。研究这类问题的方法有概率论、模糊数学、数理统计、可靠性和随机过程理论。

边坡可靠性分析常用的方法有：①蒙特卡洛模拟法（Monte Carlo法）；②一次二阶矩法（又称Rosenblueth法）；③统计矩法；④随机有限元法。这些方法把复杂的空间条件和时间过程简化成几种参数，进而求得安全系数或安全储备的概率分布及分布参数的特征值均值、标准差、破坏概率等，以此作为边坡工程问题的近似解。这些方法的成功应用案例为尖山铁矿的边坡设计。随机有限元法是可靠指标法与数值法相耦合的方法，集有限单元法和可靠性分析法的优点于一身，适应性强、考虑问题全面、精度较高，可解决非线性问题。

7.4 边坡稳定性监测及预报预警

7.4.1 边坡稳定性监测方法及实例

7.4.1.1 边坡稳定性监测方法

矿山边坡监测内容、仪器和技术见表7-16。

表7-16 露天矿边坡监测内容、仪器和技术

主要类型	亚类	主要监测技术
位移监测	光学仪器监测	经纬仪、水准仪、全站仪等
	钻孔伸长计监测	并联式伸长计、串联式伸长计等
	倾斜监测	垂直钻孔倾斜仪、水平钻孔倾斜仪、I rivec Meosuring Set、水平杆式倾斜仪、倾斜盘、溢流式水管倾斜仪等
	裂隙监测	单向测缝计、双向测缝计、测距计等
	收敛计监测	带式收敛计、丝式收敛计等
	脆性材料的位移监测	砂浆条带、玻璃、石膏等
	帮坡面变形监测	SSR(slope stability radar)雷达监测系统
	光纤位移监测	DiTeSt-STA201
	地形测量和形变测量	InSAR监测系统
	卫星定位系统监测	GPS
爆破振动量测和岩体破裂监测	爆破振动量测	测振仪等
	微震监测	微震监测系统
	声发射监测	声发射仪
水的监测	降雨监测	雨强、雨量监测仪等
	地表水监测	流量计等
	地下水监测	钻孔水位和水压监测、排水洞水量监测等
巡检		通常包括边坡新出现的变形、开裂、塌方、地表水的变化等

注：智能化、遥控化及天地空多手段协同监测是发展趋势。

7.4.1.2 司家营研山露天采场工程稳定性监测工程实例

河钢集团司家营研山铁矿(图7-13)露天采场东帮位于矿体下盘，为典型的顺层边坡，非工作帮优先靠帮后，近年局部台阶滑坡时有发生，危及东帮的主要运输干线，且随着采场开挖不断加深，台阶坡面角加陡，边坡高度增加，边坡的安全监测等级将从目前的Ⅱ级~Ⅲ级逐渐上升至Ⅰ级~Ⅱ级，按《金属非金属露天矿山高陡边坡安全监测技术规范》(AQ/T 2063—2018)，则必须布置在线监测系统。

图 7-13　司家营研山铁矿全景

边坡内部破坏先于坡表变形，开展坡表、体内空间协同监测，能够更准确和超前预判边坡变形趋势、范围和机理。按照初步设计，深部台阶坡面角由 45°加陡至 65°，为了监测东帮深部(-157~-127 m 运输平台以下)边坡在靠帮过程中的稳定性，在-177~-157 m 台阶布置了边坡锚杆应力计和微震监测等在线监测系统，施工孔的直径为 110 mm，孔深为 20 m，锚杆入射角斜向下 15°。微震监测系统采用 6 个单通道传感器。布置方案如图 7-14 所示。

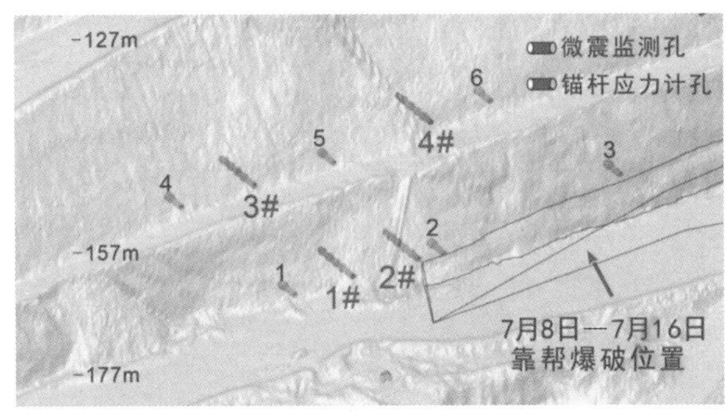

图 7-14　监测系统的传感器现场布置示意图

2020 年 7 月 8 日—16 日，研山铁矿-157 m 台阶进行靠帮爆破以形成并段，微震监测表明，边坡体内 6~7 m 深度处出现较为集中的微震信号贯通(图 7-15)，说明靠帮爆破振动在边坡表层形成一定深度的损伤区。研山铁矿-127~-177 m 台阶的锚杆应力监测(图 7-16)结果表明，降雨引起台阶边坡内部变形加剧，锚杆应力值呈上升趋势，尤其 8 月 18 日强降雨(日降雨量超 50 mm)使所有的传感器应力水平均上升，但雨后随着坡内静水压力的下降，坡体变形稳定，应力逐渐恢复至原水平，甚至更低水平。

7.4.1.3　乌努格吐山采场工程稳定性监测工程实例

内蒙古乌努格吐山(下称乌山)铜钼矿矿山边坡台阶高度为 15 m，并段后台阶高度为

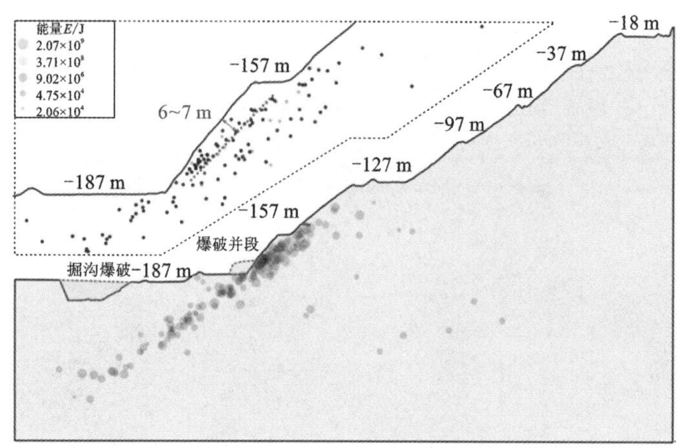

图 7-15 爆破诱发的顺层边坡微震信号剖面分布

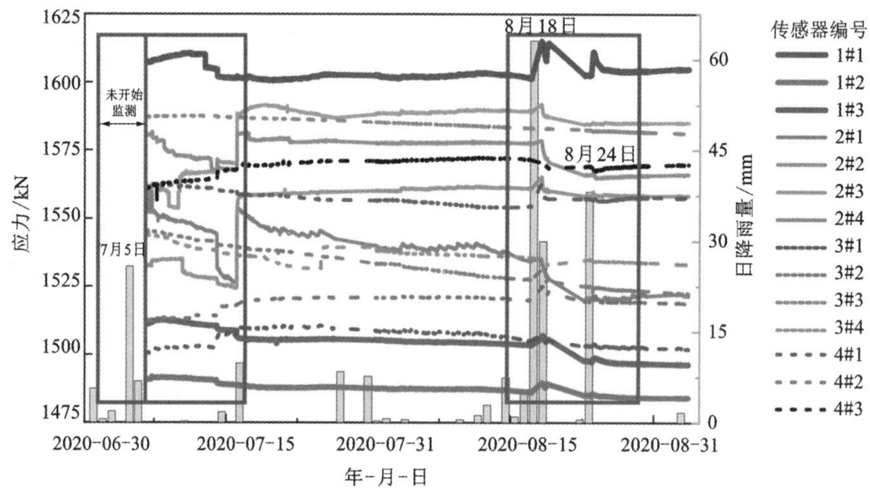

图 7-16 降雨前后边坡内部应力变化

30 m，最高开采标高为 855 m，采场设计坑底标高 225~240 m，整体边坡角 43°~45°，属于高陡边坡。采场全景如图 7-17 所示。受岩性、构造、节理等影响，在爆破振动、雨水、冻融作用下，乌山露天矿边坡已发生了多次不同规模的滑坡。

在边坡稳定性分析中，最为直观、便捷的方法是分析边坡深部位移变形曲线，以此来判断其稳定性。根据乌山露天矿边坡安全监测级别评价结果，结合各区域重要程度及加固计划，采用测斜仪进行深部位移监测。

如图 7-18 所示，乌努格吐山采场采用锚索应力计和测斜仪进行坡表-坡内位移监测。位移监测通过加装无线通信系统，自动进行数据采集、数据传输，将数据传输到云平台进行数据处理分析和管理，实现边坡位移、应力监测数据的图表式查询，从而实现矿山的智能化、遥控化监测手段。乌努格吐山铜钼矿测斜仪布置剖面图如图 7-19 所示，监测预警平台如图 7-20 所示。

图 7-17　乌努格吐山铜钼矿全景

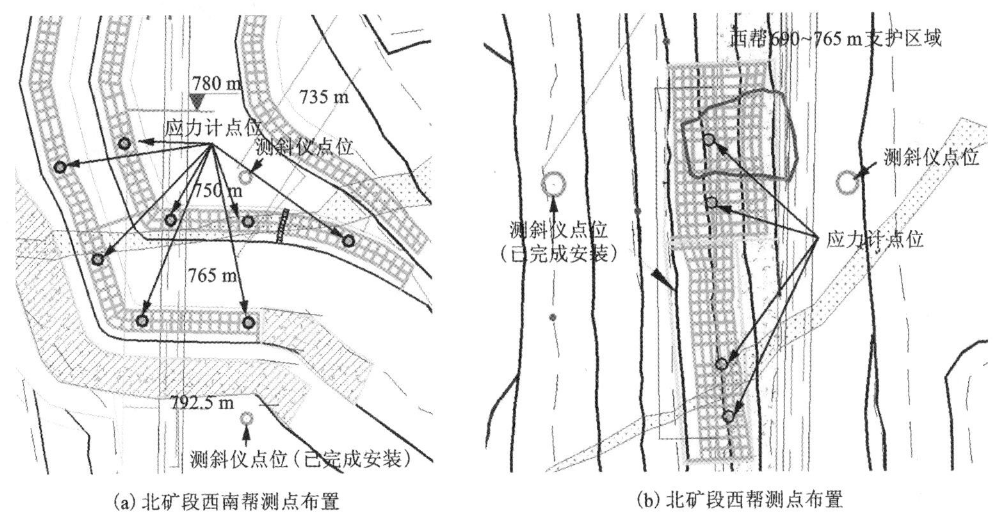

(a) 北矿段西南帮测点布置　　(b) 北矿段西帮测点布置

图 7-18　监测区域测斜仪及应力计布置图

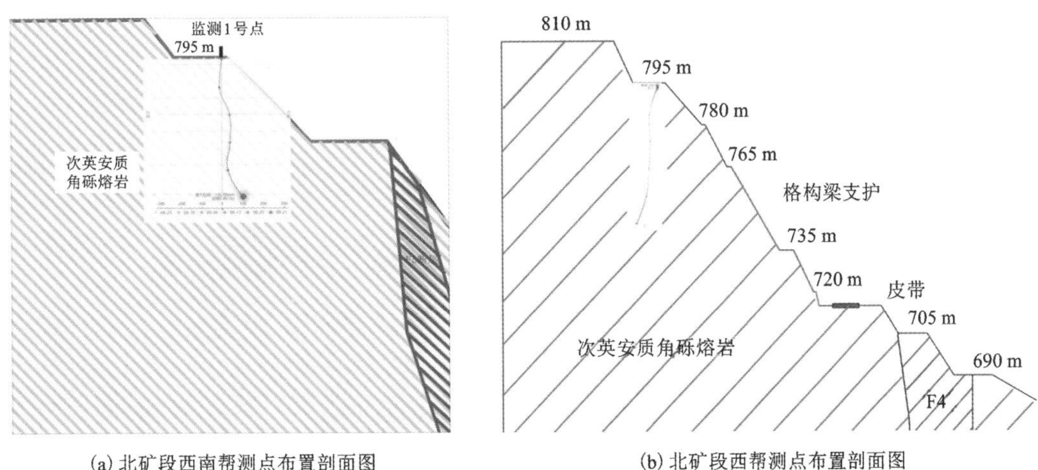

(a) 北矿段西南帮测点布置剖面图　　(b) 北矿段西帮测点布置剖面图

图 7-19　监测区域测斜仪布置剖面图

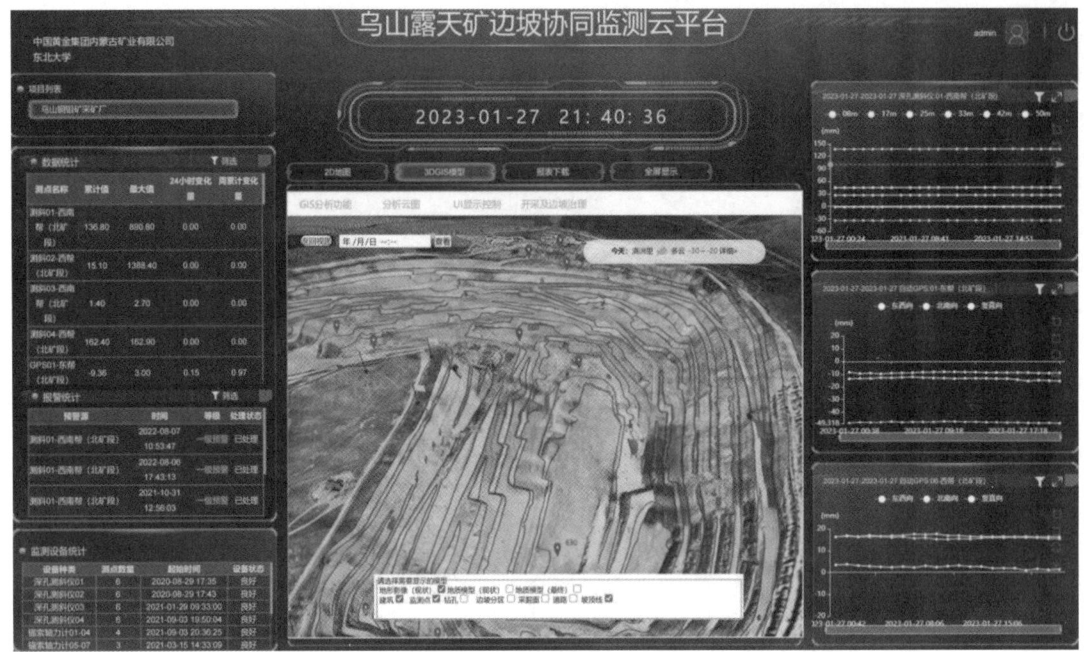

图 7-20 露天矿边坡协同监测云平台主界面

7.4.2 边坡滑坡预报预警

7.4.2.1 边坡滑坡预报预警的阶段性

①中长期预报：它是对某一预定区域的滑坡活跃区和宁静期的趋势研究，指出哪些地点可能会大量发生滑坡，造成危害，时间为6个月至2年(图7-21)。

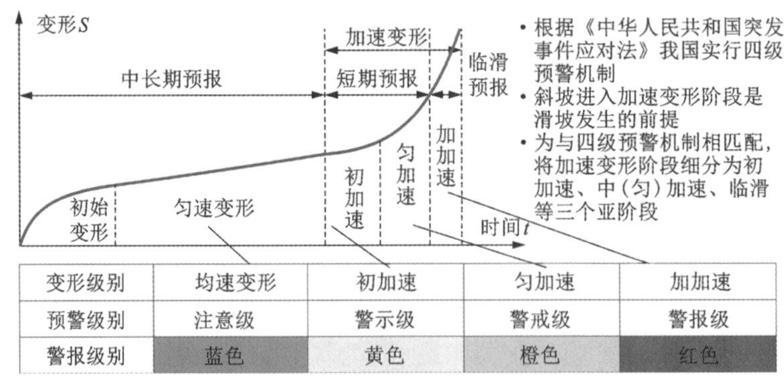

变形级别	均速变形	初加速	匀加速	加加速
预警级别	注意级	警示级	警戒级	警报级
警报级别	蓝色	黄色	橙色	红色

图 7-21 边坡滑坡预报预警的几个阶段

②短期预报：它是对某一建设场地或某个具体斜坡能否发生滑坡以及滑动特征、滑速、滑动出现时刻(30天~3个月)的预先判定。

③临滑预报：判断临近(24~48 h)滑坡发生的时间和位置。

露天边坡在线监测的预警判据如图7-22所示。

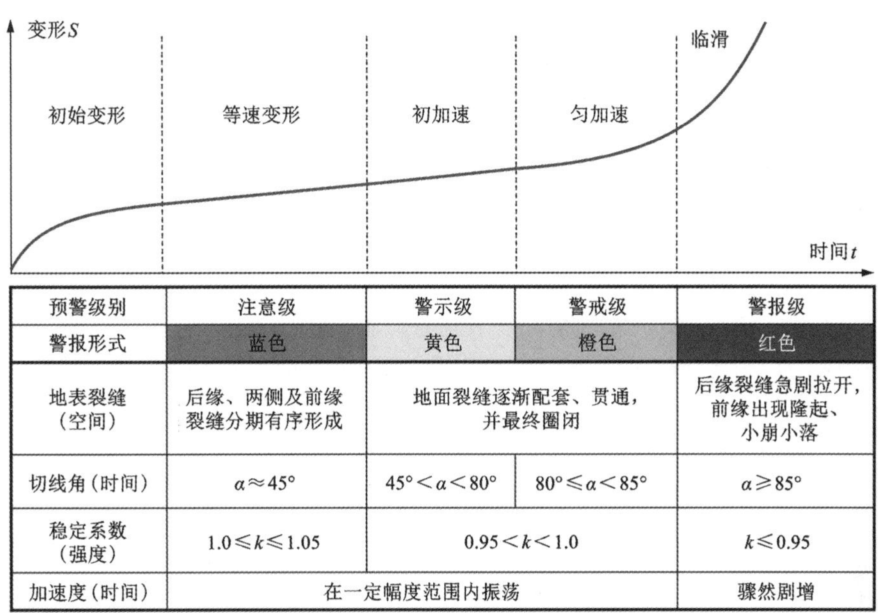

预警级别	注意级	警示级	警戒级	警报级
警报形式	蓝色	黄色	橙色	红色
地表裂缝（空间）	后缘、两侧及前缘裂缝分期有序形成	地面裂缝逐渐配套、贯通，并最终圈闭		后缘裂缝急剧拉开，前缘出现隆起、小崩小落
切线角（时间）	$\alpha \approx 45°$	$45° < \alpha < 80°$	$80° \leqslant \alpha < 85°$	$\alpha \geqslant 85°$
稳定系数（强度）	$1.0 \leqslant k \leqslant 1.05$	$0.95 < k < 1.0$		$k \leqslant 0.95$
加速度（时间）	在一定幅度范围内振荡			骤然剧增

图 7-22　露天边坡在线监测的预警判据

7.4.2.2　预报方法

边坡稳定性评价和变形破坏监测，其最终目的是进行边坡失稳预测及滑坡预报，是矿山生产实践必须直面回答的问题，也是岩石力学领域的研究热点和难点。由于边坡地质条件和变形破坏过程的机理十分复杂，且对各种影响因素的交互效应和时空效应还不能进行可靠的定量描述，因此掌握边坡破坏规律和进行滑坡预测预报的难度较大。虽然有像新滩滑坡等令人鼓舞的成功预报，但更多的却是滑坡灾害未能成功预测而发生的惨痛教训。

滑坡预测预报也是世界性的难题，国内外许多学者在边坡失稳机理和预测预报研究方面做了大量的工作，目前常用的预测边坡位移的方法主要有以下几种。

(1)统计归纳法(统计预报)

其代表为斋藤法和曲线拟合法。其中斋藤法，以土体蠕变理论为基础，以应变速率为基本参数，在一定程度上反映了滑坡变形的本质，所以在滑坡预报方面取得了一定的效果。曲线拟合法，这种方法是对观测到的位移序列采用各种曲线拟合，用得到的曲线方程进行预测。Kennedy 根据智利 Chuquicamata 露天矿边坡位移监测曲线，于 1971 年用多种曲线回归拟合。通过多种函数对边坡位移曲线各时段的后验拟合，认为应用对数函数分四段拟合效果最好，与实际观测曲线较吻合。

(2)灰色系统(统计预报)

灰色系统理论是我国学者邓聚龙 1980 年提出的，它用来处理部分信息已知而部分信息未知的系统。灰色系统模型采用指数函数来逼近以求得未来数据，对岩质边坡这种复杂的动态系统而言，灰色系统模型很难反映边坡系统自身的演化状态。

(3)时序分析法(统计预报)

时序分析是处理随时间变化的一组随机数据序列的一种数学建模方法。时序分析建模法有自己的独特性，即要求数据序列为平稳、正态的序列，且序列中的数据应该是其历史数据的线性组合。但在实际的边坡工程中，所测得到的位移序列一般不可能为平稳、正态的随机序列，而且很多情况下观测序列都不符合其历史数据的线性组合的特点，这些均限制了时间序列模型的应用。

(4)神经网络(智能预报)

人工神经网络建模是人工智能研究的一个分支，它在复杂的非线性系统中具有较高的建模能力及对数据良好的拟合能力，并有挖掘数据列中隐含规律的能力。近年来已被引入边坡位移预测中。目前用于边坡位移预测的神经网络均采用三层 BP 神经网络模型。人工神经网络位移建模预报的实质是由神经网络隐含表达各位移间的函数关系。但是，BP 神经网络模型在网络结构、网络节点作用函数的选择以及样本数量的确定等方面还存在有待解决的问题。

随着非线性科学理论的发展，人们逐渐认识到边坡的演化系统是一个复杂的非线性动力系统。考虑到这种因素，秦四清等把非线性动力学的知识引入滑坡研究，建立了滑坡研究的非线性动力学模型。另外，耗散结构理论、突变理论、重正化群理论、混沌理论、协同理论等也被应用到滑坡预测研究中(图 7-23)。

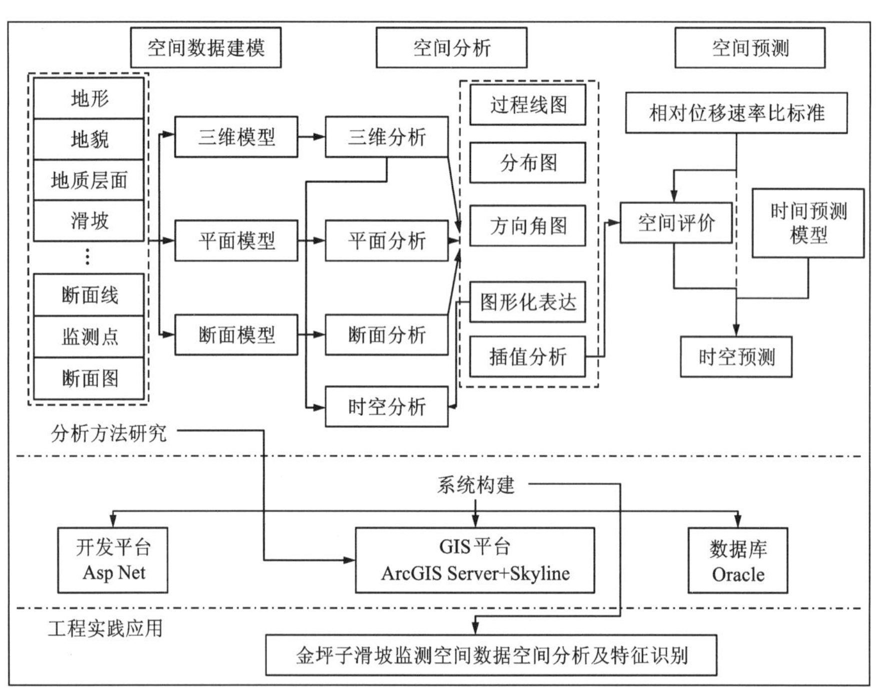

图 7-23 滑坡监测空间分析与特征识别流程图

(5)时变力学理论(理论预报)

基于蠕变力学、损伤力学、岩石力学理论研究边坡应力、应变、时间三变量的时效演化和强度衰减机理，分析初始变形、匀速平稳变形到加速变形过程，提出理论判据。

(6)多元信息融合(智能预报)

随着信息科学技术的发展，在二十世纪七八十年代产生了一个称为“数据融合”的全新概念，即将多传感器获得的数据进行所谓的“融合处理”，可以得到比任何单一传感器所获得数据更多的有用信息。后来，这一概念不断扩展，将要处理的对象扩展为图像、音频、符号等，从而形成了一种共识的概念，称为“多源信息融合”。该方法将 GIS 等信息技术与边坡稳定性分析的力学方法相结合，将传统的力学分析方法向信息化、可视化及时空四维化转换，形成了一个新兴的研究领域——信息边坡工程学。

对于复杂的边坡工程问题，其三维空间的稳定性取决于复杂空间分布的地形、地层、岩土力学参数及地下水等因素，但这些空间分布的信息很难在一般的边坡(三维)稳定性分析系统中处理；同时，考虑到边坡岩体及其稳定性的时间效应，边坡稳定性实质上是一个时空四维问题。GIS 恰好提供了一个公用的平台来处理这些复杂的时空四维信息。信息边坡工程学将边坡工程与信息技术紧密结合，以现代高新信息技术 GIS 为平台，研究边坡的时空四维稳定、灾害控制及环境影响等稳定性相关问题。利用现代高精尖测量监测技术进行边坡快速实时信息获取及分析处理，这为边坡稳定性分析与评价综合信息和数据的实时、自动采集和更新提供了有力的工具(图 7-24)。

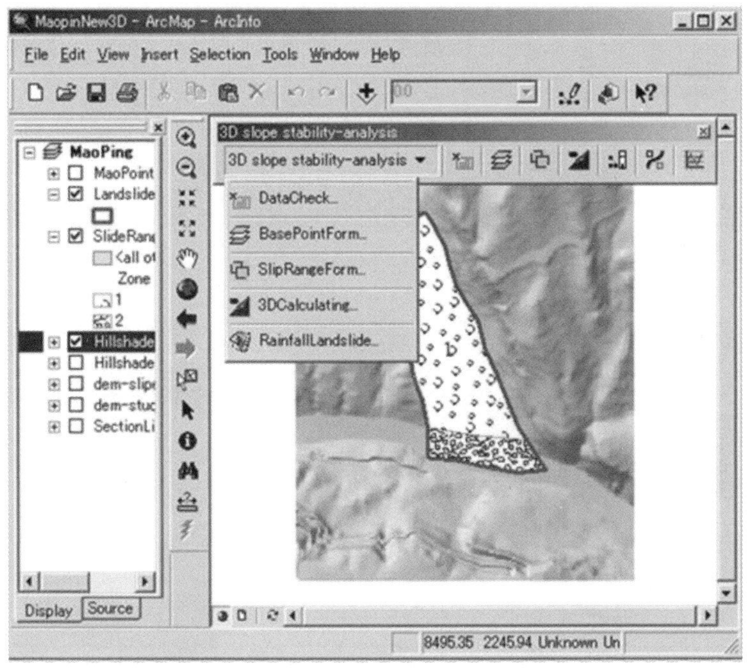

图 7-24　GIS 扩展模块 3D Slope GIS 在 ArcGIS™ 中的应用表现

露天矿边坡稳定性预报预警方法总结：滑坡预报包括长期预报、中短期预报和临滑预报(提前 2 h 但不能延后 48 h)乃至预警。目前预报评判没有统一标准，且宏观现象、监测数据、数值分析三方面的评价标准难以相互对应。

综上所述，岩质边坡稳定性评价及预测预报是岩石力学与工程领域的热点问题，当前滑坡综合预测预报的思路为：动态、多手段、全过程、分阶段动态评价预测，从定性、定量、定势的角度，通过滑坡宏观现象观察、监测数据分析与数值计算等多种手段，建立全过程标准体系，引进稳定安全系数定量标准，进行持续、全过程的综合分析分阶段预报。滑坡三位一体预警思路见图 7-25，该思路在大孤山露天铁矿的监测工程中有较好的体现。

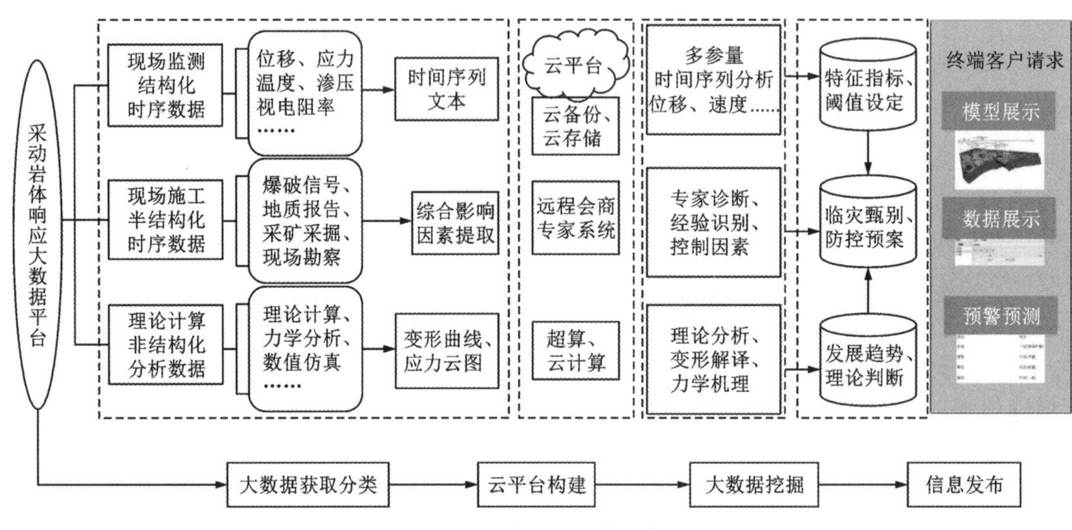

图 7-25 滑坡三位一体预警思路

7.4.2.3 滑坡稳定性预测预报实例

鞍钢矿业公司大孤山露天铁矿位于辽宁省鞍山市千山风景区北麓，很早便开始了地表富矿开采，经过上百年的采矿作业，形成了东西长 1620 m、南北宽 1560 m、深度达 500 m 的露天采场，是典型的深凹露天铁矿，如图 7-26 所示。

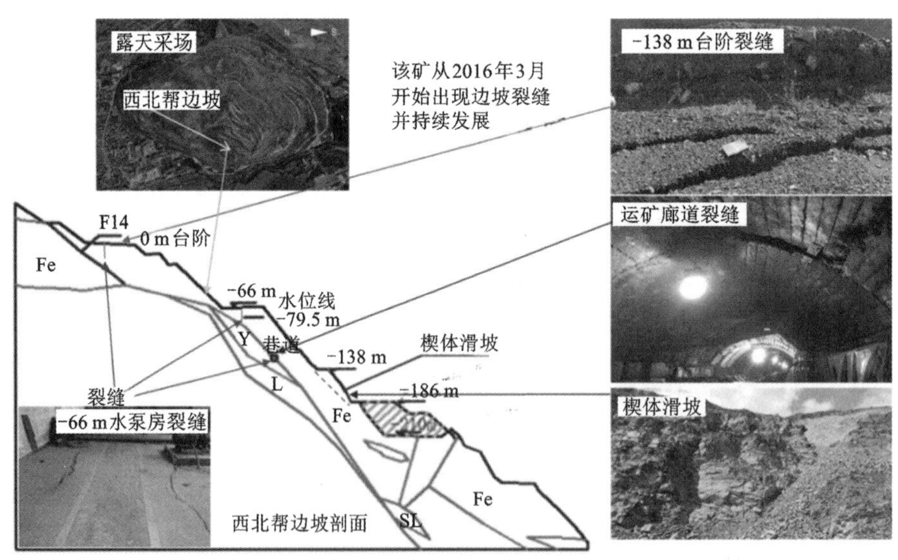

图 7-26 大孤山露天铁矿滑坡实例

随着大孤山矿进入深部开采，边坡岩体始终处于动态演化过程，其稳定性受多种因素影响。在大孤山西北帮出现了边坡浅层滑坡、内部运矿廊道开裂等岩石力学问题。为此，如图 7-27 所示，在该区域布置了 9 传感器 12 通道的微震监测系统，设置了 3 个深孔测斜监测点，5 个 GPS 监测点和 3 个测量机器人测点，采用 3GSM、无人机、激光扫描、钻孔电视等多种手段对边坡表面及内部的结构面进行测试，同时使用超声波测试仪测定岩体波速、InSAR 获取边坡沉降场、合成孔径雷达获取边坡位移场、红外获取边坡温度场，对大孤山露天边坡进行空-天-地-内一体化的持续跟踪监测。

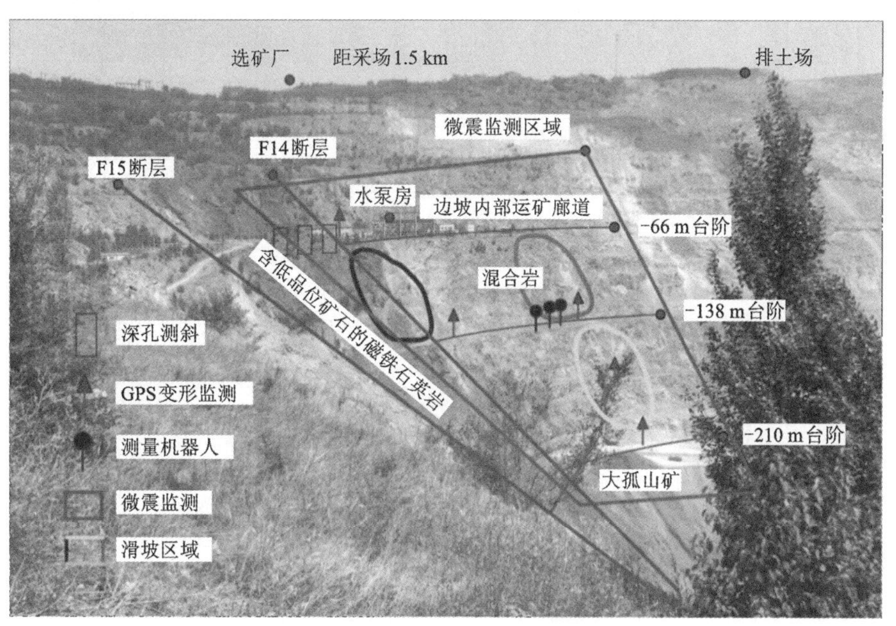

图 7-27 大孤山监测系统

使用局部强度折减法获取不同开采阶段边坡稳定性系数，同时搜索与之类似的露天矿边坡楔体滑坡案例，建立集监测时间序列曲线、力学机理分析、案例推理于一体的边坡稳定性预警体系，如图 7-28 所示。将滑坡预警划分为蓝色、黄色、橙色和红色四个等级，分别给出对应的变形速率、变形曲线切线角、边坡安全性系数、裂纹扩展情况与微震活动性特征。

对于大孤山铁矿西北边帮楔体滑坡，当边坡变形速度大于 4 mm/d，变形曲线切线角大于 65°，安全性系数小于 1.00，裂缝逐渐扩展切割形成滑体时，微震事件在滑体附近聚积成簇，认为边坡进入加速变形阶段，发布黄色预警。当边坡变形速度大于 10 mm/d，变形曲线切线角大于 80°，安全性系数小于 0.95，滑坡体上缘裂缝两侧错动急剧增大时，即可认为滑坡进入不可逆的阶段，发布红色预警，并封闭附近 150 m 的区域，严禁人员与设备进入。事后分析表明，红色预警提前于最终滑坡 5 d 的 2018 年 5 月 22 日发布，确保了生命财产的安全。

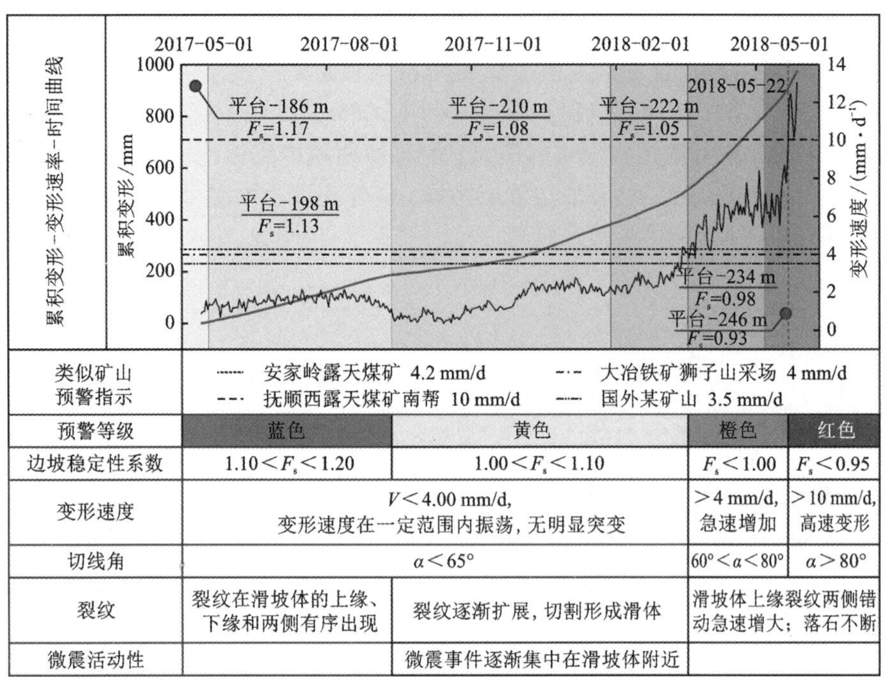

类似矿山预警指示	······ 安家岭露天煤矿 4.2 mm/d；-·- 大冶铁矿狮子山采场 4 mm/d；--- 抚顺西露天煤矿南帮 10 mm/d；-··- 国外某矿山 3.5 mm/d			
预警等级	蓝色	黄色	橙色	红色
边坡稳定性系数	$1.10<F_s<1.20$	$1.00<F_s<1.10$	$F_s<1.00$	$F_s<0.95$
变形速度	$V<4.00$ mm/d，变形速度在一定范围内振荡，无明显突变		>4 mm/d，急速增加	>10 mm/d，高速变形
切线角	$\alpha<65°$		$60°<\alpha<80°$	$\alpha>80°$
裂纹	裂纹在滑坡体的上缘、下缘和两侧有序出现	裂纹逐渐扩展，切割形成滑体	滑坡体上缘裂纹两侧错动急速增大；落石不断	
微震活动性		微震事件逐渐集中在滑坡体附近		

图 7-28 基于变形时间序列曲线和安全系数的边坡滑坡预警指标阈值确定

7.5 露天矿边坡稳定性控制方法

7.5.1 边坡稳定性控制方法

在边坡稳定性控制的过程中，建设者们积累和总结了许多方法和经验，为各类边坡的防治和施工提供了因地制宜的方法，不同的方法有不同的作用原理和适用条件，如表 7-17 所示。

表 7-17 露天矿边坡稳定性控制方法汇总表

类型	方法	作用	适用条件
改变坡体外形	削坡减重	对滑体上部和中上部进行削坡，减小边坡角，从而减小下滑力	滑体确有抗滑部分存在才能应用，可及时调入采运设备的滑坡区段采用
	减重压坡脚	将土岩堆积在滑体下部抗滑部分，借以支撑滑体或增加滑体下部滑动面上的摩擦力，从而提高岩体的稳定性	滑体下部确有抗滑部分存在，并要求滑体下部有足够的宽度以容纳滑体上部的土岩

续表7-17

类型	方法	作用	适用条件
增大或保持边坡岩体强度	疏干排水	将滑体内及附近岩体地下水疏干，同时减小动、静压力，使岩体强度不致降低反而提高	边坡岩体内含水多，滑床岩体渗透性差
	爆破震损控制	松动爆破滑面，使滑面附近岩体内摩擦角增大，使滑体中地下水渗入滑床下的岩体中	滑面单一，弱层不太厚，滑体上设有重要设施
	注浆加固	用浆液充填岩体中裂隙，使岩体整体强度提高，并堵塞地下水活动的通道；或用浆液建立防渗帷幕，阻截地下水	岩体中岩块较坚硬，裂隙发育、连通，地下水丰富，严重影响边坡稳定
人工建造支挡物	大型预应力锚杆(索)加固	用锚杆(索)，并施加预应力以增大滑面上的正压力和抗滑力，使岩体的稳定性有所提高	潜在滑面清楚，岩体中的岩块较坚硬，可加固深层滑坡
	抗滑桩支挡	桩体与桩周围岩体相互作用，桩体将滑体的推力传递给滑面以下的稳定岩体	滑面较单一、清楚，滑体完整性较好的浅层、中厚层滑坡

7.5.2　边坡稳定性控制的工程案例

7.5.2.1　司家营研山露天矿边坡稳定性控制的工程实例

司家营研山铁矿东帮为薄层状顺倾边坡，东临滦河支流新河，最近距离 61 m，补给量大(导致坑内有大量出水点)。岩体中含黑云母，浸水弱化及风化后，岩体强度降低，极易发生滑坡事故，因此必须进行疏干排水及边坡加固措施。西帮为反倾边坡，基岩边坡稳定性较好，但浅部的厚冲积层边坡在强降雨作用下仍具有滑坡风险，且西帮境界外架设了高压线桩及皮带廊道，需采取加固防治措施以确保土质边坡的稳定。

如图 7-29 所示，为了防止河水入渗对东帮边坡的稳定性造成影响，采用疏堵结合的方法，对东帮第四系土质边坡实施疏干排水孔，并在东帮 N24～N26 勘探线与新河之间实施了地下连续墙，以截断河水入渗。疏干孔主要布置在东帮-18 m 运输线路以上的土质边坡上及-67～-18 m 的强风化岩质边坡区域，在-18 m 台阶按 50 m 间隔布置 70 m 长的仰斜式排水孔，在-67 m 台阶按 100 m 间隔布置 100 m 长的仰斜式排水孔，坡度均为 5%，图 7-30 为疏干排水现场照片。

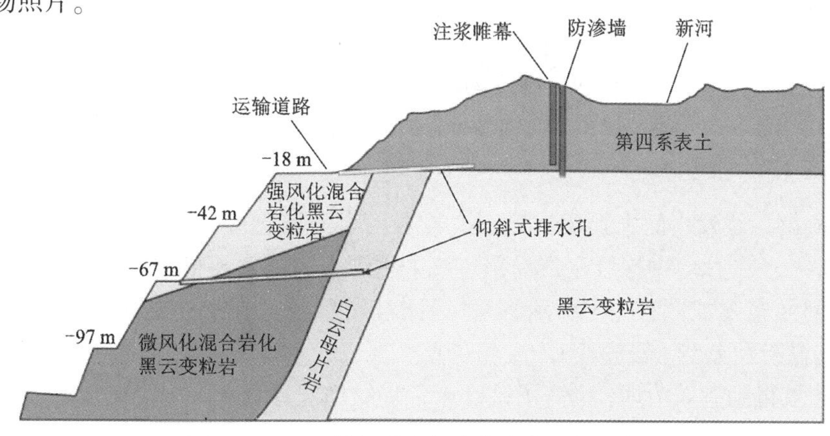

图 7-29　N26 勘探线东帮截排水沟布置示意图

地下连续墙于 2013 年 6 月 20 日开工，工期为 140 d。具体施工过程及施工后情况如图 7-31 所示。采用了冲击钻和抓斗相结合的成槽工艺，第一槽段是“四钻三抓”，也就是首先在墙内每隔 2.0 m 施工一个 ϕ800 mm 的钻孔，共 4 个，钻孔中间的残留部分采用抓斗挖除，形成一个宽 0.8 m，长 6.0 m，两头为半圆的地下槽，槽内充满泥浆，保持槽壁稳定。第一槽段形成后，采用“三钻三抓”完成剩余的成槽。成槽后，需从下向上灌注混凝土。另外，需采用高压旋喷、凿开另行灌注等方式处理接头或接缝。

图 7-30　疏干排水现场照片

图 7-31　地下连续墙施工成型

地下连续墙及疏干排水孔施工之后，东帮矿坑涌水量较之前大大降低，如图 7-32 所示，有效地治理了东帮的水害问题。

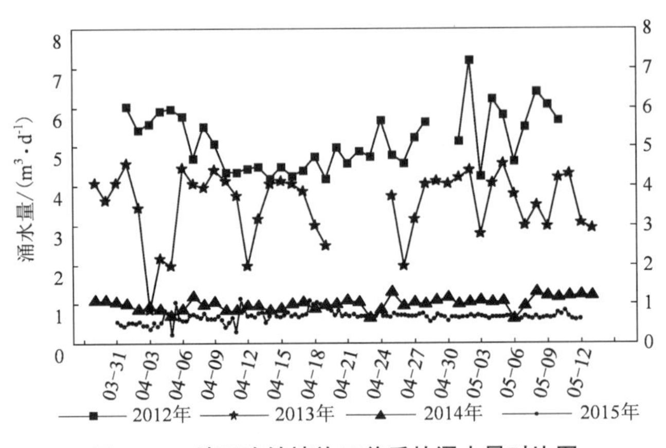

图 7-32　地下连续墙施工前后的涌水量对比图

针对 N26 勘探线发生的中强风化黑云变粒岩因水的弱化侵蚀以及人为工程扰动影响而发生的滑坡事故，在 N26 勘探线东帮局部边坡采用预应力锚索及格构梁的加固方式(加固的坡面布置及剖面布置如图 7-33 所示)，将锚固端布置在潜在滑体的内部，锚索孔深 18~26 m，不同位置有所差异，锚固段 6 m，格构梁主要以 5 m×6 m 间距布置。如图 7-34 所示，施工后岩质边坡得到有效治理，提高了该区域台阶的稳定性，确保布置在台阶坡面上的排水管道不受滑坡影响。

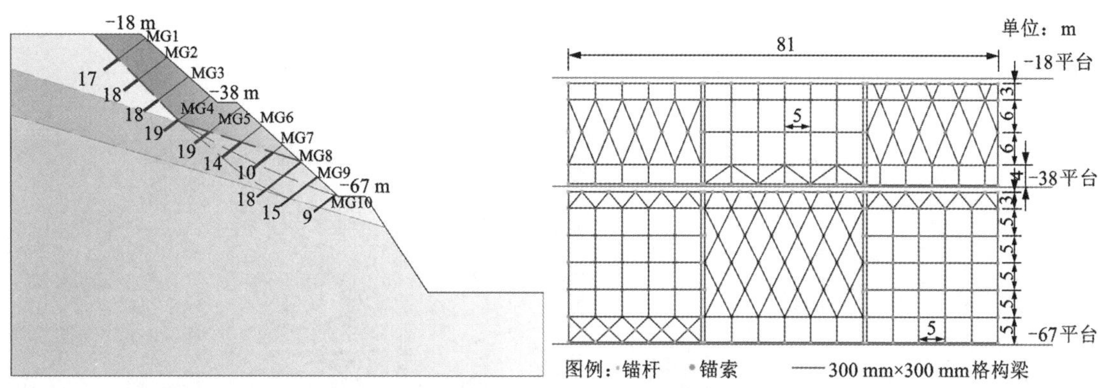

图 7-33　锚固模型示意图

图 7-34　东帮锚索锚固治理后效果图

7.5.2.2　大孤山露天矿边坡稳定性控制的工程实例

随着深部采矿开挖的进行，大孤山铁矿边坡坡脚变窄，导致边坡阻滑力减小，同时开挖段卸荷应力释放致使上部应力重分布，引发不同程度的蠕变变形破坏。在西北帮平台中，前期在-68 m 平台已经出现了裂缝，并且已经确定-68 m 平台至-210 m 平台之间存在潜在滑移面，因此采用边坡削坡、疏干排水及运矿廊道锚索加固并举的措施，对大孤山西北边坡进行治理。

削坡减重的剖面图如图 7-35 所示，削坡区域主要集中在 F14 与 F15 断层之间的低品位矿石条带。对-66 m 平台至-138 m 平台从上向下进行削坡，折返式布置临时道路。削坡前局部边坡角为 50°，削坡之后边坡角降低至 42°，削坡现场如图 7-36 所示。低品位矿石输送至选厂，带来的经济效益可以抵消削坡产生的费用，在不产生额外费用的同时保证了局部边坡和运矿廊道的稳定性。

7.5.2.3　乌努格吐山露天矿边坡稳定性控制的工程实例

乌努格吐山露天矿北矿段采场东帮边坡以单台阶破坏为主，采用表面挂网喷砼的“刚柔结合”加固措施，布置方案如图 7-37 所示。

南帮边坡工程地质条件较差，岩性复杂，断层、节理、裂隙构造发育，导致该区边坡经常发生一个或多个台阶滑塌。因此采用削坡措施对 705～795 m 边坡进行治理。削坡现场如

图 7-38 所示。削坡后边坡尚有剩余下滑力，采用锚杆、锚索、钢轨桩平衡该部分剩余下滑力。总治理面积为 20000 m^2，核心的锚固区域面积为 13800 m^2，其余部位喷锚网封闭坡面。现状图如图 7-39 所示，治理方案如图 7-40 所示。

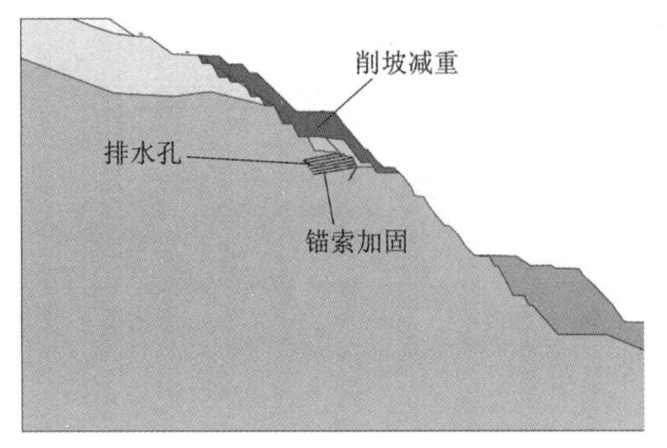

图 7-35　大孤山西北边坡削坡示意图

图 7-36　大孤山西北边坡削坡现场

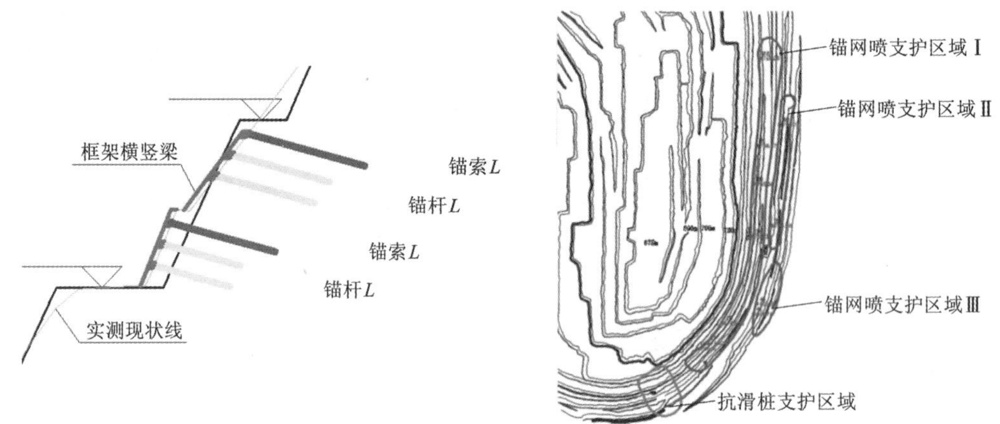

图 7-37　东帮边坡治理方案

图 7-38　南帮削坡现场

图 7-39　南帮治理现状图

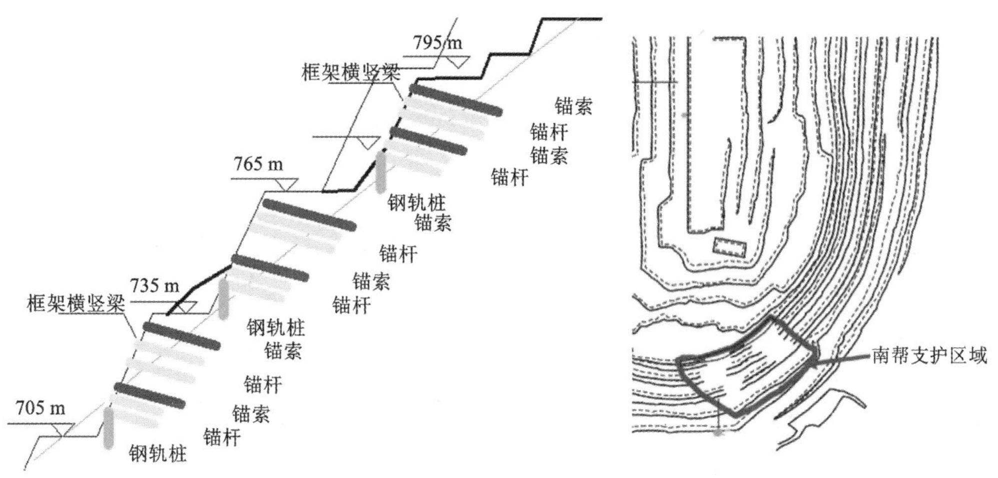

图 7-40　南帮边坡治理方案

7.6　露天转地下或露天与地下联合开采边坡稳定性

露天转地下开采是苏联采矿专家杰林切夫教授及阿戈什科夫教授等提出的一种新型采矿方法，其出发点是对矿产资源实行综合、高效开发利用。在开采一个矿床过程中将不同的采矿工艺与技术有效结合，先采用露天开采的方式对矿床上部进行开采，然后过渡到用地下开采工艺开采矿床下部。露天转地下开采方式适用于矿体赋存较深、上层覆岩较薄或在地表露出、多为中厚或厚大的急倾斜矿床。这类矿床前期采用露天开采方式，具有投资少、见效快、贫损指标优、效益好等优点，目前被广泛地应用。我国露天转地下开采的矿山有石人沟铁矿、眼前山铁矿、大冶铁矿和金岭铁矿等；国外较为典型的露天转地下开采的矿山有瑞典基律纳铁矿、芬兰皮哈萨尔米黄铁矿、苏联阿巴岗斯基铁矿及南非科菲丰坦金刚石矿等。

7.6.1　露天开采与地下开采的空间关系

露天转地下开采矿山的特点是在矿床尚未转入地下开采之前，露天矿已开采多年，而且早已形成了完整的露天开拓系统和相应的辅助生产作业系统。露天采场与地下采场井巷布置的空间关系如图 7-41 所示。

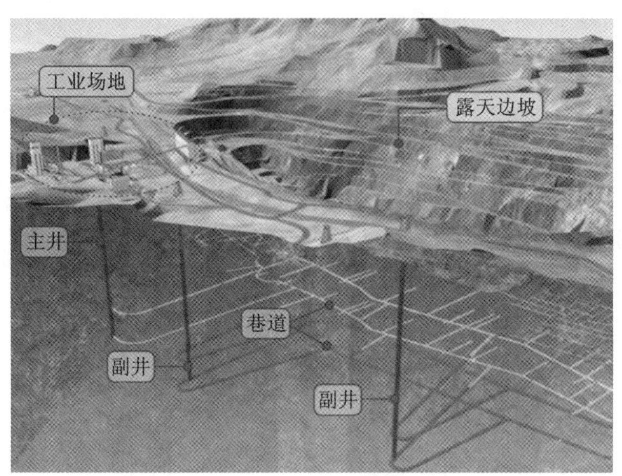

图 7-41 露天采场与地下采场井巷布置空间关系

露天转地下矿山的开拓系统，实质上主要是指地下井田的开拓系统。因此，在讨论这类矿山的开拓系统时，必须注意：①最大限度地利用露天矿现有的开拓工程和辅助生产工艺系统；②露天矿的开拓，特别是露天矿深部的开拓，应尽可能与地下井田的开拓一起，实现互相结合，互相利用。依据地下和露天生产工艺联系程度的不同，露天转地下矿山的开拓系统，可以归纳为露天和地下独立开拓系统、局部联合开拓系统以及露天与地下联合开拓系统三种类型。

(1)露天和地下独立开拓系统

这类矿山的地下开拓工程一般都布置在露天采场之外，露天和地下都使用独立的开拓运输系统。这类开拓方式主要用于埋藏较深的水平和缓倾斜矿床，或者虽是急倾斜矿床，但因地质关系，矿体上、下部分错开分布。还有些矿山由于地质勘探原因(如矿床深部勘探不足)，或设计的历史条件(如初期设计只要求做露天境界内的开拓系统)，在设计时就没有或较少考虑露天与地下开采工艺系统的结合和相互利用问题。这类开拓方式的优点是露天与地下的生产互相干扰小；缺点是地下井巷工程量大，投资高，基建时间长，露天深部的剥离量大，运输和排水费高。因此，国外矿山近十年来用得较少。

(2)局部联合开拓系统

露天的部分矿石利用地下开拓系统出矿，或者地下开拓系统局部利用露天矿的开拓工程。这类开拓方式在国内外矿山中均较常见。它的使用条件大体上可归纳为两种情况：①对于倾斜和急倾斜矿床，当露天深度较大时，开采露天矿残留矿柱的矿石(包括露天底柱和边帮矿柱)，通常都是从地下开拓巷道运到地面。②当露天开采到设计境界后，转入地下开采的储量不多、服务年限不长，若露天边坡稳定，通常是从露天坑底的非工作帮开掘平峒、斜井(或竖井)开拓地下矿体。这类开拓方式的优点是井巷工程量较少，基建投资少，投产快，并可利用露天矿现有的运输设备和设施。它的缺点是露天矿后期的生产与地下井巷施工互相干扰。

(3)露天与地下联合开拓系统

这类开拓系统的实质是露天与地下采用统一的地下巷道开拓。既可以是露天一开始就用地下巷道开拓，也可以是露天矿的深部开采与地下共同开拓。对急倾斜矿体，当露天开采年限短时，为了减少基建投资和露天剥离量，也为了使向地下开采过渡有较充分的时间进行地下采矿法试验，可以用地下巷道同时开拓露天和地下井田。对于埋藏深度大的急倾斜矿床，当露天开采的深度超过 150 m 时，这类露天转地下开采的矿山，其露天深部(一般 100～150 m)用地下巷道联合开拓，将更加合理。由于露天和地下共用地下巷道进行开拓运输，可以大大减少露天剥离量和运输距离，缩减露天和地下的基建投资，缩短地下开采的基建时间，有利于露天矿的排水疏干，使地下矿有较充分的时间做过渡的准备工作。

国内外的大量实践和经济计算结果表明，露天转地下开采的矿山，除了特殊的矿床地质地形条件外，一般较少采用露天和地下各自独立的开拓系统。应根据矿床的开采技术条件，尽可能利用露天和地下开采工艺特点，选用露天与地下联合开拓或局部联合开拓。通常，当露天开采的深度超过 150 m 时，露天矿的深部与地下矿联合开拓是合理的。利用地下巷道联合开拓时，首先应考虑以下条件：①露天矿的深部具有使用地下巷道开拓的可能性；②露天的水文地质条件复杂，需要地下排水工程；③在露天矿附近，需要有布置地下巷道和地下矿使用的地面工业建筑物的场地。

大量的统计资料表明，深部露天利用地下巷道运输矿石时，可以使露天矿的运输距离缩短$\frac{1}{2}$～$\frac{2}{3}$。露天的矿石一般通过矿石溜井送到地下破碎站，然后沿铁路或用皮带运输机送至矿井提升。根据矿山的开采技术条件，提运矿石可采用竖井、斜井(箕斗或运输机)、斜坡道或平峒。生产量大的露天矿常用皮带运输机运输，也有些企业开掘平峒或斜坡道，用自翻矿车或自卸汽车运输。根据露天转地下联合开采在时间和空间上的不同结合方式，确定主要的地下巷道类型和布置。

综上所述，露天和地下同时联合开采，给充分利用地下巷道创造了良好的条件。例如，可同时为露天和地下运输矿岩，给深部露天和地下提运人员和材料，向露天和地下输送电力，进行矿床疏干和排水，以及露天矿深部水平的通风等。

石人沟铁矿是一个典型的露天转地下开采的金属矿山，于 2004 年转为地下开采，但仍存在小规模的露天开采同时进行的情况。该矿第一中段选用的是空场嗣后充填法，通过在第一中段的矿房顶部与露天坑底之间保留一定厚度的境界顶柱来确保露天与地下的安全。图 7-42 为石人沟铁矿露天边坡、地下采场、境界顶柱等结构的空间关系。

通过在地下第一中段的采场顶部预留一定厚度的境界顶柱来削弱边坡与地下矿岩之间的动力扰动。此外，该矿还在露天坑底进行了胶结充填，以阻碍边坡的变形与破坏，以及起到隔水作用。

杏山铁矿隶属于首钢矿业公司，该矿原为露天开采，于 2007 年闭坑并转入地下开采，地采选用的采矿方法为无底柱分段崩落法。其在露天坑底铺设一定厚度的覆盖层，如图 7-43 所示，图中给出了覆盖层与边坡、地下矿体的空间关系。覆盖层通常分为两层：整体下移层和流动层。整体下移层主要起防止通风漏风、防寒和迟滞水渗透的作用；流动层和下部的矿石层接触，主要起防止矿石放矿过程中过早贫化的作用。此外，地下开采过程中利用开采废石等不断回填露天坑，以确保覆盖层的顶部标高不变，增强对边坡岩体的支撑，防止坡体突

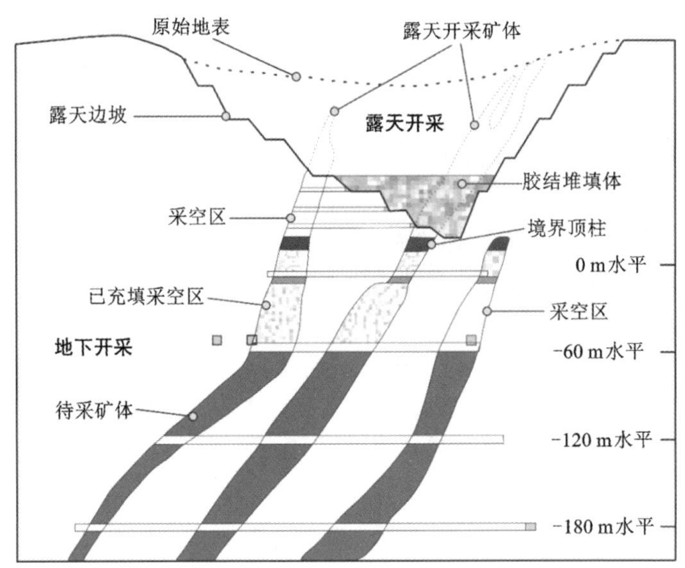

图 7-42 石人沟铁矿露天转地下开采空间关系示意图

然的大范围滑移对地下矿岩造成冲击破坏。

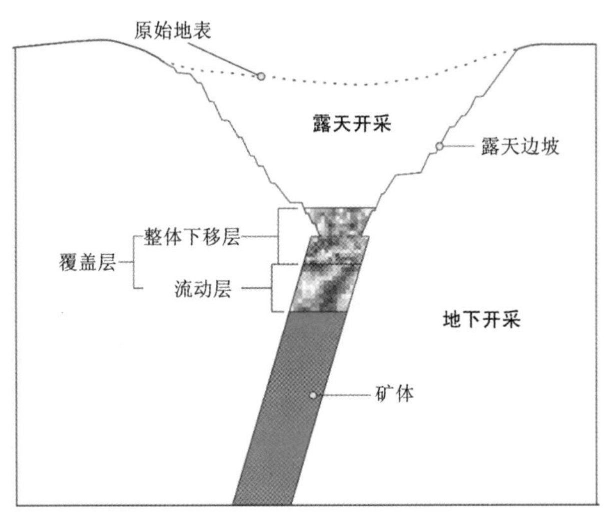

图 7-43 杏山铁矿露天转地下开采空间关系示意图

7.6.2 露天转地下开采边坡稳定性

露天转地下开采过程中边坡和地下岩层共同变形、相互影响，引发的地压活动规律和单一开采模式有很大不同，造成的边坡失稳破坏情况更为复杂，严重威胁到矿山的安全生产。因此，露天转地下开采条件下岩体变形和移动所诱发的露天边坡稳定性问题，是露天转地下开采的重要研究课题之一。特别是采用崩落法的露天转地下开采，随着地下开采的推进，覆盖层不断下降，其露天边坡稳定性所受扰动更为强烈，更易发生边坡失稳现象，本节将重点对此类矿山的边坡稳定性问题进行分析。

7.6.2.1　露天转地下开采边坡破坏过程

露天转地下开采后，地下矿体的开采打破了上部边坡岩体的应力平衡状态，引起边坡岩体内部应力的不断调整，出现局部应力集中。当应力集中超过岩体强度极限或超过边坡岩体稳定性能量极限时，便发生破坏。其破坏是一个渐进的、不断扩大的过程，边坡局部裂隙发生、发展直至裂隙贯通，于是边坡被切割、破坏体滑移、塌落，滑塌岩石成为覆盖层的一部分，并对地下开采形成冲击，随着新一轮地下开采的进行，将引起新一轮边坡失稳和冲击破坏，如图 7-44 所示。

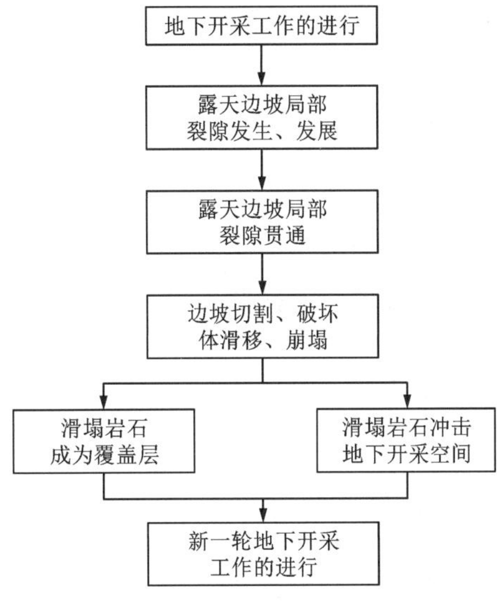

图 7-44　边坡破坏过程

7.6.2.2　露天转地下开采边坡变形动力冲击演化机理

露天转地下开采工程中，在地下矿体的初始开采阶段，覆盖层随着矿体的采出而下移。随着开采的进行，边坡岩体中的变形能不断积累，微裂隙不断发展扩张。当开采到某一深度时，积累的变形能突然释放，导致原有微裂隙迅速扩张贯通，从而使大块的滑移体向下运动冲向采场，造成了采场的动力冲击灾害。首次动力冲击发生后，矿体继续向下开采，边坡岩体进入下一次变形能积累与损伤微裂隙发展扩张过程，当继续开采至一定深度时，累积的变形能突然释放，大块坡体再次滑移形成又一次动力冲击影响，如图 7-45 所示。

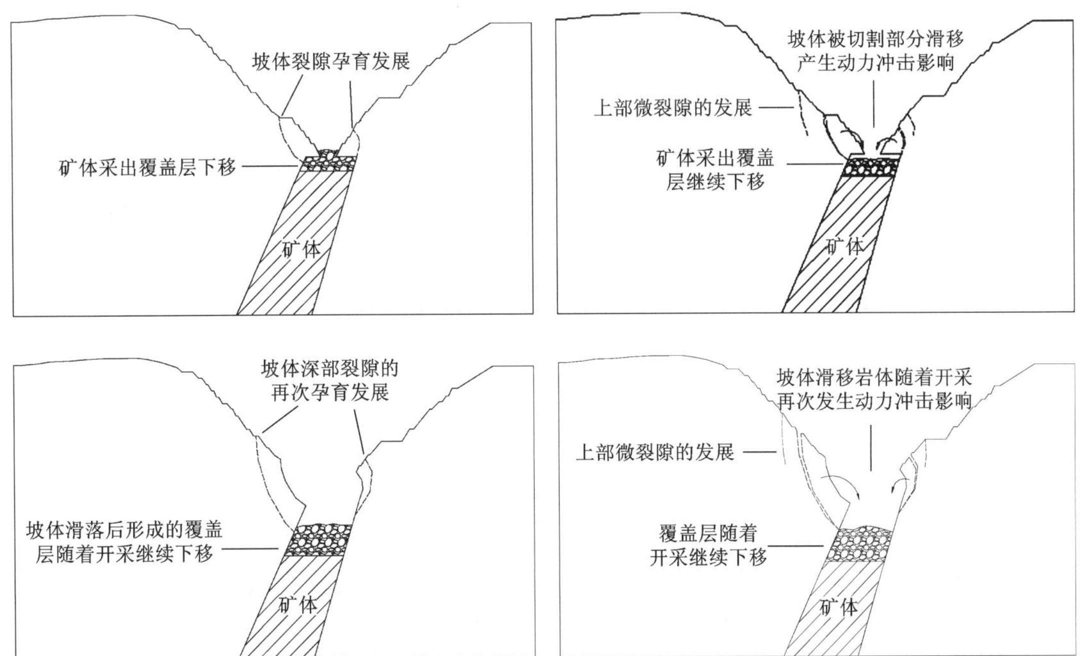

图 7-45　露天转地下开采边坡破坏模式图

在矿体的向下开采过程中会反复出现上述现象，形成循环动力冲击影响，不断威胁着矿山的安全生产。

7.6.2.3 露天边坡稳定性控制措施

在地下矿体的开采过程中，由于矿体采出，覆盖层逐渐下移，打破了原有露天矿边坡的应力平衡状态，应力不断调整，将导致循环动力冲击灾害。

为了改善边坡岩体的平衡状态，必须在开采的过程中利用开采废石及排土场废石等不断回填覆盖层，以填补矿岩下移形成的空间，如图 7-46 所示，保持露天坑底覆盖层的顶部标高不变，以增强覆盖层对露天边坡岩体的支撑，防止坡体突然大范围滑移。

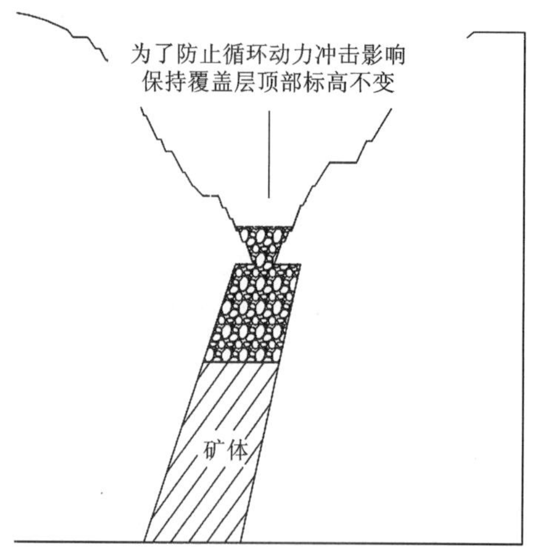

图 7-46 边坡稳定性控制措施

7.6.3 露天与地下联合开采的边坡稳定性

露天与地下联合开采时，由于两种工艺同时存在，在时空关系上可能相互影响，《金属非金属矿山安全规程》(GB 16433)对露天与地下联合开采的矿山有具体规定，要求在地下开采的岩体移动范围内(包括 10~20 m 保护带)，除非采取有效的技术措施，否则不应同时进行露天开采。因此，露天与地下联合开采条件下的边坡稳定性关键科学问题，是地下开采引起的地表岩移规律、防控措施以及对边坡稳定性影响研究，该问题直接影响露天和地下开采的空间范围划分以及时空开发规划。

以新疆乌拉根锌矿为例，其矿体分枝复合严重，矿层夹岩层产出，通常厚度较大的矿体存在多条夹层，夹层厚度从几米到十余米。对于这类矿岩夹杂矿体，露天开采易剔除夹石，分枝小矿体容易回采，矿石损失贫化较小，因此，优先考虑露天开采。但随着开采深度增加，露采成本不断增加，深部资源宜采用地下开采。为充分地挖掘矿山生产能力，全面提高产能并增加稳产年限，企业应提前规划露天与地下联合开采方案。

乌拉根锌矿矿体水平方向展布范围大，铅直方向延深大，开采空间条件好，如图 7-47 所示，充分利用矿床开采空间条件和露天与地下联合开采工艺优势，实施露天与地下协同开采，可大幅度提高矿床开采的经济效益。目前，乌拉根锌矿主要开发南翼矿体，采用露天开采方式，产能为 1.5×10^4 t/d。乌拉根锌矿规划产能为 2.5×10^4 t/d，采用露天与地下联合开采方式。地下部分若采用充填采矿法开采，开拓方案为胶带斜井+斜坡道联合开拓，拟开采规模为 4000 t/d，地采基建期 4 年，基建工程量约 37×10^4 m^3，投产第 1 年开采规模为 2400 t/d，第 2 年开始达产，服务年限 31 年；地下部分若采用崩落法开采，开拓方案为胶带斜井+斜坡道联合开拓，拟开采规模为 5000 t/d，地采基建期 4 年，基建工程量约 33×10^4 m^3，投产第 1 年开采规模为 2400 t/d，达产期 22 年，减产期 1 年，服务年限 24 年。

根据矿体产状和厚度的复杂多变、工程地质条件差等基本特征，初步分析，乌拉根锌矿北翼深部矿体，宜利用地表允许塌落的有利条件，以崩落法为主体，辅以房柱法、干式充填等进行分区开采，南翼浅部矿体采用露天开采，如图 7-48 所示。

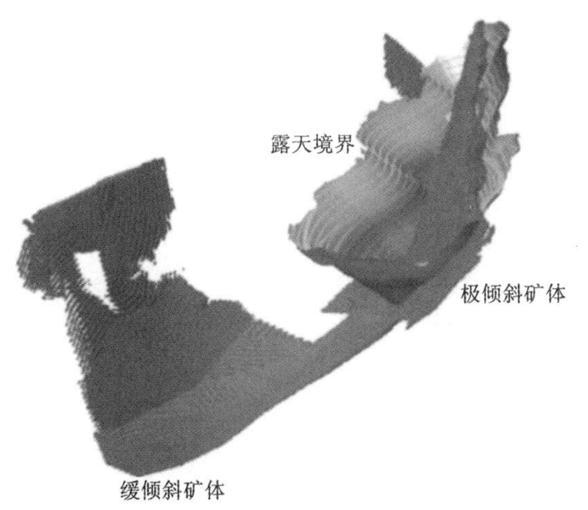

图 7-47　新疆乌拉根锌矿矿体形态及开采现状

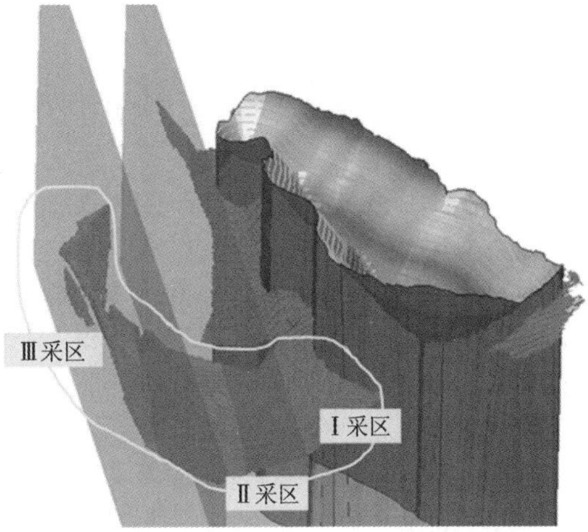

图 7-48　新疆乌拉根锌矿分区开采示意图

北翼矿体由于位于露天采场境界外并远离露天采场边缘的区域，主要采用临界散体柱理论以及向塌陷坑充填废石的控制方法(图 7-49)，控制地采引起的地表岩移，从而确保南翼的露天采场边坡稳定性不受影响。对于南翼靠近露天采场边缘的地下开采引起的岩移范围(图 7-50)，包括陷落区、错动区、断裂区、裂缝区与裂纹区范围，应同时研究露天边坡稳定性允许的岩移程度，并据此确定靠近露天采场的地下采区边界与露天合理边坡角。此外，还应研究地下采空区的临界大冒落跨度，确定地下分区的开采界线。

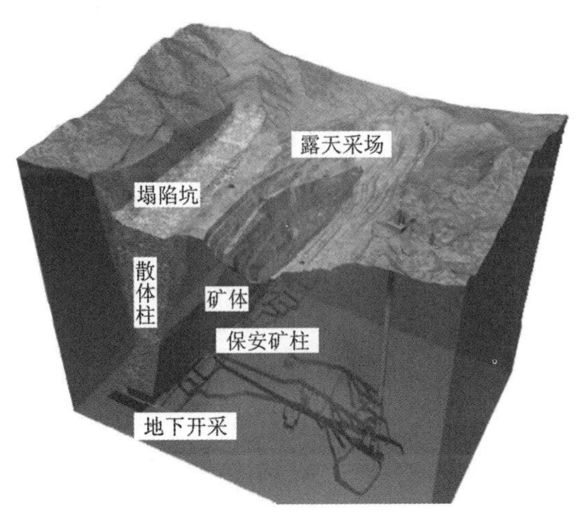

图 7-49　弓长岭铁矿露天井下协同开采

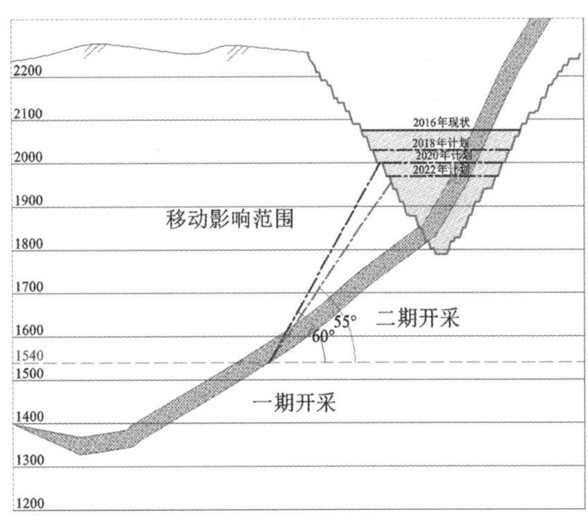

图 7-50　乌拉根锌矿地下开采的岩移范围

参考文献

[1] 杨天鸿，张锋春，蔡美峰，等.露天矿高陡边坡稳定性研究现状及发展趋势[J].岩土力学，2011，32(5)：1437-1452，1472.

[2] 杨天鸿，芮勇勤，申力，等.渗流作用下露天矿边坡动态稳定性及控制技术[M].北京：科学出版社，2011.

[3] 孙广忠.岩体结构力学[M].北京：科学出版社，1988.

[4] 徐长佑.露天转地下开采[M].武汉：武汉工业大学出版社，1990.

[5] HUSTRULID W, KUCHTA M. Open pit mine planning and design, 2nd Edition [M]. London: CRC Press, 1998.

[6] 巫德斌.层状岩体边坡工程力学参数研究[D].南京：河海大学，2004.

[7] 赵吉东，尹健民，周维垣，等.节理岩体断裂损伤模型在三峡坝基岩体力学参数模拟和预测中的应用[J].岩石力学与工程学报，2002，21(2)：176-179.

[8] ATTEWELL P B, SANDFORD M R. Intrinsic shear strength of a brittle, anisotropic rock-I: experimental and mechanical interpretation[J]. International Journal of Rock Mechanics and Mining Sciences & Geomechanics Abstracts, 1974, 11(11): 423-430.

[9] 赵蕴林.地下水位的上升对边坡稳定性的影响探析[J].四川理工学院学报(自然科学版)，2008，21(6)：110-112.

[10] MARTIN C D, KAISER P K, MCCREATH D R. Hoek-Brown parameters for predicting the depth of brittle failure around tunnels[J]. Canadian Geotechnical J, 1999, 36(1): 136-151.

[11] 符文熹，尚岳全，孙月红，等.岩体变形参数渐变取值模型及工程应用[J].工程地质学报，2002，10(2)：198-203.

[12] 张林洪.结构面抗剪强度的一种确定方法[J].岩石力学与工程学报，2001，20(1)：114-117.

[13] 周维坦，杨延毅.节理岩体力学参数取值研究[J].岩土工程学报，1992，14(5)：1-11.

[14] 于润沧.采矿工程师手册(上)[M].北京：冶金工业出版社，2009：320.

[15] 李宝祥.采矿手册[M].北京：冶金工业出版社，2010.

[16] 陈昌彦，王贵荣.各类岩体质量评价方法的相关性探讨[J].岩石力学与工程学报，2002，21(12)：1894-1900.

[17] DEERE D U. Technical description of rock cores for engineeringpurposes[J]. Rock Mech. & Eng. Geol., 1964, 1(1): 17-22.

[18] BARTON N, LIEN R, LUNDE J. Engineering classification of rock masses for the design of tunnel support[J]. Rock Mech Rock Eng, 1974, 6(4): 189-236.

[19] HOEK E, KAISER P K, BAWDEN W F. Support of underground excavations in hard rock[M]. Rotterdam: A. A. Balkema, 1995.

[20] 谷德振.岩体工程地质力学基础[M].北京：科学出版社，1979.

[21] 朱大勇，姚兆明.边坡工程[M].武汉：武汉大学出版社，2014.

[22] 孙东亚，陈祖煜，杜伯辉，等.边坡稳定评价方法RMR-SMR体系及其修正[J].岩石力学与工程学报，1997，16(4)：297-304.

[23] 原国红，陈剑平，马琳.可拓评判方法在岩体质量分类中的应用[J].岩石力学与工程学报，2005，24(9)：1539-1544.

[24] 巩城城，马凤山，张亚民，等.基于岩体结构面统计与分维数的岩体质量评价及其在矿山工程中的应用

[J]. 中国地质灾害与防治学报, 2011, 22(2): 92-98.
[25] PANTELIDIS L. Rock slope stability assessment through rock mass classification systems[J]. International Journal of Rock Mechanics & Mining Sciences, 2009, 46(2): 315-325.
[26] 何满潮. 露天矿高边坡工程[M]. 北京: 煤炭工业出版社, 1991.
[27] 孙玉科, 姚宝魁, 牟会宠. 边坡岩体稳定性分析[M]. 北京: 科学出版社, 1988.
[28] 李宝祥. 金属矿床露天开采[M]. 北京: 冶金工业出版社, 1979.
[29] 刘荣, 李事捷, 卢才武. 我国金属矿山采矿技术进展及趋势综述[J]. 金属矿山, 2007(10): 14-17, 46.
[30] 高祥, 简新春, 吴志军. 大型露天矿山稳产技术研究与应用[J]. 有色金属(矿山部分), 2007, 59(5): 5-8, 54.
[31] 宫永军, 代永新. 南芬露天铁矿下盘滑坡治理的研究[J]. 矿业快报, 2007, 23(7): 42-43.
[32] 吴启瞶. 关于露天矿工作帮坡角的研究与优化[J]. 有色冶金设计与研究, 2007, 28(1): 1-6, 22.
[33] 中国岩石力学与工程学会岩石锚固与注浆技术专业委员会. 锚固与注浆技术手册[M]. 北京: 中国电力出版社, 1999.
[34] 黄昌乾, 丁恩保. 边坡工程常用稳定性分析方法[J]. 水电站设计, 1999, 15(1): 53-58.
[35] BISHOP A W. The use of the slip circle in the stability analysis of slopes[J]. Geotecque, 1995, 15(1): 7-17.
[36] 陈祖煜. 岩质高边坡稳定分析方法和软件系统研究报告汇编[M]. 北京: 中国水利水电科学研究院, 1995.
[37] 李胜伟, 李天斌, 王兰生. 边坡岩体质量分类体系的 CSMR 法及应用[J]. 地质灾害与环境保护, 2001, 12(2): 69-72.
[38] 张发明, 陈祖煜, 刘宁, 等. 确定预应力锚索设计参数的优化方法[J]. 地下空间, 2001, 21(4): 305-310, 339.
[39] 蔡美峰. 岩石力学与工程[M]. 2 版. 北京: 科学出版社, 2013.
[40] HOEK E, BROWN E T. Empirical strength criterion for rock masses[J]. Journal of the Geotechnical Engineering Division, ASCE, 1980, 106(GT9): 1013-1035.
[41] 孙广忠. 岩体力学的进展——岩体结构力学. 岩石力学与工程学报[J]. 1991, 10(2): 112-116.
[42] 李同录, 罗世毅, 何剑, 等. 节理岩体力学参数的选取与应用[J]. 岩石力学与工程学报, 2004, 23(13): 2182-2186.
[43] 杨志法, 尚彦军, 刘英. 关于岩土工程类比法的研究[J]. 工程地质学报, 1997, 5(4): 299-305.
[44] 唐春安. 岩石破裂过程中的灾变[M]. 北京: 煤炭工业出版社, 1993.
[45] 林杭, 曹平, 李江腾, 等. 层状岩质边坡破坏模式及稳定性的数值分析[J]. 岩土力学, 2010, 31(10): 3300-3304.
[46] 左保成, 陈从新, 刘小巍, 等. 反倾岩质边坡破坏机理模型试验研究[J]. 岩石力学与工程学报, 2005, 24(19): 3505-3511.
[47] JAEGER J C, COOK N G W. 岩石力学基础[M]. 中国科学院工程力学研究所, 译. 3 版. 北京: 科学出版社, 1981.
[48] 邬爱清, 汪斌. 基于岩体质量指标 BQ 的岩质边坡工程岩体分级方法[J]. 岩石力学与工程学报, 2014, 33(4): 699-706.
[49] LIU F Y, YANG T H, ZHOU J R, et al. Spatial Variability and Time Decay of Rock Mass Mechanical Parameters: A Landslide Study in the Dagushan Open-Pit Mine[J]. Rock Mechanics and Rock Engineering, 2020, 53: 3031-3053.
[50] 杨天鸿, 王赫, 董鑫, 等. 露天矿边坡稳定性智能评价研究现状、存在问题及对策[J]. 煤炭学报, 2020, 45(06): 2277-2295.

图书在版编目(CIP)数据

采矿手册. 第二卷, 矿山岩体力学 / 赵文主编.
—长沙: 中南大学出版社, 2023.2
ISBN 978-7-5487-4926-4

Ⅰ. ①采… Ⅱ. ①赵… Ⅲ. ①矿山开采—技术手册
②矿山—岩石力学—技术手册 Ⅳ. ①TD8-62

中国版本图书馆 CIP 数据核字(2022)第 095021 号

采矿手册　第二卷　矿山岩体力学

CAIKUANG SHOUCE　DIER JUAN　KUANGSHAN YANTI LIXUE

古德生 ◎ 总主编
赵　文 ◎ 主　编
陈从新 ◎ 副主编

□出 版 人　吴湘华
□责任编辑　胡　炜　伍华进
□封面设计　殷　健
□责任印制　唐　曦
□出版发行　中南大学出版社
社址: 长沙市麓山南路　邮编: 410083
发行科电话: 0731-88876770　传真: 0731-88710482
□印　　装　湖南省众鑫印务有限公司

□开　　本　787 mm×1092 mm　1/16　□印张 36.5　□字数 953 千字
□互联网+图书　二维码内容　图片 7 张
□版　　次　2023 年 2 月第 1 版　□印次 2023 年 2 月第 1 次印刷
□书　　号　ISBN 978-7-5487-4926-4
□定　　价　268.00 元